완벽대비

가스기능장 필기

서상희 저

동일출판사

가스기능장은 1974년 고압가스기계 기능장, 고압가스화학 기능장으로 출발하여 1995년 유사자격증 통폐합으로 고압가스 기능장으로, 다시 1999년 가스기능장으로 개정되어 오늘에 이르고 있습니다.

가스 자격증(기능사, 산업기사 및 기사)을 취득하고 가스에 관한 최상급 숙련기능을 가지고 산업현장에서 작업관리, 현장 기능자의 지도 및 감독, 현장훈련, 경영층과 생산층을 유기적으로 결합시켜 주는 현장의 중간 관리 등의 업무를 수행하면서 가스기능장에 관심과 도전을 해 보려는 가스인(人)이 많이 있습니다.

이에 저자는 수년간의 강단에서의 가스강의와 관련 자료를 준비하여 2009년 가스기능장 교재를 동일출판사에서 발행한 이후 이론 내용과 예상문제를 새롭게 정리하여 완전 개정판 가스기능장 필기교재를 발행하게 되었습니다.

이 책은 다음과 같은 부분에 중점을 두어 구성하였습니다.

첫째, 새로 개정된 한국산업인력공단의 가스기능장 필기시험 출제기준에 맞추어 가스이론, 가스의 제조 및 설비, 가스관련 법규 및 안전관리, 공업경영 4과목으로 분류하여 각 단원별 이론 정리와 최근 출제문제를 분석하여 예상문제를 자세한 해설과 함께 수록하였습니다.

둘째, 2001년 제31회 출제문제부터 최근 출제문제까지 자세한 해설과 함께 수록하여 최근 출제문제 경향을 파악하고 시험에 응시할 수 있도록 하였습니다.

셋째, 공학단위에서 SI단위로 전환되는 과정에 있으므로 각 단원의 내용과 문제에서 공학단위와 SI단위를 혼합하여 설명함으로써 혼란을 방지할 수 있도록 하였습니다.

넷째, 부록으로 가스관련 공식 100선(選)을 선정 수록하여 계산문제에 적용할 수 있도록 하였습니다.

다섯째, 저자가 직접 인터넷 카페를 개설하여 온라인상으로 질문 및 답변과 함께 수험정보를 공유할 수 있도록 하고 있습니다.

가스기능장 교재에 많은 성원을 보내주신 수험자분들께 감사드리며, 이 책으로 가스기능장 시험을 준비하시는 가스인 여러분께 합격의 영광이 함께 하길 바라며 책이 발행될 때까지 많은 지도와 격려를 보내 주신분과 동일출판사 직원 여러분께 깊은 감사를 드립니다.

저자 씀

◈ 본 교재에 대한 정오표 및 질의는 저자카페(다음 : cafe.daum.net/gNeQ.A, 네이버 : cafe.naver.com/gas21)로 하여주시면 성심 성의껏 답변해 드리겠습니다. ◈

가스기능장 검정현황

연도	필기			실기		
	응시	합격	합격률(%)	응시	합격	합격률(%)
2018	1,780	952	53.5%	1,424	248	17.4%
2017	1,536	822	53.5%	1,348	751	55.7%
2016	1,331	730	54.8%	1,245	418	33.6%
2015	1,254	515	41.1%	992	185	18.6%
2014	1,211	521	43%	951	130	13.7%
2013	935	321	34.3%	982	140	14.3%
2012	1,139	462	40.6%	827	122	14.8%
2011	995	306	30.8%	566	92	16.3%
2010	844	401	47.5%	738	249	33.7%
2009	732	239	32.7%	636	32	5%
2008	741	278	37.5%	690	32	4.6%
2007	868	345	39.7%	638	40	6.3%
2006	604	205	33.9%	572	86	15%
2005	566	261	46.1%	703	122	17.4%
2004	639	366	57.3%	629	54	8.6%
2003	458	207	45.2%	358	115	32.1%
2002	235	140	59.6%	235	76	32.3%
2001	184	95	51.6%	132	39	29.5%
1996~2000	336	182	54.2%	301	115	38.2%
계	16,388	7,348	44.8%	13,967	3,046	21.8%

가스기능장 시험 응시자격

(1) 응시하려는 종목이 속하는 동일 및 유사 직무분야의 산업기사 또는 기능사 자격을 취득한 후 「근로자직업능력 개발법」에 따라 설립된 기능대학의 기능장과정을 마친 이수자 또는 그 이수예정자
(2) 산업기사 등급 이상의 자격을 취득한 후 응시하려는 종목이 속하는 동일 및 유사 직무분야에서 5년 이상 실무에 종사한 사람
(3) 기능사 자격을 취득한 후 응시하려는 종목이 속하는 동일 및 유사 직무분야에서 7년 이상 실무에 종사한 사람
(4) 응시하려는 종목이 속하는 동일 및 유사 직무분야에서 9년 이상 실무에 종사한 사람
(5) 응시하려는 종목이 속하는 동일 및 유사직무분야의 다른 종목의 기능장 등급의 자격을 취득한 사람
(6) 외국에서 동일한 종목에 해당하는 자격을 취득한 사람

가스기능장 시험과목 및 검정방법

1. 필기시험

(1) 시험과목 : 가스이론, 가스의 제조 및 설비, 가스안전관리, 공업경영에 관한 사항
(2) 출제문제 수 : 객관식 60문제 (시험과목별 출제문제수 기준은 없으나 공업경영에 관한 문제가 6문제 출제됨)
(3) 시험시간 : 60분 (1시간)
(4) 합격기준 : 100점 만점에 60점 이상 득점 (60문제 중 36문제 이상)

2. 실기시험

(1) 검정방법 : 복합형(필답형 + 작업형[동영상])
(2) 시험과목 : 가스실무
(3) 출제문제 수 및 배점 : 필답형(50점), 동영상(50점) 각각 12문항
(4) 시험시간 : 필답형 : 1시간 30분, 동영상 : 1시간 30분
(5) 합격기준 : 필답형+동영상 = 100점 만점에 60점 이상 득점(각 문제별 배점이 다름)

가스기능장 필기 출제기준

직무 분야	안전관리	자격 종목	가스 기능장	적용 기간	2020. 1. 1. ~ 2023. 12. 31.

○ **직무 내용** : 가스에 관한 최상급 숙련기능을 가지고 산업현장에서 작업관리, 현장 기능자의 지도 및 감독, 현장 훈련, 경영층과 생산층을 유기적으로 결합시켜 주는 현장의 중간 관리 등의 업무 수행

필기 검정 방법	객관식	문제 수	60	시험 시간	1 시간

필기 과목명	출제 문제수	주 요 항 목	세 부 항 목	세 세 항 목
가스이론, 가스의 제조 및 설비, 가스안전관리 및 공업경영에 관한 사항	60	1. 가스이론	1. 가스의 성질	1. 보일-샤를의 법칙 2. 기체의 상태방정식 3. 이상기체 이론 4. 기체의 압력 특성 5. 기체의 유동(흐름)현상
			2. 가스의 특성	1. 연소・폭발 2. 반응속도 및 평형 3. 가스분석 4. 가스계측(열량, 온도, 액면, 유량, 압력 등)
		2. 가스의 제조 및 설비	1. 가스의 제조 및 용도	1. 고압가스 2. 액화석유가스 3. 도시가스
			2. 가스설비	1. 가스설비 재료의 성질 2. 가스설비 재료의 강도 3. 가스설비 재료의 용접 및 비파괴검사 (자기, 침투, 초음파, 방사선 등) 4. 가스 제조 설비 5. 가스 저장 및 충전 설비 6. 가스 배관 설비 7. 가스용품 및 기기 8. 정압기 9. 펌프 및 압축기 10. 압력용기 및 기화장치 11. 전기방폭 설비
			3. 가스 발생 설비의 구조 및 원리	1. 공기액화 분리장치 2. 저온장치 및 반응기 3. 고온장치 및 반응기 4. 가스 계측 설비 5. 냉동사이클

필기 과목명	출제 문제수	주 요 항 목	세 부 항 목	세 세 항 목
가스이론, 가스의 제조 및 설비, 가스안전관리 및 공업경영에 관한 사항	60	3. 가스 관련 법규	1. 고압가스 관계법규	1. 고압가스안전관리법 및 시행령에 관한 사항 2. 고압가스안전관리법 시행규칙 및 고시에 관한 사항 3. 고압가스 한국가스안전 코드(KGS Code)에 관한 사항
			2. 도시가스 관계법규	1. 도시가스사업법 및 시행령에 관한 사항 2. 도시가스사업법 및 시행규칙 및 고시에 관한 사항 3. 도시가스 한국가스안전 코드(KGS Code)에 관한 사항
			3. 액화석유가스 관계 법규	1. 액화석유가스의 안전관리 및 사업법 및 시행령에 관한 사항 2. 액화석유가스의 안전관리 및 사업법 및 시행규칙 및 고시에 관한 사항 3. 액화석유가스 한국가스안전 코드(KGS Code)에 관한 사항
			4. 가스안전관리	1. 가스제조의 안전관리 2. 가스 충전 및 저장 3. 가스 공급 설비 4. 부식 및 방식 5. 가스운반 및 취급 6. 재해시 응급조치 7. 예방대책 8. 가스 위험성 평가
		4. 공업경영	1. 품질관리	1. 통계적 방법의 기초 2. 샘플링 검사 3. 관리도
			2. 생산관리	1. 생산계획 2. 생산통제
			3. 작업관리	1. 작업방법연구 2. 작업시간연구
			4. 기타 공업경영에 관한 사항	1. 기타 공업경영에 관한 사항

제1편 가스이론

제1장 가스의 성질

제2장 가스의 특성

제3장 가스 계측기기

제2편 가스의 제조 및 설비

제1장 고압가스의 종류 및 특징

제3장 액화석유가스 안전관리

제4장 도시가스 안전관리

제4편 공업 경영

제1장 품질관리 일반

제2장 통계적 품질관리

제3장 생산관리

제5편 과년도 문제

제6편 CBT 복원문제

부 록

제 1 편

가스 이론

1장 가스의 성질

1. 고압가스의 종류 및 분류

1) 고압가스의 정의

고압가스 안전관리법 시행령 제2조에 법의 적용을 받는 고압가스의 종류 및 범위를 규정하고 있다.

① 상용의 온도에서 압력(게이지 압력)이 1[MPa] 이상이 되는 압축가스로서 실제로 그 압력이 1[MPa] 이상이 되는 것 또는 35[℃]의 온도에서 압력이 1[MPa] 이상이 되는 압축가스(아세틸렌가스를 제외한다).

② 15[℃]의 온도에서 압력이 0[Pa] 초과하는 아세틸렌가스

③ 상용의 온도에서 압력이 0.2[MPa] 이상이 되는 액화가스로서 실제로 그 압력이 0.2[MPa] 이상이 되는 것 또는 압력이 0.2[MPa]이 되는 경우의 온도가 35[℃] 이하인 액화가스

④ 35[℃]의 온도에서 압력이 0[Pa]을 초과하는 액화가스 중 액화시안화수소, 액화브롬화메탄 및 액화산화에틸렌가스

2) 고압가스의 분류

(1) 상태에 따른 분류

① 압축가스 : 비등점이 극히 낮거나 임계온도가 낮아 상온에서 압력을 가하여도 액화되지 않는 가스로서 일정한 압력에 의하여 압축되어 있는 것

※ 종류 : 헬륨(He), 수소(H_2), 네온(Ne), 질소(N_2), 산소(O_2), 일산화탄소(CO), 불소(F_2) 아르곤(Ar), 산화질소(NO) 메탄(CH_4) 등

② 액화가스 : 가압, 냉각에 의하여 액체 상태로 되어 있는 것으로서 대기압에서 비점이 40[℃] 이하 또는 상용의 온도 이하인 것

※ 종류 : 프로판(C_3H_8), 부탄(C_4H_{10}), 염소(Cl_2), 암모니아(NH_3), 이산화탄소(CO_2), 산화에틸렌(C_2H_4O) 시안화수소(HCN), 황화수소(H_2S) 등

③ 용해가스 : 아세틸렌(C_2H_2) 등과 같이 용제 속에 가스를 용해시켜 취급되는 고압가스

(2) 연소성에 의한 분류

① 가연성 가스 : 공기 중에서 연소하는 가스로 폭발 한계 하한이 10[%] 이하의 것과 폭발 한계의 상한과 하한의 차가 20[%] 이상의 것

※ 종류 : 아세틸렌(C_2H_2), 암모니아(NH_3), 수소(H_2), 일산화탄소(CO), 메탄(CH_4), 프로판(C_3H_8), 부탄(C_4H_{10}) 등

② 조연성 가스 : 다른 가연성 가스의 연소를 도와주거나(촉진) 지속시켜 주는 것

※ 종류 : 산소(O_2), 오존(O_3), 불소(F_2), 염소(Cl_2), 산화질소(NO), 아산화질소(N_2O) 등

③ 불연성 가스 : 가스 자신이 연소하지도 않고 다른 물질도 연소시키지 않는 가스로서 보통 장치에서 가연성 가스의 치환(purge)용으로 사용된다.

※ 종류 : 헬륨(He), 네온(Ne), 질소(N_2), 아르곤(Ar), 이산화탄소(CO_2) 등

(3) 독성에 의한 분류

① 독성가스 : 공기 중에 일정량 이상 존재하는 경우 인체에 유해한 독성을 가진 가스로서 허용 농도가 100만분의 5000 이하인 가스를 말한다.

※ 종류 : 암모니아(NH_3), 일산화탄소(CO), 불소(F_2), 염소(Cl_2), 포스겐($COCl_2$), 산화에틸렌(C_2H_4O), 시안화수소(HCN), 황화수소(H_2S) 등

② 비독성 가스 : 독성가스 이외의 독성이 없는 가스

※ 종류 : 헬륨(He), 네온(Ne), 질소(N_2), 아르곤(Ar), 이산화탄소(CO_2), 수소(H_2), 프로판(C_3H_8), 부탄(C_4H_{10}) 등

참•고

1. 허용농도

① 개정 전의 허용농도 : 정상인이 1일 8시간 또는 1주 40시간 통상적인 작업을 수행함에 있어 건강상 나쁜 영향을 미치지 아니하는 정도의 공기 중의 가스의 농도를 말한다.
→ TLV-TWA로 표시

② 개정 후의 허용농도
해당 가스를 성숙한 흰쥐 집단에게 대기 중에서 1시간 동안 계속하여 노출시킨 경우 14일 이내에 그 흰쥐의 2분의 1 이상이 죽게 되는 가스의 농도를 말한다.
→ LC 50으로 표시

참•고

2. 그리스 문자

대문자	소문자	호칭	대문자	소문자	호칭
A	α	alpha(알파)	N	ν	nu(뉴우)
B	β	beta(베타)	Ξ	ξ	xi(크사이)
Γ	γ	gamma(감마)	O	o	omicron(오미크론)
Δ	δ	delta(델타)	Π	π	pi(파이)
E	ϵ	epsilon(앱시론)	P	ρ	rho(로우)
Z	ζ	zeta(제타)	Σ	σ	sigma(시그마)
H	η	eta(이타)	T	τ	tau(타우)
Θ	θ	theta(세타)	Y	υ	upsilon(읍실론)
I	ι	iota(이오타)	Φ	ϕ	phi(화이)
K	κ	kappa(카파)	X	χ	chi(카이)
Λ	λ	lamda(람다)	Ψ	ψ	psi(프사이)
M	μ	mu(뮤우)	Ω	ω	omega(오메가)

3. 접두어

인자	기호	접두어	인자	기호	접두어
10^1	da	데카	10^{-1}	d	데시
10^2	h	헥토	10^{-2}	C	센티
10^3	k	킬로	10^{-3}	m	밀리
10^6	M	메가	10^{-6}	μ	마이크로
10^9	G	기가	10^{-9}	n	나노
10^{12}	T	테라	10^{-12}	p	피코

2. 열역학 기초

1) 단위(Unit)

(1) 단위의 종류

① 기본 단위 : 물리량을 나타내는 기본적인 것으로 7가지로 구분

기본량	길이	질량	시간	전류	물질량	온도	광도
기본단위	m	kg	s	A	mol	K	cd

② 유도 단위 : 기본단위의 조합 또는 기본단위 및 다른 유도단위의 조합에 의하여 형성된 단위로 면적[m^2], 부피[m^3], 속도[m/s] 등이다.

③ 보조 단위 : 기본단위 및 유도단위를 정수배 또는 정수분하여 표기하는 것으로 [km], [cm], [ton], [g] 등이다.

(2) 절대 단위와 공학 단위(중력 단위)

① 절대 단위 : 단위 기본량을 질량, 길이, 시간으로 하여 이들의 단위를 사용하여 유도된 단위

② 공학 단위(중력 단위) : 질량 대신 중량을 사용한 단위(중력가속도가 작용하고 있는 상태)

③ SI 단위 : System International Unit의 약자로 국제단위계이다.

(3) 힘(F : Force, Weight)

물체의 정지 또는 일정한 운동 상태로 변화를 가져오는 힘의 주체이다.

① SI 단위 : 질량 1[kg]인 물체가 1[m/s^2]의 가속도를 받았을 때의 힘으로 N(Newton)으로 표시한다.

$$1[N] = 1[kg \cdot m/s^2] , \quad 1[dyne] = 1[g \cdot cm/s^2]$$

② 공학 단위 : 질량 1[kg]인 물체가 9.8[m/s^2]의 중력가속도를 받았을 때의 힘으로 [kgf]로 표시한다.

$$1[kgf] = 1[kg] \times 9.8[m/s^2] = 9.8[kg \cdot m/s^2] = 9.8[N]$$

(4) 일과 에너지

① 일(work) : 물체에 힘 F가 작용하여 길이 L 만큼 이동시킬 때 이루어지는 것

$$일(W) = 힘(F) \times 길이(L)$$

㉮ SI 단위

- MKS 단위 : $1[N \cdot m] = 1[J]$
- CGS 단위 : $1[dyne \cdot cm] = 1[erg]$

㉯ 공학 단위

- MKS 단위 : $1[kgf \cdot m]$
- CGS 단위 : $1[gf \cdot cm]$

② 에너지(Energy) : 일을 할 수 있는 능력으로 외부에 행한 일로 표시되며 단위는 일의

단위와 같다. 종류는 G[kgf]의 물체가 h[m]의 높이에 있을 때의 위치에너지(E_p)와 V[m/s]의 속도로 움직일 때의 운동에너지(E_k)가 있다.

㉮ SI 단위

- 위치에너지 : $E_p = m \cdot g \cdot h$[J]
- 운동에너지 : $E_k = \frac{1}{2} \cdot m \cdot V^2$[J]

㉯ 공학 단위

- 위치에너지 : $E_p = G \cdot h$[kgf · m]
- 운동에너지 : $E_k = \frac{G \cdot V^2}{2g}$[kgf · m]

(5) 동력

단위시간당 행하는 일의 비율이다.

① SI 단위 : 1[W] = 1[J/s]

② 공학 단위

㉮ 1[PS](Pferde Starke) = 75[kgf · m/s]
= 632.2[kcal/h] = 0.735[kW] = 2664[kJ/h]

㉯ 1[kW] = 102[kgf · m/s]
= 860[kcal/h] = 1.36[PS] = 3600[kJ/h]

㉰ 1[HP](horse power : 영국마력) = 76[kgf · m/s]
= 640.75[kcal/h] = 0.745[kW] = 2685[kJ/h]

주요 물리량의 단위 비교

물리량	SI 단위	공학 단위
힘	$N(=kg \cdot m/s^2)$	kgf
압력	$Pa(=N/m^2)$	kgf/m^2
열량	J(=N · m)	kcal
일	J(=N · m)	kgf · m
에너지	J(=N · m)	kgf · m
동력	W(=J/s)	kgf · m/s

2) 온도(temperature)

(1) 섭씨온도

표준 대기압하에서 물의 빙점을 0[℃], 비점을 100[℃]로 정하고, 그 사이를 100등분하여 하나의 눈금을 1[℃]로 표시하는 온도이다. (1742년 스웨덴 천문학가 Celsius[攝修]가 정립)

(2) 화씨온도

표준 대기압 하에서 물의 빙점을 32[°F], 비점을 212[°F]로 정하고, 그 사이를 180등분하여 하나의 눈금을 1[°F]로 표시하는 온도이다. (1724년 독일 물리학자 Fahrenheit[華倫海]가 정립)

(3) 섭씨온도와 화씨온도의 관계

① $℃ = \frac{5}{9}(°F - 32)$ ② $°F = \frac{9}{5}℃ + 32$

(4) 절대 온도

열역학적 눈금으로 정의할 수 있으며 자연계에서는 그 이하의 온도로 내릴 수 없는 최저의 온도를 절대 온도라 한다.

① 캘빈 온도$[K] = t[℃] + 273$ $K = \frac{t[°F] + 460}{1.8} = \frac{°R}{1.8}$

② 랭킨 온도$[°R] = t[°F] + 460$ $°R = 1.8(t[℃] + 273) = 1.8 \cdot K$

3) 압력(Pressure)

(1) 표준대기압(atmospheric)

0[℃], 위도 45° 해수면을 기준으로 지구 중력이 9.80665[m/s^2]일 때 수은주 760[mmHg]로 표시될 때의 압력으로 1[atm]으로 표시한다.

$$1[atm] = 760[mmHg] = 76[cmHg] = 0.76[mHg] = 29.9[inHg] = 760[torr]$$
$$= 10332[kgf/m^2] = 1.0332[kgf/cm^2] = 10.332[mH_2O] = 10332[mmH_2O]$$
$$= 101325[N/m^2] = 101325[Pa] = 101.325[kPa] = 0.101325[MPa]$$
$$= 1.01325[bar] = 1013.25[mbar] = 14.7[lb/in^2] = 14.7[psi]$$

(2) 게이지 압력

대기압을 0으로 기준하여 압력계에 지시된 압력으로 압력 단위 뒤에 "G", "g"를 사용하거나 생략한다.

(3) 진공 압력

대기압을 기준으로 대기압 이하의 압력으로 압력 단위 뒤에 "V", "v"를 사용한다.

① $\text{진공도}(\%) = \dfrac{\text{진공압력}}{\text{대기압}} \times 100$

② 표준 대기압의 진공도 : 0[%], 완전 진공의 진공도 : 100[%]

(4) 절대 압력

절대 진공(완전 진공)을 기준으로 그 이상 형성된 압력으로 압력 단위 뒤에 "abs", "a"를 사용한다.

- 절대 압력 = 대기압 + 게이지 압력 = 대기압 − 진공 압력

(5) 압력 환산 방법

- $\text{환산 압력} = \dfrac{\text{주어진 압력}}{\text{주어진 압력의 표준대기압}} \times \text{구하려는 표준대기압}$

참•고

SI단위와 공학단위의 관계

$1[\text{MPa}] = 10.1968[\text{kgf/cm}^2] \fallingdotseq 10[\text{kgf/cm}^2]$, $1[\text{kgf/cm}^2] = \dfrac{1}{10.1968}[\text{MPa}] \fallingdotseq \dfrac{1}{10}[\text{MPa}]$

$1[\text{kPa}] = 101.968[\text{mmH}_2\text{O}] \fallingdotseq 100[\text{mmH}_2\text{O}]$, $1[\text{mmH}_2\text{O}] = \dfrac{1}{101.968}[\text{kPa}] = \dfrac{1}{100}[\text{kPa}]$

4) 열량

열은 물질의 분자운동에 의한 에너지이며 물체가 보유하는 열의 양을 열량이라 한다.

(1) 열량의 단위

① 1[kcal] : 순수한 물 1[kg] 온도를 14.5[℃]의 상태에서 15.5[℃]로 상승시키는데 소요되는 열량이다.

② 1BTU(British thermal unit) : 순수한 물 1[lb] 온도를 61.5[°F]의 상태에서 62.5[°F]로 상승시키는데 소요되는 열량이다.

③ 1CHU(Centigrade heat unit) : 순수한 물 1[lb] 온도를 14.5[℃]의 상태에서 15.5[℃]로

상승시키는데 소요되는 열량으로 1PCU(Pound celsius unit)라 한다.

(2) 열량 단위의 관계

구분	kcal	BTU	CHU
kcal	1	3.968	2.205
BTU	0.252	1	0.5556
CHU	0.4536	1.8	1

5) 열용량과 비열

(1) 열용량

어떤 물체의 온도를 1[℃](또는 1[K]) 상승시키는데 소요되는 열량이다.

① 열용량 $= G \cdot C_p$

② 열량 $= G \cdot C_p \cdot \Delta t$

여기서, G : 중량[kgf], C_p : 정압비열[kcal/kgf · ℃], Δt : 온도차[℃]

(2) 비열

어떤 물질 1[kg]을 온도 1[℃] 상승시키는데 소요되는 열량으로, 비열은 정적비열과 정압비열이 있으며 물질의 종류마다 비열이 각각 다르다.

① 정압비열(C_p) : 압력이 일정하게 유지된 상태에서의 비열

② 정적비열(C_v) : 체적이 일정하게 유지된 상태에서의 비열

③ 비열비 : 정압비열(C_p)과 정적비열(C_v)의 비

$$k = \frac{C_p}{C_v} > 1 \quad (C_p > C_v \text{이므로 } k > 1\text{이다.})$$

㉮ 1원자 분자 : 1.66

㉯ 2원자 분자 : 1.4

㉰ 3원자 분자 : 1.33

㉱ 0[℃]에서 공기의 경우

ⓐ $C_p \fallingdotseq 0.240\,[\text{kcal/kgf} \cdot \text{K}] = 1.066\,[\text{kJ/kg} \cdot \text{K}]$

ⓑ $C_v \fallingdotseq 0.171\,[\text{kcal/kgf} \cdot \text{K}] = 0.718\,[\text{kJ/kg} \cdot \text{K}]$

$$\therefore k = \frac{0.240}{0.171} \fallingdotseq 1.4$$

④ 정적비열과 정압비열의 관계

㉮ SI 단위

$$C_p - C_v = R,\quad C_p = \frac{k}{k-1}R,\quad C_v = \frac{1}{k-1}R$$

여기서, C_p : 정압비열[kJ/kg・K] C_v : 정적비열[kJ/kg・K]

R : 기체상수$\left(\frac{8.314}{\text{M}}[\text{kJ/kg}\cdot\text{K}]\right)$ k : 비열비

㉯ 공학 단위

$$C_p - C_v = AR,\quad C_p = \frac{k}{k-1}AR,\quad C_v = \frac{1}{k-1}AR$$

여기서, C_p : 정압비열[kcal/kgf・K], C_v : 정적비열[kcal/kgf・K]

A : 일의 열당량$\left(\frac{1}{427}[\text{kcal/kgf}\cdot\text{m}]\right)$, k : 비열비

R : 기체상수$\left(\frac{848}{\text{M}}[\text{kgf}\cdot\text{m/kg}\cdot\text{K}]\right)$

6) 현열과 잠열

(1) 현열(감열)

물질이 상태변화는 없이 온도 변화에 총 소요된 열량

① SI 단위

$$Q = m \cdot C \cdot \Delta t$$

여기서, Q : 현열[kJ], m : 물체의 질량[kg]

C : 비열[kJ/kg・℃] Δt : 온도 변화[℃]

② 공학 단위

$$Q = G \cdot C \cdot \Delta t$$

여기서, Q : 현열[kcal] G : 물체의 중량[kgf]

C : 비열[kcal/kgf・℃] Δt : 온도 변화[℃]

(2) 잠열

물질이 온도 변화는 없이 상태 변화에 총 소요된 열량

① SI 단위

$$Q = m \cdot \gamma$$

여기서, Q : 잠열[kJ], m : 물체의 질량[kg], γ : 잠열량[kJ/kg]

② 공학 단위

$$Q = G \cdot r$$

여기서, Q : 잠열[kcal], G : 물체의 중량[kgf], γ : 잠열량[kcal/kgf]

7) 열에너지

(1) 내부 에너지

모든 물체는 그 물체 자신이 외부와 관계없이 감열과 잠열로서 열을 비축하고 있는데 이를 내부 에너지라 한다.

(2) 엔탈피

어떤 물체가 갖는 열량으로 내부에너지와 외부에너지의 합이다.

① SI 단위

$$h = U + P \cdot v$$

여기서, h : 엔탈피[kJ/kg] U : 내부에너지[kJ/kg]
P : 압력[kPa] v : 비체적[m^3/kg]

② 공학 단위

$$h = U + A \cdot P \cdot v$$

여기서, h : 엔탈피[kcal/kgf] A : 일의 열당량$\left(\frac{1}{427}[\text{kcal/kgf} \cdot \text{m}]\right)$
U : 내부에너지[kcal/kgf] P : 압력[kgf/m^2] v : 비체적[m^3/kgf]

(3) 엔트로피

열역학 제2법칙에서 얻어진 상태량(엔탈피)이며 그 상태량을 절대온도로 나눈 값이다.

① SI 단위

$$dS = \frac{dQ}{T} = U + \frac{P \cdot v}{T}$$

여기서, dS : 엔트로피 변화량[kJ/kg · K] dQ : 열량변화[kJ/kg]
T : 그 상태의 절대온도[K] P : 압력[kPa]
v : 비체적[m^3/kg]

② 공학 단위

$$dS=\frac{dQ}{T}=U+\frac{A\cdot P\cdot v}{T}$$

여기서, dS : 엔트로피 변화량[kcal/kgf · K] dQ : 열량변화[kcal/kgf]

T : 그 상태의 절대온도[K] A : 일의 열당량$\left(\frac{1}{427}\text{[kcal/kgf · m]}\right)$

P : 압력[kgf/m²] v : 비체적[m³/kgf]

8) 열역학 법칙

(1) 열역학 제 0법칙

온도가 서로 다른 물질이 접촉하면 고온은 저온이 되고, 저온은 고온이 되어서 결국 시간이 흐르면 두 물질의 온도는 같게 된다. 이것을 열평형이 되었다고 하며, 열평형의 법칙이라 한다.

$$t_m=\frac{G_1\cdot C_1\cdot t_1+G_2\cdot C_2\cdot t_2}{G_1\cdot C_1+G_2\cdot C_2}$$

여기서, t_m : 평균온도[℃]

G_1, G_2 : 각 물질의 중량[kgf]

C_1, C_2 : 각 물질의 비열[kcal/kgf · ℃]

t_1, t_2 : 각 물질의 온도[℃]

(2) 열역학 제1법칙

에너지 보존의 법칙이라고도 하며 기계적 일이 열로 변하거나, 열이 기계적 일로 변할 때 이들의 비는 일정한 관계가 성립된다.

① 열과 일은 하나의 에너지이다.

② 열은 일로, 일은 열로 전환할 수 있고, 전환 시에 열 손실은 없다.

③ 에너지는 결코 생성되지 않고 존재가 없어질 수도 없다.

④ 한 형태로부터 다른 형태로 바뀌어 진다.

⑤ 줄의 법칙이 성립된다.

㉮ SI 단위

$$Q=W$$

여기서, Q : 열량[kJ], W : 일량[kJ]

※ SI 단위에서는 열과 일은 같은 단위[kJ]를 사용한다.

④ 공학 단위

$$Q = A \cdot W,\quad W = J \cdot Q$$

여기서, Q : 열량[kcal]

W : 일량[kgf · m]

A : 일의 열당량$\left(\frac{1}{427}\text{[kcal/kgf · m]}\right)$

J : 열의 일당량(427[kgf · m/kcal])

(3) 열역학 제2법칙

열은 고온도의 물질로부터 저온도의 물질로 옮겨질 수 있지만, 그 자체는 저온도의 물질로부터 고온도의 물질로 옮겨갈 수 없다. 또 일이 열로 바뀌는 것은 쉽지만 반대로 열이 일로 바뀌는 것은 힘을 빌리지 않는 한 불가능한 일이다. 이와 같이 열역학 제2법칙은 에너지 변환의 방향성을 명시한 것으로 방향성의 법칙이라 한다.

(4) 열역학 제3법칙

어느 열기관에서나 절대온도 0도로 이루게 할 수 없다. 그러므로 100% 의 열효율을 가진 기관은 불가능하다.

9) 비중, 밀도, 비체적

(1) 비중

기준이 되는 유체와 무게비를 말하며, 기체비중(공기와 비교), 액비중(물과 비교), 고체비중이 있다.

① 기체의 비중 : 표준상태(STP : 0[℃], 1기압 상태)의 공기 일정 부피당 질량과 같은 부피의 기체 질량과의 비를 말한다.

$$\text{기체 비중} = \frac{\text{기체 분자량(질량)}}{\text{공기의 평균분자량(29)}}$$

② 액체의 비중 : 특정 온도에 있어서 4[℃] 순수한 물의 밀도에 대한 액체의 밀도비를 말한다.

$$\text{액체 비중} = \frac{t[℃]\text{의 물질의 밀도}}{4[℃]\text{물의 밀도}}$$

(2) 가스 밀도

가스의 단위 체적당 질량

$$가스\ 밀도[g/L,\ kg/m^3] = \frac{분자량}{22.4}$$

(3) 가스 비체적

단위 질량당 체적으로 가스 밀도의 역수이다.

$$가스\ 비체적[L/g,\ m^3/kg] = \frac{22.4}{분자량} = \frac{1}{밀도}$$

3. 가스의 기초 법칙

1) 화학의 기초

(1) 원자량과 분자량

① 원자량 : 질량수 12인 탄소원자(C^{12})를 기준으로 정하고 이것과 비교한 다른 원자의 상대적 질량 값을 말한다.

○ 탄소 1[g] 원자=탄소 12[g]=탄소원자 6.02×10^{23}개(아보가드로의 수)

② 분자량 : 분자를 구성하는 원자의 원자량 합으로 표시한다.

㉮ 1원자 분자 : 1개의 원자로 이루어진 분자(Ar, He, Ne 등)

㉯ 2원자 분자 : 2개의 원자로 이루어진 분자(H_2, N_2, O_2, CO 등)

㉰ 3원자 분자 : 3개의 원자로 이루어진 분자(O_3, H_2O, CO_2 등)

③ 원소기호 및 원자량, 분자량

호칭	수소	헬륨	탄소	질소	산소	나트륨	황	염소	아르곤
원소 기호	H	He	C	N	O	Na	S	Cl	Ar
원자량	1	4	12	14	16	23	32	35.5	40
분자 기호	H_2	He	C	N_2	O_2	Na	S	Cl_2	Ar
분자량	2	4	12	28	32	23	32	71	40

※ 공기의 평균분자량 계산 : 공기의 조성(부피[%])은 질소(N_2) 78[%], 산소(O_2) 21[%], 아르곤(Ar) 1[%]로 되어 있다.

$\therefore M = (28 \times 0.78) + (32 \times 0.21) + (40 \times 0.01) = 28.96 \fallingdotseq 29$

즉, 공기 1[mol]이 차지하는 질량은 약 29[g]이고, 부피는 22.4[L] 이다.

(2) 아보가드로의 법칙

모든 기체 1[g] 분자는 표준상태(0[℃], 1기압)에서 22.4[L]의 부피를 차지하며, 그 속에는 6.02×10^{23}개의 분자가 들어 있다.

※ $1[g]\ 분자 = 1[mol] = \frac{질량(W)}{분자량(M)} = \frac{체적[L]}{22.4[L]} = \frac{분자수}{6.02 \times 10^{23}}$

(3) 화학식

① 실험식 : 화합물 중의 분자조성을 가장 간단하게 표시한 식
② 분자식 : 한 분자 속에 들어 있는 원자의 종류와 그 수로 표시된 식
③ 시성식 : 분자식에 들어 있는 기(radical)의 결합상태를 나타낸 식
④ 구조식 : 분자를 구성하는 원자의 결합상태를 원자가와 같은 수의 결합선으로 나타낸 식

2) 기체의 특성

(1) 보일의 법칙

일정온도 하에서 일정량의 기체가 차지하는 부피는 압력에 반비례한다.

$$P_1 \cdot V_1 = P_2 \cdot V_2$$

(2) 샤를의 법칙

일정 압력 하에서 일정량의 기체가 차지하는 부피는 절대온도에 비례한다.

$$\frac{V_1}{T_1} = \frac{V_2}{T_2}$$

(3) 보일-샤를의 법칙

일정량의 기체가 차지하는 부피는 압력에 반비례하고, 절대온도에 비례한다.

$$\frac{P_1 \cdot V_1}{T_1} = \frac{P_2 \cdot V_2}{T_2}$$

여기서, P_1 : 변하기 전의 절대압력 　 P_2 : 변한 후의 절대압력
V_1 : 변하기 전의 부피 　 V_2 : 변한 후의 부피
T_1 : 변하기 전의 절대온도[K] 　 T_2 : 변한 후의 절대온도[K]

(4) 이상 기체(완전가스)

① 이상기체의 성질
㉮ 보일-샤를의 법칙을 만족한다.
㉯ 아보가드로의 법칙에 따른다.
㉰ 내부에너지는 체적에 무관하며, 온도에 의해서만 결정된다(줄의 법칙이 성립된다).
㉱ 비열비는 온도에 관계없이 일정하다.
㉲ 기체의 분자력과 크기도 무시되며 분자간의 충돌은 완전 탄성체이다.

② 이상기체 상태 방정식
㉮ SI 단위

$$PV = nRT, \quad PV = \frac{W}{M}RT, \quad PV = Z\frac{W}{M}RT$$

여기서, P : 압력[atm] 　 V : 체적[L]
n : 몰[mol] 수 　 R : 기체상수(0.082 [L · atm/mol · K])
M : 분자량 　 W : 질량[g]
T : 절대온도[K] 　 Z : 압축계수

$$PV = GRT$$

여기서, P : 압력[kPa · a] 　 V : 체적[m^3]
G : 질량[kg] 　 T : 절대온도[K]
R : 기체상수 $\left(\frac{8.314}{M}[kJ/kg \cdot K]\right)$

㉯ 공학 단위

$$PV = GRT$$

여기서, P : 압력[$kgf/m^2 \cdot a$] 　 V : 체적[m^3]
G : 중량[kgf] 　 T : 절대온도[K]

R : 기체상수 $\left(\frac{848}{M}[kgf \cdot m/kg \cdot K]\right)$

③ 실제기체 상태 방정식(Van der Waals 식)

㉮ 실제기체가 1 [mol]의 경우

$$\left(P+\frac{a}{V^2}\right)(V-b)=RT$$

㉯ 실제기체가 n [mol]의 경우

$$\left(P+\frac{n^2 \cdot a}{V^2}\right)(V-n \cdot b)=nRT$$

여기서, a : 기체분자간의 인력[atm · L^2/mol^2]

b : 기체분자 자신이 차지하는 부피[L/mol]

④ 이상기체와 실제기체의 비교

구분	이상기체	실제기체
분자의 크기	질량은 있으나 부피가 없다.	기체에 따라 다르다.
분자간의 인력	없다.	있다.
고압, 저온	액화, 응고되지 않는다.	액화, 응고된다.
0[K] (-273[℃])	기체부피 0이다.	응고되어 고체로 된다.
보일-샤를의 법칙	완전히 적용된다.	근사적으로 적용된다.

3) 혼합가스의 성질

(1) 달톤의 분압 법칙

혼합기체가 나타내는 전압은 각 성분 기체의 분압의 총합과 같다.

$$P = P_1 + P_2 + P_3 + \cdots + P_n$$

여기서, P : 전압

P_1, P_2, P_3, P_n : 각 성분 기체의 분압

(2) 아메가의 분적 법칙

혼합가스가 나타내는 전 부피는 같은 온도, 같은 압력하에 있는 각 성분 기체의 부피의 합과 같다.

$$V = V_1 + V_2 + V_3 + \cdots + V_n$$

여기서, V : 전부피

V_1, V_2, V_3, V_n : 각 성분 기체의 부피

(3) 전압 계산

$$P = \frac{P_1V_1 + P_2V_2 + P_3V_3 + \cdots + P_nV_n}{V}$$

여기서, P : 전압 P_1, P_2, P_3, P_n : 각 성분 기체의 분압

V : 전부피 V_1, V_2, V_3, V_n : 각 성분 기체의 부피

(4) 분압 계산

$$\text{분압} = \text{전압} \times \frac{\text{성분 몰수}}{\text{전 몰수}} = \text{전압} \times \frac{\text{성분 부피}}{\text{전 부피}}$$

$$= \text{전압} \times \frac{\text{성분 분자 수}}{\text{전분자 수}}$$

(5) 혼합가스의 조성

두 종류 이상의 기체가 혼합된 상태에서 각 성분 기체의 혼합비를 표시한다.

$$\text{mol}[\%] = \frac{\text{어느 성분 기체의 mol 수}}{\text{가스 전체의 mol 수}}$$

$$\text{용량}[\%] = \frac{\text{어느 성분 기체의 용량}}{\text{가스 전체의 용량}}$$

$$\text{중량}[\%] = \frac{\text{어느 성분 기체의 중량}}{\text{가스 전체의 중량}}$$

(6) 혼합가스의 확산 속도(그레이엄의 법칙)

일정한 온도에서 기체의 확산 속도는 기체의 분자량(또는 밀도)의 평방근(제곱근)에 반비례한다.

$$\frac{U_2}{U_1} = \sqrt{\frac{M_1}{M_2}} = \frac{t_1}{t_2}$$

여기서, U_1, U_2 : 1번 및 2번 기체의 확산 속도

M_1, M_2 : 1번 및 2번 기체의 분자량

t_1, t_2 : 1번 및 2번 기체의 확산 시간

(7) 르샤틀리에의 법칙(폭발한계 계산)

폭발성 혼합가스의 폭발한계를 계산할 때 이용한다.

$$\frac{100}{L} = \frac{V_1}{L_1} + \frac{V_2}{L_2} + \frac{V_3}{L_3} + \frac{V_4}{L_4} + \cdots$$

여기서, L : 혼합가스의 폭발 한계치
V_1, V_2, V_3, V_4 : 각 성분 체적[%]
L_1, L_2, L_3, L_4 : 각 성분 단독의 폭발 한계치

(8) 헨리의 법칙(Henrry's law)

기체 용해도의 법칙이라 하며, 일정온도에서 일정량의 액체에 녹는 기체의 질량은 압력에 정비례한다.

① 수소(H_2), 산소(O_2), 질소(N_2), 이산화탄소(CO_2) 등과 같이 물에 잘 녹지 않는 기체만 적용된다.

② 염화수소(HCl), 암모니아(NH_3), 이산화황(SO_2) 등과 같이 물에 잘 녹는 기체는 적용되지 않는다.

4. 반응속도 및 평형

1) 화학반응과 에너지

(1) 발열반응

엔탈피가 큰 물질이 화학반응 또는 상태 변화를 일으켜 엔탈피가 작은 물질로 변할 때 (반응물질〉생성물질)는 그 차에 해당되는 엔탈피의 열을 방출하는 반응이다.

(2) 흡열반응

엔탈피가 작은 물질이 화학반응 또는 상태 변화를 일으켜 엔탈피가 큰 물질로 변할 때 (반응물질〈생성물질) 부족 되는 에너지를 열의 형태로 흡수하는 반응이다.

(3) 반응열

화학반응에 수반되어 발생 또는 흡수되는 에너지의 양이다.

① 생성열 : 화합물 1[mol]이 2성분 원소의 단체로부터 생성될 때 발생 또는 흡수되는 에너지이다.

$$C + O_2 \rightarrow CO_2 + 94.1\,[kcal]$$

$$\frac{1}{2}N_2 + \frac{1}{2}O_2 \rightarrow NO - 21.6\,[kcal]$$

∴ CO_2의 생성열은 94.1[kcal], NO의 생성열은 −21.6[kcal]이다.

② 분해열 : 화합물 1[mol]이 그 성분인 단체로 분해될 때의 반응열을 분해열이라 하며, 그 값은 생성열과 절대값은 같으나 그 부호가 반대이다.

$$H_2O \rightarrow H_2 + \frac{1}{2}O_2 - 68.3\,[kcal]$$

$$NO \rightarrow \frac{1}{2}N_2 + \frac{1}{2}O_2 + 21.6\,[kcal]$$

③ 연소열 : 1[mol]의 물질이 공기(산소) 중에서 완전 연소할 때 발생하는 열량이다.

$$C + O_2 \rightarrow CO_2 + 94.1\,[kcal]$$

∴탄소(C)의 연소열은 94.1kcal 이다.

④ 용해열 : 1[mol]의 물질이 많은 용액에 녹을 때 수반되는 열량을 용해열이라 하며, 발열될 때는 용액의 온도가 상승되고, 흡열될 때는 용액의 온도가 하강한다.

⑤ 중화열 : 산, 염기가 각각 1[g] 당량이 중화할 때 발생하는 열량을 중화열이라 한다.

(4) 헤스의 법칙(Hess's law)

총열량 불변의 법칙이라 하며 화학반응에서 발생 또는 흡수되는 열량은 그 반응의 최초의 상태만 결정되면 그 도중의 경로에는 관계가 없다.

$$C + \frac{1}{2}O_2 \rightarrow CO + 29200\,[kcal/kmol]$$

$$+\;\; CO + \frac{1}{2}O_2 \rightarrow CO_2 + 68000\,[kcal/kmol]$$

$$C + O_2 \rightarrow CO_2 + 97200\,[kcal/kmol]$$

2) 반응속도에 영향을 주는 요소

(1) 농도

반응하는 각 물질의 농도에 반응 속도는 비례한다.

※ 고체 물질의 농도는 반응 속도에 영향이 없다.

(2) 온도

온도가 상승하면 속도정수가 커지므로 반응 속도는 증가한다. 즉 활성화상태의 분자 수가 증가하므로 발열반응, 흡열반응 모두 반응 속도가 증가한다.

※ 아레니우스의 반응 속도론에 따라 온도가 10[℃] 상승함에 따라 반응 속도는 2~3배 증가한다. 일반적으로 수용액의 경우는 온도가 10[℃] 상승하면 반응 속도는 약 2배, 20[℃] 상승하면 2^2배, 50[℃] 상승하면 2^5배로 되며 기체의 경우는 그 이상으로 된다.

(3) 촉매

자신은 변하지 않고 활성화 에너지를 변화시켜 반응 속도를 변화시키는 물질로 정촉매와 부촉매가 있다.

② 정촉매 : 정반응 및 역반응 활성화 에너지를 감소시켜 반응 속도를 빠르게 한다.

③ 부촉매 : 정반응 및 역반응 활성화 에너지를 증가시켜 반응 속도를 느리게 한다.

(4) 압력

반응 속도를 변화시키지 못하나, 기체반응 중에서 압력 때문에 기체의 체적이 변하고, 체적의 변화는 농도의 변화를 가져오므로 반응 속도를 변화시킨다.

(5) 활성화 에너지

반응 물질을 활성화물로 만들어 주는데 필요한 최소 에너지이다.

① 활성화 에너지가 클수록 반응속도는 감소한다.

② 활성화 에너지가 작을수록 반응 속도는 증가한다.

(6) 반응물질의 성질

이온 사이의 반응 속도는 분자간의 반응 속도보다 빠르다.

3) 가역 반응과 불가역 반응

(1) 가역반응

온도, 압력, 농도 등의 조건의 변화에 따라 반응이 정반응(→ 오른쪽으로 이동)과 역반응(← 왼쪽으로 이동) 어느 방향으로도 진행되는 반응을 가역반응이라 하며 ⇄ 로 표시한다.

① 온도에 의한 경우

$$NH_3 + HCl \underset{\text{고온}}{\overset{\text{저온}}{\rightleftarrows}} NH_4Cl$$

② 압력에 의한 경우

$$N_2 + 3H_2 \underset{\text{저압}}{\overset{\text{고압}}{\rightleftarrows}} 2NH_3$$

③ 농도에 의한 경우

$$HCl \underset{\text{진할 때}}{\overset{\text{묽을 때}}{\rightleftarrows}} H^+ + Cl^-$$

(2) 불가역 반응

화학반응이 정반응 또는 역반응 어느 한쪽으로만 일어나는 반응이다.

① 반응계에서 기체가 날아갈 때 : $C + O_2 \rightarrow CO_2 \uparrow$ (g)

② 침전이 생길 때 : $CuSO_4 + H_2S \rightarrow H_2SO_4 + CuS \downarrow$ (침전)

③ 전리하지 않는 물질이 생길 때(강산과 강염기의 중화반응)

$$HCl + NaOH \rightarrow NaCl + H_2O$$

4) 화학평형 및 평형상수

(1) 화학평형

정반응과 역반응의 반응 속도가 같아져서, 반응이 정지된 것처럼 보이는 상태를 화학평형 상태라 한다. (정반응 및 역반응이 진행되어도 반응물질과 생성물질의 농도가 일정한 상태)

(2) 평형상수(K)

$aA + bB \rightleftarrows cC + dD$의 반응이 평형상태에 있을 때

$$K = \frac{[C]^c \times [D]^d}{[A]^a \times [B]^b}$$

① 평형상수 K는 온도가 일정할 때는 각 물질의 농도 변화에는 관계없이 일정한 값을 가지나, 온도가 변하면 바뀌어 지는 상수이다.

② 평형상수가 클수록 정반응이 많이 진행된 후 평형에 도달하여 생성물질이 많이 만들어지고, 평형상수가 작을수록 생성물질이 적게 만들어지는 것을 뜻한다.

③ 평형상수는 화학반응식에 따라 다음과 같이 다르게 표시한다.

㉮ $2NO(g) + O_2(g) \rightleftarrows 2NO_2(g) \quad \therefore K = \frac{[NO_2]^2}{[NO]^2 \times [O_2]}$

㉯ $N_2(g) + 3H_2(g) \rightleftarrows 2NH_3(g) \quad \therefore K = \frac{[NH_3]^2}{[N_2] \times [H_2]^3}$

(3) 평형이동의 법칙

반응이 평형상태에 있을 때 농도, 온도, 압력 등의 평형의 조건을 변동시키면 그 변화를 없애고자 하는 방향으로 새로운 평형에 도달한다. → 르샤틀리에의 법칙

① 농도의 영향 : 농도를 증가시키면 농도가 감소되는 방향으로, 농도를 감소시키면 농도가 증가되는 방향으로 반응이 진행된다.

㉮ 반응물 첨가(또는 생성물 제거) 할 때 : 정반응 방향으로 이동

㉯ 반응물 제거(또는 생성물 첨가) 할 때 : 역반응 방향으로 이동

$H_2 + I_2 \rightleftarrows 2HI$

– H_2, I_2 첨가할 때나 HI를 제거할 때 : 정반응

– HI 첨가할 때나 H_2, I_2 제거할 때 : 역반응

② 압력의 영향 : 압력을 증가시키면 압력이 감소되는 방향으로, 압력을 감소시키면 압력이 증가되는 방향으로 반응이 진행된다.

㉮ 압력이 증가할 때(부피 감소) : 기체 몰수가 적어지는 방향으로 이동

㉯ 압력이 감소할 때(부피 증가) : 기체 몰수가 증가하는 방향으로 이동

$N_2 + 3H_2 \rightleftarrows 2NH_3$

– 압력이 증가하면 : 생성물의 몰수가 작으므로 정반응으로 이동한다.

– 압력이 감소하면 : 반응물의 몰수가 크므로 역반응으로 이동한다.

③ 온도의 영향 : 온도를 높이면 온도가 내려가는 방향으로, 온도를 내리면 온도가 올라가는 방향으로 반응이 신행된다.

㉮ 발열반응에서 온도를 높이면 역반응이 일어난다.

$$N_2 + 3H_2 \rightleftarrows 2NH_3 + 2NH_3 + 22\,kcal$$

- 온도를 높이면 역반응이 일어나고 평형상수 K는 감소한다.
- 온도를 낮추면 정반응이 일어나고 평형상수 K는 증가한다.

㉯ 흡열반응에서 온도를 높이면 정반응이 일어난다.

$$N + O \rightleftarrows 2NO - 43.2\,kcal$$

- 온도를 높이면 정반응이 일어나고 평형상수 K는 증가한다.
- 온도를 낮추면 역반응이 일어나고 평형상수 K는 감소한다.

01 고압가스 안전관리법령에서 정한 고압가스의 범위에 대한 설명으로 옳은 것은?

① 상용의 온도에서 게이지압력이 0[MPa]이 되는 압축가스
② 섭씨 35도의 온도에서 게이지압력이 0[Pa]을 초과하는 아세틸렌가스
③ 상용의 온도에서 게이지압력이 0.2[MPa] 이상이 되는 액화가스
④ 섭씨 15도의 온도에서 게이지압력이 0.2[MPa]을 초과하는 액화가스 중 액화시안화수소

해설 고압가스의 정의

㉮ 상용의 온도에서 압력(게이지압력)이 1[MPa] 이상이 되는 압축가스로서 그 압력이 1[MPa] 이상이 되는 것 또는 35[℃]의 온도에서 압력이 1[MPa] 이상이 되는 압축가스(아세틸렌가스를 제외한다.)
㉯ 15[℃]의 온도에서 압력이 0[Pa] 초과하는 아세틸렌가스
㉰ 상용의 온도에서 압력이 0.2[MPa] 이상이 되는 액화가스로서 실제로 그 압력이 0.2[MPa] 이상이 되는 것 또는 압력이 0.2[MPa]이 되는 경우의 온도가 35[℃] 이하인 액화가스
㉱ 35[℃]의 온도에서 압력이 0[Pa]을 초과하는 액화가스 중 액화시안화수소, 액화브롬화메탄 및 액화산화에틸렌가스

02 고압가스를 상태에 따라 분류한 것이 아닌 것은?

① 압축가스 ㉯ 액화가스
③ 용해가스 ④ 지연성 가스

해설 고압가스의 분류

㉮ **상태에 따른 분류** : 압축가스, 액화가스, 용해가스
㉯ **연소성에 따른 분류** : 가연성 가스, 지연성 가스, 불연성 가스
㉰ **독성에 의한 분류** : 독성가스, 비독성가스

03 압축가스의 종류에 해당되는 것이 아닌 것은?

① 산소 ② 메탄
③ 염소 ④ 일산화탄소

해설 **압축가스의 종류** : 산소, 수소, 메탄, 질소, 일산화탄소, 헬륨, 네온, 아르곤

04 비점이 낮은 것에서 높은 순서로 나열한 것은?

① $H_2-O_2-N_2$ ② $H_2-N_2-O_2$
③ $O_2-N_2-H_2$ ④ $N_2-O_2-H_2$

해설 대기압상태에서 각 가스의 비점

명칭	비점
헬륨(He)	−269[℃]
수소(H_2)	−252[℃]
네온(Ne)	−246[℃]
질소(N_2)	−197[℃]
아르곤(Ar)	−186[℃]
산소(O_2)	−183[℃]
메탄(CH_4)	−161.5[℃]

Answer 1. ③ 2. ④ 3. ③ 4. ②

05 액화가스의 종류에 해당되는 것이 아닌 것은?

① 프로판 ② 시안화수소
③ 암모니아 ④ 메탄

해설 **액화가스의 종류** : 프로판, 시안화수소, 프레온, 이산화탄소, 암모니아, 염소

06 지연성 가스에 해당하는 것은?

① 염소 ② 황화수소
③ 암모니아 ④ 벤젠

해설 **지연성 가스의 종류** : 공기, 산소, 염소, 불소, 아산화질소(N_2O), 이산화질소(NO_2)

07 가연성 가스의 정의로 옳게 설명된 것은?

① 공기 중에서 연소할 수 있는 가스로서 폭발한계의 하한이 10[%] 이하이거나, 상한과 하한의 차가 20[%] 이상인 가스
② 폭발한계의 하한이 10[%] 이상인 것
③ 폭발한계의 상한이 20[%] 이상인 것
④ 연소할 수 있는 가스로 폭발한계의 하한이 10[%] 이상이거나, 상한과 하한의 차가 20[%] 이하인 가스

해설 **가연성 가스의 정의** : 공기 중에서 연소할 수 있는 가스로서 폭발한계의 하한이 10[%] 이하이거나, 상한과 하한의 차가 20[%] 이상인 가스

08 가연성 가스의 폭발범위에 관한 설명 중 옳은 것은?

① 일반적으로 온도나 압력이 낮게 되면 폭발범위는 넓게 된다.
② 폭발범위는 보통 공기 중의 가연성 가스의 용량 [%]로 나타내고 있다.
③ 일반적으로 폭발범위는 좁을수록 위험하다.
④ 폭발범위는 혼합가스 중의 공기의 용량 [%]로 나타낸다.

해설 **폭발범위** : 공기 중의 가연성 가스의 용량(체적) 비율로 일반적으로 온도나 압력이 높게 되면 폭발범위는 넓게 되며, 폭발범위가 넓을수록 위험하다.

09 가연성 가스가 공기 또는 산소에 혼합되었을 때 폭발위험은?

① 공기보다 산소에 혼합했을 때 폭발범위가 넓어진다.
② 공기보다 산소에 혼합했을 때 폭발범위가 좁아진다.
③ 공기와 산소에 관계없이 일정하다.
④ 가스의 종류에 따라 그 범위가 넓어지는 경우도 있고, 좁아지는 경우도 있다.

해설 산소에 혼합되었을 때 하한보다 상한이 커져 폭발범위가 넓어진다.

10 다음 중 가연성 물질이 아닌 것은?

① 메탄 ② 부틸렌
③ 사염화탄소 ④ 이황화탄소

해설 사염화탄소(CCl_4)는 불연성이며, 독성가스에 해당된다.

11 공기 중에서 폭발범위가 가장 넓은 가스는 어느 것인가?

① C_3H_8 ② H_2
③ C_2H_2 ④ C_4H_{10}

Answer 5. ④ 6. ① 7. ① 8. ② 9. ① 10. ③ 11. ③

해설 각 가스의 공기 중에서의 폭발범위

명칭	폭발범위
프로판(C_3H_8)	2.2~9.5[%]
수소(H_2)	4~75[%]
아세틸렌(C_2H_2)	2.5~81[%]
부탄(C_4H_{10})	1.9~8.5[%]

12 불연성 가스에 해당되는 것은?

① 질소 ② 부탄
③ 수소 ④ 일산화탄소

해설 **불연성 가스의 종류** : 헬륨, 네온, 질소, 아르곤, 이산화탄소

13 다음 가스 중 독성 가스만으로 열거한 것은 어느 것인가?

① 암모니아, 염소, 포스겐, 수소, 메탄
② 포스겐, 일산화탄소, 염소, 아세틸렌, 메탄
③ 포스겐, 이황화탄소, 염소, 암모니아
④ 암모니아, 염소, 석탄가스, 프로판, 일산화탄소

해설 **독성가스의 종류** : 암모니아, 일산화탄소, 불소, 염소, 포스겐, 산화에틸렌, 시안화수소, 황화수소

14 가연성 가스이면서 독성가스인 것은?

① 산화에틸렌 ② 아황산가스
③ 프로판 ④ 염소

해설 **가연성 가스이면서 독성가스** : 아크릴로니트릴, 일산화탄소, 벤젠, 산화에틸렌, 모노메틸아민, 염화메탄, 브롬화메탄, 이황화탄소, 황화수소, 암모니아, 석탄가스, 시안화수소, 트리메틸아민 등
※ **암기법** : **아일벤 산모**가 **염**려 **되브이 황암석 시트**를 보냈다.

15 SI 단위인 Joule[J]에 대한 설명으로 옳지 않은 것은?

① 1Newton의 힘의 방향으로 1[m] 움직이는데 필요한 일이다.
② 1[Ω]의 저항에 1[A]의 전류가 흐를 때 1초간 발생하는 열량이다.
③ 1[kg]의 질량을 1[m/s²] 가속시키는데 필요한 힘이다.
④ 1Joule은 약 0.24[cal]에 해당한다.

해설 1Joule[J] = 1[N · m] = 1[kg · m/s²] × [m]

16 섭씨온도(℃)의 정의로 옳은 것은?

① 표준대기압(1[atm]) 하에서 순수한 물의 빙점을 0[℃]로, 비점을 100[℃]로 정한 다음 이 사이를 100등분한 것이다.
② 표준대기압(1[atm]) 하에서 알코올의 빙점을 0[℃]로, 비점을 100[℃]로 정한 다음 이 사이를 100등분한 것이다.
③ 압력을 1.0[kgf/cm²]로 하고, 순수한 물의 빙점을 0[℃]로, 비점을 100[℃]로 정한 다음 이 사이를 100등분한 것이다.
④ 압력 1[bar] 하에서 순수한 물의 빙점을 0[℃]로, 비점을 100[℃]로 정한 다음 이 사이를 100등분한 것이다.

해설 **섭씨온도[℃]와 화씨온도[°F]의 정의**
㉮ **섭씨온도** : 표준대기압 하에서 물의 빙점을 0[℃], 비점을 100[℃]로 정하고, 그 사이를 100등분하여 하나의 눈금을 1[℃]로 표시하는 온도이다.
㉯ **화씨온도** : 표준대기압 하에서 물의 빙점을 32[°F], 비점을 212[°F]로 정하고, 그 사이를 180등분하여 하나의 눈금을 1[°F]로 표시하는 온도이다.

Answer 12. ① 13. ③ 14. ① 15. ③ 16. ①

17 다음 온도 환산식 중 틀린 것은?

① $℃ = \frac{5}{9}(°F - 32)$ ② $°F = \frac{9}{5}℃ + 32$

③ $K = t℃ + 273$ ④ $°R = t℃ + 460$

해설 $°R = t[°F] + 460$

18 온수의 온도가 60[℃]일 때 화씨온도[°F]는 얼마인가?

① 110[°F] ② 120[°F]

③ 130[°F] ④ 140[°F]

해설 $°F = \frac{9}{5}℃ + 32 = \frac{9}{5} \times 60 + 32 = 140[°F]$

19 섭씨온도[℃]와 화씨온도[°F]가 같은 값을 나타내는 온도는?

① −20[℃] ② −40[℃]

③ −50[℃] ④ −60[℃]

해설 $°F = \frac{9}{5}℃ + 32$에서 [°F]와 [℃]가 같으므로

x로 놓으면 $x = \frac{9}{5}x + 32$가 된다.

$\therefore x - \frac{9}{5}x = 32, \quad x\left(1 - \frac{9}{5}\right) = 32$

$\therefore x = \frac{32}{1 - \frac{9}{5}} = -40$

20 온수 온도가 122[°F]를 섭씨온도로 환산해서 절대온도로 표시하면 몇 [K]인가?

① 313[K] ② 323[K]

③ 413[K] ④ 423[K]

해설 ㉮ 화씨온도를 섭씨온도로 환산

$\therefore ℃ = \frac{5}{9}(°F - 32) = \frac{5}{9} \times (122 - 32)$
$= 50[℃]$

㉯ 절대온도 계산

$\therefore K = t℃ + 273 = 50 + 273 = 323[K]$

별해 $\therefore K = \frac{t[°F] + 460}{1.8} = \frac{122 + 460}{1.8} = 323.33[K]$

21 25[℃]는 몇 °R(Rankine)인가?

① 77[°R] ② 298[°R]

③ 537[°R] ④ 485[°R]

해설 ㉮ 섭씨온도를 화씨온도로 계산

$\therefore °F = \frac{9}{5}℃ + 32 = \frac{9}{5} \times 25 + 32 = 77[°F]$

㉯ 화씨온도를 랭킨온도로 계산

$\therefore °R = t°F + 460 = 77 + 460 = 537[°R]$

별해 $\therefore °R = 1.8(t℃ + 273) = 1.8 \times (25 + 273)$
$= 536.4[°R]$

22 압력에 대한 정의로 옳게 설명된 것은?

① 단위체적에 작용하는 힘의 합

② 단위면적에 작용되는 모멘트의 합

③ 단위면적에 작용되는 힘의 합

④ 단위길이에 작용되는 모멘트의 합

해설 압력의 단위

㉮ SI단위 : $Pa = [N/m^2]$

㉯ 공학단위 : $[kgf/cm^2]$, $[kgf/m^2]$

23 게이지 압력이란 어떤 압력을 기준으로 한 압력인가?

① 대기압 ② 상용압력

③ 절대압력 ④ 진공상태

해설 게이지압력 및 진공압력의 기준은 대기압이다.

Answer 17. ④ 18. ④ 19. ② 20. ② 21. ③ 22. ③ 23. ①

24 표준대기압 1[atm]은 몇 [kgf/cm^2]인가? (단, Hg의 비중량은 13595.1[kgf/m^3], 중력가속도는 9.80665[m/s^2]이다.

① 10332[kgf/cm^2]

② 101325[kgf/cm^2]

③ 1.0332[kgf/cm^2]

④ 1.01325[kgf/cm^2]

해설 압력의 단위

1[atm] = 760[mmHg] = 76[cmHg]
= 0.76[mHg] = 29.9[inHg] = 760[torr]
= 10332[kgf/m^2] = 1.0332[kgf/cm^2]
= 10.332[mH_2O] = 10332[mmH_2O]
= 101325[N/m^2] = 101325[Pa]
= 101.325[kPa] = 0.101325[MPa]
= 1013250[dyne/cm^2] = 1.01325[bar]
= 1013.25[mbar] = 14.7[lb/in^2]
= 14.7[psi]

25 압력에 대한 Pascal[Pa]의 단위로서 옳은 것은?

① N/m^2 ② N^2/m

③ $N\,bar/m^3$ ④ N/m

해설 압력의 SI단위 : Pascal[Pa] = N/m^2

26 압력의 단위인 [torr]에 대하여 바르게 나타낸 것은?

① 표준중력장에서 25[℃]의 수은 1[mm]에 해당하는 압력

② 표준중력장에서 0[℃]의 수은 1[mm]에 해당하는 압력

③ 표준중력장에서 25[℃]의 수은 760[mm]에 해당하는 압력

④ 표준중력장에서 0[℃]의 수은 760[mm]에 해당하는 압력

해설 0[℃], 1[atm] 상태(중력가속도 9.80665[m/s^2]의 상태)에서의 수은주 높이는 760[mm]이며, 이때의 상태가 760[torr]이므로 1[torr]는 수은 1[mm]에 해당된다.

27 압력과의 관계식이 맞는 것은?

① 절대압력 = 게이지 압력 - 대기압

② 절대압력 = 대기압 + 게이지 압력

③ 게이지 압력 = 절대압력 + 대기압

④ 게이지 압력 = 대기압 - 절대압력

해설 절대압력 = 대기압 + 게이지 압력
= 대기압 - 진공압력

28 게이지압력으로 10[kgf/cm^2]은 절대압력으로 몇 [atm]인가?

① 10.51[atm] ② 11.01[atm]

③ 9.7[atm] ④ 10.67[atm]

해설 압력 = 게이지압력 + 대기압

$$= \frac{10 + 1.0332}{1.0332} = 10.67\,[\text{atm}]$$

29 압력계의 눈금이 1.2[MPa]을 나타내고 있으며, 대기압이 750[mmHg]일 때 절대압력은 약 몇 [kPa]인가?

① 1000 ② 1100

③ 1200 ④ 1300

해설 절대압력 = 대기압 + 게이지압력

$$= \left(\frac{750}{760} \times 101.325\right) + (1.2 \times 10^3)$$
$$= 1299.99\,[\text{kPa}]$$

Answer 24. ③ 25. ① 26. ② 27. ② 28. ④ 29. ④

30 압력에 대한 설명에서 잘못된 것은?

① 대기압보다 낮은 압력을 진공(vacuum)이라 한다.
② 절대압력 = 대기압 − 진공압력이다.
③ 진공도는 %로 표시하며, 대기압은 100[%]로 나타낸다.
④ 절대압력 = 게이지 압력 + 대기압이다.

해설 $진공도(\%) = \frac{진공압력}{대기압} \times 100$

∴ 대기압은 진공도가 0[%]이고, 완전진공은 진공도가 100[%]이다.

31 38[cmHg] 진공은 절대압력으로 약 몇 [kgf/cm^2 · abs]인가?

① 0.26 ② 0.52
③ 3.8 ④ 7.6

해설 절대압력 = 대기압 − 진공압력

$= 1.0332 - \left(\frac{38}{76} \times 1.0332\right)$

$= 0.5166[kgf/cm^2 \cdot abs]$

32 대기압이 760[mmHg]일 때 진공도가 90[%]의 절대압력은 약 몇 [kPa]인가?

① 10.13 ② 20.13
③ 101.3 ④ 203.3

해설 절대압력 = 대기압 − 진공압력

$= 101.325 - (101.325 \times 0.9)$

$= 10.1325[kPa]$

※ 1[atm] = 760[mmHg] = 101.325[kPa]이고,

$진공도(\%) = \frac{진공압력}{대기압} \times 100$이다.

∴ 진공압력 = 대기압 × 진공도

33 다음 중 가장 큰 압력은?

① $1000[kgf/m^2]$
② $10[kgf/cm^2]$
③ $0.01[kgf/mm^2]$
④ 수주 150[m]

해설 각 압력을 $[kgf/cm^2]$으로 환산하여 비교

㉮ $1000[kgf/m^2]$

$\rightarrow 1000 \times 10^{-4} = 0.1[kgf/cm^2]$

㉯ $10[kgf/cm^2]$

㉰ $0.01[kgf/mm^2]$

$\rightarrow 0.01 \times 10^2 = 1[kgf/cm^2]$

㉱ 수주 150[m]

$\rightarrow \frac{150}{10.332} \times 1.0332 = 15[kgf/cm^2]$

34 1[PS]를 환산한 값 중 틀린 것은?

① 75[kgf · m/s]
② 102[kgf · m/s]
③ 632.2[kcal/h]
④ 0.735[kW]

해설 동력

㉮ 1[kW] = 102[kgf · m/s] = 860[kcal/h]
= 1.36[PS] = 3600[kJ/h]

㉯ 1[PS] = 75[kgf · m/s] = 632.3[kcal/h]
= 0.735[kW] = 2664[kJ/h]

㉰ 1[HP] = 76[kgf · m/s] = 640.75[kcal/h]
= 0.745[kW] = 2685[kJ/h]

35 10[kW]는 몇 [HP]인가?

① 5.13 ② 13.4
③ 22.5 ④ 31.6

해설 1[kW] = 102[kgf · m/s]이고,
1[HP] = 76[kgf · m/s]이므로
1[kW] = 1.34[HP]가 된다.
∴10[kW] = 1.34 × 10 = 13.4[HP]

Answer 30. ③ 31. ② 32. ① 33. ④ 34. ② 35. ②

36 1[kcal]에 대한 정의로서 가장 적절한 것은? (단, 표준대기압 하에서의 기준이다.)

① 순수한 물 1[kg]을 100[℃]만큼 변화시키는데 필요한 열량
② 순수한 물 1[lb]를 32[°F]에서 212[°F]까지 높이는데 필요한 열량
③ 순수한 물 1[lb]를 1[℃]만큼 변화시키는데 필요한 열량
④ 순수한 물 1[kg]을 14.5[℃]에서 15.5[℃]까지 높이는데 필요한 열량

해설 열량의 단위
㉮ 1[kcal] : 순수한 물 1[kg]을 14.5[℃]에서 15.5[℃]까지 높이는데 필요한 열량
㉯ 1[BTU] : 순수한 물 1[lb]를 61.5[°F]에서 62.5[°F]까지 높이는데 필요한 열량
㉰ 1[CHU] : 순수한 물 1[lb]를 14.5[℃]에서 15.5[℃]까지 높이는데 필요한 열량

37 기체의 열용량에 관한 사항에서 옳지 않은 것은?

① 열용량이 크면 온도를 변화시키기가 힘들다.
② 이상기체의 몰 정압 열용량(C_p)와 몰 정용 열용량(C_v)의 차는 기체상수 R과 같다.
③ 공기에 대한 정압비열과 정용비열의 비 (C_p/C_v)는 1.40이다.
④ 정압 몰 열용량은 정압비열을 몰질량으로 나눈 값과 같다.

해설 ① 열용량 : 어떤 물체의 온도를 1[℃] 상승시키는데 소요되는 열량으로 열용량이 크면 온도를 변화시키기 어렵다.
② $C_p - C_v = R$
③ 공기의 비열비 $k = 1.4$
④ 정압 몰 열용량은 정압비열과 물질량을 곱한 값과 같다.
∴ 열용량[kcal/℃] $= G$[mol]$\times C_p$[kcal/mol · ℃]

38 비열(specific heat)에 대한 설명 중 틀린 것은?

① 어떤 물질 1[kg]을 1[℃] 변화시킬 수 있는 열량이다.
② 일반적으로 금속은 비열이 작다.
③ 비열이 큰 물질일수록 온도의 변화가 쉽다.
④ 물의 비열은 약 1[kcal/kg · ℃]이다.

해설 현열식 $Q = G \cdot C \cdot (t_2 - t_1)$에서

$t_2 = \dfrac{Q}{G \cdot C} + t_1$이므로 비열(C)이 크면 온도변화가 어렵다.

39 비열비는 다음과 같이 표시된다. 맞는 것은?

① $\dfrac{\text{정압비열}}{\text{비열}}$　② $\dfrac{\text{정압비열}}{\text{비중}}$
③ $\dfrac{\text{정압비열}}{\text{정적비열}}$　④ $\dfrac{\text{정적비열}}{\text{정압비열}}$

해설 비열비(k)는 정압비열(C_p)과 정적비열(C_v)의 비이다.

40 정압비열(C_p)와 정적비열(C_v)의 관계에서 맞는 것은?

① $C_p > C_v$　② $C_p < C_v$
③ $C_p \geq C_v$　④ $C_p \leq C_v$

해설 정압비열(C_p)이 정적비열(C_v)보다 크기 때문에 비열비(k)는 항상 1보다 크다.

$\therefore k = \dfrac{C_p}{C_v} > 1$

Answer 36. ④ 37. ④ 38. ③ 39. ③ 40. ①

41 가스의 비열에 관한 설명이다. 틀린 것은?

① 정압비열 C_p은 일정압력 조건에서 측정한다.
② 정적비열 C_v는 일정체적 조건에서 측정한다.
③ C_p / C_v를 비열비라 한다.
④ 정압비열 C_p는 정적비열 C_v 보다 항상 적다.

해설 비열비는 항상 1보다 크기 때문에 정압비열 C_p는 정적비열 C_v 보다 항상 크다.

42 물체의 상태변화는 없이 온도변화에 필요한 열은 무엇인가?

① 감열 ② 비열
③ 잠열 ④ 반응열

해설 **현열과 잠열**
㉮ **현열(감열)** : 물질이 상태변화는 없이 온도변화에 총 소요된 열량
㉯ **잠열** : 물질이 온도변화는 없이 상태변화에 총 소요된 열량

43 질소의 정압 몰열용량 C_p[J/mol · K]가 다음과 같고 1[mol]의 질소를 1[atm] 하에서 600[℃]로부터 20[℃]로 냉각하였을 때 발생하는 열량은 약 몇 [kJ]인가? (단, R은 기체상수이다.)

$$\frac{C_p}{R} = 3.3 + 0.6 \times 10^{-3}\,T$$

① 15.6 ② 16.6
③ 17.6 ④ 18.6

해설 ㉮ **정압비열** $C_p = (3.3 + 0.6 \times 10^{-3}\,T)R$
㉯ **평균 정압비열(C_{pm}) 계산**

$$\therefore C_{pm} = \frac{1}{\Delta T}\int_{T_1}^{T_2}(3.3 + 0.6 \times 10^{-3}\,T)\,dT \cdot R$$
$$= \frac{1}{873-293} \times \left[\{3.3 \times (873-293)\} + \left\{\frac{0.6 \times 10^{-3}}{2} \times (873^2 - 293^2)\right\}\right] \times R$$
$$= 3.649\,R\,[\text{J/mol} \cdot \text{K}]$$

㉰ **발생열량 계산**

$$\therefore Q = m \cdot C_{pm} \cdot \Delta T$$
$$= 1 \times 3.649 \times 10^{-3} \times 8.314 \times (873-293)$$
$$= 17.59\,[\text{kJ}]$$

44 어떤 물질 30[kg]을 10[℃]에서 80[℃]까지 가열하는데 소요되는 총열량은 얼마인가? (단, 비열은 0.8[kcal/kg · ℃]이다.)

① 1580[kcal] ② 1680[kcal]
③ 1920[kcal] ④ 2100[kcal]

해설 $Q = G \cdot C \cdot \Delta t$
$= 30 \times 0.8 \times (80-10) = 1680$[kcal]

45 얼음의 융해 잠열은 얼마인가?

① 79.68[kcal/kg] ② 539[kcal/kg]
③ 100[kcal/kg] ④ 639[kcal/kg]

해설 **잠열**
㉮ **얼음의 융해 잠열**(물의 응고잠열) : 79.68[kcal/kg], 333.86[kJ/kg]
㉯ **물의 증발잠열**(수증기의 응축잠열) : 539[kcal/kg], 2257[kJ/kg]

46 STP상태(0[℃], 1기압)에서 물 20[kg]을 100[℃] 수증기로 변화시킬 때 소요되는 총열량[kcal]은 얼마인가?

① 10780 ② 12780
③ 13780 ④ 14780

Answer 41. ④ 42. ① 43. ③ 44. ② 45. ① 46. ②

해설 ㉮ 현열량 계산

$\therefore Q_1 = G \cdot C \cdot \Delta t$

$= 20 \times 1 \times (100 - 0) = 2000[\text{kcal}]$

㉯ 잠열량 계산

$\therefore Q_2 = G \cdot \gamma$

$= 20 \times 539 = 10780[\text{kcal}]$

㉰ 총열량 계산

$\therefore Q = Q_1 + Q_2$

$= 2000 + 10780 = 12780[\text{kcal}]$

47 물체를 일정한 압력 하에서 온도를 변화시키는데 필요한 열량에 해당되는 것은?

① 내부에너지 ② 엔탈피
③ 절대압력 ④ 잠열

해설 **엔탈피** : 어떤 물체가 갖는 단위질량당의 열량으로 내부에너지와 외부에너지의 합이다.

48 내부에너지가 30[kcal] 증가하고 압력의 변화가 1[ata]에서 4[ata]으로, 체적변화는 3[m^3]에서 1[m^3]로 변화한 계의 엔탈피 증가량은 얼마인가?

① 26.8[kcal] ② 30.2[kcal]
③ 44.6[kcal] ④ 53.4[kcal]

해설 1[ata] = 1[kgf/cm^2] = 1×10^4[kgf/m^2]이다.

$\therefore \Delta H = U + APV = U + A(P_2V_2 - P_1V_1)$

$= 30 + \frac{1}{427} \times (4 \times 10^4 \times 1 - 1 \times 10^4 \times 3)$

$= 53.4[\text{kcal/kg}]$

49 가스가 65[kcal]의 열량을 흡수하여 10000[kgf·m]의 일을 했다. 이 때 가스의 내부에너지 증가는 얼마인가?

① 32.4[kcal] ② 38.7[kcal]
③ 41.6[kcal] ④ 57.2[kcal]

해설 $h = U + APv$ 에서 Pv는 일량에 해당된다.

$\therefore U = h - APv$

$= 65 - \frac{1}{427} \times 10000 = 41.58[\text{kcal}]$

50 엔트로피(entropy) 증가란 엔탈피의 증가 상태에서 무엇으로 나눈 값인가?

① 질량 ② 절대압력
③ 절대온도 ④ 유속

해설 **엔트로피** : 열역학 제2법칙에서 얻어진 상태량(엔탈피)이며 그 상태량을 절대온도로 나눈 값이다.

51 열의 평형과 관계되는 열역학 법칙은?

① 열역학 제0법칙
② 열역학 제1법칙
③ 열역학 제2법칙
④ 열역학 제3법칙

해설 **열역학 제0법칙** : 열평형의 법칙

52 온도 32[℃]의 외기 1000[kg/h]와 온도 26[℃]의 환기 3000[kg/h]를 혼합할 때 혼합공기의 온도는 얼마인가?

① 26.0[℃] ② 27.5[℃]
③ 29.0[℃] ④ 30.2[℃]

해설 $t_m = \frac{G_1C_1t_1 + G_2C_2t_2}{G_1C_1 + G_2C_2}$

$= \frac{1000 \times 32 + 3000 \times 26}{1000 + 3000} = 27.5[℃]$

※ 공기의 비열은 온도에 관계없이 동일한 것으로 하여 계산과정에서는 생략하였음

Answer 47. ② 48. ④ 49. ③ 50. ③ 51. ① 52. ②

53 에너지는 결코 생성될 수도 없어질 수도 없고 단지 형태의 변화라는 에너지 보존의 법칙은?

① 열역학 제0법칙 ② 열역학 제1법칙
③ 열역학 제2법칙 ④ 열역학 제3법칙

해설 열역학 제1법칙
에너지 보존의 법칙이라고도 하며, 기계적 일이 열로 변하거나, 열이 기계적 일로 변할 때 이들의 비는 일정한 관계가 성립된다.

54 "어떤 계에 흡수된 열을 완전히 일로 전환할 수 있는 장치란 없다."라는 법칙은 열역학 제 몇 법칙에 대한 것인가?

① 열역학 제0법칙 ② 열역학 제1법칙
③ 열역학 제2법칙 ④ 열역학 제3법칙

해설 열역학 제2법칙
열은 고온도의 물질로부터 저온도의 물질로 옮겨질 수 있지만, 그 자체는 저온도의 물질로부터 고온도의 물질로 옮겨갈 수 없다. 또 일이 열로 바뀌는 것은 쉽지만 반대로 열이 일로 바뀌는 것은 힘을 빌리지 않는 한 불가능한 일이다. 이와 같이 열역학 제2법칙은 에너지 변환의 방향성을 명시한 것으로 방향성의 법칙이라 한다.

55 열역학 제3법칙에 대하여 바르게 나타낸 것은?

① 에너지 보존의 법칙이다.
② 절대온도 0도에 이르게 할 수 없다.
③ 열은 일로 또 일은 열로 바꿀 수 있다.
④ 열은 스스로 저온 물체로부터 고온 물체로 이동할 수 없다.

해설 열역학 법칙
㉮ 열역학 제0법칙 : 열평형의 법칙
㉯ 열역학 제1법칙 : 에너지 보존의 법칙
㉰ 열역학 제2법칙 : 방향성의 법칙
㉱ 열역학 제3법칙 : 어느 열기관에서나 절대온도 0도로 이르게 할 수 없다.

56 가스의 비중에 대하여 옳게 기술된 것은?

① 비중의 크기는 [kg/cm^2]의 단위로 표시한다.
② 비중을 정하는 기준물체로 공기가 이용된다.
③ 가스의 부력은 비중에 의해 정해지지 않는다.
④ 비중은 기구의 염구(炎口)의 형에 의해 변화한다.

해설 비중
㉮ **기체 비중** : 표준상태(STP : 0[℃], 1기압)의 공기 일정 부피당 질량과 같은 부피의 기체 질량과의 비를 말한다.

$$\therefore \text{기체 비중} = \frac{\text{기체 분자량(질량)}}{\text{공기의 평균 분자량(29)}}$$

㉯ **액체 비중** : 특정 온도에 있어서 4[℃] 순수한 물의 밀도에 대한 액체의 밀도비를 말한다.

$$\therefore \text{액체 비중} = \frac{t[℃]\text{의 물질의 밀도}}{4[℃]\text{물의 밀도}}$$

57 다음 기체 가운데 표준상태(STP)에서 밀도가 가장 큰 것은?

① 부탄(C_4H_{10}) ② 이산화탄소(CO_2)
③ 아황산가스(SO_2) ④ 염소가스(Cl_2)

해설 기체 밀도[g/L, kg/m^3] = $\frac{\text{분자량}}{22.4}$ 이다.
① 부탄(C_4H_{10})의 분자량은 58이다.

$$\therefore \rho = \frac{58}{22.4} = 2.589[\text{g/L}]$$

② 이산화탄소(CO_2)의 분자량은 44이다.

$$\therefore \rho = \frac{44}{22.4} = 1.964[\text{g/L}]$$

③ 아황산가스(SO_2)의 분자량은 64이다.

Answer 53. ② 54. ③ 55. ② 56. ② 57. ④

$\therefore \rho = \frac{64}{22.4} = 2.857$[g/L]

④ 염소가스(Cl_2)의 분자량은 71이다.

$\therefore \rho = \frac{71}{22.4} = 3.169$[g/L]

※ 기체는 분자량이 큰 가스가 밀도가 크다.

58 표준상태(0[℃], 1기압)에서 부탄(C_4H_{10}) 가스의 비체적은 몇 [L/g]인가?

① 0.39 ② 0.52
③ 0.64 ④ 0.87

해설 $\text{비체적} = \frac{22.4}{\text{분자량}} = \frac{22.4}{58} = 0.386$[L/g]

59 표준상태에서 어떤 가스의 부피가 1[m^3]인 것은 몇 몰[mol]인가?

① 22.6 ② 33.6
③ 44.6 ④ 55.6

해설 $n = \frac{W}{M} = \frac{\text{부피[L]}}{22.4\text{[L]}} = \frac{1000}{22.4}$
$= 44.642$[mol]

60 표준상태에서 질소 5.6[L] 중에 있는 질소 분자수는 다음의 어느 것과 같은가?

① 0.5[g]의 수소분자
② 16[g]의 산소분자
③ 1[g]의 산소원자
④ 4[g]의 수소분자

해설 ㉮ 질소 5.6[L]의 몰[mol]수 계산

$\therefore \text{몰수} = \frac{\text{기체체적}}{22.4} = \frac{5.6}{22.4} = 0.25$[mol]

㉯ 각 기체의 몰[mol]수 계산 : 수소의 분자량은 2[g], 산소의 분자량은 32[g], 산소의 원자량은 16[g]이다.

ⓐ 수소 $= \frac{0.5}{2} = 0.25$[mol]

ⓑ 산소 $= \frac{16}{32} = 0.5$[mol]

ⓒ 산소 $= \frac{1}{16} = 0.0625$[mol]

: 원자 몰[mol]수 임

ⓓ 수소 $= \frac{4}{2} = 2$[mol]

㉰ 같은 몰[mol]수에 해당하는 경우 아보가드로법칙에 따라 분자수가 동일하다.

61 어떤 통 속에 원자량이 35.5의 액체 염소 25[kg]이 들어있다. 이 염소를 표준상태인 바깥으로 내 놓으면 몇 [m^3]의 부피를 차지하는가?

① 22.4 ② 15.4
③ 11.0 ④ 7.9

해설 염소(Cl_2) 분자량은 71이므로

71[kg] : 22.4[m^3] = 25[kg] : x[m^3]

$\therefore x = \frac{25 \times 22.4}{71} = 7.887$[$m^3$]

62 이상기체를 일정한 온도 조건하에서 상태 1에서 상태 2로 변화시켰을 때 최종 부피는 얼마인가? (단, 상태 1에서의 부피 및 압력은 V_1과 P_1이며, 상태 2에서의 부피와 압력은 V_2과 P_2이다.)

① $V_2 = V_1 \times \frac{P_2}{P_1}$

② $V_2 = V_1 \times \frac{P_1}{P_2}$

③ $V_2 = V_1 \times \frac{T_2}{T_1} \times \frac{P_2}{P_1}$

④ $V_2 = V_1 \times \frac{T_1}{T_2}$

Answer 58. ① 59. ③ 60. ① 61. ④ 62. ②

해설 **보일의 법칙** : 일정온도 하에서 일정량의 기체가 차지하는 부피는 압력에 반비례한다.

$P_1V_1 = P_2V_2$

$\therefore V_2 = V_1 \times \frac{P_1}{P_2}$

63 온도가 일정한 경우 3[atm]에서 6[L]이었던 기체가 9[atm]일 때는 몇 [L]가 되겠는가?

① 18 ② 6
③ 4 ④ 2

해설 $P_1V_1 = P_2V_2$ 에서

$\therefore V_2 = V_1 \times \frac{P_1}{P_2} = 6 \times \frac{3}{9} = 2[\text{L}]$

64 산소용기에 압축산소가 35[℃]에서 150[kgf/cm^2 · g]로 충전되어 있다가 용기온도가 0[℃]로 저하하면 압력(게이지압력)은 얼마인가?

① 103[kgf/cm^2] ② 113[kgf/cm^2]
③ 123[kgf/cm^2] ④ 133[kgf/cm^2]

해설 $\frac{P_1V_1}{T_1} = \frac{P_2V_2}{T_2}$ 에서 $V_1 = V_2$이므로

$\therefore P_2 = \frac{T_2}{T_1} \times P_1 = \frac{273}{273+35} \times (150 + 1.0332)$

$= 133.8703[\text{kgf/cm}^2 \cdot \text{a}] - 1.0332$

$= 132.8301[\text{kgf/cm}^2 \cdot \text{g}]$

65 36[Nm^3]의 기체가 있다. 압력을 1[kgf/cm^2], 온도를 273[℃]로 변화시켰을 때 체적은 얼마인가?

① 18.1[m^3] ② 36.6[m^3]
③ 72[m^3] ④ 35.6[m^3]

해설 $\frac{P_1V_1}{T_1} = \frac{P_2V_2}{T_2}$ 에서

$\therefore V_2 = \frac{P_1V_1T_2}{P_2T_1}$

$= \frac{1.0332 \times 36 \times (273+273)}{(1+1.0332) \times 273}$

$= 36.58[\text{m}^3]$

※ [Nm^3]의 의미 : 표준상태(STP상태 또는 0[℃], 1표준대기압)의 체적을 의미하는 것으로 [Sm^3] 단위로도 사용하고 있음

66 어느 용기를 20[℃]에서 80[℃]로 가열하면 압력은 몇 배로 높아지는가?

① 4배 ② 1.2배
③ 2배 ④ 변하지 않는다.

해설 $\frac{P_1V_1}{T_1} = \frac{P_2V_2}{T_2}$ 에서 $V_1 = V_2$이므로

$\therefore P_2 = \frac{T_2}{T_1} \times P_1 = \frac{273+80}{273+20} \times P_1$

$= 1.2P_1$

67 이상기체의 부피를 현재의 1/2로 하고 절대온도[K]를 현재의 2배로 했을 경우 압력은 얼마가 되겠는가?

① 1배 ② 2배
③ 4배 ④ 8배

해설 $\frac{P_1V_1}{T_1} = \frac{P_2V_2}{T_2}$ 에서 $V_2 = \frac{1}{2}V_1$, $T_2 = 2T_1$이다.

$\therefore P_2 = \frac{P_1 \times V_1 \times T_2}{V_2 \times T_1} = \frac{P_1 \times V_1 \times 2 \times T_1}{\frac{1}{2} \times V_1 \times T_1}$

$= 4P_1$

∴ 나중 압력(P_2)은 처음 압력(P_1)의 4배가 된다.

Answer 63. ④ 64. ④ 65. ② 66. ② 67. ③

68 이상기체를 가장 잘 나타낸 것은?

① 분자 부피는 있으나 인력이 무시되는 기체
② 인력은 작용하나 부피는 무시되는 기체
③ 인력과 분자 부피가 무시되는 기체
④ 분자 부피와 인력이 작용하는 기체

해설 이상기체의 성질
㉮ 보일–샤를의 법칙을 만족한다.
㉯ 아보가드로의 법칙에 따른다.
㉰ 내부에너지는 온도만의 함수이다.
㉱ 온도에 관계없이 비열비는 일정하다.
㉲ 기체의 분자력과 크기도 무시되며 분자간의 충돌은 완전 탄성체이다.

69 이상기체에 대한 설명이다. 맞는 것은?

① 이상기체의 내부에너지는 온도만의 함수이다.
② 이상기체의 내부에너지는 압력만의 함수이다.
③ 이상기체의 내부에너지는 부피만의 함수이다.
④ 상태방정식을 $PV = ZnRT$로 표시할 때 $Z > 1$이어야 한다.

해설 이상기체의 내부에너지는 온도만의 함수이며, 상태방정식을 $PV = ZnRT$로 표시할 때 $Z = 1$이어야 한다.

70 이상기체에 대한 설명 중 틀린 것은?

① 완전탄성체로 간주한다.
② 반데르발스 힘에 의하여 분자가 운동한다.
③ 분자 사이에는 아무런 인력도, 반발력도 작용하지 않는다.
④ 분자 자체가 차지하는 부피는 전체 계에 대하여 무시한다.

해설 반데르발스는 실제기체 상태방정식을 정립하였다.

71 표준상태(0[℃], 101.325[kPa])에서 기체상수 R을 옳게 나타낸 것은?

① 0.082[erg/mol・K]
② 1.987[J/mol・K]
③ 8.314×10^7[cal/mol・K]
④ 8.314[J/mol・K]

해설 기체상수 R은
R = 0.082[L・atm/mol・K]
= 8.2×10^{-2}[L・atm/mol・K]
= 1.987[cal/mol・K]
= 8.314×10^7[erg/mol・K]
= 8.314[J/mol・K]

72 이상기체 상태방정식으로부터 기체상수 R 값을 [cm^3・bar/mol・K]의 단위로 환산하면?

① 0.082[cm^3・bar/mol・K]
② 8.314[cm^3・bar/mol・K]
③ 83.14[cm^3・bar/mol・K]
④ 848[cm^3・bar/mol・K]

해설 기체상수 R = 0.08205[L・atm/mol・K]에서
1[L] = 1000[cm^3], 1[atm] = 1.01325[bar]이다.
$\therefore R = 0.08205 \times 1000 \times 1.01325$
= 83.137[cm^3・bar/mol・K]

73 1[mol]의 이상기체가 기체상수 R값이 0.082[L・atm/K・mol]일 때 주어진 온도(T)에서 PV의 값의 단위로서 옳은 것은?

① L・atm ② L/mol
③ mol・atm ④ L^2・atm

해설 $PV = nRT$

$$\therefore R = \frac{PV}{nT} = \frac{1[\text{atm}] \times 22.4[\text{L}]}{1[\text{mol}] \times 273[\text{K}]}$$
$$= 0.08205[\text{L} \cdot \text{atm/mol} \cdot \text{K}]$$

Answer 68. ③ 69. ① 70. ② 71. ④ 72. ③ 73. ①

74 압축계수 Z는 이상기체 법칙 $PV = ZnRT$로 놓아서 정의된다. 다음 중 맞는 것은?

① 이상기체의 경우 $Z = 1$이다.
② Z는 실제기체의 경우 1이다.
③ Z는 그 단위가 R의 역수이다.
④ 일반화시킨 환산변수로는 정의할 수 없으며 이상기체의 경우 $Z = 0$이다.

해설 이상기체일 때는 $Z = 1$이나, 실제기체는 1에서 벗어나고 압력이나 온도의 변화에 따라 변한다.

75 30[℃], 2[atm]에서 산소 1[mol]이 차지하는 부피는 얼마인가? (단, 이상기체의 상태 방정식에 따른다고 가정한다.)

① 6.2[L] ② 8.4[L]
③ 12.4[L] ④ 24.8[L]

해설 $PV = nRT$에서

$$\therefore V = \frac{nRT}{P} = \frac{1 \times 0.082 \times (273 + 30)}{2}$$
$$= 12.423[\text{L}]$$

76 2[L]의 고압용기에 암모니아가 510[g]을 충전시켜 온도를 173[℃]까지 올리면 압력은? (단, 압축인자는 0.41이고, 이때의 암모니아 상태를 이상기체로 간주한다.)

① 23[atm] ② 325[atm]
③ 20[atm] ④ 225[atm]

해설 $PV = Z\frac{W}{M}RT$에서

$$\therefore P = \frac{ZWRT}{VM}$$
$$= \frac{0.41 \times 510 \times 0.082 \times (273 + 173)}{2 \times 17}$$
$$= 224.92[\text{atm}]$$

77 76[mmHg], 23[℃]에 있어서의 수증기 100[m^3]의 무게는 얼마인가?

① 0.747[kg] ② 7.4[kg]
③ 74[kg] ④ 740[kg]

해설 $PV = \frac{W}{M}RT$에서

$$\therefore W = \frac{PVM}{RT}$$
$$= \frac{\frac{76}{760} \times 100 \times 18}{0.082 \times (273 + 23)} = 7.415[\text{kg}]$$

78 어떤 탱크의 체적이 0.5[m^3]이고, 이때의 온도가 25[℃]이다. 탱크 내의 분자량 24인 이상기체 10[kg]이 들어 있을 때 이 탱크의 압력[kgf/cm^2·g]은 얼마인가? (단, 대기압은 1.0332[kgf/cm^2]이다.)

① 19[kgf/cm^2] ② 20[kgf/cm^2]
③ 25[kgf/cm^2] ④ 27[kgf/cm^2]

해설 $PV = GRT$에서

$$\therefore P = \frac{GRT}{V}$$
$$= \frac{10 \times \frac{848}{24} \times (273 + 25)}{0.5 \times 10000}$$
$$= 21.0587[\text{kgf/cm}^2 \cdot \text{a}] - 1.0332$$
$$= 20.0255[\text{kgf/cm}^2 \cdot \text{g}]$$

79 방안의 압력이 100[kPa]이며 온도가 27[℃]일 때 5[m]×10[m]×4[m]에 들어 있는 공기의 질량은 몇 [kg]인가? (단, 공기의 R = 0.287[kJ/kg·K]이다.)

① 233.7 ② 241.5
③ 250.2 ④ 263.3

Answer 74. ① 75. ③ 76. ④ 77. ② 78. ② 79. ①

해설 $PV = GRT$에서

$$\therefore G = \frac{PV}{RT} = \frac{100 \times (5 \times 10 \times 4)}{0.287 \times (273 + 27)}$$
$$= 232.288[\text{kg}]$$

80 체적이 0.8[m³]인 용기 내에 분자량이 20인 이상기체 10[kg]이 들어있다. 용기 내의 온도가 30[℃]라면 압력은 약 몇 [MPa]인가?

① 1.57　② 2.45
③ 3.37　④ 4.35

해설 $PV = GRT$에서

$$\therefore P = \frac{GRT}{V} = \frac{10 \times \frac{8.314}{20} \times (273 + 30)}{0.8 \times 1000}$$
$$= 1.574[\text{MPa}]$$

81 체적 2[m³]의 용기 내에서 압력 4[MPa], 온도 50[℃]인 혼합기체의 체적 분율이 메탄(CH_4) 35[%], 수소(H_2) 40[%], 질소(N_2) 25[%]이다. 이 혼합기체의 질량은 몇 [kg]인가?

① 20　② 30　③ 40　④ 50

해설 ㉮ 혼합기체의 평균분자량 계산

$$\therefore M = (16 \times 0.35) + (2 \times 0.4) + (28 \times 0.25)$$
$$= 13.4$$

㉯ 혼합기체의 질량 계산

$PV = GRT$에서

$$\therefore G = \frac{PV}{RT} = \frac{4 \times 10^3 \times 2}{\frac{8.314}{13.4} \times (273 + 50)}$$
$$= 39.92[\text{kg}]$$

82 어떤 화합물 0.085[g]을 기화시킨 결과 730[mmHg], 60[℃]에서 23.5[mL]가 되었다. 이 물질의 분자량은 약 얼마인가?

① 8[g/mol]　② 10[g/mol]
③ 75[g/mol]　④ 103[g/mol]

해설 $PV = \frac{W}{M}RT$에서

$$\therefore M = \frac{WRT}{PV} = \frac{0.085 \times 0.082 \times (273 + 60)}{\frac{730}{760} \times 23.5 \times 10^{-3}}$$
$$= 102.825[\text{g/mol}]$$

83 내용적 5[L]의 고압 용기에 에탄 1650[g]을 충전하였더니 용기의 온도가 100[℃]일 때 210[atm]을 나타내었다. 에탄의 압축계수는 약 얼마인가? (단, $PV = ZnRT$의 식을 적용한다.)

① 0.43　② 0.62
③ 0.83　④ 1.12

해설 $PV = Z\frac{W}{M}RT$에서

$$\therefore Z = \frac{PVM}{WRT} = \frac{210 \times 5 \times 30}{1650 \times 0.082 \times (273 + 100)}$$
$$= 0.624$$

84 산소 용기에 산소를 충전하고 용기 내의 온도와 밀도를 측정하였더니 각각 20[℃], 0.1[kg/L]이었다. 용기 내의 압력은 약 얼마인가? (단, 산소는 이상기체로 가정한다.)

① 0.075 기압　② 0.75 기압
③ 7.5 기압　④ 75 기압

해설 $PV = \frac{W}{M}RT$에서 $\rho = \frac{W[\text{g}]}{V[\text{L}]}$이므로

$$\therefore P = \frac{WRT}{VM} = \frac{W}{V} \times \frac{RT}{M} = \rho \times \frac{RT}{M}$$
$$= 0.1 \times 10^3 \times \frac{0.082 \times (273 + 20)}{32}$$
$$= 75.08\text{기압}$$

Answer 80. ①　81. ③　82. ④　83. ②　84. ④

85 일산화탄소와 수소의 부피비가 3 : 7인 혼합 가스의 온도 100[℃], 50[atm]에서의 밀도는 얼마인가? (단, 이상기체로 가정한다.)

① 16.01[g/L] ② 32.02[g/L]
③ 52.03[g/L] ④ 76.04[g/L]

해설 $PV=\dfrac{W}{M}RT$에서

$$\therefore \rho=\frac{W}{V}=\frac{PM}{RT}=\frac{50\times(28\times0.3+2\times0.7)}{0.082\times(273+100)}=16.01[\text{g/L}]$$

86 밀폐된 용기 내에 1[atm], 27[℃] 프로판과 산소가 부피비로 1 : 5의 비율로 혼합되어 있다. 프로판이 다음과 같이 완전 연소하여 화염의 온도가 1000[℃]가 되었다면 용기 내에 발생하는 압력은 얼마나 되겠는가?

$$C_3H_8+5O_2\rightarrow 3CO_2+4H_2O$$

① 1.95[atm] ② 2.95[atm]
③ 3.95[atm] ④ 4.95[atm]

해설 $PV=nRT$에서
반응 전의 상태 $P_1V_1=n_1R_1T_1$
반응 후의 상태 $P_2V_2=n_2R_2T_2$ 라 하면
$V_1=V_2$, $R_1=R_2$가 되므로 생략하면
$\dfrac{P_2}{P_1}=\dfrac{n_2T_2}{n_1T_1}$이 된다.

$$\therefore P_2=\frac{n_2T_2}{n_1T_1}\times P_1=\frac{(3+4)\times(273+1000)}{(1+5)\times(273+27)}\times1=4.95[\text{atm}]$$

87 밀폐된 용기 내에 1[atm], 27[℃]로 된 프로판과 산소가 2 : 8의 비율로 혼합되어 있으며 그것이 연소하여 다음과 같은 반응을 하고 화염온도는 3000[K]가 되었다고 한다. 다음 중 이 용기 내에 발생하는 압력은 얼마인가? (단, 이상기체로 거동한다고 가정한다.)

$$2C_3H_8+8O_2\rightarrow 6H_2O+4CO_2+2CO+2H_2$$

① 14[atm] ② 40[atm]
③ 25[atm] ④ 160[atm]

해설 $PV=nRT$에서
반응 전의 상태 $P_1V_1=n_1R_1T_1$
반응 후의 상태 $P_2V_2=n_2R_2T_2$라 하면
$V_1=V_2$, $R_1=R_2$가 되므로 생략하면
$\dfrac{P_2}{P_1}=\dfrac{n_2T_2}{n_1T_1}$이 된다.

$$\therefore P_2=\frac{n_2T_2}{n_1T_1}\times P_1=\frac{(6+4+2+2)\times3000}{(2+8)\times(273+27)}\times1=14[\text{atm}]$$

88 공기 5[kg]이 온도 20[℃], 게이지압력 7[kgf/cm^2]로 용기에 충전되어 있었으나, 수일 후에는 온도 10[℃], 게이지압력 4[kgf/cm^2]로 되어 있었다. 몇 [kg]의 공기가 누출되었는가? (단, 이상기체로 가정한다.)

① 1.76[kg] ② 2.76[kg]
③ 3.24[kg] ④ 4.2[kg]

해설 ㉮ 잔량 계산
$PV=GRT$에서
처음상태 $P_1V_1=G_1R_1T_1$
나중상태 $P_2V_2=G_2R_2T_2$라 하면

$V_1 = V_2$, $R_1 = R_2$가 되므로 생략하면

$\frac{P_2}{P_1} = \frac{G_2 T_2}{G_1 T_1}$이 된다.

$$\therefore G_2 = \frac{P_2 G_1 T_1}{P_1 T_2} = \frac{(4+1.0332)\times 5\times(273+20)}{(7+1.0332)\times(273+10)} = 3.24[kg]$$

㉯ **누설된 공기량 계산**

∴누설된 공기량 = 충전량 – 잔량
= 5 – 3.24 = 1.76[kg]

89 대응상태 원리에 대한 설명으로 틀린 것은?

① 복잡한 유체에 대하여 정확하게 적용하기 위한 이론이다.
② 흔히 사용되는 매개변수는 이심인자 ω이다.
③ 암모니아, 탄산가스 등의 기체에도 적용할 수 있다.
④ 압력, 온도 및 부피는 모두 환산량으로 나눈 값을 쓴다.

해설 **대응상태의 원리** : 동일한 환산부피와 환산온도에 있는 기체들은 종류에 관계없이 동일한 환산압력을 나타낸다는 원리로 환산변수를 사용하면 모든 물질은 같은 기체상태 방정식을 만족시킨다.

90 실제기체에 대한 다음 설명 중 맞지 않는 것은?

① 분자간의 인력이 상당히 있으며 분자 부피가 존재한다.
② 완전 탄성체이다.
③ 압축인자가 압력이나 온도에 따라 변한다.
④ 압력이 낮고 온도가 높으면 이상기체에 가까워진다.

해설 완전 탄성체는 이상기체에 해당된다.

91 실제기체가 이상기체처럼 행동하는 경우는?

① 높은 압력과 높은 온도
② 낮은 압력과 높은 온도
③ 높은 압력과 낮은 온도
④ 낮은 압력과 낮은 온도

해설 실제기체가 이상기체에 가까워 질 수 있는 조건은 고온, 저압의 상태이다.

92 아래의 방정식은 기체 1[mol]에 대한 반데르 발스(Van der Waals)의 방정식을 표현한 것이다. n[mol]에 대한 방정식을 올바르게 나타낸 것은?

$$\left(P + \frac{a}{V^2}\right)(V - b) = RT$$

① $\left(P + \frac{n^2 a}{V^2}\right)(V - nb) = nRT$
② $\left(P + \frac{na}{V^2}\right)(V - nb) = nRT$
③ $\left(P + \frac{a}{V^2}\right)(V - nb) = nRT$
④ $\left(P + \frac{na}{V^2}\right)(V - b) = nRT$

해설 실제기체 n[mol]에 대한 방정식

$$\left(P + \frac{n^2 a}{V^2}\right)(V - nb) = nRT$$

Answer 89. ① 90. ② 91. ② 92. ①

93 1몰의 실제기체에 대한 반데르발스의 식은 다음과 같다. 이 식에서 P의 단위가 [atm], V의 단위가 [L]일 때 상수 a와 b의 단위로서 각각 옳은 것은?

$$\left(P+\frac{n^2a}{V^2}\right)(V-nb)=nRT$$

① a : atm・L²/mol², b : L/mol
② a : L・atm²/mol, b : L²/mol
③ a : atm・L²/mol, b : atm・L/mol
④ a : L/mol, b : atm・L²/mol²

해설 반데르발스식에서 상수 a와 b의 의미와 단위
㉮ a : 기체분자간의 인력[atm・L²/mol²]
㉯ b : 기체분자 자신이 차지하는 부피[L/mol]

94 반데르발스(Van der Waals) 상태식 중 보정항에 대하여 옳게 표현한 것은?

① 실제기체에서 분자 간 상호 인력의 작용과 분자 자체의 크기(부피)를 고려하여 보정한 식이다.
② 실제기체에서 원자 간의 공유결합에 의한 압력 감소를 고려하여 보정한 식이다.
③ 실제기체에서 양이온과 음이온의 작용에 의한 이온결합을 고려하여 보정한 식이다.
④ 실제기체에서 이상기체보다 높은 압력과 낮은 온도를 고려하여 보정한 식이다.

해설 반데르발스(Van der Waals) 방정식
㉮ 실제기체가 1[mol]의 경우

$$\left(P+\frac{a}{V^2}\right)(V-b)=RT$$

㉯ 실제기체가 n[mol]의 경우

$$\left(P+\frac{n^2a}{V^2}\right)(V-nb)=nRT$$

95 온도 298[K], 부피 0.248[L]의 용기에 메탄 1[mol]을 저장할 때 Van der Waals 식을 이용하여 계산한 압력[bar]은? (단, a=2.29[L²・bar・mol⁻²], b=0.0428[L・mol⁻¹], R=0.08314[L・bar・K⁻¹・mol⁻¹]이다.)

① 8.35 ② 83.5
③ 835 ④ 8350

해설 $\left(P+\frac{n^2a}{V^2}\right)(V-nb)=nRT$에서

$$\therefore P=\frac{nRT}{V-nb}-\frac{n^2a}{V^2}$$
$$=\frac{1\times0.08314\times298}{0.248-1\times0.0428}-\frac{1^2\times2.29}{0.248^2}$$
$$=83.506[\text{bar}]$$

96 온도 200[℃], 부피 400[L]의 용기에 질소 140[kg]을 저장할 때 필요한 압력을 Van der Waals 식을 이용하여 계산하면 약 몇 [atm]인가? (단, a=1.351[atm・L²/mol²], b=0.0386 [L/mol]이다.)

① 36.3 ② 363
③ 72.6 ④ 726

해설 ㉮ 질소(N_2)의 몰[mol]수 계산

$$\therefore n=\frac{W}{M}=\frac{140\times10^3}{28}=5000[\text{mol}]$$

㉯ 압력[atm] 계산

$\left(P+\frac{n^2a}{V^2}\right)(V-nb)=nRT$에서

$$\therefore P=\frac{nRT}{V-nb}-\frac{n^2a}{V^2}$$
$$=\frac{5000\times0.082\times(273+200)}{400-5000\times0.0386}-\frac{5000^2\times1.351}{400^2}=725.766[\text{atm}]$$

Answer 93. ① 94. ① 95. ② 96. ④

97 Dalton의 법칙에 대한 설명으로 옳지 않은 것은?

① 모든 기체에 대해 정확히 성립한다.
② 혼합기체의 전압은 각 기체의 분압의 합과 같다.
③ 실제기체의 경우 낮은 압력에서 적용할 수 있다.
④ 한 기체의 분압과 전압의 비는 그 기체의 몰수와 전체 몰수의 비와 같다.

해설 **달톤의 분압법칙** : 혼합기체가 나타내는 전압은 각 성분 기체 분압의 총합과 같다는 것으로 실제기체의 경우 압력이 낮은 경우에 적용할 수 있다.

98 밀폐된 용기 중에서 공기의 압력이 15[atm]일 때 N_2의 분압은 약 몇 [atm]인가? (단, 공기 중 질소는 79[%], 산소는 21[%] 존재한다.)

① 7.9 ② 9.1
③ 11.8 ④ 12.7

해설 $\text{분압} = \text{전압} \times \dfrac{\text{성분부피}}{\text{전부피}} = \text{전압} \times \text{부피비}$

$= 15 \times 0.79 = 11.85[\text{atm}]$

99 산소 16[kg]과 질소 56[kg]인 혼합기체의 전압이 506.5[kPa]이다. 이 때 질소의 분압은 몇 [kPa]인가?

① 202.6 ② 303.9
③ 405.2 ④ 506.5

해설 $\text{분압} = \text{전압} \times \dfrac{\text{성분몰}}{\text{전몰}}$

$= 506.5 \times \dfrac{\frac{56}{28}}{\frac{16}{32} + \frac{56}{28}} = 405.2[\text{kPa}]$

100 어떤 용기에 수소 1[g], 산소 32[g], 질소 56[g]을 넣었더니 1[atm]이 되었다. 이 때 수소의 분압은 약 몇 [atm]인가?

① $\frac{1}{9}$ ② $\frac{1}{7}$
③ $\frac{1}{3}$ ④ 1

해설 $P_{H_2} = \text{전압} \times \dfrac{\text{성분몰수}}{\text{전몰수}}$

$= 1 \times \dfrac{\frac{1}{2}}{\frac{1}{2} + \frac{32}{32} + \frac{56}{28}}$

$= \dfrac{0.5}{3.5} = \dfrac{1}{7}[\text{atm}]$

101 질소 14[g]과 수소 4[g]을 혼합하여 내용적이 4000[mL]인 용기에 충전하였더니 용기 내의 온도가 100[℃]로 상승하였다. 용기 내 수소의 부분압력은 약 몇 [atm]인가? (단, 이 혼합기체는 이상기체로 간주한다.)

① 4.4 ② 12.6
③ 15.3 ④ 19.9

해설 ㉮ 질소와 수소의 몰[mol]수 계산

$\therefore N_2 = \dfrac{14}{24} = 0.5[\text{mol}]$

$\therefore H_2 = \dfrac{4}{2} = 2[\text{mol}]$

㉯ 전압[atm] 계산

$PV = nRT$에서

$\therefore P = \dfrac{nRT}{V}$

$= \dfrac{(0.5+2) \times 0.082 \times (273+100)}{4}$

$= 19.12[\text{atm}]$

㉰ 수소의 부분압력 계산

$\therefore P_{H_2} = \text{전압} \times \dfrac{\text{성분몰수}}{\text{전몰수}}$

$= 19.12 \times \dfrac{2}{0.5+2} = 15.296[\text{atm}]$

Answer 97. ① 98. ③ 99. ③ 100. ② 101. ③

102 동일한 부피를 가진 수소와 산소의 무게를 같은 온도에서 측정하였더니 같은 값이었다. 수소의 압력이 2[atm]이라면 산소의 압력은 몇 [atm]인가?

① 0.0625 ② 0.125
③ 0.25 ④ 0.5

해설 이상기체 상태방정식 $PV = GRT$에서
수소의 경우 $P_1 V_1 = G_1 R_1 T_1$
산소의 경우 $P_2 V_2 = G_2 R_2 T_2$라 하면
부피($V_1 = V_2$), 무게($G_1 = G_2$), 온도($T_1 = T_2$)가 같다.

$$\therefore P_2 = P_1 \times \frac{R_2}{R_1} = 2 \times \frac{\frac{848}{32}}{\frac{848}{2}}$$

$= 0.125$[atm]

103 산소 1.5[mol], 질소 2[mol], 수소 1[mol], 일산화탄소 0.5[mol]을 섞은 혼합기체의 전압이 4기압일 때, 분압이 0.4기압이 되는 기체는 어느 것인가?

① 산소 ② 질소
③ 수소 ④ 일산화탄소

해설 분압 = 전압 × $\frac{\text{성분 기체의 몰수}}{\text{전몰수}}$에서

$\therefore$ 성분 기체의 몰수

$$= \frac{\text{분압} \times \text{전몰수}}{\text{전압}}$$

$$= \frac{0.4 \times (1.5 + 2 + 1 + 0.5)}{4}$$

$= 0.5$[mol]

$\therefore$ 성분기체의 몰수가 0.5[mol]인 기체는 일산화탄소(CO)이다.

104 어떤 혼합가스가 산소 10[mol], 질소 10[mol], 메탄 5[mol]을 포함하고 있다. 이 혼합가스의 비중은 얼마인가? (단, 공기의 평균분자량은 29이다.)

① 0.52 ② 0.62
③ 0.72 ④ 0.94

해설 ㉮ 혼합가스의 분자량 계산

$$\therefore M = 32 \times \frac{10}{25} + 28 \times \frac{10}{25} + 16 \times \frac{5}{25}$$

$= 27.2$

㉯ 혼합가스의 비중 계산

$$\therefore \text{비중} = \frac{M}{29} = \frac{27.2}{29} = 0.938$$

105 몰조성으로 프로판 50[%], n-부탄 50[%]인 LP가스가 있다. 이 가스 1[kg] 중 프로판의 질량은 약 몇 [kg]인가?

① 0.32 ② 0.38
③ 0.43 ④ 0.52

해설 ㉮ 각 가스의 질량 계산

$C_3H_8 = 44 \times 0.5 = 22$

$C_4H_{10} = 58 \times 0.5 = 29$

㉯ C_3H_8 질량 계산

$\therefore$ C_3H_8 질량

= 전체 가스량[kg] × 프로판의 질량비율

$$= 1 \times \frac{22}{22 + 29} = 0.431\text{[kg]}$$

106 어떤 온도에서 압력 6.0[atm], 부피 125[L]의 산소와 압력 8.0[atm], 부피 200[L]의 질소가 있다. 두 기체를 부피 500[L]의 용기에 넣으면 용기 내 혼합기체의 압력은 몇 [atm]인가?

① 2.5[atm] ② 3.6[atm]
③ 4.7[atm] ④ 5.6[atm]

Answer 102. ② 103. ④ 104. ④ 105. ③ 106. ③

해설 $P = \dfrac{P_1V_1 + P_2V_2}{V}$

$= \dfrac{6 \times 125 + 8 \times 200}{500}$

$= 4.7[\text{atm}]$

107 다음 에너지에 대한 설명 중 틀린 것은?

① 열역학 제0법칙은 열평형에 관한 법칙이다.
② 열역학 제1법칙은 열과 일 사이의 방향성을 제시한다.
③ 이상기체를 정압 하에서 가열하면 체적은 증가하고 온도는 상승한다.
④ 혼합기체의 압력은 각 성분의 분압의 합과 같다는 것은 돌턴의 법칙이다.

해설 열과 일 사이의 방향성(열 이동의 방향성)을 제시하는 것은 열역학 제2법칙이다.

108 그레이엄(Graham)의 확산속도 법칙을 옳게 표시한 것은?

① 기체분자의 확산속도는 일정한 온도에서 기체분자량의 제곱근에 반비례한다.
② 기체분자의 확산속도는 일정한 온도에서 기체분자량의 제곱근에 비례한다.
③ 기체분자의 확산속도는 일정한 압력에서 기체분자량에 반비례한다.
④ 기체분자의 확산속도는 일정한 압력에서 기체분자량에 비례한다.

해설 그레이엄(Graham)의 확산속도 법칙
일정한 온도에서 기체의 확산속도는 기체의 분자량(또는 밀도)의 평방근(제곱근)에 반비례한다.

$\therefore \dfrac{U_2}{U_1} = \sqrt{\dfrac{M_1}{M_2}} = \dfrac{t_1}{t_2}$

109 수소(H_2)와 산소(O_2)가 동일한 조건에서 대기 중에 누출되었을 때 확산속도는 어떻게 되는가?

① 수소가 산소보다 16배 빠르다.
② 수소가 산소보다 4배 빠르다.
③ 수소가 산소보다 16배 늦다.
④ 수소가 산소보다 4배 늦다.

해설 $\dfrac{U_{H_2}}{U_{O_2}} = \sqrt{\dfrac{M_{O_2}}{M_{H_2}}}$ 에서

$\therefore U_{H_2} = \sqrt{\dfrac{M_{O_2}}{M_{H_2}}} \times U_{O_2} = \sqrt{\dfrac{32}{2}} \times U_{O_2}$

$= 4\,U_{O_2}$

∴수소(H_2)가 산소(O_2)보다 4배 빠르다.

110 표준상태에서 1[L]의 A 가스의 무게는 1.9768[g], B 가스의 무게는 1.2507[g]이다. 이 두 기체의 확산속도비 V_A / V_B는 약 얼마인가?

① 0.63 ② 0.80
③ 1.26 ④ 1.58

해설 $\dfrac{V_A}{V_B} = \sqrt{\dfrac{\rho_B}{\rho_A}} = \sqrt{\dfrac{1.2507}{1.9768}} = 0.7954$

여기서, 밀도는 단위 체적당 질량[g/L, kg/m^3]이므로 A가스의 1[L]당 1.9768은 A가스의 밀도를 의미함

$\therefore \rho = \dfrac{\text{분자량[g]}}{22.4[\text{L}]}$

111 산소 100[L]가 용기의 구멍을 통해 새 나가는데 20분이 소요되었다면 같은 조건에서 이산화탄소 100[L]가 새어나가는데 걸리는 시간은 약 얼마인가?

① 20.0분 ② 23.5분
③ 27.0분 ④ 30.5분

Answer 107. ② 108. ① 109. ② 110. ② 111. ②

해설 $\frac{U_2}{U_1} = \sqrt{\frac{M_1}{M_2}} = \frac{t_1}{t_2}$ 에서

$\therefore t_1 = \sqrt{\frac{M_1}{M_2}} \times t_2 = \sqrt{\frac{44}{32}} \times 20 = 23.45$분

112 Methane 80[%], Ethane 15[%], Propane 4[%], Butane 1[%]의 혼합가스의 공기 중 폭발하한계 값은?
(단, 폭발하한계 값은 Methane 5.0[%], Ethane 3.0[%], Propane 2.1[%], Butane 1.8[%]이다.)

① 2.15[%]　② 4.26[%]
③ 5.67[%]　④ 10.28[%]

해설 $\frac{100}{L} = \frac{V_1}{L_1} + \frac{V_2}{L_2} + \frac{V_3}{L_3} + \frac{V_4}{L_4}$ 에서

$$\therefore L = \frac{100}{\frac{V_1}{L_1} + \frac{V_2}{L_2} + \frac{V_3}{L_3} + \frac{V_4}{L_4}} = \frac{100}{\frac{80}{5.0} + \frac{15}{3.0} + \frac{4}{2.1} + \frac{1}{1.8}} = 4.262[\%]$$

113 프로판 4[v%], 메탄 16[v%], 공기 80[v%]의 조성을 가지는 혼합기체의 폭발하한 값은 얼마인가? (단, 프로판과 메탄의 폭발하한 값은 각각 2.2, 5.0[v%]이다.)

① 3.79[v%]　② 3.99[v%]
③ 4.19[v%]　④ 4.39[v%]

해설 $\frac{100}{L} = \frac{V_1}{L_1} + \frac{V_2}{L_2}$ 에서 가연성가스가 차지하는 체적비율이 20[%]이므로 혼합기체의 폭발하한 값은 아래와 같다.

$$\therefore L = \frac{20}{\frac{4}{2.2} + \frac{16}{5}} = 3.985[\%]$$

114 다음 중 헨리의 법칙에 잘 적용되지 않는 것은?

① 수소　② 산소
③ 이산화탄소　④ 암모니아

해설 **헨리의 법칙**
일정온도에서 일정량의 액체에 녹는 기체의 질량은 압력에 비례한다.
㉮ 수소(H_2), 산소(O_2), 질소(N_2), 이산화탄소(CO_2) 등과 같이 물에 잘 녹지 않는 기체에만 적용된다.
㉯ 염화수소(HCl), 암모니아(NH_3), 이산화황(SO_2) 등과 같이 물에 잘 녹는 기체는 적용되지 않는다.

115 어떤 반응의 속도를 빠르게 하여 주는 촉매는 그 반응의 역반응에는 어떤 영향을 주는가?

① 역반응의 활성화 에너지를 증가시킨다.
② 역반응의 활성화 에너지를 감소시킨다.
③ 역반응의 반응 엔탈피(ΔH)를 증가시킨다.
④ 역반응의 반응 엔탈피(ΔH)를 감소시킨다.

해설 **촉매**
자신은 변하지 않고 활성화 에너지를 변화시켜 반응속도를 변화시키는 물질로 정촉매와 부촉매가 있다.
㉮ **정촉매** : 정반응 및 역반응 활성화 에너지를 감소시켜 반응속도를 빠르게 한다.
㉯ **부촉매** : 정반응 및 역반응 활성화 에너지를 증가시켜 반응속도를 느리게 한다.

Answer 112. ② 113. ② 114. ④ 115. ②

116 다음 반응식의 평형상수(K)를 올바르게 나타낸 것은?

$$N_2 + 3H_2 \rightleftarrows 2NH_3$$

① $K = \dfrac{2[NH_3]}{[N_2] \cdot 3[H_2]}$

② $K = \dfrac{[H_2]^3}{[N_2] \cdot [NH_3]^2}$

③ $K = \dfrac{[NH_3]^2}{[N_2] \cdot [H_2]^3}$

④ $K = \dfrac{[N_2]^2}{[H_2] \cdot [NH_3]^2}$

해설 다음의 반응이 평형상태에 있을 때

$aA + bB \rightleftarrows cC + dD$

$\therefore K = \dfrac{[C]^c \times [D]^d}{[A]^a \times [B]^b}$

117 $C(S) + CO_2(g) \rightleftarrows 2CO(g) - 40$[kcal]에서 평형을 정반응 쪽으로 진행시키기 위한 조건은?

① 온도를 내리고, 압력을 높게 한다.
② 온도를 높이고, 압력을 높게 한다.
③ 온도를 높이고, 압력을 낮게 한다.
④ 온도를 내리고, 압력을 낮게 한다.

해설 ① 흡열반응에서 온도를 높이면 정반응이 일어난다.
② 압력이 감소되면 기체 몰수가 커지는 방향으로 이동한다.

118 [보기]에서 압력을 낮추면 평형이 왼쪽으로 이동하는 것으로만 짝지어진 것은?

[보기]
㉠ $C(S) + H_2O \rightleftarrows CO + H_2$
㉡ $2CO + O_2 \rightleftarrows 2CO_2$
㉢ $N_2 + 3H_2 \rightleftarrows 2NH_3$
㉣ $H_2O(L) \rightleftarrows H_2O(g)$

① ㉠, ㉣ ② ㉠, ㉢
③ ㉠, ㉡ ④ ㉡, ㉢

해설 압력과 평형이동의 관계
㉮ 압력이 증가할 때(부피 감소) : 기체 몰수가 작아지는 방향으로 이동
㉯ 압력이 감소할 때(부피 증가) : 기체몰수가 커지는 방향으로 이동
㉰ 압력으로 평형 이동할 때 액체(L)나 고체(S) 몰수는 0으로 한다.
※ 압력을 낮추면 평형이 왼쪽으로 이동하는 것은 ㉡, ㉢이고 오른쪽으로 이동하는 것은 ㉠, ㉣이다.

119 다음 반응 중 평형상태가 압력의 영향을 받지 않는 것은?

① $2NO_2 \rightleftarrows N_2O_4$
② $2CO + O_2 \rightleftarrows 2CO_4$
③ $NH_3 + HCl \rightleftarrows NH_4Cl$
④ $N_2 + O_2 \rightleftarrows 2NO$

해설 반응 전 후의 몰[mol]수가 같으면 압력의 영향을 받지 않는다.

120 어떤 온도의 다음 반응에서 A, B 각각 1몰을 반응시켜 평형에 도달했을 때 C가 2/3몰 생성되었다. 이 반응의 평형상수는 얼마인가?

$$A(g) + B(g) \rightarrow C(g) + D(g)$$

① 2 ② 4
③ 6 ④ 8

Answer 116. ③ 117. ③ 118. ④ 119. ④ 120. ②

해설 $A(g) + B(g) \rightarrow C(g) + D(g)$

반응 전 : 1[mol] 1[mol] 0[mol] 0[mol]

반응 후 : $\left(1-\frac{2}{3}\right)\left(1-\frac{2}{3}\right)\left(\frac{2}{3}\right) \quad \left(\frac{2}{3}\right)$

$$\therefore K = \frac{[C]\cdot[D]}{[A]\cdot[B]} = \frac{\frac{2}{3}\times\frac{2}{3}}{\frac{1}{3}\times\frac{1}{3}} = 4$$

121 500[℃], 100[atm]에서 다음 화학반응식의 압력 평형상수(K_p)는 1.50×10^{-5} 이다. 이 온도에서 농도 평형상수(K_c)를 구하면 얼마인가?
(단, 반응식은 $N_2 + 3H_2 \rightarrow 2NH_3$이고, 기체상수는 0.082[L · atm · K^{-1} · mol^{-1}]이다.)

① 6.02×10^{-2} ② 4.70×10^{-3}
③ 2.38×10^{-2} ④ 1.19×10^{-3}

해설 $K_c = \frac{K_p}{(RT)^{\Delta n}}$

$= \frac{1.50\times10^{-5}}{\{0.082\times(273+500)\}^{-2}}$

$= 6.02\times10^{-2}$

※ Δn = 반응 후 몰수 − 반응 전 몰수
= 2 − (1 + 3) = −2

122 다음과 같은 반응에서 만약 A와 B의 농도를 둘 다 2배로 해주면 반응속도는 이론적으로 몇 배나 되겠는가?

A + 3B → 3C + 5D

① 2배 ② 4배
③ 8배 ④ 16배

해설 $V = K[A]\times[B] = [2]\times[2]^3 = 16$배

123 반응식 $2A + 3C \rightleftarrows C + 4D$의 반응에서 다른 조건은 일정하게 하고 A와 B의 농도를 각각 2배로 더해 주면 정반응의 속도는 몇 배로 빨라지는가? (단, 정반응 속도식은 $V = K[A]^2 \cdot [B]^3$이다.)

① 4배 ② 6배
③ 24배 ④ 32배

해설 $V = K[A]^2 \cdot [B]^3 = [2]^2\times[2]^3 = 32$배

124 A + B → C + D의 반응에 대한 에너지 분포를 그림과 같이 나타냈다. 그림의 설명 중 틀린 것은?

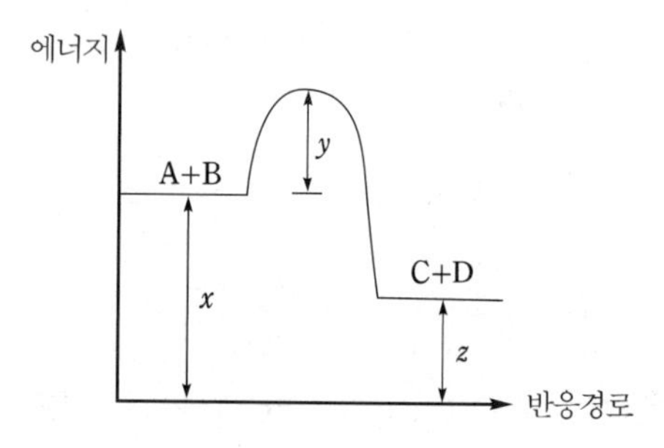

① x는 반응계의 에너지이다.
② 발열반응이다.
③ y는 활성화 에너지이다.
④ 엔트로피가 감소하는 반응이다.

해설 발열반응이므로 엔트로피가 증가한다.

참고 흡열반응 선도

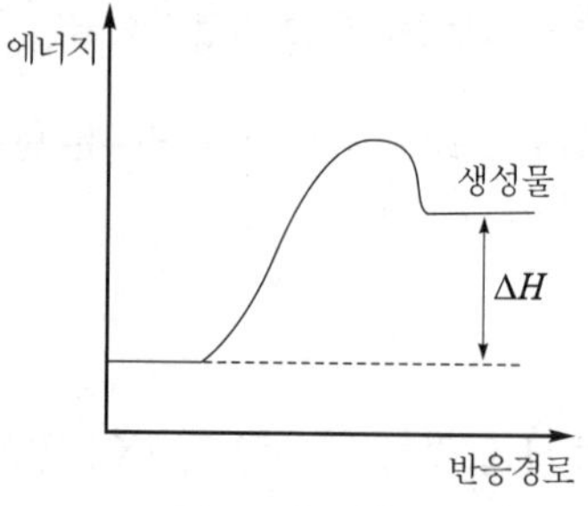

2장 가스의 특성

1. 연소 현상

1) 연소(燃燒)

(1) 연소의 정의

연소란 가연성 물질이 공기 중의 산소와 반응하여 빛과 열을 발생하는 화학반응을 말한다.

(2) 연소의 3요소

① 가연성 물질 : 산화(연소)하기 쉬운 물질로서 일반적으로 연료로 사용하는 것으로 다음과 같은 구비 조건을 갖추어야 한다.

㉮ 발열량이 크고, 열전도율이 작을 것

㉯ 산소와 친화력이 좋고 표면적이 넓을 것

㉰ 활성화 에너지가 작을 것

㉱ 건조도가 높을 것(수분 함량이 적을 것)

② 산소 공급원 : 연소를 도와주거나 촉진시켜 주는 조연성 물질로 공기, 자기연소성 물질, 산화제 등이 있다.

③ 점화원 : 가연물에 활성화 에너지를 주는 것으로 점화원의 종류에는 전기불꽃(아크), 정전기, 단열압축, 마찰 및 충격불꽃 등이 있다.

㉮ 강제점화 : 혼합기(가연성 기체 + 공기)에 별도의 점화원을 사용하여 화염핵이 형성되어 화염이 전파되는 것으로 전기불꽃 점화, 열면 점화, 토치 점화, 플라스마 점화 등이 있다.

㉯ 최소점화에너지 : 가연성 혼합기체를 점화시키는데 필요한 최소에너지로 다음과 같을 때 낮아진다.

ⓐ 연소 속도가 클수록 ⓑ 열전도율이 적을수록

ⓒ 산소 농도가 높을수록 ⓓ 압력이 높을수록

ⓔ 가연성 기체의 온도가 높을수록(혼합기의 온도가 상승할수록)

▶ 최소점화에너지(전기 스파크에 의한 측정)

$$E = \frac{1}{2}(C \times V^2) = \frac{1}{2} Q \cdot V$$

여기서, C : 콘덴서 용량, V : 전압, Q : 전기량

(3) 연소의 조건

① 산화반응은 발열 반응일 것
② 연소열로 연소 생성물과 연소물의 온도가 상승할 것
③ 복사열의 파장이 가시 범위에 도달하면 빛을 발생할 것

(4) 연소의 종류

① 표면 연소 : 고체 가연물이 열분해나 증발을 하지 않고 표면에서 산소와 반응하여 연소하는 것으로 목탄(숯), 코크스 등의 연소가 이에 해당된다.
② 분해 연소 : 충분한 착화에너지를 주어 가열분해에 의해 연소하며 휘발분이 있는 고체연료(종이, 석탄, 목재 등) 또는 증발이 일어나기 어려운 액체연료(중유 등)가 이에 해당된다.
③ 증발 연소 : 가연성 액체의 표면에서 기화되는 가연성 증기가 착화되어 화염을 형성하고 이 화염의 온도에 의해 액체표면이 가열되어 액체의 기화를 촉진시켜 연소를 계속하는 것으로 가솔린, 등유, 경유, 알코올 및 양초, 파라핀 등이 이에 해당된다.
④ 확산 연소 : 가연성 기체를 대기 중에 분출 확산시켜 연소하는 것으로 기체연료의 연소가 이에 해당된다.
⑤ 자기 연소 : 가연성 고체가 자체 내에 산소를 함유하고 있어 공기 중의 산소를 필요로 하지 않고 그 자체의 산소로 연소하는 것으로 셀룰로이드류, 질산에스테르류, 히드라진 등 제5류 위험물이 이에 해당된다.

2) 인화점 및 발화점

(1) 인화점(인화온도)

가연성 물질이 공기 중에서 점화원에 의하여 연소할 수 있는 최저의 온도로 위험성의 척도이다.

(2) 발화점(발화온도)

가연성 물질이 공기 중에서 온도를 상승시킬 때 점화원 없이 스스로 연소를 개시할 수

있는 최저의 온도로 착화점, 착화온도라 한다.

① 발화의 4대 요소 : 온도, 압력, 조성, 용기의 크기

② 발화점에 영향을 주는 인자(요소)

㉮ 가연성 가스와 공기와의 혼합비

㉯ 발화가 생기는 공간의 형태와 크기

㉰ 기벽의 재질과 촉매 효과

㉱ 가열속도와 지속시간

㉲ 점화원의 종류와 에너지 투여법

③ 발화점이 낮아지는 조건

㉮ 압력이 높을 때

㉯ 발열량이 높을 때

㉰ 열전도율이 작을 때

㉱ 산소와 친화력이 클 때

㉲ 산소농도가 높을 때

㉳ 분자구조가 복잡할수록

㉴ 반응활성도가 클수록

▶ 탄화수소(C_mH_n)의 발화점은 탄소수가 많을수록 낮아진다(탄소수가 적을수록 높아진다).

2. 연소 계산

1) 연소현상 이론

(1) 연소 중 가연성분

탄소(C), 수소(H), 황(S)이 가연성분이며 불순물(불연성 물질)로는 회분(A), 수분(W) 등이 포함되어 있다. 가연물질로는 탄소(C), 수소(H)가 해당되며 황(S) 성분은 연소 시 황화합물을 생성하여 악영향을 미치므로 제거한다.

(2) 완전연소 반응식

완전연소 반응식은 표준상태(STP상태 : 0[℃], 1기압)에서 가연성 물질이 산소(공기)와 반응하여 완전 연소하는 것으로 가정하여 계산한다.

2) 이론산소량 및 이론공기량

(1) 산소량 및 이론공기량 계산

공기 중 산소는 체적[Nm^3]으로 21[%], 질량[kg]으로 23.2[%] 존재하므로 완전연소 반응식에서 이론산소량((O_0)에 체적 및 질량 비율로 나누어주면 이론공기량(A_0)이 계산된다.

(2) 고체 및 액체연료 이론산소량 계산

공기 중 산소는 체적[Nm^3]으로 21[%], 질량[kg]으로 23.2[%] 존재하므로 완전연소 반응식에서 이론산소량(O_0)에 체적 및 질량 비율로 나누어주면 이론공기량(A_0)이 계산된다.

① 연료 1[kg]당 이론산소량(O_0) 계산

㉮ $$O_0[\text{산소 Nm}^3/\text{연료 kg}] = 1.867C + 5.6\left(H - \frac{O}{8}\right) + 0.7S$$
$$= 1.867C + 5.6H - 0.7(O - S)$$

㉯ $$O_0[\text{산소 kg}/\text{연료 kg}] = 2.67C + 8\left(H - \frac{O}{8}\right) + S$$
$$= 2.67C + 8H - (O - S)$$

② 유효수소 : 연료 속에 산소가 함유되어 있을 경우에는 수소 중의 일부는 이 산소와 반응하여 결합수(H_2O)를 생성하므로 수소의 전부가 연소하지 않고 이 산소의 상당량만큼의 수소$\left(\frac{1}{8}O\right)$에 해당되며 이것을 유효수소라 한다.

(3) 기체연료 이론산소량 계산

$$O_0[\text{Nm}^3/\text{Nm}^3] = 0.5H_2 + 0.5CO + 2CH_4 + 3C_2H_4 + 5C_3H_8 + \cdots$$
$$+ \left(m + \frac{n}{4}\right)C_mH_n - O_2$$

① 프로판(C_3H_8) 1[kg]당 이론산소량[kg] 계산

$C_3H_8 + 5O_2 \rightarrow 3CO_2 + 4H_2O$

44[kg] : 5 × 32[kg] = 1[kg] : $x(O_0)$[kg]

$$\therefore x(O_0) = \frac{1 \times 5 \times 32}{44} = 3.636[\text{kg/kg}]$$

② 프로판(C_3H_8) 1[kg]당 이론산소량[Nm^3] 계산

$C_3H_8 + 5O_2 \rightarrow 3CO_2 + 4H_2O$

44[kg] : 5×22.4[Nm^3] = 1[kg] : $x(O_0)$[Nm^3]

$$\therefore x(O_0) = \frac{1 \times 5 \times 22.4}{44} = 2.545[\text{Nm}^3/\text{kg}]$$

③ 프로판(C_3H_8) 1[Nm^3]당 이론산소량[kg] 계산

$C_3H_8 + 5O_2 \rightarrow 3CO_2 + 4H_2O$

22.4[Nm^3] : 5×32[kg] = 1[Nm^3] : $x(O_0)$[kg]

$$\therefore x(O_0) = \frac{1 \times 5 \times 32}{22.4} = 7.143[\text{kg/Nm}^3]$$

④ 프로판(C_3H_8) 1[Nm^3]당 이론산소량[Nm^3] 계산

$C_3H_8 + 5O_2 \rightarrow 3CO_2 + 4H_2O$

22.4[Nm^3] : 5 × 22.4[Nm^3] = 1[Nm^3] : $x(O_0)$[Nm^3]

$$\therefore x(O_0) = \frac{1 \times 5 \times 22.4}{22.4} = 5\,[Nm^3/Nm^3]$$

(4) 고체 및 액체연료 이론공기량 계산

① $A_0[\text{공기 } Nm^3/\text{연료 } kg] = \frac{O_0}{0.21} = 8.89C + 26.67\left(H - \frac{O}{8}\right) + 3.33S$

② $A_0[\text{공기 } kg/\text{연료 } kg] = \frac{O_0}{0.232} = 11.49C + 34.5\left(H - \frac{O}{8}\right) + 4.31S$

(5) 기체연료 이론공기량 계산

$$A_0[Nm^3/Nm^3] = 2.38(H + CO) + 9.52CH_4 + 14.3C_2H_4 + 23.8C_3H_8 + \cdots - 4.76O_2$$

① 프로판() 1[kg]당 이론공기량[kg] 계산

$C_3H_8 + 5O_2 \rightarrow 3CO_2 + 4H_2O$

44[kg] : 5×32[kg] = 1[kg] : $x(O_0)$[kg]

$$\therefore A_0 = \frac{O_0}{0.232} = \frac{1 \times 5 \times 32}{44 \times 0.232} = 15.672\,[kg/kg]$$

② 프로판(C_3H_8) 1[kg]당 이론공기량[Nm^3] 계산

$C_3H_8 + 5O_2 \rightarrow 3CO_2 + 4H_2O$

44[kg] : 5×22.4[Nm^3] = 1[kg] : $x(O_0)$[Nm^3]

$$\therefore A_0 = \frac{O_0}{0.21} = \frac{1 \times 5 \times 22.4}{44 \times 0.21} = 12.12\,[Nm^3/kg]$$

③ 프로판(C_3H_8) 1[Nm^3]당 이론공기량[kg] 계산

$C_3H_8 + 5O_2 \rightarrow 3CO_2 + 4H_2O$

22.4[Nm^3] : 5×32[kg] = 1[Nm^3] : $x(O_0)$[kg]

$$\therefore A_0 = \frac{O_0}{0.232} = \frac{1 \times 5 \times 32}{22.4 \times 0.232} = 30.79\,[kg/Nm^3]$$

④ 프로판(C_3H_8) 1[Nm^3]당 이론공기량[Nm^3] 계산

$C_3II_8 + 5O_2 \rightarrow 3CO_2 + 4H_2O$

22.4[Nm^3] : 5×22.4[Nm^3] = 1[Nm^3] : $x(O_0)$[Nm^3]

$$\therefore A_0 = \frac{O_0}{0.21} = \frac{1\times 5\times 22.4}{22.4\times 0.21} = 23.81\,[\mathrm{Nm^3/Nm^3}]$$

3) 공기비 및 실제공기량

(1) 공기비

실제공기량(A)과 이론공기량(A_0)의 비를 공기비(m) 또는 과잉공기계수라 한다.

$$\therefore m = \frac{A}{A_0} = \frac{A_0 + B}{A_0} = 1 + \frac{B}{A_0} \qquad \therefore A = m \cdot A_0$$

여기서, m : 공기비(과잉공기계수)　　A : 실제공기량
　　　A_0 : 이론공기량　　B : 과잉공기량

① 공기비와 관계된 사항

㉮ 공기비(m) : 실제공기량과 이론공기량의 비

$$\therefore m = \frac{A}{A_0} = \frac{A_0 + B}{A_0} = 1 + \frac{B}{A_0}$$

㉯ 과잉공기량(B) : 실제공기량과 이론공기량의 차

$$\therefore B = A - A_0 = (m-1)A_0$$

㉰ 과잉공기율[%] : 과잉공기량과 이론공기량의 백분율[%]

$$\therefore \text{과잉공기율}[\%] = \frac{B}{A_0}\times 100 = \frac{A-A_0}{A_0}\times 100 = (m-1)\times 100$$

㉱ 과잉공기비 : 과잉공기량에 대한 이론공기량의 비

$$\therefore \text{과잉공기비} = \frac{B}{A_0} = \frac{A-A_0}{A_0} = (m-1)$$

② 연료에 따른 공기비

㉮ 기체연료 : 1.1~1.3

㉯ 액체연료 : 1.2~1.4 (미분탄 포함)

㉰ 고체연료 : 1.5~2.0 (수분식), 1.4~1.7 (기계식)

③ 공기비의 특성

㉮ 공기비가 클 경우

ⓐ 연소실내의 온도가 낮아진다.

ⓑ 배기가스로 인한 열손실이 증가한다.

ⓒ 연료 소비량이 증가한다.

ⓓ 배기가스 중 질소화합물(NO_x)이 많아져 대기오염을 초래한다.

㉯ 공기비가 작을 경우

ⓐ 불완전연소가 발생하기 쉽다.
ⓑ 연소효율이 감소한다.
ⓒ 열손실이 증가한다.
ⓓ 미연소 가스로 인한 역화의 위험이 있다.

(2) 실제 공기량 계산

실제연소에 있어서 연료를 완전연소 시키기 위해 실제적으로 공급하는 공기량을 실제공기량(A)이라 하며 이론공기량(A_0)에 과잉공기량(B)을 합한 것이다.

$\therefore A = m \cdot A_0 = A_0 + B$

(3) 완전연소의 조건

① 적절한 공기 공급과 혼합을 잘 시킬 것
② 연소실 온도를 착화온도 이상으로 유지할 것
③ 연소실을 고온으로 유지할 것
④ 연소에 충분한 연소실과 시간을 유지할 것

3. 가스 폭발

1) 폭발

(1) 폭발의 정의

혼합기체의 온도를 고온으로 상승시켜 자연착화를 일으키고, 혼합기체의 전부분이 극히 단시간 내에 연소하는 것으로서 압력 상승의 급격한 현상을 말한다.

(2) 폭발범위

공기에 대한 가연성가스의 혼합농도의 백분율(체적[%])로서 폭발하는 최고농도를 폭발상한계, 최저농도를 폭발하한계라 하며 그 차이를 폭발범위라 한다.

① 온도의 영향 : 온도가 높아지면 폭발범위는 넓어지고, 온도가 낮아지면 폭발범위는 좁아진다.
② 압력의 영향 : 압력이 상승하면 폭발범위는 넓어진다. (단, CO는 압력상승 시 폭발범위가 좁아지며, H_2는 압력상승 시 폭발범위가 좁아지다가 계속 압력을 올리면 폭발범위가

넓어진다.)

③ 불연성 기체의 영향(산소의 영향) : CO_2, N_2 등 불연성 가스는 공기와 혼합하여 산소농도를 낮추며 이로 인해 폭발범위는 좁아진다. (공기 중에 산소농도가 증가하면 폭발범위는 넓어진다.)

(3) 폭발범위 계산

① 폭발범위와 연소열과의 관계

$$\frac{1}{x_1} \fallingdotseq K\frac{Q}{E} \quad , \quad \frac{1}{y_1} \fallingdotseq K'\frac{q}{E}$$

여기서, x_1 : 가연성가스의 폭발하한값(체적[%]) Q : 분자 연소열[kcal/mol]

y_1 : 가연성가스의 폭발하한값[mg/L] K, K' : 상수

q : 1[g]당 연소열[kcal/g] $\left(q = \frac{Q}{M}\right)$ E : 활성화 에너지

※ 폭발하한값(x_1, y_1)은 연소열에 반비례한다. 즉 연소열이 크면 폭발하한값은 낮아진다.

② 가연성가스의 폭발범위 계산

㉮ 폭발하한값(x_1)

$$x_1 \fallingdotseq 0.55\,x_0$$

㉯ 폭발상한값(x_2)

$$x_2 = 4.8\sqrt{x_0}$$

여기서, x_0 : 가연성가스의 공기 중에서의 완전 연소식에서 화학양론농도[%]

※ 가연성가스 1[mol]을 연소시키는데 필요한 산소의 [mol]수를 n이라 하면 공기 중 가연성가스의 화학양론농도

$$x_0 = \frac{1}{1+\frac{n}{0.21}} \times 100 = \frac{0.21}{0.21+n} \times 100$$
이 된다.

③ 분진의 폭발범위 : 입자의 크기, 형상 등에 영향을 받음

(4) 가연성 혼합기체의 폭발범위 계산

르샤틀리에 공식을 이용하여 계산한다.

$$\frac{100}{L} = \frac{V_1}{L_1} + \frac{V_2}{L_2} + \frac{V_3}{L_3} + \frac{V_4}{L_4} + \cdots$$

여기서, L : 혼합가스의 폭발한계치

V_1, V_2, V_3, V_4 : 각 성분 체적[%]

L_1, L_2, L_3, L_4 : 각 성분 단독의 폭발한계치

(5) 위험도

폭발범위 상한과 하한의 차이를 폭발범위 하한 값으로 나눈 것으로 H로 표시한다.

$$H = \frac{U-L}{L}$$

여기서, H : 위험도

U : 폭발범위 상한 값

L : 폭발범위 하한 값

① 위험도는 폭발 범위에 비례하고 하한 값에는 반비례한다.

② 위험도 값이 클수록 위험성이 크다.

2) 폭발원인에 의한 구분

(1) 물리적 폭발

고체 또는 액체에서 기체로의 변화, 온도상승이나 충격에 의하여 압력이 이상 상승하여 일어나는 폭발로 물리적 현상에 의한 것이다.

① 증기(蒸氣) 폭발 : 보일러에서 수증기의 압력에 의한 폭발

② 금속선(金屬線) 폭발 : Al 전선에 큰 전류가 흐를 때 일어나는 폭발

③ 고체상(固體相) 전이(轉移) 폭발 : 무정형 안티몬이 결정형 안티몬으로 고상전이 할 때 발생

④ 압력 폭발 : 온도 상승이나 충격에 의하여 압력이 이상 상승하여 일어나는 폭발로 불량 충전용기의 폭발, 고압가스 저장탱크의 폭발 등이다.

(2) 화학적 폭발

폭발성 혼합기체에 의한 점화적 폭발로 화약의 폭발, 산화반응, 중합반응, 분해반응 등의 화학반응에 의해 일어나는 폭발이다.

① 산화(酸化) 폭발 : 가연성 물질이 산화제(공기, 산소 등)와 산화반응에 의하여 일어나는 폭발이다.

○ 수소 폭명기 : $2H_2 + O_2 \rightarrow 2H_2O + 136.6$ [kcal]

② 분해(分解) 폭발 : 아세틸렌을 일정압력 이상으로 상승시켰을 때 분해에 의해 일어나는 단일가스의 폭발로 아세틸렌(C_2H_2), 산화에틸렌(C_2H_4O), 오존(O_3), 히드라진(N_2H_4) 등이 해당된다.

○ 아세틸렌 분해폭발 : $C_2H_2 \rightarrow 2C + H_2 + 54.2$ [kcal]

③ 중합(重合) 폭발 : 불포화탄화수소 화합물 중에서 중합하기 쉬운 물질이 급격한 중합반응을 일으키고 그때의 중합열에 의하여 일어나는 폭발로 시안화수소(HCN), 산화에틸렌(C_2H_4O), 염화비닐(C_2H_3Cl), 부타디엔(C_4H_6) 등이 해당된다.

④ 촉매(觸媒) 폭발 : 수소와 염소의 혼합가스에 직사광선이 촉매로 작용하여 일어나는 폭발이다.

$$\text{○ 염소 폭명기 : } Cl_2 + H_2 \xrightarrow{\text{직사광선}} 2HCl + 44[\text{kcal}]$$

3) 안전간격과 폭발등급

(1) 안전간격

8[L] 정도의 구형 용기 안에 폭발성 혼합가스를 채우고 착화시켜 가스가 발화될 때 화염이 용기 외부의 폭발성 혼합가스에 전달되는가의 여부를 보아 화염을 전달시킬 수 없는 한계의 틈을 말한다. 안전간격이 작은 가스일수록 위험하다.

(2) 폭발등급

폭발 등급	안전간격	대상 가스의 종류
1등급	0.6[mm] 이상	일산화탄소, 에탄, 프로판, 암모니아, 아세톤, 에틸에테르, 가솔린, 벤젠 등
2등급	0.4[mm]~0.6[mm]	석탄가스, 에틸렌 등
3등급	0.4[mm] 미만	아세틸렌, 이황화탄소, 수소, 수성가스

(3) 화염일주(火炎逸走)

온도, 압력, 조성의 조건이 갖추어져도 용기가 작으면 발화하지 않고 또는 부분적으로 발화하여도 화염이 전파되지 않고 도중에 꺼져버리는 현상으로 소염이라고도 한다.

① 소염거리 : 두면의 평행판 거리를 좁혀가며 화염이 틈사이로 전달되지 않게 될 때의 평행판 사이의 거리

② 한계직경 : 파이프 속을 화염이 진행할 때 화염이 전달되지 않고 도중에서 꺼져버리는 한계의 파이프 지름으로 소염지름이라고도 한다.

4. 폭굉 및 기타 폭발

1) 폭굉(Detonation)

(1) 폭굉의 정의

가스 중의 음속보다도 화염 전파속도가 큰 경우로서 파면선단에 충격파라고 하는 압력파가 생겨 격렬한 파괴작용을 일으키는 현상이다.

① 폭속(폭굉이 전하는 속도) : 가스의 경우 1000~3500[m/s] (정상 연소 : 0.1~10[m/s])

② 밀폐용기 내에서 폭굉이 발생하는 경우 파면 압력은 정상연소 때보다 2배가 된다.

③ 폭굉파가 벽에 충돌하면 파면 압력은 약 2.5배 치솟는다.

④ 폭굉파는 반응 후 온도 압력이 상승하나, 연소파는 반응 후 온도는 상승하나 압력은 일정하다.

(2) 폭굉 한계(폭굉 범위)

폭발한계 내에서도 특히 폭굉을 생성하는 조성의 한계를 말하며, 폭발 범위 내에 존재한다.

혼합가스의 폭굉 범위

혼합가스	하한 값(%)	상한 값(%)	혼합가스	하한 값(%)	상한 값(%)
H_2+공기	18.3	59	C_2H_2+공기	4.2	50
H_2+O_2	15	90	$C_2H_2+O_2$	3.5	92
$CO+O_2$	38	90	$C_3H_8+O_2$	3.2	37
NH_3+O_2	25.4	75	에틸에테르+공기	2.8	4.5

2) 폭굉 유도거리

(1) 폭굉 유도거리(DID)

최초의 완만한 연소가 격렬한 폭굉으로 발전될 때까지의 거리를 말한다.

(2) 폭굉 유도거리가 짧아지는 조건

① 정상 연소 속도가 큰 혼합가스일수록

② 관속에 방해물이 있거나 관 지름이 작을수록
③ 압력이 높을수록
④ 점화원의 에너지가 클수록
※ 폭굉유도거리가 짧은 가연성 가스일수록 위험성이 큰 가스이다.

3) 폭연(Deflagration)

음속 미만으로 진행되는 열분해 또는 음속 미만의 화염속도로 연소하는 화재로 압력이 위험수준까지 상승할 수도 있고, 상승하지 않을 수도 있으며 충격파를 방출하지 않으면서 급격하게 진행되는 연소이다.

4) BLEVE와 증기운 폭발

(1) BLEVE(Boiling Liquid Expanding Vapor Explosion : 비등 액체 팽창 증기 폭발)

가연성 액체 저장탱크 주변에서 화재가 발생하여 기상부의 탱크가 국부적으로 가열되면 그 부분이 강도가 약해져 탱크가 파열된다. 이 때 내부의 액화가스가 급격히 유출 팽창되어 화구(fire ball)를 형성하여 폭발하는 형태를 말한다.

① 저장탱크 내 체적이 200배 정도로 팽창되어 압력이 급격히 증가하므로 저장탱크에 설치된 안전장치의 효과가 없다.
② 화구(fire ball)로 인한 2차 피해(복사열로 인한 피해)의 우려가 있다.
③ 저장탱크 파열 시 비산되는 파열물질로 인한 피해가 있다.

(2) 증기운 폭발(UVCE : Unconfined Vapor Cloud Explosion)

대기 중에 대량의 가연성가스나 인화성 액체가 유출시 다량의 증기가 대기 중의 공기와 혼합하여 폭발성의 증기운(vapor cloud)을 형성하고 이때 착화원에 의해 화구(fire ball)를 형성하여 폭발하는 형태를 말한다.

① 증기운의 크기가 증가하면 점화 확률이 커진다.
② 증기운에 의한 재해는 폭발보다는 화재가 일반적이다.
③ 연소에너지의 약 20[%]만 폭풍파로 변한다.
④ 방출점으로부터 먼 지점에서의 증기운의 점화는 폭발의 충격을 증가시킨다.

5. 폭발 방지

1) 위험장소의 분류

(1) 위험장소의 정의

가연성 가스가 폭발할 위험이 있는 농도에 도달할 우려가 있는 장소를 말한다.

(2) 위험장소의 등급 분류

① 1종 장소 : 상용상태에서 가연성 가스가 체류하여 위험하게 될 우려가 있는 장소, 정비보수 또는 누출 등으로 인하여 종종 가연성 가스가 체류하여 위험하게 될 우려가 있는 장소

② 2종 장소

㉮ 밀폐된 용기 또는 설비 내에 밀봉된 가연성 가스가 그 용기 또는 설비의 사고로 인해 파손되거나 오조작의 경우에만 누출할 우려가 있는 장소

㉯ 확실한 기계적 환기조치에 의하여 가연성 가스가 체류하지 않도록 되어 있으나 환기장치에 이상이나 사고가 발생한 경우에는 가연성 가스가 체류하여 위험하게 될 우려가 있는 장소

㉰ 1종 장소의 주변 또는 인접한 실내에서 위험한 농도의 가연성 가스가 종종 침입할 우려가 있는 장소

③ 0종 장소 : 상용의 상태에서 가연성 가스의 농도가 연속해서 폭발하는 한계이상으로 되는 장소(폭발한계를 넘는 경우에는 폭발한계 내로 들어갈 우려가 있는 경우를 포함)

2) 정전기 예방

(1) 정전기의 발생원인

① 물질의 특성

② 물질의 표면상태 : 표면이 오염되면 정전기 발생이 많아진다.

③ 물질의 이력 : 최초 발생이 최대이며 이후 발생량이 감소한다.

④ 접촉면과 압력 : 접촉 면적이 클수록, 접촉압력이 증가할수록 정전기 발생량은 증가한다.

⑤ 분리속도 : 분리속도가 빠를수록 정전기 발생량은 많아진다.

(2) 정전기 재해의 종류

① 생산 재해
② 전기 충격
③ 화재 및 폭발

(3) 정전기 재해 예방대책

① 정전기 발생 억제대책
㉮ 유속을 1[m/s] 이하로 유지한다.
㉯ 분진 및 먼지 등의 이물질을 제거한다.
㉰ 액체 및 기체의 분출을 방지한다.
② 정전기의 발생 완화대책
㉮ 접지와 본딩을 실시한다.
㉯ 절연체에 도전성을 갖게 한다.
㉰ 상대습도를 70[%] 이상 유지한다.
㉱ 정전의(衣), 정전화(靴)를 착용하여 대전을 방지한다.
㉲ 폭발성 혼합가스의 생성을 방지한다.

3) 전기기기의 방폭구조

(1) 방폭구조의 종류

① 내압(耐壓) 방폭구조(d) : 방폭 전기기기의 용기(이하 "용기"라 함) 내부에서 가연성 가스의 폭발이 발생할 경우 그 용기가 폭발압력에 견디고 접합면, 개구부 등을 통하여 외부의 가연성 가스에 인화되지 아니하도록 한 구조
② 유입(油入) 방폭구조(o) : 용기 내부에 절연유를 주입하여 불꽃, 아크 또는 고온 발생 부분이 기름 속에 잠기게 함으로써 기름면 위에 존재하는 가연성 가스에 인화되지 아니하도록 한 구조
③ 압력(壓力) 방폭구조(p) : 용기 내부에 보호가스(신선한 공기 또는 불활성가스)를 압입하여 내부압력을 유지함으로써 가연성 가스가 용기 내부로 유입되지 아니하도록 한 구조
④ 안전증 방폭구조(e) : 정상운전 중에 가연성 가스의 점화원이 될 전기불꽃, 아크 또는 고온부분 등의 발생을 방지하기 위하여 기계적, 전기적 구조상 또는 온도 상승에 대하여 특히 안전도를 증가시킨 구조

⑤ 본질안전 방폭구조(ia, ib) : 정상 시 및 사고(단선, 단락, 지락 등) 시에 발생하는 전기불꽃, 아크 또는 고온부에 의하여 가연성 가스가 점화되지 아니하는 것이 점화시험, 기타 방법에 의하여 확인된 구조

⑥ 특수 방폭구조(s) : ①번에서부터 ⑤번까지에서 규정한 구조 이외의 방폭구조로서 가연성 가스에 점화를 방지할 수 있다는 것이 시험, 기타 방법에 의하여 확인된 구조

(2) 방폭 전기기기의 설치

① 0종 장소 : 원칙적으로 본질안전 방폭구조로 설치

② 자물쇠식 구조 : 방폭 전기기기 결합부의 나사류를 외부에서 쉽게 조작함으로써 방폭 성능을 손상시킬 우려가 있는 것은 드라이버, 스패너, 플라이어 등의 일반 공구로 조작할 수 없도록 한 구조

③ 정션박스(junction box), 풀박스(pull box), 접속함 및 설비 부속품 : 내압 방폭구조, 안전증 방폭구조로 설치

④ 본질안전 방폭구조를 구성하는 배선은 본질안전 방폭구조 이외의 전기설비배선과 혼촉을 방지하고, 그 배선은 다른 배선과 구별하기 쉽게 하여야 한다.

(3) 가연성 가스의 폭발등급과 발화도(위험등급)

① 내압 방폭구조의 폭발등급 분류

최대 안전틈새 범위[mm]	0.9 이상	0.5 초과 0.9 미만	0.5 이하
가연성 가스의 폭발등급	A	B	C
방폭 전기기기의 폭발등급	ⅡA	ⅡB	ⅡC

[비고] 최대 안전틈새는 내용적이 8[L]이고 틈새 깊이가 25[mm]인 표준용기 내에서 가스가 폭발할 때 발생한 화염이 용기 밖으로 전파하여 가연성 가스에 점화되지 아니하는 최대값

② 본질안전 방폭구조의 폭발등급 분류

최소 점화전류비의 범위[mm]	0.8 초과	0.45 이상 0.8 이하	0.45 미만
가연성 가스의 폭발등급	A	B	C
방폭 전기기기의 폭발등급	ⅡA	ⅡB	ⅡC

[비고] 최소 점화전류비는 메탄가스의 최소 점화전류를 기준으로 나타낸다.

(4) 가연성 가스의 발화도 범위에 따른 방폭 전기기기의 온도등급

가연성 가스의 발화도[℃] 범위	방폭 전기기기의 온도등급
450 초과	T1
300 초과 450 이하	T2
200 초과 300 이하	T3
135 초과 200 이하	T4
100 초과 135 이하	T5
85 초과 100 이하	T6

4) 위험성 평가기법

(1) 정성적 평가기법

① 체크리스트(checklist) 기법 : 공정 및 설비의 오류, 결함상태, 위험상황 등을 목록화한 형태로 작성하여 경험적으로 비교함으로써 위험성을 파악하는 것이다.

② 사고예상 질문 분석(WHAT-IF) 기법 : 공정에 잠재하고 있으면서 원하지 않은 나쁜 결과를 초래할 수 있는 사고에 대하여 예상 질문을 통해 사전에 확인함으로써 그 위험과 결과 및 위험을 줄이는 방법을 제시하는 것이다.

③ 위험과 운전 분석(hazard and operablity studies : HAZOP) 기법 : 공정에 존재하는 위험 요소들과 공정의 효율을 떨어뜨릴 수 있는 운전상의 문제점을 찾아내어 그 원인을 제거하는 것이다.

(2) 정량적 평가기법

① 작업자 실수 분석(hunan error analysis) 기법 : 설비의 운전원, 정비 보수원, 기술자 등의 작업에 영향을 미칠만한 요소를 평가하여 그 실수의 원인을 파악하고 추적하여 실수의 상대적 순위를 결정하는 것이다.

② 결함수 분석(fault tree analysis : FTA) 기법 : 사고를 일으키는 장치의 이상이나 운전자 실수의 조합을 연역적으로 분석하는 것이다.

③ 사건수 분석(event tree analysis : ETA) 기법 : 초기사건으로 알려진 특정한 장치의 이상이나 운전자의 실수로부터 발생되는 잠재적인 사고결과를 평가하는 것이다.

④ 원인 결과 분석(cause-consequence analysis : CCA) 기법 : 잠재된 사고의 결과와 이러한 사고의 근본적인 원인을 찾아내고 사고 결과와 원인의 상호관계를 예측, 평가하는 것이다.

(3) 기타

① 상대 위험순위 결정(dow and mond indices) 기법 : 설비에 존재하는 위험에 대하여 수치적으로 상대위험 순위를 지표화하여 그 피해정도를 나타내는 상대적 위험 순위를 정하는 것이다.

② 이상 위험도 분석(failure modes effect and criticality analysis : FMECA) 기법 : 공정 및 설비의 고장의 형태 및 영향, 고장 형태별 위험도 순위를 결정하는 것이다.

01 연소의 정의를 설명한 것 중 옳은 것은?

① 이산화탄소와 수증기를 생성하기 위한 연료의 화학반응이다.
② 탄화수소가 공기 중의 산소와 화합하는 현상이다.
③ 연료 중의 탄소와 산소가 화합하는 현상이다.
④ 탄소, 수소 등의 가연성 물질이 산소와 화합하여 열과 빛을 발생하는 화학반응이다.

해설 **연소의 정의** : 가연성 물질이 공기 중의 산소와 반응하여 빛과 열을 발생하는 화학반응을 말한다.

02 연소의 3요소가 맞는 것은?

① 가연물, 산소공급원, 열
② 가연물, 산소공급원, 빛
③ 가연물, 산소공급원, 공기
④ 가연물, 산소공급원, 점화원

해설 **연소의 3요소** : 가연물, 산소공급원, 점화원

03 가연물의 구비조건이 아닌 것은?

① 연소열량이 커야 한다.
② 열전도도가 작아야 한다.
③ 활성화 에너지가 커야 한다.
④ 산소와의 친화력이 좋아야 한다.

해설 가연물의 구비조건
㉮ 발열량이 크고, 열전도율이 작을 것
㉯ 산소와 친화력이 좋고, 표면적이 넓을 것
㉰ 활성화 에너지가 작을 것
㉱ 건조도가 높을 것 (수분 함량이 적을 것)

04 고압가스 취급소 등에서 폭발 및 화재의 원인이 되는 발화원으로 가장 거리가 먼 것은?

① 충격　　② 마찰
③ 방전　　④ 접지

해설 ㉮ **점화원(발화원)의 종류** : 전기불꽃(아크), 정전기, 단열압축, 마찰 및 충격불꽃 등
㉯ **접지** : 발화원에 해당하는 정전기를 제거하기 위한 것이다.

05 최소점화에너지에 영향을 주는 인자가 아닌 것은?

① 색상　　② 온도
③ 압력　　④ 조성

해설 **최소점화에너지** : 가연성 혼합기체를 점화시키는데 필요한 최소에너지로 다음과 같을 때 낮아진다.
㉮ 연소속도가 클수록
㉯ 열전도율이 적을수록
㉰ 산소농도가 높을수록
㉱ 압력이 높을수록
㉲ 가연성 기체의 온도가 높을수록

Answer 1. ④ 2. ④ 3. ③ 4. ④ 5. ①

06 각 물질의 연소형태이다. 잘못된 것은?

① 목재가 불에 탄다. – 분해연소
② 프로판(g)이 불에 탄다. – 분해연소
③ 목탄이 불에 탄다. – 표면연소
④ 가솔린이 불에 탄다. – 증발연소

해설 연소의 형태(종류)
㉮ **표면연소** : 목탄, 코크스와 같이 표면에서 산소와 반응하여 연소하는 것
㉯ **분해연소** : 열분해에 의해 연소가 일어나는 것으로 종이, 석탄, 목재 등의 고체연료의 연소
㉰ **증발연소** : 가연성 액체의 연소
㉱ **확산연소** : 가연성 가스의 연소
㉲ **자기연소** : 산소공급 없이 연소하는 것으로 제5류 위험물이 해당된다.

07 연소속도에 영향을 주는 인자로서 가장 거리가 먼 것은?

① 온도 ② 활성화 에너지
③ 발열량 ④ 가스의 조성

해설 연소속도에 영향을 주는 인자
㉮ 기체의 확산 및 산소와의 혼합
㉯ 연소용 공기 중 산소의 농도
㉰ 연소 반응물질 주위의 압력
㉱ 온도
㉲ 촉매

08 가연성 물질을 연소시키려고 한다. 공기 중의 산소농도가 증가 되는 경우라면 이때 나타나는 현상으로 볼 수 없는 것은?

① 연소속도의 증가
② 화염온도의 상승
③ 폭발한계의 좁아짐
④ 발화온도는 낮아짐

해설 공기 중 산소농도가 증가할 때 나타나는 현상
㉮ **상승(증가)** : 연소속도, 폭발범위, 화염온도, 발열량, 폭발범위, 화염길이
㉯ **저하(감소)** : 발화온도, 발화에너지

09 점화원에 의하여 연소하기 위한 최저온도를 무엇이라 하는가?

① 인화점 ② 착화점
③ 발화점 ④ 폭굉점

해설 **인화점(인화온도)** : 가연성 물질이 공기 중에서 점화원에 의하여 연소할 수 있는 최저의 온도로 위험성의 척도이다.

10 다음 중 "착화온도가 80[℃]이다"를 가장 잘 설명한 것은?

① 80[℃] 이하로 가열하면 인화한다는 뜻이다.
② 80[℃]로 가열해서 점화원이 있으면 연소한다.
③ 80[℃] 이상 가열하고 점화원이 있으면 연소한다.
④ 80[℃]로 가열하면 공기 중에서 스스로 연소한다.

해설 **발화점(발화온도, 착화점, 착화온도)** : 점화원 없이 스스로 연소를 개시하는 최저온도

11 연소에 관한 설명으로 옳지 않은 것은?

① 인화점이 낮을수록 위험성이 크다.
② 인화점보다 착화점의 온도가 낮다.
③ 착화점이 낮을수록 위험하다.
④ 인화점이 너무 높아도 나쁘다.

해설 인화점보다 착화점의 온도는 높다.

Answer 6. ② 7. ③ 8. ③ 9. ① 10. ④ 11. ②

12 발화 발생 요인이 아닌 것은?

① 용기의 재질 ② 온도
③ 압력 ④ 조성

해설 발화의 4대 요소 : 온도, 조성, 압력, 용기의 크기

13 발화점에 영향을 주는 인자가 아닌 것은?

① 가연성가스와 공기의 혼합비
② 가열속도와 지속시간
③ 발화가 생기는 공간의 비중
④ 점화원의 종류와 에너지 투여법

해설 발화점에 영향을 주는 인자
㉮ 가연성가스와 공기의 혼합비
㉯ 가열속도와 지속시간
㉰ 점화원의 종류와 에너지 투여법
㉱ 발화가 생기는 공간의 형태와 크기
㉲ 기벽의 재질과 촉매효과

14 가연성 물질의 착화점이 낮아질 수 있는 조건이 아닌 것은?

① 화학적으로 발열량이 높을수록
② 반응활성도가 클수록
③ 분자구조가 간단할수록
④ 산소농도가 클수록

해설 착화점이 낮아질 수 있는 조건
㉮ 압력이 높을 때
㉯ 발열량이 높을 때
㉰ 열전도율이 작을 때
㉱ 산소와 친화력이 클 때
㉲ 산소농도가 클수록
㉳ 분자구조가 복잡할수록
㉴ 반응활성도가 클수록

15 발화지연에 대한 설명으로 맞는 것은?

① 저온, 저압일수록 발화지연은 짧아진다.
② 어느 온도에서 가열하기 시작하여 발화시까지 걸린 시간을 말한다.
③ 화염의 색이 적색에서 청색으로 변화하는데 걸리는 시간을 말한다.
④ 가연성 가스와 산소의 혼합비가 완전 산화에 가까울수록 발화지연은 길어진다.

해설 발화지연
어느 온도에서 가열하기 시작하여 발화시까지 걸린 시간이다.
㉮ 고온 고압일수록 발화지연은 짧아진다.
㉯ 가연성가스와 산소의 혼합비가 완전 산화에 가까울수록 발화지연은 짧아진다.

16 물질의 연소와 직접 관계가 없는 것은?

① 연소열
② 발화온도
③ 허용농도
④ 최소 점화에너지

해설 허용농도
독성가스와 비독성가스를 구별하는 기준이다.

17 프로판의 완전연소 반응식을 옳게 나타낸 것은?

① $C_3H_8 + 2O_2 \rightarrow 3CO_2 + 4H_2O$
② $C_3H_8 + 5O_2 \rightarrow 3CO_2 + 4H_2O$
③ $C_3H_8 + 3O_2 \rightarrow 3CO_2 + 4H_2O$
④ $C_3H_8 + \frac{8}{2}O_2 \rightarrow 3CO_2 + 2H_2O$

해설 탄화수소(C_mH_n)의 완전연소 반응식

$$C_mH_n + \left(m + \frac{n}{4}\right)O_2 \rightarrow mCO_2 + \frac{n}{2}H_2O$$

Answer 12. ① 13. ③ 14. ③ 15. ② 16. ③ 17. ②

18 부탄(C_4H_{10}) 1[Nm^3]를 완전연소 시키는 데는 최소한 몇 [Nm^3]의 산소량이 필요한가?

① 3.8　② 4.9
③ 5.8　④ 6.5

해설 부탄(C_4H_{10})의 완전연소 반응식

$C_4H_{10} + 6.5O_2 \rightarrow 4CO_2 + 5H_2O$

22.4[Nm^3] : 6.5×22.4[Nm^3]
= 1[Nm^3] : $x(O_0)$[Nm^3]

$\therefore O_0 = \frac{1 \times 6.5 \times 22.4}{22.4} = 6.5$[Nm^3]

19 완전연소 시 공기량이 가장 적게 소요되는 가스는?

① 메탄　② 에탄
③ 프로판　④ 부탄

해설 탄화수소(C_mH_n)의 완전연소 반응식

$C_mH_n + \left(m + \frac{n}{4}\right)O_2 \rightarrow mCO_2 + \frac{n}{2}H_2O$

∴공기량은 탄소수가 적을수록 적게 소요된다.

20 일산화탄소(CO) 10[Nm^3]를 연소시키는데 필요한 이론 공기량[Nm^3]은 얼마인가?

① 17.2　② 23.8
③ 35.7　④ 45.0

해설 일산화탄소(CO)의 완전연소 반응식

$CO + \frac{1}{2}O_2 \rightarrow CO_2$

22.4[Nm^3] : $\frac{1}{2}$×22.4[Nm^3]
= 10[Nm^3] : $x(O_0)$[Nm^3]

$\therefore A_0 = \frac{O_0}{0.21} = \frac{10 \times \frac{1}{2} \times 22.4}{22.4 \times 0.21}$
$= 23.8$[Nm^3]

21 CH_4 1몰[mol]을 연소시키는데 필요한 이론공기의 양은?

① 1[mol]　② 2[mol]
③ 9.52[mol]　④ 14.52[mol]

해설 메탄(CH_4)의 완전연소 반응식

$CH_4 + 2O_2 \rightarrow CO_2 + 2H_2O$

$\therefore A_0 = \frac{O_0}{0.21} = \frac{2}{0.21} = 9.52$[mol]

22 CH_4 1[Nm^3]를 완전 연소시키는데 필요한 공기량은?

① 44.8[Nm^3]　② 11.52[Nm^3]
③ 9.52[Nm^3]　④ 22.4[Nm^3]

해설 $CH_4 + 2O_2 \rightarrow CO_2 + 2H_2O$

$\therefore A_0 = \frac{O_0}{0.21} = \frac{2}{0.21} = 9.52$[Nm^3]

23 프로판가스 10[kg]을 완전 연소시키는데 필요한 공기량은 약 몇 [Nm^3]인가? (단, 공기 중 산소와 질소의 체적비는 21:79 이다.)

① 76　② 95
③ 110　④ 122

해설 프로판(C_3H_8)의 완전연소 반응식

$C_3H_8 + 5O_2 \rightarrow 3CO_2 + 4H_2O$

44[kg] : 5×22.4[Nm^3] = 10[kg] : O_0[Nm^3]

$\therefore A_0 = \frac{O_0}{0.21} = \frac{10 \times 5 \times 22.4}{44 \times 0.21} = 121.21$[Nm^3]

24 1톤의 CH_4이 연소하는 경우 필요한 이론 공기량은?

① 13333[m^3]　② 23333[m^3]
③ 33333[m^3]　④ 43333[m^3]

Answer 18. ④ 19. ① 20. ② 21. ③ 22. ③ 23. ④ 24. ①

해설 $CH_4 + 2O_2 \rightarrow CO_2 + 2H_2O$

16[kg] : 2×22.4[m³] = 1000[kg] : O_0[m³]

$$\therefore A_o = \frac{O_0}{0.21} = \frac{2 \times 22.4 \times 1000}{16 \times 0.21} = 13333.33[\mathrm{m^3}]$$

25 메탄과 부탄의 부피 조성비가 40 : 60인 혼합가스 10[m³]을 완전연소 하는데 필요한 이론공기량은 몇 [m³]인가? (단, 공기의 부피조성비는 산소 : 질소 = 21 : 79이다.)

① 95.2 ② 181.0

③ 223.8 ④ 409.5

해설 ㉮ 메탄(CH_4)과 부탄(C_4H_{10})의 완전연소 반응식

$CH_4 + 2O_2 \rightarrow CO_2 + 2H_2O$

$C_4H_{10} + 6.5O_2 \rightarrow 4CO_2 + 5H_2O$

㉯ 이론공기량 계산 : 혼합가스 10[m³] 중 메탄과 부탄의 비가 40 : 60 이다.

$$\therefore A_0 = \frac{O_0}{0.21} = \frac{(2 \times 0.4) + (6.5 \times 0.6)}{0.21} \times 10 = 223.8[\mathrm{m^3}]$$

26 프로판가스 2.2[kg]을 완전연소 시키는데 필요한 이론공기량은 25[℃], 750[mmHg]에서 약 몇 [m³]인가?

① 29.50 ② 34.66

③ 44.51 ④ 57.25

해설 ㉮ 프로판의 완전연소 반응식

$C_3H_8 + 5O_2 \rightarrow 3CO_2 + 4H_2O$

㉯ 표준상태에서의 이론공기량(A_0) 계산

44[kg] : 5×22.4[Nm³] = 2.2[kg]: O_0[Nm³]

$$\therefore A_0 = \frac{O_0}{0.21} = \frac{2.2 \times 5 \times 22.4}{44 \times 0.21} = 26.667[\mathrm{Nm^3}]$$

㉰ 25[℃], 750[mmHg] 상태 체적으로 계산

$\frac{P_1 V_1}{T_1} = \frac{P_2 V_2}{T_2}$ 에서

$$\therefore V_2 = V_1 \times \frac{T_2}{T_1} \times \frac{P_1}{P_2} = 26.667 \times \frac{273 + 25}{273} \times \frac{760}{750} = 29.497[\mathrm{m^3}]$$

27 옥탄(C_8H_{18})이 완전 연소하는 경우의 공기-연료비는 약 몇 [kg-공기/kg-연료]인가? (단, 공기의 평균분자량은 28.97로 한다.)

① 15.1 ② 22.6

③ 59.5 ④ 70.5

해설 옥탄의 완전연소 반응식

$C_8H_{18} + 12.5O_2 \rightarrow 8CO_2 + 9H_2O$

114[kg] : 12.5×32[kg] = 1[kg] : x[kg]

$$\therefore x = \frac{O_0}{0.232} = \frac{12.5 \times 32 \times 1}{114 \times 0.232} = 15.12[\text{kg-공기/kg-연료}]$$

※ 공기 중 산소의 질량비율은 23.2[%]이다.)

28 C_mH_n 1[Nm³]이 연소하여 생기는 수증기의 양[Nm³]은 얼마인가?

① $\frac{n}{4}$ ② $\frac{n}{2}$

③ n ④ 2n

해설 탄화수소(C_mH_n)의 완전연소 반응식

$$C_mH_n + \left(m + \frac{n}{4}\right)O_2 \rightarrow mCO_2 + \frac{n}{2}H_2O$$

Answer 25. ③ 26. ① 27. ① 28. ②

29 연소시의 실제공기량 A와 이론공기량 A_0 사이에 $A = m \cdot A_0$의 공식이 성립될 때 m은 무엇이라 하는가?

① 연소효율 ② 열전도율
③ 압력계수 ④ 과잉공기계수

해설 m : 과잉공기계수 또는 공기비

30 어떤 가스가 완전 연소할 때 이론상 필요한 공기량을 A_0[Nm³], 실제로 사용한 공기량을 A[Nm³]라 할 때 과잉공기 백분율을 올바르게 표시한 것은?

① $\frac{A-A_0}{A} \times 100$ ② $\frac{A-A_0}{A_0} \times 100$

③ $\frac{A}{A_0} \times 100$ ④ $\frac{A_0}{A} \times 100$

해설 과잉공기백분율[%] $= \frac{B}{A_0} \times 100$

$= \frac{A-A_0}{A_0} \times 100 = (m-1) \times 100$

31 연소와 관련된 식 중 옳게 나타낸 것은?

① 과잉공기비 = 공기비(m) − 1
② 과잉공기량 = 이론공기량(A_0) + 1
③ 실제공기량 = 공기비(m) + 이론공기량(A_0)
④ 공기비 $= \frac{\text{이론 산소량}}{\text{실제 공기량}} -$ 이론 공기량

해설 공기비와 관계된 사항

㉮ **공기비(과잉공기계수)** : 실제공기량(A)과 이론공기량(A_0)의 비

$\therefore m = \frac{A}{A_0} = \frac{A_0+B}{A_0} = 1 + \frac{B}{A_0}$

㉯ **과잉공기량(B)** : 실제공기량과 이론공기량의 차

$\therefore B = A - A_0 = (m-1)A_0$

㉰ **과잉공기율[%]** : 과잉공기량과 이론공기량의 비율

$\therefore$ 과잉공기율[%] $= \frac{B}{A_0} \times 100$

$= \frac{A-A_0}{A_0} \times 100 = (m-1) \times 100$

㉱ **과잉공기비** : 과잉공기량에 대한 이론공기량의 비

$\therefore$ 과잉공기비 $= \frac{B}{A_0} = \frac{A-A_0}{A_0} = m-1$

32 메탄을 공기비 1.1로 완전연소 시키고자 할 때 메탄 1[Nm³]당 공급해야 할 공기량은 약 몇 [Nm³]인가?

① 2.2 ② 6.3
③ 8.4 ④ 10.5

해설 $CH_4 + 2O_2 \rightarrow CO_2 + 2H_2O$

22.4[Nm³]:2×22.4[Nm³]=1[Nm³] : $x(O_0)$[Nm³]

$\therefore A = m \times A_0 = m \times \frac{O_0}{0.21}$

$= 1.1 \times \frac{2 \times 22.4 \times 1}{22.4 \times 0.21} = 10.476$[Nm³]

33 연소 공기비가 표준보다 큰 경우 어떤 현상이 발생하는가?

① 매연 발생량이 적어진다.
② 배기가스량이 많아지고 열효율이 저하된다.
③ 화염온도가 높아져 버너에 손상을 입힌다.
④ 연소실 온도가 높아져 전열효과가 커진다.

해설 공기비의 영향

1) 공기비가 클 경우
㉮ 연소실 내의 온도가 낮아진다.
㉯ 배기가스로 인한 손실열이 증가한다.
㉰ 배기가스 중 질소산화물(NO_x)이 많아져 대기오염을 초래한다.

Answer 29. ④ 30. ② 31. ① 32. ④ 33. ②

㉱ 연료소비량이 증가한다.
2) 공기비가 작을 경우
㉮ 불완전연소가 발생하기 쉽다.
㉯ 미연소 가스로 인한 역화의 위험이 있다.
㉰ 연소효율이 감소한다.(열손실이 증가한다.)

34 폭발범위에 대한 설명 중 옳지 않은 것은?

① 공기 중 아세틸렌가스의 폭발범위는 2.5~81[%]이다.
② 공기 중에서보다 산소 중에서의 폭발범위는 좁아진다.
③ 고온, 고압일 때 폭발범위는 대부분 넓어진다.
④ 한계산소 농도치 이하에서는 폭발성 혼합가스를 생성하지 않는다.

해설 공기 중에서 보다 산소 중에서의 폭발범위는 넓어진다.

35 가스의 폭발범위에 영향을 주는 인자가 아닌 것은?

① 비열 ② 압력
③ 온도 ④ 가스량

해설 폭발범위에 영향을 주는 인자
온도, 압력, 가스량, 산소의 농도

36 부탄가스의 완전연소 방정식을 다음과 같이 나타낼 때 화학양론 농도(Cst)는 몇 [%]인가? (단, 공기 중 산소는 21[%]이다.)

$$C_4H_{10}+6.5O_2 \rightarrow 4CO_2+5H_2O$$

① 1.8[%] ② 3.1[%]
③ 5.5[%] ④ 8.9[%]

해설 $Cst=\frac{1}{1+\frac{n}{0.21}}\times 100=\frac{0.21}{0.21+n}\times 100$
$=\frac{0.21}{0.21+6.5}\times 100=3.129[\%]$

37 부탄(C_4H_{10})이 공기 중에서 완전연소하기 위한 화학양론농도는 3.1[%]이다. 부탄의 폭발하한계와 상한계는 얼마인가?

① 하한계 : 0.1[%], 상한계 : 9.2[%]
② 하한계 : 1.7[%], 상한계 : 8.5[%]
③ 하한계 : 2.6[%], 상한계 : 7.4[%]
④ 하한계 : 2.0[%], 상한계 : 4.1[%]

해설 ㉮ 폭발하한계 계산
$\therefore x_1=0.55x_0=0.55\times 3.1=1.705[\%]$
㉯ 폭발상한계 계산
$\therefore x_2=4.8\sqrt{x_0}=4.8\times\sqrt{3.1}=8.45[\%]$

38 아세틸렌의 폭발하한은 부피로 2.5[%]이다. 가로 2[m], 세로 2.5[m], 높이 2[m]인 공간에서 아세틸렌이 약 몇 [g]이 누출되면 폭발할 수 있는가? (단, 표준상태라고 가정하고, 아세틸렌의 분자량은 26이다.)

① 25 ② 29
③ 250 ④ 290

해설 ㉮ 폭발하한값에 해당하는 아세틸렌(C_2H_2) 가스량 계산
$\therefore$ 가스량(L) $=(2\times 2.5\times 2)\times 0.025\times 10^3$
$=250[L]$
㉯ 체적에서 질량으로 계산
26[g] : 22.4[L] = x[g] : 250[L]
$\therefore x=\frac{26\times 250}{22.4}=290.178[g]$

Answer 34. ② 35. ① 36. ② 37. ② 38. ④

39 프로판(C_3H_8)과 부탄(C_4H_{10})이 동일한 몰[mol] 비로 구성된 LP가스의 폭발하한이 공기 중에서 1.8[v%]라면 높이 2[m], 넓이 9[m^2], 압력 1[atm], 온도 20[℃]인 주방에 최소 몇 [g]의 가스가 유출되면 폭발할 가능성이 있는가? (단, 이상기체로 가정한다.)

① 405 ② 593
③ 688 ④ 782

해설 ㉮ 혼합가스의 평균분자량 계산

$\therefore M = (44 \times 0.5) + (58 \times 0.5) = 51$

㉯ 폭발 가능한 누설량 계산 : 실내 체적의 1.8[%]에 해당하는 가스량이 누설되었을 때 폭발

$PV = \frac{W}{M}RT$ 에서

$$\therefore W = \frac{PVM}{RT} = \frac{1 \times (9 \times 2 \times 1000 \times 0.018) \times 51}{0.082 \times (273 + 20)} = 687.754[g]$$

40 프로판의 폭발범위가 공기 중에서 2.1~9.5[%]일 때 위험도는?

① 4.5 ② 3.5
③ 0.8 ④ 0.3

해설 $H = \frac{U - L}{L} = \frac{9.5 - 2.1}{2.1} = 3.52$

41 아세틸렌가스의 위험도를 폭발상한값과 하한값을 가지고 계산하면? (단, C_2H_2의 폭발범위는 2.5~81[%]이다.)

① 29.7 ② 31.4
③ 18.3 ④ 24.6

해설 $H = \frac{U - L}{L} = \frac{81 - 2.5}{2.5} = 31.4$

42 폭발위험도가 가장 큰 물질은?

① CO ② NH_3
③ C_2H_4O ④ H_2

해설 ㉮ 각 가스의 공기 중에서의 폭발범위

명칭	폭발범위
일산화탄소(CO)	12.5~74[%]
암모니아(NH_3)	15~28[%]
산화에틸렌(C_2H_4O)	3~80[%]
수소(H_2)	4~75[%]

㉯ 위험도는 폭발범위가 넓고 하한값이 작은 것이 위험도가 큰 물질이다.

43 가스의 폭발에 대한 설명으로 틀린 것은?

① 이황화탄소, 아세틸렌, 수소는 위험도가 커서 위험하다.
② 혼합가스의 폭발범위는 르샤틀리에 법칙을 적용한다.
③ 발열량이 높을수록 발화온도는 낮아진다.
④ 압력이 높아지면 일반적으로 폭발범위가 좁아진다.

해설 일반적으로 압력이 상승하면 폭발범위는 넓어진다. 단, 일산화탄소(CO)는 압력상승 시 폭발범위가 좁아지며, 수소(H_2)는 압력상승 시 폭발범위가 좁아지다가 계속 압력을 올리면 폭발범위가 넓어진다.

44 폭발 종류와의 관계가 틀린 것은?

① 화학적 폭발 : 화약의 폭발
② 압력적 폭발 : 보일러의 폭발
③ 촉매적 폭발 : C_2H_2의 폭발
④ 중합적 폭발 : HCN의 폭발

해설 ㉮ 아세틸렌의 폭발성 : 산화폭발, 분해폭발, 화합폭발

Answer 39. ③ 40. ② 41. ② 42. ③ 43. ④ 44. ③

㉯ **촉매폭발** : 수소 및 염소의 혼합가스에 직사광선이 촉매로 작용하여 일어나는 폭발로 염소폭명기라 한다.
(반응식 : $H_2 + Cl_2 \rightarrow 2HCl + 44$[kcal])

45 산화폭발의 종류가 아닌 것은?

① 가스폭발
② 분진폭발
③ 화약폭발
④ 증기폭발

해설 ㉮ **산화폭발** : 가연성 물질이 산화제(공기, 산소)와 산화반응에 의하여 일어나는 폭발이다.
㉯ **증기폭발** : 보일러에서 수증기의 압력에 의하여 일어나는 폭발로 물리적 폭발에 해당된다.

46 폭발성이 예민하므로 마찰 및 타격으로 격렬히 폭발하는 물질에 해당되지 않는 것은?

① 황화질소
② 메틸아민
③ 염화질소
④ 아세틸드

해설 폭발성이 극히 예민하여 마찰, 타격으로 격렬히 폭발하는 물질에는 아지화은(AgN_2), 질화수은(HgN_2), 아세틸드, 염화질소, 황화질소[유화질소](N_4S_4), 옥화질소, 데도라센 등이 있다.

47 분해폭발성을 갖는 가스는?

① 산소 ② 질소
③ 아세틸렌 ④ 프로판

해설 아세틸렌 폭발의 종류
㉮ **산화폭발** : 산소와 혼합하여 점화하면 폭발한다.
$C_2H_2 + 2.5O_2 \rightarrow 2CO_2 + H_2O$
㉯ **분해폭발** : 가압, 충격에 의해 탄소와 수소로 분해되면서 폭발을 일으킨다.
$C_2H_2 \rightarrow 2C + H_2 + 54.2$[kcal]
㉰ **화합폭발** : 동(Cu), 은(Ag), 수은(Hg) 등의 금속과 화합 시 폭발성이 아세틸드를 생성한다.
$C_2H_2 + 2Cu \rightarrow Cu_2C_2 + H_2$
$C_2H_2 + 2Ag \rightarrow Ag_2C_2 + H_2$

48 중합폭발을 일으키는 가스는?

① 오존
② 시안화수소
③ 아세틸렌
④ 히드라진

해설 중합폭발 및 분해폭발을 일으키는 물질
㉮ **중합폭발** : 시안화수소(HCN), 산화에틸렌(C_2H_4O), 염화비닐(C_2H_3Cl), 부타디엔(C_4H_6) 등
㉯ **분해폭발** : 아세틸렌(C_2H_2), 산화에틸렌(C_2H_4O), 히드라진(N_2H_4), 오존(O_3) 등

49 폭발성 혼합가스의 폭발 2등급 안전간격은?

① 0.1~0.3[mm]
② 0.8~1.0[mm]
③ 0.4~0.6[mm]
④ 1.5~2.0[mm]

해설 안전간격

폭발등급	안전간격	가스의 종류
1등급	0.6[mm] 이상	일산화탄소, 에탄, 프로판, 암모니아, 아세톤, 에틸에테르, 가솔린, 벤젠 등
2등급	0.4~0.6[mm]	석탄가스, 에틸렌 등
3등급	0.4[mm] 미만	아세틸렌, 이황화탄소, 수소, 수성가스

Answer 45. ④ 46. ② 47. ③ 48. ② 49. ③

50 폭굉이란 용어의 해석 중 적합한 것은?

① 가스 중의 폭발속도보다 음속이 큰 경우로 파면선단에 충격파라고 하는 솟구치는 압력파가 생겨 격렬히 파괴작용을 일으키는 현상
② 가스 중의 음속보다 폭발속도가 큰 경우로 파면선단에 충격파라고 하는 솟구치는 압력파가 생겨 격렬히 파괴작용을 일으키는 현상
③ 가스 중의 음속보다 화염전파속도가 큰 경우로 파면선단에 충격파라고 하는 솟구치는 압력파가 생겨 격렬한 파괴작용을 일으키는 현상
④ 가스 중의 화염전파속도보다 음속이 큰 경우로 파면선단에 충격파라고 하는 솟구치는 압력파가 생겨 격렬한 파괴작용을 일으키는 현상

51 폭굉이 전하는 연소속도를 폭속(폭굉속도)라 하는데 폭굉파의 속도[m/s]는 약 얼마인가?

① 0.03~10
② 20~100
③ 150~200
④ 1000~3500

해설 폭굉(detonation)과 폭속
㉮ 폭굉의 정의 : 가스 중의 음속보다 화염전파속도가 큰 경우로 파면선단에 충격파라고 하는 솟구치는 압력파가 생겨 격렬한 파괴작용을 일으키는 현상이다.
㉯ 폭속 : 폭굉이 전하는 속도로 가스의 경우 1000~3500[m/s]에 달한다.

52 폭굉이 발생하는 경우 파면의 압력은 정상 연소에서 발생하는 것보다 일반적으로 얼마나 큰가?

① 2배 ② 5배
③ 8배 ④ 10배

해설 폭굉의 파면 압력은 정상연소보다 2배 크다.

53 폭굉파가 벽에 충돌하면 파면압력은 약 몇 배로 치솟는가?

① 2.5 ② 5.5
③ 10 ④ 20

해설 폭굉파가 벽에 충돌하면 파면압력은 2.5배 치솟는다.

54 폭굉(detonation)에 대한 설명 중 옳은 것은?

① 폭굉속도는 보통 연소속도의 20배 정도이다.
② 폭굉속도는 가스인 경우에는 1000[m/s] 이하이다.
③ 폭굉속도가 클수록 반사에 의한 충격효과는 감소한다.
④ 일반적으로 혼합가스의 폭굉범위는 폭발범위보다 좁다.

해설 폭굉(detonation) 현상
㉮ 폭굉이 전하는 속도(폭속)은 가스의 경우 1000~3500[m/s]인 반면 정상 연소속도는 0.1~10[m/s] 정도이다.
㉯ 폭굉속도가 클수록 반사에 의한 충격효과는 증가한다.
㉰ 혼합가스의 폭굉범위는 폭발범위 내에 존재한다.

Answer 50. ③ 51. ④ 52. ① 53. ① 54. ④

55 **폭굉에 대한 설명으로 옳은 것은?**

① 가연성 가스의 폭굉범위는 폭발범위보다 좁다.
② 같은 조건에서 일산화탄소는 프로판의 폭굉속도보다 빠르다.
③ 폭굉이 발생할 때 압력은 순간적으로 상승되었다가 원상으로 곧 돌아오므로 큰 파괴 현상은 동반하지 않는다.
④ 폭굉 압력파는 미연소 가스 속으로 음속 이하로 이동한다.

56 **가스는 최초의 완만한 연소에서 격렬한 폭굉으로 발전될 때까지의 거리가 짧은 가연성 가스일수록 위험하다. 이 유도거리가 짧아질 수 있는 조건이 아닌 것은?**

① 압력이 높을수록
② 점화원의 에너지가 강할수록
③ 관속에 방해물이 있을 때
④ 정상 연소속도가 낮을수록

해설 폭굉 유도거리가 짧아질 수 있는 조건
㉮ 정상연소속도가 큰 혼합가스일수록
㉯ 관속에 방해물이 있거나 관지름이 가늘수록
㉰ 압력이 높을수록
㉱ 점화원의 에너지가 클수록

57 **액체가 급격한 상변화를 하여 증기가 된 후 폭발하는 현상은 무엇인가?**

① 블레이브(BLEVE)
② 파이어 볼(fire ball)
③ 데토네이션(detonation)
④ 풀 파이어(pool fire)

해설 블레이브(BLEVE : 비등액체 팽창 증기폭발)
가연성 액체 저장탱크 주변에서 화재가 발생하여 기상부의 탱크가 국부적으로 가열되면 그 부분이 강도가 약해져 탱크가 파열된다. 이 때 내부의 액화가스가 급격히 유출 팽창되어 화구(fire ball)를 형성하여 폭발하는 형태를 말한다.

58 **지표면에 가연성 증기가 방출되거나 기화되기 쉬운 가연성 액체가 개방된 대기 중에 유출되어 생기는 가스 폭발을 무엇이라고 하는가?**

① BLEVE(boiling liquid expanding vapor explosion)
② UVCE(unconfined vapor cloud explo-sion)
③ 분해폭발(decomposition explosion)
④ 확산폭발(diffuion explosion)

해설 ㉮ BLEVE : 비등액체 팽창 증기 폭발
㉯ UVCE : 증기운 폭발

59 **증기운 폭발에 대한 설명 중 틀린 것은?**

① 증기운의 크기가 증가하면 점화확률이 커진다.
② 증기운에 의한 재해는 폭발보다는 화재가 일반적이다.
③ 폭발 효율이 커서 연소 에너지의 전부가 폭풍파로 전환된다.
④ 방출점으로부터 먼 지점에서의 증기운의 점화는 폭발의 충격을 증가시킨다.

해설 연소 에너지의 약 20[%]만 폭풍파로 변한다.

Answer 55. ① 56. ④ 57. ① 58. ② 59. ③

60 TNT 당량은 어떤 물질이 폭발할 때 방출하는 에너지와 동일한 에너지를 방출하는 TNT의 질량을 말한다. LPG 3톤이 폭발할 때 방출하는 에너지는 TNT 당량으로 몇 [kg]인가? (단, 폭발한 LPG의 발열량은 15000[kcal/kg]이며 LPG의 폭발계수는 0.1, TNT가 폭발 시 방출하는 당량 에너지는 1125[kcal]이다.)

① 3500 ② 4000
③ 4500 ④ 5000

해설 $TNT\ 당량 = \dfrac{총발생열량}{TNT방출에너지}$
$= \dfrac{3000 \times 15000 \times 0.1}{1125}$
$= 4000$[kg]

61 TNT 1000[kg]이 폭발했을 때 그 폭발중심에서 100[m] 떨어진 위치에서 나타나는 폭풍효과(피크압력)는 같은 TNT 125[kg]이 폭발했을 때 폭발중심에서 몇 [m] 떨어진 위치에서 동일하게 나타나는가? (단, 폭풍효과에 관한 3승근 법칙이 적용되는 것으로 한다.)

① 30 ② 50
③ 70 ④ 80

해설 ㉮ TNT 1000[kg]이 폭발했을 때 100[m] 떨어진 위치의 폭풍효과(피크압력)
$\therefore Z_e = \dfrac{R}{(m_{TNT})^{\frac{1}{3}}} = \dfrac{100}{1000^{\frac{1}{3}}} = 10$[m]
㉯ TNT 125[kg]이 폭발했을 때 동일한 효과가 나타나는 거리
$\therefore R = Z_e \times (m_{TNT})^{\frac{1}{3}} = 10 \times (125)^{\frac{1}{3}} = 50$[m]
여기서, Z_e : 환산거리[m]
R : 폭발기점으로부터 거리[m]
m_{TNT} : TNT 질량[kg]

62 폭발에 관한 가스의 성질을 설명한 것 중 틀린 것은?

① 폭발범위가 넓은 것은 위험하다.
② 가스 비중이 큰 것은 낮은 곳에 체류할 위험이 있다.
③ 안전간격이 큰 것일수록 위험하다.
④ 폭굉은 화염 전파속도가 음속보다 크다.

해설 안전간격이 작을수록 위험성이 크다.

63 화재나 폭발의 위험이 있는 장소를 위험장소라 한다. 다음 중 제1종 위험장소에 해당하는 것은?

① 정상 작업 조건하에서 인화성 가스 또는 증기가 연속해서 착화 가능한 농도로서 존재하는 장소
② 정상 작업 조건하에서 가연성 가스가 체류하여 위험하게 될 우려가 있는 장소
③ 가연성 가스가 밀폐된 용기 또는 설비의 사고로 인해 파손되거나 오조작의 경우에만 누출할 위험이 있는 장소
④ 환기장치에 이상이나 사고가 발생한 경우에 가연성가스가 체류하여 위험하게 될 우려가 있는 장소

해설 ① : 제0종 장소, ③, ④ : 제2종 위험장소

64 가연성 가스가 폭발할 위험이 있는 농도에 도달할 우려가 있는 장소로서 "제2종 장소"에 해당하지 않는 것은?

① 상용의 상태에서 가연성가스의 농도가 연속해서 폭발 하한계 이상으로 되는 장소
② 밀폐된 용기가 그 용기의 사고로 인해 파손될 경우에만 가스가 누출할 위험이 있는 장소

Answer 60. ② 61. ② 62. ③ 63. ② 64. ①

③ 환기 장치에 이상이나 사고가 발생한 경우에는 가연성가스가 체류하여 위험하게 될 우려가 있는 장소
④ 1종 장소의 주변에서 위험한 농도의 가연성가스가 종종 침입할 우려가 있는 장소

해설 ①항은 제0종 장소에 해당

65 가연성 가스가 폭발할 위험이 있는 농도에 도달할 우려가 있는 장소를 위험장소라 한다. 밀폐된 용기 또는 설비의 사고로 인해 파손되거나 오조작의 경우에만 누출할 위험이 있는 장소는 다음 중 어느 장소에 해당하는가?

① 0종 장소 ② 1종 장소
③ 2종 장소 ④ 3종 장소

66 위험한 증기가 있는 곳의 장치에 정전기를 해소시키기 위한 방법이 아닌 것은?

① 접속 및 접지 ② 이온화
③ 증습 ④ 가압

해설 정전기 제거방법
㉮ 대상물을 접지한다.
㉯ 공기 중 상대습도를 70[%] 이상으로 높인다.
㉰ 공기를 이온화한다.

67 가스취급 시 빈번히 발생하는 정전기를 제거하기 위한 대책이 아닌 것은?

① 접지를 한다.
② 대전량을 증가시킨다.
③ 공기 중의 습도를 높인다.
④ 공기를 이온화한다.

해설 정전화, 정전의를 착용하여 대전방지를 하여야 한다.

68 고압가스 분출에 대하여 정전기가 가장 발생되기 쉬운 경우는?

① 가스가 충분히 건조되어 있을 경우
② 가스 속에 고체의 미립자가 있을 경우
③ 가스 분자량이 적은 경우
④ 가스 비중이 큰 경우

해설 분출되는 가스 중에 고체의 미립자가 포함되어 있을 때 정전기가 발생할 가능성이 높다.

69 정전기 재해 방지조치에는 정전기 발생억제, 정전기 완화 촉진, 폭발성가스의 형성 방지로 나눌 수 있다. 이 중 정전기 완화를 촉진시켜 정전기를 방지하는 방법이 아닌 것은?

① 접지, 본딩 ② 공기 이온화
③ 습도 부여 ④ 유속 제한

해설 정전기 재해 방지조치
(1) 정전기 발생 완화 방법
㉮ 접지와 본딩을 실시한다.
㉯ 절연체에 도전성을 갖게 한다.
㉰ 공기를 이온화시킨다.
㉱ 상대습도를 70[%] 이상 유지한다.
㉲ 정전의, 정전화를 착용하여 대전을 방지한다.
(2) 정전기 발생 억제 방법
㉮ 유속을 1[m/s] 이하로 유지한다.
㉯ 분진 및 먼지 등의 이물질을 제거한다.
㉰ 액체 및 기체의 분출을 방지한다.

70 가연성 혼합가스에 불활성 가스를 주입하여 산소의 농도를 최소산소농도(MOC) 이하로 낮게 하는 공정은?

① 릴리프(relief) ② 벤트(vent)
③ 이너팅(inerting) ④ 리프팅(lifting)

해설 이너팅(inerting)을 퍼지작업, 비활성화라 한다.

Answer 65. ③ 66. ④ 67. ② 68. ② 69. ④ 70. ③

71 **퍼지(purging) 방법 중 용기의 한 개구부로부터 퍼지가스를 가하고 다른 개구부로부터 대기(또는 스크레버)로 혼합가스를 용기에서 축출시키는 공정은?**

① 진공 퍼지(vacuum purging)
② 압력 퍼지(pressure purging)
③ 스위프 퍼지(sweep-through purging)
④ 사이펀 퍼지(siphon purging)

해설 **퍼지(purging) 종류**

㉮ **진공 퍼지** : 용기를 진공시킨 후 불활성가스를 주입시켜 원하는 최소산소농도에 이를 때까지 실시하는 방법
㉯ **압력 퍼지** : 불활성가스로 용기를 가압한 후 대기 중으로 방출하는 작업을 반복하여 원하는 최소산소농도에 이를 때까지 실시하는 방법
㉰ **사이펀 퍼지** : 용기에 물을 충만시킨 후 용기로부터 물을 배출시킴과 동시에 불활성가스를 주입하여 원하는 최소산소농도를 만드는 작업
㉱ **스위프 퍼지** : 한쪽으로는 불활성가스를 주입하고 반대쪽에서는 가스를 방출하는 작업을 반복하는 방법

72 **프로판 가스에 대한 최소산소 농도값(MOC)를 추산하면 얼마인가? (단, C_3H_8의 폭발하한치는 2.1[v%]이다.)**

① 8.5[%] ② 9.5[%]
③ 10.5[%] ④ 11.5[%]

해설 ㉮ 프로판의 완전연소 반응식

$C_3H_8 + 5O_2 \rightarrow 3CO_2 + 4H_2O$

㉯ 최소산소농도 계산

$$\therefore MOC = LFL \times \frac{\text{산소몰수}}{\text{연료몰수}} = 2.1 \times \frac{5}{1} = 10.5[\%]$$

73 **산소 공급원을 차단하여 소화하는 방법은?**

① 제거소화 ② 질식소화
③ 냉각소화 ④ 희석소화

해설 **소화의 3대 효과** : 연소의 3요소 중 한 가지를 제거하는 것으로 소화의 목적을 달성하는 것이다.

㉮ **질식효과** : 연소 중에 있는 가연성 물질과 공기의 접촉을 차단시키는 것으로 공기 중 산소의 농도를 15[%] 이하로 유지하는 방법이다.
㉯ **냉각효과** : 연소 중에 있는 물질에 물이나 특수 냉각제를 뿌려 온도를 낮추는 방법이다.
㉰ **제거효과** : 가연성 가스나 가연성 증기의 공급을 차단하여 소화시키는 방법이다.

74 **가연성가스를 취급하는 장소에는 누출된 가스의 폭발사고를 방지하기 위하여 전기설비를 방폭구조로 한다. 다음 중 방폭구조가 아닌 것은?**

① 안전증 방폭구조 ② 내열 방폭구조
③ 압력 방폭구조 ④ 내압 방폭구조

해설 **방폭구조의 종류** : 내압 방폭구조, 유입 방폭구조, 압력 방폭구조, 안전증 방폭구조, 본질안전 방폭구조, 특수 방폭구조

75 **방폭구조의 표시방법으로 잘못된 것은?**

① 안전증 방폭구조 : e
② 본질안전 방폭구조 : b
③ 유입 방폭구조 : o
④ 내압 방폭구조 : d

해설 **방폭구조의 종류 및 표시기호**

명칭	기호
내압 방폭구조	d
유입 방폭구조	o
압력 방폭구조	p
안전증 방폭구조	e
본질안전 방폭구조	ia, ib
특수 방폭구조	s

Answer 71. ③ 72. ③ 73. ② 74. ② 75. ②

76 용기 내부에서 가연성가스의 폭발이 발생할 경우 그 용기가 폭발압력에 견디고 접합면, 개구부 등을 통하여 외부의 가연성가스에 인화되지 아니하도록 한 방폭구조는?

① 내압 방폭구조
② 압력 방폭구조
③ 유입 방폭구조
④ 안전증 방폭구조

77 용기 내부에 절연유를 주입하여 불꽃, 아크 또는 고온 발생부분이 기름 속에 잠기게 함으로써 기름면 위에 존재하는 가연성 가스에 인화되지 않도록 한 방폭구조는?

① 압력 방폭구조
② 유입 방폭구조
③ 내압 방폭구조
④ 안전증 방폭구조

78 방폭지역이 0종인 장소에는 원칙적으로 어떤 방폭구조의 것을 사용하여야 하는가?

① 내압 방폭구조
② 압력 방폭구조
③ 본질안전 방폭구조
④ 안전증 방폭구조

79 가연성가스의 발화도 범위가 135[℃] 초과 200[℃] 이하에 대한 방폭전기 기기의 온도등급은?

① T3 ② T4
③ T5 ④ T6

해설 방폭전기 기기의 온도등급

가연성가스의 발화도 범위	온도등급
450[℃] 초과	T1
300[℃] 초과 450[℃] 이하	T2
200[℃] 초과 300[℃] 이하	T3
135[℃] 초과 200[℃] 이하	T4
100[℃] 초과 135[℃] 이하	T5
85[℃] 초과 100[℃] 이하	T6

80 다음 중 가연성가스 취급 장소에서 사용 가능한 방폭공구가 아닌 것은?

① 알루미늄 합금 공구
② 베릴륨 합금 공구
③ 고무공구
④ 나무공구

해설 **방폭공구** : 타격, 마찰, 충격에 의하여 불꽃이 발생하지 않는 공구로 베릴륨 합금 공구, 고무공구, 나무공구, 플라스틱 공구 등이 해당된다.

81 가스안전관리에서 사용되는 위험성 평가기법 중 정량적 기법에 해당되는 것은?

① 위험과 운전분석(HAZOP) 기법
② 사고예상질문분석(WHAT-IF) 기법
③ 체크리스트법(Check list) 기법
④ 사건수 분석(ETA) 기법

해설 **위험성 평가기법의 분류 및 종류**

㉮ **정성적 평가기법** : 체크리스트(check list) 기법, 사고예상 질문 분석(WHAT-IF) 기법, 위험과 운전분석(HAZOP) 기법
㉯ **정량적 평가기법** : 작업자 실수 분석(human error analysis) 기법, 결함수 분석(FTA) 기법, 사건수 분석(ETA) 기법, 원인 결과 분석(CCA) 기법
㉰ **기타** : 상대 위험순위 결정(dow and mond indices) 기법, 이상 위험도 분석(FMECA) 기법

Answer 76. ① 77. ② 78. ③ 79. ② 80. ① 81. ④

3장 가스 계측기기

1. 가스 검지법

1) 시험지법

검지하고자 하는 가스와 반응하여 색이 변하는 시약을 여지(종이) 등에 침투시킨 것을 사용하는 방법이다.

시험지의 예

검지가스	시험지	반 응	비 고
암모니아(NH_3)	적색리트머스지	청색	산성, 염기성가스도 검지가능
염소(Cl_2)	KI-전분지	청갈색	할로겐가스도 검지가능
포스겐($COCl_2$)	해리슨 시약지	유자색	
시안화수소(HCN)	초산벤지민지	청색	
일산화탄소()CO	염화팔라듐지	흑색	
황화수소(H_2S)	연당지	회흑색	초산납 시험지라 불리운다.
아세틸렌(C_2H_2)	염화제1동 착염지	적갈색	

2) 검지관법

검지관은 안지름 2~4[mm]의 유리관 중에 발색시약을 흡착시킨 검지제를 충전하여 양끝을 막은 것이다. 사용할 때는 양끝을 절단하여 가스 채취기로 시료 가스를 넣은 후 착색층의 길이, 착색의 정도에서 성분의 농도를 측정하여 표준표와 비색측정을 하는 것으로 국지적인 가스 누출 검지에 사용한다.

3) 가연성가스 검출기

(1) 안전등형

탄광 내에서 메탄(CH_4)가스를 검출하는데 사용되는 석유램프의 일종으로 메탄이 존재하면 불꽃의 모양이 커지며, 푸른 불꽃(청염) 길이로 메탄의 농도를 대략적으로 알 수 있다.

(2) 간섭계형

가스의 굴절률 차이를 이용하여 가스의 농도를 측정하는 것이다.

(3) 열선형

전기회로(브리지 회로)의 전류차이로 가스농도를 지시 또는 자동경보 장치에 이용하며, 열전도식과 연소식이 있다.

(4) 반도체식

반도체 소자에 전류를 흐르게 하고 측정하고자 하는 가스를 여기에 접촉시키면 전압이 변화한다. 이 전압의 변화를 이용한 것으로 반도체 소자로 산화주석(SnO_2)을 사용한다.

2. 가스분석

1) 흡수 분석법

채취된 가스를 분석기 내부의 성분 흡수제에 흡수시켜 체적 변화를 측정하는 방식이다.

(1) 오르사트(Orsat)법

순서	분석 가스	흡수제의 종류
1	CO_2	KOH 30[%] 수용액
2	O_2	알칼리성 피로갈롤용액
3	CO	암모니아성 염화 제1구리 용액
4	N_2	나머지 양으로 계산

(2) 헴펠(Hempel)법

순서	분석 가스	흡수제의 종류
1	CO_2	KOH 30[%] 수용액
2	C_mH_n	발연황산
3	O_2	알칼리성 피로갈롤용액
4	CO	암모니아성 염화 제1구리 용액
5	CH_4	연소 후의 CO_2를 흡수하여 정량

(3) 게겔(Gockel)법

순서	분석가스	흡수제의 종류
1	CO_2	KOH 33[%] 수용액
2	아세틸렌	요오드수은(옥소수은)칼륨 용액
3	C_3H_6, $n-C_4H_8$	87[%] H_2SO_4
4	에틸렌	취화수소(HBr) 수용액
5	O_2	알칼리성 피로갈롤용액
6	CO	암모니아성 염화 제1구리 용액

2) 연소 분석법

(1) 폭발법

일정량의 가연성 가스 시료를 전기스파크에 의해 폭발시켜 연소에 의한 체적 감소에서 성분을 분석하며, 이산화탄소(CO_2) 및 산소(O_2)는 흡수법에 의하여 구한다.

(2) 완만 연소법

시료가스와 산소를 혼합한 후 백금선(지름 0.5[mm])으로 서서히 연소시켜 분석하는 것으로 흡수법과 조합하여 수소(H_2)와 메탄(CH_4)을 산출한다.

(3) 분별 연소법

탄화수소는 산화시키지 않고 수소(H_2) 및 일산화탄소(CO)만을 분별적으로 완전 산화시키는 방법이다.

① 팔라듐관 연소법 : 수소(H_2)를 분석하는데 적당한 방법으로 촉매로 팔라듐 석면, 팔라듐 흑연, 백금, 실리카 겔 등이 사용된다.

② 산화구리법 : 산화구리를 250[℃]로 가열하여 시료가스 중 수소(H_2) 및 일산화탄소(CO)는 연소되고 메탄(CH_4)만 남는다. 메탄의 정량분석에 적합하다.

3) 화학 분석법

(1) 적정법(適定法)

① 요오드(I_2) 적정법 : 요오드 표준용액을 사용하여 황화수소(H_2S)의 정량을 행하는 직접법(Iodimetry)과 유리되는 요오드를 티오황산나트륨 용액으로 적정하여 산소(O_2)를 산출

하는 간접법(Iodometry)이 있다.

② 중화 적정법 : 연료가스 중의 암모니아를 황산에 흡수시켜 남은 황산(H_2SO_4)을 수산화나트륨(NaOH) 용액으로 적정하는 방법이다.

③ 킬레이트 적정법 : EDTA(Ethylene Diamine Tetraacetic Acid)용액에 의하며 미량 수분의 측정에 사용된다.

(2) 중량법

시료가스를 다른 물질과 반응시켜 침전을 만들고 이것을 정량하여 성분을 분석하는 침전법과 아황산가스(SO_2)나 유황분을 측정하는 황산바륨 침전법이 있다.

(3) 흡광 광도법(吸光 光度法)

램베르트-비어(Rambert-Beer) 법칙을 이용한 것으로 시료가스를 반응시켜 발색을 광전 광도계 또는 광전 분광 광도계를 사용하여 흡광도의 측정으로 분석하는 방법으로 미량 분석에 사용된다.

4) 기기 분석법

(1) 가스 크로마토그래피(gas chromatography)

① 측정원리 : 흡착제를 충전한 관속에 혼합시료를 넣고, 용제를 유동시켜 흡수력 차이(시료의 확산속도)에 따라 성분의 분리가 일어나는 것을 이용한 것이다.

② 특징

㉮ 여러 종류의 가스분석이 가능하다.

㉯ 선택성이 좋고 고감도로 측정한다.

㉰ 미량성분의 분석이 가능하다.

㉱ 응답속도가 늦으나 분리 능력이 좋다.

㉲ 동일가스의 연속측정이 불가능하다.

③ 구성요소 : 캐리어가스, 압력조정기, 유량조절밸브, 압력계, 분리관(컬럼), 검출기, 기록계 등

㉮ 3대 구성요소 : 분리관(column), 검출기, 기록계

㉯ 캐리어가스(전개제)의 종류 : 수소(H_2), 헬륨(He), 아르곤(Ar), 질소(N_2)

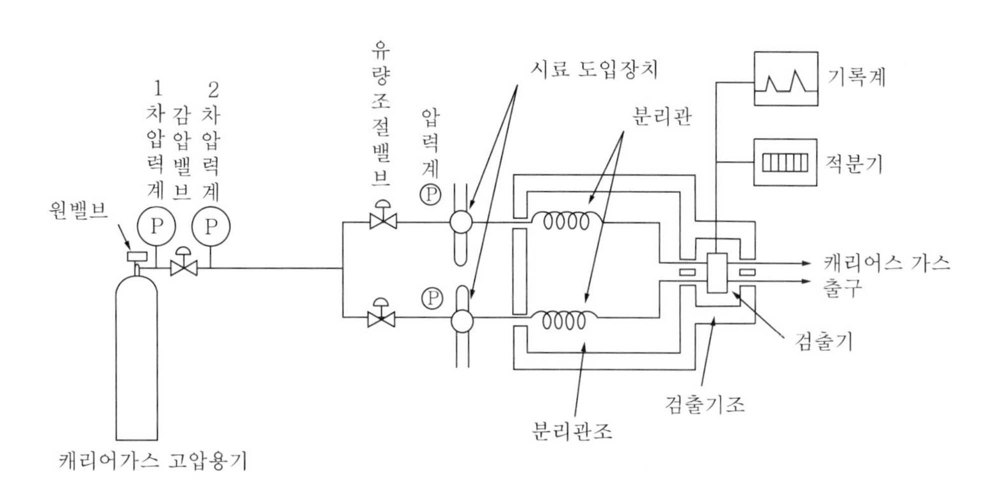

가스 크로마토그래피의 구조

④ 검출기의 종류

㉮ 열전도형 검출기(TCD : Thermal Conductivity Detector) : 캐리어가스(H_2, He)와 시료성분 가스의 열전도도차를 금속 필라멘트 또는 서미스터의 저항변화로 검출한다.

㉯ 수소염 이온화 검출기(FID : flame Ionization Detector) : 불꽃 속에 탄화수소가 들어가면 시료 성분이 이온화됨으로써 불꽃 중에 놓여 진 전극간의 전기 전도도가 증대하는 것을 이용한 것이다. 탄화수소에서 감도가 최고이고 H_2, O_2, CO_2, SO_2 등은 감도가 없다.

㉰ 전자포획 이온화 검출기(ECD : Electron Capture Detector) : 방사선 동위원소로부터 방출되는 β선으로 캐리어가스가 이온화되어 생긴 자유전자를 시료 성분이 포획하면 이온전류가 감소하는 것을 이용한 것이다.

㉱ 염광 광도형 검출기(FPD : flame Photometric Detector) : 수소불꽃에 의하여 시료성분을 연소시키고 이때 발생하는 광도를 측정하여 인 또는 유황화합물을 선택적으로 검출할 수 있다.

㉲ 알칼리성 이온화 검출기(FTD : Flame Thermionic Detector) : FID에 알칼리 또는 알칼리토 금속염 튜브를 부착한 것으로 유기질소 화합물 및 유기인 화합물을 선택적으로 검출할 수 있다. 불꽃 열 이온화 검출기라고도 한다.

㉳ 기타 검출기 : 방전이온화 검출기(DID), 원자방출 검출기(AED), 열이온 검출기(TID)

(2) 질량 분석법

천연가스, 증열 수성가스의 분석에 이용한다.

(3) 적외선 분광 분석법

분자의 진동 중 쌍극자 힘의 변화를 일으킬 진동에 의해 적외선의 흡수가 일어나는 것을 이용한 방법으로 He, Ne, Ar 등 단원자 분자 및 H_2, O_2, N_2, Cl_2 등 대칭 2원자 분자는 적외선을 흡수하지 않으므로 분석할 수 없다.

(4) 전기량에 의한 적정법

페러데이(Faraday) 법칙을 이용한 것으로 전기분해에 필요한 전기량으로부터 CO_2, O_2, SO_2, NH_4 등의 분석에 이용된다.

(5) 저온 정밀 증류법

시료가스를 상압에서 냉각 또는 가압하여 액화시켜 그 증류 온도 및 유출가스의 분압에서 증류곡선을 얻어 시료가스의 조성을 구하는 방법으로 탄화수소 혼합가스 분석에 사용되며 C_2H_2, CO_2 등과 같이 간단하게 액화하지 않는 가스에 적합하다.

3. 계측기기

1) 압력계

(1) 1차 압력계

① 1차 압력계의 종류

㉮ 액주식 압력계(manometer) : 단관식 압력계, U자관식 압력계, 경사관식 압력계 등

㉯ 침종식 압력계 : 아르키메데스의 원리를 이용한 것으로 단종식과 복종식으로 구분

㉰ 자유 피스톤형 압력계 : 부르동관 압력계의 교정용으로 사용

② 액주식 액체의 구비조건

㉮ 점성이 적을 것
㉯ 열팽창계수가 적을 것
㉰ 항상 액면은 수평을 만들 것
㉱ 온도에 따라서 밀도변화가 적을 것

㉤ 증기에 대한 밀도변화가 적을 것 ㉥ 모세관 현상 및 표면장력이 적을 것
㉦ 화학적으로 안정할 것 ㉧ 휘발성 및 흡수성이 적을 것
㉨ 액주의 높이를 정확히 읽을 수 있을 것

③ 특징

㉮ U자관 압력계

ⓐ 가장 간단한 기준 압력계이다.
ⓑ 액주의 높이차에 의한 압력 또는 차압을 측정한다.
ⓒ 압력 계산은 다음의 식을 사용한다.

$$P_2 = P_1 + \gamma \cdot h \text{ (절대압력 = 대기압 + 게이지압력)}$$

여기서, P_2 : 측정 절대압력[mmH_2O, kgf/m^2]
P_1 : 대기압[mmH_2O, kgf/m^2]
γ : 액체의 비중량[kgf/m^3]
h : 액주 높이[m]

㉯ 단관식 압력계

ⓐ U자관 압력계의 변형용으로 상형 압력계라 한다.
ⓑ 기준 압력계로 각종 압력 측정 및 차압계로 사용된다.

㉰ 경사관식 압력계

ⓐ 단관식의 원리를 이용한 것으로 단면적이 작은 관을 비스듬히 경사지게 한 것이다.
ⓑ 작은 압력을 정확하게 측정할 수 있어 실험실 등에서 사용된다.
ⓒ 압력은 다음의 시에 의하여 계산한다.

$$P_2 = P_1 + \gamma \cdot x \cdot \sin\theta$$

여기서, P_2 : 측정 절대압력[mmH_2O, kgf/m^2]
P_1 : 대기압[mmH_2O, kgf/m^2]
γ : 액체의 비중량[kgf/m^3]
x : 경사관의 액주 길이[m]
θ : 관의 경사각

㉱ 자유 피스톤형 압력계 : 부유 피스톤형 압력계, 표준 분동식 압력계

$$P = P_1 + \left\{\frac{W + W'}{a}\right\}$$

여기서, P : 측정 절대압력[$kgf/cm^2 \cdot a$]

P_1 : 대기압[kgf/cm^2]
W : 추의 무게[kg]
W' : 피스톤의 무게[kg]
a : 피스톤의 단면적[cm^2]

(2) 2차 압력계

① 탄성식 압력계

㉮ 부르동관(Bourdon tube) 압력계 : 2차 압력계 중 대표적인 것으로 고압측정이 가능하다.

ⓐ 항상 검사를 받고, 지시의 정확성을 확인할 것
ⓑ 진동, 충격, 온도 변화가 적은 장소에 설치할 것
ⓒ 안전장치(사이펀관, 스톱밸브)을 사용할 것
ⓓ 압력계에 가스를 넣거나 빼낼 때는 조작을 서서히 할 것
ⓔ 측정범위 : 0~3000[kgf/cm^2]

㉯ 다이어프램식 압력계

ⓐ 응답속도가 빠르나 온도의 영향을 받는다.
ⓑ 극히 미세한 압력 측정에 적당하다.
ⓒ 부식성 유체의 측정이 가능하다.
ⓓ 압력계가 파손되어도 위험이 적다.
ⓔ 연소로의 통풍계(draft gauge)로 사용한다.
ⓕ 측정범위 : 20~5000[mmH_2O]

㉰ 벨로스식 압력계

ⓐ 벨로스 재질 : 인청동, 스테인리스강
ⓑ 압력변동에 적응성이 떨어진다.
ⓒ 유체내의 먼지 등의 영향을 적게 받는다.

② 전기식 압력계

㉮ 전기저항 압력계 : 금속의 전기저항이 압력에 의해 변화하는 것을 이용한 것으로 초고압 측정에 적합하다.
㉯ 피에조 전기 압력계 : 가스폭발이나 급격한 압력변화 측정에 사용
㉰ 스트레인 게이지 : 급격한 압력변화 측정에 사용

2) 유량계

(1) 유량 측정 방법

① 직접법 : 유체의 부피나 질량을 직접 측정하는 방법

② 간접법 : 유속을 측정하여 유량을 계산하는 방법으로 베르누이 정리를 응용한 것이다.

㉮ 체적 유량 : $Q = A \cdot V$

㉯ 질량 유량 : $M = \rho \cdot A \cdot V$

㉰ 중량 유량 : $G = \gamma \cdot A \cdot V$

여기서, Q : 체적 유량[m^3/s]　　M : 질량 유량[kg/s]

G : 중량 유량[kgf/s]　　ρ : 밀도[kg/m^3]

γ : 비중량[kgf/m^3]　　A : 단면적[m^2]

V : 유속[m/s]

(2) 직접식 유량계

① 종류 : 오벌 기어식, 루츠식, 로터리 피스톤식, 로터리 베인식, 습식 가스미터, 왕복 피스톤식

② 특징

㉮ 정도가 높아 상거래용으로 사용된다.

㉯ 고점도 유체나 점도 변화가 있는 유체의 측정에 적합하다.

㉰ 맥동의 영향을 적게 받는다.

㉱ 이물질의 유입을 차단하기 위하여 입구측에 여과기를 설치한다.

㉲ 회전자의 재질로 포금, 주철, 스테인리스강이 사용된다.

(3) 간접식 유량계

① 차압식 유량계(조리개 기구식)

㉮ 측정원리 : 베르누이 정리

㉯ 종류 : 오리피스미터, 플로어노즐, 벤투리미터

㉰ 특징

ⓐ 유체의 압력손실이 크고 저유량 측정은 곤란하다.

ⓑ 유량계 전후에 동일한 지름의 직관이 필요하다.

ⓒ 고온 고압의 액체, 기체, 증기의 측정에 적합하다.

ⓓ 규격품으로 정도가 높다.

㉣ 유량 계산

$$Q = CA\sqrt{\frac{2g}{1-m^4} \times \frac{P_1 - P_2}{\gamma}} = CA\sqrt{\frac{2gh}{1-m^4} \times \frac{\gamma_m - \gamma}{\gamma}}$$

여기서, Q : 유량[m³/s] C : 유량계수
A : 단면적[m²] g : 중력가속도(9.8[m/s²])
m : 교축비$\left(\frac{D_2^2}{D_1^2}\right)$ h : 마노미터(액주계) 높이차[m]
P_1 : 교축기구 입구측 압력[kgf/m²]
P_2 : 교축기구 출구측 압력[kgf/m²]
γ_m : 마노미터 액체 비중량[kgf/m³]
γ : 유체의 비중량[kgf/cm³]

※ 차압식 유량계에서 유량은 차압(ΔP)의 평방근에 비례한다.

② 면적식 유량계
㉮ 종류 : 부자식(플로트식), 로터미터
㉯ 특징
ⓐ 고점도 유체나 작은 유체에 대해서도 측정이 가능하다.
ⓑ 유량에 따라 직선 눈금이 얻어진다.
ⓒ 차압이 일정하면 오차의 발생이 적다.
ⓓ 압력 손실이 적다.

③ 유속식 유량계
㉮ 임펠러식 유량계 : 관로에 임펠러를 설치하여 유속변화를 이용한 것으로 접선식(수도미터)과 축류식(터빈식 가스미터)이 있다.
㉯ 피토관 유량계 : 전압과 정압의 차, 즉 동압을 측정하여 유속을 구하고 그 값에 관 단면적을 곱하여 유량을 계산한다.
ⓐ 피토관을 유체의 흐름방향과 평행하게 설치한다.
ⓑ 유속이 5[m/s] 이하인 유체에는 측정이 불가능하다.
ⓒ 슬러지, 분진 등 불순물이 많은 유체에는 측정이 불가능하다.
ⓓ 피토관은 유체의 압력에 대한 충분한 강도를 가져야 한다.
ⓔ 비행기의 속도 측정, 수력발전소의 수량 측정, 송풍기의 풍량 측정에 사용한다.
ⓕ 유량계산

$$Q = CA\sqrt{2g \times \frac{P_t - P_S}{\gamma}} = CA\sqrt{2gh \times \frac{\gamma_m - \gamma}{\gamma}}$$

여기서, Q : 유량[m³/s] C : 유량계수

γ : 유체의 비중량[kgf/cm^3]　　A : 단면적[m^2]
g : 중력가속도(9.8[m/s^2])　　h : 마노미터(액주계) 높이차[m]
P_t : 전압[kgf/m^2]　　P_S : 정압[kgf/m^2]
γ_m : 마노미터 액체 비중량[kgf/m^3]

㈐ 열선식 유량계 : 관로에 전열선을 설치하여 유체의 유속변화에 따른 온도 변화로 순간유량을 측정한다.

④ 기타 유량계

㉮ 전자식 유량계 : 패러데이의 전자유도법칙을 이용한 것으로 도전성 액체의 유량을 측정

㉯ 와류(vortex)식 유량계 : 와류(소용돌이)를 발생시켜 그 주파수의 특성이 유속과 비례관계를 유지하는 것을 이용한 것으로 슬러리가 많은 유체에는 사용이 불가능하다.

㉰ 초음파 유량계 : 도플러 효과를 이용한 것이다.

3) 온도계

(1) 접촉식 온도계

① 유리제 봉입식 온도계

㉮ 수은 온도계

ⓐ 모세관내의 수은의 열팽창을 이용

ⓑ 사용 온도범위 : −35~350[℃]

ⓒ 정도 : 1/100

㉯ 알코올 유리온도계

ⓐ 주로 저온용에 사용

ⓑ 사용 온도범위 : −100~200[℃]

ⓒ 정도 : ±0.5~1.0[%]

㉰ 베크만 온도계 : 모세관에 남은 수은의 양을 조절하여 측정하며 미소한 범위의 온도 변화를 정밀하게 측정할 수 있다.

㉱ 유점 온도계 : 체온계로 사용

② 바이메탈 온도계 : 열팽창률이 서로 다른 2종의 얇은 금속판을 밀착시킨 것이다.

㉮ 유리온도계보다 견고하다.

㉯ 구조가 간단하고, 보수가 용이하다.

㉰ 히스테리시스(hysteresis) 오차가 발생되기 쉽다.

㉱ 측정범위 : −50~500[℃]

③ 압력식 온도계 : 액체 또는 기체의 온도 상승에 의한 팽창을 이용한 온도계

㉮ 종류

ⓐ 액체 압력식 온도계 : 수은, 알코올, 아닐린

ⓑ 기체 압력식 온도계 : 질소, 헬륨, 네온, 수소

ⓒ 증기 압력식 온도계: 프레온, 에틸에테르, 염화메틸, 염화에틸, 톨루엔, 아닐린

㉯ 특징

ⓐ 진동이나 충격에 강하다.

ⓑ 연속기록, 자동제어 등이 가능하며 연속사용이 가능하다.

ⓒ 금속의 피로에 의한 이상변형과 유도관이 파열될 우려가 있다.

ⓓ 원격측정은 가능하나, 외기온도 영향을 받을 수 있다.

ⓔ 구성 : 감온부, 도압부, 감압부

④ 전기식 온도계

㉮ 저항 온도계 : 전기저항이 온도에 따라 변화하는 것을 이용

ⓐ 측온 저항체의 종류 : 백금 측온 저항체(−200~500[℃]), 니켈 측온 저항체(−50~150[℃]), 동 측온 저항체(0~120[℃])

ⓑ 원격 측정에 적합하고, 자동제어 기록 조절이 가능하다.

ⓒ 비교적 낮은 온도(500[℃] 이하)의 정밀측정에 적합하다.

ⓓ 검출시간이 지연될 수 있다.

ⓔ 측온 저항체가 가늘어 진동에 단선되기 쉽다.

ⓕ 구조가 복잡하고 취급이 어려워 숙련이 필요하다.

㉯ 서미스터(thermistor) : 니켈(Ni), 코발트(CO), 망간(Mn), 철(Fe), 구리(Cu) 등의 금속산화물을 이용하여 반도체로 만든 것으로 감도가 크고 응답성이 빠르며, 흡습에 의한 열화가 발생할 수 있다. 온도상승에 따라 저항치가 감소한다.(저항온도계수가 부특성(負特性)이다.)

⑤ 열전대 온도계

㉮ 원리 : 제베크(Seebeck) 효과

㉰ 특징

ⓐ 고온 측정에 적합하다.

ⓑ 냉접점이나 보상도선으로 인한 오차가 발생되기 쉽다.

ⓒ 전원이 필요하지 않으며 원격지시 및 기록이 용이하다.

ⓓ 온도계 사용한계에 주의하고, 영점보정을 하여야 한다.

㉰ 열전대의 종류

종류	사용 금속		측정 온도	특징
	+극	-극		
백금-백금로듐 R(P-R)	Rh (Rh : 13[%], Pt :87[%])	Pt	0~ 1600[℃]	산화성 분위기에는 침식되지 않으나 환원성에 약함, 정도가 높고 안정성이 우수, 고온측정 적합
크로멜-알루멜 K(C-A)	C (Ni:90[%], Cr:10[%])	A (Ni:94[%], Mn:2.5[%], Al:2[%], Fe:0.5[%])	-20~ 1200[℃]	기전력이 크고, 특성이 안정적이다.
철-콘스탄트 J(I-C)	I(순철)	C (Cu:55[%], Ni:45[%])	-20~ 800[℃]	환원성 분위기에 강하나 산화성에 약함, 가격이 저렴하다.
동-콘스탄트 T(C-C)	C	C	-180~ 350[℃]	저항 및 온도계수가 작아 저온용에 적합

(2) 비접촉식 온도계

① 광고온도계 : 피측온 물체에서 방사되는 빛과 표준전구에서 나오는 필라멘트의 휘도를 같게 하여 표준전구의 전류 또는 저항을 측정하여 온도를 측정

② 광전관식 온도계 : 사람 눈 대신 광전지 혹은 광전관을 사용하여 자동으로 측정(광고온도계를 자동화시킨 것)

③ 방사 온도계 : 스테판-볼츠만 법칙 이용

④ 색 온도계 : 물체가 가열로 인하여 발생하는 빛의 밝고 어두움을 이용

⑤ 비접촉식 온도계의 특징 : 접촉식 온도계와 비교하여

㉮ 접촉에 의한 열손실이 없고 측정물체의 열적 조건을 건드리지 않는다.

㉯ 응답이 빠르고 내구성에서 유리하다.

㉰ 이동물체와 고온 측정이 가능하다.

㉱ 방사율 보정이 필요하다.

㉲ 700[℃] 이하의 온도 측정이 곤란하다(단, 방사온도계는 50~3000[℃]).

㉳ 측정온도의 오차가 크다.

㉴ 표면온도 측정에 사용된다(내부온도 측정이 불가능하다).

(3) 기타 온도계

① 제게르 콘(Seger kone) 온도계 : 점토, 규석질 등 내연성의 금속산화물로 만든 것으로 벽돌의 내화도 측정에 사용

② 서모컬러(thermo color) : 온도 변화에 따른 색이 변하는 성질을 이용

4) 액면계

(1) 직접식 액면계의 종류

① 유리관식 액면계
② 부자식 액면계(플로트식 액면계)
③ 검척식 액면계

(2) 간접식 액면계의 종류

① 압력식 액면계
② 저항 전극식 액면계
③ 초음파 액면계
④ 정전 용량식 액면계
⑤ 방사선 액면계
⑥ 차압식 액면계(햄프슨식 액면계)
⑦ 다이어프램식 액면계
⑧ 편위식 액면계
⑨ 기포식 액면계
⑩ 슬립 튜브식 액면계

5) 가스미터(Gas meter)의 종류

(1) 가스미터의 구분

① 실측식(직접식) : 건식, 습식
② 추량식(간접식) : 유량과 일정한 관계에 있는 다른 양을 측정하여 가스량을 구하는 방식

(2) 가스미터의 필요조건

① 구조가 간단하고, 수리가 용이할 것
② 감도가 예민하고, 압력손실이 적을 것
③ 소형이며 계량용량이 클 것
④ 기차의 조정이 용이하고 내구성이 클 것

(3) 가스미터의 종류 및 특징

구분	막식 가스미터	습식 가스미터	Roots형 가스미터
장점	① 가격이 저렴하다. ② 유지관리에 시간을 요하지 않는다.	① 계량이 정확하다. ② 사용 중에 오차의 변동이 적다.	① 대유량의 가스 측정에 적합하다. ② 중압가스의 계량이 가능하다. ③ 설치면적이 적다.
단점	① 대용량의 것은 설치면적이 크다.	① 사용 중에 수위조정 등의 관리가 필요하다. ② 설치면적이 크다.	① 여과기의 설치 및 설치 후의 유지관리가 필요하다. ② 적은 유량(0.5[m^3/h])의 것은 부동(不動)의 우려가 있다.
용도	일반 수용가	기준용, 실험실용	대량 수용가
용량범위	1.5~200[m^3/h]	0.2~3000[m^3/h]	100~5000[m^3/h]

01 **검지가스와 반응하여 변색하는 시약을 여지 등에 침투시켜 검지하는 방법은?**

① 시험지법
② 검지관법
③ 헴펠(Hempel)법
④ 가연성가스 검출법

해설 **시험지법** : 검지하고자 하는 가스와 반응하여 색이 변하는 시약을 여지 등에 침투시킨 것을 사용하는 검지법이다.

02 **고압가스 취급 장치로부터 미량의 가스가 누출되는 것을 검지하기 위하여 시험지를 사용한다. 검지가스에 대한 시험지의 종류와 반응색이 옳게 짝지어진 것은?**

① 아세틸렌 : 염화제1구리착염지 – 적색
② 포스겐 : 연당지 – 흑색
③ 암모니아 : KI전분지 – 적색
④ 일산화탄소 : 초산벤지민지 – 청색

해설 **가스검지 시험지법**

검지가스	시험지	반응
암모니아(NH_3)	적색리트머스지	청색
염소(Cl_2)	KI-전분지	청갈색
포스겐($COCl_2$)	해리슨 시험지	유자색
시안화수소(HCN)	초산벤지민지	청색
일산화탄소(CO)	염화팔라듐지	흑색
황화수소(H_2S)	연당지(초산연시험지)	회흑색
아세틸렌(C_2H_2)	염화제1동착염지	적갈색

03 **주로 탄광 내에서 CH_4의 발생을 검출하는데 사용되며 청염(푸른불꽃)의 길이로써 그 농도를 알 수 있는 가스검지기는?**

① 안전등형 ② 간섭계형
③ 열선형 ④ 흡광 광도법

해설 **안전등형** : 탄광 내에서 메탄(CH_4)가스를 검출하는데 사용되는 석유램프의 일종으로 메탄이 존재하면 불꽃의 모양이 커지며, 푸른 불꽃(청염) 길이로 메탄의 농도를 대략적으로 알 수 있다.

04 **가연성 가스 검출기에 대한 설명으로 옳은 것은?**

① 안전등형은 황색 불꽃의 길이로서 C_2H_2의 농도를 알 수 있다.
② 간섭계형은 주로 CH_4의 측정에 사용되나 가연성가스에도 사용이 가능하다.
③ 간섭계형은 가스 전도도의 차를 이용하여 농도를 측정하는 방법이다.
④ 열선형은 리액턴스회로의 정전전류에 의하여 가스의 농도를 측정하는 방법이다.

해설 **가연성 가스 검출기**
㉮ **안전등형** : 청색불꽃의 길이로 CH_4의 농도를 측정
㉯ **간섭계형** : 가스의 굴절률 차이를 이용하여 가연성가스 농도를 측정
㉰ **열선형** : 브리지회로의 편위 전류로 가스 농도를 측정하는 것으로 열전도식과 연소식이 있다.

Answer 1. ① 2. ① 3. ① 4. ②

05 열선형 흡인식 가스 검지기로 LP가스의 누출을 검사하였더니 LEL(Limit Explosion Low) 검지 농도가 0.03[%]를 가리켰다. 이 가스 검지기의 공기 흡입량이 1초에 4[cm^3]이라면 이때의 가스 누출량[cm^3/s]은?

① 1.2×10^{-3} ② 2×10^{-3}
③ 2.4×10^{-3} ④ 5×10^{-3}

해설 누출량 = $\frac{흡입량[cm^3] \times LEL 검지농도}{흡입시간[s]}$

$= \frac{4 \times (0.03 \times 10^{-2})}{1}$

$= 1.2 \times 10^{-3}$ [cm^3/s]

06 물리적 가스분석계에 대한 설명으로 맞지 않는 것은?

① 가스의 밀도차를 이용한 것
② 가스의 점도차를 이용한 것
③ 가스의 자기적 성질을 이용한 것
④ 가스의 연소성을 이용한 것

해설 분석계의 종류
(1) 화학적 가스 분석계
㉮ 연소열을 이용한 것
㉯ 용액 흡수제를 이용한 것
㉰ 고체 흡수제를 이용한 것
(2) 물리적 가스 분석계
㉮ 가스의 열전도율을 이용한 것
㉯ 가스의 밀도, 점도차를 이용한 것
㉰ 빛의 간섭을 이용한 것
㉱ 전기전도도를 이용한 것
㉲ 가스의 자기적 성질을 이용한 것
㉳ 가스의 반응성을 이용한 것
㉴ 적외선 흡수를 이용한 것

07 가스 분석법 중 흡수분석법에 해당되지 않는 것은?

① 헴펠법 ② 산화동법
③ 오르사트법 ④ 게겔법

해설 흡수분석법의 종류 : 오르사트법, 헴펠법, 게겔법

08 오르사트 가스 분석기에서 CO_2의 흡수액은?

① 포화 식염수
② 염화 제1구리 용액
③ 알칼리성 피로갈롤 용액
④ 수산화칼륨 30[%] 수용액

해설 오르사트 가스 분석기의 흡수액
㉮ CO_2 : KOH 30[%] 수용액
㉯ O_2 : 알칼리성 피로갈롤 용액
㉰ CO : 암모니아성 염화 제1구리 용액

09 혼합가스 중의 아세틸렌가스를 헴펠법으로 정량분석 하고자 한다. 이 때 사용되는 흡수제는?

① 팔라듐 블랙
② 황산 제1철 용액
③ KI 수용액
④ 발연황산

해설 헴펠(Hempel)법 분석순서 및 흡수제

순서	분석가스	흡수제
1	CO_2	KOH 30[%] 수용액
2	C_mH_n	발연황산
3	O_2	알칼리성 피로갈롤용액
4	CO	암모니아성 염화 제1구리 용액

※CH_4 : 연소 후의 CO_2를 흡수하여 정량

Answer 5. ① 6. ④ 7. ② 8. ④ 9. ④

10 어떤 기체 100[mL]를 취해서 가스분석기에서 CO_2를 흡수시킨 후 남은 기체는 88[mL]이며, 다시 O_2를 흡수시켰더니 54[mL]가 되었다. 여기서 다시 CO를 흡수시켰더니 50[mL]가 남았다. 잔존 기체가 질소일 때 이 시료기체 중 O_2의 용적 백분율[%]은?

① 34[%] ② 38[%] ③ 46[%] ④ 50[%]

해설 시료기체 100[mL] 중에서 산소용 흡수용액에 흡수된 양(체적감량)은 88[mL]과 54[mL]의 차이다.

$$\therefore O_2 = \frac{\text{체적감량}}{\text{시료가스량}} \times 100 = \frac{88-54}{100} \times 100 = 34[\%]$$

11 NH_4OH, NH_4Cl, $CuCl_2$을 가지고 가스 흡수제를 조제하였다. 어떤 가스가 가장 잘 흡수되겠는가?

① CO ② CO_2 ③ CH_4 ④ C_2H_6

해설 흡수분석법(오르사트법, 헴펠법, 게겔법)에서 CO 흡수제로 사용되는 암모니아성 염화제1구리 용액이 NH_4Cl 33[g] + $CuCl_2$ 27[g]/H_2O 100[mL] + 암모니아수로 제조된다.

12 연소 분석법은 3가지로 구분된다. 관계없는 것은?

① 완만 연소법 ② 분별 연소법
③ 혼합 연소법 ④ 폭발법

해설 연소분석법의 종류 : 폭발법, 완만 연소법, 분별 연소법(팔라듐관 연소법, 산화구리법)

13 수소(H_2) 가스 분석방법으로 가장 적당한 것은?

① 팔라듐관 연소법 ② 헴펠법
③ 황산바륨 침전법 ④ 흡광 광도법

해설 분석방법에 따른 가스 종류
㉮ 팔라듐관 연소법 : 수소 분석
㉯ 헴펠법 : CO_2, C_mH_n, O_2, CO
㉰ 황산바륨 침전법 : SO_2 또는 유황분 측정
㉱ 흡광 광도법 : Cl_2, SO_2, HCN, H_2S, CO

14 각종 가스의 분석에 있어서 팔라듐 블랙에 의한 흡수, 폭발법, 산화동에 의한 연소 및 열전도도법 등으로 분석할 수 있는 가스는?

① 산소 ② 이산화탄소
③ 암모니아 ④ 수소

15 연소분석으로 메탄의 양을 정량하려고 한다. 소모된 공기가 400[mL](이중 산소는 20[%])일 때 메탄가스의 양은?

① 20[mL] ② 40[mL]
③ 30[mL] ④ 50[mL]

해설 $CH_4 + 2O_2 \rightarrow CO_2 + 2H_2O$ 에서
22.4[mL] : 2×22.4[mL] = x[mL] : 400×0.2[mL]

$$\therefore x = \frac{22.4 \times 400 \times 0.2}{2 \times 22.4} = 40[\text{mL}]$$

16 가스크로마토그래피의 특징에 대한 설명으로 옳은 것은?

① 다성분의 분석은 1대의 장치로는 할 수 없다.
② 적외선 가스분석계에 비해 응답속도가 느리다.
③ 캐리어가스는 수소, 염소, 산소 등이 이용된다.
④ 분리능력은 극히 좋으나 선택성이 우수하지 않다.

Answer 10. ① 11. ① 12. ③ 13. ① 14. ④ 15. ② 16. ②

해설 가스크로마토그래피의 특징
㉮ 여러 종류의 가스분석이 가능하다.
㉯ 선택성이 좋고 고감도로 측정한다.
㉰ 미량성분의 분석이 가능하다.
㉱ 응답속도가 늦으나 분리 능력이 좋다.
㉲ 동일가스의 연속측정이 불가능하다.
㉳ 캐리어가스의 종류 : 수소, 헬륨, 아르곤, 질소

17 가스크로마토그래피(gas chromatography)의 구성장치가 아닌 것은?

① 검출기(detector)
② 유량계(flowmeter)
③ 컬럼(column)
④ 반응기(reactor)

해설 장치구성요소
캐리어가스, 압력조정기, 유량 조절밸브, 유량계, 압력계, 분리관(컬럼), 검출기, 기록계 등

18 가스크로마토그래피에 쓰이는 캐리어가스가 아닌 것은?

① He　② Ar
③ N_2　④ CO

해설 캐리어가스의 종류
수소(H_2), 헬륨(He), 아르곤(Ar), 질소(N_2)

19 가스크로마토그래피 분석기에서 FID(Flame Ionization Detector) 검출기의 특성에 대한 설명으로 옳은 것은?

① 시료를 파괴하지 않는다.
② 대상 감도는 탄소수에 반비례한다.
③ 미량의 탄화수소를 검출할 수 있다.
④ 연소성 기체에 대하여 감응하지 않는다.

해설 수소염 이온화 검출기(FID : Flame Ionization Detector) : 불꽃으로 시료 성분이 이온화됨으로써 불꽃 중에 놓여 진 전극간의 전기 전도도가 증대하는 것을 이용한 것으로 탄화수소에서 감도가 최고이고, H_2, CO_2, SO_2 등은 감도가 없다.

20 가스크로마토그래피 검출기 중 H_2, O_2, CO_2 등에는 감응하지 않으나 탄화수소에서의 감도가 가장 좋은 검출기는?

① TCD　② FID
③ ECD　④ FPD

해설 수소염 이온화 검출기(FID : Flame Ionization Detector)는 탄화수소에서 감도가 최고이기 때문에 매설된 도시가스 배관에서 누출유무를 확인하는데 사용된다.

21 적외선 분광 분석법에 대한 설명으로 틀린 것은?

① 적외선을 흡수하기 위해서는 쌍극자모멘트의 알짜변화를 일으켜야 한다.
② H_2, O_2, N_2, Cl_2 등의 2원자 분자는 적외선을 흡수하지 않으므로 분석이 불가능하다.
③ 미량성분의 분석에는 셀(cell) 내에서 다중반사 되는 기체 셀을 사용한다.
④ 흡광계수는 셀 압력과는 무관하다.

해설 적외선 분광 분석법
분자의 진동 중 쌍극자힘의 변화를 일으킬 진동에 의해 적외선의 흡수가 일어나는 것을 이용한 방법으로 He, Ne, Ar 등 단원자 분자 및 H_2, O_2, N_2, Cl_2 등 대칭 2원자 분자는 적외선을 흡수하지 않으므로 분석할 수 없다.

Answer 17. ④ 18. ④ 19. ③ 20. ② 21. ④

22 액주식 압력계에 사용되는 액체의 구비조건으로 틀린 것은?

① 화학적으로 안정되어야 한다.
② 모세관 현상이 없어야 한다.
③ 점도와 팽창계수가 작아야 한다.
④ 온도변화에 의한 밀도변화가 커야 한다.

해설 액주식 액체의 구비조건
㉮ 점성(점도)이 적을 것
㉯ 열팽창계수가 적을 것
㉰ 밀도변화가 적을 것
㉱ 모세관 현상 및 표면장력이 적을 것
㉲ 화학적으로 안정할 것
㉳ 휘발성 및 흡수성이 적을 것
㉴ 항상 액면은 수평을 만들고 높이를 정확히 읽을 수 있을 것

23 비중이 0.5인 액체의 액주 높이가 6[m]일 때 압력으로 환산하면 몇 [kgf/cm²]이 되는가?

① 0.3[kgf/cm²] ② 0.6[kgf/cm²]
③ 0.9[kgf/cm²] ④ 1.2[kgf/cm²]

해설 $P = \gamma \cdot h$
$= 0.5 \times 1000 \times 6 \times 10^{-4} = 0.3$[kgf/cm²]

24 그림에서와 같은 수은을 사용한 U자관 압력계에서 h = 300[mm]일 때 P_2의 압력은 절대압력으로 얼마인가? (단, 대기압 P_1은 1[kgf/cm²]으로 하고 수은의 비중은 13.6×10^{-3}[kgf/cm³]이다.)

① 0.816[kgf/cm²]
② 1.408[kgf/cm²]
③ 0.408[kgf/cm²]
④ 1.816[kgf/cm²]

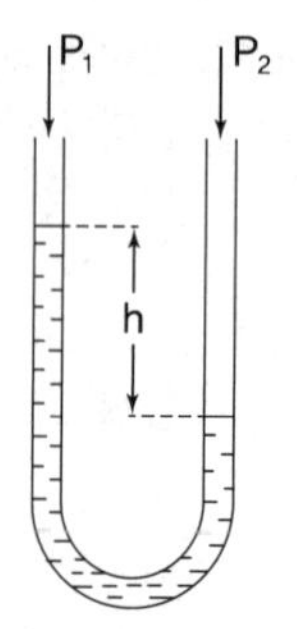

해설 $P_2 = P_1 + \gamma \cdot h$
$= 1 + (13.6 \times 1000 \times 0.3 \times 10^{-4})$
$= 1.408$[kgf/cm² · a]
※ 1[L] = 1000[cm³]이므로 수은의 비중 13.6×10^{-3}[kgf/cm³] = 13.6[kgf/L]이 된다.

25 비중이 1인 물과 비중이 13.6인 수은으로 구성된 U자형 마노미터의 압력차가 0.2기압일 때 마노미터에서 수은의 높이차는 약 몇 [cm]인가?

① 13 ② 16
③ 19 ④ 22

해설 $h = \dfrac{P}{\gamma} = \dfrac{0.2 \times 10332}{13.6 \times 1000} \times 100$
$= 15.194$[cm]

26 압력계 중 부르동관 압력계 눈금 교정용으로 사용되는 압력계는?

① 피에조 전기 압력계
② 마노미터 압력계
③ 기준 분동식 압력계
④ 벨로스 압력계

해설 1) **기준 분동식 압력계**
탄성식 압력계의 교정에 사용되는 1차 압력계로 램, 실린더, 기름탱크, 가압펌프 등으로 구성되며 사용유체에 따라 측정범위가 다르게 적용된다. (자유 피스톤식, 부유 피스톤식 압력계로 불려 짐)
2) **사용유체에 따른 측정범위**
㉮ 경유 : 40~100[kgf/cm²]
㉯ 스핀들유, 피마자유 : 100~1000[kgf/cm²]
㉰ 모빌유 : 3000[kgf/cm²] 이상
㉱ 점도가 큰 오일을 사용하면 5000[kgf/cm²]까지도 측정이 가능하다.

Answer 22. ④ 23. ① 24. ② 25. ② 26. ③

27 자유 피스톤형 압력계에서 실린더 지름이 20[mm], 추와 피스톤의 무게가 20[kg]일 때, 이 압력계에 접속된 부르동관의 압력계 눈금이 7[kgf/cm^2]를 나타내었다. 부르동관 압력계의 오차는 약 몇 [%]인가?

① 4 ② 5
③ 8 ④ 10

해설 ㉮ 참값(부유 피스톤형 압력계의 압력) 계산

$$\therefore P = \frac{W+W'}{a} = \frac{20}{\frac{\pi}{4}\times 2^2} = 6.37[\text{kgf/cm}^2]$$

㉯ 오차[%] 계산

$$\therefore \text{오차} = \frac{\text{측정값}-\text{참값}}{\text{참값}}\times 100 = \frac{7-6.37}{6.37}\times 100 = 9.89[\%]$$

28 다음 압력계 중 탄성식 압력계에 해당되지 않는 것은?

① 부르동관 압력계 ② 벨로스 압력계
③ 피에조 압력계 ④ 다이어프램 압력계

해설 ㉮ **탄성식 압력계의 종류** : 부르동관식, 벨로스식, 다이어프램식, 캡슐식
㉯ **피에조 압력계** : 전기식 압력계로 가스폭발이나 급격한 압력변화 측정에 사용한다.

29 부르동(Bourdon)관 압력계 사용 시의 주의사항으로 가장 거리가 먼 것은?

① 안전장치를 한 것을 사용할 것
② 압력계에 가스를 유입시키거나 또는 빼낼 때는 신속하게 조작할 것
③ 정기적으로 검사를 행하고 지시의 정확성을 확인할 것
④ 압력계는 가급적 온도변화나 진동, 충격이 적은 장소에 실치할 것

해설 압력계에 가스를 유입시키거나 또는 빼낼 때는 조작을 서서히 하여야 한다.

30 고압가스용 압력계에 대한 설명 중 옳지 않은 것은?

① 모든 압력계의 눈금 시험은 기름을 이용하여 시험한다.
② 암모니아용은 강제를 사용한다.
③ 압력이 급격히 올라가면 부르동관의 온도는 700[℃]까지 올라가 위험하다.
④ 아세틸렌용의 부르동관은 62[%] 이상의 동합금제를 사용하면 안 된다.

해설 부르동관 압력계의 시험은 기준 분동식 압력계(또는 자유 피스톤식 압력계, 부유 피스톤식 압력계)를 이용한다.

31 암모니아용 부르동관 압력계의 재질로서 가장 적당한 것은?

① 황동 ② Al강
③ 청동 ④ 연강

해설 **부르동관 재질 제한**
㉮ 암모니아(NH_3) : 동 및 동합금, 알루미늄(Al)에 대하여 부식성을 가지므로 연강재를 사용한다.
㉯ 아세틸렌(C_2H_2) : 동 및 동합금과 반응하여 아세틸드를 생성하여 화합폭발을 일으킬 우려가 있어 사용을 제한한다.
㉰ 동 함유량이 62[%] 미만일 경우 암모니아, 아세틸렌에 사용이 가능하다.

Answer 27. ④ 28. ③ 29. ② 30. ① 31. ④

32 연소로의 드래프트 게이지로 사용되는 압력계로서 사용압력이 약 20~5000[mmH_2O]이고, 구조상 먼지를 함유한 액체나 부식성 유체의 압력 측정에 효과적인 압력계는?

① 부르동관 압력계
② 벨로스 압력계
③ 다이어프램 압력계
④ 자유 피스톤 압력계

해설 다이어프램 압력계 특징
㉮ 응답속도가 빠르나, 온도의 영향을 받는다.
㉯ 차압 측정이 가능하다.
㉰ 극히 미세한 압력 측정에 적당하다.
㉱ 부식성의 유체의 측정이 가능하다.
㉲ 압력계가 파손되어도 위험이 적다.
㉳ 측정범위는 20~5000[mmH_2O]이다.

33 벨로스식 압력측정 장치와 가장 관계가 있는 것은?

① 피스톤식 ② 전기식
③ 액체 봉입식 ④ 탄성식

해설 탄성식 압력계의 종류 : 부르동관식, 다이어프램식, 벨로스식, 캡슐식

34 압력계의 측정 방법에는 탄성을 이용하는 것과 전기적 변화를 이용하는 방법 등이 있다. 다음 중 전기적 변화를 이용하는 압력계는?

① 부르동관 압력계
② 벨로스 압력계
③ 스트레인 게이지
④ 다이어프램 압력계

해설 전기식 압력계의 종류 : 전기저항 압력계, 피에조 전기압력계, 스트레인 게이지

35 물체에 압력을 가하면 발생한 전기량은 압력에 비례하는 원리를 이용하여 압력을 측정하는 것으로서 응답이 빠르고 급격한 압력 변화를 측정하는데 적합한 압력계는?

① 다이어프램(diaphram) 압력계
② 벨로스(bellows) 압력계
③ 부르동관(Bourdon tube) 압력계
④ 피에조(piezo) 압력계

해설 피에조 전기 압력계(압전기식) : 수정이나 전기석 또는 로셀염 등의 결정체의 특정 방향에 압력을 가하면 기전력이 발생하고 발생한 전기량은 압력에 비례하는 것을 이용한 것이다. 가스 폭발이나 급격한 압력 변화 측정에 사용된다.

36 유체의 부피나 질량을 직접 측정하는 방법으로서, 유체의 성질에 영향을 적게 받지만 구조가 복잡하고 취급이 어려운 단점이 있는 유량 측정 장치는?

① 오리피스 미터 ② 습식 가스미터
③ 벤투리 미터 ④ 로터 미터

해설 유량계의 분류
㉮ 직접식(용적식) 유량계 : 습식 가스미터, 루츠식 가스미터, 오벌 기어식, 로터리 피스톤식, 회전 원판식 등
㉯ 간접식 유량계 : 차압식 유량계, 면적식 유량계, 유속식 유량계, 전자식 유량계, 와류식 유량계 등

37 액화가스 비중이 0.8이고 배관 지름이 50[mm]일 때 1시간당 유량이 15톤이면 배관 내의 평균유속은 얼마인가?

① 1.8[m/s] ② 2.66[m/s]
③ 7.56[m/s] ④ 8.52[m/s]

Answer 32. ③ 33. ④ 34. ③ 35. ④ 36. ② 37. ②

해설 중량 유량 $G = \gamma \cdot A \cdot V$ 에서

$$\therefore V = \frac{G}{\gamma \cdot A} = \frac{15 \times 1000}{0.8 \times 1000 \times \frac{\pi}{4} \times 0.05^2 \times 3600} = 2.652[\text{m/s}]$$

38 관내에 흐르고 있는 물의 속도가 6[m/s]일 때 속도수두는 몇 [m]인가?

① 1.22 ② 1.84
③ 2.62 ④ 2.82

해설 $h = \frac{V^2}{2g} = \frac{6^2}{2 \times 9.8} = 1.836[\text{m}]$

39 Orifice 유량계는 어떤 원리를 이용한 것인가?

① 베르누이 정리
② 토리첼리 정리
③ 플랑크의 법칙
④ 보일-샤를의 원리

해설 차압식 유량계
㉮ 측정원리 : 베르누이 정리
㉯ 종류 : 오리피스미터, 플로노즐, 벤투리미터

40 관 도중에 조리개(교축기구)를 넣어 조리개 전후의 차압을 이용하여 유량을 측정하는 계측기기는?

① 오벌식 유량계 ② 오리피스 유량계
③ 막식 유량계 ④ 터빈 유량계

해설 차압식 유량계의 종류 : 오리피스미터, 플로노즐, 벤투리미터

41 국제표준규격 ISO 5167에서 다루고 있는 차압 1차 장치(primary device) 중 오리피스 판(Orifice plate)의 압력 tapping 방법이 아닌 것은?

① D 및 $D/2$ tapping
② corner tapping
③ flange tapping
④ screw tapping

해설 차압식 유량계의 탭핑(tapping) : 정압 P_1, P_2를 빼어내는 방식
㉮ 비너 탭핑(vena tapping) : 유입은 배관 안지름만큼의 거리를, 유출 측은 가장 낮은 압력이 걸리는 부분거리로 D 및 $D/2$ tapping 이다.
㉯ 플랜지 탭핑(flange tapping) : 교축기구 25[mm] 전후 거리로 75[mm] 이하의 관에 사용
㉰ 코너 탭핑(corner tapping) : 교축기구 직전, 직후에 설치

42 안지름 30[cm]인 어떤 관속에 안지름 15[cm]인 오리피스를 설치하여 물의 유량을 측정하려 한다. 압력강하는 0.1[kgf/cm^2]이고, 유량계수는 0.72일 때 물의 유량은 약 몇 [m^3/s]인가?

① 0.028 ② 0.28
③ 0.056 ④ 0.56

해설 ㉮ 교축비 계산

$$\therefore m = \frac{D_2^2}{D_1^2} = \frac{15^2}{30^2} = 0.25$$

㉯ 유량계산

$$\therefore Q = CA\sqrt{\frac{2g}{1-m^4} \times \frac{\Delta P}{\gamma}}$$

$$= 0.72 \times \frac{\pi}{4} \times 0.15^2 \times \sqrt{\frac{2 \times 9.8}{1-0.25^4} \times \frac{0.1 \times 10^4}{1000}} = 0.0564[\text{m}^3/\text{s}]$$

Answer 38. ② 39. ① 40. ② 41. ④ 42. ③

43 유속이 일정한 장소에서 전압과 정압의 차이를 측정하여 속도수두에 따른 유속을 구하여 유량을 측정하는 형식의 유량계는?

① 피토관식 유량계
② 열선식 유량계
③ 전자식 유량계
④ 초음파식 유량계

해설 피토관식 유량계는 유속식 유량계에 해당된다.

44 원통형의 관을 흐르는 물의 중심부의 유속을 피토관으로 측정하였더니 수주의 높이가 10[m] 이었다. 이 때 유속은 약 몇 [m/s]인가?

① 10 ② 14
③ 20 ④ 26

해설 $V = \sqrt{2gh} = \sqrt{2 \times 9.8 \times 10} = 14$[m/s]

45 압력차를 이용하여 유량을 측정하는 유량계로 볼 수 없는 것은?

① 오리피스미터(Orifice meter)
② 벤투리미터(Venturi meter)
③ 피토관(Pitot tube)
④ 로터미터(rota meter)

해설 유량계의 종류
㉮ **차압식** : 조리개 전후의 압력차를 이용하여 유량을 측정하는 것으로 오리피스미터, 플로노즐, 벤투리미터가 있다.
㉯ **피토관** : 동압(전압과 정압차)을 이용하여 유량을 측정하는 유속식 유량계이다.
㉰ **로터미터** : 면적식 유량계
※차압식, 피토관의 측정원리 : 베르누이 정리

46 부식성 유체나 고점도의 유체 및 소량의 유체 측정에 가장 적합한 유량계는?

① 차압식 유량계
② 면적식 유량계
③ 용적식 유량계
④ 유속식 유량계

해설 면적식 유량계
유량의 변화에 의해 교축면적을 바꾸고 차압을 일정하게 유지하면서 면적변화에 의해 유량을 측정하는 것으로 로터미터, 플로트식 등이 있다.

47 전자식 유량계의 측정 원리는?

① 베르누이(Bernoulli) 법칙
② 패러데이(Faraday) 법칙
③ 레더포드(Rutherford) 법칙
④ 줄(Joule) 법칙

해설 전자식 유량계
측정원리는 패러데이 법칙(전자유도법칙)으로 도전성 액체에서 발생하는 기전력을 이용하여 순간 유량을 측정한다.

48 와류의 규칙성과 안전성을 이용하는 유량계는?

① 델타미터
② 로터미터
③ 전자식 유량계
④ 열선식 유량계

해설 와류(vortex)식 유량계
와류(소용돌이)를 발생시켜 그 주파수의 특성이 유속과 비례관계를 유지하는 것을 이용한 것으로 슬러리가 많은 유체나 점도가 높은 액체에는 사용이 불가능하며 델타미터가 대표적이다.

Answer 43. ① 44. ② 45. ④ 46. ② 47. ② 48. ①

49 온도계 중에서 접촉식 방법의 온도 측정을 하는 온도계가 아닌 것은?

① 서미스터 온도계
② 광고 온도계
③ 압력 온도계
④ 금속저항 온도계

해설 온도계의 분류
㉮ **접촉식** : 유리제 봉입식 온도계, 바이메탈 온도계, 압력식 온도계, 저항 온도계, 서미스터, 열전대 온도계, 제겔콘, 서모컬러 등
㉯ **비접촉식** : 광고 온도계, 광전관 온도계, 방사 온도계, 색 온도계 등

50 사용온도에 따라 수은의 양을 가감하는 것으로 매우 좁은 온도범위의 온도 측정이 가능한 온도계는?

① 수은 온도계
② 베크만 온도계
③ 바이메탈 온도계
④ 아네로이드형 온도계

해설 베크만 온도계
모세관에 남은 수은의 양을 조절하여 측정하며 미소한 범위의 온도 변화를 정밀하게 측정할 수 있다.

51 선팽창계수가 다른 2종의 금속을 결합시켜 온도변화에 따라 굽히는 정도가 다른 점을 이용한 온도계는?

① 유리제 온도계
② 바이메탈 온도계
③ 압력식 온도계
④ 전기 저항식 온도계

해설 바이메탈 온도계의 특징
㉮ 유리온도계보다 견고하다.
㉯ 구조가 간단하고, 보수가 용이하다.
㉰ 온도 변화에 대한 응답이 늦다.
㉱ 히스테리시스(hysteresis) 오차가 발생되기 쉽다.
㉲ 온도조절 스위치나 자동기록 장치에 사용된다.
㉳ 측정범위는 -50~500[℃]이다.

52 제베크(Seebeck) 효과를 응용한 온도계는?

① 저항 온도계
② 열전대 온도계
③ 부르동관 온도계
④ 바이메탈식 온도계

해설 열전대 온도계의 원리
2종류의 금속선을 접속하여 하나의 회로를 만들어 2개의 접점에 온도차를 부여하면 회로에 접점의 온도에 거의 비례한 전류(열기전력)가 흐르는 제베크(Seebeck) 효과를 이용한 것이다.

53 열전대 온도계에서 열전대가 갖추어야 할 성질 중 틀린 것은?

① 기전력이 크고 안정할 것
② 내열성, 내식성이 클 것
③ 전기저항 및 열전도율이 적을 것
④ 온도상승에 따른 기전력이 일정할 것

해설 열전대가 갖추어야 할 성질(구비조건)
㉮ 열기전력이 크고, 온도상승에 따라 연속적으로 상승할 것
㉯ 열기전력의 특성이 안정되고 장시간 사용해도 변형이 없을 것
㉰ 기계적 강도가 크고 내열성, 내식성이 있을 것
㉱ 재생도가 크고, 기공이 용이할 것
㉲ 전기저항 온도계수와 열전도율이 낮을 것
㉳ 재료의 구입이 쉽고(경제적이고) 내구성이 있을 것

Answer 49. ② 50. ② 51. ② 52. ② 53. ④

54 백금 로듐-백금 열전대 온도계의 온도 측정 범위로 옳은 것은?

① -180~350[℃] ② -20~800[℃]
③ 0~1600[℃] ④ 300~2000[℃]

해설 열전대 온도계의 측정범위

열전대의 종류	측정온도
백금-백금 로듐	0~1600[℃]
크로멜-알루멜	-20~1200[℃]
철-콘스탄트	-20~800[℃]
동-콘스탄트	-180~350[℃]

55 고온의 물체로부터 방사되는 에너지 중의 특정한 파장의 방사에너지, 즉 휘도를 표준 온도의 고온물체와 비교하여 온도를 측정하는 온도계는?

① 열전대 온도계
② 광고온계
③ 색온도계
④ 제겔콘 온도계

해설 광고온계의 특징

㉮ 고온에서 방사되는 에너지 중 가시광선을 이용하여 사람이 직접 조작한다.
㉯ 700~3000[℃]의 고온도 측정에 적합하다.
㉰ 광전관 온도계에 비하여 구조가 간단하고 휴대가 편리하다.
㉱ 움직이는 물체의 온도 측정이 가능하고, 측온체의 온도를 변화시키지 않는다.
㉲ 비접촉식 온도계에서 가장 정확한 온도 측정을 할 수 있다.
㉳ 빛의 흡수 산란 및 반사에 따라 오차가 발생한다.
㉴ 방사 온도계에 비하여 방사율에 대한 보정량이 작다.
㉵ 원거리 측정, 경보, 자동기록, 자동제어가 불가능하다.
㉶ 측정에 수동으로 조작함으로서 개인 오차가 발생할 수 있다.

56 스테판-볼츠만 법칙을 이용하여 측정 물체에서 방사되는 전방사 에너지를 렌즈 또는 반사경을 이용하여 온도를 측정하는 온도계는?

① 색 온도계 ② 방사 온도계
③ 열전대 온도계 ④ 광전관 온도계

해설 방사 온도계의 특징

㉮ 측정시간 지연이 적고, 연속 측정, 기록, 제어가 가능하다.
㉯ 측정거리 제한을 받고 오차가 발생되기 쉽다.
㉰ 광로에 먼지, 연기 등이 있으면 정확한 측정이 곤란하다.
㉱ 방사율에 의한 보정량이 크고, 정확한 보정이 어렵다.
㉲ 수증기, 탄산가스의 흡수에 주의하여야 한다.
㉳ 측정범위는 50~3000[℃] 정도이다.

57 극저온 저장탱크의 측정에 많이 사용되며 차압에 의해 액면을 측정하는 액면계는?

① 햄프슨식 액면계 ② 전기저항식 액면계
③ 벨로스식 액면계 ④ 클린카식 액면계

해설 **햄프슨식 액면계** : 기상부와 액상부의 압력차를 이용하여 액면을 지시하는 것으로 차압식 액면계라 한다. 액화산소 등과 같은 초저온 액화가스 저장탱크에 사용된다.

58 액면계에 대한 설명 중 틀린 것은?

① 정전용량식 액면계는 기상부와 액상부에 초음파 발진기를 두고, 초음파의 시간을 측정하여 액높이를 알 수 있다.
② 클린카식 액면계는 투시식과 반사식이 있다.
③ 차압식 액면계는 초저온의 설비에 많이 사용한다.
④ 부자식 액면계는 장시간 사용 시 1년에 한번 정도 교정할 필요가 있다.

Answer 54. ③ 55. ② 56. ② 57. ① 58. ①

해설 ①번 항은 초음파식 액면계에 대한 설명이다.
※정전용량식 액면계 : 2개의 절연된 도체가 있을 때 이 사이에 구성되는 정전용량은 2개의 도체 크기, 상대적 위치관계, 매질의 유전율로 결정되는 것을 이용한다.

59 다음 중 가스미터의 필요조건으로 옳은 것은?

① 소형이고 용량이 적을 것
② 오차 조정이 어려워 사용자가 임으로 조작하지 못할 것
③ 가격이 저렴하고 사용자 수리가 용이할 것
④ 감도가 예민하고 구조가 간단할 것

해설 가스미터의 구비조건(필요조건)
㉮ 구조가 간단하고, 수리가 용이할 것
㉯ 감도가 예민하고, 압력손실이 적을 것
㉰ 소형이며 계량용량이 클 것
㉱ 기차의 조정이 용이하고, 내구성이 클 것

60 막식 가스미터의 특징을 기술한 것은?

① 가격은 싸고, 설치 후 유지관리가 어렵다.
② 대용량의 경우 설치공간이 크다.
③ 계량이 정확하고 사용 중 오차의 변동이 거의 없다.
④ 사용 중 수위조정 등의 관리를 요한다.

해설 막식 가스미터의 특징
㉮ 가격이 저렴하다.
㉯ 유지관리에 시간을 요하지 않는다.
㉰ 대용량의 것은 설치면적이 크다.
㉱ 용도는 일반 수용가에 사용된다.
㉲ 용량범위는 1.5~200[m^3/h]이다.

61 다음과 같은 특성을 갖는 가스미터는?

> – 계량이 정확하고 사용 중 기차(器差)의 변동이 거의 없다.
> – 설치공간이 크고 수위조절 등의 관리가 필요하다.

① 막식 가스미터
② 습식 가스미터
③ 루츠(roots) 미터
④ 벤투리미터

해설 습식 가스미터의 특징
㉮ 계량이 정확하다.
㉯ 사용 중에 오차의 변동이 적다.
㉰ 사용 중에 수위조정 등의 관리가 필요하다.
㉱ 설치면적이 크다.
㉲ 용도는 기준용, 실험실용 등으로 사용된다.
㉳ 용량범위는 0.2~3000[m^3/h]이다.

62 가스미터 중 루트식 미터의 장점은?

① 가격이 저렴하다.
② 대유량의 가스 측정에 적합하다.
③ 설치 후의 유지관리에 시간을 요하지 않는다.
④ 기준용, 실험실용으로 사용한다.

해설 루트(roots)형 가스미터의 특징
㉮ 대유량 가스측정에 적합하다.
㉯ 중압가스의 계량이 가능하다.
㉰ 설치면적이 적다.
㉱ 여과기의 설치 및 설치 후의 유지관리가 필요하다.
㉲ 0.5[m^3/h] 이하의 적은 유량에는 부동의 우려가 있다.
㉳ 용량범위는 100~5000[m^3/h]이다.

Answer 59. ④ 60. ② 61. ② 62. ②

63 가스미터에 다음과 같이 표기되어 있다. 이에 대한 설명으로 옳은 것은?

0.5 [L/rev], MAX 1.5[m^3/h]

① 가스미터의 감도 유량이 0.5[L]이며, 사용 최대유량은 시간당 1.5[m^3]이다.
② 가스미터의 감도 유량이 0.5[L]이며, 오차의 최댓값은 시간당 1.5[m^3]이다.
③ 계량실의 1주기 체적이 0.5[L]이며, 오차의 최댓값은 시간당 1.5[m^3]이다.
④ 계량실의 1주기 체적이 0.5[L]이며, 사용 최대유량은 시간당 1.5[m^3]이다.

해설 가스미터의 표기사항
㉮ 0.5 [L/rev] : 계량실의 1주기 체적이 0.5[L]
㉯ MAX 1.5[m^3/h] : 사용최대유량이 시간당 1.5[m^3]

64 가스계량기 설치에 대한 설명 중 옳은 것은?

① 가스계량기는 화기와 1[m] 이상의 우회거리를 유지할 것
② 가스계량기의 설치 높이는 바닥으로부터 1.6[m] 이상 2[m] 이내에 수직, 수평으로 설치할 것
③ 가스계량기를 격납 상자에 설치할 경우 바닥으로부터 1.8[m] 이상 2[m] 이내에 수직, 수평으로 설치할 것
④ 가스계량기를 격납상자에 설치할 경우 바닥으로부터 1.0[m] 이내에 수직, 수평으로 설치할 것

해설 가스계량기 설치 기준
㉮ 화기와 2[m] 이상의 우회거리를 유지할 것
㉯ 설치 높이는 바닥으로부터 1.6~2[m] 이내에 수직, 수평으로 설치할 것(단, 격납상자에 설치할 경우 높이 제한이 없음)
㉰ 전기계량기, 전기개폐기와 60[cm] 이상 유지
㉱ 단열조치를 하지 않은 굴뚝, 전기점멸기, 전기접속기와 30[cm] 이상 유지
㉲ 절연조치를 하지 않은 전선과 15[cm] 이상 유지

Answer 63. ④ 64. ②

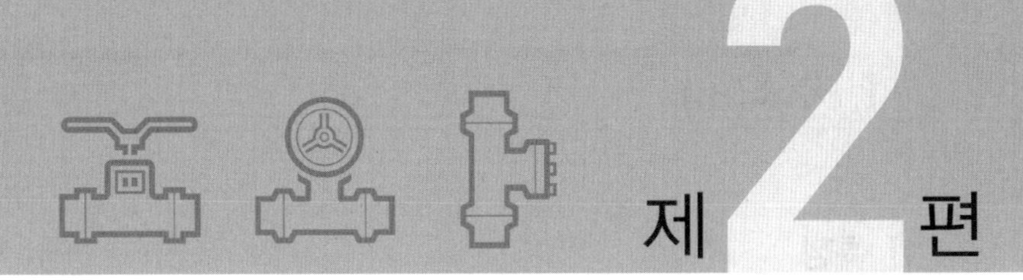

제 2 편

가스의 제조 및 설비

1장 고압가스의 종류 및 특징

1. 수소(H_2)

1) 특징

(1) 물리적 성질

① 무색, 무취, 무미의 가스이다.
② 고온에서 강재, 금속재료를 쉽게 투과한다.
③ 확산 속도(1.8[km/s])가 대단히 크다.
④ 열전도율이 대단히 크고, 열에 대해 안정하다.

(2) 화학적 성질

① 폭발 범위가 넓다
  ㉮ 공기 중 폭발 범위 : 4~75[%]
  ㉯ 산소 중 폭발 범위 : 4~94[%]
  ※ 폭발범위와 압력과의 관계 : 압력이 상승하면 폭발범위가 좁아지다가 10[atm] 이상 상승하면 폭발범위가 다시 넓어지는 특징이 있다.
② 폭굉 속도는 1400~3500 [m/s]에 달한다.
③ 수소 폭명기 : 공기 중 산소와 체적비 2 : 1로 반응하여 물을 생성한다.

$$2H_2 + O_2 \rightarrow 2H_2O + 136.6\,[kcal]$$

④ 염소 폭명기 : 수소와 염소의 혼합가스는 빛(직사광선)과 접촉하면 심하게 반응한다.

$$H_2 + Cl_2 \rightarrow 2HCl + 44\,[kcal]$$

⑤ 고온 고압 하에서 질소와 반응하여 암모니아를 생성한다.

$$N_2 + 3H_2 \rightarrow 2NH_3 + 23\,[kcal]$$

⑥ 수소취성 : 고온, 고압 하에서 강재중의 탄소와 반응하여 수소취성을 일으킨다.

$$Fe_3C + 2H_2 \rightarrow 3Fe + CH_4$$

※ 수소취성 방지원소 : 텅스텐(W), 바나듐(V), 몰리브덴(Mo), 티타늄(Ti), 크롬(Cr)

⑦ 일산화탄소(CO)와 반응하여 알데히드 알코올류를 생성한다.

수소의 성질

분류	성질	분류	성질
분자량	2.016	밀도	0.0899[g/L]
임계온도	-239.9[℃]	비점	-252[℃]
임계압력	12.8[atm]	자연발화온도	530[℃]

2) 제조법

(1) 실험적 제조법

① 아연이나 철에 묽은황산(H_2SO_4)이나 묽은 염산(HCl)을 가한다.

② 양쪽성 원소는 강 알칼리를 가해도 수소를 발생한다.

③ 이온화 경향이 큰 금속(K, Ca, Na)은 찬물과 격렬하게 반응하여 수소를 발생한다.

(2) 공업적 제조법

① 물의 전기분해에 의하여 제조한다.

$2H_2O \rightarrow 2H_2 + O_2$

② 수성 가스법(석탄, 코크스의 가스화) : 적열된 코크스에 수증기(H_2O)를 작용시켜 제조

$C + H_2O \rightarrow CO + H_2 - 31.4$[kcal]

③ 천연가스 분해법(CH_4 분해법) : 수증기 개질법과 부분 산화법이 있다.

㉮ 수증기 개질법 : $CH_4 + H_2O \rightarrow CO + 3H_2 - 49.3$[kcal]

㉯ 부분 산화법 : $2CH_4 + O_2 \rightarrow 2CO + 4H_2 + 17.4$[kcal]

④ 석유 분해법 : 수증기 개질법과 부분산화법이 있다.

⑤ 일산화탄소 전화법 : $CO + H_2O \rightarrow CO_2 + H_2 + 9.8$[kcal]

3) 용도

① 암모니아(NH_3), 염산(HCl), 메탄올(CH_3OH) 등의 합성원료로 사용된다.

② 환원성을 이용한 금속 제련에 사용한다.
③ 백금, 석영 등의 세공에 사용된다.
④ 기구나 풍선의 부양용 가스로 사용된다.
⑤ 연료전지의 연료나 로켓의 연료로 사용된다.
⑥ 차세대 자동차 연료로 연구 중이다.

2. 산소(O_2)

1) 특징

(1) 물리적 성질

① 상온, 상압에서 무색, 무취이며 물에는 약간 녹는다.
② 공기 중에 체적으로 21[%], 질량으로 23.2[%] 함유하고 있다.
③ 강력한 조연성 가스이나 그 자신은 연소하지 않는다.
④ 액화산소(액비중 1.14)는 담청색을 나타낸다.

(2) 화학적 성질

① 화학적으로 활발한 원소로 모든 원소와 직접 화합하여(할로겐 원소, 백금, 금 등 제외) 산화물을 만든다.
② 철, 구리, 알루미늄선 또는 분말을 반응시키면 빛을 내면서 연소한다.
③ 산소 + 수소 불꽃은 2000~2500[℃], 산소 + 아세틸렌 불꽃은 3500~3800[℃]까지 오른다.
④ 산소 또는 공기 중에서 무성방전을 행하면 오존(O_3)이 된다.

산소의 성질

구분	성질	구분	성질
분자량	32	비 점	−183[℃]
임계 온도	−118.4[℃]	임계압력	50.1[atm]

(3) 연소에 관한 성질

① 산소농도나 산소 분압이 높아질 때 나타나는 현상

㉮ 증가(상승) : 연소속도, 화염온도, 발열량, 폭발범위, 화염길이

㉯ 감소(저하) : 발화온도, 발화에너지

② 공기 중과 비교하여 산소 중에서는 폭발한계가 현저하게 넓어져 폭발의 위험성이 높아진다.

2) 제조법

(1) 실험적 제조법

① 염소산칼륨($KClO_3$)에 이산화망간(MnO_2)을 촉매로 하여 가열, 분리시킨다.

② 과산화수소(H_2O_2)에 이산화망간(MnO_2)을 가한다.

(2) 공업적 제조법

① 물의 전기분해에 의해 제조한다.

② 공기의 액화분리에 의해 제조한다.

(3) 공기액화 분리장치에 의한 산소 제조 공정

① 공기 여과기 : 먼지, 매연 등 원료 공기 중의 불순물을 제거한다.

② 이산화탄소 흡수탑 : 원료 공기 중 이산화탄소가 존재하면 저온장치 내에서 드라이아이스(고체탄산)가 되어 밸브 및 배관을 폐쇄하므로 가성소다(NaOH) 수용액을 이용하여 제거한다.

$$2NaOH + CO_2 \rightarrow Na_2CO_3 + H_2O$$

※ CO_2 1[g] 제거에 가성소다(NaOH) 1.818[g]이 소요된다.

③ 공기 압축기 : 고압식에서는 왕복동형 다단 압축기가, 저압식에서는 원심식 압축기가 사용된다.

④ 중간 냉각기 : 압축기에서 압축된 공기를 냉각시킨다.

⑤ 유분리기(油分離器) : 압축기에서 압축된 원료공기 중에 혼입된 윤활유를 분리시킨다.

⑥ 건조기

㉮ 소다 건조기 : 입상의 가성소다(NaOH)를 이용하여 미량의 수분과 이산화탄소를 제거한다.

㉯ 겔 건조기 : 실리카겔(SiO_2), 활성알루미나(Al_2O_3), 소바이드 등의 건조제를 사

용하며 수분은 제거하나 이산화탄소는 제거하지 못한다.

⑦ 팽창기(膨脹機) : 압축기에서 압축된 고압의 공기를 저온도로 변환시켜 주는 것으로 자유팽창에 의한 방법과 단열팽창에 의한 방법이 있다.

⑧ 열 교환기 : 압축기에서 압축된 공기와 분리기에서 나오는 저온의 산소, 질소와 열교환하여 분리기로 가는 공기는 −140℃까지 냉각시킬 수 있다.

⑨ 정류탑 : 열교환기에서 냉각된 공기를 정류 장치에서 산소와 질소의 비등점 차이에 의해 정류 분리되며 단식 정류탑과 복식 정류탑이 있다.

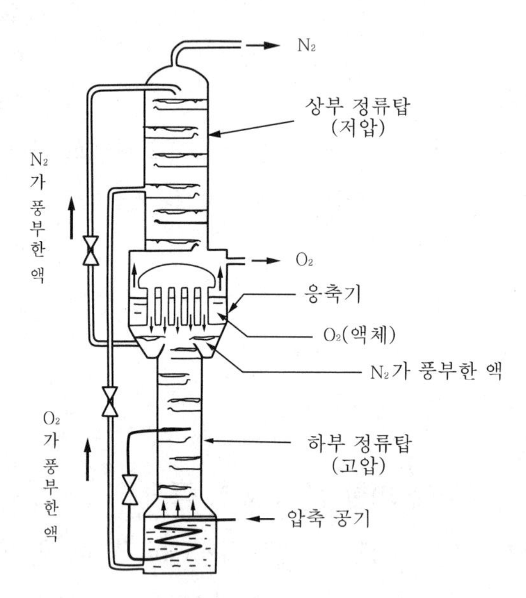

복식 정류탑의 구조

⑩ 공기액화 분리장치의 폭발원인

㉮ 공기 취입구로부터 아세틸렌의 혼입

㉯ 압축기용 윤활유 분해에 따른 탄화수소의 생성

㉰ 공기 중 질소화합물(NO, NO_2)의 혼입

㉱ 액체 공기 중에 오존(O_3)의 혼입

⑪ 폭발 방지 대책

㉮ 아세틸렌이 혼입되지 않는 장소에 공기 흡입구를 설치한다.

㉯ 양질의 압축기 윤활유를 사용한다.

㉰ 장치 내 여과기를 설치한다.

㉱ 1년에 1회 정도 장치 내부를 사염화탄소(CCl_4)를 사용하여 세척한다.

3) 용도 및 취급 시 주의 사항

(1) 용도

① 각종 화학공업, 야금(冶金) 등에 대량으로 사용한다.
② 용기에 충전하여 철제 절단용으로 사용한다.
③ 가스용접(산소+아세틸렌, 산소+프로판), 로켓 추진제, 액체산소 폭약 등에 사용한다.
④ 의료용으로 사용한다. (용기 도색 : 백색)

(2) 취급 시 주의사항

① 석유류, 유지류, 글리세린(농후한 글리세린)은 산소압축기의 내부윤활제로 사용해서는 안 된다. (내부 윤활제 : 물 또는 10[%] 이하의 묽은 글리세린수)
② 금유(禁油)라 표시된 전용 압력계를 사용하고 윤활유, 그리스 사용을 금지한다.
③ 밸브의 급격한 개폐 조작을 금지한다.
④ 기름 묻은 장갑 사용을 금지한다.
⑤ 용기 도색은 일반 공업용이 녹색, 의료용이 백색이다.
⑥ 인체에 대한 위해성
㉮ 산소 농도는 18~22[%]를 유지한다.
㉯ 60[%] 이상의 고농도 산소를 흡입하면 폐에 충혈을 일으켜 실명, 사망할 수 있다.

3. 질소(N_2)

1) 특징

(1) 물리적 성질

① 대기 중에 78[%] 함유하고 있다.
② 무색, 무취, 무미의 기체이고, 액체나 고체에서도 무색이다.
③ 상온에서 대단히 안정된 가스이나, 고온에서는 금속과 반응한다.

(2) 화학적 성질

① 불연성 가스이고, 상온에서 다른 가스와 반응하지 않는다.
② 수소와 반응하여 암모니아를 생성한다.
③ 고온에서 산소와 반응하여 질소산화물(NO_x)을 만든다.

질소의 성질

분류	성질	분류	성질
분자량	28	비점	−195.8[℃]
임계 온도	−147[℃]	임계 압력	33.5[atm]

2) 제조법

공기액화 분리장치에서 산소를 제조할 때 회수한다.

3) 용도

① 암모니아 합성용으로 가장 많이 사용되고 있다.
② 암모니아로부터 질산, 비료, 염료 등 질소화합물 제조에 사용된다.
③ 가연성 가스를 사용하는 장치의 치환(purge)용으로 사용된다.
④ 액체질소는 야채, 육류의 급속 냉동용에 사용된다.

4. 희가스

1) 특징

(1) 물리적 성질

① 주기율표 0족에 속하는 헬륨(He), 네온(Ne), 아르곤(Ar), 크립톤(Kr), 크세논(Xe), 라돈(Rn) 등 6원소이다.
② 상온에서 기체이고 불활성 기체이다.
③ 공기 중 미량 존재한다. [단, 라돈(Rn)제외]

(2) 화학적 성질

① 상온에서 무색, 무취, 무미의 기체이다.
② 화학적으로 불활성이므로 다른 원소와 반응하지 않는다.
③ 화학반응이 이루어지지 않기 때문에 화학분석에서는 검출되지 않는다.
④ 희가스류는 단원자 분자이므로 분자량과 원자량이 같다.
⑤ 방전관에 넣어서 방전시키면 각각 특이한 색의 발광을 낸다.

희가스 종류별 발광색

구분	헬륨(He)	네온(Ne)	아르곤(Ar)	크립톤(Kr)	크세논(Xe)	라돈(Rn)
발광색	황백색	주황색	적색	록자색	청자색	청록색

희가스류와 그 주요 성질

원소명	기호	분자량	비점[℃]	공기 중의 체적[%]
헬륨	He	4.003	-269.0	0.0005
네온	Ne	20.18	-246.0	0.0018
아르곤	Ar	39.94	-185.9	0.93
크립톤	Kr	83.7	-152.9	0.0001
크세논	Xe	131.3	-107.1	0.000009
라돈	Rn	222	-65	

2) 제조법

① 아르곤(Ar) : 비점이 -186[℃]로 산소와 질소의 중간이고, 공기 중에 0.93[%] 함유하고 있으므로 공기액화 분리장치에서 별도의 시설을 갖추고 정제 아르곤을 회수한다.

② 헬륨(He) : 우라륨과 트륨을 함유한 방사선 광물을 진공 중에서 가열하여 얻을 수 있고, 헬륨을 함유한 천연가스에서 회수한다.

③ 네온(Ne) : 액화 아르곤을 정밀 증류하여 회수하는 방법을 사용한다.

3) 용도

① 네온사인용 가스로 사용한다.

② 아르곤은 형광등의 방전관용 가스, 금속정련 및 열처리의 보호용 가스로 사용한다.

③ 헬륨은 수소 다음으로 가벼워 부양용 기구 등에 수소대용으로 사용한다.

④ 헬륨, 아르곤은 가스크로마토그래피 캐리어가스로 사용한다.

⑤ 액체 헬륨(He)은 극저온의 물성연구나 초전도 마그넷의 냉각용에 사용된다.

5. 일산화탄소(CO)

1) 특징

(1) 물리적 성질

① 무색·무취의 가연성 가스이다.
② 독성이 강하고 (TLV-TWA 50[ppm]) 불완전연소에 의한 중독사고가 발생될 위험이 있다.

(2) 화학적 성질

① 환원성이 강한 가스로 금속의 산화물을 환원시켜 단체금속을 생성한다.
② 철족의 금속(Fe, Co, Ni)과 반응하여 금속 카르보닐을 생성한다.
㉮ 고압에서 철(Fe)과 반응하여 철-카르보닐[$Fe(CO)_5$]을 생성한다.

$$Fe + 5CO \rightarrow Fe(CO)_5$$

㉯ 100[℃] 이상에서 미분상의 니켈(Ni)과 반응하여 니켈-카르보닐[$Ni(CO)_4$]을 생성한다.

$$Ni + 4CO \rightarrow Ni(CO)_4$$

㉰ 카르보닐 생성을 방지하기 위하여 장치 내면에 은(Ag), 구리(Cu), 알루미늄(Al) 등을 라이닝하여 사용한다.
③ 상온에서 염소(Cl_2)와 반응하여 포스겐($COCl_2$)을 생성한다. (촉매 : 활성탄)
④ 공기 중에서 폭발범위가 12.5~74[%]로 연소가 잘 된다.

일산화탄소의 성질

분류	성질	분류	성질
분자량	28	비점	-192[℃]
임계온도	-140[℃]	허용 농도	TLV-TWA 50[ppm]
임계압력	34.5[atm]	폭발 범위	12.5~74[%]

2) 제조법

(1) 실험적 제조법

의산(개미산)에 진한 황산을 작용시켜 제조한다.

(2) 공업적 제조법

① 수성가스에서 회수한다.
② 목탄(숯), 코크스를 불완전 연소시켜 회수한다.

3) 용도

① 메틸알코올(메탄올) 합성에 사용한다.
② 포스겐($COCl_2$)의 제조 원료에 사용한다.
③ 화학 공업용 원료에 사용한다.
④ 공업용의 연료, 환원제로 사용한다.

4) 위험성

(1) 연소성에 대한 특징

① 압력 증가 시 폭발범위가 좁아지며, 공기 중 질소를 아르곤(Ar), 헬륨(He)으로 치환하면 폭발범위는 압력과 더불어 증대된다.
② 공기와의 혼합가스 중 수증기 존재하면 폭발 범위는 압력과 더불어 증대된다.

(2) 인체에 대한 위해성

일산화탄소를 흡입하면 혈액 속의 헤모글로빈과 결합하고(그 친화력은 산소의 200~250배 정도) 호흡을 저해하여 중독 사고를 일으킨다.

일산화탄소의 농도와 인체에 대한 영향

공기 중 CO [%]	ppm	증상
0.005	50	허용농도, 특별한 증상이 없음
0.01	100	장시간 호흡하여도 중독증상이 나타나지 않음
0.02	200	두통이 발생하고, 2~3시간 이내에 전후의 가벼운 통증이 발생
0.04	400	1~2시간 후에 가벼운 두통과 구토가 발생
0.08	800	45분 이내에 두통 및 구토, 2시간 이내에 의식불명이 된다.
0.16	1600	20분 이내에 두통 및 구토, 2시간 이내에 의식불명, 사망할 수 있다.
0.32	3200	5~10분 이내에 두통, 10~15분 이내에 의식불명이 되어 사망할 수 있다.
0.64	6400	1~2분 이내에 두통, 10~15분 이내에 의식불명이 되어 사망한다.
1.28	12800	바로 자각증상이 있고 1~3분 이내에 의식불명이 되어 사망의 위험이 있다.

6. 이산화탄소(CO_2)

1) 특징

(1) 물리적 성질

① 건조한 공기 중에 약 0.03[%] 존재한다.
② 액화가스로 취급되며, 드라이아이스(고체탄산)를 만들 수 있다.

(2) 화학적 성질

① 무색, 무취, 무미의 불연성 가스이다.
② 독성(TLV-TWA 5000[ppm])이 없으나, 88[%] 이상인 곳에서는 질식의 위험이 있다.
③ 수분이 존재하면 탄산을 생성하여 강재를 부식시킨다.
④ 지구 온난화의 원인 가스 중의 하나이다.

이산화탄소의 주요 성질

분류	성질	분류	성질
분자량	44	비점	−78.5[℃]
임계온도	31[℃]	허용농도	TLV−TWA 5000[ppm]
임계압력	72.9[atm]	증발 열	137.04[kcal/kg]

2) 제조법

① 일산화탄소 전화법에 의한 수소 제조 시 회수된다.
② 석회석($CaCO_3$)의 연소 시 생성된다.
③ 알코올 발효 시 부생물로 회수된다.

3) 용도

① 요소제조 및 소다회 제조용으로 사용한다.
② 탄산염(탄산마그네슘, 중탄산암모늄)의 제조, 정제용으로 사용한다.
③ 소화제(消火劑)로 사용한다.
④ 청량음료 제조용으로 사용한다.
⑤ 드라이아이스는 물품 냉각용에 사용한다.

7. 염소(Cl_2)

1) 특징

(1) 물리적 성질

① 상온에서 황록색의 심한 자극성이 있다.
② 비점(-34.05[℃])이 높고 상온에서 6~7기압의 압력을 가하면 쉽게 액화가 되며, 액화가스는 갈색이다. (충전용기 도색 : 갈색)
③ 조연성, 독성(TLV-TWA 1[ppm])가스이다.

(2) 화학적 성질

① 화학적으로 활성이 강하여 염화물을 만든다.
② 건조한 상태에서는 강재에 대하여 부식성이 없으나, 수분이 존재하면 염산(HCl)이 생성되어 철을 심하게 부식시킨다.
③ 120[℃] 이상이 되면 철과 직접 반응하여 부식이 진행된다.
④ 수소와 접촉 시 폭발한다. : 염소 폭명기
⑤ 메탄과 반응하여 염소 치환제를 만든다.

$CH_4 + Cl_2 \rightarrow CH_3Cl + HCl$

$CH_3Cl + Cl_2 \rightarrow CH_3Cl_2$

$CH_2Cl_2 + Cl_2 \rightarrow CHCl_3 + HCl$

$CHCl_3 + Cl_2 \rightarrow CCl_4 + HCl$

⑥ 물에 녹으면(용해) 염산과 차아염소산이 생성되고 차아염소산이 분해하여 생긴 발생기 산소에 의하여 살균, 표백작용을 한다.

$Cl_2 + H_2O \rightarrow HCl + HClO$ [차아염소산]

$HClO \rightarrow HCl + (O)$

⑦ 암모니아와 접촉하면 백색연기(百煙)가 발생하고, 이것으로 검출이 가능하다.
⑧ 염소와 아세틸렌이 접촉하면 자연발화의 가능성이 높다.

염소의 성질

분류	성질	분류	성질
분 자 량	70.906	비점	−34.05[℃]
임계온도	144[℃]	융점	−101±2[℃]
임계압력	76.1[atm]	허용농도	TLV−TWA 1[ppm]

2) 제조법

(1) 실험적 제조법

① 소금물의 전기분해로 제조한다.
② 소금물에 진한 황산과 이산화망간을 가하고 가열하여 제조한다.
③ 표백분에 진한 염산을 가하여 제조한다.
④ 염산에 이산화망간, 과망간산칼륨 등 산화제를 작용시켜 제조한다.

(2) 공업적 제조법

① 수은법에 의한 식염의 전기분해 : 양극을 탄소, 음극을 수은으로 하여 생성된 나트륨 아밀감으로 하여 수은에 용해시키고 다른 탱크에 옮겨 물로 분해하여 가성소다와 수소를 생성하며 양극에서 염소를 발생시킨다.

② 격막법에 의한 식염의 전기분해 : 전기분해용 탱크의 양극을 아스베스토 등의 격막으로 하여 발생하는 염소가 음극에서 발생하는 수소와 혼합하지 않는다.
③ 염산의 전기분해에 의하여 제조한다.

3) 용도 및 취급 시 주의사항

(1) 용도

① 염화수소(HCl), 염화비닐(C_2H_3Cl), 포스겐($COCl_2$) 제조에 사용한다.
② 종이, 펄프공업, 알루미늄 공업 등에 사용한다.
③ 수돗물의 살균에 사용한다.
④ 섬유의 표백에 사용한다.

(2) 취급 시 주의사항

① 인체에 대한 위해성
㉮ 독성이 매우 강하여 공기 중에서 TLV-TWA 30[ppm]이면 심한 기침이 나오고, 40~60[ppm]에서는 30분 내지 1시간 호흡하면 생명이 위험하다.
㉯ 염소가 눈에 들어갔을 때는 3[%] 붕산수로, 피부에 노출되었을 때에는 맑은 물로 씻어낸다.
② 강재에 대한 영향
㉮ 물과 접촉 시 발생하는 염산(HCl)이 강재를 부식시킨다.
㉯ 염화비닐, 유리, 내산도기 등은 염산 취급에 적당한 재료이다.
③ 용기 취급 시 주의사항
㉮ 충전용기, 저장탱크의 재료로 탄소강을 사용한다. (수분이 없을 때에는 부식성이 없다.)
㉯ 용기 밸브이 재질은 황동, 스핀들은 18-8 스테인리스강을 사용한다.
㉰ 충전용기 안전장치는 가용전을 사용한다. (용융온도 : 65~68[℃])

8. 암모니아(NH_3)

1) 특징

(1) 물리적 성질

① 가연성 가스(폭발 범위 : 15~28[%])이며, 독성가스(TLV-TWA 25[ppm])이다.

② 물에 잘 녹는다. (상온, 상압에서 물 1[cc]에 대하여 800[cc]가 용해)

③ 액화가 쉽고, 증발잠열(0[℃]에서 301.8[kcal/kg])이 커서 냉동기 냉매로 사용된다.

(2) 화학적 성질

① 동과 접촉 시 부식의 우려가 있다. (동 함유량 62[%] 미만 사용 가능)

② 액체 암모니아는 할로겐, 강산과 접촉하면 심하게 반응하여 폭발, 비산하는 경우가 있다.

③ 염소(Cl_2), 염화수소(HCl), 황화수소(H_2S)와 반응하면 백색연기가 발생한다.

④ 금속이온(구리, 아연, 은, 코발트)과 반응하여 착이온을 생성한다.

⑤ 염소와 과잉상태로 접촉하면 폭발성의 3염화질소(NCl_3)를 만든다.

⑥ 상온에서는 안정하나 1000[℃] 정도에서 분해하여 질소와 수소로 된다.

⑦ 건조제로 염기성인 소다석회를 사용한다.

암모니아의 성질

분류	성질	분류	성질
분자량	17	비점	−33.4[℃]
임계 온도	132.3[℃]	허용농도	TLV−TWA 25[ppm]
임계 압력	111.3[atm]	폭발 범위	15~28[%]

2) 제조법

(1) 실험적 제조법

① 진한 암모니아수(28[%])를 가열하여 제조한다.

② 암모늄염에 강알칼리를 가해 제조한다.

(2) 공업적 제조법

① 석회 질소법 : 석회질소($CaCN_2$)에 과열증기를 작용시켜 제조한다.

② 하버-보시법(Haber-Bosch process) : 수소와 질소를 체적비 3 : 1로 반응시켜 제조한다.

㉮ 고압 합성(600~1000[kgf/cm^2] : 클라우드법, 캬자레법

㉯ 중압 합성(300[kgf/cm^2]) : 뉴파우더법, IG법, 케미크법, 뉴데법, 동공시법, JCI법

㉰ 저압 합성(150[kgf/cm^2]) : 켈로그법, 구데법

3) 용도 및 취급 시 주의 사항

(1) 용도

① 요소 비료 원료로 사용 : 황산암모늄($(NH_4)_2SO_4$), 질산암모늄(NH_4NO_3), 요소

② 소다회, 질산 제조용으로 사용한다.

③ 냉동기 냉매로 사용한다.

(2) 취급 시 주의사항

① 인체에 대한 위해성

㉮ 피부에 노출 시 피부점막을 자극하고, 조직심부까지 손상시킨다. (동상, 염증 유발)

※ 응급조치 방법 : 물로 세척 후 2[%] 붕산수를 바른다. 또는 다량의 물로 세척 후 묽은 식초로 씻고 다시 물로 세척한다.

㉯ 눈에 노출되면 점막, 결막을 자극하여 결막부종, 각막혼탁을 초래한다.

※ 응급조치 방법 : 물로 세척 후 붕산수로 씻고 의사의 처치를 받는다.

㉰ 액체를 마셨을 때 : 다량의 물로 희석하고 토하지 않게 한다. 유유 또는 계란흰자를 대량으로 먹이고 위세척을 실시한 후 의사의 치치를 받는다.

② 부식성

㉠ 동, 동합금, 알루미늄 합금에 심한 부식성이 있으므로 장치나 계기에는 동이나 황동 등을 사용할 수 없다.

㉯ 고온, 고압 하에서 탄소강에 대하여 질화 및 탈탄(수소취성) 작용이 있다.

㉰ 고온, 고압의 장치 재료는 18-8 스테인리스강, Ni-Cr-Mo 강을 사용한다.

9. 아세틸렌(C_2H_2)

1) 특징

(1) 물리적 성질

① 무색의 기체이고 불순물로 인한 특유의 냄새가 있다.
② 공기 중에서의 폭발 범위가 넓다.
※ 공기 중 2.5~81[%], 산소 중 2.5~93[%]
③ 액체 아세틸렌은 불안정하나 고체아세틸렌은 비교적 안정하다.
④ 비점과 융점의 차이가 적어 고체 아세틸렌은 융해하지 않고 승화한다.
⑤ 15[℃]에서 물 1[L]에 1.1[L], 아세톤 1[L]에 25[L] 녹는다.

(2) 화학적 성질

① 동(Cu), 은(Ag), 수은(Hg) 등의 금속과 접촉 반응하여 폭발성의 아세틸드가 생성된다. (동 및 동합금 사용 시 동 함유량 62[%]를 초과하는 것을 사용하지 않는다.
② 아세틸렌을 접촉적으로 수소화 하면 에틸렌(C_2H_4), 에탄(C_2H_6)이 생성된다.
③ 아세틸렌의 폭발성
㉮ 산화 폭발 : 공기 중 산소와 반응하여 점화하면 폭발을 일으킨다.

$$C_2H_2 + 2.5O_2 \rightarrow 2CO_2 + H_2O$$

㉯ 분해 폭발 : 가압, 충격에 의하여 탄소와 수소로 분해되면서 폭발을 일으키며, 흡열화합물이기 때문에 위험성이 크다.

$$C_2H_2 \rightarrow 2C + H_2 + 54.2\,[\text{kcal}]$$

㉰ 화합 폭발 : 동(Cu), 은(Ag), 수은(Hg) 등의 금속과 접촉 반응하여 폭발성의 아세틸드가 생성된다.

$$C_2H_2 + 2Cu \rightarrow Cu_2C_2 + H_2$$

$$C_2H_2 + 2Ag \rightarrow Ag_2C_2 + H_2$$

아세틸렌의 성질

분류	성질	분류	성질
분자량	26.04	비점	−75[℃]
임계 온도	36[℃]	융점	−84[℃]
임계 압력	61.7[atm]	삼중점	−81[℃]
산소 중 폭발범위	2.5~93[%]	공기 중 폭발범위	2.5~81[%]

2) 제조법

(1) 카바이드(CaC_2)를 이용한 제조법

카바이드(CaC_2)와 물(H_2O)을 접촉시키면 아세틸렌이 발생한다.

$$CaC_2 + 2H_2O \rightarrow Ca(OH)_2 + C_2H_2$$

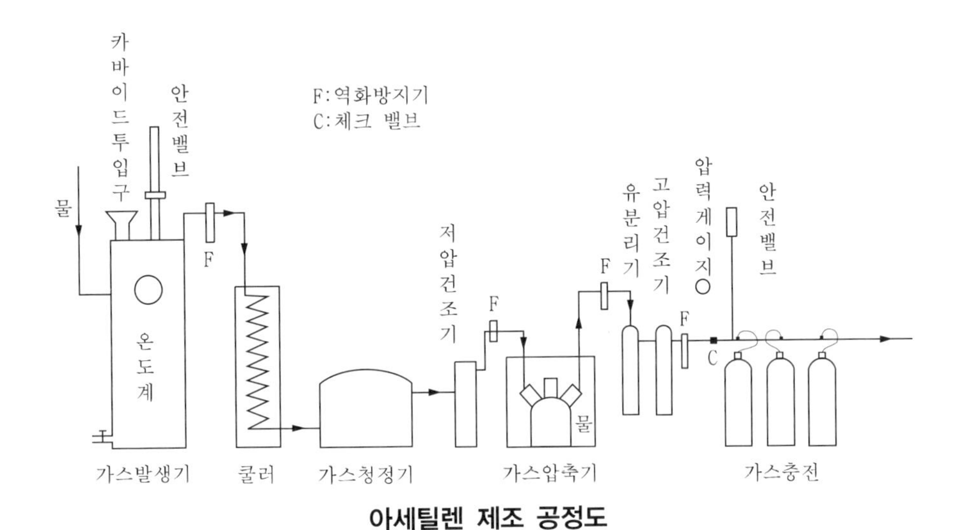

아세틸렌 제조 공정도

① 가스 발생기 : 카바이드(CaC_2)와 물이 반응하여 아세틸렌을 발생시킨다.

㉮ 발생방법에 의한 분류

ⓐ 주수식 : 카바이드에 물을 주입하는 방식으로 불순가스 발생량이 많다.

ⓑ 침지식 : 물과 카바이드를 소량씩 접촉하는 방식으로 위험성이 크다.

ⓒ 투입식 : 물에 카바이드를 넣는 방식으로 대량생산에 적합하다.

㉯ 발생압력에 의한 분류

ⓐ 저압식 : 0.07[kgf/cm^2] 미만

ⓑ 중압식 : 0.07~1.3[kgf/cm^2]
ⓒ 고압식 : 1.3[kgf/cm^2] 이상

㈐ 발생기 표면온도는 70[℃] 이하로 유지한다. (최적온도 : 50~60[℃])

② 쿨러 : 발생가스를 냉각하여 수분, 암모니아를 제거한다.

③ 가스 청정기 : 발생가스의 불순물을 제거하는 것으로 청정제의 종류는 에퓨렌(Epurene), 카다리솔(Catalysol), 리가솔(Rigasol)을 사용한다.

④ 저압 건조기 : 수분을 제거하여 아세틸렌과 함께 압축되는 것을 방지한다.

⑤ 아세틸렌가스 압축기

㈎ 100[rpm] 전후의 저속 왕복 압축기를 사용한다.

㈏ 압축기는 수중에서 작동시킨다.

㈐ 냉각수 온도는 20[℃] 이하로 유지한다.

㈑ 충전 시에는 온도와 관계없이 2.5[MPa] 이하로 유지한다.

※ 2.5[MPa] 이상으로 압축 시 희석제 첨가 → 질소(N_2), 메탄(CH_4), 일산화탄소(CO), 에틸렌(C_2H_4) 등

㈒ 압축기 내부 윤활유 : 양질의 광유(디젤 엔진유)

⑥ 유분리기(oil separator) : 압축된 가스 중의 윤활유를 분리한다.

⑦ 고압 건조기 : 압축가스 중의 수분을 제거[건조제 : 염화칼슘($CaCl_2$)]

⑧ 역화방지기 : 고압 건조기와 충전용 교체 밸브 사이의 배관에 설치

(2) 탄화수소에서 제조

메탄, 나프타를 열분해하는 방법으로 제조

① 중축합반응을 억제하고, 분해반응을 촉진시켜 아세틸렌 선택성을 높인다.

② 분해반응은 1000~3000[℃] 정도이며, 고온일수록 아세틸렌량이 증가하고 저온에서는 아세틸렌 생성이 감소한다.

③ 반응 압력은 저압일수록 아세틸렌 생성에 유리하다.

④ 흡열반응이므로 반응열을 공급하여야 하며, 반응열은 연소열, 축열로, 플라스마 등을 사용한다.

⑤ 중축합반응을 억제하기 위하여 분해 생성가스를 빨리 냉각시키는 것이 필요하다.

⑥ 원료 나프타는 파라핀계 탄화수소가 적합하고 올레핀계, 나프텐계, 방향족은 타르생성으로 좋지 않다.

⑦ 분해 생성가스에서 아세틸렌은 DMF, 냉아세톤, 냉메탄올 등을 이용하여 흡수 분리하며, 에틸렌은 심냉분리에 의한다.

3) 충전 작업

(1) 용제 및 다공물질 충전

① 용제 : 아세톤[$(CH_3)_2CO$], DMF(디메틸 포름아미드)

② 다공물질 : 용기 내부를 미세한 간격으로 구분하여 분해 폭발을 방지한다.

㉮ 종류 : 규조토, 석면, 목탄, 석회, 산화철, 탄산마그네슘, 다공성 플라스틱 등

㉯ 다공도 계산식

$$\text{다공도}(\%) = \frac{V-E}{V} \times 100$$

여기서, V : 다공물질의 용적[m^3] E : 아세톤의 침윤 잔용적[m^3]

㉰ 다공도 기준 : 75~92[%] 미만

㉱ 다공물질의 구비 조건

ⓐ 고다공도 일 것 ⓑ 기계적 강도가 클 것

ⓒ 가스 충전이 쉬울 것 ⓓ 안전성이 있을 것

ⓔ 화학적으로 안정할 것 ⓕ 경제적일 것

(2) 충전 작업 시 주의사항

① 충전 중 압력은 2.5[MPa] 이하로 할 것

② 충전 후 24시간 동안 정치할 것

③ 충전 후 압력은 15[℃]에서 1.5[MPa] 이하로 할 것

④ 충전은 서서히 2~3회에 걸쳐 충전할 것

⑤ 충전 전 빈용기는 음향검사를 실시할 것

⑥ 아세틸렌이 접촉하는 부분에는 동 및 동함유량 62[%]를 초과하는 것을 사용하지 않는다.

⑦ 충전용 지관은 탄소함유량 0.1[%] 이하의 강을 사용할 것

4) 용도

① 가스용접, 금속의 절단에 사용한다.

② 카본 블랙은 전지용 전극에 사용한다.

③ 의약, 향료, 파인 케미컬의 합성에 사용한다.

10. 메탄(CH_4)

1) 특징

(1) 물리적 성질

① 파라핀계 탄화수소로 안정된 가스이다.
② 천연가스(NG)의 주성분이다.
③ 무색, 무취, 무미의 가연성 기체이다.
④ 유기물의 부패나 분해 시 발생한다.
⑤ 메탄 분자는 무극성이며, 수(水)분자와 결합하는 성질이 없어 용해도는 적다.

(2) 화학적 성질

① 공기 중에서 연소가 쉽고 화염은 담청색의 빛을 발한다.
② 염소와 반응하면 염소화합물이 생성된다.
③ 고온에서 산소, 수증기와 반응시키면 일산화탄소와 수소를 생성한다. (촉매 : 니켈)

메탄의 성질

분류	성질	분류	성질
분자량	16.04	비점	−161.5[℃]
임계온도	−82.1[℃]	융점	−182.4[℃]
임계압력	45.8[atm]	폭발 범위	5~15[%]

2) 제조법

천연가스, 석유분해 가스에 포함되어 있다.

3) 용도

① 연료용 가스로 사용한다.
② 합성원료 가스의 제조에 사용한다.
③ 불완전 연소나 열분해에 의해 카본 블랙을 제조한다.

참•고

가스 하이드레이트(gas hydrate)

가스는 기체 상태로 존재하지만 온도를 저온으로 내리고 압력을 고압으로 올리면 물은 얼음이 된다. 이때의 기체는 물 입자가 만든 고체의 격자 속에 가스가 조립된 결합체로 존재하는 것을 가스 하이드레이트(gas hydrate)라 하며 그 속에 조립된 결합체가 메탄일 경우 메탄 하이드레이트라 한다. 보통 천연가스는 땅속의 높은 온도로 인하여 기체상태로 존재하지만 알래스카나 시베리아와 같은 극지방과 수심 300~1000[m] 정도의 심해저에서 30기압 이상의 압력과 0[℃] 이하로 온도가 내려가면 천연가스가 얼음과 같은 고체상태로 변하게 되며 이것이 차세대 대체연료로 주목받고 있다. 울릉도와 독도 주변해역에 많은 양의 메탄 하이드레이트가 매장된 것으로 알려져 있다.

11. 시안화수소(HCN)

1) 특징

(1) 물리적 성질

① 독성가스(TLV-TWA 10[ppm])이며, 가연성가스(6~41[%])이다.
② 액체는 무색, 투명하고 감, 복숭아 냄새가 난다.
③ 액화가 용이하며(비점 : 25.7[℃]), 액화가스로 취급된다..

(2) 화학적 성질

① 소량의 수분 존재 시 중합폭발을 일으킬 우려가 있다.
② 알칼리성 물질(암모니아, 소다)을 함유하면 중합이 촉진된다.
③ 중합폭발을 방지하기 위해 안정제를 사용한다.(안정제 : 황산, 아황산가스, 동, 동망, 염화칼슘, 인산, 오산화인)
④ 물에 잘 용해하고, 약산성을 나타낸다.

시안화수소의 성질

분류	성질	분류	성질
분자량	27.03	비점	25.7[℃]
임계온도	183.5[℃]	폭발 범위	6~41[%]
임계압력	53.2[atm]	허용농도	TLV-TWA 10[ppm]
인화점	-18[℃]		LC50 140[ppm]

2) 제조법

(1) 앤드루소법

암모니아, 메탄에 공기를 가하고 10[%]의 로듐을 함유한 백금 촉매를 1000~1100[℃]로 통하면 시안화수소를 함유한 가스를 얻고 이것을 분리, 정제하여 제조한다.

(2) 포름아미드법

일산화탄소와 암모니아에서 포름아미드를 거쳐 시안화수소를 제조한다.

3) 용도 및 취급 시 주의 사항

(1) 용도

① 메탈크릴산 메틸(MMA)의 제조 : 살충제의 원료
② 염화시아놀의 제조 : 염료나 제초제의 원료
③ 아크릴로니트릴(CH_2CHCN)의 원료에 사용한다.
④ 황산, 시안화칼륨, 시안화나트륨, 시안화칼슘의 제조에 사용

(2) 인체에 대한 위해성

시안화수소는 흡입은 물론 피부에 접촉하여도 인체에 흡수되어 치명상을 입는다.
① 흡입 : 호흡기 자극, 눈물, 화상, 어지럼증, 심장 두근거림, 호흡곤란, 빈혈 등 발생
② 눈 : 순간적으로 흡수되어 눈을 자극한다.

(3) 충전 용기 취급 시 주의사항

① 충전 후 24시간 정치하고, 충전 후 60일이 경과되기 전에 다른 용기에 옮겨 충전할 것 (단, 순도가 98[%] 이상이고 착색되지 않은 것은 제외)
② 순도 98[%] 이상 유지하고, 1일 1회 이상 질산구리 벤젠지를 사용하여 누출검사를 실시한다.
③ 용기는 서늘하고 건조한 곳에 보관하고, 날씨 및 온도변화로부터 보호하여야 한다.

12. 포스겐($COCl_2$)

1) 특징

(1) 물리적 성질

① 일명 염화카르보닐이라 하며, 자극적인 냄새(푸른 풀 냄새)가 난다.
② 맹독성 가스(TLV-TWA 0.1[ppm])이다.
③ 액화가스는 무색의 액체이다.
④ 사염화탄소(CCl_4)에 잘 녹는다.

(2) 화학적 성질

① 활성탄을 촉매로 일산화탄소와 염소를 반응시켜 제조한다.
② 가열하면 일산화탄소와 염소로 분해한다.
③ 가수분해하여 이산화탄소와 염산이 생성된다.
④ 건조한 상태에서는 금속에 대하여 부식성이 없으나 수분이 존재하면 금속을 부식시키며 알칼리, 고무, 코팅제와 격렬히 반응한다.
⑤ 건조제로 진한 황산을 사용한다.

포스겐의 성질

분류	성질	분류	성질
분 자 량	98.92	비점	8.2l[℃]
임계온도	182[℃]	융점	-128[℃]
임계압력	56atm	허용 농도	TLV-TWA 0.1[ppm]
액비중	1.4		LC50 5[ppm]

2) 제조법

일산화탄소와 염소를 활성탄 촉매로 하여 제조한다.

3) 용도

① 염료 및 염료중간체의 제조, 접착제, 도료 등의 원료로 사용한다.
② 의약, 농약, 가스제를 제조하는 원료로 사용한다.

13. 산화에틸렌(C_2H_4O)

1) 특징

(1) 물리적 성질

① 무색의 가연성 가스이다(폭발 범위 : 3.0~80[%]).
② 독성가스이며, 자극성의 냄새가 있다.
③ 물, 알코올, 에테르에 용해된다.

(2) 화학적 성질

① 산, 알칼리, 산화철, 산화알루미늄 등에 의해 중합폭발 한다.
② 액체 산화에틸렌은 연소하기 쉬우나 폭약과 같은 폭발은 하지 않는다.
③ 산화에틸렌 증기는 전기 스파크, 화염, 아세틸드의 분해 등에 의해 폭발한다.
④ 산화폭발, 중합폭발, 분해 폭발의 위험성이 있다.

산화에틸렌의 성질

분류	성질	분류	성질
분자량	44.05	비점	10.44℃
임계 온도	195.8[℃]	폭발 범위	3.0~80[%]
임계 압력	70.95[atm]	허용 농도	TLV-TWA 50[ppm]
인화점	-18[℃]		LC50 2900[ppm]

2) 제조법

① 에틸렌크롤 히드린을 경유하는 방법
② 에틸렌을 직접 산화하는 공업적 제조법

3) 용도 및 충전 시 주의 사항

(1) 용도

① 글리콜류, 에탄올아민 등 각종 화학공업 합성원료로 사용한다.
② 합성수지, 표면활성제, 합성섬유 등에 사용한다.

(2) 충전 시 주의사항

① 저장탱크 내부의 분위기 가스를 질소, 탄산가스로 치환하고 5[℃] 이하로 유지할 것

② 저장탱크, 충전 용기에 충전 시 미리 내부가스를 질소, 탄산가스로 바꾼 후 산, 알칼리를 함유하지 않는 상태로 충전할 것

③ 저장탱크 및 충전 용기는 45[℃]에서 내부가스 압력이 0.4[MPa] 이상이 되도록 질소, 탄산가스를 충전할 것

14. 황하수소(H_2S)

1) 특징

(1) 물리적 성질

① 화산 분출시 발생하는 가스이며, 유황온천에서 물에 녹아 용출한다.

② 무색이며 계란 썩는 특유의 냄새가 난다.

③ 독성가스이며, 가연성 가스이며 액화가스로 취급된다.

(2) 화학적 성질

① 공기 중에서 파란 불꽃(청염[淸炎])을 내며 연소하며 불완전 연소 시에는 황을 유리시킨다.

㉮ 완전연소 반응식 : $2H_2S + 3O_2 \rightarrow 2H_2O + 2SO_2$

㉯ 불완전 연소 반응식 : $2H_2S + O_2 \rightarrow 2H_2O + 2S$

② 발화온도가 260[℃]로 낮고, 최소발화에너지가 낮아 연소하기 쉽다.

③ 건조한 상태에서는 부식성이 없으나 수분을 함유하면 금속을 심하게 부식시킨다.

④ 가열 시 격렬한 연소 또는 폭발을 일으키며, 알칼리 금속 및 일부 플라스틱과 반응한다.

황화수소의 성질

분류	성질	분류	성질
분자량	34	비점	-61.80℃
임계온도	100.4[℃]	폭발 범위	4.3~45[%]
임계압력	88.9[atm]	허용 농도	TLV-TWA 10[ppm]
자연발화온도	260[℃]		LC50 444[ppm]

2) 제조법

① 황화철에 묽은 황산이나 묽은 염산을 가해 제조한다.
② 합성가스 제조 시 정제공정 중의 탈황장치에서 회수한다.

3) 용도

① 금속 분석용이나 형광물질의 원료 등에 사용한다.
② 의약품이나 공업약품 제조 원료로 사용한다.

15. 기타 가스

1) 이황화탄소(CS_2)

① 가연성 가스(폭발범위 : 1.25~44[%]), 독성가스(TLV-TWA 20[ppm])이며 액화가스이다.
② 인화점(-30[℃])과 발화점(100[℃])이 낮아 전구표면이나 증기배관에 접촉하여도 발화할 수 있다.
③ 비전도성이므로 정전기에 의한 인화 폭발의 위험이 있다.
④ 비교적 불안정하여 상온에서 빛에 의해 서서히 분해된다.
⑤ 순수한 것은 금속재료를 부식시켜서 점차 분해하여 유황화합물이 생성되고 이것이 2차적으로 부식성이 발생하고 온도의 상승과 함께 부식성이 증가한다.

2) 이산화황(SO_2)

① 아황산가스라 불리며 강한 자극성(TLV-TWA 5[ppm], LC50 2520[ppm])의 무색의 기체이다.
② 불연성 가스로 2000[℃]로 가열해도 분해하지 않는 안정된 가스이다.
③ 물에 용해되며(20[℃]에서 36배) 산성을 나타낸다.
④ 황산(H_2SO_4)의 제조용에 사용되며 제당, 펄프공업에서 표백제로 사용된다.

3) 염화메틸(CH_3Cl)

① 상온, 고압에서 무색의 기체이며 에테르 냄새와 단맛이 있다.
② 냉동기 냉매로 사용되었으나 현재는 사용량이 감소하였다.
③ 건조된 염화메틸은 알칼리, 알칼리토금속, 마그네슘, 아연, 알루미늄 이외의 금속과는 반응하지 않는다.
④ 가연성 가스(폭발범위 8.1~17.4[%]), 독성가스(TLV-TWA 50[ppm]) 이다.

4) 브롬화메틸(CH_2Br)

① 무색의 에테르취가 있는 가연성 가스이다. (폭발범위 10~16[%])
② 독성가스(TLV-TWA 5[ppm], LC50 850[ppm])이며, 액화가스로 취급된다.
③ 알루미늄, 아연, 마그네슘, 알칼리금속 및 그 금속의 합금과 격렬히 반응한다.
④ 강산화제, 물과의 반응성은 낮은 상태이다.
⑤ 잘 연소하지 않지만 심하게 착화시키면 좁은 범위에서 화염이 전파된다.
⑥ 해충의 살충제(훈증제), 소화약제, 냉매 및 다양한 물질의 합성원료로 사용한다.

16. 공업용 가스의 정제

1) 이산화탄소의 제거

① 고압수 세정법 : 20~30[kgf/cm^2] 정도로 가압한 물로 세정하는 방법으로 이산화탄소의 회수율이 다른 방법에 비해 떨어지며 수소의 손실이 따른다.
② 암모니아수 흡수법 : 암모니아수를 사용하여 이산화탄소를 흡수하고 가열하여 회수하는 방법으로 CO_2 회수는 거의 완전하며 순도가 높은 특징을 갖는다.
③ 열턴산칼리법 : 20~30[kgf/cm^2] 성도로 가압하에서 열탄산칼리(110[℃])를 사용하여 CO_2를 회수하는 방법으로 흡수속도가 빠르고 순환액량이 적으며 열적으로도 유리하고 CO, S, H_2S도 동시에 제거할 수 있다.
④ 알킬아민법 : 에타놀아민 수용액에 의한 회수로 미량의 CO_2를 제거하는데 적합하며 일반적으로 열탄산칼리법 뒤쪽에 설치하여 사용한다.
⑤ 알카티드법 : 알카티드 용액이 50~60[℃]에서 CO_2를 흡입하고 가열에 의해 CO_2를 방출, 회수한다.

2) 일산화탄소의 제거

(1) 동액 세정법

300[kgf/cm^2], 15~25[℃]에서 동-암모니아 용액으로 세정하고 다시 암모니아수로 세정하면 CO는 15[ppm] 이하까지 제거되나 부식이 발생하고, 물의 오염이 발생하는 등의 문제가 있다.

(2) 메탄화법

니켈계 촉매를 사용하여 암모니아 합성 촉매에 무독한 메탄으로 변화시키는 방법으로 $CO + CO_2$의 농도를 10[ppm] 이하로 할 수 있다.

(3) 액체질소 세정법

원료가스 중에 H_2O, CO_2를 완전 제거하여 CO 및 메탄을 함유한 가스를 -180[℃]까지 냉각시키고 메탄을 액화시켜 제거하고 다시 -200[℃] 정도까지 냉각시켜 액체질소로 세정함으로써 CO를 약 3[ppm] 정도까지 제거한다.

3) 유황화합물의 제거

(1) 수소화 탈황법

Co-Mo-Al_2O_3계의 촉매를 사용하여 유황화합물을 수소화하여 황화수소로 바꾸어 제거한다.

(2) 건식 탈황법

활성탄, 몰리쿨러시브, 실리카겔 등을 사용하여 흡착에 의해 유황화합물을 제거하는 방법이다.

(3) 습식 탈황법

① 탄산소다 흡수법 : 탄산소다(Na_2CO_3) 수용액을 사용하여 H_2S를 흡수 제거한다.
② 시볼트법 : 재생공정에서 산화철을 사용하는 방법보다 효과적이다.
③ 카아볼트법 : 에타놀아민 수용액에 H_2S를 흡수하고 가열하여 방출하는 방법이다.
④ 타이록스법 : 황비산 나트륨용액을 사용하여 H_2S를 흡수하고 공기로 산화함으로써 재생한다.
⑤ 알카티드법 : 알카티드 수용액에의 H_2S를 흡수하고 가열하여 방출한다.
⑥ 기타 : 어뎁프법, 살피놀법, DGA법 등

01 **수소가스의 특징이 아닌 것은?**

① 가연성 기체이다.
② 열에 대하여 불안정하다.
③ 확산속도가 빠르다.
④ 폭발범위가 넓다.

해설 열에 대하여 안정적이고, 열전도율이 크다.

02 **수소의 특성을 설명한 것이다. 틀린 것은?**

① 상온에서 무색, 무취, 무미이다.
② 고온일 때 금속재료도 쉽게 투과한다.
③ 공기 중 폭발범위는 4.0~95[%]이다.
④ 가연성이며, 독성이 없다.

해설 **수소의 폭발범위**
㉮ 공기 중 : 4~75[%]
㉯ 산소 중 : 4~94[%]

03 **수소의 일반적인 성질에 대한 설명 중 옳은 것은?**

① 열전도도가 대단히 크다.
② 확산속도가 작고 공기 중에 확산 혼합되기 쉽다.
③ 폭발한계 내인 경우 단독으로 분해 폭발한다.
④ 폭굉속도는 400~500[m/s]에 달한다.

해설 **수소의 성질**
㉮ 지구상에 존재하는 원소 중 가장 가볍다.
㉯ 무색, 무취, 무미의 가연성이다.
㉰ 확산속도가 대단히 크다.
㉱ 고온에서 강재, 금속재료를 쉽게 투과한다.
㉲ 폭굉속도가 1400~3500[m/s]에 달한다.
㉳ 폭발범위가 넓다.

04 **수소폭명기는 수소와 산소의 혼합비가 얼마일 때를 말하는가?**

① 1 : 2 ② 2 : 1
③ 1 : 3 ④ 3 : 1

해설 **수소 폭명기** : 수소와 산소의 비가 2 : 1로 반응하여 물을 생성한다.
※ 반응식 : $2H_2 + O_2 \rightarrow 2H_2O + 136.6$[kcal]

05 **수소취성에 대한 설명 중 옳은 것은?**

① 니켈강은 수소취성을 일으키지 않는다.
② 수소는 환원성의 가스로 상온에서는 부식을 일으킨다.
③ 수소는 고온, 고압에서는 구리와 화합한다. 이것은 수소취성의 원인이다.
④ 수소는 고온, 고압에서 강철 중의 탄소와 화합하는데 이것이 수소취성의 원인이다.

해설 ㉮ **수소취성** : 고온, 고압 하에서 강재 중의 탄소와 반응하여 생성된 메탄(CH_4)이 결정입계에 축적하여 높은 응력이 발생하고 연신율, 충격치가 감소된다.
㉯ **수소취성 방지 원소** : W, V, Mo, Ti, Cr

Answer 1. ② 2. ③ 3. ① 4. ② 5. ④

06 **다음은 수소의 특징을 나타낸 것이다. 설명이 잘못된 것은?**

① 질소와 반응하여 암모니아를 만든다.
② 저온, 고압에서 탄소강과 반응하여 수소취성을 일으킨다.
③ 암모니아의 합성원료이며, 메탄올의 제조 원료이다.
④ 연료전지의 연료나 로켓의 연료로서 쓰인다.

해설 수소취성은 고온, 고압일 때 발생한다.

07 **수소는 고온, 고압 하에서 강재 중의 탄소와 반응하여 수소취화를 일으키는데 이것을 방지하기 위하여 첨가시키는 금속원소로서 부적당한 것은?**

① 몰리브덴 ② 구리
③ 텅스텐 ④ 바나듐

해설 **수소취화(취성) 방지원소** : W, V, Mo, Ti, Cr

08 **수소를 취급하는 고온, 고압 장치용 재료로서 사용할 수 있는 것은 어느 것인가?**

① 탄소강, 18-8 스테인리스강
② 탄소강, 니켈강
③ 탄소강, 망간강
④ 18-8 스테인리스강, 크롬-바나듐강

해설 탄소강은 고온, 고압에서 수소취성의 발생우려가 있으므로 사용이 부적합하다.

09 **물의 전기분해로 수소를 얻고자 할 때에 대한 설명으로 옳은 것은?**

① 황산을 전해액으로 사용하면 수소는 (+)극, 산소는 (−)극에서 발생한다.
② 수산화나트륨을 전해액으로 사용하면 수소는 (−)극, 산소는 (+)극에서 발생한다.
③ 물에 염화나트륨 용액을 넣고 교류전류를 통하면 수소만 발생한다.
④ 전해조를 이용하여 수소와 산소의 혼합가스로 발생한 것을 분리시킨다.

해설 **물의 전기분해 특징**
㉮ 전해액은 20[%] 정도의 수산화나트륨(NaOH) 수용액을 사용한다.
㉯ 음극(−)에서 수소가, 양극(+)에서 산소가 2 : 1의 체적비율로 발생한다.
※ 반응식 : $2H_2O \rightleftarrows 2H_2 + O_2$
㉰ 순도가 높으나 경제성이 적다.
㉱ 일반적으로 (−)극과 (+)극간을 격막(석면포)으로 막고 양극에서 발생하는 산소와 수소의 혼합을 막는다.

10 **수소(H_2)가스의 공업적 제조법이 아닌 것은?**

① 물의 전기분해 ② 공기액화 분리법
③ 수성가스법 ④ 석유의 분해법

해설 ㉮ **수소의 공업적 제조법** : 물의 전기분해법, 수성가스법, 천연가스 분해법, 석유 분해법, 일산화탄소 전화법
㉯ **공기액화 분리법** : 산소, 아르곤, 질소 제조법

11 **수소 제조의 석유분해법에서 수증기 개질법의 원료로 가장 적당한 것은?**

① 원유 ② 중유
③ 경유 ④ 나프타

해설 석유분해법 중 수증기 개질법은 메탄에서 나프타까지 원료로 사용할 수 있다.

Answer 6. ② 7. ② 8. ④ 9. ② 10. ② 11. ④

12 코크스와 수증기를 원료로 하여 얻을 수 있는 가스는?

① $CO_2 + H_2$　② $CH_4 + O_2$
③ $CH_4 + CO$　④ $H_2 + CO$

해설 **수성가스법** : 적열된 코크스에 수증기(H_2O)를 작용시켜 수소 및 일산화탄소를 제조하는 방법이다.
㉮ 반응식 : $C + H_2O \rightarrow H_2 + CO$
㉯ $H_2 + CO$로 이루어진 가스를 수성가스라 한다.

13 다음 설명 중 수소의 용도가 아닌 것은

① 암모니아 합성
② 환원성을 이용한 금속의 제련
③ 인조보석, 유리제조용 가스
④ 네온사인의 봉입용 가스

해설 수소의 용도
㉮ 암모니아, 염산, 메탄올 등의 합성원료
㉯ 환원성을 이용한 금속제련에 사용
㉰ 백금, 석영 등의 세공에 사용
㉱ 기구나 풍선의 부양용 가스에 사용
㉲ 경화유 제조에 사용
※ 네온사인의 봉입용 가스는 희가스에 해당

14 산소의 성질에 대한 설명 중 틀린 것은?

① 상온에서 무색, 무취의 기체이며 물에 약간 녹는다.
② 액체산소는 비중이 1.13의 푸른 액체로서 진공 중에서 증발시키면 온도가 강하하여 일부는 고체로 된다.
③ 산소 중이나 공기 중에서 무성방전을 하면 오존이 된다.
④ 화학적으로 활발한 원소로 할로겐원소, 백금 등과 화합하여 산화물을 만든다.

해설 산소는 화학적으로 활발한 원소로 모든 원소와 반응하여 산화물을 만들지만 할로겐원소, 금, 백금 등과는 화합하지 않는다.

15 산소의 성질에 대한 설명으로 틀린 것은?

① 자신은 연소하지 않고 연소를 돕는 가스이다.
② 물에 잘 녹으며 백금과 화합하여 산화물을 만든다.
③ 화학적으로 활성이 강하여 다른 원소와 반응하여 산화물을 만든다.
④ 무색, 무취의 기체이다.

해설 물에 약간 녹으며 화학적으로 활성이 강한 원소로 할로겐원소, 금, 백금 등을 제외한 원소와 직접 화합하여 산화물을 만든다.

16 산소의 일반적인 특징으로서 잘못 설명된 것은?

① 강력한 조연성 가스이며, 그 자체는 연소하지 않는다.
② 용기 도색은 일반 공업용은 백색, 의료용은 녹색이다.
③ 산소 압축기의 윤활유는 물 또는 10[%] 이하의 글리세린수를 사용한다.
④ 공업적 제법으로 물을 전기분해하는 방법이 있다.

해설 산소 충전용기 도색은 공업용이 녹색, 의료용이 백색이다.

17 산소에 대한 설명으로 옳은 것은?

① 가연성가스이다.
② 자성(磁性)을 가지고 있다.
③ 수소와는 반응하지 않는다.
④ 폭발범위가 비교적 큰 가스이다.

Answer 12. ④ 13. ④ 14. ④ 15. ② 16. ② 17. ②

해설 산소(O_2)는 기체, 액체, 고체의 경우 자장의 방향으로 자화하는 상자성을 가지고 있다.

18 **가연성가스 중 산소의 농도가 증가할수록 발화온도와 폭발한계는 각각 어떻게 변하는가?**

① 발화온도 : 높아진다.
폭발한계 : 넓어진다.
② 발화온도 : 높아진다.
폭발한계 : 좁아진다.
③ 발화온도 : 낮아진다.
폭발한계 : 넓어진다.
④ 발화온도 : 낮아진다.
폭발한계 : 좁아진다.

해설 가연성가스 중에 산소 농도가 증가하면(산소량이 많은 경우) 연소는 잘 되므로 연소속도는 빠르게 되고, 발화온도는 낮아지며 폭발한계(폭발범위)는 넓어진다.

19 **다음은 산소의 성질을 나타낸 것이다. 틀린 것은?**

① 비점은 약 −182.97[℃]이다.
② 임계압력은 50.1[atm]이다.
③ 임계온도는 −118.4[℃]이다.
④ 표준상태에서의 밀도는 0.715[g/L]이다.

해설 **산소의 성질**
㉮ 대기압 상태의 비점 : −182.97[℃]
(일반적으로 −183[℃]로 통용 됨)
㉯ 임계압력 : 50.1[atm]
㉰ 임계온도 : −118.4[℃]
㉱ 분자량 : 32
(밀도 : 1.43[g/L], 비체적 : 0.7[L/g])

※ 밀도 계산 : $\rho = \frac{\text{분자량}}{22.4} = \frac{32}{22.4} = 1.43[\text{g/L}]$

※ 비체적 계산 : $v = \frac{22.4}{\text{분자량}} = \frac{1}{\rho}$

20 **산소의 공업적 제조법에 해당하는 것은?**

① 공기를 액화 분리하여 얻는다.
② 석유의 부분 산화법으로 얻는다.
③ 과산화수소와 이산화망간을 반응시켜 얻는다.
④ 염소산칼륨과 이산화망간을 혼합하여 열분해시켜 얻는다.

해설 ㉮ ③, ④항 : 산소의 실험적 제조법
㉯ ②항 : 수소의 공업적 제조법

21 **공기를 압축하여 냉각시키면 액체공기로 되는 설명 중 옳은 것은?**

① 산소가 먼저 액화한다.
② 질소가 먼저 액화한다.
③ 산소와 질소가 동시에 액화된다.
④ 산소와 질소의 액화온도 차이가 매우 크다.

해설 비점 차이에 의하여 액화순서가 정해지므로 산소(−183[℃])→아르곤(−186[℃])→질소(−196[℃]) 순으로 액화가 된다. (암기법 : 액산기질→액화는 산소가 먼저, 기화는 질소가 먼저 이루어진다.)

22 **공기액화 분리기에서 이산화탄소 7.2[kg]을 제거하기 위해 필요한 건조제의 양은 약 몇 [kg]인가?**

① 6[kg] ② 9[kg]
③ 13[kg] ④ 15[kg]

해설 **가성소다를 이용한 제거 반응식**
$2NaOH + CO_2 \rightarrow Na_2CO_3 + H_2O$

Answer 18. ③ 19. ④ 20. ① 21. ① 22. ③

$2 \times 40[kg] : 44[kg] = x[kg] : 7.2[kg]$

$\therefore x = \frac{2 \times 40 \times 7.2}{44} = 13.09[kg]$

※ CO_2 1[g] 제거에 가성소다(NaOH) 1.82[g]이 소요된다.

$\therefore 1.82[kg] \times 7.2[kg] = 13.104[kg]$

23 공기액화 분리장치에서 건조제로 주로 쓰이는 물질이 아닌 것은?

① 가성소다 ② 실리카겔
③ 활성알루미나 ④ 사염화탄소

해설 공기액화 분리장치 건조기 및 건조제 종류
㉮ **소다 건조기** : 가성소다를 사용하며 수분과 이산화탄소를 제거할 수 있다.
㉯ **겔 건조기** : 실리카겔, 활성알루미나, 소바이드 등을 사용하며 수분은 제거하지만 이산화탄소는 제거하지 못한다.
※ **사염화탄소**(CCl_4) : 공기액화 분리장치 내부 세척제로 사용

24 액화산소 취급 시 아세틸렌 혼입은 위험하므로 검출하게 되는데 이때 사용하는 시약은?

① 이로스베이 시약 ② 질산은 시약
③ 페놀프탈레인 시약 ④ 동 암모니아 시약

해설 액화산소 중 아세틸렌 및 탄소 검출시약
㉮ 아세틸렌 : 이로스베이 시약
㉯ 탄소 : 수산화바륨[$Ba(OH)_2$]

25 공기액화 분리장치의 폭발 원인과 대책으로 틀린 것은?

① 공기 취입구에서 아세틸렌이 혼입된다.
② 압축기용 윤활유의 분해에 따라 탄화수소가 생성된다.
③ 흡입구 부근에서는 아세틸렌 용접을 금지한다.
④ 분리장치는 년 1회 정도 내부를 세척하고 세정액으로는 양질의 광유를 사용한다.

해설 공기액화 분리장치의 폭발 원인 및 대책
1) 폭발 원인
㉮ 공기 취입구로부터 아세틸렌 혼입
㉯ 압축기용 윤활유 분해에 따른 탄화수소의 생성
㉰ 공기 중 질소화합물(NO, NO_2)의 혼입
㉱ 액체 공기 중에 오존(O_3)의 혼입
2) 폭발방지 대책
㉮ 아세틸렌이 흡입되지 않는 장소에 공기 흡입구를 설치한다.
㉯ 양질의 압축기 윤활유를 사용한다.
㉰ 장치 내 여과기를 설치한다.
㉱ 장치는 1년에 1회 정도 내부를 사염화탄소를 사용하여 세척한다.

26 다음 중 산소 가스의 용도가 아닌 것은?

① 가스용접 및 가스 절단용
② 유리 제조 및 수성가스 제조용
③ 아세틸렌가스 청정제
④ 로켓분사장치 추진용

해설 아세틸렌 발생기에서 발생된 아세틸렌 중 불순물을 제거하는 기기가 아세틸렌 청정기이고 여기에 사용되는 청정제로는 에퓨렌, 카다리솔, 리가솔 등이다.

27 산소의 취급 시 유의할 사항이 아닌 것은?

① 고압의 산소와 유지류 접촉은 위험하다.
② 과잉산소는 인체에 해롭다.
③ 내산화성 재료로 납(Pb)이 사용된다.
④ 산소의 화학반응에서 과산화물은 위험성이 있다.

Answer 23. ④ 24. ① 25. ④ 26. ③ 27. ③

해설 내산화성(耐酸化性) 재료로 크롬(Cr)을 사용한다.

28 다음 가스 중 60[%] 이상의 고순도를 12시간 이상 흡입하게 되면 폐에 출혈을 일으켜 어린이나 작은 동물에게 실명, 사망을 일으키는 가스는?

① Ar ② N_2
③ CO_2 ④ O_2

29 질소에 관한 설명 중 틀린 것은?

① 고온에서 산소와 반응하여 산화질소가 된다.
② 고온, 고압 하에서 수소와 반응하여 암모니아를 생성한다.
③ 안정된 가스이므로 Mg, Ca, Li 등의 금속과는 반응하지 않는다.
④ 고온에서 탄화칼슘과 반응하여 칼슘 시아나미드가 된다.

해설 마그네슘(Mg), 칼슘(Ca), 리듐(Li) 등과 화합하여 질화마그네슘(Mg_3N_2), 질화칼슘(Ca_3N_2), 질화리듐(Li_3N_2) 등을 만든다.

30 질소의 용도로서 가장 거리가 먼 것은?

① 암모니아 합성원료
② 냉매
③ 개미산 제조
④ 치환용 가스

해설 질소의 용도
㉮ 암모니아 합성용 가스로 사용
㉯ 치환(purge)용 가스로 사용
㉰ 액체 질소의 경우 급속 냉동에 사용
㉱ 액화천연가스(LNG) 제조장치의 냉매가스로 사용(일반적인 냉동기에는 냉매로 사용하기가 부적합하다.)

31 주기율표 0족에 속하는 불활성가스의 성질이 아닌 것은?

① 상온에서 기체이며, 단원자 분자이다.
② 다른 원소와 잘 화합한다.
③ 상온에서 무색, 무미, 무취의 기체이다.
④ 방전관에 넣어 방전시키면 특유의 색을 낸다.

해설 주기율표 0족에 속하는 불활성기체는 다른 원소와 반응하지 않는다.

32 희가스(0족 원소)의 성질 중 맞지 않는 항목은?

① 상온에서 무색, 무미, 무취이다.
② 원자가는 8이고, 불안정한 물질이다.
③ 방전관 중에서 특이한 스펙트럼을 발한다.
④ 단원자 분자이므로 분자량과 원자량이 같다.

해설 희가스는 주기율표 0족에 속하는 것으로 화학적으로 불활성이고, 안정된 물질이다.

33 낮은 압력에서 방전시킬 때 붉은색을 방출하는 비활성 기체는?

① He ② Kr
③ Ar ④ Xe

해설 희가스류의 발광색

헬륨 (He)	네온 (Ne)	아르곤 (Ar)	크립톤 (Kr)	크세논 (Xe)	라돈 (Rn)
황백색	주황색	적색	녹자색	청자색	청록색

Answer 28. ④ 29. ③ 30. ③ 31. ② 32. ② 33. ③

34 주기율표 0족에 속하는 희가스에 대한 설명 중 잘못된 것은?

① 비등점이 낮다.
② Rn은 용접 시 공기와의 접촉을 막는 보호용 가스로 사용한다.
③ He은 캐리어가스 및 부양용 가스로 사용한다.
④ Ar의 방전색은 적색, 크립톤의 방전색은 녹자색이다.

해설 ②항은 아르곤(Ar)의 용도 설명에 해당된다.

35 다음 중 일산화탄소에 대한 설명 중 틀린 것은?

① 무색, 무취의 기체로 독성이 강하다.
② 환원성이 강해 금속산화물을 환원시킨다.
③ 철족의 금속과 반응하여 금속 카르보닐을 만든다.
④ 상온에서 염소와 반응하여 포스핀을 만든다.

해설 상온에서 활성탄 촉매하에 염소와 반응하여 포스겐($COCl_2$)을 만든다.
※ 포스핀(PH_3) : 인화수소

36 고온, 고압 하에서 일산화탄소를 사용하는 장치에 철재를 사용할 수 없는 주요 원인은?

① 철 카르보닐을 만들기 때문에
② 탈탄산 작용을 하기 때문에
③ 중합부식을 일으키기 때문에
④ 가수분해하여 폭발하기 때문에

해설 **일산화탄소(CO)의 성질** : 고온, 고압 하에서 철족의 금속(Fe, Ni, Co)과 반응하여 금속 카르보닐을 생성한다.

㉮ $Fe + 5CO \rightarrow Fe(CO)_5$ [철-카르보닐]
㉯ $Ni + 4CO \rightarrow Ni(CO)_4$ [니켈-카르보닐]

37 일산화탄소를 충전하는 용기로서 적합하지 않는 것은 어느 것인가?

① 강재 내면에 Ag을 라이닝 한 것
② 강재 내면에 Ni을 라이닝 한 것
③ 강재 내면에 Cu을 라이닝 한 것
④ 강재 내면에 Al을 라이닝 한 것

해설 일산화탄소는 철족의 금속(Fe, Ni, Co)과 반응하여 금속 카르보닐을 생성하므로 강재 내면을 은(Ag), 구리(Cu), 알루미늄(Al)으로 라이닝 하여 사용한다.

38 일산화탄소에 대한 설명 중 틀린 것은?

① 비금속의 산성 산화물이기 때문에 염기와 작용하여 염기물을 생성한다.
② 공기보다 약간 가벼우므로 수상치환으로 포집한다.
③ 개미산에 진한 황산을 작용시켜 만든다.
④ 혈액속의 헤모글로빈과 반응하여 그 활동력을 저하시킨다.

해설 일산화탄소는 중성의 성질을 갖고 환원성이 강한 가스이다.

39 일산화탄소와 공기의 혼합가스는 압력이 높아지면 폭발범위는 어떻게 되는가?

① 넓어진다.
② 좁아진다.
③ 변화 없다.
④ 0.5[MPa]까지는 좁아지다가, 0.5[MPa] 이상에서는 넓어진다.

Answer 34. ② 35. ④ 36. ① 37. ② 38. ① 39. ②

해설 대부분의 가연성가스는 압력이 높아지면 폭발범위가 넓어지나 수소와 일산화탄소는 압력이 높아지면 폭발범위는 좁아진다. 단, 수소는 압력이 10기압(1[MPa]) 이상이 되면 다시 넓어진다.

40 일산화탄소(CO)가 인체에 영향을 미쳤을 때 바로 자각 증상이 있고 1~3분간에 의식불명이 되어 사망의 위험이 있는 농도는 몇 [ppm]인가?

① 128 ② 1280
③ 12800 ④ 128000

해설 일산화탄소 농도와 인체에 대한 작용

흡기 중 CO[%]	ppm	증 상
0.005	50	허용농도로 특이한 증상 없음
0.01	100	장시간 흡입하여도 중독 증상 없음
0.02	200	두통 및 2~3시간 이내에 가벼운 통증 발생
0.04	400	1~2시간 후 가벼운 두통과 구토 발생
0.08	800	45분 이내에 두통 및 구토, 2시간 이내에 쇠약자 의식불명
0.16	1600	20분 이내에 두통, 구토, 2시간에서 쇠약자 의식불명 사망
0.32	3200	5~10분 이내에 두통, 10~15분 이내에 의식불명, 사망
0.64	6400	1~2분간에 두통, 10~15분 이내에 의식불명이 되어 사망
1.28	12800	바로 자각증상이 있고, 1~3분간에 의식불명이 되어 사망

41 일산화탄소의 제법이다. 올바른 것은?

① 수소가스 제조시의 부산물로 제조된다.
② 석유 또는 석탄을 가스화하여 얻을 수 있는 수성가스에서 회수한다.
③ 알코올 발효시의 부산물이다.
④ 석회석의 연소에 의해 생성된다.

해설 일산화탄소 제조법
㉮ **실험적 제조법** : 의산에 진한 황산을 가하여 얻는다.
㉯ **공업적 제조법** : ②번 항목 외 목탄, 코크스를 불완전 연소시켜 얻는다.

42 일산화탄소 가스의 용도로 알맞은 것은?

① 메탄올 합성 ② 용접 절단용
③ 암모니아 합성 ④ 섬유의 표백작용

해설 일산화탄소(CO)의 용도
㉮ 메탄올(CH_3OH) 합성에 사용
㉯ 포스겐($COCl_2$)의 제조 원료에 사용
㉰ 개미산(의산)이나 화학공업용 원료에 사용
㉱ 공업적 연료, 환원제에 사용

43 [보기]와 같은 성질을 갖는 물질은?

> [보기]
> ㉠ 대기 중에 약 0.03[%] 존재한다.
> ㉡ 물에 거의 같은 부피로 녹으며 탄산을 만들어 약산성이 된다.
> ㉢ 무색, 무미, 무취의 기체로 공기보다 무겁고 불연성이다.

① CO ② CO_2
③ NH_3 ④ HCN

해설 이산화탄소(CO_2)는 액화가스로 취급되며 고체탄산(드라이아이스) 제조에 사용한다.

44 드라이아이스에 대한 사항 중 틀린 것은?

① 고체 CO_2이다.
② 대기 중에서 승화한다.
③ 물품 냉각에 주로 쓰인다.
④ 대기 중의 승화 온도는 -48.5[℃]이다.

Answer 40. ③ 41. ② 42. ① 43. ② 44. ④

해설 드라이아이스의 승화온도 : −78.5[℃]

45 다음 중 이산화탄소(CO_2)의 용도가 아닌 것은?

① 탄산수, 사이다 등의 청량제에 사용
② 드라이아이스의 제조에 사용
③ 요소의 원료에 사용
④ 냉동장치의 냉매에 사용

해설 냉동장치 냉매로는 부적합하나, 물품 냉각용에 사용할 수 있다.

46 다음 염소의 특성에 대한 설명 중 올바르게 기술한 것은?

① 푸른색의 자극성이 심한 기체이다.
② 대기압에서 −24[℃] 이하로 냉각하면 쉽게 액화되는 공기보다 무거운 기체이다.
③ 화학적으로 활성이 강하나 탄소, 질소, 산소와는 화합하지 않는다.
④ 수분이 존재할 경우에는 염화암모늄을 생성하여 철을 부식시킨다.

해설 염소(Cl_2)의 특징
㉮ 황록색의 기체로 자극성이 강한 독성가스이다.
㉯ 대기압에서의 비점이 −34.05[℃]로 쉽게 액화할 수 있다.
㉰ 수분 존재 시 염산(HCl)을 생성하여 철을 심하게 부식시킨다.

47 염소의 성질 중 적합한 것은?

① 염소는 암모니아로 검출 할 수 있다.
② 염소는 물의 존재 없이 표백작용을 한다.
③ 완전히 건조된 염소는 철과 잘 반응한다.
④ 염소 폭명기는 냉암소에서도 폭발하여 염화수소가 된다.

해설 염소(Cl_2)의 성질
㉮ 암모니아와 반응하여 염화암모늄(NH_4Cl)이 생성되면서 흰연기가 발생한다.
$8NH_3 + 3Cl_2 \rightarrow 6NH_4Cl + N_2$
㉯ 염소는 물의 존재 하에서 표백작용을 한다.
㉰ 습기나 물에 접촉하면 염산(HCl)을 생성하여 강재를 부식시킨다.
㉱ 완전히 건조된 염소는 상온에서 철과 반응하지 않으므로 용기나 저장탱크의 재료는 탄소강을 사용한다.
㉲ 염소 폭명기 : 직사광선(햇빛)이 촉매 역할
$H_2 + Cl_2 \rightarrow 2HCl + 44$[kcal]

48 염소는 몇 [℃] 이상인 고온에서 철과 직접 반응하는가?

① 30[℃] ② 80[℃]
③ 100[℃] ④ 120[℃]

해설 염소는 120[℃] 이상이 되면 철과 직접 반응하여 부식이 진행된다.

49 액상의 염소가 피부가 닿았을 경우의 조치로써 옳은 것은?

① 암모니아로 씻어낸다.
② 이산화탄소로 씻어낸다.
③ 소금물로 씻어낸다.
④ 맑은 물로 씻어낸다.

해설 액상의 염소에 노출 시 응급조치
㉮ 피부 : 맑은 물로 씻어낸다.
㉯ 눈 : 3[%] 붕산수로 씻어낸다.

Answer 45. ④ 46. ③ 47. ① 48. ④ 49. ④

50 **염소의 성질과 고압장치에 대한 부식성에 관한 설명으로 틀리는 것은?**

① 고온에서 염소 가스는 철과 직접 심하게 작용한다.
② 염소는 압축가스 상태일 때 건조한 경우에는 심한 부식성을 나타낸다.
③ 염소는 습기를 띄면 강재에 대하여 심한 부식성을 가지고 용기, 밸브 등이 침해된다.
④ 염소는 물과 작용하여 염산을 발생시키기 때문에 장치 재료로는 내산도기, 유리, 염화비닐이 가장 우수하다.

해설 염소는 건조한 상태일 때는 부식성이 없으나, 수분이 존재하면 염산(HCl)이 생성되어 강에 대하여 심한 부식성을 나타낸다.

51 **염소가스의 건조제로 사용되는 것은?**

① 진한 황산 ② 염화칼슘
③ 활성 알루미나 ④ 진한 염산

해설 진한 황산 : 염소, 포스겐의 건조제

52 **염소 충전용기의 안전장치로 가용전을 사용할 때 용융온도는?**

① 10~15[℃] ② 30~35[℃]
③ 40~45[℃] ④ 65~68[℃]

해설 염소 충전용기의 안전장치(안전밸브)인 가용전의 용융온도는 65~68[℃]이다.

53 **염소의 제법에 대한 설명으로 옳지 않은 것은?**

① 염산을 전기분해한다.
② 표백분에 진한 염산을 가한다.
③ 소금물을 전기분해 한다.
④ 염화암모늄 용액에 소석회를 가한다.

해설 **염소의 제조법**

(1) 실험적 제조법
㉮ 소금물의 전기분해
㉯ 소금물에 진한 황산과 이산화망간을 가해 가열
㉰ 표백분에 진한 염산을 가해 제조
㉱ 염산에 이산화망간, 과망간산칼륨 등 산화제를 작용시켜 제조

(2) 공업적 제조법
㉮ 수은법에 의한 식염(NaCl)의 전기분해
㉯ 격막법에 의한 식염의 전기분해
㉰ 염산의 전기분해

54 **염소 가스는 수은법에 의한 식염의 전기분해로 얻을 수 있다. 이때 염소 가스는 어느 곳에서 주로 발생하는가?**

① 수은 ② 소금물
③ 나트륨 ④ 인조흑연(탄소판)

해설 **수은법에 의한 식염의 전기분해** : 음극(−)을 수은으로 하여 생성된 나트륨을 아밀감으로 하여 수은에 용해시키고, 다른 용기에 옮겨 물로 분해하여 가성소다(NaOH)와 수소를 생성하며, 인조흑연으로 만든 양극(+)에서 염소가 발생한다.
※ 반응식 : $2NaCl + (Hg) \rightarrow Cl_2 + 2Na(Hg)$

55 **염소의 용도에 해당하지 않는 것은?**

① 수돗물의 살균 ② 염화비닐의 원료
③ 섬유의 표백 ④ 수소의 제조원료

해설 **염소(Cl_2)의 용도**
㉮ 염화수소(HCl), 염화비닐(C_2H_3Cl), 포스겐($COCl_2$)의 제조에 사용한다.
㉯ 종이, 펄프공업, 알루미늄 공업 등에 사용한다.
㉰ 수돗물의 살균에 사용한다.
㉱ 섬유의 표백에 사용한다.
㉲ 소독용으로 쓰인다.

Answer 50. ② 51. ① 52. ④ 53. ④ 54. ④ 55. ④

56 다음 기체 중 금속과 결합하여 착이온을 만드는 것은?

① CH_4 ② CO_2
③ NH_3 ④ O_2

해설 암모니아(NH_3)는 구리, 아연, 은, 코발트 등의 금속이온과 반응하여 착이온을 만든다.

57 암모니아에 대한 설명 중 적합하지 않은 것은?

① 상온, 상압에서 강한 자극성이 있는 공기보다 가벼운 기체이다.
② 가연성가스이며 독성가스로 액화하기 어려운 기체이다.
③ 산이나 할로겐 원소와는 잘 반응하며 물에 잘 용해하는 가스이다.
④ 허용농도 25[ppm]으로 중화제는 물을 사용한다.

해설 비점이 -33.3[℃]로 액화 및 기화가 쉽고, 증발잠열이 커 냉동기 냉매로 사용된다.

58 다음 중 암모니아의 특성과 관계가 먼 것은?

① 물에 800배 용해된다.
② 액화가 용이하다.
③ 상온에서 안정하나 100[℃] 이상이 되면 분해한다.
④ 할로겐과 반응하여 질소를 유리시킨다.

해설 상온에서 안정하나 1000[℃]에서 분해하여 질소와 수소가 된다.

59 암모니아의 완전연소 반응식을 옳게 나타낸 것은?

① $2NH_3 + 2O_2 \rightarrow N_2O + 3H_2O$
② $4NH_3 + 3O_2 \rightarrow 2N_2 + 6H_2O$
③ $NH_3 + 2O_2 \rightarrow HNO_3 + H_2O$
④ $4NH_3 + 5O_2 \rightarrow 4NO + 6H_2O$

해설 암모니아는 산소 중에서 황색염(炎)을 내며 연소하고 질소와 물을 생성한다.
※ 연소반응식 : $4NH_3 + 3O_2 \rightarrow 2N_2 + 6H_2O$

60 암모니아의 건조제로 사용되는 것은?

① 진한 황산 ② 할로겐 화합물
③ 소다석회 ④ 황산동 수용액

해설 암모니아 건조제 : 생석회(소다석회)

61 수소 0.6몰과 질소 0.2몰이 반응하면 몇 몰의 암모니아가 생성하는가?

① 0.2몰 ② 0.3몰
③ 0.4몰 ④ 0.6몰

해설 암모니아 생성 반응식
$N_2 + 3H_2 \rightarrow 2NH_3 + 23[kcal]$
1몰 : 3몰 : 2몰의 비율이므로
0.2몰 : 0.6몰 : 0.4몰이 생성된다.

62 암모니아의 공업적 제법 중 하버-보시법에 해당하는 것은?

① 석탄 고온건류에서 얻어진 암모니아
② 석회질소를 과열 수증기로 분해시켜 얻어진 암모니아
③ 수소와 질소를 직접 반응시켜 얻어진 암모니아
④ 염화암모니아 용액에 소석회액을 넣어서 얻어진 암모니아

Answer 56. ③ 57. ② 58. ③ 59. ② 60. ③ 61. ③ 62. ③

해설 하버-보시법(Harber-Bosch process) : 수소와 질소를 체적비 3 : 1로 반응시켜 암모니아를 제조하는 공업적 제조법이다.
※ 반응식 : $3H_2 + N_2 \rightarrow 2NH_3 + 23$[kcal]

63 암모니아 제조법 중 Harber-Bosch법은 수소와 질소를 혼합하여 몇 도의 온도와 몇 기압의 압력으로 합성시키며 촉매는 무엇을 사용하는가?

① 400~500[℃], 300[atm], Fe, Al_2O_3
② 150~300[℃], 10[atm], 백금
③ 1000[℃], 800[atm], NaCl
④ 150~200[℃], 450[atm], 알루미늄과 은

해설 하버-보시법(Harber-Bosch process)
㉮ 반응식 : $3H_2 + N_2 \rightarrow 2NH_3 + 23$[kcal]
㉯ 반응온도 : 450~500[℃]
㉰ 반응압력 : 300[atm] 이상
㉱ 촉매 : 산화철(Fe_3O_4)에 Al_2O_3, K_2O를 첨가한 것이나 CaO 또는 MgO 등을 첨가한 것을 사용

64 암모니아 합성법 중 고압합성의 압력은 얼마인가?

① 150[kgf/cm^2] 전후
② 300[kgf/cm^2] 전후
③ 450[kgf/cm^2] 전후
④ 600~1000[kgf/cm^2]

해설 암모니아 합성공정의 분류
㉮ **고압합성**(600~1000[kgf/cm^2]) : 클라우드법, 카자레법
㉯ **중압합성**(300[kgf/cm^2] 전후) : 뉴파우더법, IG법, 케미크법, 뉴데법, 동공시법, JCI법
㉰ **저압합성**(150[kgf/cm^2] 전후) : 켈로그법, 구데법

65 암모니아 취급 시 피부에 닿았을 때 조치사항은?

① 열습포로 감싸준다.
② 다량의 물로 세척 후 붕산수를 바른다.
③ 산으로 중화시키고 붕대를 감는다.
④ 아연화 연고를 바른다.

해설 암모니아 노출 시 응급조치 방법
㉮ **피부에 노출 시** : 물로 세척 후 2[%] 붕산수를 바른다.
㉯ **눈에 노출 시** : 물로 세척 후 붕산수로 씻고 의사의 처치를 받는다.

66 고온, 고압 하에서 암모니아가스 장치에 사용하는 금속 중 맞는 것은?

① 탄소강
② 알루미늄 합금
③ 동 합금
④ 오스테나이트계 스테인리스강

해설 암모니아는 동 및 동합금, 알루미늄 합금에 대하여 부식성을 나타내고 고온, 고압에서는 질소와 수소로 분리되어 탄소강에 대하여 질화와 수소취성이 발생하므로 사용이 부적합하다.

67 다음 중 암모니아의 용도가 아닌 것은?

① 황산암모늄의 제조
② 요소비료의 제조
③ 냉동기의 냉매
④ 금속 산화제

해설 암모니아의 용도
㉮ 요소비료, 유안(황산암모늄) 제조 원료
㉯ 소다회, 질산 제조용 원료
㉰ 냉동기 냉매로 사용

Answer 63. ① 64. ④ 65. ② 66. ④ 67. ④

68 암모니아를 사용하여 질산제조의 원료를 얻는 반응식으로 가장 옳은 것은?

① $2NH_3 + CO \rightarrow (NH_2)_3CO + H_2O$
② $NH_3 + HNO_3 \rightarrow NH_4NO_3$
③ $2NH_3 + H_2SO_4 \rightarrow (NH_4)_2SO_4 + H_2O$
④ $4NH_3 + 5O_2 \rightarrow 4NO + 6H_2O$

해설 질산(HNO_3) 제조
㉮ 공기에 의한 암모니아의 산화반응
$4NH_3 + 5O_2 \rightarrow 4NO + 6H_2O + 216$[kcal]
㉯ 산화질소의 산화반응
$2NO + O_2 \rightarrow 2NO_2 + 27$[kcal]
$2NO_2 \rightarrow N_2O_4 + 13.6$[kcal]
㉰ 물과 반응하여 질산(HNO_3) 생성
$2NO_2 + H_2O \rightarrow 2HNO_3 + NO$

69 다음 가스의 성질에 대한 설명 중 옳지 않은 것은?

① 암모니아는 산이나 할로겐과 잘 화합하고 고온, 고압에서는 강재를 침식한다.
② 산소는 반응성이 강한 가스로서 가연성 물질을 연소시키는 조연성(助燃性)이 있다.
③ 질소는 안정한 가스로서 불활성 가스라고도 하는데 고온 하에서도 금속과 화합하지 않는다.
④ 일산화탄소는 독성가스이고, 또한 가연성가스이다.

해설 질소는 상온에서 대단히 안정된 가스이나, 고온에서는 금속과 반응한다.

70 다음 중 카바이드와 관련이 없는 성분은?

① 아세틸렌(C_2H_2) ② 석회석($CaCO_3$)
③ 생석회(CaO) ④ 염화칼슘($CaCl_2$)

해설 아세틸렌 제조 원료 : 석회석($CaCO_3$) → 생석회(CaO) → 카바이드(CaC_2) → 아세틸렌(C_2H_2) 가스 생산

71 다음 [보기]의 특징을 가지는 물질은?

> [보기]
> ㉠ 무색투명하나 시판품은 흑회색의 고체이다.
> ㉡ 물, 습기, 수증기와 직접 반응한다.
> ㉢ 고온에서 질소와 반응하여 석회질소로 된다.

① CaC_2 ② P_4S_3
③ P_4 ④ KH

해설 카바이드(CaC_2)의 성질
㉮ 무색투명하나 시판품은 흑회색의 고체이다.
㉯ 물, 습기, 수증기와 직접 반응한다.
㉰ 고온에서 질소와 반응하여 석회질소($CaCN_2$)로 된다.
㉱ 순수한 카바이드 1[kg]에서 366[L]의 아세틸렌 가스가 발생된다.
㉲ 시판 중인 카바이드에는 황(S), 인(P), 질소(N_2), 규소(Si) 등의 불순물이 포함되어 있어 가스발생 시에 황화수소(H_2S), 인화수소(PH_3), 암모니아(NH_3), 규화수소(SiH_4)가 발생되어 냄새가 난다.

72 아세틸렌 제조에 이용되는 카바이드(CaC_2)의 1급에 해당되는 가스발생량은 몇 [L/kg] 이상인가?

① 366 ② 280
③ 255 ④ 225

해설 카바이드(CaC_2)의 등급
㉮ 1등급 : 280[L/kg] 이상
㉯ 2등급 : 260[L/kg] 이상
㉰ 3등급 : 236[L/kg] 이상

Answer 68. ④ 69. ③ 70. ④ 71. ① 72. ②

73 카바이드(CaC_2) 저장 및 취급시의 주의사항으로 옳지 않은 것은?

① 습기가 있는 곳은 피할 것
② 보관 드럼통은 조심스럽게 취급할 것
③ 저장실은 밀폐구조로 바람의 경로가 없도록 할 것
④ 인화성, 가연성 물질과 혼합하여 적재하지 말 것

해설 카바이드 저장실은 통풍이 양호하게 하여야 한다.

74 아세틸렌에 대한 설명 중 틀린 것은?

① 연소 시 고열을 얻을 수 있어 용접용으로 쓰인다.
② 압축하면 폭발을 일으킨다.
③ 2중 결합을 가진 불포화탄화수소이다.
④ 구리, 은과 반응하여 폭발성의 화합물을 만든다.

해설 아세틸렌은 3중 결합을 갖는다.

75 아세틸렌(C_2H_2)에 대한 설명 중 틀린 것은?

① 카바이드(CaC_2)에 물을 넣어 제조한다.
② 동과 접촉하여 동 아세틸드를 만들므로 동 함유량이 62[%] 이상을 설비로 사용한다.
③ 흡열화합물이므로 압축하면 분해폭발을 일으킬 수 있다.
④ 공기 중 폭발범위는 약 2.5~80.5[%]이다.

해설 아세틸렌 시설에 동 및 동합금의 동 함유량이 62[%]를 초과하는 것을 사용하지 않는다.

76 아세틸렌에 대한 설명 중 틀린 것은?

① 액체 아세틸렌은 비교적 안정하다.
② 아세틸렌은 접촉적으로 수소화하면 에틸렌, 에탄이 된다.
③ 가열, 충격, 마찰 등의 원인으로 탄소와 수소로 자기분해 한다.
④ 동, 은, 수은 등의 금속과 화합 시 폭발성의 화합물인 아세틸드를 생성한다.

해설 액체 아세틸렌은 불안정하나, 고체 아세틸렌은 비교적 안정하다.

77 아세틸렌의 성질에 대한 설명 중 틀린 것은?

① 아세틸렌을 수소첨가반응 시키면 벤젠이 얻어진다.
② 비점과 융점의 차가 적으므로 고체 아세틸렌은 승화한다.
③ 물에는 녹지 않으나 아세톤에는 잘 녹는다.
④ 공기 중에서 연소시키면 3500[℃] 이상의 고온을 얻을 수 있다.

해설 아세틸렌을 접촉적으로 수소화하면 에틸렌, 에탄이 된다.

78 아세틸렌가스의 폭발과 관계없는 것은?

① 중합폭발 ② 산화폭발
③ 분해폭발 ④ 화합폭발

해설 **아세틸렌의 폭발 종류**

㉮ **산화폭발** : $C_2H_2 + 2.5O_2 \rightarrow 2CO_2 + H_2O$
㉯ **분해폭발** : $C_2H_2 \rightarrow 2C + H_2O + 54.2$[kcal]
㉰ **화합폭발** : 아세틸렌이 동(Cu), 은(Ag), 수은(Hg) 등의 금속과 화합 시 폭발성의 아세틸드를 생성하여 폭발한다.

Answer 73. ③ 74. ③ 75. ② 76. ① 77. ① 78. ①

79 순수 아세틸렌은 0.15[MPa] 이상 압축 시 위험하다. 그 이유는?

① 중합폭발 ② 분해폭발
③ 화합폭발 ④ 촉매폭발

해설 아세틸렌은 0.15[MPa] 이상 압축하면 분해폭발의 위험성이 있다.

80 아세틸렌과 접촉 반응하여 폭발성 물질을 생성하지 않는 금속은?

① 금 ② 은
③ 구리 ④ 수은

해설 아세틸렌은 동(Cu), 은(Ag), 수은(Hg) 등의 금속과 접촉 반응하여 폭발성의 아세틸드를 생성하는 화합폭발의 위험성이 있다.

81 아세틸렌가스 발생 방법 중 대량 생산에 적합한 방식은?

① 투입식 반응 ② 고압식 반응
③ 주수식 반응 ④ 축열식 반응

해설 아세틸렌 발생기의 종류
㉮ **주수식** : 카바이드에 물을 주입하는 방식으로 불순가스 발생량이 많다.
㉯ **침지식** : 물과 카바이드를 소량씩 접촉하는 방식으로 위험성이 크다.
㉰ **투입식** : 물에 카바이드를 넣는 방식으로 대량 생산에 적합하다.

82 습식 아세틸렌가스 발생기의 표면은 몇 도 이하로 유지해야 하는가?

① 7[℃] ② 20[℃]
③ 50[℃] ④ 70[℃]

해설 아세틸렌 발생기
㉮ 표면온도 : 70[℃] 이하
㉯ 최적온도 : 50~60[℃]

83 아세틸렌 제조 시 청정제로 사용되지 않는 것은?

① 리가솔 ② 카다리솔
③ 에퓨렌 ④ 진타론

해설 **청정제의 종류** : 에퓨렌, 카다리솔, 리가솔

84 아세틸렌 제조에서 반드시 필요한 장치가 아닌 것은?

① 건조기 ② 압축기
③ 가스 청정기 ④ 정류기

해설 아세틸렌 제조 설비
가스발생기, 쿨러, 가스청정기, 저압 및 고압 건조기, 압축기, 유분리기, 역화방지기

85 아세틸렌가스 충전 시에 희석제로서 부적합한 것은?

① 메탄 ② 프로판
③ 수소 ④ 이산화황

해설 희석제의 종류
㉮ 법(안전관리규정)에서 정한 것 : 질소, 메탄, 일산화탄소, 에틸렌
㉯ 법에서 정한 것 외 : 수소, 프로판, 이산화탄소

86 아세틸렌 용기에 다공질 물질을 고루 채운 후 아세틸렌을 충전하기 전에 침윤시키는 물질은?

① 알코올 ② 아세톤
③ 규조토 ④ 탄산마그네슘

해설 **용제 종류** : 아세톤, DMF(디메틸 포름아미드)

Answer 79. ② 80. ① 81. ① 82. ④ 83. ④ 84. ④ 85. ④ 86. ②

87 **아세틸렌가스 용해 충전 시 다공질 물질의 재료로 사용할 수 없는 것은?**

① 규조토, 석면
② 알루미늄 분말, 활성탄
③ 석회, 산화철
④ 탄산마그네슘, 다공성 플라스틱

해설 **다공물질의 종류** : 규조토, 석면, 목탄, 석회, 산화철, 탄산마그네슘, 다공성 플라스틱 등

88 **다공물질의 용적이 150[m^3]이며 아세톤 침윤 잔용적이 30[m^3]일 때의 다공도는 몇 [%]인가?**

① 30　　② 40
③ 80　　④ 120

해설 다공도 $= \frac{V-E}{V} \times 100$

$= \frac{150-30}{150} \times 100 = 80[\%]$

89 **아세틸렌을 용기에 충전 시, 미리 용기에 다공물질을 고루 채운 후 침윤 및 충전을 해야 하는데 이때 다공도는 얼마로 해야 하는가?**

① 75[%] 이상 92[%] 미만
② 70[%] 이상 95[%] 미만
③ 62[%] 이상 75[%] 미만
④ 92[%] 이상

해설 다공도 기준 : 75[%] 이상 92[%] 미만

90 **아세틸렌 충전 시 첨가하는 다공물질의 구비조건이 아닌 것은?**

① 화학적으로 안정할 것
② 기계적인 강도가 클 것
③ 가스의 충전이 쉬울 것
④ 다공도가 적을 것

해설 **다공물질의 구비조건**

㉮ 고다공도일 것
㉯ 기계적 강도가 클 것
㉰ 가스충전이 쉬울 것
㉱ 안전성이 있을 것
㉲ 화학적으로 안정할 것
㉳ 경제적일 것

91 **다음 ( ) 안의 온도와 압력으로 맞는 것은?**

> 아세틸렌을 용기에 충전할 때 충전 중의 압력은 2.5[MPa] 이하로 하고, 충전 후의 압력이 (　　)[℃]에서 (　　)[MPa] 이하로 될 때까지 정치하여야 한다.

① 5, 1.0　　② 15, 1.5
③ 20, 1.0　　④ 20, 1.5

해설 **아세틸렌 충전용기 압력**

㉮ **충전 중의 압력** : 온도와 관계없이 2.5[MPa] 이하
㉯ **충전 후의 압력** : 15[℃]에서 1.5[MPa] 이하

92 **C_2H_2 제조설비에서 제조된 C_2H_2를 충전용기에 충전 시 위험한 경우는?**

① 아세틸렌이 접촉되는 설비부분에 동 함유량 72[%]의 동합금을 사용하였다.
② 충전 중의 압력을 2.5[MPa] 이하로 하였다.
③ 충전 후에 압력이 15[℃]에서 1.5[MPa] 이하로 될 때까지 정치하였다.
④ 충전용 지관은 탄소함유량 0.1[%] 이하의 강을 사용하였다.

Answer 87. ② 88. ③ 89. ① 90. ④ 91. ② 92. ①

해설 아세틸렌 제조설비에서 사용되는 동 및 동합금은 동 함유량 62[%]를 초과하는 것을 사용하지 않는다.

93 아세틸렌의 주된 제법으로 옳은 것은?

① 메탄과 같은 탄화수소를 고온(1200~2000[℃])에서 열분해 시켜서 만든다.
② 메탄과 같은 탄화수소를 수증기 개질법에 의하여 만든다.
③ 메탄과 같은 탄화수소를 부분 산화법에 의하여 만든다.
④ 메탄과 같은 탄화수소를 연소시켜서 얻는다.

해설 아세틸렌 제조법
㉮ **카바이드를 이용한 제조법** : 카바이드와 물을 접촉시키면 아세틸렌이 발생한다.
㉯ **탄화수소에서 제조** : 메탄, 나프타를 열분해하여 제조하는 방법이다.

94 메탄가스에 대한 설명 중 틀린 것은?

① 무색, 무취의 기체이다.
② 공기보다 무거운 기체이다.
③ 천연가스의 주성분이다.
④ 폭발범위는 약 5~15[%] 정도이다.

해설 메탄(CH_4)의 분자량이 16이므로 기체비중은 0.55가 되므로 공기보다 가벼운 기체이다.

95 메탄가스에 대한 설명으로 옳은 것은?

① 공기보다 무거워 낮은 곳에 체류한다.
② 비점은 약 -42[℃]이다.
③ 공기 중 메탄가스가 3[%] 함유된 혼합기체에 점화하면 폭발한다.
④ 고온에서 니켈 촉매를 사용하여 수증기와 작용하면 일산화탄소와 수소를 생성한다.

해설 메탄(CH_4)의 성질
㉮ 파라핀계 탄화수소의 안정된 가스이다.
㉯ 천연가스(NG)의 주성분이다.
(비점 : -161.5[℃])
㉰ 무색, 무취, 무미의 가연성 기체이다.
(폭발범위 : 5~15[%])
㉱ 유기물의 부패나 분해 시 발생한다.
㉲ 메탄의 분자는 무극성이고, 수(水)분자와 결합하는 성질이 없어 용해도는 적다.
㉳ 공기 중에서 연소가 쉽고, 화염은 담청색의 빛을 발한다.
㉴ 염소와 반응하면 염소화합물이 생성된다.
㉵ 고온에서 니켈 촉매를 사용하여 산소, 수증기와 반응시키면 일산화탄소와 수소를 생성한다.

$$CH_4 + \frac{1}{2}O_2 \rightarrow CO + 2H_2 + 8.7\text{[kcal]}$$

$$CH_4 + H_2O \rightarrow CO + 3H_2 - 49.3\text{[kcal]}$$

96 메탄의 성질 중 틀린 것은?

① 염소와 반응시키면 염소 화합물을 만든다.
② 무색, 무취의 기체로 잘 연소한다.
③ 무극성이며 물에 대한 용해도가 크다.
④ 고온에서 수증기 또는 산소를 반응시키면 일산화탄소와 수소를 생성한다.

해설 메탄 분자는 무극성이며, 수(水)분자와 결합하는 성질이 없어 용해도는 적다.

97 메탄의 임계온도는 약 몇 [℃]인가?

① -162　② -83
③ 97　④ 152

해설 메탄(CH_4)의 성질
㉮ 비등점 : -161.5[℃]
㉯ 임계온도 : -82.1[℃]
㉰ 임계압력 : 45.8[atm]

Answer 93. ① 94. ② 95. ④ 96. ③ 97. ②

98 **천연가스의 주성분인 메탄의 공기 중 폭발 범위는?**

① 5~15[%] ② 3.2~12.5[%]
③ 2.4~9.5[%] ④ 1.9~8.4[%]

해설 공기 중에서 메탄의 폭발범위 : 5~15[%]

99 **LNG의 성질 중 틀린 것은?**

① 메탄을 주성분으로 하며 에탄, 프로판, 부탄 등이 포함되어 있다.
② LNG가 액화되면 체적이 1/600 로 줄어든다.
③ 무독, 무공해의 청정가스로 발열량이 약 9500[kcal/m^3] 정도로 높다.
④ LNG는 기체 상태에서는 공기보다 가벼우나 액체 상태에서는 물보다 무겁다.

해설 LNG의 액비중은 0.415로 물보다 가볍다.

100 **액체는 무색투명하고 특유한 복숭아 향을 가지고 있으며 맹독성이 있고 고농도를 흡입하면 목숨을 잃는 기체는?**

① 일산화탄소 ② 포스겐
③ 시안화수소 ④ 메탄

해설 시안화수소(HCN) : 가연성(폭발범위 : 6~41[%]), 독성(TLV-TWA 10[ppm])가스로 감, 복숭아 향을 가지고 있으며, 호흡은 물론 피부에 노출되어도 인체에 침입되어 치명상을 입히는 맹독성가스이다.

101 **시안화수소에 대한 설명 중 틀린 것은?**

① 액체는 무색, 투명하며 복숭아 냄새가 난다.
② 액체는 끓는점이 낮아 휘발하기 쉽고, 물에 잘 용해되며 이 수용액은 약산성을 나타낸다.
③ 자체의 열로 인하여 오래된 시안화수소는 중합폭발의 위험성이 있기 때문에 충전한 후 60일이 경과되기 전에 다른 용기에 옮겨 충전하여야 한다.
④ 염화제일구리, 염화암모늄의 염산 산성 용액 중에서 아세틸렌과 반응하여 메틸아민이 된다.

해설 염화 제일구리, 염화암모늄의 염산 산성용액 중에서 아세틸렌과 반응하여 아크릴로니트릴이 된다.
$C_2H_2 + HCN \rightarrow CH = CHCN$(아크릴로니트릴)

102 **시안화수소에 안정제를 첨가하는 주된 이유는?**

① 분해 폭발하므로
② 산화폭발을 일으킬 염려가 있으므로
③ 강한 인화성 액체이므로
④ 소량의 수분으로도 중합하여 그 열로 인해 폭발할 위험이 있으므로

해설 ㉮ 시안화수소는 중합폭발의 위험성이 있어 안정제를 첨가한다.
㉯ 안정제의 종류 : 황산, 아황산가스, 동, 동망, 염화칼슘, 인산, 오산화인

103 **시안화수소(HCN)에 대한 설명으로 옳은 것은?**

① 허용농도는 10[ppb]이다.
② 충전 시 수분이 존재하면 안정하다.
③ 충전한 후 90일을 정치한 후 사용한다.
④ 누출 검지는 질산구리벤젠지로 한다.

해설 시안화수소의 특징

Answer 98. ① 99. ④ 100. ③ 101. ④ 102. ④ 103. ④

㉮ 가연성 가스이며, 독성가스이다.
㉯ 액체는 무색, 투명하고 감, 복숭아 냄새가 난다.
㉰ 소량의 수분 존재 시 중합폭발을 일으킬 우려가 있다.
㉱ 알칼리성 물질(암모니아, 소다)을 함유하면 중합이 촉진된다.
㉲ 중합폭발을 방지하기 위하여 안정제(황산, 아황산가스 등)를 사용한다.
㉳ 물에 잘 용해하고 약산성을 나타낸다.
㉴ 흡입은 물론 피부에 접촉하여도 인체에 흡수되어 치명상을 입는다.
㉵ 충전 후 24시간 정치하고, 충전 후 60일이 경과되기 전에 다른 용기에 옮겨 충전할 것(단, 순도가 98[%] 이상이고 착색되지 않는 것은 제외)
㉶ 순도는 98[%] 이상 유지하고, 1일 1회 이상 질산구리벤젠지를 사용하여 누출검사를 실시한다.

104 시안화수소(HCN)가스를 장기간 저장하지 못하는 이유로 옳은 것은?

① 분해폭발하기 때문에
② 중합폭발하기 때문에
③ 산화폭발하기 때문에
④ 촉매폭발하기 때문에

해설 시안화수소는 중합폭발의 위험성 때문에 60일 이상 저장하는 것을 금지한다. 단, 순도가 98[%] 이상이고 착색되지 않은 것은 60일을 초과하여 저장할 수 있다.

105 CO와 Cl_2를 원료로 하여 포스겐을 제조할 때 주로 쓰이는 촉매는?

① 염화 제1구리 ② 백금, 로듐
③ 니켈, 바나듐 ④ 활성탄

해설 포스겐 제조 반응식 및 촉매
㉮ 반응식 : $CO + Cl_2 \rightarrow COCl_2$
㉯ 촉매 : 활성탄

106 포스겐가스를 가수분해 시켰을 때 주로 생성되는 것은?

① CO, CO_2 ② CO, Cl
③ CO_2, HCl ④ H_2CO_3, HCl

해설 포스겐($COCl_2$)의 가수(加水)분해 반응식
$COCl_2 + H_2O \rightarrow CO_2 + 2HCl$

107 포스겐의 취급 사항에 대한 설명 중 틀린 것은?

① 포스겐을 함유한 폐기액은 산성물질로 충분히 처리한 후 처분할 것
② 취급 시에는 반드시 방독마스크를 착용할 것
③ 환기시설을 갖출 것
④ 누설 시 용기부식의 원인이 되므로 약간의 누설에도 주의할 것

해설 포스겐은 산성이므로 알칼리성물질을 이용한다.

108 산화철이나 산화알루미늄에 의해 중합반응을 생성하는 가스는?

① 산화에틸렌 ② 시안화수소
③ 에틸렌 ④ 아세틸렌

해설 산화에틸렌(C_2H_4O)은 산, 알칼리, 산화철, 산화알루미늄 등에 의하여 중합폭발한다.

109 산화에틸렌의 성질에 대한 설명 중 틀린 것은?

① 무색의 유독한 기체이다.
② 알코올과 반응하여 글리콜에테르를 생성한다.
③ 암모니아와 반응하여 에탄올아민을 생성한다.
④ 물, 아세톤, 사염화탄소 등에 불용이다.

Answer 104. ② 105. ④ 106. ③ 107. ① 108. ① 109. ④

해설 산화에틸렌은 물, 에테르, 알코올, 아세톤, 사염화탄소에 용해된다.

110 산화에틸렌에 대한 설명으로 가장 거리가 먼 것은?

① 폭발범위는 약 3.0~80[%]이다.
② 공업적 제조법으로는 에틸렌을 산소로 산화해서 합성한다.
③ 액체 상태에서 열이나 충격 등으로 폭약과 같이 폭발을 일으킨다.
④ 철, 주석, 알루미늄의 무수염화물, 산, 알칼리, 산화알루미늄 등에 의하여 중합 발열한다.

해설 액체 산화에틸렌은 연소하기 쉬우나 폭약과 같은 폭발은 하지 않는다.

111 산화에틸렌 충전용기에는 질소 또는 탄산가스를 충전하는데 그 내부 압력으로 옳은 것은?

① 상온에서 0.2[MPa] 이상
② 35[℃]에서 0.2[MPa] 이상
③ 40[℃]에서 0.4[MPa] 이상
④ 45[℃]에서 0.4[MPa] 이상

해설 산화에틸렌의 저장탱크 및 충전용기는 45[℃]에서 내부가스의 압력이 0.4[MPa] 이상이 되도록 질소가스, 탄산가스를 충전할 것

112 동이나 동합금이 함유된 장치를 사용하였을 때 폭발의 위험성이 가장 큰 가스는?

① 황화수소　② 수소
③ 산소　④ 아르곤

해설 황화수소(H_2S)에 동 및 동합금을 사용하면 부식으로 가스가 누설될 위험이 있고 황화수소는 가연성가스(폭발범위 : 4.3~45[%]) 이므로 누설 시 폭발위험이 있다.

113 황화수소에 관한 설명으로 옳지 않은 것은?

① 건조된 상태에서 수은, 동과 같은 금속과 반응한다.
② 고압에서는 스테인리스강을 사용한다.
③ 독성이 강하고 고농도 가스를 다량으로 흡입할 경우 즉사한다.
④ 농질산, 발연질산 등의 산화제와는 심하게 반응한다.

해설 건조된 상태에서의 황화수소는 수은, 은, 동과 같은 금속과 반응하지 않고, 수분이 존재할 때 반응한다.

114 수분이 존재하면 일반강재를 부식시키는 가스는?

① 일산화탄소　② 수소
③ 황화수소　④ 질소

해설 **수분 존재 시 강재를 부식시키는 가스**
염소(Cl_2), 황화수소(H_2S), 이산화탄소(CO_2), 포스겐($COCl_2$)

115 인화점이 −30[℃]로 전구표면이나 증기 파이프에 닿기만 해도 발화하는 것은?

① CS_2　② C_2H_2
③ C_2H_4　④ C_3H_8

해설 **이황화탄소(CS_2)의 성질**
㉮ 허용농도 : TLV-TWA 20[ppm]
㉯ 폭발범위 : 1.25~44[%]
㉰ 인화점 : −30[℃]
㉱ 발화점 : 100[℃]

Answer 110. ③ 111. ④ 112. ① 113. ① 114. ③ 115. ①

116 독성가스 검지방법 중 암모니아수로 검지하는 가스는?

① SO_2 ② HCN ③ NH_3 ④ CO

해설 암모니아와 접촉 시 백연(百煙)이 발생하는 가스
아황산가스(SO_2), 염소(Cl_2), 염화수소(HCl)

117 염화메탄의 특징에 대한 설명으로 틀린 것은?

① 무취이다.
② 공기보다 무겁다.
③ 수분존재 시 금속과 반응한다.
④ 유독한 가스이다.

해설 염화메탄(CH_3Cl)의 특징
㉮ 상온에서 무색의 기체로 에테르 냄새가 난다.
㉯ 염화메틸이 수분이 존재할 때 가열하면 가수분해하여 메탄올과 염화수소가 된다.
$CH_3Cl + H_2O \rightarrow CH_3OH + HCl$
㉰ 건조된 염화메틸은 알칼리, 알칼리토금속, 마그네슘, 아연, 알루미늄 이외의 금속과는 반응하지 않는다.
㉱ 메탄과 염소 반응 시 생성되며 냉동기 냉매로 사용한다.
㉲ 독성가스(TLV-TWA 50[ppm]), 가연성가스(8.1 ~17.4[%]) 이다.

118 다음의 성질을 갖는 기체는?

ⓐ 2중 결합을 가지므로 각종 부가반응을 일으킨다.
ⓑ 무색, 독특한 감미로운 냄새를 지닌 기체이다.
ⓒ 물에는 거의 용해되지 않으나 알코올, 에테르에는 잘 용해된다.
ⓓ 아세트알데히드, 산화에틸렌, 에탄올, 이산화에틸렌 등을 얻는다.

① 아세틸렌 ② 프로판
③ 에틸렌 ④ 프로필렌

119 에틸렌의 제법으로 공업적으로 가장 많이 사용되고 있는 것은?

① 공기의 액화분리
② 에탄올의 진한 황산에 의한 분리
③ 중질유의 수소 첨가분해
④ 나프타의 열분해

해설 에틸렌(C_2H_4)의 제조법
㉮ 알루미나 촉매를 사용하여 에틸알코올을 350[℃]로 탈수하여 제조
㉯ 니켈 및 팔라듐 촉매를 사용하여 아세틸렌을 수소화시켜 제조
㉰ 탄화수소(나프타)를 열분해하여 제조 : 공업적 제조법 중에서 가장 많이 사용하는 방법이다.

120 모노게르만 가스의 특징이 아닌 것은?

① 가연성, 독성가스이다.
② 자극적인 냄새가 난다.
③ 전자산업의 도핑용액으로 주로 사용된다.
④ 공기보다 가벼워 대기 중으로 확산한다.

해설 모노게르만(GeH_4)의 특징
㉮ 독성가스, 공기 중에서 자연발화성을 갖는 가연성가스이다.
㉯ 무색, 자극적인 냄새가 있다.
㉰ 비점이 -88.5[℃]이고, 분자량이 76.62로 공기보다 무겁다.
㉱ 고체상태의 전자 구성 성분 제조 도핑용액으로 사용한다.
㉲ 브롬(Br)과 폭발적으로 반응하며 350[℃]에서 분해된다.
㉳ 흡입하면 두통, 현기증, 기절, 구토가 발생하며, 알진과 같은 용혈현상을 일으킨다.
㉴ 허용농도 : TLV-TWA 0.2[ppm], LC50 20[ppm]

Answer 116. ① 117. ① 118. ③ 119. ④ 120. ④

121 특수가스의 하나인 실란(SiH_4)의 주요 위험성은?

① 공기 중에 누출되면 자연발화 한다.
② 태양광에 의해 쉽게 분해된다.
③ 분해 시 독성물질을 생성한다.
④ 상온에서 쉽게 분해된다.

해설 실란(SiH_4)의 주요 특징
㉮ 분자량이 32, 무색 불쾌한 냄새가 난다.
㉯ 가연성 가스(1.37~100[%])로 공기 중에서 자연 발화한다.
㉰ 강력한 환원성을 갖는다.
㉱ 물과 서서히 반응하며, 할로겐족과 반응한다.
㉲ 가열하면 실리콘과 수소로 분해된다.
㉳ 반도체 공정의 도핑액으로 사용한다.

122 다음 가스에 대한 일반적인 성질을 설명한 것 중 잘못된 것은?

① H_2 : 고온, 저압 하에서 탄소강과 반응하여 수소취성을 일으킨다.
② Cl_2 : 황록색의 자극성 냄새가 나는 맹독성 기체이다.
③ HCl : 암모니아와 접촉하면 흰연기가 발생한다.
④ HCN : 복숭아 냄새가 나는 맹독성 기체로 쉽게 액화한다.

해설 수소취성은 고온, 고압 하에서 수소가 강재중의 탄소와 반응하여 메탄이 생성되어 강을 취화하는 것이다.

123 폭발 등의 사고발생 원인을 기술한 것 중 틀린 것은?

① 산소의 고압배관 밸브를 급격히 열면 배관내의 철, 녹 등이 급격히 움직여 발화의 원인이 된다.
② 염소와 암모니아를 접촉할 때 염소과잉의 경우는 대단히 강한 폭발성 물질인 NCl_3를 생성하여 사고 발생의 원인이 된다.
③ 아르곤은 수은과 접촉하면 위험한 성질인 아르곤-수은을 생성하여 사고 발생의 원인이 된다.
④ 아세틸렌은 동(Cu) 금속과 반응하여 금속 아세틸드를 생성하여 사고 발생의 원인이 된다.

해설 아르곤은 불활성기체로 다른 원소와 반응하지 않는다.

124 가스와 그 용도를 짝지은 것 중 틀린 것은?

① 프레온 – 냉장고의 냉매
② 이산화황 – 환원성 표백제
③ 시안화수소 – 아크릴로니트릴 제조
④ 에틸렌 – 메탄올 합성원료

해설 에틸렌(C_2H_4)의 용도
㉮ 합성수지, 합성섬유, 합성고무 제조용
㉯ 폴리에틸렌 제조
㉰ 아세트알데히드, 산화에틸렌, 에탄올 제조
※ 메탄올(CH_3OH)의 합성원료는 일산화탄소(CO)와 수소(H_2)이다.

Answer 121. ① 122. ① 123. ③ 124. ④

2장 LPG 및 도시가스

1. LPG의 일반사항

1) LPG의 기초 사항

(1) LPG의 정의

Liquefied Petroleum Gas(액화석유가스)의 약자이다.

(2) 탄화수소의 분류

① 파라핀계(포화) 탄화수소
㉮ 일반식 : C_nH_{2n+2}
㉯ 주성분 : 메탄(CH_4), 에탄(C_2H_6), 프로판(C_3H_8), 부탄(C_4H_{10})
㉰ 특징 : 화학적으로 안정되어 연료에 주로 사용한다.
② 올레핀계(불포화) 탄화수소
㉮ 일반식 : C_nH_{2n}
㉯ 주성분 : 에틸렌(C_2H_4), 프로필렌(C_3H_6), 부틸렌(C_4H_8)
㉰ 특징 : 화학적으로 불안정한 결합상태로 주로 석유화학 제품의 원료로 사용한다.
③ 나프텐계 탄화수소 : 시크로헥산(C_6H_{12})
④ 방향족 탄화수소 : 벤젠(C_6H_6)

(3) LPG의 조성

석유계 저급 탄화수소의 혼합물로 탄소 수가 3개에서 5개 이하의 것으로 프로판(C_3H_8), 부탄(C_4H_{10}), 프로필렌(C_3H_6), 부틸렌(C_4H_8), 부타디엔(C_4H_6) 등이 포함되어 있으며 가장 많이 함유된 가스는 프로판(C_3H_8)과 부탄(C_4H_{10})이다.

(4) 제조방법

① 습성천연가스 및 원유에서 제조
　㉮ 압축 냉각법 : 농후한 가스에 적용
　㉯ 흡수유에 의한 흡수법
　㉰ 활성탄에 의한 흡착법 : 희박한 가스에 적용
② 제유소 가스에서 회수 : 원유 정제공정에서 발생하는 가스를 회수
③ 나프타 분해 생성물에서 회수 : 나프타를 이용하여 에틸렌 제조 시 회수
④ 나프타의 수소화 분해 : 나프타를 이용하여 LPG 생산이 주목적

2) LPG의 특징

(1) 일반 특징

① LPG는 공기보다 무겁다.
② 액상의 LPG는 물보다 가볍다.
③ 액화 및 기화가 쉽다.
④ 기화하면 체적이 커진다.
⑤ 기화열(증발잠열)이 크다.
⑥ 무색, 무취, 무미하다.
⑦ 용해성이 있다.
⑧ 정전기 발생이 쉽다.

(2) 연소 특징

① 타 연료와 비교하여 발열량이 크다.
② 연소 시 공기량이 많이 필요하다.
③ 폭발범위(연소범위)가 좁다.
④ 연소속도가 느리다.
⑤ 발화온도가 높다.

참•고

1. 탄화수소에서 탄소(C)수가 증가할수록 나타나는 현상
① 증가하는 것 : 비등점, 융점, 비중, 발열량
② 감소하는 것 : 증기압, 발화점, 폭발하한값, 폭발범위값, 증발잠열, 연소속도

2. 탄화수소(C_mH_n)의 완전연소 반응식

$$C_mH_n + \left(m + \frac{n}{4}\right)O_2 \rightarrow mCO_2 + \left(\frac{n}{2}\right)H_2O$$

3) 도시가스와 비교 시 특징

(1) 장점

① 입지적 제한이 없고 공급 가스압을 사유로이 실정할 수 있다.
② 열용량이 크므로 작은 배관지름으로도 공급에 무리가 없다.

③ 발열량이 높기 때문에 단시간에 온도를 높일 수 있다.
④ 충전용기에 의한 자가 공급이므로 피크시간(peck time)이나 한가한 때의 제약을 받지 않는다.
⑤ 가스의 조성이 일정하고 소규모 또는 일시적으로 사용할 때는 경제적이다.

(2) 단점

① 저장탱크 또는 용기의 집합장치가 필요하다.
② 공급을 중단시키지 않기 위하여 예비용기 확보가 필요하다.
③ 연소용 공기가 다량으로 필요하다.
④ 부탄의 경우 재액화 방지를 고려해야 한다.

2. 도시가스의 일반사항

1) 도시가스의 원료

(1) 천연가스(NG : Natural Gas)

지하에서 발생하는 탄화수소를 주성분으로 하는 가연성 가스의 총칭이다.

① 성분 상태
㉮ 메탄(CH_4), 에탄(C_2H_6), 프로판(C_3H_8), 부탄(C_4H_{10})등의 저급 탄화수소가 주성분이나 질소(N_2), 탄산가스(CO_2), 황화수소(H_2S)를 포함한다.
㉯ 유전가스에서 생산되는 천연가스에는 수분(H_2O)을 포함한다.
㉰ 황화수소(H_2S)는 연소에 의해 유독한 아황산가스(SO_2)를 생성하기 때문에 탈황시설에서 제거하여야 한다.
㉱ 탄산가스(CO_2)는 수분 존재 시에 배관을 부식시킴으로 탈황공정에서 동시에 제거한다.
㉲ 천연가스를 고압으로 수송하는 경우 수분(H_2O)이 응축하여 수송 장애를 발생하므로 제거하여야 한다.

② 특징
㉮ 도시가스 원료 : C/H 비가 3이므로 그대로 도시가스로 공급할 수 있고, 일반적으로 가스제조장치는 필요 없다. 천연가스 발열량보다 낮은 저열량의 도시가스로 공급하는 경우 공기와 혼합 또는 개질장치에 의해 발열량을 조정하여 공급하여야

한다.

㉯ 정제 : 제진, 탈유, 탈탄산, 탈황, 탈습 등 전처리 공정에 해당하는 정제설비가 필요하다.

㉰ 공해 : 사전에 불순물이 제거된 상태이기 때문에 대기오염, 수질오염 등 환경문제 영향이 적다.

㉱ 저장 : 천연가스는 상온에서 기체이므로 가스홀더 등에 저장하여야 한다.

③ 도시가스로 공급하는 방법

㉮ 천연가스를 그대로 공급한다.(9000~9500[kcal/Nm^3])

㉯ 천연가스를 공기로 희석해서 공급한다.(4500~6000[kcal/Nm^3])

㉰ 종래의 도시가스에 혼합하여 공급한다.

㉱ 종래의 도시가스와 유사 성질의 가스로 개질하여 공급한다.

(2) 액화천연가스(LNG : Liquefied Natural Gas)

지하에서 생산된 천연가스를 −161.5[℃]까지 냉각, 액화한 것이다.

① 성분 상태

㉮ 액화 전에 황화수소(H_2S), 탄산가스(CO_2), 중질 탄화수소 등이 정제, 제거되었기 때문에 LNG에는 불순물을 전혀 포함하지 않은 청정가스이다.

㉯ 천연가스의 주성분인 메탄(CH_4)은 액화하면 체적이 약 1/600로 줄어든다.

㉰ 액화된 천연가스는 선박을 이용하여 대량으로 수송할 수 있다.

② 도시가스 원료로서 특징

㉮ 불순물이 제거된 청정연료로 환경문제가 없다.

㉯ LNG 수입기지에 저온 저장설비 및 기화장치가 필요하다.

㉰ 불순물을 제거하기 위한 정제설비는 필요하지 않다.

㉱ 초저온 액체로 설비재료의 선택과 취급에 주의를 요한다.

㉲ 냉열이용이 가능하다.

③ LNG의 특성

㉮ 기화특성 : LNG의 주성분인 메탄(CH_4)가스는 상온에서 공기보다 비중이 작으나(공기보다 가볍다.) LNG가 대량으로 누설되면 급격한 증발에 의하여 주변의 온도가 내려간다. 주변 공기 온도가 −110~−113[℃] 이하가 되면 메탄가스의 비중은 공기보다 무거워져 지상에 체류한다.

㉯ 롤−오버(roll−over) 현상 : LNG 저장탱크에서 상이한 액체 밀도로 인하여 층상화된 액체의 불안정한 상태가 바로 잡힐 때 생기는 LNG의 급격한 물질 혼입현상으로 상당한 양의 BOG가 발생하는 현상이다.

㉰ BOG(boil off gas) : LNG 저장시설에서 자연 입열에 의하여 기화된 가스로 증발가스라 한다. 처리방법에는 발전용에 사용, 탱커의 기관용(압축기 가동용) 사용, 대기로 방출하여 연소하는 방법이 있다.

(3) 정유가스(off gas)

석유정제 또는 석유화학 계열공장에서 부산물로 생산되는 가스로서 수소(H_2)와 메탄(CH_4)이 주성분이다.

① 석유정제 업가스(off gas) : 상압증류, 감압증류 및 가솔린 생산을 위한 접촉개질 공정 등에서 발생하는 가스이다.

② 석유화학 업가스(off gas) : 나프타 분해에 의한 에틸렌 제조공정에서 발생하는 가스이다.

(4) 나프타(Naphtha : 납사)

나프타란 일반적으로 시판되는 석유 제품명이 아니고, 원유를 상압에서 증류할 때 얻어지는 비점이 200[℃] 이하인 유분(액체성분)으로 경질의 것을 라이트 나프타, 중질의 것을 헤비 나프타라 부른다.

① 성분 상태(가스용 나프타의 구비조건)

㉮ 파라핀계 탄화수소가 많을 것

㉯ 유황분이 적을 것

㉰ 카본(carbon) 석출이 적을 것

㉱ 촉매의 활성에 영향을 미치지 않을 것

㉲ 유출온도 종점이 높지 않을 것

② 나프타의 성분 상태에 따른 가스화의 영향

㉮ PONA에서 분해가 쉽고 가스화 효율이 높은 파라핀계 탄화수소의 함량이 많은 것이 좋다. 올레핀계, 나프텐계, 방향족 탄화수소가 많으면 카본의 석출, 나프탈렌의 생성 등에 의한 가스화 효율 저하, 촉매의 열화가 발생한다.

㉯ 비중이 0.67 이하인 것을 라이트 나프타라 하고 그 이상의 것을 헤비 나프타로 분류한다. 헤비 나프타의 경우 중질분의 함유량이 증가하기 때문에 가스화 원료로서는 부적당하다.

㉰ 증류시험 결과 유출온도 종점이 낮은 나프타가 가스화 효율이 좋으며, 유출온도 종점이 높은 나프타는 중질유이기 때문에 타르, 나프탈렌 등을 생성하기 쉽고 가스화 효율이 저하된다.

㉱ 유황 함유량이 증가하면 촉매의 활성을 저하시키고, 수명을 단축시켜 분해반응 및

변성반응을 방해하는 동시에 가스 중의 유황 함유량이 증가한다.

㉮ 탄소와 수소의 중량비(C/H)가 약 3에 가까운 원료가 가스화 효율이 높다. (나프타의 C/H는 5~6 정도이다.)

③ 도시가스 원료로서의 특징

㉮ 나프타는 가스화가 용이하기 때문에 높은 가스효율을 얻을 수 있다.

㉯ 타르, 카본 등의 부산물이 거의 생성되지 않는다.

㉰ 가스 중에는 불순물이 적어서 정제설비를 필요로 하지 않는 경우가 많다. (단, 헤비 나프타의 경우 정제설비가 필요할 수 있다.)

㉱ 대기오염, 수질오염의 환경문제가 적다

㉲ 취급과 저장이 모두 용이하다.

(5) LPG(액화석유가스)

유전지대에서 생산되는 천연 LPG와 석유정제시에 부산물로 생산되는 석유정제 LPG가 있으며 프로판(C_3H_8), 부탄(C_4H_{10})이 주성분이다.

① 도시가스로 공급하는 방법

㉮ 직접 혼입방식 : 종래의 도시가스에 기화한 LPG를 그대로 공급하는 방식이다.

㉯ 공기 혼합방식 : 기화된 LPG에 일정량의 공기를 혼합하여 공급하는 방식으로 발열량 조절, 재액화 방지, 누설 시 손실 감소, 연소효율 증대 효과를 볼 수 있다.

㉰ 변성 혼입방식 : LPG의 성질을 변경하여 공급하는 방식이다.

② 공기희석 시 발열량 계산

$$Q_2 = \frac{Q_1}{1+x}$$

여기서, Q_1 : 처음상태의 발열량[kcal/m^3]

Q_2 : 공기희석 후 발열량[kcal/m^3]

x : 희석배수 (LPG 기체 1[m^3]에 대하여 혼합(희석)되는 공기가 x[m^3]에 해당되는 것임

2) 가스의 제조

(1) 가스화 방식에 의한 분류

① 열분해 공정(thermal cracking process) : 고온 하에서 탄화수소를 가열하여 수소(H_2), 메탄(CH_4), 에탄(C_2H_6), 에틸렌(C_2H_4), 프로판(C_3H_8) 등의 가스상태의 탄화수소와 벤젠, 톨루엔 등의 조경유 및 타르, 나프탈렌 등으로 분해하고, 고열량 가스

(10000[kcal/Nm^3])를 제조하는 공정이다.

② 접촉분해 공정(steam reforming process) : 촉매를 사용해서 반응온도 400~800[℃]에서 탄화수소와 수증기를 반응시켜 메탄(CH_4), 수소(H_2), 일산화탄소(CO), 이산화탄소(CO_2)로 변환하는 공정이다.

③ 부분연소 공정(partial combustion process) : 탄화수소의 분해에 필요한 열을 로(爐)내에 산소 또는 공기를 흡입시킴에 의해 원료의 일부를 연소시켜 연속적으로 가스를 만드는 공정이다.

④ 수첨분해 공정(hydrogenation cracking process) : 고온, 고압 하에서 탄화수소를 수소 기류 중에서 열분해 또는 접촉분해 하여 메탄(CH_4)을 주성분으로 하는 고열량 가스를 제조하는 공정이다.

⑤ 대체 천연가스 공정(substitute natural process) : 수분, 산소, 수소를 원료 탄화수소와 반응시켜 수증기 개질, 부분연소, 수첨분해 등에 의해 가스화하고 메탄합성, 탈산소 등의 공정과 병용해서 천연가스의 성상과 거의 일치하게끔 가스를 제조하는 공정으로 제조된 가스를 대체천연가스(SNG) 또는 합성천연가스라 한다.

(2) 원료의 송입법에 의한 분류

① 연속식 : 원료는 연속으로 송입되고, 가스의 발생도 연속으로 이루어진다.

② 배치(batch)식 : 일정량의 원료를 가스화 실에 넣어 가스화 하는 방법이다.

③ 사이클릭(cyclic)식 : 연속식과 배치식의 중간적인 방법이다

(3) 가열방식에 의한 분류

① 외열식 : 원료가 들어있는 용기를 외부에서 가열하는 방법이다.

② 축열식 : 반응기내에서 연료를 연소시켜 충분히 가열한 후 원료를 송입하여 가스화하는 방법이다.

③ 부분 연소식 : 원료에 소량의 공기를 혼합하여 반응기에 넣어 원료의 일부를 연소시켜 그 열을 이용하여 원료를 가스화하는 방법이다.

④ 자열식 : 가스화에 필요한 열을 발열반응에 의해 가스를 발생시키는 방법이다.

3) 부취제(付臭製)

(1) 부취제의 종류

① TBM(tertiary butyl mercaptan) : 양파 썩는 냄새가 나며 내산화성이 우수하고 토양투과성이 우수하며 토양에 흡착되기 어렵다. 냄새가 가장 강하다.

② THT(tetra hydro thiophen) : 석탄가스 냄새가 나며 산화, 중합이 일어나지 않는 안정된 화합물이다. 토양의 투과성이 보통이며 토양에 흡착되기 쉽다.

③ DMS(dimethyl sulfide) : 마늘 냄새가 나며 안정된 화합물이다. 내산화성이 우수하며 토양의 투과성이 아주 우수하며 토양에 흡착되기 어렵다. 일반적으로 다른 부취제와 혼합해서 사용한다.

(2) 부취제의 구비 조건

① 화학적으로 안정하고 독성이 없을 것
② 보통 존재하는 냄새(생활취)와 명확하게 식별될 것
③ 극히 낮은 농도에서도 냄새가 확인될 수 있을 것
④ 가스관이나 가스미터 등에 흡착되지 않을 것
⑤ 배관을 부식시키지 않을 것
⑥ 물에 잘 녹지 않고 토양에 대하여 투과성이 클 것
⑦ 완전연소가 가능하고 연소 후 냄새나 유해한 성질이 남지 않을 것

(3) 부취제의 주입 방법

① 액체 주입식 : 부취제를 액상 그대로 가스흐름에 주입하는 방법

㉮ 펌프 주입방식 : 다이어프램 펌프 등에 의해서 부취제를 직접 가스 중에 주입하는 방법

㉯ 적하 주입방식 : 부취제 용기를 배관 상부에 설치하여 중력에 의하여 부취제가 가스배관으로 흘러 내려와 주입하는 방법

㉰ 미터 연결 바이패스 방식 : 바이패스 라인에 설치된 가스미터가 작동되면 가스미터의 구동력을 이용하여 주입하는 방법

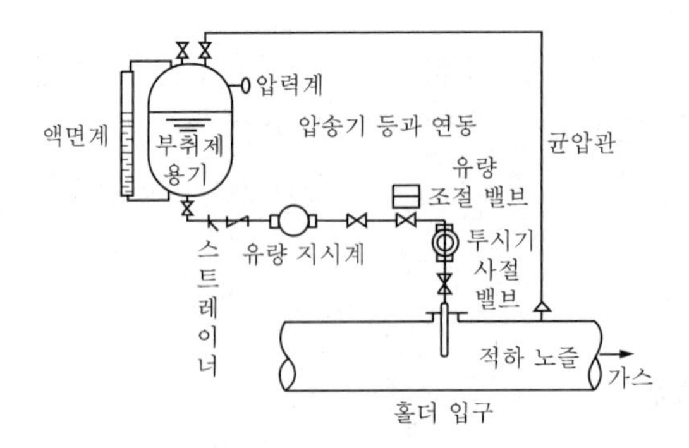

적하 주입 방식

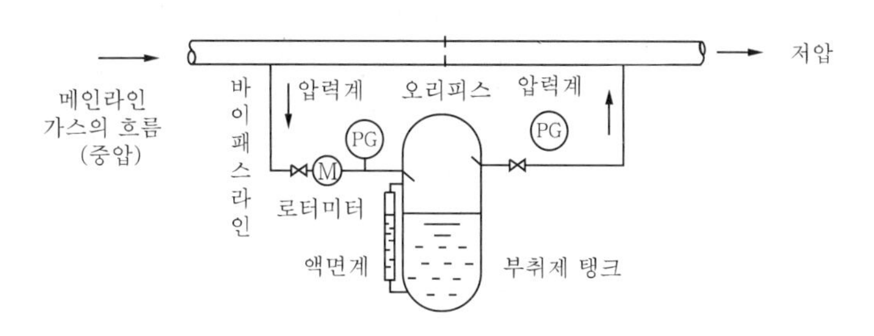

미터연결 바이패스 방식

② 증발식 : 부취제의 증기를 가스흐름에 혼합하는 방식

㉮ 바이패스 증발식 : 바이패스 라인에 설치된 부취제 용기에 가스를 저유속으로 통과시키면서 증발된 부취제가 혼합되도록 한 방식

㉯ 위크 증발식 : 부취제 용기에 아스베스토 심(芯)을 전달하여 부취제가 상승하고 이것에 가스가 접촉하는데 따라 부취제가 증발하여 첨가된다.

③ 착취농도 : 공기 중에 가스가 1/1000의 농도(0.1[%])로 섞였을 때 그 냄새를 느낄 수 있게 한다.

(4) 냄새 농도 측정방법

① 오더(order) 미터법(냄새측정기법) : 공기와 시험가스의 유량조절이 가능한 장비를 이용하여 시료기체를 만들어 감지 희석배수를 구하는 방법

② 주사기법 : 채취용 주사기에 의하여 채취한 일정량의 시험가스를 희석용 주사기에 옮기는 방법에 의하여 시료기체를 만들어 감지희석배수를 구하는 방법

③ 냄새주머니법 : 일정한 양의 깨끗한 공기가 들어있는 주머니에 시험가스를 주사기로 첨가하여 시료기체를 만들어 감지희석배수를 구하는 방법

(5) 부취제 누설 시 제거방법

① 활성탄에 의한 흡착 : 소량 누설 시 적합하다.

② 화학적 산화처리 : 대량 누설 시 차아염소산나트륨을 사용하여 분해 처리한다.

③ 연소법 : 부취제 용기 및 배관을 기름으로 닦고, 그 기름을 연소하는 방법과 부취제 주입용 증기를 퍼지하는 대로 연소 처리하는 방법이다.

01 액화석유가스의 주성분에 해당하지 않는 것은?

① 부탄 ② 헵탄
③ 프로판 ④ 프로필렌

해설 **액화석유가스의 조성** : 석유계 저급 탄화수소의 혼합물로 탄소수가 3개에서 5개 이하의 것을 말하며 프로판(C_3H_8), 부탄(C_4H_{10}), 프로필렌(C_3H_6), 부틸렌(C_4H_8), 부타디엔(C_4H_6) 등이 포함되어 있으며 가장 많이 함유된 것은 프로판(C_3H_8)과 부탄(C_4H_{10})이다.
※헵탄(C_7H_{16})은 탄소수가 7개로 LPG 성분에는 포함되지 않는다.

02 LPG에 대한 설명 중 옳지 않은 것은?

① 액화석유가스의 약자이다.
② 고급 탄화수소의 혼합물이다.
③ 탄소수 3 및 4의 탄화수소 또는 이를 주성분으로 하는 혼합물이다.
④ 무색, 투명하고 물에 난용이다.

해설 LPG는 저급 탄화수소의 혼합물이다.

03 LP가스의 제법이 아닌 것은?

① 원유에서 액화가스를 회수
② 석유정제공정에서 분리
③ 나프타 분해생성물에서 제조
④ 메탄의 부분 산화법으로 제조

해설 **LPG 제조법**
㉮ 습성천연가스 및 원유에서 회수 : 압축냉각법, 흡수유에 의한 흡수법, 활성탄에 의한 흡착법
㉯ 제유소 가스에서 회수 : 원유 정제공정에서 발생하는 가스에서 회수
㉰ 나프타 분해 생성물에서 회수 : 나프타를 이용하여 에틸렌 제조 시 회수
㉱ 나프타의 수소화 분해 : 나프타를 이용하여 LPG 생산이 주목적

04 유전지대에서 채취되는 습성 천연가스와 원유에서 액화석유가스를 회수하는 방법으로 옳지 않은 것은?

① 압축 냉각법
② 흡수유(경유)에 의한 흡수법
③ 활성탄에 의한 흡착법
④ 팽창가열에 의한 탈수법

해설 **습성천연가스 및 원유에서 LPG를 회수하는 방법**
㉮ 압축 냉각법
㉯ 흡수유(경유)에 의한 흡수법
㉰ 활성탄에 의한 흡착법

05 LP가스의 특성에 대한 설명 중 틀린 것은?

① 상온에서 기체로 존재하지만 가압시키면 쉽게 액화가 가능하다.
② 연소 시 다량의 공기가 필요하다.
③ 액체상태의 LP가스는 물보다 무겁다.
④ 연소속도가 늦고 발화온도는 높다.

해설 액체 상태는 물보다 가볍고, 기체 상태는 공기보다 무겁다.

Answer 1. ② 2. ② 3. ④ 4. ④ 5. ③

06 LP가스의 일반적인 성질로서 옳지 않은 것은?

① 물에는 녹지 않으나, 알코올과 에테르에는 용해한다.
② 액체는 물보다 가볍고, 기체는 공기보다 무겁다.
③ 기화는 용이하나, 기화하면 체적의 팽창율은 적다.
④ 증발잠열이 커서 냉매로도 사용할 수 있다.

해설 LP가스의 일반적인 성질
㉮ LP가스는 공기보다 무겁다.
㉯ 액상의 LP가스는 물보다 가볍다.
㉰ 액화, 기화가 쉽다.
㉱ 기화하면 체적이 커진다.
㉲ 기화열(증발잠열)이 크다.
㉳ 무색, 무취, 무미하다.
㉴ 용해성이 있다.
㉵ 정전기 발생이 쉽다.

07 LPG의 성질에 대한 설명 중 틀린 것은?

① 상온, 상압에서는 기체이지만 상온에서도 비교적 낮은 압력으로 액화가 가능하다.
② 프로판의 임계온도는 32.3[℃]이다.
③ 동일 온도 하에서 프로판은 부탄보다 증기압이 높다.
④ 순수한 것은 색깔이 없고 냄새도 없다.

해설 프로판(C_3H_8)의 임계압력은 42[atm], 임계온도는 96.8[℃]이다.

08 LP가스의 연소시의 특성을 나타낸 것이다. 옳지 않은 것은?

① 연소할 때는 많은 공기가 필요하다.
② LP가스는 발열량이 크다.
③ LP가스는 연소범위가 다른 가스에 비하여 비교적 넓다.
④ LP가스는 연소속도가 석탄가스나 일산화탄소에 비하여 비교적 느리다.

해설 LP가스의 연소특징
㉮ 타 연료와 비교하여 발열량이 크다.
㉯ 연소 시 공기량이 많이 필요하다.
㉰ 폭발범위(연소범위)가 좁다.
㉱ 연소속도가 느리다.
㉲ 발화온도가 높다.

09 탄화수소(C_mH_n)의 완전연소 반응식이다. ( ) 안에 알맞은 것은?

$$C_mHn + \left(m + \frac{n}{4}\right)O_2 \rightarrow mCO_2 + (\ )H_2O$$

① n ② $\frac{n}{2}$
③ m ④ $\frac{m}{2}$

해설 탄화수소(C_mH_n)의 완전연소 반응식

$$C_mH_n + \left(m + \frac{n}{4}\right)O_2 \rightarrow mCO_2 + \frac{n}{2}H_2O$$

10 도시가스와 비교한 LP가스의 특성이 아닌 것은?

① 발열량이 높기 때문에 단시간에 온도를 높일 수 있다.
② 열용량이 크므로 작은 배관지름으로도 공급에 무리가 없다.
③ 자가 공급이므로 peak time이나 한가한 때는 일정한 공급을 할 수 없다.
④ 가스의 조성이 일정하고 소규모 또는 일시적으로 사용할 때는 경제적이다.

Answer 6. ③ 7. ② 8. ③ 9. ② 10. ③

해설 충전용기에 의한 자가 공급이므로 피크시간(peak time)이나 한가한 때의 제약을 받지 않는다.

11 LP가스를 자동차용 연료로 사용할 때의 장점이 아닌 것은?

① 배기가스가 깨끗하여 독성이 적다.
② 균일하게 연소하므로 열효율이 좋다.
③ 완전연소에 의해 탄소의 퇴적이 적어 엔진의 수명이 연장된다.
④ 유류탱크보다 연료의 중량 및 체적이 적으므로 차량의 무게가 가벼워진다.

해설 LP가스를 자동차용 연료로 사용할 때의 특징
㉮ 배기가스에는 독성이 적다.
㉯ 완전연소가 되기 때문에 열효율이 높다.
㉰ 황 성분이 적어 기관의 부식 및 마모가 적다.
㉱ 엔진의 수명이 연장된다.
㉲ 용기의 무게와 설치장소가 필요하다.
㉳ 시동 시 급가속은 곤란하다.
㉴ 누설 시 가스가 차내에 들어오지 않도록 차실간을 밀폐시켜야 한다.

12 50[kg]의 C_3H_8을 기화시키면 몇 [m³]가 되는가? (단, STP 상태이고, C, H의 원자량은 각각 12, 1이다.)

① 25.45[m³] ② 50.56[m³]
③ 75.63[m³] ④ 90.72[m³]

해설 C_3H_8의 분자량은 44이므로
44[kg] : 22.4[m³] = 50[kg] : x[m³]

$$\therefore x = \frac{50 \times 22.4}{44} = 25.45[\text{m}^3]$$

별해 STP 상태(0[℃], 101.325[kPa])의 체적을 이상기체 상태방정식을 적용하여 풀이 : SI 단위 적용
$PV = GRT$에서

$$\therefore V = \frac{GRT}{P} = \frac{50 \times \frac{8.314}{44} \times 273}{101.325} = 25.455[\text{m}^3]$$

13 LPG 1[L]는 기체 상태로 변하면 250[L]가 된다. 20[kg]의 LPG가 기체 상태로 변하면 약 몇 [m³]이 되는가? (단, 표준상태이며, 액체의 비중은 0.5이다.)

① 1 ② 5 ③ 7.5 ④ 10

해설 ㉮ LPG 20[kg]을 체적으로 환산

$$\therefore \text{액화가스 체적} = \frac{\text{무게}}{\text{액비중}} = \frac{20}{0.5} = 40[\text{L}]$$

㉯ **기체의 체적 계산** : 액 1[L]가 기체 250[L]로 변하고, 1[m³]는 1000[L]에 해당된다.

$$\therefore \text{기체 체적} = 40 \times 250 \times 10^{-3} = 10[\text{m}^3]$$

14 탄화수소에서 탄소수가 증가할 때에 대한 설명으로 틀린 것은?

① 발화점이 낮아진다.
② 발열량[kcal/m³]이 커진다.
③ 폭발하한계가 낮아진다.
④ 증기압이 높아진다.

해설 탄소수가 증가할 때 나타나는 현상
㉮ 증가 : 비등점, 융점, 비중, 발열량(연소열)
㉯ 감소 : 증기압, 발화점, 폭발하한값, 폭발범위값, 증발잠열, 연소속도

15 공기 중에서 폭발하한이 가장 낮은 탄화수소는?

① CH_4 ② C_4H_{10}
③ C_3H_8 ④ C_2H_6

해설 각 가스의 공기 중에서 폭발범위값

명칭	폭발범위값
메탄(CH_4)	5~15[%]
부탄(C_4H_{10})	1.9~8.5[%]
프로판(C_3H_8)	2.1~9.5[%]
에탄(C_2H_6)	3.0~12.5[%]

※ 탄소수가 많을수록 폭발범위 하한값이 낮아진다.

Answer 11. ④ 12. ① 13. ④ 14. ④ 15. ②

16 다음 중 탄소와 수소의 중량비(C/H)가 가장 큰 것은?

① 에탄 ② 프로필렌
③ 프로판 ④ 메탄

해설 각 가스의 분자량 및 중량비(C/H)

㉮ 에탄(C_2H_6)의 분자량 : 26

$\therefore \frac{C}{H} = \frac{24}{6} = 4$

㉯ 프로필렌(C_3H_6)의 분자량 : 42

$\therefore \frac{C}{H} = \frac{36}{6} = 6$

㉰ 프로판(C_3H_8)의 분자량 : 44

$\therefore \frac{C}{H} = \frac{36}{8} = 4.5$

㉱ 메탄(CH_4)의 분자량 : 16

$\therefore \frac{C}{H} = \frac{12}{4} = 3$

17 20[℃]의 물 50[kg]을 90[℃]로 올리기 위해 LPG를 사용하였다면, 이때 필요한 LPG 양은 몇 [kg]인가? (단, LPG 발열량은 10000[kcal/kg]이고, 열효율은 50[%]이다.)

① 0.5 ② 0.6
③ 0.7 ④ 0.8

해설 $G_f = \frac{G \cdot C \cdot \Delta t}{H_l \cdot \eta}$

$= \frac{50 \times 1 \times (90-20)}{1000 \times 0.5} = 0.7$[kg]

18 0[℃] 얼음 30[kg]을 100[℃] 물로 만들 때 필요한 프로판 질량은 몇 [g]인가? (단, 프로판의 발열량은 12000[kcal/kg]이다.)

① 300 ② 350
③ 400 ④ 450

해설 ㉮ 0[℃] 얼음 → 0[℃] 물 : 잠열

$\therefore Q_1 = G \cdot \gamma$

$= 30 \times 80 = 2400$[kcal]

㉯ 0[℃] 물 → 100[℃] 물 : 현열

$\therefore Q_2 = G \cdot C \cdot \Delta t$

$= 30 \times 1 \times 100 = 3000$[kcal]

㉰ 연료소비량 계산

$\therefore G_f = \frac{Q_1 + Q_2}{H_l}$

$= \frac{2400 + 3000}{12000} \times 1000 = 450$[g]

19 천연가스에 대한 설명 중 맞는 것은?

① 천연가스 채굴 시 상당량의 황화합물이 함유되어 있어 제거해야 한다.
② 천연가스의 주성분은 에탄과 프로판이다.
③ 천연가스의 액화 공정으로는 팽창법만을 이용한다.
④ 천연가스 채굴 시 혼합되어 있는 고분자 탄화수소 혼합물은 분리하지 않는다.

해설 예제 중 옳은 설명

② 천연가스의 주성분은 메탄(CH_4)이다.
③ 천연가스 액화 공정으로는 캐스케이드법(다원 냉동사이클)이 사용된다.
④ 천연가스 채굴 시 혼합되어 있는 고분자 탄화수소 혼합물은 분리 제거한다.

20 천연가스의 성질 중 잘못된 것은?

① 독성이 없고 청결한 가스이다.
② 주성분은 메탄으로 이루어져 있다.
③ 공기보다 무거워 누설 시 바닥에 고인다.
④ 발열량은 약 9500~11000[kcal/m^3] 정도이다.

해설 천연가스는 메탄(CH_4)이 주성분이므로 공기보다 가벼워 누설 시 상부로 확산된다.

Answer 16. ② 17. ③ 18. ④ 19. ① 20. ③

21 도시가스 원료 중 제진, 탈유, 탈탄산, 탈습 등의 전처리를 필요로 하는 것은 어느 것인가?

① 천연가스 ② LNG
③ LPG ④ 나프타

해설 지하에서 생산된 천연가스에는 질소, 탄산가스, 황화수소 등 불순물을 포함하고 있어 전처리 공정에서 제거한다.

22 액화천연가스를 도시가스 원료로 사용할 때 액화천연가스의 특징을 옳게 설명한 것은?

① 천연가스의 C/H 비가 3이고, 기화설비가 필요하다.
② 천연가스의 C/H 비가 4이고, 기화설비가 필요 없다.
③ 천연가스의 C/H 비가 3이고, 가스제조 및 정제설비가 필요하다.
④ 천연가스의 C/H 비가 4이고, 개질설비가 필요하다.

해설 액화천연가스(LNG)는 불순물을 제거한 천연가스(NG)를 액화한 것으로 주성분이 메탄이므로 C/H 비가 3이고, 저온저장설비와 기화설비가 필요하다.

23 LNG의 성질 중 틀린 것은?

① 메탄을 주성분으로 하며 에탄, 프로판, 부탄 등이 포함되어 있다.
② NG가 액화되면 체적이 1/600 로 줄어든다.
③ 무독, 무공해의 청정가스로 발열량이 약 95000[kcal/m^3] 정도로 높다.
④ LNG는 기체 상태에서는 공기보다 가벼우나 액체 상태에서는 물보다 무겁다.

해설 메탄(CH_4)의 액비중은 −164[℃]에서 0.415로 물보다 가볍다.

24 도시가스 원료로 사용되는 LNG의 특징에 대한 설명으로 가장 거리가 먼 것은?

① 기화설비만으로 도시가스를 쉽게 만들 수 있다.
② 냉열 이용이 가능하다.
③ 대기 및 수질 오염 등 환경문제가 없다.
④ 상온에서 쉽게 저장할 수 있다.

해설 LNG의 주성분은 메탄(CH_4)이고, 메탄의 비점은 −161.5[℃]로 초저온 액체이므로 저온 저장설비가 필요하고 설비 재료의 선택과 취급에 주의를 요한다.

25 −160[℃]의 LNG(액비중 : 0.46, CH_4 : 90[%], C_2H_6 : 10[%])를 기화시켜 10[℃]의 가스로 만들면 체적은 몇 배가 되는가?

① 635 ② 614
③ 592 ④ 552

해설 ㉮ LNG의 평균분자량 계산

$\therefore M = (16 \times 0.9) + (30 \times 0.1) = 17.4$

㉯ 기화된 부피 계산 : LNG의 액비중이 0.460이므로 LNG 액체 1[m^3]의 질량은 460[kg]에 해당된다.

$PV = GRT$ 에서

$$\therefore V = \frac{GRT}{P} = \frac{460 \times \frac{8.314}{17.4} \times (273 + 10)}{101.325} = 613.886[\text{m}^3]$$

∴ LNG 액체 1[m^3]가 10[℃]에서 기화되면 기체 613.886[m^3]로 되므로 체적은 약 614배로 된다.

Answer 21. ① 22. ① 23. ④ 24. ④ 25. ②

26 LNG 저장탱크에서 상이한 액체 밀도로 인하여 층상화된 액체의 불안정한 상태가 바로잡힐 때 생기는 LNG의 급격한 물질 혼입현상으로 상당한 양의 증발가스가 발생하는 현상은?

① 롤 오버(roll-over) 현상
② 증발(boil-off) 현상
③ BLEVE 현상
④ 파이어 볼(fire ball) 현상

27 BOG(boil Off Gas)란 무슨 뜻인가?

① 엘엔지(LNG) 저장 중 열 침입으로 발생한 가스
② 엘엔지(LNG) 저장 중 사용하기 위하여 기화시킨 가스
③ 정유탑 상부에 생성된 오프가스(off gas)
④ 정유탑 상부에 생성된 부생가스

해설 BOG(Boil Off Gas) : 증발가스라 하며 LNG 저장 중 자연 입열에 의하여 기화된 가스이다.

28 정유가스(off gas)의 주성분은?

① $H_2 + CH_4$　② $CH_4 + CO$
③ $H_2 + CO$　④ $CO + C_3H_8$

해설 정유가스(off gas) : 석유정제, 석유화학 계열 공장에서 부산물로 생산되는 가스로 수소(H_2)와 메탄(CH_4)이 주성분이다.

29 나프타의 성상과 가스화에 미치는 영향 중 PONA 값의 각 의미에 대하여 잘못 나타낸 것은?

① P : 파라핀계 탄화수소
② O : 올레핀계 탄화수소
③ N : 나프텐계 탄화수소
④ A : 지방족 탄화수소

해설 A : 방향족 탄화수소로 벤젠(C_6H_6)이 해당된다.

30 가스용 납사(Naphtha) 성분의 구비조건으로 옳지 않은 것은?

① 유황분이 적을 것
② 나프텐계 탄화수소가 많을 것
③ 카본 석출이 적을 것
④ 유출온도 종점이 높지 않을 것

해설 가스용 납사(Naphtha)의 구비조건
㉮ 파라핀계 탄화수소가 많을 것
㉯ 유황분이 적을 것
㉰ 카본(carbon) 석출이 적을 것
㉱ 촉매의 활성에 영향을 미치지 않을 것
㉲ 유출온도 종점이 높지 않을 것

31 나프타(Naphtha)에 대한 설명으로 옳지 않은 것은?

① 원유의 상압증류에서 비점이 200[℃] 이하의 유분을 뜻한다.
② 고비점 유분 및 황분이 많은 것은 바람직하지 않다.
③ 비점이 130[℃] 이하인 것을 보통 경질 나프타라 한다.
④ 가스화 효율이 좋으려면 올레핀계 탄화수소량이 많은 것이 좋다.

해설 파라핀계 탄화수소량이 많은 것이 가스화 효율이 좋다.

Answer 26. ① 27. ① 28. ① 29. ④ 30. ② 31. ④

32 LPG를 이용한 도시가스 공급방식이 아닌 것은?

① 변성 혼입방식 ② 공기 혼합방식
③ 직접 혼입방식 ④ 가압 혼입방식

해설 LPG를 도시가스로 공급하는 방법
㉮ **직접 혼입방식** : 종래의 도시가스에 기화한 LPG를 그대로 공급하는 방식
㉯ **공기 혼합방식** : 기화된 LPG에 일정량의 공기를 혼합하여 공급하는 방식
㉰ **변성 혼입방식** : LPG의 성질을 변경하여 공급하는 방식

33 프로판가스의 총발열량은 24000[kcal/Nm³]이다. 이를 공기와 혼합하여 12000[kcal/Nm³]의 도시가스를 제조하려면 프로판가스 1[Nm³]에 대하여 얼마를 혼합하여야 하는가?

① 0.5[Nm³] ② 1[Nm³]
③ 2[Nm³] ④ 3[Nm³]

해설 $Q_2 = \frac{Q_1}{1+x}$ 에서

$\therefore x = \frac{Q_1}{Q_2} - 1 = \frac{24000}{12000} - 1 = 1[\text{Nm}^3]$

34 촉매를 사용하여 사용온도 400~800[℃]에서 탄화수소와 수증기를 반응시켜 메탄, 수소, 일산화탄소, 이산화탄소로 변환하는 방법은?

① 열분해 공정 ② 접촉분해 공정
③ 부분연소 공정 ④ 수소화 분해공정

35 LNG와 SNG에 대한 설명으로 맞는 것은?

① 액체상태의 나프타를 LNG라 한다.
② SNG는 대체천연가스 또는 합성천연가스를 말한다.
③ SNG는 순수 천연가스를 말한다.
④ SNG는 각종 도시가스의 총칭이다.

해설 ㉮ LNG(Liquefied Natural Gas) : 액화천연가스
㉯ SNG(Substitute Natural Gas) : 대체천연가스 또는 합성천연가스

36 도시가스제조 공정 중 가열방식에 의한 분류에서 산화나 수첨반응에 의한 발열반응을 이용하는 방식은?

① 외열식 ② 자열식
③ 축열식 ④ 부분 연소식

해설 가열방식에 의한 분류
㉮ **외열식** : 원료가 들어 있는 용기를 외부에서 가열하는 방법이다.
㉯ **축열식** : 반응기 내에서 연료를 연소시켜 충분히 가열한 후 원료를 송입하여 가스화 하는 방법이다.
㉰ **부분 연소식** : 원료에 소량의 공기와 혼합하여 가스 발생의 반응기에 넣어 원료의 일부를 연소시켜 그 열을 이용하여 원료를 가스화하는 방법이다.
㉱ **자열식** : 가스화에 필요한 열을 발열반응에 의해 가스를 발생시키는 방식

37 제조가스 중에 포함된 불순물과 그로 인한 장해에 대한 설명으로 가장 옳은 것은?

① 황, 질소화합물은 배관, 정압기 기구의 노즐에 부착하여 그 기능을 저하시키거나 저해하게 된다.
② 물은 가스의 승압, 냉각에 의한 물, 얼음, 물과 탄화수소와 수화물을 생성하여 배관 등의 부식을 조장하고 배관, 밸브 등을 폐쇄시킨다.
③ 나프탈렌, 타르, 먼지는 가스 중의 산소와 반응하여 NO_2로 되며, NO_2는 불포화

Answer 32. ④ 33. ② 34. ② 35. ② 36. ② 37. ②

탄화수소와 반응하여 고무가 생성된다. 이 고무는 배관, 정압기, 기구의 노즐에 부착하여 그 기능을 저하시키고 저해하게 된다.

④ 산화질소(NO), 고무는 연소에 의하여 아황산가스, 아초산, 초산이 발생하여 인체나 가축에 피해를 주며 가스기구, 배관, 정압기 등의 기물을 부식시킨다.

해설 각 항목의 장해 원인 물질
① 나프탈렌, 타르, 먼지의 장해
③ 산화질소, 고무(gum)의 장해
④ 황, 질소화합물의 장해

38 **국내 도시가스 연료로 사용되고 있는 LNG와 LPG(+Air)의 특성에 대한 설명 중 틀린 것은?**

① 모두 무색, 무취이나 누출할 경우 쉽게 알 수 있도록 냄새 첨가제(부취제)를 넣고 있다.
② LNG는 냉열이용이 가능하나, LPG(+Air)는 냉열이용이 가능하지 않다.
③ LNG는 천연고무에 대한 용해성이 있으나, LPG(+Air)는 천연고무에 대한 용해성은 없다.
④ 연소 시 필요한 공기량은 LNG가 LPG보다 적다.

해설 LPG(+Air)는 천연고무, 윤활유, 그리스, 페인트 등에 대하여 용해성이 있다.

39 **도시가스 부취제에 대한 설명으로 옳은 것은?**

① TBM(tertiary butyl mercaptan)은 보통 충격의 석탄가스 냄새가 난다.
② DMS(dimethyl sulfide)는 공기 중에서 일부 산화되며, 내산화성이 약한 단점이 있다.
③ THT(tetra hydro thiophen)는 화학적으로 안정한 물질이므로 산화, 중합 등이 일어나지 않는다.
④ DMS(dimethyl sulfide)는 토양 투과성이 낮아 흡착되기가 쉽다.

해설 부취제의 종류 및 특징
㉮ TBM(tertiary butyl mercaptan) : 양파 썩는 냄새가 나며 내산화성이 우수하고 토양 투과성이 우수하며 토양에 흡착되기 어렵다.
㉯ THT(tetra hydro thiophen) : 석탄가스 냄새가 나며 산화, 중합이 일어나지 않는 안정된 화합물이다. 토양의 투과성이 보통이며, 토양에 흡착되기 쉽다.
㉰ DMS(dimethyl sulfide) : 마늘 냄새가 나며 안정된 화합물이다. 내산화성이 우수하며 토양의 투과성이 아주 우수하며 토양에 흡착되기 어렵다.

40 **도시가스가 누출될 경우 조기에 발견하여 중독과 폭발을 방지하려고 공급가스를 부취시킨다. 이때 부취제의 성질과 무관한 것은?**

① 독성이 없을 것
② 낮은 농도에서도 냄새가 확인될 것
③ 완전연소 후에 냄새를 남길 것
④ 화학적으로 안정될 것

해설 부취제의 구비조건
㉮ 화학적으로 안정하고 독성이 없을 것
㉯ 보통 존재하는 냄새와 명확하게 식별될 것
㉰ 극히 낮은 농도에서도 냄새가 확인될 수 있을 것
㉱ 가스관이나 가스미터 등에 흡착되지 않을 것
㉲ 배관을 부식시키지 않을 것
㉳ 물에 잘 녹지 않고 토양에 대하여 투과성이 클 것
㉴ 완전연소가 가능하고, 연소 후 냄새나 유해한 성질이 남지 않을 것

Answer 38. ③ 39. ③ 40. ③

41 액체 주입식 부취제 설비의 종류에 해당되지 않는 것은?

① 위크 증발식
② 적하 주입식
③ 펌프 주입식
④ 미터연결 바이패스식

해설 부취제 주입 방법 분류 및 종류
㉮ 액체 주입식 : 펌프 주입방식, 적하 주입방식, 미터연결 바이패스식
㉯ 증발식 : 바이패스 증발식, 위크 증발식

42 부취제 주입방법에 대한 설명으로 틀린 것은?

① 펌프 주입방식은 부취제 첨가율의 조절이 용이하며 주로 대규모 공급용으로 적합하다.
② 바이패스 증발식은 온도, 압력 등의 변동에 따라 부취제의 첨가율이 변동하며 주로 중, 소규모용으로 적합하다.
③ 적하 주입방식은 부취제 첨가율을 일정하게 하기 위해 수동조절이 필요 없고 주로 대규모용으로 적합하다.
④ 위크 증발식은 부취제 첨가량의 조절이 어렵고, 주로 소규모용으로 적합하다.

해설 적하 주입방식은 부취제 첨가율 조정을 니들밸브, 전자밸브 등으로 하지만 정도(精度)가 낮으므로 유량변동이 작은 소규모용으로 적합하다.

43 도시가스 누출 시 냄새에 의한 감지를 위하여 냄새나는 물질을 첨가하는 올바른 방법은?

① 1/100의 상태에서 감지 가능할 것
② 1/500의 상태에서 감지 가능할 것
③ 1/1000의 상태에서 감지 가능할 것
④ 1/2000의 상태에서 감지 가능할 것

해설 부취제의 공기 중 착취농도
1/1000의 농도(0.1[%])

44 도시가스에는 가스 누출 시 신속한 인지를 위해 냄새가 나는 물질(부취제)를 첨가하고 정기적으로 농도를 측정하도록 하고 있다. 다음 중 농도측정방법이 아닌 것은?

① 오더(Order) 미터법
② 주사기법
③ 냄새주머니법
④ 헴펠(Hempel)법

해설 부취제 농도 측정방법
㉮ **오더(order) 미터법[냄새측정기법]** : 공기와 시험가스의 유량조절이 가능한 장비를 이용하여 시료기체를 만들어 감지 희석배수를 구하는 방법
㉯ **주사기법** : 채취용 주사기에 의하여 채취한 일정량의 시험가스를 희석용 주사기에 옮기는 방법에 의하여 시료기체를 만들어 감지희석배수를 구하는 방법
㉰ **냄새주머니법** : 일정한 양의 깨끗한 공기가 들어 있는 주머니에 시험가스를 주사기로 첨가하여 시료기체를 만들어 감지희석배수를 구하는 방법
㉱ **무취실법**

45 부취제가 누설 되었을 때 제거 방법과 관계없는 것은?

① 연소법
② 방출법
③ 화학적 산화처리
④ 활성탄에 의한 흡착

해설 부취제 누설 시 제거 방법
㉮ 활성탄에 의한 흡착
㉯ 화학적 산화처리
㉰ 연소법

Answer 41. ① 42. ③ 43. ③ 44. ④ 45. ②

3장 LPG 및 도시가스 설비

1. LPG 설비

1) LPG의 이입 · 충전방법

(1) 차압에 의한 방법

펌프 등을 사용하지 않고 압력차를 이용하는 방법 (탱크로리〉저장탱크)

(2) 액펌프에 의한 방법

① 기상부에 균압관이 없는 경우 : 펌프를 이용하여 탱크로리의 LPG를 저장탱크로 압송하는 방식으로 기상부의 균압관이 없기 때문에 대용량의 펌프가 필요하다.

② 기상부의 균압관이 있는 경우 : 탱크로리와 저장탱크와의 균압관(vapor line)을 연결하여 양측을 균압상태로 한 후 짧은 시간 내에 대용량으로 충전 시 사용된다.

③ 펌프의 종류 : 원심펌프, 기어펌프, 베인펌프

④ 장점

㉮ 재액화 현상이 없다. ㉯ 드레인 현상이 없다.

⑤ 단점

㉮ 충전시간이 길다. ㉯ 잔가스 회수가 불가능하다.

㉰ 베이퍼 로크(vapor lock) 현상이 일어나 누설의 원인이 된다.

(3) 압축기에 의한 방법

① 저장탱크 상부의 가스를 흡입하여 탱크로리 상부를 가압한다.

② 저장탱크의 압력은 내려가고, 탱크로리의 압력은 상승되므로 압력차에 의하여 탱크로리의 액이 저장탱크로 이송된다.

③ 액이송이 끝나면 반대로 액라인을 닫고 탱크로리 상부의 가스를 흡입하여 잔가스를 회수할 수 있다(이때 탱크로리의 압력은 대기압 이상으로 한다).

④ 장점

㉮ 펌프에 비해 이송시간이 짧다.

㉯ 잔 가스 회수가 가능하다.

㉰ 베이퍼 로크 현상이 없다.

⑤ 단점

㉮ 부탄의 경우 재액화 현상이 일어난다.

㉯ 압축기 오일이 탱크에 유입되어 드레인의 원인이 된다.

⑥ 압축기 부속기기

㉮ 액트랩(액 분리기) : 압축기 흡입측에 설치하여 흡입가스에 포함된 액을 분리하여 액압축을 방지한다.

㉯ 자동정지 장치 : 흡입, 토출압력이 설정압력 이상 또는 이하로 되었을 때 운전을 정지시켜 압축기를 보호한다.

㉰ 사방밸브(4-way valve) : 압축기의 흡입측과 토출측을 전환하여 액 이송과 가스 회수를 동시에 할 수 있다.

㉱ 유분리기 : 토출 측에 설치하여 가스와 윤활유를 분리한다.

(4) 이입·충전작업을 중단해야 하는 경우

① 과충전이 되는 경우

② 충전작업 중 주변에서 화재 발생시

③ 탱크로리와 저장탱크를 연결한 호스 등에서 누설이 되는 경우

④ 압축기 사용 시 워터해머(액 압축)가 발생하는 경우

⑤ 펌프 사용 시 액 배관 내에서 베이퍼 로크가 심한 경우

2) LPG 저장 및 수송설비

(1) 수입기지

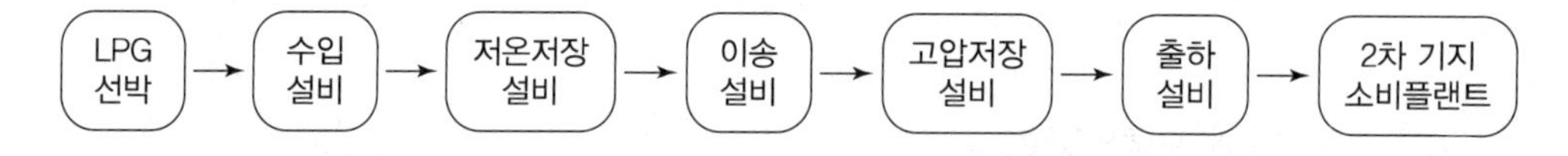

(2) 수송방법

① 용기에 의한 방법 : 충전용기 자체가 저장설비로 이용될 수 있고 소량 수송의 경우 편리하지만, 수송비가 많이 소요되고 취급 부주의로 사고위험성이 높다.

② 탱크로리에 의한 방법 : 기동성이 있어 장·단거리에 적합하고 다량 수송이 가능하지만 탱크로리의 탱크가 필요하다.

③ 철도차량에 의한 방법 : 철도에 부설된 유조차로 한 빈에 대량 수송이 가능하다.

④ 유조선에 의한 방법 : 해상수입 설비가 있는 공급기지나 대량 소비자에게 수송하는 경우에 사용되는 방법이다.

⑤ 파이프 라인(pipe line)에 의한 방법

(3) 저장방법

① 용기에 의한 저장 : 가스소비량이 적은 경우 충전용기를 여러 개 설치하여 자연기화 방법, 강제기화에 의해서 사용한다.

② 횡형 원통형 탱크에 의한 저장 : 대량으로 사용하는 곳에 적합하다.

③ 구형 탱크에 의한 저장 : 소비량이 수백 톤 이상의 대량 소비처에 적합하다.

3) LPG 공급설비

(1) 자연 기화 방식

용기내의 LPG가 대기 중의 열을 흡수해서 기화하는 방식으로 기화능력에 한계가 있고, 가스 조성 및 발열량 변화가 크다.

(2) 강제 기화 방식

① 생(生)가스 공급방식 : 기화기(Vaporizer)에 의해서 기화된 가스 그대로 공급하는 방법이다.

② 공기 혼합가스(air dilute gas) 공급 방식 : 기화된 LPG에 일정량의 공기를 혼합하여 공급하는 방법이다.

참•고

※ 공기 혼합가스 공급 시 장점(목적)
① 발열량 조절 ② 연소효율 증대 ③ 누설 시 손실 감소 ④ 재액화 방지

③ 변성가스 공급 방식 : 부탄을 고온의 촉매를 이용하여 메탄, 수소, 일산화탄소 등의 가스로 변성시켜 공급하는 방법이다.

4) LPG 사용설비

(1) LPG 충전용기

① 탄소강으로 제작하며 용접용기(계목용기)이다.

② 용기 재질은 사용 중 견딜 수 있는 연성, 전성, 강도가 있어야 한다.

③ 내식성, 내마모성이 있어야 한다.

④ 안전밸브는 스프링식을 부착한다.

⑤ 충전량 계산식

$$G = \frac{V}{C}$$

여기서, G : 충전질량[kg]

V : 용기 내용적[L]

C : 충전상수($C_3H_8 = 2.35$, $C_4H_{10} = 2.05$)

(2) 조정기(調整器 : regulator)

① 기능 : 유출압력 조절로 안정된 연소를 도모하고, 소비가 중단되면 가스를 차단한다.

② 구조

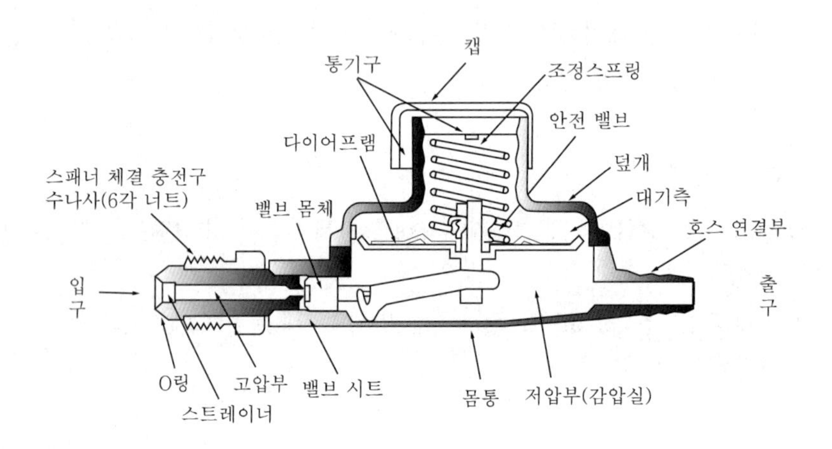

조정기의 구조

③ 조정기의 종류 특징

㉮ 단단 감압식 조정기

ⓐ 저압 조정기 : 가정, 소규모 소비지에서 조정기 1개로 감압하여 사용한다.

ⓑ 준저압 조정기 : 식당 등에서 다량으로 소비할 때 조정기 1개로 5~30[kPa]로 감압하여 사용한다.

ⓒ 장점 : 장치가 간단하다. 조작이 간단하다.

ⓓ 단점 : 배관 지름이 커야 한다. 최종압력이 부정확하다.

㉯ 2단 감압식 조정기 : 1차 조정기와 2차 조정기를 사용하여 가스를 공급한다.

ⓐ 장점

㉠ 입상배관에 의한 압력손실을 보정할 수 있다.

㉡ 가스 배관이 길어도 공급압력이 안정된다.

㉢ 각 연소기구에 알맞은 압력으로 공급이 가능하다.

㉣ 중간 배관의 지름이 작아도 된다.

ⓑ 단점

㉠ 설비가 복잡하고, 검사방법이 복잡하다.

㉡ 조정기 수가 많아서 점검 부분이 많다.

㉢ 부탄의 경우 재액화의 우려가 있다.

㉣ 시설의 압력이 높아서 이음방식에 주의하여야 한다.

㉰ 자동교체식 조정기

ⓐ 분리형 : 2단 감압 방식이며 2단 1차 기능과 자동교체 기능을 동시에 발휘한다.

ⓑ 일체형 : 2차측 조정기 1개로서 각 연소기구의 사용압력을 일체로 조정해 준다.

ⓒ 자동교체식 조정기 사용 시 장점

㉠ 전체용기 수량이 수동교체식의 경우보다 적어도 된다.

㉡ 잔액이 거의 없어질 때까지 소비된다.

㉢ 용기 교환주기의 폭을 넓힐 수 있다.

㉣ 분리형을 사용하면 배관의 압력손실을 크게 해도 된다.

⑥ 조정기의 성능 : 조정압력 3.3[kPa] 이하인 조정기만 해당

㉮ 조정 압력 : 2.3~3.3[kPa]

㉯ 폐쇄 압력 : 3.5[kPa] 이하

㉰ 안전장치 작동압력

ⓐ 표준압력 : 7[kPa]

ⓑ 작동개시압력 : 5.6~8.4[kPa]

ⓒ 작동정지압력 : 5.04~8.4[kPa]

㉱ 조정기 용량 : 총 가스소비량의 1.5배 이상

(3) 기화기(vaporizer)

① 기능 : 용기 또는 저장탱크의 LP가스를 그 상태로 또는 감압하여 열교환기에 넣어 가스화 시키는 것으로 온수 등으로 강제적으로 가열하는 방식이 사용되어지고 있다.

② 구성 3요소 : 기화부, 제어부, 조압부

③ 기화기의 구조

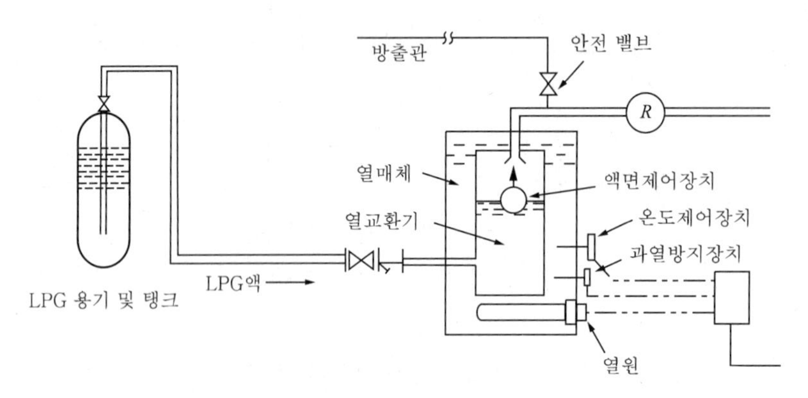

기화 장치의 구조도

㉮ 열교환기 : 액체상태의 LP가스를 열교환에 의해 가스화 시키는 부분

㉯ 온도 제어장치 : 열매체 온도를 일정범위 내에 보존하기 위한 장치

㉰ 과열 방지장치 : 열매체 온도가 이상 상승하였을 때 입열을 차단시키는 장치

㉱ 액면 제어장치 : 액체 상태의 LP가스가 열교환기 외부로 유출되는 것을 방지하는 장치

㉲ 압력 조정기 : 기화된 LP가스를 사용압력으로 조정하는 장치

㉳ 안전밸브 : 내부 압력이 이상 상승하였을 때 가스압을 외부로 방출하는 장치

④ 기화기 사용 시 장점

㉮ 한랭시에도 연속적으로 가스공급이 가능하다.

㉯ 공급가스의 조성이 일정하다.

㉰ 설치 면적이 작어진다.

㉱ 기화량을 가감할 수 있다.

㉲ 설비비 및 인건비가 절약된다.

(4) 배관 설비

① 가스배관의 종류

㉮ 강관

ⓐ 특징

㉠ 인장강도 및 내충격성이 크다.

㉡ 배관작업이 용이하다.

㉢ 비철금속관에 비교하여 경제적이다.

㉣ 부식으로 인한 배관수명이 짧다.

ⓑ 스케줄 번호(schedule number) : 사용압력과 배관재료의 허용응력과의 비에 의하여 배관두께의 체계를 표시한 것이다.

$$Sch\,No = 10 \times \frac{P}{S}$$

여기서, P : 사용압력[kgf/cm^2] S : 재료의 허용응력[kgf/mm^2]

$\left(S = \frac{\text{인장강도}[\text{kgf/mm}^2]}{\text{안전율}}\right)$ → 일반적으로 안전율은 "4"를 적용

ⓒ 강관의 종류 및 특징

강관의 종류 및 특징

	종류	규격 기호	주요 용도 및 기타 사항
배관용	배관용 탄소강관	SPP	사용 압력이 비교적 낮은(0.1[MPa] 이하) 증기, 물, 기름, 가스 및 공기의 배관용으로 사용되며 백관과 흑관이 있다. 호칭 6[A]~500[A]
	압력배관용 탄소강관	SPPS	350[℃] 이하의 온도에서 압력 1~10[MPa]까지의 배관에 사용한다. 호칭은 호칭 지름과 두께(스케줄 번호)에 의한다. 호칭 6[A]~500[]A
	고압 배관용 탄소강관	SPPH	350[℃] 이하의 온도에서 압력 10[MPa] 이상의 배관에 사용한다. 호칭은 SPPS관과 동일하다. 호칭 6[A]~500[A]
	고온 배관용 탄소강관	SPHT	350[℃] 이상의 온도에서 사용하는 배관용이다. 호칭은 SPPS 관과 동일하다. 호칭 6[A]~500[A]
	저온 배관용 탄소강관	SPLT	빙점 이하의 저온도 배관에 사용한다. 두께는 스케줄 번호에 의한다. 호칭 6[A]~500[A]
	배관용 아크 용접 탄소강관	SPW	사용 압력 1[MPa] 이하의 비교적 낮은 증기, 물, 기름, 가스 및 공기 등의 배관용이다. 호칭 350[A]~1500[A]
	배관용 합금 강관	SPA	주로 고온도의 배관에 사용한다. 두께는 스케줄 번호에 의한다. 호칭 6[A]~500[A]
	배관용 스테인리스 강관	STS×T	내식용, 내열용 및 고온 배관용, 저온 배관용 사용한다. 두께는 스케줄 번호에 의한다. 호칭 6[A]~300[A]
	연료가스 배관용 탄소강관	SPPG	SPP관 보다 기계적 성질을 향상시킨 재료로 주로 연료가스 사용시설의 내관에 사용한다.
수도용	수도용 아연 도금 강관	SPPW	SPP관에 아연도금을 실시한 관으로 정수두 100[m] 이하의 수도에서 주로 급수관에 사용한다. 호칭 6[A]~500[A]
	수도용 도복장 강관	STPW	SPP관 또는 SPW관에 피복한 관으로 정수두 100[m] 이하의 수도용에 사용한다. 호칭 80[A]~1500[A]

종류		규격 기호	주요 용도 및 기타 사항
열전달용	보일러 열교환기용 탄소강관	STBH	관의 내외에서 열의 교환을 목적으로 하는 곳에 사용한다. 보일러의 수관, 연관, 과열관, 공기 예열관, 화학공업용이나 석유공업의 열교환기 콘덴서 관, 촉매관, 가열관 등에 사용한다. 관 지름 관 지름 15.9~139.8[mm], 두께 1.2~12.5[mm]이다.
	보일러 열교환기용 합금강관	STHA	
	보일러 열교환기용 스테인리스 강관	STS×TB	
	저온 열교환기용 강관	STLT	빙점 이하의 특히 낮은 온도에서관의 내외에서 열의 교환을 목적으로 하는 관이다. 열 교환 기관, 콘덴서관에 사용한다.
구조용	일반구조용 탄소강관	SPS	토목, 건축, 철탑, 발판, 지주, 비계, 말뚝, 기타의 구조물에 사용한다. 관 지름 21.7~1016[mm], 두께 1.2~12.5[mm]이다.
	기계 구조용 탄소강관	SM	기계, 항공기, 자동차. 자전거, 가구, 기구 등의 기계부품에 사용한다.
	구조용 합금강관	STA	항공기, 자동차. 기타의 구조물에 사용한다.

㉯ 가스용 폴리에틸렌관(PE관 : polyethylene pipe) : 에틸렌을 중합시킨 열가소성 수지로 가열하면 경화가 되며, 더욱 가열하면 녹아 유동성을 갖는다.

ⓐ 가스용 폴리에틸렌관 설치 기준

㉠ 관은 매몰하여 시공

㉡ 관의 굴곡 허용반지름 : 바깥지름의 20배 이상

㉢ 탐지형 보호포, 로케팅 와이어(단면적 6[mm^2] 이상) 설치

㉣ 허용압력 범위

SDR	허용압력
11 이하	0.4[MPa] 이하
17 이하	0.25[MPa] 이하
21 이하	0.2[MPa] 이하

※ SDR(standard dimension ration) $= \dfrac{\text{D(바깥지름)}}{\text{t(최소두께)}}$

ⓑ 이음 방법 : 융착(용융+압착)이음을 한다.

㉠ 맞대기 융착(butt fusion)이음 : 관을 직접 맞대어 이음

㉡ 소켓 융착(socket fusion)이음 : 관을 부속(소켓)에 끼워 넣어 이음

㉢ 새들 융착(saddle fusion)이음 : 관 중간에서 분기할 때 사용하는 이음

㉰ 폴리에틸렌 피복강관(PLP관) : 연료가스 배관용 탄소강관(SPPG) 외면에 폴리에틸렌을 코팅하여 부식에 견딜 수 있게 한 것으로 매설배관재로 사용한다.

② 배관내의 압력손실

㉮ 마찰저항에 의한 압력손실

ⓐ 유속의 2승에 비례한다(유속이 2배이면 압력손실은 4배이다).

ⓑ 관의 길이에 비례한다(길이가 2배이면 압력손실도 2배이다).

ⓒ 관 안지름의 5승에 반비례 한다(지름이 1/2로 작아지면 압력손실은 32배이다).

ⓓ 관 내벽의 상태와 관계있다(내면의 상태가 거칠면 압력손실이 커진다).

ⓔ 유체의 점도와 관계있다(유체의 점도가 커지면 압력손실이 커진다).

ⓕ 압력과는 관계없다.

㉯ 입상배관에 의한 압력손실

$$H = 1.293(S-1)h$$

여기서, H : 가스의 압력손실[mmH_2O]

S : 가스의 비중

h : 입상높이[m]

※ 가스비중이 공기보다 작은 경우 '−' 값이 나오면 압력이 상승되는 것이다.

③ 유량 및 관지름 계산

㉮ 저압배관

$$Q = K\sqrt{\frac{D^5 \cdot H}{S \cdot L}} \text{ 에서 } \quad D = \sqrt[5]{\frac{Q^2 \cdot S \cdot L}{K^2 \cdot H}}$$

여기서, Q : 가스의 유량[m^3/h]　　D : 관 안지름[cm]

H : 압력손실[mmH_2O]　　S : 가스의 비중

L : 관의 길이[m]　　K : 유량계수(폴의 정수 : 0.707)

㉯ 중·고압

$$Q = K\sqrt{\frac{D^5 \cdot (P_1^2 - P_2^2)}{S \cdot L}}, \quad D = \sqrt[5]{\frac{Q^2 \cdot S \cdot L}{K^2 \cdot (P_1^2 - P_2^2)}}$$

여기서, Q : 가스의 유량[m^3/h]　　D : 관 안지름[cm]

P_1 : 초압[$kgf/cm^2 \cdot a$]　　P_2 : 종압[$kgf/cm^2 \cdot a$]

L : 관의 길이[m]　　S : 가스의 비중

K : 유량계수(코크스의 상수 : 52.31)

⑤ 배관에서의 응력 및 진동

㉮ 응력의 원인

ⓐ 열팽창에 의한 응력

ⓑ 내압에 의한 응력

ⓒ 냉간가공에 의한 응력

ⓓ 용접에 의한 응력

ⓔ 배관 재료의 무게에 의한 응력

ⓕ 배관 부속물 등에 의한 응력

㉯ 진동의 원인

ⓐ 펌프, 압축기에 의한 영향

ⓑ 유체의 압력변화에 의한 영향

ⓒ 안전밸브 작동에 의한 영향

ⓓ 바람, 지진 등에 의한 영향

ⓔ 관의 굴곡에 의해 생기는 힘의 영향

(5) 연소기구

① 연소용 공기 및 배기가스에 의한 분류

구 분	연소용 공기	배기가스	비 고
개방식	실내	실내	환기구, 환풍기 설치
반밀폐식	실내	실외	급기구, 배기통 설치
밀폐식	실외	실외	배기통 설치

② 연소방식의 분류 및 특징

㉮ 적화식(赤火式) : 연소에 필요한 공기를 2차 공기로 취하는 방식으로 역화와 소화음(消火音), 연소음이 없다. 공기조절이 불필요하며 가스압이 낮은 곳에서도 사용할 수 있다. 순간온수기, 파일럿 버너 등에 사용된다.

㉯ 분젠식 : 가스를 노즐로부터 분출시켜 그 주위의 공기를 1차 공기로 흡입하는 방식으로 연소속도가 빠르고, 선화현상 및 소화음, 연소음이 발생한다. 일반가스기구에 사용된다.

㉰ 세미 분젠식 : 적화식과 분젠식의 혼합형으로 1차 공기량을 40[%] 미만 취하는 방식으로 역화의 위험이 적다.

㉱ 전1차 공기식 : 연소용 공기를 송풍기로 압입하여 가스와 강제 혼합하여 필요한 공기를 1차 공기로 하여 연소하는 방식이다. 공업용 로 등에 사용된다.

③ 노즐에서 가스 분출량 계산

$$Q = 0.011K \cdot D^2\sqrt{\frac{P}{d}} = 0.009D^2\sqrt{\frac{P}{d}}$$

여기서, Q : 분출가스량[m^3/h], K : 유출계수(0.8), D : 노즐지름[mm]
d : 가스 비중, P : 노즐 직전의 가스압력[mmH_2O]

④ 연소 기구에서 발생하는 이상 현상

㉮ 역화(back fire) : 가스의 연소 속도가 염공에서의 가스 유출속도보다 크게 됐을 때 불꽃은 염공에서 버너 내부에 침입하여 노즐의 선단에서 연소하는 현상(가스 연소속도 > 가스 유출속도)으로 원인은 다음과 같다.

ⓐ 염공이 크게 되었을 때
ⓑ 노즐의 구멍이 너무 크게 된 경우
ⓒ 콕이 충분히 개방되지 않은 경우
ⓓ 가스의 공급압력이 저하되었을 때
ⓔ 버너가 과열된 경우

㉯ 선화(lifting) : 염공에서 가스의 유출속도가 연소 속도보다 커서 염공에 접하여 연소하지 않고 염공을 떠나 공간에서 연소하는 현상(가스 연소속도 < 가스 유출속도)으로 원인은 다음과 같다.

ⓐ 염공이 작아졌을 때
ⓑ 공급압력이 지나치게 높을 경우
ⓒ 배기 또는 환기가 불충분할 때 (2차 공기량 부족)
ⓓ 공기 조절장치를 지나치게 개방하였을 때 (1차 공기량 과다)

㉰ 블로 오프(blow off) : 불꽃 주변 기류에 의하여 불꽃이 염공에서 떨어져 연소하는 현상으로 심하면 불꽃이 꺼져 버린다.

㉱ 엘로 팁(yellow tip) : 불꽃의 끝이 적황색으로 되어 연소하는 현상으로 연소반응이 충분한 속도로 진행되지 않을 때, 1차 공기량이 부족하여 불완전연소가 될 때 발생한다.

㉲ 불완전 연소의 원인

ⓐ 공기 공급량 부족
ⓑ 배기 불충분
ⓒ 환기 불충분
ⓓ 가스 조성의 불량
ⓔ 가스기구의 부적합
ⓔ 프레임의 냉각

⑤ 연소기구가 갖추어야 할 조건
㉮ 가스를 완전연소 시킬 수 있을 것
㉯ 연소열을 유효하게 이용할 수 있을 것
㉰ 취급이 쉽고, 안전성이 높을 것

⑥ 염공(炎孔 : 불꽃구멍)이 갖추어야 할 조건
㉮ 모든 염공에 빠르게 불이 옮겨서 완전히 점화될 것
㉯ 불꽃이 염공 위에 안정하게 형성될 것
㉰ 가열 불에 대하여 배열이 적정할 것
㉱ 먼지 등이 막히지 않고 청소가 용이할 것
㉲ 버너의 용도에 따라 여러 가지 염공이 사용될 수 있을 것

2. 도시가스 설비

1) 공급방식의 분류

① 저압 공급 방식 : 0.1 [MPa] 미만의 압력으로 공급하는 방식으로 공급량이 적고 공급구역이 좁은 소규모 가스 사업소에 적합하다.

② 중압 공급 방식 : 0.1[MPa] 이상 1[MPa] 미만의 압력으로 공급하는 방식으로 공급량이 많거나, 공급처까지의 거리가 길고 저압 공급으로는 배관비용이 많아지는 경우에 적합하다.

③ 고압 공급 방식 : 1[MPa] 이상의 고압으로 공급하는 방식으로 공급구역이 넓고 대량의 가스를 먼 거리에 송출하는 경우에 적합하다.

2) LNG 기화장치

① 오픈랙(open rack) 기화법 : 베이스 로드용으로 수직 병렬로 연결된 알루미늄 합금제의 핀튜브 내부에 LNG가, 외부에 바닷물을 스프레이하여 기화시키는 구조이다. 바닷물을 열원으로 사용하므로 초기 시설비가 많으나 운전비용이 저렴하다.

② 중간매체법 : 베이스 로드용으로 프로판(C_3H_8), 펜탄(C_5H_{12}) 등을 사용한다.

③ 서브머지드(submerged)법 : 피크 로드용으로 액중 버너를 사용한다. 초기 시설비가 적으나 운전비용이 많이 소요된다. SMV(submerged vaporizer)식이라 한다.

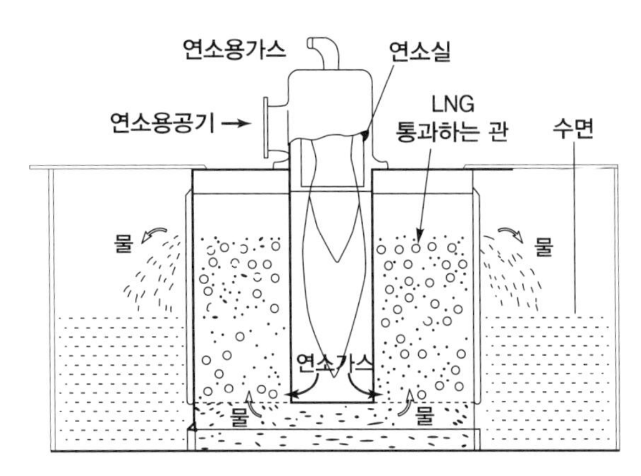

서브머지드 기화기 구조

3) 가스 홀더(gas holder)

(1) 기능

① 가스 수요의 시간적 변동에 대하여 공급 가스량을 확보한다.
② 공급설비의 일시적 중단에 대하여 어느 정도 공급량을 확보한다.
③ 공급가스의 성분, 열량, 연소성 등의 성질을 균일화 한다.
④ 소비지역 근처에 설치하여 피크시의 공급, 수송 효과를 얻는다.

(2) 종류 및 특징

① 유수식 : 가스홀더 내부 밑 부분에 물을 채우고, 수봉에 의하여 외기와 차단하고 가스의 양에 따라 가스홀더의 내용적이 증감되도록 되어 있다.
㉮ 제조설비가 저압인 경우에 적합하다.
㉯ 구형 가스홀더에 비해 유효 가동량이 크다.
㉰ 대량의 물이 필요하므로 초기 설비비가 많이 소요된다.
㉱ 가스가 건조하면 물탱크의 수분을 흡수한다.
㉲ 압력이 가스탱크의 수에 따라 변동한다.
㉳ 한랭지에서는 탱크 내 물의 동결을 방지하여야 한다.
② 무수식 : 원통형 또는 다각형의 외통과 그 내벽을 상하로 미끄러져 움직이는 편판상의 피스톤 및 바닥판, 지붕판으로 구성되어 있다.
㉮ 기초가 간단하고 초기 설비비가 절약된다.
㉯ 유수식에 비해 작동중의 가스압이 일정하다.
㉰ 저장가스를 건조한 상태로 저장할 수 있다.
㉱ 구형 가스홀더에 비해 유효 가동량이 크다.

③ 구형 가스홀더

㉮ 표면적이 작아 단위저장 가스량에 비하여 강제 사용량이 적다.

㉯ 부지면적과 기초공사비가 적다.

㉰ 가스를 건조한 상태로 저장할 수 있다.

㉱ 가스 송출에 가스홀더 압력을 이용할 수 있다.

㉲ 관리가 용이하다.

4) 정압기(governor)

(1) 기능

① 감압기능 : 도시가스 압력을 사용처에 맞게 낮추는 기능

② 정압기능 : 2차 측의 압력을 허용범위 내의 압력으로 유지하는 기능

③ 폐쇄기능 : 가스의 흐름이 없을 때는 밸브를 완전히 폐쇄하여 압력상승을 방지하는 기능

(2) 분류

① 지구정압기 : 일반도시가스 사업자의 소유시설로서 가스도매 사업자로부터 공급받은 도시가스의 압력을 1차적으로 낮추기 위해 설치하는 정압기

② 지역정압기 : 일반도시가스 사업자의 소유시설로서 지구정압기 또는 가스도매 사업자로부터 공급받은 도시가스의 압력을 낮추어 다수의 사용자에게 가스를 공급하기 위해 설치하는 정압기

(3) 직동식 정압기의 작동원리

① 설정압력이 유지될 때(스프링 힘 = 2차 압력) : 다이어프램에 걸려 있는 2차 압력과 스프링 힘이 평형상태를 유지하면서 메인 밸브는 움직이지 않고 메인 밸브를 통하여 2차 측으로 일정량의 가스를 공급한다.

② 2차 압력이 설정압력보다 높을 때(스프링 힘 〈 2차 압력) : 2차 측 가스소비량이 감소하여 2차 측 압력이 설정압력 이상으로 상승하고 다이어프램을 위쪽으로 들어 올리며 메인 밸브도 위쪽으로 움직여 가스 유량을 제한하므로 2차 압력을 설정압력이 유지되도록 한다.

③ 2차 압력이 설정압력보다 낮을 때(스프링 힘 〉 2차 압력) : 2차 측 사용량이 증가하여 2차 압력이 설정압력 아래로 내려가고 다이어프램이 아래로 움직이며 메인 밸브도 아래로 움직여 가스 유량을 증가시키고 2차 압력을 설정압력이 유시되도록 한다.

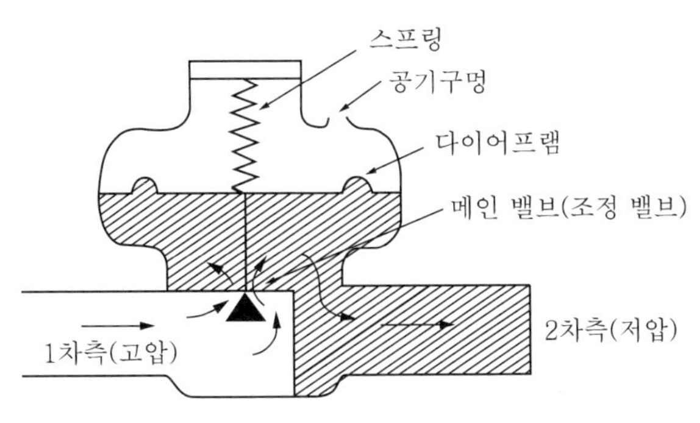

직동식 정압기의 기본구조도

(4) 정압기의 특성

① 정특성(靜特性) : 정상상태에 있어서의 유량과 2차 압력의 관계

ⓐ 로크업(lock up) : 유량이 0으로 되었을 때 끝맺은 압력과 기준압력(Ps)의 차이

ⓑ 오프셋(offset) : 유량이 변화했을 때 2차 압력과 기준압력(Ps)의 차이

ⓒ 시프트(shift) : 1차 압력 변화에 의하여 정압곡선이 전체적으로 어긋나는 것

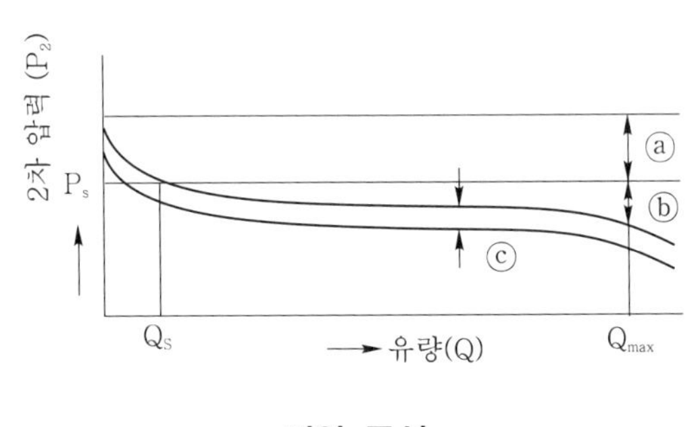

정압 곡선

② 동특성(動特性) : 부하변화가 큰 곳에 사용되는 정압기에 대하여 중요한 특성으로 부하 변동에 대한 응답의 신속성과 안정성이 요구된다.

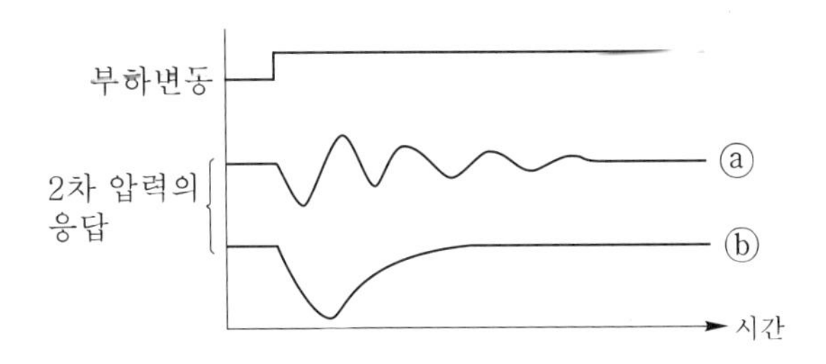

부하변동에 대한 2차 압력의 응답 예

ⓐ 응답속도가 빠르나 안정성은 떨어진다.

ⓑ 응답속도가 늦으나 안정성은 좋다.

③ 유량특성(流量特性) : 메인 밸브의 열림과 유량의 관계이다.

ⓐ 직선형 : 메인 밸브의 개구부 모양이 장방향의 슬릿(slit)으로 되어 있으며 열림으로부터 유량을 파악하는데 편리하다.

ⓑ 2차형 : 개구부의 모양이 삼각형(V자형)의 메인 밸브로 되어 있으며 천천히 유량을 증가하는 형식으로 안정적이다.

ⓒ 평방근형 : 접시형의 메인 밸브로 신속하게 열(開) 필요가 있을 경우에 사용하며 다른 것에 비하여 안정성이 좋지 않다.

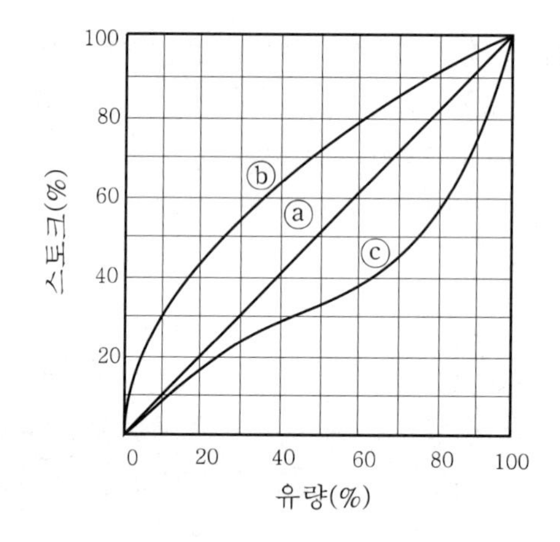

메인밸브의 유량특성 곡선

④ 사용 최대 차압 : 메인 밸브에 1차와 2차 압력이 작용하여 최대로 되었을 때의 차압이다.

⑤ 작동 최소 차압 : 정압기가 작동할 수 있는 최소 차압이다.

(5) 지역 정압기의 종류

① 피셔(fisher)식 정압기 : 복좌밸브(double valve)와 단좌밸브(single valve)형이 있으며 밸브의 작동은 로딩(loading)형이며, 정특성과 동특성이 양호하다.

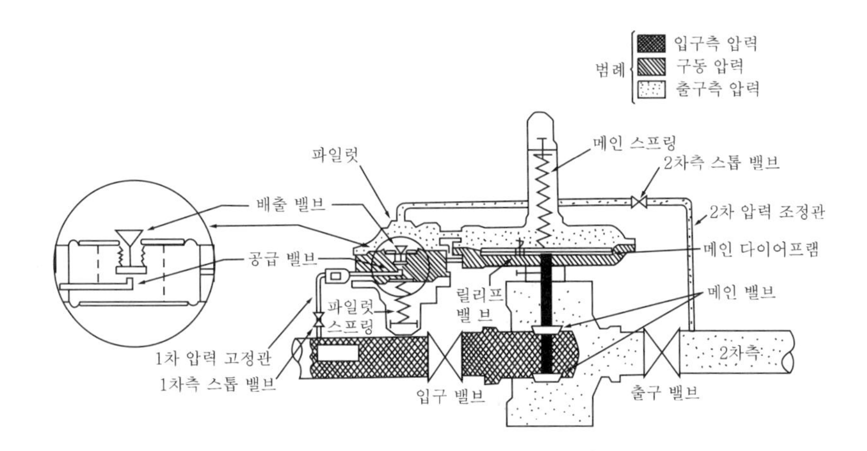

피셔(fisher)식 정압기의 구조

② 레이놀드(Reynolds)식 정압기 : 정압기 본체는 복좌밸브(double valve)로 되어 있으며 상부에 다이어프램이 있다. 밸브의 작동은 언로딩(unloading)형이며, 정특성은 특히 좋으나 안정성이 부족하다.

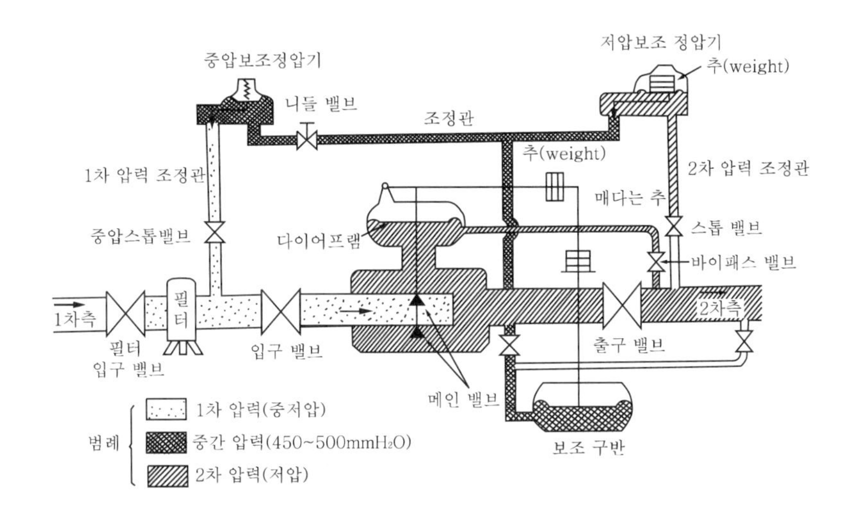

레이놀드(Reynolds)식 정압기의 구조

③ 엑시얼-플로(Axial-flow)식 정압기 : AFV식 정압기라 하며 주다이어프램과 메인밸브를 고무슬리브 1개로 공용하는 매우 콤팩트한 정압기이다. 변칙 언로딩(unloading)형으로 정특성, 동특성이 양호하며 고차압이 될수록 특성이 양호해진다.

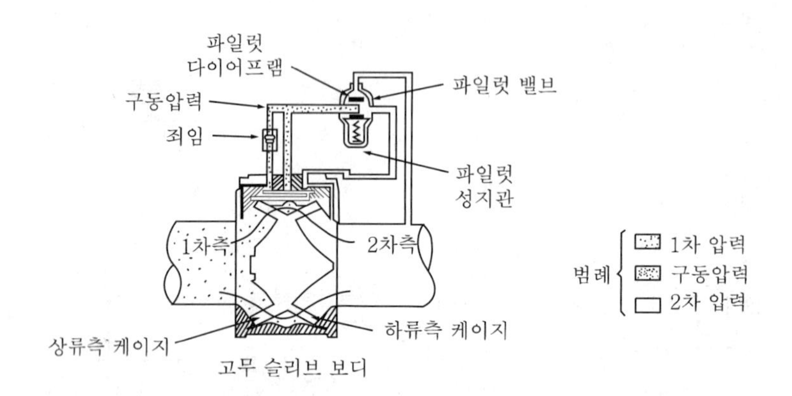

엑시얼-플로(Axial-flow)식 정압기의 구조

(6) 정압기의 설치 기준

① 정압기의 입구 및 출구에는 가스 차단장치를 설치할 것
② 감시장치 설치
㉮ 이상압력 통보장치 : 정압기 출구 압력이 이상 상승 및 이상 저하 시 작동
㉯ 가스누출 검지 통보설비 : 검지부는 바닥면 둘레 20[m]에 대하여 1개 이상의 비율로 설치
㉰ 출입문 개폐 통보장치
㉱ 긴급차단장치 개폐 여부 확인
③ 출구에는 가스의 압력을 측정, 기록할 수 있는 장치를 설치할 것 : 자기압력 기록계
④ 입구에는 수분 및 불순물 제거 장치를 설치할 것 : 필터
⑤ 예비 정압기 설치 : 이상 압력 발생 시 자동으로 기능이 전환되는 구조
⑥ 정압기 안전밸브 설치 : 방출관은 지면에서 5[m] 이상(단, 전기시설물의 접촉우려가 있는 경우 3[m] 이상)
⑦ 전기설비는 방폭형으로 하고, 조명도는 150[lux] 이상으로 할 것
⑧ 정압기실 내부는 양호한 통풍 구조 유지
㉮ 통풍구조 : 바닥면적 1[m^2] 당 300[cm^2]의 비율로 통풍구 설치
㉯ 강제통풍장치 : 바닥면적 1[m^2] 당 0.5[m^3/min] 이상의 통풍장치 설치
⑨ 분해점검
㉮ 정압기 : 2년에 1회 이상
㉯ 필터 : 가스공급 개시 후 1개월 이내 및 이후 매년 1회 이상
㉰ 단독사용자 정압기 및 필터 : 설치 후 3년까지는 1회 이상, 그 이후에는 4년에 1회 이상

(7) 정압기 고장의 종류 및 원인, 조치사항

① 2차압 이상 상승

종류	원인	조치 사항
피셔(fisher)식	① 메인밸브에 먼지류가 끼어들어 완전차단(cut-off) 불량 ② 메인밸브의 폐쇄 무 ③ 파일럿 공급밸브에서의 누설 ④ 센터 스템(center stem)과 메인밸브의 접속 불량 ⑤ 바이패스 밸브의 누설 ⑥ 가스 중 수분의 동결	① 필터의 설치 ② 밸브의 교환 ③ 밸브의 교환 ④ 분해 정비 ⑤ 밸브의 교환 ⑥ 동결방지 조치
레이놀드(Reynolds)식	① 메인밸브에 먼지류가 끼어들어 완전차단(cut-off) 불량 ② 저압 보조정압기의 완전차단(cut-off) 불량 ③ 메인밸브 시트의 조립 불량 ④ 종, 저압 보조 정압기의 다이어프램 누설 ⑤ 바이패스 밸브류의 누설 ⑥ 2차압 조절관 파손 ⑦ 보조구반(oxalic valve) 내에 물이 침입하였을 때 ⑧ 가스 중 수분의 동결	① 필터의 설치 ② 분해 정비 ③ 분해 정비 ④ 다이어프램 교환 ⑤ 밸브의 교환 ⑥ 조절관의 교체 ⑦ 침수방지 조치 ⑧ 동결방지 조치
엑시얼-플로(Axial-flow)식	① 고무 슬리브, 게이지 사이에 먼지류가 끼어들어 완전차단(cut-off) 불량 ② 파일럿의 완전차단(cut-off) 불량 ③ 파일럿계 필터, 조리개에 먼지 막힘 ④ 고무 슬리브 하류측의 파손 ⑤ 2차압 조절관 파손 ⑥ 바이패스 밸브류의 누설 ⑦ 파일럿 대기측 다이어프램 파손	① 필터의 설치 ② 분해 정비 ③ 분해 정비 ④ 고무 슬리브 교환 ⑤ 조절관 교환 ⑥ 밸브 교환 ⑦ 다이어프램 교환

※ 정압기의 이상승압을 방지하는 설비(방법)

① 저압 홀더로 되돌림

② 저압 배관의 루프(loop) 화

③ 2차 압력 감시장치

④ 정압기를 병렬로 설치

② 2차압 이상 저하

종류	원인	조치 사항
피셔(fisher)식	① 정압기 능력 부족 ② 필터의 먼지류 막힘 ③ 파일럿의 오리피스의 녹 막힘 ④ 셀터 스템(center stem)의 작동불량 ⑤ 스트로크(stroke) 조정 불량 ⑥ 주 다이어프램의 파손	① 적절한 정압기로 교환 ② 필터의 교환 ③ 필터 교환과 분해 정비 ④ 분해 정비 ⑤ 분해 정비 ⑥ 다이어프램의 교환
레이놀드 (Reynolds)식	① 정압기의 능력 부족 ② 필터의 먼지류 막힘 ③ 센터 스템(center stem)의 조립 불량 ④ 저압 보조 정압기의 열림 정도 부족 ⑤ 주, 보조 추(weight)의 부족 ⑥ 니들 밸브의 열림 정도 초과 ⑦ 동결	① 적절한 정압기로 교환 ② 필터의 교환 ③ 분해 정비 ④ 분해 정비 ⑤ 추의 조정 ⑥ 분해 정비 ⑦ 동결 방지 조치
엑시얼-플로 (Axial-flow)식	① 정압기의 능력 부족 ② 필터의 먼지류 막힘 ③ 조리개 열림 정도 초과 ④ 고무 슬리브 상류측 파손 ⑤ 파일럿 2차측 다이어프램 파손	① 적절한 정압기로 교환 ② 필터의 교환 ③ 열림 정도 교환 조정 ④ 고무 슬리브 교환 ⑤ 다이어프램 교환

※ 정압기의 이상 감압에 대처할 수 있는 방법

① 저압배관의 루프(loop) 화

② 2차측 압력감시 장치

③ 정압기 2계열 설치

5) 도시가스 연소성 및 노즐 지름 조정

(1) 웨베지수

가스의 발열량을 가스비중의 평방근으로 나눈 것으로서 가스의 연소성을 판단하는데 사용하는 수치이다.

$$WI = \frac{H_g}{\sqrt{d}}$$

여기서, WI : 웨베지수

H_g : 도시가스의 총 발열량[kcal/m^3]

d : 도시가스의 비중

(2) 연소 속도 지수

수소의 연소 속도를 기준으로 하고 각 가스의 연소 속도를 표준화(normalize)시켜 혼합 가스의 연소 속도를 평가할 수 있도록 한 것이다.

$$C_p = K \frac{1.0\mathrm{H_2} + 0.6(\mathrm{CO} + \mathrm{C_mH_n}) + 0.3\mathrm{CH_4}}{\sqrt{d}}$$

여기서, H_2 : 가스중의 수소 함량[vol %]

CO : 가스중의 일산화탄소 함량[vol %]

C_mH_n : 가스중의 탄화수소 함량[vol %]

d : 가스의 비중

K : 가스 중의 산소 함량에 따른 정수

(3) 노즐 지름 조정

사용하는 가스가 변경되면 발열량, 가스 비중, 공급압력이 달라져 양호한 연소상태를 유지할 수 없으므로 연소기구의 노즐 지름을 변경시켜 양호한 연소상태를 유지하도록 하여야 한다.

$$\frac{D_2}{D_1} = \frac{\sqrt{WI_1\sqrt{P_1}}}{\sqrt{WI_2\sqrt{P_2}}}$$

여기서, D_1 : 변경 전 노즐 지름[mm]

D_2 : 변경 후 노즐 지름[mm]

WI_1 : 변경 전 가스의 웨베지수

WI_2 : 변경 후 가스의 웨베지수

P_1 : 변경 전 가스의 압력[mmH_2O]

P_2 : 변경 후 가스의 압력[mmH_2O]

01 **LPG를 지상의 탱크로리에서 지상의 저장탱크로 이송하는 방법 중 옳지 않은 것은?**

① 위치에너지를 이용한 자연 충전방법
② 차압에 의한 충전방법
③ 액펌프를 이용한 충전방법
④ 압축기를 이용한 충전방법

해설 LPG의 이입, 충전하는 방법
㉮ 차압에 의한 방법
㉯ 액펌프에 의한 방법
㉰ 압축기에 의한 방법

02 **LP가스를 펌프로 이송할 때의 단점에 대한 설명으로 틀린 것은?**

① 충전시간이 길다.
② 잔가스 회수가 불가능하다.
③ 부탄의 경우 저온에서 재액화 현상이 있다.
④ 베이퍼 로크 현상이 일어날 수 있다.

해설 펌프 사용 시 특징
(1) 장점
㉮ 재액화 현상이 없다.
㉯ 드레인 현상이 없다.
(2) 단점
㉮ 충전시간이 길다.
㉯ 탱크로리 내의 잔가스 회수가 불가능하다.
㉰ 베이퍼 로크 현상이 발생한다.

03 **압축기에 의한 LPG 이송방식에 대한 설명으로 옳은 것은?**

① 펌프에 비해 충전시간이 길다.
② 잔가스 회수가 가능하다.
③ 부탄의 경우에도 저온에서 재액화 현상이 일어나지 않는다.
④ 베이퍼 로크 현상을 일으킨다.

해설 압축기 사용 시 특징
(1) 장점
㉮ 펌프에 비해 충전시간이 짧다.
㉯ 잔가스 회수가 가능하다.
㉰ 베이퍼 로크 현상이 없다.
(2) 단점
㉮ 부탄의 경우 재액화 현상이 일어난다.
㉯ 압축기 오일이 탱크에 유입되어 드레인의 원인이 된다.

04 **LP이송 설비 중 압축기의 부속장치로서 토출측과 흡입측을 전환시키며 액이송과 가스회수를 한 동작으로 조작이 용이한 것은 어느 것인가?**

① 액트랩 ② 액 가스분리기
③ 전자밸브 ④ 사로밸브

해설 사로밸브 : 사방밸브, 4-way valve라 한다.

05 **탱크로리 충전작업 중 작업을 중단해야 하는 경우가 아닌 것은?**

① 탱크 상부로 충전 시
② 과 충전 시
③ 누설 시
④ 안전밸브 작동 시

Answer 1. ① 2. ③ 3. ② 4. ④ 5. ①

해설 충전작업을 중단해야 하는 경우
㉮ 과충전이 되는 경우(또는 안전밸브가 작동되는 경우)
㉯ 충전작업 중 주변에서 화재 발생 시
㉰ 탱크로리와 저장탱크를 연결한 호스 등에서 누설이 되는 경우
㉱ 압축기 사용 시 워터해머(액압축)가 발생하는 경우
㉲ 펌프 사용 시 액배관 내에서 베이퍼 로크가 심한 경우

06 LP가스를 용기에 의해 수송할 때의 설명으로 틀린 것은?

① 용기 자체가 저장설비로 이용될 수 있다.
② 소량 수송의 경우 편리한 점이 많다.
③ 취급 부주의로 인한 사고의 위험 등이 수반된다.
④ 용기의 내용적을 모두 채울 수 있어 가스의 누설이 전혀 발생되지 않는다.

해설 용기에 안전공간을 확보하여 액팽창에 의한 용기 파열을 방지하여야 한다.

07 기동성이 있어 장 · 단거리 어느 쪽에도 적합하고 용기에 비해 다량 수송이 가능한 방법은?

① 용기에 의한 방법
② 탱크로리에 의한 방법
③ 철도차량에 의한 방법
④ 유조선에 의한 방법

해설 탱크로리에 의한 수송 특징
㉮ 기동성이 있어 장 · 단거리 어느 쪽에도 적합하다.
㉯ 철도 전용선과 같은 특별한 설비가 필요하지 않다.
㉰ 용기에 비해 다량 수송이 가능하다.
㉱ 차량에 탱크가 부설되어야 한다.

08 기화기, 혼합기(믹서)에 의해서 기화한 부탄에 공기를 혼합하여 만들어지며, 부탄을 다량 소비하는 경우에 적합한 공급방식은?

① 생가스 공급방식
② 공기혼합 공급방식
③ 자연기화 공급방식
④ 변성가스 공급방식

해설 공기혼합 공급방식
기화된 LP가스에 일정량의 공기를 혼합하여 공급하는 방법이다.

09 LPG 공급방식 중 공기혼합가스 공급방식의 목적에 해당되지 않는 것은?

① 발열량 조절
② 누설시의 손실 감소
③ 연소효율 증대
④ 재기화 현상방지

해설 공기혼합가스 공급방식의 목적(장점)
㉮ 발열량 조절
㉯ 재액화 방지
㉰ 누설 시 손실 감소
㉱ 연소효율 증대

10 LP가스 용기의 재질로서 가장 적당한 것은?

① 주철 ② 탄소강
③ 알루미늄 ④ 두랄루민

해설 LPG 충전용기
㉮ 탄소강으로 제작하며, 용접용기이다.
㉯ 용기 재질은 사용 중 견딜 수 있는 연성, 전성, 강도가 있어야 한다.
㉰ 내식성, 내마모성이 있어야 한다.
㉱ 안전밸브는 스프링식을 부착한다.

Answer 6. ④ 7. ② 8. ② 9. ④ 10. ②

11 LP가스 용기로서 갖추어야 할 조건으로 틀린 것은?

① 사용 중에 견딜 수 있는 연성, 인장강도가 있을 것
② 충분한 내식성, 내마모성이 있을 것
③ 완성된 용기는 균열, 뒤틀림, 찌그러짐 기타 해로운 결함이 없을 것
④ 중량이면서 충분한 강도를 가질 것

해설 가볍고(경량) 충분한 강도를 가져야 한다.

12 내용적 94[L]인 액화프로판 용기의 저장능력은 몇 [kg]인가? (단, 충전상수 C는 2.35이다.)

① 20 ② 40
③ 60 ④ 80

해설 $G = \frac{V}{C} = \frac{94}{2.35} = 40$[kg]

13 액화석유가스 용기에 사용되고 있는 조정기는 어떤 일을 하는가?

① 유출압력을 조정한다.
② 유속을 조정한다.
③ 유량을 조정한다.
④ 밀도를 조정한다.

해설 조정기의 역할
유출압력조절로 안정된 연소를 도모하고, 소비가 중단되면 가스를 차단한다.

14 2단 감압 조정기 사용 시의 장점에 대한 설명으로 가장 거리가 먼 것은?

① 공급압력이 안정하다.
② 용기 교환주기의 폭을 넓힐 수 있다.
③ 중간 배관이 가늘어도 된다.
④ 입상에 의한 압력손실을 보정할 수 있다.

해설 2단 감압식 조정기의 특징
(1) 장점
㉮ 입상배관에 의한 압력손실을 보정할 수 있다.
㉯ 가스 배관이 길어도 공급압력이 안정된다.
㉰ 각 연소기구에 알맞은 압력으로 공급이 가능하다.
㉱ 중간 배관의 지름이 작아도 된다.
(2) 단점
㉮ 설비가 복잡하고, 검사방법이 복잡하다.
㉯ 조정기 수가 많아서 점검 부분이 많다.
㉰ 부탄의 경우 재액화의 우려가 있다.
㉱ 시설의 압력이 높아서 이음방식에 주의하여야 한다.

15 조정압력이 3.3[kPa] 이하인 조정기의 안전장치 작동 정지압력은?

① 2.8~5.0[kPa] ② 7.0[kPa]
③ 5.04~8.4[kPa] ④ 5.6~10.0[kPa]

해설 안전장치 압력
조정압력 3.3[kPa] 이하인 조정기만 해당
㉮ 작동 표준압력 : 7[kPa]
㉯ 작동 개시압력 : 5.6~8.4[kPa]
㉰ 작동 정지압력 : 5.04~8.4[kPa]

16 LPG 조정기의 규격용량은 총 가스소비량의 몇 [%] 이상의 규격용량을 가져야 하는가?

① 110[%] ② 120[%]
③ 130[%] ④ 150[%]

해설 조정기 용량 : 총 가스소비량의 150[%] 이상

Answer 11. ④ 12. ② 13. ① 14. ② 15. ③ 16. ④

17 기화기를 구성하는 주요 설비가 아닌 것은?

① 열교환기
② 액유출 방지장치
③ 열매 이송장치
④ 열매 온도 제어장치

해설 기화기 구성 주요 설비
㉮ 열교환기
㉯ 액유출 방지장치
㉰ 열매 온도 제어장치
㉱ 열매 과열 방지장치
㉲ 압력 조정기
㉳ 안전밸브

18 기화장치 중 LP가스가 액체 상태로 열교환기 밖으로 유출되는 것을 방지하는 장치는?

① 압력 조정기
② 안전밸브
③ 액면제어장치
④ 열매온도 제어장치

해설 액면제어장치 또는 액유출 방지장치, 일류방지장치라 불려진다.

19 LPG 공급 시 강제기화기를 사용할 경우의 특징으로 틀린 것은?

① 한랭시에도 충분히 기화된다.
② 공급가스의 조성이 일정하다.
③ 설비비 및 인건비가 절감된다.
④ 설치장소가 많이 필요하다.

해설 기화장치 사용 시 장점
㉮ 한랭시에도 연속적으로 가스공급이 가능하다.
㉯ 공급가스의 조성이 일정하다.
㉰ 설치면적이 적어진다.
㉱ 기화량을 가감할 수 있다.
㉲ 설비비 및 인건비가 절약된다.

20 가스관(강관)의 특징으로 틀린 것은?

① 구리관보다 강도가 높고 충격에 강하다.
② 관의 치수가 큰 경우 구리관보다 비경제적이다.
③ 관의 접합 작업이 용이하다.
④ 연관이나 주철관에 비해 가볍다.

해설 구리관(동관)보다 가격이 저렴하므로 경제적이다.

21 강관의 스케줄번호가 의미하는 것은?

① 파이프의 길이
② 파이프의 바깥지름
③ 파이프의 무게
④ 파이프의 두께

해설 스케줄 번호(schedule number)
사용압력과 배관재료의 허용응력과의 비에 의하여 배관 두께의 체계를 표시한 것이다.

22 스케줄번호와 응력의 관계는?

① $Sch\ No = 100 \times \frac{P}{S}$

② $Sch\ No = 10 \times \frac{P}{S}$

③ $Sch\ No = 100 \times \frac{S}{P}$

④ $Sch\ No = 10 \times \frac{S}{P}$

해설 $Sch\ No = 10 \times \frac{P}{S}$
P : 사용압력[kgf/cm^2] S : 허용응력[kgf/mm^2]
$\left(S = \frac{\text{인장강도[kgf/mm}^2]}{\text{안전율}}\right)$
※ 허용응력이 [kgf/cm^2]의 단위로 주어지면
$Sch\ No = 1000 \times \frac{P}{S}$

Answer 17. ③ 18. ③ 19. ④ 20. ② 21. ④ 22. ②

23 **빙점 이하의 특히 낮은 온도에서 사용되는 LPG 탱크, 화학공업 배관 등에 이용되며, 0.25[%]의 킬드강으로 제조한 관은 −50[℃], 3.5[%] Ni강으로 제조한 관은 −100[℃]까지 사용할 수 있는 관은?**

① 저온배관용 강관 ② 압력배관용 강관
③ 고온배관용 강관 ④ 고압배관용 강관

해설 **저온배관용 탄소강관(SPLT)** : 빙점 이하의 저온도에 사용되는 배관재이다.

24 **고온배관용 탄소강관의 KS 규격 기호는?**

① SPPH ② SPHT
③ SPLT ④ SPPW

해설 배관용 강관의 KS 기호

KS 기호	배관 명칭
SPP	배관용 탄소강관
SPPS	압력배관용 탄소강관
SPPH	고압배관용 탄소강관
SPHT	고온배관용 탄소강관
SPLT	저온배관용 탄소강관
SPW	배관용 아크용접 탄소강관
SPA	배관용 합금강관
STS×T	배관용 스테인리스강관
SPPG	연료가스 배관용 탄소강관

25 **액상의 액화석유가스가 통하는 배관에 사용할 수 있는 재료는?**

① KS D 3507 ② KS D 3562
③ KS D 3583 ④ KS D 4301

해설 ㉮ KS 기호에 따른 명칭

KS 기호	배관 명칭
KS D 3507	배관용 탄소강관
KS D 3562	압력배관용 탄소강관
KS D 3583	배관용 아크용접 탄소강관
KS D 4301	회주철품

㉯ 압력배관용 탄소강관(SPPS) : 350[℃] 이하의 온도에서 10~100[kgf/cm^2](0.98~9.8[N/mm^2])까지의 배관에 사용한다.

26 **배관재료에 대한 설명으로 옳은 것은?**

① 배관용 탄소강 강관은 암모니아 배관에서 10[kgf/cm^2] 이상의 고압배관에 사용된다.
② 배관용 탄소강 강관은 프레온 배관에서 −10[℃]에서는 10[kgf/cm^2] 이하의 압력배관에 사용할 수 있다.
③ 압력배관용 탄소강 강관은 저온배관용 강관이 아니므로 −30[℃]의 암모니아 배관에 사용할 수 없다.
④ 저온배관용 강관은 저온 제한이 없다.

해설 배관재료의 종류 및 특징

㉮ **배관용 탄소강관(SPP)** : 사용압력이 비교적 낮은(0.1[MPa] 이하) 증기, 물, 기름, 가스 및 공기의 배관용으로 사용되며 흑관과 백관이 있다. 저온에서는 취성이 발생하므로 사용이 제한된다.
㉯ **압력배관용 탄소강관(SPPS)** : 350[℃] 이하의 온도에서 압력 1~10[MPa]까지의 배관에 사용한다. 호칭은 호칭지름과 두께(스케줄번호)에 의한다.
㉰ **저온배관용 탄소강관(SPLT)** : 빙점 이하의 저온도 배관에 사용하며, 두께는 스케줄번호에 의한다. 1종은 −45[℃], 2종은 −100[℃], 3종은 −196[℃] 정도까지 사용할 수 있다.

27 **폴리에틸렌관(polyethylene pipe)의 일반적인 성질에 대한 설명 중 옳지 않은 것은?**

① 상온에도 유연성이 풍부하다.
② 인장강도가 적다.
③ 내열성과 보온성이 나쁘다.
④ 염화비닐관에 비해 가볍다.

Answer 23. ① 24. ② 25. ② 26. ③ 27. ③

해설 폴리에틸렌관의 특징
- ㉮ 염화비닐관보다 가볍다.
- ㉯ 염화비닐관보다 화학적, 전기적 성질이 우수하다.
- ㉰ 내한성이 좋아 한랭지 배관에 알맞다.
- ㉱ 염화비닐관에 비해 인장강도가 1/5 정도로 작다.
- ㉲ 화기에 극히 약하다.
- ㉳ 유연해서 관면에 외상을 받기 쉽다.
- ㉴ 장시간 직사광선(햇빛)에 노출되면 노화된다.

28 가스용 폴리에틸렌 배관의 융착이음 접합방법의 분류에 해당되지 않는 것은?

① 맞대기 융착
② 소켓 융착
③ 이음매 융착
④ 새들 융착

해설 가스용 폴리에틸렌관 이음방법
- ㉮ **맞대기 융착이음** : 관을 직접 맞대어 이음
- ㉯ **소켓 융착이음** : 관을 부속(소켓)에 끼워 넣어 이음
- ㉰ **새들 융착이음** : 관 중간에서 분기할 때 사용하는 이음방법

29 도시가스 지하매설 배관으로 사용되는 배관은?

① 폴리에틸렌 피복강관
② 압력배관용 탄소강관
③ 연료가스 배관용 탄소강관
④ 배관용 아크용접 탄수강관

해설 도시가스 지하 매설관 종류
- ㉮ 폴리에틸렌 피복강관(PLP관)
- ㉯ 분말 용착식 폴리에틸렌 피복강관
- ㉰ 가스용 폴리에틸렌관(PE관)

30 프로판(C_3H_8)의 비중이 1.5이고 입상관의 높이가 25[m]일 때 압력손실은 얼마인가?

① 13.4[mmAq] ② 16.2[mmAq]
③ 19.2[mmAq] ④ 22.4[mmAq]

해설 $H = 1.293(S-1)h$

$= 1.293 \times (1.5-1) \times 25$

$= 16.16$[mmAq]

31 도시가스 배관이 10[m] 수직 상승했을 경우 배관내의 압력상승은 약 몇 [Pa]이 되겠는가? (단, 가스의 비중은 0.65 이다.)

① 44 ② 64
③ 86 ④ 105

해설 $H = 1.293(S-1)h$

$= 1.293 \times (0.65-1) \times 10 \times 9.8$

$= -44.35$[Pa]

- ㉮ 압력손실이 "–"값이 나오면 공기보다 가벼워 압력이 상승되는 것을 의미함
- ㉯ SI단위 환산

$\therefore 1[\mathrm{mmH_2O}] = 1[\mathrm{kgf/m^2}] = 9.8[\mathrm{Pa}]$

$\therefore 1[\mathrm{mH_2O}] = 9.8[\mathrm{kPa}]$

32 배관의 안지름이 40[mm], 길이 100[m]인 배관에 비중 1.5인 가스를 저압으로 공급 시 압력손실이 30[mmH_2O] 발생되었다. 이때 배관을 통과하는 가스의 시간당 유량은 얼마인가? (단, pole 상수는 0.707 이다.)

① 10.1[m^3/h] ② 1.4[m^3/h]
③ 5.5[m^3/h] ④ 15.1[m^3/h]

해설 $Q = K\sqrt{\dfrac{D^5 H}{SL}} = 0.707 \times \sqrt{\dfrac{4^5 \times 30}{1.5 \times 100}}$

$= 10.117[\mathrm{m^3/h}]$

Answer 28. ③ 29. ① 30. ② 31. ① 32. ①

33 **저압가스 배관에서 관의 안지름이 1/2 배로 되면 유량은 몇 배로 되는가? (단, 다른 모든 조건은 동일한 것으로 본다.)**

① 0.17　② 0.50
③ 2.00　④ 4.00

해설 $Q=K\sqrt{\dfrac{D^5H}{SL}}$ 에서 다른 조건은 동일하고 안지름만 변경되었으므로

$$\therefore Q_2=\sqrt{\left(\frac{D_2}{D_1}\right)^5}\times Q_1=\sqrt{\left(\frac{1}{2}\right)^5}\times Q_1=0.176\,Q_1$$

34 **도시가스 공급설비에서 저압배관 부분의 압력손실을 구하는 식은? (단, H : 기점과 종점의 압력차[mmH_2O], Q : 가스유량[m^3/h], D : 안지름[cm], S : 가스의 비중, L : 배관길이[m], K : 유량계수이다.)**

① $H=\left(\dfrac{Q}{K}\right)^2\cdot\dfrac{SL}{D^5}$

② $H=\left(\dfrac{Q}{K^2}\right)\cdot\dfrac{D^5}{SL}$

③ $H=\left(\dfrac{Q}{K}\right)\cdot\dfrac{SL}{D^2}$

④ $H=\left(\dfrac{Q}{K}\right)\cdot\dfrac{D^5}{SL}$

해설 저압배관 유량식 $Q=K\sqrt{\dfrac{D^5H}{SL}}$ 에서 압력손실 계산식을 유도하면 된다.

$$\therefore H=\frac{Q^2\cdot S\cdot L}{K^2\cdot D^5}=\left(\frac{Q}{K}\right)^2\cdot\frac{SL}{D^5}$$

35 **배관 내의 마찰저항에 의한 압력손실에 대한 일반적인 설명으로 가장 거리가 먼 것은?**

① 유체의 점도가 클수록 커진다.
② 관 길이에 반비례한다.
③ 관 안지름의 5승에 반비례한다.
④ 유속의 2승에 비례한다.

해설 $H=\dfrac{Q^2\cdot S\cdot L}{K^2\cdot D^5}$ 에서 압력손실은

㉮ 유속의 2승에 비례한다. ($Q=A\cdot V$ 이므로)
㉯ 관의 길이에 비례한다.
㉰ 관 안지름의 5승에 반비례한다.
㉱ 관 내벽의 상태에 관련 있다.
㉲ 유체의 점성이 크면 압력손실이 커진다.
㉳ 압력과는 관계없다.

36 **저압가스 배관에서 관의 안지름이 $\dfrac{1}{2}$ 배로 되면 압력손실은 몇 배로 되는가? (단, 다른 모든 조건은 동일하다고 본다.)**

① 4　② 16
③ 32　④ 64

해설 $H=\dfrac{Q^2\cdot S\cdot L}{K^2\cdot D^5}$ 에서 유량(Q), 가스비중(S), 배관길이(L), 유량계수(K)는 변함이 없고, 관지름만 $\dfrac{1}{2}$ 배로 변하였다.

$$\therefore H=\frac{1}{\left(\frac{1}{2}\right)^5}=32\text{배}$$

37 **저압배관의 안지름을 5[cm]에서 2[cm]로 변화시키면 압력손실은 몇 배로 되는가?**

① 97.7　② 39.1
③ 6.3　④ 15.6

해설 $H=\dfrac{Q^2\cdot S\cdot L}{K^2\cdot D^5}$ 에서 유량(Q), 가스비중(S), 배관길이(L), 유량계수(K)는 변함이 없다.

Answer 33. ① 34. ① 35. ② 36. ③ 37. ①

$$\therefore H_2 = \frac{\left(\frac{1}{D_2}\right)^5}{\left(\frac{1}{D_1}\right)^5} \times H_1 = \left(\frac{D_1}{D_2}\right)^5 \times H_1$$

$$= \left(\frac{5}{2}\right)^5 \times H_1 = 97.65\,H_1$$

38 배관의 수직상향에 의한 압력손실을 계산하려고 할 때 반드시 고려되어야 하는 것은?

① 입상 높이, 가스 비중
② 가스 유량, 가스 비중
③ 가스 유량, 입상 높이
④ 관 길이, 입상 높이

해설 입상관(수직상향 배관)에 의한 압력손실 계산식 $H = 1.293(S-1)h$ 에서 H : 가스의 압력손실 $[\mathrm{mmH_2O}]$, S : 가스의 비중, h : 입상 높이[m]이다.

39 압력손실의 원인으로 가장 거리가 먼 것은?

① 입상배관에 의한 손실
② 관 부속품에 의한 손실
③ 관 길이에 의한 손실
④ 관 두께에 의한 손실

해설 가스관에서 압력손실 원인
㉮ 입상배관에 의한 손실
㉯ 관 부속품에 의한 손실
㉰ 관 길이에 의한 손실
㉱ 가스 유량에 의한 손실
㉲ 가스 비중에 의힌 손실
㉳ 관 안지름에 의한 손실

40 배관지름을 결정하는 요소로서 가장 거리가 먼 것은?

① 최대 가스소비량
② 최대 가스발열량
③ 허용 압력손실
④ 배관길이, 가스종류

해설 저압배관 유량계산식 $Q = K\sqrt{\frac{D^5 \cdot H}{S \cdot L}}$ 에서 배관 안지름 $D = \sqrt[5]{\frac{Q^2 \cdot S \cdot L}{K^2 \cdot H}}$ 이므로 유량(Q), 가스비중(S), 배관길이(L), 압력손실(H)이 관계있다.

41 시간당 10[m³]의 LP가스를 길이 100[m] 떨어진 곳에 저압으로 공급하고자 한다. 압력손실이 30$[\mathrm{mmH_2O}]$이면 필요한 최소 배관의 관지름은 약 몇 [mm]인가? (단, pole 상수는 0.7, 가스비중은 1.5 이다.)

① 30　　② 40
③ 50　　④ 60

해설 $Q = K\sqrt{\frac{D^5 \cdot H}{S \cdot L}}$ 에서

$$\therefore D = \sqrt[5]{\frac{Q^2 SL}{K^2 H}} = \sqrt[5]{\frac{10^2 \times 1.5 \times 100}{0.7^2 \times 30}} \times 10$$

$$= 39.97[\mathrm{mm}]$$

42 가스배관의 배관 경로의 결정에 대한 설명 중 옳지 않은 것은?

① 가능한 한 최단거리로 할 것
② 구부러지거나 오르내림을 적게 할 것
③ 가능한 한 은폐하거나 매설할 것
④ 가능한 한 옥외에 설치할 것

해설 가스배관 경로 선정 4요소
㉮ 최단 거리로 할 것
㉯ 구부러지거나 오르내림을 적게 할 것

Answer 38. ① 39. ④ 40. ② 41. ② 42. ③

㉰ 은폐하거나 매설을 피할 것
㉱ 가능한 한 옥외에 설치할 것

43 배관 진동의 원인으로 가장 거리가 먼 것은?

① 왕복 압축기의 맥동류
② 직관 내의 압력강하
③ 안전밸브 작동
④ 지진

해설 배관 진동의 원인
㉮ 펌프, 압축기에 의한 영향
㉯ 유체의 압력변화에 의한 영향
㉰ 안전밸브 작동에 의한 영향
㉱ 관의 굴곡에 의해 생기는 힘의 영향
㉲ 바람, 지진 등에 의한 영향

44 급배기 방식에 따른 연소기구 중 실내에서 연소용 공기를 흡입하여 실내로 방출하는 방식은?

① 개방형 ② 옥외 방출형
③ 밀폐형 ④ 반밀폐형

해설 급배기 방식에 따른 연소기구의 형식

분류	연소용 공기	배기가스
개방형	실내	실내
반밀폐형	실내	실외
밀폐형	실외	실외

45 LPG의 연소방식 중 모두 연소용 공기를 2차 공기로만 취하는 방식은?

① 분젠식 ② 세미분젠식
③ 적화식 ④ 전1차 공기식

해설 연소방식의 분류
㉮ **적화식** : 연소에 필요한 공기를 2차 공기로 모두 취하는 방식
㉯ **분젠식** : 가스를 노즐로부터 분출시켜 주위의 공기를 1차 공기로 취한 후 나머지는 2차 공기를 취하는 방식
㉰ **세미분젠식** : 적화식과 분젠식의 혼합형으로 1차 공기율이 40[%] 미만을 취하는 방식
㉱ **전1차 공기식** : 완전연소에 필요한 공기를 모두 1차 공기로 하여 연소하는 방식

46 연소기구에 접속된 고무관이 노후 되어 지름 0.5[mm]의 구멍이 뚫려 수주 280[mm]의 압력으로 LP가스가 5시간 누출하였을 경우 LP가스 분출량은 약 몇 [L]인가? (단, LP가스의 분출압력 280[mmH_2O]에서 비중은 1.7로 한다.)

① 144[L] ② 166[L]
③ 180[L] ④ 204[L]

해설 $Q = 0.009\, D^2 \sqrt{\frac{P}{d}}$

$= 0.009 \times 0.5^2 \times \sqrt{\frac{280}{1.7}} \times 5 \times 1000$

$= 144.38\,[L]$

47 연소기구에서 발생할 수 있는 역화(back fire)의 원인이 아닌 것은?

① 염공이 적게 되었을 때
② 가스의 압력이 너무 낮을 때
③ 콕이 충분히 열리지 않았을 때
④ 버너 위에 큰 용기를 올려서 장시간 사용할 경우

해설 역화(back fire)의 원인
㉮ 염공이 크게 되었을 때
㉯ 노즐 구멍이 너무 크게 된 경우
㉰ 콕이 충분히 개방되지 않은 경우
㉱ 가스의 공급압력이 저하되었을 때
㉲ 버너 위에 큰 용기를 올려서 장시간 사용할 경우 (버너가 과열된 경우)

Answer 43. ② 44. ① 45. ③ 46. ① 47. ①

48 불꽃의 주위, 특히 불꽃의 기저부에 대한 공기의 움직임이 강해지면 불꽃이 노즐에 정착하지 않고 떨어지게 되어 꺼져 버리는 현상은?

① 엘로팁(yellow tip)
② 리프팅(lifting)
③ 블로 오프(blow off)
④ 백파이어(back fire)

해설 블로 오프(blow off)
불꽃 주변 기류에 의하여 불꽃이 염공에서 떨어져 연소하는 현상

49 LP가스가 불완전 연소되는 원인으로 가장 거리가 먼 것은?

① 공기 공급량 부족 시
② 가스의 조성이 맞지 않을 때
③ 가스기구 및 연소기구가 맞지 않을 때
④ 산소 공급이 과잉될 때

해설 LP가스의 불완전 연소 원인
㉮ 공기 공급량 부족
㉯ 배기 불충분
㉰ 환기 불충분
㉱ 가스 조성의 불량
㉲ 연소기구의 부적합
㉳ 프레임의 냉각

50 가스버너의 일반적인 구비조건으로 옳지 않은 것은?

① 화염이 안정될 것
② 부하조절비가 적을 것
③ 저공기비로 완전 연소할 것
④ 제어하기 쉬울 것

해설 연소기구가 갖추어야 할 조건(구비조건)
㉮ 가스를 완전연소 시킬 수 있을 것
㉯ 연소열을 유효하게 이용할 수 있을 것
㉰ 취급이 쉽고 안정성이 높을 것
㉱ 부하에 따른 조절비가 클 것(부하조절이 쉬울 것)

51 도시가스 공급방식에서 수송할 가스량이 많고 원거리 이동 시 주로 사용하는 방식은

① 저압공급
② 중압공급
③ 고압공급
④ 초고압공급

해설 공급압력에 의한 도시가스의 분류
㉮ 저압공급 방식 : 0.1[MPa] 미만
㉯ 중압공급 방식 : 0.1~1[MPa] 미만
㉰ 고압공급 방식 : 1[MPa] 이상

52 LNG 기화기 중 해수를 가열원으로 이용하므로 해수를 용이하게 입수할 수 있는 입지조건을 필요로 하는 기화기는?

① 서브머지드 기화기
② 오픈 랙 기화기
③ 전기가열식 기화기
④ 온수가열식 기화기

해설 LNG 기화장치의 종류
㉮ **오픈 랙(open rack) 기화법** : 베이스로드용으로 바닷물을 열원으로 사용하므로 초기 시설비가 많으나 운전비용이 저렴하다.
㉯ **중간 매체법** : 베이스로드용으로 프로판(C_3H_8), 펜탄(C_6H_{12}) 등을 사용한다.
㉰ **서브머지드(submerged)법** : 피크로드용으로 액중 버너를 사용한다. 초기시설비가 적으나 운전비용이 많이 소요된다.

Answer 48. ③ 49. ④ 50. ② 51. ③ 52. ②

53 **LNG 기화장치에 대한 설명으로 옳은 것은?**

① Open Rack Vaporizer는 수평형 이중관 구조로서 내부에는 LNG가, 외부에는 해수가 병류로 흐르며 열 공급원은 해수이다.
② Submerged Combustion Vaporizer는 기동정지가 복잡한 반면, 천연가스 연소열을 이용하므로 운전비가 저렴하다.
③ 중간 매체식 기화기는 Base Load용으로 개발되었으며 해수와 LNG 사이에 프로판과 같은 중간 열매체가 순환한다.
④ 전기 가열식 기화기는 가스제조공장에서 적용하는 대규모적이며 일반적인 LNG 기화장치이다.

해설 LNG 기화장치
㉮ Open Rack Vaporizer : 수직 병렬로 연결된 알루미늄 합금제의 핀튜브 내부에 LNG가, 외부에 바닷물을 스프레이하여 기화시키는 구조이다.
㉯ Submerged Combustion Vaporizer : 천연가스 연소열을 이용하므로 운전비용이 많이 소요된다.
㉰ **전기 가열식 기화기** : 대규모의 LNG를 기화시키는 장치로 사용하기에는 부적합하다.

54 **가스제조소에서 정제된 가스를 저장하여 가스의 질을 균일하게 유지하며, 제조량과 수요량을 조절하는 것은?**

① 정압기 ② 압송기
③ 배송기 ④ 가스홀더

해설 (1) 가스홀더(gas holder)의 기능
㉮ 가스수요의 시간적 변동에 대하여 공급가스량을 확보한다.
㉯ 공급설비의 일시적 중단에 대하여 어느 정도 공급량을 확보한다.
㉰ 공급가스의 성분, 열량, 연소성 등의 성질을 균일화한다.
㉱ 소비지역 근처에 설치하여 피크시의 공급, 수송효과를 얻는다.

(2) 종류 : 유수식, 무수식, 구형 가스홀더

55 **유수식 가스홀더에 대한 설명으로 잘못된 것은?**

① 다량의 물을 필요로 한다.
② 유효 가동량이 구형 가스홀더에 비해 크다.
③ 한랭지에서 물의 동결 방지가 필요하며 압력이 가스탱크의 양에 따라 변한다.
④ 가스압력이 일정하며, 건조한 상태로 가스가 저장된다.

해설 가스가 건조하면 물탱크의 수분을 흡수하며, 압력이 탱크의 수(내용적)에 따라 변동한다.

56 **원통형 또는 다각형의 외통과 그 내벽을 상하로 미끄러져 움직이는 편판상의 피스톤 및 바닥판, 지붕판으로 구성된 가스홀더는?**

① 고압식 가스홀더 ② 무수식 가스홀더
③ 유수식 가스홀더 ④ 구형 가스홀더

해설 **무수식 가스홀더의 구조** : 실린더 상의 외통과 그 내면에 따라 상하로 움직이는 피스톤 및 바닥판, 지붕판으로 구성되며 가스는 피스톤의 아래에 저장되고 가스량의 증감에 따라 피스톤이 상하로 움직인다.

57 **구형 가스홀더의 특징이 아닌 것은?**

① 표면적이 작아 다른 가스 홀더에 비해 사용 강재량이 적다.
② 부지면적과 기초공사량이 적다.
③ 가스 송출에 가스 홀더 자체 압력을 이용할 수 있다.
④ 가스에 습기가 일부 포함되어 있다.

Answer 53. ③ 54. ④ 55. ④ 56. ② 57. ④

해설 구형 가스홀더는 가스를 건조한 상태로 보관할 수 있다.

58 1차 압력 및 부하유량의 변동에 관계없이 2차 압력을 일정한 압력으로 유지하는 기능의 가스공급 설비는?

① 가스홀더 ② 압송기
③ 정압기 ④ 안전장치

해설 정압기의 기능(역할)
㉮ **감압기능** : 도시가스 압력을 사용처에 맞게 낮추는 기능
㉯ **정압기능** : 2차 측의 압력을 허용범위 내의 압력으로 유지하는 기능
㉰ **폐쇄기능** : 가스의 흐름이 없을 때는 밸브를 완전히 폐쇄하여 압력상승을 방지하는 기능

59 가스의 압력을 사용 기구에 맞는 압력으로 감압하여 공급하는데 사용하는 정압기의 기본구조로서 옳은 것은?

① 다이어프램, 스프링(또는 분동) 및 메인밸브로 구성되어 있다.
② 팽창밸브, 회전날개, 케이싱(casing)으로 구성되어 있다.
③ 흡입밸브와 토출밸브로 구성되어 있다.
④ 액송 펌프와 메인밸브로 구성되어 있다.

해설 정압기 구성 요소
다이어프램, 스프링(또는 분동), 메인밸브

60 정압기(governor)의 기본 구성품 중 2차 압력을 감지하고, 변동사항을 알려주는 역할을 하는 것은?

① 스프링 ② 메인밸브
③ 다이어프램 ④ 공기구멍

61 정압기를 평가, 선정할 경우 고려해야 할 특성이 아닌 것은?

① 정특성 ② 동특성
③ 유량특성 ④ 압력특성

해설 정압기의 특성
㉮ **정특성(靜特性)** : 유량과 2차 압력의 관계
㉯ **동특성(動特性)** : 부하변화가 큰 곳에 사용되는 정압기에서 부하변동에 대한 응답의 신속성과 안정성이 요구되는 특성
㉰ **유량특성(流量特性)** : 메인밸브의 열림과 유량의 관계
㉱ **사용 최대차압** : 메인밸브에 1차와 2차 압력이 작용하여 최대로 되었을 때의 차압
㉲ **작동 최소차압** : 정압기가 작동할 수 있는 최소 차압

62 다음 그림은 정압기의 정상상태에서 유량과 2차 압력과의 관계를 나타낸 것이다. ⓐ, ⓑ, ⓒ에 해당하는 용어를 순서대로 옳게 나타낸 것은?

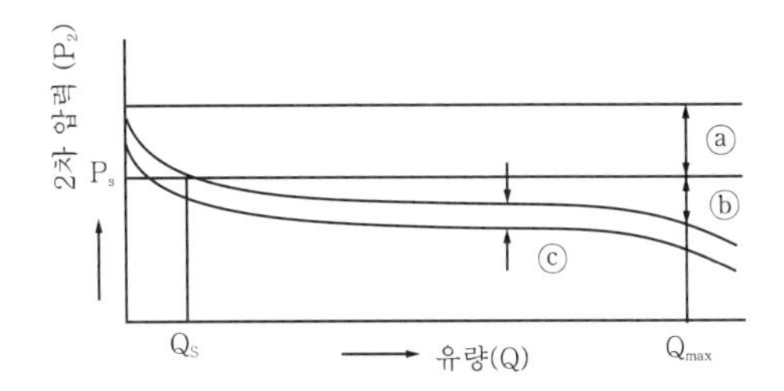

① ⓐ : lock up, ⓑ : off set, ⓒ : shift
② ⓐ : off set, ⓑ : lock up, ⓒ : shift
③ ⓐ : shift, ⓑ : off set, ⓒ : lock up
④ ⓐ : shift, ⓑ : lock up, ⓒ : off set

해설 ㉮ lock up : 유량이 0으로 되었을 때 끝맺은 압력과 기준압력(P_s)의 차이
㉯ off set : 유량이 변화하였을 때 2차 압력과 기준압력(P_s)의 차이
㉰ shift : 1차 압력 변화에 의하여 정압곡선이 전체적으로 어긋나는 것

Answer 58. ③ 59. ① 60. ③ 61. ④ 62. ①

63 정압기 특성에 대한 설명 중 틀린 것은?

① 정특성은 정상상태에서의 유량과 2차 압력과의 관계를 말한다.
② 동특성은 부하변동에 대한 응답의 신속성과 안정성이 요구된다.
③ 유량특성은 메인밸브의 열림과 점도와의 관계를 말한다.
④ 사용최대 차압은 실용적으로 사용할 수 있는 범위에서 최대로 되었을 때의 차압을 말한다.

해설 **유량특성** : 메인밸브의 열림과 유량과의 관계

64 정압기의 유량특성에 대한 설명 중 틀린 것은?

① 유량특성이라 함은 메인밸브의 열림과 유량과의 관계를 말한다.
② 직선형으로 메인밸브 개구부의 모양이 장방형의 슬릿(slit)으로 되어 있을 경우에 생긴다.
③ 2차형은 개구부의 모양이 접시형의 메인밸브로 되어 있을 경우에 생긴다.
④ 평방근형은 신속하게 열(開) 필요가 있을 경우에 사용하며, 따라서 다른 것에 비하여 안정성이 좋지 않다.

해설 **유량특성** : 메인밸브의 열림과 유량과의 관계
㉮ **직선형** : 메인밸브의 개구부 모양이 장방향의 슬릿(slit)으로 되어 있으며 열림으로부터 유량을 파악하는데 편리하다.
㉯ **2차형** : 개구부의 모양이 삼각형(V자형)의 메인밸브로 되어 있으며 천천히 유량을 증가하는 형식으로 안정적이다.
㉰ **평방근형** : 접시형의 메인밸브로 신속하게 열(開) 필요가 있을 경우에 사용하며 다른 것에 비하여 안정성이 좋지 않다.

65 언로딩형과 로딩형이 있으며 대용량이 요구되고 유량제어 범위가 넓은 경우에 적합한 정압기는?

① 피셔식 정압기 ② 레이놀즈식 정압기
③ 파일럿식 정압기 ④ 엑셜플로식 정압기

해설 **파일럿식 정압기** : 직동식의 본체 및 파일럿으로 이루어져 있으며, 언로딩(unloading)형과 로딩(loading)형으로 구분된다. 대용량이 요구되고 유량제어 범위가 넓은 경우에 적합하다.

66 정압기의 구조에 따른 분류 중 일반 소비기기용이나 지구 정압기에 널리 사용되고 사용압력은 중압용이며, 구조와 기능이 우수하고 정특성은 좋지만 안정성이 부족하고 크기가 대형인 정압기는?

① 레이놀즈(Reynolds)식 정압기
② 피셔(Fisher)식 정압기
③ Axial Flow Valve(AFV)식 정압기
④ 루트(Roots)식 정압기

해설 **레이놀즈(Reynolds)식 정압기의 특징**
㉮ 언로딩(unloading)형이다.
㉯ 정특성은 극히 좋으나 안정성이 부족하다.
㉰ 다른 것에 비하여 크다.

67 다음 [보기]와 같은 정압기의 종류는?

[보기]
ⓐ unloading 형이다.
ⓑ 본체는 복좌밸브로 되어 있어 상부에 다이어프램을 가진다.
ⓒ 정특성은 아주 좋으나 안정성은 떨어진다.
ⓓ 다른 형식에 비하여 크기가 크다.

① 레이놀즈 정압기 ② 엠코 정압기
③ 피셔식 정압기 ④ 엑셜플로식 정압기

Answer 63. ③ 64. ③ 65. ③ 66. ① 67. ①

68 다이어프램과 메인 밸브를 고무슬리브 1개로 해결한 콤팩트한 정압기로서 변칙 언로딩형인 정압기는?

① 피셔식 ② 레이놀즈식
③ AFV식 ④ KRF식

해설 AFV식 : Axial Flow Valve(엑셜플로)식

69 정압기 설치 시 주의사항에 대한 설명으로 가장 옳은 것은?

① 최고 1차 압력이 정압기의 설계압력 이상이 되도록 선정한다.
② 대규모 지역의 정압기로서 사용하는 경우 동특성이 우수한 정압기를 선정한다.
③ 스프링 제어식의 정압기를 사용할 때에는 필요한 1차 압력 설정범위에 적합한 스프링을 사용한다.
④ 사용조건에 따라 다르나, 일반적으로 최저 1차 압력의 정압기 최대용량의 60~80[%] 정도의 부하가 되도록 정압기 용량을 선정한다.

해설 정압기 설치 시 주의사항
㉮ 최고 1차 압력이 정압기의 설계압력 이하가 되도록 선정한다.
㉯ 대규모 지역의 정압기로서 사용하는 경우 오프셋, 로크업이 작은 정특성이 우수한 정압기를 선정한다.
㉰ 소규모 지역의 정압기로서 사용하는 경우 동특성이 우수한 정압기를 선정한다.
㉱ 스프링 제어식의 정압기를 사용할 때에는 필요한 2차 압력 설정범위에 적합한 스프링을 사용한다.
㉲ 정압기에는 다이어프램, 시트패킹 등 합성고무의 부품을 다수 사용하고 있지만 가스의 성분에 따라 사용할 수 없는 것도 있으므로 주의하여야 한다.
㉳ 사용조건에 따라 다르나, 일반적으로 최저 1차 압력의 정압기 최대용량의 60~80[%] 정도의 부하가 되도록 정압기 용량을 선정한다.

70 정압기 설치에 대한 설명으로 가장 거리가 먼 것은?

① 출구에는 수분 및 불순물 제거장치를 설치한다.
② 출구에는 가스압력 측정장치를 설치한다.
③ 입구에는 가스차단 장치를 설치한다.
④ 정압기의 분해점검 및 고장을 대비하여 예비 정압기를 설치한다.

해설 정압기의 입구에 수분 및 불순물 제거장치를 설치한다.

71 피셔(fisher)식 정압기의 2차압 이상 상승의 원인에 해당하는 것은?

① 정압기의 능력부족
② 필터의 먼지류 막힘
③ pilot supply valve에서의 누설
④ 파일럿 오리피스의 녹 막힘

해설 피셔(fisher)식 정압기의 2차압 이상 상승 원인
㉮ 메인밸브에 먼지류가 끼어들어 완전차단(cut off) 불량
㉯ 메인밸브의 폐쇄 무
㉰ 파일럿 공급밸브(pilot supply valve)에서의 누설
㉱ 센터스템(center stem)과 메인밸브의 접속불량
㉲ 바이패스 밸브의 누설
㉳ 가스 중 수분의 동결
※ ①, ②, ④ 항 : 2차압 이상 저하 원인

72 피셔식 정압기의 2차 압력의 이상저하 원인으로 가장 거리가 먼 것은?

① 정압기의 능력 부족
② 필터 먼지류의 막힘
③ 파일럿 오리피스의 녹 막힘
④ 가스 중 수분의 동결

Answer 68. ③ 69. ④ 70. ① 71. ③ 72. ④

해설 2차 압력 이상 저하 원인

㉮ 정압기의 능력 부족
㉯ 필터의 먼지류 막힘
㉰ 파일럿 오리피스의 녹 막힘
㉱ 센터 스템(center stem)의 작동 불량
㉲ 스트로크(storke) 조정 불량
㉳ 주 다이어프램 파손
※ 가스 중 수분의 동결은 2차압 이상 상승의 원인

73 정압기의 승압을 방지하기 위한 방지설비가 아닌 것은?

① 2차 압력 감시장치
② 저압배관의 loop화
③ 2차측에 가용전식 안전밸브 설치
④ 저압 홀더로 되돌림

해설 정압기의 이상 승압을 방지하는 설비(방법)

㉮ 저압 홀더로 되돌림
㉯ 저압 배관의 루프(loop)화
㉰ 2차 압력 감시 장치
㉱ 정압기를 병렬로 설치

74 웨베지수에 대한 설명으로 옳은 것은?

① 정압기의 동특성을 판단하는 수치이다.
② 배관 지름을 결정할 때 사용되는 수치이다.
③ 가스의 연소성을 판단하는 중요한 수치이다.
④ LPG 용기 설치본수 산정 시 사용되는 수치로 지역별 기화량을 고려한 것이다.

해설 웨베지수(WI) : 가스의 발열량을 가스 비중의 평방근으로 나눈 값

$$\therefore WI = \frac{H_g}{\sqrt{d}}$$

여기서, WI : 웨베지수,
H_g : 가스의 발열량[kcal/m³]
d : 가스 비중

75 총 발열량이 10400[kcal/m³], 비중이 0.64인 가스의 웨베지수는 얼마인가?

① 6656 ② 9000
③ 13000 ④ 16250

해설 $WI = \frac{H_g}{\sqrt{d}} = \frac{10400}{\sqrt{0.64}} = 13000$

76 발열량이 5000[kcal/Nm³], 비중이 0.61, 공급 표준압력이 100[mmH₂O]인 가스에서 발열량 11000[kcal/Nm³], 비중 0.66, 공급 표준압력이 200[mmH₂O]인 LNG로 가스를 변경할 경우 노즐 변경율은 얼마인가?

① 0.49 ② 0.58
③ 0.71 ④ 0.82

해설
$$\frac{D_2}{D_1} = \sqrt{\frac{WI_1\sqrt{P_1}}{WI_2\sqrt{P_2}}} = \sqrt{\frac{\frac{5000}{\sqrt{0.61}} \times \sqrt{100}}{\frac{11000}{\sqrt{0.66}} \times \sqrt{200}}} = 0.578$$

Answer 73. ③ 74. ③ 75. ③ 76. ②

4장 압축기 및 펌프

1. 압축기(Compressor)

1) 압축기의 분류

(1) 작동 압력에 따른 분류

① 팬(fan) : 압력 상승이 10[kPa] 미만

② 블로워(blower) : 압력 상승이 10[kPa]~0.1[MPa] 이하

③ 압축기(compressor) : 압력 상승이 0.1[MPa] 이상

(2) 작동 원리에 의한 분류

① 용적형 : 일정용적의 실린더 내에 기체를 흡입하고 기체에 압력을 가하여 토출구로 압출하는 것을 반복하는 형식이다.

㉮ 왕복식 : 피스톤의 왕복운동으로 가스를 흡입하여 압축한다.

㉯ 회전식 : 회전체의 회전에 의해 일정용적의 가스를 연속으로 흡입, 압축하는 것을 반복한다.

② 터보형 : 임펠러의 회전운동을 압력과 속도에너지로 전환하여 압력을 상승시키는 형식이다.

㉮ 원심식 : 케이싱 내에 임펠러가 회전하면 기체가 원심력에 의하여 임펠러의 중심부로 연속으로 흡입되고 압력과 속도가 증가되어 토출되는 형식이다.

㉯ 축류식 : 선풍기와 같이 프로펠러(임펠리)가 회선하면 기체가 축 방향으로 흡입되고, 압력과 속도가 상승되어 축방향으로 토출하는 형식이다.

㉰ 혼류식 : 원심식과 축류식을 혼합한 형식이다.

2) 용적형 압축기

(1) 왕복동식 압축기

① 특징

㉮ 급유식, 무급유식이고, 고압이 쉽게 형성된다.

㉯ 용량 조절 범위가 넓고(0~100[%]), 압축효율이 높다.

㉰ 형태가 크고, 설치 면적이 크다.

㉱ 배출가스 중 오일이 혼입 될 우려가 크다.

㉲ 압축이 단속적이고, 맥동현상이 발생된다.

㉳ 접촉부분이 많아 고장 발생이 쉽고 수리가 어렵다.

㉴ 반드시 흡입, 토출밸브가 필요하다.

② 각부 구조

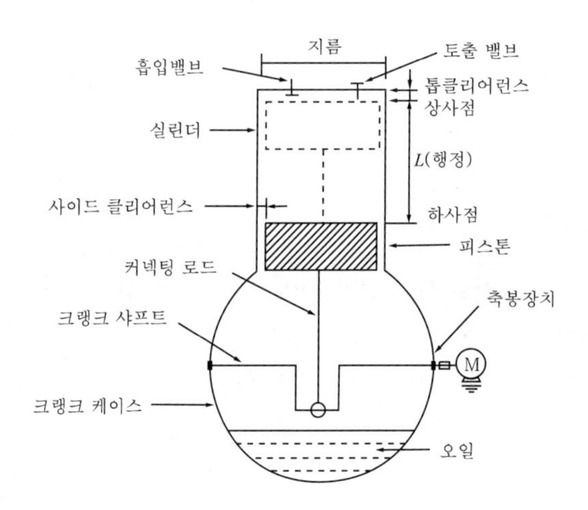

왕복동 압축기의 구조

㉮ 본체 및 실린더 : 실린더는 압축가스와 직접 접촉하기 때문에 고급주철로 제작하고 실린더와 피스톤의 간극은 지름의 1/1000 정도이다.

㉯ 피스톤 및 피스톤링 : 가스를 압축하는 부분으로 상부에 피스톤링, 하부에 오일링이 부착된다.

㉰ 프레임 : 크랭크샤프트, 커넥팅 로드, 크로스헤드 등 회전운동을 왕복운동으로 변환시켜 주는 운동부분을 집합시켜 놓은 부분이다.

㉱ 흡입, 토출밸브 : 가스를 실린더에 흡입, 토출을 제어하는 것으로 압축효율, 체적효율에 영향을 미치는 것으로 특수주철, 청동주물 등의 특수합금으로 만들어진다. 흡입, 토출밸브의 구비조건은 다음과 같다.

ⓐ 개폐가 확실하고 작동이 양호할 것
ⓑ 충분한 통과 단면을 갖고 유체저항이 적을 것
ⓒ 누설이 없고 마모 및 파손에 강할 것
ⓓ 운전 중에 분해하는 경우가 없을 것

㉮ 축봉 장치 : 피스톤 로드가 실린더를 관통하는 부분에 기밀을 유지하기 위한 장치이다.

㉯ 안전장치

ⓐ 안전두 : 액압축이 발생될할 때 작동
ⓑ 고압차단 스위치(HPS : hight pressor cut out switch) : 압력이 설정압력 이상으로 상승 시 압축기용 전동기를 정지시킨다.
ⓒ 안전밸브 : 압력이 설정압력 이상 상승 시 밸브가 개방되어 압력을 대기나 저압 측으로 되돌려 보내 고압에 의한 사고를 방지한다.

③ 피스톤 압출량 계산

㉮ 이론적 피스톤 압출량

$$V = \frac{\pi}{4} \times D^2 \times L \times n \times N \times 60$$

㉯ 실제적 피스톤 압출량

$$V' = \frac{\pi}{4} \times D^2 \times L \times n \times N \times \eta_v \times 60$$

여기서, V : 이론적인 피스톤 압출량[m^3/h]
V' : 실제적인 피스톤 압출량[m^3/h]
D : 피스톤 지름[m]
L : 행정거리[m]
n : 기통수
N : 분당 회전수[rpm]
η_v : 체적효율[%]

④ 압축기 효율

㉮ 체적효율(η_v)

$$\eta_v = \frac{\text{실제적 피스톤 압출량}}{\text{이론적 피스톤 압출량}} \times 100$$

㈏ 압축효율(η_c)

$$\eta_C = \frac{\text{이론 동력}}{\text{실제 소요 동력(지시동력)}} \times 100$$

㈐ 기계효율(η_m)

$$\eta_m = \frac{\text{실제적 소요동력(지시동력)}}{\text{축동력}} \times 100$$

⑤ 용량제어

㉮ 용량제어의 목적

ⓐ 수요 공급의 균형 유지 ⓑ 압축기 보호

ⓒ 소요 동력의 절감 ⓓ 경부하 기동

㉯ 연속적인 용량 제어법

ⓐ 흡입 주밸브를 폐쇄하는 방법 ⓑ 타임드 밸브 제어에 의한 방법

ⓒ 회전수를 변경하는 방법 ⓓ 바이패스 밸브에 의한 방법

㉯ 단계적인 용량 제어법

ⓐ 클리어런스 밸브에 의한 조정 ⓑ 흡입밸브 개방에 의한 방법

⑥ 다단 압축기

㉮ 다단 압축의 목적

ⓐ 1단 단열압축과 비교한 일량의 절약

ⓑ 이용효율의 증가

ⓒ 힘의 평형이 양호해진다.

ⓓ 온도상승을 방지할 수 있다.

㉯ 단수 결정 시 고려할 사항

ⓐ 최종의 토출압력 ⓑ 취급 가스량

ⓒ 취급 가스의 종류 ⓓ 연속운전의 여부

ⓔ 동력 및 제작의 경제성

⑦ 압축비(a)

㉮ 1단 압축비

$$a = \frac{P_2}{P_1}$$

㉯ 다단 압축비

$$a = \sqrt[n]{\frac{P_2}{P_1}}$$

여기서, a : 압축비 n : 단수

P_1 : 흡입 절대압력 P_2 : 최종 절대압력

㉰ 압축비 증대 시 영향

ⓐ 소요동력 증대 ⓑ 실린더 내의 온도 상승

ⓒ 체적효율 저하 ⓓ 토출 가스량 감소

⑧ 윤활유

㉮ 사용 목적

ⓐ 활동부에 유막을 형성하여 운전을 원활하게 한다.

ⓑ 유막을 형성하여 가스의 누설을 방지한다.

ⓒ 마찰열을 제거하여 기계 효율을 높인다.

ⓓ 기계수명을 연장한다.

㉯ 구비조건

ⓐ 화학반응을 일으키지 않을 것

ⓑ 인화점은 높고, 응고점은 낮을 것

ⓒ 점도가 적당하고 항유화성(抗油化性)이 클 것

ⓓ 불순물이 적을 것

ⓔ 잔류탄소의 양이 적을 것

ⓕ 열에 대한 안정성이 있을 것

㉰ 각종 가스 압축기의 내부 윤활유

ⓐ 산소 압축기 : 물 또는 묽은 글리세린수(10% 정도)

ⓑ 공기, 수소, 아세틸렌 압축기 : 양질의 광유(디젤 엔진유)

ⓒ 염소 압축기 : 진한 황산

ⓓ LP가스 압축기 : 식물성유

ⓔ 이산화황 가스 압축기 : 화이트유, 정제된 용제 터빈유

ⓕ 염화메탄(메틸 클로라이드) 압축기 : 화이트유

(2) 회전식 압축기(Rotary compressor)

① 특징

㉮ 용적형이며, 오일 윤활방식이다.

㉯ 부품수가 적어 구조가 간단하고 동작이 단순하다.

㉰ 압축이 연속으로 이루어져 맥동현상이 없다.

㉱ 고진공과 고압축비를 얻을 수 있다.

② 종류

㉮ 고정익형 압축기(stationary blade type)

㉯ 회전익형 압축기(rotary blade type)

(3) 나사 압축기(screw compressor)

① 특징

㉮ 용적형이며 무급유식 또는 급유식이다.

㉯ 흡입, 압축, 토출의 3행정을 갖는다.

㉰ 연속으로 압축되므로 맥동현상이 없다.

㉱ 용량조정이 어렵고(70~100[%]), 효율이 좋지 않다.

㉲ 토출압력은 3[MPa]까지 가능하고, 소음방지 장치가 필요하다.

㉳ 두 개의 암(female), 수(male)의 치형을 가진 로터의 맞물림에 의해 압축한다.

㉴ 고속회전이므로 형태가 작고, 경량이며 설치면적이 적다.

㉵ 토출압력 변화에 의한 용량변화가 적다.

② 이론적 토출량 계산

$$Q_{th} = C_v \cdot D^2 \cdot L \cdot N$$

여기서, Q_{th} : 이론 토출량[m^3/min]

D : 암 로터의 지름[m]

L : 로터의 길이[m]

N : 숫 로터의 회전수[rpm]

C_v : 로터 모양에서 결정되는 상수

3) 터보형 압축기

(1) 원심식 압축기

① 특징

㉮ 원심형 무급유식이다.

㉯ 연속토출로 맥동이 없다.

㉰ 고속회전이 가능하므로 전동기와 직결 사용이 가능하다.

㉱ 형태가 작고 경량이어서 기초, 설치 면적이 적다.

㉲ 용량조정 범위가 좁고(70~100[%]) 어렵다.

㉳ 압축비가 적고, 효율이 좋지 않다.

㉴ 다단식은 압축비를 높일 수 있으나, 설비비가 많이 소요된다.

㉵ 기계적 접촉부가 적어 마찰손실, 마모가 적다.

㉶ 토출압력 변화에 의해 용량변화가 크다.

㉷ 운전 중 서징(surging) 현상이 발생할 수 있다.

② 용량 제어 방법

㉮ 속도 제어에 의한 방법

㉯ 토출 밸브에 의한 방법

㉰ 흡입 밸브에 의한 방법

㉱ 베인 컨트롤에 의한 방법(깃 각도 조정 방법)

㉲ 바이패스에 의한 방법

③ 상사의 법칙

㉮ 풍량 $Q_2 = Q_1 \times \left(\frac{N_2}{N_1}\right) \times \left(\frac{D_2}{D_1}\right)^3$

㉯ 풍압 $P_2 = P_1 \times \left(\frac{N_2}{N_1}\right)^2 \times \left(\frac{D_2}{D_1}\right)^2$

㉰ 동력 $L_2 = L_1 \times \left(\frac{N_2}{N_1}\right)^3 \times \left(\frac{D_2}{D_1}\right)^5$

여기서, Q_1, Q_2 : 변경 전, 후 풍량

P_1, P_2 : 변경 전, 후 풍압

L_1, L_2 : 변경 전, 후 동력

N_1, N_2 : 변경 전, 후 임펠러 회전수

D_1, D_2 : 변경 전, 후 임펠러 지름

④ 서징(surging) 현상 : 토출측 저항이 커지면 유량이 감소하고 맥동과 진동이 발생하여 불안전 운전이 되는 현상으로 방지법은 다음과 같다.

㉮ 우상(右上)이 없는 특성으로 하는 방법

㉯ 방출밸브에 의한 방법

㉰ 베인 컨트롤에 의한 방법

㉱ 회전수를 변화시키는 방법

㉲ 교축밸브를 기계에 가까이 설치하는 방법

(2) 축류 압축기

① 특징

㉮ 동익식(動翼式)의 경우 축동력을 일정하게 유지할 수 있다.

㉯ 압축비가 작고, 효율이 좋지 않다.

㉰ 공기조화설비용으로 주로 사용된다.

② 베인의 배열에 의한 분류 : 후치 정익형, 전치 정익형, 전·후치 정익형

2. 펌프(Pump)

1) 펌프의 분류

① 터보형 펌프 : 임펠러의 회전력으로 액체을 이송하는 형식으로 원심펌프, 사류펌프, 축류펌프가 해당된다.
② 용적형 펌프 : 일정용적을 갖는 실에 액체를 흡입하고 압력을 상승시켜 토출하는 형식으로 왕복펌프, 회전펌프가 해당된다.
③ 특수 펌프 : 제트 펌프, 기포 펌프, 수격 펌프 재생 펌프 등이 해당된다.

2) 터보(turbo)형 펌프

(1) 원심 펌프

한 개 또는 여러 개의 임펠러를 밀폐된 케이싱 내에서 회전시켜 발생하는 원심력을 이용하여 액체를 이송하거나 압력을 상승시켜 축과 직각방향으로 토출하는 형식이다.

① 특징
㉮ 원심력에 의하여 유체를 압송한다.
㉯ 용량에 비하여 소형이고 설치면적이 작다.
㉰ 흡입, 토출밸브가 없고 액의 맥동이 없다.
㉱ 기동 시 펌프내부에 유체를 충분히 채워야 한다.
㉲ 고양정에 적합하다.
㉳ 서징 현상, 캐비테이션 현상이 발생하기 쉽다.

② 종류

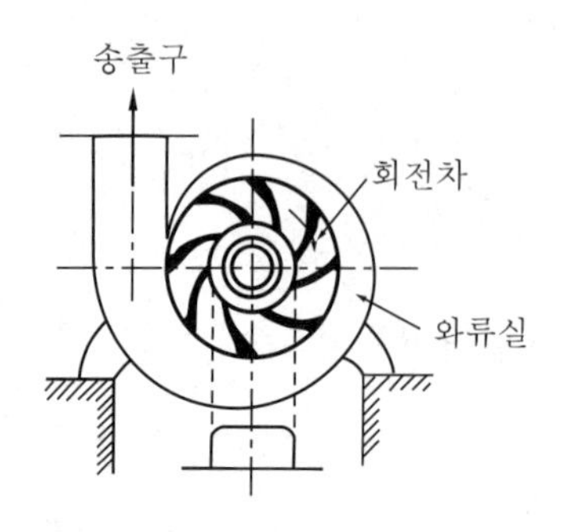

볼류트 펌프의 구조

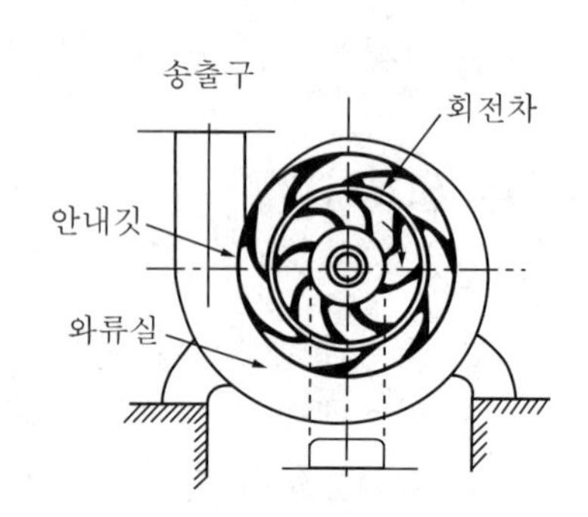

터빈 펌프의 구조

㉮ 볼류트(volute) 펌프 : 임펠러 바깥둘레에 안내깃(베인)이 없고 바깥둘레에 바로 접하여 와류실이 있는 펌프로 일반적으로 양정이 낮은 곳에 사용된다.

㉯ 터빈(turbine) 펌프 : 임펠러 바깥둘레에 안내깃(베인)이 있는 것으로 양정이 높은 곳에 사용된다.

③ 특성곡선 : 가로축에 토출량(Q)을, 세로축에 양정(H), 축동력(L), 효율(η)을 취하여 표시한 것으로 펌프의 성능을 나타낸다. 토출량(Q) 변화에 대하여 세로축 각각의 변화 비율은 비속도(베인 형식)에 따라 각각 다르다는 것을 원심펌프, 사류펌프, 축류펌프에 대하여 나타낸다.

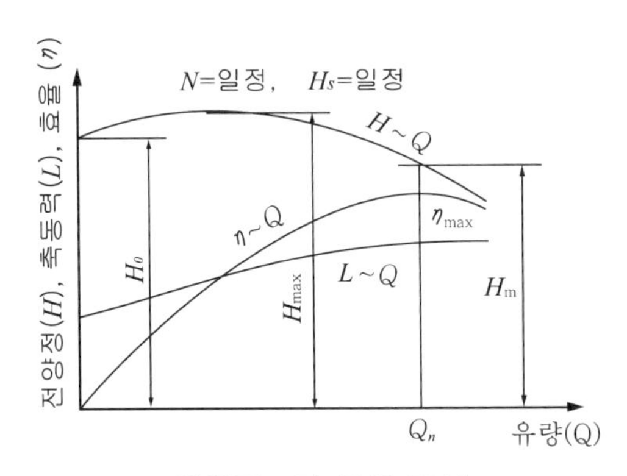

원심펌프의 특성 곡선

여기서, H_0 : $Q=0$ 일 때의 양정(체절양정)

$H_n Q_n$: $\eta_{\max}$이 되는 $H-Q$ 곡선상의 좌표

$H_{\max}$: 최고 체절양정

$H-Q$: 양정 곡선

$L-Q$: 축동력 곡선

$\eta-Q$: 효율 곡선

④ 축봉장치 : 축이 케이싱을 관통하여 회전하는 부분에 설치하여 액의 누설을 방지하는 것이다.

㉮ 그랜드 패킹 : 내부의 액이 누설되어도 무방한 경우에 사용

㉯ 메커니컬 실 : 내부의 액이 누설되는 것이 허용되지 않는 가연성, 독성 등의 액체 이송 시 사용한다.

ⓐ 내장형(인사이드형) : 고정면이 펌프 측에 있는 것으로 일반적으로 사용된다.

ⓑ 외장형(아웃사이드형) : 회전면이 펌프 측에 있는 것으로 구조재, 스프링재가 내식성에 문제가 있거나 고점도, 저응고점 액일 때 사용한다.

ⓒ 싱글 실형 : 습동면(접촉면)이 1개로 조립된 것

ⓓ 더블 실형 : 습동면(접촉면)이 2개로 누설을 완전히 차단하고, 유독액 또는 인화성이 강한 액일 때, 누설 시 응고액, 내부가 고진공, 보온, 보냉이 필요할 때 쓰인다.

ⓔ 언밸런스 실 : 펌프의 내압을 실의 습동면에 직접 받는 경우 사용한다.

ⓕ 밸런스 실 : 펌프의 내압이 큰 경우 고압이 실의 습동면에 직접 접촉하지 않게 한 것으로 LPG, 액화가스와 같이 저비점 액체일 때 사용한다.

⑤ 펌프의 축동력

㉮ PS(미터마력)

$$PS = \frac{\gamma \cdot Q \cdot H}{75\eta}$$

㉯ kW

$$\text{kW} = \frac{\gamma \cdot Q \cdot H}{102\eta}$$

여기서, γ : 액체의 비중량[kgf/m^3]
Q : 유량[m^3/s]
H : 전양정[m]
η : 효율

참•고

압축기의 축동력 계산식

① PS(미터마력)

$$PS = \frac{P \cdot Q}{75\eta}$$

② kW

$$\text{kW} = \frac{P \cdot Q}{102\eta}$$

여기서, P : 압축기의 토출압력[kgf/m^2], Q : 유량[m^3/s], η : 효율

⑥ 비교 회전도(비속도) : 토출량이 1[m^3/min], 양정 1[m]가 발생하도록 설계한 경우의 판상 임펠러의 분당 회전수를 나타낸다.

$$N_S = \frac{N\sqrt{Q}}{\left(\frac{H}{n}\right)^{\frac{3}{4}}}$$

여기서, N_s : 비교회전도(비속도)
N : 임펠러의 회전수[rpm]
Q : 토출량[m^3/min]
H : 양정[m]
n : 단수

⑦ 상사의 법칙

㉮ 유량 $Q_2 = Q_1 \times \left(\frac{N_2}{N_1}\right) \times \left(\frac{D_2}{D_1}\right)^3$

㉯ 양정 $H_2 = H_1 \times \left(\frac{N_2}{N_1}\right)^2 \times \left(\frac{D_2}{D_1}\right)^2$

㉰ 동력 $L_2 = L_1 \times \left(\frac{N_2}{N_1}\right)^3 \times \left(\frac{D_2}{D_1}\right)^5$

여기서, Q_1, Q_2 : 변경 전, 후 유량
H_1, H_2 : 변경 전, 후 양정
L_1, L_2 : 변경 전, 후 동력
D_1, D_2 : 변경 전, 후 임펠러 지름
N_1, N_2 : 변경 전, 후 임펠러 회전수

⑧ 원심펌프의 운전 특징
㉮ 직렬운전 : 양정 증가, 유량 일정
㉯ 병렬운전 : 양정 일정, 유량 증가

(2) 사류 펌프

임펠러에서 토출되는 물의 흐름이 축에 대하여 비스듬히 토출된다. 임펠러에서의 물을 가이드 베인에 유도하여 그 회전 방향성분을 축 방향성분으로 바꾸어서 토출하는 형식과 원심펌프와 같이 볼류트 케이싱에 유도하는 형식이 있다.

(3) 축류 펌프

임펠러에서 토출되는 물의 흐름이 축 방향으로 토출된다. 사류 펌프와 같이 임펠러에서의 물을 가이드 베인에 유도하여 그 회전 방향 성분을 축 방향으로 변화시켜 이것에 의한 수력손실을 적게 하여 축 방향으로 토출하는 것이다.

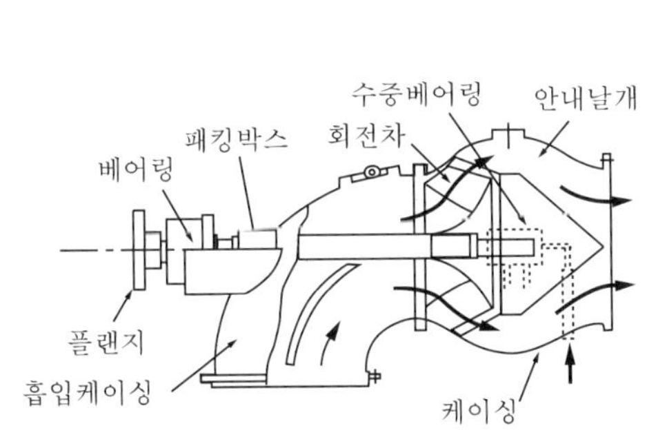

사류 펌프의 구조

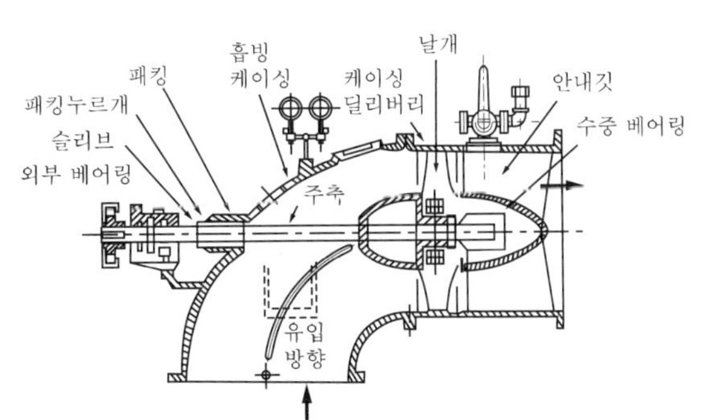

축류 펌프의 구조

3) 용적형 펌프

(1) 왕복 펌프

실린더 내의 피스톤 또는 플런저가 왕복운동으로 액체에 압력을 가해 이송하는 펌프이다.

① 특징

㉮ 소형으로 고압, 고점도 유체에 적당하다.

㉯ 회전수가 변하여도 토출압력의 변화가 적다.

㉰ 토출량이 일정하여 정량토출이 가능하고 수송량을 가감할 수 있다.

㉱ 송출이 단속적이라 맥동이 일어나기 쉽고, 진동이 있다. (맥동현상을 방지하기 위하여 공기실을 설치한다.)

㉲ 고압으로 액의 성질이 변할 수 있고, 밸브의 그랜드패킹 고장이 많다.

② 종류

㉮ 피스톤 펌프 : 피스톤이 로드의 단면보다 큰 구조로 유량이 크고, 압력이 낮은 경우에 사용한다.

㉯ 플런저 펌프 : 피스톤과 로드의 단면이 동일한 구조로 유량이 적고, 압력이 높은 경우에 사용한다.

㉰ 다이어프램 펌프 : 정량펌프라 하며 고무나 테플론 막이 상하로 운동하여 특수약액, 불순물이 많은 유체를 이송할 수 있고 그랜드 패킹이 없어 누설을 방지할 수 있다.

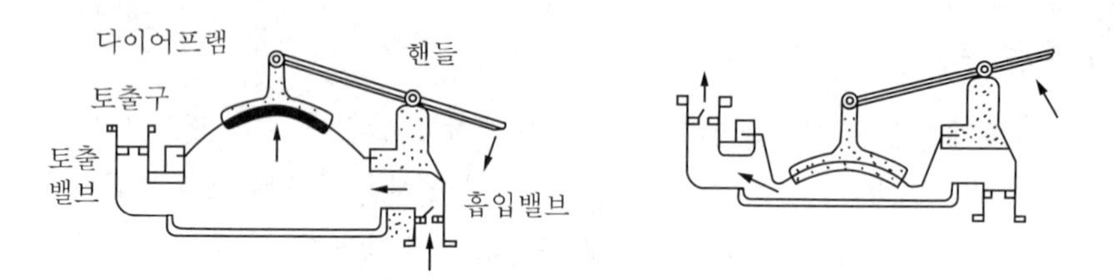

다이어프램 펌프의 작동 상세도

(2) 회전 펌프

원심펌프와 모양이 비슷하지만 액체를 이송하는 원리가 완전히 다른 것으로 펌프 본체 속의 회전자의 회전에 의해 생기는 원심력을 이용하여 유체를 이송한다.

① 특징

㉮ 왕복펌프와 같은 흡입, 토출밸브가 없다.

㉯ 연속으로 송출하므로 맥동현상이 없다.

㉰ 점성이 있는 유체의 이송에 적합하다.

㉱ 고압 유압펌프로 사용된다. (안전밸브를 반드시 부착한다.)

② 종류

㉮ 기어 펌프 : 두 개의 기어가 맞물려 회전할 때 액체를 이송하는 것으로 고점도 액의 이송에 적합하고 회전펌프 중에서 흡입양정이 크다.

② 베인 펌프 : 펌프 본체와 회전자의 중심을 편심시킨 후 회전자에 베인(깃)을 조립하여 회전자의 회전에 의해 액체를 이송한다.

③ 나사 펌프 : 관 내부에 나사 형태의 구조를 갖는 회전자를 회전시키면 액체가 축방향으로 이송되도록 한 것이다.

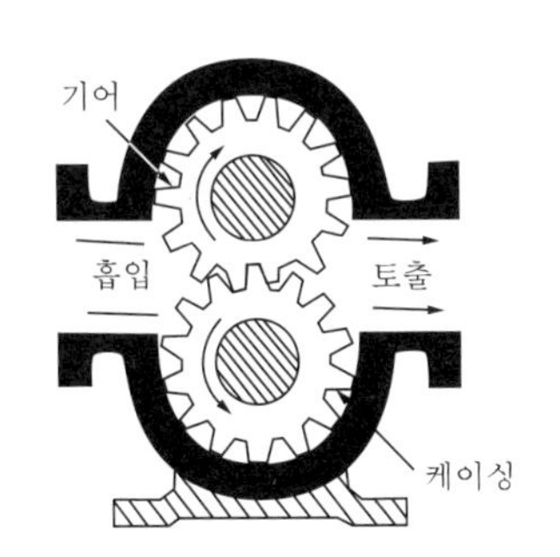

기어펌프의 구조

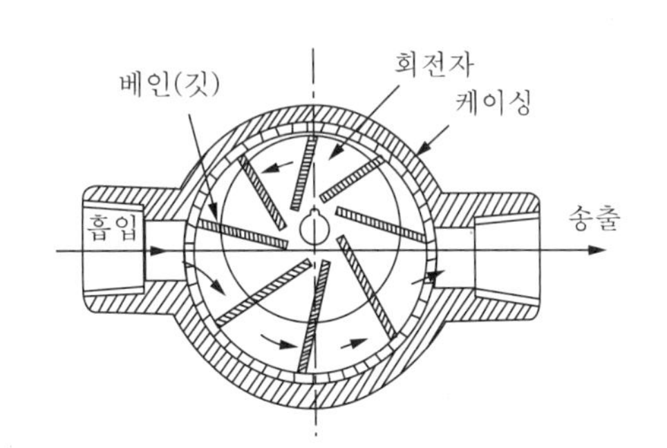

베인펌프의 구조

4) 특수 펌프

(1) 제트 펌프

노즐에서 고속으로 분출되는 유체에 의하여 흡입구에 연결된 유체를 흡입하여 토출하는 펌프로 2종류의 유체를 혼합하여 토출하므로 에너지 손실이 크고 효율이 30[%] 정도로 낮지만 구조가 간단하고 고장이 적은 장점이 있다.

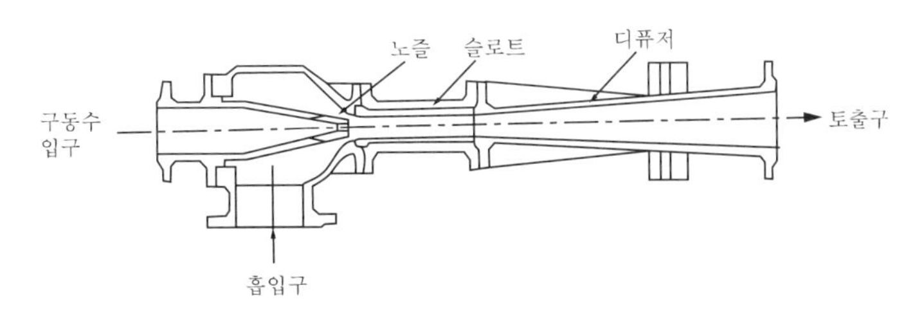

제트펌프의 구조도

(2) 기포 펌프

압축공기를 양수관 하부에서 관내부로 분출시켜 액체를 이송하는 것이다.

(3) 수격 펌프

펌프나 압축기 없이 유체의 위치에너지를 이용하여 액체를 이송하는 것이다.

(4) 재생 펌프

마찰펌프, 웨스코 펌프라 하며 소유량, 고양정에 적합하다.

5) 펌프에서 발생되는 현상

(1) 캐비테이션(cavitation) 현상

유수 중에 그 수온의 증기압력보다 낮은 부분이 생기면 물이 증발을 일으키고 기포를 다수 발생하는 현상을 말한다.

① 발생 조건
- ㉮ 흡입양정이 지나치게 클 경우
- ㉯ 흡입관의 저항이 증대될 경우
- ㉰ 과속으로 유량이 증대될 경우
- ㉱ 관로 내의 온도가 상승될 경우

② 일어나는 현상
- ㉮ 소음과 진동이 발생
- ㉯ 깃(임펠러)의 침식
- ㉰ 특성곡선, 양정곡선의 저하
- ㉱ 양수 불능

③ 방지법
- ㉮ 펌프의 위치를 낮춘다(흡입 양정을 짧게 한다).
- ㉯ 수직축 펌프를 사용하여 회전차를 수중에 완전히 잠기게 한다.
- ㉰ 양흡입 펌프를 사용한다.
- ㉱ 펌프의 회전수를 낮춘다.
- ㉲ 두 대 이상의 펌프를 사용한다.

(2) 수격작용(water hammering)

펌프에서 물을 압송하고 있을 때 정전 등으로 펌프가 급히 멈춘 경우 관내의 유속이 급변하면 물에 심한 압력변화가 생기는 현상이다.

① 발생원인
- ㉮ 밸브의 급격한 개폐

㉯ 펌프의 급격한 정지
㉰ 유속이 급변할 때

② 방지법
㉮ 배관 내부의 유속을 낮게 한다. (관지름이 큰 배관을 사용한다.)
㉯ 배관에 조압수조(調壓水槽 : 압력조절용 탱크, surge tank)를 설치한다.
㉰ 펌프에 플라이 휠(fly wheel)을 설치한다.
㉱ 밸브를 펌프 토출구 가까이 설치하고 적당히 제어한다.

(3) 서징(surging) 현상

맥동현상이라 하며, 펌프 운전 중에 주기적으로 운동, 양정, 토출량이 규칙적으로 변동하는 현상으로 압력계의 지침이 일정범위 내에서 움직인다.

① 발생원인
㉮ 양정곡선이 산형 곡선이고 곡선의 최상부에서 운전했을 때
② 유량조절 밸브가 탱크 뒤쪽에 있을 때
③ 배관 중에 물탱크나 공기탱크가 있을 때

② 방지법
㉮ 임펠러, 가이드 베인의 형상 및 치수를 변경하여 특성을 변화시킨다.
㉯ 방출밸브를 사용하여 서징 현상이 발생할 때의 양수량 이상으로 유량을 증가시킨다.
㉰ 임펠러의 회전수를 변경시킨다.
㉱ 배관 중에 있는 불필요한 공기 탱크를 제거한다.

(4) 베이퍼 로크(vapor lock) 현상

저비점 액체 등을 이송 시 펌프의 입구에서 발생하는 현상으로 액의 끓음에 의한 동요를 말한다.

① 발생원인
㉮ 흡입관 지름이 작을 때
㉯ 펌프의 설치위치가 높을 때
㉰ 외부에서 열량 침투 시
㉱ 배관 내 온도 상승 시

② 방지법
㉮ 실린더 라이너 외부를 냉각
㉯ 흡입배관을 크게 하고 단열 처리한다.
㉰ 펌프의 설치위치를 낮춘다.
㉱ 흡입관로의 청소

01 **일정 용적의 실린더 내에 기체를 흡입한 다음 흡입구를 닫아 기체를 압축하면서 다른 토출구에 압축하는 형식의 압축기는?**

① 용적형　　② 터보형
③ 원심식　　④ 축류식

해설 **용적형 압축기** : 일정 용적의 실린더 내에 기체를 흡입하고 기체에 압력을 가하여 토출구로 압출하는 것을 반복하는 형식으로 왕복동식과 회전식이 있다.

02 **왕복형 압축기의 특징에 대한 설명으로 옳은 것은?**

① 쉽게 고압이 얻어진다.
② 압축효율이 낮다.
③ 접촉부가 많아서 보수가 쉽다.
④ 기초 설치 면적이 작다.

해설 **왕복식 압축기의 특징**
㉮ 고압이 쉽게 형성된다.
㉯ 급유식, 무급유식이다.
㉰ 용량조정범위가 넓다.
㉱ 압축효율이 높다.
㉲ 형태가 크고 설치면적이 크다.
㉳ 배출가스 중 오일이 혼입될 우려가 크다.
㉴ 압축이 단속적이고, 맥동현상이 발생된다.
㉵ 접촉부분이 많아 고장 발생이 쉽고 수리가 어렵다.
㉶ 반드시 흡입 토출밸브가 필요하다.

03 **압축기에 관한 용어 중 틀리게 설명한 것은?**

① 간극용적 : 피스톤이 상사점과 하사점의 사이를 왕복할 때의 체적
② 행정 : 실린더 내에서 피스톤이 이동하는 거리
③ 상사점 : 실린더 체적이 최소가 되는 점
④ 압축비 : 흡입압력에 대한 토출압력의 비

해설 **간극용적** : 피스톤이 상사점에 있을 때 실린더 내의 가스가 차지하는 것으로 톱 클리어런스와 사이드 클리어런스가 있다.

04 **압축기 실린더 상부에 스프링을 지지시켜 실린더 내에 액이나 이물질이 침입하여 압축 시 압축기가 파손되는 것을 방지하는 보호 장치는?**

① 안전밸브　　② 고압차단 스위치
③ 안전두　　④ 유압보호장치

해설 **안전두** : 액 압축이 발생할 때 작동하는 압축기 보호장치이다.

05 **고압차단 스위치에 대한 설명으로 틀린 것은?**

① 작동압력은 정상 고압보다 4[kgf/cm^2] 정도 높다.
② 전자밸브와 조합하여 고속다기통 압축기의 용량제어용으로 주로 이용된다.
③ 압축기 1대 마다 설치 시에는 토출 스톱밸브 직전에 설치한다.
④ 작동 후 복귀 상태에 따라 자동 복귀형과 수동 복귀형이 있다.

Answer 1. ① 2. ① 3. ① 4. ③ 5. ②

해설 고압차단 스위치(high pressor cut out switch : HPS) : 압축기 압력이 이상 상승하였을 때 압축기용 전동기 전원을 차단하여 전동기를 정지시켜 이상 고압에 의한 위해를 방지한다.

06 피스톤 지름이 100[mm], 행정거리가 150[mm], 회전수가 1200[rpm], 체적효율이 75[%]인 왕복압축기의 압출량은?

① 0.95[m³/min] ② 1.06[m³/min]
③ 2.23[m³/min] ④ 3.23[m³/min]

해설 $V = \frac{\pi}{4} \cdot D^2 \cdot L \cdot n \cdot N \cdot \eta_v$

$= \frac{\pi}{4} \times 0.1^2 \times 0.15 \times 1 \times 1200 \times 0.75$

$= 1.06[m^3/min]$

07 실린더의 단면적이 50[cm²], 행정 10[cm], 회전수 200[rpm], 체적효율 80[%]인 왕복압축기의 토출량은?

① 60[L/min] ② 80[L/min]
③ 120[L/min] ④ 140[L/min]

해설 $V = \frac{\pi}{4} \cdot D^2 \cdot L \cdot n \cdot N \cdot \eta_v$

$= 50 \times 10 \times 1 \times 200 \times 0.8 \times 10^{-3}$

$= 80[L/min]$

※ $\frac{\pi}{4} \cdot D^2$: 실린더 단면적

※ $1[m^3] = 1000[L]$, $1[L] = 1000[cm^3] = 1000[mL]$

08 왕복 압축기의 체적효율을 바르게 나타낸 것은?

① 이론적인 가스흡입량에 대한 실제적인 가스 흡입량의 비
② 실제가스 압축 소요동력에 대한 이론상 가스 압축 소요동력
③ 축동력에 대한 실제가스 압축 소요동력의 비
④ 이론상 가스압축 소요동력에 대한 실제적인 가스 흡입량의 비

해설 압축기 효율

㉮ 체적효율

$$\eta_v = \frac{\text{실제적 피스톤 압출량}}{\text{이론적 피스톤 압출량}} \times 100$$

㉯ 압축효율

$$\eta_c = \frac{\text{이론동력}}{\text{실제소요동력(지시동력)}} \times 100$$

㉰ 기계효율

$$\eta_m = \frac{\text{실제적 소요동력(지시동력)}}{\text{축동력}} \times 100$$

09 압축기에서 피스톤 행정량이 0.003[m³]이고, 회전수가 160[rpm], 토출가스량이 100[kg/h]일 때, 1[kg]당 체적이 0.2[m³]에 해당된다면 토출효율은 약 몇 [%]인가?

① 62 ② 69 ③ 76 ④ 83

해설 $\eta_v = \frac{\text{실제적 피스톤 압출량}}{\text{이론적 피스톤 압출량}} \times 100$

$= \frac{100 \times 0.2}{0.003 \times 160 \times 60} \times 100$

$= 69.44[\%]$

10 실린더 안지름이 20[cm], 피스톤 행정 15[cm], 매분 회전수 300, 효율이 80[%]인 수평 1단 단동압축기가 있다. 지시평균유효압력을 0.2[MPa]로 하면 압축기에 필요한 전동기의 마력은 약 몇 [PS]인가? (단, 1[MPa]은 10[kgf/cm²]로 한다.)

① 5.0 ② 7.8
③ 9.7 ④ 13.2

Answer 6. ② 7. ② 8. ① 9. ② 10. ②

해설 ㉮ 피스톤 압출량 계산

$$\therefore V = \frac{\pi}{4} D^2 L n N$$
$$= \frac{\pi}{4} \times 0.2^2 \times 0.15 \times 1 \times 300$$
$$= 1.414[\text{m}^3/\text{min}]$$

㉯ 축동력 계산

$$\therefore \text{PS} = \frac{PQ}{75\eta}$$
$$= \frac{0.2 \times 10 \times 10^4 \times 1.414}{75 \times 0.8 \times 60}$$
$$= 7.78[\text{PS}]$$

11 압축기에서 용량 조절을 하는 목적이 아닌 것은?

① 수요 공급의 균형유지
② 압축기 보호
③ 소요동력의 절감
④ 실린더 내의 온도 상승

해설 압축기 용량 조절 목적
㉮ 수요 공급의 균형유지
㉯ 압축기 보호
㉰ 소요동력의 절감
㉱ 경부하 기동

12 왕복동 압축기의 용량제어 방법이 아닌 것은?

① 클리어런스(clearance)포켓을 설치하여 클리어런스를 증대시키는 방법
② 안내깃(vane)의 경사도를 변화시키는 방법
③ 바이패스(by-pass)밸브에 의해 압축가스를 흡입 쪽에 복귀시키는 방법
④ 언로더(unloader)장치에 의해 흡입밸브를 개방하는 방법

해설 왕복식 왕축기의 용량 제어법
(1) 연속적인 용량 제어법
㉮ 흡입 주 밸브를 폐쇄하는 방법
㉯ 타임드 밸브 제어에 의한 방법
㉰ 회전수를 변경하는 방법
㉱ 바이패스 밸브에 의한 압축가스를 흡입측에 복귀시키는 방법
(2) 단계적 용량 제어법
㉮ 클리어런스 밸브에 의한 방법
㉯ 흡입 밸브 개방에 의한 방법

13 다단 압축을 하는 주된 목적으로 옳은 것은?

① 압축일과 체적효율의 증가
② 압축일 증가와 체적효율의 감소
③ 압축일 감소와 체적효율의 증가
④ 압축일과 체적효율의 감소

해설 다단 압축의 목적
㉮ 1단 단열압축과 비교한 일량의 절약
㉯ 이용효율의 증가
㉰ 힘의 평형이 양호해진다.
㉱ 가스의 온도상승을 방지할 수 있다.

14 압축비가 높을 때 1단으로 하지 않고 중간냉각을 시키는 다단압축을 하는 이유가 아닌 것은?

① 1단 압축으로 하면 체적효율이 나빠지므로
② 1단 압축으로 하면 압축비가 커지므로
③ 1단 압축으로 하면 배출온도가 낮아지므로
④ 1단 압축으로 하면 윤활기밀성에 문제가 생기므로

해설 1단 압축의 문제점
토출압력이 높으므로 압축비가 커지고, 압축일량의 증가로 배출가스의 온도가 높아지고, 체적효율이 나빠지고, 윤활유의 열화 및 탄화로 윤활성능이 감소하여 다단압축을 한다.

Answer 11. ④ 12. ② 13. ③ 14. ③

15 흡입밸브 압력이 0.8[MPa · g]인 3단 압축기의 최종단의 토출압력은 약 몇 [MPa · g]인가? (단, 압축비는 3이며, 1[MPa]은 10[kgf/cm^2]로 한다.)

① 16.1 ② 21.6 ③ 24.2 ④ 28.7

해설 $a = \sqrt[n]{\frac{P_2}{P_1}}$ 에서 대기압은 0.1[MPa]이다.

$\therefore P_2 = a^n \times P_1 = 3^3 \times (0.8 + 0.1)$

$= 24.3$[MPa · a] $- 0.1 = 24.2$[MPa · g]

16 대기압에서 9[kgf/cm^2 · g]까지 2단 압축기로 압축하는 경우 압축 동력을 최소로 하기 위해서는 중간 압력은 얼마로 하는 것이 좋은가? (단, 대기압은 1[kgf/cm^2]이다.)

① 2.16[kgf/cm^2 · g]
② 3[kgf/cm^2 · g]
③ 3.16[kgf/cm^2 · g]
④ 4.5[kgf/cm^2 · g]

해설 $P_0 = \sqrt{P_1 \times P_2} = \sqrt{1 \times 10}$

$= 3.16$[kgf/cm^2 · a]$- 1$

$= 2.16$[kgf/cm^2 · g]

17 흡입밸브 압력이 6[kgf/cm^2 · abs]인 3단 압축기가 있다. 각 단의 토출압력은? (단, 각 단의 압축비는 3이다.)

① 18, 54, 162 [kgf/cm^2 · g]
② 17, 53, 161 [kgf/cm^2 · g]
③ 4, 16, 64 [kgf/cm^2 · g]
④ 3, 15, 63 [kgf/cm^2 · g]

해설 1단의 압축비 $a = \frac{P_2}{P_1}$ 이고, 전체 압축비와 각 단의 압축비는 같고, 토출압력 $P_2 = a \times P_1$ 이 된다.

㉮ 1단(P_{01})의 토출압력 계산

$\therefore P_{01} = a \times P_1 = 3 \times 6$

$= 18$[kgf/cm^2 · a]$- 1$

$= 17$[kgf/cm^2 · g]

㉯ 2단(P_{02})의 토출압력 계산

$\therefore P_{02} = a \times P_{01} = 3 \times 18$

$= 54$[kgf/cm^2 · a]$- 1$

$= 53$[kgf/cm^2 · g]

㉰ 3단(P_2)의 토출압력 계산

$\therefore P_2 = a \times P_{02} = 3 \times 54$

$= 162$[kgf/cm^2 · a]$- 1$

$= 161$[kgf/cm^2 · g]

※ 압축비 계산에 적용하는 압력은 절대압력이다.

18 압축비가 클 때 압축기에 미치는 영향으로 틀린 것은?

① 체적효율 증대
② 소요동력 증대
③ 토출 가스온도 상승
④ 윤활유 열화

해설 압축비가 클 때의 영향

㉮ 소요동력 증대
㉯ 실린더 내의 온도 상승(윤활유 열화)
㉰ 체적효율 저하(압축기 능력 감소)
㉱ 토출가스량 감소

19 다단 압축기에서 실린더 냉각의 목적으로 가장 거리가 먼 것은?

① 흡입 시에 가스에 주어진 열을 가급적 줄여서 흡입효율을 적게 한다.
② 온도가 냉각됨에 따라 단위 능력당 소요동력이 일반적으로 감소되고, 압축효율도 좋게 한다.
③ 활동면을 냉각시켜 윤활이 원활하게 되어 피스톤링에 탄소화물이 발생하는 것을 막는다.
④ 밸브 및 밸브 스프링에서 열을 제거하여 오손을 줄이고 그 수명을 길게 한다.

Answer 15. ③ 16. ① 17. ② 18. ① 19. ①

해설 실린더 냉각 효과(목적)
㉮ 체적효율, 압축효율 증가
㉯ 소요동력의 감소
㉰ 윤활기능의 유지 및 향상
㉱ 윤활유 열화, 탄화 방지
㉲ 습동부품의 수명 유지

20 압축기에서 윤활의 목적이 아닌 것은?
① 마찰 시 생기는 열을 제거한다.
② 소요 동력을 감소시킨다.
③ 실린더의 벽과 피스톤의 마찰로 인한 마모를 방지한다.
④ 기계효율을 감소시킨다.

해설 윤활유 사용 목적
㉮ 활동부에 유막을 형성하여 마찰저항을 적게 하며, 운전을 원활하게 한다.
㉯ 유막을 형성하여 가스의 누설을 방지한다.
㉰ 활동부의 마찰열을 제거하여 기계효율을 높인다.

21 윤활유의 구비조건 중 틀린 것은?
① 인화점이 낮고 분해되지 않을 것
② 점도가 적당하고, 항유화성이 클 것
③ 수분 및 산류 등의 불순물이 적을 것
④ 화학적으로 안정하여 사용가스와 반응을 일으키지 말 것

해설 압축기 윤활유의 구비조건
㉮ 화학반응을 일으키지 않을 것
㉯ 인화점은 높고, 응고점은 낮을 것
㉰ 점도가 적당하고 항유화성이 클 것
㉱ 불순물이 적을 것
㉲ 잔류탄소의 양이 적을 것
㉳ 열에 대한 안정성이 있을 것

22 염소 압축기의 윤활유로 적당한 것은?
① 양질의 물
② 진한 황산
③ 양질의 광유
④ 10[%] 이하의 묽은 글리세린

해설 각종 가스압축기 윤활유
㉮ 산소 압축기 : 물 또는 묽은 글리세린수
㉯ 공기, 수소, 아세틸렌 압축기 : 양질의 광유
㉰ 염소 압축기 : 진한 황산
㉱ LP가스 압축기 : 식물성유
㉲ 이산화황 압축기 : 화이트유, 정제된 용제 터빈유
㉳ 염화메탄 압축기 : 화이트유

23 산소 압축기의 내부 윤활유로 주로 사용되는 것은?
① 석유류 ② 화이트유
③ 물 ④ 진한 황산

해설 산소 압축기 내부 윤활유
㉮ 사용되는 것 : 물 또는 10[%] 이하의 묽은 글리세린수
㉯ 금지되는 것 : 석유류, 유지류, 농후한 글리세린

24 산소 가스 압축기의 윤활제로 기름 사용을 금지하고 있는 가장 큰 이유는?
① 한 번도 사용한 적이 없으므로
② 산소가스의 순도가 낮아지므로
③ 식품과 접촉하면 위험하기 때문에
④ 마찰로 실린더 내의 온도가 상승하여 연소폭발 하므로

해설 산소는 강력한 조연성 가스이기 때문에 마찰로 실린더 내의 온도가 상승하여 연소폭발을 일으킬 우려가 있어 석유류, 유지류, 농후한 글리세린은 산소 압축기의 윤활유로 사용을 금지하고 있다.

Answer 20. ④ 21. ① 22. ② 23. ③ 24. ④

25 케이싱 내에 암로터 및 숫로터의 회전운동에 의해 압축되어 진동이나, 맥동이 없고 연속 송출이 가능한 용적형 압축기는?

① 컴파운드 압축기 ② 축류 압축기
③ 터보식 압축기 ④ 스크류 압축기

해설 스크류(screw) 압축기
케이싱 내부에 암(female)·수(male) 치형을 가진 로터의 맞물림에 의하여 기체를 압축하는 용적형 압축기로 연속적인 압축으로 맥동현상이 없지만, 용량 조정이 어렵다.

26 스크류 압축기에 대한 설명으로 틀린 것은?

① 무급유식 또는 급유식 방식의 용적형이다.
② 흡입, 압축, 토출의 3행정을 갖는다.
③ 효율이 아주 높고, 용량조정이 쉽다.
④ 기체에는 맥동이 적고, 연속적으로 압축한다.

해설 나사 압축기(screw compressor)의 특징
㉮ 용적형이며, 무급유식 또는 급유식이다.
㉯ 흡입, 압축, 토출의 3행정을 가지고 있다.
㉰ 연속적으로 압축되므로 맥동현상이 없다.
㉱ 용량조정이 어렵고, 효율은 떨어진다.
㉲ 토출압력은 30[kgf/cm^2]까지 가능하고, 토출압력 변화에 의한 용량 변화가 적다.
㉳ 소음방지 장치가 필요하다.
㉴ 두 개의 암수 치형을 가진 로터의 맞물림에 의해 압축한다.

27 케이싱 내에 모인 기체를 출구각이 90°인 임펠러가 회전하면서 기체의 원심력 작용에 의해 임펠러의 중심부에 흡입되어 외부로 토출하는 압축기는?

① 회전식 압축기 ② 축류식 압축기
③ 왕복식 압축기 ④ 원심식 압축기

해설 원심식 압축기
임펠러가 회전하면 유체는 원심력에 의하여 임펠러의 중심부에 흡입되고 베인(안내날개) 사이를 통과하여 외부로 토출하는 형식의 압축기이다.

28 터보형 압축기의 특징에 대한 설명 중 틀린 것은?

① 압축비가 크고, 용량조정 범위가 넓다.
② 비교적 소형이며, 대용량에 적합하다.
③ 연속토출이 되므로 맥동현상이 적다.
④ 전동기의 회전축에 직결하여 구동할 수 있다.

해설 압축비가 작고, 용량조정범위가 좁고(70~100[%]) 어렵다.

29 원심식 압축기의 특징에 대한 설명으로 옳은 것은?

① 용량 조정 범위는 비교적 좁고, 어려운 편이다.
② 압축비가 크며, 효율이 대단히 높다.
③ 연속토출로 맥동현상이 크다.
④ 서징현상이 발생하지 않는다.

해설 원심식 압축기의 특징
㉮ 원심형 무급유식이다.
㉯ 연속토출로 맥동현상이 없다.
㉰ 형태가 작고 경량이어서 기초, 설치면적이 적다.
㉱ 용량 조정범위가 좁고(70~100[%]) 어렵다.
㉲ 압축비가 작고, 효율이 나쁘다.
㉳ 운전 중 서징(surging) 현상에 주의하여야 한다.
㉴ 다단식은 압축비를 높일 수 있으나 설비비가 많이 소요된다.
㉵ 토출압력 변화에 의해 용량변화가 크다.

Answer 25. ④ 26. ③ 27. ④ 28. ① 29. ①

30 터보 압축기의 구성 부분이 아닌 것은?

① 임펠러 ② 디퓨져
③ 액 스트레이너 ④ 섹션 가이드 베인

해설 터보 압축기의 구성 3요소
임펠러, 디퓨져, 가이드 베인

31 원심 압축기의 용량 조정방법이 아닌 것은?

① 속도 제어에 의한 방법
② 토출 밸브에 의한 방법
③ 베인 컨트롤에 의한 방법
④ 클리어런스 밸브에 의한 방법

해설 원심압축기 용량 조정방법
㉮ 속도 제어에 의한 방법
㉯ 토출밸브에 의한 방법
㉰ 흡입밸브에 의한 방법
㉱ 베인 컨트롤에 의한 방법
㉲ 바이패스에 의한 방법

32 압축기 서징(surging) 현상에 대한 설명 중 옳지 않은 것은?

① 압축기의 풍량을 횡축에, 토출압력을 종축에 취한 풍량, 압력곡선에서 우측상부의 부분에 있을 때는 서징현상을 일으키는 일이 있다.
② 서징이 발생되면 관로에 심한 유체의 맥동과 진동이 발생한다.
③ 서징은 압축기를 기동하여 정격회전수에 이르기 전까지의 도중에서 일어나는 현상으로서 정격회전수에 도달한 후에는 일어나지 않는다.
④ 서징은 토출배관에 바이패스밸브를 설치해서 흡입측으로 돌려 보내어 방지할 수 있다.

해설 서징(surging) 현상
토출측 저항이 커지면 유량이 감소하고 맥동과 진동이 발생하며 불안전 운전이 되는 현상

33 터보 압축기에서 서징(surging) 방지책에 해당되지 않는 것은?

① 회전수 가감에 의한 방법
② 가이드 베인 컨트롤에 의한 방법
③ 방출밸브에 의한 방법
④ 클리어런스 밸브에 의한 방법

해설 서징(surging) 현상 방지법
㉮ 우상(右上)이 없는 특성으로 하는 방법
㉯ 방출밸브에 의한 방법
㉰ 베인 컨트롤에 의한 방법
㉱ 회전수를 변화시키는 방법
㉲ 교축밸브를 기계에 가까이 설치하는 방법

34 터보형 펌프가 아닌 것은?

① 원심식 ② 사류식
③ 축류식 ④ 회전식

해설 펌프의 분류
㉮ 터보형 : 원심식, 사류식, 축류식
㉯ 용적형 : 왕복식, 회전식

35 원심펌프의 특징이 아닌 것은?

① 캐비테이션이나 서징현상이 발생하기 어렵다.
② 원심력에 의하여 액체를 이송한다.
③ 고양정에 적합하다.
④ 가이드 베인이 있는 것을 터빈 펌프라 한다.

해설 원심펌프의 특징
㉮ 원심력에 의하여 유체를 압송한다.

Answer 30. ③ 31. ④ 32. ③ 33. ④ 34. ④ 35. ①

㉯ 용량에 비하여 소형이고, 설치면적이 적다.
㉰ 흡입, 토출밸브가 없고, 액의 맥동현상이 없다.
㉱ 기동 시 펌프내부에 유체를 충분히 채워야 한다.
㉲ 고양정에 적합하다.
㉳ 서징현상, 캐비테이션 현상이 발생하기 쉽다.

36 터빈 펌프에서 속도에너지를 압력에너지로 변환하는 역할을 하는 것은?

① 와실(whirl pool chamber)
② 안내깃(guide vane)
③ 와류실(volute casing)
④ 회전차(impeller)

37 펌프를 운전할 때 펌프 내에 액이 충만하지 않으면 공회전하여 펌핑이 이루어지지 않는다. 이러한 현상을 방지하기 위하여 펌프 내에 액을 충만 시키는 것을 무엇이라 하는가?

① 맥동　② 프라이밍
③ 캐비테이션　④ 서징

해설 프라이밍
펌프를 운전할 때 펌프 내에 액이 없을 경우 임펠러의 공회전으로 펌핑이 이루어지지 않는 것을 방지하기 위하여 가동 전에 펌프 내에 액을 충만 시키는 것으로 원심펌프에 해당된다.

38 터보(turbo)식 펌프의 종류 중 회전차 입구, 출구에서 다같이 경사방향에서 유입하고, 경사방향으로 유출하는 구조인 것은?

① 볼류트 펌프　② 터빈 펌프
③ 사류 펌프　④ 축류 펌프

해설 사류펌프
임펠러에서의 물을 가이드 베인에 유도하여 그 회전 방향성분을 축 방향성분으로 바꾸어서 토출하는 형식으로 임펠러에서 토출되는 물의 흐름이 축에 대하여 비스듬히 토출된다.

39 펌프의 유효 흡입수두(NPSH)를 가장 잘 표현한 것은?

① 펌프가 흡입할 수 있는 전흡입 수두로 펌프의 특성을 나타낸다.
② 펌프의 동력을 나타내는 척도이다.
③ 공동현상을 일으키지 않을 한도의 최대 흡입양정을 말한다.
④ 공동현상 발생조건을 나타내는 척도이다.

해설 유효 흡입수두(NPSH)
펌프 흡입에서의 전체 수두(전압력)가 그 수온에 상당하는 증기압력(포화증기압 수두)보다 얼마나 높은가를 표시하는 것으로 펌프 운전 중에 발생하는 캐비테이션 현상으로부터 얼마나 안정된 상태로 운전될 수 있는가를 나타내는 척도이다.

40 펌프의 특성곡선에서 체절운전이란?

① 유량이 0일 때 양정이 최대가 되는 운전
② 유량이 최대일 때 양정이 최소가 되는 운전
③ 유량이 이론치일 때 양정이 최대가 되는 운전
④ 유량이 평균치일 때 양정이 최소가 되는 운전

해설 체절운전
펌프의 특성곡선에서 유량이 0일 때 양정이 최대가 되는 운전

Answer 36. ② 37. ② 38. ③ 39. ③ 40. ①

41 다음 그림은 원심펌프의 회전수 및 흡입양정이 일정할 때의 특성곡선이다. ⓐ의 곡선이 나타내는 것은? (단, 전양정 H, 축동력 L, 유량 Q이다.)

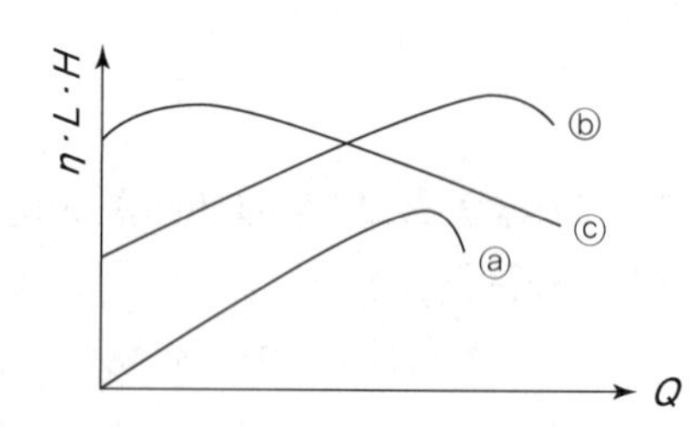

① 효율곡선　② 양정곡선
③ 유량곡선　④ 축동력 곡선

해설 ⓐ 효율곡선 ⓑ 축동력곡선 ⓒ 양정곡선

42 LPG나 액화가스와 같이 저비점이고 내압이 4~5[kgf/cm²] 이상인 액체일 때 사용되는 펌프의 메커니컬 실 형식은?

① 더블 실형
② 인사이드 실형
③ 아웃사이드 실형
④ 밸런스 실형

해설 **밸런스 실**
펌프의 내압이 큰 경우 고압이 실의 습동면에 직접 접촉하지 않게 한 것으로 LPG, 액화가스와 같이 저비점 액체일 때 사용한다.

43 펌프의 회전수를 변화시킬 때 변환되지 않는 것은?

① 토출량　② 양정
③ 소요동력　④ 효율

해설 **원심펌프의 상사법칙**
회전수를 변화시키면 유량은 회전수 변화에 비례하고, 양정은 회전수 변화의 제곱에 비례하고, 소요동력은 회전수 변화의 3제곱에 비례한다.

44 2000[rpm]으로 회전하는 펌프를 3500[rpm]으로 변화하는 경우 펌프의 유량과 양정은 몇 배가 되는가?

① 유량 : 2.65, 양정 : 4.12
② 유량 : 3.06, 양정 : 1.75
③ 유량 : 3.06, 양정 : 5.36
④ 유량 : 1.75, 양정 : 3.06

해설 ㉮ 유량 계산

$$\therefore Q_2 = Q_1 \times \left(\frac{N_2}{N_1}\right) = Q_1 \times \frac{3500}{2000} = 1.75\,Q_1$$

㉯ 양정 계산

$$\therefore H_2 = H_1 \times \left(\frac{N_2}{N_1}\right)^2 = H_1 \times \left(\frac{3500}{2000}\right)^2 = 3.06\,H_1$$

㉰ 동력 계산

$$\therefore L_2 = L_1 \times \left(\frac{N_2}{N_1}\right)^3 = L_1 \times \left(\frac{3500}{2000}\right)^3 = 5.36\,L_1$$

45 양정 20[m], 송출량 0.25[m³/min], 펌프 효율은 65[%]인 터빈 펌프의 축동력은 얼마인가?

① 1.257[kW]　② 1.372[kW]
③ 1.572[kW]　④ 1.723[kW]

해설
$$\mathrm{kW} = \frac{\gamma \cdot Q \cdot H}{102\eta} = \frac{1000 \times 0.25 \times 20}{102 \times 0.65 \times 60} = 1.257[\mathrm{kW}]$$

※ 물의 비중량(γ)에 대한 언급이 없으면 1000[kgf/m³]을 대입하여 계산하면 됨

Answer 41. ① 42. ④ 43. ④ 44. ④ 45. ①

46 양정 20[m], 송수량 3[m^3/min]일 때 축동력 15[PS]를 필요로 하는 원심펌프의 효율은 얼마인가?

① 78.8[%] ② 88.9[%]
③ 90[%] ④ 92[%]

해설 $PS = \frac{\gamma \cdot QH}{75\eta}$에서

$$\therefore \eta = \frac{\gamma \cdot Q \cdot H}{75PS} \times 100 = \frac{1000 \times 3 \times 20}{75 \times 15 \times 60} \times 100 = 88.88[\%]$$

47 펌프의 실제 송출유량을 Q라 하고, 회전차 속을 지나는 유량을 $Q+\Delta Q$라 할 때 펌프의 체적효율은?

① $\eta_v = \frac{Q}{Q+\Delta Q}$

② $\eta_v = \frac{Q+\Delta Q}{Q}$

③ $\eta_v = 1 + \frac{Q+\Delta Q}{Q}$

④ $\eta_v = 1 - \frac{Q+\Delta Q}{Q}$

해설 회전차 속을 지나는 유량($Q+\Delta Q$)이 이론적 송출량에 해당된다.

$$\therefore \eta_v[\%] = \frac{\text{실제적 송출량}}{\text{이론적 송출량}} \times 100 = \frac{Q}{Q+\Delta Q} \times 100$$

48 펌프의 전효율 η를 구하는 식으로 옳은 것은? (단, η_v는 체적효율, η_m은 기계효율, η_h는 수력효율이다.)

① $\eta = \frac{\eta_m + \eta_h}{\eta_v}$ ② $\eta = \eta_v \cdot \eta_m \cdot \eta_h$

③ $\eta = \eta_v + \eta_m + \eta_h$ ④ $\eta = \frac{\eta_m \cdot \eta_h}{\eta_v}$

해설 펌프의 전효율(η)은 체적효율(η_v), 기계효율(η_m), 수력효율(η_h)을 곱한값과 같다.

49 원심펌프를 병렬연결 운전할 때의 특성으로서 올바른 것은?

① 유량은 불변이다. ② 양정은 증가한다.
③ 유량은 감소한다. ④ 양정은 일정하다.

해설 원심펌프의 운전 특성
㉮ 직렬 운전 : 양정 증가, 유량 일정
㉯ 병렬 운전 : 유량 증가, 양정 일정

50 왕복동식(용적용 펌프)에 속하지 않는 것은?

① 플런저 펌프 ② 다이어프램 펌프
③ 피스톤 펌프 ④ 제트 펌프

해설 펌프의 분류
㉮ **터보식 펌프** : 원심펌프(볼류트 펌프, 터빈 펌프), 사류펌프, 축류펌프
㉯ **용적식 펌프** : 왕복펌프(피스톤펌프, 플런저펌프, 다이어프램펌프), 회전펌프(기어펌프, 나사펌프, 베인펌프)
㉰ **특수 펌프** : 제트펌프, 기포펌프, 수격펌프, 재생펌프

51 회전펌프의 특징에 대한 설명으로 옳지 않은 것은?

① 회전운동을 하는 회전체와 케이싱으로 구성된다.
② 점성이 큰 액체이송에 좋다.
③ 토출액의 맥동이 다른 펌프보다 크다.
④ 고압유체 펌프로 널리 사용된다.

해설 회전펌프의 특징
㉮ 용적형 펌프이다.

Answer 46. ② 47. ① 48. ② 49. ④ 50. ④ 51. ③

㉯ 왕복펌프와 같은 흡입, 토출밸브가 없다.
㉰ 연속으로 송출하므로 맥동현상이 없다.
㉱ 점성이 있는 유체의 이송에 적합하다.
㉲ 고압 유압펌프로 사용된다.
㉳ 종류에는 기어펌프, 나사펌프, 베인펌프가 있다.

52 원통형 케이싱 안에 편심 회전자가 있고, 그 홈 속에 판상의 깃이 있어 이의 원심력 혹은 스프링 장력에 의해 벽에 밀착하면서 액체를 압송하는 형식의 펌프는?

① 기어 펌프 ② 나사 펌프
③ 베인 펌프 ④ 스크류 펌프

해설 베인펌프
용적형 펌프 중 회전식 펌프에 해당된다.

53 고압의 액체를 분출할 때 그 주변의 액체가 분사류에 따라서 송출되는 구조로서 노즐, 슬롯, 디퓨져 등으로 구성되어 있는 펌프는?

① 마찰 펌프 ② 와류 펌프
③ 기포 펌프 ④ 제트 펌프

해설 제트펌프
노즐에서 고속으로 분출되는 유체에 의하여 흡입구에 연결된 유체를 흡입하여 토출하는 펌프로 2종류의 유체를 혼합하여 토출하므로 에너지 손실이 크고, 효율이 30[%] 정도로 낮지만 구조가 간단하고 고장이 적은 장점이 있다.

54 다음 중 펌프에서 발생하는 현상이 아닌 것은?

① 초킹(choking)
② 서징(surging)
③ 수격작용(water hammering)
④ 캐비테이션(cavitation)

해설 펌프에서 발생하는 이상 현상
서징 현상, 수격작용, 캐비테이션 현상, 베이퍼 로크 현상

55 원심펌프를 높은 능력으로 운전할 때 임펠러 흡입부의 압력이 낮아지게 되는 현상은?

① 공기 바인딩
② 에어 리프트
③ 캐비테이션
④ 감압화

해설 캐비테이션 현상
유수 중에 그 수온의 증기압력보다 낮은 부분이 생기면 물이 증발을 일으키고 기포를 다수 발생하는 현상

56 펌프의 캐비테이션(공동) 현상에 관한 설명 중 옳은 것은?

① 캐비테이션은 유체의 온도가 낮을수록 일어나기 쉽다.
② 캐비테이션은 펌프의 날개차의 출구 및 토출관에 가장 많이 발생한다.
③ 유효 흡입양정(NPSH)은 캐비테이션을 일으키지 않을 한도의 최소 흡입양정을 말하며 액의 증기압력보다 펌프 그 자체의 흡입양정이 클 때 발생한다.
④ 유체 중에 그 액체온도의 증기압보다 낮은 부분이 생기면 유체가 증발을 일으켜서 기포를 발생하는데 이 현상을 캐비테이션이라고 한다.

해설 각 항목에서 옳은 설명
① 유체의 온도가 높을수록 일어나기 쉽다.
② 펌프내부(케이싱)에서 발생한다.
③ 액의 증기압력보다 펌프 그 자체의 흡입양정이 작을 때 발생한다.

Answer 52. ③ 53. ④ 54. ① 55. ③ 56. ④

57 펌프의 캐비테이션 발생에 따라 일어나는 현상이 아닌 것은?

① 양정곡선이 증가한다.
② 효율곡선이 저하한다.
③ 소음과 진동이 발생한다.
④ 깃에 대한 침식이 발생한다.

해설 캐비테이션 발생에 따라 일어나는 현상
㉮ 소음과 진동이 발생
㉯ 깃(임펠러)의 침식
㉰ 특성곡선, 양정곡선의 저하
㉱ 양수 불능

58 펌프의 이상 현상에 대한 설명 중 틀린 것은?

① 수격작용이란 유속이 급변하여 심한 압력 변화를 갖게 되는 작용이다.
② 서징(surging)의 방지법으로 유량조절밸브를 펌프 송출측 직후에 배치시킨다.
③ 캐비테이션 방지법으로 관지름과 유속을 모두 크게 한다.
④ 베이퍼 로크는 저비점 액체를 이송시킬 때 입구 쪽에서 발생되는 액체 비등이다.

해설 캐비테이션(cavitation) 현상 방지법
㉮ 펌프의 위치를 낮춘다.(흡입양정을 짧게 한다.)
㉯ 수직축 펌프를 사용하여 회전차를 수중에 완전히 잠기게 한다.
㉰ 양흡입 펌프를 사용한다.
㉱ 펌프의 회전수를 낮춘다.
㉲ 두 대 이상의 펌프를 사용한다.

59 관 속을 충만하게 흐르고 있는 액체의 속도를 급격히 변화시키면 액체에 심한 압력변화가 생긴다. 이러한 현상을 무엇이라 하는가?

① 공동 현상 ② 수격 현상
③ 서징 현상 ④ 소음 현상

해설 수격작용(water hammering)
펌프에서 물을 압송하고 있을 때 정전 등으로 펌프가 급히 멈춘 경우 관내의 유속이 급변하면 물에 심한 압력변화가 생기는 현상이다.

60 펌프에서 발생되는 수격현상의 방지법으로 옳지 않은 것은?

① 유속을 낮게 한다.
② 압력조절용 탱크를 설치한다.
③ 밸브를 펌프 토출구 가까이 설치한다.
④ 밸브의 개폐는 신속히 한다.

해설 수격작용 방지법
㉮ 배관 내부의 유속을 낮춘다.(관지름이 큰 배관을 사용한다.)
㉯ 배관에 압력조절용 탱크(조압수조[調壓水槽] : surge tank)를 설치한다.
㉰ 펌프에 플라이휘일(fly wheel)을 설치한다.
㉱ 밸브를 송출구 가까이 설치하고, 적당히 제어한다.
㉲ 밸브의 개폐는 서서히 한다.

61 압축기와 펌프에서 공통으로 일어날 수 있는 현상으로 옳은 것은?

① 캐비테이션 ② 서징
③ 워터 햄머링 ④ 베이퍼 로크

해설 서징(surging)현상
㉮ **원심 압축기** : 토출측 저항이 커지면 유량이 감소하고 맥동과 진동이 발생하여 불안전 운전이 되는 현상
㉯ **원심 펌프** : 펌프 운전 중에 주기적으로 운동, 양정, 토출량이 규칙적으로 변동하는 현상으로 압력계의 지침이 일정범위 내에서 움직인다.

Answer 57. ① 58. ③ 59. ② 60. ④ 61. ②

62 펌프를 운전할 때 송출압력과 송출유량이 주기적으로 변동하여 펌프의 토출구 및 흡입구에서 압력계의 지침이 흔들리는 현상을 무엇이라 하는가?

① 맥동(surging) 현상
② 진동(vibration) 현상
③ 공동(cavitation) 현상
④ 수격(water hammering) 현상

해설 맥동현상 또는 서징(surging)현상이라 함

63 펌프의 이상 현상인 베이퍼 로크(vapor lock)를 방지하기 위한 방법으로 틀린 것은?

① 펌프의 설치위치를 낮춘다.
② 흡입측 관의 지름을 크게 한다.
③ 실린더 라이너의 외부를 가열한다.
④ 펌프의 회전수를 줄이거나, 흡입관로를 청소한다.

해설 **베이퍼 로크 현상 방지법**
㉮ 실린더 라이너의 외부를 냉각한다.
㉯ 흡입배관을 크게 하고 단열처리를 한다.
㉰ 펌프의 설치위치를 낮춘다.
㉱ 흡입관로를 청소한다.

64 펌프의 흡입관에 증기가 혼입되면 일어나는 현상이 아닌 것은?

① 토출량이 감소하며 다량일 경우 펌핑 불능이 된다.
② 펌프의 기동 불능을 초래한다.
③ 이상음, 압력계의 변동, 진동 등이 발생한다.
④ 증기가 액화되어 펌프효율이 개선된다.

해설 증기(또는 공기)가 혼입되면 토출량이 감소하며 다량일 경우 펌핑 불능이 되어 효율이 낮아진다.

65 펌프 운전 중 소음과 진동의 발생 원인으로 가장 거리가 먼 것은?

① 서징 발생 시
② 공기의 불혼입 시
③ 임펠러의 국부 마모, 부식 시
④ 베어링의 마모 또는 파손 시

해설 흡입관에 공기 등이 혼입되면 이상음, 압력계의 변동, 진동 등이 발생한다.

Answer 62. ① 63. ③ 64. ④ 65. ②

5 장 가스설비

1. 고압설비의 재료

1) 고압설비 재료의 성질

(1) 기계적 성질

① 강도(strength) : 외력에 대하여 재료 단면에 작용하는 최대 저항력으로 인장강도, 전단강도, 압축강도 등으로 분류되며, 일반적으로 인장강도를 의미한다.

② 경도(hardness) : 금속의 단단한 정도를 표시하는 것으로 인장강도에 비례한다.

③ 연신율 : 재료에 하중을 가했을 때 원래 길이에서 늘어난 길이의 비이다.

④ 인성 : 굽힘이나 비틀림 작용이 반복하여 작용할 때 외력에 저항하는 성질로 끈기 있고 질긴 성질이다.

⑤ 취성(메짐) : 물체의 변형에 견디지 못하고 파괴되는 성질로 인성에 반대된다.

⑥ 전성 : 타격이나 압연작업에 의해 재료가 얇은 판으로 넓어지는 성질이다.

⑦ 연성 : 금속을 잡아당겼을 때 가는 선으로 늘어나는 성질이다.

⑧ 피로 : 반복 하중에 의한 재료의 저항력이 저하하는 현상을 피로라 하며 파괴강도보다 상당히 낮은 응력이 반복 작용을 하는 경우 재료가 파괴된다. 재료가 파괴되는 현상을 피로파괴라 한다.

⑨ 크리프(creep) : 어느 온도 이상에서 재료에 일정한 하중을 가하여 그대로 방치하면 시간의 경과와 더불어 변형이 증대하고 때로는 파괴되는 현상을 말한다. (탄소강의 경우 350[℃])

⑩ 항복점 : 단성한계 이상의 하중을 가하면 하중은 연신율에 비례하지 않으며, 하중을 증가시키지 않아도 시험편이 늘어나는 현상을 항복현상이라 하고, 항복현상이 일어나는 점을 항복점이라 한다.

(2) 물리적 성질

비중, 용융점, 비열, 선팽창계수, 열전도율, 전기전도도(도전율), 금속과 합금의 색, 자성(磁性), 융해잠열 등

(3) 화학적 성질 : 내열성, 내식성 등

(4) 제작상 성질 : 주조성, 단조성, 용접성, 절삭성 등

2) 강도 계산

(1) 응력(stress)

재료에 하중을 가하면 재료의 내부에서는 하중과 크기가 같은 반대방향의 내압을 일으키고 물체는 하중의 크기에 따라 변형한다. 이 하중을 받는 방향에 직각인 단면적으로 나눈 것을 응력이라 한다.

$$\sigma = \frac{W}{A}$$

여기서, σ : 응력[kgf/cm²], W : 하중[kgf], A : 단면적[cm²]

① 원주방향 응력 $\sigma_A = \frac{PD}{2t}$

② 축 방향 응력 $\sigma_B = \frac{PD}{4t}$

여기서, σ_A : 원주방향 응력[kgf/cm²], σ_B : 축 방향 응력[kgf/cm²]
P : 사용 압력[kgf/cm²], D : 안지름[mm], t : 두께[mm]

(2) 변형율

물체에 하중을 가하면 변형하며 원래 물체의 크기에 대한 변형비율을 말하며 변률, 신연률, 연신률이라고 하며 가로 변형률(축 방향), 세로 변형률(축에 직각 방향)이 있다.

(3) 인장시험

시험편을 인장시험기의 양끝에 고정시켜 시험편의 축 방향으로 당겼을 때 시험편에 작용하는 하중과 그 하중으로 시험편이 변형된 크기를 측정하여 응력-변형률 선도에 재료의 비례한도, 탄성한도, 항복점, 인장강도, 연신율을 측정하는 것이다.

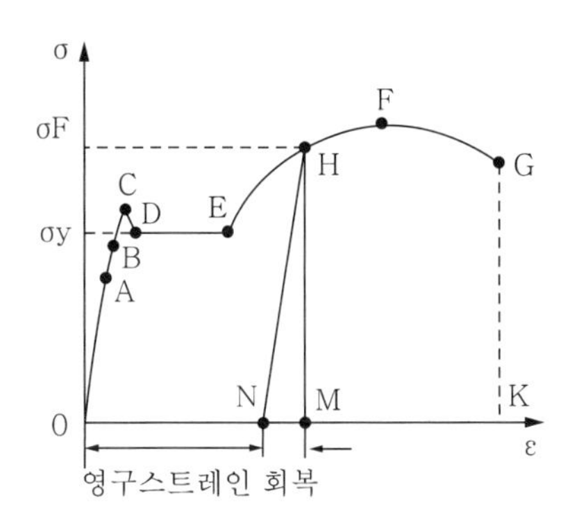

A : 비례한도　　B : 탄성한도
C : 상항복점　　D : 하항복점
F : 인장강도　　G : 파괴점

응력 – 변형률 선도

① 비례한도 : 하중이 작은 부분은 응력과 연신율이 비례하여 증가하나, 탄성한도에 도달하면 응력의 증가에 비해 연신율의 증가가 커진다. 이 한계의 응력 'A'를 비례한도라 한다.

② 탄성한도 : 하중을 제거하였을 때 물체가 원형으로 되돌아오는 것을 탄성이라 하며, 선도에서 'B'점에 해당된다.

③ 항복점 : 재료에 하중을 점차 증가하면 하중에 따라 재료는 변형해 가며 하중이 어느 한도까지 증가하면 하중을 더 이상 증가하지 않아도 변형 하는 경우를 말하며 상항복점과 하항복점이 있으나 일반적으로 하항복점 값을 취한다.

④ 인장강도 : 재료의 시험편이 견디는 최대하중을 말하며 하중[kgf]을 시험편 평형부의 원단면적[mm^2]으로 나눈 값으로 선도에서 'F' 점이 해당된다.

⑤ 파괴점 : 시험편(재료)이 파괴된 것으로 선도에서 'G' 점이 해당되며 파괴점에서의 응력을 파괴응력이라 한다.

(4) 허용응력과 안전율

① 허용응력 : 재료를 실제로 사용하여 안전하다고 생각되는 최대 응력을 말한다.

② 안전율 : 재료의 인장강도와 허용응력과의 비를 말한다. (일반적으로 "4"를 적용)

$$\text{안전율} = \frac{\text{인장강도}}{\text{허용응력}}$$

3) 금속재료 종류

(1) 탄소강(carbon steel)

보통강이라고도 하며 철(Fe)에 탄소(C) 이외에 약간의 Si, Mn, P, S 등의 원소를 소량 함유하고 있다.

① 탄소강의 종류

㉮ 저탄소강 : C 0.3[%] 이하

㉯ 중탄소강 : C 0.3~0.6[%]

㉰ 고탄소강 : C 0.6[%] 이상

② 함유 원소의 영향

㉮ 탄소(C) : 탄소강에서 탄소량이 증가하면 물리적 성질과 기계적 성질이 변화한다. 탄소 함유량이 증가하면 인장강도, 항복점은 증가하나 연신율, 충격치는 감소한다. 탄소 함유량이 0.9[%] 이상이 되면 반대로 인장강도, 항복점은 감소하여 취성이 증가한다.

㉯ 망간(Mn) : 강의 경도, 강도, 점성 강도를 증대시킨다.

㉰ 인(P) : 경도를 증가시키나 상온취성의 원인이 된다.

㉱ 황(S) : 적열취성의 원인이 된다.

㉲ 규소(Si) : 유동성을 좋게 하나 단접성, 냉간 가공성을 나쁘게 한다.

㉳ 구리(Cu) : 인장강도, 탄성한도, 내식성을 증가시키나, 압연 시 균열의 원인이 된다.

(2) 특수강

탄소강에 Ni, Cr, Mn, W, Co, Mo 등의 금속원소를 하나 또는 둘 이상을 첨가하여 강의 기계적 성질을 향상시키거나 특수한 성질을 부여한 것으로 합금강(alloy steel)이라 한다.

(3) 동 및 동합금

① 동(Cu) : 전성, 연성이 풍부하고 가공성 및 내식성이 우수해 고압장치의 재료로 사용된다.

② 황동(brass) : 동(Cu)과 아연(Zn)의 합금으로 동에 비하여 주조성, 가공성 및 내식성이 우수하며 청동에 비하여 가격이 저렴하다. 아연의 함유량은 30~35[%] 정도이다.

③ 청동(bronze) : 동(Cu)과 주석(Sn)의 합금으로 황동에 비하여 주조성이 우수하여 주조용 합금으로 많이 쓰이며 내마모성이 우수하고 강도가 크다.

4) 열처리의 종류

(1) 열처리의 목적

금속 재료의 기계적 성질을 향상시키기 위하여 열처리를 한다.

(2) 일반 열처리

① 담금질(quenching, 소입) : 재료를 적당한 온도로 가열하여 이온도에서 물, 기름 등에 급속 냉각, 경화시키는 것으로 강도, 경도가 증가한다.

② 불림(normalizing, 소준) : 결정조직을 미세화하고 균일하게 하여 조직의 변형을 제거하기 위하여 균일하게 가열한 후 공기 중에서 냉각하는 것이다.

③ 풀림(annealing, 소둔) : 가공 중에 생긴 내부응력을 제거하거나 가공경화 및 열처리로 경화된 조직을 연화시켜 상온가공을 용이하게 할 목적으로 로중에서 가열하여 서서히 냉각시킨다.

④ 뜨임(tempering, 소려) : 담금질 또는 냉간가공 된 재료의 내부응력을 제거하며 재료에 연성, 인장강도를 부여하기 위해 담금질 온도보다 낮은 온도로 재 가열한 후 냉각시킨다.

(3) 표면경화법

① 침탄법 : 저탄소강 표면에 탄소를 침투시켜 표면만 고탄소 성분으로 한 다음 이것을 담금질하여 표면만 경화시키는 방법이다.

② 질화법 : 500[℃] 정도에서 암모니아 가스로부터 분해된 발생기 질소는 강 중에 함유된 다른 원소와 강하게 반응하여 질화물을 만들면서 강으로 침투되는 것을 이용한 것이다.

③ 금속 침투법 : 금속제품 표면에 다른 종류의 금속을 확산 침투시켜 합금 피복층을 얻는 방법이다.

㉮ 세라다이징(sheradizing : Zn 침투법) : 300메시 정도의 아연분말 속에 재료를 묻어 놓고 아연을 재료표면에 침투시키는 방법이다.

㉯ 크로마이징(chromizing : Cr 침투법) : 재료를 Al_2O_3를 혼합한 Cr 분말 속에 묻고 가열하면 Cr이 침투된 표면층은 스테인리스강의 성질을 갖게 되어 내식성, 내열성, 내마모성이 향상된다.

㉰ 칼로라이징(calorizing : Al 침투법) : Al 분말에 소량의 염화암모늄을 혼합하여 노중에서 가열하여 Al을 표면에 침투시키는 방법이다.

㉱ 실리코나이징(siliconizing : Si 침투법) : 규소를 침투시켜 내산성을 향상시키는 방법이다.

㉮ 보로나이징(boronizing : B 침투법) : 철강에 붕소(B)를 침투시켜 표면경도를 증가시키는 방법이다.

5) 고압장치 설비용 재료

(1) 고온, 고압장치용 재료

① 고압장치 재료 선택 시 고려사항
  ㉮ 내열성(耐熱性)
  ㉯ 내식성(耐蝕性)
  ㉰ 내냉성
  ㉱ 내마모성

② 고온 재료의 구비조건
  ㉮ 고온도에서 기계적 강도를 보유하고 냉각 시 열화를 일으키지 않을 것
  ㉯ 접촉유체에 대한 내식성(耐蝕性)이 있을 것
  ㉰ 가공이 용이하고 경제적일 것
  ㉱ 크리프 강도가 클 것

③ 고온, 고압장치용 금속재료의 종류
  ㉮ 5[%] 크롬강
  ㉯ 9[%] 크롬강
  ㉰ 18-8 스테인리스강
  ㉱ 니켈-크롬-몰리브덴강

(2) 저온 장치용 재료

① 응력이 적은 부분 : 동 및 동합금, 알루미늄, 니켈, 모넬메탈 등

② 응력이 있는 부분
  ㉮ 상온보다 약간 낮은 곳 : 탄소강을 적당히 열처리하여 사용
  ㉯ −80[℃] 까지 : 저합금강을 적당히 열처리한 것을 사용
  ㉰ 극저온 : 오스테나이트계 스테인리스강(18-8 스테인리스강) 사용

참•고

저온취성

철강 재료는 온도가 내려감에 따라 인장강도, 항복응력, 경도가 증대하지만 연신율, 수축율, 충격치가 온도 강하와 함께 감소하고 어느 온도(탄소강 : −70[℃]) 이하가 되면 인장강도가 0으로 되어 소성 변형을 일으키는 성질이 없어지게 되는 현상을 말한다.

6) 용접 및 비파괴 검사

(1) 용접 이음

① 장점

㉮ 이음부 강도가 크고, 하자 발생이 적다.

㉯ 이음부 관 두께가 일정하므로 유체의 마찰저항이 적다.

㉰ 배관 시공시간이 단축된다.

㉱ 유지비, 보수비용이 절약된다.

② 단점

㉮ 재질의 변형이 발생하기 쉽다.

㉯ 용접부의 변형과 수축이 발생한다.

㉰ 용접부에 잔류응력이 발생한다.

(2) 비파괴 검사

① 육안검사(VT : Visual Test)

② 음향검사 : 간단한 공구를 이용하여 음향에 의해 결함 유무를 판단하는 방법으로 숙련을 요하고 개인차가 심하며, 검사 결과가 기록되지 않는다.

③ 침투 검사(PT : Penetrant Test) : 표면의 미세한 균열, 작은 구멍, 슬러그 등을 검출하는 방법으로 자기 검사를 할 수 없는 비자성 재료에 사용된다. 내부 결함은 검지하지 못하며, 검사 결과가 즉시 나오지 않는다.

④ 자기 검사(MT : Magnetic Particle Test) : 자분검사라 하며 피검사물의 자화한 상태에서 표면 또는 표면에 가까운 손상에 의해 생기는 누설 자속을 사용하여 검출하는 방법으로 육안으로 검지 할 수 없는 결함(균열, 손상, 게재물, 편석, 블로홀 등)을 검지 할 수 있다. 비자성체는 검사를 하지 못하며 전원이 필요하다.

⑤ 방사선 투과 검사(RT : Radiographic Test) : X선이나 γ선으로 투과한 후 필름에 의해 내부결함의 모양, 크기 등을 관찰 할 수 있고 검사 결과의 기록이 가능하다. 장치 가격이 고가이고 검사 시 방호에 주의하여야 하며 고온부, 두께가 큰 곳은 부적당하며 선에 평행한 크랙은 검출이 불가능하다.

⑥ 초음파 검사(UT : Ultrasonic Test) : 초음파를 피검사물의 내부에 침입시켜 반사파(펄스 반사파, 공진법)를 이용하여 내부의 결함과 불균일층의 존재 여부를 검사하는 방법이다.

⑦ 와류 검사 : 교류 자계 중에 도체를 놓으면 도체에는 자계 변화를 방해하는 와전류가 흐르는 것을 이용한 것으로 내부나 표면의 손상 등으로 도체의 단면적이 변화하면 도

체를 흐르는 와전류의 양이 변화하므로 이 와전류를 측정하여 검사한다. 동합금, 18-8 STS의 부식 검사에 사용한다.

⑧ 전위차법 : 결함이 있는 부분의 전위차를 측정하여 균열의 깊이를 조사하는 방법이다.

2. 가스 제조설비 일반

1) 고압가스 제조설비

(1) 오토클레이브(Auto Clave)

액체를 가열하면 온도의 상승과 함께 증기압도 상승한다. 이때 액상을 유지하며 2종류 이상의 고압가스를 혼합하여 반응시키는 일종의 고압 반응가마를 일컫는다.

① 교반형 : 교반기에 의하여 내용물을 혼합하는 것으로 종형 교반기와 횡형 교반기가 있다.

㉮ 기액반응으로 기체를 계속 유통시킬 수 있다.

㉯ 교반효과는 횡형교반기가 뛰어나며, 진탕식과 비교하여 효과가 크다.

㉰ 종형교반기에서는 내부에 글라스 용기를 넣어 반응시킬 수 있어 특수한 라이닝을 하지 않아도 된다.

㉱ 교반축에서 가스누설의 가능성이 많다.

㉲ 회전속도, 압력을 증가시키면 누설의 우려가 있어 회전속도와 압력에 제한이 있다.

㉳ 교반축의 패킹에 사용한 물질이 내부에 들어갈 우려가 있다.

② 진탕형 : 횡형 오토클레이브 전체가 수평, 전후 운동을 하여 내용물을 혼합하는 것으로 이 형식을 일반적으로 사용한다.

㉮ 가스누설의 가능성이 없다.

㉯ 고압력에 사용할 수 있고 반응물의 오손이 없다.

㉰ 장치 전체가 진동하므로 압력계는 본체에서 떨어져 설치하여야 한다.

㉱ 뚜껑판에 뚫어진 구멍(가스입출구, 압력계 및 안전밸브 연결구 등)에 촉매가 들어갈 염려가 있다.

③ 회전형 : 오토클레이브 자체가 회전하는 형식으로 고체를 액체나 기체로 처리할 경우에 적합한 형식이다. 교반효과가 다른 형식에 비하여 떨어지기 때문에 용기벽에 장애판을 설치하거나 내부에 다수의 볼을 넣어 내용물의 혼합을 촉진시켜 교반효과를 증가시킨다.

④ 가스 교반형 : 오토클레이브 기상부에서 반응가스를 취출하여 액상부 최저부에 순환 송입하는 방법과 원료가스를 액상부에 송입하여 배출가스를 방출하는 방법이 있으며, 연속반응을 실험실에서 연구할 때 사용된다.

(2) 암모니아 합성탑

내압 용기와 내부 구조물로 되어 있으며 내부 구조물은 촉매를 유지하고 반응과 열 교환을 하기 위해서이다. 암모니아 합성의 촉매는 주로 산화철에 Al_2O_3, K_2O를 첨가한 것이나 CaO 또는 MgO 등을 첨가한 것을 사용한다.

(3) 메탄올 합성법

온도 300~350[℃], 압력 150~300[atm]에서 Zn-Cr계 또는 Zn-Cr-Cu계의 촉매를 사용하여 CO와 H_2로 직접 합성된다.

(4) 석유화학장치

반응장치, 전열장치, 분리장치, 저장 및 수송기기 등이 있으나 이중 반응장치가 석유화학장치 중 가장 중요하다.

(5) 레페 반응장치

아세틸렌을 이용하여 화합물을 제조할 때 압축하는 것은 분해 폭발의 위험 때문에 불가능한 상태이다. 이와 같은 위험성 때문에 아세틸렌을 이용하여 화합물을 제조하는 것이 어려웠으나 레페(W. Reppe)가 압력을 가하여 아세틸렌 화합물을 만들 수 있는 장치를 고안한 것이 레페 반응장치이다.

2) 고압밸브 및 신축 이음장치

(1) 고압밸브

① 고압 밸브의 특징

㉮ 주조품보다 단조품을 절삭하여 제조한다.

㉯ 밸브시트는 내식성과 경도가 높은 재료를 사용한다.

㉰ 밸브시트는 교체할 수 있도록 한다.

㉱ 기밀유지를 위하여 스핀들에 패킹이 사용된다.

② 밸브의 종류

㉮ 글로브 밸브(glove valve) : 스톱 밸브(stop valve)라 하며 유량 조정용으로 사용된다. 유체의 흐름방향과 평행하게 밸브가 개폐되고, 유체의 흐름이 밸브 내에서 변경되므로 압력손실이 많이 발생한다.

㉯ 슬루스 밸브(sluice valve) : 게이트 밸브(gate valve)라 하며 유로의 개폐용에 사용된다. 밸브를 완전히 개방하면 배관 안지름과 같은 단면적이 되므로 유체의 압력손실이 적으나 유량조절용으로 사용하면 와류현상이 생겨 유체의 저항이 커지고, 밸브 디스크의 마모가 발생되므로 부적합하다.

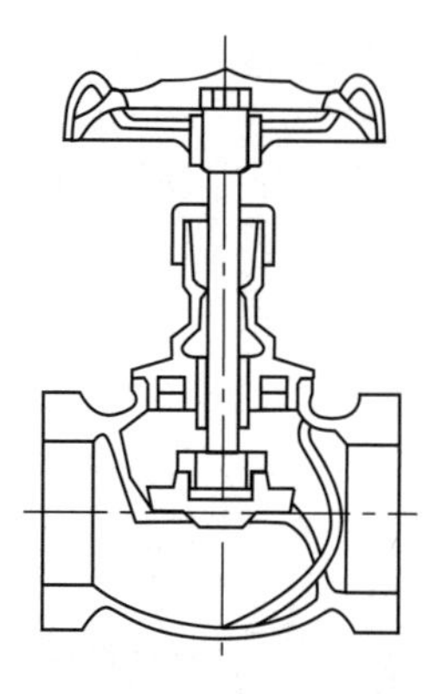

글로브 밸브의 구조

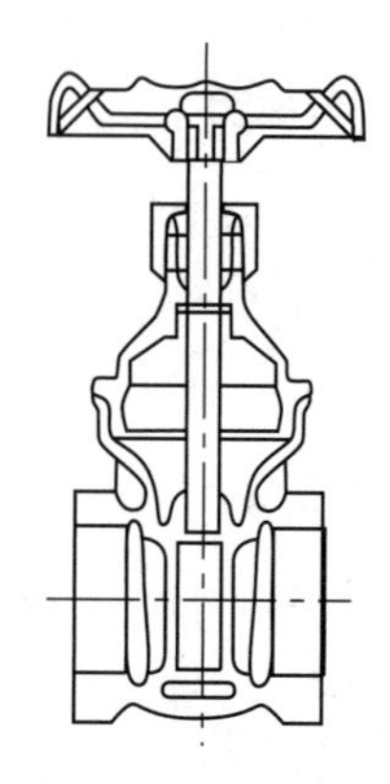

슬루스 밸브의 구조

㉰ 체크 밸브(check valve) : 역류방지 밸브라 하며 유체를 한 방향으로만 흐르게 하고 역류를 방지하는 목적에 사용하는 밸브이다.

ⓐ 스윙식(swing type) : 수평, 수직 배관에 사용

ⓑ 리프트식(lift : 수평배관에 사용

㉱ 볼 밸브(ball valve) : 콕(cock)이라 하며 핸들을 90° 회전시켜 유로를 급속히 개폐할 수 있으며, 유체의 저항이 적은 반면 기밀유지가 어렵다.

㉲ 안전밸브(safety valve) : 가스설비의 내부압력이 상승 시 파열사고를 방지할 목적으로 사용된다.

ⓐ 스프링식 : 기상부에 설치하여 스프링의 힘보다 설비내부의 압력이 클 때 밸브시트가 열려 내부의 압력을 배출하며 일반적으로 가장 많이 사용되는 형식이다.

ⓑ 파열판식 : 얇은 평판 또는 돔 모양의 원판 주위를 고정하여 용기나 설비에 설치하며, 구조가 간단하며 취급, 점검이 용이하다.

ⓒ 가용전식 : 용기의 온도가 일정온도 이상이 되면 용전이 녹아 내부의 가스를 모두 배출하며 가용전의 재료는 구리, 주석, 납, 안티몬 등이 사용된다.

(2) 고압 조인트

① 배관용 조인트

㉮ 영구 조인트 : 용접, 납땜 등에 의한 것이므로 가스의 누설에 대하여 안전하며, 그 종류에는 버트 용접 조인트, 소켓 용접 조인트가 있다.

㉯ 분해 조인트 : 장치의 보수, 교체 시에 분해 결합을 할 수 있는 것으로 플랜지 이음, 나사이음 중 유니언 등이 있다.

② 다방 조인트 : 배관 중에 분기 또는 합류를 필요로 하는 곳에 사용되는 것으로 티, 크로스 등을 용접으로 이음 한다.

(3) 신축 이음장치(expansion joint)

온도 변화에 따른 신축을 흡수, 완화시켜 관이 파손되는 것을 방지하기 위하여 설치한다.

① 루프형(loop type) : 곡관으로 만들어진 것으로 구조가 간단하고 내구성이 좋아 고온, 고압 배관이나 옥외배관에 주로 사용한다. 곡률 반경은 관 지름의 6배 이상으로 한다.

② 슬리브형(sleeve type) : 슬라이드형(slide type)이라 하며, 신축에 의한 자체 응력이 발생되지 않고 설치장소가 필요하며 단식과 복식이 있다. 슬리브와 본체와의 사이에는 패킹을 다져 넣고 그랜드로 밀착시켜 온수 또는 증기의 누설을 방지한다.

③ 벨로스형(bellows type) : 팩리스(packless)형이라 하며, 주름통으로 만들어진 것으로 설치 장소에 제한을 받지 않고 가스, 증기, 물 등에 사용된다.

④ 스위블형(swivel type) : 2개 이상의 엘보를 사용하여 관의 신축을 흡수하는 것으로 신축량이 큰 배관에서는 누설의 우려가 크다.

⑤ 상온 스프링(cold spring) : 배관의 자유팽창량을 미리 계산하여 자유팽창량의 1/2 만큼 짧게 절단하여 강제배관을 하여 열팽창을 흡수하는 방법이다.

※ 열팽창에 의한 신축길이 계산

$$\Delta L = L \cdot \alpha \cdot \Delta t$$

여기서, ΔL : 관의 신축 길이[mm]

L : 관 길이(mm)

α : 선팽창계수(1.2×10^{-5}/[℃])

Δt : 온도차[℃]

⑥ 볼 조인트(ball joint) : 볼 조인트와 오프셋 배관을 이용해서 신축을 흡수하는 방법으로 설치 공간이 적고, 평면상의 변위뿐만 아니라 입체적인 변위까지도 안전하게 흡수하므로 배관이 안전한 신축이음이다.

3) 저장탱크 및 충전용기

(1) 저장탱크의 종류

① 원통형 저장탱크 : 동체와 경판으로 구성되며 설치 방법에 따라 수평형(횡형)과 수직형(종형)으로 구분된다. 원통형은 동일 용량, 동일 압력의 구형 탱크보다 철판 두께가 두꺼우며, 수평형은 수직형보다 강도, 설치 및 안전성이 우수하다. 그러므로 수직형은 철판 두께를 두껍게 하여 바람, 지진 등에 의한 굽힘 모멘트에 견딜 수 있도록 하여야 한다.

② 구형(球形) 저장탱크 : 횡형 원통형 저장탱크에 비해 표면적이 작고, 강도가 높으며 외관 모양이 안정적이다. 기초가 간단하여 건설비가 적게 소요된다.

③ 구면 지붕형 저장탱크 : 액화산소, 액화질소, LPG, LNG 등의 액화가스를 저장할 때 사용한다.

(2) 충전용기

① 용기 재료의 구비조건

㉮ 내식성, 내마모성을 가질 것

㉯ 가볍고 충분한 강도를 가질 것

㉰ 저온 및 사용 중 충격에 견디는 연성, 전성을 가질 것

㉱ 가공성, 용접성이 좋고 가공 중 결함이 생기지 않을 것

② 종류

㉮ 이음매 없는 용기(무계목[無繼目] 용기, 심리스 용기) : 주로 압축가스에 사용하며 액화 이산화탄소, 액화염소 등을 충전하는데 사용된다.

ⓐ 제조방법 : 만네스만식, 에르하트식, 딥드로잉식

ⓑ 특징

㉠ 고압에 견디기 쉬운 구조이다.

㉡ 내압에 대한 응력 분포가 균일하다.

㉢ 제작비가 비싸다.

㉣ 두께가 균일하지 못할 수 있다.

㉯ 용접 용기(계목 용기, 웰딩 용기, 심용기) : 주로 액화가스에 사용한다.

ⓐ 제조방법 : 심교용기, 종계용기

ⓑ 특징

㉠ 제작비가 저렴하다.

㉡ 두께가 균일하다.

㉢ 용기의 형태, 치수 선택이 자유롭다.

㉣ 고압에 견디기 어렵다.

㉰ 초저온 용기 : −50[℃] 이하의 액화가스를 충전하기 위한 용기로서 단열재로 씌우거나 냉동설비로 냉각하는 등의 방법으로 용기내의 가스 온도가 상용 온도를 초과하지 않도록 한 용기로 18−8 스테인리스강, Al합금으로 제조된다.

㉱ 화학성분비 기준

구 분	탄소(C)	인(P)	황(S)
이음매 없는 용기	0.55[%] 이하	0.04[%] 이하	0.05[%] 이하
용접용기	0.33[%] 이하	0.04[%] 이하	0.05[%] 이하

③ 용기밸브

㉮ 충전구 형식에 의한 분류

ⓐ A형 : 충전구가 숫나사

ⓑ B형 : 충전구가 암나사

ⓒ C형 : 충전구에 나사가 없는 것

㉯ 충전구 나사형식에 의한 분류

ⓐ 왼나사 : 가연성 가스 용기(단, 액화암모니아, 액화브롬화메탄은 오른나사)

ⓑ 오른나사 : 가연성가스 외의 용기

㉰ 밸브 구조에 의한 분류 : 패킹식, 백 시트식, O링식, 다이어프램식

④ 충전용기 안전장치

㉮ LPG 용기 : 스프링식 안전밸브

㉯ 염소, 아세틸렌, 산화에틸렌 용기 : 가용전식 안전밸브

㉰ 산소, 수소, 질소, 아르곤, 액화이산화탄소 용기 : 파열판식 안전밸브

㉱ 초저온 용기 : 스프링식과 파열판식의 2중 안전밸브

(3) 저장능력 산정식

① 압축가스 저장탱크 및 용기 $Q=(10P+1)\cdot V_1$

② 액화가스 저장탱크 $W=0.9d\cdot V_2$

③ 액화가스의 용기 및 차량에 고정된 탱크 $W=\dfrac{V_2}{C}$

여기서, Q : 저장능력[m^3]　　P : 35[℃]에서 최고충전압력[MPa]

V_1 : 내용적[m^3]　　W : 저장능력[kg]

d : 액화가스의 비중　　V_2 : 내용적[L]

C : 액화가스 충전상수(C_3H_8 : 2.35, C_4H_{10} : 2.05)

④ 안전 공간

$$Q = \frac{V-E}{V} \times 100$$

여기서, Q : 안전공간[%], V : 저장시설 내용적, E : 액화가스의 부피

3. 배관의 부식(腐蝕)과 방식(防蝕)

1) 부식(corrosion)

(1) 부식의 정의

금속이 전해질 속에 있을 때 「양극(anode) → 전해질 → 음극(cathode)」이란 전류가 형성되어 양극부위에서 금속이온이 용출되는 현상으로서 일종의 전기화학적인 반응이다. 즉 금속이 전해질과 접하여 금속표면에서 전해질 중으로 전류가 유출하는 양극반응이다. 양극반응이 진행되는 것이 부식이 발생하는 것이다.

(2) 부식의 원리

전위차가 다른 두 금속을 전해질 속에 넣어 두 금속을 전선으로 연결하면 전류가 형성되며 전위가 낮은 금속(비금속 : mean metal)이 양극(anode), 전위가 높은 금속(귀금속 : noble metal)이 음극(cathode)이 되어 부식이 촉진되며 갈바닉(galvanic) 부식이라 한다.

주요 금속의 전위순서

구분	귀금속 ←							→	비금속	
금속명	Au	Pt	Ag	Cu	Pb	Ni	Fe	Zn	Al	Mg

① 매크로셀(macro cell) 부식 : 금속표면에서 양극(+), 음극(−)의 부위가 각각 변화하여 양극과 음극의 위치가 확정적이지 않아 전면부식이 발생하는 현상이다.

② 전식(電蝕) : 흙(전해질)속에 매설한 금속에 전류가 흐르는 경우 금속에 일부 전류가 유입되고 그 것이 유출되는 부위에서 부식이 발생되는 현상이다.

(3) 부식속도에 영향을 주는 요소

① 내부적인 요소 : 금속 재료의 조성, 조직, 구조, 전기화학적 특성, 표면상태, 응력 상태, 온도, 기타

㉯ 외부적인 요소 : 부식액의 조성, 수소이온농도(pH), 용존가스 농도, 외기온도, 유동상태, 생물수식, 기타

2) 부식의 종류

(1) 습식

철이 수분의 존재 하에 일어나는 것으로 국부전지에 의한 것이다.

① 부식의 원인

㉮ 이종 금속의 접촉

㉯ 금속 재료의 조성, 조직의 불균일

㉰ 금속 재료의 표면 상태의 불균일

㉱ 금속 재료의 응력상태, 표면 온도의 불균일

㉲ 부식액의 조성, 유동 상태의 불균일

② 부식의 형태

㉮ 전면 부식 : 전면이 균일하게 부식되므로 부식량은 크나, 쉽게 발견 대처하므로 피해는 적다.

㉯ 국부 부식 : 특정 부분에 부식이 집중되는 현상으로 부식 속도가 크고 위험성이 높다. 공식(孔蝕), 극간부식(隙間腐蝕), 구식(溝蝕)등이 있다.

㉰ 선택 부식 : 합금의 특정 부분만 선택적으로 부식되는 현상으로 주철의 흑연화 부식, 황동의 탈아연부식, 알루미늄 청동의 탈알루미늄 부식 등이 있다.

㉱ 입계 부식 : 결정입자가 선택적으로 부식되는 현상으로 스테인리스강에서 발생된다.

(2) 건식

① 고온가스 부식 : 고온가스와 접촉한 경우 금속의 산화, 황화, 할로겐 등의 반응이 일어난다.

② 용융 금속에 의한 부식 : 용융 금속 중 불순물과 반응하여 일어나는 부식

(3) 가스에 의한 고온부식의 종류

① 산화 : 산소 및 탄산가스

② 황화 : 황화수소(H_2S)

③ 질화 : 암모니아(NH_3)

④ 침탄 및 카르보닐화 : 일산화탄소(CO)가 많은 환원가스

⑤ 바나듐 어택 : 오산화바나듐(V_2O_5)

⑥ 탈탄 작용 : 수소(H_2)

3) 방식(防蝕) 방법

(1) 고압장치 방식 시 고려사항

① 적절한 사용 재료의 선택

② 방식을 고려한 구조의 결정

③ 방식을 고려한 제작, 설치 공정의 관리

④ 방식을 고려한 사용 시의 보수, 관리

(2) 부식을 억제하는 방식법

① 부식 환경의 처리에 의한 방식법 : 유해물질의 제거

② 부식억제제(Inhibiter)에 의한 방식법 : 크롬산염, 중합인산염, 아민류 등

③ 피복에 의한 방식법 : 전기도금, 용융도금, 확산삼투처리, 라이닝 등

④ 전기 방식법 : 희생양극법, 외부전원법, 배류법 등

4) 전기 방식법

(1) 전기방식의 원리

매설 배관의 부식을 억제 또는 방지하기 위하여 배관에 직류전기를 공급해 주거나 배관보다 저전위 금속(배관보다 쉽게 부식되는 금속)을 배관에 연결하여 철의 전기 화학적인 양극반응을 억제시켜 매설배관을 음극화 시켜주는 방법이다.

(2) 전기방식의 종류

① 희생 양극법(유전 양극법, 전기 양극법, 전류 양극법) : 양극(anode)과 매설배관(cathode : 음극)을 전선으로 접속하고 양극금속과 배관사이의 전지작용(고유 전위차)에 의해서 방식전류를 얻는 방법이다. 양극재료로는 마그네슘(Mg), 아연(Zn)이 사용되며 토양 중에 매설되는 배관에는 마그네슘이 사용되고 있다.

㉮ 장점

ⓐ 시공이 간편하다.
ⓑ 단거리 배관에는 경제적이다.
ⓒ 다른 매설 금속체로의 장해가 없다.
ⓓ 과방식의 우려가 없다.

㉯ 단점
ⓐ 효과 범위가 비교적 좁다.
ⓑ 장거리 배관에는 비용이 많다.
ⓒ 전류 조절이 어렵다.
ⓓ 관리 장소가 많게 된다.
ⓔ 강한 전식에는 효과가 없다.
ⓕ 양극은 소모되므로 보충하여야 한다.

② 외부 전원법 : 외부의 직류전원 장치(정류기)로부터 양극(+)은 매설배관이 설치되어 있는 토양에 설치한 외부전원용 전극에 접속하고, 음극(−)은 매설배관에 접속시켜 부식을 방지하는 방법으로 직류전원장치(정류기), 양극, 부속배선으로 구성된다.

㉮ 장점
ⓐ 효과 범위가 넓다.
ⓑ 평상시의 관리가 용이하다.
ⓒ 전압, 전류의 조성이 일정하다.
ⓓ 전식에 대해서도 방식이 가능하다.
ⓔ 장거리 배관에는 전원 장치가 적어도 된다.

㉯ 단점
ⓐ 초기 설치비가 많이 소요된다.
ⓑ 다른 매설 금속체로의 장해에 대해 검토할 필요가 있다.
ⓒ 전원을 필요로 한다.
ⓓ 과 방식의 우려가 있다.

③ 배류법(선택 배류법) : 직류 전기철도의 레일에서 유입된 누설전류를 전기적인 경로를 따라 철도레일로 되돌려 보내서 부식을 방지하는 방법으로 전철이 가까이 있는 곳에 설치하며 배류기를 설치하여야 한다.

㉮ 장점
ⓐ 유지 관리비가 적게 소요된다.
ⓑ 전철과의 관계 위치에 따라 효과적이다.
ⓒ 설치비가 저렴하다.
ⓓ 전철 운행 시에는 자연 부식의 방지 효과도 있다.

㉯ 단점

ⓐ 다른 매설 금속체로의 장해에 대해 검토가 있어야 한다.

ⓑ 전철과의 관계 위치에 따라 효과 범위가 제한된다.

ⓒ 전철 휴지기간 때는 전기방식의 역할을 못한다.

ⓓ 과 방식의 우려가 있다.

④ 강제 배류법 : 외부전원법과 배류법의 혼합형이다.

㉮ 장점

ⓐ 효과 범위가 넓다.

ⓑ 전압 전류의 조정이 용이하다.

ⓒ 전식에 대해서도 방식이 가능하다.

ⓓ 외부 전원법에 비해 경제적이다.

ⓔ 전철의 휴지기간에도 방식이 가능하다.

ⓕ 양극 효과에 의한 간섭은 없다.

㉯ 단점

ⓐ 다른 매설 금속체로의 장해에 대해 검토가 있어야 한다.

ⓑ 전철에의 신호장해에 대해 검토해야 한다.

ⓒ 전원을 필요로 한다.

(3) 전기방식 선정

① 직류전철 등에 따른 누출전류의 영향이 없는 경우에는 외부전원법 또는 희생양극법으로 한다.

② 직류전철 등에 따른 누출전류의 영향을 받는 배관에는 배류법으로 하되 방식효과가 충분하지 않을 경우에는 외부전원법 또는 희생양극법을 병용한다.

(4) 도시가스시설 전기방식 유지관리 기준

① 전기방식 전류가 흐르는 상태에서 토양 중에 있는 배관 등의 방식전위 상한값은 포화황산동 기준전극으로 −0.85[V] 이하(황산염환원 박테리아가 번식하는 토양에서는 −0.95[V] 이하)이어야 하고, 방식전위 하한값은 전기철도 등의 간섭영향을 받는 곳을 제외하고는 포화황산동 기준전극으로 −2.5[V] 이상이 되도록 한다.

② 전기방식 전류가 흐르는 상태에서 자연전위와의 전위변화가 최소한 −300[mV] 이하일 것

③ 배관에 대한 전위측정은 가능한 가까운 위치에서 기준전극으로 실시한다.

④ 절연이음매를 사용하여야 할 장소

㉮ 교량횡단 배관 양단
㉯ 배관 등과 철근콘크리트 구조물 사이
㉰ 배관과 강재 보호관 사이
㉱ 지하에 매설된 배관 부분과 지상에 설치된 부분의 경계
㉲ 다른 시설물과 접근 교차지점
㉳ 배관과 배관지지물 사이
㉴ 그 밖에 절연이 필요한 장소

⑤ 전위측정용 터미널(TB) 설치 기준
㉮ 설치간격
ⓐ 희생양극법, 배류법 : 300[m] 이내
ⓑ 외부전원법 : 500[m] 이내
㉯ 설치 장소
ⓐ 직류전철 횡단부 주위
ⓑ 지중에 매설되어 있는 배관절연부의 양측
ⓒ 강재보호관 부분의 배관과 강재보호관
ⓓ 다른 금속 구조물과 근접 교차부분
ⓔ 밸브스테이션
ⓕ 교량 및 하천횡단배관의 양단부

⑥ 전기방식 시설의 유지관리
㉮ 관대지전위(管對地電位) 점검 : 1년에 1회 이상
㉯ 외부전원법 전기방식시설 점검 : 3개월에 1회 이상
㉰ 배류법 전기방식시설 점검 : 3개월에 1회 이상
㉱ 절연부속품, 역 전류방지장치, 결선(bond), 보호절연체 점검 : 6개월에 1회 이상

01 크리프(creep)는 재료가 어떤 온도하에서는 시간과 더불어 변형이 증가되는 현상인데, 일반적으로 철강재료 중 크리프 영향을 고려해야 할 온도는 몇 [℃] 이상일 때 인가?

① 50[℃] ② 150[℃]
③ 250[℃] ④ 350[℃]

해설 **크리프(creep) 현상** : 어느 온도 이상에서 재료에 일정한 하중을 가하여 그대로 방치하면 시간의 경과와 더불어 변형이 증대하고 때로는 파괴되는 현상으로 탄소강의 경우 350[℃] 이상에서 발생한다.

02 기계재료에 가하는 하중이 점차 증가하면 재료의 변형이 증가하지만 하중이 어느 정도까지 증가하면 하중을 더 이상 증가하지 않아도 변형하는 경우가 있는데 이때를 무엇이라 하는가?

① 크리프 ② 항복점
③ 탄성한도 ④ 피로한도

해설 **항복점** : 재료에 하중을 점차 증가하면 하중에 따라 재료는 변형해 가며 하중이 어느 한도까지 증가하면 하중을 더 이상 증가하지 않아도 변형하는 것으로 상항복점과 하항복점이 있다.

03 지름 50[mm]의 강재로 된 둥근 막대가 8000[kgf]의 인장하중을 받을 때의 응력은?

① 2[kgf/mm²] ② 4[kgf/mm²]
③ 6[kgf/mm²] ④ 8[kgf/mm²]

해설 $\sigma = \dfrac{W}{A} = \dfrac{8000}{\dfrac{\pi}{4} \times 50^2}$

$= 4.07[\text{kgf/mm}^2]$

04 판두께 12[mm], 용접길이 50[cm]인 판을 맞대기 용접했을 때 4500[kgf]의 인장하중이 작용한다면 인장응력은 약 몇 [kgf/cm²]인가?

① 45 ② 75
③ 125 ④ 145

해설 $\sigma = \dfrac{W}{A} = \dfrac{4500}{1.2 \times 50} = 75[\text{kgf/cm}^2]$

05 바깥지름이 216.3[mm], 배관두께 5.8[mm]인 200[A]의 배관용 탄소강관이 내압 9.9[kgf/cm²]을 받았을 경우에 관에 생기는 원주방향 응력은 약 몇 [kgf/cm²]인가?

① 88 ② 175
③ 263 ④ 351

해설 $\sigma_A = \dfrac{PD}{2t}$

$= \dfrac{9.9 \times (216.3 - 2 \times 5.8)}{2 \times 5.8}$

$= 174.7[\text{kgf/cm}^2]$

06 고압용기에 내압이 가해지는 경우 원주방향 응력은 길이방향 응력의 몇 배인가?

① 2 ② 4
③ 8 ④ 16

Answer 1. ④ 2. ② 3. ② 4. ② 5. ② 6. ①

해설 ㉮ 원주방향 응력 : $\sigma_A = \frac{PD}{2t}$

㉯ 길이방향 응력 : $\sigma_B = \frac{PD}{4t}$

∴ 원주방향 응력은 길이방향 응력의 2배이다.

07 양단이 고정된 20[cm] 길이의 환봉을 20[℃]에서 80[℃]로 가열하였을 때 재료내부에서 발생하는 열응력은 약 몇 [MPa]인가? (단, 재료의 선팽창계수는 11.05×10^{-6}/[℃]이며, 탄성계수 E는 210[GPa]이다.)

① 69.62 ② 139.23
③ 696.15 ④ 2784.60

해설 ㉮ 온도변화에 의한 신축량 계산

$\therefore \Delta L = L \cdot \alpha \cdot \Delta t$
$= 20\times 11.05\times 10^{-6}\times(80-20)$
$= 0.01326$[cm]

㉯ 열응력 계산

$\therefore \sigma = \frac{E\times \Delta L}{L}$
$= \frac{(210\times 10^3)\times 0.01326}{20}$
$= 139.23$[MPa]

㉰ 210[GPa] = 210×10^3 [MPa]

08 지름 20[mm], 표점거리 200[mm]인 인장시험편을 인장시켰더니 240[mm]가 되었다. 연신율은 몇 [%]인가?

① 1.2[%] ② 10[%]
③ 12[%] ④ 20[%]

해설 연신율 $= \frac{\Delta L}{L}\times 100$
$= \frac{240-200}{200}\times 100 = 20$[%]

09 인장응력이 10[kgf/mm²]인 연강봉이 3140[kgf]의 하중을 받아 늘어났다면 이 봉의 지름은 몇 [mm]인가?

① 10 ② 20
③ 25 ④ 30

해설 ㉮ 봉의 단면적[mm²] 계산

$\sigma = \frac{F}{A}$ 에서

$\therefore A = \frac{F}{\sigma} = \frac{3140}{10}$
$= 314$[mm²]

㉯ 봉의 지름[mm] 계산

$A = \frac{\pi}{4}\times D^2$ 에서

$\therefore D = \sqrt{\frac{4A}{\pi}} = \sqrt{\frac{4\times 314}{\pi}}$
$= 19.99$[mm]

10 다음은 응력–변형률 선도에 대한 설명이다. ( ) 안에 알맞은 것은?

> 하중 변형선도에서 세로축은 하중을 시편의 단면적으로 나눈 값을 응력값으로 취하고, 가로축에는 변형량을 본래의 (   )[의]로 나눈 변형률 값을 취하여 응력과 변형률과의 관계를 그래프로 표시한 것을 응력–변형률 선도(stress–strain diagram)라 한다.

① 시편의 단면적 ② 하중
③ 재료의 길이 ④ 응력

해설 응력–변형률 선도
시험편을 인장시험기 양 끝에 고정시켜 축방향으로 당겼을 때 작용하는 응력값(σ[kgf/cm²])을 세로축에 취하고, 시험편의 변형률을 가로축에 취하여 비례한도, 탄성한도, 항복점, 연신율, 인장강도를 측정한다.

Answer 7. ② 8. ④ 9. ② 10. ③

11 응력-변형률 선도에서 최대인장강도를 나타내는 점은?

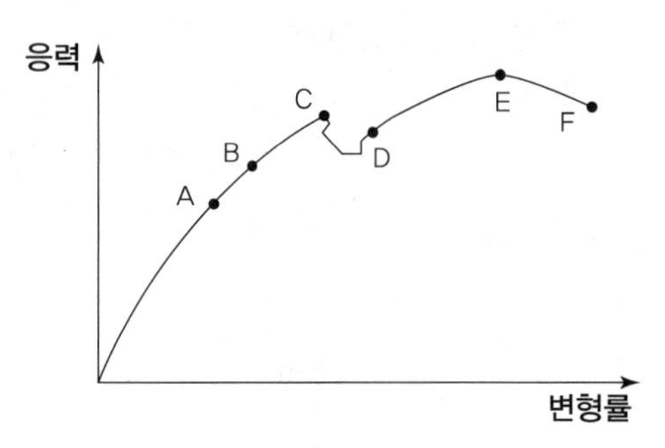

① C ② D
③ E ④ F

해설 응력-변형률 선도 각점의 명칭
A : 비례한도, B : 탄성한도,
C : 상항복점, D : 하항복점,
E : 인장강도, F : 파괴점

12 다음 중 옳은 설명은?

① 비례한도 내에서 응력과 변형은 반비례한다.
② 탄성한도 내에서 가로와 세로 변형률의 비는 재료에 관계없이 일정한 값이 된다.
③ 안전율은 파괴강도와 허용응력에 각각 비례한다.
④ 인장시험에서 하중을 제거시킬 때 변형이 원상태로 되돌아가는 최대 응력값을 탄성한도라 한다.

해설 각 항목의 옳은 내용
① 비례한도 내에서 응력과 변형은 비례한다.
③ $\text{안전율} = \dfrac{\text{파괴강도(인장강도)}}{\text{허용응력}}$ 이므로
안전율은 파괴강도에 비례하고, 허용응력에 반비례한다.
④ 인장시험에서 하중을 제거시킬 때 변형이 원상태로 되돌아가는 한계점을 탄성한도라 한다.

13 지름 30[mm]의 강 봉에 40[kN]의 하중이 안전하게 작용하고 있을 때 이 강 봉의 인장강도가 350[MPa]이면 안전율은 약 얼마인가?

① 2.7 ② 4.2
③ 6.2 ④ 8.1

해설 ㉮ 허용응력 계산

$$\therefore \text{허용응력} = \frac{\text{안전하중}[N]}{\text{단면적}[m^2]} = \frac{40 \times 1000}{\frac{\pi}{4} \times 0.03^2} \times 10^{-6} = 56.588 ≒ 56.59[MPa]$$

※ $1[N/m^2] = 1[Pa] = 10^{-6}[MPa]$

㉯ 안전율 계산

$$\therefore \text{안전율} = \frac{\text{인장강도}}{\text{허용응력}} = \frac{350}{56.59} = 6.184$$

14 탄소의 함유량이 일정량(약 0.9[%])까지 증가함에 따라 탄소강의 성질에 미치는 요인을 가장 잘 설명한 것은?

① 인장강도, 경도, 신율이 모두 증가한다.
② 인장강도, 경도, 신율이 모두 감소한다.
③ 인장강도와 신율은 증가하되 경도는 감소한다.
④ 인장강도와 경도는 증가하되 신율은 감소한다.

해설 탄소량이 증가함에 따라 인장강도, 항복점 및 경도는 증가하고(단, 0.9[%] 이상이 되면 반대로 감소한다.) 연신율(신율)과 충격치는 감소한다.

15 탄소강의 물리적 성질 중 탄소함유량의 증가에 따라 증가하는 것은?

① 전기저항 ② 용융점
③ 열팽창율 ④ 열전도도

Answer 11. ③ 12. ② 13. ③ 14. ④ 15. ①

해설 탄소강의 성질

㉮ **물리적 성질** : 탄소함유량의 증가와 더불어 비중, 선팽창계수, 세로 탄성율, 열전도율은 감소되나, 고유 저항과 비열은 증가한다.
㉯ **화학적 성질** : 탄소가 많을수록 내식성이 감소한다.
㉰ **기계적 성질** : 탄소가 증가할수록 인장강도, 경도, 항복점은 증가하나 탄소함유량이 0.9[%] 이상이 되면 반대로 감소한다. 또 연신율, 충격치는 감소하고 취성을 증가시킨다.

16 **고압가스 용기의 재료로 사용되는 강의 성분 중 탄소, 인, 유황의 함유량이 제한되고 있다. 그 이유로서 다음 중 옳은 것을 번호로 나열한 것은?**

ⓐ 탄소의 양이 많아지면 수소취성을 일으킨다.
ⓑ 인의 양이 많아지면 연신율이 증가하고, 고온취성을 일으킨다.
ⓒ 유황은 적열취성의 원인이 된다.
ⓓ 탄소량이 증가하면 인장강도 및 충격치가 증가한다.

① ⓐ, ⓑ ② ⓑ, ⓒ
③ ⓒ, ⓓ ④ ⓐ, ⓒ

해설 용기재료 중 성분원소의 영향

㉮ **인(P)** : 연신율이 감소하고 상온취성의 원인이 된다.
㉯ **탄소(C)** : 탄소함유량이 증가하면 인장강도, 항복점은 증가, 연신율, 충격치는 감소한다.

17 **다음 중 저온취성(메짐)을 일으키는 원소로 옳은 것은?**

① Cr ② Si
③ S ④ P

해설 저온취성(메짐)의 원인 성분 : 인(P)

18 **금속재료의 내산화성을 증가시키기 위해 첨가하는 원소에 대한 설명으로 틀린 것은?**

① Si는 일반적으로 0.03[%] 이하 첨가한다.
② Al은 Cr의 보조로서 3[%] 이하 첨가한다.
③ 카로나이징도 내식성을 증가시킨다.
④ Cr은 Fe–Cr–Ni 합금에서 30[%] 정도까지는 내산화성이 증가하나 40[%] 이상에는 감소한다.

해설 내산화성 증대 원소
Si(규소), Al(알루미늄), Cr(크롬)을 단독 또는 다른 원소와 복합으로 첨가되어 내산화성을 증가시킨다.

19 **고압가스용 금속재료에서 내질화성(耐窒化性)을 증대시키는 원소는?**

① Ni ② Al
③ Cr ④ Mo

해설 내질화성 증대시키는 원소 : 니켈(Ni)

20 **특수강에 영향을 주는 원소 중 Cr을 첨가 시에 나타내는 성질 중 틀린 것은?**

① 취성을 지나치게 증가시키지 않고 인장강도, 항복점을 증가시킬 수 있다.
② 내식성, 내열성, 내마모성을 증가시킨다.
③ 기계적 성질이 향상된다.
④ 단조, 압연을 용이하게 하고 전성, 침탄효과를 증가시킨다.

해설 ④번 항은 망간(Mn)의 영향이다.

Answer 16. ④ 17. ④ 18. ② 19. ① 20. ④

21 금속재료에 관한 설명으로 옳지 않은 것은?

① 황동은 구리와 아연의 합금이다.
② 저온뜨임의 주목적은 내부응력 제거이다.
③ 탄소 함유량이 0.3[%] 이하인 강을 저탄소강이라 한다.
④ 청동은 내식성은 좋으나 강도가 약하다.

해설 **청동(bronze)** : 구리(Cu)와 주석(Sn)의 합금으로 주조성, 내마모성이 우수하고 강도가 크다.

22 금속재료에 대한 설명으로 옳지 않은 것은?

① 강에 인(P)의 함유량이 많으면 신율, 충격치는 저하한다.
② 크롬 17~20[%], 니켈 7~10[%] 함유한 강을 18-8스테인리스강이라 한다.
③ 동과 주석의 합금은 황동이고 동과 아연의 합금은 청동이다.
④ 금속가공 중에 생긴 잔류응력을 제거하기 위해 열처리를 한다.

해설 **동합금의 종류 및 특징**

㉮ **황동(brass)** : 동(Cu)과 아연(Zn)의 합금으로 동에 비하여 주조성, 가공성 및 내식성이 우수하며 청동에 비하여 가격이 저렴하다. 아연의 함유량은 30~35[%] 정도이다.
㉯ **청동(bronze)** : 동(Cu)과 주석(Sn)의 합금으로 황동에 비하여 주조성이 우수하여 주조용 합금으로 많이 쓰이며 내마모성이 우수하고 강도가 크다.

23 7 : 3 황동에 대한 설명으로 옳은 것은?

① Zn 70[%]에 Cu 30[%]를 합금한 것으로 판, 봉, 선 등의 재료로 사용되며 방열기 부품에 쓰인다.
② Cu 70[%]에 Zn 30[%]를 합금한 것으로 판, 봉, 선 등의 재료로 사용되며 방열기 부품에 쓰인다.
③ Cu 70[%]에 Sn 30[%]를 합금한 것으로 열가공에 적합하며 강도가 커서 볼트, 너트 등에 쓰인다.
④ Sn 70[%]에 Cu 30[%]를 합금한 것으로 열가공에 적합하며 강도가 커서 볼트, 너트 등에 쓰인다.

해설 ㉮ 황동 : 동(Cu)과 아연(Zn)의 합금
㉯ 청동 : 동(Cu)과 주석(Sn)의 합금

24 강을 열처리하는 목적은?

① 기계적 성질을 향상시키기 위하여
② 표면에 녹이 생기지 않게 하기 위하여
③ 표면에 광택을 내기 위하여
④ 사용시간을 연장하기 위하여

해설 강을 열처리하는 목적은 기계적 성질을 향상시키기 위해서이다.

25 강의 결정조직을 미세화하고 냉간가공, 단조 등에 의해 내부응력을 제거하며 결정조직, 기계적 · 물리적 성질 등을 표준화시키는 열처리는?

① 어닐링 ② 노멀라이징
③ 퀜칭 ④ 템퍼링

해설 **열처리의 종류 및 목적**

㉮ **담금질(quenching)** : 강도, 경도 증가
㉯ **불림(normalizing)** : 결정조직의 미세화
㉰ **풀림(annealing)** : 내부응력 제거, 조직의 연화
㉱ **뜨임(tempering)** : 연성, 인장강도 부여, 내부응력 제거

Answer 21. ④ 22. ③ 23. ② 24. ① 25. ②

26 금속의 성질을 개선하기 위한 열처리 중 풀림(annealing)에 대한 설명으로 가장 거리가 먼 내용은?

① 냉간가공이나 기계가공을 용이하게 한다.
② 주로 재료를 연하게 하는 일반적인 처리를 말한다.
③ 가공 중의 내부응력을 제거한다.
④ 불림과 다른 점은 가열 후 급격하게 냉각하는 것이다.

해설 재료를 적당한 온도로 가열하여 물, 기름 등에 급속히 냉각시키는 열처리는 담금질에 해당된다.

27 적당히 가열한 후 급랭하였을 때 취성이 있으므로 인성을 증가시키기 위해 조금 낮게 가열한 후 공기 중에서 서랭시키는 열처리 방법은?

① 담금질(quenching)
② 뜨임(tempering)
③ 불림(normalizing)
④ 풀림(annealing)

해설 뜨임(tempering)
담금질 또는 냉간 가공된 재료의 내부응력을 제거하며 재료에 연성, 인장강도를 부여하기 위해 담금질 온도보다 낮은 온도로 재가열한 후 공기 중에서 서랭시킨다.

28 질화표면 경화법은 강에 대하여 내마모성, 열적안정성 등을 주기 위한 방법이다. 이때 사용되는 질화제는?

① 산소 ② 수소
③ 아세틸렌 ④ 암모니아

해설 질화법
500[℃] 정도에서 암모니아 가스로부터 분해된 발생기 질소는 강중에 함유된 다른 원소와 강하게 반응하여 질화물을 만들면서 강으로 침투되는 것을 이용한 표면경화법이다.

29 강의 표면에 타 금속을 침투시켜 표면을 경화시키고 내식성, 내산화성을 향상시키는 것을 금속침투법이라 한다. 그 종류에 해당되지 않는 것은?

① 세라다이징(sheradizing)
② 칼로라이징(carorizing)
③ 크로마이징(chromizing)
④ 도우라이징(dowrizing)

해설 금속 침투법의 종류
㉮ 세라다이징(sheradizing) : 아연(Zn) 침투법
㉯ 칼로라이징(carorizing) : 알루미늄(Al) 침투법
㉰ 크로마이징(chromizing) : 크롬(Cr) 침투법
㉱ 실리코나이징(siliconizing) : 규소(Si) 침투법
㉲ 보로나이징(boronizing) : 붕소(B) 침투법

30 고압가스에 사용되는 고압장치용 금속재료가 갖추어야 할 성질이 아닌 것은?

① 내식성 ② 내열성
③ 내마모성 ④ 내산성

해설 고압장치용 금속재료가 갖추어야 할 성질
내식성, 내열성, 내마모성, 내냉성

31 저온재료의 요구특성에 대한 설명 중 옳지 않은 것은?

① 열팽창계수가 큰 재료를 사용할 것
② 저온에 대한 기계적 성질이 보증될 것
③ 내용물에 대한 내식성이 좋을 것
④ 가공성 및 용접성이 좋을 것

해설 온도변화에 따른 열팽창계수가 작은 재료를 사용하여야 한다.

Answer 26. ④ 27. ② 28. ④ 29. ④ 30. ④ 31. ①

32 저온장치용 금속재료에 있어서 일반적으로 온도가 낮을수록 감소하는 기계적 성질은?

① 항복점 ② 충격값
③ 인장강도 ④ 경도

해설 금속재료에 있어서 온도가 낮아지면 인장강도, 항복점, 경도는 증가하지만 충격값이 감소하여 취성이 발생한다.

33 비등점이 −183[℃] 되는 액체산소 용기나 저온용 금속재료로서 적당하지 않은 것은?

① 탄소강
② 9[%] 니켈강
③ 18−8 스테인리스강
④ 황동

해설 탄소강은 −70[℃] 이하로 되면 저온취성이 발생하므로 저온장치의 재료로 부적합하다.

34 용접이음의 특징에 대한 설명으로 옳은 것은?

① 조인트 효율이 낮다.
② 기밀성 및 수밀성이 좋다.
③ 진동을 감쇠시키기 쉽다.
④ 응력집중에 둔감하다.

해설 용접이음의 특징
(1) 장점
㉮ 이음부 강도가 크고, 하자발생이 적다.
㉯ 이음부 관 두께가 일정하므로 마찰저항이 적다.
㉰ 배관의 보온, 피복시공이 쉽다.
㉱ 시공시간이 단축되고 유지비, 보수비가 절약된다.
(2) 단점
㉮ 재질의 변형이 일어나기 쉽다.
㉯ 용접부의 변형과 수축이 발생한다.
㉰ 용접부의 잔류응력이 현저하다.
㉱ 품질검사(결함검사)가 어렵다.

35 용접 시 가접을 하는 이유로 가장 적당한 것은?

① 응력 집중을 크게 하기 위하여
② 용접부의 강도를 크게 하기 위하여
③ 용접자세를 일정하게 하기 위하여
④ 용접 중의 변형을 방지하기 위하여

해설 용접이음을 할 때 가접을 하는 것은 용접을 하는 중의 변형을 방지하기 위함이다.

36 용접배관 이음에서 피닝을 하는 주된 이유는?

① 슬래그를 제거하기 위하여
② 잔류 응력을 제거하기 위하여
③ 용접을 잘 되게 하기 위하여
④ 용입이 잘 되게 하기 위하여

해설 ㉮ **잔류응력 경감법** : 노내 풀림법, 국부풀림 및 기계적 처리법, 저온응력 완화법, 피닝법
㉯ **피닝(peening)법** : 용접부를 구면상의 특수해머로 연속적으로 타격하여 표면층에 소성변형을 주어 잔류응력을 제거하는 방법이다.

37 관을 용접으로 이음하고 용접부를 검사하는 비파괴 검사법에 속하지 않는 것은?

① 음향검사 ② 침투검사
③ 인장시험검사 ④ 자분검사

해설 **비파괴 검사법의 종류**
음향검사, 침투검사, 자분검사, 방사선투과검사, 초음파검사, 와류검사, 전위차법 등
※ 인장시험검사는 파괴검사법에 해당된다.

Answer 32. ② 33. ① 34. ② 35. ④ 36. ② 37. ③

38 비파괴검사 중 형광, 염료물질을 함유한 용액 중에 검사할 재료를 침지하였다가 꺼낸 다음 표면의 투과액을 씻어내고 현상액을 사용하여 균열 등에 남은 침투액을 표면에 출현시키는 방법은?

① X-선 검사법 ② 침투검사법
③ 초음파검사법 ④ 자력결함검사법

해설 침투검사(PT : Penetrant Test)
표면의 미세한 균열, 작은 구멍, 슬러그 등을 검출하는 방법으로 자기검사를 할 수 없는 비자성 재료에 사용된다. 내부 결함은 검지하지 못하며 검사 결과가 즉시 나오지 않는다.

39 비파괴검사 방법 중 직관성이 있고, 결과의 기록이 가능하여 객관성이 있는 시험법은?

① 방사선투과시험 ② 초음파탐상시험
③ 자분탐상시험 ④ 침투탐상시험

해설 방사선 투과 검사(RT : Rediographic Test)
X선이나 γ선으로 투과한 후 필름에 의해 내부결함의 모양, 크기 등을 관찰할 수 있고 검사 결과의 기록이 가능하다. 장치의 가격이 고가이고, 검사 시 방호에 주의하여야 하며 고온부, 두께가 큰 곳은 부적당하며 선에 평행한 크랙은 검출이 불가능하다.

40 다음은 비파괴 검사에 대한 내용이다. ( ) 안에 들어갈 내용으로 가장 알맞은 것은?

> 검사할 재료의 한쪽 면의 발진장치에서 연속적으로 ( )을[를] 보내고, 수신장치에서 신호를 받을 때 결함에 의한 ( )의 도착에 이상이 생기므로 이것으로부터 결함의 위치와 크기 등을 판정하는 검사방법으로서 용입부족 및 용입결함을 검출할 수 있으며 검사비용이 저렴하나 검사 결과의 보존성이 없다.

① X-선 ② γ-선
③ 초음파 ④ 형광

해설 초음파 검사(UT : Ultrasonic Test)
초음파를 피검사물의 내부에 침입시켜 반사파(펄스 반사법, 공진법)를 이용하여 내부의 결함과 불균일층의 존재 여부를 검사하는 방법이다.

41 고온, 고압 하에서 화학적인 합성이나 반응을 하기 위한 고압 반응솥을 무엇이라 하는가?

① 합성탑 ② 반응기
③ 오토클레이브 ④ 기화장치

해설 오토클레이브(auto clave)
액체를 가열하면 온도의 상승과 함께 증기압도 상승한다. 이때 액상을 유지하며 2종류 이상의 고압가스를 혼합하여 반응시키는 일종의 고압 반응가마를 일컫는다. 종류에는 교반형, 진탕형, 회전형, 가스교반형이 있다.

42 교반형 오토클레이브의 장점에 해당되지 않는 것은?

① 가스누출의 우려가 없다.
② 기액반응으로 기체를 계속 유통시킬 수 있다.
③ 교반효과는 진탕형에 비하여 더 크다.
④ 특수 라이닝을 하지 않아도 된다.

해설 교반형 오토클레이브의 특징
㉮ 기액반응으로 기체를 계속 유통시킬 수 있다.
㉯ 교반효과는 진탕형 보다 좋으며, 횡형 교반기가 교반효과가 좋다.
㉰ 종형 교반기에서는 내부에 글라스 용기를 넣어 반응시킬 수 있어 특수한 라이닝을 하지 않아도 된다.
㉱ 교반축에서 가스 누설의 가능성이 많다.
㉲ 회전속도, 압력을 증가시키면 누설의 우려가 있어 회전속도와 압력에 제한이 있다.
㉳ 교반축의 패킹에 사용한 물질이 내부에 들어갈 우려가 있다.

Answer 38. ② 39. ① 40. ③ 41. ③ 42. ①

43 **진탕형 오토클레이브(auto clave)의 특성에 대한 설명으로 옳은 것은?**

① 고압력에 사용할 수 없다.
② 가스누설의 가능성이 없다.
③ 반응물의 오손이 많다.
④ 뚜껑판의 뚫어진 구멍에 촉매가 들어갈 염려가 없다.

해설 **진탕형 오토클레이브의 특징**
㉮ 가스누설의 가능성이 없다.
㉯ 고압력에 사용할 수 있고, 반응물의 오손이 없다.
㉰ 장치 전체가 진동하므로 압력계는 본체에서 떨어져 설치하여야 한다.
㉱ 뚜껑판의 뚫어진 구멍에 촉매가 들어갈 염려가 있다.

44 **오토클레이브(auto clave)의 종류 중 교반효율이 떨어지기 때문에 용기 벽에 장애판을 설치하거나 용기 내에 다수의 볼을 넣어 내용물의 혼합을 촉진시켜 교반효과를 올리는 형식은?**

① 교반형 ② 정치형
③ 진탕형 ④ 회전형

해설 **회전형**
오토클레이브 자체가 회전하는 형식으로 고체를 액체나 기체로 처리할 경우에 적합한 형식이지만, 교반효과가 다른 형식에 비하여 떨어진다.

45 **암모니아 합성탑에 대한 설명으로 틀린 것은?**

① 재질은 탄소강을 사용한다.
② 재질은 18-8 스테인리스강을 사용한다.
③ 촉매로는 보통 산화철에 CaO를 첨가한 것이 사용된다.
④ 촉매로는 보통 산화철에 K_2O 및 Al_2O_3를 첨가한 것이 사용된다.

해설 암모니아 합성탑은 내압용기와 내부 구조물로 구성되며 암모니아 합성의 촉매는 주로 산화철에 Al_2O_3, K_2O를 첨가한 것이나 CaO 및 MgO 등을 첨가한 것을 사용한다. 암모니아 합성탑은 고온, 고압의 상태에서 작동되므로 18-8 스테인리스강을 사용한다.

46 **고압가스 반응기 중 암모니아 합성탑의 구조로서 옳은 것은?**

① 암모니아 합성탑은 내압용기와 내부 구조물로 되어 있다.
② 암모니아 합성탑은 이음새 없는 둥근 용기로 되어 있다.
③ 암모니아 합성탑은 내부 가열식 용기와 내부 구조물로 되어 있다.
④ 암모니아 합성탑은 오토클레이브(auto clave) 내에 회전형 구조이다.

해설 **암모니아 합성탑**
㉮ 암모니아 합성탑은 내압용기와 내부 구조물로 되어 있다.
㉯ 내부 구조물은 촉매를 유지하고 반응과 열교환을 행한다.
㉰ 촉매는 산화철에 Al_2O_3, K_2O를 첨가한 것이나 CaO 및 MgO 등을 첨가한 것을 사용한다.

47 **암모니아 제조법 중 Haber-Bosch법은 수소와 질소를 혼합하여 몇 도의 온도와 몇 기압의 압력으로 합성시키며, 촉매는 무엇을 사용하는가?**

① 450~500[℃], 300[atm], Fe, Al_2O_3
② 150~300[℃], 10[atm], 백금
③ 100[℃], 800[atm], NaCl
④ 150~200[℃], 450[atm], 알루미늄과 은

Answer 43. ② 44. ④ 45. ① 46. ① 47. ①

48 아세틸렌의 압축 시 분해폭발의 위험을 최소로 줄이기 위한 반응장치는?

① 접촉반응장치 ② IG 반응장치
③ 겔로그 반응장치 ④ 레페 반응장치

해설 레페 반응장치
아세틸렌을 이용하여 화합물을 제조할 때 압축하는 것은 분해폭발의 위험성 때문에 불가능한 상태이지만, 레페(W.Reppe)가 압력을 가하여 아세틸렌 화합물을 만들 수 있는 장치를 고안한 것이다.

49 아세틸렌을 압축하는 Reppe 반응장치의 구분에 해당하지 않는 것은?

① 비닐화 ② 에티닐화
③ 환중합 ④ 니트릴화

해설 레페 반응장치의 구분
비닐화, 에티닐화, 환중합, 카르보닐화

50 레페 반응장치 내에서 아세틸렌을 압축할 때 폭발의 위험을 최소화하기 위해 첨가하는 물질로 옳은 것은?

① N_2 : 49[%] 또는 CO_2 : 42[%]
② N_2 : 22[%] 또는 CO_2 : 29[%]
③ O_2 : 49[%] 또는 CO_2 : 42[%]
④ O_2 : 22[%] 또는 CO_2 : 29[%]

해설 레페 반응장치에서 질소(N_2)가 49[%]일 때 또는 이산화탄소(CO_2)가 42[%]일 때 분해가 발생하지 않는다.

51 고압밸브에 대한 설명 중 틀린 것은?

① 밸브시트는 내식성이 좋은 재료를 사용한다.
② 주조품을 깍아서 만든다.
③ 글로브 밸브는 기밀도가 크다.
④ 슬루스 밸브는 난방배관용으로 적합하다.

해설 고압밸브의 특징
㉮ 주조품보다 단조품을 절삭하여 제조한다.
㉯ 밸브시트는 내식성과 경도가 높은 재료를 사용한다.
㉰ 밸브시트는 교체할 수 있도록 한다.
㉱ 기밀유지를 위하여 스핀들에 패킹이 사용된다.
※ 글로브 밸브(스톱 밸브)는 기밀도가 크며, 유량조절용에 사용되며, 슬루스 밸브(게이트 밸브)는 난방배관용의 유로차단용으로 사용된다.

52 차단성능이 좋고 유량조정이 용이하나 압력손실이 커서 고압의 큰 지름의 밸브에는 부적당한 밸브는?

① 플러그 밸브 ② 게이트 밸브
③ 글로브 밸브 ④ 버터플라이 밸브

해설 배관용 밸브의 특징
㉮ **글로브 밸브(스톱 밸브)** : 유량조정용으로 사용, 압력손실이 크다.
㉯ **슬루스 밸브(게이트 밸브)** : 유로 개폐용으로 사용, 압력손실이 적다.
㉰ **버터플라이 밸브** : 액체 배관의 유로 개폐용으로 사용, 고압배관에는 부적당하다.

53 밸브 봉을 돌려 열 때 밸브 좌면과 직선적으로 미끄럼운동을 하는 밸브로서 고압에 견디고 유체의 마찰저항이 적은 특징을 가지는 밸브는?

① 앵글 밸브(angle valve)
② 글로브 밸브(glove valve)
③ 슬루스 밸브(sluice valve)
④ 스톱 밸브(stop valve)

해설 슬루스 밸브(sluice valve)의 특징
㉮ 게이트 밸브(gate valve) 또는 사절변이라 한다.

Answer 48. ④ 49. ④ 50. ① 51. ② 52. ③ 53. ③

㉯ 리프트가 커서 개폐에 시간이 걸린다.
㉰ 밸브를 완전히 열면 밸브 본체 속에 관로의 단면적과 거의 같게 된다.
㉱ 쐐기형의 밸브 본체가 밸브 시트 안을 눌러 기밀을 유지한다.
㉲ 유로의 개폐용으로 사용한다.
㉳ 밸브를 절반 정도 열고 사용하면 와류가 생겨 유체의 저항이 커지기 때문에 유량조절에는 적합하지 않다.

54 가스의 흐름을 차단하는 용도로 쓰이지 않는 밸브는?

① glove valve ② sluice valve
③ relief valve ④ butterfly valve

해설 relief valve(릴리프 밸브)는 액체 배관에 설치하여 안전장치(안전밸브) 역할을 한다.

55 부식성 유체, 괴상물질을 함유한 유체에 적합하며 일회성인 안전밸브는?

① 스프링식 ② 가용전식
③ 파열판식 ④ 중추식

해설 **파열판식 안전밸브**
얇은 평판 또는 돔 모양의 원판 주위를 고정하여 용기나 설비에 설치하며, 구조가 간단하며 취급, 점검이 용이하고 부식성 유체, 괴상물질을 함유한 유체에 적합하지만 일회성인 밸브이다.

56 고압가스 안전장치(밸브) 종류가 아닌 것은?

① 안전밸브 ② 가용전
③ 파열판 ④ 바이패스 밸브

해설 가용전은 일정온도 이상이 되면 용전이 녹아 내부의 가스를 방출하는 것으로 압력이 높은 장치, 온도가 높은 곳에서는 사용이 부적합하다.

57 유체를 한쪽 방향으로만 흐르게 하기 위한 역류방지용 밸브는?

① 글로브 밸브(glove valve)
② 게이트 밸브(gate valve)
③ 체크 밸브(check valve)
④ 니들 밸브(needle valve)

해설 **체크밸브(check valve)**
역류방지밸브라 하며 유체를 한 방향으로만 흐르게 하고 역류를 방지하는 목적에 사용하는 것으로 스윙식과 리프트식으로 구분된다.

58 신축이음(expansion joint)을 하는 주된 목적은?

① 진동을 적게 하기 위하여
② 팽창과 수축에 따른 관의 정상적인 운동을 허용하기 위하여
③ 관의 제거를 쉽게 하기 위하여
④ 펌프나 압축기의 운동에 대한 보상을 하기 위하여

해설 **신축이음(expansion joint)의 기능(역할)**
온도변화에 따른 신축을 흡수, 완화시켜 관이 파손되는 것을 방지하기 위하여 설치한다.

59 고압장치 배관 내를 흐르는 유체가 고온이면 열응력이 발생한다. 이 열응력을 대응하기 위한 이음이 아닌 것은?

① 벨로스 이음
② 슬리브 이음
③ U 벤드
④ 유니언 이음

해설 **신축이음의 종류**
루프형, 슬리브형, 벨로스형, 스위블형, 상온스프링, 볼 조인트 등

Answer 54. ③ 55. ③ 56. ② 57. ③ 58. ② 59. ④

60 [보기]에서 설명하는 신축이음 방법은?

> [보기]
> – 신축량이 크고 신축으로 인한 응력이 생기지 않는다.
> – 직선으로 이음하므로 설치공간이 비교적 적다.
> – 배관에 곡선부분이 있으면 비틀림이 생긴다.
> – 장기간 사용 시 패킹재의 마모가 생길 수 있다.

① 슬리브형 ② 벨로스형
③ 루프형 ④ 스위블형

해설 **슬리브형(sleeve type) 신축이음쇠**
신축에 의한 자체 응력이 발생되지 않고 설치장소가 필요하며 단식과 복식이 있다. 슬리브와 본체와의 사이에 패킹을 다져 넣고 그랜드로 밀착시켜 온수 또는 증기의 누설을 방지한다.

61 팩리스형(packless type) 신축이음재라 하며 설치공간을 적게 차지하나 고압배관에는 부적당한 신축이음재는?

① 슬리브형 신축이음재
② 벨로스형 신축이음재
③ 루프형 신축이음재
④ 스위블형 신축이음재

해설 **벨로스형(bellows type) 신축이음재**
팩리스형(packless type)이라 하며 주름통으로 만들어진 것으로 설치 장소에 제한을 받지 않고 가스, 증기, 물 등의 배관에 사용된다.

62 배관의 자유팽창량을 미리 계산하여 관의 길이를 약간 짧게 절단하여 강제로 배관을 함으로써 열팽창을 흡수하는 방법으로 절단하는 길이는 계산에서 얻은 자유팽창량의 1/2 정도로 하는 방법은?

① 콜드 스프링 ② 신축이음
③ U형 벤드 ④ 파열이음

해설 **상온 스프링(cold spring)**
배관의 자유팽창량을 미리 계산하여 자유팽창량의 1/2 만큼 짧게 절단하여 강제로 배관을 하여 신축을 흡수하는 신축이음재이다.

63 관의 신축량에 대한 설명으로 옳은 것은?

① 신축량은 관의 길이, 열팽창계수, 온도차에 비례한다.
② 신축량은 관의 열팽창계수에 비례하고, 길이와 온도차에 반비례한다.
③ 신축량은 관의 길이, 열팽창계수, 온도차에 반비례한다.
④ 신축량은 관의 열팽창계수에는 반비례하고, 길이와 온도차에 비례한다.

해설 관의 신축량 계산식 $\Delta L = L \cdot \alpha \cdot \Delta t$ 에서
ΔL : 관의 신축길이[mm], L : 배관 길이[mm],
α : 선팽창(열팽창)계수, Δt : 온도차[℃]이다.
∴ 관의 신축량(ΔL)은 관의 길이(L), 관의 열팽창계수(α), 온도차(Δt)에 비례한다.

64 최고 사용온도가 100[℃], 길이 10[m]인 배관을 상온 (15[℃])에서 설치하였다면 최고 사용온도 사용 시 팽창으로 늘어나는 길이는 몇 [mm]인가?
(단, 선팽창계수 $\alpha = 12 \times 10^{-6}$[m/m · ℃]이다.)

① 5.1[mm] ② 10.2[mm]
③ 102[mm] ④ 204[mm]

해설 $\Delta L = L \cdot \alpha \cdot \Delta t$
$= 10 \times 1000 \times 12 \times 10^{-6} \times (100 - 15)$
$= 10.2$[mm]

Answer 60. ① 61. ② 62. ① 63. ① 64. ②

65 **고압원통형 저장탱크의 지지방법 중 횡형 탱크의 지지방법으로 널리 이용되는 것은 어느 것인가?**

① 새들형(saddle type)
② 지주형(leg type)
③ 스커트형(skirt type)
④ 평판형(flat plate type)

해설 **원통형 저장탱크의 지지방법**
㉮ 횡형 저장탱크 : 새들형
㉯ 수직형 저장탱크 : 지주형, 스커트형

66 **고압가스 용기재료의 구비조건과 무관한 것은?**

① 경량이고 충분한 강도를 가질 것
② 내식성, 내마모성을 가질 것
③ 가공성, 용접성이 좋을 것
④ 저온 및 사용온도에 견디는 연성, 전성, 강도가 없을 것

해설 **용기 재료의 구비조건**
㉮ 내식성, 내마모성을 가질 것
㉯ 가볍고 충분한 강도를 가질 것
㉰ 저온 및 사용 중 충격에 견디는 연성, 전성을 가질 것
㉱ 가공성, 용접성이 좋고 가공 중 결함이 생기지 않을 것

67 **이음매 없는 용기와 용접용기를 비교 설명한 것이다. 틀린 것은?**

① 이음매가 없으면 고압에서 견딜 수 있다.
② 용접용기는 용접으로 인하여 고가이다.
③ 만네스만법, 에르하트식 등이 이음매 없는 용기의 제조법이다.
④ 용접용기는 두께공차가 적다.

해설 이음매 없는 용기가 용접용기에 비하여 제조비용이 많이 소요되므로 고가이다.

68 **용기용 밸브는 가스충전구의 형식에 의해 A형, B형, C형으로 구분하는데, 가스 충전구가 수나사로 되어 있는 것은?**

① A형 ② B형
③ C형 ④ A, C형

해설 **충전구 형식에 의한 분류**
㉮ A형 : 가스 충전구가 수나사
㉯ B형 : 가스 충전구가 암나사
㉰ C형 : 가스 충전구에 나사가 없는 것

69 **고압가스 용기의 충전구 나사가 왼나사인 것은?**

① 질소 ② 수소
③ 공기 ④ 암모니아

해설 **충전구 나사 형식**
㉮ 왼나사 : 가연성가스(단, 암모니아, 브롬화메탄은 오른나사)
㉯ 오른나사 : 가연성 이외의 것

70 **용기 또는 용기밸브에 안전밸브를 설치하는 이유는?**

① 규정량 이상의 가스를 충전시켰을 때 여분의 가스를 분출하기 위해
② 용기 내 압력이 이상 상승 시 용기파열을 방지하기 위해
③ 가스출구가 막혔을 때 가스출구로 사용하기 위해
④ 분석용 가스출구로 사용하기 위해

Answer 65. ① 66. ④ 67. ② 68. ① 69. ② 70. ②

해설 충전용기 안전밸브 역할
용기 내의 압력이 이상 상승할 때 압력을 외부로 배출하여 용기 파열을 방지하기 위하여 설치한다.

71 고압가스 용기의 안전밸브 중 밸브 부근의 온도가 일정 온도를 넘으면 퓨즈메탈이 열려서 가스를 전부 방출시키는 방식은?

① 가용전식 ② 스프링식
③ 파괴막식 ④ 수동식

해설 가용전식 안전밸브
용기의 온도가 일정온도 이상이 되면 용전이 녹아 내부의 가스를 모두 배출하며 가용전의 재료는 구리, 주석, 납, 안티몬 등이 사용된다. 아세틸렌 용기, 염소 용기 등에 사용한다.

72 내용적이 500[L], 압력이 12[MPa]이고 용기 본수는 120개 일 때 압축가스의 저장능력은 몇 [m^3]인가?

① 3260 ② 5230
③ 7260 ④ 7580

해설 $Q = (10P + 1)V$
$= (10 \times 12 + 1) \times 0.5 \times 120$
$= 7260[\text{m}^3]$

73 초저온 저장탱크 내용적이 20000[L]일 때 충전할 수 있는 액체 산소량은 약 몇 [kg]인가? (단, 액체 산소의 비중은 1.14이다.)

① 17540 ② 19230
③ 20520 ④ 22800

해설 $W = 0.9dV$
$= 0.9 \times 1.14 \times 20000 = 20520[\text{kg}]$

74 염소가스 1250[kg]을 용량이 25[L]인 용기에 충전하려면 몇 개의 용기가 필요한가? (단, 가스정수는 0.8이다.)

① 20 개 ② 40 개
③ 60 개 ④ 80 개

해설 ㉮ 용기 1개당 충전량[kg] 계산

$$\therefore G = \frac{V}{C} = \frac{25}{0.8} = 31.25[\text{kg}]$$

㉯ 용기 수 계산

$$\therefore \text{용기 수} = \frac{\text{전체 가스량[kg]}}{\text{용기 1개당 충전량[kg]}} = \frac{1250}{31.25} = 40\text{개}$$

75 내용적이 45[L]인 액화가스 용기에 액화가스를 상온에서 최대로 충전할 때의 용적률[%]은 얼마인가? (단, 상온에서 액화가스의 밀도는 0.9[kg/L]이고, 충전상수는 2.5이다.)

① 40.0[%] ② 44.4[%]
③ 55.6[%] ④ 60.0[%]

해설 ㉮ 충전량[kg] 계산

$$\therefore G = \frac{V}{C} = \frac{45}{2.5} = 18[\text{kg}]$$

㉯ 액화가스의 체적[L] 계산

$$\therefore \text{액화가스 체적} = \frac{\text{액화가스 질량[kg]}}{\text{액화가스 비중}} = \frac{18}{0.9} = 20[\text{L}]$$

㉰ 용적률[%] 계산

$$\therefore \text{용적률} = \frac{\text{액화가스 체적}}{\text{용기 내용적}} \times 100 = \frac{20}{45} \times 100 = 4.44[\%]$$

Answer 71. ① 72. ③ 73. ③ 74. ② 75. ②

76 **내용적 40[L]의 용기에 아세틸렌가스 10[kg](액비중 0.613)을 충전할 때 다공성물질의 다공도를 90[%]라고 하면 안전공간은 표준상태에서 몇 [%] 정도인가? (단, 아세톤의 비중은 0.8 이고, 주입된 아세톤량은 14[kg]이다.)**

① 3.5　　② 4.5
③ 5.5　　④ 6.5

해설 아세틸렌 용기 내 내용물의 체적 계산
㉮ 아세톤이 차지하는 체적 계산
$\therefore V_1 = \frac{액체질량}{액비중} = \frac{14}{0.8} = 17.5[L]$
㉯ 다공성물질이 차지하는 체적 계산 : 다공도가 90[%] 이므로 다공성물질이 차지하는 체적은 나머지 10[%]이다.
$\therefore V_2 = 40 \times (1-0.9) = 4[L]$
㉰ 액체 아세틸렌이 차지하는 체적 계산
$\therefore V_3 = \frac{액체질량}{액비중} = \frac{10}{0.613} = 16.31[L]$
㉱ 용기 내 내용물이 차지하는 체적 합계
$\therefore V = V_1 + V_2 + V_3$
$= 17.5 + 4 + 16.31 = 37.81[L]$
㉲ 안전공간[%] 계산
$\therefore 안전공간 = \frac{내용적 - 내용물체적}{내용적} \times 100$
$= \frac{40-37.81}{40} \times 100 = 5.47[\%]$

77 **두 개의 다른 금속이 접촉되어 전해질 용액 내에 존재할 때 다른 재질의 금속간 전위차에 의해 용액 내에서 전류가 흐르고 이에 의해 양극부가 부식이 되는 현상을 무엇이라 하는가?**

① 농담전지 부식　　② 침식 부식
③ 공식　　④ 갈바닉 부식

해설 갈바닉(glavanic) 부식
전위차가 다른 두 금속을 전해질 속에 넣어 두 금속을 전선으로 연결하면 전류가 형성되며 전위가 낮은 금속(비금속)이 양극(anode), 전위가 높은 금속(귀금속)이 음극(cathode)이 되어 양극부가 부식이 되는 현상이다.

78 **부식이 특정한 부분에 집중하는 형식으로 부식속도가 크므로 위험성이 높고 장치에 중대한 손상을 미치는 부식의 형태는?**

① 국부부식　　② 전면부식
③ 선택부식　　④ 입계부식

해설 국부부식
특정 부분에 부식이 집중되는 현상으로 부식속도가 크고, 위험성이 높으며 공식, 극간부식, 구식 등이 해당된다.

79 **결정입자가 선택적으로 부식하는 것으로 열영향에 의해 Cr을 석출하는 부식현상은?**

① 국부부식　　② 선택부식
③ 입계부식　　④ 응력부식

해설 입계부식 : 결정입자가 선택적으로 부식되는 현상으로 스테인리스강에서 발생된다.

80 **부식에 대한 설명 중에서 틀린 것은?**

① 전면부식 : 전면이 균일하게 부식되어 부식량이 크므로 대단히 위험성이 크다.
② 국부부식 : 부식이 특정부위에 집중되며 공식, 극간부식 등이 있다.
③ 에로숀 : 배관 및 벤드, 펌프의 회전차 등 유속이 큰 부분이 부식성 환경에서 마모가 현저하게 되는 현상이다.
④ 선택부식 : 합금 중의 특정성분이 선택적으로 용출되어 기계적 강도가 적은 다공질의 침식층을 형성하는 부식이다.

Answer 76. ③ 77. ④ 78. ① 79. ③ 80. ①

해설 **전면부식**
전면이 균일하게 부식되어 부식량은 크지만 전면에 파급되므로 쉽게 발견하여 대처하기 쉬워 실제적 피해는 적은 경우가 많다.

81 공식(孔蝕)의 특징에 대한 설명으로 옳은 것은?

① 양극반응의 독특한 형태이다.
② 부식속도가 느리다.
③ 균일부식의 조건과 동반하여 발생한다.
④ 발견하기가 쉽다.

해설 공식(孔蝕) : 국소적 또는 점상의 부식을 말하며, 금속재료의 표면에 안정한 보호피막이 존재하는 조건하에서 피막의 결함장소에서 부식이 일어나 이것이 구멍모양으로 성장한다. 염화물이 존재하는 수용액 중의 스테인리스강, 알루미늄합금에서 일어나며 점부식이라 한다.

82 금속재료의 가스에 의한 침식을 설명한 것 중 옳지 않은 것은?

① 고온, 고압의 암모니아는 강재는 대해서 질화작용과 수소취성의 두 가지 작용을 미친다.
② 일산화탄소는 Fe, Ni 등 철족의 금속과 작용하여 금속카르보닐을 생성한다.
③ 고온, 고압의 질소는 강재의 내부까지 침입하여 강재를 취화시키므로 고온, 고압의 질소를 취급하는 기기에는 강재를 사용할 수 없다.
④ 중유나 연료유 속에 포함되는 바나듐 산화물이 금속표면에 부착하면 급격한 고온부식을 일으키는 일이 있다.

해설 **가스에 의한 침식 종류**
㉮ 산소(O_2) 및 탄산가스(CO_2) : 산화
㉯ 황화수소(H_2S) : 황화
㉰ 암모니아(NH_3) : 질화 및 수소취성
㉱ 일산화탄소(CO) : 침탄 및 카르보닐화
㉲ 오산화바나듐(V_2O_5) : 바나듐 어택
㉳ 수소(H_2) : 탈탄작용(또는 수소취성)
※ ③번 항목은 수소에 의한 수소취성의 설명임

83 다음 금속재료에 관한 설명으로 옳은 것으로만 짝지어진 것은?

> ⓐ 염소는 상온에서 건조하여도 연강을 침식시킨다.
> ⓑ 고온, 고압의 수소는 강에 대하여 탈탄작용을 한다.
> ⓒ 암모니아는 동, 동합금에 대하여 심한 부식성이 있다.

① ⓐ　　② ⓐ, ⓑ
③ ⓑ, ⓒ　　④ ⓐ, ⓑ, ⓒ

해설 염소(Cl_2)는 건조한 상태에서는 강에 대하여 부식성이 없지만, 수분이 존재하면 염산(HCl)을 생성하여 강을 부식시킨다.

84 고압가스 제조 장치의 재료에 대한 설명으로 옳지 않은 것은?

① 상온 건조 상태의 염소가스에 대하여는 보통강을 사용할 수 있다.
② 암모니아, 아세틸렌의 배관 재료에는 구리 및 구리합금을 사용할 수 있다.
③ 고압의 이신화탄소 세정장치 등에는 내산강을 사용하는 것이 좋다.
④ 암모니아 합성탑 내통의 재료에는 18-8 스테인리스강을 사용한다.

해설 암모니아, 아세틸렌 장치 재료는 동함유량 62[%] 미만의 동합금을 사용한다.

Answer 81. ① 82. ③ 83. ③ 84. ②

85 고압장치 중 금속재료의 부식 억제 방법이 아닌 것은?

① 전기적인 방식
② 부식 억제제에 의한 방식
③ 유해물질 제거 및 pH를 높이는 방식
④ 도금, 라이닝, 표면처리에 의한 방식

해설 부식을 억제하는 방법
㉮ 부식환경 처리에 의한 방식법 : 유해물질의 제거
㉯ 부식억제제(Inhibiter)에 의한 방식법 : 크롬산염, 중합인산염, 아민류 등
㉰ 피복에 의한 방식법 : 전기도금, 용융도금, 확산삼투처리, 라이닝, 클래드 등
㉱ 전기방식법 : 희생양극법, 외부전원법, 배류법, 강제 배류법

86 부식방지법 중 옳지 않은 것은?

① 이종의 금속을 접촉시킨다.
② 금속을 피복한다.
③ 금속표면의 불균일을 없앤다.
④ 선택배류기를 접속시킨다.

해설 이종 금속의 접촉은 양 금속 간에 전지가 형성되어 양극으로 되는 금속이 금속이온이 용출하면서 부식이 진행된다.

87 도시가스 설비에 대한 전기방식의 방법이 아닌 것은?

① 희생양극법
② 외부전원법
③ 배류법
④ 압착전원법

해설 전기 방식법의 종류
희생양극법, 외부전원법, 배류법, 강제 배류법

88 배관을 매설하면 주위의 환경에 따라 전기적 부식이 발생하는데 이를 방지하는 방법 중 강관보다 저전위 금속을 직접 또는 도선으로 전기적으로 접속하여 양 금속간의 고유 전위차를 이용하여 방식전류를 주어 방식하는 방법은?

① 유전양극법
② 외부전원법
③ 선택배류법
④ 강제배류법

해설 유전양극법(희생양극법)
양극(anode)과 매설배관(cathode : 음극)을 전선으로 접속하고 양극 금속과 배관사이의 전지작용(고유 전위차)에 의해서 방식전류를 얻는 방법이다. 양극 재료로는 마그네슘(Mg), 아연(Zn) 등이 사용된다.

89 전기방식법 중 유전양극법에 대한 설명으로 틀린 것은?

① 설치가 간편하다.
② 과방식의 우려가 없다.
③ 전위구배가 적은 장소에 적당하다.
④ 도장이 나쁜 배관에서도 효과범위가 크다.

해설 유전양극법의 특징
㉮ 시공이 간편하다.
㉯ 단거리 배관에는 경제적이다.
㉰ 다른 매설 금속체로의 장해가 없다.
㉱ 과방식의 우려가 없다.
㉲ 효과범위가 비교적 좁다.
㉳ 장거리 배관에는 비용이 많이 소요된다.
㉴ 전류조절이 어렵다.
㉵ 관리하여야 할 장소가 많게 된다.
㉶ 강한 전식에는 효과가 없다.
㉷ 양극은 소모되므로 보충하여야 한다.

Answer 85. ③ 86. ① 87. ④ 88. ① 89. ④

90 **전기방식 중 효과범위가 넓고, 전압 및 전류의 조정이 쉬우나, 초기 투자비가 많은 단점이 있는 방법은?**

① 전류양극법　② 외부전원법
③ 선택배류법　④ 강제배류법

해설 **외부전원법** : 외부의 직류전원 장치(정류기)로부터 양극(+)은 매설배관이 설치되어 있는 토양에 설치한 외부전원용 전극(불용성 양극)에 접속하고, 음극(−)은 매설배관에 접속시켜 부식을 방지하는 방법으로 직류전원장치(정류기), 양극, 부속배선으로 구성된다.

91 **외부전원법에 사용하는 양극으로서 적합하지 않은 것은?**

① 마그네슘　② 고규소철
③ 흑연봉　④ 자성산화철

해설 외부전원법에서 양극은 불용성 전극(고규소철, 흑연봉, 자성산화철)을 사용하며, 마그네슘(Mg)은 희생양극법에서 양극으로 사용한다.

92 **전기방식 중 외부전원법에 사용되는 정류기가 아닌 것은?**

① 정전류형　② 정전압형
③ 정저항형　④ 정전위형

해설 외부전원법 정류기 종류 : 정전류형, 정전압형, 정전위형

93 **다음 (　) 안에 들어갈 적당한 용어는?**

직류전철이 수행할 때에 누출전류에 의해서 지하 매몰배관에는 전류의 유입지역과 유출지역이 생기며, 이때 (ⓐ)은[는] 부식이 된다. 이러한 지역은 전철의 운행상태에 따라 계속 변할 수 있으므로 이에 대응하기 위하여 (ⓑ)의 전기방식을 선정한다.

① ⓐ : 유출지역　ⓑ : 배류법
② ⓐ : 유입지역　ⓑ : 배류법
③ ⓐ : 유출지역　ⓑ : 외부전원법
④ ⓐ : 유입지역　ⓑ : 외부전원법

해설 **배류법**
직류 전기철도의 레일에서 유입된 누설전류를 전기적인 경로를 따라 철도레일로 되돌려 보내서 부식을 방지하는 방법이다.

94 **전기방식 중 직류 전원장치, 레일, 변전소 등을 이용하여 지하에 매설된 가스배관을 방식하는 방법은?**

① 희생양극법　② 외부전원법
③ 선택배류법　④ 강제배류법

해설 **강제배류법**
배류법과 외부전원법을 병용한 전기방식법이다.

95 **도시가스 배관의 전기방식에 대한 내용 중 틀린 것은?**

① 직류전철 등에 의한 누출전류의 영향을 받지 않는 배관에는 배류법으로 한다.
② 배류법에 의한 배관에는 300[m] 이내의 간격으로 T/B를 설치한다.
③ 배관 등과 철근콘크리트 구조물 사이에는 절연조치를 한다.
④ 전기방식이란 배관의 외면에 전류를 유입시켜 양극반응을 저지하는 것이다.

해설 **전기방식 기준**
㉮ 직류전철 등에 따른 누출전류의 영향이 없는 경우에는 외부전원법 또는 희생양극법으로 한다.
㉯ 직류전철 등에 따른 누출전류의 영향을 받는 배관에는 배류법으로 하되 방식효과가 충분하지 않을 경우에는 외부전원법 또는 희생양극법을 병용한다.

Answer 90. ② 91. ① 92. ③ 93. ① 94. ④ 95. ①

96 **전기방식의 기준으로 틀린 것은?**

① 직류 전철 등에 의한 영향이 없는 경우에는 외부전원법 또는 희생양극법으로 할 것
② 직류 전철 등의 영향을 받는 배관에는 배류법으로 할 것
③ 희생양극법에 의한 배관에는 300[m] 이내의 간격으로 설치할 것
④ 외부전원법에 의한 배관에는 300[m] 이내의 간격으로 설치할 것

해설 전위 측정용 터미널 설치간격
㉮ 희생양극법, 배류법 : 300[m] 이내
㉯ 외부전원법 : 500[m] 이내

97 **전기방식 전류가 흐르는 상태에서 토양 중에 매설되어 있는 도시가스 배관의 방식전위는 포화황산동 기준전극으로 몇 [V] 이하이어야 하는가?**

① −0.75 ② −0.85
③ −1.2 ④ −1.5

해설 전기방식의 기준
㉮ 전기방식 전류가 흐르는 상태에서 토양 중에 있는 배관 등의 방식전위는 포화황산동 기준전극으로 −0.85[V] 이하(황산염환원 박테리아가 번식하는 토양에서는 −0.95[V] 이하)일 것
㉯ 전기방식 전류가 흐르는 상태에서 자연전위와의 전위변화가 최소한 −300[mV] 이하일 것. 다만, 다른 금속과 접촉하는 배관 등은 제외한다.
㉰ 배관 등에 대한 전위측정은 가능한 가까운 위치에서 기준전극으로 실시할 것

98 **전기방식효과를 유지하기 위하여 빗물이나 이물질의 접촉으로 인한 절연의 효과가 상쇄되지 아니하도록 절연 이음매 등을 사용하여 절연한다. 절연조치를 하는 장소에 해당되지 않는 것은?**

① 교량횡단 배관의 양단
② 배관과 철근콘크리트 구조물 사이
③ 배관과 배관지지물 사이
④ 타 시설물과 30[cm] 이상 이격되어있는 배관

해설 절연이음매를 사용하여야 할 장소
㉮ 교량횡단 배관 양단
㉯ 배관 등과 철근콘크리트 구조물 사이
㉰ 배관과 강재 보호관 사이
㉱ 지하에 매설된 배관 부분과 지상에 설치된 부분의 경계
㉲ 타 시설물과 접근 교차지점
㉳ 배관과 배관지지물 사이
㉴ 저장탱크와 배관 사이
㉵ 기타 절연이 필요한 장소

99 **도시가스 배관 중 전기방식을 반드시 유지해야 할 장소가 아닌 것은?**

① 다른 금속구조물과 근접교차 부분
② 배관 절연부의 양측
③ 교량, 하천, 배관의 양단부 및 아파트 입상배관 노출부
④ 강재 보호관 부분의 배관과 강재 보호관

해설 전기방식을 유지해야 할 장소
㉮ 직류전철 횡단부 주위
㉯ 지중에 매설되어 있는 배관 절연부의 양측
㉰ 강재보호관 부분의 배관과 강재보호관
㉱ 타 금속구조물과 근접 교차부분
㉲ 밸브스테이션
㉳ 교량 및 하천 횡단배관의 양단부 다만, 외부전원법 및 배류법의 경우 횡단길이가 500[m] 이하, 희생양극법의 경우 횡단길이가 50[m] 이하인 배관은 제외한다.

Answer 96. ④ 97. ② 98. ④ 99. ③

100 전기방식 시설의 유지관리를 위한 전위측정용 터미널 설치의 기준으로 옳은 것은?

① 희생양극법은 배관길이 500[m] 이내의 간격으로 설치
② 외부전원법은 배관길이 1000[m] 이내의 간격으로 설치
③ 배류법은 배관길이 300[m] 이내의 간격으로 설치
④ 지중에 매설되어 있는 배관 절연부의 한 쪽에 설치

해설 전위 측정용 터미널 설치간격
㉮ 희생양극법, 배류법 : 300[m] 이내
㉯ 외부전원법 : 500[m] 이내

101 지중에 설치하는 강재 배관의 전위측정용 터미널(TB)의 설치기준으로 틀린 것은?

① 희생양극법은 300[m] 이내의 간격으로 설치한다.
② 직류전철 횡단부 주위에는 설치할 필요가 없다.
③ 지중에 매설되어 있는 배관 절연부 양측에 설치한다.
④ 타 금속구조물과 근접교차부분에 설치한다.

해설 전위 측정용 터미널 설치장소
㉮ 직류전철 횡단부 주위
㉯ 지중에 매설되어 있는 배관절연부의 양측
㉰ 강재보호관 부분의 배관과 강재보호관
㉱ 타 금속 구조물과 근접 교차부분
㉲ 도시가스 도매사업자시설의 밸브기지 및 정압기지
㉳ 교량 및 횡단배관의 양단부

102 외부전원법에 의한 전기방식 시설의 유지관리 시 3개월에 1회 이상 점검대상이 아닌 것은?

① 정류기 출력
② 배선의 접촉상태
③ 역전류 방지장치
④ 계기류 확인

해설 전기방식 시설의 유지관리
㉮ 관대지전위(管對地電位) 점검 : 1년에 1회 이상
㉯ 외부전원법 전기방식시설 점검 : 3개월에 1회 이상
㉰ 배류법 전기방식시설 점검 : 3개월에 1회 이상
㉱ 절연부속품, 역전류 방지장치, 결선(bond), 보호절연체 점검 : 6개월에 1회 이상

103 도시가스 배관의 외부전원법에 의한 전기방식 설비의 계기류 확인은 몇 개월에 1회 이상 하여야 하는가?

① 1 ② 3
③ 6 ④ 12

해설 외부전원법 전기방식시설의 점검은 3개월에 1회 이상이다.

Answer 100. ③ 101. ② 102. ③ 103. ②

6장 가스 발생설비의 구조

1. 냉동 사이클

1) 냉동의 원리

(1) 자연 냉동

열을 흡수하는 방법으로 물리적 자연현상에 의한 것 → 증발, 융해, 승화

(2) 기계적 냉동

기계적인 일이나 열을 이용하여 주위 물체에서 열을 빼앗음으로써 그 주위 온도보다 낮은 온도로 냉각시키는 방법이다.

① 증기 압축식 냉동장치

㉮ 4대 구성요소 : 압축기, 응축기, 팽창밸브, 증발기

㉯ 각 장치의 특징

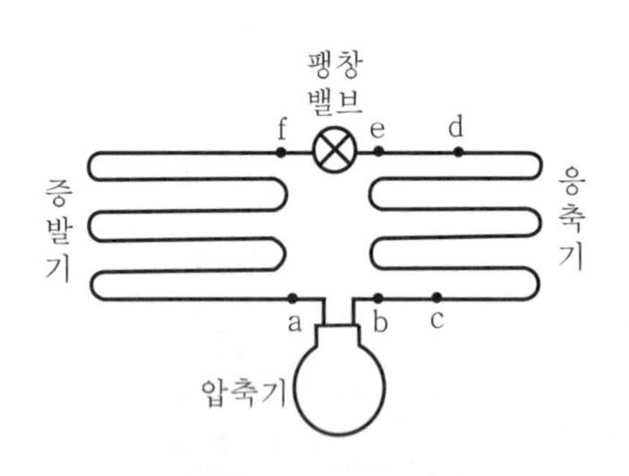

증기압축식 냉동 사이클

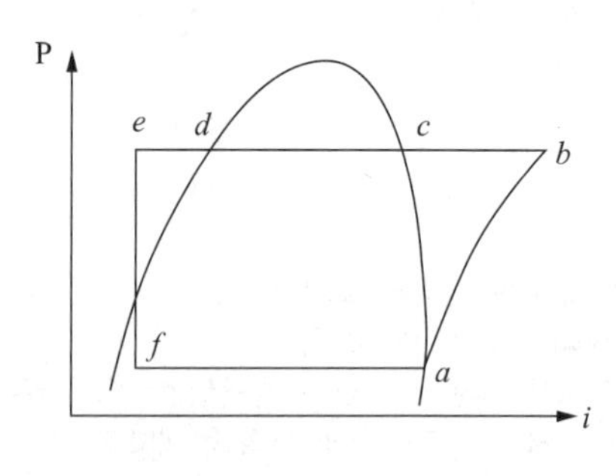

몰리엘(P-i) 선도

ⓐ 압축기 : 저온 저압의 냉매가스를 응축, 액화하기 쉽도록 압축하여(고온, 고압) 응축기로 보내는 역할을 한다. (a-b 과정)

ⓑ 응축기 : 고온, 고압의 냉매가스를 공기나 물을 이용하여 응축, 액화시키는 역할을 한다. (b-e 과정)

ⓒ 팽창밸브 : 고온, 고압의 냉매액을 증발기에서 증발하기 쉽도록 하기 위하여

저온, 저압의 액으로 교축팽창시키는 역할을 한다. (e-f 과정)

ⓓ 증발기 : 팽창밸브에서 압력과 온도를 내린 저온, 저압의 액체 냉매가 피냉각 물체로부터 열을 흡수하여 증발함으로써 저온, 저압의 가스가 되어 냉동의 목적을 직접적으로 이루는 부분이다. (f-a 과정)

② 흡수식 냉동장치

㉮ 4대 구성요소 : 흡수기, 발생기, 응축기, 증발기

㉯ 냉매 및 흡수제의 종류

냉매	흡수제	냉매	흡수제
암모니아(NH_3)	물(H_2O)	염화메틸(CH_3Cl)	사염화에탄
물(H_2O)	리듐브로마이드(LiBr)	톨루엔	파라핀유

2) 냉동 능력

(1) 1 한국 냉동톤

0[℃] 물 1톤(1000[kg])을 0[℃] 얼음으로 만드는데 1일 동안 제거해야 할 열량을 말한다.

$$Q = Gr = 1000\,[\text{kgf}/\text{일}] \times 79.68\,[\text{kcal/kgf}] \times \frac{1\,[\text{일}]}{24\,[\text{h}]} = 3320\,[\text{kcal/h}]$$

(2) 1 미국 냉동톤

32[°F] 물 2000 [lb]를 32[°F] 얼음으로 만드는 데 1일 동안 제거해야 할 열량을 말한다.

$$Q = Gr = 2000\,[\text{Lb}/\text{일}] \times 144\,[\text{BTU/Lb}] \times \frac{1\,[\text{일}]}{24\,[\text{h}]}$$

$$= 12000\,[\text{BTU/h}] \times \frac{1\,[\text{kcal}]}{3.968\,[\text{BTU}]} = 3024\,[\text{kcal/h}]$$

3) 냉매

(1) 1차 냉매(직접냉매)

냉동장치를 순환하면서 상태변화에 익한 잠열에 의하여 열을 운반하는 냉매(암모니아(NH_3), 프레온 등)

(2) 2차 냉매(간접냉매)

브라인(brine)이라 하며 배관을 순환하면서 온도 변화에 의한 감열상태로 열을 운반하는 것(염화나트륨(NaCl), 염화칼슘($CaCl_2$), 염화마그네슘($MgCl_2$), 물(H_2O) 등)

(3) 냉매의 구비조건

① 물리적 조건

㉮ 대기압 이상, 상온에서 응축, 액화가 쉬울 것

㉯ 응고점이 낮고 임계온도가 높을 것

㉰ 증발잠열이 크고 기체의 비체적이 적을 것

㉱ 오일과 냉매가 작용하여 냉동장치에 악영향을 미치지 않을 것

㉲ 점도가 적고, 전열이 양호하고 표면장력이 적을 것

㉳ 누설 발견이 쉬울 것

㉴ 수분 함유 시에도 장치 내 악 영향을 미치지 않을 것

㉵ 비열비가 적을 것

㉶ 전기적 절연내력이 크고, 전기적 절연물질을 침식시키지 말 것

㉷ 열화, 폭발성이 없을 것

② 화학적 조건

㉮ 화학적으로 결합이 양호하고 분해하지 말 것

㉯ 패킹재료에 악영향을 미치지 말 것

㉰ 금속에 대한 부식성이 없을 것

㉱ 인화 및 폭발성이 없을 것

③ 생물학적 조건

㉮ 인체에 무해 할 것

㉯ 누설 시 냉장품에 손상을 주지 말 것

㉰ 악취가 없을 것

④ 기타

㉮ 경제적일 것(가격이 저렴할 것)

㉯ 자동운전이 쉬울 것

(4) 암모니아(NH_3) 냉매의 특징

① 장점

㉮ 냉매 중 증발잠열(−15[℃], 313.5[kcal/kg])이 커서 냉동효과가 좋으며 열전도율이 좋고 점도가 적당하다.

㉯ 가격이 저렴하고 증발압력, 응축압력, 임계온도 및 응고점이 적당하다.

㉰ 물에는 잘 용해되나 오일에는 용해되지 않는다.

㉱ 이산화황(SO_2)과 접촉하면 흰 연기가 발생되기 때문에 누설발견이 쉽다.

② 단점

㉮ 동 및 동합금을 부식시킨다. (동함유량 62[%] 이상 사용 금지)

㉯ 가연성가스(15~28[%])이며, 독성가스(TLV-TWA 25[ppm])이다.

㉰ 냉동 능력당 소요체적이 적고 냉매 순환조절이 어렵다.

㉱ 증기의 비체적이 프레온보다 크다.

㉲ 전기 전열성이 나쁘며, 밀폐식 압축기에 부적당하다.

㉳ 비열비가 1.31로 크다.

③ 암모니아 누설 검지법

㉮ 자극성이 있어 냄새로서 알 수 있다.

㉯ 유황, 염산과 접촉하면 흰연기가 발생한다.

㉰ 적색 리트머스지가 청색으로 변한다.

㉱ 페놀프탈렌 시험지가 백색에서 갈색으로 변한다.

㉲ 네슬러시약이 미색→황색→갈색으로 변한다.

④ 유탁액(emulsion) 현상 : 암모니아 냉동장치에서 크랭크 케이스 내로 다량의 수분이 침입하면 수분과 암모니아가 작용하여 생성한 수산화암모늄(NH_4OH)이 윤활유를 미립자로 분해시켜 윤활유의 빛이 우유빛으로 변하고 윤활유 점도가 저하되는 현상

(5) 프레온(Freon) 냉매의 특징

① 구성요소 : 탄소(C), 수소(H), 염소(Cl), 불소(F) 원자의 화합물이다.

② 장점

㉮ 독성이 없고 무색, 무취, 무미하다.

㉯ 윤활유와 잘 용해하며, 물과는 용해하지 않는다.

㉰ 전기절연성이 좋아 밀폐식 압축기에 적당하다.

㉱ 비열비가 작아 토출가스 온도가 높지 않다.

㉲ 열에 대하여 500[℃]까지 안정적이다.

③ 단점

㉮ 전열작용이 암모니아보다 나쁘다.

㉯ 천연고무와 패킹을 부식시킨다.

㉰ 마그네슘(Mg)을 부식시킨다.

㉱ 800[℃] 정도에서 포스겐을 생성하고 오존층 파괴물질을 생성한다.

④ 프레온 누설 검지법

㉮ 비눗물을 이용한다.

㉯ 헤라이드 토치(halido torch)를 이용하여 불꽃 색 변화를 이용한다.

(누설이 없을 때 : 파란불꽃, 소량누설 : 녹색불꽃, 다량 누설 : 자색불꽃, 과량 누설 : 꺼진다.)

㈐ 할로겐족 원소는 전자누설 검지기를 이용한다.

⑤ 동부착 현상(copper plating) : 프레온계 냉매를 사용하는 냉동장치에서 동이 오일에 용해하며 그 용해한 동이 다시 금속(주로 철)의 표면에 부착(도금)되는 현상

⑥ 오일 포밍(oil foaming) 현상 : 프레온 냉동장치에서 압축기 정지 시 프레온 냉매가 크랭크 케이스내의 오일 중에 용해되어 있다가 압축기 기동 시 크랭크 케이스내의 압력이 급격히 낮아짐으로 인하여 오일 중에 용해되어 있던 냉매가 급격히 증발하여 유면이 요동하고 거품이 발생되는 현상

4) 냉동장치의 구성 및 특징

(1) 압축기 : 제2편 제4장 압축기 내용 참고

(2) 응축기(Condenser)의 종류 및 특징

① 응축기의 종류

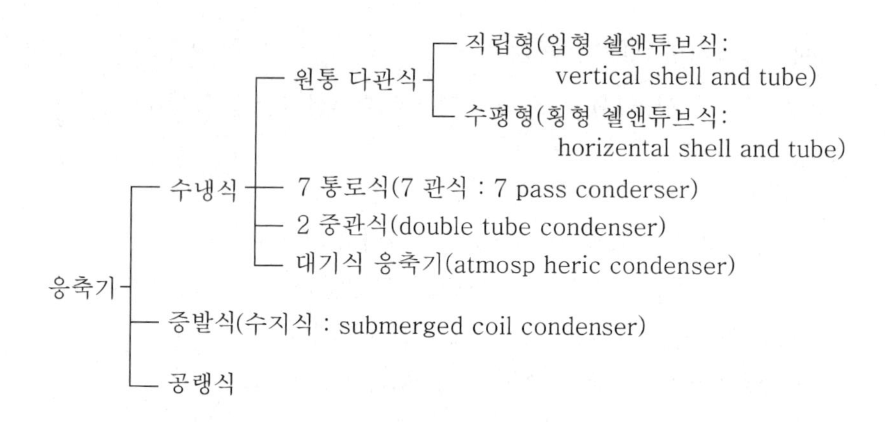

② 직립형 응축기 : 주로 대형 암모니아 냉동기에 사용되며 충분한 물과 양질의 냉각수가 있는 장소에 설치한다.

㈎ 장점

ⓐ 설치장소가 적고 옥외 설치가 가능하다.

ⓑ 냉각관의 청소가 용이하다.

ⓒ 전열성능이 양호하다.

ⓓ 가격이 적당하고 과부하에 잘 견딘다.

㉯ 단점

ⓐ 냉각관 부식의 우려가 있다.

ⓑ 냉각수량이 많이 필요하다.

ⓒ 액화냉매가 많아 과냉각이 되지 않는다.

③ 수평형 응축기 : 암모니아, 프레온계 대형에서 소형까지 사용되며 양질의 냉각수와 냉각수량이 충분하지 않고 설치장소가 적은 경우에 적당하다.

㉮ 장점

ⓐ 설치장소가 적다.

ⓑ 냉각수량이 적어도 된다.

ⓒ 전열성능이 양호하다.

㉯ 단점

ⓐ 냉각관이 부식되기 쉽다.

ⓑ 냉각관 청소가 어렵다.

ⓒ 과부하에 대응하기 어렵다.

④ 7 통로식 응축기 : 암모니아 냉동기에 사용되며 용량이 비교적 크며 설치장소가 적은 경우, 냉각수량이 충분하지 못한 때 적당하다.

㉮ 장점

ⓐ 공간을 이용하여 상하로 중복하여 설치할 수 있어 설치장소가 적다.

ⓑ 냉각수량이 충분하지 않아도 된다.

ⓒ 전열성능이 양호하다.

㉯ 단점

ⓐ 1기로 대용량의 것에는 적당하지 못하다.

ⓑ 구조가 복잡하다.

ⓒ 냉각관 청소가 어렵다.

⑤ 2 중관식 응축기 : 암모니아, 프레온 등 소형냉동기에 사용되며 양질의 냉각수와 냉각수량이 충분하지 않고 설치장소가 적은 경우에 적당하다.

㉮ 장점

ⓐ 벽면을 이용하여 설치가 가능

ⓑ 냉각수량이 충분하지 않아도 된다.

ⓒ 대향류형으로 과냉각도가 크다.

ⓓ 고압에 견디기 쉽다.

㉯ 단점

ⓐ 1기로 대용량의 것에는 적당하지 못하다.

ⓑ 구조가 복잡하고 냉각관의 청소가 어렵다.

ⓒ 냉각관의 부식 발견이 곤란하다.

⑥ 대기식 응축기 : 암모니아 냉동기에 사용되며 냉각수질이 좋지 않고 수량이 적은 곳, 해수를 사용하는 곳에 적당하다.

㉮ 장점

ⓐ 냉각관의 청소가 용이하다.

ⓑ 부식에 대하여 내력이 크다.

ⓒ 냉각수량이 적어도 된다.

ⓓ 물의 증발작용에 의하여 냉각된다.

㉯ 단점

ⓐ 설치장소를 많이 차지한다.

ⓑ 구조가 복잡하다.

ⓒ 가격이 고가이다.

⑦ 증발식(수지식) 응축기 : 암모니아, 프레온 냉동기에 사용되며 냉각수량이 부족한 곳에 적당하다.

㉮ 장점

ⓐ 물의 증발열을 이용하여 냉각작용을 한다.

ⓑ 냉각수량이 수냉식의 1~3[%] 정도이다.

㉯ 단점

ⓐ 전열작용이 수냉식보다 양호하지 못하다.

ⓑ 송풍기, 냉각수 순환펌프 등이 필요하다.

⑧ 공냉식 응축기 : 소형 프레온 냉동기에 사용되며 냉각수가 없는 장소, 냉각수 배관을 설치하기 곤란한 장소에 적당하다.

㉮ 장점

ⓐ 제작이 간단하다.

ⓑ 냉각수 및 배관이 필요 없다.

㉯ 단점

ⓐ 공기는 냉각작용이 불충분하여 응축온도가 높아진다.

ⓑ 응축기 크기가 커진다.

(3) 팽창밸브(Expansion Valve)의 종류 및 특징

① 팽창밸브의 분류

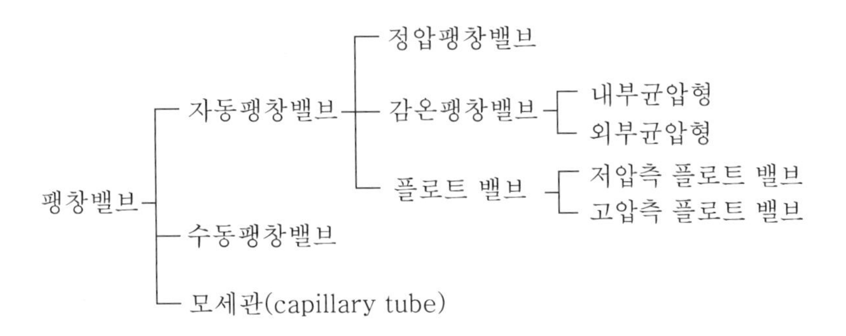

② 팽창밸브의 특징

㉮ 정압팽창밸브(AEV : Automatic Expansion Valve)

ⓐ 증발기 내의 압력으로 밸브를 작동시켜 증발기 내의 압력을 일정하게 유지한다.

ⓑ 증발압력이 일정하게 유지되므로 동결을 방지하는데 효과적이다.

ⓒ 부하변동이 큰 경우 유량 조절이 곤란하다.

ⓓ 냉동기가 정지되면 밸브는 닫힌다.

ⓔ 한 대의 증발기에 1개씩 사용하는 것이 원칙이며, 현재 사용이 안 된다.

㉯ 감온팽창밸브(TEV : Thermostatic Expansion Valve 온도식 팽창밸브)

ⓐ 프레온 냉동장치에 널리 사용되며 내부균압형(증발기 압력강하 0.14[kgf/cm^2] 이상)과 외부균압형(증발기 압력강하 0.14[kgf/cm^2] 이하)으로 구분된다.

ⓑ 부하변동에 신속히 대응할 수 있다.

ⓒ 증발기 출구 냉매의 과열도에 의하여 개폐되며 증발기 출구의 과열도를 일정하게 유지한다.

ⓓ 밸브 본체는 증발기 가까운 곳에 설치하며 감온통은 증발기 출구 흡입관 수평부분에 설치하며 트랩부분에 설치하는 것을 피한다.

ⓔ 감온통의 종류에는 가스충선식, 액충전식, 크로스 충전식으로 구분된다.

ⓕ 감온통은 흡입관의 지름이 7/8인치 이하일 경우 흡입관 상부(11시 방향), 7/8인치 이상일 경우 수평보다 45° 하부(4시 방향)에 설치한다.

㉰ 플로트 밸브(Float Valve)

ⓐ 플로트 밸브의 위치에 따라 밸브의 개폐도를 바꾸어 냉매유량을 조절한다.

ⓑ 저압측 플로트 밸브와 고압측 플로트 밸브로 구별된다.

㉱ 수동팽창밸브(MEV : Manual Expansion Valve)

ⓐ 프레온 소형 장치 및 암모니아 냉동장치 중 반액식 증발기를 사용하는 곳에서 사용된다.
ⓑ TEV나 저압측 플로트밸브의 고장에 대비하여 바이패스 팽창밸브로 사용된다.
ⓒ 개도 조절에 숙련이 요구된다.

㉮ 모세관(capillary tube)

ⓐ 냉장고, 에어컨, 쇼 케이스(show case) 등 소용량 장치에 사용된다.
ⓑ 모세관 지름 및 길이는 냉동장치의 용량, 운전조건, 냉매 충진량에 따라 달라지며 일반적으로 안지름 0.8~2[mm] 정도, 길이는 1[m] 내외를 사용한다.
ⓒ 부하변동에 대응하여 유량조절이 불가능하나 가격이 저렴하다.
ⓓ 냉동장치 정지 시 고·저압이 균압이 되므로 기동이 용이하다.
ⓓ 압력강하의 정도는 모세관 길이에 비례하고 단면적에 반비례한다.

(4) 증발기(Evaporator)의 종류 및 특징

① 증발기 종류

㉮ 냉매 공급방식에 의한 분류

ⓐ 건식 증발기 : 상부 공급방식, 하부 공급방식
ⓑ 만액식 증발기(flooded type evaporator)
ⓒ 액 순환식 증발기(liquid circulation type evaporator)

㉯ 냉각 매체에 의한 분류

ⓐ 직접 팽창식
ⓑ 간접 팽창식

㉰ 구조에 의한 분류

ⓐ 관 코일식(헤어핀 코일식) 증발기
ⓑ 핀 튜브형 증발기(finned tube type evaporator)
ⓒ 플레트형 증발기(fleat type evaporator)
ⓓ 헤링 본형 증발기(herring bone type evaporator)
ⓔ 멀티피드 멀티섹션형 증발기(multi-feed multi-suction type evaporator)
ⓕ 캐스케이드형 증발기(cascade type evaporator)
ⓖ 원통형 다관식 증발기

② 냉매공급방식에 의한 증발기 종류 및 특징

㉮ 건식 증발기

ⓐ 증발기 내에 냉매액 25[%], 가스 75[%]이다.
ⓑ 액분리기 설치가 필요 없다(난, hot gas defrost 시 설치).

ⓒ 냉매량이 적어도 된다.
ⓓ 전열이 불량하고 주로 공기냉각에 사용된다.
ⓔ 유회수가 용이하다.

㈏ 만액식 증발기
ⓐ 증발기 내에 냉매액 75[%], 가스 25[%]이다.
ⓑ 냉매액에 냉각관이 잠겨있는 상태이므로 전열이 양호하고, 냉각효율이 좋다.
ⓒ 증발기에 오일이 체류할 가능이 있으므로 프레온일 경우 유회수장치가 필요하다.
ⓓ 액체 냉각용에 사용하며, 건식에 비해 냉매량이 많다.

㈐ 액 순환식 증발기
ⓐ 증발기에서 증발하는 냉매량의 4~6배의 액을 순환펌프를 사용하여 강제적으로 순환시키는 방식이다.
ⓑ 증발기 출구에서 냉매액 80[%], 가스 20[%]의 비율로 존재한다.
ⓒ 냉매량이 많고 저압수액기, 액순환펌프 등 설비가 복잡하며, 동력소비가 많다.
ⓓ 강제 순환식이므로 오일이 고일 염려가 없고 냉각 코일에서 배관저항에 의한 압력강하도 문제되지 않는다.
ⓔ 증발기가 여러 대 있어도 팽창밸브는 하나로 사용한다.
ⓕ 제상작업이 용이하고 자동화가 쉽다.

③ 냉각 매체에 의한 증발기 종류 및 특징

㈎ 직접 팽창식
ⓐ 동일한 냉장고 유지온도에서 냉매의 증발온도가 높다.
ⓑ 설비가 간단하다.
ⓒ 냉동저장 능력이 적어 운전정지 시 냉장실 손실이 크다.
ⓓ 간접팽창식에 비해 유지온도 조절이 곤란하다.
ⓔ 팽창밸브가 많을 경우 능률적인 냉동운전이 어렵다.
ⓕ 암모니아의 경우 누설로 인한 손상우려가 있다.

㈏ 간접팽창식
ⓐ 냉동능력 및 냉장온도 조절이 쉽다.
ⓑ 누설냉매에 의한 손상우려가 적다.
ⓒ 압축기가 정지될 경우 온도상승이 늦다.
ⓓ 압축기의 소요동력(운전비)가 크다.
ⓔ 설비가 복잡하다.
ⓕ 누설 시 발견이 어려우며 보수가 곤란하다.

④ 구조에 의한 증발기 종류 및 특징

㈎ 관 코일식 증발기

ⓐ 대형냉장고의 천장에 부착하는 형식이다.
ⓑ 파이프를 구부려 헤어핀(hairpin)형으로 만든다.
ⓒ 구조가 간단하여 제작이 쉽고, 제상작업이 용이하다.
ⓓ 전열이 양호하지 않다.

㈏ 핀 튜브형 증발기
ⓐ 자연대류식과 강제대류식으로 구분된다.
ⓑ 소형 냉장고, 냉장용 진열장 등에 사용되며, 냉동능력이 크다
ⓒ 냉각관의 길이가 짧다.
ⓓ 저온에서 제상이 어렵다.

㈐ 플레트형 증발기
ⓐ 2인치 강관을 용접 또는 주물로 격자형으로 만든 것이다.
ⓑ 암모니아에 사용되는 냉장고 냉각용에 사용된다.
ⓒ 이음이 많아 냉매의 누설우려가 크고, 냉매를 다량으로 필요 한다.

㈑ 헤링 본형 증발기
ⓐ 액순환이 양호하고 가스와 액이 분리하기 쉬운 구조이다.
ⓑ 전열이 양호하다.
ⓒ 브라인이 동결하여도 파손되지 않는다.
ⓓ 브라인 속도가 낮게 되면 능력이 급격히 감소한다.

㈒ 멀티피드 멀티 섹션형 증발기
ⓐ 전열이 양호하다.
ⓑ 증발관에 냉매가 균일하게 분배된다.
ⓒ 구조가 복잡하고 액이 다량으로 필요하다.
ⓓ 암모니아의 동결실에 주로 사용된다.

㈓ 캐스케이드형 증발기
ⓐ 액냉매를 공급하고 가스를 분리하는 형식이다.
ⓑ 동결용, 선반 및 벽코일로 이용된다.

㈔ 원통형 다관식 증발기
ⓐ 가로로 설치된 원통 안에 냉매, 튜브에는 냉각할 액이나 브라인이 흐른다.
ⓑ 전열이 양호하다.
ⓒ 냉각관에서 냉각되는 액이 동결되면, 냉각관이 파손될 우려가 있다.
ⓓ 냉매가 다량으로 필요하다.

㈕ 보데로 냉각기
ⓐ 대기식 응축기와 구조가 비슷하다.
ⓑ 물, 우유 냉각에 사용된다.

ⓒ 냉각관 청소가 쉽고 위생적이다.

ⓓ 액체가 동결되어도 장치에 대한 위험이 적다.

(5) 기타 기기

① 수액기(liquid receiver tank)

㉮ 설치 목적 : 응축기에서 응축된 냉매액을 팽창밸브로 보내기 전에 일시적으로 저장하는 탱크이다.

㉯ 취급 시 주의사항

ⓐ 응축기 상부와 수액기 상부에 균압관을 설치할 것

ⓑ 수액기에 직사광선을 받지 않도록 한다.

ⓒ 수액기 내용적의 90[%] 이상 충전금지 할 것

ⓓ 폭발방지를 위하여 안전밸브를 설치할 것

② 유분리기(oil separator)

㉮ 설치 목적 : 압축기와 응축기 사이에 설치하여 압축기 토출가스 중에 함유된 오일을 분리하여 응축기, 증발기에서 유막으로 인한 전열방해를 방지하고 분리된 오일은 크랭크 케이스 내로 되돌린다.

㉯ 유분리기가 필요한 냉동장치

ⓐ 모든 암모니아 냉동장치

ⓑ 만액식 증발기를 사용하는 모든 장치

ⓒ 토출배관이 길어진다고 생각될 때

ⓓ 토출가스에 다량의 오일이 함유되어 있다고 판단될 경우

㉰ 설치 장소

ⓐ 암모니아 냉동장치 : 응축기 가까운 곳

ⓑ 프레온 냉동장치 : 압축기 가까운 곳

③ 액분리기(accumulator, suction trip)

㉮ 설치목적 : 증발기와 압축기간의 흡입배관에 증발기보다 높은 위치에 설치하여 흡입가스 중에 섞여있는 냉매액을 분리하고 냉매가스만 압축기로 보내 액압축(liquid back)을 방지한다.

㉯ 액분리기가 필요한 냉동장치

ⓐ 모든 암모니아 냉동장치

ⓑ 부하변동이 심한 냉동장치(제빙, 대형 냉장실 등)

ⓒ 만액식 브라인쿨러를 사용하는 냉동장치

㉰ 분리된 냉매액의 처리방법
ⓐ 만액식의 경우 : 증발기로 재순환
ⓑ 열교환기를 설치한 경우 : 압축기로 회수
ⓒ 액회수장치의 경우 : 고압측 수액기로 회수
㉱ 액분리기의 설치 위치 및 크기 : 증발기보다 상부에 설치하여야 하며, 증발기 내용적의 20~25[%] 정도일 것

④ 액가스 열교환기(liquid-gas heat exchange)
㉮ 설치 목적
ⓐ 냉동사이클의 효율을 증대한다.
ⓑ 액의 리턴이 있을 때 액분리기 역할을 한다.
ⓒ 후레쉬가스 발생 시 과냉각 시킨다.
㉯ 종류 : 쉘앤튜브형, 쉘앤인너핀형, 조합형

⑤ 건조기(dryer)
㉮ 역할 : 프레온을 사용하는 냉동장치에 수분이 존재하면 동부착현상이 발생하여 압축기의 고장원인이 되고, 동결되어 장치를 폐쇄하여 냉매순환을 저해하고, 윤활유 역할을 저해한다. 이를 해소하기 위하여 수액기와 팽창밸브 사이에 설치하여 계통중의 수분을 제거한다.
㉯ 건조제의 종류 : 실리카겔, 활성알루미나, 소바이드, 몰러쿨러시브 등
㉰ 장치 수분 침입 원인
ⓐ 공기 침입 시
ⓑ 오일, 냉매 충전 시
ⓒ 장치 내압시험을 공기로 한 후 진공 건조 불충분할 때
ⓓ 정비 수리 시 부주의

⑥ 불응축가스 분리기(gas purge)
㉮ 설치 목적 : 냉동계통에 침입된 불응축 가스를 냉매와 분리하여 외부로 배출시키는 장치
㉯ 불응축 가스 침입 원인
ⓐ 공기 침입 시(저압측이 진공으로 운전될 때)
ⓑ 공기로 압력시험 후 진공 작업이 불충분하여 공기가 잔류한 때
ⓒ 냉매, 오일 충전 시 부주의로 인한 공기 침입
ⓓ 윤활유 탄화 시
ⓔ 냉매 분해로 발생되는 염산(HCl), 불화수소(HF) 등
㉰ 불응축 가스 침입 시 영향
ⓐ 응축압력 상승

ⓑ 토출가스 온도상승으로 인한 실린더 과열

ⓒ 윤활유 열화, 탄화

ⓓ 압축비 상승

ⓔ 소요동력 증대

ⓕ 냉동능력 감소

⑦ 기타

㉮ 고압차단 스위치(HPS)

㉯ 저압차단 스위치(LPS)

㉰ 유압보호 스위치(OPS)

㉱ 단수 릴레이

㉲ 가용전

㉳ 파열판

㉴ 증발압력 조정밸브(EPR)

㉵ 흡입압력 조정밸브(SPR)

5) 성적계수

(1) 이론 성적 계수

$$\text{이론성적계수} = \frac{\text{증발 절대온도}}{\text{응축 절대온도} - \text{증발 절대온도}}$$

$$= \frac{\text{냉동력[kcal/kg]}}{\text{이론적 소요동력}}$$

$$= \frac{Q_2}{Q_1 - Q_2} = \frac{T_2}{T_1 - T_2}$$

(2) 실제 성적 계수

$$\text{실제 성적계수} = \frac{\text{증발열량}}{\text{압축열량}} = \frac{\text{냉동력[kcal/kg]}}{\text{압축기소요동력} \times 860}$$

$$= \text{이론성적계수} \times \text{압축효율} \times \text{기계효율}$$

$$= \epsilon \times \eta_c \times \eta_m$$

2. 가스액화 분리장치 구조

1) 가스 액화의 원리

(1) 단열 팽창 방법

팽창밸브에 의한 방법으로 유체를 자유 팽창시켜 온도가 강하되는 줄-톰슨 효과에 의한 방법이다.

참•고

줄-톰슨(joule-thomson) 효과

압축가스를 단열팽창 시키면 온도가 일반적으로 강하한다. 이를 최초로 실험한 사람의 이름을 따서 줄-톰슨 효과라고 하며 저온을 얻는 기본원리이다. 줄-톰슨 효과는 팽창전의 압력이 높고 최초의 온도가 낮을수록 크다.

(2) 팽창기에 의한 방법

피스톤식(왕복동형)과 터빈식(터보형)이 있으며 이것은 외부에 대해 일을 하면서 단열 팽창시키는 방법이다.

(3) 가스액화 사이클

① 린데(Linde) 액화 사이클 : 단열팽창(줄-톰슨 효과)을 이용한 것이다.

② 클라우드(Claude) 액화 사이클 : 팽창기에 의한 단열교축 팽창을 이용한 것으로 피스톤식 팽창기를 사용한다.

③ 캐피자(Kapitza) 액화 사이클 : 공기압축 압력 7[atm]으로 낮고, 열교환기에 축랭기를 사용하여 원료공기를 냉각시킴과 동시에 수분과 탄산가스를 제거한다. 터빈식 팽창기를 사용한다.

④ 필립스(Philips) 액화 사이클 : 실린더 중에 피스톤과 보조 피스톤이 있고, 양 피스톤의 작용으로 상부에 팽창기, 하부에 압축기가 구성된다. 냉매는 수소, 헬륨을 사용한다.

⑤ 캐스케이드(cascade) 액화 사이클 : 증기 압축 냉동 사이클에서 다원 냉동 사이클과 같이 비점이 점차 낮은 냉매를 사용하여 저비점의 기체를 액화하는 사이클로 다원 액화 사이클이라 한다. 암모니아, 에틸렌, 메탄을 냉매로 사용한다.

(4) 액화의 조건

① 임계온도 이하, 임계압력 이상
② 임계온도 : 액화를 시킬 수 있는 최고의 온도이다.

2) 가스액화 분리장치의 구성

① 한랭발생장치 : 냉동사이클, 가스액화 사이클의 응용으로 가스액화 분리장치의 열 제거를 돕고 액화가스를 채취할 때에는 그것에 필요한 한랭을 공급한다.
② 정류 장치 : 원료가스를 저온에서 분리, 정제하는 장치이며 목적에 따라 선정된다.
③ 불순물 제거장치 : 저온이 되면 동결이 되어 장치의 배관 및 밸브를 폐쇄하는 원료가스 중의 수분, 탄산가스 등을 제거하기 위한 장치이다.

3) 가스액화 분리장치용 기기

(1) 팽창기

압축기체가 피스톤, 터빈의 운동에 대하여 일을 할 때 등엔트로피 팽창을 하여 기체의 온도를 강하시키는 역할을 한다.

① 왕복동식 팽창기 : 팽창비가 약 40 정도로 크나 효율은 60~65[%]로 낮다. 처리 가스량이 1000[m^3/h] 이상이 되면 다기통이 되어야 하며 내부의 윤활유가 혼입될 우려가 있으므로 유분리기를 설치하여야 한다.
② 터보 팽창기 : 내부에 윤활유를 사용하지 않으며 회전수가 10000~20000[rpm] 정도이고, 처리가스량이 10000[m^3/h] 이상도 가능하다. 팽창비는 약 5 정도이고, 충동식, 반동식, 반경류 반동식이 있으며 반동식은 효율이 80~85[%] 정도로 높다.

(2) 축랭기

원통상의 용기 내부에 표면적인 넓고, 열용량이 큰 충전물(축랭체)이 들어 있으며, 고온의 가스와 저온의 가스가 서로 반대방향으로 흐르며 원료 가스 중의 불순물(수분, 탄산가스 등)이 제거되는 열교환기이다. 축랭체로는 주름이 있는 알루미늄 리본을 사용하였으나 근래에는 자갈을 충전하여 사용한다.

(3) 재생식 열교환기

온도가 높고 압력이 있는 원료공기와 저온의 질소가스가 재생 통로를 통하고 열교환을 하는 것으로 축랭기와 같이 사용된다.

(4) 정류탑

2성분 이상의 혼합액을 저온으로부터 각 성분의 비점에 따라 순수한 상태로 분리 정제하는 장치로 단식 정류탑과 복식 정류탑이 있다.

(5) 저비점 액체용 펌프

저온, 열응력, 캐비테이션 등을 고려하고, 저온에 견딜 수 있는 금속재료를 선택하여 제작하여야 한다. 축봉장치는 일반적으로 메커니컬 실을 사용한다. 저비점 액체용 펌프를 사용할 때의 주의사항은 다음과 같다.

① 펌프는 가급적 저장탱크 가까이 설치한다.
② 펌프의 흡입, 토출관에는 신축이음장치를 설치한다.
③ 밸브와 펌프사이에 기화가스를 방출할 수 있는 안전밸브를 설치한다.
④ 운전개시 전 펌프를 청정하여 건조시킨 다음 예냉하여 사용한다.

(6) 액면계

햄프슨식 액면계(차압식 액면계)를 사용한다.

(7) 밸브

밸브 본체는 극저온에 접촉되지만 밸브 축, 밸브 핸들 등은 상온에 있어 이곳을 통한 열손실이 발생하므로 열손실을 줄이기 위하여 다음과 같은 대책을 강구하여야 한다.

① 장축밸브로 하여 열의 전도를 방지한다.
② 열전도율이 적은 재료를 밸브 축으로 사용한다.
③ 밸브 본체의 열용량을 적게 하여 가동시의 열손실을 적게 한다.
④ 누설이 적은 밸브를 사용한다.

4) 가스 분리장치

(1) 암모니아 합성가스 분리장치

① 개요 : 암모니아 합성에 필요한 조성가스($3H_2 + N_2$)의 혼합가스를 분리하는 장치이다. 이 장치에 공급되는 코크스로 가스는 탄산가스, 벤젠, 일산화질소 등의 불순물을 포함하고 있어 미리 제거하여야 한다. 특히 일산화질소는 저온에서 디엔류와 반응하여 폭발성의 검(gum)상을 만들기 때문에 완전히 제거하여야 한다.

② 작동개요

㉮ 12~25[atm]으로 압축되어 예비 정제된 코크스로 가스는 제1열교환기, 암모니아

냉각기, 제2, 제3, 제4열교환기에서 순차적으로 냉각되어 고비점 성분이 액화분리된다. 이 가운데 에틸렌은 제3열교환기에서 액화한다.

㉯ 제4열교환기에서 약 −180[℃]까지 냉각된 코크스로 가스는 메탄액화기에서 −190[℃]까지 냉각되어 메탄이 액화하여 제거된다.

㉰ 메탄 액화기를 나온 가스는 질소 세정탑에서 액체질소에 의해 세정되고 남아 있던 일산화탄소, 메탄, 산소 등이 제거되어 약 수소 90[%], 질소 10[%]의 혼합가스가 된다.

㉱ 이것에 적량의 질소를 혼합하여 $3H_2 + N_2$ 의 조성으로 하고 제4, 제3, 제2, 제1 열교환기에서 온도가 상승하여 채취된다.

㉲ 고압질소는 100~200[atm]의 압력으로 공급되고 각 열교환기에서 냉각되어 액화된 후 질소 세정탑에 공급된다.

(2) 에틸렌 분리장치

① 개요 : 에틸렌은 화학공업용 원료로 여러 부분에 사용되는 것으로 에틸렌 제조용 원료 가스에 포함된 수소, 메탄, 아세틸렌, 에탄 및 부타디엔 등을 분리하여야 한다.

② 작동개요

㉮ 제1분류탑에서 C_5 이상을 분리한다.

㉯ 탈프로판탑에서 C_3 이하와 C_5 이상으로 분리한다.

㉰ 탈메탄탑에서 수소, 메탄과 C_2, C_3 그룹으로 분리한다.

㉱ 탈에탄탑에서 C_2와 C_3으로 분리한다.

㉲ 에틸렌탑에서 에틸렌과 프로필렌으로 분리한다.

㉳ 제2 탈메탄탑에서 에틸렌 중에 잔존하는 메탄을 제거한다.

㉴ 에틸렌 분리에 필요한 저온은 프로필렌, 에틸렌을 냉매로 하는 냉동기에서 공급된다.

5) 저온 단열법

(1) 상압 단열법

일반적으로 사용되는 단열법으로 단열공간에 분말, 섬유 등의 단열재를 충전(피복)하는 방법이다.

① 단열재의 구비조건

㉮ 열전도율이 작을 것

㉯ 흡습성, 흡수성이 작을 것

㉰ 적당한 기계적 강도를 가질 것

㉱ 시공성이 좋을 것

㉲ 부피, 비중(밀도)이 작을 것

㉳ 경제적일 것

② 상압 단열법의 주의사항

㉮ 산소, 액화질소를 취급하는 장치 및 공기의 액화온도 이하의 장치에는 불연성의 단열재를 사용하여야 한다.

㉯ 단열재 층에 수분이 존재하면 동결로 얼음이 생성될 우려가 있으므로 건조 질소로 치환하여 공기와 수분의 침입을 방지하여야 한다.

(2) 진공 단열법

공기의 열전도율보다 낮은 값을 얻기 위하여 단열공간을 진공으로 하여 공기에 의한 전열을 차단하는 단열법이다.

① 고진공 단열법 : 단열공간을 진공으로 처리하여 열전도를 차단하는 방법이다.

② 분말진공 단열법 : 10^{-2}[torr] 정도의 진공 공간에 샌다셀, 펄라이트, 규조토, 알루미늄 분말을 사용하여 단열효과를 높인 것이다.

③ 다층 진공 단열법 : 고진공 공간에 알루미늄 박판과 섬유를 이용하여 단열처리를 하는 방법으로 다음과 같은 특징이 있다.

㉮ 고진공 단열법보다 단열효과가 좋다.

㉯ 최고의 단열성능을 얻으려면 10^{-5}[torr] 정도의 높은 진공도를 필요로 한다.

㉰ 단열층 내의 온도분포가 복사 전열의 영향으로 저온부분 일수록 열용량이 적다.

㉱ 단열층이 어느 정도 압력에 견디므로 내부층에 대하여 지지력을 갖는다.

3. 가스액화 분리장치의 계통과 구조

1) 공기 액화 분리장치

(1) 고압식 액화 산소 분리장치

① 계통도

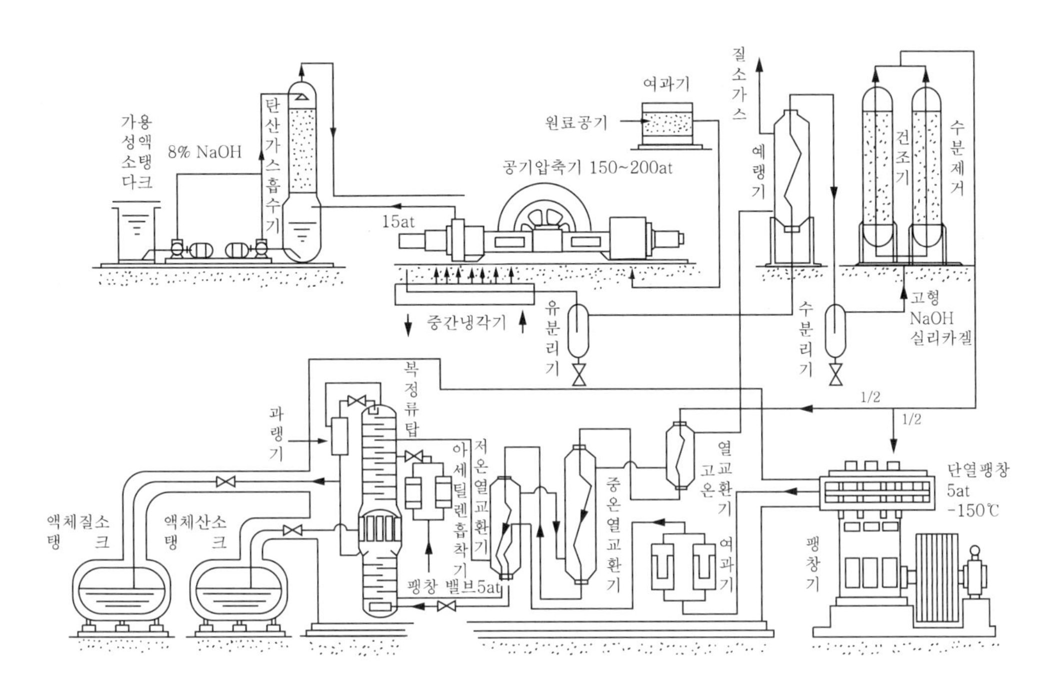

고압식 액화산소 분리장치 계통도

② 작동 개요

㉮ 원료 공기는 압축기에 흡입되어 150~200[atm]으로 압축되나 약 15[atm] 중간단에서 탄산가스 흡수기에 이송된다.

㉯ 공기 중의 탄산가스는 탄산가스 흡수기에서 약 8[%] 정도의 가성소다 수용액(NaOH)에 의하여 제거된다.

$$2NaOH + CO_2 \rightarrow Na_2CO_3 + H_2O$$

㉰ 압축기에서 나온 고압 원료 공기는 열교환기(예랭기)에서 약간 냉각된 후 건조기에서 수분이 제거된다.

㉣ 건조기에는 고형 가성소다 또는 실리카겔 등의 흡착제가 충전되어 있으나 최근에는 실리카겔 등이 충전된 겔 건조기를 많이 사용한다.

㉤ 건조기에서 탈습된 원료 공기 중 약 절반은 피스톤식 팽창기에 이송되어 하부탑의 압력을 약 5[atm]까지 단열 팽창하여 약 −150[℃]의 저온이 된다. 이 팽창공기는 여과기에서 유분이 제거된 후 저온 열교환기에서 거의 액화 온도로 되어 복정류탑의 하부탑으로 이송된다.

㉥ 팽창기에 송입되지 않은 나머지의 약 반 정도의 원료공기는 각 열교환기에서 냉각된 후 팽창밸브에서 약 5[atm]으로 팽창하여 하부탑에 들어간다. 이때 원료공기의 약 20[%]는 액화하고 있다.

㉦ 하부탑에는 다수의 정류판이 있어 약 5[atm]의 압력하에서 공기가 정류되고 하부탑 상부에 액화질소가, 하부에 산소에서 순도 약 40[%]의 액화공기가 분리된다.

㉧ 이 액화질소와 액화공기는 상부탑에 이송되며, 이 때 아세틸렌 흡착기에서 액체공기 중의 아세틸렌, 기타 탄화수소가 흡착 제거된다.

㉨ 상부탑에서는 약 0.5[atm]의 압력하에서 정제되고 상부탑 하부에 순도 99.6~99.8[%]의 액화산소가 분리되어 액화산소 탱크에 저장된다.

㉩ 하부탑 상부에 분리된 액화질소는 액화질소 탱크에 저장된다.

(2) 저압식 공기 액화 분리장치

① 계통도

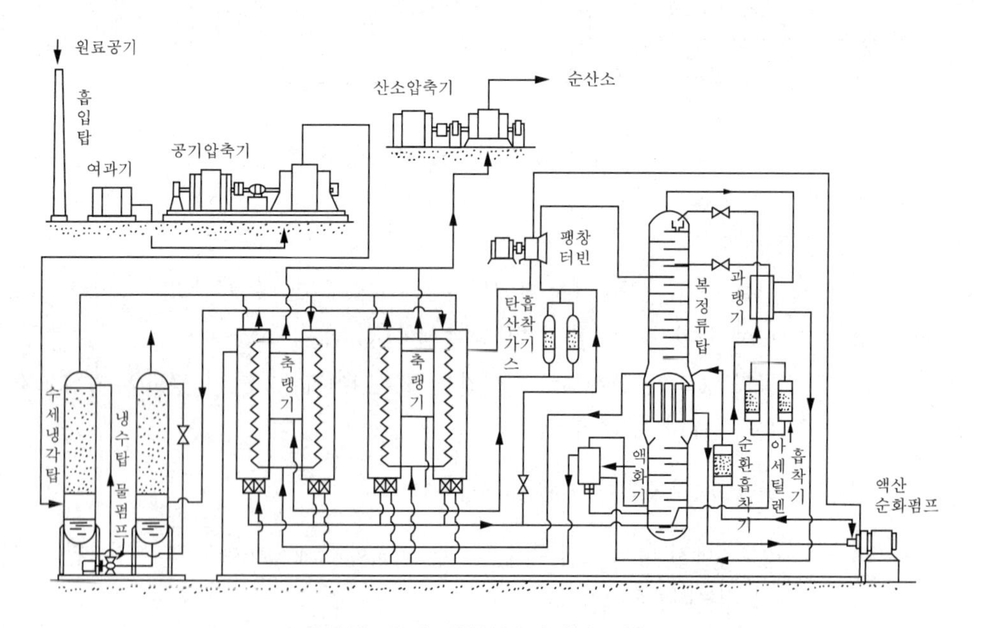

저압식 공기 액화 분리장치 계통도

② 작동 개요

㉮ 원료 공기는 공기 여과기에서 여과된 후 터보식 공기 압축에서 약 5[atm]으로 압축된다.

㉯ 압축기의 공기를 수냉각기에서 냉수에 의해 냉각된 후 2개 1조로 된 축랭기의 각각 1개에 송입된다. 이 때 불순 질소가 나머지 2개의 축랭기 반사 방향에서 흐르고 있다.

㉰ 일정 주기가 되면 1조의 축랭기에서의 원료공기와 불순 질소류는 교체된다.

㉱ 순수한 산소는 축랭기 내부에 있는 사관에서 상온이 되어 채취된다.

㉲ 상온의 약 5[atm]의 공기는 축랭기를 통하는 사이에 냉각되어 불순물인 수분과 탄산가스를 축랭체상에 빙결 분리하여 약 -170[℃]로 되어 복정류탑의 하부탑에 송입된다. 또 이 때 일부의 원료공기는 축랭기의 중간 -120~-130[℃]에서 주기된다.

㉳ 이 때문에 축랭기 하부의 원료 공기량이 감소하므로 교체된 다음의 주기에서 불순 질소에 의한 탄산가스의 제거가 완전하게 된다.

㉴ 주기된 공기에는 공기의 성분량만큼의 탄산가스를 함유하고 있으므로 탄산가스 흡착기로 제거된다.

㉵ 흡착기를 나온 원료공기는 축랭기 하부에서의 약간의 공기와 혼합되며 -140 ~ -150[℃]가 되어 팽창하고 약 -190[℃]가 되어 상부탑에 송입된다.

㉶ 복정류탑에서는 하부탑에서 약 5[atm]의 압력 하에 원료공기가 정류되고 동탑 상부에 98[%] 정도의 액화질소가, 하단에 40[%] 정도의 액화공기가 분리된다.

㉷ 이 액화질소 와 액화공기는 상부탑에 이송되어 터빈에서의 공기와 더불어 약 0.5[atm]의 압력 하에서 정류된다.

㉸ 이 결과 상부탑 하부에서 순도 99.6~99.8[%]의 산소가 분리되고 축랭기 내의 사관에서 가열된 후 채취된다.

㉹ 불순질소는 순도 96~98[%]로 상부탑 상부에서 분리되고 과랭기, 액화기를 거쳐 축랭기에 이른다.

㉺ 축랭기에서 불순질소는 축랭체상에 빙결된 탄산가스, 수분을 승화 흡수함과 동시에 온도가 상승하여 축랭기를 나온다.

㉻ 불순 질소는 냉수탑에 이르러 냉각된 후 대기에 방출된다. 원료 공기 중에 함유된 아세틸렌 등의 탄화수소는 아세틸렌 흡착기, 순환 흡착기 등에서 흡착 분리된다.

(3) 아르곤 분리장치

공기는 체적으로 질소 78[%]와 산소 21[%]로 대부분을 차지하고 있으나 아르곤, 탄산가스, 네온, 헬륨 등을 소량함유하고 있다. 이중 아르곤은 0.93[%]로 대형 공기액화 분리장치에서 회수한다.

2) 액화천연가스(LNG) 제조장치

(1) 개요

LNG의 주성분인 메탄(CH_4)은 비점이 −161.5[℃] 이므로 대량의 천연가스를 액화하려면 암모니아, 에틸렌, 질소의 3원 캐스케이드 액화 사이클이 사용되고 있다.

(2) LNG 한랭의 이용

① 공기분리에 의한 액화산소, 액화질소의 제조
② 액화탄산, 드라이아이스 제조
③ 냉동식품의 제조 및 냉동창고에 의한 저장
④ 고무, 플라스틱 등의 저온 분쇄 처리
⑤ 해수의 담수화
⑥ 저온에 의한 배연 탈황
⑦ 에틸렌 분리, 크실렌 분리 등 화학 공업용

3) 드라이아이스(고형탄산) 제조장치

(1) 드라이아이스(고형 탄산)의 성질

대기압 하에서 용해되어도 액체로 되지 않아 드라이아이스라 부르며 눈을 고화시킨 형상으로 비중 1.1~1.4로 일정하지 않으나 고유의 비중은 1.56이다.

(2) 제조 개요

① 탄산가스원에서 탄산가스를 분리하기 위하여 탄산가스 흡수탑에서 탄산가스를 탄산칼륨 용액에 흡수시킨다.
② 이 용액을 분해탑에서 가열하여 탄산가스를 방출시키고 정제한 다음 탄산가스 저장탱크에 저장한다.
③ 탄산가스를 압축한 다음 냉동기에서 냉각 액화한 후 3중점 이하의 압력(대기압)까지 단열 팽창시킨다.
④ 이 때 성형된 눈모양의 고체를 성형기로 압축하여 고형탄산을 제조한다.
⑤ 기화된 탄산가스는 압축기에 되돌려 다시 사용한다.

01 펠티어(peltier) 효과를 이용하는 열전 냉동법은?

① 전자 냉동기 ② 증기분사식 냉동기
③ 흡수식 냉동기 ④ 증기압축식 냉동기

해설 펠티어(peltier) 효과 : 종류가 다른 금속을 링(ring) 모양으로 접속하여 전류를 흐르게 하면 한 쪽의 접합점은 고온이 되고 다른 한 쪽의 접합점은 저온이 된다.

02 증기압축 냉동기의 주요 구성 요소가 아닌 것은?

① 압축기 ② 응축기
③ 과냉기 ④ 증발기

해설 냉동기의 구성 요소
㉮ 증기 압축 냉동기 : 압축기, 응축기, 팽창밸브, 증발기
㉯ 흡수식 냉동기 : 흡수기, 발생기, 응축기, 증발기

03 증기 압축식 냉동기에서 냉매가 순환되는 경로가 옳은 것은?

① 압축기 – 증발기 – 응축기 – 팽창밸브
② 증발기 – 압축기 – 응축기 – 팽창밸브
③ 압축기 – 응축기 – 증발기 – 팽창밸브
④ 팽창밸브 – 증발기 – 응축기 – 압축기

해설 증기압축 냉동 사이클의 구성
㉮ 증발기 : 피냉각 물체에서 냉매의 잠열을 이용하여 열량 흡수 작용
㉯ 압축기 : 압력 및 온도 상승 작용
㉰ 응축기 : 고온 가스의 응축 및 액화 작용
㉱ 팽창밸브 : 교축작용에 의한 압력 및 온도저하 작용

04 흡수식 냉동기에서 냉매와 흡수제로 사용되는 것을 옳게 나타낸 것은?

① 물–취화리듐
② 물–염화메틸
③ 물–프레온 22
④ 물–메틸클로라이드

해설 흡수식 냉동기의 냉매 및 흡수제

냉매	흡수제
암모니아(NH_3)	물(H_2O)
물(H_2O)	리듐브로마이드(LiBr)
염화메틸(CH_3Cl)	사염화에탄
톨루엔	파라핀유

※ 리듐브로마이드(LiBr)를 취화리듐이라 한다.

05 냉동 사이클에서 응축기가 열을 제거하는 과정을 나타내는 선은?

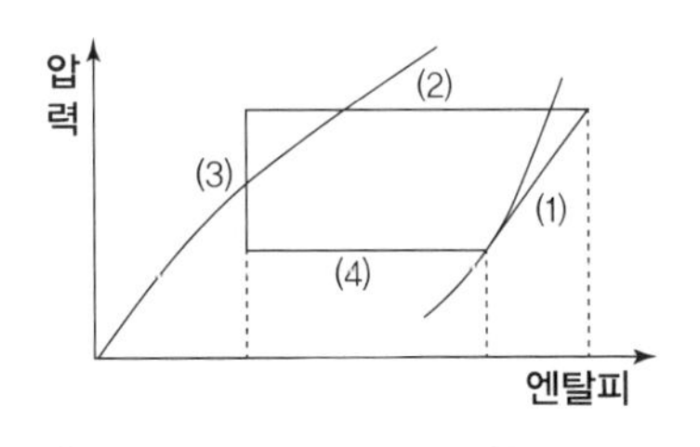

① (1) ② (2)
③ (3) ④ (4)

해설 (1) 과정 : 압축과정 (2) 과정 : 응축과정
(3) 과정 : 팽창과정 (4) 과정 : 증발과정

Answer 1. ① 2. ③ 3. ② 4. ① 5. ②

06 냉동에 관한 용어 설명으로 잘못된 것은?

① 냉동능력은 1일간 냉동기가 흡수하는 열량이다.
② 냉동효과는 냉매 1[kg]이 흡수하는 열량이다.
③ 1냉동톤은 0[℃]의 물 1[톤]을 1일간 0[℃]의 얼음으로 냉동시키는 능력이다.
④ 냉동기 성적계수는 저온체에서 흡수한 열량을 공급된 일로 나눈 값이다.

해설 냉동능력은 1시간 냉동기가 흡수하는 열량으로 1 한국 냉동톤(RT)은 3320[kcal/h]이다.

07 시간당 80000[kcal]를 제거하는 냉동기의 용량은 몇 냉동톤인가?

① 10.3 ② 15.2
③ 20.3 ④ 24.1

해설 $RT = \frac{Q_2}{3320} = \frac{80000}{3320} = 24.096$

08 이상적인 냉동사이클의 기본 사이클은?

① 카르노 사이클 ② 역카르노 사이클
③ 랭킨 사이클 ④ 브라이턴 사이클

해설 카르노 사이클과 역카르노 사이클
㉮ **카르노 사이클** : 2개의 단열과정과 2개의 등온과정으로 구성된 열기관의 이론적인 사이클이다.
※ 순환과정 : 등온팽창 → 단열팽창 → 등온압축 → 단열압축
㉯ **역카르노 사이클** : 카르노 사이클과 반대방향으로 작용하는 것으로 저열원으로부터 Q_2의 열을 흡수하여 고열원에 Q_1의 열을 공급하는 것으로 냉동기의 이상적 사이클이다.
※ 순환과정 : 등온팽창 → 단열압축 → 등온압축 → 단열팽창

09 저온장치에 사용되는 냉매의 구비조건으로 틀린 것은?

① 증발잠열이 클 것
② 임계온도가 낮을 것
③ 액체의 비열이 작을 것
④ 가스의 비체적이 작을 것

해설 냉매의 구비조건
㉮ 증발잠열이 클 것
㉯ 증기의 비열은 크고, 액체의 비열은 작을 것
㉰ 임계온도가 높을 것
㉱ 증발압력이 너무 낮지 않을 것
㉲ 응고점이 낮을 것
㉳ 비점이 낮을 것
㉴ 비열비가 작을 것

10 냉매의 구비조건 중 화학적 성질에 대한 설명으로 옳은 것은?

① 불활성이 아니고 부식성이 있을 것
② 윤활유에 용해할 것
③ 인화 및 폭발의 위험성이 없을 것
④ 증기 및 액체의 점성이 클 것

해설 냉매의 구비조건 중 화학적 성질
㉮ 화학적으로 결합이 양호하고, 분해하지 않을 것
㉯ 패킹재료에 악영향을 미치지 않을 것
㉰ 금속에 대한 부식성이 없을 것
㉱ 인화 및 폭발성이 없을 것
㉲ 증기 및 액체의 점성이 적을 것
㉳ 윤활유에 용해되지 않을 것

11 NH_3 냉매번호는 "R-717"이다. 백단위의 7은 무기물질을 뜻하는데 그 뒤 숫자 17은 냉매의 무엇을 뜻하는가?

① 냉동계수 ② 증발잠열
③ 분자량 ④ 폭발성

Answer 06. ① 07. ④ 08. ② 09. ② 10. ③ 11. ③

해설 냉매의 표시방법

(1) 무기물질 : 700에 분자량을 붙여서 사용

(2) 종류

㉮ 암모니아(NH_3) : R-717

㉯ 아황산가스(SO_2) : R-764

㉰ 물(H_2O) : R-718

㉱ 이산화탄소(CO_2) : R-744

㉲ 공기 : R-729

12 암모니아 냉매의 장점에 대한 설명 중 잘못된 것은?

① 냉매 중 증발잠열이 커서 냉동효과가 좋으며 열전도율이 좋고 점도가 적당하다.

② 가격이 저렴하고 증발압력, 응축압력, 임계온도 및 응고점이 적당하다.

③ 윤활유에는 잘 용해되나 물에는 잘 용해되지 않는다.

④ 유황, 염산과 접촉하면 흰연기를 내기 때문에 누설탐지에 사용된다.

해설 암모니아는 물에는 잘 용해되나 윤활유에는 잘 용해되지 않는다.

13 암모니아의 특징에 대한 설명으로 적당하지 못한 것은?

① 임계온도는 133[℃]이고 응축기용 냉각수의 온도가 조금 상승하더라도 응축될 수 있다.

② 대기압하의 증발온도는 -33.3[℃]이므로 증발온도 -33.3[℃] 이하일 때는 진공운전이 된다.

③ 기준 냉동사이클에서 증발압력은 2.4[kgf/cm^2 · a], 응축압력은 15[kgf/cm^2 · a]이다.

④ 응고점은 -77.7[℃]로 비교적 냉매로서 높은 편이며 초저온용에는 부적합하다.

해설 암모니아 냉동 사이클에서

㉮ 증발압력 : 2.41[kgf/cm^2 · a]

㉯ 응축압력 : 11.895[kgf/cm^2 · a]

14 다음 중 암모니아의 누설식별 방법이 아닌 것은?

① 석회수에 통과시키면 유안의 백색침전이 생긴다.

② HCl과 반응하여 백색의 연기를 낸다.

③ 리트머스시험지를 새는 곳에 대면 청색이 된다.

④ 네슬러시약을 시료에 떨어뜨리면 암모니아양이 적을 때 황색, 많을 때 다갈색이 된다.

해설 암모니아 누설 검지법

㉮ 자극성이 있어 냄새로서 알 수 있다.

㉯ 유황, 염산과 접촉 시 흰연기가 발생한다.

㉰ 적색 리트머스지가 청색으로 변한다.

㉱ 페놀프탈렌 시험지가 백색에서 갈색으로 변한다.

㉲ 네슬러시약이 미색→황색→갈색으로 변한다.

※ 석회수에 통과시키면 탄산칼슘의 백색침전이 생기는 현상은 이산화탄소의 검사에 이용한다.

15 암모니아 가스 누출 시험에 사용할 수 없는 것은?

① 염화수소

② 네슬러 시약

③ 리트머스 시험지

④ 헤라이드 토치

해설 헤라이드 토치(halido torch)

불꽃 색 변화를 이용하여 프레온 냉매의 누설을 검지한다. 누설이 없을 때 파란 불꽃, 소량 누설 시 녹색 불꽃, 다량 누설 시 자색 불꽃, 과량 누설 시 불꽃이 꺼진다.

Answer 12. ③ 13. ③ 14. ① 15. ④

16 프레온 냉매의 누설 검지법으로 채택할 수 있는 것은?

① 페놀프탈렌 시험지
② 네슬러 시약
③ 비눗물
④ 황린

해설 프레온 냉매 누설 검지법
㉮ 비눗물을 이용한다.
㉯ 헤라이드 토치를 이용하여 불꽃색 변화를 이용한다.
㉰ 할로겐족 누설 검지기를 이용한다.

17 불응축 가스가 주로 모이는 곳은?

① 응축기 ② 액분리기
③ 압축기 ④ 증발기

해설 불응축 가스가 모이는 곳은 응축기 및 수액기 상부이다.

18 입형 쉘앤튜브식 응축기의 장점은?

① 설치면적이 적고, 옥외설치가 가능하다.
② 수량이 비교적 적다.
③ 액 냉매의 과냉각도가 크다.
④ 중량이 가볍다.

해설 입형 쉘앤튜브식 응축기 특징
(1) 장점
㉮ 설치장소가 적고 옥외 설치가 가능하다.
㉯ 냉각관의 청소가 용이하다.
㉰ 전열성능이 양호하다.
㉱ 가격이 적당하고 과부하에 잘 견딘다.
(2) 단점
㉮ 냉각관 부식의 우려가 있다.
㉯ 냉각수량이 많이 필요하다.
㉰ 액화 냉매가 많아 과냉각이 되지 않는다.

19 [보기]에서 설명하는 응축기 종류는?

[보기]
- 암모니아, 프레온계 등 대·중·소 냉동기에 사용된다.
- 수량이 충분하지 않은 경우에 적당하다.
- 설치공간이 적다.
- 냉각관이 부식되기 쉽다.
- 냉각수량이 적어도 된다.

① 입형 쉘 앤드 튜브식 응축기
② 횡형 쉘 앤드 튜브식 응축기
③ 7통로식 응축기
④ 대기식 브리다형 응축기

20 쉘 앤드 튜브형 응축기의 응축부분에는 물때, 스케일의 청소를 위하여 화학세제에 의한 세정법 중 어떤 방법을 사용하는가?

① 분사법 ② 정치법
③ 교차법 ④ 강제법

해설 응축기 세정법
㉮ 수냉식 응축기 : 정치법, 순환법
㉯ 공랭식 응축기 : water gun, steam cleaner

21 수냉식 응축기를 세정한 후 세정효과를 확인하는 방법에 해당되지 않는 것은?

① 응축기 출구 냉각수온 상승
② 냉각수 계통의 압력감소
③ 냉각수 펌프의 토출압력 저하
④ 압축기 고압 압력상승

해설 압축기 고압측 압력 감소로 알 수 있다.

Answer 16. ③ 17. ① 18. ① 19. ② 20. ② 21. ④

22 수냉식 응축기의 능력을 증대시키는 방법 중 틀린 것은?

① 냉각수량을 증가시킨다.
② 냉각수온을 낮춘다.
③ 유속을 2배로 증가시킨다.
④ 응축기관을 세척한다.

23 냉각탑(cooling tower)에 관한 기술 중 맞는 것은?

① 냉동기의 냉각수가 흡수한 열을 외기에 방사하고 온도가 내려간 물을 재순환 시키는 장치이다.
② 오염된 공기를 깨끗하게 하며 동시에 공기를 냉각하는 장치이다.
③ 찬 우물물을 냉각시켜 공기를 냉각시키는 장치이다.
④ 냉매를 통과시켜 공기를 냉각시키는 장치이다.

해설 냉각탑(cooling tower) : 수냉식 냉동기에 사용하는 것으로 냉각수를 냉각시키는 장치이다.

24 응축기에서 고압이 상승되는 원인이 아닌 것은?

① 불응축가스 혼입 시
② 냉각수량이 증가하였을 때
③ 응축기 표면에 유막, 물때가 있는 경우
④ 냉각수량이 감소하였을 때

25 교축과정에서 일어나는 현상으로 틀린 것은?

① 엔탈피가 증가한다.
② 엔트로피가 증가한다.
③ 압력이 감소한다.
④ 난류현상이 일어난다.

해설 교축과정에 나타나는 현상
㉮ 엔탈피가 일정한 등엔탈피 변화과정이다.
㉯ 압력과 속도가 감소한다.
㉰ 유체의 마찰 및 와류 등에 의하여 난류현상이 발생한다.
㉱ 엔트로피가 증가한다.

26 팽창밸브에서 냉매 액이 팽창할 때 냉매변화에 관한 사항 중 옳은 것은?

① 압력과 온도는 내려가나 엔탈피는 변화가 없다.
② 압력은 내려가나 온도와 엔탈피는 변화가 없다.
③ 온도는 변화하지 않으나 압력과 엔탈피는 감소한다.
④ 엔탈피만 감소하고 압력과 온도는 변화 없다.

해설 팽창밸브에서는 단열팽창과정이므로 엔탈피 변화가 없다.

27 팽창밸브 선정 시 고려해야 할 사항 중 관계가 없는 것은?

① 증발기 종류
② 냉동능력
③ 사용 냉매의 종류
④ 응축압력

해설 팽창밸브 선정 시 고려사항
㉮ 증발기의 종류 및 크기
㉯ 냉동능력
㉰ 사용 냉매의 종류
㉱ 사용조건

Answer 22. ③ 23. ① 24. ② 25. ① 26. ① 27. ④

28 모세관을 이용한 팽창밸브의 설명 중 옳지 않은 것은?

① 냉동장치가 정지 중에는 고·저압이 균압을 이룬다.
② 고압이 높아지면 냉매 통과량이 많아져 습운전이 된다.
③ 소형장치에서는 냉동부하의 변동이 적어 일반적으로 사용되고 있다.
④ 압력강하는 길이에 반비례하고, 단면적에 비례한다.

해설 모세관의 압력강하는 길이에 비례하고, 단면적에 반비례한다. 보통 모세관 길이는 1[m] 내외, 안지름 0.8~2[mm] 정도를 사용한다.

29 온도식 자동팽창밸브의 감온통 설치에 대한 설명 중 잘못된 것은?

① 트랩을 피한 곳이면 반드시 흡입관 상부에 부착해야 한다.
② 밸브 본체보다 온도가 낮은 곳에 설치한다.
③ 액가스 열교환기가 있을 때는 증발기측의 흡입관에 설치한다.
④ 외부균압관과 함께 설치할 때는 균압관 앞 증발기 측 흡입관 상부에 부착한다.

해설 온도식 자동팽창밸브의 감온통은 트랩부분을 피해 흡입관 수평부분에 설치한다.

30 2대의 증발기를 사용하는 경우 그림 중 팽창밸브의 감온통이 가장 옳게 배치된 것은?

①
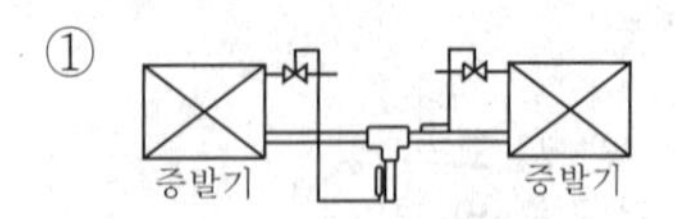

②
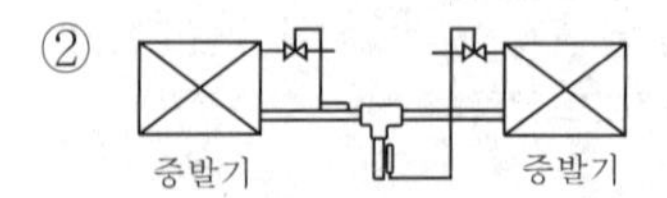

③
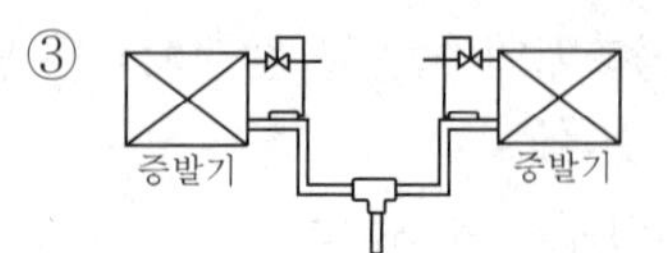

④
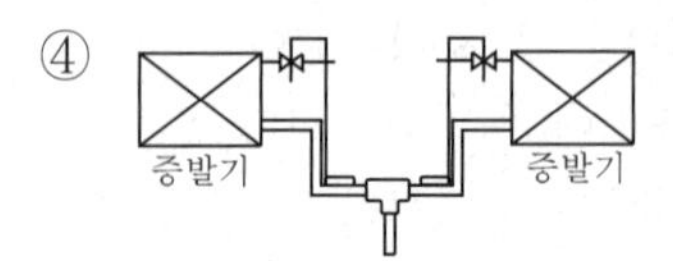

해설 팽창밸브 및 감온통 설치위치
㉮ 밸브 본체 : 증발기 가까운 곳에 설치
㉯ 감온통 : 증발기 출구 흡입관 수평부분에 설치하며 트랩부분에 설치하는 것은 피해야 한다.

31 정상적으로 운전되고 있는 냉동장치의 증발기에서 냉매상태의 변화를 설명한 것 중 옳은 것은?

① 증기는 건조도가 감소한다.
② 증기의 건조도가 증대한다.
③ 포화액이 과냉각으로 된다.
④ 과냉각액이 포화액으로 된다.

해설 냉매는 증발기에서 피냉각체로부터 열을 흡수하여 냉매가 건조포화증기가 되므로 건조도가 증가한다.

32 냉동장치가 운전 중 증발기에서 냉각이 불량해졌다. 그 원인으로 옳은 것은?

① 팽창밸브가 막히거나 수분 침입 시
② 냉매 과충전 시
③ 불응축가스 침입 시
④ 윤활 불량

해설 증발기 냉각불량 원인
㉮ 증발기에 유막, 적상 과대 시
㉯ 냉매 부족 시
㉰ 팽창밸브 개도치 과소

Answer 28. ④ 29. ① 30. ③ 31. ② 32. ①

33 증발기에 대한 설명 중 옳은 것은?

① 습식 증발기보다 만액식이 전열효율이 나쁘다.
② 전열을 양호하게 하기 위하여 핀튜브를 사용한다.
③ 보데로 냉각기는 제빙용에 주로 사용한다.
④ 만액식 증발기는 액 25[%], 가스 75[%]가 존재한다.

해설 보데로 냉각기는 주로 우유냉각기에 사용되며, 만액식 증발기가 습식증발기보다 냉매액 충전량이 많고(액 75[%], 가스 25[%]) 냉매액에 냉각관이 잠겨있는 상태이므로 전열이 양호하고, 냉각효율이 좋다.

34 다음 ( ) 안에 알맞은 용어는 어느 것인가?

> 보데로 냉각기(boudelot cooler)는 물, 우유 등의 냉각용이며 (ⓐ) 팽창형이다. 구조는 (ⓑ) 응축기와 비슷하며 작용은 반대가 된다.

① ⓐ 습식 ⓑ 대기식
② ⓐ 건식 ⓑ 입형 쉘 앤 튜브식
③ ⓐ 공기식 ⓑ 2중관식
④ ⓐ NH_3식 ⓑ 증발식

해설 보데로 냉각기(boudelot cooler) 특징
㉮ 구조는 대기식 응축기와 같다.
㉯ 습식 팽창형이다.
㉰ 물, 우유 냉각에 사용된다.
㉱ 냉각관 청소가 쉬우므로 위생적이다.
㉲ 액체가 동결되어도 장치에 위험이 적다.

35 냉동장치의 점검, 수리 등을 위하여 냉매계통을 개방하고자 할 때는 펌프다운(pump down)을 하여 계통 내의 냉매를 어디에 회수하는가?

① 수액기 ② 압축기
③ 증발기 ④ 유분리기

해설 수액기(liquid receiver tank) : 응축기에서 응축된 냉매액을 팽창밸브로 보내기 전에 일시적으로 저장하는 탱크이다.

36 지름이 서로 다른 수액기를 2대 이상 설치할 경우 가장 옳은 방법은?

① 상단을 일치시켜야 한다.
② 하단을 일치시키는 것이 좋다.
③ 중심을 일치시키는 것이 좋다.
④ 어느 쪽이든 관계없다.

해설 수액기 상부를 일치시켜야 수액기가 외부로부터 열을 받아도 안전공간이 확보되므로 안전하다.

37 응축기와 수액기 상부를 연결하여 액회수를 원활하게 하는 배관의 명칭은 무엇인가?

① 이중 입상관 ② 불응축가스 퍼져
③ 균압관 ④ 핫 가스관

해설 냉동장치 운전 중 수액기 압력이 응축압력보다 높으면 액회수가 잘되지 않는다. 이를 해결하기 위하여 응축기와 수액기 상부에 균압관을 연결하여 압력을 균압시키면 수액기로 액을 용이하게 회수 할 수 있다.

38 냉동배관에서 압축기 다음에 설치하는 유분리기의 분리 방법에 따른 종류가 아닌 것은?

① 전기식 ② 원심식
③ 가스 충돌식 ④ 유속 감소식

해설 냉동용 압축기 유분리기의 종류
㉮ 유속 감소식(중력식) : 오일이 함유된 냉매가스를 큰 용기에 유입하여 가스의 속도를 낮추어 (1[m/s] 정도) 유적(油滴)을 낙하시켜 분리시키

Answer 33. ② 34. ① 35. ① 36. ① 37. ③ 38. ①

는 방식

㉯ **가스 충돌식** : 가스를 용기 내에 유입하여 여러 개의 작은 구멍이 뚫려 있는 차단판에 가스를 충돌시키거나, 금속선으로 만든 망(網)을 설치하고 여기에 가스를 통과시켜 판이나 망에 부착하는 유적을 분리하는 방식

㉰ **원심식(원심분리형)** : 입형 원통 내에 선회판을 설치하여 가스에 선회운동을 주어 유적을 원심분리하도록 한 방식

39 액분리기에서 분리된 냉매액을 재차 수액기로 회수하는 장치를 무엇이라 하는가?

① 액회수장치 ② 냉매기
③ 수액기 ④ 유회수장치

40 냉매배관의 부속기기 중 건조기(dryer)의 설치 위치로서 적당한 곳은?

① 수액기와 팽창밸브에 이르는 액 배관 도중에 설치
② 압축기와 응축기 사이
③ 증발기와 팽창밸브 사이
④ 압축기 다음의 유분리기 출구에 설치

해설 **건조기(dryer)** : 냉동장치에 수분이 존재하면 장치 각 부분에 나쁜 영향을 미친다. 이를 제거하기 위하여 수액기와 팽창밸브 사이 액 배관에 설치하여 수분을 제거한다.

41 냉동장치에서 가스퍼저를 설치할 경우 불응축가스 인출관의 위치로 적당한 것은?

① 응축기와 수액기의 균압관
② 응축기와 수액기의 액관
③ 수액기와 팽창밸브의 액관
④ 응축기 직전의 토출관

해설 불응축가스는 주로 응축기와 수액기 상부에 모인다.

42 다음 [그림]과 같은 냉동기의 가스퍼저(gas purger)의 작동순서에서 가장 먼저 하는 조작은?

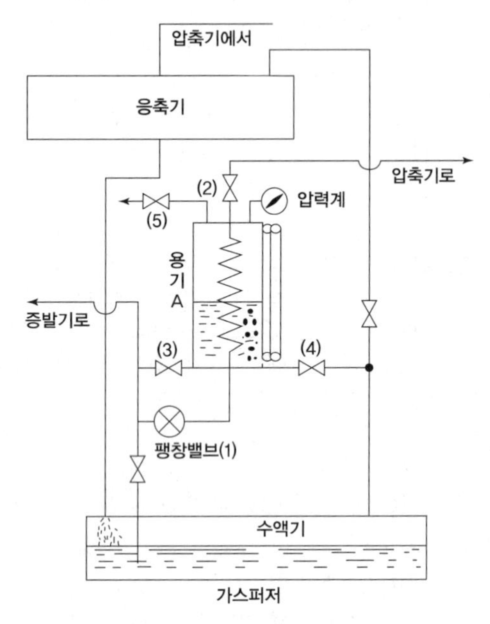

① 밸브 (3)을 열어 용기 내에 냉매액을 일정 높이로 한다.
② 팽창밸브 (1)과 밸브 (2)를 열어 용기 A를 냉각시킨다.
③ 밸브 (4)를 열어 불응축가스를 보낸다.
④ 불응축가스의 배출밸브 (5)를 개방하여 대기로 방출시킨다.

해설 **가스퍼저(gas purger)의 작동순서**
② → ③ → ① → ④

43 냉동장치의 배관에서 증발압력 조정밸브를 설치하는 주된 목적은?

① 증발압력이 설정된 최소치 이상을 유지하도록
② 증발압력이 설정된 최소치 이하를 유지하도록

Answer 39. ① 40. ① 41. ① 42. ② 43. ①

③ 증발압력이 설정된 최고치 이상을 유지하도록
④ 증발압력이 설정된 최고치 이하를 유지하도록

해설 **증발압력 조정밸브** : 증발기와 압축기 흡입관 도중에 설치하며, 증발기 내의 압력이 설정된 압력 이하로 되는 것을 방지(설정된 최소치 이상을 유지)하기 위하여 설치하는 것으로 EPR(evaporator pressure regulator) 이라 한다.

44 **고압차단 스위치 작동검사 방법 중 보안관리상 가장 적합한 것은?**

① 질소가스로 작동압력까지 높여 검사한다.
② 운전 중 셋팅압력을 냉동기 정상 압력까지 낮추어 검사한다.
③ 운전 중 토출지변을 조여 압력을 높여 검사한다.
④ 운전 중 냉각수를 차단하여 압력을 높여 검사한다.

해설 운전 중 고압차단 스위치(HPS)의 셋팅압력을 냉동기 정상 압력까지 낮추었을 때 압축기가 정지되는지 여부를 확인하는 것이 작동검사 방법 중 안전한 검사방법이다.

45 **증발기 압력은 상승 하였는데도 저압 스위치(LPS)가 작동하여 압축기가 정지하였다. 다음 원인 중 가장 옳은 것은?**

① 흡입여과망이 막혔을 때
② 토출가스의 압력이 높을 때
③ 흡입가스의 압력이 높을 때
④ 흡입가스의 양이 과대할 때

해설 저압 스위치(LPS)가 작동하는 원인은 흡입관로의 저항이 과대하게 발생하는 것으로 흡입 여과망이 막혔을 때 주로 발생한다.

46 **냉동장치의 배관 시공 시 주의사항 중 잘못된 것은?**

① 완전기밀이며 충분한 내압강도를 가질 것
② 기기 상호간의 배관길이는 되도록 길게 할 것
③ 관의 자중 등을 고려하여 적당한 고정구 및 지지구를 사용할 것
④ 사용한 재료는 각각의 용도, 냉매의 종류, 온도에 따라서 선택된 것일 것

해설 기기 상호간의 배관길이는 되도록 짧게 하여야 한다.

47 **암모니아의 배관에 대한 설명으로 옳은 것은?**

① 액백(liquid back)을 방지하기 위하여 흡입배관 도중에 액분리기를 설치한다.
② 냉매액의 수분을 제거하기 위하여 액배관 도중에 건조제를 넣는다.
③ 배관재료로는 이음매 없는(seamless) 동관을 사용한다.
④ 액배관의 전후에 스톱밸브를 폐쇄하여도 위험하지 않다.

해설 암모니아 냉동장치에는 부식의 우려가 있기 때문에 동 및 동합금을 사용할 수 없고, 액배관에 설치된 스톱밸브를 폐쇄하면 액봉에 의한 사고의 위험성이 있다.

48 **냉동장치 중 플렉시블 튜브 설치 위치가 알맞은 것은?**

① 팽창밸브 직전 및 직후
② 응축기와 수액기 사이의 배관
③ 압축기 흡입토출 배관
④ 증발기 내의 배관

해설 **플렉시블 튜브** : 압축기 흡입, 토출배관에 설치하여 진동 및 신축을 흡수하는 역할을 한다.

Answer 44. ② 45. ① 46. ② 47. ① 48. ③

49 냉동장치의 배관에 대한 설명으로 틀린 것은?

① 증발기에서 액 분리기까지는 하향구배로 하고, 액분리기에서 압축기까지는 상향구배로 한다.
② 기기 상호간의 배관길이는 짧게 하고 배관 굴곡부는 되도록 적게 하며 경사도를 적게 할 것
③ 암모니아 배관에는 강관이 사용되나 그 두께를 결정하는 데는 부식에 대한 안전율을 감안해야 한다.
④ 압축기에서 수직 상승된 토출관의 수평부분은 응축기 쪽으로 하향구배를 할 것

해설 액 분리기는 증발기보다 반드시 상부에 설치하여야 하므로 상향구배로 하여야 한다.

50 냉동기 운전 준비 점검사항 중 틀린 것은?

① 응축기 유막형성 및 수량, 청결상태 확인
② 압축기 물주머니(water jacket), 응축기 냉각수 통수 확인
③ 윤활유 점검 및 각부 급유상태 확인
④ 냉동장치의 전 밸브 개폐 확인

51 암모니아용 냉동기에서 팽창밸브 직전 액냉매의 엔탈피가 110[kcal/kg], 흡입증기 냉매의 엔탈피가 360[kcal/kg]일 때 10[RT]의 냉동능력을 얻기 위한 냉매 순환량은 약 몇 [kg/h]인가? (단, 1[RT]는 3320[kcal/h]이다.)

① 65.7 ② 132.8
③ 263.6 ④ 312.8

해설 $G = \frac{Q_e}{q_e} = \frac{10 \times 3320}{360 - 110} = 132.8$[kg/h]

52 냉매는 암모니아를 사용하고, 증발 −15[℃], 응축 30[℃]인 사이클에서 1냉동톤의 능력을 발휘하기 위하여 냉매의 순환량은 얼마로 하여야 하는가? (단, 응축온도와 포화액선의 교점 엔탈피는 134[kcal/kg]이고, 증발온도와 포화증기선의 교점 엔탈피는 397[kcal/kg]이다.)

① 5.6[kg/h] ② 5.6[kg/day]
③ 12.6[kg/h] ④ 12.6[kg/day]

해설 ㉮ 1냉동톤(RT)은 시간당 3320[kcal]의 열량을 제거할 수 있는 능력이고, 냉동력은 증발온도와 포화증기선의 교점 엔탈피와 응축온도와 포화액선의 교점 엔탈피와의 차이다.
㉯ 냉매 순환량[kg/h] 계산

$$\therefore G = \frac{Q_e}{q_e} = \frac{3320}{397 - 134} = 12.623 \text{[kg/h]}$$

53 [보기]와 같은 조건의 냉동용 압축기 소요동력은 약 몇 [kW]인가?

[보기]
- 냉동능력 : 27000[kcal/kg]
- 팽창밸브 직전 냉매액 엔탈피 : 128[kcal/kg]
- 압축기 흡입가스 엔탈피 : 398[kcal/kg]
- 압축기 토출가스 엔탈피 : 454[kcal/kg]
- 압축효율 : 0.8
- 압축기 마찰부분에 의하여 소요되는 동력 : 0.8[kW]

① 7.3 ② 8.1 ③ 8.9 ④ 9.1

해설 ㉮ 냉매순환량[kg/h] 계산

$$\therefore G = \frac{Q_e}{q_e} = \frac{27000}{398 - 128} = 100 \text{[kg/h]}$$

㉯ 소요동력[kW] 계산

$$\therefore \text{kW} = \frac{G \cdot W}{860 \eta_c} + \text{마찰소요동력}$$
$$= \frac{100 \times (454 - 398)}{860 \times 0.8} + 0.8$$
$$= 8.939 \text{[kW]}$$

Answer 49. ① 50. ① 51. ② 52. ③ 53. ③

54 냉동기의 성적계수란 무엇인가?

① 열기관의 열효율의 역수이다.
② 저온체에서 흡수한 열량과 공급된 일과의 비이다.
③ 고온체에서 흡수한 열량과 공급된 일과의 비이다.
④ 저온체에서 흡수한 열량과 고온체에 방출한 열과의 비이다.

해설 성적계수(COP)
저온체에서 흡수 제거하는 열량(Q_2)과 공급된 일(W)과의 비

$$\therefore COP = \frac{Q_2}{W} = \frac{Q_2}{Q_1 - Q_2} = \frac{T_2}{T_1 - T_2}$$

55 87[℃]에서 열을 흡수하여 127[℃]에서 방열되는 냉동기의 최대 성능계수는?

① 9.0 ② 10.0
③ 2.18 ④ 1.45

해설 $COP = \frac{Q_2}{W} = \frac{T_2}{T_1 - T_2}$

$$= \frac{273 + 87}{(273 + 127) - (273 + 87)} = 9.0$$

56 어떤 냉동기에서 0[℃]의 물로 얼음 2[ton]을 만드는데 50[kWh]의 일이 소요되었다면 이 냉동기의 성적계수는? (단, 물의 융해잠열은 80[kcal/kg]이다.)

① 2.32 ② 2.67
③ 3.72 ④ 105

해설 $COP = \frac{Q_2}{W} = \frac{2000 \times 80}{50 \times 860} = 3.72$

57 그림과 같은 냉동 사이클의 성적계수는?

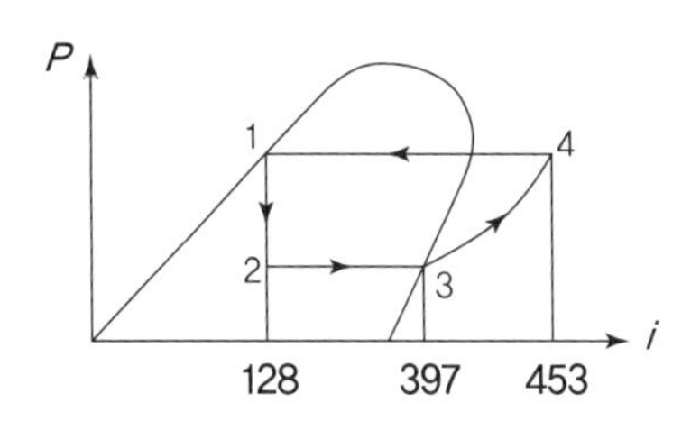

① 4.0 ② 4.5
③ 4.8 ④ 5.2

해설 ㉮ 냉동효과 계산
$\therefore Q_2 = i_3 - i_2 = 397 - 128 = 269$[kcal]
㉯ 압축기 일의 열당량 계산
$\therefore W = i_4 - i_3 = 453 - 397 = 56$[kcal]
㉰ 성적계수 계산
$\therefore COP = \frac{Q_2}{W} = \frac{269}{56} = 4.8$

58 단열을 한 배관 중에 작은 구멍을 내고 이 관에 압력이 있는 유체를 흐르게 하면 유체가 작은 구멍을 통할 때 유체의 압력이 하강함과 동시에 온도가 변화하는 현상을 무엇이라고 하는가?

① 토리첼리 효과 ② 줄-톰슨 효과
③ 베르누이 효과 ④ 도플러 효과

해설 줄-톰슨 효과
압축가스(실제기체)를 단열을 한 배관에서 단면적이 변화가 큰 곳을 통과시키면(교축팽창) 압력이 하강함과 동시에 온도가 하강하는 현상을 말한다.

$$\therefore T = \mu \left(\frac{T_1}{T_2} \right) \Delta P$$

T : 온도강하
μ : 줄-톰슨 계수
T_1 : 팽창 전의 절대온도[K]
T_2 : 팽창 후의 절대온도[K]
ΔP : 압력강하

Answer 54. ② 55. ① 56. ③ 57. ③ 58. ②

59 줄-톰슨 계수는 이상기체의 경우 어떤 값을 가지는가?

① 0 이다.
② + 값을 갖는다.
③ - 값을 갖는다.
④ 1이 된다.

해설 줄-톰슨 계수
㉮ 0보다 크면 온도가 강하한다.
㉯ 0보다 적으면 온도가 상승한다.
㉰ 0과 같으면 온도변화가 없다.
※ 교축밸브를 통과하면(줄-톰슨 효과) 실제기체인 경우 압력과 온도가 강하되지만 이상기체인 경우 압력은 감소되지만 엔탈피와 온도의 변화는 없다.

60 피스톤식 팽창기를 사용한 공기액화 사이클은?

① 클라우드(Claude) 공기액화 사이클
② 린데(Linde) 공기액화 사이클
③ 필립스(Philips) 공기액화 사이클
④ 캐스케이드(cascade) 공기액화 사이클

해설 공기액화 사이클의 종류 및 특징
㉮ **린데(Linde) 공기액화 사이클** : 단열팽창(줄-톰슨 효과)를 이용한 것으로 열교환기, 팽창밸브, 액화기로 구성된다.
㉯ **클라우드(Claude) 공기액화 사이클** : 열교환기와 피스톤식 팽창기를 사용한다.
㉰ **캐피자(Kapitza) 공기액화 사이클** : 공기의 압축압력이 7[atm]으로 낮으며, 열교환기와 축랭기로 구성되며 터빈식 팽창기를 사용한다.
㉱ **필립스(Philips) 공기액화 사이클** : 실린더 중에 피스톤과 보조피스톤이 있고 수소, 헬륨을 냉매로 사용한다.
㉲ **캐스케이드(cascade) 공기액화 사이클** : 비점이 점차 낮은 냉매를 사용한 것으로 다원 액화 사이클이라고도 한다.

61 캐피자(Kapitza) 공기액화 사이클에서 공기의 압축압력은 얼마인가?

① 5[atm] ② 7[atm]
③ 9[atm] ④ 15[atm]

해설 캐피자(Kapitza) 공기액화 사이클 특징
㉮ 공기압축 압력 : 7[atm]
㉯ 터빈식 팽창기 사용
㉰ 열교환기에 축랭기를 사용한다.

62 공기액화 장치를 수소, 헬륨을 냉매로 하며 2개의 피스톤이 한 실린더에 설치되어 팽창기와 압축기의 역할을 동시에 하는 형식은?

① 캐스케이드식 액화 장치
② 캐피자식 액화 장치
③ 클라우드식 액화 장치
④ 필립스식 액화 장치

해설 필립스식 액화 장치 특징
㉮ 실린더 중에 피스톤과 보조피스톤이 있다.
㉯ 냉매로 수소, 헬륨을 사용한다.

63 가스액화 사이클 중 여러 대의 압축기를 이용하여 각 단에서 점차 비점이 낮은 냉매를 사용하여 기체를 액화하는 방식은?

① 클라우드(Claude)식
② 린데(Linde)식
③ 캐피자(Kapitza)식
④ 캐스케이드(cascade)식

해설 캐스케이드 액화 사이클
비점이 점차 낮은 냉매를 사용하여 저비점의 기체를 액화하는 사이클로 다원액화 사이클이라고 부르며, 공기액화 및 천연가스를 액화시키는데 사용하고 있다.

Answer 59. ① 60. ① 61. ② 62. ④ 63. ④

64 가스를 액화시키는데 필요한 조건은?

① 임계온도 이상, 임계압력 이하
② 임계온도 이하, 압력은 그대로 한다.
③ 임계온도 이하, 임계압력 이상
④ 임계온도 이상, 임계압력 이상

해설 액화의 조건 : 임계온도 이하, 임계압력 이상

65 임계온도(critical temperature)에 대하여 옳게 설명한 것은?

① 액체를 기화시킬 수 있는 최고의 온도
② 가스를 기화시킬 수 있는 최저의 온도
③ 가스를 액화시킬 수 있는 최고의 온도
④ 가스를 액화시킬 수 있는 최저의 온도

해설 액화의 조건 중 온도는 임계온도 이하로 내려야 하므로 임계온도는 가스(기체)를 액화시킬 수 있는 최고의 온도에 해당된다.

66 가스액화 분리장치를 구성하는 장치로서 가장 거리가 먼 것은?

① 한랭 발생장치
② 정류장치
③ 내부연소식 반응장치
④ 불순물 제거장치

해설 가스액화 분리장치의 구성 기기
한랭 발생장치, 정류장치, 불순물 제거장치

67 공기액화 분리장치용 구성기기 중 압축기에서 고압으로 압축된 공기를 저온, 저압으로 낮추는 역할을 하는 장치는?

① 응축기 ② 유분리기
③ 팽창기 ④ 열교환기

해설 팽창기
압축기체가 피스톤, 터빈의 운동에 대하여 일을 할 때 등엔트로피 팽창을 하여 기체의 온도를 강하시키는 역할을 한다.

68 가스액화 분리장치용 구성기기 중 왕복동식 팽창기에 대한 설명으로 옳은 것은?

① 팽창비가 작다.
② 효율이 60~65[%] 정도로서 높지 않다.
③ 흡입압력의 범위가 좁다.
④ 기통 내의 윤활에 오일을 사용하지 않으므로 깨끗하다.

해설 왕복동식 팽창기의 특징
㉮ 고압식 액화산소 분리장치, 수소액화장치, 헬륨액화장치 등에 사용한다.
㉯ 흡입압력은 저압에서 고압(20[MPa])까지 범위가 넓다.
㉰ 팽창비가 약 40 정도로 크나, 효율은 60~65[%]로 낮다.
㉱ 처리 가스량이 1000[m^3/h] 이상의 대량이면 다기통이 되어야 한다.

69 공기액화 분리장치의 구성기기 중 터보 팽창기에 대한 설명으로 옳은 것은?

① 팽창비는 약 5정도이다.
② 회전수는 1000~2000[rpm] 정도이다.
③ 처리가스량은 1000[m^3/h] 정도이다.
④ 복동식과 단동식으로 크게 구분된다.

해설 터보식 팽창기 특징
㉮ 내부 윤활유를 사용하지 않는다.
㉯ 회전수가 10000~20000[rpm] 정도이다.
㉰ 처리 가스량은 10000[m^3/h] 이상도 가능하다.
㉱ 팽창비는 약 5정도이고 충동식, 반동식, 반경류 반동식이 있다.

Answer 64. ③ 65. ③ 66. ③ 67. ③ 68. ② 69. ①

70 **팽창기 중 처리가스에 윤활유가 혼입되지 않으며 처리 가스량이 10000[m^3/h] 정도로 많은 터보 팽창기에 해당하지 않는 것은?**

① 왕복동식 ② 충동식
③ 반동식 ④ 반경류 반동식

해설 **터보 팽창기의 종류**
충동식, 반동식, 반경류 반동식

71 **가스액화 분리장치 중 축랭기에 대한 설명으로 틀린 것은?**

① 열교환기이다.
② 수분을 제거시킨다.
③ 탄산가스를 제거시킨다.
④ 내부에는 열용량이 적은 충전물이 들어 있다.

해설 축랭기는 가스액화에 사용되는 장치로서 열교환과 동시에 원료공기 중의 불순물(수분, CO_2)을 제거시키는 일종의 열교환기로 원통상의 축랭기 내부에는 표면적이 넓고, 열용량이 큰 충전물(축랭체)이 들어 있다.

72 **가스액화 분리장치의 구성기기 중 축랭기의 축랭체로 주로 사용되는 것은?**

① 구리 ② 물
③ 공기 ④ 자갈

해설 축랭체로 주름이 있는 알루미늄 리본이 사용되었으나 현재는 자갈을 이용한다.

73 **공기액화 분리장치에서 복정류탑의 중간에 있는 응축기의 작용은?**

① 하부통에 대해서는 분류기(分溜器), 상부동에 대해서는 증발기로 작용
② 하부통에 대해서는 증발기, 상부통에 대해서는 분류기(分溜器)로 작용
③ 상, 하부통에 대해서 모두 증발기로 작용
④ 상, 하부통에 대해서 모두 분류기(分溜器)로 작용

해설 공기액화 분리장치 중 복정류탑의 상부와 하부 중간에 위치하는 응축기는 하부통에 대해서는 분류기로, 상부통에 대해서는 증발기의 역할을 한다.

74 **저비점 액체용 펌프에 대한 설명으로 틀린 것은?**

① 저비점 액체는 기화할 경우 흡입효율이 저하된다.
② 저온취성이 생기지 않는 스테인리스강, 합금 등이 사용된다.
③ 플런저식 펌프는 대용량에 주로 사용된다.
④ 축 실은 거의 메커니컬 실을 채택한다.

해설 저비점 액체의 펌프는 플런저식과 터보식을 사용하며, 플런저식은 저용량에, 터보식은 대용량에 사용된다.

75 **공기액화 분리장치의 밸브에서 열손실을 줄이는 방법으로 가장 거리가 먼 것은?**

① 단축밸브로 하여 열의 전도를 방지한다.
② 열전도율이 적은 재료를 밸브 봉으로 사용한다.
③ 밸브 본체의 열용량을 가급적 적게 한다.
④ 누출이 적은 밸브를 사용한다.

해설 **밸브에서 열손실을 줄이는 방법**
㉮ 장축밸브로 하여 열의 전도를 방지한다.
㉯ 열전도율이 적은 재료를 밸브 축으로 사용한다.
㉰ 밸브 본체의 열용량을 적게하여 가동시의 열손실을 적게 한다.
㉱ 누설이 적은 밸브를 사용한다.

Answer 70. ① 71. ④ 72. ④ 73. ① 74. ③ 75. ①

76 **암모니아 합성가스 분리장치에 대한 설명으로 옳은 것은?**

① 메탄은 제1열교환기에서 액화하여 분리된다.
② 질소는 상압으로 공급된다.
③ 에틸렌은 제3열교환기에서 액화한다.
④ 일산화질소는 정촉매로 작용한다.

해설 암모니아 합성가스 분리장치 설명
① 제4열교환기에서 약 -180[℃] 까지 냉각된 코크스로 가스는 메탄액화기에서 -190[℃] 까지 냉각되어 메탄이 액화하여 제거된다.
② 고압질소는 100~200[atm]의 압력으로 공급되고 각 열교환기에서 냉각되어 액화된 후 질소 세정탑에 공급된다.
④ 일산화질소는 저온에서 디엔류와 반응하여 폭발성의 검(gum)상을 만들기 때문에 완전히 제거하여야 한다.

77 **저온장치 단열법 중 일반적으로 사용되는 단열법으로 단열공간에 분말, 섬유 등의 단열재를 충전하는 방법은?**

① 상압 단열법 ② 진공 단열법
③ 고진공 단열법 ④ 다층진공 단열법

해설 상압 단열법
상압하에서 단열을 하는 공간에 분말, 섬유 등의 단열재를 충전하는 방법으로 일반적으로 사용되는 단열법이다.

78 **LNG, 액화산소 등을 저장하는 탱크에 사용되는 단열재 선정 시 고려해야 할 사항으로 옳은 것은?**

① 밀도가 크고 경량일 것
② 저온에 있어서의 강도는 적을 것
③ 열전도율이 클 것
④ 안전 사용온도 범위가 넓을 것

해설 단열재(보온재)의 구비조건
㉮ 열전도율이 작을 것
㉯ 흡습성, 흡수성이 작을 것
㉰ 적당한 기계적 강도를 가질 것
㉱ 시공성이 좋을 것
㉲ 부피, 비중(밀도)이 작을 것
㉳ 경제적일 것

79 **초저온 장치의 단열법에 대한 설명 중 옳지 않은 것은?**

① 단열재는 습기가 없어야 한다.
② 온도가 낮은 기기일수록 전열에 의한 침입열이 크다.
③ 단열재는 균등하게 충전하여 공동이 없도록 해야 한다.
④ 단열재는 산소 또는 가연성의 것을 취급하는 장치 이외에는 불연성이 아니라도 좋다.

해설 산소, 액체질소를 취급하는 장치 및 공기의 액화온도 이하의 장치에는 불연성 단열재를 사용하여야 한다.

80 **저온 단열법으로 공기의 열전도율보다 낮은 값을 얻기 위하여 단열공간을 진공으로 하여 공기에 의한 전열을 제거하는 진공단열법이 아닌 것은?**

① 분자열전도 단열법
② 고진공 단열법
③ 분말진공 단열법
④ 다층진공 단열법

해설 진공 단열법의 종류
고진공 단열법, 분말진공 단열법, 다층진공 단열법

Answer 76. ③ 77. ① 78. ④ 79. ④ 80. ①

81 저온장치 단열법 중 분말진공 단열법에서 충진용 분말로 부적당한 것은?

① 펄라이트 ② 규조토
③ 알루미늄 ④ 글라스 울

해설 충진용 분말
샌다셀, 펄라이트, 규조토, 알루미늄 분말

82 [보기]는 어떤 단열법의 특징을 설명한 것인가?

> [보기]
> – 단열층이 어느 정도 압력에 견디므로 내층의 지지력이 있다.
> – 최고의 단열성능을 얻으려면 10^{-5}[torr] 정도의 높은 진공도를 필요로 한다.

① 고진공 단열법
② 다층진공 단열법
③ 분말진공 단열법
④ 상압진공 단열법

해설 다층진공 단열법의 특징
㉮ 고진공 단열법보다 단열효과가 좋다.
㉯ 최고의 단열성능을 얻으려면 10–5[torr] 정도의 높은 진공도를 필요로 한다.
㉰ 단열층 내의 온도분포가 복사 전열의 영향으로 저온부분 일수록 열용량이 적다.
㉱ 단열층이 어느 정도 압력에 견디므로 내부층에 대하여 지지력을 갖는다.

83 고압식 액화분리 장치의 작동 개요 중 맞지 않는 것은?

① 원료 공기는 여과기를 통하여 압축기로 흡입하여 약 150~200[atm]으로 압축시킨 후 탄산가스는 흡수탑으로 흡수시킨다.
② 압축기를 빠져 나온 원료공기는 열교환기에서 약간 냉각되고 건조기에서 수분이 제거된다.
③ 압축공기는 수세정탑을 거쳐 축랭기로 송입되어 원료공기와 불순 질소류가 서로 교환된다.
④ 액체공기는 상부 정류탑에서 약 0.5[atm] 정도의 압력으로 정류된다.

해설 ③항은 저압식 공기액화 분리장치의 설명이다.

84 고압식 공기액화 분리장치에 대한 설명으로 옳은 것은?

① 원료공기는 압축기에 흡입되어 150~200[atm]으로 압축된다.
② 탈습된 원료공기는 전부 팽창기로 이송되어 하부탑에서 압력이 5[atm]으로 단열팽창되어 −50[℃]의 저온이 된다.
③ 상부탑에는 다수의 정류판이 있어서 약 5[atm]의 압력으로 정류된다.
④ 하부탑에서는 약 0.5[atm]의 압력으로 정류된다.

해설 예제 중 옳은 내용
② 건조기에서 탈습된 원료 공기 중 약 절반은 피스톤식 팽창기에 이송되어 하부탑의 압력을 약 5[atm]까지 단열팽창하여 약 −150[℃]의 저온이 된다.
③ 하부탑에는 다수의 정류판이 있어 약 5[atm]의 압력하에서 공기가 정류되고 하부탑 상부에서는 액화질소가, 하부의 산소에서 순도 약 40[%]의 액체공기가 분리된다.
④ 상부탑에서는 약 0.5[atm]의 압력하에서 정류되고 상부탑 하부에서 순도 99.6~99.8[%]의 액화산소가 분리되어 액화산소 탱크에 저장된다.

Answer 81. ④ 82. ② 83. ③ 84. ①

85 저온장치의 운전 중 CO_2와 수분이 존재할 때 장치에 미치는 영향에 대한 설명으로 가장 적절한 것은?

① CO_2는 저온에서 탄소와 수소로 분해되어 영향이 없다.
② 얼음이 되어 배관밸브를 막아 흐름을 저해한다.
③ CO_2는 저장장치의 촉매 기능을 하므로 효율을 상승시킨다.
④ CO_2는 가스로 순도를 저하시킨다.

해설 저온장치에서 이산화탄소(CO_2)는 드라이아이스(고체탄산)가 되고, 수분은 얼음이 되어 밸브 및 배관을 폐쇄하므로 제거하여야 한다.

86 공기액화 장치에 아세틸렌가스가 혼입되면 안 되는 이유로 맞는 것은?

① 배관 내에서 동결되어 막히므로
② 산소의 순도가 나빠지기 때문에
③ 질소와 산소의 분리가 방해되므로
④ 분리기내의 액체산소 탱크에 들어가 폭발하기 때문에

해설 원료공기 중에 아세틸렌이 혼입되면 공기액화 분리기 내의 동과 접촉하여 동-아세틸드를 생성하여 산소 중에서 폭발의 위험성이 있기 때문이다.

87 [그림]은 공기의 분리장치로 쓰이고 있는 복식정류탑의 구조도이다. 흐름 "A"의 액의 성분과 장치 "B"의 명칭을 옳게 나타낸 것은?

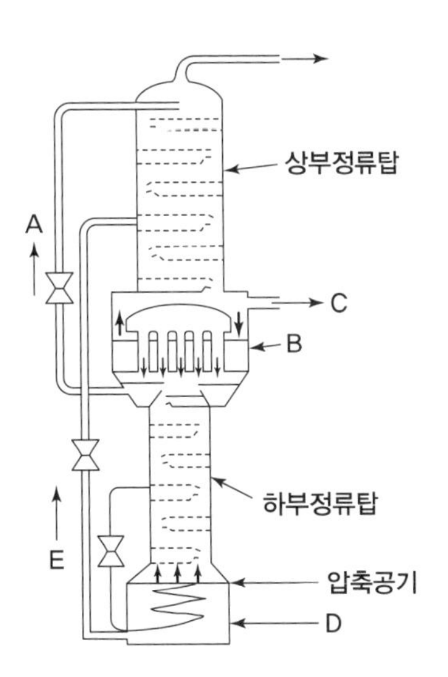

① A : O_2가 풍부한 액, B : 증류드럼
② A : N_2가 풍부한 액, B : 응축기
③ A : O_2가 풍부한 액, B : 응축기
④ A : N_2가 풍부한 액, B : 증류드럼

해설 각 기호의 명칭 및 성분
A : N_2가 풍부한 액
B : 응축기
C : O_2 D : 증류드럼
E : O_2가 풍부한 액

88 다음은 저압식 공기액화 분리장치의 작동 개요의 일부이다. ( ) 안에 각각 알맞은 수치를 옳게 나열한 것은?

> 저압식 공기액화 분리장치의 복식 정류탑에서는 하부탑에서 약 5[atm]의 압력 하에서 원료공기가 정류되고, 동탑 상부에서는 (ⓐ)[%] 정도의 액체질소가, 탑 하부에서는 (ⓑ)[%] 정도의 액체공기가 분리된다.

① ⓐ 98 ⓑ 40
② ⓐ 40 ⓑ 98
③ ⓐ 78 ⓑ 30
④ ⓐ 30 ⓑ 78

Answer 85. ② 86. ④ 87. ② 88. ①

89 저압식 공기액화 분리장치에 탄산가스 흡착기를 설치하는 주된 목적은?

① 공기량 증가
② 축열기 효율 증대
③ 팽창 터빈 보호
④ 정제산소 및 질소 순도 증가

90 액화산소 용기에 액화산소가 50[kg] 충전되어 있다. 용기의 외부에서 액화산소에 대해 매시 5[kcal]의 열량이 주어진다면 액화산소량이 1/2로 감소되는 데는 몇 시간이 필요한가? (단, 비점에서의 O_2의 증발잠열은 1600[cal/mol]이다.)

① 100 시간 ② 125 시간
③ 175 시간 ④ 250 시간

해설 ㉮ 산소의 증발잠열을 [kcal/kg]으로 환산

$$\therefore \text{증발잠열} = \frac{1600[\text{cal/mol}]}{32[\text{g/mol}]} = 50[\text{cal/g}] = 50[\text{kcal/kg}]$$

㉯ 필요시간 계산

$$\therefore \text{필요시간} = \frac{\text{증발에 필요한 열량}}{\text{시간당 공급열량}} = \frac{50 \times \frac{1}{2} \times 50}{5} = 250\text{시간}$$

91 어떤 용기에 액체질소 56[kg]이 충전되어 있다. 외부에서의 열이 매시간 10[kcal]씩 액체질소에 공급될 때 액체질소가 28[kg]으로 감소되는데 걸리는 시간은? (단, N_2의 증발잠열은 1600[cal/mol]이다.)

① 16 시간 ② 32 시간
③ 160 시간 ④ 320 시간

해설 ㉮ 질소의 증발잠열을 [kcal/kg]으로 환산

$$\therefore \text{증발잠열} = \frac{1600[\text{cal/mol}]}{28[\text{g/mol}]} = 57.14[\text{cal/g}] = 57.14[\text{kcal/kg}]$$

㉯ 필요시간 계산

$$\therefore \text{필요시간} = \frac{\text{증발에 필요한 열량}}{\text{시간당 공급열량}} = \frac{28 \times 57.14}{10} = 159.992\text{시간}$$

92 1000[L]의 액산탱크에 액산을 넣어 방출밸브를 개방하여 12시간 방치했더니 탱크 내의 액산이 4.8[kg] 방출되었다면 1시간당 탱크에 침입하는 열량은 몇 [kcal]인가? (단, 액산의 증발잠열은 60[kcal/kg]이다.)

① 12 ② 24
③ 70 ④ 150

해설 $$\text{침입열량} = \frac{\text{증발잠열량}}{\text{측정시간}} = \frac{4.8 \times 60}{12} = 24[\text{kcal/h}]$$

Answer 89. ③ 90. ④ 91. ③ 92. ②

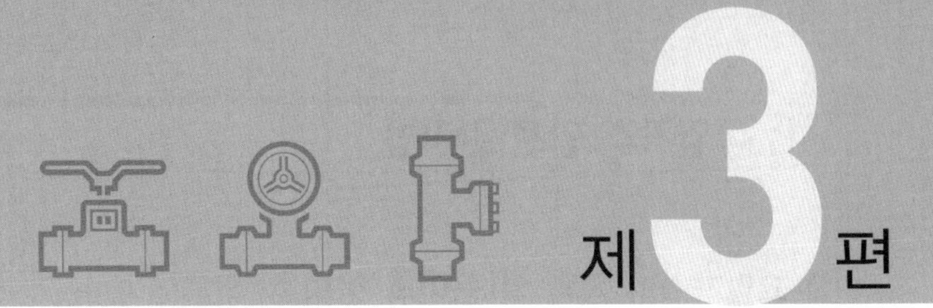

법규 및 안전관리

1장 가스관계 법규

1. 고압가스 안전 관리법

1) 고압가스의 종류 및 용어의 정의

(1) 목적 (법 제1조)

고압가스의 제조 · 저장 · 판매 · 운반 · 사용과 고압가스의 용기 · 냉동기 · 특정설비 등의 제조와 검사 등에 관한 사항을 정함으로써 고압가스로 인한 위해(危害)를 방지하고 공공의 안전을 확보함을 목적으로 한다.

(2) 고압가스의 종류 및 범위 (시행령 제2조)

1. 상용(常用)의 온도에서 압력(게이지압력)이 1[MPa]이 되는 압축가스로서 실제로 그 압력이 1[MPa] 이상이 되는 것 또는 35[℃]의 온도에서 압력이 1[MPa] 이상이 되는 압축가스(아세틸렌가스를 제외한다)
2. 15[℃]의 온도에서 압력이 0[Pa] 초과하는 아세틸렌가스
3. 상용의 온도에서 압력이 0.2[MPa] 이상이 되는 액화가스로서 실제로 그 압력이 0.2[MPa] 이상이 되는 것 또는 압력이 0.2[MPa]이 되는 경우의 온도가 35[℃] 이하인 액화가스
4. 35[℃]의 온도에서 압력이 0[Pa]을 초과하는 액화가스 중 액화시안화수소, 액화브롬화메탄 및 액화산화에틸렌가스

(3) 용어의 정의(법 제3조)

1. 저장소 : 산업통상자원부령으로 정하는 일정량 이상의 고압가스를 용기나 저장탱크로 저장하는 일정한 장소
   ㉮ 액화가스의 경우에는 5[톤]. 다만, 독성가스인 액화가스의 경에는 1[톤](허용농도가 100만분의 200 이하인 독성가스인 경우에는 100[kg])
   ㉯ 압축가스의 경우에는 500[m^3]. 다만, 독성가스인 압축가스의 경우에는 100[m^3](허용농도가 100만분의 200 이하인 독성가스인 경우에는 10[m^3])

2. 용기(容器) : 고압가스를 충전하기 위한 것(부속품 포함)으로서 이동할 수 있는 것
3. 저장탱크 : 고압가스를 저장하기 위한 것으로서 일정한 위치에 고정 설치된 것
4. 냉동기 : 고압가스를 사용하여 냉동을 하기 위한 기기(機器)로서 산업통상자원부령이 정하는 냉동능력이상인 것 → 시행규칙 [별표3]에 따른 냉동능력 산정기준에 따라 계산된 냉동능력 3[톤]을 말한다.
5. 특정설비 : 저장탱크와 산업통상자원부령으로 정하는 고압가스 관련 설비
   ㉮ 안전밸브, 긴급차단장치, 역화방지장치
   ㉯ 기화장치
   ㉰ 압력용기
   ㉱ 자동차용 가스 자동주입기
   ㉲ 독성가스 배관용 밸브
   ㉳ 냉동설비([별표11] 제4호 나목에서 정하는 일체형 냉동기는 제외)를 구성하는 압축기, 응축기, 증발기 또는 압력용기(이하 "냉동용 특정설비"라 한다.)
   ㉴ 특정고압가스용 실린더 캐비닛
   ㉵ 자동차용 압축천연가스 완속 충전설비(처리능력이 18.5[m^3/h] 미만인 충전설비)
   ㉶ 액화석유가스용 용기 잔류가스 회수장치
6. 정밀안전검진 : 대형(大型) 가스 사고를 방지하기 위하여 오래되어 낡은 고압가스제조 시설의 가동을 중지한 상태에서 가스안전관리 전문기관이 정기적으로 첨단장비와 기술을 이용하여 잠재된 위험요소와 원인을 찾아내고 그 제거방법을 제시하는 것

(4) 용어의 정의 (시행규칙 제2조)

1. 가연성가스 : 아크릴로니트릴, 아크릴알데히드, 아세트알데히드, 아세틸렌, 암모니아, 수소, 황화수소, 시안화수소, 일산화탄소, 이황화탄소, 메탄, 염화메탄, 브롬화메탄, 에탄, 염화에탄, 염화비닐, 에틸렌, 산화에틸렌, 프로판, 시클로프로판, 프로필렌, 산화프로필렌, 부탄, 부타디엔, 부틸렌, 메틸에테르, 모노메틸아민, 디메틸아민, 트리메틸아민, 에틸아민, 벤젠, 에틸벤젠 및 그 밖에 공기 중에서 연소하는 가스로서 폭발한계(공기와 혼합된 경우 연소를 일으킬 수 있는 공기 중의 가스 농도의 한계를 말한다.)의 하한이 10[%] 이하인 것과 폭발한계의 상한과 하한의 차가 20[%] 이상인 것
2. 독성가스 : 아크릴로니트릴, 아크릴알데히드, 아황산가스, 암모니아, 일산화탄소, 이황화탄소, 불소, 염소, 브롬화메탄, 염화메탄, 염화프렌, 산화에틸렌, 시안화수소, 황화수소, 모노메틸아민, 디메틸아민, 트리메틸아민, 벤젠, 포스겐, 요오드화수소, 브롬화수소, 염화수소, 불화수소, 겨자가스, 알진, 모노실란, 디실란, 디보레인, 셀렌화수소, 포스핀, 모노게르만 및 그 밖에 공기 중에 일정량 이상 존재하는 경우 인체에 유

해한 독성을 가진 가스로서 허용농도가 100만분의 5000 이하인 것

참•고

허용농도 기준

① 개정 전 허용농도 : 정상인이 1일 8시간 또는 1주 40시간 통상적인 작업을 수행함에 있어 건강상 나쁜 영향을 미치지 아니하는 정도의 공기 중의 가스의 농도를 말한다. → TLV-TWA(치사허용 시간 가중치[致死許容 時間 加重値] Threshold Limit Value-Time Weighted Average)로 표시

② 개정된 허용농도 : 해당 가스를 성숙한 흰쥐 집단에게 대기 중에서 1시간 동안 계속하여 노출시킨 경우 14일 이내에 그 흰쥐의 2분의 1 이상이 죽게 되는 가스의 농도를 말한다. → LC50(치사농도[致死濃度] 50 : Lethal concentration 50)으로 표시

3. 액화가스 : 가압, 냉각 등의 방법에 의하여 액체 상태로 되어 있는 것으로서 대기압에서의 비점이 40[℃] 이하 또는 상용의 온도 이하인 것
4. 압축가스 : 일정한 압력으로 압축되어 있는 가스
5. 저장설비 : 고압가스를 충전 저장하기 위한 설비로서 저장탱크 및 충전용기 보관설비
6. 저장능력 : 저장설비에 저장 할 수 있는 고압가스의 양으로서 [별표 1]에 따라 산정된 것
7. 저장탱크 : 고압가스를 충전, 저장하기 위하여 지상 또는 지하에 고정 설치된 탱크
8. 초저온 저장탱크 : -50[℃] 이하의 액화가스를 저장하기 위한 저장탱크로서 단열재를 씌우거나 냉동설비로 냉각시키는 등의 방법으로 저장탱크내의 가스온도가 상용의 온도를 초과하지 아니하도록 한 것
9. 저온 저장탱크 : 액화가스를 저장하기 위한 저장탱크로서 단열재를 씌우거나 냉동설비로 냉각하는 등의 방법으로 저장탱크내의 가스온도가 상용의 온도를 초과하지 아니하도록 한 것 중 초저온 저장탱크와 가연성가스 저온저장 탱크를 제외한 것
10. 가연성가스 저온저장탱크 : 대기압에서의 끓는점이 0[℃] 이하인 가연성가스를 0[℃] 이하인 액체 또는 해당 가스의 기상부의 상용압력이 0.1[MPa] 이하인 액체 상태로 저장하기 위한 저장탱크로서 단열재를 씌우거나 냉동설비로 냉각하는 등의 방법으로 저장탱크내의 가스온도가 상용 온도를 초과하지 아니하도록 한 것
11. 차량에 고정된 탱크 : 고압가스의 수송, 운반을 위하여 차량에 고정 설치된 탱크
12. 초저온용기 : -50[℃] 이하의 액화가스를 충전하기 위한 용기로서 단열재를 씌우거나 냉동설비로 냉각시키는 등의 방법으로 용기내의 가스온도가 상용 온도를 초과하지 아니하도록 한 것
13. 저온용기 : 액화가스를 충전하기 위한 용기로서 단열재를 씌우거나 냉동설비로 냉각시키는 등의 방법으로 용기내의 가스온도가 상용의 온도를 초과하지 아니하도록 한 것 중 초저온용기 외의 것

14. 충전용기 : 고압가스의 충전 질량 또는 충전압력의 2분의 1 이상이 충전되어 있는 상태의 용기
15. 잔가스용기 : 고압가스의 충전 질량 또는 충전압력의 2분의 1 미만이 충전되어 있는 상태의 용기
16. 가스설비 : 고압가스의 제조, 저장설비(제조, 저장설비에 부착된 배관을 포함하며, 사업소 밖에 있는 배관을 제외)중 가스(제조, 저장된 고압가스, 제조공정 중에 있는 고압가스가 아닌 상태의 가스 및 해당 고압가스제조의 원료가 되는 가스)가 통하는 부분
17. 고압가스설비 : 가스설비 중 고압가스가 통하는 부분
18. 처리설비 : 압축, 액화 그 밖의 방법으로 가스를 처리할 수 있는 설비 중 고압가스의 제조(충전을 포함)에 필요한 설비와 저장탱크에 딸린 펌프, 압축기 및 기화장치
19. 감압설비 : 고압가스의 압력을 낮추는 설비
20. 처리능력 : 처리설비 또는 감압설비에 의하여 압축, 액화 그 밖의 방법으로 1일에 처리할 수 있는 가스의 양(온도 0[℃], 게이지압력 0[Pa]의 상태를 기준)
21. 불연재료 : 건축법시행령 제2조 제1항 제10호에 따른 불연재료
22. 방호벽(防護壁) : 높이 2[m] 이상, 두께 12[cm] 이상의 철근콘크리트 또는 이와 같은 수준 이상의 강도를 가지는 구조의 벽
23. 보호시설 : 제1종 보호시설 및 제2종 보호시설로서 [별표 2]에서 정한 것
24. 용접용기 : 동판 및 경판을 각각 성형하고 용접하여 제조한 용기
25. 이음매 없는 용기 : 동판 및 경판을 일체(一體)로 성형하여 이음매가 없이 제조한 용기
26. 접합 또는 납붙임용기 : 동판 및 경판을 각각 성형하여 심(seam)용접이나 그 밖의 방법으로 접합하거나 납붙임하여 만든 내용적 1[L] 이하인 1회용 용기
27. 충전설비 : 용기 또는 차량에 고정된 탱크에 고압가스를 충전하기 위한 설비로서 충전기와 저장탱크에 딸린 펌프, 압축기
28. 특수고압가스 : 압축모노실란, 압축디보레인, 액화알진, 포스핀, 셀렌화수소, 게르만, 디실란 및 그 밖에 반도체의 세정 등 산업통상자원부장관이 인정하는 특수한 용도에 사용되는 고압가스

2) 고압가스 법규

(1) 고압가스 제조허가

① 고압가스 제조허가 : 특별자치도지사, 시장, 군수 또는 구청장(자치구의 구청장을 말하며 이하 시장, 군수 또는 구청장이라 한다.) (법 제4조)

② 고압가스 제조허가의 종류 (시행령 제3조)
㉮ 고압가스특정제조
㉯ 고압가스일반제조
㉰ 고압가스충전
㉱ 냉동제조 : 냉동능력 20[톤] 이상

③ 고압가스 특정제조허가의 대상 (시행규칙 제3조)
㉮ 석유정제업자의 석유정제시설 또는 그 부대시설에서 고압가스를 제조하는 것으로서 그 저장능력이 100[톤] 이상인 것
㉯ 석유화학공업자(석유화학공업 관련사업자를 포함)의 석유화학공업시설(석유화학 관련시설을 포함) 또는 그 부대시설에서 고압가스를 제조하는 것으로서 그 저장능력이 100[톤] 이상이거나 처리능력이 10000[m^3] 이상인 것
㉰ 철강공업자의 철강공업시설 또는 그 부대시설에서 고압가스를 제조하는 것으로서 그 처리능력이 100000[m^3] 이상인 것
㉱ 비료생산업자의 비료제조시설 또는 그 부대시설에서 고압가스를 제조하는 것으로서 그 저장능력이 100[톤] 이상이거나 처리능력이 100000[m^3] 이상인 것
㉲ 그밖에 산업통상자원부장관이 정하는 시설에서 고압가스를 제조하는 것으로서 그 저장능력 또는 처리능력이 산업통상자원부장관이 정하는 규모 이상인 것

(2) 변경허가, 변경신고, 변경등록 사항 (시행규칙 제4조)

① 사업소의 위치 변경
② 제조, 저장 또는 판매하는 고압가스의 종류 또는 압력의 변경
③ 저장설비의 교체 설치, 저장설비의 위치 또는 능력의 변경
④ 가연성 가스 또는 독성가스를 냉매로 사용하는 냉동설비 중 압축기, 응축기, 증발기, 수액기의 교체 설치 또는 위치 변경
⑤ 상호의 변경
⑥ 대표자의 변경(법인인 경우만 해당)

(3) 제조 등록

① 용기, 냉동기 또는 특정설비("용기 등" 이라 함)의 제조 등록 및 변경 : 시장, 군수 또는 구청장에게 등록 (법 제5조)
② 용기·냉동기 또는 특정설비의 제조등록 대상범위 (시행령 제5조)
㉮ 용기제조 : 고압가스를 충전하기 위한 용기(내용적 3[dL] 미만의 용기 제외), 그 부속품인 밸브 및 안전밸브를 제조하는 것

㈏ 냉동기제조 : 냉동능력이 3[톤] 이상인 냉동기를 제조하는 것

㈐ 특정설비제조 : 고압가스의 저장탱크(지하 암반동굴식 저장탱크를 제외), 차량에 고정된 탱크 및 산업통상자원부령이 정하는 고압가스 관련 설비를 제조하는 것

(4) 외국 용기 등의 제조등록

① 외국 용기 등의 제조등록 대상 범위 (시행령 제5조의 2)

㈎ 고압가스를 충전하기 위한 용기(내용적 3[dL] 미만의 용기 제외), 그 부속품인 밸브 및 안전밸브를 제조하는 것

㈏ 고압가스 특정설비 중 다음 어느 하나에 해당하는 설비를 제조하는 것

ⓐ 저장탱크

ⓑ 차량에 고정된 탱크

ⓒ 압력용기

ⓓ 독성가스 배관용 밸브

ⓔ 냉동설비(일체형 냉동설비 제외)를 구성하는 압축기, 응축기, 증발기 또는 압력용기

ⓕ 긴급차단장치

ⓖ 안전밸브

② 외국용기 등 제조등록 면제 (시행규칙 제9조의 2)

㈎ 시험·연구개발용으로 수입되는 용기 등

㈏ 주한 외국기관에서 사용하기 위하여 수입되는 것으로서 외국의 검사를 받은 용기 등

㈐ 산업기계설비 등에 부착되어 수입되는 용기 등

㈑ 용기 등의 제조자 또는 수입업자가 견본으로 수입하는 용기 등

㈒ 고압가스를 수입할 목적으로 수입되어 용기 내 고압가스가 소진된 후 반송되는 것으로서 외국의 검사기관으로부터 검사를 받은 용기 등

㈓ 특수고압가스를 충전하는 것으로서 국내에서 제조되지 아니하는 용기

㈔ 에어졸용 용기

㈕ 수출을 목적으로 수입하는 용기 등

㈖ 냉동용 특정설비와 그 특정설비 및 냉동기에 부착되어 수입되는 안전밸브 및 독성가스 배관용 밸브

㈗ 그 밖에 외국용기 등의 제조등록이 곤란하다고 산업통상자원부장관이 인정하여 고시하는 용기 등

(5) 고압가스 운반자의 등록

① 시장, 군수 또는 구청장에게 등록 (법 제5조의 4)

② 고압가스 운반자의 등록대상 범위 (시행령 제5조의 4)

㉮ 허용농도가 100만분의 200 이하인 독성가스를 운반하는 차량

㉯ 차량에 고정된 탱크로 고압가스를 운반하는 차량

㉰ 차량에 고정된 2개 이상을 이음매가 없이 연결한 용기로 고압가스를 운반하는 차량

㉱ 산업통상자원부령으로 정하는 탱크컨테이너로 고압가스를 운반하는 차량

(6) 결격사유 (법 제6조)

① 피성년 후견인

② 파산선고를 받고 복권되지 아니한 자

③ 형법 및 액화석유가스의 안전관리 및 사업법, 도시가스사업법 또는 고압가스 안전관리법을 위반하여 징역이상의 실형의 선고를 받고 그 집행이 끝나거나 집행이 면제된 날부터 2년이 지나지 아니한 자

④ 형법 및 액화석유가스의 안전관리 및 사업법, 도시가스사업법을 위반하여 징역이상의 형의 집행유예선고를 받고 그 유예기간 중에 있는 자

⑤ 허가나 등록이 취소된 후 2년이 지나지 아니한 자

⑥ 대표자가 ①호부터 ⑤호까지의 규정 중 어느 하나에 해당하는 법인

(7) 안전성 향상계획의 내용 (시행령 제10조)

① 공정안전자료

② 안전성 평가서

③ 안전운전계획

④ 비상조치계획

⑤ 그 밖에 안전성향상을 위하여 산업통상자원부장관이 필요하다고 인정하여 고시하는 사항

(8) 공급자의 의무

① 공급자의 의무 (법 제10조)

㉮ 고압가스제조자나 고압가스판매자가 고압가스를 수요자에게 공급할 때에는 그 수요자의 시설에 대하여 안전점검을 하여야 하며, 산업통상자원부령으로 정하는 바에 따라 수요자에게 위해 예방에 필요한 사항을 계도하여야 한다.

㉯ 고압가스제조자나 고압가스판매자는 안전점검을 한 결과 수요자의 시설 중 개선되어야 할 사항이 있다고 판단되면 그 수요자에게 그 시설을 개선하도록 하여야 한다.

㉰ 고압가스제조자나 고압가스판매자는 고압가스의 수요자가 그 시설을 개선하지 아니하면 그 수요자에 대한 고압가스의 공급을 중지하고 지체 없이 그 사실을 시장, 군수 또는 구청장에게 신고하여야 한다.

㉱ 신고를 받은 시장, 군수 또는 구청장은 고압가스의 수요자에게 그 시설의 개선을 명하여야 한다.

② 공급자의 의무 (시행규칙 제16조)

㉮ 고압가스제조자 또는 고압가스판매자(이하 "공급자"라 한다)는 그 수요자에게 1년에 1회 이상 가스의 사용방법 및 취급요령 등 위해 예방을 위한 계도물을 작성·배포하고, 그 실시기록을 작성하여 이를 2년간 보존하여야 한다.

㉯ 공급자의 공급중지 신고서 : 시장, 군수, 구청장에게 제출

㉰ 안전점검의 실시에 필요한 점검자의 자격 인원, 점검장비, 점검기준 그밖에 필요한 사항은 [별표 14]와 같다.

(9) 안전관리자

① 안전관리자 선임 (법 15조)

㉮ 사업자 등과 특정고압가스 사용신고자

㉯ 고압가스제조자로서 냉동기를 사용하여 고압가스를 제조하는 자

㉰ 저장소의 설치허가를 받은자(고압가스 저장자)로서 비가연성, 비독성 고압가스 저장자

㉱ 안전관리자 선임 기간 : 해임 또는 퇴직한 날로부터 30일 이내

㉲ 안전관리자가 여행과 질병, 그 밖의 사유로 인하여 일시적으로 그 직무를 수행할 수 없으면 대리자를 지정하여 그 직무를 대행하게 하여야 한다.

㉳ 사업자 등, 특정고압가스 사용신고자, 수탁 관리자 및 종사자는 안전관리자의 안전에 관한 의견을 존중하고 권고에 따라야 한다.

㉴ 허가관청, 신고관청, 등록관청 또는 사용신고관청은 안전관리자가 그 직무를 성실히 수행하지 아니하면 그 안전관리자를 선임한 사업자 등, 특정고압가스 사용신고자 또는 수탁 관리자에게 그 안전관리자의 해임을 요구할 수 있다.

㉵ 허가관청, 신고관청, 등록관청 또는 사용신고관청은 안전관리자의 해임을 요구하면 그 안전관리자에 대하여 국가기술자격법에 따른 기술자격의 취소나 정지를 하여 줄 것을 산업통상자원부장관에게 요청할 수 있다.

② 안전관리자의 종류 및 자격 (시행령 제12조)

㉮ 안전관리자의 종류 : 안전관리 총괄자, 안전관리 부총괄자, 안전관리책임자, 안전관리원

㉯ 안전관리 총괄자는 해당 사업자(법인의 경우에는 그 대표자) 또는 특정고압가스 사용신고시설(이하 "사용신고시설"이라 한다)을 관리하는 최상급자로 하며, 안전관리 부총괄자는 해당 사업자의 시설을 직접 관리하는 최고책임자로 한다.

㉰ 안전관리자의 자격과 선임인원은 [별표 3]과 같다

③ 안전관리자의 업무 (시행령 제13조)

㉮ 사업소 또는 사용신고시설의 시설, 용기 등 또는 작업과정의 안전유지

㉯ 용기 등의 제조공정관리

㉰ 공급자의 의무이행 확인

㉱ 안전관리규정의 시행 및 그 기록의 작성, 보존

㉲ 사업소 또는 사용신고시설의 종사자에 대한 안전관리를 위하여 필요한 지휘, 감독

㉳ 그 밖의 위해방지 조치

(10) 중간검사 및 완성검사 (법 제16조)

① 중간검사를 받아야 하는 공정 (시행규칙 제28조)

㉮ 가스설비 또는 배관의 설치가 완료되어 기밀시험 또는 내압시험을 할 수 있는 상태의 공정

㉯ 저장탱크를 지하에 매설하기 직전의 공정

㉰ 배관을 지하에 설치하는 경우 한국가스안전공사가 지정하는 부분을 매몰하기 직전의 공정

㉱ 한국가스안전공사가 지정하는 부분의 비파괴시험을 하는 공정

㉲ 방호벽 또는 저장탱크의 기초설치 공정

㉳ 내진설계(耐震設計) 대상 설비의 기초설치 공정

② 시공기록 등의 작성, 보존 (시행규칙 제28조의 3)

㉮ 시공기록 : 5년간 보존

㉯ 완공 도면 : 영구히 보존

㉰ 시공기록 내용

ⓐ 비파괴검사 성적서, 도면 및 필름

ⓑ 전기부식방지시설의 전위측정에 관한 결과서

ⓒ 지장물 및 암반 등 특별관리가 필요한 지점의 공사시행에 관한 사진

(11) 정기검사 및 수시검사(법 16조의 2)

허가를 받은 자(용기에 의한 고압가스판매자는 제외)나 신고를 한 자 또는 등록을 한 자는 정기적으로 또는 수시로 허가관청, 신고관청 또는 등록관청의 검사를 받아야 한다.

(12) 용기 등의 검사 (법 제17조)

① 용기 등을 제조, 수리 또는 수입한 자(외국용기 등 제조자를 포함)는 당해 용기 등을 판매하거나 사용하기 전에 산업통상자원부장관, 시장, 군수 또는 구청장의 검사를 받아야 한다.

② 용기나 특정설비에 대하여 재검사를 받아야 하는 경우 : 시장, 군수 또는 구청장에게

㉮ 산업통상자원부령이 정하는 기간의 경과

㉯ 손상의 발생

㉰ 합격표시의 훼손

㉱ 충전할 고압가스 종류의 변경

③ 용기 등의 검사 전부를 생략 (시행령 제15조)

㉮ 시험용 또는 연구개발용으로 수입하는 것

㉯ 수출용으로 제조하는 것

㉰ 주한 외국기관에서 사용하기 위하여 수입하는 것으로서 외국의 검사를 받은 것

㉱ 산업기계설비 등에 부착되어 수입하는 것

㉲ 용기 등의 제조자 또는 수입업자가 견본으로 수입하는 것

㉳ 소화기에 내장되어 있는 것

㉴ 고압가스를 수입할 목적으로 수입되어 6개월 이내에 반송되는 외국인 소유의 용기로서 외국의 검사를 받은 것

㉵ 수출을 목적으로 수입하는 것

㉶ 산업통상자원부령이 정하는 경미한 수리를 한 것

(13) 특정고압가스

① 사용신고대상 가스 (법 제20조) : 수소, 산소, 액화암모니아, 아세틸렌, 액화염소, 천연가스, 압축모노실란, 압축디보레인, 액화알진 그밖에 대통령령이 정하는 고압가스 → 시장, 군수 또는 구청장에게 신고

② 대통령령이 정하는 고압가스 (시행령 제16조) : 포스핀, 셀렌화수소, 게르만, 디실란, 오불화비소, 오불화인, 삼불화인, 삼불화질소, 삼불화붕소, 사불화유황, 사불화규소

③ 특정고압가스의 사용신고 대상 (시행규칙 제46조)

㉮ 저장능력 250[kg] 이상인 액화가스 저장설비를 갖추고 특정고압가스를 사용하려

는 자

㉯ 저장능력 50[m^3] 이상인 압축가스 저장설비를 갖추고 특정고압가스를 사용하려는 자

㉰ 배관으로 특정고압가스(천연가스 제외)를 공급받아 사용하려는 자

㉱ 압축모노실란, 압축디보레인, 액화알진, 포스핀, 셀렌화수소, 게르만, 디실란, 오불화비소, 오불화인, 삼불화인, 삼불화질소, 삼불화붕소, 사불화유황, 사불화규소, 액화염소 또는 액화암모니아를 사용하려는 자. 다만, 시험용으로 사용하려 하거나 시장, 군수 또는 구청장이 지정하는 지역에서 사료용으로 볏짚 등을 발효하기 위하여 액화암모니아를 사용하려는 경우는 제외한다.

㉲ 자동차 연료용으로 특정고압가스를 공급받아 사용하려는 자

㉳ 특정고압가스 사용신고를 하려는 자는 사용개시 7일전까지 시장, 군수 또는 구청장에게 제출하여야 한다.

2. 액화석유가스의 안전관리 및 사업법

1) 액화석유가스 용어의 정의

(1) 목적 (법 제1조)

액화석유가스의 충전·저장·판매·사용 및 가스용품의 안전관리에 관한 사항을 정하여 공공의 안전을 확보하고 액화석유가스사업을 합리적으로 조정하여 액화석유가스를 적정히 공급·사용하게 함을 목적으로 한다.

(2) 용어의 정의 (법 제2조)

1. 액화석유가스 : 프로판이나 부탄을 주성분으로 한 가스를 액화한 것(기화된 것을 포함)
2. 액화석유가스충전사업 : 저장시설에 저장된 액화석유가스를 용기에 충전(배관을 통하여 다른 저장탱크에 이송하는 것을 포함)하거나 자동차에 고정된 탱크에 충전하여 공급하는 사업
3. 액화석유가스충전사업자 : 액화석유가스충전사업의 허가를 받은 자
4. 액화석유가스 집단공급사업 : 액화석유가스를 일반의 수요에 따라 배관을 통하여 연료로 공급하는 사업
5. 액화석유가스 집단공급 사업자 : 액화석유가스 집단공급사업의 허가를 받은 자
6. 액화석유가스 판매사업 : 용기에 충전된 액화석유가스를 판매하거나 자동차에 고정된 탱크에 충전된 액화석유가스를 산업통상자원부령으로 정하는 규모 이하의 저장설비에

공급하는 사업

7. 액화석유가스 판매사업자 : 액화석유가스 판매사업의 허가를 받은 자
8. 가스용품 제조사업 : 액화석유가스 또는 도시가스사업법에 따른 연료용 가스를 사용하기 위한 기기(機器)를 제조하는 사업
9. 가스용품 제조사업자 : 가스용품 제조사업의 허가를 받은 자
10. 액화석유가스저장소 : 산업통상자원부령으로 정하는 일정량이상의 액화석유가스를 용기 또는 저장탱크에 의하여 저장하는 일정한 장소
    ㉮ 내용적 1[L] 미만의 용기에 충전하는 액화석유가스의 경우에는 500[kg]
    ㉯ ㉮호 외의 저장설비(관리주체가 있는 공동주택의 저장설비는 제외)는 저장능력 5[톤]
11. 액화석유가스 저장자 : 액화석유가스 저장소의 설치허가를 받은 자
12. 정밀안전진단 : 가스안전관리 전문기관이 가스사고를 방지하기 위하여 가스공급시설에 대하여 장비와 기술을 이용하여 잠재된 위험요소와 원인을 찾아내는 것

(3) 용어의 정의 (시행규칙 제2조)

1. 저장설비 : 액화석유가스를 저장하기 위한 설비로서 저장탱크, 마운드형 저장탱크, 소형저장탱크 및 용기(용기집합설비와 충전용기 보관실을 포함)
2. 저장탱크 : 액화석유가스를 저장하기 위하여 지상 또는 지하에 고정 설치된 탱크로서 그 저장능력이 3[톤] 이상인 탱크
3. 마운드형 저장탱크 : 액화석유가스를 저장하기 위하여 지상에 설치된 원통형 탱크에 흙과 모래를 사용하여 덮은 탱크로서 자동차에 고정된 탱크 충전사업 시설에 설치되는 탱크
4. 소형저장탱크 : 액화석유가스를 저장하기 위하여 지상 또는 지하에 고정 설치된 탱크로서 그 저장능력이 3[톤] 미만인 탱크
5. 용기집합설비 : 2개 이상의 용기를 집합(集合)하여 액화석유가스를 저장하기 위한 설비로서 용기, 용기집합장치, 자동절체기와 이를 접속하는 관 및 그 부속설비
6. 자동차에 고정된 탱크 : 액화석유가스의 수송, 운반을 위하여 자동차에 고정 설치된 탱크
7. 충전용기 : 액화석유가스 충전질량의 2분의 1 이상이 충전되어 있는 상태의 용기
8. 잔가스용기 : 액화석유가스 충전질량의 2분의 1미만이 충전되어 있는 상태의 용기
9. 가스설비 : 저장설비 외의 설비로서 액화석유가스가 통하는 설비(배관 제외)와 그 부속설비
10. 충전설비 : 용기 또는 자동차에 고정된 탱크에 액화석유가스를 충전하기 위한 설비로서 충전기와 저장탱크에 부속된 펌프 및 압축기
11. 용기가스소비자 : 용기에 충전된 액화석유가스를 연료로 사용하는 자. 다만, 액화석

유가스를 자동차연료용, 용기내장형 가스난방기용, 이동식 부탄연소기용, 공업용 또는 선박용으로 사용하는 자와 이동하면서 사용하는 자는 제외한다.

12. 공급설비 : 용기가스 소비자에게 액화석유가스를 공급하기 위한 설비로서 다음에 정하는 설비
   ㉮ 액화석유가스를 부피단위로 계량하여 판매하는 방법(체적판매방법)으로 공급하는 경우에는 용기에서 가스계량기 출구까지의 설비
   ㉯ 액화석유가스를 무게단위로 계량하여 판매하는 방법(중량판매방법)으로 공급하는 경우에는 용기
13. 소비설비 : 용기가스소비자가 액화석유가스를 사용하기 위한 설비로서 다음에 정하는 설비
   ㉮ 체적판매방법으로 액화석유가스를 공급하는 경우에는 가스계량기 출구에서 연소기까지의 설비
   ㉯ 중량판매방법으로 액화석유가스를 공급하는 경우에는 용기 출구에서 연소기까지의 설비
14. 불연재료 : 건축법 시행령 제2조 제10호에 따른 불연재료
15. 방호벽 : 높이 2[m] 이상, 두께 12[cm] 이상의 철근콘크리트 또는 이와 같은 수준 이상의 강도를 가지는 구조의 벽
16. 보호시설 : 제1종 보호시설과 제2종 보호시설로서 [별표 1]에서 정한 것
17. 다중이용시설 : 많은 사람이 출입, 이용하는 시설로서 [별표 2]에서 정한 것
18. 저장능력 : 저장설비에 저장할 수 있는 액화석유가스의 양으로서 [별표 3]의 저장능력 산정기준에 의하여 산정 된 것
19. 집단공급시설 : 저장설비에서 가스사용자가 소유하거나 점유하고 있는 건축물의 외벽(외벽에 가스계량기가 설치된 경우에는 그 계량기의 전단밸브)까지의 배관과 그 밖의 공급시설

2) 액화석유가스 법규

(1) 허가

① 사업의 허가 (법 제5조)
   ㉮ 액화석유가스 충전사업, 가스용품 제조사업, 액화석유가스 집단공급사업 : 사업소마다 특별자치시장, 특별자치도지사, 시장, 군수 또는 구청장(자치구의 구청장을 말하며 이하 "시장, 군수, 구청장"이라 함)
   ㉯ 액화석유가스 판매사업 : 판매소마다 시장, 군수, 구청장
   ㉰ 변경허가 : 허가관청의 변경허가를 받아야 한다.

㉱ 액화석유가스 충전사업자가 영업소를 두고자 할 때 : 영업소마다 시장, 군수, 구청장

㉲ 허가관청이 허가 또는 변경허가를 하면 허가한 날부터 7일 이내에 그 허가사항을 그 사업소, 판매소 또는 영업소의 소재지를 관할하는 소방서장에게 알려야 한다.

② 액화석유가스사업 허가의 종류 및 대상 범위 (시행령 제3조)

㉮ 액화석유가스 충전사업 허가 : 용기충전사업, 자동차에 고정된 용기 충전사업, 소형용기 충전사업, 가스난방기용기 충전사업, 자동차에 고정된 탱크 충전사업, 배관을 통한 저장탱크 충전사업으로 다음의 경우에는 제외

ⓐ 용기 또는 저장능력이 3톤 미만인 탱크로 가스라이터에 액화석유가스를 충전하는 경우

ⓑ 고압가스 안전관리법에 따른 고압가스제조(액화석유가스 제조만 해당)허가를 받은 자가 그 허가받은 내용에 따라 액화석유가스를 충전하는 경우

㉯ 가스용품 제조사업 : 액화석유가스 또는 도시가스를 사용하기 위한 연소기, 강제혼합식 가스버너 등 산업통상자원부령으로 정하는 가스용품을 제조하는 사업

㉰ 액화석유가스 집단공급사업 : 다음 각 항의 어느 하나에 해당하는 수요자에게 액화석유가스를 공급하는 사업. 다만, 소규모 사업자에 대한 집단공급이나 영리를 목적으로 하지 아니하는 집단공급으로서 산업통상자원부령으로 정하는 경우는 제외한다.

ⓐ 70개소 이상의 수요자(공동주택 단지의 경우에는 전체 가구수가 70가구 이상인 경우)

ⓑ 70개소 미만의 수요자로서 산업통상자원부령으로 정하는 수요자

㉱ 액화석유가스 판매사업 : 용기 판매사업, 용기 및 자동차에 고정된 탱크 판매사업 중 어느 하나에 해당하는 사업으로 다음 어느 하나에 해당하는 경우 허가의 대상에서 제외한다.

ⓐ 내용적 1[L] 미만의 용기에 충전된 액화석유가스를 판매하는 경우

ⓑ 액화석유가스 충전사업자 또는 고압가스 안전관리법에 따른 고압가스 제조(액화석유가스의 제조만 해당)허가를 받은 자가 그 허가받은 내용에 따라 액화석유가스를 판매하는 경우

③ 변경허가, 변경등록 및 변경신고 사항 (시행규칙 제7조)

㉮ 변경허가

ⓐ 사업소의 이전

ⓑ 사업소 부지의 확대나 축소(충전사업자, 집단공급사업자 및 저장자의 경우만 해당)

ⓒ 건축물 또는 시설의 설치, 폐지 또는 연면적의 변경

ⓓ 허가받은 사업소 안의 저장설비를 이용하여 허가받은 사업소 밖의 수요자에게

가스를 공급하려는 경우
ⓔ 저장설비나 가스설비 중 압력용기, 충전설비, 기화장치 또는 로딩암의 위치 변경
ⓕ 저장설비의 교체 설치
ⓖ 저장설비의 용량 증가
ⓗ 가스설비 중 압력용기, 충전설비, 로딩암 또는 자동차용 가스자동주입기의 수량 증가
ⓘ 기화장치의 수량 증가
ⓙ 벌크로리의 수량 증가
ⓚ 가스용품 종류의 변경

㈏ 변경신고 사항
ⓐ 상호의 변경
ⓑ 법인 대표자의 변경
ⓒ 저장설비의 용량 감소
ⓓ 판매시설 및 영업소의 저장설비 교체 설치나 용량 증가
ⓔ 가스설비 중 압력용기, 충전설비, 기화장치, 로딩암 또는 자동차용 가스 자동주입기의 수량 감소
ⓕ 벌크로리의 교체나 수량 감소
ⓖ 완성검사를 받기 전에 발생하는 사업소 부지의 확대나 축소 및 건축물이나 시설의 변경
ⓗ 사업소 부지의 확대나 축소
ⓘ 가스설비 중 압력용기, 펌프, 압축기 또는 로딩암의 수량 증가

㈐ 변경등록 사항
ⓐ 외국가스용품의 제조등록 : 사업소의 위치 변경, 벌크로리의 수량 증가
ⓑ 액화석유가스 위탁운송사업자의 등록 : 사업소의 위치 변경, 가스용품의 종류 변경, 가스용품의 제조규격 변경

(2) 안전관리자

① 안전관리자 선임 : 액화석유가스 사업자 등과 액화석유가스 특정사용자(법 제34조)
㈎ 선임기간 : 해임 또는 퇴직한 날부터 30일 이내
㈏ 선임기관 : 허가관청 또는 시장, 군수, 구청장에게 신고

② 안전관리자의 자격 (시행령 제15조)
㈎ 안전관리자의 종류 : 안전관리 총괄자, 안전관리 부총괄자, 안전관리책임자, 안전관리원
ⓐ 안전관리 총괄자 : 해당 사업자(법인의 경우 대표자), 액화석유가스 특정사용자

ⓑ 안전관리 부총괄자 : 당해 사업자의 시설을 직접 관리하는 최고책임자

㈏ 안전관리자의 자격과 선임인원은 [별표1]과 같다

③ 안전관리자의 선임 (시행규칙 제49조)

액화석유가스를 공급하는 사업자가 안전관리자를 선임하여야 하는 액화석유가스 특정사용시설은 다음 각 호와 같다.

㉮ 공동주택의 가스 사용시설

㉯ 공동주택의 가스사용시설 외의 시설로서 2명 이상의 사용자가 공동으로 액화석유가스를 사용하는 가스 사용시설

④ 안전관리자의 업무 (시행령 제16조)

㉮ 사업소 또는 액화석유가스 특정사용자의 액화석유가스 사용시설(이하 "액화석유가스 특정사용시설" 이라 함)의 안전유지 및 검사기록의 작성, 보존

㉯ 가스용품의 제조공정 관리

㉰ 공급자의 의무이행 확인

㉱ 안전관리규정의 실시기록의 작성, 보존

㉲ 정기검사 및 수시검사 결과 부적합 판정을 받은 시설의 개선

㉳ 사고의 통보

㉴ 사업소 또는 액화석유가스 특정사용시설의 종업원에 대한 안전관리를 위하여 필요한 사항의 지휘, 감독

㉵ 그 밖의 위해 방지 조치

(3) 안전성 확인 및 완성검사 (시행규칙 제51조)

① 안전성 확인을 받아야 하는 공사

㉮ 저장탱크를 지하에 매설하기 직전의 공정

㉯ 배관을 지하에 설치하는 경우로서 공사가 지정하는 부분을 매몰하기 직전의 공정

㉰ 공사가 지정하는 부분의 비파괴시험을 하는 공정

㉱ 방호벽 또는 지상형 저장탱크의 기초설치공정과 방호벽의 벽설치공정

② 완성검사를 받아야 하는 시설의 변경공사

㉮ 변경허가대상이 되는 변경공사

㉯ 변경허가대상에서 제외되는 변경공사 중 다음 각목의 어느 하나에 해당하는 공사

ⓐ 판매시설 및 영업소의 저장설비를 교체 설치하거나 용량을 증가하는 공사

ⓑ 수량이 증가되지 아니하면서 가스설비의 용량을 증가하는 공사

ⓒ 길이 20[m] 이상의 배관을 교체 설치하거나 그 관지름을 변경하는 공사와 배관길이 20[m] 이상 증설하는 공사

ⓓ 가스종류를 변경함으로써 저장설비의 용량이 변경되는 공사

(4) 정기검사 (시행규칙 제52조)

① 정기검사 대상별 검사기준

㉮ 액화석유가스 충전시설의 정기검사 기준 : [별표 4]

㉯ 액화석유가스 집단공급시설, 저장시설의 정기검사 기준 : [별표 5]

㉰ 액화석유가스 판매시설, 액화석유가스 충전사업자의 영업소에 설치하는 용기저장소의 정기검사 기준 : [별표 6]

② 정기검사 주기 : 최초 완성검사증명서를 발급 받은 날을 기준으로 매 1년이 되는 날의 전후 30일 이내

(5) 가스용품의 검사생략 (시행령 제18조)

① 다음 각 호의 가스용품은 검사의 전부를 생략한다.

㉮ 산업표준화법 제15조에 따른 인증을 받은 가스용품

㉯ 시험용 또는 연구개발용으로 수입하는 것

㉰ 수출용으로 제조하는 것

㉱ 주한(駐韓) 외국기관에서 사용하기 위하여 수입하는 것으로 외국의 검사를 받은 것

㉲ 산업기계설비 등에 부착되어 수입하는 것

㉳ 가스용품의 제조자 또는 수입업자가 견본으로 수입하는 것

㉴ 수출을 목적으로 수입하는 것

② 검사의 일부 생략

㉮ 제품인증을 받은 가스용품(①항 제㉮호 제외)

㉯ 제품인증을 받지 않은 것으로서 ①항 제㉯호 제㉱호 부터 제㉴호까지의 가스용품 외에 수입하는 가스용품

(6) 보험의 종류와 가입대상자 (시행령 제30조)

① 가스사고배상 책임보험과 소비자보장 책임보험

㉮ 용기(자동차연료용, 용기내장형 가스난방기용, 이동식 부탄연소기용 또는 공업용, 선박용 용기는 제외)에 충전된 액화석유가스를 액화석유가스 사용시설에 공급하는 액화석유가스 충전사업자 및 액화석유가스 판매사업자

㉯ 액화석유가스를 소형저장탱크가 설치된 액화석유가스 사용시설에 공급하는 액화석유가스 충전사업자 및 액화석유가스 판매사업자

② 가스사고배상 책임보험

㉮ 액화석유가스 충전사업자(①호에 해당하는 액화석유가스 충전사업자는 제외) 및 가스용품 제조사업자

㉯ 액화석유가스 집단공급사업자 및 액화석유가스 판매사업자(①호에 해당하는 액화석유가스 판매사업자는 제외)
㉰ 액화석유가스 저장자
㉱ 액화석유가스 특정사용자 중 산업통상자원부령으로 정하는 자

③ 액화석유가스 특정사용자 중 산업통상자원부령으로 정하는 자(시행규칙 제75조)
㉮ 제1종 보호시설이나 지하실에서 식품위생법에 따른 식품접객업소로서 그 영업장 면적이 100[m^2] 이상 업소를 운영하는 자
㉯ 제1종 보호시설이나 지하실에서 식품위생법에 따른 집단급식소로서 상시 1회 50명 이상을 수용할 수 있는 급식소를 운영하는 자
㉰ 시장에서 액화석유가스의 저장능력(공동시설의 경우에는 총 저장능력을 사용자수로 나눈 것을 말한다.)이 100[kg] 이상인 저장설비를 갖춘 자
㉱ ㉮호부터 ㉰호까지 외의 자로서 액화석유가스의 저장능력이 250[kg] 이상인 저장설비를 갖춘 자. 다만, 주거용으로 액화석유가스를 사용하는 자를 제외한다.

(7) 액화석유가스 특정사용자 (시행규칙 제70조)

① 제1종 보호시설 또는 지하실 안에서 액화석유가스를 사용(주거용으로 액화석유가스를 사용하는 경우는 제외)하고자 하는 자
② ①호 외의 자로서 다음 각목의 어느 하나에 해당하는 자
㉮ 식품위생법에 따른 집단급식소를 운영하는 자
㉯ 식품위생법에 따른 식품접객업의 영업을 하는 자
㉰ 공동으로 저장능력 250[kg](자동절체기를 사용하여 용기를 집합하는 경우에는 500[kg]) 이상의 저장설비를 갖추고 액화석유가스를 사용하는 공동주택의 관리주체(관리주체가 없는 경우에는 사용자의 대표)
㉱ 저장능력이 250[kg] 이상 5[톤] 미만인 저장설비를 갖추고 이를 사용(도로의 정비 또는 보수용 자동차에 붙여 사용하는 경우는 제외)하는 자. 다만, 자동절체기에 의하여 용기를 집합한 경우는 저장능력이 500[kg] 이상 5[톤] 미만인 저장설비를 갖추고 이를 사용하는 자
③ 제①호 및 제②호 외의 자로서 건축법에 따라 건축물에 대한 사용승인을 받아야 하는 건축물 중 액화석유가스를 사용하는 단독주택, 공동주택 및 오피스텔(주거용의 경우만 해당)의 건축주
④ 자동차의 연료용으로 액화석유가스를 사용하려는 자
⑤ 제①호 및 제②호에 준하는 경우로서 시장, 군수, 구청장이 안전관리를 위하여 필요하다고 인정하여 지정하는 자

(8) 수수료 (법 제60조)

① 다음에 해당하는 자는 산업통상자원부령이 정하는 바에 따라 수수료를 납부하여야 한다.
㉮ 액화석유가스 충전사업 또는 가스용품 제조사업 허가나 변경허가를 받으려는 자
㉯ 액화석유가스 저장소 설치 허가나 변경허가를 받으려는 자

② 다음 각 호에 해당하는 자는 산업통상자원부장관이 정하는 바에 따라 수수료 또는 교육비를 내야 한다.
㉮ 안전관리규정에 대한 한국가스안전공사의 의견을 받고자 하는 자
㉯ 액화석유가스의 충전시설, 집단공급시설, 판매시설, 저장시설 또는 가스용품 제조시설의 설치공사 또는 변경공사의 완성검사를 받으려는 자
㉰ 정기검사를 받으려는 자
㉱ 정밀안전진단 또는 안전성평가를 받으려는 자
㉲ 가스용품의 검사를 받으려는 자
㉳ 품질검사를 받으려는 자
㉴ 액화석유가스 사용시설의 완성검사 또는 정기검사를 받으려는 자
㉵ 안전교육을 받으려는 자

3. 도시가스 사업법

1) 도시가스 용어의 정의

(1) 목적 (법 제1조)

도시가스사업을 합리적으로 조정·육성하여 사용자의 이익을 보호하고 도시가스사업의 건전한 발전을 도모하며, 가스공급시설과 가스사용 시설의 설치·유지 및 안전관리에 관한 사항을 규정함으로써 공공의 안전을 확보함을 목적으로 한다.

(2) 용어의 정의 (법 제2조)

1. 도시가스 : 천연가스(액화한 것을 포함) 또는 배관을 통하여 공급되는 석유가스, 나프타부생가스, 바이오가스 등 대통령령으로 정하는 것
2. 도시가스사업 : 수요자에게 도시가스를 공급하는 사업(석유 및 석유대체연료 사업법에 따른 석유정제업은 제외)으로서 가스도매사업, 일반도시가스사업, 도시가스 충전

사업, 나프타부생가스·바이오가스제조사업 및 합성천연가스제조사업을 말한다.

3. 도시가스사업자 : 도시가스사업의 허가를 받은 가스도매사업자, 일반도시가스사업자, 도시가스 충전사업자, 나프타부생가스·바이오가스제조사업자 및 합성천연가스제조사업자를 말한다.
4. 가스도매사업 : 일반도시가스사업자 및 나프타부생가스·바이오가스제조사업자 외의 자가 일반도시가스사업자, 도시가스 충전사업자 또는 산업통상자원부령으로 정하는 대량수요자에게 도시가스를 공급하는 사업을 말한다.
   ㉮ 월 100000[m^3] 이상의 천연가스를 배관을 통하여 공급받아 사용하는 자 중 다음 각목의 어느 하나에 해당하는 자
      ⓐ 일반도시가스사업자의 공급권역 외의 지역에서 천연가스를 사용하는 자
      ⓑ 일반도시가스사업자의 공급권역에서 천연가스를 사용하는 자중 정당한 사유로 일반도시가스사업자로부터 천연가스를 공급받지 못하는 천연가스사용자
   ㉯ 발전용(시설용량 100[MW] 이상만 해당)으로 천연가스를 사용하는 자
   ㉰ 액화천연가스 저장탱크(시험, 연구용으로 사용하기 위한 용기를 포함)를 설치하고 천연가스를 사용하는 자
5. 일반도시가스사업 : 가스도매사업자 등으로부터 천연가스를 공급받거나 스스로 제조한 도시가스를 일반의 수요에 따라 배관을 통하여 수요자에게 공급하는 사업을 말한다.
6. 도시가스 충전사업 : 가스도매사업자 등으로부터 공급받은 도시가스 또는 스스로 제조한 나프타부생가스, 바이오가스를 용기, 저장탱크 또는 자동차에 고정된 탱크에 충전하여 공급하는 사업으로서 산업통상자원부령으로 정하는 사업을 말한다.
   ㉮ 고정식 압축도시가스 자동차 충전사업 : 배관 또는 저장탱크를 통하여 공급받은 도시가스를 압축하여 자동차에 충전하는 사업
   ㉯ 이동식 압축도시가스 자동차 충전사업 : 이동충전차량을 통하여 공급받은 압축도시가스를 자동차에 충전하는 사업
   ㉰ 고정식 압축도시가스 이동충전차량 충전사업 : 배관 또는 저장탱크를 통하여 공급받은 도시가스를 압축하여 이동충전차량에 충전하는 사업
   ㉱ 액화도시가스 자동차 충전사업 : 배관 또는 저장탱크를 통하여 공급받은 액화도시가스를 자동차에 충전하는 사업
7. 나프타부생가스·바이오가스제조사업 : 나프타부생가스·바이오가스를 스스로 제조하여 자기가 소비하거나 도법 제8조의3 제1항 각호의 어느 하나에 해당하는 자에게 공급하는 사업을 말한다.
8. 합성천연가스제조사업 : 합성천연가스를 스스로 제조하여 가시가 소비하거나, 가스도매사업자에게 공급하거나, 해당 합성천연가스제조사업자의 주식 또는 지분의 과반수

를 소유한 자로서 해당 합성천연가스를 공급받아 자기가 소비하려는 자에게 공급하는 사업을 말한다.

9. 가스공급시설 : 도시가스를 제조하거나 공급을 위한 시설로서 산업통상자원부령이 정하는 가스제조시설, 가스배관시설, 가스충전시설, 나프타부생가스・바이오가스제조시설 및 합성천연가스 제조시설을 말한다.
   ㉮ 가스제조시설 : 도시가스의 하역, 저장, 기화, 송출 시설 및 그 부속설비
   ㉯ 가스배관시설 : 도시가스 제조사업소로부터 가스사용자가 소유하거나점유하고 있는 토지의 경계(공동주택 등으로서 가스사용자가 구부나여 소유하거나 점유하는 건축물의 외벽에 계량기가 설치된 경우에는 그 계량기의 전단밸브, 계량기가 건축물의 내부에 설치된 경우에는 건축물의 외벽)까지 이르는 배관, 공급설비 및 그 부속설비
   ㉰ 가스충전시설 : 도시가스 충전사업소 안에서 도시가스를 충전하기 위하여 설치하는 저장설비, 처리설비, 압축가스설비, 충전설비 및 그 부속설비
10. 가스사용 시설 : 가스공급시설 외의 가스사용자의 시설로서 산업통상자원부령이 정하는 것(내관, 연소기 및 그 부속설비, 공동주택 등의 외벽에 설치된 가스계량기, 도시가스를 연료로 사용하는 자동차용 압축천연가스 완속 충전설비)
11. 천연가스 수출입업 : 천연가스를 수출하거나 수입하는 사업
12. 천연가스 수출입업자 : 법 제10조의2에 따라 등록을 하고 천연가스 수출입업을 하는 자
13. 자가소비용 직수입자 : 자기가 발전용, 산업용 등 대통령령으로 정하는 용도로 소비할 목적으로 천연가스를 직접 수입하는 자
14. 천연가스 반출입업 : 관세법에 따른 보세구역 내에 설치된 저장시설을 이용하여 천연가스를 반출하거나 반입하는 사업
15. 천연가스 반출입업자 : 신고를 하고 천연가스 반출입업을 하는 자
16. 정밀안전진단 : 가스안전관리 전문기관이 도시가스사고를 방지하기 위하여 장비와 기술을 이용하여 가스공급시설의 잠재된 위험요소와 원인을 찾아내는 것

(3) 용어의 정의– 도시가스의 종류 (시행령 제1조의2)

1. 천연가스(액화한 것을 포함) : 지하에서 자연적으로 생성되는 가연성가스로서 메탄을 주성분으로 하는 가스
2. 천연가스와 일정량을 혼합하거나 이를 대체하여도 가스공급시설 및 가스사용 시설의 성능과 안전에 영향을 미치지 않는 것으로서 산업통상자원부장관이 정하여 고시하는 품질기준에 적합한 다음 각 목의 가스 중 배관을 통하여 공급되는 가스
   ㉮ 석유가스 : 액화석유가스의 안전관리 및 사업법에 따른 액화석유가스 및 석유 및

석유대체연료 사업법에 따른 석유가스를 공기와 혼합하여 제조한 가스

㉯ 나프타부생(副生)가스 : 나프타 분해공정을 통해 에틸렌, 프로필렌 등을 제조하는 과정에서 부산물로 생성되는 가스로서 메탄이 주성분인 가스 및 이를 다른 도시가스와 혼합하여 제조한 가스

㉰ 바이오가스 : 유기성(有機性) 폐기물 등 바이오매스로부터 생성된 기체를 정제한 가스로서 메탄이 주성분인 가스 및 이를 다른 도시가스와 혼합하여 제조한 가스

㉱ 그 밖에 메탄이 주성분인 가스로서 도시가스 수급 안정과 에너지 이용 효율 향상을 위해 보급할 필요가 있다고 인정하여 산업통상자원부령으로 정하는 가스

(4) 용어의 정의 (시행규칙 제2조)

1. 배관 : 본관, 공급관 및 내관
2. 본관 : 도시가스제조사업소(액화천연가스의 인수기지를 포함)의 부지경계에서 정압기(整壓器)까지 이르는 배관
3. 공급관
   ㉮ 공동주택, 오피스텔, 콘도미니엄, 그 밖에 안전관리를 위하여 산업통상자원부장관이 필요하다고 인정하여 정하는 건축물("공동주택 등")에 가스를 공급하는 경우에는 정압기에서 가스사용자가 구분하여 소유하거나 점유하는 건축물의 외벽에 설치하는 계량기의 전단밸브(계량기가 건축물의 내부에 설치된 경우에는 건축물의 외벽)까지 이르는 배관

   ㉯ 공동주택 등외의 건축물 등에 가스를 공급하는 경우에는 정압기에서 가스사용자가 소유하거나 점유하고 있는 토지의 경계까지 이르는 배관

   ㉰ 가스도매사업의 경우에는 정압기에서 일반도시가스사업자의 가스공급시설이나 대량수요자의 가스사용시설까지 이르는 배관
4. 사용자 공급관 : 제3호 ㉮목에 따른 공급관중 가스사용자가 소유하거나 점유하고 있는 토지의 경계에서 가스사용자가 구분하여 소유하거나 점유하는 건축물의 외벽에 설치된 계량기의 전단밸브(계량기가 건축물의 내부에 설치된 경우에는 그 건축물의 외벽)까지 이르는 배관
5. 내관 : 가스사용자가 소유하거나 점유하고 있는 토지의 경계(공동주택 등으로서 가스사용자가 구분하여 소유하거나 점유하는 건축물의 외벽에 계량기가 설치된 경우에는 그 계량기의 전단밸브, 계량기가 건축물의 내부에 설치된 경우에는 건축물의 외벽)에서 연소기까지 이르는 배관
6. 고압 : 1[MPa] 이상의 압력(게이지압력). 다만, 액체상태의 액화가스는 고압으로 본다.

7. 중압 : 0.1[MPa] 이상 1[MPa] 미만의 압력. 다만, 액화가스가 기화되고 다른 물질과 혼합되지 아니한 경우에는 0.01[MPa] 이상 0.2[MPa] 미만의 압력
8. 저압 : 0.1[MPa] 미만의 압력. 다만, 액화가스가 기화되고 다른 물질과 혼합되지 아니한 경우에는 0.01[MPa] 미만의 압력
9. 액화가스 : 상용의 온도 또는 35[℃]의 온도에서 압력이 0.2[MPa] 이상이 되는 것
10. 보호시설 : 제1종 보호시설 및 제2종 보호시설로서 [별표 1]에서 정한 것
11. 저장설비 : 도시가스를 저장하기 위한 설비로서 저장탱크 및 충전용기 보관실
12. 처리설비 : 압축, 액화나 그 밖의 방법으로 도시가스를 처리할 수 있는 설비로서 도시가스의 충전에 필요한 압축기, 기화기 및 펌프
13. 압축가스설비 : 압축기를 통해 압축된 가스를 저장하기 위한 설비로서 압력용기를 말함
14. 충전설비 : 용기, 고압가스 용기가 적재된 바퀴가 달린 자동차("이동충전차량" 이라 함) 또는 차량에 고정된 탱크에 도시가스를 충전하기 위한 설비로서 충전기 및 그 부속설비
15. 처리능력 : 처리설비 또는 감압설비에 따라 압축, 액화나 그 밖의 방법으로 1일 처리할 수 있는 도시가스의 양(온도 0[℃], 게이지압력 0[Pa] 상태를 기준)

2) 도시가스 법규

(1) 사업의 허가

① 허가의 기준 (법 제3조)

㉮ 가스도매사업 허가 : 산업통상자원부장관

㉯ 일반도시가스사업 허가 : 특별시장, 광역시장, 도지사 또는 특별자치도지사(이하 "시·도지사"라 한다)

㉰ 도시가스 충전사업 허가 : 특별자치도지사, 시장, 군수, 구청장(자치구의 구청장을 말함, 이하 "시장, 군수, 구청장"이라 함)

㉱ 가스도매사업과 일반도시가스사업의 허가는 다음 각 호의 기준에 적합한 경우에만 할 수 있다.

ⓐ 사업이 공공의 이익과 일반수요에 적합한 경제규모일 것

ⓑ 사업을 적절하게 수행하는 데에 필요한 재원과 기술적 능력이 있을 것

ⓒ 도시가스의 안정적 공급을 위하여 적합한 공급시설을 설치, 유지할 능력이 있을 것

㉲ 도시가스 충전사업의 허가는 다음 각 호의 기준에 적합한 경우에만 할 수 있다.

ⓐ 사업의 개시 또는 변경으로 국민의 생명보호 및 재산상의 위해방지와 재해발

생 방지에 지장이 없을 것

ⓑ 고압가스 안전관리법에 따른 한국가스안전공사의 기술검토 결과 안전성이 확보된다고 인정될 것

ⓒ 시장, 군수, 구청장이 국민의 생명보호 및 재산상의 위해방지와 재해발생 방지를 위하여 설치를 금지한 지역에 해당시설을 설치하지 아니할 것

㉳ 산업통상자원부장관, 시・도지사 또는 시장・군수・구청장은 규정에 따른 허가를 하면 7일 이내에 그 허가사항을 관할소방서장에게 통보하여야 한다.

② 변경허가 사항 (시행규칙 제4조)

㉮ 가스도매사업, 일반도시가스사업

ⓐ 도시가스의 종류 또는 열량의 변경

ⓑ 공급권역 또는 공급능력의 변경

ⓒ 가스공급시설 중 가스발생설비, 액화가스저장탱크, 가스홀더의 종류・설치장소 또는 그 수의 변경

㉯ 도시가스 충전사업

ⓐ 사업소 위치의 변경

ⓑ 도시가스의 종류 변경. 다만, 한국가스안전공사가 위해의 우려가 없다고 인정하는 경우 제외

ⓒ 도시가스 압력 변경

ⓓ 저장설비의 교체, 저장설비의 위치 또는 저장능력의 변경

ⓔ 처리설비의 위치 또는 처리능력의 변경

ⓕ 충전설비의 위치 또는 충전능력의 변경

ⓖ 고정식 압축도시가스 자동차 충전시설에서 압축도시가스 이동충전차량을 충전하는 경우 또는 고정식 압축도시가스 이동충전차량 충전시설에서 압축도시가스 자동차를 충전하려는 경우

ⓗ 배관의 안지름 크기의 변경(처리능력이 변경되는 경우만 해당)

ⓘ 배관 설치장소의 변경(변경하려는 부분의 배관 총길이가 20[m] 이상인 경우만 해당)

ⓙ 상호의 변경

ⓚ 대표자의 변경

④ 도시가스사업허가의 세부기준 (시행규칙 제5조)

㉮ 도시가스를 공급하려는 권역이 다른 도시가스사업자의 공급권역과 중복되지 아니할 것

㉯ 도시가스사업이 적정하게 수행될 수 있도록 자기자본비율이 도시가스공급 개시연도까지는 30[%] 이상이고, 개시연도의 다음 해부터는 계속 20[%] 이상 유지되도

록 사업계획이 수립되어 있을 것

㉰ 도시가스가 공급권에서 안정적으로 공급될 수 있도록 원료조달 및 간선배관망 건설에 관한 사업계획이 수립되어 있을 것

㉱ 도시가스공급이 특정지역에 편중되지 아니할 것

㉲ 도시가스의 안정적 공급을 위하여 별표6 제1호 가목 10)에서 정하는 예비시설을 갖출 것

㉳ 천연가스를 도시가스 원료로 사용할 계획인 경우에는 사업계획이 천연가스를 공급받는데 적합할 것

(2) 비상공급시설의 설치 (법 제11조의 2)

① 도시가스사업자는 가스공급시설이 멸실, 손괴되거나 재해 그 밖의 긴급한 사유로 공사계획의 승인을 얻을 수 없거나 공사계획의 신고를 할 수 없으면 비상공급시설을 설치한 후 산업통상자원부장관 또는 시장, 군수, 구청장에게 그 사실을 신고하여야 한다.

② 비상공급시설의 설치신고 (시행규칙 제13조의 2)

㉮ 신고서 제출 : 산업통상자원부장관 또는 시장, 군수, 구청장

㉯ 제출서류

ⓐ 비상공급시설의 설치사유서

ⓑ 비상공급시설에 의한 공급권역을 명시한 도면

ⓒ 설치위치 및 주위상황도

ⓓ 안전관리자의 배치현황

(3) 가스시설의 시공, 관리

① 시공내용의 통보 등 (시행규칙 제15조)

㉮ 시공자가 해당 도시가스사업자에게 그 시공할 내용을 미리 알려주어야 하는 사항

ⓐ 수요자가 10명 이상인 가스공급시설이나 가스사용 시설의 설치공사 또는 변경공사

ⓑ 특정가스 사용시설의 설치공사 또는 변경공사

㉯ 시공자는 다음 각 호의 사항을 공사착공일 15일 이전에 해당 도시가스사업자에게 알려 주어야 하고, 해당 도시가스사업자는 시공자로부터 통보 받은 날부터 7일 이내에 가스공급시설의 설치계획 및 공급능력 등에 미치는 영향 등의 검토결과를 그 시공자 와 도시가스를 사용하려는 자에게 알려주어야 한다.

ⓐ 공사기간

ⓑ 시설공사내용

ⓒ 수요자의 수 및 사용 예정량

ⓓ 도시가스사용 예정시기

ⓔ 수요자의 주소, 성명 및 전화번호

ⓕ 시공관리자의 성명 및 자격

(4) 시공기록

① 시공기록 등의 보존·제출 (법 제14조)

㉮ 시공자는 가스공급시설 또는 가스사용 시설의 설치공사 또는 변경공사를 완공하면 산업통상자원부령으로 정하는 바에 따라 그 시공기록, 완공도면(전산보조기억장치에 입력된 경우에는 그 입력된 자료) 그 밖의 필요한 서류(이하 "시공기록 등"이라 한다), 그 밖에 필요한 서류를 작성, 보존하여야 한다.

㉯ 시공자는 가스공급시설의 시공기록 등의 사본을 도시가스사업자에게 내주어야 하며, 가스사용 시설의 시공기록 등의 사본을 도시가스사업자 및 산업통상자원부령으로 정하는 가스사용 시설(이하 "특정가스 사용시설"이라 함)에서 도시가스를 사용하는 자에게 내주어야 한다.

㉰ 도시가스사업자는 가스공급시설이나 가스사용 시설의 시공기록 등의 사본을 받은 경우에는 그 중 완공도면의 사본을 산업통상자원부장관 또는 시장, 군수, 구청장에게 제출하여야 한다.

② 시공기록 및 완공도면의 보존방법 (시행규칙 제20조)

㉮ 시공자가 도시가스 사업자, 특정가스 사용시설의 사용자에게 제출할 서류

ⓐ 비파괴검사에 관한 기록 및 성적서(폴리에틸렌관의 경우에는 융융접합에 관한 기록 및 성적서)

ⓑ 비파괴검사(융융접합)에 따른 도면

ⓒ 비파괴검사 필름

ⓓ 전기부식 방지시설의 전위측정에 관한 결과서

ⓔ 장애물 및 암반 등 특별관리가 필요한 지점의 공사에 관한 사진.

㉯ 시공자는 완공두면과 비파괴검사 필름을 5년간 보존하고, 도시가스사입자와 득정가스 사용시설의 사용자는 완공도면 사본(전산보조기억장치에 입력된 경우에는 그 입력된 자료)을 영구히 보존하여야 한다.

㉰ 도시가스사업자는 시공자로부터 시공기록 등의 사본을 받은 날부터 7일 이내에 공급시설 또는 가스 사용시설(특정가스 사용시설만을 말함)의 완공도면(전산보조기억장치에 입력된 경우에는 그 입력된 자료)을 한국가스안전공사에 제출하여야 한다.

(5) 특정가스 사용시설 (시행규칙 제20조의2)

① 월 사용예정량이 2000[m^3](제1종 보호시설 안에 있는 경우에는 1000[m^3]) 이상인 가스사용 시설. 다만, 전기사업법에 따른 전기설비 중 도시가스를 사용하여 전기를 발생시키는 발전설비(가스터빈, 가스엔진, 가스보일러 또는 연료전지의 앞부분에 설치 가스차단밸브 이후의 설비만 해당) 안의 가스 사용시설과 에너지이용합리화법에 따른 검사대상기기에 해당하는 가스 사용시설은 제외한다.

② 월 사용예정량이 2000[m^3](제1종 보호시설 안에 있는 경우에는 1000[m^3]) 미만인 가스 사용시설 중 많은 사람이 이용하는 시설로서 시・도지사가 안전관리를 위하여 필요하다고 인정하여 지정하는 가스 사용시설

③ 도시가스를 연료를 사용하는 자동차의 가스 사용시설

④ 고압가스 안전관리법 시행규칙에 따른 자동차용 압축천연가스 완속 충전설비를 갖추고 도시가스를 자동차에 충전하는 가스 사용시설

⑤ 액화천연가스 저장탱크를 설치하고 천연가스를 사용하는 가스사용시설

(6) 시공감리 및 완성검사의 대상 (시행규칙 제21조)

① 시공감리의 대상이 되는 가스공급시설의 설치공사 또는 변경공사

㉮ [별표 2]의 공사계획 승인대상에 해당되는 공사

㉯ [별표 3]의 공사계획 신고대상에 해당되는 공사

㉰ [별표 2]의 공사계획 승인대상에서 제외되는 본관이나 최고사용압력이 중압 이상인 공급관의 설치 또는 변경공사

㉱ [별표 3]의 공사계획 승인신고 대상에서 제외되는 공급관의 설치 또는 변경공사. 다만, 다음의 어느 하나에 해당하는 경우 제외

ⓐ 호칭지름 50[mm]를 초과하는 저압의 공급관 중 길이 20[m] 미만인 공급관

ⓑ 호칭지름 50[mm] 이하인 저압의 공급관

ⓒ 호칭지름 50[mm] 이하인 저압의 공급관에 연결되는 사용자 공급관

ⓓ 길이 50[m] 미만인 사용자 공급관

㉲ 공사계획의 승인을 받았거나 신고를 한 공사로서 그 공사의 구간에서 배관 길이를 10분의 1 이내 또는 20[m] 미만으로 증감하여 변경하는 공사

② 중간검사의 대상이 되는 도시가스 충전시설의 중간검사 공정

㉮ 가스설비 또는 배관의 설치가 완료되어 기밀시험 또는 내압시험을 할 수 있는 상태의 공정

㉯ 저장탱크를 지하에 매설하기 직진의 공정

㉰ 배관을 지하에 설치하는 경우 한국가스안전공사가 지정하는 부분을 매몰하기 직전의 공정
㉱ 한국가스안전공사가 지정하는 부분의 비파괴시험을 하는 공정
㉲ 방호벽 또는 저장탱크의 기초설치 공정
㉳ 내진설계 대상 설비의 기초설치 공정

③ 완성검사의 대상이 되는 가스 충전시설 및 특정가스 사용시설의 설치공사 또는 변경공사
㉮ 가스충전시설의 설치공사
㉯ 특정가스 사용시설의 설치공사
㉰ 가스충전시설의 변경에 따른 공사
㉱ 다음 어느 하나에 해당하는 특정가스 사용시설의 변경공사
ⓐ 도시가스 사용량의 증가로 인하여 특정가스 사용시설로 전환되는 가스사용시설의 변경공사
ⓑ 특정가스 사용시설로서 호칭지름 50[mm] 이상인 배관을 증설, 교체 또는 이설(移設)하는 것으로서 그 전체 길이가 20[m] 이상인 변경공사
ⓒ 특정가스 사용시설의 배관을 변경하는 공사로서 월 사용예정량을 500[m^3] 이상 증설하거나 월 사용예정량이 500[m^3] 이상인 시설을 이설하는 변경공사
ⓓ 특정가스 사용시설의 정압기나 압력조정기를 증설, 교체(동일 유량으로 변경하는 경우 제외) 또는 이설하는 변경공사

④ ③항에 따른 특정가스 사용시설의 설치공사나 변경공사를 하려는 자는 그 공사계획에 대하여 미리 한국가스안전공사의 기술검토를 받아야 한다. 다만, 특정가스 사용시설 중 월 사용예정량이 500[m^3] 미만인 시설의 설치공사나 변경공사는 그러하지 아니하다.

(7) 정기검사 (시행규칙 제25조)

정기검사는 매 1년이 되는 날의 전후 30일 이내에 받아야 한다.

(8) 가스의 공급계획

① 가스 공급계획 (법 제18조)
㉮ 일반도시가스사업자는 가스도매사업자와 협의를 거쳐 다음 연도 이후 5년간의 가스공급계획을 작성하여 매년 11월 말일까지 시・도지사에게 제출하여야 한다.
㉯ 가스도매사업자는 다음 연도 이후 5년간의 가스공급계획을 작성하여 매년 12월 말일까지 산업통상자원부장관에게 제출하여야 한다.
㉰ 도시가스사업자가 가스공급계획을 변경한 경우에는 미리 산업통상자원부장관 또는 시・도지사에게 보고하여야 한다.

② 가스공급계획에 포함되어야 할 사항 (시행규칙 제28조)
㉮ 공급권역에 대한 연도별, 행정구역별 가스공급계획서
㉯ 가스공급시설의 현황 및 확충계획
㉰ 전년도에 제출한 가스공급계획과 다른 경우에는 그 사유서
㉱ 시설투자계획
㉲ 그 밖에 가스공급에 필요한 사항

(9) 가스의 수급계획

① 가스의 수급계획 (법 제18조의 2)
㉮ 시·도지사는 다음 연도 이후 5년간의 가스수급계획을 작성하여 매년 12월 말일까지 산업통상자원부장관에게 제출하여야 한다.
㉯ 산업통상자원부장관은 매년 해당 연도를 포함한 5년간의 가스수급계획을 수립하고, 2년마다 해당 연도를 포함한 10년 이상의 기간에 걸친 장기 천연가스 수급계획을 수립하여 그 주요내용을 공고하여야 한다.
② 시·도지사가 산업통상자원부장관에게 제출하여야 하는 가스수급계획에 포함되어야 할 사항(시행규칙 제29조)
㉮ 지역별, 연도별, 사업자별 수요, 공급계획
㉯ 가스공급시설 확충 및 시설투자 계획
㉰ 사업자별 일반사업현황 및 육성에 관한 사항
㉱ 대량 가스 사용시설의 공사 및 지원에 관한 사항
㉲ 도시가스의 보급촉진을 위한 지원
③ 산업통상자원부장관이 5년간의 가스수급계획에 포함되어야 할 사항(시행규칙 제29조)
㉮ 도시가스의 수요, 공급계획(지역별 수급계획을 포함한다)
㉯ 가스공급시설의 확충 및 시설투자 계획
㉰ 도시가스의 수입 및 비상대비 비축계획
㉱ 도시가스사업의 현황 및 육성계획(재원확보 계획을 포함한다)
㉲ 도시가스의 보급촉진을 위한 대책
㉳ 도시가스의 수요관리에 관한 사항
④ 산업통상자원부장관이 장기천연가스수급계획에 포함되어야 할 사항(시행규칙 제29조)
㉮ 천연가스의 수급에 관한 장기전망
㉯ 천연가스의 공급설비 계획
㉰ 천연가스의 투자 계획

(10) 가스의 공급규정

① 가스의 공급규정 (법 제20조)

㉮ 도시가스사업자는 도시가스의 요금이나 그 밖의 공급조건에 관한 공급규정(이하 "공급규정"이라 함)을 정하여 산업통상자원부장관 또는 시·도지사의 승인을 받아야 한다.

㉯ 공급규정이 다음의 기준에 적합한 경우에만 승인하여야 한다.

ⓐ 요금이 적절할 것

ⓑ 요금이 정률(定率)이나 정액(定額)으로 명확하게 규정되어 있을 것

ⓒ 가스공급자와 공급을 받는 자 또는 가스사용자 간의 책임과 가스공급시설 및 가스사용시설에 대한 비용의 부담액이 적절하고 명확하게 정하여질 것

ⓓ 특정사업자나 특정인을 부당하게 차별하는 것이 아닐 것

② 공급규정 승인신청서에 첨부하여야 할 서류(시행규칙 제32조)

㉮ 공급규정안

㉯ 공급규정의 시행 이후 3년간의 사업연도별 예상수지 계산서

㉰ 도시가스 요금 등 공급조건에 관한 설명서

③ 공급규정 변경승인 신청서에 첨부하여야 할 서류(시행규칙 제33조)

㉮ 변경사유서

㉯ 공급규정의 변경 내용

㉰ 도시가스 요금 등 공급조건에 관한 사항을 변경하려면 그 산출근거 또는 금액결정 방법에 관한 설명서 및 공급규정의 변경시행 이후 3년간의 사업연도별 예상수지 계산서

(11) 도시가스의 품질 유지

① 산업통상자원부장관은 도시가스의 적정한 품질을 확보하기 위하여 연소성, 열량, 유해성분 및 냄새가 나는 물질 농도 등의 도시가스 품질을 정할 수 있다. (법 제25조)

② 품질검사기관은 품질검사 기록대장을 기록하여야 한다. (시행규칙 제35조)

③ 품질검사 실직보고서 : 해당 월 또는 해낭 분기의 다음달 15일까지 산업통상자원부장관에게 제출

④ 품질검사 기록대장 보존기간 : 3년

(12) 안전관리자

① 안전관리자 선임기간 : 해임 또는 퇴직한 날부터 30일 이내(법 제29조)

② 안전관리자의 종류 및 자격(시행령 제15조)

㉮ 안전관리자의 종류 : 안전관리 총괄자, 안전관리 부총괄자, 안전관리책임자, 안전관리원, 안전점검원

㉯ 안전관리 총괄자는 도시가스사업자(법인의 경우에는 그 대표자), 도시가스사업자 외의 가스공급시설 설치자(법인의 경우에는 그 대표자) 또는 특정가스 사용시설의 사용자(법인의 경우에는 그 대표자)로 하며, 안전관리 부총괄자는 가스공급시설을 직접 관리하는 최고책임자로 한다.

㉰ 안전관리자의 자격과 선임인원은 [별표 1]과 같다.

③ 안전관리자의 업무(시행령 제16조)

㉮ 가스공급시설 또는 특정가스 사용시설의 안전유지

㉯ 정기검사 또는 수시검사 결과 부적합 판정을 받은 시설의 개선

㉰ 안전점검의무의 이행 확인

㉱ 안전관리규정 실시기록의 작성, 보존

㉲ 종업원에 대한 안전관리를 위하여 필요한 사항의 지휘, 감독

㉳ 정압기, 도시가스배관 및 그 부속설비의 순회점검, 구조물의 관리, 원격감시시스템의 관리, 검사업무 및 안전에 대한 비상계획의 수립, 관리

㉴ 본관, 공급관의 누출검사 및 전기방식시설의 관리

㉵ 사용자 공급관의 관리

㉶ 공급시설 및 사용시설의 굴착공사 관리

㉷ 배관의 구멍 뚫기 작업

㉸ 그 밖의 위해 방지 조치

④ 안전관리 책임자, 안전관리원 및 안전점검원은 시행령에 특별한 규정이 있는 경우를 제외하고는 ③항의 직무 외의 다른 일을 맡아서는 아니 된다.

⑤ 안전관리자의 업무 구분

㉮ 안전관리 총괄자 : 가스공급시설 또는 특정가스 사용시설의 안전에 관한 업무의 총괄 관리

㉯ 안전관리 부총괄자 : 안전관리 총괄자를 보좌하여 해당 가스공급시설의 안전에 대한 직접 관리

㉰ 안전관리 책임자 : 안전관리 부총괄자(특정가스 사용시설의 경우 안전관리 총괄자)를 보좌하여 사업장의 안전에 관한 기술적인 사항의 관리 및 안전관리원 또는 안전점검원에 대한 지휘, 감독

㉱ 안전관리원 : 안전관리 책임자의 지시에 따라 안전관리자의 직무 수행하고 안전점검원을 지휘, 감독

㉲ 안전점검원 : 안전관리 책임자 또는 안전관리원의 지시에 따라 안전관리자의 직무 수행

(13) 조정명령 (시행령 제20조)

산업통상자원부 장관은 도시가스사업자에게 다음 각 호의 조정명령을 할 수 있다.

① 가스공급시설 공사계획의 조정

② 가스공급계획의 조정

③ 둘 이상의 특별시, 광역시, 특별자치시 · 도 및 특별자치도를 공급지역으로 하는 경우 공급지역의 조정

④ 도시가스 요금 등 공급조건의 조정

⑤ 도시가스의 열량, 압력 및 연소성의 조정

⑥ 가스공급시설의 공동 이용에 관한 조정

⑦ 천연가스 수출입 물량의 규모, 시기 등의 조정

⑧ 자가소비용 직수입자의 가스도매사업자에 대한 판매에 관한 조정

01 **고압가스 안전관리법의 목적으로 옳은 것은?**

① 제조설비의 검사
② 위해방지 및 공공의 안전 확보
③ 사고원인의 사전제거
④ 용기, 기구, 기기의 유통질서 확립

해설 고압가스 안전관리법의 목적(법 제1조) : 고압가스의 제조, 저장, 판매, 운반, 사용과 고압가스의 용기, 냉동기, 특정설비 등의 제조 및 검사 등에 관한 사항을 정함으로써 고압가스로 인한 위해(危害)를 방지하고 공공의 안전을 확보함을 목적으로 한다.

02 **고압가스 안전관리법의 적용을 받는 고압가스의 종류 및 범위에 대한 설명 중 틀린 것은?**

① 섭씨 35도의 온도에서 압력이 0[Pa]을 초과하는 액화가스 중 액화산화에틸렌가스
② 상용의 온도에서 압력이 1[MPa] 이상이 되는 압축가스로서 실제로 그 압력이 1[MPa] 이상이 되는 것 또는 섭씨 35도의 온도에서 압력이 1[MPa] 이상이 되는 압축가스(아세틸렌가스 제외)
③ 상용의 온도에서 압력이 0.2[MPa] 이상이 되는 액화가스로서 실제로 그 압력이 0.2[MPa] 이상이 되는 것
④ 상용의 온도에서 압력이 0[Pa] 이상인 아세틸렌가스

해설 15[℃]의 온도에서 압력이 0[Pa] 초과하는 아세틸렌가스

03 **고압가스 안전관리법상 고압가스의 적용범위에 해당되는 고압가스는?**

① 선박안전법의 적용을 받는 선박 내의 고압가스
② 원자력법의 적용을 받는 원자로 및 그 부속설비 안의 고압가스
③ 냉동능력 3[톤] 미만인 냉동설비 내의 고압가스
④ 오토클레이브 안의 수소가스

해설 고압가스 안전관리법의 적용 대상이 되는 가스 중 제외되는 고압가스(고법 시행령 별표1) : "오토클레이브 안의 고압가스"는 법 적용에서 제외되지만 수소, 아세틸렌 및 염화비닐은 법 적용을 받는다.

04 **고압가스 안전관리법에서 고압가스를 용기 또는 저장탱크에 의하여 저장하는 일정한 장소를 무엇이라 하는가?**

① 제조소　　② 충전소
③ 보관소　　④ 저장소

해설 **저장소**
산업통상자원부령으로 정하는 일정량 이상의 고압가스를 용기나 저장탱크로 저장하는 일정한 장소

Answer 1. ② 2. ④ 3. ④ 4. ④

구분	비독성	독성가스	
		ⓐ	ⓑ
압축가스	500[m^3] 이상	100[m^3] 이상	10[m^3] 이상
액화가스	5000[kg] 이상	1000[kg] 이상	100[kg] 이상

※ ⓐ LC50 200ppm 초과, TLV–TWA 1ppm 이상
ⓑ LC50 200ppm 이하, TLV–TWA 1ppm 미만

05 **다음 용어의 정의 중 틀린 것은?**

① 저장소라 함은 산업통상자원부령이 정하는 일정량 이상의 고압가스를 용기 또는 저장탱크에 의하여 저장하는 일정한 장소를 말한다.
② 용기라 함은 고압가스를 충전하기 위한 것으로서 이동할 수 없는 것을 말한다.
③ 저장탱크라 함은 고압가스를 저장하기 위한 것으로서 일정한 위치에 고정 설치된 것을 말한다.
④ 냉동기라 함은 고압가스를 사용하여 냉동을 하기 위한 기기로서 산업통상자원부령이 정하는 냉동능력 이상인 것을 말한다.

해설 용기(容器) : 고압가스를 충전하기 위한 것(부속품 포함)으로서 이동할 수 있는 것

06 **산업통상자원부령으로 정하는 고압가스 관련설비가 아닌 것은?**

① 안전밸브
② 세척설비
③ 기화장치
④ 독성가스 배관용 밸브

해설 고압가스 관련설비(특정설비) 종류 : 안전밸브, 긴급차단장치, 기화장치, 독성가스 배관용 밸브, 자동차용 가스 자동주입기, 역화방지기, 압력용기, 특정고압가스용 실린더 캐비닛, 자동차용 압축천연가스 완속 충전설비, 액화석유가스용 용기 잔류가스 회수장치

07 **고압가스 안전관리법에서 정의하는 가연성 가스 범주에 해당되지 않는 것은?**

① 폭발한계의 하한값이 20[%]인 것
② 폭발한계의 하한이 10[%]인 것
③ 폭발한계의 상한과 하한의 차가 25[%] 인 것
④ 폭발한계의 하한이 8[%]인 것

해설 가연성 가스의 정의
폭발범위 하한이 10[%] 이하인 것과 폭발한계 상한과 하한의 차가 20[%] 이상인 것

08 **독성가스란 공기 중에 일정량 이상 존재하는 경우 인체에 유독한 독성을 지닌 가스로서 허용농도(해당 가스를 성숙된 흰쥐 집단에게 대기 중에서 1시간 동안 계속하여 노출시킨 경우 14일 이내에 그 흰쥐의 2분의 1 이상이 죽게 되는 농도)가 백만분의 얼마 이하인 것을 말하는가?**

① 200 ② 500
③ 2000 ④ 5000

해설 독성가스와 허용농도
㉮ **독성가의 정의** : 공기 중에 일정량 이상 존재하는 경우 인체에 유해한 독성을 가진 가스로서 허용농도가 100만분의 5000 이하인 것을 말한다.
㉯ **허용농도** : 해당 가스를 성숙한 흰쥐 집단에게 대기 중에서 1시간 동안 계속하여 노출시킨 경우 14일 이내에 그 흰쥐의 2분의 1 이상이 죽게 되는 가스의 농도를 말한다.

Answer 5. ② 6. ② 7. ① 8. ④

09 초저온 용기란 몇 [℃] 이하의 액화가스를 충전하기 위한 용기를 말하는가?

① 상용의 온도 ② −30[℃]
③ −50[℃] ④ −100[℃]

해설 **초저온용기의 정의** : −50[℃] 이하의 액화가스를 충전하기 위한 용기로서 단열재로 씌우거나 냉동설비로 냉각시키는 등의 방법으로 용기 내의 가스온도가 상용 온도를 초과하지 아니하도록 한 것

10 고압가스 충전용기에 대한 정의로써 옳은 것은?

① 고압가스의 충전질량 또는 충전압력의 1/2 미만이 충전되어 있는 상태의 용기
② 고압가스의 충전질량 또는 충전압력의 1/2 이상이 충전되어 있는 상태의 용기
③ 고압가스의 충전무게 또는 충전부피의 1/2 미만이 충전되어 있는 상태의 용기
④ 고압가스의 충전무게 또는 충전부피의 1/2 이상이 충전되어 있는 상태의 용기

해설 **충전용기와 잔가스용기 기준**
㉮ **충전용기** : 고압가스의 충전질량 또는 충전압력의 2분의 1 이상이 충전되어 있는 상태의 용기를 말한다.
㉯ **잔가스용기** : 고압가스의 충전질량 또는 충전압력의 2분의 1 미만이 충전되어 있는 상태의 용기를 말한다.

11 다음 중 고압가스 처리설비로 볼 수 없는 것은?

① 저장탱크에 부속된 펌프
② 저장탱크에 부속된 안전밸브
③ 저장탱크에 부속된 압축기
④ 저장탱크에 부속된 기화장치

해설 **처리설비** : 압축, 액화 그 밖의 방법으로 가스를 처리할 수 있는 설비 중 고압가스의 제조(충전을 포함)에 필요한 설비와 저장탱크에 딸린 펌프, 압축기 및 기화장치

12 고압가스 안전관리법 시행규칙에서 정의한 "처리능력"이라 함은 처리설비 또는 감압설비에 의하여 며칠에 처리할 수 있는 가스의 양을 말하는가?

① 1일 ② 7일
③ 10일 ④ 30일

해설 **처리능력** : 처리설비 또는 감압설비에 의하여 압축, 액화 그 밖의 방법으로 1일에 처리할 수 있는 가스의 양(기준 : 온도 0[℃], 게이지압력 0[Pa]의 상태)을 말한다.

13 고압가스 안전관리법 시행규칙에서 사용하는 용어의 정의로서 틀린 것은?

① "액화가스"라 함은 가압·냉각 등의 방법에 의하여 액체 상태로 되어 있는 것으로서 대기압에서의 끓는점이 섭씨 40도 이하 또는 상용온도 이하인 것을 말한다.
② "방호벽"이라 함은 높이 5미터 이상, 두께 10센티미터 이상의 철근콘크리트 또는 이와 같은 수준 이상의 강도를 가지는 벽을 말한다.
③ "이음매 없는 용기"라 함은 동판 및 경판을 일체로 성형하여 이음매 없이 제조한 용기를 말한다.
④ "접합 또는 납붙임 용기"라 함은 동판 및 경판을 각각 성형하여 심(seam)용접 그 밖의 방법으로 접합하거나 납붙임하여 만든 내용적 1리터 이하인 1회용 용기이다.

해설 **방호벽** : 높이 2[m] 이상, 두께 12[cm] 이상의 철근콘크리트 또는 이와 같은 수준 이상의 강도를 가지는 벽을 말한다.

Answer 9. ③ 10. ② 11. ② 12. ① 13. ②

14 철근콘크리트제 방호벽 설치기준 중 틀린 것은?

① 방호벽의 두께는 120[mm] 이상, 높이는 2000[mm] 이상일 것
② 방호벽은 직경 6[mm] 이상의 철근을 가로·세로 400[mm] 이하의 간격으로 배근할 것
③ 기초는 일체로 된 철근콘크리트 기초일 것
④ 기초의 높이는 350[mm] 이상, 되메우기 깊이는 300[mm] 이상일 것

해설 방호벽은 직경 9[mm] 이상의 철근을 가로·세로 400[mm] 이하의 간격으로 배근하고, 모서리 부분의 철근을 확실히 결속한 두께 120[mm] 이상, 높이 2000[mm] 이상으로 한다.

15 방호벽의 설치 목적으로 가장 관계가 적은 것은?

① 파편 비산을 방지하기 위함
② 충격파를 저지하기 위함
③ 폭풍을 방지하기 위함
④ 차량 등의 접근을 방지하기 위함

해설 방호벽은 가스관련 시설에서 폭발 등의 사고가 발생하였을 때 충격파를 저지하고 파편 비산 및 가스 폭발에 의한 폭풍을 방지하기 위하여 설치된다.

16 다음 중 특수고압가스에 해당되지 않는 가스는?

① 압축모노실린 ② 압축디보란
③ 액화 암모니아 ④ 포스핀

해설 **특수고압가스의 종류** : 압축모노실란, 압축디보란, 액화알진, 포스핀, 셀렌화수소, 게르만, 디실란 그 밖에 반도체의 세정 등 산업통상자원부장관이 인정하는 특수한 용도에 사용되는 고압가스

17 고압가스를 제조하고자 하는 자가 허가를 받아야 하는 행정기관은?

① 산업통상자원부장관
② 서울특별시장 및 광역시장
③ 시장, 군수, 구청장
④ 가스안전공사 사장

해설 **고압가스 제조허가(고법 제4조)** : 특별자치도지사, 시장, 군수 또는 구청장(자치구의 구청장을 말하며 이하 "시장, 군수 또는 구청장"이라 한다.)

18 고압가스 안전관리법상 고압가스 제조허가의 종류에 해당되지 않는 것은?

① 냉동제조허가
② 특정설비 제조허가
③ 고압가스 특정제조허가
④ 고압가스 일반제조허가

해설 **고압가스 제조허가의 종류** : 고법 시행령 제3조
㉮ 고압가스 특정제조 ㉯ 고압가스 일반제조
㉰ 고압가스 충전 ㉱ 냉동제조

19 다음 중 고압가스 특정제조의 허가대상시설에 해당하지 않는 것은?

① 철강공업자의 철강공업시설 또는 그 부대시설에서 고압가스를 제조하는 것으로 그 처리능력이 10만[m^3] 이상인 것
② 석유화학공업자 또는 지원 사업을 하는 자의 시설에서 고압가스 처리능력 1000[m^3] 이상 또는 그 저장능력 50[톤] 이상인 것
③ 석유정제업자의 석유정제시설 또는 그 부대시설에서 고압가스를 제조하는 것으로서 그 저장능력이 100[톤] 이상인 것
④ 비료생산업자의 비료제조시설 또는 그 부대시설에서 고압가스를 제조하는 것으로서 그 처리능력이 10만[m^3] 이상이거나 저장능력이 100[톤] 이상인 것

Answer 14. ② 15. ④ 16. ③ 17. ③ 18. ② 19. ②

해설 고압가스 특정제조허가 대상(고법 시행규칙 제3조) : 석유화학공업자(석유화학공업 관련 사업자를 포함)의 석유화학공업시설 또는 그 부대시설에서 고압가스를 제조하는 것으로서 그 저장능력이 100[톤] 이상이거나 처리능력이 10000[m^3] 이상인 것

20 고압가스 저장소를 설치하려는 자 또는 고압가스를 판매하려는 자의 허가 및 등록사항에 대한 설명으로 옳은 것은?

① 시장・군수 또는 구청장의 허가를 받아야 한다.
② 시장・군수 또는 구청장에게 등록하여야 한다.
③ 관할 소방서장의 허가를 받아야 한다.
④ 산업통상자원부장관에게 등록하여야 한다.

해설 저장소의 설치 또는 고압가스를 판매하려는 자 허가(고법 제4조 3항) : 시장・군수 또는 구청장

21 용기, 냉동기 및 특정설비의제조 등록 대상 범위 기준에 해당되는 것이 아닌 것은?

① 용기제조
② 냉동기 제조
③ 특정설비 제조
④ 지하 암반 동굴식 저장탱크

해설 용기, 냉동기 및 특정설비의 제조 등록 대상 : 고법 시행령 제5조
㉮ **용기 제조** : 고압가스를 충전하기 위한 용기(내용적 3[dL] 미만의 용기 제외), 그 부속품인 밸브 및 안전밸브를 제조하는 것
㉯ **냉동기 제조** : 냉동능력 3[톤] 이상인 냉동기를 제조하는 것
㉰ **특정설비 제조** : 고압가스의 저장탱크(지하 암반 동굴식 저장탱크는 제외), 차량에 고정된 탱크 및 산업통상자원부령으로 정하는 고압가스 관련 설비를 제조하는 것

22 외국에서 제조하는 용기, 냉동기 및 특정설비의 제조등록이 면제되는 사항에 해당되는 것이 아닌 것은?

① 시험・연구개발용으로 수입되는 것
② 주한 외국기관에서 사용하기 위하여 수입되는 것으로 외국에서 검사를 받은 것
③ 용기 등의 제조자 또는 수입업자가 견본으로 수입하는 것
④ 고압가스를 수입할 목적으로 수입되어 6개월 이내에 반송되는 것

해설 **외국용기 등 제조등록 면제** : 고법 시행규칙 제9조의2
㉮ 시험・연구개발용으로 수입되는 용기 등
㉯ 주한 외국기관에서 사용하기 위하여 수입되는 것으로서 외국의 검사를 받은 용기 등
㉰ 산업기계설비 등에 부착되어 수입되는 용기
㉱ 용기 등의 제조자 또는 수입업자가 견본으로 수입하는 용기
㉲ 고압가스를 수입할 목적으로 수입되어 용기 내 고압가스가 소진된 후 반송되는 것으로서 외국의 검사기관으로부터 검사를 받은 용기 등
㉳ 특수고압가스를 충전하는 것으로서 국내에서 제조되지 아니하는 용기
㉴ 에어졸용 용기
㉵ 수출을 목적으로 수입하는 용기 등
㉶ 냉동용 특정설비와 그 특정설비 및 냉동기에 부착되어 수입되는 안전밸브 및 독성가스 배관용 밸브
㉷ 그 밖에 외국용기 등의 제조등록이 곤란하다고 산업통상자원부장관이 인정하여 고시하는 용기 등

23 외국에서 국내로 수출하기 위한 용기 등(용기, 냉동기 또는 특정설비)의 제조등록 대상범위가 아닌 것은?

① 고압가스를 충전하기 위한 용기(내용적 3데시리터 미만 용기는 제외한다.)
② 에어졸용 용기
③ 고압가스를 충전하기 위한 용기의 용기용 밸브
④ 고압가스 특정설비 중 저장탱크

Answer 20. ① 21. ④ 22. ④ 23. ②

해설 **외국용기 등의 제조등록 대상 범위 등** : 고법 시행령 제5조의2

1) 고압가스를 충전하기 위한 용기(내용적 3데시리터 미만의 용기 제외), 그 부속품인 밸브 및 안전밸브를 제조하는 것
2) 고압가스 특정설비 중 다음 어느 하나에 해당하는 설비를 제조하는 것
   ㉮ 저장탱크
   ㉯ 차량에 고정된 탱크
   ㉰ 압력용기
   ㉱ 독성가스 배관용 밸브
   ㉲ 냉동설비(일체형 냉동기 제외)를 구성하는 압축기, 응축기, 증발기 또는 압력용기
   ㉳ 긴급차단장치
   ㉴ 안전밸브

24 **다음에서 고압가스 제조허가를 받을 수 있는 자는?**

① 피성년 후견인
② 파산선고를 받고 복권이 되지 아니한 자
③ 고압가스 안전관리법을 위반하여 실형의 선고를 받고 그 집행이 종료된 자
④ 허가가 취소된 후 2년이 경과되지 않은 자

해설 **고압가스 제조허가 결격사유** : 고법 제6조

㉮ 피성년 후견인
㉯ 파산선고를 받고 복권되지 아니한 자
㉰ 형법 및 액화석유가스의 안전관리 및 사업법, 도시가스사업법 또는 고압가스 안전관리법을 위반하여 징역 이상의 실형의 선고를 받고 그 집행이 종료되거나 집행이 면제된 날부터 2년이 지나지 아니한 자
㉱ 형법 및 액화석유가스의 안전관리 및 사업법, 도시가스사업법 또는 고압가스 안전관리법을 위반하여 징역이상의 형의 집행유예선고를 받고 그 유예기간 중에 있는 자
㉲ 허가 또는 등록이 취소된 후 2년이 지나지 아니한 자
㉳ 대표자가 ㉮호부터 ㉲호까지의 규정 중 어느 하나에 해당하는 법인

25 **고압가스 안전관리법에서 규정한 공급자의 의무사항에 대한 설명으로 옳은 것은?**

① 안전점검을 실시한 결과 수요자의 시설 중 개선할 사항이 있을 경우 그 수요자로 하여금 당해 시설을 개선하도록 한다.
② 고압가스 수요자의 사용시설 중 개선명령을 할 수 있는 자는 시・도지사이다.
③ 고압가스를 수요자에게 공급할 때는 수요자에게 그 사용시설을 안전점검 하도록 한다.
④ 고압가스 판매자는 고압가스의 수요자가 그 시설을 개선하지 아니할 때는 고압가스의 공급을 중단하고 그 사실을 시・도지사에게 신고한다.

해설 **공급자의 의무** : 고법 제10조

㉮ 고압가스제조자나 고압가스 판매자가 고압가스를 수요자에게 공급할 때에는 그 수요자의 시설에 대하여 안전점검을 하여야 하며, 산업통상자원부령이 정하는 바에 따라 수요자에게 위해예방에 필요한 사항을 계도하여야 한다.
㉯ 고압가스제조자나 고압가스판매자는 안전점검을 한 결과 수요자의 시설 중 개선되어야 할 사항이 있다고 판단되면 그 수요자에게 그 시설을 개선하도록 하여야 한다.
㉰ 고압가스제조자나 고압가스판매자는 고압가스의 수요자가 그 시설을 개선하지 아니하면 그 수요자에 대한 고압가스의 공급을 중지하고 지체 없이 그 사실을 시장, 군수 또는 구청장에게 신고하여야 한다.
㉱ 신고를 받은 시장, 군수 또는 구청장은 고압가스의 수요자에게 그 시설의 개선을 명하여야 한다.

26 **고압가스 사업자는 안전관리규정을 언제 허가관청, 신고관청 또는 등록관청에 제출하여야 하는가?**

① 완성 검사 시　② 정기 검사 시
③ 허가 신청 시　④ 사업 개시 시

Answer 24. ③ 25. ① 26. ④

해설 안전관리규정(고법 제11조) : 사업자 등은 그 사업의 개시나 저장소의 사용 전에 고압가스의 제조, 저장, 판매의 시설 또는 용기 등의 제조시설의 안전유지에 관하여 산업통상자원부령으로 정하는 사항을 포함한 안전관리규정을 정하고 이를 허가관청, 신고관청 또는 등록관청에 제출하여야 한다. 이 경우 제28조에 따른 한국가스안전공사의 의견서를 첨부하여야 한다.

27 안전관리자의 해임이나 퇴직 시 다른 안전관리자를 얼마 기간 이내에 선임신고를 하여야 하는가?

① 10일 ② 15일
③ 25일 ④ 30일

해설 안전관리자 선임 기간(고법 제15조) : 30일 이내

28 다음 중 안전관리자에 대한 설명으로 잘못된 것은?

① 안전관리자가 여행과 질병, 그 밖의 사유로 인하여 일시적으로 그 직무를 수행할 수 없으면 대리자를 지정하여 그 직무를 대행하게 하여야 한다.
② 사업자 등, 특정고압가스 사용신고자, 수탁관리자 및 종사자는 안전관리자의 안전에 관한 의견을 존중하고 권고에 따라야 한다.
③ 허가관청, 신고관청, 등록관청 또는 사용신고관청은 안전관리자가 그 직무를 성실히 수행하지 아니하면 그 안전관리자를 선임한 사업자 등, 특정고압가스 사용신고자 또는 수탁관리자에게 그 안전관리자의 해임을 요구할 수 있다.
④ 허가관청, 신고관청, 등록관청 또는 사용신고관청은 안전관리자의 해임을 요구하면 그 안전관리자에 대하여 국가기술자격법에 따른 기술자격의 취소나 정지를 하여 줄 것을 한국산업인력공단 이사장에게 요청할 수 있다.

해설 안전관리자 : 고법 제15조
※ ④번 항목은 산업통상자원부장관에게 요청

29 법규 상 안전관리자의 종류에 해당되지 않는 것은?

① 안전관리 총괄자
② 안전관리 부총괄자
③ 안전관리 책임자
④ 안전관리 주임

해설 안전관리자의 종류(고법 시행령 제12조)
안전관리 총괄자, 안전관리 부총괄자, 안전관리 책임자, 안전관리원

30 고압가스 안전관리법상 당해 가스시설의 안전을 직접 관리하는 사람은?

① 안전관리 부총괄자
② 안전관리 책임자
③ 안전관리원
④ 특정설비 제조자

해설 안전관리자의 종류 및 자격(고법 시행령 제12조)
안전관리 총괄자는 해당 사업자 또는 특정고압가스 사용신고시설을 관리하는 최상급자로 하며, 안전관리 부총괄자는 해당 사업자의 시설을 직접 관리하는 최고 책임자로 한다.

31 안전관리자는 해당분야의 상위 자격자로 할 수 있다. 다음 중 가장 상위인 자격은?

① 가스기능사 ② 가스기사
③ 가스산업기사 ④ 가스기능장

Answer 27. ④ 28. ④ 29. ④ 30. ① 31. ④

해설 **안전관리자의 상위 자격순서**(고법 시행령 제12조, 별표3) : 가스기술사 〉 가스기능장 〉 가스기사 〉 가스산업기사 〉 가스기능사

32 **안전관리자의 업무를 설명한 것 중 틀린 것은?**

① 사업소 또는 사용신고시설의 시설, 용기 등 또는 작업과정의 안전유지
② 용기 등의 품질관리 업무수행
③ 공급자의 의무이행 확인
④ 안전관리규정의 시행 및 그 기록의 작성 보존

해설 **안전관리자의 업무 : 고법 시행령 제13조**
㉮ 사업소 또는 사용신고시설의 시설, 용기 등 또는 작업과정의 안전유지
㉯ 용기 등의 제조공정관리
㉰ 공급자의 의무이행 확인
㉱ 안전관리규정의 시행 및 그 기록의 작성, 보존
㉲ 사업소 또는 사용신고시설의 종사자에 대한 안전관리를 위하여 필요한 지휘, 감독
㉳ 그 밖의 위해방지조치

33 **고압가스의 제조, 저장 또는 판매시설의 설치공사, 변경공사를 할 때에 중간검사를 받아야 하는 공정에 해당되지 않는 것은?**

① 가스설비 또는 배관의 설치가 완료되어 기밀시험 또는 내압시험을 할 수 있는 상태의 공정
② 저장탱크를 지하에 매설 완료한 상태의 공정
③ 배관을 지하에 설치하는 경우 공사가 지정하는 부분을 매몰하기 직전의 공정
④ 공사가 지정하는 부분의 비파괴시험을 하는 공정

해설 **중간검사를 받아야 하는 공정** : 고법 시행규칙 제28조
㉮ 가스설비 또는 배관의 설치가 완료되어 기밀시험 또는 내압시험을 할 수 있는 상태의 공정
㉯ 저장탱크를 지하에 매설하기 직전의 공정
㉰ 배관을 지하에 설치하는 경우 공사가 지정하는 부분을 매몰하기 직전의 공정
㉱ 공사가 지정하는 부분의 비파괴시험을 하는 공정
㉲ 방호벽 또는 저장탱크의 기초설치 공정
㉳ 내진설계(耐震設計) 대상 설비의 기초설치 공정

34 **고압가스 제조자는 지하배관의 설치공사, 변경공사를 완공한 후 시공기록을 작성하여 보존하여야 하는 기간은?**

① 1년　　② 3년
③ 5년　　④ 10년

해설 **시공기록의 작성, 보존** : 고법 시행규칙 제28조의3
(1) 시공기록 : 5년간 보존
(2) 완공 도면 : 영구히 보존
(3) 시공기록 내용
㉮ 비파괴검사 성적서, 도면 및 필름
㉯ 전기부식방지시설의 전위측정에 관한 결과서
㉰ 지장물 및 암반 등 특별관리가 필요한 지점의 공사시행에 관한 사진

35 **용기·냉동기 또는 특정설비(이하 "용기 등") 검사의 일부를 생략할 수 있는 경우는?**

① 시험·연구개발용으로 수입하는 것
② 수출용으로 제조하는 것
③ 용기 등의 제조자 또는 수입업자가 견본으로 수입하는 것
④ 검사를 실시함으로써 용기 등에 손상을 입힐 우려가 있는 것

Answer 32. ② 33. ② 34. ③ 35. ④

해설 검사의 일부를 생략할 수 있는 경우 : 고법 시행규칙 제38조 4항
㉮ 외국용기 등의 제조등록을 한 자가 용기 등을 제조한 경우
㉯ 검사를 실시함으로써 용기 등의 성능을 떨어뜨릴 우려가 있을 경우
㉰ 검사를 실시함으로써 용기 등에 손상을 입힐 우려가 있을 경우
㉱ 산업통상자원부장관이 인정하는 외국의 검사기관으로부터 검사를 받았음이 증명되는 경우

36 특정고압가스에 대한 설명으로 옳은 것은?
① 특정고압가스를 사용하고자 하는 자는 산업통상자원부령이 정하는 기준에 맞도록 사용시설을 갖추어야 한다.
② 특정고압가스를 사용하고자 하는 자는 대통령령이 정하는 바에 의하여 미리 도지사에게 신고하여야 한다.
③ 특정고압가스 사용신고를 받은 도지사는 그 신고를 받은 날로부터 10일 내에 관할 소방서장에게 그 신고사항을 통보하여야 한다.
④ 수소, 산소, 염소, 포스겐, 시안화수소 등이 특정고압가스이다.

해설 특정고압가스 : 고법 제20조
㉮ 특정고압가스를 사용하기 전에 미리 시장, 군수 또는 구청장에게 신고하여야 한다.
㉯ 특정고압가스 사용신고를 받은 시장, 군수 또는 구청장은 7일 이내에 그 신고사항을 관할 소방서장에게 알려야 한다.
㉰ 특정고압가스의 종류 : 수소, 산소, 액화암모니아, 아세틸렌, 액화염소, 천연가스, 압축모노실란, 압축디보레인, 액화알진 그 밖에 대통령령으로 정하는 고압가스

37 다음 중 특정고압가스가 아닌 것은?
① 산소 ② 액화염소
③ 천연가스 ④ 산화에틸렌

해설 특정고압가스
㉮ 사용신고대상 가스(고법 제20조) : 수소, 산소, 액화암모니아, 아세틸렌, 액화염소, 천연가스, 압축모노실란, 압축디보레인, 액화알진 그 밖에 대통령령이 정하는 고압가스 → 시장, 군수 또는 구청장에게 신고
㉯ 대통령령이 정하는 고압가스(고법 시행령 제16조) : 포스핀, 셀렌화수소, 게르만, 디실란, 오불화비소, 오불화인, 삼불화인, 삼불화질소, 삼불화붕소, 사불화유황, 사불화규소

38 특정고압가스 사용신고를 하여야 하는 자는 저장능력이 몇 [kg] 이상인 액화가스 저장설비를 갖추고 특정고압가스를 사용하여야 하는가?
① 100 ② 250
③ 500 ④ 1000

해설 특정고압가스 사용신고 대상 : 고법 시행규칙 제46조
㉮ 저장능력 250[kg] 이상인 액화가스 저장설비를 갖추고 특정고압가스를 사용하려는 자
㉯ 저장능력 50[m^3] 이상인 압축가스 저장설비를 갖추고 특정고압가스를 사용하려는 자
㉰ 배관으로 특정고압가스(천연가스 제외)를 공급받아 사용하고자 하는 자
㉱ 압축모노실란, 압축디보레인, 액화알진, 포스핀, 셀렌화수소, 게르만, 디실란, 오불화비소, 오불화인, 삼불화인, 삼불화질소, 삼불화붕소, 사불화유황, 사불화규소, 액화염소 또는 액화암모니아를 사용하려는 자 다만, 시험용으로 사용하려 하거나 시장, 군수 또는 구청장이 지정하는 지역에서 사료용으로 볏짚 등을 발효하기 위하여 액화암모니아를 사용하려는 경우는 제외한다.
㉲ 자동차 연료용으로 특정고압가스를 공급받아 사용하려는 자

Answer 36. ① 37. ④ 38. ②

39 **특정고압가스 사용신고의 기준에 대한 설명으로 옳지 않은 것은?**

① 저장능력 250[kg] 이상의 액화가스 저장설비를 갖추고 특정고압가스를 사용하고자 하는 자
② 저장능력 30[m^3] 이상의 압축가스 저장설비를 갖추고 특정고압가스를 사용하고자 하는 자
③ 배관에 의하여 특정고압가스를 공급받아 사용하는 자
④ 액화염소를 사용하고자 하는 자

해설 **특정고압가스 사용신고 기준(고법 시행규칙 제46조)** : 저장능력 50[m^3] 이상인 압축가스 저장설비를 갖추고 특정고압가스를 사용하려는 자

40 **특정고압가스를 사용하고자 하는 자로서 일정규모 이상의 저장능력을 가진 자 등 산업통상자원부령이 정하는 자는 사용신고를 언제 하여야 하는가?**

① 사용개시 7일 전까지
② 사용개시 15일 전까지
③ 사용개시 20일 전까지
④ 사용개시 1개월 전까지

해설 **특정고압가스 사용신고(고법 시행규칙 제46조)** : 사용개시 7일 전까지 특정고압가스 사용신고서를 시장, 군수 또는 구청장에게 제출하여야 한다.

41 **액화석유가스의 안전관리 및 사업법의 목적 설명으로 옳은 것은?**

① 액화석유가스사업을 합리적으로 조정하여 액화석유가스를 적정히 공급, 사용
② 액화석유가스의 수입을 활성화
③ 액화석유가스의 공급 및 사용의 확대
④ 액화석유가스를 이용한 도시가스의 공급 확대

해설 **목적(액법 제1조)** : 액화석유가스의 충전, 저장, 판매, 사용 및 가스용품의 안전관리에 관한 사항을 정하고 액화석유가스사업을 합리적으로 조정하여 액화석유가스를 적정히 공급, 사용하게 함을 목적으로 한다.

42 **액화석유가스의 안전관리 및 사업법상 액화석유가스라 함은 무엇을 주성분으로 한 가스를 말하는가?**

① 프로판, 부탄
② 프로판, 메탄
③ 부탄, 메탄
④ 천연가스

해설 **액화석유가스의 정의(액법 제2조)** : 프로판이나 부탄을 주성분으로 한 가스를 액화한 것(기화한 것 포함)을 말한다.

43 **액화석유가스의 안전관리 및 사업법에서 정의하는 용어 설명 중 올바른 것은?**

① 액화석유가스란 에탄, 프로판을 주성분으로 한 가스를 기화한 것을 의미한다.
② 액화석유가스 충전사업이란 저장시설에 저장된 액화석유가스를 용기에 충전하거나 자동차에 고정된 탱크에 충전하여 공급하는 사업을 말한다.
③ 액화석유가스 집단공급 사업이란 용기에 충전된 액화석유가스를 공급하는 것을 말한다.
④ 액화석유가스 저장소란 산업통상자원부령이 정하는 1000[L] 이상의 연료용 가스를 용기 또는 저장탱크에 의하여 저장하는 시설을 말한다.

Answer 39. ② 40. ① 41. ① 42. ① 43. ②

해설 용어의 정의 : 액법 제2조
㉮ 액화석유가스 : 프로판이나 부탄을 주성분으로 한 가스를 액화한 것(기화한 것을 포함)
㉯ 액화석유가스충전사업 : 저장시설에 저장된 액화석유가스를 용기에 충전(배관을 통하여 다른 저장탱크에 이송하는 것을 포함)하거나 자동차에 고정된 탱크에 충전하여 공급하는 사업
㉰ 액화석유가스 집단공급사업 : 액화석유가스를 일반의 수요에 따라 배관을 통하여 연료로 공급하는 사업
㉱ 액화석유가스저장소 : 산업통상자원부령으로 정하는 일정량 이상의 액화석유가스를 용기 또는 저장탱크에 의하여 저장하는 일정한 장소
ⓐ 내용적 1[L] 미만의 용기에 충전하는 액화석유가스의 경우에는 500[kg]
ⓑ ⓐ호 외의 저장설비의 경우에는 저장능력 5[톤]

44 **액화석유가스 안전관리 및 사업법에 따른 용어의 정의를 설명한 것 중 틀린 것은?**

① 액화석유가스란 프로판, 부탄을 주성분으로 한 가스를 액화한 것을 말한다.
② 액화석유가스 충전사업은 저장시설에 저장된 액화석유가스를 용기에 충전하여 공급하는 사업을 뜻한다.
③ 액화석유가스 판매사업은 용기에 충전된 액화석유가스를 판매하는 것을 뜻한다.
④ 가스용품 제조사업이란 일반고압가스를 사용하기 위한 기기를 제조하는 사업을 뜻한다.

해설 가스용품 제조사업
액화석유가스 또는 도시가스를 사용하기 위한 연소기, 강제혼합식 가스버너 등 산업통상자원부령으로 정하는 가스용품을 제조하는 사업

45 **액화석유가스의 안전관리와 관련한 용어의 정의에 대한 설명 중 틀린 것은?**

① 저장설비란 액화석유가스를 저장하기 위한 설비로서 저장탱크, 소형저장탱크 및 용기 등을 말한다.
② 저장탱크란 액화석유가스를 저장하기 위하여 지상 또는 지하에 고정 설치된 탱크로서 그 저장능력이 3톤 이상인 탱크를 말한다.
③ 충전설비란 용기 또는 차량에 고정된 탱크에 액화석유가스를 충전하기 위한 설비로서 충전기와 저장탱크에 부속된 펌프, 압축기를 말한다.
④ 충전용기란 액화석유가스의 충전질량의 20[%] 이상이 충전되어 있는 상태의 용기를 말한다.

해설 충전용기란 액화석유가스의 충전질량의 50[%] 이상이 충전되어 있는 상태의 용기를 말한다.

46 **소형저장탱크는 LPG를 저장하기 위하여 지상 또는 지하에 고정 설치된 탱크로서 저장능력이 몇 톤 미만인 탱크를 말하는가?**

① 0.5 ② 1
③ 2 ④ 3

해설 저장탱크 : 액화석유가스를 저장하기 위하여 지상 또는 지하에 고정 설치된 탱크
㉮ 저장탱크 : 저장능력 3[톤] 이상인 탱크
㉯ 소형저장탱크 : 저장능력 3[톤] 미만인 탱크

47 **액화석유가스 허가대상 범위에 포함되지 않는 것은?**

① 액화석유가스 충전사업
② 액화석유가스 집단공급사업
③ 액화석유가스 판매사업
④ 가스용품 판매사업

Answer 44. ④ 45. ④ 46. ④ 47. ④

해설 사업의 허가대상 범위 : 액법 제5조
㉮ 액화석유가스 충전사업, 가스용품 제조사업
㉯ 액화석유가스 집단공급사업, 액화석유가스 판매사업

48 액화석유가스 충전사업 및 가스용품 제조사업의 허가는 누구에게 받아야 하는가?

① 산업통상자원부장관
② 시, 도지사
③ 시장, 군수, 구청장
④ 한국가스안전공사

해설 사업의 허가 : 액법 제15조
㉮ 액화석유가스 충전사업, 가스용품 제조사업, 액화석유가스 집단공급사업 : 사업소마다 특별자치시장, 특별자치도지사, 시장, 군수 또는 구청장(자치구의 구청장을 말하여 이하 "시장, 군수, 구청장"이라 함)
㉯ 액화석유가스 판매사업 : 판매소마다 시장, 군수 또는 구청장
㉰ 변경허가 : 허가관청

49 액화석유가스의 충전사업자는 수요자의 시설에 대하여 위해예방조치를 하고 그 실시기록을 작성하여 몇 년간 보존하여야 하는가?

① 1년 ② 2년
③ 3년 ④ 4년

해설 가스공급자의 의무(액법 시행규칙 제42조)
㉮ 액화석유가스 충전사업자, 액화석유가스 집단공급사업자 및 액화석유가스 판매사업자는 그가 공급하는 수요자의 시설에 대하여 안전점검을 실기시하고 수요자에게 위해예방에 필요한 사항을 계도하여야 한다.
㉯ 안전점검을 실시하는 가스공급자는 안전관리 실시대장, 소비설비 안전점검표 또는 액화석유가스 자동차 안전점검표를 작성하여 2년간 보존하여야 한다.

50 액화석유가스 공급자의 의무사항이 아닌 것은?

① 6개월에 1회 이상 가스사용시설의 안전관리에 관한 계도물 작성, 배포
② 수요자의 가스사용시설에 대하여 6개월에 1회 이상 안전점검을 실시
③ 수요자에게 위해예방에 필요한 사항을 계도
④ 가스보일러가 설치된 후 매 1년에 1회 이상 보일러 성능 확인

해설 액화석유가스 공급자의 의무사항 : 액법 시행규칙 제42조
(1) 6개월에 1회 이상 가스사용시설의 안전관리에 관한 계도물이나 가스안전 사용 요령이 적힌 가스사용시설 점검표를 작성, 배포할 것
(2) 수요자의 가스사용시설에 안전점검 실시
㉮ 체적판매방법으로 공급하는 경우에는 1년에 1회 이상
㉯ 다기능가스계량기가 설치된 시설에 공급하는 경우에는 3년에 1회 이상
㉰ ㉮, ㉯ 외의 가스 사용시설의 경우에는 6개월에 1회 이상
(3) 가스보일러 및 가스온수기가 설치된 후 액화석유가스를 처음 공급하는 경우에는 가스보일러 및 가스온수기의 시공내역을 확인하고 배관과의 연결부에서의 가스누출 여부를 확인할 것

51 액화석유가스의 안전관리 및 사업법에서 안전관리규정을 제출한 자와 그 종사자는 안전관리규정을 준수하고 그 실시기록을 작성하여 몇 년간 보존하도록 규정하고 있는가?

① 2 ② 3
③ 4 ④ 5

해설 ㉮ 안전관리규정 : 액법 제31조
㉯ 안전관리규정의 실시기록 보존기간 : 액법 시행규칙 제45조 – 3년간 보존

Answer 48. ③ 49. ② 50. ④ 51. ②

52 **안전관리자의 업무에 속하지 않는 것은?**

① 액화석유가스 특정사용자의 액화석유가스 사용시설의 안전관리
② 사업소의 종사자에 대한 안전관리를 위하여 필요한 지휘 감독
③ 수요자의 의무 이행 조사 및 감독
④ 그 밖의 위해 방지조치

해설 안전관리자의 업무 : 액법 시행령 제16조
㉮ 사업소 또는 액화석유가스 특정사용자의 액화석유가스 사용시설("특정사용시설")의 안전유지 및 검사기록의 작성, 보존
㉯ 가스용품의 제조공정관리
㉰ 공급자의 의무이행 확인
㉱ 안전관리규정의 실시기록의 작성, 보존
㉲ 정기검사 및 수시검사 결과 부적합 판정을 받은 시설의 개선
㉳ 사고의 통보
㉴ 사업소 또는 액화석유가스 특정사용시설의 종업원에 대한 안전관리를 위하여 필요한 사항의 지휘, 감독
㉵ 그 밖의 위해 방지 조치

53 **저장능력 100[톤] 초과 500[톤] 이하의 액화석유가스 충전시설에는 각각 몇 명의 안전관리자를 선임인원으로 두어야 하는가?**

① 안전관리 총괄자 1인, 안전관리 책임자 1인, 안전관리원 1인 이상
② 안전관리 총괄자 1인, 안전관리 부총괄자 1인, 안전관리원 1인 이상
③ 안전관리 총괄자 1인, 안전관리 부총괄자 1인, 안전관리 책임자 1인, 안전관리원 2인 이상
④ 안전관리 총괄자 1인, 안전관리 부총괄자 2인, 안전관리 책임자 1인, 안전관리원 3인 이상

해설 액화석유가스 충전시설 안전관리자의 자격과 선임인원 : 액법 시행령 제15조, 별표1

저장능력	안전관리자의 구분 및 선임인원
500[톤] 초과	안전관리 총괄자 1명, 안전관리 부총괄자 1명, 안전관리 책임자 1명, 안전관리원 2명 이상
100[톤] 초과 500[톤] 이하	안전관리 총괄자 1명, 안전관리 부총괄자 1명, 안전관리 책임자 1명, 안전관리원 2명 이상
100[톤] 이하	안전관리 총괄자 1명, 안전관리 부총괄자 1명, 안전관리 책임자 1명, 안전관리원 1명 이상
30[톤] 이하 (자동차용기 충전시설만 해당)	안전관리 총괄자 1명, 안전관리 책임자 1명

54 **가스용품을 수입하고자 하는 자는 시, 도지사의 검사를 받아야 하는데 검사의 전부를 생략할 수 없는 경우는?**

① 수출을 목적으로 수입하는 것
② 시험연구 개발용으로 수입하는 것
③ 산업기계설비 등에 부착되어 수입하는 것
④ 주한 외국기관에서 사용하기 위하여 수입하는 것으로 외국의 검사를 받지 아니한 것

해설 가스용품의 검사 생략 : 액법 시행령 제18조
㉮ 산업표준화법 제15조에 따른 인증을 받은 가스용품(인증심사를 받은 해당 형식의 가스용품에 한정)
㉯ 시험용 또는 연구개발용으로 수입하는 것
㉰ 수출용으로 제조하는 것
㉱ 주한 외국기관에서 사용하기 위하여 수입하는 것으로 외국의 검사를 받은 것
㉲ 산업기계설비 등에 부착되어 수입하는 것
㉳ 가스용품의 제조자 또는 수입업자가 견본으로 수입하는 것
㉴ 수출을 목적으로 수입하는 것

Answer 52. ③ 53. ③ 54. ④

55 **LPG 사용자 중 가스사고배상 책임보험을 가입하지 않아도 되는 경우는?**

① 시장에서 액화석유가스의 저장능력이 120[kg]인 저장설비를 갖추고 사용하는 경우
② 지하의 집단급식소로서 상시 1회 수용인원이 60인인 급식소에서 가스를 사용하는 경우
③ 저장능력이 300[kg](자동절체기 설치)인 저장설비를 갖추고 음식점에서 사용하는 경우
④ 영업장 면적이 200[m^2]인 학원에서 난방용으로 가스보일러를 사용하는 경우

해설 **보험가입 대상자 : 액법 시행규칙 제75조**
㉮ 제1종 보호시설이나 지하실에서 식품위생법에 따른 식품접객업소로서 그 영업장 면적이 100[m^2] 이상 업소를 운영하는 자
㉯ 제1종 보호시설이나 지하실에서 식품위생법에 따른 집단급식소로서 상시 1회 50명 이상을 수용할 수 있는 급식소를 운영하는 자
㉰ 시장에서 액화석유가스의 저장능력(공동시설의 경우에는 총 저장능력을 사용자수로 나눈 것을 말한다.)이 100[kg] 이상인 저장설비를 갖춘 자
㉱ ㉮~㉰ 외의 자로서 액화석유가스의 저장능력이 250[kg] 이상인 저장설비를 갖춘 자. 다만, 주거용으로 액화석유가스를 사용하는 자를 제외한다.

56 **액화석유가스에 관련된 수수료 납부 등에 관한 사항에서 틀린 것은?**

① 수수료는 산업통상자원부령으로 정한다.
② 액화석유가스사업 충전사업허가
③ 가스용품제조사업 허가
④ 석유정제업자 사고접수

해설 **수수료 : 액법 제60조**
(1) 다음에 해당하는 자는 산업통상자원부령이 정하는 바에 따라 수수료를 납부하여야 한다.
㉮ 액화석유가스 충전사업 또는 가스용품 제조사업 허가나 변경허가를 받으려는 자
㉯ 액화석유가스 저장소 설치 허가나 변경허가를 받으려는 자
(2) 다음 각 호에 해당하는 자는 산업통상자원부장관이 정하는 바에 따라 수수료 또는 교육비를 내야 한다.
㉮ 안전관리규정에 대한 한국가스안전공사의 의견을 받고자 하는 자
㉯ 액화석유가스의 충전시설, 집단공급시설, 판매시설, 저장시설 또는 가스용품 제조시설의 설치공사 또는 변경공사의 완성검사를 받으려는 자
㉰ 정기검사를 받으려는 자
㉱ 정밀안전진단 또는 안전성평가를 받으려는 자
㉲ 가스용품의 검사를 받으려는 자
㉳ 품질검사를 받으려는 자
㉴ 액화석유가스 사용시설의 완성검사 또는 정기검사를 받으려는 자
㉵ 안전교육을 받으려는 자

57 **허가를 받지 않고 LPG 충전사업, LPG 집단공급사업, 가스용품 제조사업을 영위한 자에 대한 벌칙으로 옳은 것은?**

① 1년 이하의 징역, 1000만원 이하의 벌금
② 2년 이하의 징역, 2000만원 이하의 벌금
③ 1년 이하의 징역, 3000만원 이하의 벌금
④ 2년 이하의 징역, 5000만원 이하의 벌금

해설 허가를 받지 않고 LPG 충전사업, LPG 집단공급사업, 가스용품 제조사업을 영위한 자에 대한 벌칙(액법 제66조) : 2년 이하의 징역, 2000만원 이하의 벌금

Answer 55. ④ 56. ④ 57. ②

58 도시가스 사업법의 목적에 포함되지 않는 것은?

① 도시가스사업을 합리적으로 조정, 육성하기 위하여
② 가스 품질의 향상과 국가 기간산업의 발전을 도모하기 위하여
③ 도시가스 사용자의 이익을 보호하기 위하여
④ 공공의 안전을 확보하기 위하여

해설 **도시가스 사업법 목적(도법 제1조)**
도시가스 사업을 합리적으로 조정, 육성하여 사용자의 이익을 보호하고 도시가스 사업의 건전한 발전을 도모하며, 가스공급시설과 가스사용 시설의 설치, 유지 및 안전관리에 관한 사항을 규정함으로써 공공의 안전을 확보함을 목적으로 한다.

59 도시가스 사업법에서 사용하는 용어의 정의를 설명한 것 중 틀린 것은?

① 도시가스 사업은 수요자에게 연료용 가스를 공급하는 사업이다.
② 가스도매사업은 일반도시가스사업자 외의 자가 일반도시가스사업자 또는 산업통상자원부령이 정하는 대량수요자에게 천연가스를 공급하는 사업을 말한다.
③ 도시가스사업자는 가스를 제조하여 일반수요자에게 용기로 공급하는 사업자를 말한다.
④ 가스사용시설은 가스공급시설 외의 가스사용자의 시설로서 산업통상자원부령으로 정하는 것을 말한다.

해설 **용어의 정의(도법 제2조)**
도시가스사업자란 도시가스사업의 허가를 받은 가스도매사업자, 일반도시가스사업자, 도시가스충전사업자, 나프타부생가스·바이오가스제조사업자 및 합성천연가스제조사업자를 말한다.

60 도시가스사업의 범위에 해당되지 않는 경우는?

① 가스도매사업
② 일반도시가스사업
③ 도시가스충전사업
④ 석유정제사업

해설 **도시가스 사업(도법 제2조 1의2)**
수요자에게 도시가스를 공급하거나 도시가스를 제조하는 사업(석유 및 석유대체연료 사업법에 따른 석유정제업은 제외한다.)으로서 가스도매사업, 일반도시가스사업, 도시가스충전사업, 나프타부생가스·바이오가스 제조사업 및 합성천연가스 제조사업을 말한다.

61 도시가스사업법에서 정의하는 용어의 설명 중 틀린 것은?

① 배관이란 본관, 공급관 및 내관을 말한다.
② 본관이란 공급관 옥외배관을 말한다.
③ 내관이란 가스사용자가 소유하거나 점유하고 있는 토지의 경계에서 연소기까지 이르는 배관을 말한다.
④ 액화가스란 상용의 온도 또는 35[℃]의 온도에서 압력이 0.2[MPa] 이상이 되는 것을 말한다.

해설 **용어의 정의(도법 시행규칙 제2조)**
본관이란 도시가스제소사업소(액화천연가스 인수기지 포함)의 부지경계에서 정압기까지 이르는 배관을 말한다.

62 도시가스사업법에서 정의하는 액화가스의 조건으로 올바른 것은?

① 35[℃]의 온도에서 압력이 0.2[MPa] 이상의 압력
② 35[℃]의 온도에서 압력이 0.1[MPa] 이상의 압력

Answer 58. ② 59. ③ 60. ④ 61. ② 62. ①

③ 35[℃]의 온도에서 압력이 12[MPa] 이상의 압력
④ 35[℃]의 온도에서 압력이 2[MPa] 이상의 압력

해설 액화가스(도법 시행규칙 제2조)
상용의 온도 또는 35[℃]의 온도에서 압력이 0.2[MPa] 이상이 되는 것

63 도시가스 사업허가 기준으로 잘못된 항목은?

① 도시가스의 안정적 공급을 위하여 적합한 공급시설을 설치, 유지할 능력이 있을 것
② 도시가스 사업이 공공의 이익과 일반수요에 적합한 경제규모일 것
③ 도시가스사업을 적정하게 수행하는데 필요한 재원과 기술적 능력이 있을 것
④ 다른 가스사업자의 공급지역과 공용으로 공급할 것

해설 가스도매사업과 일반도시가스사업의 허가 기준 : 도법 제3조
㉮ 사업이 공공의 이익과 일반수요에 적합한 경제규모일 것
㉯ 사업을 적정하게 수행하는 데에 필요한 재원과 기술적 능력이 있을 것
㉰ 도시가스의 안정적 공급을 위하여 적합한 공급시설을 설치, 유지할 능력이 있을 것
※ ④번 항 : 도시가스를 공급하고자 하는 권역이 다른 도시가스사업자의 공급권역과 중복되지 아니할 것(도법 시행규칙 제5조)

64 도시가스사업의 변경허가대상이 아닌 것은?

① 가스발생설비의 종류 변경
② 비상공급시설의 종류, 설치장소, 수 변경
③ 가스홀더의 수 변경
④ 액화가스 저장탱크의 설치장소 변경

해설 변경허가 사항 : 도법 시행규칙 제4조
(1) 가스도매사업, 일반도시가스사업
㉮ 도시가스의 종류 또는 열량이 변경
㉯ 공급권역 또는 공급능력의 변경
㉰ 가스공급시설 중 가스발생설비, 액화가스 저장탱크, 가스홀더의 종류 · 설치장소 또는 그 수의 변경
(2) 도시가스 충전사업
㉮ 사업소 위치의 변경
㉯ 도시가스의 종류 변경. 다만, 한국가스안전공사가 위해의 우려가 없다고 인정하는 경우 제외
㉰ 도시가스 압력 변경
㉱ 저장설비의 교체, 저장설비의 위치 또는 저장능력의 변경
㉲ 처리설비의 위치 또는 처리능력의 변경
㉳ 고정식 압축도시가스 자동차 충전시설에서 압축도시가스 이동충전차량을 충전하는 경우 또는 고정식 압축도시가스 이동충전차량 충전시설에서 압축도시가스 자동차를 충전하려는 경우
㉴ 배관의 안지름 크기의 변경(변경하려는 부분의 배관 총길이가 20[m] 이상인 경우만 해당)
㉵ 상호의 변경
㉶ 대표자의 변경

65 도시가스사업 허가의 세부기준이 아닌 것은?

① 도시가스가 공급권역 안에서 안정적으로 공급될 수 있도록 할 것
② 도시가스 사업계획이 확실히 수행될 수 있을 것
③ 도시가스를 공급하는 권역이 중복되지 않을 것
④ 도시가스 공급이 특정지역에 집중되어 있어야 할 것

해설 도시가스사업 허가의 세부기준 : 도법 시행규칙 제5조
㉮ 도시가스를 공급하려는 권역이 다른 도시가스사업자의 공급권역과 중복되지 않을 것
㉯ 도시가스사업이 적정하게 수행될 수 있도록 자기자본 비율이 도시가스 공급개시 연도까지는

Answer 63. ④ 64. ② 65. ④

30[%] 이상이고 개시연도의 다음 해부터는 계속 20[%] 이상 유지되도록 사업계획이 수립되어 있을 것

㉰ 도시가스가 공급권역에서 안정적으로 공급될 수 있도록 원료 조달 및 간선 배관망 건설에 관한 사업계획이 수립되어 있을 것

㉱ 도시가스 공급이 특정지역에 편중되지 아니할 것

㉲ 도시가스의 안정적 공급을 위하여 별표6항에서 정하는 예비시설을 갖출 것

㉳ 천연가스를 도시가스 원료로 사용할 계획인 경우에는 사업계획이 천연가스를 공급받는데 적합할 것

66 비상공급시설 설치 신고서에 첨부하여 시장, 군수, 구청장에게 제출해야 하는 서류가 아닌 것은?

① 안전관리자의 배치현황
② 설치위치 및 주위 상황도
③ 비상공급시설의 설치 사유서
④ 가스사용 예정시기 및 사용예정량

해설 비상공급시설의 설치 : 도법 시행규칙 제13조의2

(1) 신고서 제출
산업통상자원부장관 또는 시장, 군수, 구청장

(2) 제출서류
㉮ 비상공급시설의 설치 사유서
㉯ 비상공급시설에 의한 공급권역을 명시한 도면
㉰ 설치위치 및 주위상황도
㉱ 안전관리자의 배치현황

67 도시가스시설의 완성검사 대상에 해당하지 않는 것은?

① 가스사용량의 증가로 특정가스 사용시설로 전환되는 가스사용시설 변경공사
② 특정가스 사용시설로 호칭지름 50[mm]의 강관을 25[m] 교체하는 공사
③ 특정가스 사용시설의 압력조정기를 증설하는 변경공사
④ 배관변경을 수반하지 않고 월사용예정량 550[m^3]를 증설하는 변경공사

해설 완성검사의 대상이 되는 시설 : 도법 시행규칙 제21조

㉮ 도시가스 사용량의 증가로 인하여 특정가스 사용시설로 전환되는 가스사용시설의 변경공사
㉯ 특정가스 사용시설로서 호칭지름 50[mm] 이상인 배관을 증설, 교체 또는 이설하는 것으로서 그 전체 길이가 20[m] 이상인 변경공사
㉰ 특정가스 사용시설의 배관을 변경하는 공사로서 월사용예정량을 500[m^3] 이상 증설하거나 월사용예정량이 500[m^3] 이상인 시설을 이설하는 변경공사
㉱ 특정가스 사용시설의 정압기나 압력조정기를 증설, 교체(동일 유량으로 교체하는 경우 제외) 또는 이설하는 변경공사

68 도시가스시설의 설치공사 또는 변경공사를 하는 때에 이루어지는 주요공정 시공감리 대상으로 적합한 것은?

① 도시가스사업자외의 가스공급시설 설치자의 배관 설치공사
② 가스도매사업자의 가스공급시설 설치공사
③ 일반도시가스사업자의 정압기 설치공사
④ 일반도시가스사업자의 제조소 설치공사

해설 주요공정 시공감리와 일부공정 시공감리 대상 : 도법 시행규칙 제23조 4항

(1) 주요공정 시공감리대상
㉮ 일반도시가스사업자 및 도시가스사업자 외의 가스공급시설 설치자의 배관(그 부속시설을 포함한다.)
㉯ 나프타 부생가스・바이오가스 제조사업자 및 합성천연가스 제조사업자의 배관(그 부속시설을 포함한다.)

(2) 일부공정 시공감리대상
㉮ 가스도매사업자의 가스공급시설
㉯ 일반도시가스사업자, 나프타 부생가스・바이오가스 제조사업자, 합성가스 제조사업자 및 도시가스사업자 외의 가스공급시설 설치자의 가스공급시설 중 주요공정 시공감리대상의 시설을 제외한 가스공급시설

Answer 66. ④ 67. ④ 68. ①

㉰ 시행규칙 제21조 제1항에 따른 시공감리의 대상이 되는 사용자 공급관(그 부속시설을 포함한다.)

69 도시가스사업자가 공급규정의 승인 또는 변경 승인을 얻고자 할 때의 설명으로 맞는 것은?

① 도시가스사업자는 도시가스의 요금을 산업통상자원부장관이 정하는 서류를 첨부하여 시장, 군수, 구청장에게 제출한다.
② 공사는 공급규정을 정하여 군수, 구청장에게 제출하여 승인을 얻는다.
③ 시・도지사가 정하는 서류첨부, 산업통상자원부장관에게 제출하여 승인을 얻는다.
④ 도시가스사업자는 도시가스의 요금이나 그 밖의 공급조건에 관한 공급규정을 정하여 산업통상자원부장관 또는 시・도지사의 승인을 받는다.

해설 공급규정(도법 제20조)
도시가스사업자는 도시가스의 요금이나 그 밖의 공급조건에 관한 공급규정을 정하여 산업통상자원부장관 또는 시・도지사의 승인을 받는다.

70 도시가스의 품질검사기관은 품질검사의 결과를 품질검사 기록대장을 작성하여 몇 년간 보존하여야 하는가?

① 1년 ② 2년
③ 3년 ④ 5년

해설 도시가스의 품질검사 : 도법 시행규칙 제35조
㉮ 품질검사기관은 월별 또는 분기별 품질검사실적을 해당 월 또는 해당분기의 다음 달 15일까지 산업통상자원부장관에게 제출하여야 한다.
㉯ 품질검사기관은 품질검사 기록대장을 3년간 보존하여야 한다.

71 도시가스 안전관리자의 직무로서 가장 거리가 먼 것은?

① 가스공급시설의 안전유지
② 위해예방조치의 이행
③ 안전관리원의 교육
④ 정기검사 결과 부적합 판정을 받은 시설의 개선

해설 안전관리자의 업무 : 도법 시행령 제16조
㉮ 가스공급시설 또는 특정가스 사용시설의 안전유지
㉯ 정기검사 또는 수시검사 결과 부적합 판정을 받은 시설의 개선
㉰ 안전점검의무의 이행 확인
㉱ 안전관리규정 실시기록의 작성, 보존
㉲ 종업원에 대한 안전관리를 위하여 필요한 사항의 지휘, 감독
㉳ 정압기, 도시가스배관 및 그 부속설비의 순회점검, 구조물의 관리, 원격감시시스템의 관리, 검사업무 및 안전에 대한 비상계획의 수립, 관리
㉴ 본관, 공급관의 누출검사 및 전기방식시설의 관리
㉵ 사용자 공급관의 관리
㉶ 공급시설 및 사용시설의 굴착공사 관리
㉷ 배관의 구멍 뚫기 작업
㉸ 그 밖의 위해 방지 조치

72 다음 ( ) 안에 들어갈 것으로 올바르게 순서대로 연결된 것은?

> 도시가스사업자 안전점검원의 선임기준이 되는 배관의 길이를 산정할 때 ( )과 ( )은 포함하지 아니하며 하나의 차로에 2개 이상의 배관이 나란히 설치되어 있고 그 배관 바깥측면간의 거리가 ( )[m] 미만인 것은 하나의 배관으로 계산한다.

① 본관, 공급관, 10
② 공급관, 내관, 5
③ 사용자 공급관, 내관, 5
④ 본관, 공급관, 3

Answer 69. ④ 70. ③ 71. ③ 72. ④

해설 안전관리원과 안전점검원 선임기준이 되는 배관 길이 계산 방법 : 도법 시행령 별표1
㉮ **안전관리원** : 본관 및 공급관(사용자 공급관은 제외) 길이의 총 길이로 한다.
㉯ **안전점검원** : 본관 및 공급관(사용자 공급관은 제외) 길이의 총 길이로 한다. 다만, 가스사용자가 소유하거나 점유하고 있는 토지에 설치된 본관 및 공급관은 포함하지 아니하고 하나의 차로에 2개 이상의 배관이 나란히 설치되어 있으며 그 배관 바깥측면 간의 거리가 3[m] 미만인 것은 하나의 배관으로 계산한다.

73 산업통상자원부장관은 도시가스사업법에 의하여 도시가스사업자에게 조정명령을 내릴 수 있다. 다음 중 조정명령 사항이 아닌 것은?

① 가스공급시설 공사계획의 조정
② 가스요금 등 공급조건의 조정
③ 가스의 열량, 압력의 조정
④ 가스검사 기관의 조정

해설 조정명령 : 도법 시행령 제20조
㉮ 가스공급시설 공사계획의 조정
㉯ 가스공급계획의 조정
㉰ 둘 이상의 특별시, 광역시, 도 및 특별자치도를 공급지역으로 하는 경우 공급지역의 조정
㉱ 가스요금 등 공급조전의 조정
㉲ 가스의 열량, 압력 및 연소성의 조정
㉳ 가스공급시설의 공동이용에 관한 조정
㉴ 천연가스 수출입 물량의 규모, 시기 등의 조정
㉵ 자가소비용 직수입자의 가스도매사업자에 대한 판매에 관한 조정

74 도시가스사업자, 특정가스 사용시설의 사용자가 정기검사를 받지 않았을 때의 벌칙 기준으로 옳은 것은?

① 1년 이하의 징역 또는 1000만원 이하의 벌금
② 1년 이하의 징역 또는 2000만원 이하의 벌금
③ 2년 이하의 징역 또는 2000만원 이하의 벌금
④ 3년 이하의 징역 또는 3000만원 이하의 벌금

해설 벌칙 기준 : 도법 제51조

75 도시가스사업자는 굴착공사정보지원센터로부터 굴착계획의 통보내용을 통지받은 때에는 얼마 이내에 매설된 배관이 있는지를 확인하고 그 결과를 굴착공사정보지원센터에 통지하여야 하는가?

① 24시간 ② 36시간
③ 48시간 ④ 60시간

해설 **도시가스배관 매설상황 확인 등(도법 시행규칙 제52조 5항)** : 도시가스사업자는 굴착공사정보지원센터로부터 굴착계획의 통보내용을 통지받은 때에는 그 때부터 24시간 이내에 매설된 배관이 있는지 확인하고 그 결과를 굴착공사정보지원센터에 통지하여야 한다. 이 경우 토요일 및 공휴일은 통지시간에 포함하지 아니한다.

76 가스안전 영향평가 대상 등에서 산업통상자원부령이 정하는 가스배관이 통과하는 지점에 해당하지 않는 것은?

① 해당 건설공사와 관련된 굴착공사로 인하여 도시가스배관이 노출될 것으로 예상되는 부분
② 해당 건설공사에 의한 굴착바닥면의 양끝으로부터 굴착심도의 0.6배 이내의 수평거리에 도시가스배관이 매설된 부분
③ 해당 공사에 의하여 건설될 지하시설물 바닥의 바로 아랫부분에 관지름 500[mm]인 저압의 가스배관이 통과하는 경

Answer 73. ④ 74. ① 75. ① 76. ③

우 그 건설공사에 해당하는 부분

④ 해당 공사에 의하여 건설될 지하시설물 바닥의 바로 아랫부분에 최고사용압력이 중압 이상인 도시가스배관이 통과하는 경우 그 건설공사에 해당하는 부분

해설 도시가스배관이 통과하는 지점 : 도법 시행규칙 제53조

㉮ 해당 건설공사와 관련된 굴착공사로 인하여 도시가스배관이 노출될 것으로 예상되는 부분

㉯ 해당 건설공사에 의한 굴착바닥면의 양끝으로부터 굴착심도의 0.6배 이내의 수평거리에 도시가스배관이 매설된 부분

㉰ 해당 공사로 건설될 지하시설물 바닥의 바로 아랫부분에 최고사용압력이 중압 이상인 도시가스배관이 통과하는 경우의 그 건설공사에 해당하는 부분

77 도시가스사업자가 관계법에서 정하는 규모 이상의 가스공급시설의 설치공사를 할 때 신청서에 첨부할 서류 항목이 아닌 것은?

① 공사계획서

② 공사공정표

③ 시공관리자의 자격을 증명할 수 있는 사본

④ 공급조건에 관한 설명서

해설 첨부서류 : 도법 시행규칙 제62조의2

㉮ 공사계획서

㉯ 공사공정표

㉰ 변경사유서(공사계획을 변경한 경우에 한함)

㉱ 기술검토서

㉲ 건설업등록증 사본

㉳ 시공관리자의 자격을 증명할 수 있는 서류

㉴ 공사예정금액 명세서 등 당해 공사의 공사 예정금액을 증빙할 수 있는 서류

78 다음 중 지진감지장치를 반드시 설치하여야 하는 도시가스 시설은?

① 가스도매사업자 인수기지

② 가스도매사업자 정압기지

③ 일반도시가스사업자 제조소

④ 일반도시가스사업자 정압기

해설 정압기(지) 및 밸브기지 시설기준(도법 시행규칙 별표5) : 가열설비, 계량설비, 정압설비의 지지구조물과 기초는 내진설계기준에 따라 설계하고 이에 연결되는 배관은 안전하게 고정될 것

Answer 77. ④ 78. ②

2장 고압가스 안전관리

1. 저장 능력 산정기준

1) 저장능력 산정기준 계산식

① 압축가스 저장 탱크 및 용기

$$Q = (10P + 1) \cdot V_1$$

② 액화가스 저장 탱크

$$W = 0.9d \cdot V_2$$

③ 액화가스 충전용기 및 차량에 고정된 탱크

$$W = \frac{V_2}{C}$$

여기서, Q : 저장 능력[m^3]

P : 35[℃](C_2H_2 : 15[℃])에서의 최고충전압력[MPa]

V_1 : 내용적[m^3] W : 저장 능력[kg]

d : 상용 온도에서의 액화가스의 비중[kg/L]

V_2 : 내용적[L] C : 충전 상수

2) 저장능력 합산 기준

① 저장탱크 및 용기가 배관으로 연결된 경우

② 저장탱크 및 용기 사이의 중심거리가 30[m] 이하인 경우 및 같은 구축물에 설치되어 있는 경우

③ 액화가스와 압축가스가 섞여 있는 경우에는 액화가스 10[kg]을 압축가스 1[m^3]로 본다.

3) 1일의 냉동능력(톤) 계산

① 원심식 압축기 : 원동기 정격출력 1.2[kW]
② 흡수식 냉동설비 : 발생기를 가열하는 입열량 6640[kcal/h]
③ 그 밖의 것 : 다음의 산식으로 계산

$$R = \frac{V}{C}$$

여기서, R : 1일의 냉동능력[톤]　　V : 피스톤 압출량[m^3/h]
　　　　C : 냉매종류에 따른 상수

2. 보호시설

1) 제1종 보호시설

① 학교, 유치원, 어린이집, 놀이방, 어린이 놀이터, 학원, 병원(의원 포함), 도서관, 청소년수련시설, 경로당, 시장, 공중목욕탕, 호텔, 여관, 극장, 교회 및 공회당(公會堂)
② 사람을 수용하는 건축물(가설건축물은 제외)로서 사실상 독립된 부분의 연면적이 1000[m^2] 이상인 것
③ 예식장, 장례식장 및 전시장, 그 밖에 이와 유사한 시설로서 300명 이상 수용할 수 있는 건축물
④ 아동복지시설 또는 장애인복지시설로서 20명 이상 수용할 수 있는 건축물 아동복지시설, 장애인복지시설
⑤ 문화재 보호법에 따라 지정문화재로 지정된 건축물

2) 제2종 보호시설

① 주택
② 사람을 수용하는 건축물(가설건축물은 제외)로서 사실상 독립된 부분의 연면적이 100[m^2] 이상 1000[m^2] 미만인 것

3) 보호시설과 안전거리 유지 기준

① 처리설비, 저장설비는 보호시설과 안전거리 유지

<table>
<tr><th rowspan="2">처리능력 및 저장능력</th><th colspan="2">독성 또는 가연성</th><th colspan="2">산소</th><th colspan="2">그 밖의 가스</th></tr>
<tr><th>제1종</th><th>제2종</th><th>제1종</th><th>제2종</th><th>제1종</th><th>제2종</th></tr>
<tr><td>1만 이하</td><td>17</td><td colspan="2">12</td><td colspan="2">8</td><td>5</td></tr>
<tr><td>1만 초과 2만 이하</td><td>21</td><td colspan="2">14</td><td colspan="2">9</td><td>7</td></tr>
<tr><td>2만 초과 3만 이하</td><td>24</td><td colspan="2">16</td><td colspan="2">11</td><td>8</td></tr>
<tr><td>3만 초과 4만 이하</td><td>27</td><td colspan="2">18</td><td colspan="2">13</td><td>9</td></tr>
<tr><td>4만 초과 5만 이하</td><td>30</td><td colspan="2">20</td><td colspan="2">14</td><td>10</td></tr>
<tr><td>5만 초과 99만 이하</td><td>30</td><td>20</td><td>–</td><td colspan="2">–</td><td>–</td></tr>
<tr><td>99만 초과</td><td>30</td><td>20</td><td>–</td><td colspan="2">–</td><td>–</td></tr>
</table>

1. 단위 : 압축가스[m], 액화가스[kg]
2. 한 사업소 안에 2개 이상의 처리설비 또는 저장설비가 있는 경우에는 그 처리능력, 저장능력별로 각각 안전거리 유지
3. 가연성가스 저온저장탱크의 경우
   ① 5만 초과 99만 이하
      ㉮ 제1종 보호시설 : $\frac{3}{25}\sqrt{X+10000}$ [m]
      ㉯ 제2종 보호시설 : $\frac{2}{25}\sqrt{X+10000}$ [m]
   ② 99만 초과
      ㉮ 제1종 보호시설 : 120[m] ㉯ 제2종 보호시설 : 80[m]
4. 산소 및 그 밖의 가스는 처리능력 및 저장능력이 4만 초과까지 임

② 저장설비를 지하에 설치하는 경우에는 유지거리의 1/2을 곱한 거리를 유지

3. 고압가스 제조의 기준

1) 배치기준

(1) 화기와의 우회거리

① 가스설비 또는 저장설비 : 2[m] 이상

② 가연성가스, 산소의 가스설비 또는 저장설비 : 8[m] 이상

③ 유동방지시설 : 높이 2[m] 이상의 내화성 벽, 화기를 취급하는 장소 : 8[m] 이상

④ 불연성 건축물 안에서 화기를 사용하는 경우

㉮ 수평거리 8[m] 이내에 있는 건축물 개구부 : 방화문 또는 망입유리로 폐쇄

㉯ 사람이 출입하는 출입문 : 2중 구조

(2) 다른 설비와의 거리

① 안전구역 안의 고압가스설비와의 거리 : 30[m] 이상
② 가연성가스 저장탱크와 처리능력 20만[m^3] 이상인 압축기까지 거리 : 30[m] 이상
③ 가연성가스와 가연성가스 제조시설의 고압가스설비 사이거리 : 5[m] 이상
④ 가연성가스와 산소 제조시설의 고압가스설비 사이거리 : 10[m] 이상
⑥ 사업소경계와의 거리 : 20[m] 이상

(3) 안전구역 설정

① 안전구역 면적 : 20000[m^2] 이하
② 안전구역 설정 : 고압가스설비의 연소열량 수치가 6×10^8 이하

$$Q = K \cdot W$$

여기서, Q : 연소열량, W : 저장설비 또는 처리설비에 따른 수치
K : 가스의 종류 및 상용온도에 따른 수치

(4) 물분무장치 설치 기준 : 화재발생 시 사용

① 조작위치 : 저장탱크 외면에서 15[m] 이상
② 수원 : 30분간 동시 방사할 수 있는 양
③ 작동점검 : 매월 1회 이상(동결우려가 있는 경우 펌프구동으로 갈음)

(5) 기초 기준

구분	저장능력
압축가스	100[m^3] 이상
액화가스	1000[kg] 이상

2) 저장설비 기준

(1) 저장설비

① 재료 : 저장실 벽은 불연재료, 지붕은 불연 또는 난연의 가벼운 재료 사용
② 구조 : 5[m^3] 이상의 가스를 저장하는 것에는 가스방출장치 설치
③ 내진성능(耐震性能) 확보 : 지하에 매설한 경우 내진설계를 한 것으로 본다.

구분	비가연성 또는 비독성가스	가연성 또는 독성가스	탑류
압축가스	1000[m^3] 이상	500[m^3] 이상	동체부 높이가 5[m] 이상인 것
액화가스	10000[kg] 이상	5000[kg] 이상	

④ 저장탱크 사이 거리 : 저장탱크 최대지름을 더한 길이의 4분의 1 이상의 거리(1[m] 미만인 경우 1[m]) 유지

(2) 저장탱크 설치 기준

① 지하설치 기준

㉮ 천장, 벽, 바닥의 두께 : 30[cm] 이상의 철근콘크리드

㉯ 저장탱크 주위 : 마른 모래를 채울 것

㉰ 매설깊이 : 60[cm] 이상

㉱ 2개 이상 설치 시 : 상호간 1[m] 이상 유지

㉲ 집수구 설치 : 침입한 물, 생성된 물이 모이도록 바닥은 구배를 갖고 집수구를 설치, 배수

㉳ 지상에 경계표지 설치

㉴ 안전밸브 방출관 설치(방출구 높이 : 지면에서 5[m] 이상)

② 실내설치 기준

㉮ 저장탱크실과 처리설비실은 각각 구분하여 설치하고 강제통풍시설을 갖출 것

㉯ 천장, 벽, 바닥의 두께 : 30[cm] 이상의 철근콘크리트

㉰ 가연성가스 또는 독성가스의 경우 : 가스누출검지 경보장치 설치

㉱ 저장탱크 정상부와 천장과의 거리 : 60[cm] 이상

㉲ 2개 이상 설치 시 : 저장탱크실을 각각 구분하여 설치

㉳ 저장탱크실 및 처리설비실의 출입문 : 각각 따로 설치(자물쇠 채움 등의 조치)

㉴ 주위에 경계표지 설치

㉵ 안전밸브 방출관 설치(방출구 높이 : 지상에서 5[m] 이상)

(5) 저장탱크의 부압파괴 방지 조치

① 압력계

② 압력경보설비

③ 그 밖에 다음 중 어느 하나 이상의 설비

㉮ 진공안전밸브

㉯ 다른 저장탱크 또는 시설로부터의 가스도입배관(균압관)

㉰ 압력과 연동하는 긴급차단장치를 설치한 냉동제어설비
㉱ 압력과 연동하는 긴급차단장치를 설치한 송액설비

(6) 과충전 방지 조치

① 포스겐, 황화수소, 시안화수소, 아황산가스, 산화에틸렌, 암모니아, 염소, 염화메탄은 저장탱크 내용적의 90[%] 초과 방지
② 액면, 액두압을 검지하는 것, 이에 갈음할 수 있는 유효한 방법일 것
③ 용량이 검지되었을 때 경보(부자 등 음향)를 울리는 것
④ 경보는 관계자가 상주 및 작업 장소에서 명확하게 들을 것

3) 가스설비 기준

(1) 재료

① 아세틸렌이 접촉하는 부분
㉮ 동 또는 동함유량 62[%] 초과하는 동합금 사용금지
㉯ 충전용 지관에는 탄소 함유량이 0.1[%] 이하의 강을 사용
② 액화산소가 접촉하는 부분의 외면을 단열재로 피복하는 때에는 불연성 재료를 사용

(2) 구조

고압가스를 안전하게 취급할 수 있는 적절한 것일 것

(3) 두께 및 강도

상용압력의 2배 이상의 압력에서 항복을 일으키지 아니하는 두께를 가지고 상용의 압력에 견디는 충분한 강도를 가지는 것일 것

(4) 가스설비 설치

① 아세틸렌의 충전용 교체밸브는 충전하는 장소에서 격리하여 설치
② 공기액화 분리기의 원료공기 흡입구는 공기가 맑은 곳에 설치
③ 공기액화 분리기에 설치하는 피트는 양호한 환기구조로 한다.
④ 공기액화 분리기의 액화공기 탱크와 액화산소 증발기와의 사이에는 석유류, 유지류 그 밖의 탄화수소를 여과·분리하기 위한 여과기를 설치
⑤ 에어졸 제조시설에는 정량을 충전할 수 있는 자동충전기를 설치하고, 인체에 사용하거나 가정에서 사용하는 에어졸 제조시설에는 불꽃길이 시험장치를 설치

⑥ 에어졸 제조시설에는 온도를 46[℃] 이상 50[℃] 미만으로 누출시험을 할 수 있는 에어졸 충전용기의 온수탱크를 설치

(5) 가스설비 성능(내압성능)

① 내압시험 압력 : 상용압력의 1.5배 이상
② 공기, 질소 등 기체의 경우 : 상용압력의 1.25배 이상

4) 배관설비 기준

(1) 강도 및 두께

상용압력의 2배 이상의 압력에서 항복을 일으키지 않는 두께
① 바깥지름과 안지름의 비가 1.2 미만인 경우

$$t = \frac{PD}{2\frac{f}{S} - P} + C$$

② 바깥지름과 안지름의 비가 1.2 이상인 경우

$$t = \frac{D}{2}\left(\sqrt{\frac{\frac{f}{S} + P}{\frac{f}{S} - P}} - 1\right) + C$$

여기서, t : 배관의 두께[mm]　　P : 상용압력[MPa]
D : 안지름에서 부식여유에 상당하는 부분을 뺀 부분의 수치[mm]
f : 재료의 인장강도[N/mm^2] 규격 최소치이거나 항복점[N/mm^2] 규격 최소치의 1.6배
C : 관 내면의 부식여유치[mm]
S : 안전율

(2) 접합

① 용접접합으로 하고 필요한 경우 비파괴시험을 할 것
② 맞대기 용접 시 용접이음매의 간격 : 관지름 이상
③ 배관상호 길이 이음매 : 원주방향에서 50[mm] 이상 떨어지게 할 것
④ 지그(jig)를 사용하여 가운데서부터 정확하게 위치를 맞출 것

⑤ 관의 두께가 다른 배관의 맞대기 이음 시 관 두께가 완만히 변화되도록 길이방향 기울기를 1/3 이하로 할 것

(3) 배관설치 기준

① 표지판 설치간격 및 기재사항
   ㉮ 지하설치 배관 : 500[m] 이하
   ㉯ 지상설치 배관 : 1000[m] 이하
   ㉰ 고압가스의 종류, 설치구역명, 배관설치(매설)위치, 신고처, 회사명 및 연락처 기재

② 지하매설
   ㉮ 건축물과 1.5[m] 이상, 지하가 및 터널과는 10[m] 이상의 거리 유지
   ㉯ 독성가스배관과 수도시설 : 300[m] 이상의 거리 유지
   ㉰ 지하의 다른 시설물 : 0.3[m] 이상의 거리 유지
   ㉱ 매설깊이
      ⓐ 기준 : 1.2[m] 이상
      ⓑ 산이나 들 지역 : 1[m] 이상
      ⓒ 시가지의 도로 : 1.5[m] 이상(시가지외의 도로 : 1.2[m] 이상)

③ 도로 밑 매설
   ㉮ 배관과 도로경계까지 거리 : 1[m] 이상
   ㉯ 포장된 노반 최하부와의 거리 : 0.5[m] 이상
   ㉰ 전선, 상수도관, 하수도관, 가스관이 매설되어 있는 경우 이들의 하부에 설치

④ 누출확산 방지조치
   ㉮ 시가지, 하천, 터널, 도로, 수로 및 사질토 등의 특수성지반 중에 배관을 설치하는 경우
   ㉯ 2중관 설치 가스 : 포스겐, 황화수소, 시안화수소, 아황산가스, 아크릴알데히드, 염소, 불소
   ㉰ 2중관 규격 : 바깥층관 안지름은 안층관 바깥지름의 1.2배 이상

⑤ 운영상태 감시장치
   ㉮ 배관장치에는 적절한 장소에 압력계, 유량계, 온도계 등으이 계기류를 설치
   ㉯ 압축기 또는 펌프 및 긴급차단밸브의 작동상황을 나타내는 표시등 설치
   ㉰ 경보장치 설치 : 경보장치가 울리는 경우
      ⓐ 압력이 상용압력의 1.05배를 초과한 때(상용압력이 4[MPa] 이상인 경우 상용압력에 0.2[MPa]를 더한 압력)
      ⓑ 정상운전시의 압력보다 15[%] 이상 강하한 경우

ⓒ 정상운전시의 유량보다 7[%] 이상 변동할 경우

ⓓ 긴급차단밸브가 고장 또는 폐쇄된 때

㉱ 안전제어장치 : 이상상태가 발생한 경우 압축기, 펌프, 긴급차단장치 등을 정지 또는 폐쇄

ⓐ 압력계로 측정한 압력이 상용압력의 1.1배를 초과했을 때

ⓑ 정상운전시의 압력보다 30[%] 이상 강하했을 때

ⓒ 정상운전시의 유량보다 15[%] 이상 증가했을 때

ⓓ 가스누출경보기가 작동했을 때

5) 사고예방설비 기준

(1) 과압안전장치 설치

고압가스설비 안의 압력이 상용의 압력을 초과하는 경우 즉시 상용의 압력 이하로 되돌릴 수 있는 장치

① 선정

㉮ 안전밸브 : 기체 및 증기의 압력상승을 방지하기 위하여 설치

㉯ 파열판 : 급격한 압력상승, 독성가스의 누출, 유체의 부식성 또는 반응생성물의 성상 등에 따라 안전밸브를 설치하는 것이 부적당한 경우에 설치

㉰ 릴리프밸브 또는 안전밸브 : 펌프 및 배관에서 액체의 압력상승을 방지하기 위하여 설치

㉱ 자동압력 제어장치 : ㉮부터 ㉰까지의 안전장치와 병행 설치할 수 있는 것으로 고압가스설비 등의 내압이 상용의 압력을 초과한 경우 그 고압가스설비 등으로의 가스유입량을 감소시키는 방법 등에 따라 그 고압가스설비 등 안의 압력을 자동적으로 제어하는 장치

② 작동압력

㉮ 안전밸브, 파열판 또는 릴리프밸브의 축적압력 기준

ⓐ 분출원인이 화재가 아닌 경우 축적압력

㉠ 안전밸브를 1개 설치한 경우 : 최고허용압력의 110[%] 이하

㉡ 안전밸브를 2개 이상 설치한 경우 : 최고허용압력의 116[%] 이하

ⓑ 분출원인이 화재인 경우 : 수량에 관계없이 최고허용압력의 121[%] 이하

㉯ 액화가스의 고압가스 설비 등에 부착되어 있는 스프링식 안전밸브는 상용의 온도에서 액화가스의 체적이 내용적이 98[%]까지 팽창하게 되는 온도에 대응하는 압력에서 작동

(2) 가스누출 검지 경보장치 설치

① 대상 : 독성가스 및 공기보다 무거운 가연성가스

② 종류

㉮ 접촉연소방식 : 가연성가스

㉯ 격막 갈바니 전지방식 : 산소

㉰ 반도체 방식 : 가연성가스, 독성가스

③ 경보농도(검지농도)

㉮ 가연성가스 : 폭발하한계의 1/4 이하

㉯ 독성가스 : TLV-TWA 기준농도 이하

㉰ 암모니아(NH_3)를 실내에서 사용하는 경우 : 50[ppm]

④ 경보기의 정밀도 : 가연성가스 ±25[%] 이하, 독성가스 ±30[%] 이하

⑤ 검지에서 발신까지 걸리는 시간

㉮ 경보농도의 1.6배 농도에서 30초 이내

㉯ 암모니아, 일산화탄소 : 1분 이내

(3) 긴급차단장치 설치

① 부착위치 : 가연성 또는 독성가스의 고압가스 설비 중 특수반응설비 및 저장탱크, 시가지·주요하천·호수 등을 횡단하는 배관

② 저장탱크의 긴급차단장치 또는 역류방지밸브 부착위치

㉮ 저장탱크 주 밸브(main valve) 외측 및 탱크내부에 설치하되 주 밸브와 겸용 금지

㉯ 저장탱크의 침하 또는 부상, 배관의 열팽창, 지진 그 밖의 외력의 영향을 고려

③ 차단조작 기구

㉮ 동력원 : 액압, 기압, 전기, 스프링

㉯ 조작위치 : 당해 저장탱크로부터 5[m] 이상 떨어진 곳(특정제조의 경우 10[m] 이상)

(4) 역류방지장치 설치

① 가연성가스를 압축하는 압축기와 충전용 주관과의 사이 배관

② 아세틸렌을 압축하는 압축기의 유분리기와 고압건조기와의 사이 배관

③ 암모니아 또는 메탄올의 합성탑 및 정제탑과 압축기와의 사이 배관

(5) 역화방지장치 설치

① 가연성가스를 압축하는 압축기와 오토클레이브와의 사이 배관

② 아세틸렌의 고압건조기와 충전용 교체밸브 사이 배관
③ 아세틸렌 충전용 지관

(6) 전기방폭설비 설치

가연성가스(암모니아, 브롬화메탄 및 공기 중에서 자기 발화하는 가스는 제외)의 가스설비 중 전기설비

(7) 정전기 제거설비 설치

① 탑류, 저장탱크, 열교환기, 회전기계, 벤트스택 등은 단독으로 접지
② 접지 접속선 단면적 : 5.5[mm^2] 이상
③ 접지 저항값 총합 : 100[Ω] 이하(피뢰설비 설치 한 것 : 10[Ω] 이하)

(8) 내부반응 감시 설비 설치

온도감시 장치, 압력감시 장치, 유량감시 장치, 가스의 밀도・조성 등의 감시장치를 설치

(9) 인터록 제어장치 설치

가연성가스, 독성가스의 제조설비 또는 이들 제조설비와 관련 있는 계장회로에는 제조하는 고압가스의 종류, 온도, 압력과 제조설비의 상황에 따라 안전 확보를 위한 주요 부분에 설비가 잘못 조작되거나 정상적인 제조를 할 수 없는 경우에 자동으로 원재료의 공급을 차단시키는 장치

6) 피해저감설비 기준

(1) 방류둑 설치

① 대상 : 가연성가스, 독성가스, 액화산소 저장탱크의 주위
② 기능 : 저장탱크의 액화가스가 액체 상태로 누출된 경우 액체상태의 가스가 저장탱크 주위의 한정된 범위를 벗어나서 다른 곳으로 유출되는 것을 방지
③ 구조
㉮ 재료 : 철근 콘크리트, 철골・철근 콘크리트, 금속, 흙 또는 이들을 혼합
㉯ 성토 기울기 : 45° 이하, 성토 윗부분 폭 : 30[cm] 이상
㉰ 출입구 : 둘레 50[m] 마다 1개 이상 분산 설치(둘레가 50[m] 미만은 2개 이상 설치)
㉱ 집합 방류둑 내 가연성 가스와 조연성 가스, 독성가스를 혼합 배치 금지

㉮ 방류둑은 액밀한 구조 및 액두압에 견디게 설치하고 액의 표면적은 적게 한다.
㉯ 방류둑에 고인 물을 외부로 배출할 수 있는 조치를 할 것(배수조치는 방류둑 밖에서 하고 배수할 때 이외에는 반드시 닫아 둔다.)
㉰ 집합 방류둑 안에는 가연성 가스와 조연성 가스, 가연성 가스와 독성가스의 저장탱크를 혼합하여 배치 금지
㉱ 저장탱크를 건축물 안에 설치한 경우 : 건축물이 방류둑의 기능 및 구조를 갖는 구조

④ 방류둑의 용량 : 저장능력 상당용적 확보
㉮ 액화산소 저장탱크 : 저장능력 상당용적의 60[%]
㉯ 집합 방류둑 내 : 최대저장탱크의 상당용적 + 잔여 저장탱크의 총 용적의 10[%]
㉰ 냉동설비 방류둑 : 수액기 내용적의 90[%] 이상

(2) 방호벽 설치

① 대상 : 아세틸렌가스 또는 압력이 9.8[MPa] 이상인 압축가스를 용기에 충전하는 경우
② 기능 : 가스폭발에 따른 충격에 견디고, 발생하는 위해요소가 다른 쪽으로 전이되는 것을 방지
③ 설치장소
㉮ 압축기와 충전장소 사이
㉯ 압축기와 가스충전용기 보관 장소 사이
㉰ 충전장소와 가스충전용기 보관 장소 사이
㉱ 충전장소와 충전용 주관밸브 조작 장소 사이

(3) 독성가스 누출로 인한 피해 방지시설 설치

① 확산방지 조치 대상가스 : 포스겐, 황화수소, 시안화수소, 아황산가스, 산화에틸렌, 암모니아, 염소, 염화메탄 [암기법 : 포황시 아산암에서 염소가 염메한다.)
② 제독제 보유

독성가스	제 독 제(보유량)
염소	가성소다 수용액(670[kg]), 탄산소다 수용액(870[kg]), 소석회(620[kg])
포스겐	가성소다 수용액(390[kg]), 소석회(360[kg])
황화수소	가성소다 수용액(1140[kg]), 탄산소다 수용액(1500[kg])
시안화수소	가성소다 수용액(250[kg])
아황산가스	가성소다 수용액(530[kg]), 탄산소다 수용액(700[kg]), 다량의 물
암모니아, 산화에틸렌, 염화메탄	다량의 물

(4) 중화 · 이송설비 설치

① 기능 : 이상사태가 발생하는 경우 확대를 방지

② 긴급이송설비 : 설비 안의 내용물을 설비 밖으로 긴급하고도 안전하게 이송할 수 있는 설비

③ 벤트스택(vent stack) : 가연성가스 또는 독성가스 설비에서 이상상태가 발생한 경우 설비내의 내용물을 설비 밖으로 긴급하고 안전하게 이송하는 시설

㉮ 높이

ⓐ 가연성 가스 : 착지농도가 폭발하한계값 미만

ⓑ 독성가스 : TLV-TWA 기준농도값 미만(제독조치 후 방출)

㉯ 정전기, 낙뢰 등으로 인한 착화를 방지하는 조치를 강구

㉰ 벤트스택 및 연결관 배관에는 응축액의 고임을 제거 또는 방지하기 위한 조치를 강구

㉱ 액화가스가 함께 방출 또는 급냉될 우려가 있는 경우에는 기액분리기를 설치

㉲ 방출구 위치 : 작업원이 정상작업 장소 및 항시 통행하는 장소로부터

ⓐ 긴급용 벤트스택 : 10[m] 이상

ⓑ 그 밖의 벤트스택 : 5[m] 이상

④ 플레어스택(flare stack) : 긴급이송설비로 이송되는 가스를 연소에 의하여 처리하는 시설

㉮ 위치 및 높이 : 지표면에 미치는 복사열이 4000[kcal/m^2 · h] 이하 되도록

㉯ 역화 및 공기와의 혼합폭발을 방지하기 위한 시설

ⓐ liquid seal 설치

ⓑ flame arrestor 설치

ⓒ vapor seal 설치

ⓓ purge gas(N_2, off gas 등)의 지속적인 주입

ⓔ molecular seal 설치

(5) 온도상승 방지설비 설치

① 가연성가스 저장탱크 주위에 냉각살수장치 설치

② 온도상승 방지설비 설치 범위

㉮ 방류둑 설치 : 해당 방류둑 외면으로부터 10[m] 이내

㉯ 방류둑 미설치 : 해당 저장탱크 외면으로부터 20[m] 이내

㉰ 가연성 물질을 취급하는 설비 : 외면으로부터 20[m] 이내

③ 분무수량

㉮ 저장탱크 표면적 1[m^2] 당 5[L/min] 이상의 수량

㉯ 준내화구조 : 2.5[L/min · m^2] 이상

7) 부대설비 기준

(1) 압력계 설치

사업소에 국가표준기본법에 의한 제품인증을 받은 압력계 2개 이상 비치

(2) 비상전력설비 설치 대상

자동제어장치, 긴급차단장치, 살수장치, 방소화설비, 냉각수 펌프, 물분무 장치, 독성가스 제해설비, 비상조명설비, 가스누설검지 경보설비, 통신시설

(3) 통신시설 설치

통신범위	통신설비
안전관리자가 상주하는 사업소와 현장사업소 사이, 현장사무소 상호간	구내전화, 구내방송설비, 인터폰, 페이징설비
사업소 안 전체	구내방송설비, 사이렌, 휴대용 확성기, 페이징설비, 메가폰
종업원 상호간	페이징설비, 휴대용 확성기, 트랜시버, 메가폰

8) 안전유지 기준

(1) 고압가스 제조설비의 내압시험 및 기밀시험

① 내압시험
- ㉮ 내압시험은 수압에 의한다. (수압시험이 부적당한 경우 공기, 불연성 기체 사용)
- ㉯ 내압시험 압력 : 상용압력의 1.5배 이상
- ㉰ 공기 등 기체에 의한 방법 : 상용압력의 50[%]까지 승압하고, 상용압력의 10[%]씩 단계적으로 승압

② 기밀시험 : 산소 외의 고압가스 사용
- ㉮ 공기, 위험성이 없는 기체의 압력에 의하여 실시
- ㉯ 기밀시험 압력 : 상용압력 이상

(2) 압축기 윤활유

① 산소압축기 내부윤활제 : 석유류, 유지류, 글리세린 사용 금지

② 공기압축기 내부윤활유 : 재생유 사용 금지

잔류탄소 질량	인화점	170[℃]에서 교반시간
1[%] 이하	200[℃] 이상	8시간
1[%] 초과 1.5[%] 이하	230[℃] 이상	12시간

9) 제조 및 충전 기준

(1) 충전용기의 검사

압축가스 및 액화가스(액화암모니아, 액화탄산가스, 액화염소)를 이음매 없는 용기에 충전할 때에는 음향검사를 실시하고 음향이 불량한 용기는 내부조명검사를 하며 내부에 부식, 이물질 등이 있을 때에는 그 용기를 사용하지 않을 것

(2) 충전용 밸브, 충전용 지관 가열

열습포 또는 40[℃] 이하의 물 사용

(3) 제조 및 충전작업

① 에어졸 제조

㉮ 에어졸 분사제는 독성가스를 사용하지 말 것

㉯ 용기의 내용적 1[L] 이하이고, 100[cm^3] 초과하는 용기는 강 또는 경금속을 사용

㉰ 금속제 용기 두께는 0.125[mm] 이상, 유리제 용기는 내외면을 합성수지로 피복

㉱ 용기는 50[℃]에서 용기 안의 가스압력의 1.5배 압력에서 변형되지 않고, 50[℃]에서 용기 안의 가스압력의 1.8배의 압력에서 파열되지 않을 것

㉲ 내용적 100[cm^3] 초과 용기는 용기 제조자의 명칭 또는 기호 표시

㉳ 내용적 30[cm^3] 이상인 용기는 재사용하지 않을 것(재충전 금지)

㉴ 에어졸 제조설비, 충전용기 저장소와 화기와의 거리 : 8[m] 이상

㉵ 에어졸은 35[℃]에서 내압이 0.8[MPa] 이하, 용량이 내용적의 90[%] 이하로 충전

㉶ 에어졸 충전된 용기 전수에 대하여 누출시험 실시 : 온수탱크 온도 46[℃] 이상 50[℃] 미만

② 시안화수소 충전

㉮ 순도 98[%] 이상이고 아황산가스, 황산 등의 안정제 첨가

㉯ 충전 후 24시간 정치하고, 1일 1회 이상 질산구리벤젠지로 누출검사 실시

㉰ 충전용기에 충전연월일을 명기한 표지 부착

㉱ 충전 후 60일이 경과되기 전에 다른 용기에 옮겨 충전할 것(단, 순도가 98[%] 이상으로서 착색되지 않은 것은 그러하지 아니하다.)

③ 아세틸렌 충전

㉮ 아세틸렌용 재료의 제한

ⓐ 동 함유량 62[%]를 초과하는 동합금 사용 금지

ⓑ 충전용 지관 : 탄소 함유량 0.1[%] 이하의 강을 사용

㉯ 2.5[MPa] 압력으로 압축 시 희석제 첨가 : 질소, 메탄, 일산화탄소, 에틸렌 등
㉰ 습식 아세틸렌 발생기 표면은 70[℃] 이하 유지, 부근에서 불꽃이 튀는 작업 금지
㉱ 충전 정 용기에 다공질물을 고루 채워 다공도가 75[%] 이상 92[%] 미만이 되도록 한 후 아세톤, 디메틸포름아미드 침윤시킨 후 충전
㉲ 충전 중 압력은 2.5[MPa] 이하, 충전 후에는 15[℃]에서 1.5[MPa] 이하로 될 때까지 정치

④ 산소 또는 천연메탄 충전
㉮ 밸브, 용기 내부의 석유류 또는 유지류 제거
㉯ 용기와 밸브 사이에는 가연성 패킹 사용 금지
㉰ 산소 또는 천연메탄을 용기에 충전 시 압축기와 충전용 지관 사이에 수취기 설치
㉱ 밀폐형 수전해조에는 액면계와 자동급수장치를 할 것

⑤ 산화에틸렌 충전
㉮ 저장탱크 내부에 질소, 탄산가스 및 산화에틸렌가스의 분위기가스를 질소, 탄산가스로 치환하고 5[℃] 이하로 유지할 것
㉯ 저장탱크 또는 용기에 충전 : 질소, 탄산가스로 바꾼 후 산, 알칼리를 함유하지 않는 상태
㉰ 저장탱크 및 충전용기에는 45[℃]에서 그 내부가스의 압력이 0.4[MPa] 이상이 되도록 질소, 탄산가스로 충전

(4) 고압가스 제조 시 압축금지

① 가연성가스(C_2H_2, C_2H_4, H_2제외) 중 산소용량이 전용량의 4[%] 이상의 것
② 산소 중 가연성가스(C_2H_2, C_2H_4, H_2제외) 용량이 전용량의 4[%] 이상의 것
③ C_2H_2, C_2H_4, H_2중의 산소용량이 전용량의 2[%] 이상의 것
④ 산소 중 C_2H_2, C_2H_4, H_2의 용량 합계가 전용량의 2[%] 이상의 것

(5) 가스의 분석

가연성가스, 물을 전기분해하여 산소를 제조할 때에는 발생장치, 정제장치, 저장탱크 출구에서 가스를 채취하여 1일 1회 이상 분석

(6) 공기액화 분리기의 불순물 유입 금지

공기액화 분리기에 설치된 액화산소통 안의 액화산소 5[L] 중 아세틸렌 질량이 5[mg], 탄화수소 중 탄소의 질량이 500[mg]을 넘을 때에는 운전을 중지하고 액화산소를 방출시킬 것

(7) 품질검사

① 주기 : 1일 1회 이상 가스제조장에서
② 검사 : 안전관리책임자가 실시
③ 검사결과 : 안전관리 부총괄자와 안전관리책임자가 확인하고 서명 날인
④ 품질검사 판정 기준

가스종류	순도	시험방법	충전압력
산소	99.5[%] 이상	- 동・암모니아시약 → 오르사트법	35[℃], 11.8[MPa] 이상
수소	98.5[%] 이상	- 피롤갈롤, 하이드로 설파이드시약 → 오르사트법	35[℃], 11.8[MPa] 이상
아세틸렌	98[%] 이상	- 발연황산 시약 → 오르사트법 - 브롬시약 → 뷰렛법 - 질산은 시약 → 정성시험	-

10) 점검 및 치환농도 기준

(1) 압력계 점검 기준

① 표준이 되는 압력계로 기능 검사
② 충전용 주관(主管)의 압력계 : 매월 1회 이상
③ 그 밖의 압력계 : 3개월에 1회 이상
④ 압력계의 최고눈금 범위 : 상용압력의 1.5배 이상 2배 이하

(2) 안전밸브

① 안전밸브, 방출밸브에 설치된 스톱밸브는 항상 완전히 열어 놓을 것
② 압축기 최종단에 설치한 것 : 1년에 1회 이상
③ 그 밖의 안전밸브 : 2년에 1회 이상
④ 안전밸브, 파열판에는 가스 방출관 설치
㉮ 가연성가스 저장탱크 방출구 : 지면으로부터 5[m] 또는 저장탱크 정상부로부터 2[m] 중 높은 위치
㉯ 독성가스 저장탱크 방출구 : 독성가스 중화를 위한 설비 안에 있을 것
㉰ 가연성가스 및 독성가스 설비에 설치한 것 : 인근의 건축물 또는 시설물 높이 이상

(3) 치환농도

① 가연성가스의 가스설비 : 폭발범위하한계의 1/4 이하
② 독성가스의 가스설비 : TLV-TWA 기준농도 이하

③ 산소가스 설비 : 산소의 농도가 22[%] 이하
④ 가스설비 내 작업원 작업 : 산소농도 18~22[%]를 유지

11) 고압가스 냉동제조 기준

(1) 배치기준

압축기, 유분리기, 응축기 및 수액기와 배관은 인화성물질, 발화성물질과 화기를 취급하는 곳과 인접하여 설치하지 않을 것

(2) 부식방지 조치

① 냉매가스 종류에 따른 사용금속 제한
㉮ 암모니아(NH_3) : 동 및 동합금(단, 동함유량 62[%] 미만일 때 사용 가능) → 압축기의 축수 또는 이들과 유사한 부분으로 항상 유막으로 덮여 액화암모니아에 직접 접촉하지 않는 부분에는 청동류를 사용할 수 없다.
㉯ 염화메탄(CH_3Cl) : 알루미늄 합금
㉰ 프레온 : 2[%]를 넘는 마그네슘을 함유한 알루미늄 합금
② 항상 물에 접촉되는 부분에는 순도가 99.7[%] 미만의 알루미늄 사용 금지(단, 적절한 내식처리를 한 때는 제외)

(3) 사고예방설비 기준

① 가연성가스, 독성가스를 냉매로 사용하는 곳에는 누설된 냉매가스가 체류하지 않도록 조치
㉮ 통풍구 설치 : 냉동능력 1[톤]당 0.05[m^2] 이상의 면적
㉯ 기계통풍장치 설치 : 냉동능력 1[톤]당 2[m^3/분] 이상의 환기능력을 갖는 장치
② 자동제어장치 설치 : 다음 각 호에 정한 조건을 갖추고 있는 장치는 자동제어장치를 구비한 것으로 본다.
㉮ 압축기의 고압측 압력이 상용압력을 초과한 때에 압축기의 운전을 정지하는 장치
㉯ 개방형 압축기의 경우 저압측 압력이 상용압력보다 이상 저하할 때
㉰ 강제윤활장치를 갖는 개방형 압축이의 경우 윤활유 압력이 운전에 지장을 주는 상태에 이르는 압력까지 저하할 때 압축기를 정지하는 장치
㉱ 압축기를 구동하는 동력장치의 과부하보호장치
㉲ 셀형 액체냉각기인 경우는 액체의 동결방지장치
㉳ 수냉식 응축기인 경우는 냉각수 단수보호장치

㉳ 공랭식 응축기 및 증발식 응축기인 경우는 당해 응축기용 송풍기가 운전되지 않도록 하는 연동기구

㉴ 난방용 전열기를 내장한 에어컨 또는 이와 유사한 전열기를 내장한 냉동설비에서 과열방지장치

(4) 안전유지 기준

① 안전밸브, 방출밸브에 설치된 스톱밸브는 항상 완전히 열어 놓을 것

② 내압시험 : 설계압력의 1.5배 이상의 압력

③ 기밀시험 : 설계압력 이상(산소 사용 금지) → 기밀시험을 공기로 할 때 140[℃] 이하 유지

(5) 점검기준

① 압축기 최종단에 설치한 안전장치 : 1년에 1회 이상

② 그 밖의 안전밸브 : 2년에 1회 이상

③ 안전밸브 작동압력 : 설계압력 이상, 내압시험압력의 8/10 이하

4. 고압가스 저장 및 사용 기준

1) 고압가스 저장 기준

(1) 화기와의 거리

① 가스설비, 저장설비 : 2[m] 이상

② 가연성가스설비, 산소의 가스설비, 저장설비 : 8[m] 이상

(2) 용기 보관장소 기준

① 충전용기와 잔가스용기는 각각 구분하여 놓을 것

② 가연성가스, 독성가스 및 산소의 용기는 각각 구분하여 놓을 것

③ 용기 보관장소에는 계량기 등 작업에 필요한 물건 외에는 두지 않을 것

④ 용기 보관장소 2[m] 이내에는 화기, 인화성, 발화성물질을 두지 않을 것

⑤ 충전용기는 40[℃] 이하로 유지하고, 직사광선을 받지 않도록 조치

⑥ 가연성가스 용기 보관장소에는 방폭형 휴대용 손전등 외의 등화를 휴대하고 들어가지 않을 것
⑦ 밸브가 돌출한 용기(내용적 5[L] 미만 용기 제외)에는 넘어짐 및 밸브손상 방지조치를 할 것
㉮ 충전용기는 바닥이 평탄한 장소에 보관
㉯ 충전용기는 물건의 낙하우려가 없는 장소에 저장
㉰ 고정된 프로텍터가 없는 용기는 캡을 씌워 보관
㉱ 이동하면서 사용할 때에는 손수레에 단단하게 묶어 사용

2) 고압가스 판매 기준

(1) 용기에 의한 판매

① 배치기준
㉮ 사업소의 부지는 한 면이 폭 4[m] 이상의 도로에 접할 것
㉯ 300[m^3](액화가스 3000[kg])을 넘는 저장설비는 보호시설과 안전거리를 유지
㉰ 저장설비와 화기와의 우회거리 : 2[m] 이상
② 저장설비 기준
㉮ 용기보관실 : 불연성 재료를 사용하고 지붕은 가벼운 것으로 할 것
㉯ 용기보관실 및 사무실은 한 부지 안에 설치할 것
㉰ 용기보관실은 누출된 가스가 사무실로 유입되지 않는 구조로 설치할 것
㉱ 가연성가스, 산소 및 독성가스의 용기보관실은 각각 구분하여 설치 : 면적 10[m^2] 이상
㉲ 누출된 가스가 혼합될 경우 폭발, 독성가스가 생성될 우려가 있는 가스의 용기보관실은 별도로 설치할 것
③ 사고예방설비 기준
㉮ 독성가스 및 공기보다 무거운 가연성가스의 용기보관실에는 가스누출 검지 경보장치 설치
㉯ 독성가스 용기보관실에는 독성가스를 흡수, 중화하는 설비의 가동과 연동되도록 경보장치를 설치하고 독성가스가 누출되었을 경우 그 흡수, 중화설비로 이송시킬 수 있는 설비를 갖출 것
㉰ 가연성가스(암모니아, 브롬화메탄 및 공기 중에서 자기 발화하는 것 제외)의 전기설비는 방폭성능을 가지는 것일 것
㉱ 가연성가스의 용기보관실에는 누출된 고압가스가 체류하지 않도록 환기구를 갖출 것

④ 부대설비 기준

㉮ 판매시설에는 압력계 및 계량기를 갖출 것

㉯ 판매업소 용기보관실 주위에 11.5[m^2] 이상의 부지를 확보할 것

㉰ 사무실 면적 : 9[m^2] 이상

⑤ 기술기준

㉮ 용기보관장소 기준 : 고압가스 저장 용기보관장소 기준과 동일

㉯ 판매하는 가스의 충전용기가 검사유효기간이 지났거나, 도색이 불량한 경우에는 그 용기충전자에게 반송할 것

㉰ 가연성가스 또는 독성가스의 충전용기를 인도할 때에는 가스의 누출여부를 인수자가 보는데서 확인할 것

㉱ 공급자의 의무 : 고압가스를 공급할 때에는 안전점검인원 및 점검장비를 갖추고 점검을 할 것

(2) 배관에 의한 고압가스 판매

① 저장설비 기준 : 내진성능 확보, 가스방출장치 설치, 저장탱크간 거리 유지

② 저장탱크에 부압파괴방지 조치, 과충전방지 조치 마련할 것

③ 액상의 가스 유출방지조치 : 방류둑 설치

㉮ 가연성가스, 산소 : 저장능력 5000[L] 이상

㉯ 독성가스 : 저장능력 5[톤] 이상

3) 용기의 안전점검 기준

(1) 안전점검 및 유지관리기준

고압가스 제조자, 고압가스 판매가가 실시

① 용기의 내·외면에 위험한 부식, 금, 주름이 있는지 확인할 것

② 용기는 도색 및 표시가 되어 있는지 확인 할 것

③ 용기의 스커트에 찌그러짐이 있는지 확인할 것

④ 유통 중 열영향을 받았는지 점검하고, 열영향을 받은 용기는 재검사를 받아야 한다.

⑤ 용기 캡이 씌워져 있거나 프로텍터가 부착되어 있는지 확인할 것

⑥ 재검사기간의 도래 여부를 확인할 것

⑦ 용기 아랫부분의 부식상태를 확인할 것

⑧ 밸브의 몸통, 충전구나사, 안전밸브에 흠, 주름, 스프링의 부식 등이 있는지 확인할 것

⑨ 밸브의 그랜드너트가 고정핀에 의하여 이탈 방지 조치가 있는지 여부를 확인할 것
⑩ 밸브의 개폐조작이 쉬운 핸들이 부착되어 있는지 확인할 것

(2) 부적합 용기 조치

고압가스 판매자는 확인 결과 부적합한 용기의 경우 고압가스 제조자에게 반송하여야 하고, 고압가스 제조자는 부적합한 용기를 수선하거나 보수하며 수선, 보수할 수 없는 것은 폐기할 것

4) 특정고압가스 사용 기준

(1) 특정고압가스의 종류

① 고법 제20조 : 수소, 산소, 액화암모니아, 아세틸렌, 액화염소, 천연가스, 압축모노실란, 압축디보란, 액화알진 그 밖에 대통령령이 정하는 고압가스
② 고법 시행령 제16조 : 포스핀, 셀렌화수소, 게르만, 디실란, 오불화비소, 오불화인, 삼불화인, 삼불화질소, 삼불화붕소, 사불화유황, 사불화규소
③ 특수고압가스 : 압축모노실란, 압축디보란, 액화알진, 포스핀, 셀렌화수소, 게르만, 디실란 그 밖에 반도체 세정 등 산업통상자원부장관이 인정하는 특수한 용도에 사용하는 고압가스

(2) 배치기준

① 안전거리 유지 : 저장능력 500[kg] 이상인 액화염소 사용시설의 저장설비
㉮ 제1종 보호시설 : 17[m] 이상
㉯ 제2종 보호시설 : 12[m] 이상
② 방호벽 설치 : 저장능력 300[kg] 이상인 용기보관실
㉮ 보호시설과 유지거리

구분	제1종 보호시설	제2종 보호시설
독성, 가연성가스 저장설비	17[m]	12[m]
산소저장설비	12[m]	8[m]
그 밖의 가스 저장설비	8[m]	5[m]

[비고] 한 사업소 안에 2개 이상의 저장설비가 있는 경우 각각 안전거리를 유지한다.

㉯ 보호시설과 거리를 유지한 경우 방호벽을 설치하지 않을 수 있음
③ 과압안전장치 설치 : 저장능력 300[kg] 이상인 용기 접합장치가 설치된 곳

④ 화기와의 거리

㉮ 가연성가스 저장설비, 기화장치 : 8[m] 이상

㉯ 산소 저장설비 : 5[m] 이상

⑤ 역화방지장치 설치 : 수소화염, 산소-아세틸렌 화염을 사용하는 시설

(3) 안전유지 기준

① 충전용기를 이동하면서 사용할 때에는 손수레에 묶어 사용하고, 사용 종료 후에는 용기보관실에 저장해 둘 것

② 충전용기는 항상 40[℃] 이하를 유지

③ 밸브 또는 배관을 가열 : 열습포, 40[℃] 이하의 더운 물 사용

④ 충전용기의 넘어짐 방지 조치

⑤ 산소 사용 : 석유류, 유지류 그 밖의 가연성물질을 제거 후 사용

⑥ 점검 기준 : 1일 1회 이상 소비설비의 작동상황 점검

5. 고압가스 설비 제조 기준

1) 용기의 제조

(1) 제조 기술기준

① 용기재료는 스테인리스강, 알루미늄합금, 탄소·인 및 황의 함유량이 각각 0.33[%](이음매 없는 용기 0.55[%]) 이하·0.04[%] 이하 및 0.05[%] 이하인 강 또는 이와 동등 이상의 기계적 성질 및 가공성을 갖는 것으로 할 것

② 용접용기동판의 최대두께와 최소두께와의 차이는 평균두께의 10[%] 이하로 할 것(단, 이음매 없는 용기 20[%] 이하)

㉮ 용접용기 동판 두께 계산식

$$t = \frac{PD}{2S\eta - 1.2P} + C$$

여기서, t : 동판의 두께[mm]　　P : 최고충전압력[MPa]

D : 동체 안지름[mm]　　S : 재료의 허용응력[N/mm^2]

η : 이음매 용접효율　　C : 부식여유두께[mm]

㈏ 용기 종류에 따른 부식여유두께

용기의 종류		부식여유두께[mm]
암모니아를 충전하는 용기	내용적 1000[L] 이하	1
	내용적 1000[L] 초과	2
염소를 충전하는 용기	내용적 1000[L] 이하	3
	내용적 1000[L] 초과	5

③ 비열처리 재료 : 용기제조에 사용되는 재료로서 오스테나이트계 스테인리스강, 내식 알루미늄 합금판, 내식알루미늄합금 단조품 그 밖에 이와 유사한 열처리가 필요 없는 것

④ 열처리 재료 : 용기제조에 사용되는 재료로서 비열처리재료 외의 것

⑤ 초저온용기의 재료 : 오스테나이트계 스테인리스강, 알루미늄합금

⑥ 액화석유가스 용기(내용적 40[L] 이상 125[L] 이하)에 부착하는 안전밸브의 스프링 지지방법은 플러그형 또는 캡형이어야 한다.

⑦ 내용적 40[L] 이상 50[L] 이하의 액화석유가스용 용기에 부착하는 밸브는 과류차단형 또는 차단기능형으로 할 것

⑧ 용기밸브 부착부 나사의 치수 측정 : 플러그게이지(plug-gauge) 이용

⑨ 도장효과를 향상시키기 위한 전처리 : 탈지, 피막화성처리, 산세척, 쇼트브라스팅, 에칭프라이머 등

(2) 복합재료 용기

① 충전하는 고압가스는 가연성인 액화가스가 아닐 것

② 최고충전압력은 35[MPa](산소용은 20[MPa]) 이하일 것

(3) 재충전 금지 용기 기준

① 용기와 용기부속품을 분리할 수 없는 구조일 것

② 최고충전압력[MPa]의 수치와 내용적[L]의 수치를 곱한 값이 100 이하일 것

③ 최고충전압력이 22.5[MPa] 이하이고 내용적이 25[L] 이하일 것

④ 최고충전압력이 3.5[MPa] 이상인 경우에는 내용적이 5[L] 이하일 것

⑤ 가연성가스 및 독성가스를 충전하는 것이 아닐 것

2) 용기의 검사

(1) 신규검사 항목

① 강으로 제조한 이음매 없는 용기 : 외관검사, 인장시험, 충격시험(A1용기 제외), 파열시험(A1용기 제외), 내압시험, 기밀시험, 압궤시험

② 강으로 제조한 용접용기 : 외관검사, 인장시험, 충격시험(A1용기 제외), 용접부 검사, 내압시험, 기밀시험, 압궤시험

③ 초저온 용기 : 외관검사, 인장시험, 용접부 검사, 내압시험, 기밀시험, 압궤시험, 단열성능시험

④ 납붙임 접합용기 : 외관검사, 기밀시험, 고압가압시험

※ 파열시험을 한 용기는 인장시험, 압궤시험을 생략할 수 있다.

(2) 재검사

① 재검사를 받아야 할 용기

㉮ 일정한 기간이 경과된 용기

㉯ 합격표시가 훼손된 용기

㉰ 손상이 발생된 용기

㉱ 충전가스 명칭을 변경할 용기

㉲ 열 영향을 받은 용기

② 재검사 기간

<table>
<tr><th colspan="2" rowspan="2">용기</th><th colspan="3">경과연수에 따른 재검사 주기</th></tr>
<tr><th>15년 미만</th><th>15년 이상
20년 미만</th><th>20년 이상</th></tr>
<tr><td rowspan="2">용접용기(LPG용
용접용기 제외)</td><td>500[L] 이상</td><td>5년</td><td>2년</td><td>1년</td></tr>
<tr><td>500[L] 미만</td><td>3년</td><td>2년</td><td>1년</td></tr>
<tr><td rowspan="2">LPG용 용접용기</td><td>500[L] 이상</td><td>5년</td><td>2년</td><td>1년</td></tr>
<tr><td>500[L] 미만</td><td colspan="2">5년</td><td>2년</td></tr>
<tr><td rowspan="2">이음매 없는 용기
또는 복합재료 용기</td><td>500[L] 이상</td><td colspan="3">5년 마다</td></tr>
<tr><td>500[L] 미만</td><td colspan="3">신규검사 후 10년 이하의 것 5년마다
10년 초과한 것 3년 마다</td></tr>
<tr><td colspan="2">LPG용 복합재료 용기</td><td colspan="3">5년 마다(설계조건이 반영되고,
산업통상자원부장관으로부터 안전한 것으로
인정받은 경우 10년 마다)</td></tr>
<tr><td rowspan="2">용기 부속품</td><td>용기에 부착되지
않은 것</td><td colspan="3">2년 마다</td></tr>
<tr><td>용기에 부착된 것</td><td colspan="3">검사 후 2년을 경과하여 당해 용기의 재검사를
받을 때마다</td></tr>
</table>

㉮ 재검사일은 재검사를 받지 않은 용기의 경우에는 신규검사일로부터 산정하고, 재검사를 받은 용기의 경우에는 최종 재검사일부터 산정한다.

㉯ 제조 후 경과연수가 15년 미만이고 내용적이 500[L] 미만인 용접용기(LPG 용접용기 포함)의 재검사 주기

ⓐ 용기내장형 가스난방기용 용기 : 6년

ⓑ 내식성재료로 제조된 초저온 용기 : 5년

㉰ 내용적 45[L] 이상 125[L] 미만인 것으로서 제조 후 경과연수가 26년 이상 된 액화석유가스 용접용기는 폐기한다.

(3) 내압시험

① 수조식 내압시험 : 용기를 수조에 넣고 내압시험에 해당하는 압력을 가했다가 대기압 상태로 압력을 제거하면 원래 용기의 크기보다 약간 늘어난 상태로 복귀한다. 이때의 체적변화를 측정하여 영구증가량을 계산하여 합격, 불합격을 판정한다.

② 비수조식 내압시험 : 저장탱크와 같이 고정설치 된 경우에 펌프로 가압한 물의 양을 측정해 팽창량을 계산한다.

③ 항구(영구) 증가율[%] 계산

$$\text{항구(영구) 증가율}[\%] = \frac{\text{항구(영구)증가량}}{\text{전 증가량}} \times 100$$

④ 합격기준

㉮ 신규검사 : 항구 증가율 10[%] 이하

㉯ 재검사

ⓐ 질량검사 95[%] 이상 : 항구 증가율 10[%] 이하

ⓑ 질량검사 90[%] 이상 95[%] 미만 : 항구 증가율 6[%] 이하

(4) 초저온 용기의 단열성능시험

① 침입열량 계산식

$$Q = \frac{W \cdot q}{H \cdot \Delta t \cdot V}$$

여기서, Q : 침입열량[J/h · ℃ · L]

W : 측정 중의 기화가스량[kg]

q : 시험용 액화가스의 기화잠열[J/kg]

H : 측정시간[h]

Δt : 시험용 액화가스의 비점과 대기온도와의 온도차[℃]

V : 용기 내용적[L]

② 합격기준

내용적	침입열량
1000[L] 미만	0.0005[kcal/h · ℃ · L] (2.09[J/h · ℃ · L]) 이하
1000[L] 이상	0.002[kcal/h · ℃ · L] (8.37[J/h · ℃ · L]) 이하

③ 시험용 액화가스의 종류 : 액화질소, 액화산소, 액화아르곤

④ 시험에 부적합된 것은 단열재를 교체하여 재시험을 할 수 있다.

(5) 충전용기의 시험압력

	최고충전압력(FP)	기밀시험압력(AP)	내압시험압력(TP)	안전밸브 작동압력
압축가스 용기	35[℃], 최고충전압력	최고충전압력	FP×5/3 배	TP×0.8배 이하
아세틸렌 용기	15[℃], 최고충전압력	FP×1.8배	FP×3배	가용전식 (105±5[℃])
초저온, 저온 용기	상용압력 중 최고압력	FP×1.1배	FP×5/3 배	TP×0.8배 이하
액화가스 용기	TP×3/5배	최고충전압력	액화가스 종류별로 규정된 압력	TP×0.8배 이하

3) 용기 등의 표시

(1) 용기의 각인 기호

① V : 내용적[L]

② W : 용기 질량[kg]

③ TW : 아세틸렌 용기질량에 다공물질, 용제, 용기부속품의 질량을 합한 질량[kg]

④ TP : 내압시험압력[MPa]

⑤ FP : 압축가스의 최고충전압력[MPa]

(2) 용기 부속품에 대한 표시

① AG : 아세틸렌용기 부속품

② PG : 압축가스용기 부속품

③ LG : 액화석유가스 외 액화가스용기 부속품
④ LPG : 액화석유가스용기 부속품
⑤ LT : 초저온 및 저온용기 부속품

(3) 용기의 도색 및 표시

가스 종류	용기 도색		글자 색깔		띠의 색상 (의료용)
	공업용	의료용	공업용	의료용	
산소(O_2)	녹색	백색	백색	녹색	녹색
수소(H_2)	주황색	–	백색	–	–
액화탄산가스(CO_2)	청색	회색	백색	백색	백색
액화석유가스	밝은 회색	–	적색	–	–
아세틸렌(C_2H_2)	황색	–	흑색	–	–
암모니아(NH_3)	백색	–	흑색	–	–
액화염소(Cl_2)	갈색	–	백색	–	–
질소(N_2)	회색	흑색	백색	백색	백색
아산화질소(N_2O)	회색	청색	백색	백색	백색
헬륨(He)	회색	갈색	백색	백색	백색
에틸렌(C_2H_4)	회색	자색	백색	백색	백색
싸이크로프로판	회색	주황색	백색	백색	백색
기타의 가스	회색	–	백색	백색	백색

① 스테인리스강 등 내식성 재료를 사용한 용기 : 동체 외면 상단에 10[cm] 이상의 폭으로 충전가스에 해당하는 색으로 도색
② 가연성가스(LPG 제외) : "연"자, 독성가스 : "독"자 표시
③ 선박용 액화석유가스 용기 : 상단부에 2[cm]의 백색 띠 두 줄, 백색 글씨로 "선박용" 표시

4) 특정설비의 종류 및 제조

(1) 특정설비의 종류

안전밸브, 긴급차단장치, 기화장치, 독성가스 배관용 밸브, 자동차용 가스 자동주입기, 역화방지기, 압력용기, 특정고압가스용 실린더 캐비닛, 자동차용 압축천연가스 완속 충전설비, 액화석유가스용 용기 잔류가스 회수장치

(2) 제조 기준

① 기화장치

㉮ 가스가 접촉되는 부분 : 동, 스테인리스강, 알루미늄합금 또는 탄소, 인 및 황의 함유량이 각각 0.33[%](이음매 없는 재료 0.55[%]), 0.04[%] 및 0.05[%] 이하의 강을 사용

㉯ 가스가 접촉되지 않는 부분 : 액화가스에 적합한 기계적 성질 및 가공성을 갖는 재료

㉰ 성능

ⓐ 온수가열방식 : 80[℃] 이하

ⓑ 증기가열방식 : 120[℃] 이하

ⓒ 가연성가스용 접지 저항치 : 10[Ω] 이하

ⓓ 기밀시험 압력 : 상용압력 이상의 압력

ⓔ 내압시험 압력 : 설계압력의 1.3배 이상(질소, 공기를 사용 : 설계압력의 1.1배)

② 압력용기 : 35[℃]에서의 압력 또는 설계압력

㉮ 액화가스 : 0.2[MPa] 이상

㉯ 압축가스 : 1[MPa] 이상

5) 특정설비의 검사

(1) 압력용기 및 저장탱크(액화천연가스 저장탱크 제외)의 검사기준

① 기계시험의 종류 : 이음매 인장시험, 표면 굽힘시험, 측면 굽힘시험, 이면 굽힘시험, 충격시험

② 내압시험 압력

㉮ 설계압력이 20.6[MPa] 이하인 것 : 설계압력의 1.3배

㉯ 설계압력이 20.6[MPa]를 초과하는 것 : 설계압력의 1.25배

㉰ 주철제의 경우 설계압력이 0.1[MPa] 이하의 것은 0.2[MPa], 그 밖의 것은 설계압력의 2배의 압력

㉱ 공기, 질소 등을 사용한 내압시험 압력 : 설계압력의 1.1배

(2) 재검사 대상에서 제외되는 특정설비

① 평저형 및 이중각형 진공단열형 저온저장탱크

② 역화방지장치

③ 독성가스 배관용 밸브

④ 자동차용 가스 자동주입기
⑤ 냉동용 특정설비
⑥ 초저온가스용 대기식 기화장치
⑦ 저장탱크 또는 차량에 고정된 탱크에 부착되지 아니한 안전밸브 및 긴급차단밸브
⑧ 저장탱크 및 압력용기 중 다음에서 정한 것
㉮ 초저온 저장탱크
㉯ 초저온 압력용기
㉰ 분리할 수 없는 이중관식 열교환기
㉱ 그 밖에 산업통상자원부장관이 재검사를 실기하는 것이 현저히 곤란하다고 인정하는 저장탱크 또는 압력용기
⑨ 특정고압가스용 실린더 캐비닛
⑩ 자동차용 압축천연가스 완속충전설비
⑪ 액화석유가스용 용기 잔류가스 회수장치

(3) 재검사 기간

특정설비		경과연수에 따른 재검사 주기		
		15년 미만	15년 이상 20년 미만	20년 이상
차량에 고정된 탱크		5년	2년	1년
		해당 탱크를 다른 차량으로 이동하여 고정할 경우에는 이동하여 고정한 때마다		
저장탱크		5년(재검사에 불합격되어 수리한 것은 3년)		
안전밸브 및 긴급차단장치		2년을 경과하여 저장탱크 또는 차량에 고정된 탱크의 재검사시 마다		
기화장치	저장탱크와 함께 설치된 것	2년을 경과하여 해당 탱크의 재검사시 마다		
	저장탱크가 없는 곳에 설치된 것	3년		
	설치되지 않은 것	2년		
압력용기		4년		

6) 수리범위

수리자격자	수리범위
용기 제조자	① 용기 몸체의 용접 ② 아세틸렌용기 내의 다공질물 교체 ③ 용기의 스커트, 프로텍터 및 넥크링의 교체 및 가공 ④ 용기 부속품의 부품 교체 ⑤ 저온 또는 초저온 용기의 단열재 교체 ⑥ 초저온 용기 부속품의 탈·부착
특정설비 제조자	① 특정설비 몸체의 용접 ② 특정설비의 부속품의 교체 및 가공 ③ 단열재 교체
냉동기 제조자	① 냉동기 용접부분의 용접 ② 냉동기 부속품의 교체 및 가공 ③ 냉동기의 단열재 교체
고압가스 제조자	① 초저온 용기 부속품의 탈·부착 및 용기부속품의 부품 교체 ② 특정설비의 부품 교체 ③ 냉동기의 부품 교체 ④ 단열재 교체(특정제조만 해당) ⑤ 용접 가공
검사기관	① 특정설비 부품 교체 및 용접 ② 냉동설비의 부품 교체 및 용접 ③ 단열재 교체 ④ 용기의 프로텍터, 스커트의 교체 및 용접 ⑤ 초저온 용기 부속품의 탈·부착 및 용기 부속품의 부품 교체 ⑥ 액화석유가스를 액체 상태로 사용하기 위한 액화석유가스 용기 액출구의 나사사용 막음 조치
액화석유가스 충전사업자	액화석유가스 용기용 밸브의 부품 교체
자동차관리 사업자	자동차의 액화석유가스용기에 부착된 용기 부속품의 수리

7) 불합격 용기 및 특정설비의 파기방법

(1) 신규의 용기 및 특정설비

① 절단 등의 방법으로 파기하여 원형으로 가공할 수 없도록 할 것
② 파기하는 때에는 검사 장소에서 검사원 입회하에 용기 및 특정설비제조자로 하여금 실시하게 할 것

(2) 재검사의 용기 및 특정설비

① 절단 등의 방법으로 파기하여 원형으로 가공할 수 없도록 할 것

② 잔가스를 전부 제거한 후 절단할 것
③ 검사신청인에게 파기의 사유, 일시, 장소 및 인수시한을 통지하고 파기할 것
④ 파기하는 때에는 검사 장소에서 검사원으로 하여금 직접 실시하게 하거나 검사원 입회하에 용기 및 특정설비의 사용자로 하여금 실시하게 할 것
⑤ 파기한 물품은 검사신청인이 인수시한(통지한 날부터 1개월 이내)내에 인수하지 아니하는 때에는 검사기관으로 하여금 임의로 매각 처분하게 할 것

6. 고압가스 운반 기준

1) 차량의 구조 및 경계표지

(1) 차량의 구조

① 적재함, 리프트 등 적절한 구조의 설비를 갖출 것
② 용기운반 전용차량의 적재함 보강 : 적재할 충전용기 최대높이의 2/3 이상까지 SS400, 'ㄷ' 형강(75×40×5[mm] 이상), 호칭지름 50[mm](두께 3.2[mm]) 이상의 강관 사용
③ 인명 보호장비, 응급조치장비 등을 갖출 것

(2) 경계표지

① 경계표지 부착
㉮ 비독성 고압가스 : "위험고압가스" 차량 앞뒤에 부착, 전화번호 표시, 운전석 외부에 적색 삼각기 게시
㉯ 독성가스 : "위험고압가스", "독성가스"와 위험을 알리는 도형 및 전화번호 표시
② 경계표지 크기
㉮ 가로지수 : 차체 폭의 30[%] 이상
㉯ 세로치수 : 가로치수의 20[%] 이상
㉰ 정사각형으로 할 경우 : 600[cm^2] 이상
㉱ 적색 삼각기 : 가로 400[cm], 세로(높이) 300[cm]

2) 용기에 의한 운반 및 취급

(1) 적재 및 하역 작업

① 충전용기를 차량에 적재하여 운반할 때에는 적재함에 세워서 운반할 것
② 차량의 최대 적재량을 초과하여 적재하지 않을 것
③ 고정된 프로텍터가 없는 용기는 보호캡을 부착
④ 전용로프를 사용하여 충전용기 고정
⑤ 충전용기를 차에 싣거나 내릴 때에는 충격을 최소한으로 방지하기 위하여 완충판을 차량 등에 갖추고 사용할 것
⑥ 운반 중의 충전용기는 항상 40[℃] 이하를 유지할 것
⑦ 충전용기는 이륜차에 적재하여 운반하지 않을 것. 다만, 다음의 경우 모두에 액화석유가스 충전용기를 적재하여 운반할 수 있다.
  ㉮ 차량이 통행하기 곤란한 지역의 경우 시, 도지사가 지정하는 경우
  ㉯ 넘어질 경우 용기에 손상이 가지 않도록 제작된 용기운반 전용적재함을 장착한 경우
  ㉰ 적재하는 충전용기의 충전량이 20[kg] 이하이고, 적재하는 충전용기수가 2개 이하인 경우
⑧ 납붙임, 접합용기는 포장상자 외면에 가스의 종류, 용도, 취급 시 주의사항 기재
⑨ 운반하는 액화독성가스 누출 시 응급조치(소석회[생석회]) 휴대
  ㉮ 대상가스 : 염소, 염화수소, 포스겐, 아황산가스
  ㉯ 운반 가스량에 따른 휴대량
    ⓐ 1000[kg] 미만 : 20[kg] 이상 휴대
    ⓑ 1000[kg] 이상 : 40[kg] 이상 휴대

(3) 혼합적재 금지

① 염소와 아세틸렌, 암모니아, 수소
② 가연성가스와 산소는 충전용기 밸브가 마주보지 않도록 적재
③ 충전용기와 소방기본법에서 정하는 위험물
④ 독성가스 중 가연성가스와 조연성가스

(3) 운반책임자 동승

① 운반책임자 : 운반에 관한 교육이수자, 안전관리 책임자, 안전관리원

② 운반책임자 동승 기준

㉮ 비독성 고압가스

가스의 종류		기준
압축가스	가연성	300[m^3] 이상
	조연성	600[m^3] 이상
액화가스	가연성	3000[kg] 이상 (단, 에어졸 용기 : 2000[kg] 이상)
	조연성	6000[kg] 이상

㉯ 독성 고압가스

가스의 종류	허용농도	기준
압축가스	100만분의 200 이하	10[m^3] 이상
	100만분의 200 초과	100[m^3] 이상
액화가스	100만분의 200 이하	100[kg] 이상
	100만분의 200 초과	1000[kg] 이상

(4) 운행 기준

① 안전 확보에 필요한 조치 : 주의사항 비치, 안전점검, 안전수칙 준수
② 운반 중 누출할 우려가 있는 독성가스의 경우 소방서나 경찰서에 신고
③ 200[km] 이상의 거리를 운행하는 경우 중간에 충분한 휴식을 취할 것
④ 노면이 나쁜 도로에서는 가능한 운행하지 말 것
⑤ 현저하게 우회하는 도로 및 번화가 또는 사람이 붐비는 장소는 피할 것
㉮ 현저하게 우회하는 도로 : 이동거리가 2배 이상인 도로
㉯ 번화가 : 도시의 중심부 또는 번화한 상점, 차량의 너비에 3.5[m]를 더한 너비 이하인 통로 주위
㉰ 사람이 붐비는 장소 : 축제 시의 행렬, 집회 등으로 사람이 밀집된 장소

(5) 충전용기 적재차량의 주정차 기준

① 지형이 평탄하고 교통량이 적은 안전한 장소를 택할 것
② 정차 시 엔진을 정지시킨 다음 주차브레이크를 걸어놓고 차량고정목 사용
③ 제1종 보호시설과 15[m] 이상 거리 유지, 제2종 보호시설이 밀집된 지역 피함
④ 차량의 고장 등으로 정차하는 경우 적색표시판 설치

(6) 소화설비 기준

구분		소화기의 종류		비치 개수
압축가스	액화가스	소화약제의 종류	능력단위	
15[m^3] 이하	150[kg] 이하	분말소화제	B-3 이상	1개 이상
15[m^3] 초과 100[m^3] 미만	150[kg] 초과 1000[kg] 미만	분말소화제	BC용, B-10 이상 또는 ABC용, B-12 이상	1개 이상
100[m^3] 이상	1000[kg] 이상	분말소화제	BC용, B-10 이상 또는 ABC용, B-12 이상	1개 이상

3) 차량에 고정된 탱크에 의한 운반 및 취급

(1) 탱크의 내용적 제한

① 가연성가스(LPG 제외), 산소 : 18000[L] 초과 금지

② 독성가스(액화암모니아 제외) : 12000[L] 초과 금지

③ 철도차량 또는 견인되어 운반되는 차량에 고정하여 운반하는 탱크 제외

(2) 액면요동 방지조치 등

① 액화가스를 충전하는 탱크 내부에 방파판 설치

㉮ 면적 : 탱크 횡단면적의 40[%] 이상

㉯ 위치 : 상부 원호부 면적이 탱크 횡단면의 20[%] 이하가 되는 위치

㉰ 두께 : 3.2[mm] 이상

㉱ 설치 수 : 탱크 내용적 5[m^3] 이하 마다 1개씩

② 탱크 정상부가 차량보다 높을 때 : 높이측정기구 설치

(3) 탱크 및 부속품 보호 : 뒷범퍼와 수평거리

① 후부 취출식 탱크 : 40[cm] 이상

② 후부 취출식 탱크 외 : 30[cm] 이상

③ 조작상자 : 20[cm] 이상

(4) 2개 이상의 탱크 설치

① 탱크마다 주밸브를 설치

② 충전관에는 안전밸브, 압력계 및 긴급탈압밸브 설치

(5) 운반책임자 동승

① 운반책임자 : 운반에 관한 교육이수자, 안전관리 책임자, 안전관리원

② 운반책임자 동승기준 : 200[km]를 초과하는 거리까지 운반할 때

가스의 종류		기준
압축가스	독성	100[m^3] 이상
	가연성	300[m^3] 이상
	조연성	600[m^3] 이상
액화가스	독성	1000[kg] 이상
	가연성	3000[kg] 이상
	조연성	6000[kg] 이상

(6) 소화설비 기준

구분	소화기의 종류		비치 개수
압축가스	소화약제의 종류	능력단위	
가연성가스	분말소화제	BC용 B-10 이상 또는 ABC용, B-12 이상	차량 좌우에 각각 1개 이상
산소	분말소화제	BC용 B-8 이상 또는 ABC용 B-10 이상	차량 좌우에 각각 1개 이상

01 고압가스 저장능력 산정 시 액화가스의 용기 및 차량에 고정된 탱크의 산정식은? (단, W는 저장능력[kg], d는 액화가스의 비중[kg/L], V_2는 내용적[L], C는 가스의 종류에 따르는 정수이다.)

① $W = 0.9d\,V_2$　② $W = \dfrac{V_2}{C}$

③ $W = 0.9dC^2$　④ $W = \dfrac{V_2}{C^2}$

해설 ① 액화가스 저장탱크 저장능력 산정식
② 액화가스 용기 및 차량에 고정된 탱크 산정식

02 액화염소가스 1375[kg]을 용량 50[L]인 용기에 충전하려면 몇 개의 용기가 필요한가? (단, 액화염소가스의 정수 C는 0.8이다.)

① 20　② 22

③ 25　④ 27

해설 ㉮ 용기 1개당 충전량 계산

$\therefore W = \dfrac{V}{C} = \dfrac{50}{0.8} = 62.5$[kg]

㉯ 용기 수 계산

$\therefore 용기수 = \dfrac{전체가스량}{용기1개당충전량} = \dfrac{1375}{62.5} = 22$[개]

03 내부용적이 25000[L]인 액화산소 저장탱크의 저장능력은 얼마인가? (단, 비중은 1.14이다.)

① 28500[kg]　② 21930[kg]

③ 24780[kg]　④ 25650[kg]

해설 $W = 0.9d\,V$
$= 0.9 \times 1.14 \times 25000 = 25650$[kg]

04 내용적 25000[L]인 액화산소 저장탱크와 내용적이 3[m^3]인 압축산소 용기가 배관으로 연결된 경우 총 저장능력은 약 몇 [m^3]인가? (단, 액화산소 비중량은 1.14[kg/L], 35[℃]에서 산소의 최고충전압력은 15[MPa]이다.)

① 2818　② 2918

③ 3018　④ 3118

해설 ㉮ 압축산소 용기 저장능력[m^3] 계산

$\therefore Q = (10P + 1)\,V$
$= (10 \times 15 + 1) \times 3 = 453$[m^3]

㉯ 액화산소의 저장능력[m^3] 계산

$\therefore W = 0.9d\,V$
$= 0.9 \times 1.14 \times 25000 = 25650$[kg]

액화가스와 압축가스 섞여 있을 경우 액화가스 10[kg]을 압축가스 1[m^3]의 비율로 계산하므로 이것을 체적으로 계산하면 2565[m^3]가 된다.

㉰ 총 저장능력[m^3] 계산

$\therefore Q = 453 + 2565 = 3018$[m^3]

05 흡수식 냉동설비의 냉동능력 정의로 옳은 것은?

① 발생기를 가열하는 24시간의 입열량 6천 640[kcal]를 1일의 냉동능력 1[톤]으로 본다.

Answer 1. ② 2. ② 3. ④ 4. ③ 5. ③

② 발생기를 가열하는 1시간의 입열량 3천 320[kcal]를 1일의 냉동능력 1[톤]으로 본다.
③ 발생기를 가열하는 1시간의 입열량 6천 640[kcal]를 1일의 냉동능력 1[톤]으로 본다.
④ 발생기를 가열하는 24시간의 입열량 3천 320[kcal]를 1일의 냉동능력 1[톤]으로 본다.

해설 **1일의 냉동능력 1[톤] 계산**
㉮ **원심식 압축기** : 압축기의 원동기 정격출력 1.2[kW]
㉯ **흡수식 냉동설비** : 발생기를 가열하는 1시간의 입열량 6640[kcal]
㉰ 그 밖의 것은 다음의 식에 의한다.

$$\therefore R = \frac{V}{C}$$

R : 1일의 냉동능력[톤]
V : 피스톤 압출량[m^3/h]
C : 냉매 종류에 따른 정수

06 다음 중 1종 보호시설이 아닌 것은?
① 가설건축물이 아닌 사람을 수용하는 건축물로서 사실상 독립된 부분의 연면적이 1500[m^2]인 건축물
② 문화재보호법에 의하여 지정문화재로 지정된 건축물
③ 예식장의 시설로서 수용능력이 200인(人)인 건축물
④ 어린이집 및 어린이 놀이터

해설 예식장, 장례식장 및 전시장 그 밖에 이와 유사한 시설로서 수용능력이 300인(人) 이상인 건축물

07 고압가스 안전관리법상 제1종 보호시설이 아닌 것은?
① 학교 ② 여관 ③ 주택 ④ 시장

해설 주택 : 제2종 보호시설

08 암모니아를 사용하는 A 공장에서 저장능력 25[톤]의 저장탱크를 지상에 설치하고자 한다. 저장설비 외면으로부터 사업소 외의 주택까지 몇 미터 이상의 안전거리를 유지하여야 하는가? (단, A 공장의 지역은 전용공업지역이 아니다.)
① 7[m] ② 10[m]
③ 14[m] ④ 16[m]

해설 ㉮ 가연성가스 또는 독성가스의 보호시설과 안전거리 기준

저장능력([kg], [m^3])	제1종	제2종
1만 이하	17	12
1만 초과 2만 이하	21	14
2만 초과 3만 이하	24	16
3만 초과 4만 이하	27	18
4만 초과 5만 이하	30	20
5만 초과 99만 이하	30	20
99만 초과	30	20

㉯ 암모니아는 독성가스, 액화가스이며 저장능력 25[톤]은 25000[kg]이고, 주택은 제2종 보호시설이므로 유지거리는 16[m]이다.

09 1일 처리능력이 60000[m^3]인 가연성가스 저온저장탱크와 제2종 보호시설과의 안전거리는 얼마인가?
① 20.0[m] ② 21.2[m]
③ 22.0[m] ④ 30.0[m]

해설 (1) 가연성가스 저온저장탱크와 보호시설과의 안전거리(처리능력 5만 초과 99만[m^3] 이하) 계산식
㉮ 제1종 보호시설 $= \frac{3}{25}\sqrt{X+10000}$
㉯ 제2종 보호시설 $= \frac{2}{25}\sqrt{X+10000}$

Answer 6. ③ 7. ③ 8. ④ 9. ②

(2) 제2종 보호시설과의 안전거리 계산

$$\therefore \text{안전거리} = \frac{2}{25}\sqrt{X+10000} = \frac{2}{25}\times\sqrt{60000+10000} = 21.16[m]$$

10 고압가스 특정제조 시설에서 산소의 저장능력이 4만[m^3]를 초과한 경우 제2종 보호시설까지의 안전거리는 몇 [m] 이상을 유지하여야 하는가?

① 8 ② 12
③ 14 ④ 16

해설 산소의 보호시설별 안전거리 기준

처리능력 및 저장능력 ([kg], [m^3])	제1종	제2종
1만 이하	12	8
1만 초과 2만 이하	14	9
2만 초과 3만 이하	16	11
3만 초과 4만 이하	18	13
4만 초과	20	14

∴ 제2종 보호시설까지의 안전거리는 14[m] 이상이다.

11 고압가스의 저장설비 및 충전설비는 그 외면으로부터 화기를 취급하는 장소까지 얼마이상의 우회거리를 두어야 하는가? (단, 산소 및 가연성가스는 제외한다.)

① 1[m] 이상 ② 2[m] 이상
③ 5[m] 이상 ④ 8[m] 이상

해설 고압가스 저장설비 및 충전설비와 화기와의 우회거리는 2[m] 이상 유지(단, 가연성 및 산소의 저장설비 또는 충전설비는 8[m] 이상)

12 가연성가스 제조시설의 고압가스설비는 그 외면으로부터 다른 가연성가스 제조시설의 고압가스 설비와 몇 [m] 이상의 안전거리를 유지하는가?

① 2[m] ② 5[m]
③ 8[m] ④ 10[m]

해설 다른 고압가스 설비와의 거리
㉮ 가연성가스 설비와 가연성가스 설비 : 5[m] 이상
㉯ 가연성가스 설비와 산소 설비 : 10[m] 이상

13 특정제조시설에서 안전구역내의 고압가스설비는 그 외면으로부터 다른 안전구역내의 고압가스설비와 몇 [m] 이상의 거리를 유지해야 하는가?

① 10[m] ② 20[m]
③ 30[m] ④ 40[m]

해설 고압가스 특정제조시설에서 안전구역내의 고압가스설비와 다른 안전구역내의 고압가스설비와는 30[m] 이상의 거리를 유지

14 가연성가스 저장탱크는 그 외면으로부터 처리능력이 20만[m^3] 이상인 압축기와 몇 [m] 이상의 거리를 유지해야 하는가?

① 10 ② 20
③ 30 ④ 40

해설 가연성가스설비, 독성가스설비 설치 기준
㉮ 안전구역 면적 : 20000[m^2] 이하
㉯ 고압가스 설비와의 거리 : 30[m] 이상
㉰ 제조설비는 제조소 경계까지 : 20[m] 이상
㉱ 가연성가스 저장탱크와 처리능력 20만[m^3] 이상인 압축기 : 30[m] 이상

Answer 10. ③ 11. ② 12. ② 13. ③ 14. ③

15 고압가스 특정제조시설에서 안전구역의 설정 시 고압가스설비의 연소열량 수치(Q)는 얼마 이하로 하여야 하는가?

① 6×10^7 ② 6×10^8
③ 7×10^7 ④ 7×10^8

해설 안전구역 내 고압가스설비의 연소열량 수치가 6×10^8 이하이어야 한다.
※ 연소열량 계산식 :
$Q=K\times W$
Q : 연소열량
W : 저장설비 또는 처리설비에 따라 정한 수치
K : 가스의 종류 및 상용온도에 따라 정한 수치

16 저장탱크에 물분무장치를 설치 시 수원의 수량이 몇 분 이상 연속 방사할 수 있어야 하는가?

① 20분 ② 30분
③ 40분 ④ 60분

해설 물분무장치 기준
㉮ 조작위치 : 저장탱크 외면에서 15[m] 이상
㉯ 수원 : 30분간 연속 방사할 수 있는 양
㉰ 작동점검 : 매월 1회 이상(동결우려 시 펌프구동으로 갈음)

17 고압가스 일반제조시설에서 저장탱크의 가스방출장치는 몇 [m^3] 이상의 가스를 저장하는 곳에 설치하여야 하는가?

① 3 ② 5
③ 7 ④ 10

해설 저장설비 구조 : 저장탱크 및 가스홀더는 가스가 누출하지 아니하는 구조로 하고 5[m^3] 이상의 가스를 저장하는 것에는 가스방출장치를 설치한다.

18 고압가스 특정제조시설 중 비가연성 가스의 저장탱크는 몇 [m^3] 이상일 경우에 지진 영향에 대한 안전한 구조로 설계하여야 하는가?

① 5 ② 250
③ 500 ④ 1000

해설 내진설계 대상
㉮ 저장탱크 및 압력용기

구분	비가연성 또는 비독성	가연성 또는 독성	탑류
압축가스	1000[m^3] 이상	500[m^3] 이상	동체부 높이가 5[m] 이상
액화가스	10000[kg] 이상	5000[kg] 이상	

㉯ 세로방향으로 설치한 동체의 길이가 5[m] 이상인 원통형 응축기 및 내용적 5000[L] 이상인 수액기, 지지구조물 및 기초와 연결부
㉰ 제㉮호 중 저장탱크를 지하에 매설한 경우에 대하여는 내진설계를 한 것으로 본다.

19 저장탱크의 침하상태를 측정하여 침하량[h/L]이 몇 [%]를 초과하였을 때 저장탱크의 사용을 중지하고 적절한 조치를 하여야 하는가?

① 0.5 ② 1
③ 3 ④ 5

해설 저장탱크의 침하상태에 따른 조치
㉮ 침하량[h/L]이 0.5[%]를 초과한 경우 : 침하량을 1년간 매월 측정하여 기록
㉯ 침하량[h/L]이 1[%]를 초과한 경우 : 저장탱크의 사용을 중지하고 적절한 조치를 취함

Answer 15. ② 16. ② 17. ② 18. ④ 19. ②

20 액화산소를 저장하는 저장능력 10[톤]인 저장탱크를 2기 설치하려고 한다. 각각의 저장탱크 최대지름이 3[m]일 경우 저장탱크 간의 최소거리는 몇 [m] 이상 유지하여야 하는가?

① 1 ② 1.5
③ 2 ④ 3

해설 저장탱크간의 거리 : 두 저장탱크의 최대지름을 합산한 길이의 1/4 이상 유지(1[m] 미만인 경우 1[m] 이상의 거리) 한다.

$$\therefore L = \frac{D_1 + D_2}{4} = \frac{3+3}{4} = 1.5[\text{m}]$$

21 고압가스 일반제조시설의 저장탱크를 지하에 매설하는 경우의 기준에 대한 설명으로 틀린 것은?

① 저장탱크 외면에는 부식방지코팅을 한다.
② 저장탱크는 천정, 벽, 바닥의 두께가 각각 10[cm] 이상의 콘크리트로 설치한다.
③ 저장탱크 주위에는 마른 모래를 채운다.
④ 저장탱크에 설치한 안전밸브에는 지면에서 5[m] 이상의 높이에 방출구가 있는 가스방출관을 설치한다.

해설 천정, 벽, 바닥의 두께가 30[cm] 이상인 방수조치를 한 철근콘크리트로 설치한다.

22 지하에 설치하는 고압가스 저장탱크의 설치기준에 대한 설명으로 틀린 것은?

① 저장탱크실은 일정규격을 가진 수밀성 콘크리트로 시공한다.
② 지면으로부터 저장탱크의 정상부까지의 깊이는 60[cm] 이상으로 한다.
③ 저장탱크를 2개 이상 인접하여 설치하는 경우에는 상호간에 1[m] 이상의 거리를 유지한다.
④ 저장탱크의 외면에는 부식방지코팅 등 화학적 부식방지를 위한 조치를 한다.

해설 저장탱크의 외면에는 부식방지코팅과 전기적 부식방지를 위한 조치를 한다.

23 고압가스 일반제조시설에서 저장탱크 및 처리설비를 실내에 설치하는 경우에 대한 설명으로 틀린 것은?

① 저장탱크실 및 처리설비실은 천정, 벽 및 바닥의 두께가 30[cm] 이상인 철근콘크리트로 만든 실로서 방수처리가 된 것일 것
② 저장탱크 및 처리설비실은 각각 구분하여 설치하고 자연통풍시설을 갖출 것
③ 저장탱크의 정상부와 저장탱크실 천정과의 거리는 60[cm] 이상으로 할 것
④ 저장탱크에 설치한 안전밸브는 지상 5[m] 이상의 높이에 방출구가 있는 가스방출관을 설치할 것

해설 저장탱크 및 처리설비실은 각각 구분하여 설치하고 강제통풍시설을 갖추어야 한다.

24 가연성가스 저온저장탱크에서 내부의 압력이 외부의 압력보다 낮아져 저장탱크가 파괴되는 것을 방지하기 위한 조치로서 적당하지 않은 것은?

① 압력계를 설치한다.
② 압력경보설비를 설치한다.
③ 진공안전밸브를 설치한다.
④ 압력방출밸브를 설치한다.

Answer 20. ② 21. ② 22. ④ 23. ② 24. ④

해설 부압을 방지하는 조치
㉮ 압력계
㉯ 압력경보설비
㉰ 진공 안전밸브
㉱ 다른 시설로부터의 가스도입배관(균압관)
㉲ 압력과 연동하는 긴급차단장치를 설치한 냉동 제어설비
㉳ 압력과 연동하는 긴급차단장치를 설치한 송액설비

25 독성가스의 저장탱크에는 가스의 용량이 그 저장탱크 내용적의 90[%]를 초과하는 것을 방지하는 장치를 설치하여야 한다. 이 장치를 무엇이라고 하는가?

① 경보장치　② 액면계
③ 긴급차단장치　④ 과충전 방지장치

해설 과충전 방지장치 기준
㉮ 액면, 액두압을 검지하는 것이나 이에 갈음할 수 있는 유효한 방법일 것
㉯ 용량이 검지되었을 때는 지체 없이 경보를 울리는 것일 것
㉰ 경보는 관계자가 상주하는 장소 및 작업 장소에서 명확하게 들을 수 있는 것

26 아세틸렌 제조를 위한 설비 중 아세틸렌에 접촉하는 부분의 충전용 지관에는 탄소의 함유량이 얼마 이하의 강을 사용하여야 하는가?

① 0.01　② 0.1　③ 0.3　④ 3

해설 충전용 지관에는 탄소의 함유량이 0.1[%] 이하의 강을 사용한다.

27 에어졸이 충전된 용기에서 에어졸의 누출 시험을 하기 위한 시설은?

① 자동충전기　② 수압시험탱크
③ 가압시험탱크　④ 온수시험탱크

해설 온수시험탱크 온수온도 : 46~50[℃] 미만

28 바깥지름과 안지름의 비가 1.2 이상인 산소 가스 배관 두께를 구하는 식은 [보기]와 같다. 여기서 D 는 무엇을 의미하는가?

[보기] $t=\dfrac{D}{2}\left(\sqrt{\dfrac{\dfrac{f}{S}+P}{\dfrac{f}{S}-P}}-1\right)+C$

① 배관의 안지름
② 안지름에서 부식여유에 상당하는 부분을 뺀 부분의 수치
③ 배관의 상용압력
④ 배관의 지름

해설 두께 계산식 각 기호의 의미
㉮ t : 배관의 두께[mm]
㉯ D : 안지름에서 부식여유에 상당하는 부분을 뺀 부분의 수치[mm]
㉰ f : 재료의 인장강도[N/mm^2] 또는 항복점[N/mm^2]의 1.6배
㉱ S : 안전율
㉲ P : 상용압력[MPa]
㉳ C : 부식여유치[mm]

29 독성가스배관의 접합은 용접으로 하는 것이 원칙이나 다음의 경우에는 플랜지접합으로 할 수 있다. 다음 중 잘못된 것은?

① 부식되기 쉬운 곳으로써 수시로 점검이 필요한 부분
② 정기적으로 분해하여 청소, 점검, 수리를 하여야 하는 반응기, 탑, 저장탱크, 열교환기 또는 회전기기 전·후의 첫 번째 접합 부분
③ 호칭지름 50[mm] 이하인 배관 접합 부분
④ 신축이음매의 접합 부분

Answer 25. ④ 26. ② 27. ④ 28. ② 29. ③

해설 플랜지접합으로 할 수 있는 경우

㉮ 수시로 분해하여 청소, 점검을 하여야 하는 부분을 접합할 경우나 특히 부식되기 쉬운 곳으로서 수시점검을 하거나 교환할 필요가 있는 곳
㉯ 정기적으로 분해하여 청소, 점검, 수리를 하여야 하는 반응기, 탑, 저장탱크, 열교환기 또는 회전기계와 접합하는 곳(해당설비 전·후의 첫 번째 이음에 한정한다.)
㉰ 수리, 청소, 철거 시 맹판 설치를 필요로 하는 부분을 접합하는 경우 및 신축이음매의 접합부분을 접합하는 경우

30 고압가스 배관의 표지판은 배관이 설치되어 있는 경로에 따라 배관의 위치를 정확히 알 수 있도록 설치하여야 한다. 지상에 설치된 배관은 표지판을 몇 [m] 이하의 간격으로 설치하여야 하는가?

① 100 ② 300
③ 500 ④ 1000

해설 고압가스 배관의 표지판 설치 기준

㉮ 배관이 설치된 경로에 따라 배관의 위치를 알 수 있도록 설치
㉯ 지하설치배관 : 500[m] 이하의 간격
지상설치배관 : 1000[m] 이하의 간격
㉰ 기재사항 : 고압가스의 종류, 설치 구역명, 배관설치(매설)위치, 신고처, 회사명 및 연락처 등을 명확히 기재

31 고압가스 배관을 지하에 매설할 때에 독성가스의 배관은 그 가스가 혼입될 우려가 있는 수도시설과는 몇 [m] 이상 거리를 유지해야 하는가?

① 1.8 ② 100
③ 300 ④ 400

해설 독성가스 배관과 수도시설 유지거리 : 300[m] 이상

32 가스 배관을 지하에 매설하는 경우의 기준으로 옳지 않은 것은?

① 배관은 그 외면으로부터 수평거리로 건축물(지하가 및 터널 포함)까지 2[m] 이상을 유지할 것
② 배관은 그 외면으로부터 지하의 다른 시설물과 0.3[m] 이상의 거리를 유지할 것
③ 배관은 지반의 동결에 따라 손상을 받지 않도록 적절한 깊이로 매설할 것
④ 배관 입상부, 지반급변부 등 지지조건이 급변하는 장소에는 곡관의 삽입, 지반개량 등 필요한 조치를 할 것

해설 매설배관과 유지거리

㉮ 건축물 : 1.5[m] 이상
㉯ 지하가 및 터널 : 10[m] 이상

33 고압가스 특정제조 시설에서 배관을 해저에 설치하는 경우 기준에 적합하지 않은 것은?

① 배관은 해저면 밑에 매설할 것
② 배관은 원칙적으로 다른 배관과 교차하지 아니할 것
③ 배관은 원칙적으로 다른 배관과 수평거리로 20[m] 이상을 유지할 것
④ 배관의 입상부에는 방호시설물을 설치할 것

해설 배관을 해저에 설치하는 경우 다른 배관과 30[m] 이상의 수평거리를 유지한다.

34 배관내의 상용압력이 4[MPa]인 도시가스 배관의 압력이 상승하여 경보장치의 경보가 울리기 시작하는 압력은?

① 4[MPa] 초과 시 ② 4.2[MPa] 초과 시
③ 5[MPa] 초과 시 ④ 5.2[MPa] 초과 시

Answer 30. ④ 31. ③ 32. ① 33. ③ 34. ②

해설 경보장치가 울리는 경우
배관 내의 압력이 상용압력의 1.05배를 초과한 때 (단, 상용압력이 4[MPa] 이상인 경우에는 상용압력에 0.2[MPa]를 더한 압력)
∴경보장치가 울리는 압력 = 4 + 0.2
= 4.2[MPa] 초과 시

35 고압가스 특정제조시설의 사업소외의 배관에 설치된 배관장치에는 비상전력설비를 하여야 한다. 다음 중 반드시 갖추어야 할 설비가 아닌 것은?

① 운전상태 감시장치
② 안전제어장치
③ 가스누출검지 경보장치
④ 폭발방지장치

해설 비상전력설비를 설치하여야 할 배관장치
㉮ 운전상태 감시장치
㉯ 안전제어장치
㉰ 가스누출검지 경보설비
㉱ 제독설비
㉲ 통신시설
㉳ 비상조명설비
㉴ 그 밖에 안전상 중요하다고 인정되는 경우

36 해당 설비 내의 압력이 상용압력을 초과할 경우 즉시 사용압력 이하로 되돌릴 수 있는 안전장치의 종류에 해당하지 않는 것은?

① 안전밸브
② 감압밸브
③ 바이패스밸브
④ 파열판

해설 감압밸브
저압측 압력(2차 압력)을 일정하게 유지하는 기능을 갖는 밸브

37 가스누출 경보기의 기능에 대하여 서술한 것 중 옳지 않은 것은?

① 가스의 누출을 검지하여 그 농도를 지시함과 동시에 경보를 울릴 것
② 폭발하한계의 1/2 이하에서 자동적으로 경보를 울린다.
③ 경보를 울린 후에도 가스 농도가 변하더라도 계속 경보를 한다.
④ 담배 연기 등의 잡가스에 울리지 아니한다.

해설 경보농도 설정 값
㉮ 가연성가스 : 폭발하한계의 1/4 이하
㉯ 독성가스 : TLV-TWA 기준농도 이하
㉰ NH_3를 실내에서 사용하는 경우 : 50[ppm]

38 일산화탄소의 경우 가스누출검지 경보장치의 검지에서 발신까지 걸리는 시간은 경보농도의 1.6배 농도에서 몇 초 이내로 규정되어 있는가?

① 10 ② 20
③ 30 ④ 60

해설 검지에서 발신까지 걸리는 시간
㉮ 경보농도의 1.6배 농도에서 30초 이내
㉯ 암모니아, 일산화탄소 : 60초 이내

39 가스누출검지 경보장치로 실내 사용 암모니아 검출 시 지시계 눈금범위로 옳은 것은?

① 25[ppm] ② 50[ppm]
③ 100[ppm] ④ 150[ppm]

해설 지시계의 눈금범위
㉮ 가연성가스 : 0~폭발하한계값
㉯ 독성가스 : 0~허용농도의 3배 값(TLV-TWA 기준농도의 3배 값)
㉰ 암모니아(NH_3)를 실내에서 사용 : 150[ppm]

Answer 35. ④ 36. ② 37. ② 38. ④ 39. ④

40 **고압가스 제조설비에 설치할 가스누출검지 경보설비에 대하여 틀리게 설명한 것은?**

① 계기실 내부에도 1개 이상 설치한다.
② 수소의 경우 경보 설정치를 1[%] 이하로 한다.
③ 경보부는 붉은 램프가 점멸함과 동시에 경보가 울리는 방식으로 한다.
④ 가연성가스의 제조설비에 격막 갈바니 전지방식의 것을 설치한다.

해설 가스누설검지 경보설비의 종류
㉮ 접촉연소방식 : 가연성가스
㉯ 격막 갈바니 전지방식 : 산소
㉰ 반도체방식 : 가연성, 독성

41 **가스누출검지 경보장치의 설치에 관한 설명 중 틀린 것은?**

① 가스의 누출을 검지하여 그 농도를 지시함과 동시에 경보를 울릴 것
② 경보를 울린 후에 주위의 농도가 변화되면 경보가 자동적으로 정지할 것
③ 암모니아의 경우 검지에서 발신까지의 시간은 1분 이내일 것
④ 지시계의 눈금은 가연성가스용은 0~폭발한계값일 것

해설 경보를 발신한 후에는 원칙적으로 분위기 가스농도가 변하여도 계속 경보를 울리고, 그 확인 또는 대책을 강구함에 따라 경보정지가 되어야 한다.

42 **긴급차단밸브의 동력원이 아닌 것은?**

① 액압 ② 기압
③ 전기 ④ 차압

해설 긴급차단장치(밸브) 동력원
액압, 기압, 전기, 스프링

43 **제조소에 설치하는 긴급차단장치에 대한 설명으로 옳지 않은 것은?**

① 긴급차단장치는 저장탱크 주밸브의 외측에 가능한 한 저장탱크의 가까운 위치에 설치해야 한다.
② 긴급차단장치는 저장탱크 주밸브와 겸용으로 하여 신속하게 차단할 수 있어야 한다.
③ 긴급차단장치의 동력원은 그 구조에 따라 액압, 기압, 전기 또는 스프링 등으로 할 수 있다.
④ 긴급차단장치는 해당 저장탱크 외면으로부터 5[m] 이상 떨어진 곳에서 조작할 수 있어야 한다.

해설 저장탱크 주밸브 외측으로서 가능한 한 저장탱크에 가까운 위치 또는 저장탱크의 내부에 설치하되 저장탱크의 주밸브와 겸용하여서는 안 된다.
※ 조작위치 : 해당 저장탱크 외면으로부터 5[m] 이상 떨어진 곳(특정제조의 경우 10[m] 이상)

44 **고압가스 일반제조시설의 저장탱크에 설치하는 긴급차단장치의 설치기준으로 옳은 것은?**

① 특수반응설비 또는 고압가스설비에 설치할 경우 상용압력의 1.1배 이상의 압력에 견디어야 한다.
② 액상의 가연성가스 또는 독성가스를 이입하기 위해 설치된 배관에는 역류방지밸브로 대신할 수 있다.
③ 긴급차단장치에 속하는 밸브 외 1개의 밸브를 배관에 설치하고 항상 개방시켜 둔다.
④ 가연성가스 저장탱크의 외면으로부터 10[m] 이상 떨어진 위치에 설치해야 한다.

Answer 40. ④ 41. ② 42. ④ 43. ② 44. ②

해설 각 항목에서 옳은 내용
① 규정 없음
③ 긴급차단장치에 딸린 밸브 외에 2개 이상의 밸브를 설치하고 저장탱크에 가까운 부근에 설치한 밸브는 가스를 송출, 이입하는 때 외는 잠그어 둘 것
④ 가연성가스, 독성가스 저장탱크 외면으로부터 5[m] 이상 떨어진 위치에 설치

45 역화방지장치를 반드시 설치하여야 할 위치가 아닌 것은?

① 가연성가스를 압축하는 압축기와 오토클레이브와의 사이 배관
② 아세틸렌을 압축하는 압축기의 유분리기와 고압건조기와의 사이
③ 아세틸렌의 고압건조기와 충전용 교체밸브 사이의 배관
④ 아세틸렌 충전용 지관

해설 (1) 역화방지장치 설치 장소
㉮ 가연성가스를 압축하는 압축기와 오토클레이브와의 사이 배관
㉯ 아세틸렌의 고압건조기와 충전용 교체밸브 사이 배관
㉰ 아세틸렌 충전용 지관
(2) 역류방지밸브 설치 장소
㉮ 가연성가스를 압축하는 압축기와 충전용 주관과의 사이 배관
㉯ 아세틸렌을 압축하는 압축기의 유분리기와 고압건조기와의 사이 배관
㉰ 암모니아 또는 메탄올의 합성탑 및 정제탑과 압축기와의 사이 배관

46 고입가스 일반제조 시설기준 중 가연성가스 제조설비의 전기설비는 방폭성능을 가지는 구조이어야 한다. 다음 중 제외 대상이 되는 가스는?

① 에탄　② 브롬화메탄
③ 에틸아민　④ 수소

해설 암모니아, 브롬화메탄 및 공기 중에서 자기 발화하는 가스는 제외한다.

47 방폭전기기기의 구조별 표시방법 중 내압방폭구조의 표시방법은?

① d　② o
③ p　④ e

해설 방폭구조의 종류 및 표시기호

명칭	기호
내압방폭구조	d
유입방폭구조	o
압력방폭구조	p
안전증 방폭구조	e
본질안전 방폭구조	ia, ib
특수방폭구조	s

48 가연성가스가 폭발할 위험이 있는 장소에 전기설비를 할 경우 위험의 정도에 따른 분류가 아닌 것은?

① 0종 장소　② 1종 장소
③ 2종 장소　④ 3종 장소

해설 위험장소는 1종 장소, 2종 장소, 0종 장소로 분류한다.

49 가연성가스가 폭발할 위험이 있는 농도에 도달할 우려가 있는 장소의 등급에 대한 설명으로 틀린 것은?

① 1종 장소는 상용상태에서 가연성가스가 체류하여 위험하게 될 우려가 있는 장소, 정비보수 또는 누출 등으로 인하여 종종 가연성가스가 체류하여 위험하게 될 우려가 있는 장소를 말한다.
② 2종 장소는 밀폐된 용기 또는 설비 내에 밀봉된 가연성가스가 그 용기 또는 설비

Answer 45. ② 46. ② 47. ① 48. ④ 49. ④

의 사고로 인해 파손되거나 오조작의 경우에만 누출할 위험이 있는 장소를 말한다.

③ 0종 장소는 상용의 상태에서 가연성가스의 농도가 연속해서 폭발하한계 이상으로 되는 장소(폭발상한계를 넘는 경우에는 폭발한계내로 들어갈 우려가 있는 경우를 포함한다.)를 말한다.

④ 3종 장소는 확실한 기계적 환기조치에 의하여 가연성가스가 체류하지 않도록 되어 있으나 환기장치에 이상이나 사고가 발생한 경우에는 가연성가스가 체류하여 위험하게 될 우려가 있는 장소를 말한다.

해설 ④번 항목은 2종 장소의 설명에 해당 됨

50 방폭지역이 0종인 장소에는 원칙적으로 어떤 방폭구조의 것을 사용하여야 하는가?

① 내압방폭구조
② 압력방폭구조
③ 본질안전방폭구조
④ 안전증방폭구조

해설 0종 장소에는 원칙적으로 본질안전 방폭구조의 것을 사용한다.

51 가연성 고압가스 제조공장에 있어서 착화원인이 될 수 없는 것은?

① 정전기
② 베릴륨 합금제 공구에 의한 타격
③ 사용 촉매의 접촉작용
④ 밸브의 급격한 조작

해설 **베릴륨 합금제 공구** : 타격, 마찰, 충격에 의하여 불꽃이 발생하지 않는 금속제이다.

52 액화가스가 통하는 가스설비 중 단독으로 정전기 방지조치를 하여야 하는 설비가 아닌 것은?

① 벤트스택
② 플레어스택
③ 저장탱크
④ 열교환기

해설 **정전기 제거 조치 기준**

㉮ 탑류, 저장탱크, 열교환기, 회전기계, 벤트스택 등은 단독으로 접지하여야 한다. 다만, 기계가 복잡하게 연결되어 있는 경우 및 배관 등으로 연속되어 있는 경우에는 본딩용 접속선으로 접속하여 접지하여야 한다.

㉯ 본딩용 접속선 및 접지접속선은 단면적 5.5 [mm^2] 이상의 것(단선은 제외)을 사용하고 경납붙임, 용접, 접속금구 등을 사용하여 확실히 접속하여야 한다.

㉰ 접지 저항치는 총합 100[Ω] (피뢰설비를 설치한 것은 총합 10[Ω]) 이하로 하여야 한다.

53 내부반응 감시장치를 설치하여야 할 설비에서 특수반응설비에 속하지 않는 것은?

① 암모니아 2차 개질로
② 수소화 분해 반응기
③ 사이클로 헥산 제조시설의 벤젠 수첨 반응기
④ 산화에틸렌 제조시설의 아세틸렌 수첨탑

해설 **특수반응설비의 종류**

암모니아 2차 개질로, 에틸렌 제조시설의 아세틸렌 수첨탑, 산화에틸렌 제조시설의 에틸렌과 산소 또는 공기와의 반응기, 사이클로 헥산 제조시설의 벤젠 수첨 반응기, 석유정제에 있어서 중유직접 수첨 탈황 반응기 및 수소화 분해 반응기, 저밀도 폴리에틸렌 중합기 또는 메탄올 합성 반응탑

Answer 50. ③ 51. ② 52. ② 53. ④

54 고압가스 특정제조시설의 내부반응 감시장치에 속하지 않는 것은?

① 온도 감시장치
② 압력 감시장치
③ 유량 감시장치
④ 농도 감시장치

해설 내부반응 감시장치의 종류 : 온도 감시장치, 압력 감시장치, 유량 감시장치, 가스의 밀도·조성 등의 감시장치

55 가연성가스의 제조설비에서 오조작 되거나 정상적인 제조를 할 수 없는 경우에 자동적으로 원재료의 공급을 차단시키는 등 제조설비 내의 제조를 제어할 수 있는 장치는?

① 인터록 기구
② 가스누설 자동 차단기
③ 벤트스택
④ 플레어스택

해설 인터록 제어장치
가연성가스 또는 독성가스의 제조설비 또는 이들 제조설비와 관련 있는 계장회로에는 제조하는 고압가스의 종류, 온도 및 압력과 제조설비의 상황에 따라 안전확보를 위한 주요 부문에 설비가 잘못 조작되거나 정상적인 제조를 할 수 없는 경우에 자동으로 원재료의 공급을 차단시키는 등 제조설비 안의 제조를 제어할 수 있는 장치

56 가스가 누출된 경우에 제2의 누출을 방지하기 위해서 방류둑을 설치한다. 방류둑을 설치하지 않아도 되는 저장탱크는?

① 저장능력 1000[톤]의 액화질소탱크
② 저장능력 10[톤]의 액화암모니아 탱크
③ 저장능력 1000[톤]의 액화산소탱크
④ 저장능력 5[톤]의 액화염소탱크

해설 저장능력별 방류둑 설치 기준
(1) 고압가스 특정제조
㉮ 가연성가스 : 500[톤] 이상
㉯ 독성가스 : 5[톤] 이상
㉰ 액화산소 : 1000[톤] 이상
(2) 고압가스 일반제조
㉮ 가연성가스, 액화산소 : 1000[톤] 이상
㉯ 독성가스 : 5[톤] 이상
(3) 냉동제조
수액기의 내용적 10000[L] 이상 (단, 독성가스 냉매 사용)
※ 불연성, 불활성 가스의 경우 방류둑 설치 대상에서 제외된다.

57 방류둑의 구조를 설명한 것 중 옳지 않은 것은?

① 방류둑의 재료는 철근콘크리트, 철골, 흙 또는 이들을 조합하여 만든다.
② 철근콘크리트는 수밀성 콘크리트를 사용한다.
③ 성토는 수평에 대하여 50° 이하의 기울기로 하여 다져 쌓는다.
④ 방류둑의 높이는 당해 가스의 액두압에 견디어야 한다.

해설 성토는 수평에 대하여 45° 이하의 기울기로 한다.

58 방류둑의 성토 윗부분의 폭은 얼마 이상으로 해야 하는가?

① 10[cm] 이상
② 15[cm] 이상
③ 20[cm] 이상
④ 30[cm] 이상

해설 성토 기울기는 45° 이하, 성토 윗부분 폭은 30[cm] 이상으로 한다.

Answer 54. ④ 55. ① 56. ① 57. ③ 58. ④

59 방류둑에는 계단, 사다리 또는 토사를 높이 쌓아올림 등에 의한 출입구를 둘레 몇 [m]마다 1개 이상을 두어야 하는가?

① 30 ② 40
③ 50 ④ 60

해설 출입구는 50[m]마다 1개 이상을 설치하되 둘레가 50[m] 미만일 때는 2개 이상을 분산 설치하여야 한다.

60 방류둑 내측 및 그 외면으로부터 몇 [m] 이내에는 그 저장탱크의 부속설비 외의 것을 설치하지 않아야 하는가? (단, 저장능력이 2000[톤]인 가연성가스 저장탱크시설이다.)

① 10[m] ② 15[m]
③ 20[m] ④ 25[m]

해설 방류둑 내측 및 그 외면으로부터 10[m] 이내에는 저장탱크 부속설비 외의 것을 설치하지 않아야 한다.

61 액화산소 저장탱크 방류둑의 용량은 저장능력 상당용적의 얼마 이상으로 하여야 하는가?

① 30[%] ② 40[%]
③ 50[%] ④ 60[%]

해설 방류둑 용량
㉮ 저장탱크의 저장능력에 상당하는 용적
㉯ 액화산소 저장탱크 : 저장능력 상당의 60[%]
㉰ 2기 이상 설치 : 최대 저장탱크 저장능력 + 잔여 저장탱크 총 능력의 10[%]
㉱ 냉동설비 수액기 : 수액기 내용적의 90[%] 이상

62 압축기와 그 가스 충전용기 보관장소 사이에 반드시 설치하여야 하는 것은? (단, 압력이 10.0[MPa]인 경우이다.)

① 가스방출장치 ② 방호벽
③ 안전밸브 ④ 액면계

해설 **방호벽 설치 장소** : 아세틸렌가스 또는 압력이 9.8[MPa] 이상인 압축가스를 용기에 충전하는 경우
㉮ 압축기와 충전장소 사이
㉯ 압축기와 가스충전용기 보관장소 사이
㉰ 충전장소와 가스충전용기 보관장소 사이
㉱ 충전장소와 충전용 주관 밸브 조작장소 사이

63 독성가스 사용설비에서 가스누출에 대비하여 반드시 설치하여야 하는 장치는?

① 살수장치 ② 액화방지장치
③ 흡수장치 ④ 액회수장치

해설 독성가스의 가스설비실 및 저장설비실에는 그 가스가 누출된 경우에는 이를 중화설비로 이송시켜 흡수 또는 중화할 수 있는 설비를 설치한다.

64 독성가스와 그 제독제를 잘못 연결한 것은?

① 염소 – 가성소다 수용액, 탄산소다 수용액, 소석회
② 포스겐 – 가성소다 수용액, 소석회
③ 황화수소 – 가성소다 수용액, 탄산소다 수용액
④ 시안화수소 – 탄산소다 수용액, 소석회

해설 독성가스 제독제

가스종류	제독제의 종류
염소	가성소다 수용액, 탄산소다 수용액, 소석회
포스겐	가성소다 수용액, 소석회
황화수소	가성소다 수용액, 탄산소다 수용액

Answer 59. ③ 60. ① 61. ④ 62. ② 63. ③ 64. ④

가스종류	제독제의 종류
시안화수소	가성소다 수용액
아황산가스	가성소다 수용액, 탄산소다 수용액, 물
암모니아, 산화에틸렌, 염화메탄	물

65 제해용 약제로서 가성소다($NaOH$)나 탄산소다(Na_2CO_3)의 수용액을 사용하지 않는 것은?

① 염소(Cl_2)
② 이산화황(SO_2)
③ 황화수소(H_2S)
④ 암모니아(NH_3)

해설 암모니아의 제독제는 다량의 물을 사용한다.

66 다음 중 소석회에 의해 제독이 가능한 가스는?

① 염소 ② 황화수소
③ 암모니아 ④ 시안화수소

해설 독성가스 제독제
㉮ 물을 사용할 수 없는 것 : 염소, 포스겐, 황화수소, 시안화수소
㉯ 물을 사용할 수 있는 것 : 아황산가스, 암모니아, 산화에틸렌, 염화메탄
㉰ 소석회를 사용하는 것 : 염소, 포스겐

67 독성가스 배관 설치 시 반드시 2중 배관으로 하지 않아도 되는 가스는?

① 에틸렌 ② 시안화수소
③ 염화메탄 ④ 암모니아

해설 2중관으로 하여야 하는 독성가스
㉮ **고압가스 특정제조** : 포스겐, 황화수소, 시안화수소, 아황산가스, 아크릴알데히드, 염소, 불소
㉯ **고압가스 일반제조** : 포스겐, 황화수소, 시안화수소, 아황산가스, 산화에틸렌, 암모니아, 염소, 염화메탄
※ 2중관 규격 : 외층관 안지름은 내층관 바깥지름의 1.2배 이상

68 긴급이송설비에 부속된 처리설비는 이송되는 설비 안의 내용물을 다음 중 한 가지 방법으로 처리할 수 있어야 한다. 이에 대한 설명으로 틀린 것은?

① 플레어스택에서 안전하게 연소시킨다.
② 벤트스택에서 안전하게 방출시킨다.
③ 액화가스 용기로 이송한 후 소분시킨다.
④ 독성가스는 제독 조치 후 안전하게 폐기시킨다.

해설 내용물 처리방법
㉮ 플레어스택에서 안전하게 연소시킨다.
㉯ 벤트스택에서 안전하게 방출시킨다.
㉰ 안전한 장소에 설치되어 있는 저장탱크 등에 임시 이송한다.
㉱ 독성가스는 제독 조치 후 안전하게 폐기시킨다.

69 제조소의 긴급용 벤트스택 방출구 위치는 작업원이 통행하는 통로로부터 얼마나 이격되어야 하는가?

① 5[m] 이상 ② 10[m] 이상
③ 15[m] 이상 ④ 관계없다.

해설 벤트스택 방출구 위치
㉮ 긴급용 : 10[m] 이상
㉯ 그 밖의 것 : 5[m] 이상

Answer 65. ④ 66. ① 67. ① 68. ③ 69. ②

70 고압가스 특정제조사업소의 고압가스 설비 중 특수반응설비와 긴급차단장치를 설치한 고압가스 설비에서 이상 사태가 발생하였을 때 그 설비 내의 내용물을 설비 밖으로 긴급하고 안전하게 이송하여 연소시키기 위한 것은?

① 내부반응 감시장치
② 벤트스택
③ 인터록
④ 플레어스택

해설 안전하게 이송할 수 있는 시설
㉮ **벤트스택** : 가연성가스 또는 독성가스의 설비에서 이상상태가 발생한 경우 설비 내의 내용물을 대기 중으로 방출하는 장치
㉯ **플레어스택** : 긴급이송설비에 의하여 이송되는 가연성가스를 연소에 의하여 처리하는 시설

71 고압가스 제조시설의 역화 및 공기 등과의 혼합폭발을 방지하기 위하여 설치하는 플레어스택의 구조로서 틀린 것은?

① liquid seal의 설치
② flame arrestor의 설치
③ vapor seal의 설치
④ 조연성 가스(O_2)의 지속적인 주입

해설 역화 및 공기와 혼합폭발을 방지하기 위한 시설
㉮ liquid seal의 설치
㉯ flame arrestor의 설치
㉰ vapor seal의 설치
㉱ purge gas(N_2, off gas)의 지속적인 주입
㉲ molecular seal의 설치

72 플레어스택 설치기준에 대한 설명 중 틀린 것은?

① 파일럿버너를 항상 꺼두는 등 플레어스택에 관련된 폭발을 방지하기 위한 조치가 되어 있는 것으로 한다.
② 긴급이송설비로 이송되는 가스를 안전하게 연소시킬 수 있는 것으로 한다.
③ 플레어스택에서 발생하는 복사열이 다른 제조시설에 나쁜 영향을 미치지 않도록 안전한 높이 및 위치에 설치한다.
④ 플레어스택에 발생하는 최대열량에 장시간 견딜 수 있는 재료 및 구조로 되어 있는 것으로 한다.

해설 파일럿버너 또는 항상 작동할 수 있는 자동점화장치를 설치하고 파일럿버너가 꺼지지 않도록 하거나, 자동점화장치의 기능이 완전하게 유지되도록 하여야 한다.

73 가연성물질을 취급하는 설비의 주위라 함은 방류둑을 설치한 가연성가스 저장탱크에서 해당 방류둑 외면으로부터 몇 [m] 이내를 말하는가?

① 5 ② 10
③ 15 ④ 20

해설 가연성가스 저장탱크 주위
㉮ 방류둑 설치 시 : 해당 방류둑 외면으로부터 10[m] 이내
㉯ 방류둑 미설치 시 : 해당 저장탱크 외면으로부터 20[m] 이내
㉰ 가연성물질을 취급하는 설비 : 외면으로부터 20[m] 이내

74 압축, 액화 그 밖의 방법으로 처리할 수 있는 가스의 용적이 1일 100[m^3] 이상인 사업소에는 표준이 되는 압력계를 몇 개 이상 비치해야 하는가?

① 1개 ② 2개
③ 3개 ④ 4개

Answer 70. ④ 71. ④ 72. ① 73. ② 74. ②

해설 압축, 액화 그 밖의 방법으로 처리할 수 있는 가스 용적이 1일 100[m^3] 이상인 사업소에는 "국가표준기본법"에 의한 제품인증을 받은 압력계를 2개 이상 비치하여야 한다.

75 정제, 증류제조 설비를 자동으로 제어하는 시설에는 정전 등으로 인하여 그 설비의 기능이 상실되지 않도록 비상전력설비를 설치하여야 한다. 다음 중 비상전력설비를 설치하지 아니할 수 있는 제조시설은?

① 산소 제조시설 ② 아세틸렌 제조시설
③ 수소 제조시설 ④ 불소 제조시설

해설 반응, 분리, 정제, 증류 등을 하는 제조설비를 자동으로 제어하는 설비, 살수장치, 방화설비, 소화설비, 제조설비의 냉각수 펌프, 비상용 조명설비 그 밖에 제조시설의 안전 확보에 필요한 시설에는 정전 등으로 인하여 그 설비의 기능이 상실되지 아니하도록 기준에 따라 비상전력설비를 설치한다. 다만, 아세틸렌 제조시설의 경우에는 비상전력설비를 설치하지 아니할 수 있다.

76 고압가스 제조시설에서 긴급사태 발생 시 필요한 연락을 신속히 할 수 있도록 설치해야 할 통신설비 중 현장사무소 상호간에 설치하여야 할 통신설비가 아닌 것은?

① 페이징 설비 ② 구내전화
③ 인터폰 ④ 메가폰

해설 통신시설

구분	통신시설
사무실과 사무실	구내전화, 구내방송설비, 인터폰, 페이징설비
사업소 전체	구내방송설비, 사이렌, 휴대용 확성기, 페이징설비, 메가폰
종업원 상호간	페이징설비, 휴대용 확성기, 트랜시버, 메가폰

77 고압가스 사업소에 설치하는 경계표지의 기준으로 틀린 것은?

① 경계표지는 외부에서 보기 쉬운 곳에 게시해야 한다.
② 사업소 내 시설 중 일부만이 관련법의 적용을 받더라도 사업소 전체에 경계표지를 해야 한다.
③ 충전용기 및 빈용기 보관장소는 각각 구획 또는 경계선에 의하여 안전확보에 필요한 용기상태를 식별할 수 있도록 해야 한다.
④ 경계표지는 관련법의 적용을 받는 시설이란 것을 외부사람이 명확히 식별할 수 있어야 한다.

해설 사업소내 시설 중 일부만이 법의 적용을 받을 때에는 해당 시설이 설치되어 있는 구획, 건축물 또는 건축물 내에 구획된 출입구 등 외부로부터 보기 쉬운 장소에 게시하여야 한다.

78 독성가스 제조시설 식별표지의 글씨(가스의 명칭은 제외)색상은?

① 백색 ② 적색
③ 노란색 ④ 흑색

해설 독성가스 식별표지 기준
㉮ 식별표지 예 : 독성가스 ○ ○ 제조시설
㉯ 문자의 크기 : 가로, 세로 10[cm] 이상, 30[m]에서 식별 가능할 것
㉰ 바탕색 : 백색, 글씨 색 : 흑색
㉱ 가스명칭 : 적색

79 내압시험압력 및 기밀시험압력의 기준이 되는 압력으로서 사용 상태에서 해당 설비 등의 각부에 작용하는 최고사용압력을 의미하는 것은?

① 작용압력 ② 상용압력
③ 사용압력 ④ 설정압력

Answer 75. ② 76. ④ 77. ② 78. ④ 79. ②

해설 압력의 분류 및 정의

㉮ **상용압력** : 내압시험압력 및 기밀시험압력의 기준이 되는 압력으로서 사용 상태에서 해당 설비 등의 각부에 작용하는 최고사용압력
㉯ **설계압력** : 고압가스용기 등의 각부의 계산두께 또는 기계적 강도를 결정하기 위하여 설계된 압력
㉰ **설정압력** : 안전밸브의 설계상 정한 분출압력 또는 분출개시압력으로서 명판에 표시된 압력
㉱ **축적압력** : 내부유체가 배출될 때 안전밸브에 의하여 축적되는 압력으로서 그 설비 안에서 허용될 수 있는 최대압력
㉲ **초과압력** : 안전밸브에서 내부유체가 배출될 때 설정압력 이상으로 올라가는 압력

80 설치가 완료된 배관의 내압시험 방법에 대한 설명으로 틀린 것은?

① 내압시험은 원칙적으로 기체의 압력으로 실시한다.
② 내압시험은 상용압력의 1.5배 이상으로 한다.
③ 규정압력을 유지하는 시간은 5분에서 20분간을 표준으로 한다.
④ 내압시험은 해당설비가 취성파괴를 일으킬 우려가 없는 온도에서 실시한다.

해설 내압시험은 원칙적으로 수압으로 실시하며 내압시험압력은 상용압력의 1.5배(물로 실시하는 내압시험이 곤란하여 기체로 하는 경우에는 1.25배) 이상의 압력으로 실시하여 이상이 없어야 한다.

81 상용압력이 10[MPa]인 고압가스 설비의 내압시험 압력은 몇 [MPa] 이상으로 하여야 하는가?

① 8 ② 10
③ 12 ④ 15

해설 내압시험압력 = 상용압력 × 1.5
= 10 × 1.5 = 15[MPa]

82 가스설비의 설치가 완료된 후에 실시하는 내압시험 시 공기를 사용하는 경우 우선 상용압력의 몇 [%]까지 승압하는가?

① 30 ② 40
③ 50 ④ 60

해설 상용압력의 $\frac{1}{2}$(50[%])까지 압력을 올리고 10[%]씩 단계적으로 압력을 올린다.

83 가연성가스를 제조하는 장치를 신설하여 기밀시험을 실시할 때 사용되는 가스가 아닌 것은?

① 공기 ② 산소
③ 질소 ④ 이산화탄소

해설 기밀시험은 산소 외의 공기, 위험성이 없는 기체의 압력에 의하여 실시한다.

84 상용압력이 200[kgf/cm²]인 고압설비의 안전밸브 작동압력은 몇 [kgf/cm²]인가?

① 130[kgf/cm²]
② 240[kgf/cm²]
③ 350[kgf/cm²]
④ 460[kgf/cm²]

해설 안전밸브 작동압력 $= TP \times \frac{8}{10}$

$= (\text{상용압력} \times 1.5) \times \frac{8}{10}$

$= (200 \times 1.5) \times \frac{8}{10} = 240[\text{kgf/cm}^2]$

Answer 80. ① 81. ④ 82. ③ 83. ② 84. ②

85 가스를 사용하려 하는데 밸브에 얼음이 붙었다. 어떻게 조치를 하면 되겠는가?

① 40[℃] 이하의 물수건을 도포
② 80[℃]의 램프로 조치
③ 100[℃]의 뜨거운 물로 도포
④ 성냥불로 조치

해설 40[℃] 이하의 물 또는 열습포를 이용하여 녹인다.

86 고압가스 일반제조의 기술기준 중 에어졸 제조기준에 대한 설명으로 틀린 것은?

① 에어졸은 35[℃]에서 그 용기의 내압이 0.5[MPa] 이하이어야 하고, 에어졸의 용량이 그 용기 내용적의 95[%] 이하일 것
② 내용적이 100[cm^3]를 초과하는 용기는 그 용기의 제조자의 명칭 또는 기호가 표시되어 있을 것
③ 용기의 내용적이 1[L] 이하이어야 하며, 내용적이 100[cm^3]를 초과하는 용기의 재료는 강 또는 경금속을 사용한 것일 것
④ 에어졸의 분사제는 독성가스를 사용하지 아니할 것

해설 에어졸은 35[℃]에서 그 용기의 내압이 0.8[Pa] 이하이어야 하고, 에어졸 용량이 그 용기 내용적의 90[%] 이하일 것

87 인체용 에어졸 제품의 용기에 기재할 사항으로 옳지 않은 것은?

① 특성부위에 계속하여 장시간 사용하지 말 것
② 가능한 한 인체에서 10[cm] 이상 떨어져서 사용할 것
③ 온도가 40[℃] 이상 되는 장소에 보관하지 말 것
④ 불 속에 버리지 말 것

해설 1) 에어졸 용기에 기재할 사항
㉮ 불꽃을 향하여 사용하지 말 것
㉯ 난로, 풍로 등 화기부근에서 사용하지 말 것
㉰ 화기를 사용하고 있는 실내에서 사용하지 말 것
㉱ 온도가 40[℃] 이상의 장소에 보관하지 말 것
㉲ 밀폐된 실내에서 사용한 후에는 반드시 환기를 실시할 것
㉳ 불속에 버리지 말 것
㉴ 사용 후 잔가스가 없도록 하여 버릴 것
㉵ 밀폐된 장소에 보관하지 말 것

2) 인체용 에어졸 제품 용기 기재사항
상기 (1)항 내용 외에 다음 사항을 추가로 기재한다.
㉮ 인체용
㉯ 특정부위에 계속하여 장시간 사용하지 말 것
㉰ 가능한 인체에서 20[cm] 이상 떨어져 사용할 것

88 시안화수소 충전 시 유지해야할 조건 중 틀린 것은?

① 충전 시 농도는 98[%] 이상을 유지한다.
② 안정제는 아황산가스나 황산 등을 사용한다.
③ 저장 시는 1일 2회 이상 염화 제1동 착염지로 누출검사를 한다.
④ 용기에 충전한 후 60일이 경과되기 전에 다른 용기에 충전한다.

해설 가1일 1회 이상 질산구리벤젠 등의 시험지로 누출검사를 실시한다.

89 "용기에 충전한 시안화수소는 충전 후 ( )을 초과하지 아니할 것. 다만, 순도가 ( ) 이상으로서 착색되지 아니한 것에 대하여는 그러하지 아니하다." ( ) 안에 알맞은 것은 어느 것인가?

① 30일, 90[%]　② 30일, 95[%]
③ 60일, 98[%]　④ 60일, 90[%]

Answer 85. ① 86. ① 87. ② 88. ③ 89. ③

해설 시안화수소 충전작업
용기에 충전 연월일을 명기한 표지를 붙이고, 충전 한 후 60일이 경과되기 전에 다른 용기에 옮겨 충전한다. 다만, 순도가 98[%] 이상으로서 착색되지 아니한 것은 다른 용기에 옮겨 충전하지 아니할 수 있다.

90 아세틸렌가스를 2.5[MPa]의 압력으로 압축할 때 사용되는 희석제가 아닌 것은?

① 질소 ② 메탄
③ 일산화탄소 ④ 아세톤

해설 희석제의 종류
㉮ 안전관리 규정에 정한 것 : 질소, 메탄, 일산화탄소, 에틸렌
㉯ 희석제로 사용 가능한 것 : 수소, 프로판, 이산화탄소

91 습식 아세틸렌가스 발생기의 표면은 몇 [℃] 이하로 유지해야 하는가?

① 7[℃] ② 20[℃]
③ 50[℃] ④ 70[℃]

해설 습식 아세틸렌 발생기의 표면은 70[℃] 이하의 온도로 유지하고, 그 부근에서는 불꽃이 튀는 작업을 하지 아니한다.

92 아세틸렌을 용기에 충전 시 미리 용기에 다공질물을 고루 채운 후 침윤 및 충전을 해야 하는데 이때 다공도는 얼마로 해야 하는가?

① 75[%] 이상 92[%] 미만
② 70[%] 이상 95[%] 미만
③ 62[%] 이상 75[%] 미만
④ 92[%] 이상

해설 다공도 기준 : 75[%] 이상 92[%] 미만

93 아세틸렌 충전작업의 기준에 대한 설명 중 틀린 것은?

① 아세틸렌을 2.5[MPa]의 압력으로 압축하는 때에는 질소, 메탄, 일산화탄소 또는 에틸렌 등의 희석제를 첨가한다.
② 습식 아세틸렌발생기의 표면은 70[℃] 이하의 온도를 유지하고, 그 부근에서는 불꽃이 튀는 작업을 하지 아니한다.
③ 아세틸렌을 용기에 충전하는 때에는 미리 용기에 다공질물을 고루 채워 다공도가 75[%] 이상 92[%] 미만이 되도록 한 후 아세톤 또는 디메틸포름아미드를 고루 침윤시키고 충전한다.
④ 아세틸렌을 용기에 충전하는 때의 충전 중의 압력은 1.5[MPa] 이하로 하고, 충전 후에는 압력이 15[℃]에서 1.0[MPa] 이하로 될 때까지 정치하여 둔다.

해설 아세틸렌 용기 압력
㉮ 충전 중의 압력 : 온도에 관계없이 2.5[MPa] 이하
㉯ 충전 후의 압력 : 15[℃]에서 1.5[MPa] 이하

94 아세틸렌에 대한 설명으로 옳은 것은?

① 아세틸렌에 접촉하는 부분에 사용되는 재료 중 동 또는 동 함유량이 52[%]를 초과하는 동합금을 사용하지 아니한다.
② 아세틸렌의 충전용 교체밸브는 충전하는 장소에서 격리하여 설치한다.
③ 아세틸렌을 1.5[MPa]의 압력으로 압축하는 때에는 아황산가스를 희석제로 첨가한다.
④ 아세틸렌 중의 산소용량이 전체용량의 4[%] 이상인 경우에는 압축하지 아니한다.

Answer 90. ④ 91. ④ 92. ① 93. ④ 94. ②

해설 각 항목의 옳은 설명

① 아세틸렌에 접촉하는 부분에 사용되는 재료 중 동 또는 동 함유량이 62[%]를 초과하는 동합금을 사용하지 아니한다.
③ 아세틸렌을 2.5[MPa] 압력으로 압축하는 때에는 질소, 메탄, 일산화탄소, 에틸렌 등의 희석제를 첨가한다.
④ 아세틸렌 중의 산소용량이 전체용량의 2[%] 이상인 경우에는 압축하지 아니한다.

95 산소 또는 천연메탄을 수송하기 위한 배관과 이에 접속하는 압축기와의 사이에 반드시 설치하여야 하는 것은?

① 표시판 ② 압력계
③ 수취기 ④ 안전밸브

해설 수취기(drain separator 또는 수분리기)를 설치하여 가스 중의 수분을 제거한다.

96 산화에틸렌의 저장탱크 및 충전용기에는 45[℃]에서 그 내부 가스의 압력이 얼마 이상이 되도록 질소가스를 충전하는가?

① 0.2 [MPa]
② 0.4 [MPa]
③ 1 [MPa]
④ 2 [MPa]

해설 산화에틸렌(C_2H_4O)의 충전 기준

㉮ 산화에틸렌 저장탱크는 질소가스 또는 탄산가스로 치환하고 5[℃] 이하로 유지한다.
㉯ 산화에틸렌 용기에 충전 시에는 질소 또는 탄산가스로 치환한 후 산 또는 알칼리를 함유하지 않는 상태로 충전한다.
㉰ 산화에틸렌 저장탱크는 45[℃]에서 내부압력이 0.4[MPa] 이상이 되도록 질소 또는 탄산가스를 충전한다.

97 고압가스 제조 시 안전관리에 대한 설명으로 틀린 것은?

① 산소를 용기에 충전할 때에는 용기 내부에 유지류를 제거하고 충전한다.
② 시안화수소의 안정제로 아황산을 사용한다.
③ 산화에틸렌을 충전 시에는 산 및 알칼리로 세척한 후 충전한다.
④ 아세틸렌 중 산소의 용량이 전체 용량의 2[%] 이상이 경우에는 압축하지 아니한다.

해설 산화에틸렌을 저장탱크 또는 용기에 충전하는 때에는 미리 그 내부가스를 질소가스 또는 탄산가스로 바꾼 후에 산 또는 알칼리를 함유하지 아니하는 상태로 충전한다.

98 고압가스를 제조할 때 압축하면 안 되는 가스는?

① 가연성가스(아세틸렌, 에틸렌, 수소 제외) 중 산소 용량이 전 용량의 5[%]인 것
② 산소 중 가연성가스의 용량이 전 용량의 3[%]인 것
③ 아세틸렌, 에틸렌 또는 수소 중의 산소 용량이 전 용량의 1[%]인 것
④ 산소 중의 아세틸렌, 에틸렌 및 수소의 용량 합계가 전 용량의 1[%]인 것

해설 고압가스 제조 시 압축금지

㉮ 가연성가스 중 산소 용량이 전 용량의 4[%] 이상(단, 아세틸렌, 에틸렌, 수소 제외)
㉯ 산소 중 가연성가스의 용량이 전 용량의 4[%] 이상(단, 아세틸렌, 에틸렌, 수소 제외)
㉰ 아세틸렌, 에틸렌, 수소 중 산소 용량이 전 용량의 2[%] 이상
㉱ 산소 중 아세틸렌, 에틸렌 수소의 용량 합계가 전 용량의 2[%] 이상

Answer 95. ③ 96. ② 97. ③ 98. ①

99 액화산소 5[L]를 기준했을 때 다음 중 어느 경우에 공기액화 분리기의 운전을 중지하고 액화산소를 방출해야 하는가?

① 탄화수소의 탄소의 질량이 500[mg]을 넘을 때
② 탄화수소의 탄소의 질량이 50[mg]을 넘을 때
③ 아세틸렌이 2[mg]을 넘을 때
④ 아세틸렌이 0.2[mg]을 넘을 때

해설 공기액화 분리기에 설치된 액화산소 5[L] 중 아세틸렌 질량이 5[mg], 탄화수소의 탄소의 질량이 500[mg]을 넘을 때에는 운전을 중지하고 액화산소를 방출시킬 것

100 공기액화 분리장치 액화 산소통 내의 액화산소 30[L] 중에 메탄이 1000[mg], 아세틸렌이 50[mg]이 섞여 있을 때의 조치로서 옳은 것은?

① 안전하므로 계속 운전한다.
② 운전을 계속하면서 액화산소를 방출한다.
③ 극히 위험한 상태이므로 즉시 희석제를 첨가한다.
④ 즉시 운전을 중지하고, 액화산소를 방출한다.

해설 액화산소 5[L] 중 아세틸렌 및 탄화수소 중 탄소의 질량 계산

㉮ 아세틸렌(C_2H_2) 질량 계산

$$\therefore C_2H_2\text{질량} = \frac{C_2H_2\text{량}}{\text{액산의 기준량 대비 배수}} = \frac{50}{\frac{30}{5}} = 8.33[\text{mg}]$$

㉯ 탄화수소의 탄소(C) 질량 계산

$$\therefore \text{탄소 질량} = \frac{\frac{\text{탄화수소 중 탄소질량}}{\text{탄화수소의 분자량}} \times \text{탄화수소 량}}{\text{액산의 기준량 대비 배수}} = \frac{\frac{12}{16} \times 1000}{\frac{30}{5}} = 125[\text{mg}]$$

㉰ 판정 : 액화산소 5[L] 중 아세틸렌 질량이 5[mg]을 넘으므로 운전을 중지하고, 액화산소를 방출하여야 한다.

101 산소, 수소, 아세틸렌을 제조하는 경우에 실시하는 품질검사에 대한 설명 중 틀린 것은?

① 검사는 안전관리원이 실시한다.
② 검사는 1일 1회 이상 가스제조장에서 실시한다.
③ 액체산소를 기화시켜 용기에 충전하는 경우에는 품질검사를 생략할 수 있다.
④ 산소는 용기 안의 가스충전압력이 35[℃]에서 11.8[MPa] 이상으로 한다.

해설 품질검사는 1일 1회 이상 가스제조장에서 안전관리책임자가 실시하고, 안전관리 부총괄자와 안전관리책임자가 확인 서명한다.

102 가스에 대한 품질검사 기준으로 옳은 것은?

① 산소는 발연황산시약을 사용한 오르사트법에 의한 시험에서 순도가 98[%] 이상이고, 용기 내의 가스 충전압력이 35[℃]에서 11.8[MPa] 이상일 것
② 수소는 하이드로설파이드 시약을 사용한 오르사트법에 의한 시험에서 99.5[%] 이상일 것
③ 아세틸렌은 브롬시약을 사용한 뷰렛법에 의한 시험에서 순도가 98[%] 이상이고, 질산은 시약을 사용한 정성시험에서 합격한 것일 것

Answer 99. ① 100. ④ 101. ① 102. ③

④ 산소는 동·암모니아 시약을 사용한 오르사트법에 의한 시험에서 순도가 98.5[%] 이상이고, 용기 내의 가스충전압력이 35[℃]에서 11.8[MPa] 이상일 것

해설 품질검사 기준

구 분	시 약	검사법	순 도
산소	동·암모니아	오르사트법	99.5[%] 이상
수소	피로갈롤 하이드로설파이드	오르사트법	98.5[%] 이상
아세틸렌	발연황산	오르사트법	98[%] 이상
	브롬시약	뷰렛법	
	질산은	정성시험	

103 운전 중인 제조설비에 대한 일일점검 항목이 아닌 것은?

① 회전기계의 진동, 이상음, 이상온도상승
② 인터록의 작동
③ 제조설비 등으로부터의 누출
④ 제조설비의 조업조건의 변동 상황

해설 인터록의 점검 : 사용개시 전 점검사항

104 고압가스 설비에 장치하는 압력계의 최고눈금은?

① 내압시험 압력의 1배 이상 2배 이하이다.
② 상용압력의 1.5배 이상 2배 이하이다.
③ 상용압력의 2배 이상 3배 이하이다.
④ 내압시험 압력의 1.5배 이상 2배 이하이다.

해설 압력계의 최고눈금범위는 상용압력의 1.5배 이상 2배 이하이다.

105 고압가스 충전시설의 안전밸브 중 압축기의 최종단에 설치한 것은 내압시험 압력의 8/10 이하의 압력에서 작동될 수 있도록 조정을 몇 년에 몇 회 이상 실시하여야 하는가?

① 2년에 1회 이상 ② 1년에 1회 이상
③ 1년에 2회 이상 ④ 2년에 3회 이상

해설 안전밸브 점검주기
㉮ 압축기 최종단에 설치한 것 : 1년에 1회 이상
㉯ 그 밖의 것 : 2년에 1회 이상

106 안전밸브에 설치하는 가스방출관의 방출구 설치 위치가 올바른 것은?

① 저장탱크의 정상부에서 1[m] 또는 지면에서 2.5[m] 중 높은 위치 이상
② 저장탱크의 정상부에서 2[m] 또는 지면에서 5[m] 중 높은 위치 이상
③ 저장탱크의 정상부에서 3[m] 또는 지면에서 10[m] 중 높은 위치 이상
④ 저장탱크의 정상부에서 4[m] 또는 지면에서 20[m] 중 높은 위치 이상

해설 저장탱크 안전밸브 방출관 방출구 위치
㉮ 지상 설치 : 지면에서 5[m] 또는 저장탱크 정상부로부터 2[m] 높이 중 높은 위치
㉯ 지하 설치 : 지면에서 5[m] 이상

107 저장탱크에 설치한 안전밸브에는 지면에서 5[m] 이상의 높이에 방출구에 있는 무엇을 설치해야 하는가?

① 가스홀더 ② 역류방지밸브
③ 가스방출관 ④ 드레인 세퍼레이터

해설 저장탱크에 설치한 안전밸브 가스방출관은 지면에서 5[m] 또는 저장탱크 정상부에서 2[m] 중 높은 위치에 설치한다.

Answer 103. ② 104. ② 105. ② 106. ② 107. ③

108 LP가스의 저장설비나 가스설비를 수리 또는 청소 할 때 내부의 LP가스를 질소 또는 물 등으로 치환하고, 치환에 사용된 가스나 액체를 공기로 재 치환하여야 하는데, 이 때 공기에 의한 재 치환 결과가 산소농도 측정기로 측정하여 산소의 농도가 얼마의 범위 내에 있을 때까지 공기로 치환하여야 하는가?

① 4~6[%] ② 7~11[%]
③ 12~16[%] ④ 18~22[%]

해설 **치환농도**
㉮ 가연성가스 : 폭발하한값의 1/4 이하
㉯ 독성가스 : TLV-TWA 기준농도 이하
㉰ 산소 : 22[%] 이하
㉱ 작업원이 작업할 때의 산소농도 : 18~22[%]

109 고압가스 탱크의 수리를 위하여 내부 가스를 배출하고, 불활성가스로 치환한 후 다시 공기로 치환하여 분석하였더니 분석결과가 아래와 같았을 때 안전작업 조건에 해당하는 것은?

① 산소 30[%]
② 수소 10[%]
③ 일산화탄소 200[ppm]
④ 질소 80[%], 나머지 산소

해설 1) 가스설비 치환농도 기준
㉮ 가연성가스 : 폭발하한계의 1/4 이하(25[%] 이하)
㉯ 독성가스 : TLV-TWA 기준농도 이하
㉰ 산소 : 22[%] 이하
㉱ 위 시설에 작업원이 들어가는 경우 산소농도 : 18~22[%]
2) 산소는 22[%] 이하에 도달하지 않았고, 수소의 폭발범위는 4~75[%] 이므로 치환농도는 1[%] 이하가 되어야 한다. 일산화탄소는 독성가스(TLV-TWA 50[ppm])이므로 안전작업 조건에 해당하는 것은 ④번 항이 해당된다.

110 가연성가스 또는 독성가스의 설비 등의 수리를 할 때에는 그 내부의 가스를 불활성가스 등으로 치환하여야 한다. 가스설비의 내용적이 몇 [m^3] 이하인 것에 대하여는 가스치환작업을 아니할 수 있는가?

① 0.5 ② 1
③ 3 ④ 5

해설 가스설비 내를 대기압 이하까지 가스치환을 생략할 수 있는 경우
㉮ 당해 가스설비의 내용적이 1[m^3] 이하인 것
㉯ 출입구의 밸브가 확실히 폐지되어 있고 내용적이 5[m^3] 이상의 가스설비에 이르는 사이에 2개 이상의 밸브를 설치한 것
㉰ 사람이 그 설비의 밖에서 작업하는 것
㉱ 화기를 사용하지 아니하는 작업인 것
㉲ 설비의 간단한 청소 또는 가스켓의 교환 그 밖에 이들에 준하는 경미한 작업인 것

111 고압가스 제조설비의 가스설비 점검 중 사용개시 전 점검사항이 아닌 것은?

① 가스설비 전반에 대한 부식, 마모, 손상 유무
② 독성가스가 체류하기 쉬운 곳의 해당가스 농도
③ 각 배관계통에 부착된 밸브 등의 개폐상황
④ 가스설비의 전반적인 누출 유무

해설 **제조설비 등의 사용개시 전 점검사항**
㉮ 제조설비 등에 있는 내용물 상황
㉯ 계기류 및 인터록(inter lock)의 기능, 긴급용 시퀀스, 경보 및 자동제어장치의 기능
㉰ 긴급차단 및 긴급방출장치, 통신설비, 제어설비, 정전기방지 및 제거설비 그 밖에 안전설비 기능
㉱ 각 배관계통에 부착된 밸브 등의 개폐상황 및 맹판의 탈착, 부착 상황

Answer 108. ④ 109. ④ 110. ② 111. ①

㉮ 회전기계의 윤활유 보급상황 및 회전구동 상황
㉯ 제조설비 등 당해 설비의 전반적인 누출 유무
㉰ 가연성가스 및 독성가스가 체류하기 쉬운 곳의 당해 가스농도
㉱ 전기, 물, 증기, 공기 등 유틸리티시설의 준비상황
㉲ 안전용 불활성가스 등의 준비상황
㉳ 비상전력 등의 준비상황
㉴ 그 밖에 필요한 사항의 이상 유무
※ ①번 항목은 종료 시 점검사항에 해당

112 냉매설비에 사용하는 재료에 대한 설명으로 옳지 않은 것은?

① 암모니아에는 동 및 동합금을 사용하지 못한다.
② 항상 물에 접촉되는 부분에는 60[%]를 넘는 알루미늄을 함유한 합금을 사용하지 못한다.
③ 염화메탄에는 알루미늄합금을 사용하지 못한다.
④ 프레온에는 2[%]를 넘는 마그네슘을 함유한 알루미늄합금을 사용하지 못한다.

해설 냉매설비에 사용금속 제한
㉮ 암모니아 : 동 및 동합금(단, 동함유량 62[%] 미만 사용가능)
㉯ 염화메탄 : 알루미늄합금
㉰ 프레온 : 2[%]를 넘는 Mg을 함유한 Al합금
㉱ 항상 물에 접촉되는 부분 : 순도 99.7[%] 미만 알루미늄 사용 금지 (단, 적절한 내식처리 시 사용 가능)

113 고압가스 냉동제조시설의 냉매설비와 이격거리를 두어야 할 화기설비의 분류 기준으로 맞지 않는 것은?

① 제1종 화기설비 : 전열면적이 14[m^2]를 초과하는 온수보일러
② 제2종 화기설비 : 전열면적이 8[m^2] 초과, 14[m^2] 이하인 온수보일러
③ 제3종 화기설비 : 전열면적이 10[m^2] 이하인 온수보일러
④ 제1종 화기설비 : 정격 열출력이 50만[kcal/h]를 초과하는 화기설비

해설 냉동제조시설의 화기설비의 종류

화기설비의 종류	기준 화력
제1종 화기설비	– 전열면적이 14[m^2]를 초과하는 온수보일러 – 정격 열출력이 50만[kcal/h]를 초과하는 화기설비
제2종 화기설비	– 전열면적이 8[m^2] 초과 14[m^2] 이하인 온수보일러 – 정격 열출력이 30만[kcal/h] 초과 50만[kcal/h] 이하인 화기설비
제3종 화기설비	– 전열면적이 8[m^2] 이하인 온수보일러 – 정격 열출력이 30만[kcal/h] 이하인 화기설비

114 냉동능력 25[RT]인 냉매설비와 화기설비의 이격거리의 기준으로 틀린 것은? (단, 냉매는 불연성가스이다.)

① 내화 방열벽을 설치하지 않은 경우 제1종 화기설비와 5[m] 이상 이격거리를 두어야 한다.
② 내화 방열벽을 설치하지 않은 경우 제2종 화기설비와 4[m] 이상 이격거리를 두어야 한다.
③ 내화 방열벽을 설치한 경우 제2종 화기설비와 1[m] 이상 이격거리를 두어야 한다.
④ 내화 방열벽을 설치한 경우 제1종 화기설비와 2[m] 이상 이격거리를 두어야 한다.

Answer 112. ② 113. ③ 114. ③

해설 냉매설비와 화기설비의 이격거리 : 냉매가 불연성인 경우

화기 설비의 종류	내화 방열벽 설치 조건	이격거리[m]	
		20[RT] 이상	20[RT] 미만
제1종 화기 설비	설치하지 않은 경우	5	1.5
	설치한 경우 또는 온도 과상승 방지조치를 한 경우	2	0.8
제2종 화기 설비	설치하지 않은 경우	4	1
	설치한 경우 또는 온도 과상승 방지조치를 한 경우	2	0.5
제3종 화기 설비	설치하지 않은 경우	1	–

※ 온도 과상승 방지조치 : 내구성이 있는 불연재료로 간극 없이 피복함으로써 화기의 영향을 감소시켜 그 표면의 온도가 화기가 없는 경우의 온도보다 10[℃] 이상 상승하지 아니하도록 하는 조치

115 **고압가스 냉동제조의 시설 및 기술기준에 대한 설명 중 틀린 것은?**

① 냉동제조시설 중 냉매설비에는 자동제어장치를 설치한다.
② 가연성가스를 냉매로 사용하는 수액기의 경우에는 환형유리관 액면계를 사용한다.
③ 냉매설비의 안전을 확보하기 위하여 압력계를 설치한다.
④ 압축기 최종단에 설치된 안전밸브는 1년에 1회 이상 점검을 실시한다.

해설 가연성가스 또는 독성가스를 냉매로 사용하는 수액기에 설치하는 액면계는 환형유리관 액면계 외의 것을 사용하여야 한다.

116 **고압가스 냉동제조의 시설 및 기술기준에 대한 설명으로 틀린 것은?**

① 냉매설비에는 긴급사태가 발생하는 것을 방지하기 위하여 자동제어장치를 설치할 것
② 독성가스를 사용하는 내용적이 1만[L] 이상인 수액기 주위에는 액상의 가스가 누출될 경우에 그 유출을 방지하기 위한 조치를 마련할 것
③ 안전밸브 또는 방출밸브에 설치된 스톱밸브는 그 밸브의 수리 등을 위하여 특별히 필요한 때를 제외하고는 항상 닫아둘 것
④ 냉매설비에는 그 설비 안의 압력이 사용압력을 초과하는 경우 즉시 그 압력을 사용압력 이하로 되돌릴 수 있는 안전장치를 설치할 것

해설 안전밸브 또는 방출밸브에 설치된 스톱밸브는 항상 완전히 열어 놓는다. 다만, 안전밸브 또는 방출밸브의 수리 등을 위하여 특히 필요한 경우에는 열어 놓지 아니할 수 있다.

117 **독성가스를 사용하는 냉매설비를 설치한 곳에는 냉동능력 얼마 이상의 면적을 갖는 환기구를 직접 외기에 닿도록 설치하여야 하는가?**

① 0.05 [m^2/ton]
② 0.1 [m^2/ton]
③ 0.5 [m^2/ton]
④ 1.0 [m^2/ton]

해설 냉동제조시설 환기능력
㉮ 통풍구 크기 : 냉동능력 1톤당 0.05[m^2] 이상
㉯ 기계 통풍장치 : 냉동능력 1톤당 2[m^3/분] 이상

Answer 115. ② 116. ③ 117. ①

118 고압가스 냉동제조시설의 검사기준 중 내압 및 기밀시험에 대한 설명으로 틀린 것은?

① 내압시험은 설계압력의 1.5배 이상의 압력으로 한다.
② 내압시험에 사용하는 압력계는 문자판의 크기가 75[mm] 이상으로서 그 최고눈금은 내압시험압력의 1.5배 이상 2배 이하로 한다.
③ 기밀시험압력은 상용압력 이상의 압력으로 한다.
④ 시험할 부분의 용적이 5[m^3]인 것의 기밀시험의 유지시간은 480분이다.

해설 냉동제조시설의 내압시험 및 기밀시험 기준
㉮ 내압시험 : 설계압력의 1.5배 이상의 압력
㉯ 기밀시험 : 설계압력 이상(산소 사용 금지) - 기밀시험을 공기로 할 때 140[℃] 이하 유지

119 용기 보관장소에 대한 설명으로 옳지 않은 것은?

① 외부에서 보기 쉬운 곳에 경계표시를 설치할 것
② 지붕은 쉽게 연소될 수 있는 가연성 재료를 사용할 것
③ 가스가 누출된 때에 체류하지 아니하도록 할 것
④ 독성가스인 경우에는 흡입장치와 연동시켜 중화설비에 이송시키는 설비를 갖출 것

해설 고압가스 판매소의 충전용기 보관실은 불연재료를 사용하고 불연성의 재료 또는 난연성의 재료를 사용한 가벼운 지붕을 설치할 것

120 고압가스 용기 보관의 기준에 대한 설명으로 틀린 것은?

① 용기 보관장소 주위 2[m] 이내에는 화기를 두지 말 것
② 가연성가스, 독성가스 및 산소의 용기는 각각 구분하여 용기 보관장소에 놓을 것
③ 가연성가스를 저장하는 곳에는 방폭형 휴대용 손전등 외의 등화를 휴대하지 말 것
④ 충전용기와 잔가스용기는 서로 단단히 결속하여 넘어지지 않도록 할 것

해설 충전용기와 잔가스용기는 각각 구분하여 보관하여야 한다.

121 다음 중 같은 저장실에 혼합 저장이 가능한 것은?

① 수소와 염소가스
② 수소와 산소
③ 아세틸렌가스와 산소
④ 수소와 질소

해설 가연성가스, 독성가스 및 산소의 용기는 각각 구분하여 용기 보관장소에 놓아야 한다.

122 고압가스 일반제조시설에서 밸브가 돌출한 충전용기에는 충전한 후 넘어짐 방지조치를 하지 않아도 되는 용량은 내용적 몇 [L] 미만인가?

① 5　　② 10
③ 20　　④ 50

해설 내용적 5[L] 미만의 충전용기는 넘어짐 방지조치에서 제외된다.

Answer 118. ③ 119. ② 120. ④ 121. ④ 122. ①

123 고압가스 판매소에서 보관할 수 있는 고압가스 용적이 몇 [m^3] 이상이면 보관실의 외면으로부터 보호시설까지 안전거리를 유지하여야 하는가?

① 30 ② 50
③ 100 ④ 300

해설 고압가스 판매소에서 고압가스 용기의 보관실 중 보관할 수 있는 고압가스의 용적이 300[m^3](액화가스는 3[톤])을 넘는 보관실은 그 외면으로부터 보호시설과의 안전거리를 유지한다.

124 고압가스판매 허가를 득하여 사업을 하려는 경우 각각의 용기보관실 면적은 몇 [m^2] 이상이어야 하는가?

① 7 ② 10
③ 12 ④ 15

해설 고압가스판매 사업
㉮ 용기보관실 면적 : 10[m^2] 이상
㉯ 사무실 면적 : 9[m^2] 이상

125 고압가스 제조자는 용기에 가스를 충전하기 전에 용기에 대한 안전점검을 실시하여야 하는데 다음 중 점검기준이 아닌 것은?

① 용기는 도색이 되어 있는지 확인
② 재검사 기간의 도래 여부 확인
③ 용기 밸브로부터의 누출 여부 확인
④ 밸브의 그랜드너트는 고정핀 등으로 이탈방지 조치되어 있는지 확인

해설 ③번 항은 충전 후의 점검사항이다.

126 특정고압가스에 해당하지 않는 것은?

① 이산화탄소 ② 수소
③ 산소 ④ 천연가스

해설 특정고압가스의 종류 : 수소, 산소, 액화암모니아, 아세틸렌, 액화염소, 천연가스, 압축모노실란, 압축디보란, 액화알진 그 밖에 대통령령이 정하는 고압가스

127 특정고압가스 사용시설 중 고압가스의 저장량이 몇 [kg] 이상인 용기보관실의 벽을 방호벽으로 설치하여야 하는가?

① 100 ② 200
③ 300 ④ 500

해설 특정고압가스 사용시설 시설기준
㉮ 안전거리 유지 : 저장능력 500[kg] 이상인 액화염소 사용시설
㉯ 방호벽 설치 : 저장능력 300[kg] 이상인 용기보관실
㉰ 안전밸브 설치 : 저장능력 300[kg] 이상인 용기 접합장치가 설치된 곳
㉱ 화기와의 거리
ⓐ 가연성가스 저장설비, 기화장치 : 8[m] 이상
ⓑ 산소 저장설비 : 5[m] 이상
㉲ 역화방지장치 설치 : 수소화염, 산소-아세틸렌 화염을 사용하는 시설

128 특정고압가스 사용시설에서 독성가스의 감압설비와 그 가스의 반응설비간의 배관에 반드시 설치하여야 하는 장치는?

① 역류방지장치
② 화염방지장치
③ 독성가스 흡수장치
④ 안전밸브

Answer 123. ④ 124. ② 125. ③ 126. ① 127. ③ 128. ①

해설 특정고압가스 사용시설의 독성가스의 감압설비와 그 가스의 반응설비간의 배관에는 긴급 시 가스가 역류되는 것을 효과적으로 차단할 수 있는 역류방지장치를 설치한다.

129 고압가스 용기제조의 기술기준 중 용기 재료로서 옳은 것은? (단, 이음매 없는 용기는 제외한다.)

① 스테인리스강, 알루미늄합금 및 탄소, 인 및 황의 함유량이 각각 0.33[%], 0.04[%] 및 0.05[%] 이하의 강 등을 사용한다.
② 스테인리스강, 알루미늄합금 및 탄소, 인 및 황의 함유량이 각각 0.35[%] 이상을 사용한다.
③ 스테인리스강, 알루미늄합금 및 탄소, 인 및 황의 함유량이 각각 3.3[%] 이상, 0.04[%] 이상 및 0.05[%] 이상의 강 등을 사용한다.
④ 스테인리스강, 알루미늄합금 및 탄소, 인 및 황의 함유량이 각각 0.33[%], 0.04[%] 및 5[%] 이하의 강 등을 사용한다.

해설 **용기재료의 제한** : 고압가스 용기 재료는 스테인리스강, 알루미늄합금 및 탄소, 인, 황의 함유량이 각각 0.33[%] 이하(이음매 없는 용기 0.55[%] 이하), 0.04[%] 이하, 0.05[%] 이하인 강 또는 이와 동등 이상의 기계적 성질 및 가공성 등을 갖는 것으로 할 것

130 고압가스 용기에 사용되는 강의 성분 원소 중 탄소, 인, 황, 규소의 작용에 대한 설명을 틀리게 기술한 것은?

① 탄소량이 증가하면 인장강도는 증가한다.
② 황은 적열취성의 원인이 된다.
③ 인은 상온취성의 원인이 된다.
④ 규소량이 증가하면 충격치는 증가한다.

해설 규소(Si)의 영향
유동성이 증가하나, 단접성 및 냉간가공성을 나쁘게 하며 충격치가 낮아진다.

131 상용압력 5[MPa]로 사용하는 안지름 65[cm]의 용접재 원통형 고압가스 설비 동판의 두께는 최소한 얼마가 필요한가? (단, 재료는 인장강도 600[N/mm^2]의 강을 사용하고, 용접효율은 0.75, 부식여유는 2[mm]로 한다.)

① 11[mm] ② 14[mm]
③ 17[mm] ④ 20[mm]

해설 $t = \dfrac{PD}{2S\eta - 1.2P} + C$

$= \dfrac{5 \times 650}{2 \times 600 \times \dfrac{1}{4} \times 0.75 - 1.2 \times 5} + 2$

$= 16.94[\text{mm}]$

※ $\text{허용응력}(S) = \dfrac{\text{인장강도}}{\text{안전율}}$ 이며

안전율은 언급이 없으면 "4"를 적용한다.

132 내용적 100[L]인 염소용기 제조 시 부식여유는 몇 [mm] 이상 주어야 하는가?

① 1 ② 2
③ 3 ④ 5

해설 부식여유 수치

용기의 종류		부식여유 수치
암모니아 충전용기	내용적 1000[L] 이하	1[mm]
	내용적 1000[L] 초과	2[mm]
염소 충전용기	내용적 1000[L] 이하	3[mm]
	내용적 1000[L] 초과	5[mm]

Answer 129. ① 130. ④ 131. ③ 132. ③

133 **고압가스용 이음매 없는 용기 제조 시 부식 방지도장을 실시하기 전에 도장효과를 향상시키기 위하여 실시하는 처리가 아닌 것은?**

① 피막화성처리 ② 쇼트브라스팅
③ 포토에칭 ④ 에칭 프라이머

해설 **용기 전처리 방법의 종류**
㉮ 탈지
㉯ 피막화성처리
㉰ 산세척
㉱ 쇼트 브라스팅
㉲ 에칭 프라이머

134 **재충전 금지용기는 그 용기의 안전을 확보하기위하여 기준에 적합하여야 한다. 그 기준으로 틀린 것은?**

① 용기와 용기 부속품을 분리할 수 없는 구조일 것
② 최고충전압력[MPa]의 수치와 내용적[L]의 수치를 곱한 값이 100 이하일 것
③ 최고충전압력이 22.5[MPa] 이하이고 내용적이 15[L] 이하일 것
④ 최고충전압력이 3.5[MPa] 이상인 경우에는 내용적이 5[L] 이하일 것

해설 **재충전 금지용기 구조 및 치수 기준** : ①, ②, ④ 외
㉮ 용기 몸통에는 용기에 부착하는 부속품 및 부속물이 없는 구조로 한다.
㉯ 개구부 및 보강부는 용기의 길이방향 축을 중심으로 하여 용기의 바깥지름의 80[%]를 직경으로 하는 원의 안쪽에 있는 구조로 한다.
㉰ 개구부의 수평면은 용기의 길이방향 축에 대하여 수직인 구조로 한다. 다만, 용기 본체에 용접된 파열판식 안전장치는 그러하지 아니하다.
㉱ 용기 부속품은 밸브 핸들이 부착되어 있거나 전용 개폐 기구를 사용하여 개폐하는 구조로 한다.
㉲ 최고충전압력이 22.5[MPa] 이하이고 내용적이 25[L] 이하로 한다.
㉳ 납붙임 부분은 용기 몸체 두께의 4배 이상의 길이로 한다.

135 **고압가스 용기의 검사방법이다. 초저온용기 신규검사 항목에 해당되지 않는 것은?**

① 외관검사
② 용접부에 대한 방사선 검사
③ 단열성능시험
④ 다공도시험

해설 **초저온용기의 신규검사 항목** : 외관검사, 인장시험, 압궤시험, 용접부에 관한 이음매 인장시험 · 안내 굽힘시험 · 측면 굽힘시험 · 이면 굽힘시험 · 용착금속 인장시험 · 충격시험 · 방사선 검사, 내압시험, 기밀시험, 단열성능시험
※ 다공도 시험 : 아세틸렌 용기 신규검사 항목

136 **고압가스 안전관리법에서 정한 500[L] 이상의 이음매 없는 용기의 재검사 주기는?**

① 1년 마다 ② 2년 마다
③ 3년 마다 ④ 5년 마다

해설 **용기의 재검사 주기**

구 분		15년 미만	15년 이상 20년 미만	20년 이상
용접용기 (LPG 용접용기 제외)	500[L] 이상	5년	2년	1년
	500[L] 미만	3년	2년	1년
LPG용 용접용기	500[L] 이상	5년	2년	1년
	500[L] 미만	5년		2년
이음매 없는 용기	500[L] 이상	5년		
	500[L] 미만	신규검사 후 경과 년수가 10년 이하인 것은 5년, 10년을 초과한 것은 3년 마다		

Answer 133. ③ 134. ③ 135. ④ 136. ④

137 내용적 50[L]의 용기에 수압 30[kgf/cm^2]를 가해 내압시험을 하였다. 이 경우 30[kgf/cm^2]의 수압을 걸었을 때 용기의 용적이 50.5[L]로 늘어났고 압력을 제거하여 대기압으로 하니 용기용적은 50.025[L]로 되었다. 항구증가율은 얼마인가?

① 0.3[%] ② 0.5[%]
③ 3[%] ④ 5[%]

해설 항구증가율 $= \dfrac{\text{항구증가량}}{\text{전증가량}} \times 100$

$= \dfrac{50.025 - 50}{50.5 - 50} \times 100$

$= 5[\%]$

138 고압가스 용기를 내압시험한 결과 전증가량은 400[cc], 영구증가량이 20[cc]이다. 영구증가율은 얼마인가?

① 0.2[%] ② 0.5[%]
③ 20[%] ④ 5[%]

해설 영구증가율 $= \dfrac{\text{영구증가량}}{\text{전증가량}} \times 100$

$= \dfrac{20}{400} \times 100 = 5[\%]$

139 내압시험에 합격하려면 용기의 전증가량이 500[cc]일 때 영구증가량은 얼마인가? (단, 이음매 없는 용기이며 신규검사이다.)

① 80[cc] 이하 ② 50[cc] 이하
③ 60[cc] 이하 ④ 70[cc] 이하

해설 영구증가율 $= \dfrac{\text{영구증가량}}{\text{전증가량}} \times 100$에서 용기의 내압시험은 영구증가율 최대값이 10[%] 이하가 합격기준이다.

∴ 영구증가량 = 전증가량 × 영구증가율
$= 500 \times 0.1 = 50[\text{cc}]$

140 초저온 용기의 단열성능시험에 대한 설명으로 옳은 것은?

① 기화량은 저울 또는 유량계를 사용하여 측정한다.
② 100개의 용기 기준으로 10개를 샘플링하여 검사한다.
③ 검사에 부적합된 용기는 전량 폐기한다.
④ 시험용 가스는 액화 프로판을 사용하여 실시한다.

해설 초저온 용기의 단열성능시험

㉮ 용기의 단열성능시험은 그 용기의 전수에 대하여 실시한다.
㉯ 단열성능시험은 액화질소, 액화산소 또는 액화아르곤(시험용 가스라 함)을 사용한다.
㉰ 용기에 시험용 가스를 충전하고 기상부에 접속된 가스방출밸브를 완전히 열고 다른 모든 밸브는 잠그며, 초저온 용기에서 가스를 대기 중으로 방출하여 기화 가스량이 거의 일정하게 될 때까지 정지한 후 가스방출밸브에서 방출된 기화량을 중량계(저울) 또는 유량계를 사용하여 측정한다.
㉱ 시험용 가스의 충전량은 충전한 후 기화 가스량이 거의 일정하게 되었을 때 시험용 가스의 용적이 초저온 용기 내용적의 1/3 이상 1/2 이하가 되도록 충전한다.
㉲ 침입열량이 0.0005[kcal/h·℃·L](내용적이 1000[L] 이상인 초저온 용기는 0.002[kcal/h·℃·L]) 이하인 경우를 적합한 것으로 한다.
㉳ 단열성능검사에 부적합된 초저온 용기는 단열재를 교체하여 재시험을 행할 수 있다.

141 초저온 용기의 단열성능시험용으로 사용하지 않는 가스는?

① 액화아르곤 ② 액화산소
③ 액화질소 ④ 액화천연가스

해설 초저온 용기의 단열시험용 가스
액화산소, 액화아르곤, 액화질소

Answer 137. ④ 138. ④ 139. ② 140. ① 141. ④

142 고압가스 초저온 용기의 단열성능시험은 용기마다 실시하여 침입열량이 얼마 이하의 경우를 합격으로 하는가? (단, 내용적은 1000[L] 미만이다.)

① 0.0005[kcal/h · ℃ · L]
② 0.0006[kcal/h · ℃ · L]
③ 0.0008[kcal/h · ℃ · L]
④ 0.0009[kcal/h · ℃ · L]

해설 초저온 용기의 합격 기준

내용적	침입열량
1000[L] 미만	0.0005[kcal/h · ℃ · L] (2.09[J/h · ℃ · L]) 이하
1000[L] 이상	0.002[kcal/h · ℃ · L] (8.37[J/h · ℃ · L]) 이하

143 내용적 100[L]의 초저온용기에 200[kg]의 산소를 넣고 외기온도 25[℃]인 곳에서 10시간 방치한 결과 180[kg]의 산소가 남아 있다. 이 용기의 열침입량[kcal/h · ℃ · L]의 값과 단열성능시험에의 합격여부로서 옳은 것은? (단, 액화산소의 비점은 −183[℃], 기화잠열은 51[kcal/kg]이다.)

① 0.02, 불합격
② 0.05, 합격
③ 0.005, 불합격
④ 0.008, 합격

해설 ㉮ 침입열량 계산

$$\therefore Q = \frac{Wq}{H \Delta t V} = \frac{(200-180) \times 51}{10 \times (25+183) \times 100} = 0.004903[\text{kcal/h} \cdot ℃ \cdot \text{L}]$$

㉯ 합격 여부 판단 : 침입열량 합격기준인 0.0005[kcal/h · ℃ · L]를 초과하므로 불합격이다.

144 용기의 검사기준에서 내압시험압력이 2.5[MPa]인 용기에 압축가스를 충전할 때 그 최고충전압력은? (단, 아세틸렌가스 외의 압축가스이다.)

① 1.5[MPa] ② 2.0[MPa]
③ 3.13[MPa] ④ 4.17[MPa]

해설 압축가스 충전용기 시험압력
㉮ 최고충전압력(FP) : 35[℃]에서 충전할 수 있는 최고압력
㉯ 기밀시험압력(AP) : 최고충전압력(FP)
㉰ 내압시험압력(TP) : $FP \times \frac{5}{3}$

$$\therefore FP = TP \times \frac{3}{5} = 2.5 \times \frac{3}{5} = 1.5[\text{MPa}]$$

145 아세틸렌용기의 기밀시험은 최고충전압력의 얼마로 해야 하는가?

① 0.8배 ② 1.1배
③ 1.5배 ④ 1.8배

해설 아세틸렌 용기의 압력
㉮ 최고충전압력 : 15[℃]에서 1.5[MPa] 이하
㉯ 기밀시험압력 : 최고충전압력의 1.8배 이상
㉰ 내압시험압력 : 최고충전압력의 3배 이상

146 고압가스 안전관리법에서 정한 용기에 대한 표시 사항이 아닌 것은?

① 용기의 번호
② 충전가스의 명칭
③ 내압시험 합격연월
④ 부속품의 기호 번호

해설 합격용기의 각인 사항
㉮ 용기제조업자의 명칭 또는 약호
㉯ 충전하는 가스의 명칭
㉰ 용기의 번호
㉱ 내용적(기호 : V, 단위 : [L])

Answer 142. ① 143. ③ 144. ① 145. ④ 146. ④

㉲ 용기의 질량[kg]
㉳ 내압시험에 합격한 년 월
㉴ 내압시험압력(기호 : TP, 단위 : [MPa])
㉵ 최고충전압력(기호 : FP, 단위 : [MPa])

147 고압가스 용기의 어깨부분에 "FP : 15[MPa]" 라고 표기되어 있다. 이 의미를 옳게 설명한 것은?

① 사용압력이 15[MPa]이다.
② 설계압력이 15[MPa]이다.
③ 내압시험압력이 15[MPa]이다.
④ 최고충전압력이 15[MPa]이다.

148 의료용 가스의 종류에 따른 도색의 구분으로 옳은 것은?

① 헬륨 – 회색
② 질소 – 흑색
③ 에틸렌 – 백색
④ 사이크로 프로판 – 갈색

해설 주요 가스용기의 도색

가스종류	공업용	의료용
산소	녹색	백색
수소	주황색	–
액화탄산가스	청색	회색
LPG	회색	–
아세틸렌	황색	–
암모니아	백색	–
염소	갈색	–
질소	회색	흑색
아산화질소	회색	청색
헬륨	회색	갈색
에틸렌	회색	자색
사이크로 프로판	회색	주황색
기타	회색	

149 아세틸렌 용기에 표시하는 문자로 옳은 것은?

① 독 ② 연
③ 독, 연 ④ 지

해설 용기 표시 문자
㉮ 가연성가스 : "연"
㉯ 독성가스 : "독"
㉰ 가연성가스, 독성가스 : "연", "독"

150 선박용 액화석유가스 용기의 표시방법으로 옳은 것은?

① 용기 상단부에 폭 2[cm]의 황색 띠를 두 줄로 표시한다.
② 용기의 상단부에 폭 2[cm]의 백색 띠를 두 줄로 표시한다.
③ 용기의 상단부에 폭 5[cm]의 황색 띠를 한 줄로 표시한다.
④ 용기의 상단부에 폭 5[cm]의 백색 띠를 한 줄로 표시한다.

해설 선박용 액화석유가스용기의 표시방법
㉮ 용기의 상단부에 폭 2[cm]의 백색 띠를 두 줄로 표시한다.
㉯ 백색 띠의 하단과 가스명칭 사이에 백색글자로 가로 · 세로 5[cm]의 크기로 "선박용"이라고 표시한다.

151 용기부속품의 기호 표시 중 틀린 것은?

① AG : 아세틸렌가스를 충전하는 용기의 부속품
② PG : 압축가스를 충전하는 용기의 부속품
③ LT : 초저온용기 및 저온용기의 부속품
④ LG : 액화석유가스를 충전하는 용기의 부속품

Answer 147. ④ 148. ② 149. ② 150. ② 151. ④

해설 용기 부속품 기호
㉮ AG : 아세틸렌가스 용기 부속품
㉯ PG : 압축가스 용기 부속품
㉰ LG : 액화석유가스 외의 액화가스 용기 부속품
㉱ LPG : 액화석유가스 용기 부속품
㉲ LT : 초저온 및 저온 용기 부속품

152 용기 밸브의 그랜드 너트의 6각 모서리에 V형의 홈을 낸 것은 무엇을 표시하는가?

① 왼나사임을 표시 ② 오른나사임을 표시
③ 암나사임을 표시 ④ 수나사임을 표시

해설 용기 밸브의 그랜드 너트가 왼나사인 경우 6각 모서리에 V자형의 홈을 내어 표시한다.

153 다음 중 특정설비의 범위에 해당되지 않는 것은?

① 저장탱크
② 저장탱크의 안전밸브
③ 조정기
④ 기화기

해설 특정설비의 종류
안전밸브, 긴급차단장치, 역화방지기, 기화장치, 압력용기, 자동차용 가스주입장치, 독성가스 배관용 밸브, 압력용기(냉동용 특정설비, 저장탱크), 특정고압가스용 실린더 캐비닛, 자동차용 압축천연가스 완속 충전설비, 액화석유가스용 용기 잔류가스 회수장치

154 액화가스를 가열하여 기화시키는 기화장치의 성능 기준으로 틀린 것은?

① 가연성 가스용 기화장치의 접지 저항치는 10[Ω] 이하로 한다.
② 안전장치는 내압시험의 8/10 이하의 압력에서 작동하는 것으로 한다.
③ 온수가열 방식의 온수는 80[℃] 이하로 한다.
④ 증기가열 방식의 온도는 100[℃] 이하로 한다.

해설 증기가열 방식의 온도는 120[℃] 이하로 한다.

155 특정설비 재검사 면제대상이 아닌 것은?

① 차량에 고정된 탱크
② 초저온 압력용기
③ 역화방지기
④ 독성가스 배관용 밸브

해설 재검사 대상에서 제외되는 특정설비
㉮ 평저형 및 이중각형 진공단열형 저온저장탱크
㉯ 역화방지기
㉰ 독성가스 배관용 밸브
㉱ 자동차용 가스 주입기
㉲ 냉동용 특정설비
㉳ 초저온가스용 대기식 기화장치
㉴ 저장탱크 또는 차량에 고정된 탱크에 부착되지 아니한 안전밸브 및 긴급차단밸브
㉵ 저장탱크 및 압력용기 중 다음에서 정한 것
ⓐ 초저온 저장탱크
ⓑ 초저온 압력용기
ⓒ 분리할 수 없는 이중관식 열교환기
ⓓ 그 밖에 산업통상자원부장관이 재검사를 실시하는 것이 현저히 곤란하다고 인정하는 저장탱크 또는 압력용기
㉶ 특정고압가스용 실린더 캐비닛
㉷ 자동차용 압축천연가스 완속 충전설비
㉸ 액화석유가스용 용기 잔류가스 회수장치

156 독성가스 배관용 밸브 중 검사대상이 아닌 것은?

① 볼밸브 ② 니들밸브
③ 게이트밸브 ④ 글로브밸브

Answer 152. ① 153. ③ 154. ④ 155. ① 156. ②

해설 독성가스 배관용 밸브 : 특정설비 중 고압가스 제조, 저장, 판매, 수입업등록 및 사용신고 시설의 독성가스가 흐르는 배관에 설치되는 것으로 볼밸브, 글로브밸브, 게이트밸브, 체크밸브 및 콕이 해당된다.

157 **고압가스 안전관리법에서 정한 용기제조자의 수리범위에 해당되는 것은?**

① 냉동기 용접부분의 용접가공
② 냉동기 부속품의 교체, 가공
③ 특정설비의 부속품 교체
④ 아세틸렌 용기 내의 다공질물 교체

해설 용기제조자의 수리범위
㉮ 용기 몸체의 용접
㉯ 아세틸렌 용기 내의 다공질물 교체
㉰ 용기의 스커트, 프로텍터 및 넥크링의 교체 및 가공
㉱ 용기 부속품의 부품 교체
㉲ 저온 또는 초저온 용기의 단열재 교체

158 **재검사용기 및 특정설비의 파기방법에 대한 설명으로 틀린 것은?**

① 잔가스를 전부 제거한 후 절단할 것
② 검사신청인에게 파기의 사유, 일시, 장소 및 인수시한 등을 통지하고 파기할 것
③ 절단 등의 방법으로 파기하여 원형으로 재가공이 가능하게 하여 재활용할 수 있도록 할 것
④ 파기하는 때에는 검사 장소에서 검사원으로 하여금 직접 실시하게 하거나 검사원 입회하에 특정설비의 사용자로 하여금 실시하게 할 것

해설 절단 등의 방법으로 파기하여 원형으로 가공할 수 없도록 할 것

159 **차량에 고정된 탱크가 있다. 차체 폭이 A, 차체길이가 B라고 할 때 이 탱크의 운반 시 표시해야 하는 경계표시의 크기는?**

① 가로 : A×0.3 이상, 세로 : B×0.2 이상
② 가로 : B×0.3 이상, 세로 : A×0.2 이상
③ 가로 : A×0.3 이상, 세로 : A×0.3×0.2 이상
④ 가로 : A×0.3 이상, 세로 : B×0.3×0.2 이상

해설 경계표시(위험고압가스)의 크기
㉮ 가로 : 차체 폭의 30[%] 이상
㉯ 세로 : 가로치수의 20[%] 이상
㉰ 차량 구조상 정사각형 또는 이에 가까운 형상 : 면적이 600[cm^2]이상

160 **독성가스의 용기에 의한 운반기준이다. 충전용기를 차량에 적재하여 운반하는 때에는 그 차량의 앞, 뒤 보기 쉬운 곳에 각각 붉은 글씨로 경계표시와 위험을 알리는 표시를 하여야 한다. 꼭 표시하지 않아도 되는 것은?**

① 위험고압가스 ② 회사상호
③ 독성가스 ④ 회사 전화번호

해설 독성가스의 용기에 의한 운반 : 경계표시(위험고압가스, 독성가스)와 위험을 알리는 도형, 전화번호를 표시한다.

161 **고압가스 용기 중 동일 차량에 혼합 적재하여 운반하여도 무방한 것은?**

① 산소와 질소, 탄산가스
② 염소와 아세틸렌, 암모니아 또는 수소
③ 가연성가스와 산소를 동일차량에 용기의 밸브가 서로 마주보게 적재
④ 충전용기와 소방기본법이 정하는 위험물

Answer 157. ④ 158. ③ 159. ③ 160. ② 161. ①

해설 혼합적재 금지
㉮ 염소와 아세틸렌, 암모니아, 수소는 동일차량에 혼합 적재 운반 금지
㉯ 가연성가스와 산소를 동일 차량에 적재 운반 시 충전용기 밸브가 서로 마주보지 않도록 적재하면 혼합적재 가능
㉰ 충전용기와 소방기본법이 정하는 위험물
㉱ 독성가스 중 가연성가스와 조연성가스는 동일 차량에 혼합 적재 운반 금지

162 **고압가스 운반 시 밸브가 돌출한 충전용기에는 밸브의 손상을 방지하기 위하여 무엇을 설치하여 운반하여야 하는가?**

① 고무판 ② 프로텍터 또는 캡
③ 스커트 ④ 목재 칸막이

해설 밸브가 돌출한 충전용기는 고정식 프로텍터나 캡을 부착시켜 밸브의 손상을 방지하는 조치를 한 후 차량에 싣고 운반한다.

163 **고압가스 충전용기의 운반기준 중 틀리는 것은?**

① 충전용기를 운반하는 때는 충격을 방지하기 위해 단단하게 묶을 것
② 운반 중의 충전용기는 항상 40[℃] 이하를 유지할 것
③ 차량통행이 가능한 지역에선 오토바이로 적재하여 운반할 것
④ 독성가스 충전용기 운반 시에는 목재칸막이 또는 패킹을 할 것

해설 차량통행이 곤란한 지역, 시도지사가 지정하는 경우에 다음의 기준에 적합한 경우에 한하여 액화석유가스 충전용기를 오토바이에 적재하여 운반할 수 있다.
㉮ 용기운반 전용 적재함이 장착된 경우
㉯ 적재하는 충전용기는 20[kg] 이하이고, 적재수가 2개를 초과하지 아니하는 경우

164 **고압가스 운반시의 운반기준 설명에서 잘못된 항목은?**

① 충전용기는 자전거 또는 오토바이에 적재하여 운반하지 아니할 것
② 염소와 수소는 동일차량에 적재하여 운반하지 아니할 것
③ 가연성가스를 운반하는 차량에는 소화설비 및 재해발생 방지를 위한 자재 및 공구를 휴대할 것
④ 충전용기와 휘발유를 동일차량에 적재하여 운반할 경우에는 시・도지사의 허가를 받을 것

해설 충전용기와 소방기본법이 정하는 위험물과는 동일차량에 적재 운반이 금지된다.

165 **용기에 의한 가스운반의 기준에 대한 설명 중 틀린 것은?**

① 적재함에는 리프트를 설치하여야 하며, 적재할 충전용기 최대 높이의 2/3 이상까지 적재함을 보강하여야 한다.
② 운행 중에는 직사광선을 받으므로 충전용기 등이 40[℃] 이하가 되도록 온도의 상승을 방지하는 조치를 하여야 한다.
③ 충전용기를 용기보관 장소로 운반할 때는 사람이 직접 운반하되, 이 때 용기의 중간 부분을 이용하여 운반한다.
④ 충전용기 등을 적재한 차량은 제1종 보호시설에서 15[m] 이상 떨어진 안전한 장소에 주정차 하여야 한다.

해설 충전용기를 용기 보관장소로 운반할 때는 손수레를 사용하거나 용기의 밑 부분을 이용하여 운반한다.

Answer 162. ② 163. ③ 164. ④ 165. ③

166 액화독성가스 1000[kg] 이상을 이동 시 휴대하여야 할 제독제인 소석회는 몇 [kg] 이상을 휴대하여야 하는가?

① 20[kg] ② 30[kg]
③ 40[kg] ④ 80[kg]

해설 독성가스 운반 시 휴대할 약제
㉮ 1000[kg] 미만인 경우 : 소석회 20[kg] 이상
㉯ 1000[kg] 이상인 경우 : 소석회 40[kg] 이상
㉰ 적용 가스 : 염소, 염화수소, 포스겐, 아황산가스 등 효과가 있는 액화가스에 적용

167 일정 기준 이상의 고압가스를 적재운반 시는 운반 책임자가 동승해야 하는데 운반책임자의 동승기준으로 틀린 것은?

① 가연성 압축가스 : 300[m^3] 이상
② 조연성 압축가스 : 600[m^3] 이상
③ 독성 액화가스 : 1000[kg] 이상
④ 가연성 액화가스 : 4000[kg] 이상

해설 충전용기 운반 시 운반책임자 동승 기준
㉮ 비독성 고압가스

가스의 종류		기준
압축가스	가연성	300[m^3] 이상
	조연성	600[m^3] 이상
액화가스	가연성	3000[kg] 이상 (에어졸 용기 : 2000[kg] 이상)
	조연성	6000[kg] 이상

㉯ 독성 고압가스

종류	허용농도	기준
압축가스	100만분의 200 이하	10[m^3] 이상
	100만분의 200 초과	100[m^3] 이상
액화가스	100만분의 200 이하	100[kg] 이상
	100만분의 200 초과	1000[kg] 이상

168 충전용기를 차량에 적재하여 운반하는 도중에 주차하고자 할 때 주의사항으로 옳지 않은 것은?

① 충전용기를 싣거나 내릴 때를 제외하고는 제1종 보호시설의 부근 및 제2종 보호시설이 밀집된 지역을 피한다.
② 주차 시는 엔진을 정지시킨 후 사이드 브레이크를 걸어 놓는다.
③ 주차를 하고자 하는 주위의 교통상황, 주위의 지형 조건, 주위의 화기 등을 고려하여 안전한 장소를 택하여 주차한다.
④ 주차 시에는 긴급한 사태를 대비하여 바퀴 고정목을 사용하지 않는다.

해설 적재량에 관계없이 주차 시에는 반드시 바퀴 고정목을 사용하여야 한다.

169 고압가스 운반 등의 기준으로 틀린 것은?

① 고압가스를 운반하는 때에는 재해방지를 위하여 필요한 주의사항을 기재한 서면을 운전자에게 교부하고 운전 중 휴대하게 한다.
② 차량의 고장, 교통사정 또는 운전자의 휴식 등 부득이한 경우를 제외하고는 장시간 정차하여서는 안 된다.
③ 고속도로 운행 중 점심식사를 하기 위해 운반책임자와 운전자가 동시에 차량을 이탈 할 때에는 시건장치를 하여야 한다.
④ 지정한 도로, 시간, 속도에 따라 운반하여야 한다.

해설 운반책임자와 운전자가 동시에 차량에서 이탈하여서는 안 된다.

Answer 166. ③ 167. ④ 168. ④ 169. ③

170 가연성가스(LPG 제외) 및 산소의 차량에 고정된 저장탱크 내용적의 기준으로 옳은 것은?

① 저장탱크의 내용적은 10000[L]를 초과할 수 없다.
② 저장탱크의 내용적은 12000[L]를 초과할 수 없다.
③ 저장탱크의 내용적은 15000[L]를 초과할 수 없다.
④ 저장탱크의 내용적은 18000[L]를 초과할 수 없다.

해설 차량에 고정된 탱크 내용적 제한
㉮ 가연성가스(LPG 제외), 산소 : 18000[L] 초과 금지
㉯ 독성가스(액화암모니아 제외) : 12000[L] 초과 금지

171 액화가스를 충전하는 탱크는 그 내부에 액면요동을 방지하기 위하여 무엇을 설치해야 하는가?

① 방파판 ② 안전밸브
③ 액면계 ④ 긴급차단장치

해설 방파판 설치기준
㉮ 면적 : 탱크 횡단면적의 40[%] 이상
㉯ 위치 : 상부 원호부면적이 탱크 횡단면의 20[%] 이하가 되는 위치
㉰ 두께 : 3.2[mm] 이상
㉱ 설치 수 : 탱크 내용적 5[m^3] 이하마다 1개씩

172 차량에 고정된 탱크로 고압가스를 운반할 때 가스를 송출 또는 이입하는데 사용되는 밸브를 후면에 설치한 탱크에서 탱크 주 밸브와 차량의 뒷범퍼와의 수평거리는 몇 [cm] 이상 떨어져 있어야 하는가?

① 20 ② 30
③ 40 ④ 50

해설 뒷범퍼와의 거리
㉮ 후부 취출식 탱크 : 40[cm] 이상
㉯ 후부 취출식 외 탱크 : 30[cm] 이상
㉰ 조작상자 : 20[cm] 이상

173 차량에 고정된 저장탱크에 고압가스를 운반할 경우 안전사항으로 옳지 않은 것은?

① 저장탱크는 그 온도를 항상 40[℃] 이하로 유지하여야 한다.
② 액화 가연성가스의 저장탱크에는 유리제품의 액면계를 부착한다.
③ 저장탱크에 설치된 밸브 및 콕에는 개폐상태를 외부에서 쉽게 확인할 수 있는 표시를 해야 한다.
④ 액화가스 충전 저장탱크에는 액면요동 방지용 방파판을 설치한다.

해설 차량에 고정된 탱크에는 슬립튜브식, 차압식 액면계를 설치한다.

174 2개 이상의 탱크를 동일한 차량에 고정 운반시의 기준에 적합하지 않은 것은?

① 탱크마다 주 밸브를 설치할 것
② 탱크 상호간 또는 탱크와 차량 사이를 견고히 결속할 것
③ 충전관에는 안전밸브, 압력계 및 긴급탈압밸브를 설치할 것
④ 독성가스 운반 시 소화설비를 휴대할 것

해설 2개 이상의 탱크를 동일차량에 고정하여 운반할 때의 기준
㉮ 탱크마다 탱크의 주 밸브를 설치할 것
㉯ 탱크 상호간 또는 탱크와 차량과의 사이를 단단

Answer 170. ④ 171. ① 172. ③ 173. ② 174. ④

하게 부착하는 조치를 할 것

㉰ 충전관에는 안전밸브, 압력계 및 긴급 탈압밸브를 설치할 것

※ 소화설비는 가연성가스, 산소를 운반하는 차량의 경우에 갖추어야 한다.

175 독성가스 운반 시 응급조치를 위하여 반드시 필요한 것이 아닌 것은?

① 방독면 ② 소화기
③ 고무장갑 ④ 제독제

해설 독성가스 운반 시 갖추어야 할 용구 및 물품

(1) **보호구** : 방독마스크, 공기호흡기, 보호의, 보호장갑, 보호장화

(2) **자재** : 적색기, 휴대용 손전등, 메가폰 또는 휴대용 확성기, 로프, 멍석 또는 쥬트포, 물통, 차바퀴 고정목, 비상통신설비

(3) **약제** : 누출 시 응급조치 약제로 액화독성가스(염소, 염화수소, 포스겐, 아황산가스)에 적용

㉮ 1000[kg] 미만 운반 : 소석회(생석회) 20[kg] 이상 휴대

㉯ 1000[kg] 이상 운반 : 소석회(생석회) 40[kg] 이상 휴대

(4) **공구**

㉮ 공작용 공구 : 해머 또는 나무망치, 뻰찌, 몽키스패너, 가위, 칼, 밸브개폐용 핸들, 밸브 그랜드 스패너

㉯ 누출방지 공구 : 나무마개, 고무마개, 납마개, 고무시트 또는 납패킹, 자전거용 고무튜브, 실테이프, 철사, 헝겊, 용기 밸브용 플러그 너트

※ 소화장비는 가연성가스, 산소의 경우에 해당

176 고압가스 운반 시 가스누출사고가 발생하였다. 이 부분의 수리가 불가능한 경우 재해발생 또는 확대를 방지하기 위한 조치사항으로 볼 수 없는 것은?

① 상황에 따라 안전한 장소로 운반한다.
② 상황에 따라 안전한 장소로 대피한다.
③ 비상연락망에 따라 관계 업소에 원조를 의뢰한다.
④ 펜스를 설치하고 다른 운반차량에 가스를 옮긴다.

해설 가스누출 부분의 수리가 불가능한 경우의 조치 사항

㉮ 상황에 따라 안전한 장소로 운반할 것

㉯ 부근의 화기를 없앨 것

㉰ 착화된 경우 용기파열 등의 위험이 없다고 인정될 때는 소화할 것

㉱ 독성가스가 누출한 경우에는 가스를 제독할 것

㉲ 부근에 있는 사람을 대피시키고, 통행인은 교통통제를 하여 출입을 금지시킬 것

㉳ 비상연락망에 따라 관계 업소에 원조를 의뢰할 것

㉴ 상황에 따라 안전한 장소로 대피할 것

㉵ 구급조치

Answer 175. ② 176. ④

3장 액화석유가스 안전관리

1. 충전사업 기준

1) 용기 충전

(1) 사업소 경계와의 거리

① 저장설비 외면에서 사업소 경계까지 유지거리(단, 저장설비를 지하에 설치하거나 지하에 설치된 저장설비 안에 액중펌프를 설치하는 경우에는 사업소 경계와의 거리에 0.7을 곱한 거리 이상)

저장 능력	사업소 경계와의 거리
10[톤] 이하	24[m]
10[톤] 초과 20[톤] 이하	27[m]
20[톤] 초과 30[톤] 이하	30[m]
30[톤] 초과 40[톤] 이하	33[m]
40[톤] 초과 200[톤] 이하	36[m]
200[톤] 초과	39[m]

② 충전설비 외면으로부터 사업소 경계까지 : 24[m] 이상

③ 탱크로리 이입·충전장소 중심에서 사업소경계까지 : 24[m] 이상

(2) 저장설비 기준

① 냉각살수 장치 설치

㉮ 방사량 : 저장 탱크 표면적 1[m^2]당 5 [L/min] 이상의 비율

㉯ 준내화구조 저장탱크 : 2.5 [L/min·m^2] 이상

㉰ 조작위치 : 5[m] 이상 떨어진 위치

㉱ 수원의 양 : 30분간 방사 할 수 있는 양

㉲ 살수장치 설치(종류)

ⓐ 살수관식 : 배관에 지름 4[mm] 이상의 다수의 작은 구멍을 뚫거나 살수노즐

을 배관에 부착

ⓑ 확산판식 : 확산판을 살수노즐 끝에 부착

ⓒ 구형저장탱크의 살수장치는 확산판식으로 설치

② 저장탱크 지하 설치

㉮ 저장탱크실 재료 규격 : 레디믹스트콘크리트(ready-mixed concrete)

항목	규격
굵은 골재의 최대치수	25[mm]
설계강도	21[MPa] 이상
슬럼프(slump)	120~150[mm]
공기량	4[%] 이하
물-결합재비	50[%] 이하
그 밖의 사항	KS F 4009에 따름

㉯ 저장탱크실 바닥은 저장탱크실에 침입한 물 또는 기온변화에 따라 생성된 물이 모이도록 구배를 가지는 구조로 하고, 바닥의 낮은 곳에 집수구를 설치하며, 집수구에 고인 물을 쉽게 배수할 수 있도록 한다.

ⓐ 집수구 크기 : 가로 30[cm], 세로 30[cm], 깊이 30[cm] 이상

ⓑ 집수관 : 80[A] 이상

ⓒ 집수구 및 집수관 주변 : 자갈 등으로 조치, 펌프로 배수

ⓓ 검지관 : 40[A] 이상으로 4개소 이상 설치

㉰ 저장탱크 설치 거리

ⓐ 내벽 이격 거리 : 바닥면과 저장탱크 하부와 60[cm] 이상, 측벽과 45[cm] 이상, 저장탱크 상부와 상부 내측벽과 30[cm] 이상 이격

ⓑ 저장탱크실의 상부 윗면은 주위 지면보다 최소 5[cm], 최대 30[cm]까지 높게 설치

㉱ 점검구 설치

ⓐ 설치 수 : 저장능력이 20[톤] 이하인 경우 1개소, 20[톤] 초과인 경우 2개소

ⓑ 위치 : 저장탱크 측면 상부의 지상에 맨홀 형태로 설치

ⓒ 크기 : 사각형 0.8[m]×1[m] 이상, 원형은 지름 0.8[m] 이상의 크기

③ 폭발 방지 장치 설치

㉮ 설치대상 : 주거지역, 상업지역에 설치하는 10[톤] 이상의 저장 탱크 → 안전조치[물분무장치 설치]를 한 경우 및 지하에 매몰하여 설치한 경우 제외

㉯ 열전달 매체 : 다공성 알루미늄 박판

㉰ 두께 : 114[mm] 이상, 설치하는 경우 2~3[%] 압축하여 설치

㉱ 표시 : 저장탱크 외부의 가스명 밑에 가스명 크기의 1/2 이상이 되도록

④ 방류둑 설치 : 저장능력 1000[톤] 이상

⑤ 지하에 설치하는 저장탱크 : 과충전 경보장치 설치

⑥ 저장설비 방호조치

㉮ 보호대 높이 및 재질 : 45[cm] 이상의 철근콘크리트 또는 강관제

㉯ 두께 및 규격 : 철근콘크리트의 경우 두께 12[cm] 이상, 강관제의 경우 80[A] 이상

(3) 가스설비 기준

① 가스설비 두께 및 강도

㉮ 두께 : 상용압력의 2배 이상의 압력에서 변형되지 않는 두께

㉯ 강도 : 상용압력에 견디는 충분한 강도를 갖는 것

② 로딩암(loading arm) 설치 : 충전시설에는 자동차에 고정된 탱크에서 가스를 이입할 수 있도록 건축물 외부에 설치

㉮ 건축물 내부에 설치할 경우 환기구 : 바닥면에 접하여 2방향 이상 설치

㉯ 환기구 면적 합계 : 바닥면적의 6[%] 이상

③ 가스설비 성능

㉮ 기밀성능 : 상용압력 이상

㉯ 내압성능 : 상용압력의 1.5배 이상(공기, 질소 등의 기체 : 상용압력의 1.25배 이상)

(4) 배관설비 기준

① 배관설비 두께

㉮ 안지름에 대한 바깥지름의 비가 1.5 이하인 경우

$$t = \frac{PD^o}{2\sigma_a\eta + 0.8P}$$

㉯ 안지름에 대한 바깥지름의 비가 1.5를 초과한 경우

$$t = \frac{D^o}{2} \times \left(1 - \sqrt{\frac{\sigma_a\eta - P}{\sigma_a\eta + P}}\right)$$

여기서, t : 배관의 최소두께[mm] D^o : 배관의 바깥지름[mm]
P : 상용압력[MPa] σ_a : 재료의 인장강도[N/mm²]
η : 용접이음매 효율

② 매설깊이 : 1[m] 이상(교통량이 많은 공로의 횡단부 설치 : 1.2[m] 이상)

③ 배관 피트 설치

㉮ 피트 크기 : 폭 50[cm] 이상, 깊이 50[cm] 이상
㉯ 피트 덮개 : 손잡이 또는 구멍을 설치, 길이는 60[cm]가 넘지 않도록 설치
㉰ 피트 덮개는 전체 배관의 점검 및 보수가 가능하도록 개방 가능한 구조로 한다.
㉱ 피트 양쪽 끝에는 그레이팅(grating) 철판 또는 구멍이 있는 철판을 50[cm] 이상 설치
㉲ 하수구로 가스가 유출되지 않도록 트랩을 설치한 자연 배수시설, 집수구를 설치하여 펌프를 갖춘 강제 배수시설을 설치

(5) 과압안전장치 설치

① 과압안전장치 선정
㉮ 기체의 압력상승을 방지하기 위한 경우에는 스프링식 안전밸브 또는 자동압력제어장치
㉯ 급격한 압력상승의 우려가 있는 경우 또는 반응생성물의 성상 등에 따라 스프링식 안전밸브를 설치하는 것이 부적당한 경우에는 파열판 또는 자동압력 제어장치
㉰ 펌프 및 배관에서 액체의 압력상승을 방지하기 위한 경우에는 릴리프밸브, 스프링식 안전밸브 또는 자동압력 제어장치

② 작동압력
㉮ 스프링식 안전밸브는 상용의 온도에서 액화가스의 상용의 체적이 해당 가스설비 등 안의 내용적의 98[%]까지 팽창하게 되는 온도에 대응하는 압력에서 작동하는 것으로 한다.
㉯ 프로판용 및 부탄용 가스설비 등에 부착되어 있는 안전밸브의 설정압력은 1.8[MPa]로 한다. (단, 부탄용 저장설비의 경우에는 1.08[MPa]로 한다.)

③ 가스방출관 설치
㉮ 저장탱크 방출관 방출구 : 지면에서 5[m] 이상 또는 그 저장탱크의 정상부로부터 2[m] 이상의 높이 중 더 높은 위치
㉯ 소형저장탱크 방출관 방출구
ⓐ 방향 : 건축물 개구부의 반대방향
ⓑ 구조 : 수직상방으로 분출하는 구조
ⓒ 위치 : 착화원이 없는 위치에 지면으로부터 2.5[m] 이상 또는 소형저장탱크의 정상부로부터 1[m] 이상의 높이 중 더 높은 위치
㉰ 안전밸브에 설치하는 가스방출관 캡은 빗물이 유입되지 않는 구조로 하고, 가스방출관 하부에는 드레인밸브를 설치한다.

(6) 가스누출경보 및 자동차단장치 설치

① 가스누출 경보기의 기능

㉮ 가스의 누출을 검지하여 그 농도를 지시함과 동시에 경보를 울리는 것

㉯ 설정된 가스농도(폭발하한계의 1/4 이하)에서 자동적으로 경보를 울리는 것

㉰ 경보를 울리 후에는 가스농도가 변화되어도 계속 경보를 울리고, 확인 또는 대책을 강구함에 따라 경보정지가 될 것

㉱ 담배연기 등 잡가스에는 경보를 울리지 않을 것

② 검지부 설치 제외 장소

㉮ 증기, 물방울, 기름 섞인 연기 등이 직접 접촉될 우려가 있는 장소

㉯ 온도가 40[℃] 이상인 곳

㉰ 누출가스의 유동이 원활하지 못한 곳

㉱ 차량, 작업 등으로 파손될 우려가 있는 곳

③ 검지부 설치 높이 : 바닥면으로부터 검지부 상단까지 30[cm] 이내

(7) 저장탱크에 긴급차단장치 설치

① 차단조작기구 위치 : 해당 저장탱크로부터 5[m] 이상

② 차단조작기구 설치 장소

㉮ 안전관리자가 상주하는 사무실 내부

㉯ 충전기 주변

㉰ 액화석유가스의 대량유출에 대비하여 충분히 안전이 확보되고 조작이 용이한 곳

(8) 환기설비 설치

① 자연환기설비 설치

㉮ 환기구는 바닥면에 접하고, 외기에 면하게 설치

㉯ 통풍가능 면적 합계 : 바닥면적 1[m^2] 마다 300[cm^2]의 비율로 계산한 면적이상 (1개의 면적은 2400[cm^2] 이하)

ⓐ 철망, 환기구의 틀 등이 차지하는 면적을 뺀 면적으로 한다.

ⓑ 알루미늄, 강판제 갤러리가 설치된 환기구의 통풍구 면적은 50[%]만 인정한다.

ⓒ 한 방향 이상이 전면 개방되어 있는 경우 높이 40[cm]까지의 개구부 면적만 인정하되, 이 경우에도 한 방향의 환기구의 면적은 전체 환기구 필요 면적의 70[%]까지만 인정한다.

㉰ 사방을 방호벽 등으로 설치한 경우 2방향 이상으로 분산 설치

㉱ 환기구는 가로의 길이를 세로의 길이보다 길게 한다.

② 강제환기설비 설치

㉮ 통풍능력 : 바닥면적 1[m^2]마다 0.5[m^3/min] 이상

㉯ 흡입구 : 바닥면 가까이에 설치

㉰ 배기가스 방출구 : 지면에서 5[m] 이상의 높이에 설치

(9) 이입, 충전설비 정전기 제거조치

① 충전용으로 사용하는 저장탱크 및 충전설비는 접지한다.

② 차량에 고정된 탱크 및 충전에 사용하는 배관 접지 방법

㉮ 접속금구 등 접지시설은 차량에 고정된 탱크, 저장탱크, 가스설비, 기계실 개구부 등의 외면으로부터 수평거리 8[m] 이상의 거리를 두고 설치 (단, 방폭형 접속금구 제외)

㉯ 접지선은 단면적 5.5[mm^2] 이상의 것을 사용

③ 접지 저항치는 총합 100[Ω](피뢰설비 설치 10[Ω]) 이하로 한다.

(10) 제조 및 충전기준

① 냄새나는 물질의 첨가

㉮ 냄새측정방법

ⓐ 오더미터법(냄새측정기법) : 공기와 시험가스의 유량조절이 가능한 장비를 이용하여 시료 기체를 만들어 감지희석배수를 구하는 방법

ⓑ 주사기법 : 채취용 주사기로 채취한 일정량의 시험가스를 희석용 주사기에 옮기는 방법으로 시료기체를 만들어 감지희석배수를 구하는 방법

ⓒ 냄새주머니법 : 일정한 양의 깨끗한 공기가 들어 있는 주머니에 시험가스를 주사기로 첨가하여 시료기체를 만들어 감지희석배수를 구하는 방법

ⓓ 무취실법

㉯ 용어의 정의

ⓐ 패널(panel) : 미리 선정한 정상적인 후각을 가진 사람으로서 냄새를 판정하는 자

ⓑ 시험자 : 냄새 농도 측정에 있어서 희석조작을 하여 냄새농도를 측정하는 자

ⓒ 시험가스 : 냄새를 측정할 수 있도록 액화석유가스를 기화시킨 가스

ⓓ 시료기체 : 시험가스를 청정한 공기로 희석한 판정용 기체

ⓔ 희석배수 : 시료기체의 양을 시험가스의 양으로 나눈 값

㉰ 시료기체의 희석배수 : 500배, 1000배, 2000배, 4000배

② 충전 작업

㉮ 저장탱크에 가스충전 : 내용적의 90[%] 이하(소형저장탱크 : 85[%] 이하)

㉯ 자동차에 고정된 탱크는 저장탱크 외면으로부터 3[m] 이상 떨어져 정지할 것(방호울타리를 설치한 경우 제외)

㉰ 충전설비에 정전기를 제거하는 조치를 할 것

㉱ 내용적 5000[L] 이상의 자동차에 고정된 탱크로부터 가스를 이입 받을 때에는 자동차 정지목을 사용할 것

㉲ 납붙임 또는 접합용기와 이동식 부탄연소기용 용접용기에 액화석유가스를 충전하는 가스의 압력은 35[℃]에서 0.5[MPa] 미만이 되도록 할 것

③ 자동차에 고정된 탱크에서 수요자의 소형저장탱크에 액화석유가스 충전

㉮ 수요자가 LPG 사업허가, LPG 특정사용자, 소형저장탱크 검사여부 확인

㉯ 소형저장탱크의 잔량을 확인 후 충전

㉰ 수요자가 채용한 안전관리자 입회하에 충전

㉱ 과충전 방지 등 위해방지를 위한 조치를 할 것

㉲ 충전 완료 시 세이프티 커플링(safety coupling)으로부터의 가스누출 여부 확인

(11) 사고예방설비 점검

① 압력계 검사

㉮ 충전용 주관 압력계 : 매월 1회 이상

㉯ 그 밖의 압력계 : 1년에 1회 이상〈개정 14.11.17〉

② 안전밸브 : 압축기의 맨 끝부분에 설치한 것은 1년에 1회 이상, 그 밖의 것은 2년에 1회 이상〈개정 14.11.17〉

③ 긴급차단장치 : 1년에 1회 이상 밸브시트의 누출검사 및 작동검사 실시

2) 자동차용기 충전

(1) 다른 설비와의 거리

① 안전거리 : 사업소 경계 및 보호시설과 안전거리 유지(용기 충전시설 기준 적용)

② 도로 경계와의 거리

㉮ 사업소경계가 도로에 접한 경우 충전설비 중 충전기는 도로경계선까지 4[m] 이상을 유지

㉯ 자동차에 고정된 탱크 이입, 충전장소의 정차위치 중심은 도로경계선까지 4[m] 이상 유지

③ 도로 연결 기준 : 사업소 부지는 그 한 면 폭 8[m] 이상의 도로에 접하도록 한다.

(2) 고정충전설비(dispenser : 충전기) 설치

① 충전기 상부에는 닫집모양의 차양(캐노피)을 설치, 면적은 공지면적의 1/2 이하
② 충전기 주위에 가스누출검지 경보장치 설치
③ 충전호스 길이는 5[m] 이내, 끝에는 정전기 제거장치 설치
④ 충전호스에 부착하는 가스주입기 : 원터치형
⑤ 충전기 보호대 설치
　㉮ 보호대 규격
　　ⓐ 재질 : 철근콘크리트 또는 강관제
　　ⓑ 높이 : 80[cm] 이상
　　ⓒ 두께 : 철근콘크리트구조 12[cm] 이상, 강관제 호칭지름 100[A] 이상
　㉯ 보호대의 기초
　　ⓐ 철근콘크리트제 : 콘크리트 기초에 25[cm] 이상의 깊이로 묻는다.
　　ⓑ 콘크리트 구조의 기초 : 충전소 바닥과 일체가 되도록 콘크리트 타설
　　ⓒ 강관제 : 콘크리트 기초에 25[cm] 이상의 깊이로 묻거나 앵커볼트로 고정한다.
　㉰ 충전기와 주정차선 : 1[m] 이상 이격
⑥ 세이프티 커플링(safety coupling) 설치 : 충전기와 가스주입기가 분리될 수 있는 안전장치
　㉮ 분리성능 : 커플링은 연결된 상태에서 압력을 가하여 2.7~3.3[MPa]에서 분리될 것
　㉯ 당김성능 : 커플링은 연결된 상태에서 30±10[mm/min]의 속도로 당겼을 때 490.4~588.4[N]에서 분리되는 것으로 할 것

(3) 충전 시 자동차의 오발진 방지 조치

① 충전호스의 커플링을 지면에 고정시키는 조치
② 충전호스의 커플링을 지지대에 고정시키는 조치

(4) 충전소에 설치할 수 있는 건축물, 시설

① 충전을 하기 위한 작업장
② 충전소의 업무를 하기 위한 사무실과 회의실
③ 충전소의 관계자가 근무하는 대기실
④ 액화석유가스 충전사업자가 운영하고 있는 용기를 재검사하기 위한 시설
⑤ 충전소 종사자의 숙소
⑥ 충전소의 종사자가 이용하기 위한 연면적 100[m^2] 이하의 식당
⑦ 비상발전기실 또는 공구 등을 보관하기 위한 연면적 100[m^2] 이하의 창고

⑧ 자동차의 세정을 위한 세차시설

⑨ 충전소에 출입하는 사람을 대상으로 한 자동판매기와 현금자동지급기

⑩ 자동차 등의 점검 및 간이정비(용접, 판금 등 화기를 사용하는 작업 및 도장작업을 제외함)를 위한 작업장

⑪ 충전소에 출입하는 사람을 대상으로 한 소매점 및 자동차 전시장, 자동차 영업소

⑫ 용기 충전사업 용도의 건축물이나 시설

⑬ ②, ③, ⑥, ⑦, ⑩, ⑪의 용도에 제공하는 부분의 연면적의 합은 500[m^2] 초과할 수 없다.

⑭ 허용된 건축물 또는 시설은 저장설비, 가스설비 및 탱크로리 이입, 충전장소의 외면과 직선거리 8[m] 이상의 거리 유지할 것

(5) 식별표지 및 위험표시

① 충전 중 엔진정지 : 황색바탕에 흑색 글씨

② 화기엄금 : 백색바탕에 적색 글씨

2. 액화석유가스 저장 및 사용

1) 소형저장탱크 설치

(1) 이격거리

충전질량	가스충전구로부터 토지경계선에 대한 수평거리	탱크간 거리	가스충전구로부터 건축물 개구부에 대한 거리
1000[kg] 미만	0.5[m] 이상	0.3[m] 이상	0.5[m] 이상
1000[kg] 이상 2000[kg] 미만	3.0[m] 이상	0.5[m] 이상	3.0[m] 이상
2000[kg] 이상	5.5[m] 이상	0.5[m] 이상	3.5[m] 이상

① 토지경계선이 바다, 호수, 하천, 도로 등과 접하는 경우에는 그 반대편 끝을 토지경계선으로 본다.

② 충전질량 1000[kg] 이상인 경우에 방호벽을 설치한 경우 토지경계선과 건축물 개구부에 대한 거리의 1/2 이상의 직선거리를 유지

③ 방호벽의 높이는 소형저장탱크 정상부보다 50[cm] 이상 높게 유지

(2) 설치 장소

① 수평한 장소, 옥외에 지상설치식으로 한다.
② 습기가 적은 장소에 설치
③ 액화석유가스가 누출한 경우 체류하지 아니하도록 통풍이 양호한 장소에 설치
④ 기초의 침하, 산사태, 홍수 등에 의한 피해의 우려가 없는 장소에 설치
⑤ 부등침하가 발생할 우려가 없는 장소에 설치

(3) 설치 방법

① 동일 장소에 설치하는 소형저장탱크 수는 6기 이하, 충전질량 합계는 5000[kg] 미만
② 지진, 바람 등으로 이동되지 아니하도록 설치
③ 기초가 지면보다 5[cm] 이상 높게 설치된 콘크리트 등에 설치
④ 기초에 고정하는 방식은 화재 등의 경우 쉽게 분리될 수 있는 것으로 한다.
⑤ 손상을 받을 우려가 있는 경우 방호조치를 한다.
  ㉮ 보호대 규격
    ⓐ 재질 : 철근콘크리트 또는 강관제
    ⓑ 높이 : 80[cm] 이상
    ⓒ 두께 : 12[cm] 이상의 철근콘크리트 또는 100[A] 이상의 강관제
  ㉯ 보호대 기초
    ⓐ 철근콘크리트제 : 콘크리트 기초에 25[cm] 이상의 깊이로 묻는다.
    ⓑ 콘크리트구조의 기초 : 보호대를 바닥과 일체가 되도록 콘크리트 타설
    ⓒ 강관제 : 콘크리트 기초에 25[cm] 이상의 깊이로 묻거나 앵커볼트로 고정한다.
    ⓓ 소형저장탱크와 보호대간 거리 : 파손, 전도되어도 소형저장탱크에 닿지 않는 거리
⑥ 안전밸브 방출구 : 수직상방으로 분출하는 구조
⑦ 경계책 설치 : 높이 1[m] 이상 (충전질량 1000[kg] 이상만 해당)
⑧ 소화설비 설치(충전질량 1000[kg] 이상만 해당) : 능력단위 ABC용 B-12 이상의 분말소화기 2개 이상 비치
⑨ 충전량 : 내용적의 85[%] 이하

2) 판매 및 충전사업자의 영업소 기준

(1) 배치기준

① 사업소의 부지는 그 한 면이 폭 4[m] 이상의 도로에 접할 것
② 용기보관실과 화기를 취급하는 장소와의 거리 : 2[m] 이상의 우회거리유지

(2) 저장설비(용기보관실) 기준

① 불연성 재료를 사용하고, 지붕은 불연성 재료를 사용한 가벼운 재료, 벽은 방호벽으로 할 것
② 용기보관실 면적은 19[m^2] 이상
③ 용기보관실과 사무실은 동일한 부지에 구분하여 설치할 것
④ 용기보관실의 용기는 용기집합식으로 하지 아니할 것
⑤ 용기보관실에서 누출된 가스가 사무실로 유입되지 않는 구조로 할 것
⑥ 가스누출 경보기 설치
㉮ 용기보관실에 분리형 설치
㉯ 설치 개수 : 용기보관실 바닥면 둘레 20[m]에 대하여 1개 이상의 비율
⑦ 조명등 및 전기설비 : 방폭등 및 방폭구조
⑧ 전기 스위치 : 용기 보관실 외부에 설치
⑨ 환기설비 설치 : 자연환기설비나 강제환기설비 설치
⑩ 전도방지설비 설치 : 용기가 넘어지는 것을 방지하기 위한 시설을 갖춘다.
⑪ 용기보관실 출입문
㉮ 설치 수 : 1개소 설치(면적이 19[m^2] 이상인 경우 필요 시 19[m^2]당 1개소의 비율로 설치)
㉯ 구조 : 강판제 방호벽, 가로길이 1800[mm] 이내
㉰ 미닫이식 또는 여닫이식으로 설치(여닫이식은 용기보관실 안쪽으로 열리는 구조)
⑫ 온도계를 설치하고, 실내온도 40[℃] 이하 유지하며 용기에 직사광선이 받지 않도록 조치

(3) 운영시설물 설치

① 주차장 설치 : 용기보관실 주위에 11.5[m^2] 이상의 부지를 확보
② 사무실 설치 : 9[m^2] 이상

(4) 자동차에 고정된 탱크의 방호조치 : 유동방지시설 설치

① 유동방지시설은 옥외에 설치
② 유동방지시설 내부는 자동차에 고정된 탱크의 주차 시 주위에 1[m] 이상의 공지 확보
③ 자동차에 고정된 탱크의 주위에는 두께 12[cm] 이상의 철근콘크리트, 두께 15[cm] 이상의 콘크리트 블럭으로 높이 2[m] 이상의 내화성벽을 설치

(5) 안전유지 기준

① 가스의 누출 여부, 검사기간 경과 여부 및 도색의 불량여부 확인 → 불량 시 충전업소에 반송
② 충전용기와 잔가스 용기를 구분하여 저장할 것
③ 용기보간실과 화기와의 거리 : 2[m] 이상의 우회거리
④ 방폭형 휴대용 손전등 사용
⑤ 계량기 등 작업에 필요한 물건 이외에는 용기보관실에 두지 말 것
⑥ 내용적 30[L] 미만 용기는 2단으로 쌓을 수 있음

3) 액화석유가스 공급 방법

(1) 체적판매방법으로 공급

일반 수요자에게 액화석유가스를 공급할 때에는 체적판매방법으로 공급하여야 한다.

(2) 중량판매방법으로 공급할 수 있는 경우

① 내용적이 30[L] 미만의 용기로 액화석유가스를 사용하는 자
② 옥외에서 이동하면서 사용하는 자
③ 6개월 이내의 기간 동안 사용하는 자
④ 산업용, 선박용, 농축산용으로 사용하거나 그 부대시설에서 사용하는 자
⑤ 재건축, 재개발, 도시계획대상으로 예정된 건축물, 허가권자가 증・개축을 인정하는 곳
⑥ 주택 외의 건축물 중 영업장 면적이 40[m^2] 이하인 곳
⑦ 경로당, 가정보육시설
⑧ 단독주택
⑨ 기타 허가권자가 인정하는 경우

(3) 용기에 의한 공급계약에 포함되어야 할 사항

① 액화석유가스의 전달방법

② 액화석유가스의 계량방법과 가스요금
③ 공급설비와 소비설비에 대한 비용부담
④ 공급설비와 소비설비의 관리방법
⑤ 위해예방조치에 관한 사항
⑥ 계약의 해지
⑦ 계약기간
⑧ 소비자보장 책임보험 가입에 관한 사항

4) 용기에 의한 사용시설

(1) 화기와의 거리

① 저장설비, 감압설비 및 배관과 화기와의 거리 : 주거용 시설은 2[m] 이상

저장능력	화기와의 우회거리
1[톤] 미만	2[m] 이상
1[톤] 이상 3[톤] 미만	5[m] 이상
3[톤] 이상	8[m] 이상

② 저장설비 등과 화기를 취급하는 장소와의 사이에 높이 2[m] 이상의 내화성 벽을 설치

(2) 다른 설비와의 거리

① 가스계량기는 수시로 환기가 가능한 장소에 설치
② 가스계량기 설치 높이 : 1.6[m] 이상 2[m] 이내 (격납상자 안에 설치 시 높이 제한 없음)
③ 가스계량기와 유지거리
㉮ 전기계량기, 전기개폐기 : 60[cm] 이상
㉯ 단열조치를 하지 않은 굴뚝, 전기점멸기, 전기접속기 : 30[cm] 이상
㉰ 절연조치를 하지 않은 전선 : 15[cm] 이상

(3) 저장설비 구조 및 설치

① 저장능력별 설치하여야 할 시설
㉮ 100[kg] 이하 : 용기, 용기밸브, 압력조정기가 직사광선, 눈, 빗물에 노출되지 않도록 조치
㉯ 100[kg] 초과 : 용기보관실 설치

㉰ 250[kg] 이상(자동절체기를 사용 시 500[kg] 이상) : 고압부에 과압안전장치 설치
㉱ 500[kg] 초과 : 저장탱크, 소형저장탱크 설치
② 사이펀 용기 : 기화장치가 설치되어 있는 시설에서만 사용

(4) 가스설비 설치

① 압력조정기 설치
㉮ 입출구압력, 조정압력, 최대유량은 연소기의 사용압력에 충분한 것으로 한다.
㉯ 용기에 직결하지 않는 형식은 용기밸브보다 5[cm] 높게 설치
㉰ 찜질방 가스사용시설에는 가열로실 내부에 설치하지 않을 것
㉱ 기화장치가 설치된 시설의 예비 기체라인에는 자동절체기를 설치하지 않을 것
② 기화장치 설치 : 기화장치를 전원으로 조작하는 경우 비상전력을 보유하거나, 예비용기를 포함한 용기집합설비의 기상부에 기체라인 설치
③ 계량기 설치 : 체적판매방법에 따라 사용하는 시설에 설치
④ 중간밸브 설치 : 연소기 각각에 대하여 퓨즈콕, 상자콕 설치
⑤ 호스 설치 : 호스길이 3[m] 이내, T형으로 연결하지 않을 것
⑥ 가스설비 성능
㉮ 내압시험 압력 : 상용압력의 1.5배 이상(공기, 질소 등의 기체 1.25배 이상)
㉯ 압력조정기 출구에서 연소기 입구까지의 기밀시험 압력 : 8.4[kPa] 이상

(5) 배관 설치

① 매설(매몰) 배관 재료 : 폴리에틸렌 피복강관, 가스용 폴리에틸렌관, 분말용착식 폴리에틸렌 피복강관
② 배관의 매설깊이
㉮ 공동주택 부지 내 : 0.6[m] 이상
㉯ 차량이 통행하는 도로 : 1.2[m] 이상
㉰ ㉮, ㉯에 해당되지 않는 곳 : 1[m] 이상
㉱ ㉰에 해당되는 곳으로 매설깊이를 유지하지 곤란한 곳 : 0.6[m] 이상
③ 저장설비로부터 중간밸브까지 : 강관, 동관, 금속플렉시블 호스
④ 중간밸브에서 연소기 입구까지 : 강관, 동관, 호스, 금속플렉시블 호스
⑤ 배관 고정장치 설치 기준(설치 간격)
㉮ 호칭지름 13[mm] 미만 : 1[m] 마다
㉯ 호칭지름 13[mm] 이상 33[mm] 미만 : 2[m] 마다
㉰ 호칭지름 33[mm] 이상 : 3[m] 마다

㉣ 호칭지름 100[mm] 이상 : 3[m]를 초과하여 설치할 수 있다.

호칭지름	지지간격[m]
100[A]	8
150[A]	10
200[A]	12
300[A]	16
400[A]	19
500[A]	22
600[A]	25

⑥ 입상관 밸브 설치 : 1.6[m] 이상 2[m] 이내 (단단한 상자 안에 설치 시 제외)

(6) 가스누출 자동 차단장치

① 구성

㉮ 검지부 : 누출된 가스를 검지하여 제어부로 신호를 보내는 기능

㉯ 차단부 : 제어부로부터 보내진 신호에 따라 가스의 유로를 개폐하는 기능

㉰ 제어부 : 차단부에 자동차단신호를 보내는 기능, 차단부를 원격 개폐할 수 있는 기능 및 경보기능을 가진 것

② 검지부 설치

㉮ 설치 수 : 연소기 버너 수평거리 4[m] 이내에 검지부 1개 이상

㉯ 설치 높이 : 바닥면으로부터 검지부 상단까지 30[cm] 이하

③ 차단부의 설치

㉮ 동일 건축물 내에 있는 전체 가스 사용시설의 주 배관

㉯ 동일 건축물 내로서 구분 밀폐된 2개 이상의 층에서 가스를 사용하는 경우 층별 주 배관

㉰ 동일 건축물의 동일 층 내에서 2 이상의 자가 가스를 사용하는 경우 사용자별 주 배관

(7) 연소기의 설치 방법

① 개방형 연소기 : 환풍기, 환기구 설치

② 반밀폐형 연소기 : 급기구, 배기통 설치

③ 배기통 재료 : 스테인리스강, 내열 및 내식성 재료

3. 가스용품 제조

1) 허가대상 가스용품의 범위

① 압력조정기
　㉮ 액화석유가스 압력조정기
　　ⓐ 일반용 액화석유가스 압력조정기
　　ⓑ 액화석유가스 자동차용 압력조정기
　　ⓒ 용기내장형 가스난방기용 압력조정기
　　ⓓ 용접 절단기용 액화석유가스 압력조정기
　㉯ 도시가스용 압력조정기 : 정압기용 압력조정기, 도시가스용 압력조정기
② 가스누출 자동차단장치 : 가스누출경보 차단장치, 가스누출 자동차단기
③ 정압기용 필터 : 정압기에 내장된 것은 제외
④ 매몰형 정압기
⑤ 호스
　㉮ 고압호스
　　ⓐ 일반용 고압고무호스 : 투윈호스, 측도관
　　ⓑ 자동차용 고압고무호스
　　ⓒ 자동차용 비금속호스
　㉯ 저압호스
　　ⓐ 염화비닐호스
　　ⓑ 금속플렉시블호스
　　ⓒ 고무호스
　　ⓓ 수지호스
⑥ 배관용 밸브
　㉮ 가스용 폴리에틸렌 밸브 : 볼밸브 및 플러그밸브
　㉯ 매몰 용접형 가스용 볼밸브
　㉰ 그 밖의 배관용 밸브
⑦ 콕 : 퓨즈콕, 상자콕, 주물연소기용 노즐 콕, 업무용 대형 연소기용 노즐 콕
⑧ 배관 이음관
　㉮ 전기절연 이음관
　㉯ 전기융착 폴리에틸렌이음관
　㉰ 이형질 이음관 : 금속과 폴리에틸렌관을 연결하기 위한 것

㉣ 퀵커플러
㉤ 세이프티 커플링
⑨ 강제 혼합식 가스버너
⑩ 연소기
⑪ 다기능 가스안전계량기 : 가스계량기에 가스누출차단장치 등 가스안전기능을 수행하는 가스안전장치가 부착된 가스용품
⑫ 로딩암
⑬ 연료전지 : 가스소비량이 232.6[kW](20만[kcal/h]) 이하의 것

2) 제조 기준

(1) 일반용 액화석유가스 압력조정기

① 용기밸브에 연결하는 나사부 재료 : 단조용 황동봉, 쾌삭 황동봉
② 입구쪽(용량 10[kg/h] 이하)에 황동선망, 스테인리스강선망을 사용한 스트레이너 내장
③ 용기밸브에 연결하는 나사부는 왼나사로 W22.5×14T, 나사부 길이는 12[mm] 이상일 것
④ 다이어프램의 재료 : NBR의 성분 함유량이 50[%] 이상, 가소제성분 18[%] 이하
⑤ 압력조정기의 출구압력은 조절스프링을 고정한 상태에서 입구압력의 전 범위에서 최대유량을 통과시킬 때 조정압력의 ±20[%] 범위 안이어야 한다.
⑥ 자동절체식 조정기의 경우 사용측 용기 압력이 0.1[MPa] 이상일 때 예비측 용기에서 가스가 공급되지 않아야 한다.

(2) 콕

① 콕의 종류 : 퓨즈콕, 상자콕, 주물연소기용 노즐 콕, 업무용 대형 연소기용 노즐 콕
② 구조
㉮ 퓨즈콕 : 가스유로를 볼로 개폐하고, 과류차단 안전기구가 부착된 것으로서 배관과 호스, 호스와 호스, 배관과 배관 또는 배관과 커플러를 연결하는 구조
㉯ 상자콕 : 가스유로를 핸들, 누름, 당김 등의 조작으로 개폐, 과류차단 안전기구가 부착된 것으로서 밸브 핸들이 반개방 상태에서도 가스가 차단되어야 하며, 배관과 커플러를 연결하는 구조
㉰ 주물연소기용 노즐 콕 : 주물연소기 부품으로 사용하는 것으로 볼로 개폐하는 구조
㉱ 업무용 대형 연소기용 노즐 콕 : 업무용 대형 연소기용 부품으로 사용하는 것으로 가스흐름을 볼로 개폐하는 구조〈신설. 15.4.14〉

(3) 연소기

① 전 가스소비량 및 각 버너의 가스소비량은 표시치의 ±10[%] 이내일 것
② 난방기용 안전장치 : 전도안전장치, 소화안전장치, 불완전연소 방지장치 또는 산소결핍 안전장치(가정용 및 업무용의 개방형에 한함)를 부착
③ 소화안전장치 부착 연소기 : 렌지, 그릴, 오븐 및 오븐렌지
④ 온수기 : 소화안전장치, 과열방지장치, 불완전연소 방지장치 또는 산소결핍 안전장치(개방형에 한 함)를 부착

(4) 다기능 가스안전계량기

① 작동성능
㉮ 유량차단 성능
ⓐ 합계유량 차단 : 합계유량차단 값을 초과하는 가스가 흐를 경우 75초 이내에 차단(합계유량 차단 값 = 연소기구 소비량의 총합 ×1.13)
ⓑ 증가유량 차단 : 통상의 사용 상태에서 증가유량차단 값을 초과하여 유량이 증가하는 경우 차단(증가유량 차단 값 = 연소기구 중 최대소비량 × 1.13)
ⓒ 연속사용시간 차단 : 유량이 변동 없이 장시간 연속하여 흐를 경우 차단(해당 기능은 설정기 등으로 시간을 변경 또는 설정할 수 있는 것)
㉯ 미소사용유량 등록 성능 : 정상 사용 상태에서 미소유량을 감지하여 오경보를 방지할 수 있는 것(미소유량은 40[L/h] 이하, 설정기 등으로 미소유량을 설정, 변경할 수 있는 것)
㉰ 미소누출검지 성능 : 유량을 연속으로 30일간 검지할 때에 표시하는 기능(그 밖의 원인으로 차단 복귀하더라도 해당 기능에 영향이 없을 것)
㉱ 압력저하차단 성능 : 통상의 사용 상태에서 다기능계량기 출구 쪽 압력저하를 감지하여 압력이 0.6±0.1[kPa]에서 차단
② 통신 성능 : 송신 또는 송수신 조건
㉮ 합계증가 차단한 경우
㉯ 연속사용시간 차단한 경우
㉰ 미소누출 검지한 경우
㉱ 전지전압저하 시
㉲ 공급압력저하 차단 시
㉳ 자동검침기능 작동 시
㉴ 센터차단 시 : 차단기능이 있는 경우에만 적용
③ 검지 성능 : 가스누출 검지기능(검지부)을 갖춘 경우

㉮ 검지부의 가스검지기능 이외의 기능이 연동되는 것은 다기능계량기의 기능에 나쁜 영향을 주지 않을 것

㉯ 검지부를 2개 이상 연결하는 제어부는 검지부의 전원이 끊기면 이를 알 수 있고, 다른 검지부와 연동되는 차단성능에 이상이 없을 것

㉰ 가스를 감지한 상태에서 연속경보를 울린 후 30초 이내에 가스를 차단

㉱ 검지부는 방수구조(가정용은 제외)로서 검정품일 것

※ 가스용품 종류별 보다 자세한 사항은 "**가스기술기준정보시스템(KGS Code)**"를 방문하면 열람하여 확인할 수 있습니다. [www.kgscode.or.kr]

예상문제

01 액화석유가스 충전시설 중 저장설비는 그 외면으로부터 사업소 경계와의 거리 이상을 유지하여야 한다. 저장능력과 사업소 경계와의 거리를 바르게 연결한 것은?

① 10[톤] 이하 – 20[m]
② 10[톤] 초과 20[톤] 이하 – 22[m]
③ 20[톤] 초과 30[톤] 이하 – 30[m]
④ 30[톤] 초과 40[톤] 이하 – 32[m]

해설 저장설비와 사업소 경계와의 거리 기준

저장능력	유지거리
10[톤] 이하	24[m]
10[톤] 초과 20[톤] 이하	27[m]
20[톤] 초과 30[톤] 이하	30[m]
30[톤] 초과 40[톤] 이하	33[m]
40[톤] 초과 200[톤] 이하	36[m]
200[톤] 초과	39[m]

02 지상에 액화석유가스 저장탱크를 설치하는 경우 냉각살수장치는 그 외면으로부터 몇 [m] 이상 떨어진 곳에서 조작할 수 있어야 하는가?

① 2 ② 3
③ 5 ④ 7

해설 냉각살수장치 설치 기준
㉮ 방사량 : 저장탱크 표면적 1[m^2]당 5[L/min] 이상의 비율
㉯ 준내화구조 저장탱크 : 2.5[L/min · m^2] 이상
㉰ 조작위치 : 5[m] 이상 떨어진 위치

03 액화석유가스 저장탱크를 지상에 설치하는 경우 냉각살수장치를 설치하여야 한다. 구형저장탱크에 설치하여야 하는 살수장치는?

① 살수관식 ② 확산판식
③ 노즐식 ④ 분무관식

해설 살수장치는 다음 중 어느 하나의 방법으로 설치하고 배관 재질은 내식성 재료로 한다. 다만, 구형저장탱크의 살수장치는 확산판식으로 설치한다.
㉮ **살수관식** : 배관에 지름 4[mm] 이상의 다수의 작은 구멍을 뚫거나 살수노즐을 배관에 부착한다.
㉯ **확산판식** : 확산판을 살수노즐 끝에 부착한다.

04 액화석유가스 충전시설의 지하에 묻는 저장탱크는 천정, 벽 및 바닥의 철근콘크리트 두께가 몇 [cm] 이상으로 된 저장탱크실에 설치해야 하는가?

① 20[cm] ② 30[cm]
③ 40[cm] ④ 50[cm]

해설 저장탱크를 지하에 설치할 때 저장탱크실은 천정, 벽 및 바닥의 두께가 각각 30[cm] 이상의 방수조치를 한 철근콘크리트구조로 한다.

05 LPG 저장탱크를 지하에 설치 시 저장탱크실 재료의 규격으로 틀린 것은?

① 굵은 골재의 최대치수 : 25[mm]
② 설계강도 : 21[MPa] 이상
③ 슬럼프(slump) : 120~150[mm]
④ 공기량 : 1[%] 미만

Answer 1. ③ 2. ③ 3. ② 4. ② 5. ④

해설 LPG 저장탱크실 재료 규격

항목	규격
굵은 골재의 최대치수	25[mm]
설계강도	21[MPa] 이상
슬럼프(slump)	120~150[mm]
공기량	4[%] 이하
물-시멘트비	50[%] 이하
그 밖의 사항	KS F 4009(레드믹스 콘크리트)에 따른 규정

06 액화석유가스 충전소에서 저장탱크를 지하에 설치하는 경우에는 콘크리트로 저장탱크실을 만들고 그 실내에 설치하여야 한다. 이때 저장탱크실내의 공간에는 무엇으로 채워야 하는가?

① 물 ② 건조모래
③ 자갈 ④ 콜타르

해설 저장탱크 주위 빈 공간에는 세립분을 함유하지 않은 것으로서 손으로 만졌을 때 물이 손에서 흘러내리지 않는 상태의 모래를 채운다.

07 액화석유가스 저장탱크를 지하에 설치할 경우에는 집수구를 설치하여야 한다. 이에 대한 설명으로 옳은 것은?

① 집수구는 가로, 세로, 깊이가 각각 50[cm] 이상의 크기로 한다.
② 집수관은 지름을 80[A] 이상으로 하고, 집수구 바닥에 고정한다.
③ 검지관은 지름 30[A] 이상으로 3개소 이상 설치한다.
④ 집수구는 저장탱크 바닥면보다 높게 설치한다.

해설 액화석유가스 저장탱크 집수구 기준
㉮ 집수구 : 가로 30[cm], 세로 30[cm], 깊이 30[cm] 이상의 크기로 저장탱크실 바닥면보다 낮게 설치
㉯ 집수관 : 80[A] 이상
㉰ 집수구 및 집수관 주변 : 자갈 등으로 조치, 펌프로 배수
㉱ 검지관 : 40[A] 이상으로 4개소 이상 설치

08 저장능력이 30[톤]인 저장탱크를 지하에 설치하였다. 점검구의 설치기준에 대한 설명으로 틀린 것은?

① 점검구는 2개소를 설치한다.
② 점검구는 저장탱크 측면 상부의 지상에 설치하였다.
③ 점검구는 저장탱크실 상부 콘크리트 타설 부분에 맨홀 형태로 설치하였다.
④ 사각형 모양의 점검구로서 0.6[m]×0.6[m]의 크기로 하였다.

해설 저장탱크실 지하 설치 시 점검구 기준
㉮ 점검구는 저장능력이 20[톤] 이하인 경우에는 1개소, 20[톤] 초과인 경우에는 2개소로 한다.
㉯ 점검구는 저장탱크실의 모래를 제거한 후 저장탱크 외면을 점검할 수 있는 저장탱크 측면 상부의 지상에 설치한다.
㉰ 점검구는 저장탱크실 상부 콘크리트 타설 부분에 맨홀형태로 설치하되, 맨홀 뚜껑 밑부분까지는 모래를 채우고, 빗물의 영향을 받지 않도록 방수턱과 철판 덮개를 설치한다.
㉱ 사각형 점검구는 0.8[m]×1[m] 이상의 크기로 하며, 원형 점검구는 지름 0.8[m] 이상의 크기로 한다.

09 액화석유가스 용기 충전시설의 저장탱크에 폭발방지장치를 의무적으로 설치하여야 하는 경우는? (단, 저장탱크는 저온저장탱크가 아니며, 물분무장치 설치 기준을 충족하지 못하는 것으로 가정한다.)

Answer 6. ② 7. ② 8. ④ 9. ①

① 상업지역에 저장능력 15[톤] 저장탱크를 지상에 설치하는 경우
② 녹지지역에 저장능력 20[톤] 저장탱크를 지상에 설치하는 경우
③ 주거지역에 저장능력 5[톤] 저장탱크를 지상에 설치하는 경우
④ 녹지지역에 저장능력 30[톤] 저장탱크를 지상에 설치하는 경우

해설 폭발방지장치 설치 대상
㉮ 주거지역, 상업지역 지상에 설치하는 저장능력 10[톤] 이상의 저장탱크
㉯ LPG 이송용 탱크로리 탱크(차량에 고정된 탱크)

10 액화석유가스 저장탱크의 외벽에 화염에 의하여 국부적으로 가열될 경우 탱크의 파열을 방지하기 위한 폭발방지제의 열전달 매체 재료로서 가장 적당한 것은?

① 동 ② 알루미늄
③ 철 ④ 아연

해설 폭발방지장치 열전달 매체
다공성 벌집형 알루미늄합금박판

11 액화석유가스의 저장탱크의 설치기준으로 옳지 않은 것은?

① 지상에 설치하는 저장탱크 및 지주는 내열성의 구조로 한다.
② 저장탱크 외면으로부터 2[m] 이상 떨어신 위치에서 조작할 수 있는 냉각실수장치를 한다.
③ 소형 저장탱크의 경우는 유효냉각 장치가 필요치 않다.
④ 저장탱크 외면에는 부식방지코팅 및 전기부식 방지조치를 한다.

해설 냉각살수장치 조작위치 : 5[m] 이상

12 액화석유가스 충전사업시설 중 저장탱크와 다른 저장탱크와의 사이에는 두 저장탱크의 최대지름을 합한 길이의 1/4 이 1[m] 이상일 경우에 얼마의 간격을 유지해야 하는가?

① 2[m]
② 그 길이의 간격
③ 그 길이의 1/2 간격
④ 3[m]

해설 두 저장탱크의 지름을 합산한 길이의 1/4 이 1[m] 이상일 경우에는 그 길이의 간격, 1[m] 미만일 경우에는 1[m] 이상을 유지한다.

13 액화석유가스 지상 저장탱크 주위에는 저장능력이 얼마 이상일 때 방류둑을 설치하여야 하는가?

① 300[kg] ② 1000[kg]
③ 300[톤] ④ 1000[톤]

해설 저장능력 1000[톤] 이상의 지상 저장탱크 주위에는 액상의 액화석유가스가 누출된 경우에 그 유출을 방지할 수 있도록 방류둑을 설치한다.

14 액화석유가스 설비의 내압시험 압력은 얼마인가? (단, 공기, 질소 등의 기체에 의한 내압시험은 제외한다.)

① 상용압력의 1.5배 이상
② 기밀시험압력 이상
③ 허용압력 이상
④ 설계압력의 1.5배 이상

해설 내압시험 압력
㉮ 수압시험 : 상용압력의 1.5배 이상
㉯ 기체에 의한 내압시험 : 상용압력의 1.25배 이상

Answer 10. ② 11. ② 12. ② 13. ④ 14. ①

15 부탄용 가스설비에 부착되어 있는 안전밸브의 설정압력은 몇 [MPa] 이하로 하여야 하는가?

① 1.8 ② 2.0 ③ 2.2 ④ 2.5

해설 과압안전장치(안전밸브) 작동압력
프로판용 및 부탄용 가스설비 등에 부착되어 있는 안전밸브의 설정압력은 1.8[MPa] 이하로 한다. 다만, 부탄용 저장설비의 경우에는 1.08[MPa] 이하(압축기나 펌프 토출압력의 영향을 받는 부분은 1.8[MPa] 이하)로 한다.

16 지상에 설치하는 액화석유가스의 저장탱크 안전밸브에 가스 방출관을 설치하고자 한다. 저장탱크의 정상부가 지상에서 8[m]일 경우 방출관의 높이는 지상에서 몇 [m] 이상이어야 하는가?

① 2[m] ② 5[m]
③ 8[m] ④ 10[m]

해설 저장탱크 안전밸브 방출관 방출구 위치
㉮ 지상 설치 : 지면에서 5[m] 또는 저장탱크 정상부로부터 2[m] 높이 중 높은 위치
㉯ 지하 설치 : 지면에서 5[m] 이상
※ 저장탱크의 정상부가 지상에서 8[m]이므로 방출구 높이는 8+2=10[m]이다.

17 가스누출 경보기의 검지부를 설치할 수 있는 장소는?

① 증기, 물방울, 기름기 섞인 연기 등이 직접 접촉될 우려가 있는 곳
② 주위온도 또는 복사열에 의한 온도가 40[℃] 미만이 되는 곳
③ 설비 등에 가려져 누출가스의 유동이 원활하지 못한 곳
④ 차량, 그 밖의 작업 등으로 인하여 경보기가 파손될 우려가 있는 곳

해설 LPG용기 충전소 검지부 설치 제외 장소
㉮ 증기, 물방울, 기름 섞인 연기 등이 직접 접촉될 우려가 있는 장소
㉯ 온도가 40[℃] 이상인 곳
㉰ 누출가스의 유동이 원활하지 못한 곳
㉱ 차량, 작업 등으로 파손될 우려가 있는 곳

18 액화석유가스 저장시설의 액면계 설치기준으로 틀린 것은?

① 액면계는 평형반사식 유리액면계 및 평형투시식 유리액면계를 사용할 수 있다.
② 유리액면계에 사용되는 유리는 KS B 6208(보일러용 수면계 유리) 중 기호 B 또는 P의 것 또는 이와 같은 수준 이상이어야 한다.
③ 유리를 사용한 액면계에는 액면의 확인을 명확하게 하기 위하여 덮개 등을 하지 않는다.
④ 액면계 상하에는 수동식 및 자동식 스톱밸브를 각각 설치한다.

해설 유리를 사용한 액면계에는 액면을 확인하기 위하여 필요한 최소면적 이외의 부분을 금속제 등의 덮개로 보호하여 액면계의 파손을 방지하는 조치를 한 것으로 한다.

19 LPG 용기 충전시설에 설치되는 긴급차단장치에 대한 기준으로 틀린 것은?

① 저장탱크 외면에서 5[m] 이상 떨어진 위치에서 조작하는 장치를 설치한다.
② 기상 가스배관 중 송출배관에는 반드시 설치한다.
③ 액상의 가스를 이입하기 위한 배관에는 역류방지밸브로 갈음할 수 있다.
④ 소형 저장탱크에는 의무적으로 설치할 필요가 없다.

Answer 15. ① 16. ④ 17. ② 18. ③ 19. ②

해설 저장탱크에 설치하는 긴급차단장치는 액상의 가스를 이입, 송출하는 배관에 설치한다.

20 **LPG 저장탱크에 부착된 배관에는 긴급차단장치를 설치하는데 차단조작기구는 해당 저장탱크로부터 얼마나 떨어져야 하는가?**

① 2[m] 이상　　② 3[m] 이상
③ 4[m] 이상　　④ 5[m] 이상

해설 긴급차단장치의 차단조작기구는 해당 저장탱크로부터 5[m] 이상 떨어진 곳에 설치한다.

21 **액화석유가스 충전사업의 용기충전 시설기준으로 옳지 않은 것은?**

① 주거지역 또는 상업지역에 설치하는 저장능력 10[톤] 이상의 저장탱크에는 폭발방지장치를 설치할 것
② 방류둑의 내측과 그 외면으로부터 10[m] 이내에는 그 저장탱크의 부속설비 외의 것을 설치하지 말 것
③ 충전장소 및 저장설비에는 불연성의 재료 또는 난연성의 재료를 사용한 무거운 지붕으로 하여 멀리 비산되는 것을 방지할 것
④ 저장설비실에 통풍이 잘 되지 않을 경우에는 강제 통풍시설을 설치할 것

해설 충전장소 및 저장설비에는 불연성의 재료 또는 난연성의 가벼운 재료를 사용한 지붕을 설치하여야 한다.

22 **액화석유가스 공급시설 중 저장설비의 주위에는 경계책 높이를 몇 [m] 이상으로 설치하도록 하고 있는가?**

① 0.5　　② 1.0
③ 1.5　　④ 2.0

해설 경계책 기준
㉮ 높이 : 1.5[m] 이상
㉯ 철책, 철망 사용

23 **LP가스의 저장설비실 바닥면적이 15[m^2]이라면 외기에 면하여 설치된 환기구의 통풍가능 면적의 합계는 몇 [cm^2] 이상이어야 하는가?**

① 3000　　② 3500
③ 4000　　④ 4500

해설 통풍구조의 기준
㉮ 통풍구 면적 기준 : 바닥면적 1[m^2]당 300[cm^2] 비율로 계산
㉯ 환기구 통풍가능 면적 계산
$\therefore A = 15 \times 300 = 4500$[cm^2]

24 **액화석유가스를 저장하는 시설의 강제통풍구조에 관한 내용이다. 설명이 잘못된 것은?**

① 통풍능력이 바닥면적 1[m^2]마다 0.5[m^3/분] 이상으로 한다.
② 배기구는 바닥면 가까이에 설치한다.
③ 배기가스 방출구를 지면에서 5[m] 이상의 높이에 설치한다.
④ 배기구는 천장면에서 30[cm] 이내에 설치하여야 한다.

해설 LPG는 공기보다 무겁기 때문에 배기구는 바닥면에서 30[cm] 이내에 설치한다.

Answer 20. ④ 21. ③ 22. ③ 23. ④ 24. ④

25 액화석유가스의 냄새측정 기준에서 사용하는 용어 설명으로 옳지 않은 것은?

① 시험가스 : 냄새를 측정할 수 있도록 액화석유가스를 기화시킨 가스
② 시험자 : 미리 선정한 정상적인 후각을 가진 사람으로서 냄새를 판정하는 자
③ 시료기체 : 시험가스를 청정한 공기로 희석한 판정용 기체
④ 희석배수 : 시료기체의 양을 시험가스의 양으로 나눈 값

해설 ②번 항은 패널(panel)의 설명이다.
※ 시험자 : 냄새농도 측정에 있어서 희석조작을 하여 냄새농도를 측정하는 자

26 액화석유가스는 공기 중의 혼합비율의 용량이 얼마의 상태에서 감지할 수 있도록 냄새가 나는 물질을 섞어 용기에 충전하여야 하는가?

① $\frac{1}{10}$ ② $\frac{1}{100}$
③ $\frac{1}{1000}$ ④ $\frac{1}{10000}$

해설 부취제의 공기 중 착취농도(감지농도)
1/1000의 상태에서 감지되어야 한다.
※ 1/1000 의 농도 : 0.1[%]

27 저장탱크에 액화석유가스를 충전하는 때에는 가스의 용량이 상용의 온도에서 저장탱크 내용적의 몇 [%]를 넘지 아니하여야 하는가?

① 95 ② 90
③ 85 ④ 80

해설 저장탱크 충전량
㉮ 저장탱크 : 내용적의 90[%] 이하
㉯ 소형저장탱크 : 내용적의 85[%] 이하

28 납붙임 또는 접합용기에 액화석유가스를 충전하는 때의 가스압력은 35[℃]에서 얼마[MPa] 미만이어야 하는가?

① 0.1 ② 0.2
③ 0.3 ④ 0.5

해설 소형용기 중 납붙임 또는 접합용기와 이동식 부탄연소기용 용접용기에 액화석유가스를 충전하는 가스의 압력은 35[℃]에서 0.5[MPa] 미만이 되도록 하여야 한다.

29 이동식 부탄연소기용 용접용기에의 액화석유가스 충전기준으로 틀린 것은?

① 제조 후 15년이 지나지 않은 용접용기일 것
② 용기의 상태가 4급에 해당하는 흠이 없을 것
③ 캔 밸브는 부착한지 2년이 지나지 않을 것
④ 사용상 지장이 있는 흠, 우그러짐, 부식 등이 없을 것

해설 이동식 부탄연소기용 용접용기에의 액화석유가스 충전 기준
㉮ 제조 후 10년이 지나지 않은 용접용기일 것
㉯ 용기의 상태가 4급에 해당하는 찍힌 흠(긁힌 흠), 부식, 우그러짐 및 화염(전기불꽃)에 의한 흠이 없을 것
㉰ 캔 밸브는 부착한지 2년이 지나지 않아야 하며, 부착연월이 각인되어 있을 것
㉱ 사용상 지장이 있는 흠, 주름, 부식 등이 없을 것

Answer 25. ② 26. ③ 27. ② 28. ④ 29. ①

30 차량에 고정된 탱크로 소형저장탱크에 액화석유가스를 충전할 때의 기준으로 옳지 않은 것은?

① 소형 저장탱크의 검사 여부를 확인하고 공급할 것
② 소형 저장탱크 내의 잔량을 확인한 후 충전할 것
③ 충전작업은 수요자가 채용한 경험이 많은 사람의 입회하에 할 것
④ 작업 중의 위해 방지를 위한 조치를 할 것

해설 수요자가 채용한 안전관리자의 입회하에 한다.

31 LP가스 충전설비의 작동상황 점검주기로 옳은 것은?

① 1일 1회 이상　② 1주일 1회 이상
③ 1월 1회 이상　④ 1년 1회 이상

해설 충전설비의 작동상황 점검주기 : 1일 1회 이상

32 LPG 충전소 용기의 잔가스 제거장치의 설치기준으로 틀린 것은?

① 용기에 잔류하는 액화석유가스를 회수할 수 있는 용기 전도대를 갖춘다.
② 회수한 잔가스를 저장하는 전용탱크의 내용적은 1000[L] 이상으로 한다.
③ 잔가스 연소장치는 잔가스 회수 또는 배출하는 설비로부터 8[m] 이상의 거리를 유지하는 장소에 설치한 것으로 한다.
④ 압축기에는 유분리기 및 응축기가 부착되어 있고 1[MPa] 이상 0.05[MPa] 이하의 압력에서 자동으로 정지하도록 한다.

해설 압축기에는 유분리기 및 응축기가 부착되어 있고 0[MPa] 이상 0.05[MPa] 이하의 압력범위에서 자동으로 정지할 것

33 LPG 충전시설의 잔가스 연소장치는 가스 배출설비와 유지해야 할 거리는? (단, 방출량은 30[g/분] 이상이다.)

① 4[m] 이상　② 8[m] 이상
③ 10[m] 이상　④ 12[m] 이상

해설 잔가스 배출관과 화기 취급시설과 유지거리

방출량	유지거리
30[g/분] 이상	8[m] 이상
60[g/분] 이상	10[m] 이상
90[g/분] 이상	12[m] 이상
120[g/분] 이상	14[m] 이상
150[g/분] 이상	16[m] 이상

34 액화석유가스 자동차용기 충전시설(충전기) 기준 중 옳지 않은 것은?

① 충전소에는 자동차에 직접 충전할 수 있는 고정충전설비를 설치하고, 그 주위에 공지를 확보할 것
② 충전기의 충전호스의 길이는 5[m] 이내로 할 것
③ 충전호스에 부착하는 가스 주입기는 투터치형으로 할 것
④ 충전기 상부에는 닫집모양의 차양을 설치하고 그 면적은 공지면적의 1/2 이하로 할 것

해설 충전호스에 부착하는 가스 주입기는 원터치형으로 한다.

Answer 30. ③ 31. ① 32. ④ 33. ② 34. ③

35 LP가스 충전 시 사용하는 디스펜서(dispenser)에 대하여 옳게 설명한 것은?

① LP가스 압축기 이송장치의 충전기기 중 소량에 충전하는 기기
② LP가스 자동차 충전소에서 LP가스 자동차의 용기에 용적을 계량하여 충전하는 충전기기
③ LP가스 대형 저장탱크에 역류방지용으로 사용하는 기기
④ LP가스 충전소에서 청소하는데 사용하는 기기

36 액화석유가스를 자동차에 충전하는 충전호스의 길이는 몇 [m] 이내이어야 하는가? (단, 자동차 제조공정 중에 설치된 것을 제외한다.)

① 3 ② 5
③ 8 ④ 10

해설 충전기의 충전호스의 길이는 5[m] 이내(자동차 제조공정 중에 설치된 것은 제외)로 하고, 그 끝에 축적되는 정전기를 유효하게 제거할 수 있는 정전기 제거장치를 설치한다.

37 액화석유가스 자동차 충전소에 설치할 수 있는 건축물 또는 시설은?

① 액화석유가스 충전사업자가 운영하고 있는 용기를 재검사하기 위한 시설
② 충전소의 종사자가 이용하기 위한 연면적 200[m^2] 이하의 식당
③ 충전소를 출입하는 사람을 위한 연면적 200[m^2] 이하의 매점
④ 공구 등을 보관하기 위한 연면적 200[m^2] 이하의 창고

해설 자동차 충전소에 설치할 수 있는 건축물, 시설

㉮ 충전을 하기 위한 작업장
㉯ 충전소의 업무를 행하기 위한 사무실과 회의실
㉰ 충전소의 관계자가 근무하는 대기실
㉱ 액화석유가스 충전사업자가 운영하고 있는 용기를 재검사하기 위한 시설
㉲ 충전소 종사자의 숙소
㉳ 충전소의 종사자가 이용하기 위한 연면적 100[m^2] 이하의 식당
㉴ 비상발전기 또는 공구 등을 보관하기 위한 연면적 100[m^2] 이하의 창고
㉵ 자동차의 세정을 위한 세차시설
㉶ 충전소에 출입하는 사람을 대상으로 한 자동판매기와 현금자동지급기
㉷ 자동차 등의 점검 및 간이정비(용접, 판금 등 화기를 사용하는 작업 및 도장작업을 제외)를 하기 위한 작업장
㉸ 충전소에 출입하는 사람을 대상으로 한 소매점 및 자동차 전시장, 자동차 영업소
㉹ 용기 충전사업 용도의 건축물이나 시설

38 LPG 충전소에는 시설의 안전 확보상 "충전 중 엔진정지"라고 표시한 표지판을 주위 보기 쉬운 곳에 설치해야 한다. 이 표지판의 바탕색과 글씨의 색상은?

① 흑색 바탕에 백색 글씨
② 흑색 바탕에 황색 글씨
③ 백색 바탕에 흑색 글씨
④ 황색 바탕에 흑색 글씨

해설 LPG 자동차 충전소 표지판

㉮ 충전 중 엔진정지 : 황색 바탕에 흑색 글씨
㉯ 화기엄금 : 백색 바탕에 적색 글씨

39 액화석유가스 소형저장탱크를 설치할 경우 안전거리에 대한 설명으로 틀린 것은?

① 충전질량이 2500[kg]인 소형저장탱크의 가스충진구로부터 토지경계선에 내한 수

Answer 35. ② 36. ② 37. ① 38. ④ 39. ④

평거리는 5.5[m] 이상이어야 한다.
② 충전질량이 1000[kg] 이상 2000[kg] 미만인 소형저장탱크의 탱크간 거리는 0.5[m] 이상이어야 한다.
③ 충전질량이 2500[kg]인 소형저장탱크의 가스충전구로부터 건축물개구부에 대한 거리는 3.5[m] 이상이어야 한다.
④ 충전질량이 1000[kg] 미만인 소형저장탱크의 가스충전구로부터 토지경계선에 대한 수평거리는 1.0[m] 이상이어야 한다.

해설 소형저장탱크 설치거리 기준

충전질량	가스충전구로부터 토지 경계선에 대한 수평거리	탱크간 거리	가스충전구로부터 건축물 개구부에 대한 거리
1000[kg] 미만	0.5[m] 이상	0.3[m] 이상	0.5[m] 이상
1000~2000[kg] 미만	3.0[m] 이상	0.5[m] 이상	3.0[m] 이상
2000[kg] 이상	5.5[m] 이상	0.5[m] 이상	3.5[m] 이상

40 액화석유가스 소형저장탱크의 설치기준에 대한 설명 중 옳은 것은?

① 충전질량이 2000[kg] 이상인 것은 탱크간 거리를 1[m] 이상으로 하여야 한다.
② 동일 장소에 설치하는 탱크의 수는 6기 이하로 하고, 충전질량 합계는 6000[kg] 미만이 되도록 하여야 한다.
③ 충전질량 1000[kg] 이상인 탱크는 높이 1[m] 이상의 경계책을 만들고 출입구를 설치하여야 한다.
④ 소형저장탱크는 그 바닥이 지면보다 10[cm] 이상 높게 설치된 콘크리트 바닥 등에 설치하여야 한다.

해설 소형저장탱크 설치 기준
㉮ 충전질량 1000[kg] 이상인 것은 탱크간 거리를 0.5[m] 이상 유지한다.
㉯ 동일 장소에 설치하는 소형저장탱크의 수는 6기 이하로 하고, 충전질량 합계는 5000[kg] 미만이 되도록 한다.
㉰ 소형저장탱크는 그 바닥이 지면보다 5[cm] 이상 높게 설치된 콘크리트 바닥 등에 설치할 것
㉱ 소형저장탱크에는 정전기 제거 조치를 할 것

41 동일 장소에 설치하는 소형저장탱크는 충전질량의 합계가 얼마 미만이 되어야 하는가?

① 2500[kg] ② 5000[kg]
③ 10000[kg] ④ 30000[kg]

해설 동일 장소에 설치하는 소형저장탱크의 수는 6기 이하로 하고, 충전질량 합계는 5000[kg] 미만이 되도록 한다.

42 액화석유가스 집단공급시설에서 배관을 지하에 매설할 때 차량이 통행하는 폭 8[m] 이상의 도로에는 몇 [m] 이상의 깊이로 하여야 하는가?

① 0.6[m] ② 1.0[m]
③ 1.2[m] ④ 1.5[m]

해설 집단공급시설 배관 매설깊이
㉮ 집단공급사업 부지 내 : 0.6[m] 이상
㉯ 차량이 통행하는 폭 8[m] 이상의 도로 : 1.2[m] 이상
㉰ 차량이 통행하는 폭 4[m] 이상 8[m] 미만의 도로 : 1[m] 이상
㉱ ㉮~㉰에 해당하지 않는 곳 : 0.8[m] 이상

43 LPG 용기보관소 경계표지의 "연"자 표시의 색상은?

① 흑색 ② 적색
③ 황색 ④ 흰색

Answer 40. ③ 41. ② 42. ③ 43. ②

해설 용기보관소 등의 경계표지 기준
㉮ 경계표지를 설치하는 장소 : 용기보관소, 용기저장실, 가스저장실, 저장소, 저장설비의 출입구
㉯ 경계표지 표시사항 : "LPG 용기보관소", "LPG 저장설비", "LPG 저장소"
㉰ "연"자, "화기엄금" : 적색문자

44 액화석유가스 용기저장소의 시설기준 중 틀린 것은?

① 용기저장실을 설치하고 보기 쉬운 곳에 경계표시를 설치한다.
② 용기저장실의 전기시설은 방폭구조인 것이어야 하며, 전기스위치는 용기저장실 내부에 설치한다.
③ 용기저장실 내에는 분리형 가스누출 경보기를 설치한다.
④ 용기저장실 내에는 방폭등 외의 조명등을 설치하지 아니한다.

해설 전기스위치는 용기저장실의 외부에 설치한다.

45 LPG 용기의 안전점검 기준으로 틀린 것은?

① 용기의 부식여부를 확인할 것
② 용기 캡이 씌워져 있거나 프로텍터가 부착되어 있을 것
③ 밸브의 그랜드 너트를 고정핀으로 이탈을 방지한 것인가 확인할 것
④ 완성검사 도래 여부를 확인할 것

해설 용기의 안전점검 기준
㉮ 용기의 내면, 외면을 점검하여 사용에 지장을 주는 부식, 금, 주름 등이 있는지 확인할 것
㉯ 용기에 도색과 표시가 되어 있는지를 확인할 것
㉰ 용기의 스커트에 찌그러짐이 있는지와 사용에 지장이 없도록 적정 간격을 유지하고 있는지를 확인할 것
㉱ 유통 중 열 영향을 받았는지를 점검할 것. 열 영향을 받은 용기는 재검사를 할 것
㉲ 용기 캡이 씌워져 있거나 프로텍터가 부착되어 있는지를 확인할 것
㉳ 재검사기간의 도래 여부를 확인할 것
㉴ 용기 아랫부분의 부식상태를 확인할 것
㉵ 밸브의 몸통, 충전구나사 및 안전밸브에 사용에 지장을 주는 흠, 주름, 스프링의 부식 등이 있는지를 확인할 것
㉶ 밸브의 그랜드너트가 이탈하는 것을 방지하기 위하여 고정핀 등을 이용하는 등의 조치가 있는지를 확인할 것
㉷ 밸브의 개폐 조작이 쉬운 핸들이 부착되어 있는지를 확인할 것

46 가스공급자는 일반수요자에게 액화석유가스를 공급할 경우 체적 판매 방법에 의하여 공급하여야 하지만 중량 판매 방법에 의하여 공급할 수 있는 경우는?

① 병원에서 LPG 용기를 사용하는 경우
② 학교에서 LPG 용기를 사용하는 경우
③ 교회에서 LPG 용기를 사용하는 경우
④ 경로당에서 LPG 용기를 사용하는 경우

해설 중량판매방법으로 공급할 수 있는 경우
㉮ 내용적 30[L] 미만의 용기로 액화석유가스를 사용하는 자
㉯ 옥외에서 이동하면서 사용하는 자
㉰ 6개월 이내의 기간 동안 사용하는 자
㉱ 산업용, 선박용, 농축산용으로 사용하거나 그 부대시설에서 사용하는 자
㉲ 재건축, 재개발, 도시계획대상으로 예정된 건축물, 허가권자가 증·개축을 인정하는 곳
㉳ 주택 외의 건축물 중 영업장 면적이 40[m2] 이하인 곳
㉴ 경로당, 가정보육시설
㉵ 단독주택
㉶ 기타 허가권자가 인성하는 경우

Answer 44. ② 45. ④ 46. ④

47 용기 가스소비자에게 액화석유가스를 공급하고자 하는 가스 공급자는 액화석유가스 안전 공급계약을 체결하여야 한다. 안전 공급계약 시 기재사항에 포함되지 않아도 되는 항목은?

① 액화석유가스의 전달 방법
② 액화석유가스의 계량방법과 가스요금
③ 공급설비와 소비설비에 대한 비용 부담
④ 공급계약 해지 시 처벌 조항

해설 안전공급 계약서에 포함할 사항
㉮ 액화석유가스의 전달 방법
㉯ 액화석유가스의 계량법과 가스 요금
㉰ 공급설비와 소비설비에 대한 비용 부담
㉱ 공급설비와 소비설비의 관리방법
㉲ 위해 예방 조치에 관한 사항
㉳ 계약의 해지
㉴ 계약기간
㉵ 소비자보장 책임보험 가입에 관한 사항

48 용기에 의한 액화석유가스 사용시설에서 저장능력이 2[톤]인 경우 화기를 취급하는 장소와 유지하여야 하는 우회거리는 몇 [m] 이상인가?

① 2 ② 3
③ 5 ④ 8

해설 저장설비, 감압설비, 배관과 화기와의 거리

저장능력	화기와의 우회거리
1[톤] 미만	2[m] 이상
1[톤] 이상 3[톤] 미만	5[m] 이상
3[톤] 이상	8[m] 이상

49 액화석유가스 사용시설에서 가스계량기는 화기와 몇 [m] 이상의 우회거리를 유지해야 하는가?

① 2[m] ② 3[m]
③ 5[m] ④ 8[m]

해설 가스계량기는 화기(해당 시설 안에서 사용하는 자체화기를 제외한다.)와 2[m] 이상의 우회거리를 유지한다.

50 액화석유가스 사용시설의 엘피지 용기집합 설비의 저장능력이 얼마일 때는 용기, 용기 밸브, 압력조정기가 직사광선, 눈 또는 빗물에 노출되지 않도록 해야 하는가?

① 50[kg] 이하 ② 100[kg] 이하
③ 300[kg] 이하 ④ 500[kg] 이하

해설 액화석유가스 사용시설 기준
㉮ 저장능력 100[kg] 이하 : 용기, 용기밸브, 조정기가 직사광선, 빗물에 노출되지 않도록 조치
㉯ 저장능력 100[kg] 초과 : 용기보관실 설치
㉰ 저장능력 250[kg] 이상 : 고압배관에 안전장치 설치
㉱ 저장능력 500[kg] 초과 : 저장탱크 또는 소형저장탱크 설치

51 액화석유가스의 사용시설에 대한 설명으로 틀린 것은?

① 밸브 또는 배관을 가열하는 때에는 열습포나 40[℃] 이하의 더운 물을 사용할 것
② 용접작업 중인 장소로부터 5[m] 이내에서는 불꽃을 발생시킬 우려가 있는 행위를 금할 것
③ 내용적 20[L] 이상의 충전용기를 옥외로 이동하면서 사용할 때에는 용기운반전용 장비에 견고하게 묶어서 사용할 것
④ 사이펀 용기는 보온장치가 설치되어 있는 시설에서만 사용할 것

해설 사이펀 용기는 기화장치가 설치되어 있는 시설에서만 사용한다.

Answer 47. ④ 48. ③ 49. ① 50. ② 51. ④

52 LPG 사용시설의 배관 중 호스의 길이는 연소기까지 몇 [m] 이내로 해야 하는가?

① 10 ② 8
③ 5 ④ 3

해설 호스(금속플렉시블호스 제외)의 길이는 연소기까지 3[m] 이내(용접 또는 용단 작업용 시설을 제외)로 하고, 호스는 T형으로 연결하지 아니한다.

53 가스 사용시설의 배관을 움직이지 아니하도록 고정 부착하는 조치에 대한 설명 중 틀린 것은?

① 관 지름이 13[mm] 미만의 것에는 1000[mm]마다 고정 부착하는 조치를 해야 한다.
② 관 지름이 33[mm] 이상의 것에는 3000[mm]마다 고정 부착하는 조치를 해야 한다.
③ 관 지름이 13[mm] 이상 33[mm] 미만의 것에는 2000[mm] 마다 고정 부착하는 조치를 해야 한다.
④ 관 지름이 43[mm] 이상의 것에는 4000[mm]마다 고정 부착하는 조치를 해야 한다.

해설 배관 고정 부착 조치 기준
㉮ 관 지름 13[mm] 미만 : 1[m] 마다
㉯ 관 지름 13[mm] 이상 33[mm] 미만 : 2[m] 마다
㉰ 관 지름 33[mm] 이상 : 3[m] 마다

54 LPG 사용시설에서 가스누출경보장치 검지부 설치 높이의 기준으로 옳은 것은?

① 지면에서 30[cm] 이내
② 지면에서 60[cm] 이내
③ 천정에서 30[cm] 이내
④ 천정에서 60[cm] 이내

해설 검지부는 바닥면으로부터 검지부 상단까지의 거리는 30[cm] 이하로 한다.

55 가스용품 제조사업의 기술기준으로 조정압력이 3.3[kPa] 이하인 조정기 안전장치의 작동표준압력은 몇 [kPa]로 되어 있는가?

① 2.8 ② 3.5
③ 4.6 ④ 7.0

해설 조정압력 3.3[kPa] 이하 조정기 안전장치 작동압력
㉮ 작동표준압력 : 7[kPa]
㉯ 작동개시압력 : 5.6~8.4[kPa]
㉰ 작동정지압력 : 5.04~8.4[kPa]

56 일반용 액화석유가스 압력조정기의 제조기술기준에 대한 설명 중 틀린 것은?

① 사용 상태에서 충격에 견디고 빗물이 들어가지 아니하는 구조로 한다.
② 용량 100[kg/h] 이하의 압력조정기는 입구 쪽에 황동선망 또는 스테인리스강선망을 사용한 스트레이너를 내장하는 구조로 한다.
③ 용량 10[kg/h] 이상의 1단 감압식 저압조정기의 경우 몸통과 덮개를 몽키렌치, 드라이버 등 일반공구로 분리할 수 없는 구조로 한다.
④ 자동 절체식 조정기는 가스공급 방향을 알 수 있는 표시기를 갖춘다.

해설 용량 10[kg/h] 미만의 1단 감압식 저압조정기 및 1단 감압식 준저압 조정기 경우에 몸통과 덮개를 몽키렌치, 드라이버 등 일반공구로 분리할 수 없는 구조일 것

57 LPG 사용시설에 사용하는 1단 감압식 저압조정기에 대하여 실시하는 각종 시험압력 중 가스의 압력이 가장 높은 것은?

Answer 52. ④ 53. ④ 54. ① 55. ④ 56. ③ 57. ③

① 조정압력
② 출구측 기밀시험압력
③ 출구측 내압시험압력
④ 안전밸브 작동개시압력

해설 1단 감압식 저압조정기 압력

구 분		압 력
입구압력		0.07~1.56[MPa]
조정(출구)압력		2.3~3.3[kPa]
입구측	기밀시험압력	1.56[MPa] 이상
	내압시험압력	3[MPa] 이상
출구측	기밀시험압력	5.5[kPa]
	내압시험압력	0.3[MPa] 이상
안전밸브 작동개시압력		5.6~8.4[kPa]

58 가스누출 자동차단기 고압부의 기밀시험 압력의 기준은?

① 4.6~7.6[kPa] ② 8.4~10[kPa]
③ 1.2[MPa] 이상 ④ 1.8[MPa] 이상

해설 가스누출 자동차단기 시험압력

구 분		시험압력
기밀시험	고압부	1.8[MPa] 이상
	저압부	8.4[kPa]~10[kPa] 이하
내압시험	고압부	3[MPa] 이상
	저압부	0.3[MPa] 이상

59 고압고무호스에 대한 설명 중 틀린 것은?

① 고압고무호스는 안층, 보강층, 바깥층으로 되어 있고 안지름과 두께가 균일할 것
② 투윈호스는 차압 0.07[MPa] 이하에서 정상적으로 작동하는 체크밸브를 부착한 것일 것
③ 3[MPa] 이상의 압력으로 실시하는 내압시험에서 이상이 없을 것
④ 조정기에 연결하는 이음쇠의 나사는 오른나사로서 W22.5×14T일 것

해설 용기밸브 및 조정기에 연결하는 이음쇠의 나사는 왼나사로서 W22.5×14T, 나사부 길이는 12[mm] 이상으로 하고 용기 밸브에 연결하는 핸들의 지름은 50[mm] 이상일 것

60 고압고무호스(투윈호스, 측도관 등)의 기준에 대한 설명 중 옳지 않은 것은?

① 고압고무호스는 안층, 보강층, 바깥층으로 되어 있고 안지름과 두께가 균일할 것
② 투윈호스는 차압 0.05[MPa] 이하에서 정상적으로 작동하는 체크밸브를 부착할 것
③ 측도관의 접합관에 연결하는 이음쇠의 나사는 KS B 0222(관용테이퍼 나사) 규정에 적합할 것
④ 투윈호스의 길이는 900[mm] 또는 1200[mm]이고, 허용차는 +20[mm], −10[mm]로 할 것

해설 투윈호스에 부착하는 체크밸브는 차압 0.07[MPa] 이하에서 정상적으로 작동하여야 한다.

61 가스용 금속플렉시블호스에 대한 설명으로 틀린 것은?

① 이음쇠는 플레어(flare) 또는 유니언(union)의 접속 기능이 있어야 한다.
② 호스의 최대 길이는 10000[mm] 이내로 한다.
③ 호스길이의 허용오차는 +3[%], −2[%] 이내로 한다.
④ 튜브는 금속제로서 주름가공으로 제작하여 쉽게 굽혀 질 수 있는 구조로 한다.

Answer 58. ④ 59. ④ 60. ② 61. ②

해설 가스용 금속플렉시블호스 제조 기준
㉮ 호스는 양단에 관용테이퍼나사를 갖는 이음쇠나 호스엔드를 접속할 수 있는 이음쇠를 플레어 이음 또는 경납땜 등으로 부착한 구조일 것
㉯ 튜브는 금속제로 주름가공으로 제작하여 쉽게 굽혀질 수 있는 구조로 하고 외면에는 보호피막을 입힐 것
㉰ 호스는 안전성 및 내구성이 양호하여야 하며 통상의 조작 시 사용상 지장을 주는 변형이나 파손이 되지 않는 구조일 것
㉱ 호스는 이음쇠가 견고하게 부착되어 누출이 없어야 하며, 콕과 고정형 연소기의 접속을 위한 충분한 기능을 갖출 것
㉲ 호스의 길이는 한쪽 이음쇠의 끝에서 다른 쪽 이음쇠 끝까지로 하며 길이 허용오차는 +3[%], −2[%] 이내로 한다. 최대길이는 50000[mm] 이내로 한다.
㉳ 튜브의 재료는 동합금, 스테인리스강을 사용한다.

62 가스를 사용하는 일반가정이나 음식점 등에서 호스가 절단 또는 파손으로 다량 가스누출 시 사고예방을 위해 신속하게 자동으로 가스누출을 차단하기 위해 설치하는 제품은?

① 중간밸브 ② 체크밸브
③ 나사콕 ④ 퓨즈콕

해설 콕의 종류 및 구조(기능)
㉮ **퓨즈콕** : 가스유로를 볼로 개폐하고, 과류차단 안전기구가 부착된 것으로서 배관과 호스, 호스와 호스, 배관과 배관 또는 배관과 커플러를 연결하는 구조
㉯ **상자콕** : 가스유로를 핸들, 누름, 당김 등의 조작으로 개폐하고, 과류차단 안전기구가 부착된 것으로서 밸브 핸들이 반개방 상태에서도 가스가 차단되어야 하며, 배관과 커플러를 연결하는 구조
㉰ **주물연소기용 노즐콕** : 주물연소기용 부품으로 사용하는 것으로 볼로 개폐하는 구조

63 가스용 콕에 대한 설명 중 틀린 것은?

① 콕은 1개의 핸들로 1개의 유로를 개폐하는 구조로 한다.
② 완전히 열었을 때의 핸들의 방향은 유로의 방향과 직각인 것으로 한다.
③ 과류차단 안전기구가 부착된 콕의 작동유량은 입구압이 1±0.1[kPa]인 상태에서 측정하였을 때 표시유량의 ±10[%] 이내인 것으로 한다.
④ 콕의 핸들 회전력은 0.588[N·m] 이하인 것으로 한다.

해설 완전히 열었을 때의 핸들의 방향은 유로의 방향과 평행이어야 한다.

64 액화석유가스용 콕의 내열성능의 기준에 대한 설명으로 옳은 것은?

① 콕을 연 상태로 40±2[℃]에서 각각 30분간 방치한 후 지체 없이 기밀시험을 실시하여 누출이 없고 회전력은 0.588[N·m] 이하인 것으로 한다.
② 콕을 연 상태로 40±2[℃]에서 각각 60분간 방치한 후 지체 없이 기밀시험을 실시하여 누출이 없고 회전력은 0.688[N·m] 이하인 것으로 한다.
③ 콕을 연 상태로 60±2[℃]에서 각각 30분간 방치한 후 지체 없이 기밀시험을 실시하여 누출이 없고 회전력은 0.588[N·m] 이하인 것으로 한다.
④ 콕을 연 상태로 60±2[℃]에서 각각 60분간 방치한 후 지체 없이 기밀시험을 실시하여 누출이 없고 회전력은 0.688[N·m] 이하인 것으로 한다.

Answer 62. ④ 63. ② 64. ③

해설 콕의 내열성능 기준
㉮ 콕을 연 상태로 60±2[℃]에서 각각 30분간 방치한 후 지체 없이 기밀시험을 실시하여 누출이 없고 회전력은 0.588[N·m] 이하인 것으로 한다.
㉯ 콕을 연 상태로 120±2[℃]에서 30분간 방치한 후 꺼내어 상온에서의 기밀시험에서 누출이 없고, 변형이 없으며 핸들 회전력은 1.177[N·m] 이하인 것으로 한다.

65 액화석유가스 자동차충전소에서 이·충전 작업을 위하여 저장탱크와 탱크로리를 연결하는 가스용품의 명칭은?
① 역화방지장치
② 로딩암
③ 퀵커플러
④ 긴급차단밸브

해설 **로딩암(loading arm)** : 저장탱크 또는 차량에 고정된 탱크에 이입 및 충전할 때 사용하는 가스용품

66 세라믹버너를 사용하는 연소기에 반드시 부착하여야 하는 것은?
① 가버너
② 과열방지장치
③ 산소결핍 안전장치
④ 전도 안전장치

해설 연소기의 안전장치
㉮ **난방기** : 불완전연소 방지장치 또는 산소결핍 안선상지(가성용 및 업무용 개방형에 한함), 전도 안전장치, 소화 안전장치
㉯ **온수기** : 소화 안전장치, 과열방지장치, 불완전연소 방지장치 또는 산소결핍 안전장치(개방형에 한함)
㉰ **세라믹버너를 사용하는 연소기** : 가버너(압력조정기)
㉱ **렌지, 그릴, 오븐 및 오븐렌지** : 소화안전장치

67 다음 중 개방식으로 할 수 없는 연소기는?
① 가스보일러
② 가스난로
③ 가스레인지
④ 가스순간 온수기

해설 **개방식 연소기** : 연소용 공기를 실내에서 취하고, 연소가스(배기가스)를 실내에 버리는 방식으로 환풍기, 환기구를 설치하여야 한다.

68 LPG 연소기 명판에 기재할 사항이 아닌 것은?
① 연소기명
② 가스소비량
③ 연소기 재질명
④ 제조(롯드)번호

해설 금속제 명판에 기재할 사항
㉮ 연소기명
㉯ 제조자의 형식호칭(모델번호)
㉰ 사용가스명
㉱ 가스소비량
㉲ 제조(롯드)번호 및 제조년월일
㉳ 품질보증기간 및 용도
㉴ 제조자명 또는 약호
㉵ 열효율
㉶ 업무용 대형연소기 버너 : 버너헤드에 양호한 연소상태가 되는 노즐지름, 가스압력, 혼합관 길이 및 안지름

69 배기가스의 실내 누출로 인하여 질식 사고가 발생하는 것을 방지하기 위해 반드시 전용 보일러실에 설치하여야 하는 가스보일러는?
① 강제 급·배기식(FF) 가스보일러
② 반밀폐식 가스보일러
③ 옥외에 설치한 가스보일러
④ 전용 급기통을 부착시키는 구조로 검사에 합격한 강제 배기식 가스보일러

Answer 65. ② 66. ① 67. ① 68. ③ 69. ②

해설 급·배기 방식에 의한 보일러 분류
㉮ 자연 배기식 : CF(Conventional Flue)방식
㉯ 강제 배기식 : FE(Forced Exhaust)방식 또는 반밀폐식
㉰ 강제 급·배기식 : FF(Forced draft balanced Flue)방식
※ 반밀폐식 보일러는 전용보일러실에 설치하여야 한다.

70 가스보일러 설치기준에 따른 반밀폐식 가스보일러의 공동배기방식에 대한 기준 중 틀린 것은?

① 공동배기구의 정상부에서 최상층 보일러의 역풍방지장치 개구부 하단까지의 거리가 5[m]일 경우 공동배기구에 연결시킬 수 있다.
② 공동배기구 유효단면적 계산식 ($A = Q \times 0.6 \times K \times F + P$)에서 P는 배기통의 수평투영면적[mm^2]을 의미한다.
③ 공동배기구는 굴곡 없이 수직으로 설치하여야 한다.
④ 공동배기구는 화재에 의한 피해확산 방지를 위하여 방화 댐퍼(damper)를 설치하여야 한다.

해설 반밀폐식 가스보일러의 공동배기방식 기준
㉮ 공동배기구의 정상부에서 최상층 보일러의 역풍방지장치 개구부 하단까지의 거리가 4[m] 이상일 경우에는 공동배기구에 연결시키며, 그 이하일 경우에는 단독으로 설치할 것
㉯ 동일 층에서 공동배기구로 연결되는 보일러 수는 2대 이하일 것
㉰ 공공배기구 및 배기통에는 방화댐퍼(damper)를 설치하지 않을 것
※ 공동배기구 유효단면적 계산식
$\therefore A = Q \times 0.6 \times K \times F + P$
A : 공동배기구 유효단면적[mm^2]
Q : 보일러의 가스소비량 합계[kW]
K : 형상계수
F : 보일러의 동시 사용률
P : 배기통의 수평투영면적[mm^2]

71 밀폐식 보일러의 급·배기설비 중 밀폐형 자연 급·배기식 가스보일러의 설치방식이 아닌 것은?

① 단독배기통 방식
② 챔버(chamber)방식
③ U 덕트(duct)식
④ SE 덕트(duct)식

해설 밀폐형 자연 급·배기식 종류 : 외벽식, 챔버식, 덕트식(U 덕트식, SE 덕트식)

72 풍압대와 관계없이 설치할 수 있는 방식의 가스보일러는?

① 자연배기식(CF) 단독배기통 방식
② 자연배기식(CF) 복합배기통 방식
③ 강제배기식(FE) 단독배기통 방식
④ 강제배기식(FE) 공동배기구 방식

해설 풍압대를 피하여 설치하여야 할 가스보일러
㉮ 자연배기식(CF) 단독배기통 방식
㉯ 자연배기식(CF) 복합배기통 방식
㉰ 자연배기식(CF) 공동배기 방식
㉱ 강제배기식(FE) 공동배기구 방식

73 가스보일러 설치기준에 따라 반드시 내열실리콘으로 마감조치를 하여 기밀이 유지되도록 하여야 하는 부분은?

① 배기통과 가스보일러의 접속부
② 배기통과 배기통의 접속부
③ 급기통과 배기통의 접속부
④ 가스보일러와 급기통의 접속부

해설 가스보일러 배기통의 호칭지름은 가스보일러의 배기통 접속부의 호칭지름과 동일하여야 하며, 배기통과 가스보일러의 접속부는 내열실리콘(석고붕대를 제외)으로 마감 조치하여 기밀이 유지되도록 한다.

Answer 70. ④ 71. ① 72. ③ 73. ①

74 다기능 가스안전계량기(마이콤미터)의 작동성능이 아닌 것은?

① 합계유량 차단 성능
② 연속사용시간 차단 성능
③ 압력저하 차단 성능
④ 과열방지 차단 성능

해설 다기능 가스안전계량기(마이콤미터)의 성능
㉮ 합계유량 차단 성능 : 연소기구 소비량의 총합 ×1.13, 75초 이내 차단
㉯ 증가유량 차단 성능 : 연소기구 중 최대소비량 ×1.13
㉰ 연속사용시간 차단 성능
㉱ 미소사용유량 등록 성능
㉲ 미소누출 검지 성능
㉳ 압력저하 차단 성능 : 출구측 압력 0.6±0.1[kPa]에서 차단

75 가스엔진구동 열펌프(GHP)에 대한 설명 중 옳지 않은 것은?

① 부분부하 특성이 우수하다.
② 난방 시 GHP의 기동과 동시에 난방이 가능하다.
③ 외기온도 변동에 영향이 많다.
④ 구조가 복잡하고 유지관리가 어렵다.

해설 가스엔진 구동 펌프(GHP)의 특징
1) 장점
㉮ 난방 시 GHP 기동과 동시에 난방이 가능하다.
㉯ 부분부하 특성이 매우 우수하다.
㉰ 외기온도 변동에 영향이 적다.
2) 단점
㉮ 초기 구입가격이 높다.
㉯ 구조가 복잡하다.
㉰ 정기적인 유지관리가 필요하다.
※ GHP : Gas engine-driven Heat Pump

76 액화석유가스시설에서의 사고발생 시 사고의 통보방법에 대한 설명으로 틀린 것은?

① 사람이 부상당하거나 중독된 사고에 대한 상보는 사고 발생 후 15일 이내에 통보하여야 한다.
② 사람이 사망한 사고에 대한 상보는 사고 발생 후 20일 이내에 통보하여야 한다.
③ 한국가스안전공사가 사고조사를 실시한 때에는 상보를 하지 않을 수 없다.
④ 가스누출에 의한 폭발 또는 화재사고에 대한 속보는 즉시 하여야 한다.

해설 사고의 통보방법(액법 시행규칙 별표25) : 사람이 부상하거나 중독된 사고에 대한 속보는 즉시, 상보는 사고 발생 후 10일 이내에 통보하여야 한다.

77 사업자 등은 그의 시설이나 제품과 관련하여 가스사고가 발생한 때에는 한국가스안전공사에 통보하여야 한다. 사고의 통보 시에 통보내용에 포함되어야 하는 사항으로 규정하고 있지 않은 사항은?

① 피해현황(인명 및 재산)
② 시설현황
③ 사고내용
④ 사고원인

해설 통보내용에 포함되어야 할 사항
㉮ 통보자의 소속, 지위, 성명 및 연락처
㉯ 사고발생 일시
㉰ 사고빌생 장소
㉱ 사고내용
㉲ 시설현황
㉳ 피해현황(인명 및 재산)
※ 속보인 경우 ㉲, ㉳의 내용은 생략할 수 있다.

Answer 74. ④ 75. ③ 76. ① 77. ④

4장 도시가스 안전관리

1. 도시가스 도매사업

1) 제조소 및 공급소

(1) 배치기준

① 보호시설과의 거리 : 액화석유가스의 저장설비, 처리설비와 보호시설은 30[m] 이상

② 다른 설비와의 거리

㉮ 고압인 가스공급시설의 안전구역 면적 : 20000[m^2] 미만

㉯ 안전구역 안의 고압인 가스공급시설과의 거리 : 30[m] 이상

㉰ 둘 이상의 제조소가 인접하여 있는 경우 다른 제조소 경계까지 : 20[m] 이상

㉱ 액화천연가스의 저장탱크와 처리능력이 20만[m^3] 이상인 압축기와의 거리 : 30[m] 이상

㉲ 저장탱크와의 거리 : 두 저장탱크의 최대지름을 합산한 길이의 1/4 이상에 해당하는 거리 유지(1[m] 미만인 경우 1[m] 이상의 거리 유지) → 물분무장치 설치 시 제외

③ 사업소 경계와의 거리

㉮ 액화천연가스의 저장설비 및 처리설비(단, 계산된 거리가 50[m] 미만의 경우에는 50[m] 유지)

$$L = C \times \sqrt[3]{143000\,W}$$

여기서, L : 유지하여야 하는 거리[m]

C : 상수(저압 지하식 저장탱크는 0.240, 그 밖의 가스저장설비 및 처리설비는 0.576)

W : 저장탱크는 저장능력[단위 : 톤]의 제곱근, 그 밖의 것은 그 시설 안의 액화천연가스의 질량[단위 : 톤]

㉯ 사업소 경계를 반대편 끝으로 하는 경우

ⓐ 바다, 호수, 하천

ⓑ 전기발전사업, 가스공급업 및 창고업의 현재 사용하는 있는 부지

ⓒ 도로 또는 철도
ⓓ 수로 또는 공업용 수도
ⓔ 연못

(2) 제조시설의 구조 및 설비

① 안전시설
㉮ 인터록기구 : 안전 확보를 위한 주요부분에 설비가 잘못 조작되거나 이상이 발생하는 경우에 자동으로 원재료의 공급을 차단하는 장치 설치
㉯ 가스누출검지 통보설비 : 가스공급시설로부터 가스가 누출되어 체류할 우려가 있는 장소에 설치
㉰ 긴급차단장치 : 고압인 가스공급시설에 설치
㉱ 긴급이송설비 : 가스량, 온도, 압력 등에 따라 이상사태가 발생하는 경우 설비 안의 내용물을 설비 밖으로 이송하는 설비 설치
ⓐ 벤트스택 : 긴급이송설비에 의하여 이송되는 가스를 대기 중으로 방출시키는 시설
ⓑ 플레어스택 : 긴급이송설비에 의하여 이송되는 가스를 안전하게 연소시키는 시설

② 저장탱크
㉮ 방류둑 설치 : 저장능력 500[톤] 이상
㉯ 긴급차단장치 조작 위치 : 저장탱크 외면으로부터 10[m] 이상
㉰ 액화석유가스 저장탱크 : 폭발방지장치 설치

2) 제조소 및 공급소 밖의 배관

(1) 배관설비 기준

① 배관 접합 : 용접 접합 방법
㉮ 맞내기 용접하는 경우 평행한 용접이음매 간격 : 최소 간격은 50[mm]

$$D = 2.5\sqrt{R_m \times t}$$

여기서, D : 용접이음매의 간격[mm]
R_m : 배관의 두께 중심까지의 반지름[mm]
$\left(R_m = \dfrac{D_o - t}{2} = \dfrac{D_i + t}{2}\right)$
D_o : 배관의 바깥지름[mm]

D_i : 배관의 안지름[mm]

t : 배관의 두께[mm]

㉯ 배관상호 길이 이음매 : 원주방향에서 원칙적으로 50[mm] 이상 떨어지게

㉰ 배관의 용접은 지그(jig)를 사용하여 가운데부터 정확하게 위치를 맞춘다.

㉱ 배관의 두께가 다른 배관 : 길이방향의 기울기를 1/3 이하

② 지하매설

㉮ 매설깊이 : 산이나 들에서는 1[m] 이상, 그 밖의 지역에서는 1.2[m] 이상

㉯ 건축물 : 수평거리 1.5[m] 이상

㉰ 지하의 다른 시설물 : 0.3[m] 이상

㉱ 굴착 및 되메우기 방법

ⓐ 기초재료(foundation) : 모래 또는 19[mm] 이상의 큰 입자가 포함되지 않은 양질의 흙

ⓑ 침상재료(bedding) : 배관에 작용하는 하중을 수직방향 및 횡방향에서 지지하고 하중을 기초 아래로 분산시키기 위하여 배관하단에서 배관 상단 30[cm]까지 포설하는 재료

ⓒ 되메움 재료 : 배관에 작용하는 하중을 분산시켜 주고 도로의 침하 등을 방지하기 위하여 침상재료 상단에서 도로 노면까지에 암편이나 굵은 돌이 포함하지 아니하는 양질의 흙

㉲ 배관의 기울기 : 도로가 평탄한 경우 1/500~1/1000

③ 도로매설

㉮ 도로 경계와 1[m] 이상의 수평거리 유지

㉯ 도로 밑의 다른 시설물 : 0.3[m] 이상

㉰ 시가지의 도로 매설깊이 : 1.5[m] 이상

㉱ 시가지 외의 도로 매설깊이 : 1.2[m] 이상

㉲ 포장되어 있는 차도에 매설 : 노반 최하부와 0.5[m] 이상

㉳ 인도, 보도 등 노면 외의 도로 매설깊이 : 1.2[m] 이상

㉴ 전선, 상·하수도관, 가스관이 매설되어 있는 도로 : 이들의 하부에 매설

㉵ 보호판 설치 기준

ⓐ 재료 : KS D 3503(일반구조용 압연강재)

ⓑ 지름 30~50[mm] 이하의 구멍을 3[m] 이하의 간격으로 뚫어 누출된 가스가 지면으로 확산되도록 한다.

ⓒ 설치위치 : 배관 정상부에서 30[cm] 이상

ⓓ 도막두께 : 80[μm] 이상

ⓔ 두께 : 4[mm] 이상(고압이상 배관 : 6[mm] 이상)

④ 철도부지 밑 매설

㉮ 궤도 중심까지 4[m] 이상, 부지경계까지 1[m] 이상의 거리 유지

㉯ 매설깊이 : 1.2[m] 이상

⑤ 연안구역 내 매설 : 2.5[m] 이상 매설심도 유지

⑥ 배관 노출설치

㉮ 주택, 학교, 병원, 철도 그 밖의 이와 유사한 시설과 안전 확보상 필요한 거리 유지

㉯ 배관 양측에 공지 유지 : 전용공업지역, 일반공업지역 및 산업통상자원부장관이 지정하는 지역의 경우 공지 폭의 1/3로 할 수 있다.

상용압력	공지의 폭
0.2[MPa] 미만	5[m]
0.2[MPa] 이상 1[MPa] 미만	9[m]
1[MPa] 이상	15[m]

⑦ 해저설치

㉮ 배관은 해저면 밑에 매설할 것

㉯ 다른 배관과 교차하지 않고, 30[m] 이상의 수평거리 유지

㉰ 배관의 입상부에는 방호구조물 설치

㉱ 해저면 밑에 매설하지 않고 설치하는 경우 해저면을 고르게 하여 배관이 해저면 밑에 닿도록 할 것

⑧ 해상설치

㉮ 지진, 풍압, 파도압 등에 대하여 안전한 구조의 지지물로 지지할 것

㉯ 선박의 항해에 손상을 받지 않도록 해면과의 사이에 공간을 확보

㉰ 선박의 충돌에 의하여 배관 및 지지물이 손상을 받을 우려가 있는 경우 방호설비를 설치

㉱ 다른 시설물과 유지관리에 필요한 거리를 유지

⑨ 배관설비 표시

㉮ 배관외부 표시사항 : 사용가스명, 최고사용압력, 가스의 흐름방향

㉯ 지하에 매설하는 경우 : 보호포 및 매설위치 확인 표시 설치

ⓐ 표시사항 : 가스명 사용압력, 공급자명

ⓑ 색상 : 저압관 황색, 중압 이상의 관 적색

ⓒ 보호포 폭 : 15[cm] 이상 (설치할 때에는 배관 폭에 10[cm]를 더한 폭)

ⓓ 위치

㉠ 저압관 : 배관 정상부에서 60[cm] 이상

㉡ 중압 이상의 관 : 보호판 상부로부터 30[cm] 이상

㉢ 공동주택 부지 설치 : 배관 정상부에서 40[cm] 이상

㉰ 라인마크 설치 기준
ⓐ 도로 및 공동주택 부지 내 도로에 배관을 매설하는 경우 설치
ⓑ 배관길이 50[m] 마다 1개 이상, 주요 분기점, 구부러진 지점 및 그 주위 50[m] 이내에 설치
㉱ 표지판 설치 기준
ⓐ 시가지 외의 도로, 산지, 농지 또는 하천부지, 철도부지 내에 매설하는 경우 설치
ⓑ 설치 간격 : 배관을 따라 500[m] 간격으로 1개 이상(일반도시가스사업의 경우 200[m])
ⓒ 크기 : 200×150[mm] 이상의 직사각형에 황색바탕에 검정색 글씨로 가스배관임을 알리는 뜻과 연락처 표기

(2) 사고예방설비 기준

① 운영상태 감시 장치
㉮ 배관장치에 압력계, 유량계, 온도계 등의 계기류를 설치
㉯ 압축기, 펌프 및 긴급차단밸브의 작동상태를 나타내는 표시등 설치
㉰ 경보장치 설치 : 경보장치가 울리는 경우
ⓐ 압력이 상용압력의 1.05배를 초과한 때(상용압력이 4[MPa] 이상인 경우 상용압력에 0.2[MPa]를 더한 압력)
ⓑ 정상운전시의 압력보다 15[%] 이상 강하한 경우
ⓒ 긴급차단밸브가 고장 또는 폐쇄된 때
② 안전제어장치 : 이상상태가 발생한 경우 압축기, 펌프, 긴급차단장치 등을 정지 또는 폐쇄
㉮ 압력계로 측정한 압력이 상용압력의 1.1배를 초과하였을 때
㉯ 정상운전시의 압력보다 30[%] 이상 내려갔을 때
㉰ 가스누출검지 경보장치가 작동하였을 때
③ 노출배관 방호 : 굴착으로 노출된 배관의 안전조치
㉮ 고압배관의 길이가 100[m] 이상인 것 : 배관 양 끝에 차단장치 설치
㉯ 중압 이하의 배관 길이가 100[m] 이상인 것 : 노출부분 양 끝으로부터 300[m] 이내에 차단장치를 설치하거나 500[m] 이내에 원격조작이 가능한 차단장치 설치
㉰ 굴착으로 20[m] 이상 노출된 배관 : 20[m] 마다 가스누출경보기 설치
㉱ 노출된 배관의 길이가 15[m] 이상일 때 점검통로 설치
ⓐ 폭 80[cm] 이상, 가드레일 높이 90[cm] 이상

ⓑ 조명도 : 70[lx] 이상

2. 일반도시가스 사업

1) 제조소 및 공급소

(1) 배치기준

① 가스혼합기, 가스정제설비, 배송기, 압송기, 가스공급시설의 부대설비(배관제외)와 사업장 경계까지 : 3[m] 이상(단, 최고사용압력이 고압인 경우 20[m] 이상, 제1종 보호시설과 30[m] 이상)

② 화기와의 거리 : 8[m] 이상의 우회거리

③ 다른 설비와의 거리

㉮ 저장탱크 간 : 최대지름 합산 길이의 1/4 이상(1/4이 1[m] 미만인 경우 1[m] 이상)

㉯ 저장탱크와 가스홀더 : 가스홀더와 저장탱크 최대지름의 1/2의 길이 중 큰 길이

④ 사업소 경계와의 거리 : 가스발생기 및 가스홀더

㉮ 최고사용압력이 고압 : 20[m] 이상

㉯ 최고사용압력이 중압 : 10[m] 이상

㉰ 최고사용압력이 저압 : 5[m] 이상

(2) 가스홀더 설치

① 고압 또는 중압의 가스홀더

㉮ 관의 입구 및 출구에는 신축흡수장치를 설치할 것

㉯ 응축액을 외부로 뽑을 수 있는 장치를 설치할 것

㉰ 응축액의 동결을 방지하는 조치를 할 것

㉱ 맨홀 또는 검사구를 설치할 것

㉲ 고압가스 안전관리법의 규정에 의한 검사를 받은 것일 것

㉳ 가스홀더와의 거리 : 최대지름 합산 길이의 1/4 이상 유지(1[m] 미만인 경우 1[m] 이상)

② 저압의 가스홀더

㉮ 유수식 가스홀더

ⓐ 원활히 작동할 것

ⓑ 가스방출장치를 설치할 것
ⓒ 수조에 물공급과 물넘쳐 빠지는 구멍을 설치할 것
ⓓ 봉수의 동결방지조치를 할 것

㉯ 무수식 가스홀더
ⓐ 피스톤이 원활히 작동되도록 설치할 것
ⓑ 봉액공급용 예비펌프를 설치할 것

㉰ 긴급차단장치 설치 : 최고사용압력이 중압 또는 고압의 가스홀더(조작위치 : 5[m] 이상)

(3) 사고예방설비

① 가스발생설비(기화장치 제외)
㉮ 압력상승 방지장치 : 폭발구, 파열판, 안전밸브, 제어장치 등 설치
㉯ 긴급정지 장치 : 긴급 시에 가스발생을 정지시키는 장치 설치
㉰ 역류방지장치
ⓐ 가스가 통하는 부분에 직접 액체를 이입하는 장치가 있는 가스발생설비에 설치
ⓑ 최고사용압력이 저압인 가스발생설비에 설치
㉱ 자동조정장치 : 사이클릭식 가스발생설비에 설치

② 기화장치
㉮ 직화식 가열구조가 아니며, 온수로 가열하는 경우에는 동결방지 조치(부동액 첨가, 불연성 단열재로 피복)를 할 것
㉯ 액유출 방지장치 설치
㉰ 역류방지장치 설치 : 공기를 흡입하는 구조의 기화장치에 설치
㉱ 조작용 전원 정지시의 조치 : 자가 발전기 설치하여 가스 공급을 계속 유지

③ 가스정제설비
㉮ 수봉기 : 최고사용압력이 저압인 가스정제설비에 압력의 이상상승을 방지하기 위한 장치
㉯ 역류방지장치 : 가스가 통하는 부분에 직접 액체를 이입하는 장치에 설치

(4) 환기설비 설치

① 통풍구조
㉮ 공기보다 무거운 가스 : 바닥면에 접하고
㉯ 공기보다 가벼운 가스 : 천정 또는 벽면상부에서 30[cm] 이내에 설치
㉰ 환기구 통풍가능 면적 : 바닥면적 1[m^2]당 300[cm^2] 비율(1개소 환기구면적

2400[cm^2] 이하)

㉣ 사방을 방호벽 등으로 설치할 경우 : 환기구를 2방향 이상으로 분산 설치

② 기계환기설비의 설치기준

㉮ 통풍능력 : 바닥면적 1[m^2]마다 0.5[m^3/분] 이상

㉯ 배기구는 바닥면(공기보다 가벼운 경우에는 천정면) 가까이 설치

㉰ 배기가스 방출구 높이 : 지면에서 5[m] 이상(공기보다 가벼운 경우 3[m] 이상)

③ 공기보다 가벼운 공급시설이 지하에 설치된 경우의 통풍구조

㉮ 통풍구조 : 환기구를 2방향 이상 분산 설치

㉯ 배기구 : 천정면으로부터 30[cm] 이내 설치

㉰ 흡입구 및 배기구 관지름 : 100[mm] 이상

㉱ 배기가스 방출구 높이 : 지면에서 3[m] 이상

(5) 가스설비의 시험

① 내압시험

㉮ 시험압력 : 최고사용압력의 1.5배 이상(공기, 질소 등의 기체일 경우 최고사용압력의 1.25배 이상)

㉯ 내압시험을 공기 등의 기체에 의하여 하는 경우 : 상용압력의 50[%]까지 승압하고 그 후에는 상용압력의 10[%]씩 단계적으로 승압

② 기밀시험 : 최고사용압력의 1.1배 이상

2) 제조소 및 공급소 밖의 배관

(1) 가스설비 기준

① 공동주택 등에 설치하는 압력조정기

㉮ 설치 조건 : 한국가스안전공사의 안정성평가를 받고 조치를 하는 경우에는 전체 세대수의 2배로 할 수 있다.

ⓐ 중압이상 : 선제 세대수 150세대 미만

ⓑ 저압 : 전체 세대수 250세대 미만

㉯ 설치 기준

ⓐ 배관 내의 스케일, 먼지 등을 제거한 후 설치

ⓑ 배관의 비틀림, 조정기의 중량에 의한 배관에 영향이 없도록 설치

ⓒ 조정기 입구쪽에 스트레이너 또는 필터가 부착된 것을 설치

ⓓ 설치장소(격납상자에 설치하는 경우 제한 없음) : 지면으로부터 1.6[m] 이상

2[m] 이내, 빗물이 조정기에 들어가지 않고, 직사광선을 받지 않는 장소에 설치

ⓔ 릴리프식 안전장치가 내장된 조정기를 건축물 안에 설치하는 경우 가스방출구를 실외의 안전한 장소에 설치

ⓕ 조정기의 출구 가까운 위치에 압력계나 압력측정 노즐을 설치

ⓖ 제조회사의 설치 설명서 등에 따라 설치

② 구역압력 조정기

㉮ 시장, 군수, 구청장이 정압기의 설치가 어렵다고 인정하는 구역에 한함

㉯ 공급 가능한 세대수는 공동주택 등에 설치하는 압력조정기에서 정한 기준을 따른다.

㉰ 주민자치센터, 마을회관 및 경로당과 공공용 부지 내에 설치

㉱ 차량 등의 추돌 위해가 있는 경우 가드레일 및 과속 방지턱을 설치

ⓐ 가드레일 : 높이 45[cm] 이상, 두께 12[cm] 이상의 철근콘크리트 구조 또는 80[A] 이상의 강관제

ⓑ 과속방지턱 : 도로의 경계로부터 2[m] 이내에 외함을 설치하는 경우

㉲ 입구에는 필터, 출구에는 압력계, 입구와 출구에는 가스차단밸브를 설치

㉳ 긴급차단장치와 안전밸브 및 가스방출관 설치

ⓐ 긴급차단장치 설정압력 : 3.0[kPa] 이하

ⓑ 안전밸브 설정압력 : 3.4[kPa] 이하

ⓒ 가스방출관 방출구 높이 : 지면으로부터 3[m] 이상(가스설비에 위해 우려가 있는 경우 외함 높이의 2배 이상)

㉴ 가스누출 경보기를 설치

(2) 배관설비 기준

① 배관의 최고사용압력은 중압 이하일 것

② 중압이하의 배관과 고압배관과 유지거리 : 2[m] 이상

③ 본관과 공급관은 건축물의 내부나 기초 밑에 설치하지 아니할 것

④ 배관 재료 및 표시

㉮ 지하매설관 재료

ⓐ 폴리에틸렌 피복강관(PLP관)

ⓑ 가스용 폴리에틸렌관(PE관) : 최고사용압력 0.4[MPa] 이하에 사용

ⓒ 분말용착식 폴리에틸렌 피복강관

㉯ 가스용 폴리에틸렌관 설치기준

ⓐ 관은 매몰하여 시공할 것

ⓑ 관의 굴곡 허용반지름 : 바깥지름의 20배 이상

ⓒ 탐지형 보호포, 로케팅 와이어(단면적 6[mm^2] 이상) 설치

ⓓ 허용압력 범위

SDR	허용압력
11 이하	0.4[MPa] 이하
17 이하	0.25[MPa] 이하
21 이하	0.2[MPa] 이하

※ SDR(standard dimension ration) $= \frac{D(\text{바깥지름})}{t(\text{최소두께})}$

㉰ 가스용 폴리에틸렌관 융착이음 방법

ⓐ 맞대기 융착(butt fusion) : 관지름 90[mm] 이상의 직관과 이음관 연결

ⓑ 소켓 융착(socket fusion)

ⓒ 새들 융착(saddle fusion)

㉱ 배관의 표시 및 부식방지 조치

ⓐ 배관표시 : 가스명, 최고사용압력, 가스의 흐름방향

ⓑ 표면색상

㉠ 지상배관 : 황색

㉡ 매설배관 : 최고사용압력이 저압배관은 황색, 중압배관은 적색

⑤ 배관의 설치

㉮ 지하매설배관의 설치(매설깊이)

ⓐ 공동주택 등의 부지 내 : 0.6[m] 이상

ⓑ 폭 8[m] 이상의 도로 : 1.2[m] 이상

ⓒ 폭 4[m] 이상 8[m] 미만인 도로 : 1[m] 이상

ⓓ ⓐ 내지 ⓒ에 해당하지 않는 곳 : 0.8[m] 이상

㉯ 공동구내 배관 설치 : 관통부에 배관 손상방지를 위한 조치

ⓐ 공동구벽의 관통부 보호관 지름 : 배관 바깥지름에 5[cm]를 더한 지름 또는 배관의 바깥지름의 1.2배의 지름 중 작은 지름 이상

ⓑ 보호관과 배관과의 사이 : 가황고무 등을 충전

ⓒ 지반의 부등침하에 대한 영향을 줄이는 조치

㉰ 입상관의 밸브 설치 높이 : 1.6[m] 이상 2[m] 이내에 설치(보호상자 안에 설치하는 경우 제외)

㉱ 배관 고정장치 설치

ⓐ 관지름 13[mm] 미만 : 1[m] 마다

ⓑ 관지름 13[mm] 이상 33[mm] 미만 : 2[m] 마다

ⓒ 관지름 33[mm] 이상 : 3[m] 마다

㉳ 배관 이음매와의 유지거리(용접이음매 제외)

ⓐ 전기계량기 및 전기개폐기 : 60[cm] 이상

ⓑ 전기점멸기 및 전기접속기 : 30[cm] 이상

ⓒ 절연조치를 하지 않은 전선, 단열조치를 하지 않은 굴뚝 : 15[cm] 이상

ⓓ 절연전선 : 10[cm] 이상

㉴ 교량에 배관 설치 : 배관 지름별 지지간격

호칭지름[A]	지지간격[m]
100	8
150	10
200	12
300	16
400	19
500	22
600	25

⑥ 수취기 설치

㉮ 물이 체류할 우려가 있는 배관에 수취기를 콘크리트 등의 박스에 설치

㉯ 수취기의 입관에는 플러그나 캡(중압 이상의 경우 밸브)을 설치

3) 정압기

(1) 정압기실 기준

① 정압기실 두께 및 강도

㉮ 철근콘크리트 구조의 정압기실 : 벽은 두께 120[mm] 이상, 지름 9[mm] 이상의 철근을 가로, 세로 400[mm] 이하의 간격으로 배근, 기초(바닥) 300[mm] 이상

㉯ 캐비닛형 구조의 정압기실 : 캐비닛은 내식성 재료로 제작, 기초(바닥) 300[mm] 이상의 철근콘크리트 구조, 정압기실 캐비닛과 기초는 앵커볼트로 고정

② 예비정압기 설치

㉮ 정압기의 분해점검 및 고장에 대비

㉯ 이상압력 발생 시에 자동으로 기능이 전환되는 구조

㉰ 바이패스관 : 밸브를 설치하고 그 밸브에 시건 조치를 할 것

(2) 정압기실 시설 및 설비

① 과압안전장치 설치

㉮ 분출부 크기

ⓐ 정압기 입구 압력 0.5[MPa] 이상 : 50[A] 이상

ⓑ 정압기 입구 압력 0.5[MPa] 미만

㉠ 설계유량 1000[Nm^3/h] 이상 : 50[A] 이상

㉡ 설계유량 1000[Nm^3/h] 미만 : 25[A] 이상

㉯ 설정압력

구분		상용압력 2.5[kPa]	그 밖의 경우
이상압력통보설비	상한값	3.2[kPa] 이하	상용압력의 1.1배 이하
	하한값	1.2[kPa] 이상	상용압력의 0.7배 이상
주정압기에 설치하는 긴급차단장치		3.6[kPa] 이하	상용압력의 1.2배 이하
안전밸브		4.0[kPa] 이하	상용압력의 1.4배 이하
예비정압기에 설치하는 긴급차단장치		4.4[kPa] 이하	상용압력의 1.5배 이하

㉰ 가스방출관 설치 : 지면으로부터 5[m] 이상(전기시설물과 접촉우려가 있는 곳은 3[m] 이상)

② 가스누출 검지통보설비 설치

㉮ 검지부 : 바닥면 둘레 20[m]에 대하여 1개 이상의 비율

㉯ 작동상황 점검 : 1주일에 1회 이상

③ 위험감시 및 제어장치 설치

㉮ 경보장치 : 정압기 출구 배관에 설치하고 가스압력이 비정상적으로 상승할 경우 안전관리자가 상주하는 곳에 통보

㉯ 출입문 및 긴급차단장치 개폐 통보장치

④ 수분 및 불순물 제거장치 설치 : 정압기 입구에 설치

⑤ 동결방지조치 : 가스에 포함된 수분의 동결에 의해 정압기능이 저해할 우려가 있는 정압기

⑥ 가스공급 차단장치 설치

㉮ 가스차단장치 : 정압기 입구 및 출구에 설치

㉯ 지하에 설치되는 정압기 : 정압기실 외부의 가까운 곳에 추가 설치

⑦ 부대설비 설치

㉮ 비상전력설비

㉯ 압력기록장치 : 정압기 출구의 압력을 측정, 기록

㉰ 조명설비 설치 : 조명도 150[룩스]를 확보

㉣ 외부인 출입감시 장치 설치 : 가스도매사업자로부터 공급받은 도시가스 압력을 1차적으로 낮추는 정압기실에 설치

⑧ 경계표지 : 정압기실 주변의 보기 쉬운 곳에 게시 → 시설명, 공급자, 연락처 등을 표기

⑨ 경계책 : 높이 1.5[m] 이상의 철책, 철망

(3) 기밀시험

① 정압기 입구 측 : 최고사용압력의 1.1배

② 정압기 출구 측 : 최고사용압력의 1.1배 또는 8.4[kPa] 중 높은 압력 이상

(4) 점검기준

① 정압기 : 2년에 1회 이상 분해 점검

② 필터 : 가스공급 개시 후 1개월 이내 및 매년 1회 이상 분해점검

③ 작동상황 점검 : 1주일에 1회 이상

(5) 매몰형 정압기 설치 기준

① 기초 : 일체로 된 철근콘크리트 구조로 300[mm] 이상의 두께

② 정압기 본체는 두께 4[mm] 이상의 철판에 부식방지도장을 한 격납상자 안에 넣어 매설, 주위에 모래로 되메움 처리

③ 가스누출검지 통보설비 설치 : 검지부는 지상에 설치된 콘트롤 박스(안전밸브, 자기압력 기록계, 압력계 등이 설치된 박스) 안에 1개소 이상

④ 정압기 본체에서 누출된 가스를 포집하여 가스누출검지 통보설비 검지부로 이송할 수 있는 도입관 설치

⑤ 격납상지 쪽의 도입관의 말단부는 지름 20[cm] 이상의 포집갓을 설치

⑥ 지하에 매설되는 도입관, 계측라인 및 센싱라인 부분의 재료는 스테인리스강관, 폴리에틸렌피복강관 등 내식성 재료 사용

⑦ 정압기 상부 덮개 및 콘트롤 박스 문에는 개폐 여부를 안전관리자가 상주하는 곳에 통보할 수 있는 경보설비를 갖춘다.

3. 도시가스 사용시설

1) 배관 및 배관설비

(1) 가스계량기

① 화기와 2[m] 이상 우회거리 유지

② 설치 높이 : 1.6~2[m] 이내(보호상자 내 설치하는 경우 바닥으로부터 2[m] 이내 설치)

③ 유지거리

㉮ 전기계량기, 전기개폐기 : 60[cm] 이상

㉯ 단열조치를 하지 않은 굴뚝, 전기점멸기, 전기접속기 : 30[cm] 이상

㉰ 절연조치를 하지 않은 전선 : 15[cm] 이상

(2) 배관설비

① 지하매설 깊이 : 0.6[m] 이상

② 실내에 배관 설치 기준

㉮ 건축물 안의 배관은 노출하여 시공할 것(단, 스테인리스강, 보호조치를 한 동관, 가스용 금속플렉시블호스를 이음매 없이 설치하는 경우 매설할 수 있음)

㉯ 환기가 잘 되지 아니하는 천정, 벽, 바닥, 공동구 등에는 설치하지 아니할 것

㉰ 배관이음부와 유지거리(용접이음매 제외)

ⓐ 전기계량기, 전기개폐기 : 60[cm] 이상

ⓑ 전기점멸기, 전기접속기 : 15[cm] 이상

ⓒ 절연조치를 하지 않은 전선, 단열조치를 하지 않은 굴뚝 : 15[cm] 이상

ⓓ 절연전선 : 10[cm] 이상

③ 배관의 고정장치 설치 : 배관과 고정장치 사이에는 절연조치를 할 것

㉮ 호칭지름 13[mm] 미만 : 1[m] 마다

㉯ 호칭지름 13[mm] 이상 33[mm] 미만 : 2[m] 마다

㉰ 호칭지름 33[mm] 이상 : 3[m] 마다

㉱ 호칭지름 100[mm] 이상의 것에는 적절한 방법에 따라 3[m]를 초과하여 설치할 수 있다.

호칭지름[A]	지지간격[m]
100	8
150	10
200	12
300	16
400	19
500	22
600	25

④ 배관 도색 및 표시
㉮ 배관 외부에 표시 사항 : 사용가스명, 최고사용압력, 가스흐름방향(매설관 제외)
㉯ 지상배관 : 황색
㉰ 지하 매설배관 : 중압이상은 붉은색, 저압은 황색
㉱ 건축물 내·외벽에 노출된 배관 : 바닥에서 1[m] 높이에 폭 3[cm]의 황색띠를 2중으로 표시한 경우 황색으로 하지 아니할 수 있다.

⑤ 가스용 폴리에틸렌관은 노출 배관용으로 사용하지 아니할 것(단, 지상배관과 연결을 위하여 금속관으로 보호조치를 한 경우 지면에서 30[cm] 이하로 노출하여 시공할 수 있음)

(3) 사고예방설비 기준

① 가스누출 자동 차단장치(또는 가스누출 자동 차단기) 설치 장소
㉮ 영업장 면적이 100[m^2] 이상인 식품접객업소의 가스 사용시설
㉯ 지하에 있는 가스 사용시설(가정용 제외)

② 가스누출 자동 차단장치(또는 가스누출 자동 차단기) 설치 제외 장소
㉮ 월 사용예정량 2000[m^3] 미만으로서 연소기가 연결된 배관에 퓨즈콕, 상자콕 및 연소기에 소화안전장치가 부착되어 있는 경우
㉯ 가스공급이 차단될 경우 재해 및 손실 발생의 우려가 있는 가스 사용시설
㉰ 가스누출경보기 연동차단기능의 다기능가스안전 계량기를 설치하는 경우

③ 지상 차단장치 설치 : 지하층에 설치된 가스 사용시설

④ 검지부 설치 수
㉮ 공기보다 가벼운 경우 : 연소기에서 수평거리 8[m] 이내 1개 이상, 천정에서 30[cm] 이내
㉯ 공기보다 무거운 경우 : 연소기에서 수평거리 4[m] 이내 1개 이상, 바닥면에서 30[cm] 이내

⑤ 검지부 설치 제외 장소

㉮ 출입구 부근 등으로서 외부의 기류가 통하는 곳

㉯ 환기구 등 공기가 들어오는 곳으로부터 1.5[m] 이내

㉰ 연소기의 폐가스가 접촉하기 쉬운 곳

(4) 점검기준

① 가스사용시설에 설치된 압력조정기

㉮ 점검주기 : 1년에 1회 이상(필터 청소 : 3년에 1회 이상)

㉯ 점검항목

ⓐ 압력조정기의 정상 작동유무

ⓑ 필터 또는 스트레이너의 청소 및 손상 유무

ⓒ 압력조정기의 몸체 및 연결부의 가스누출 유무

ⓓ 격납상자 내부에 설치된 압력조정기는 견고한 고정 여부

ⓔ 건축물 내부에 설치된 압력조정기는 가스방출구의 실외 안전장소로 설치 여부

② 정압기와 필터 분해 점검 : 설치 후 3년 까지는 1회 이상, 그 이후에는 4년에 1회 이상

2) 연소기

(1) 가스보일러와 온수기 설치 기준

① 목욕탕이나 환기가 잘 되지 않는 곳에 설치하지 아니할 것

② 가스보일러는 전용보일러실에 설치할 것

③ 배기통의 재료 : 스테인리스강판, 배기가스 및 응축수에 내열성, 내식성이 있는 것

④ 가스보일러에는 시공 표지판을 부착할 것

⑤ 가스보일러를 설치, 시공한 자는 시공확인서를 작성하여 5년간 보존할 것

(2) 호스 설치

① 호스의 길이는 연소기까지 3[m] 이내, “T”형으로 연결 금지

② 배관용 호스와 중간밸브 및 연소기와의 접촉부분은 호스밴드 등으로 조임

③ 빌트인(built-in) 연소기의 가스누출 확인 : 연소기와 호스 연결부분

㉮ 연소기와 호스 연결부 부근에 호스 단면적 이상의 점검구 설치

㉯ 다기능 가스 안전계량기 설치

㉰ 가스누출 확인 퓨즈콕 설치

㉣ 가스누출 확인 배관용 밸브 설치

(3) 내압시험 및 기밀시험

① 내압시험(중압이상 배관) : 최고사용압력의 1.5배 이상
② 기밀시험 : 최고사용압력의 1.1배 또는 8.4[kPa] 중 높은 압력 이상

(4) 월사용 예정량 산정기준

① 월사용 예정량 산출식

$$Q = \frac{(A \times 240) + (B \times 90)}{11000}$$

여기서, Q : 월사용예정량[m^3]
A : 산업용으로 사용하는 연소기의 명판에 기재된 가스소비량의 합계[kcal/h]
B : 산업용이 아닌 연소기의 명판에 기재된 가스소비량의 합계 [kcal/h]

② 가정용으로 사용하는 연소기의 가스소비량은 합산대상에서 제외한다.

(5) 연소기의 설치 방법

① 개방형 연소기 : 환풍기, 환기구 설치
② 반밀폐형 연소기 : 급기구, 배기통 설치
③ 배기통 재료 : 스테인리스강, 내열 및 내식성 재료

4. 자동차 충전

1) 압축도시가스 자동차충전

(1) 압축도시가스 자동차 충전의 종류

① 고정식 압축도시가스 자동차충전 : 배관 또는 저장탱크를 통하여 공급받은 천연가스를 압축하여 자동차에 충전하는 것
② 이동식 압축도시가스 자동차충전 : 이동충전차량으로부터 공급받은 압축천연가스를

자동차에 충전하는 것

③ 고정식 압축도시가스 이동충전차량 충전 : 배관 또는 저장탱크를 통하여 공급받은 천연가스를 압축하고, 그 압축천연가스를 운송하기 위하여 고압가스용기가 적재된 바퀴가 있는 트레일러에 충전하는 것

(2) 배치 기준

① 고정식 압축도시가스 자동차충전

㉮ 처리설비, 압축가스 설비로부터 30[m] 이내에 보호시설이 있는 경우 방호벽 설치

㉯ 저장설비와 보호시설과는 안전거리를 유지

㉰ 저장설비, 처리설비, 압축가스설비 및 충전설비 외면과 거리

ⓐ 전선과의 거리

㉠ 고압전선(교류 : 600[V] 초과, 직류 : 750[V] 초과) : 5[m] 이상

㉡ 저압전선(교류 : 600[V] 이하, 직류 : 750[V] 이하) : 1[m] 이상

ⓑ 화기 및 인화성, 가연성 물질과의 거리 : 8[m] 이상의 우회거리 유지

ⓒ 사업소 경계까지 거리 : 10[m] 이상(철근콘크리트 방호벽 설치 : 5[m] 이상)

ⓓ 철도까지 거리 : 30[m] 이상

㉱ 충전설비와 도로경계까지 거리 : 5[m] 이상

㉲ 처리설비, 압축가스설비 및 충전설비는 원칙적으로 지상에 설치

㉳ 사고예방설비 기준

ⓐ 저장설비, 완충탱크, 처리설비, 압축장치 및 압축가스설비 : 안전장치 설치

ⓑ 충전시설에 긴급차단장치 설치(조작위치 5[m] 이상)

ⓒ 충전시설에 자동차의 오발진으로 인한 충전기 및 충전호스 파손방지 조치

㉠ 충전기 보호대 : 높이 30[cm] 이상, 두께 12[cm] 이상의 철근콘크리드

㉡ 긴급분리장치 설치 : 인장력 666.4[N](68[kgf]) 미만

ⓓ 충전소에는 압력조정기, 압력계, 통신시설, 전기방폭설비, 냄새첨가장치, 소화기, 호스, 조명등 설치 및 부식방지, 정전기 제거조치를 할 것

② 이동식 압축도시가스 자동차충전

㉮ 이동충전차량 및 충전설비로부터 30[m] 이내에 보호시설이 있는 경우 방호벽 설치

㉯ 가스배관구와 가스배관구 사이, 이동충전자량과 충전설비 사이 : 8[m] 이상 거리 유지

㉰ 이동충전차량 및 충전설비와 사업소경계까지 거리 : 10[m] 이상

㉱ 이동충전차량의 설치 대수 : 3대 이하

㉲ 충전설비와 도로경계와의 거리 : 5[m] 이상(방호벽 설치 2.5[m] 이상) 유지

㉳ 이동충전차량 및 충전설비와 철도 : 15[m] 이상 유지

③ 고정식 압축도시가스 이동충전차량 충전

㉮ 이동충전차량 충전설비 사이 : 8[m] 이상의 거리 유지

㉯ 이동충전차량 충전기 수량에 1을 더한 수량의 이동충전차량을 주정차할 수 있는 공간 확보

㉰ 이동충전차량 충전설비는 차량의 진입구 및 진출구와 12[m] 이상의 거리 유지

㉱ 이동충전차량 충전장소 지면에 정차위치와 진입 및 진출의 방향을 표시

2) 액화도시가스 자동차충전

(1) 화기와의 거리

① 저장설비, 처리설비, 충전설비 외면과 전선과의 거리

㉮ 고압전선(교류 600[V] 초과, 직류 750[V] 초과) : 5[m] 이상

㉯ 저압전선(교류 600[V] 이하, 직류 750[V] 이하) : 1[m] 이상

② 화기 및 인화성, 가연성 물질과의 거리 : 8[m] 이상의 우회거리 유지

(2) 사업소경계와의 거리

① 저장설비

저장능력	사업소 경계와의 거리
25[톤] 이하	10[m] 이상
25[톤] 초과 50[톤] 이하	15[m] 이상
50[톤] 초과 100[톤] 이하	25[m] 이상
100[톤] 초과	40[m] 이상

② 처리설비 및 충전설비 : 10[m] 이상(방호벽 설치 시 5[m] 이상)

01 가스도매사업자의 가스공급시설의 시설기준으로 옳지 않은 것은?

① 액화석유가스의 저장설비와 처리설비는 그 외면으로부터 보호시설까지 20[m] 이상의 거리를 유지한다.
② 고압인 가스공급시설은 통로, 공지 등으로 구획된 안전구역 안에 설치하되, 그 면적은 2만[m^2] 미만으로 한다.
③ 2개 이상의 제조소가 인접하여 있는 경우의 가스공급시설은 그 외면으로부터 그 제조소와 다른 제조소의 경계까지 20[m] 이상의 거리를 유지한다.
④ 액화천연가스의 저장탱크는 그 외면으로부터 처리능력이 20만[m^3] 이상인 압축기와 30[m] 이상의 거리를 유지한다.

해설 액화석유가스 저장설비, 처리설비와 보호시설과의 안전거리 : 30[m] 이상

02 액화천연가스 저장설비의 안전거리 산정식으로 옳은 것은? (단, L : 유지거리, C : 상수, W : 저장능력 제곱근 또는 질량이다.)

① $L = C \times \sqrt[3]{143000\,W}$
② $L = W \times \sqrt{143000\,C}$
③ $L = C \times \sqrt{143000\,W}$
④ $L = C^3 \times \sqrt{143000\,W}$

03 도시가스 도매사업의 저장설비가 100[톤]인 경우 저장설비 외면과 사업소 경계까지 유지하여야 하는 안전거리는 몇 [m] 이상으로 하여야 하는가? (단, 유지하여야 하는 안전거리 계산 시 적용하는 상수 C는 0.576이다.)

① 60 ② 120
③ 140 ④ 160

해설 $L = C \times \sqrt[3]{143000\,W}$
$= 0.576 \times \sqrt[3]{143000 \times 100}$
$= 139.8$[m]

04 액화천연가스의 저장설비 및 처리설비는 그 외면으로부터 사업소 경계까지 일정 규모 이상의 안전거리를 유지하여야 한다. 이때 사업소 경계가 ( )의 경우에는 이들의 반대편 끝을 경계로 보고 있다. ( )에 들어갈 수 있는 경우로 적합하지 않은 것은?

① 산 ② 호수
③ 하천 ④ 바다

해설 도시가스 도매사업의 사업소 경계를 반대편 끝으로 하는 경우
㉮ 바다, 호수, 하천
㉯ 전기발전사업, 가스공급업(고압가스, 액화석유가스 또는 도시가스의 제조, 충전, 판매사업을 말함) 및 창고업(위험물을 저장하는 창고업은 제외)의 부지 중에서 현재 사업용으로 사용하고 있는 부지
㉰ 도로 또는 철도
㉱ 수로 또는 공업용 수도
㉲ 연못

Answer 1. ① 2. ① 3. ③ 4. ①

05 도시가스 공급시설 또는 그 시설에 속하는 계기를 장치하는 회로에 설치하는 것으로서 온도 및 압력과 그 시설의 상황에 따라 안전확보를 위한 주요부분에 설비가 잘못 조작되거나 이상이 발생하는 경우에 자동으로 가스의 발생을 차단시키는 장치를 무엇이라 하는가?

① 벤트스택
② 가스누출검지 통보설비
③ 안전밸브
④ 인터록 기구

06 안지름이 492.2[mm]이고, 바깥지름 508.0[mm]인 배관을 맞대기 용접하는 경우 평행한 용접이음매의 간격은 얼마로 하여야 하는가?

① 75[mm] ② 95[mm]
③ 115[mm] ④ 135[mm]

해설 배관을 맞대기 용접하는 경우 평행한 용접이음매 간격 계산

㉮ 배관두께 계산

$$\therefore t = \frac{바깥지름 - 안지름}{2} = \frac{508.0 - 492.2}{2} = 7.9[\text{mm}]$$

㉯ 용접이음매 간격 계산

$$\therefore D = 2.5\sqrt{R_m \times t} = 2.5 \times \sqrt{\left(\frac{492.2 + 7.9}{2}\right) \times 7.9} = 111.11[\text{mm}]$$

여기서, D : 용접이음매의 간격[mm]

R_m : 배관의 두께 중심까지의 반지름[mm]

$$\left(R_m = \frac{안지름 + 두께}{2} = \frac{바깥지름 - 두께}{2}\right)$$

t : 배관의 두께[mm]

07 가스도매사업자의 공급시설 중 배관에 대한 용접방법의 기준으로 옳은 것은?

① 용접방법은 티그용접 또는 이와 동등 이상의 강도를 갖는 용접방법으로 한다.
② 배관 상호의 길이 이음매는 원주방향에서 원칙적으로 30[mm] 이상 떨어지게 한다.
③ 배관의 용접은 지그(jig)를 사용하여 상방에서부터 정확하게 위치를 맞춘다.
④ 두께가 다른 배관의 맞대기 이음에서는 길이방향의 기울기를 1/3 이하로 한다.

해설 배관의 용접방법 기준

㉮ 용접방법은 아크용접 또는 이와 동등 이상의 강도를 갖는 용접방법으로 한다.
㉯ 배관 상호의 길이 이음매는 원주방향에서 원칙적으로 50[mm] 이상 떨어지게 할 것
㉰ 배관의 용접은 지그(jig)를 사용하여 가운데서부터 정확하게 위치를 맞출 것
㉱ 관의 두께가 다른 배관의 맞대기 이음에서는 관두께가 완만히 변화되도록 길이방향의 기울기를 1/3 이하로 할 것

08 가스도매사업의 가스공급시설로서 배관을 지하에 매설하는 경우의 기준에 대한 설명 중 틀린 것은?

① 가스배관 외부에 콘크리트를 타설하는 경우에는 고무판 등을 사용하여 배관의 피복부위와 콘크리트가 직접 접촉하기 아니하도록 한다.
② 배관은 그 외면으로부터 지하의 다른 시설물과 0.3[m] 이상의 거리를 유지한다.
③ 지표면으로부터 배관의 외면까지의 매설깊이는 산이나 들에서는 1.2[m] 이상 그 밖의 지역에서는 1.5[m] 이상으로 한다.
④ 철도의 횡단부 지하에는 지면으로부터 1.2[m] 이상인 깊이에 매설하고 또한 강제의 케이스를 사용하여 보호한다.

Answer 5. ④ 6. ③ 7. ④ 8. ③

해설 매설깊이 기준
㉮ 산이나 들 : 1.0[m] 이상
㉯ 시가지의 도로(자동차가 다니는 도로) : 1.5[m] 이상
㉰ 그 밖의 지역 : 1.2[m] 이상

09 가스배관을 지하에 매설하는 경우의 기준으로 옳지 않은 것은?

① 배관은 그 외면으로부터 수평거리로 건축물(지하가 및 터널 포함)까지 2[m] 이상을 유지할 것
② 배관은 그 외면으로부터 지하의 다른 시설물과 0.3[m] 이상의 거리를 유지할 것
③ 배관은 지반의 동결에 따라 손상을 받지 않도록 적절한 깊이로 매설할 것
④ 배관 입상부, 지반급변부 등 지지조건이 급변하는 장소에는 곡관의 삽입, 지반개량 등 필요한 조치를 할 것

해설 배관은 그 외면으로부터 수평거리로 건축물까지 1.5[m] 이상, 지하가 및 터널까지 10[m] 이상을 유지할 것

10 가스도매사업의 가스공급시설인 배관을 도로 밑에 매설하는 경우의 시설 및 기술기준 중 옳은 것은?

① 시가지의 도로 노면 밑에 매설하는 경우에는 노면으로부터 배관의 외면까지의 깊이는 1.0[m] 이상으로 할 것
② 인도, 보도 등의 노면 외의 도로 밑에 매설하는 경우에는 배관의 외면과 지표면과의 거리는 1.0[m] 이상으로 할 것
③ 전선, 상수도관이 매설되어 있는 도로에 매설하는 경우에는 이들의 상부에 매설할 것
④ 시가지 외의 도로 노면 밑에 매설하는 경우에는 노면으로부터 배관의 외면까지의 깊이는 1.2[m] 이상으로 할 것

해설 도로매설 기준
㉮ 도로경계 : 1[m] 이상의 수평거리 유지
㉯ 도로 밑의 다른 시설물 : 0.3[m] 이상 간격 유지
㉰ 시가지의 도로 노면 밑에 매설 : 1.5[m] 이상
㉱ 시가지 외의 도로 노면 밑에 매설 : 1.2[m] 이상
㉲ 포장되어 있는 차도에 매설 : 노반 최하부와 0.5[m] 이상
㉳ 인도, 보도 등 노면외의 도로 밑에 매설 : 1.2[m] 이상

11 도시가스 배관을 지하에 매설할 때 배관에 작용하는 하중을 수직방향 및 횡방향에서 지지하고 하중을 기초 아래로 분산시키기 위한 침상재료는 배관 하단에서 배관 상단 몇 [cm]까지 포설하여야 하는가?

① 10 ② 20 ③ 30 ④ 50

해설 굴착 및 되메우기 방법
㉮ 기초재료(foundation) : 모래 또는 19[mm] 이상의 큰 입자가 포함되지 않은 양질의 흙
㉯ 침상재료 : 배관에 작용하는 하중을 수직방향 및 횡방향에서 지지하고 하중을 기초 아래로 분산시키기 위하여 배관하단에서 배관 상단 30[cm](가스용 폴리에틸렌관의 경우 10[cm])까지에 포설하는 마른 모래 또는 흙
㉰ 되메움공사 완료 후 3개월 이상 침하유무 확인

12 도시가스 배관을 지하에 매설할 때 배관의 기울기는 도로의 기울기에 따르고 도로가 평탄한 경우에는 얼마 정도의 기울기로 하여야 하는가?

① $\frac{1}{50} \sim \frac{1}{100}$ ② $\frac{1}{100} \sim \frac{1}{200}$
③ $\frac{1}{500} \sim \frac{1}{1000}$ ④ $\frac{1}{1000} \sim \frac{1}{2000}$

Answer 9. ① 10. ④ 11. ③ 12. ③

해설 **배관의 기울기** : 배관의 기울기는 도로의 기울기를 따르고 도로가 평탄한 경우에는 1/500~1/1000 정도의 기울기로 한다.

13 도시가스 배관의 지하매설 시 다짐공정 및 방법에 대한 설명으로 틀린 것은?

① 배관에 작용하는 하중을 지지하기 위하여 배관하단에서 배관상단 30[cm]까지는 침상재료를 포설한다.
② 되메움 공정에서는 배관상단으로부터 50[cm]의 높이로 되메움 재료를 포설한 후마다 다짐작업을 한다.
③ 흙의 함수량이 다짐에 부적당할 때는 다짐작업을 해서는 안 된다.
④ 콤팩터, 래머 등 현장 상황에 맞는 다짐기계를 사용하여야 하나 폭 4[m] 이하의 도로 등은 인력 다짐으로 할 수 있다.

해설 **다짐을 실시하여야 할 공정** : 기초재료와 침상재료를 포설한 후 배관 상단으로부터 30[cm] 마다 다짐작업을 한다.

14 도시가스배관 지하매설의 기준에 대한 설명으로 옳은 것은?

① 연약지반에 설치하는 배관은 잔자갈 기초 또는 단단한 기초공사 등으로 지반침하를 방지하는 조치를 한다.
② 배관의 기울기는 도로의 기울기에 따르고 도로가 평탄한 경우에는 1/1000~1/5000 정도의 기울기로 설치한다.
③ 기초재료와 침상재료를 포설한 후 다짐작업을 하고, 그 이후 되메움 공정에서는 배관상단으로부터 30[cm] 높이로 되메움 재료를 포설한 후마다 다짐 작업을 한다.
④ PE배관의 매몰설치 시 곡률허용반지름은 바깥지름의 50배 이상으로 한다.

해설 **잘못된 부분의 옳은 설명**

① 연약지반에 설치하는 배관은 모래기초 또는 그 밖의 단단한 기초공사 등으로 지반침하를 방지한다.
② 배관의 기울기는 도로의 기울기를 따르고 도로가 평탄할 경우에는 1/500~1/1000 정도의 기울기로 한다.
④ PE배관의 굴곡허용반지름은 바깥지름의 20배 이상으로 한다. 다만, 굴곡반지름이 바깥지름의 20배 미만일 경우에는 엘보를 사용한다.

15 도시가스 배관의 보호판은 배관의 정상부에서 몇 [cm] 이상 높이에 설치하는가?

① 20[cm] ② 30[cm]
③ 40[cm] ④ 60[cm]

해설 **보호판 설치기준**

㉮ 설치위치 : 배관 정상부에서 30[cm] 이상 높이
㉯ 재질 : KS D 3503(일반구조용 압연강재)
㉰ 두께 : 4[mm] 이상(고압배관 6[mm] 이상)
㉱ 도막두께 : 80[μm] 이상
㉲ 누출가스 확산구멍 : 보호판에는 지름 30[mm] 이상 50[mm] 이하의 구멍을 3[m] 간격으로 뚫는다.

16 도시가스의 배관을 철도부지 밑에 매설할 경우 배관의 외면과 지표면과의 거리는 몇 [m]인가?

① 1.5[m] 이상
② 1.4[m] 이상
③ 1.3[m] 이상
④ 1.2[m] 이상

해설 **철도부지 매설 깊이** : 1.2[m] 이상

Answer 13. ② 14. ③ 15. ② 16. ④

17 **도시가스 배관장치를 해저에 설치하는 아래의 기준 중에서 적합하지 않은 것은?**

① 배관은 원칙적으로 다른 배관과 교차하지 않을 것
② 배관의 입상부에는 방호 시설물을 설치할 것
③ 배관은 원칙적으로 다른 배관과 20[m]의 수평거리를 유지할 것
④ 해저면 밑에 배관을 매설하지 않고 설치하는 경우에는 해저면을 고르게 하여 배관이 해저면에 닿도록 할 것

해설 배관은 다른 배관과 30[m] 이상의 수평거리 유지한다.

18 **하천의 바닥이 경암으로 이루어져 도시가스배관의 매설깊이를 유지하기 곤란하여 배관을 보호조치한 경우에는 배관의 외면과 하천 바닥면의 경암 상부와의 최소거리는 얼마이어야 하는가?**

① 1.0[m] ② 1.2[m]
③ 2.5[m] ④ 4[m]

해설 **하천횡단 매설깊이** : 하천의 바닥이 경암으로 이루어져 배관의 매설깊이를 유지하기 곤란한 경우로서 다음의 기준에 따라 배관을 보호조치하는 경우에는 배관의 외면과 하천 바닥면의 경암 상부와의 거리는 1.2[m] 이상으로 할 수 있다.
㉮ 배관을 2중관으로 하거나 방호구조물 안에 설치
㉯ 하천 바닥면의 경암상부와 2중관 또는 방호구조물의 외면 사이에는 콘크리트를 타설

19 **도시가스 배관의 보호포 설치에 적용되는 재질 및 규격과 설치기준에 대한 설명으로 틀린 것은?**

① 두께는 0.2[mm] 이상으로 한다.
② 보호포의 폭은 15[cm] 이상으로 한다.
③ 보호포의 바탕색은 최고사용압력이 저압인 관은 적색으로 한다.
④ 일반형 보호포와 탐지형 보호포로 구분한다.

해설 보호포 기준
1) 재질 및 규격
㉮ 구분 : 일반형 보호포, 탐지형 보호포
㉯ 재질 : 폴리에틸렌수지, 폴리프로필렌수지
㉰ 두께 : 0.2[mm] 이상
㉱ 폭 : 15[cm] 이상
㉲ 바탕색 : 저압관은 황색, 중압 이상인 관은 적색
㉳ 표시 : 가스명, 사용압력, 공급자명
2) 설치기준 및 설치위치
㉮ 호칭지름에 10[cm]를 더한 폭으로 설치
㉯ 저압배관 : 배관 정상부로부터 60[cm] 이상
㉰ 중압이상 배관 : 보호판 상부로부터 30[cm] 이상
㉱ 공동주택부지 내에 매설 배관 : 배관 정상부로부터 40[cm] 이상

20 **도로에 도시가스 배관을 매설하는 경우에 라인마크는 구부러진 지점 및 그 주위 몇 [m] 이내에 설치하는가?**

① 15[m] ② 30[m]
③ 50[m] ④ 100[m]

해설 라인마크 설치 기준
㉮ 설치장소 : 도로에 도시가스 배관을 매설하는 경우
㉯ 배관길이 50[m] 마다 1개 이상 설치
㉰ 주요 분기점, 구부러진 지점 및 그 주위 50[m] 이내에 설치

Answer 17. ③ 18. ② 19. ③ 20. ③

21 도시가스 도매사업자 배관을 지하에 매설하는 경우에는 표지판을 설치해야 하는데 몇 [m] 간격으로 1개 이상 설치하는가?

① 500[m] ② 700[m]
③ 900[m] ④ 1000[m]

해설 도시가스 도매사업자 배관 표지판 기준
㉮ 설치장소 : 산지, 농지, 철도부지 내 매설 시
㉯ 설치간격 : 500[m](일반도시가스 사업자 배관 : 200[m]) 간격으로 1개 이상
㉰ 치수 : 200×150[mm]
㉱ 황색바탕에 검정색 글씨로 도시가스배관임을 알리는 뜻과 연락처 표기

22 도시가스 도매사업의 가스공급시설 중 배관의 운전상태 감시장치가 경보를 울려야 되는 경우가 아닌 것은?

① 긴급차단밸브 폐쇄 시
② 배관 내 압력이 상용압력의 1.05배 초과 시
③ 배관 내 압력이 정상운전 압력보다 10[%] 이상 강하 시
④ 긴급차단밸브 회로가 고장 시

해설 배관 내 압력이 정상운전 압력보다 15[%] 이상 강하한 경우

23 도시가스의 배관내의 상용압력이 4[MPa]이다. 배관내의 압력이 이상 상승하여 경보장치의 경보가 울리기 시작하는 압력은?

① 4[MPa] 초과 시 ② 4.2[MPa] 초과 시
③ 5[MPa] 초과 시 ④ 5.2[MPa] 초과 시

해설 경보장치가 울리는 경우 : 배관내의 압력이 상용압력의 1.05배를 초과한 때(단, 상용압력이 4[MPa] 이상인 경우에는 상용압력에 0.2[MPa]를 더한 압력)
∴ 상용압력이 4[MPa] 이상에 해당 되므로 경보장치가 울리는 압력은 4 + 0.2 = 4.2[MPa] 초과할 때 경보를 울려야 한다.

24 굴착으로 주위가 노출된 도시가스 사업자 도시가스배관(관지름 100[mm] 미만인 저압배관은 제외)으로서 노출된 부분의 길이가 100[m] 이상인 것은 위급 시 신속히 차단할 수 있도록 노출부분 양 끝으로부터 몇 [m] 이내에 차단장치를 설치해야 하는가?

① 200[m] ② 300[m]
③ 350[m] ④ 500[m]

해설 굴착으로 노출된 배관의 방호조치
㉮ 차단장치 : 300[m] 이내 설치
㉯ 원격조작이 가능한 차단장치 : 500[m] 이내 설치

25 도시가스 배관이 굴착으로 인하여 몇 [m] 이상 노출된 배관에 대하여 누출된 가스가 체류하기 쉬운 장소에 가스누출경보기를 설치하여야 하는가?

① 10 ② 20
③ 30 ④ 50

해설 굴착으로 노출된 배관의 안전조치 : 굴착으로 20[m] 이상 노출된 배관은 20[m] 마다 가스누출경보기 설치

26 굴착공사로 인하여 15[m] 이상 노출된 도시가스배관 주위 조명은 최소 얼마 이상으로 하여야 하는가?

① 70[lx] 이상 ② 80[lx] 이상
③ 90[lx] 이상 ④ 100[lx] 이상

Answer 21. ① 22. ③ 23. ② 24. ② 25. ② 26. ①

해설 굴착으로 노출된 배관의 점검통로 기준
㉮ 노출된 배관 길이 : 15[m] 이상
㉯ 점검통로 폭 : 80[cm] 이상
㉰ 가드레일 높이 : 90[cm] 이상
㉱ 등기구 조명도 : 70[lx] 이상

27 일반도시가스사업의 가스공급시설의 시설 기준에 관한 사항 중 틀린 것은?

① 최고사용압력이 저압인 경우 가스발생기 외면으로부터 사업장의 경계까지의 거리는 5[m] 이상을 유지해야 한다.
② 최고사용압력이 중압인 경우 가스홀더 외면으로부터 사업장의 경계까지의 거리는 10[m] 이상을 유지해야 한다.
③ 최고사용압력이 고압인 경우 가스혼합기 외면으로부터 사업장의 경계까지의 거리는 3[m] 이상을 유지해야 한다.
④ 최고사용압력이 고압인 경우 가스정제설비 외면으로부터 사업장의 경계까지의 거리는 20[m] 이상을 유지해야 한다.

해설 가스발생기, 가스홀더와 사업소 경계와의 거리
㉮ 최고사용압력이 고압 : 20[m] 이상
㉯ 최고사용압력이 중압 : 10[m] 이상
㉰ 최고사용압력이 저압 : 5[m] 이상

28 일반도시가스사업의 가스공급시설 중 최고사용압력이 저압인 가스홀더에서 갖추어야 할 기준이 아닌 것은?

① 가스방출장치를 설치한 것일 것
② 봉수의 동결방지 조치를 한 것일 것
③ 모든 관의 입·출구에는 반드시 신축을 흡수하는 조치를 할 것
④ 수조에 물 공급관과 물 넘쳐 빠지는 구멍을 설치한 것일 것

해설 저압의 가스홀더에 갖추어야 할 기준
1) 유수식 가스홀더
㉮ 원활히 작동할 것
㉯ 가스방출장치를 설치할 것
㉰ 수조에 물 공급과 물 넘쳐 빠지는 구멍을 설치할 것
㉱ 봉수의 동결방지조치를 할 것
2) 무수식 가스홀더
㉮ 피스톤이 원활히 작동되도록 설치할 것
㉯ 봉액공급용 예비펌프를 설치할 것
※ ③번 항목은 고압 또는 중압의 가스홀더에 갖추어야 할 기준이다.

29 가스공급시설 중 최고사용압력이 고압인 가스홀더 2개가 있다. 2개의 가스홀더 지름이 각각 30[m], 50[m]일 경우 두 가스홀더의 간격은 몇 [m] 이상을 유지하여야 하는가?

① 15[m] ② 20[m]
③ 30[m] ④ 50[m]

해설 가스홀더와의 거리 : 두 가스홀더의 최대지름을 합산한 길이의 1/4 이상 유지(1[m] 미만인 경우 1[m] 이상의 거리) 한다.

$$\therefore L = \frac{D_1 + D_2}{4} = \frac{30+50}{4} = 20[\text{m}]$$

30 가스발생설비에서 설치하지 않는 장치는?

① 압력상승 방지장치
② 긴급차단장치
③ 역류방지장치
④ 밀도측정장치

해설 가스발생설비에 설치하여야 할 사고예방설비 : 압력상승 방지장치, 긴급정지장치(긴급차단장치), 역류방지장치, 자동조정장치

Answer 27. ③ 28. ③ 29. ② 30. ④

31 **도시가스의 가스발생설비, 가스정제설비, 가스홀더 등이 설치된 장소 주위에는 철책 또는 철망 등의 경계책을 설치하여야 하는데 그 높이는 몇 [m] 이상으로 하여야 하는가?**

① 1.0[m] 이상 ② 1.5[m] 이상
③ 2.0[m] 이상 ④ 3.0[m] 이상

해설 경계책 높이
㉮ 가스관련 시설 : 1.5[m] 이상
㉯ LPG 소형저장탱크 : 1[m] 이상

32 **일반도시가스사업의 공급시설 중 최고사용압력이 저압인 가스정제설비에서 압력의 이상 상승을 방지하기 위하여 설치하는 것은?**

① 일류방지장치 ② 역류방지장치
③ 고압차단스위치 ④ 수봉기

해설 수봉기 : 압력이 이상상승 하였을 때 압력을 방출하는 안전장치로 방출압력에 상당하는 수심만큼 배관을 물에 넣은 것으로 구조가 간단하고 작동이 확실하다. 방출가스 압력이 수위에 의하여 결정되기 때문에 200~500[mmH_2O] 정도의 낮은 압력 범위에 사용한다.

33 **일반도시가스 공급시설의 시설기준으로 틀린 것은?**

① 가스공급시설을 설치하는 실(제조소 및 공급소 내에 설치된 것에 한함)은 양호한 통풍구조로 한다.
② 제조소 또는 공급소에 설치한 전기설비는 방폭성능을 가져야 한다.
③ 가스방출관의 방출구는 지면으로부터 5[m] 이상의 높이로 설치하여야 한다.
④ 고압 또는 중압의 가스공급시설은 최고사용압력의 1.1배 이상의 압력으로 실시하는 내압시험에 합격해야 한다.

해설 고압 또는 중압의 가스공급시설은 최고사용압력의 1.5배 이상의 압력으로 실시하는 내압시험을 실시하여 이상이 없어야 한다.

34 **도시가스를 사용하는 공동주택 등에 압력조정기를 설치할 수 있는 경우의 기준으로 옳은 것은?**

① 공동주택 등에 공급되는 가스압력이 중압 이상으로서 전체 세대수가 150세대 미만인 경우
② 공동주택 등에 공급되는 가스압력이 중압 이상으로서 전체 세대수가 250세대 미만인 경우
③ 공동주택 등에 공급되는 가스압력이 저압으로서 전체 세대수가 200세대 미만인 경우
④ 공동주택 등에 공급되는 가스압력이 저압으로서 전체 세대수가 300세대 미만인 경우

해설 공동주택 등에 압력조정기 설치 세대수
㉮ 저압 : 250세대 미만(249세대까지 가능)
㉯ 중압 : 150세대 미만(149세대까지 가능)

35 **도시가스 배관은 설치장소나 지름에 따라 적절한 배관재료와 접합방법을 선정하여야 한다. 배관재료 선정기준으로 틀린 것은?**

① 배관내의 가스흐름이 원활한 것으로 한다.
② 내부의 가스압력과 외부로부터의 하중 및 충격하중에 견디는 강도는 갖는 것으로 한다.
③ 토양, 지하수 등에 대하여 강한 부식성을 갖는 것으로 한다.
④ 절단가공이 용이한 것으로 한다.

Answer 31. ② 32. ④ 33. ④ 34. ① 35. ③

해설 도시가스 배관재료의 선정기준
㉮ 배관내의 가스흐름이 원활한 것으로 한다.
㉯ 내부의 가스압력과 외부로부터의 하중 및 충격하중에 견디는 강도를 갖는 것으로 한다.
㉰ 토양, 지하수 등에 대하여 내식성을 가지는 것이어야 한다.
㉱ 절단가공, 배관의 접합이 용이하고 가스의 누출을 방지할 수 있는 것이어야 한다.

36 가스용 폴리에틸렌 배관의 융착이음 접합방법의 분류에 해당되지 않는 것은?
① 맞대기 융착 ② 소켓 융착
③ 이음매 융착 ④ 새들 융착

해설 가스용 폴리에틸렌관 이음 방법 : 맞대기 융착이음, 소켓 융착이음, 새들 융착이음

37 일반도시가스사업의 가스공급 시설기준에서 배관을 지상에 설치할 경우 배관에 도색할 색상은?
① 흑색 ② 황색
③ 적색 ④ 회색

해설 도시가스 배관 도색
㉮ 지상배관 : 황색
㉯ 지하 매설관 : 적색(중압), 황색(저압)

38 도시가스 배관을 지하에 매설하는 경우 배관의 외면과 지면과의 유지거리를 틀리게 설명한 것은?
① 공동주택 등의 부지 내에서는 0.6[m] 이상
② 폭 8[m] 이상의 도로에서는 1.2[m] 이상
③ 폭 4[m] 이상 8[m] 미만의 도로에서는 1.0[m] 이상
④ 폭 8[m] 이상의 도로의 보도에서는 1.2[m] 이상

해설 도시가스 배관의 매설깊이
㉮ 공동주택부지 내 : 0.6[m] 이내
㉯ 폭 8[m] 이상인 도로 : 1.2[m] 이상
㉰ 폭 4[m] 이상 8[m] 미만 도로 : 1[m] 이상
㉱ ㉮~㉰에 해당되지 않는 곳 : 0.8[m] 이상

39 도시가스 배관의 설치기준에서 옥외공동구벽을 관통하는 배관의 손상 방지조치가 아닌 것은?
① 지반의 부등침하에 대한 영향을 줄이는 조치
② 보호관과 배관사이에 가황고무를 충전하는 조치
③ 공동구의 내외에서 배관에 작용하는 응력의 차단 조치
④ 배관의 바깥지름에 3[cm]를 더한 지름의 보호관 설치 조치

해설 옥외 공동구벽을 관통하는 배관의 손상방지 조치기준
㉮ 공동구벽의 관통부는 배관 바깥지름에 5[cm]를 더한 지름 또는 배관의 바깥지름의 1.2배의 지름 중 작은 지름 이상의 보호관을 설치한다.
㉯ 보호관과 배관과의 사이에는 가황고무 등을 충전하는 등으로 공동구 내외에서 배관에 작용하는 응력이 상호간에 전달되지 않도록 조치
㉰ 지반의 부등침하에 대한 영향을 줄이는 조치

40 일반도시가스사업 가스 공급시설의 입상관 밸브는 분리가 가능한 것으로서 바닥으로부터 몇 [m] 이내에 설치해야 하는가?
① 0.5~1[m] ② 1.2~1.5[m]
③ 1.6~2.0[m] ④ 2.5~3[m]

해설 입상관 밸브 설치 높이 : 1.6[m] 이상 2[m] 내에 설치(입상관 밸브를 1.6[m] 미만으로 설치 시 보호상자 안에 설치)

Answer 36. ③ 37. ② 38. ④ 39. ④ 40. ③

참고 **입상관의 정의** : 수용가에 가스를 공급하기 위해 건축물에 수직으로 부착되어 있는 배관을 말하며, 가스의 흐름방향과 관계없이 수직배관은 입상관으로 본다.

41 도시가스배관의 이음부(용접이음매 제외)와 절연전선과는 얼마 이상 떨어져야 하는가?

① 30[cm] ② 20[cm]
③ 15[cm] ④ 10[cm]

해설 **도시가스배관 이음부와 이격거리 기준**
㉮ 전기계량기, 전기개폐기 : 60[cm] 이상
㉯ 전기점멸기, 전기접속기 : 30[cm] 이상
㉰ 단열조치를 하지 않은 굴뚝, 절연조치를 하지 않은 전선 : 15[cm] 이상
㉱ 절연전선 : 10[cm] 이상
※ 도시가스 사용시설의 경우 전기점멸기, 전기접속기는 15[cm] 이상으로 2013. 12. 18 개정되었음

42 도시가스 공급시설 중 정압기(지)의 기준에 대한 설명으로 옳지 않은 것은?

① 정압기를 설치한 장소는 계기실, 전기실 등과 구분하고 누출된 가스가 계기실 등으로 유입되지 아니하도록 한다.
② 정압기의 입구측, 출구측 및 밸브기지는 최고사용압력의 1.25배 이상에서 기밀성능을 가지는 것으로 한다.
③ 지하에 설치하는 정압기실은 천정, 바닥 및 벽의 두께가 각각 30[cm] 이상의 방수조치를 한 콘크리트로 한다.
④ 정압기의 입구에는 수분 및 불순물제거장치를 설치한다.

해설 **정압기지(밸브기지)의 기준** : ①, ③, ④ 외
㉮ 정압기지 및 밸브기지에는 가스공급시설 외의 시설물을 설치하지 아니한다.
㉯ 정압기지 및 밸브기지에 가스공급시설의 관리 및 제어를 위하여 설치한 건축물은 철근콘크리트 또는 그 이상의 강도를 갖는 구조로 한다.
㉰ 정압기실 및 밸브기지의 밸브실을 지하에 설치할 경우에는 침수방지조치를 한다.
㉱ 지상에 설치하는 정압기실의 출입문은 두께 6[mm](허용공차 : ±0.6[mm]) 이상의 강판 또는 30×30[mm] 이상의 앵글강을 400×400[mm] 이하의 간격으로 용접 보강한 두께 3.2[mm](허용공차 : ±0.34[mm]) 이상의 강판으로 설치한다.
㉲ 정압기의 입구측, 출구측 및 밸브기지는 최고사용압력의 1.1배 이상에서 기밀성능을 가지는 것으로 한다.

43 도시가스 사업법상 정압기실의 설치기준으로 옳지 않은 것은?

① 지하 정압기실은 침수방지 조치를 할 것
② 정압기지에는 가스공급시설 외 시설물을 설치하지 아니할 것
③ 지하에 설치하는 정압기실 천정, 바닥, 벽 두께는 20[cm] 이상으로 할 것
④ 정압기를 설치한 장소는 계기실, 전기실 등과 구분하고 누출된 가스가 계기실 등으로 유입되지 않도록 할 것

해설 두께가 30[cm] 이상의 방수조치를 한 콘크리트 구조이어야 한다.

44 일반도시가스사업자의 가스공급시설 중 정압기의 시설 및 기술기준에 대한 설명으로 틀린 것은?

① 단독사용자의 정압기에는 경계책을 설치하지 아니할 수 있다.
② 단독사용자의 정압기실에는 이상압력 통보설비를 설치하지 아니할 수 있다.

Answer 41. ④ 42. ② 43. ③ 44. ②

③ 단독사용자의 정압기에는 예비정압기를 설치하지 아니할 수 있다.
④ 단독사용자의 정압기에는 비상전력을 갖추지 아니할 수 있다.

해설 **경보장치 설치 기준** : 경보장치는 정압기 출구의 배관에 설치하고 가스압력이 비정상적으로 상승할 경우 안전관리자가 상주하는 곳에 이를 통보할 수 있는 것으로 한다. 다만, 단독사용자에게 가스를 공급하는 정압기의 경우에는 그 사용시설의 안전관리자가 상주하는 곳에 통보할 수 있는 경보장치를 설치할 수 있다.

45 **정압기실 주위에는 경계책을 설치하여야 한다. 이때 경계책을 설치한 것으로 보지 않는 경우는?**

① 철근콘크리트로 지상에 설치된 정압기실
② 도로의 지하에 설치되어 사람과 차량의 통행에 영향을 주는 장소로서 경계책 설치가 부득이한 정압기실
③ 정압기가 건축물 안에 설치되어 있어 경계책을 설치할 수 있는 공간이 없는 정압기실
④ 매몰형 정압기

해설 **정압기실 경계책 설치기준**
1) 경계책 높이 : 1.5[m] 이상
2) 경계표지를 설치한 경우 경계책을 설치한 것으로 인정되는 경우
㉮ 철근콘크리트 및 콘크리트 블록재로 지상에 설치된 정압기실
㉯ 도로의 지하 또는 도로와 인접하게 설치되어 있어 사람과 차량의 통행에 영향을 주는 장소에 있어 경계책 설치가 부득이한 정압기실
㉰ 정압기사 건축물 내에 설치되어 있어 경계책을 설치할 수 있는 공간이 없는 정압기실
㉱ 상부 덮개에 시건 조치를 한 매몰형 정압기
㉲ 경계책 설치가 불가능하다고 일반도시가스사업자를 관할하는 시장, 군수, 구청장이 인정하는 다음의 정압기
ⓐ 공원지역, 녹지지역 등에 설치된 것
ⓑ 기타 부득이한 경우

46 **일반도시가스사업자 정압기 입구측의 압력이 0.6[MPa]일 경우 안전밸브 분출부의 크기는 얼마 이상으로 하여야 하는가?**

① 30[A] 이상 ② 50[A] 이상
③ 80[A] 이상 ④ 100[A] 이상

해설 **정압기 안전밸브 분출부 크기 기준**
1) 정압기 입구측 압력이 0.5[MPa] 이상 : 50[A] 이상
2) 정압기 입구측 압력이 0.5[MPa] 미만
㉮ 정압기 설계유량이 1000[Nm^3/h] 이상 : 50[A] 이상
㉯ 정압기 설계유량이 1000[Nm^3/h] 미만 : 25[A] 이상

47 **일반도시가스사업자 정압기 이상압력 상승 시 [보기]의 안전장치 작동순서로 적합한 것은?**

> [보기]
> ㉠ 이상압력 통보설비
> ㉡ 주정압기의 긴급차단장치
> ㉢ 안전밸브
> ㉣ 예비정압기의 긴급차단장치

① ㉠ – ㉡ – ㉢ – ㉣
② ㉡ – ㉢ – ㉣ – ㉠
③ ㉢ – ㉣ – ㉠ – ㉡
④ ㉣ – ㉠ – ㉡ – ㉢

Answer 45. ④ 46. ② 47. ①

해설 정압기에 설치되는 안전장치 설정압력

구분		상용압력 2.5[kPa]	그 밖의 경우
이상압력 통보설비	상한값	3.2[kPa] 이하	상용압력의 1.1배 이하
	하한값	1.2[kPa] 이상	상용압력의 0.7배 이상
주 정압기에 설치하는 긴급차단장치		3.6[kPa] 이하	상용압력의 1.2배 이하
안전밸브		4.0[kPa] 이하	상용압력의 1.4배 이하
예비 정압기에 설치하는 긴급차단장치		4.4[kPa] 이하	상용압력의 1.5배 이하

48 **일반도시가스사업자 정압기의 가스방출관 방출구는 지면으로부터 몇 [m] 이상의 높이에 설치하여야 하는가? (단, 전기시설물과의 접촉 등으로 사고의 우려가 없는 장소이다.)**

① 1[m] 이상　② 2[m] 이상
③ 4[m] 이상　④ 5[m] 이상

해설 **과압안전장치 가스방출관** : 안전밸브는 가스방출관이 설치된 것으로 하고 그 방출관의 방출구는 주위에 불 등이 없는 안전한 위치로서 지면으로부터 5[m] 이상의 높이에 설치한다. 다만, 전기시설물과의 접촉 등으로 사고의 우려가 있는 장소에서는 3[m] 이상으로 할 수 있다.

49 **실내에 설치된 도시가스(천연가스) 정압기의 가스누출 검지 통보설비에서 검지부의 설치 개수는?**

① 연소기 중심에서 수평거리 8[m] 마다 1개
② 연소기 중심에서 수평거리 4[m] 마다 1개
③ 바닥둘레 10[m] 마다 1개
④ 바닥둘레 20[m] 마다 1개

해설 정압기실에 설치되는 검지부 수는 바닥면 둘레 20[m]에 대하여 1개 이상의 비율로 설치한다.

50 **공기보다 비중이 가벼운 도시가스의 공급시설로서 공급시설이 지하에 설치된 경우 통풍구조는 흡입구 및 배기구의 관지름을 몇 [mm] 이상으로 하는가?**

① 50　② 75
③ 100　④ 150

해설 **공기보다 비중이 가벼운 도시가스의 공급시설이 지하에 설치된 경우의 통풍구조 기준**
㉮ 통풍구조는 환기구를 2방향 이상 분사하여 설치한다.
㉯ 배기구는 천정면으로부터 30[cm] 이내에 설치한다.
㉰ 흡입구 및 배기구의 관지름은 100[mm] 이상으로 하되, 통풍이 양호하도록 한다.
㉱ 배기가스 방출구는 지면에서 3[m] 이상의 높이에 설치하되, 화기가 없는 안전한 장소에 설치한다.

51 **공기보다 비중이 가벼운 도시가스의 정압기실로서 지하에 설치되는 경우의 통풍구조에 대한 설명으로 틀린 것은?**

① 통풍구조는 환기구를 2방향 이상으로 분산 설치한다.
② 배기구는 천장면으로부터 30[cm] 이내에 설치한다.
③ 흡입구 및 배기구의 관지름은 80[mm] 이상으로 한다.
④ 배기가스의 방출구는 지면에서 3[m] 이상의 높이에 설치한다.

해설 **통풍구조 중 흡입구 및 배기구**
㉮ 흡입구 및 배기구의 관지름은 100[mm] 이상으로 한다.

Answer 48. ④ 49. ④ 50. ③ 51. ③

㉯ 배기가스 방출구는 지면에서 5[m] 이상의 높이에 설치한다. 단, 공기보다 가벼운 도시가스의 경우 3[m] 이상으로 할 수 있다.

52 일반도시가스 공급시설에 설치하는 정압기의 분해 점검 주기는 어떻게 정하여져 있는가? (단, 단독 사용자에게 공급하기 위한 정압기는 제외한다.)

① 1년에 1회 이상 ② 2년에 1회 이상
③ 3년에 1회 이상 ④ 1주일에 1회 이상

해설 분해점검 주기
㉮ 정압기 : 2년에 1회 이상
㉯ 정압기 필터 : 가스 공급개시 후 1개월 이내 및 매년 1회 이상
㉰ 가스사용자 시설(단독사용자)의 정압기와 필터 : 설치 후 3년까지는 1회 이상, 그 이후에는 4년에 1회 이상

53 도시가스사업자는 가스공급시설을 효율적으로 관리하기 위하여 배관, 정압기에 대하여 도시가스배관망을 전산화하여야 한다. 이때 전산관리 대상이 아닌 것은?

① 설치도면 ② 시방서
③ 시공자 ④ 배관 제조자

해설 도시가스 배관망의 전산화 대상 : 배관·정압기 등의 설치도면, 시방서(관지름 및 재질 등에 관한 사항 기재), 시공자, 시공 년 월 일 등

54 일반도시가스사업자는 공급권역을 구역별로 분할하고 원격조작에 의한 긴급차단장치를 설치하여 대형가스누출, 지진발생 등 비상 시 가스차단을 할 수 있도록 하는 구역의 설정기준으로 옳은 것은?

① 수요자가 20만 이하가 되도록 설정
② 수요자가 25만 이하가 되도록 설정
③ 배관의 길이가 20[km] 이하가 되도록 설정
④ 배관의 길이가 25[km] 이하가 되도록 설정

해설 구역설정 기준
㉮ 구역설정 방법 : 긴급차단장치에 의하여 가스공급을 차단할 수 있는 구역의 설정은 수요자수가 20만 이하가 되도록 하여야 한다. 다만, 구역을 설정한 후 수요자수가 증가하여 20만을 초과하게 되는 경우에는 25만 미만으로 할 수 있다.
㉯ 작동상황 점검주기 : 6개월에 1회 이상

55 도시가스 계량기와 유지하여야 할 거리에 대한 설명 중 옳은 것은?

① 전기계량기와 30[cm] 이상의 거리를 유지하여야 한다.
② 전기개폐기와 15[cm] 이상의 거리를 유지하여야 한다.
③ 절연조치를 하지 아니한 전선과 15[cm] 이상의 거리를 유지하여야 한다.
④ 전기점멸기와 50[cm] 이상의 거리를 유지하여야 한다.

해설 가스계량기와 이격거리 기준
㉮ 전기계량기, 전기개폐기 : 60[cm] 이상
㉯ 단열조치를 하지 않은 굴뚝, 전기점멸기, 전기접속기 : 30[cm] 이상
㉰ 절연조치를 하지 않은 전선 : 15[cm] 이상

56 도시가스 사용시설에서 배관을 지하에 매설하는 경우에는 지면으로부터 몇 [m] 이상의 거리를 유지해야 하는가?

① 0.3[m] ② 0.6[m]
③ 1[m] ④ 1.2[m]

해설 도시가스 사용시설의 매설배관 깊이 : 0.6[m] 이상

Answer 52. ② 53. ④ 54. ① 55. ③ 56. ②

57 도시가스 사용시설의 배관 이음부와 굴뚝, 전기점멸기, 전기접속기와는 몇 [cm] 이상의 거리를 유지해야 하는가?

① 10[cm] ② 15[cm]
③ 30[cm] ④ 60[cm]

해설 도시가스 사용시설의 배관 이음부와 이격거리
㉮ 전기계량기, 전기개폐기 : 60[cm] 이상
㉯ 전기점멸기, 전기접속기 : 15[cm] 이상
㉰ 단열조치를 하지 않은 굴뚝, 절연조치를 하지 않은 전선 : 15[cm] 이상
㉱ 절연전선 : 10[cm] 이상

58 도시가스 특정가스 사용시설의 배관 고정(지지)간격의 설치 기준에 대한 설명으로 옳은 것은?

① 호칭지름 12[mm] 미만인 배관은 1[m] 마다 고정장치를 설치하여야 한다.
② 호칭지름 12[mm] 이상 33[mm] 미만인 배관은 2[m] 마다 고정장치를 설치하여야 한다.
③ 호칭지름 33[mm] 이상인 배관은 3[m] 마다 고정장치를 설치하여야 한다.
④ 배관과 고정장치 사이에는 절연조치를 하지 않아도 된다.

해설 배관 고정장치 설치간격 기준
㉮ 호칭지름 13[mm] 미만 : 1[m] 마다
㉯ 호칭지름 13[mm] 이상 33[mm] 미만 : 2[m] 마다
㉰ 호칭지름 33[mm] 미만 : 3[m] 마다
※ 배관과 고정장치 사이에는 절연조치를 하여야 한다.

59 도시가스 사용시설 중 배관에 표기하는 내용으로 틀린 것은?

① 사용가스명 ② 가스의 흐름방향
③ 최고사용압력 ④ 유량

해설 배관 외부에 사용가스명, 최고사용압력 및 가스 흐름방향을 표시할 것. 다만, 지하에 매설하는 배관의 경우에는 흐름방향을 표시하지 아니할 수 있다.

60 식품접객업소로서 영업장의 면적이 몇 $[m^2]$ 이상인 가스사용시설에 대하여 가스누출 자동 차단장치를 설치하여야 하는가?

① 33 ② 50
③ 100 ④ 200

해설 가스누출 자동 차단기 설치 장소
㉮ 영업장 면적이 $100[m^2]$ 이상인 식품접객업소의 가스 사용시설
㉯ 지하에 있는 가스 사용시설(가정용은 제외)

61 도시가스 사용시설에서 가스누출 자동 차단장치를 설치하여도 설치목적을 달성할 수 없는 시설이 아닌 것은?

① 개방된 공장의 국부난방시설
② 경기장의 성화대
③ 상·하 방향, 전·후 방향, 좌·우 방향 중에 2방향 이상의 외기에 개방된 가스사용시설
④ 개방된 작업장에 설치된 용접 또는 절단시설

해설 가스누출 자동차단기 등을 설치하여도 설치목적을 달성할 수 없는 시설
㉮ 개방된 공장의 국부난방시설
㉯ 개방된 작업장에 설치된 용접 또는 절단시설
㉰ 체육관, 수영장, 농수산시장 등 상가와 유사한 가스사용시설
㉱ 경기장의 성화대
㉲ 상·하 방향, 전·후 방향, 좌·우 방향 중에 3방향 이상이 외기에 개방된 가스사용시설

Answer 57. ② 58. ③ 59. ④ 60. ③ 61. ③

62 도시가스 사용시설 중 호스의 길이는 몇 [m] 이내로 하여야 하는가?

① 1 ② 2
③ 3 ④ 4

해설 호스의 길이는 연소기까지 3[m] 이내로 하되, 호스는 "T"형으로 연결하지 아니한다.

63 도시가스 사용시설(연소기는 제외)의 시설기준 및 기술기준 중 기밀시험 압력으로 옳은 것은?

① 최고사용압력의 1.1배 또는 1[kPa] 중 높은 압력 이상
② 최고사용압력의 1.0배 또는 8.4[kPa] 중 높은 압력 이상
③ 최고사용압력의 1.1배 또는 8.4[kPa] 중 높은 압력 이상
④ 최고사용압력의 1.5배 또는 10[kPa] 중 높은 압력 이상

해설 가스 사용시설 기밀시험 압력
㉮ 도시가스 사용시설 : 최고사용압력의 1.1배 또는 8.4[kPa] 중 높은 압력 이상
㉯ LPG 사용시설 : 8.4[kPa] 이상

64 도시가스 사용시설의 월사용 예정량[m^3] 산출식으로 올바른 것은? (단, A는 산업용으로 사용하는 연소기의 명판에 기재된 가스소비량의 합계[kcal/h], B는 산업용이 아닌 연소기의 명판에 기재된 가스소비량의 합계[kcal/h]이다.)

① $\{(A\times240)+(B\times90)\}/11000$
② $\{(A\times240)+(B\times90)\}/10500$
③ $\{(A\times220)+(B\times80)\}/11000$
④ $\{(A\times220)+(B\times80)\}/10500$

해설 도시가스 월사용예정량 산출식

$$\therefore Q=\frac{\{(A\times 240)+(B\times 90)\}}{11000}$$

65 고정식 압축도시가스 자동차 충전시설의 설비와 관련한 안전거리 기준에 대한 설명 중 틀린 것은?

① 저장설비, 압축가스설비 및 충전설비는 그 외면으로부터 사업소경계까지 원칙적으로 5[m] 이상의 안전거리를 유지한다.
② 저장설비, 충전설비는 가연성 물질의 저장소로부터 8[m] 이상의 거리를 유지한다.
③ 충전설비는 "도로법"에 의한 도로경계로부터 5[m] 이상의 거리를 유지한다.
④ 처리설비, 압축가스설비 및 충전설비는 철도에서부터 30[m] 이상의 거리를 유지한다.

해설 저장설비, 압축가스설비 및 충전설비는 그 외면으로부터 사업소경계까지 원칙적으로 10[m] 이상의 안전거리를 유지한다. 다만, 처리설비 및 압축가스설비 주위에 철근콘크리트제 방호벽을 설치한 경우에는 5[m] 이상의 안전거리를 유지한다.

66 고정식 압축도시가스 자동차 충전의 시설기준에서 저장설비, 처리설비, 압축가스설비 및 충전설비는 인화성물질 또는 가연성물질 저장소로부터 얼마 이상의 거리를 유지하여야 하는가?

① 5[m] ② 8[m]
③ 12[m] ④ 20[m]

해설 화기 및 인화성, 가연성 물질과 8[m] 이상의 우회거리를 유지한다.

Answer 62. ③ 63. ③ 64. ① 65. ① 66. ②

67 **고정식 압축도시가스 자동차 충전시설의 가스누출검지 경보장치 설치상태를 확인한 것이다. 이 중 잘못 설치된 것은?**

① 충전설비 내부에 1개가 설치되어 있었다.
② 압축가스설비 주변에 1개가 설치되어 있었다.
③ 배관접속부 8[m] 마다 1개가 설치되어 있었다.
④ 펌프 주변에 1개가 설치되어 있었다.

해설 가스누출검지 경보장치 설치 수
㉮ 압축설비 주변 또는 충전설비 내부에는 1개 이상
㉯ 압축가스설비 주변에는 2개 이상
㉰ 배관접속부마다 10[m] 이내에 1개 이상
㉱ 펌프 주변에는 1개 이상

68 **이동식 압축도시가스 자동차충전시설을 점검한 내용이다. 기준에 부적합한 경우는?**

① 이동충전차량과 가스배관구를 연결하는 호스 길이가 6[m] 이었다.
② 가스배관구 주위에는 가스배관구를 보호하기 위하여 높이 40[cm], 두께 13[cm]인 철근콘크리트 구조물이 설치되어 있었다.
③ 이동충전차량과 충전설비 사이 거리는 7[m]이었고, 이동충전차량과 충전설비 사이에 강판제 방호벽이 설치되어 있었다.
④ 충전설비 근처 및 충전설비에서 6[m] 떨어진 장소에 수동 긴급차단장치가 각각 설치되어 있었으며 눈에 잘 띄었다.

해설 이동충전차량과 가스배관구를 연결하는 호스의 길이는 5[m] 이내로 한다.

참고 각 항목의 기준 내용
② 가스배관구 주위에는 이동충전차량의 충돌로부터 가스배관구를 보호하기 위하여 높이 30[cm] 이상, 두께 12[cm] 이상인 철근콘크리트 또는 이와 동등 이상의 강도를 가진 구조물을 설치한다.
③ 가스배관구와 가스배관구 사이 또는 이동충전차량과 충전설비 사이에는 8[m] 이상의 거리를 유지한다. 다만, 가스배관구와 가스배관 사이 또는 이동충전차량과 충전설비 사이에 방호벽을 설치한 경우에는 그러하지 아니하다.
④ 충전설비 근처 및 충전설비로부터 5[m] 이상 떨어진 장소에는 수동 긴급차단장치를 각각 설치하며, 쉽게 식별할 수 있도록 한다.

69 **도시가스 측정사항에 있어서 반드시 측정하지 않아도 되는 것은?**

① 농도 측정
② 연소성 측정
③ 압력 측정
④ 열량 측정

해설 도시가스 측정 항목
열량 측정, 압력 측정, 연소성 측정, 유해성분

70 **도시가스 성분 중 황화수소는 0[℃], 101325[Pa]의 압력에서 건조한 도시가스 1[m^3] 당 몇 [g]을 초과해서는 안 되는가?**

① 0.02 ② 0.05
③ 0.2 ④ 0.5

해설 도시가스 유해성분 측정 기준
건조한 도시가스 1[m^3], 0[℃], 101325[Pa]
㉮ 황전량 : 0.5[g] 초과 금지
㉯ 황화수소 : 0.02[g] 초과 금지
㉰ 암모니아 : 0.2[g] 초과 금지

Answer 67. ② 68. ① 69. ① 70. ①

71 웨베지수의 산식을 옳게 나타낸 것은? (단, H_g : 도시가스의 총발열량, d : 도시가스의 공기에 대한 비중을 나타낸다.)

① $WI=\frac{H_g}{\sqrt{d}}$ ② $WI=\frac{\sqrt{H_g}}{d}$

③ $WI=1-\frac{H_g}{\sqrt{d}}$ ④ $WI=1+\frac{H_g}{\sqrt{d}}$

해설 웨베지수 계산식

$\therefore WI=\frac{H_g}{\sqrt{d}}$

72 도시가스 총 발열량이 10400[kcal/m³], 공기에 대한 비중이 0.55일 때 웨베지수는 얼마인가?

① 11023 ② 12023

③ 13023 ④ 14023

해설 $WI=\frac{H_g}{\sqrt{d}}=\frac{10400}{\sqrt{0.55}}=14023.357$

73 도시가스 품질검사를 위한 시료채취 방법에 대한 설명으로 옳은 것은?

① 5[L] 이하의 시료용기에 0.1[MPa] 이하의 압력으로 채취한다.

② 5[L] 이하의 시료용기에 1.0[MPa] 이하의 압력으로 채취한다.

③ 10[L] 이하의 시료용기에 0.1[MPa] 이하의 압력으로 채취한다.

④ 10[L] 이하의 시료용기에 1.0[MPa] 이하의 압력으로 채취한다.

해설 도시가스 품질검사(도법 시행규칙 별표10) 시료채취 방법 및 보관(도시가스 품질기준 등에 관한 고시 제7조)

㉮ 도시가스의 시료채취는 한국산업규격의 냉각 경질 탄화수소유-액화천연가스 시료채취방법(KS I ISO8943) 또는 천연가스-시료채취 지침서(KS I ISO10715)에 따른다.

㉯ 시료는 10[L] 이하의 시료용기에 1.0[MPa] 이하의 압력으로 채취한다.

㉰ 시료는 검사용 및 보관용으로 총 2개를 채취한다.

㉱ 품질검사기관은 보관용 시료를 봉인된 상태로 보관한다.

74 도시가스 품질검사 시 허용기준 중 틀린 것은?

① 전유황 : 30[mg/m³] 이하

② 암모니아 10[mg/m³] 이하

③ 할로겐 총량 : 10[mg/m³] 이하

④ 실록산 : 10[mg/m³] 이하

해설 도시가스 품질검사 기준

㉮ 열량 : 도법 제20조 제1항에 따라 산업통상자원부장관 또는 시·도지사의 승인을 받은 공급규정에서 정하는 열량[MJ/m³]

㉯ 웨베지수 : 51.50~56.52

㉰ 황화수소 : 30[mg/m³] 이하

㉱ 전유황 : 30[mg/m³] 이하

㉲ 부취농도 : 40~30[mg/m³] (TBM+THT), 3~13(MES+DMS+TBM+THT)

㉳ 이산화탄소 :2.5[mol%] 이하

㉴ 산소 : 0.03[mol%] 이하

㉵ 질소 : 1.0[mol%] 이하

㉶ 암모니아 : 검출되지 않음

㉷ 탄화수소 이슬점 : -5[℃] 이하

㉸ 수분 이슬점 : -12[℃] 이하

㉹ 할로겐 총량 : 10[mg/m³] 이하

㉺ 실록산 : 10[mg/m³] 이하

㉻ 기타(수소, 아르곤, 일산화탄소 등) : 1.0[mol%] 이하

75 도시가스 배관주위 굴착 시 배관의 좌우 거리는 얼마 이내에서 인력굴착을 해야 하는가?

① 30[cm] ② 50[cm]

③ 1[m] ④ 1.5[m]

Answer 71. ① 72. ④ 73. ④ 74. ② 75. ③

해설 도시가스 배관 주위를 굴착하는 경우 좌우 1[m] 이내 부분은 인력으로 굴착할 것

76 **도시가스 배관작업 시 파일 및 방호판 타설 할 때 일반적 조치사항과 적합하지 않은 것은?**

① 가스배관과 수평거리 1[m] 이내에는 파일 박기를 하지 말 것
② 항타기는 가스배관과 수평거리 2[m] 이상 이격할 것
③ 파일을 뺀 자리는 충분히 메울 것
④ 가스배관과 수평거리 2[m] 이내에서 파일박기를 할 경우에는 도시가스 사업자 입회하에 시험굴착을 통하여 가스배관의 위치를 정확히 확인할 것

해설 도시가스배관과 수평거리 30[cm] 이내에는 파일박기를 하지 말 것

77 **도시가스 시설에 대한 줄파기 작업의 기준에 대한 설명으로 틀린 것은?**

① 가스배관이 있을 것으로 예상되는 지점으로부터 2[m] 이내에서 줄파기를 할 때에는 안전관리전담자의 입회하에 시행한다.
② 줄파기 1일 시공량 결정은 시공속도가 가장 빠른 천공작업에 맞추어 결정한다.
③ 줄파기 심도는 최소한 1.5[m] 이상으로 하며 지장물의 유무가 확인되지 않는 곳은 안전관리전담자와 협의 후 공사의 진척 여부를 결정한다.
④ 줄파기공사 후 가스배관으로부터 1[m] 이내에 파일을 설치할 경우에는 유도관을 먼저 설치한 후 되메우기를 실시한다.

해설 줄파기 1일 시공량 결정은 시공속도가 가장 느린 천공작업에 맞추어 결정한다.

78 **굴착공사에 의한 도시가스배관 손상방지 기준 중 굴착공사자가 공사 중에 시행하여야 할 기준에 대한 설명으로 틀린 것은?**

① 가스안전 영향평가 대상 굴착공사 중 가스배관의 수직, 수평변위 및 지반침하의 우려가 있는 경우에는 가스배관 변형 및 지반침하 여부를 확인한다.
② 가스배관 주위에서는 중장비의 배치 및 작업을 제한하여야 한다.
③ 계절 온도변화에 따라 와이어로프 등의 느슨해짐을 수정하고 가설구조물의 변형 유무를 확인하여야 한다.
④ 굴착공사에 의해 노출된 가스배관과 가스안전 영향평가 대상범위 내의 가스배관은 주간 안전점검을 실시하고 점검표에 기록한다.

해설 굴착공사로 노출된 가스배관과 가스안전 영향평가 대상범위 안의 가스배관은 일일 안전점검을 실시하고 점검표에 기록할 것

Answer 76. ① 77. ② 78. ④

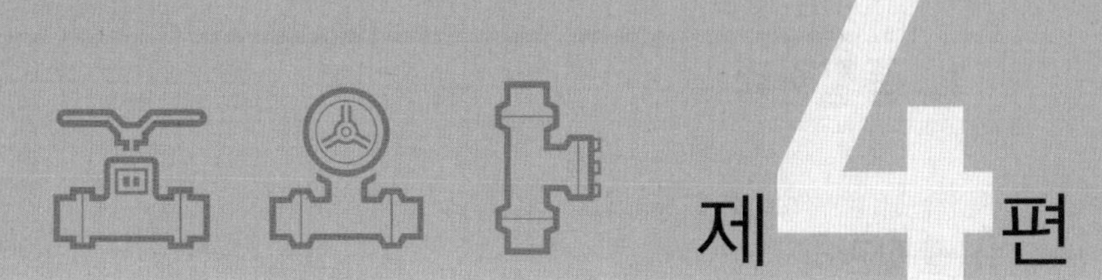

제 4 편

공업 경영

1장 품질관리 일반

1. 품질관리

1) 품질관리

(1) 품질관리(QC : quality control)의 정의

① KS A 3001 : 수요자의 요구에 맞는 품질의 제품을 경제적으로 생산하기 위한 모든 수단의 체계이다.

② ISO 9000 : 품질요구사항을 충족하는데 중점을 둔 품질경영의 일부이다.

(2) 물질의 형성단계에 의한 품질 분류

① 시장품질(소비자 품질, 요구품질, 목표품질) : 소비자에 의해 결정되는 품질로서 설계나 판매정책에 반영되는 품질이다.

② 설계품질 : 소비자의 요구를 조사한 후 공장의 제조기술, 설비, 관리 상태에 따라 경제성을 고려하여 제조가 가능한 수준으로 정한 품질이다.

③ 제조품질(적합품질, 합치품질) : 실제로 제조된 품질특성으로 실현되는 품질을 의미한다. 일반적으로 제조품질은 4M(man[작업자], method[작업방법], machine[설비], material[자재])에 의하여 결정된다.

④ 사용품질(성과품질) : 제품을 사용한 소비자의 만족도에 의하여 결정되는 품질이다.

(3) 품질관리의 목적

① 소비자가 원하는 제품을 생산한다.

② 제품에 대한 신뢰성을 향상시킨다.

③ 품질보증이 되는 제품을 생산한다.

④ 제조물책임(PL)을 행할 수 있는 제품을 생산한다.

⑤ 작업공정을 원활하게 한다.

⑥ 공해 없는 제품을 생산한다.

(4) 품질관리의 기능

① 관리 사이클(PDCA cycle)

㉮ Plan(계획) : 목표를 달성하기 위한 계획 또는 표준을 설정한다.

㉯ Do(실시, 실행) : 충분한 교육과 훈련을 실시하고 설정된 계획에 따라 실행한다.

㉰ Check(검토, 검사, 평가) : 실시한 결과를 측정하여 계획과 비교, 검토한다.

㉱ Action(조치, 대책) : 검토한 결과 계획과 실시된 것 사이에 차이가 있으면 적절한 수정, 시정조치를 취한다.

② 품질관리의 4대 기능

㉮ 품질의 설계(P : plan) : 설계 품질이나 목표로 하는 품질을 정한다.

㉯ 공정의 관리(D : do) : 공정설계와 작업표준, 제조표준, 계측시험표준을 정하여 작업자를 교육, 훈련시켜 업무를 수행하게 한다.

㉰ 품질의 보증(C : check) : 제품의 제조, 출하 및 사용단계에서 제조품질과 사용품질을 목표 품질에 따라 점검한다.

㉱ 품질의 조사 및 개선(A : action) : 클레임, A/S 결과, 고객의견 등을 조사 확인하여 설계 및 제조공정의 품질관리를 개선한다.

(5) 품질관리의 효과

① 원가절감 및 품질을 향상시킨다.

② 판매량 증가를 이룰 수 있다.

③ 클레임 감소 및 납기지연을 방지한다.

④ 불량품 처리비용을 감소시킨다.

⑤ 작업의욕 향상 및 표준화를 이룰 수 있다.

2) 종합적 품질관리

(1) 종합적 품질관리(TQC : total quality control)

고객에게 충분한 만족을 주며 제품을 가장 경제적으로 생산하고 서비스할 수 있도록 사내 각 부문이 품질개발, 품질유지 및 품질개선 노력을 하기 위한 효과적인 시스템이다.

① 종합적 품질관리 활동의 목적

㉮ 기업의 체질 개선

㉯ 인간성 존중 및 인재 육성

㉰ 전사의 총력결집

㉱ QC기법 활용

㉲ 품질보증체제 확립

㉳ 최고 품질의 신제품 개발

㉴ 변화에 대처하는 경영확립

② 종합적 품질관리 도입 시 효과(장점)

㉮ 이익증대 효과
㉯ 생산성 향상 효과
㉰ 납기관리 효과
㉱ 업무개선 효과
㉲ 기술의 향상과 기술의 축적효과

(2) 전사적 품질관리(CWQC : company-wide quality control)

시장조사, 제품의 개발·설계, 구매·외주, 제조, 검사, 판매 및 A/S 등의 라이프사이클 단계와 영업·재무·인사·교육 등 기업 활동의 모든 단계에 걸쳐서 경영자를 비롯한 전체 구성원들이 협력하고 참여하는 일본식 품질관리이다.

① 특징

㉮ 고객 우선주의
㉯ 낭비제거 및 자주설비 보전
㉰ 비용감소보다 품질향상 중시
㉱ 의사결정과정에 종업원의 참여
㉲ 과학적인 문제해결기법 사용
㉳ 설계의 중요성
㉴ 정보의 공유와 품질교육
㉵ 최고경영자의 품질에 대한 관심
㉶ 공급업자와 장기적이며 지속적인 관계 유지

② 전사적 품질관리의 목적

㉮ 전원의 시스템화를 지향하는 체질
㉯ 계획을 중시하는 체질
㉰ 프로세스를 중시하는 체질
㉱ 중점을 지향하는 체질
㉲ 문제가 무엇인가를 파악하는 체질

2. 품질 코스트

1) 품질 코스트 개요

(1) 품질 코스트(quality cost)의 정의

요구된 품질(설계품질)을 실현하기 위한 원가로서 제품 자체의 원가인 재료비나 직접노무비는 포함하지 않고 주로 제조원가의 부분원가를 의미하는 것으로 제품 또는 서비스의 품질을 형성·관리하기 위해 소요되는 제반비용과 사양 및 소비자의 요구사항을 충족시키지 못함으로써 발생되는 손실비용을 객관적으로 평가할 수 있는 척도이다.

(2) 품질 코스트의 측정 목적

① 현장(단위부서)의 경영자에게 품질문제를 품질 코스트로 이해시켜서 적절한 대책을 마련하게 한다.
② 품질의 문제가 어디에 있는지를 제시하여 현장의 관리자에게 효율적인 해결방안을 꾀하도록 한다.
③ 현장의 경영자에게 품질 코스트의 절감목표를 설정하고 이를 위한 계획을 수립할 수 있도록 한다.
④ 수립된 품질목표의 달성이 원활히 이루어지도록 한다.
⑤ 기업경영자가 현장의 관리자로 하여금 야심적인 목표를 설정하도록 동기 부여하고 아울러 목표를 달성할 수 있도록 돕게 한다.

(3) 품질 코스트의 계산 효과(이용 방법)

① 측정(평가)의 기준으로 이용한다.
② 공정품질의 해석 기준으로 이용한다.
③ 계획을 수립하는 기준으로 이용한다.
④ 예산편성의 기초자료로 이용한다.

2) 품질 코스트의 분류

(1) 예방 코스트(P-cost)

일정수준의 품질수준의 유지 및 불량품 발생을 예방하는데 소요되는 비용
① QC 계획코스트 : TQC 계획 및 시스템을 입안하기 위한 조사, 교섭, 입안, 심의 등에 소요되는 비용이다.
② QC 기술코스트 : QC 스태프가 하는 평가, 입증, 권고, 기술지원, 회의 등의 비용과 다른 부문이 하는 QC비용도 여기에 포함된다.
③ QC 교육코스트 : TQC 보급선전, 종업원교육 및 스태프 교육에 사용한 비용(외부 강습회, 기타의 참가비도 포함)이다.
④ QC 사무코스트 : 문방구, 사무용 기기, 통계용 기구 등의 구입비, 통신비 등 모든 잡비를 포함한 비용이다.

(2) 평가 코스트(A-cost)

제품의 품질을 평가함으로써 회사의 품질수준을 유지하는데 소요되는 비용이다.

① 수입검사 코스트 : 구입제품, 부품 및 가공 외주품, 조립품의 수입검사에 소요되는 비용(단, 시험적인 비용은 포함하지 않음)이다.
② 공정검사 코스트 : 부품가공공정 또는 조립공정 검사에 소요되는 비용(단, 시험비는 포함되지 않음)이다.
③ 완성품검사 코스트 : 완성품의 최종검사 및 입회검사에 소요되는 비용(현장에서 정비한 후의 인도검사나 시험 등의 비용을 포함)이다.
④ 예방보전(PM) 코스트 : 시험기, 측정기 및 지그(jig)공구의 수입검사, 정기검사, 조정·수리 또는 기준기의 검정시험에 들어간 비용이다.

(3) 실패 코스트(F-cost)

일정 품질수준을 유지하는데 실패하였기 때문에 소요되는 손실비용이다.

① 내부 실패 코스트 : 제품을 고객에게 납품하기 전에 발견하여 수정하는 것과 관련된 비용이다.
   ㉮ 폐각(廢却) 코스트 : 고객에게 납품하기 전에 부적합품 폐각이 될 요인이 사내의 생산 공정에 있을 때의 손실 코스트의 전부
   ㉯ 재가공 코스트 : 고객에게 납품하기 전에 재가공의 원인이 사내의 생산공정에 있을 때의 손실 코스트의 전부
   ㉰ 외주 부적합품 코스트 : 고객에게 납품하기 전에 수입단계에 있어서 외부품의 불합격 때문에 입은 손실 코스트
   ㉱ 설계변경 코스트 : 설계변경에 의해 회사가 입은 손실 코스트(부적합 저장품 또는 서비스용으로 전용될 수 있는 구품처리비는 포함되지 않음)
② 외부 실패 코스트 : 제품이나 무상서비스가 고객에게 배달된 후 발견된 문제와 관련된 비용이다.
   ㉮ 현지 서비스 코스트 : 납기 후에 발생한 무상서비스에 속한 것으로 보증기간의 유무, 초과 여하를 막론하고 당사의 책임에 의하여 발생한 서비스 코스트로서 고객 측에 출장했을 때의 손실 코스트의 전부
   ㉯ 대품 서비스 코스트 : 납품한 제품이 고장일 때 대품을 고객에게 송부할 때의 손실 코스트
   ㉰ 부적합품 대책 코스트 : 부적합품 대책을 위한 회의, 시험 또는 조치 등에 들어간 코스트
   ㉱ 제품책임 코스트 : PL 및 PLP에 따른 일체의 코스트

(4) 품질 코스트의 구성 비율

구분	총원가에서 품질코스트가 차지하는 비율	예방 코스트	평가 코스트	실패 코스트
파이겐바움 (A.V. Feigenbaum)	9[%]	5[%]	25[%]	70[%]
커크페트릭 (E.G. Kirkpatrick)	6~7[%]	10[%]	25[%]	50~75[%]

3) 품질 코스트와 품질의 관계

① 제조공정이 안정되면 평가 코스트는 안정된다.

② 일반적으로 QC활동의 초기단계에는 평가 코스트나 예방 코스트에 비교하여 실패 코스트가 큰 비율을 차지한다.

③ 평가 코스트를 증가시키면 실패 코스트는 감소한다.

④ 고품질일수록 평가 코스트나 예방 코스트는 증가한다.

⑤ 예방 코스트를 약간 증가시키면 평가 코스트와 실패 코스트는 크게 감소시킬 수 있다.

⑥ 예방 코스트나 평가 코스트가 실패 코스트보다 크다면 TQC 활동의 성과가 효율적으로 높아졌다고 할 수 없다.

⑦ 적합 품질이 향상되면 실패 코스트는 감소한다.

⑧ 품질 코스트를 최소로 하기 위해서는 세 가지 코스트를 고려하여 전체로서의 품질 코스트를 절감시킬 수 있도록 하여야 한다.

3. 표준화

1) 표준화 개요

(1) 표준화(standardization)

표준을 합리적으로 설정하여 활용하는 조직적인 행위나 어떤 표준을 정하고 이에 따르는 것이다. 광공업분야에 적용되는 표준화를 산업표준화라 한다.

(2) 표준화의 목적

① 관계자간의 의사소통을 원활하게 한다.
② 제품의 단순화와 인간생활에 있어서 행위의 단순화를 한다.
③ 생산자와 소비자 간의 경제성을 추구한다.
④ 소비자 및 공동사회의 이익을 보호한다.
⑤ 안전, 건강 및 생명을 보호한다.
⑥ 국제적으로 무역장벽을 제거한다.
⑦ 기능 및 치수의 호환성을 갖는다.

(3) 표준화의 특징(장·단점)

① 장점
㉮ 균일한 제품의 염가제공
㉯ 경제적 생산의 실현
㉰ 상거래의 단순화 및 공정화 실현
㉱ 자재의 절약
㉲ 품질 및 기술의 향상
㉳ 사용 소비의 합리화

② 단점
㉮ 하향식 관리방식으로 조직의 자율화 곤란
㉯ 인간성의 상실화 및 상상력의 유지 곤란
㉰ 공정의 개선 곤란

(4) 표준화의 3S

① 표준화(standardization) : 어떤 표준을 정하고, 이에 따르는 것 또는 표준을 합리적으로 설정하여 활용하는 조직적인 행위
② 단순화(simplification) : 재료, 부품, 제품의 형상, 치수 등 불필요하다고 생각되는 종류를 줄이는 것
③ 전문화(specialization) : 제조하는 물품의 종류를 한정시키고 경제적이고 능률적인 생산 및 공급체계를 갖추는 것

2) 사내 표준화

(1) 사내 표준화

특정기업 내에서 재료, 부품, 제품 및 조직과 구매, 제조, 검사, 관리 등의 일에 적용하는 것을 목적으로 하여 정한 표준으로 기업 또는 그 기업과 관련된 외주업체나 하도급 업체 등에 적용한다.

(2) 사내 표준화의 목적

① 안전 확보 및 호환성 확보
② 업무의 기준제공 및 계획입안의 합리화
③ 교육, 훈련의 합리화
④ 지시, 지도의 적절화 및 책임, 권한의 명확화
⑤ 문제점 파악 및 개선의 길잡이
⑥ 품질, 원가, 납기 등의 확보

(3) 사내 표준화의 효과

① 품질의 안정과 향상
② 정보의 전달 및 비용(cost) 절감
③ 관리기준의 명확화
④ 소비자 및 공동사회의 이익에 공헌

(4) 사내 표준화 작성 시 갖추어야 할 요건

① 실행 가능성이 있는 내용일 것
② 당사자에게 의견을 말할 기회를 주는 방식으로 정할 것
③ 기록내용이 구체적이며 객관적일 것
④ 기여도가 큰 것부터 중점적으로 취급할 것
⑤ 직감적으로 보기 쉬운 표현으로 할 것
⑥ 적시에 개정, 향상시킬 것
⑦ 장기적 방침 및 체계화로 추진할 것
⑧ 작업표준에는 수단 및 행동을 직접 제시할 것

3) 산업 표준화

(1) 산업 표준화의 개요

① 광공업의 종류, 형상, 품질, 생산방법, 광공업에 관한 시험, 검사방법 및 제품, 서비스의 기술에 관한 용어 등을 통일화하고, 단순화하기 위한 기준이다.
② 광공업을 제조하거나 사용할 때 모양, 치수, 품질, 시험, 검사방법을 전국적으로 통일, 단순화시킨 국가규격을 정하고 이를 조직적으로 보급, 활용하게 하는 의식적인 노력이다.

(2) 산업 표준화의 목적

적정하고 합리적인 산업표준을 제정, 보급함으로써 광공업품의 품질고도화와 동 제품 관련 서비스의 향상, 생산효율의 향상, 생산기술의 혁신을 기하며 거래의 단순·공정화 및 소비의 합리화를 통하여 산업경쟁력을 향상시키고 국민경제에 이바지함을 목적으로 한다.

(3) 산업 표준화의 효과

① 작업능률의 향상, 생산능률의 증진과 생산원가의 절감
② 자재의 절약, 부품의 호환성 증대
③ 품질의 균일화와 품질향상이 가능
④ 합리적인 소비와 안전성의 확보
⑤ 상거래의 단순화 및 공정한 거래가 가능
⑥ 표준원가, 표준작업공수, 원단위의 설정이 가능하게 된다.

4) 한국산업규격

(1) 제정의 목적

적정하고 합리적인 산업표준을 제정·보급하여 광공업품 및 산업 활동 관련 서비스의 품질·생산효율·생산기술을 향상시키고 거래를 단순화·공정화(公正化)하며 소비를 합리화함으로써 산업경쟁력을 향상시키고 국가경제를 발전시키는 것을 목적으로 한다. 〈산업표준화법 제1조〉

(2) 부문 및 기호

부문	기호	부문	기호	부문	기호	부문	기호
기본	A	광산	E	섬유	K	수송기계	R
기계	B	토건	F	요업	L	조선	V
전기	C	일용품	G	화학	M	항공	W
금속	D	식료품	H	의료	P	정보산업	X

(2) 제정의 4대 원칙

① 산업표준의 통일성 유지
② 산업표준의 조사, 심의과정의 민주적 운영
③ 산업표준의 객관적 타당성 및 합리성의 유지
④ 산업표준의 공중성 유지

(4) 제정의 대상범위

① 물질 : 모양, 치수, 성분, 구성, 성능, 안전성 등
② 행위 : 동작, 절차, 방법 등
③ 물질과 행위에 관련된 기초적 사항 : 용어, 기호, 수치, 계량단위, 분류 등

5) 국제 표준화

(1) 개요

국가적 표준을 기초로 성립하고, 국가적 표준은 국내의 단체표준 및 사내표준을 기초로 한다. 따라서 국제표준을 정점으로 하여 그 아래에 국가표준, 단체표준 및 사내표준의 차례로 쌓이는 이른바 피라미드형의 체계를 형성한다.

(2) 산업표준화에 관한 국제기관

① ISO(International Organization for Standardization) : 국제표준화기구
② IEC(International Electro technical Commission) : 국제전기위원회

01 한국산업규격에 맞는 품질관리의 정의와 가장 가까운 것은?

① 수요자의 요구에 맞는 품질의 제품을 경제적으로 만들어 내기 위한 모든 수단의 체계
② 품질특성을 측정하여 표준과 비교해 가며 그 차이에 대하여 조치를 취하는 통계적인 체계
③ 최대한으로 유용하여 시장성 있는 제품을 경제적으로 생산하기 위한 모든 활동의 체계
④ 사내의 각 부문이 품질개발, 유지, 향상의 노력을 조정, 통합하는 전사적인 체계

02 품질의 종류에 속하지 않는 것은?

① 검사품질　② 시장품질
③ 설계품질　④ 적합품질

해설 품질의 형성단계에 의한 분류
㉮ 시장품질(소비자 품질, 요구품질, 목표품질)
㉯ 설계품질
㉰ 제조품질(적합품질, 합치품질)

03 소비자가 요구하는 품질로서 설계와 판매 정책에 반영되는 품질을 의미하는 것은?

① 시장품질　② 설계품질
③ 제조품질　④ 규격품질

해설 물질의 형성단계에 의한 품질 분류
㉮ 시장품질(소비자품질, 요구품질, 목표품질) : 소비자에 의해 결정되는 품질로서 설계나 판매정책에 반영되는 품질이다.
㉯ 설계품질 : 소비자의 요구를 조사한 후 공장의 제조기술, 설비, 관리 상태에 따라 경제성을 고려하여 제조가 가능한 수준으로 정한 품질이다.
㉰ 제조품질(적합품질, 합치품질) : 실제로 제조된 품질특성으로 실현되는 품질을 의미한다. 일반적으로 제조품질은 4M(man[작업자], method[작업방법], machine[설비], material[자재])에 의하여 결정된다.
㉱ 사용품질(성과품질) : 제품을 사용한 소비자의 만족도에 의하여 결정되는 품질이다.

04 품질관리 시스템에 있어서 4M에 해당하지 않는 것은?

① Man　② Machine
③ Material　④ Money

해설 4M : 공정능력에 영향을 미치는 요인으로 사람(Man), 설비(Machine), 원재료(Material), 방법(Method)이 해당된다.

05 품질관리의 목적에 해당하지 않는 것은?

① 소비자가 원하는 제품을 생산한다.
② 제품에 대한 신뢰성을 향상시킨다.
③ 품질보증이 되는 제품을 생산한다.
④ 제조물책임(PL)을 이행할 수 없는 제품을 생산한다.

해설 품질관리의 목적

Answer 1. ① 2. ① 3. ① 4. ④ 5. ④

㉮ 소비자가 원하는 제품을 생산한다.
㉯ 제품에 대한 신뢰성을 향상시킨다.
㉰ 품질보증이 되는 제품을 생산한다.
㉱ 제조물책임(PL)을 행할 수 있는 제품을 생산한다.
㉲ 작업공정을 원활하게 한다.
㉳ 공해 없는 제품을 생산한다.

06 관리의 사이클을 가장 올바르게 표시한 것은? (단, A : 조치, C : 검토, D : 실행, P : 계획)

① P→C→A→D ② P→A→C→D
③ A→D→C→P ④ P→D→C→A

07 품질관리의 기능을 4가지로 대별할 때 적합하지 않은 것은?

① 품질의 설계 ② 품질의 관리
③ 공정의 관리 ④ 품질의 보증

해설 품질관리의 기능
㉮ P : 품질의 설계
㉯ D : 공정의 관리
㉰ C : 품질의 보증
㉱ A : 품질의 조사 및 개선

08 품질관리 기능의 사이클을 표현한 것으로 옳은 것은?

① 품질개선 - 품질설계 - 품질보증 - 공정관리
② 품질설계 - 공정관리 - 품질보증 - 품질개선
③ 품질개선 - 품질보증 - 품질설계 - 공정관리
④ 품질설계 - 품질개선 - 공정관리 - 품질보증

해설 품질관리 기능의 사이클 : 품질설계 → 공정관리 → 품질보증 → 품질개선

09 품질관리 효과에 해당하지 않는 것은?

① 품질향상 ② 원가절감
③ 클레임 감소 ④ 판매량 감소

해설 품질관리의 효과
㉮ 원가절감 및 품질향상
㉯ 판매량 증가
㉰ 클레임 감소 및 납기지연 방지
㉱ 불량처리비용 감소
㉲ 작업의욕 향상 및 표준화

10 TQC(Total Quality Control)란?

① 시스템적 사고방법을 사용하지 않는 품질관리 기법이다.
② 아프터 서비스를 통한 품질을 보증하는 방법이다.
③ 전사적인 품질정보의 교환으로 품질향상을 기도하는 기법이다.
④ QC부의 정보분석 결과를 생산부에 피드백 하는 것이다.

해설 TQC : 종합적 품질관리

11 TQC를 기업에 도입하였을 때의 효과에 대한 설명에서 옳지 않은 것은?

① 품질이 좋아 제품이 잘 팔려 회사에 이익증대를 가져온다.
② 생산성을 향상시키고, 납기관리에서 큰 도움이 된다.
③ TQC를 실시함으로써 업무개선보다는 사무자동화(OA)측에서 기대효과가 크다.
④ 기술향상과 기술축적에 도움이 된다.

Answer 6. ④ 7. ② 8. ② 9. ④ 10. ③ 11. ③

해설 TQC를 실시함으로써 업무개선 효과가 크다.

12 "무결점 운동"으로 불리는 것으로 미국의 항공사인 마틴사에서 시작된 품질개선을 위한 동기부여 프로그램은 무엇인가?

① ZD ② 6 시그마
③ TPM ④ ISO 9001

해설 ZD(Zero Defect) : 무결점운동으로 인간의 오류에 의한 일체의 결함이나 결점을 없애기 위한 경영관리기법이다.

13 품질 코스트의 이용방법을 설명한 것 중 잘못된 것은?

① 측정 또는 평가의 기준으로 이용된다.
② 공정품질의 해석기준으로 이용된다.
③ 판매가격을 결정하는 자료로 이용된다.
④ 예산편성의 기초자료로 이용된다.

해설 **품질 코스트의 이용방법**
㉮ 측정 또는 평가의 기준으로 이용한다.
㉯ 공정품질의 해석기준으로 이용한다.
㉰ 계획을 수립하는 기준으로 이용한다.
㉱ 예산편성의 기초자료로 이용한다.

14 품질 코스트의 분류에 해당되지 않는 것은?

① 예방 코스트(prevention cost)
② 평가 코스트(appraisal cost)
③ 개선 코스트(proposal cost)
④ 실패 코스트(failure cost)

해설 **품질 코스트의 종류** : 예방 코스트, 평가 코스트, 실패 코스트

15 품질 코스트 중 시험, 검사기기의 품질수준을 유지하기 위한 정비 및 교정비용은 어느 코스트에 해당되는가?

① 평가 코스트 ② 예방 코스트
③ 관리 코스트 ④ 실패 코스트

해설 **평가 코스트(A-cost)** : 제품의 품질을 평가함으로써 회사의 품질수준을 유지하는데 소요되는 비용이다.

16 품질 코스트(quality cost)를 예방 코스트, 실패 코스트, 평가 코스트로 분류할 때, 실패 코스트(failure cost)에 속하는 것이 아닌 것은?

① 시험 코스트
② 불량대책 코스트
③ 재가공 코스트
④ 설계변경 코스트

해설 **품질 코스트(quality cost) 분류 및 종류**
㉮ 예방 코스크(P-cost) : QC계획 코스트, QC기술 코스트, QC교육 코스트, QC사무 코스트
㉯ 평가 코스트(A-cost) : 수입검사 코스트, 공정검사 코스트, 완성품 검사 코스트, 시험 코스트, PM 코스트
㉰ 실패 코스트(F-cost) : 폐각 코스트, 재가공 코스트, 외주 부적합품 코스트, 설계변경 코스트, 현지 서비스 코스트, 대품서비스 코스트, 불량대책 코스트

17 일반적으로 품질 코스트 가운데 가장 큰 비율을 차지하는 코스트는?

① 평가 코스트 ② 실패 코스트
③ 예방 코스트 ④ 검사 코스트

해설 QC활동의 초기단계에는 평가 코스트나 예방 코스트에 비교하여 실패 코스트가 큰 비율을 차지하게 된다.

Answer 12. ① 13. ③ 14. ③ 15. ① 16. ① 17. ②

18 품질비용에 대한 설명으로 가장 거리가 먼 내용은?

① 품질비용은 예방비용, 평가비용, 실패비용이 있다.
② 품질비용 중에서 제일 많은 부분을 차지하는 비용은 실패비용이다.
③ 현대적 관점에서 품질을 향상시킬수록 총 품질비용은 기하급수적으로 증가한다.
④ 재가공 및 수리비용은 내부 실패비용으로 간주된다.

해설 품질을 향상시킬수록 총 품질비용이 반드시 기하급수적으로 증가되는 것은 아니다.

19 품질 코스트(Q-cost)와 품질의 관계에 대한 내용으로 가장 올바른 것은?

① 제조공정이 안정되면 평가 코스트가 증가된다.
② QC활동의 초기단계에서는 평가 코스트가 가장 큰 비율을 점한다.
③ 예방 코스트를 증가시키면 평가 코스트도 증가된다.
④ 평가 코스트가 실패 코스트보다 크게 된다면 QC 활동의 성과가 높아졌다고는 할 수 없다.

해설 **품질 코스트와 품질의 관계**

㉮ 제조공정이 안정되면 평가 코스트는 안정된다.
㉯ 일반적으로 QC 활동의 초기단계에는 평가 코스트나 예방 코스트에 비교하여 실패 코스트가 큰 비율을 차지한다.
㉰ 평가 코스트를 증가시키면 실패 코스트는 감소한다.
㉱ 고품질일수록 평가 코스트나 예방 코스트는 증가한다.
㉲ 예방 코스트를 약간 증가시키면 평가 코스트와 실패 코스트는 크게 감소시킬 수 있다.
㉳ 예방 코스트나 평가 코스트가 실패 코스트보다 크다면 TQC 활동의 성과가 효율적으로 높아졌다고 할 수 없다.
㉴ 적합품질이 향상되면 실패 코스트는 감소한다.
㉵ 품질 코스트를 최소로 하기 위해서는 세 가지 코스트를 고려하여 전체로서의 품질 코스트를 절감시킬 수 있도록 하여야 한다.

20 표준화의 목적과 가장 거리가 먼 것은?

① 제품생산의 기간을 단축하기 위하여
② 제품생산과 관련된 규칙을 조직원 전원이 알 수 있도록 하기 위하여
③ 호환성 및 공통화를 위하여
④ 다품종 소량생산의 체계를 구축하기 위하여

해설 소품종 대량생산의 체계를 구축하기 위한 것이다.

21 표준화에 의한 이점으로 가장 관계가 먼 내용은?

① 균일한 제품의 염가제공
② 경제적 생산의 실현
③ 상거래의 단순화 및 공정화 실현
④ 고객요구사항의 즉각적인 수용

해설 **표준화의 장점**

㉮ 균일한 제품의 염가제공
㉯ 경제적 생산의 실현
㉰ 상거래의 단순화 및 공정화 실현
㉱ 자재의 절약
㉲ 품질 및 기술의 향상
㉳ 사용 소비의 합리화

22 표준화의 3S에 해당되지 않는 것은?

① 표준화 ② 분업화
③ 단순화 ④ 전문화

Answer 18. ③ 19. ④ 20. ④ 21. ④ 22. ②

해설 표준화의 3S
㉮ 표준화(standardization) : 어떤 표준을 정하고 이에 따르는 것 또는 표준을 합리적으로 설정하여 활용하는 조직적인 행위
㉯ 단순화(simplification) : 재료, 부품, 제품의 형상, 치수 등 불필요하다고 생각되는 종류를 줄이는 것
㉰ 전문화(specialization) : 제조하는 물품의 종류를 한정시키고 경제적이고 능률적인 생산 및 공급체계를 갖추는 것

23 표준화의 3S 효과로 옳지 않은 것은?
① 품질향상
② 생산비 절감
③ 서비스 개선
④ 경제 안정

24 사내 표준화의 요건에 대한 설명 중 잘못된 것은?
① 표준을 설정해도 실시하지 않으면 가치가 없다.
② 표준화는 관련자들과 상호협력하지 않고 추진하는 것이 바람직하다.
③ 표준은 일정한 기간을 두고 검토하여 필요에 따라 개정한다.
④ 제품의 성능이나 기타 특성을 규정할 때는 시험방법에 대해서도 동시에 고려되어야 한다.

해설 표준화는 관련자들과 상호협력 하에 추진되어야 한다.

25 사내표준을 작성할 때 갖추어야 할 요건으로 옳지 않은 것은?
① 내용이 구체적이고 주관적일 것
② 장기적 방침 및 체계 하에서 추진할 것
③ 작업표준에는 수단 및 행동을 직접 제시할 것
④ 당사자에게 의견을 말하는 기회를 부여하는 절차로 정할 것

해설 사내표준 작성 시 갖추어야 할 요건
㉮ 실행가능성이 있는 내용일 것
㉯ 당사자에게 의견을 말할 기회를 주는 방식으로 정할 것
㉰ 기록내용이 구체적이며 객관적일 것
㉱ 기여도가 큰 것부터 중점적으로 취급할 것
㉲ 직감적으로 보기 쉬운 표현으로 할 것
㉳ 적시에 개정, 향상시킬 것
㉴ 장기적 방침 및 체계화로 추진할 것
㉵ 작업표준에는 수단 및 행동을 직접 제시할 것

26 한국산업규격의 제정대상이 아닌 것은?
① 물질, 제품의 형상, 치수, 성능
② 행위에 대한 동작, 절차
③ 신물질의 특허기술
④ 물질과 행위에 관한 용어

해설 한국산업규격의 제정대상 범위
㉮ 물질 : 모양, 치수, 성분, 구성, 성능, 안전성 등
㉯ 행위 : 동작, 절차, 방법 등
㉰ 물질과 행위에 관련된 기초적 사항 : 용어, 기호, 수치, 계량단위, 분류 등

27 한국산업규격의 부문 분류기호가 틀리게 짝지어진 것은?
① E : 광산　　② K : 섬유
③ P : 의료　　④ W : 선박

해설 항공 : W, 조선(선박) : V

Answer 23. ④ 24. ② 25. ① 26. ③ 27. ④

2장 통계적 품질관리

1. 통계적 방법의 기초

1) 데이터의 분류

(1) 데이터의 개요

특정 모집단에 대한 정보를 얻기 위하여 모집단으로부터 추출한 시료를 관측한 자료를 말한다.

(2) 사용목적에 의한 분류

① 현상 파악을 목적으로 하는 데이터
② 통계해석을 목적으로 하는 데이터
③ 검사를 목적으로 하는 데이터
④ 관리를 목적으로 하는 데이터
⑤ 기록을 목적으로 하는 데이터

(3) 척도에 의한 분류

① 계량치 : 연속량으로 측정되는 품질특성 값으로 길이, 질량, 온도, 유량 등이다.
② 계수치 : 수량으로 세어지는 품질특성 값으로 부적합품수, 부적합수 등이다.

(3) 통계량의 수리해석

① 중심적 경향

㉮ 산술평균(시료평균 : $\bar{x}$) : n개의 데이터 값의 합을 개수 n개로 나눈 값이다.

㉯ 중앙값(median, 중위수 : M_e) : 데이터를 크기순으로 나열했을 때 "n=홀수"이면 중앙에 위치한 데이터, "n=짝수"이면 중앙에 위치하는 두 개의 데이터의 평균치이다.

㉰ 범위의 중앙값(mid-rang : M) : 데이터의 최대값($x_{\max}$)과 최소값($x_{\min}$)의 평균값이다.

㉣ 최빈값(mode, 최빈수 : M_0) : 도수분포표에서 도수가 최대인 곳의 대표치이다.

㉤ 기하평균(geometric mean : G) : 기하급수적으로 변화하는 측정값 또는 시간에 따라 변화하는 측정값의 평균을 계산한 것

㉥ 조화평균(harmonic mean : H) : 각 x_i의 역수를 산술평균하여 이를 다시 역으로 나타낸 값

② 산포(데이터가 펴져 있는 상태를 의미)의 경향

㉮ 제곱합(sum of square, 변동 : S) : 개개의 데이터에서 나온 편차를 제곱하여 합한 값

㉯ 시료분산(불편분산 : s^2, V) : 모분산(σ^2)의 추정모수로 사용

㉰ 시료의 표준편차(시료편차 : s) : 모표준편차(σ)의 추정모수로 사용

㉱ 평균편차(M_d) : 각각의 데이터와 평균과의 차에 대한 절대평균값

㉲ 범위(range : R) : $R = x_{\max} - x_{\min}$

㉳ 변동계수(변이계수 : CV, V_c) : 표준편차(s)를 산술평균($\bar{x}$)으로 나눈 값

③ 분포의 모양

㉮ 비대칭도(왜도 : K) : 평균값을 중심으로 분포가 좌우 대칭인지의 여부를 결정하는 척도

㉯ 첨도($\sigma^4(\beta^4)$) : 분포의 뾰쪽한 정도를 결정하는 척도

2) 도수분포표

(1) 도수분포표 개요

어떤 일정한 기준에 의하여 전체 데이터가 포함되는 구간을 여러 개의 급구간으로 분할하고, 데이터를 분할된 급구간에 따라 분류하여 만든 표이다.

(2) 도수분포표를 만드는 목적

① 데이터의 흩어진 모양(산포)을 알고 싶을 때
② 많은 데이터로부터 평균값과 표준편차를 구할 때
③ 원래 데이터를 규격과 대조하고 싶을 때
④ 규격차와 비교하여 공정의 현황을 파악하기 위하여
⑤ 분포가 통계적으로 어떤 분포형에 근사한가를 알기 위하여

3) 데이터의 정리 방법

① 히스토그램(histogram) : 계량치가 어떤 분포를 나타내는지 알아보기 위하여 도수 분포표를 만든 후 기둥그래프 형태로 그린 그림
② 특성 요인도 : 문제가 되는 결과와 이에 대응하는 원인과의 관계를 알 수 있도록 생선뼈 형태로 그린 그림
③ 파레토그램(pareto diagram) : 불량 등의 발생 건수를 항목별로 분류하고 그 크기 순서대로 나열해 놓은 그림
④ 체크시트(check sheet) : 계수치의 데이터가 분류항목 중에서 어느 곳에 집중되어 있는지 쉽게 알아볼 수 있게 나타낸 그림
⑤ 각종 그래프 : 계통 도표, 예정 도표, 기록 도표 등
⑥ 산점도(scatter diagram) : 그래프 용지 위에 점으로 나타낸 그림
⑦ 층별(stratification) : 특징에 따라 몇 개의 부분 집단으로 나눈 것

2. 샘플링 검사

1) 오차(error)

(1) 오차의 정의

모집단의 참값(μ)과 그것을 추정하기 위하여 모집단으로부터 추출한 시료의 측정 데이터(x_i)와의 차이다.

(2) 오차의 검토 순서 : 신뢰성 → 정밀도 → 정확도

① 신뢰성 : 데이터를 신뢰할 수 있는가의 문제로 분석방법이나 계기의 잘못에 관한 것이다.
② 정밀도(정도) : 어떤 측정법으로 동일 시료를 무한횟수 측정하였을 때 그 데이터는 반드시 어떤 산포를 갖게 되는데, 이 산포의 크기를 정밀도라 한다.
③ 정확도(치우침) : 어떤 측정법으로 동일 시료를 무한횟수 측정하였을 때 데이터 분포의 평균값과 모집단 참값과의 차이를 의미한다.

2) 검사의 종류 및 특징

(1) 검사의 정의 및 목적

① 물품을 점검, 측정하여 판정기준과 비교하여 적합, 부적합 또는 합격, 불합격 판정을 내리는 것

② 목적

㉮ 합격, 불합격품을 구별하여 검사비용을 절감하기 위하여

㉯ 공정변화를 판단하기 위하여

㉰ 제품의 결함 정도를 평가하기 위하여

㉱ 품질 향상을 자극하기 위하여

㉲ 다음 공정 및 사용자에게 불량품(부적합 물품)이 공급되는 것을 막기 위하여

㉳ 사용자에게 품질에 대한 신뢰성을 주기 위하여

㉴ 제품 설계에 필요한 정보를 얻기 위하여

(2) 검사의 분류

① 공정에 의한 분류

㉮ 수입검사(구입검사) : 재료, 반제품, 제품을 구입하는 경우에 행하는 검사

㉯ 공정검사(중간검사) : 공정과 공정사이에 행하는 검사

㉰ 완성검사(최종검사) : 완성된 제품이 요구사항을 만족하는지 여부를 판정하는 검사

㉱ 출하검사(출고검사) : 제품을 공장에서 출하(출고)할 때 행하는 검사

② 장소에 의한 분류

㉮ 정위치 검사 : 일정한 장소에 제품을 운반해서 검사하는 방법

㉯ 순회검사 : 검사원이 현장을 순회하면서 제조된 제품에 대하여 행하는 검사

③ 입회검사(출장검사) : 외주업체나 타 공정에 나가서 타 책임자의입회하에 행하는 검사

③ 성질에 의한 분류

㉮ 파괴검사 : 검사 후 상품가치가 없어지는 검사

㉯ 비파괴검사 : 검사 후 상품가치기 없어지지 않는 검사

㉰ 관능검사 : 검사자 자신의 감각(시각, 미각, 후각, 청각, 촉각)에 의해서 행하는 검사

④ 판정대상(검사방법)에 의한 분류

㉮ 전수검사 : 제품 전량에 대하여 검사하는 방법

㉯ 로트별 샘플링 검사 : 시료를 채취(샘플링)하여 검사하는 방법

㉰ 관리 샘플링 검사 : 제조공정관리, 공정검사 조정, 검사의 체크를 목적으로 검사하는 방법

⑤ 검사항목에 의한 분류

㉮ 수량 검사
㉯ 외관검사
㉰ 치수검사
㉱ 중량검사
㉲ 성능검사

(3) 검사의 계획

① 어떤 제품을 검사할 것인지 결정 : 검사의 경제성 문제로서 검사와 무검사 중에서 선택
② 어떤 점을 검사항목으로 할 것인지 결정 : 계량값 검사와 계수값 검사에서 선택
③ 어떤 검사방식을 사용할 것인지 결정 : 전수검사와 샘플링 검사 중 선택
④ 언제, 어디서 검사할 것인지 결정 : 검사의 장소와 시기로 공정초기에 하는 것이 좋다.

3) 샘플링 방법

(1) 샘플링(sampling)의 정의

제품, 반제품 또는 원재료 등의 단위개체 또는 단위분량을 어떤 목적 아래 모은 것을 샘플(sample) 또는 시료라 하고, 모집단(공정, 로트 등)으로부터 시료를 채취하는 것을 샘플링(sampling)이라 하며, 샘플링의 여러 가지 방법들을 샘플링법이라 한다.

(2) 샘플링 방법

① 랜덤 샘플링(random sampling) : 모집단의 어떠한 부분도 목적하는 특성에 관하여 같은 확률로 시료 중에 뽑혀지도록 샘플링하는 방법으로 시료수가 증가할수록 샘플링 정도가 높다.

㉮ 단순 랜덤 샘플링(simple random sampling) : 모집단에서 완전히 랜덤하게 샘플링하는 방법이다.

㉯ 계통 샘플링(systematic sampling) : 모집단에서 시간적, 공간적으로 일정한 간격을 두어 샘플링하는 방법이다.

㉰ 지그재그 샘플링(zigzag sampling) : 계통 샘플링에서 주기성에 의한 편기가 들어갈 위험성을 방지하도록 샘플링하는 방법이다.

② 2단계 샘플링(two-stage sampling) : 모집단을 N개의 부분으로 나누어 1단계로 그 중 몇 개 부분을 시료로 샘플링한 다음에 2단계로서 1단계로 샘플링한 부분 중에서 몇 개의 시료를 샘플링하는 방법이다.

③ 층별 샘플링(stratified sampling) : 모집단을 N개의 층으로 나누어서 각 층으로부터 각각 랜덤하게 시료를 샘플링하는 방법이다.

④ 취락 샘플링(cluster sampling) : 모집단을 여러 개의 층으로 나누고 그 층중에서 몇 개를 랜덤하게 추출한 뒤 선택된 층 안은 모두 검사하는 방법이다.

⑤ 다단계 샘플링 : 모집단에서 랜덤하게 1차 시료를 샘플링한 후 그 1차 시료에서 다시 2차 시료를 샘플링하고 다시 그 2차 시료 중에서 3차 시료를 샘플링 해 나가는 방법이다.

⑥ 유의 샘플링 : 로트의 평균치를 알기 위해 로트 전체를 대표하는 시료를 샘플링하지 않고, 일부 특정부분을 샘플링하여 그 시료의 값으로서 전체를 내다보는 방법이다.

4) 샘플링 검사

(1) 샘플링(sampling) 검사의 정의

로트로부터 시료를 채취하여 검사한 후 그 결과를 판정 기준과 비교하여 로트의 합격, 불합격을 판정하는 것을 말한다.

(2) 전수검사

① 전수검사가 유리한 경우
- ㉮ 검사비용에 비해 효과가 클 때
- ㉯ 물품의 크기가 작고, 파괴검사가 아닐 때

② 전수검사가 필요한 경우
- ㉮ 불량품이 혼합되면 안 될 때
- ㉯ 불량품이 다음 공정에 넘어가면 경제적으로 손실이 클 때
- ㉰ 불량품이 들어가면 안전에 중대한 영향을 미칠 때
- ㉱ 전수검사를 쉽게 할 수 있을 때

(3) 샘플링 검사

① 샘플링 검사가 유리한 경우
- ㉮ 다수, 다량의 것으로 불량품이 있어도 문제가 없는 경우
- ㉯ 검사 항목이 많은 경우
- ㉰ 불안전한 전수검사에 비해 높은 신뢰성이 있을 때
- ㉱ 검사비용이 적은 편이 이익이 많을 때
- ㉲ 품질향상에 대하여 생산자에게 자극이 필요한 때

② 샘플링 검사가 필요한 경우

㉮ 물품의 검사가 파괴검사일 때

㉯ 대량 생산품이고 연속 제품일 때

③ 샘플링 검사의 실시조건

㉮ 제품이 로트 단위로 처리될 수 있을 것

㉯ 합격 로트 속에 어느 정도의 부적합품 혼입이 허용될 수 있을 것

㉰ 시료의 샘플링이 무작위로 실시될 수 있을 것

㉱ 품질기준이 명확할 것

㉲ 계량값 샘플링 검사에서는 로트의 검사단위의 특성치 분포를 대략적으로 알고 있을 것

5) 샘플링 검사의 분류 및 형식

(1) 샘플링 검사의 분류

① 품질특성에 의한 분류

㉮ 계수값 샘플링 검사 : 적합품 및 부적합품, 부적합수로 표시

㉯ 계량값 샘플링 검사 : 특성치로 표시

② 특징

구분	계수값 샘플링 검사	계량값 샘플링 검사
검사방법	-검사에 숙련이 필요 없다. -검사 소요시간이 짧다. -검사설비가 간단하다. -검사기록이 간단하다.	-검사에 숙련이 필요하다. -검사 소요시간이 길다. -검사설비가 복잡하다. -검사기록이 복잡하다.
적용 시 이론상의 제약	샘플링 검사를 적용하는 조건에 대한 만족이 쉽다.	시료채취에 랜덤성이 요구되며 그 적용범위가 정규분포에 따르는 경우나 또는 특수한 경우로 제한된다.
판별능력과 검사개수	검사개수가 같은 경우에 계량보다 판별 능력이 낮으므로 검사개수가 크다.	검사개수가 같은 경우 계수보다 판별능력이 커지므로 검사개수가 상대적으로 적다.
검사기록의 이용	검사기록이 다른 목적에 이용되는 정도가 낮다.	검사기록이 다른 목적에 이용되는 정도가 높다.
적용해서 유리한 경우	-검사비용이 적은 경우 -검사의 시간, 설비, 인원이 많이 필요 없는 경우	-검사비용이 많은 경우 -검사의 시간, 설비, 인원이 많이 필요한 경우 -파괴검사의 경우

(2) 샘플링 검사의 형식

① 1회 샘플링 검사 : 모집단에서 시료를 단 1회 샘플링하여 그 시험결과를 판정기준과 비교하여 로트의 합격, 불합격을 판정하는 검사형식으로 가장 간편하고, 검사단위의 비용이 저렴하지만 검사개수가 많아지는 단점이 있다.

② 2회 샘플링 검사 : 1회에서 지정된 시료의 검사로 합격, 불합격 판정이 어려울 때 다시 2차 시료를 시험하여 그 결과를 1차 시험결과와 합하여 그 결과에 따라 로트의 합격, 불합격을 판정하는 검사형식으로 검사단위의 검사비용이 조금 비싸서 검사수를 줄이고 싶은 경우에 사용한다.

③ 다회 샘플링 검사 : 2회 샘플링 검사를 3회 이상의 검사로 확장한 검사형식으로검사단위의 검사비용이 비싸서 검사수를 줄이려는 경우 사용한다.

④ 축차 샘플링 검사 : 1개 또는 일정개수의 시료를 검사하면서 그 합계 결과를 판정기준과 비교하여 합격, 불합격, 검사 속행의 어느 하나의 판정을 하는 검사형식으로 검사단위의 검사비용이 아주 비싸서 검사수를 줄이는 것이 절대적으로 요구될 경우 사용한다.

(3) OC(operating characteristic) 곡선

가로축에 로트의 부적합품률($P[\%]$)을, 세로축에 로트가 합격할 확률($L_{(p)}$)를 잡아 그린 선도로, 어떤 부적합품률을 갖는 로트가 어느 정도의 비율로 합격할 수 있는가를 나타내는 곡선으로 "검사특성곡선"이라고 한다.

OC곡선은 샘플링 방식이 결정되면 그 방식에 따라 샘플링 검사의 특성이 결정되는 것으로 OC곡선을 관찰하면 어느 정도의 품질을 갖는 로트가 검사를 받으면 어느 정도의 확률로 합격하고 불합격되는가를 알 수가 있다.

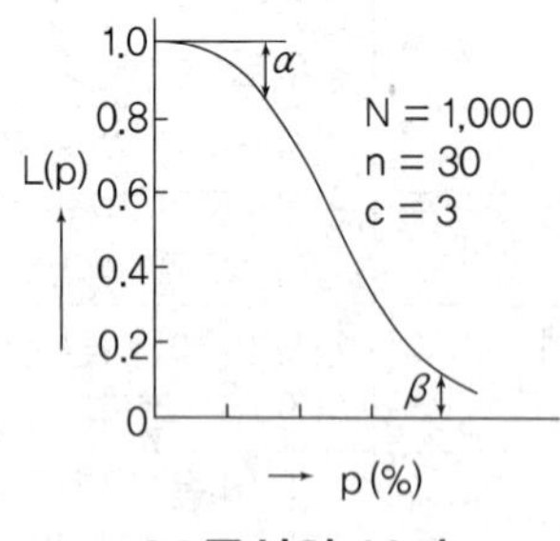

OC곡선의 보기

여기서, P : 로트의 부적합품률[%]
$L_{(p)}$: 로트가 합격할 확률
α : 합격시키고 싶은 로트가 불합격될 확률 (생산자 위험)
β : 불합격시키고 싶은 로트가 합격될 확률 (소비자 위험)
N : 로트의 크기
n : 시료의 크기
c : 합격판정개수

① 시료의 크기(n), 합격판정개수(c)가 일정하고, 로트의 크기(N)가 변하는 경우 : 로트의 크기(N)는 OC곡선의 모양에 큰 영향을 주지 않는다.

② $\frac{c/n}{N}$이 일정할 때(퍼센트 샘플링 검사) : 로트의 크기(N)가 달라지면 시료의 크기(n)와 합격판정개수(c)도 같이 변하므로 부적합품률이 같은 로트에 대해 품질보증의 정도가 달라져 일정한 품질의 보증을 얻을 수 없게 된다.

③ 로트의 크기(N), 합격판정개수(c)가 일정하고, 시료의 크기(n)가 변하는 경우 : 시료의 크기(n)가 증가하면 OC곡선의 기울기가 급해져 생산자 위험(α)은 증가하고, 소비자 위험(β)은 감소한다.

④ 로트의 크기(N), 시료의 크기(n)가 일정하고, 합격판정개수(c)가 변하는 경우 : 합격판정개수(c)가 증가하면 OC곡선의 기울기가 완만해져 생산자 위험(α)은 감소하고, 소비자 위험(β)은 증가한다.

(4) 로트가 합격할 확률($L_{(p)}$) 계산

① 초기하분포를 사용하는 경우 : $L_{(p)} = \sum_{x=0}^{c} \frac{\binom{PN}{x}\binom{N-PN}{n-x}}{\binom{N}{n}}$

② 이항분포를 사용하는 경우 : $L_{(p)} = \sum_{x=0}^{c} \binom{n}{x} P^x (1-P)^{n-x}$

③ 푸아송분포를 사용하는 경우 : $L_{(p)} = \sum_{x=0}^{c} e^{-nP}(nP)^x / x!$

6) 샘플링 검사의 형태

(1) 규준형 샘플링 검사

공급자에 대한 보호와 구입자에 대한 보증의 정도를 규정해 두고 공급자의 요구와 구입자의 요구 양쪽을 만족하도록 하는 검사방식이다.

① 계수 규준형 1회 샘플링 검사(KS A 3102)
② 계수 규준형 2회 샘플링 검사
③ 계량 규준형 샘플링 검사(KS A 3103)
④ 계량 규준형 샘플링 검사(KS A 3104)

(2) AQL 지표형 샘플링 검사(KS A ISO 2859-1)

구입자 쪽에서 샘플링 검사를 쉽게 하거나 까다롭게 하거나를 조정하는 것으로 최소한의 합격 품질기준을 정하고 이 기준보다 높은 품질의 로트를 제출하면 모두 합격시킬 것을 공급자에게 보증하는 검사방식이다.

※ AQL(acceptable quality level) : 합격품질수준

(3) LQ 지표형 샘플링 검사(KS A ISO 2859-2)

한계품질(LQ : limiting quality)을 지표로 하며 AQL 지표형 샘플링 검사방식과 병용이 가능하고 전환규칙을 적용할 수 없는 경우에 고립상태에 있는 로트를 검사하기 위한 방식이다.

(4) 스킵로트(skip-lot) 샘플링 검사(KS A ISO 2859-3)

연속하여 제출된 로트 중 일부 로트를 검사 없이 합격으로 하는 합부판정 샘플링 절차이다.

(5) 계량 조정형 샘플링 검사

구입검사에서 로트의 품질을 불량률[%]로 나타내는 계량검사에 적용한다.

(6) 축차 샘플링 검사

① 계수값 축차 샘플링 검사 : 항목은 임의로 선택되고 로트로부터 1개씩 검사하여 누계 카운트가 합계판정개수 이하이면 합격시키고, 불합격판정개수 이상이면 로트를 불합격시킨다.

② 계량값 축차 샘플링 검사 : 로트로부터 아이템을 임의로 선택하여 1개씩 검사한 후 누계 여유치를 계산하여 누계 여유치를 판정선과 비교하여 로트의 합격을 결정하는 방식이다.

3. 관리도

1) 관리도 개요

(1) 관리도 정의

품질의 산포를 관리하기 위한 관리한계선이 있는 그래프로 공정을 관리 상태로 유지하기 위하여 또는 제조공정이 관리가 잘된 상태에 있는가를 조사하기 위하여 사용되는 것이다.

(2) 품질의 변동원인

① 우연원인 : 작업자의 숙련도 차이, 작업환경의 차이, 식별되지 않을 정도의 원자재 및 생산설비 등 제반 특성의 차이로 생산조건이 엄격하게 관리된 상태에서도 발생되는 어느 정도의 불가피한 변동을 주는 것이다.

② 이상원인 : 작업자의 부주의, 부적합품(불량품) 자재의 사용, 생산설비의 이상 등으로 산발적으로 발생하여 품질변동을 일으키는 것이다.

③ 관리한계선 : 공정이 관리 상태인지 이상 상태인지를 판정하는 도구로 사용하는 것으로 중심선, 관리상한선, 관리하한선으로 구분한다.

㉮ 중심선(CL : center line) : 품질특성의 평균치에 해당하는 선

㉯ 관리상한선(UCL : upper control line) : 중심선에서 3시그마(σ) 위에 있는 관리한계선

㉰ 관리하한선(LCL : lower control line) : 중심선에서 3시그마(σ) 아래에 있는 관리한계선

(3) 관리도의 단계별 사용절차

① 관리특성을 정한다.

② 관리도의 종류를 정한다.

③ 데이터를 수집하여 관리도를 작성한다.

④ 공정관리를 위한 관리도를 결정한다.

⑤ 데이터를 타점한다.

⑥ 공정의 관리를 한다.

⑦ 관리선을 재계산한다.

2) 관리도의 종류 및 특징

(1) 계량값 관리도

① $\bar{x}-\mathrm{R}$(평균값-범위) 관리도 : 길이, 무게, 시간, 강도, 성분 등과 같이 데이터가 연속적인 계량치로 나타나는 공정을 관리할 때 사용한다.

② x 관리도와 R 관리도 : 데이터를 군으로 구분하지 않고 측정치를 그대로 사용하여 공정을 관리할 경우에 사용한다.

③ Me-R(메디안과 범위) 관리도 : 평균치 $\bar{x}$ 대신에 Me(Median : 중앙치)를 사용하여 평균치 $\bar{x}$ 를 계산하는 시간과 노력을 줄이기 위하여 사용한다.

④ L-S(최대값-최소값) 관리도 : 계량치를 군으로 구분하여 최대치(L)와 최소치(S)를 한 개의 그림표에 점을 찍어 나가는 관리도이다.

⑤ $\bar{x}-s$ (평균치와 표준편차) 관리도 : 표준값이 주어져 있을 경우와 주어지지 않았을 경우 사용한다.

⑥ 누적합(CUSUM) 관리도

⑦ 지수가중 이동평균(EWMA) 관리도

(2) 계수값 관리도

① np(부적합품수) 관리도 : 공정을 부적합품수(np)에 의해 관리할 경우 사용한다.

③ P(부적합률) 관리도 : 공정을 부적합률(P)에 의해 관리할 경우 사용한다.

③ c(부적합수) 관리도 : 미리 정해진 일정 단위 중에 포함된 부적합(결점)수에 의거 공정을 관리할 때 사용한다.

④ u(단위당 부적합수) 관리도 : 검사하는 시료의 면적이나 길이 등이 일정하지 않을 경우 또는 부적합수를 취급할 때 사용한다.

(3) 관리도의 판정

① 연(Run) : 관리도에서 점이 관리한계 내에 있고 중심선의 한 쪽에 연속해서 나타나는 점이며, 한 쪽에 연이은 점의 수를 연의 길이라고 한다.

② ARL(average run length : 평균연길이)

㉮ 샘플의 의미 : 어떤 공정 수준이 관리 이탈이라는 것을 지시할 때까지의 관리도에 대한 평균 타점수

㉯ 제품의 의미 : 어떤 공정 수준이 관리 이탈이라는 것을 지시할 때까지 제조된 평균 제품 수

③ 경향(trend) : 관측값을 순서대로 타점했을 때 연속 6 이상의 점이 점점 상승하거나 하강하는 상태이다.

④ 주기(cycle) : 점이 주기적으로 상하로 변동하여 파형을 나타내는 경우이다.

01 **도수분포표에서 도수가 최대인 계급의 대푯값을 정확히 표현한 통계량은?**

① 중위수　　② 시료평균
③ 최빈수　　④ 미드-레인지

해설 **통계량의 용어**

㉮ **중위수(M_e)** : 데이터의 크기를 오름차순으로 나열하였을 때 중앙에 위치하는 데이터값으로 중앙값이라 한다.
㉯ **시료평균($\bar{x}$)** : n개의 데이터값의 합을 개수 n개로 나눈 값으로 산술평균이라 한다.
㉰ **최빈수(M_0)** : 정리된 도수분포표 자료에서 도수가 최대가 되는 계급의 대푯값으로 최빈값이라 한다.
㉱ **미드-레인지(M)** : 데이터의 최대값과 최소값의 평균값으로 범위의 중앙값이라 한다.
㉲ **기하평균(G)** : 기하급수적으로 변화하는 측정치 또는 시간에 따라 변화하는 측정치의 평균을 계산한 것으로 데이터값이 모두 양인 경우에 사용된다.
㉳ **조화평균(H)** : x_i의 역수를 산술평균하여 이를 다시 역으로 나타낸 값으로 평균속도와 평균가격 등을 계산할 때 사용된다.

02 **도수분포표에서 도수가 최대인 곳의 대표치를 말하는 것은?**

① 중위수　　② 비대칭도
③ 모드(mode)　　④ 첨도

해설 ㉮ **중위수(중앙치, 메디안)** : 데이터를 크기순으로 나열할 때 "n=홀수"이면 중앙에 위치한 데이터, "n=짝수"이면 중앙에 위치한 두 개의 데이터의 평균치
㉯ **비대칭도** : 분포가 평균치를 축으로 하여 대칭인가의 여부를 결정하는 척도
㉰ **모드(mode : 최빈수)** : 도수분포표에서 도수가 최대인 곳의 대표치
㉱ **첨도** : 분포의 뾰쪽한 정도를 나타내는 척도

03 **1000개의 데이터 평균을 산출하여 3.54를 얻었다. 추가로 5.5라는 데이터가 관측되었다면 총 1001개 데이터의 평균은 얼마인가?**

① 3.542　　② 3.540
③ 3.538　　④ 3.544

해설 $\bar{x} = \dfrac{\sum x}{n} = \dfrac{3.54 \times 1000 + 5.5}{1001}$
$= 3.5419$

04 **[보기]의 데이터 중에서 중위수(또는 중앙치) 값은?**

> [보기]
> 5.9, 4.5, 5.7, 3.4, 2.8, 6.3, 4.5, 3.4

① 2.8　　② 3.1
③ 3.8　　④ 4.5

해설 [보기]의 데이터의 수는 8개로 짝수이고, 이를 크기순으로 나열하면 2.8, 3.4, 3.4, 4.5, 4.5, 5.7, 5.9, 6.3이 되며, 중앙에 위치한 숫자는 4.5, 4.5가 된다.

$\therefore M_e = \dfrac{4.5 + 4.5}{2} = 4.5$

Answer 1. ③ 2. ③ 3. ① 4. ④

05 [보기]의 미드레인지(mid range)는 얼마인가?

[보기] 3.8, 5.6, 4.8, 4.3, 6.2, 6.6, 5.7

① 2.8 ② 4.3
③ 5.2 ④ 5.6

해설 mid range(범위의 중앙값 : M) : 데이터의 최대값($x_{\max}$)과 최소값($x_{\min}$)의 평균값이다.

$$\therefore M = \frac{x_{\max} + x_{\min}}{2} = \frac{6.6 + 3.8}{2} = 5.2$$

06 도수분포표를 만드는 목적이 아닌 것은?

① 데이터의 흩어진 모양을 알고 싶을 때
② 많은 데이터로부터 평균치와 표준편차를 구할 때
③ 원 데이터를 규격과 대조하고 싶을 때
④ 결과나 문제점에 대한 계통적 특성치를 구할 때

해설 도수분포표 작성 목적
㉮ 데이터의 흩어진 모양(산포)을 알고 싶을 때
㉯ 많은 데이터로부터 평균값과 표준편차를 구할 때
㉰ 원래 데이터를 규격과 대조하고 싶을 때
㉱ 규격차와 비교하여 공정의 현황을 파악하기 위하여
㉲ 분포가 통계적으로 어떤 분포형에 근사한가를 알기 위하여

07 도수분포표는 자료를 정리하는 방법으로써 자료들의 흩어진 모양이나 중심을 파악하는데 사용된다. 도수분포표는 수집된 자료 개개치들을 나타낼 수 없는 단점이 있으므로 이를 보완한 자료정리도구는 무엇인가?

① 특성요인도 ② 파레토도
③ 줄기-잎-그림 ④ 레이더 그래프

해설 줄기-잎-그림 자료정리도구는 줄기를 기준으로 잎을 숫자로 표시하는 방법으로 도수분포표와 같은 시각적인 효과로 데이터값을 알 수 있다.

08 문제가 되는 결과와 이에 대응하는 원인과의 관계를 알기 쉽게 도표로 나타낸 것은?

① 산포도 ② 파레토도
③ 히스토그램 ④ 특성요인도

해설 데이터의 정리 방법
㉮ **히스토그램** : 계량치가 어떤 분포를 나타내는지 알아보기 위하여 도수 분포표를 만든 후 기둥그래프형태로 그린 그림
㉯ **특성요인도** : 문제가 되는 결과와 이에 대응하는 원인과의 관계를 알 수 있도록 생선뼈 형태로 그린 그림
㉰ **파레토그램**(pareto diagram) : 불량 등의 발생건수를 항목별로 분류하고 그 크기 순서대로 나열해 놓은 그림
㉱ **체크시트**(check sheet) : 계수치의 데이터가 분류 항목 중에서 어느 곳에 집중되어 있는지 쉽게 알아볼 수 있게 나타낸 그림
㉲ **각종 그래프** : 계통도표, 예정도표, 기로도표 등
㉳ **산점도**(scatter diagram) : 그래프 용지위에 점으로 나타낸 그림
㉴ **층별**(stratification) : 특징에 따라 몇 개의 부분 집단으로 나눈 것

09 브레인스토밍(brainstorming)과 가장 관계가 깊은 것은?

① 파레토도 ② 히스토그램
③ 회귀분석 ④ 특성요인도

해설 특성요인도
문제가 되는 결과와 이에 대응하는 원인과의 관계를 알 수 있도록 생선뼈 형태로 그린 그림으로 파레토도에 나타난 부적합 항목이 영향을 주는 여러 가지 요인을 찾아내는데 유용한 기법으로 브레인스토밍 방법을 이용한다.

Answer 5. ③ 6. ④ 7. ③ 8. ④ 9. ④

10 개선활동 시 사용되는 아이디어 발상법 중 브레인스토밍(brainstorming)법의 4가지 규칙이 아닌 것은?

① 비판하지 않는다.
② 양보다 질을 추구한다.
③ 발언을 자유분방하게 한다.
④ 남의 아이디어에 대해 개선, 결합을 꾀한다.

해설 질보다 양을 추구한다.

11 파레토그램에 대한 설명으로 가장 거리가 먼 내용은?

① 부적합품(불량), 클레임 등의 손실금액이나 퍼센트를 그 원인별, 상황별로 취해 그림의 왼쪽에서부터 오른쪽으로 비중이 작은 항목부터 큰 항목 순서로 나열한 그림이다.
② 현재의 중요 문제점을 객관적으로 발견할 수 있으므로 관리방침을 수립할 수 있다.
③ 도수분포의 응용수법으로 중요한 문제점을 찾아내는 것으로서 현장에서 널리 사용된다.
④ 파레토그램에서 나타난 1~2개 부적합품(불량) 항목만 없애면 부적합품(불량)률은 크게 감소된다.

해설 ①번 항목은 특성요인도에 대한 설명이다.

12 파레토도를 사용하여 고객클레임의 주요 항목이 무엇인가를 찾아내었다. 고객만족을 위해 전체적인 클레임수를 줄이려고 한다. 다음 중 어떤 기법을 사용하는 것이 그 원인을 찾는데 가장 효율적인가?

① 히스토그램 ② 체크시트
③ 특성요인도 ④ 산점도

13 산업현장에서 파레토그램의 특성을 살려 활용할 수 있는 내용으로 가장 거리가 먼 것은?

① 가장 중요한 문제점을 파악하는데 사용한다.
② 개선효과를 확인하기 위해서 사용한다.
③ 공정능력을 파악하기 위해서 사용한다.
④ 불량이나 고장의 원인을 조사할 때 사용한다.

해설 ③번 항목은 히스토그램에 대한 설명이다.

14 로트(lot)수를 가장 올바르게 정의한 것은?

① 1일 생산수량을 의미한다.
② 일정한 제조회수를 표시하는 개념이다.
③ 생산목표량을 기계대수로 나눈 것이다.
④ 생산목표량을 공정수로 나눈 것이다.

15 모집단의 참값과 측정데이터의 차를 무엇이라 하는가?

① 오차 ② 신뢰성
③ 정밀성 ④ 정확도

해설 ㉮ **오차** : 모집단의 참값(μ)과 시료의 측정데이터(x_i)와의 차이
㉯ **신뢰성** : 시스템, 기기, 부품 등의 기능의 시간적 안정성을 나타내는 정도
㉰ **정밀도** : 어떤 측정법으로 동일 시료를 무한횟수 측정하였을 때 그 데이터는 반드시 어떤 산포를 갖게 되는데, 이 산포의 크기를 정밀도라 한다.

Answer 10. ② 11. ① 12. ③ 13. ③ 14. ② 15. ①

㉣ **정확도(accuracy)** : 어떤 측정법으로 동일 시료를 무한횟수 측정하였을 때 데이터 분포의 평균값과 모집단 참값과의 차이를 의미한다.

16 어떤 측정법으로 동일 시료를 무한횟수 측정하였을 때 데이터 분포의 평균치와 모집단 참값과의 차를 무엇이라 하는가?

① 편차 ② 신뢰성
③ 정확성 ④ 정밀도

17 검사에 대한 설명 중 틀린 것은?

① 검사가 파괴검사이면 반드시 샘플링검사를 실시하여야 한다.
② 검사비용이 적게 들면 전수검사를 할 수도 있다.
③ 전수검사가 샘플링 검사에 비해 항상 좋다고 볼 수 있다.
④ 검사하는데 시간이 많이 들면 샘플링 검사를 실시하는 것이 좋다.

해설 **전수검사가 유리한 경우**
㉮ 검사비용에 비해 효과가 클 때
㉯ 물품의 크기가 작고, 파괴검사가 아닐 때

18 검사의 종류 중 검사공정에 의한 분류에 해당되지 않는 것은?

① 수입검사 ② 출하검사
③ 출장검사 ④ 공정검사

해설 **검사의 분류**
㉮ **검사공정에 의한 분류** : 구입검사(수입검사), 중간검사(공정검사), 완성검사(최종검사), 출고검사(출하검사)
㉯ **검사장소에 의한 분류** : 정위치 검사, 순회검사, 입회검사(출장검사)
㉰ **판정대상(검사방법)에 의한 분류** : 관리 샘플링검사, 로트별 샘플링 검사, 전수검사
㉱ **성질에 의한 분류** : 파괴검사, 비파괴검사, 관능검사
㉲ **검사항목에 의한 분류** : 수량검사, 외관검사, 치수검사, 중량검사

19 검사의 분류 방법 중 검사가 행해지는 공정에 의한 분류에 속하는 것은?

① 관리 샘플링검사
② 로트별 샘플링검사
③ 전수검사
④ 출하검사

해설 **판정대상(검사방법)에 의한 분류**
㉮ **관리 샘플링검사** : 제조공정관리, 공정검사 조정, 검사의 체크를 목적으로 검사하는 방법
㉯ **로트별 샘플링검사** : 시료를 채취(샘플링)하여 검사하는 방법
㉰ **전수검사** : 제품 전량에 대하여 검사하는 방법

20 검사의 성질에 의한 분류에 속하는 것은?

① 전수검사 ② 파괴검사
③ 수입검사 ④ 순회검사

해설 **검사의 성질에 의한 분류**
㉮ **파괴검사** : 검사 후 상품가치가 없어지는 검사
㉯ **비파괴검사** : 검사 후 상품가치가 없어지지 않는 검사
㉰ **관능검사** : 검사자 자신의 감각(시각, 미각, 후각, 청각, 촉각)에 의해서 행하는 검사

21 물품을 조사하더라도 그 상품의 가치가 변하지 않는 검사 방법은?

① 비파괴검사 ② 전수검사
③ 파괴검사 ④ 표준검사

Answer 16. ③ 17. ③ 18. ③ 19. ④ 20. ② 21. ①

해설 비파괴검사는 검사 후 상품의 가치가 변하지 않은 대신 파괴검사는 상품의 가치가 없어진다.

22 검사를 판정의 대상에 의한 분류가 아닌 것은?

① 관리 샘플링검사
② 로트별 샘플링검사
③ 전수검사
④ 출하검사

해설 **판정 대상에 의한 분류**
전수검사, 로트별 샘플링검사, 관리 샘플링검사
※ 출하검사는 검사공정에 의한 분류로 제품을 공장에서 출하할 때 하는 검사이다.

23 검사를 검사항목에 의한 분류가 아닌 것은?

① 자주검사 ② 수량검사
③ 중량검사 ④ 성능검사

해설 **검사항목에 의한 분류** : 수량검사, 외관검사, 치수검사, 중량검사, 성능검사

24 모집단으로부터 공간적, 시간적으로 간격을 일정하게 하여 샘플링하는 방식은?

① 단순랜덤 샘플링 (simple random sampling)
② 2단계 샘플링(two-stage sampling)
③ 취락샘플링(cluster sampling)
④ 계통샘플링(systematic sampling)

해설 **계통샘플링(systematic sampling)**
모집단에서 시간적, 공간적으로 일정한 간격을 두어 샘플링하는 방법이다.

25 계통 샘플링(systematic sampling)의 특징에 대한 설명 중 가장 관계가 먼 것은?

① 시료를 시간적으로 또는 공간적으로 일정한 간격을 두고 취하는 방법이다.
② 모집단의 순서에 일정한 경향성이 있을 때의 샘플링방법으로 유용하다.
③ 벨트 컨베이어 생산방식과 같이 물품이 연속으로 나올 때의 샘플링방식으로 유용하다.
④ 모집단이 순서대로 정리되어 있을 때 유용한 샘플링방법이다.

해설 모집단의 순서에 일정한 경향성이 있을 때에 계통 샘플링은 치우침이 발생하기 때문에 부적합하고, 지그재그 샘플링이 유용한 방법이다.

26 지그재그 샘플링(zigzag sampling)의 설명으로 가장 올바른 것은?

① 시간적, 공간적으로 일정한 간격을 정해 놓고 샘플링한다.
② 사전에 모집단에 대한 지식이 없는 경우에 사용한다.
③ 모집단을 몇 부분으로 나누어 각 층으로부터 랜덤하게 샘플링한다.
④ 계통샘플링에서 주기성에 의한 치우침이 들어갈 위험성을 방지하도록 한 것이다.

해설 **각 항목의 설명**
① 계통 샘플링에 대한 설명
② 단순 랜덤 샘플링에 대한 설명
③ 층별 샘플링에 대한 설명

Answer 22. ④ 23. ① 24. ④ 25. ② 26. ④

27 모집단을 몇 개의 층으로 나누고 각 층으로부터 각각 랜덤하게 시료를 뽑는 샘플링 방법은?

① 층별 샘플링 ② 2단계 샘플링
③ 계통 샘플링 ④ 단순 샘플링

해설 **층별 샘플링**(stratified sampling) : 모집단을 N개의 층으로 나누어서 각 층으로부터 각각 랜덤하게 시료를 샘플링하는 방법이다.

28 200개 들이 상자가 15개 있다. 각 상자로부터 제품을 랜덤하게 10개씩 샘플링 할 경우 이러한 샘플링 방법을 무엇이라 하는가?

① 계통 샘플링 ② 취락 샘플링
③ 층별 샘플링 ④ 2단계 샘플링

해설 **샘플링 방법**

㉮ **랜덤 샘플링** : 모집단의 어느 부분이라도 목적하는 특성에 관하여 같은 확률로 시료 중에 뽑혀지도록 샘플링하는 방법으로 시료수가 증가할 수록 샘플링 정도가 높다. 단순 랜덤샘플링, 계통 샘플링, 지그재그 샘플링 등의 방법이 있다.
㉯ **2단계 샘플링** : 모집단을 N개의 부분으로 나누어 먼저 1단계로 그 중 몇 개 부분을 시료로 샘플링하는 방법이다.
㉰ **층별 샘플링** : 모집단을 N개의 층으로 나누어서 각 층으로부터 각각 랜덤하게 시료를 샘플링하는 방법이다.
㉱ **취락 샘플링** : 모집단을 여러 개의 층으로 나누고 그 층중에서 몇 개를 랜덤하게 추출한 뒤 선택된 층 안은 모두 검사하는 방법이다.
㉲ **다단계 샘플링** : 모집단에서 랜덤하게 1차 시료를 샘플링한 후 그 1차 시료에서 다시 2차 시료를 샘플링하고 다시 그 2차 시료 중에서 3차 시료를 샘플링해 나가는 방법이다.
㉳ **유의 샘플링** : 로트의 평균치를 알기 위해 로트 전체를 대표하는 시료를 샘플링하지 않고 일부 특정 부분을 샘플링하여 그 시료의 값으로서 전체를 내다보는 방법이다.

29 취락 샘플링에 대한 설명으로 가장 관계가 먼 것은?

① 층 내 변동을 크게 하고, 층간 변동을 작게 하면 유리하다.
② 서브로트를 몇 개씩 랜덤하게 샘플링하고 뽑힌 서브로트 중의 제품을 모두 조사하는 방법이다.
③ 취락 샘플링의 정밀도는 층내 변동과 층간 변동 양자에 의해 결정된다.
④ $\overline{N}$ 개들이 M 상자가 있을 때 이 중 m 상자를 취하고, 각 상자에서 $\overline{n}$ 개씩 시료를 택할 때, $\overline{N}=\overline{n}$ 인 경우가 취락 샘플링이다.

해설 취락 샘플링의 정밀도는 층간 변동에 의해 결정된다.

30 로트로부터 시료를 샘플링해서 조사하고, 그 결과를 로트의 판정기준과 대조하여 그 로트의 합격, 불합격을 판정하는 검사를 무엇이라 하는가?

① 샘플링 검사 ② 전수검사
③ 공정검사 ④ 품질검사

31 샘플링 검사보다 전수검사를 실시하는 것이 유리한 경우는?

① 검사항목이 많은 경우
② 파괴검사를 해야 하는 경우
③ 품질특성치가 치명적인 결점을 포함하는 경우
④ 다수 다량의 것으로 어느 정도 부적합품이 섞여도 괜찮을 경우

Answer 27. ① 28. ③ 29. ③ 30. ① 31. ③

해설 1) 전수검사가 유리한 경우
㉮ 검사비용에 비해 효과가 클 때
㉯ 물품의 크기가 작고, 파괴검사가 아닐 때
2) 전수검사가 필요한 경우
㉮ 불량품이 혼합되면 안 될 때
㉯ 불량품이 다음 공정에 넘어가면 경제적으로 손실이 클 때
㉰ 불량품이 들어가면 안전에 중대한 영향을 미칠 때
㉱ 전수검사를 쉽게 할 수 있을 때
※ ①, ②, ④ 항목은 샘플링 검사가 유리한 경우이다.

32 **샘플링(sampling)검사와 전수검사를 비교하여 설명한 내용으로 틀린 것은?**

① 파괴검사에서는 물품을 보증하는데 샘플링검사 이외에는 생각할 수 없다.
② 품질향상에 대하여 생산자에게 자극을 주려면 개개의 물품을 전수검사 하는 편이 좋다.
③ 검사비용을 적게하고 싶을 때는 샘플링검사가 일반적으로 유리하다.
④ 검사가 손쉽고 검사비용에 비해 얻어지는 효과가 클 때는 전수검사가 필요하다.

해설 품질향상에 대하여 생산자에게 자극을 주려면 샘플링 검사가 유리하다.

33 **전수검사와 샘플링검사에 관한 설명으로 가장 올바른 것은?**

① 파괴검사의 경우에는 전수검사를 적용한다.
② 전수검사가 일반적으로 샘플링검사보다 품질향상에 자극을 더 준다.
③ 검사항목이 많을 경우 전수검사보다 샘플링검사가 유리하다.
④ 샘플링검사는 부적합품이 섞여 들어가서는 안 되는 경우에 적용한다.

해설 샘플링 검사가 유리한 경우 및 필요한 경우
㉮ 다수, 다량의 것으로 불량품이 있어도 문제가 없는 경우
㉯ 검사항목이 많은 경우
㉰ 전수검사에 비해 높은 신뢰성이 있을 때
㉱ 검사비용이 적은 편이 이익이 많을 때
㉲ 품질향상에 대하여 생산자에게 자극이 필요한 때
㉳ 물품의 검사가 파괴검사일 때
㉴ 대량 생산품이고 연속 제품일 때

34 **샘플링 검사의 목적으로 틀린 것은?**

① 검사비용의 절감
② 생산 공정상의 문제점 해결
③ 품질향상의 자극
④ 나쁜 품질인 로트의 불합격

35 **1회, 2회, 다회의 샘플링 검사 형식에 대한 설명으로 잘못된 것은?**

① 검사 로트 당 평균검사 개수는 일반적으로 다회 샘플링 형식의 경우에 제일 적다.
② 실시 및 기록의 번잡도에 있어서는 1회 샘플링 형식의 경우에 제일 간단하다.
③ 심리적 효과 면에 있어서는 2회의 경우가 1회의 경우보다 충실하다는 느낌을 준다.
④ 검사단위의 검사비용이 비싼 경우에는 1회의 경우가 제일 유리하다.

해설 검사단위의 검사비용이 아주 비싸서 검사수를 줄이는 것이 절대적으로 요구될 경우 사용하는 형식은 축차 샘플링 형식이다.

Answer 32. ② 33. ③ 34. ② 35. ④

36 **검사비용이 비싸 검사수를 줄이는 것이 절대적으로 요구될 경우 다음 어느 검사방식이 유리한가?**

① 전수검사 ② 1회 샘플링검사
③ 2회 샘플링검사 ④ 축차 샘플링검사

해설 검사비용과 검사개수
㉮ **1회 샘플링검사** : 검사단위의 비용이 저렴한 경우
㉯ 2회 샘플링검사 : 검사단위의 검사비용이 조금 비싸서 검사수를 줄이고 싶은 경우
㉰ **다회 샘플링검사** : 검사단위의 검사비용이 비싸서 검사수를 줄이는 것이 몹시 요구될 경우
㉱ **축차 샘플링검사** : 검사단위의 검사비용이 아주 비싸서 검사수를 줄이는 것이 절대적으로 요구될 경우

37 **샘플링 방식 중에서 평균 샘플의 크기가 가장 작은 샘플링은 무엇인가?**

① 축차 샘플링 ② 1회 샘플링
③ 다회 샘플링 ④ 2회 샘플링

해설 **검사로트당의 평균검사 개수 비교** : 1회 샘플링 검사(대) 〉 2회 샘플링 검사(중) 〉 다회 샘플링 검사(소) 〉 축차 샘플링 검사(최소)

38 **그림의 OC곡선을 보고 가장 올바른 내용을 나타낸 것은?**

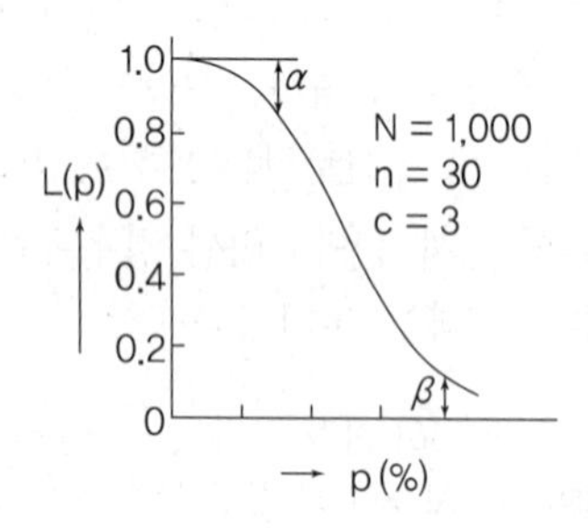

① α : 소비자 위험
② $L_{(p)}$: 로드의 합격확률
③ β : 생산자 위험
④ 불량률 : 0.3

해설 OC곡선의 각 기호의 의미
㉮ P : 로트의 부적합품률[%]
㉯ $L_{(p)}$: 로트가 합격할 확률
㉰ α : 합격시키고 싶은 로트가 불합격될 확률 (생산자 위험)
㉱ β : 불합격시키고 싶은 로트가 합격될 확률 (소비자 위험)
㉲ c : 합격판정개수
㉳ N : 로트의 크기
㉴ n : 시료의 크기

39 **검사특성곡선에 대한 설명으로 가장 관계가 먼 내용은?**

① OC곡선에 의한 샘플링 검사를 하면 나쁜 로트를 합격시키는 위험은 없다.
② 로트의 부적합품(불량)률과 로트의 합격확률과의 관계를 나타낸 그래프이다.
③ OC곡선의 산출에는 초기하분포, 이항분포 및 푸와송분포가 이용된다.
④ OC곡선의 기울기가 급해지면 생산자 위험이 증가하고, 소비자 위험이 감소한다.

해설 OC곡선에 의한 샘플링 검사를 하면 나쁜 로트를 합격시키는 위험이 적어진다.

40 **로트의 크기가 시료의 크기에 비해 10배 이상 클 때, 시료의 크기와 합격판정개수를 일정하게 하고 로트의 크기를 증가시킬 경우 검사특성곡선의 모양 변화에 대한 설명으로 가장 적절한 것은?**

① 무한대로 커진다.
② 별로 영향을 미치지 않는다.
③ 샘플링 검사의 판별 능력이 매우 좋아진다.
④ 검사특성곡선의 기울기 경사가 급해진다.

Answer 36. ④ 37. ① 38. ② 39. ① 40. ②

해설 로트(N)의 크기는 OC곡선에 큰 영향을 주지 않는다.

41 **OC곡선에서 n과 c를 일정하게 하고, N을 200, 500, 1000으로 변하게 하면 OC곡선의 모양은 어떻게 변하는가? (단, N/n이 10배 이상이다.)**

① 거의 변하지 않는다.
② 로트의 크기가 달라지면 품질보증의 정도가 달라진다.
③ 곡선의 기울기가 급해진다.
④ 오른쪽으로 완만하게 되어간다.

해설 로트(N)의 크기는 OC곡선에 큰 영향을 주지 않으므로 OC곡선의 모양은 거의 변하지 않는다.

42 **검사특성곡선(OC곡선)의 기울기가 급경사가 되었을 때의 설명으로 가장 올바른 것은?**

① β가 커진다.
② 샘플링 검사의 변별력이 좋아진다.
③ AQL(합격품질수준)이 낮아진다.
④ 검사개수가 작아진다.

해설 검사특성곡선(OC곡선)의 기울기가 급경사가 되었을 때는 시료의 개수(n)가 증가하는 것이며, 생산자 위험(α)은 증가하고, 소비자 위험(β)은 감소하고, 샘플링 검사의 변별력이 좋아진다.

43 **이항분포(binomial distribution)의 특징에 대한 설명으로 옳은 것은?**

① $P=0.01$일 때는 평균치에 대하여 좌우 대칭이다.
② $P\leq 0.1$이고, $nP=0.1\sim 10$ 일 때는 푸아송 분포에 근사한다.
③ 부적합품의 출현 개수에 대한 표준편차는 $D(x)=nP$ 이다.
④ $P\leq 0.5$ 이고, $nP\leq 0.5$일 때는 정규 분포에 근사한다.

해설 이항분포의 특징
㉮ $P=0.5$일 때는 평균치에 대하여 좌우대칭이다.
㉯ $P\leq 0.5$, $nP\geq 0.5$, $n(1-P)\geq 5$일 때는 정규분포에 근사한다.
㉰ $P\leq 0.1$, $nP=0.1\sim 10$, $n\geq 50$ 일 때는 푸아송 분포에 근사한다.

44 **로트 크기 1000, 부적합품률이 15[%]인 로트에서 5개의 랜덤 시료 중에서 발견된 부적합품수가 1개일 확률을 이항분포로 계산하면 약 얼마인가?**

① 0.1648　② 0.3915
③ 0.6085　④ 0.8352

해설
$$\begin{aligned}P &= \sum\binom{n}{x}P^x(1-P)^{n-x}\\ &= \sum\binom{5}{1}\times(0.15)^1\times(1-0.15)^{5-1}\\ &= 5\times(0.15)^1\times(1-0.15)^{5-1}\\ &= 0.3915\end{aligned}$$

45 **부적합품률이 1[%]인 모집단에서 5개의 시료를 랜덤하게 샘플링할 때, 부적합품수가 1개일 확률은 약 얼마인가? (단, 이항분포를 이용하여 계산한다.)**

① 0.048　② 0.058
③ 0.48　④ 0.58

해설
$$\begin{aligned}P &= \sum\binom{n}{x}P^x(1-P)^{n-x}\\ &= \sum\binom{5}{1}\times(0.01)^1\times(1-0.01)^{5-1}\\ &= 5\times(0.01)^1\times(1-0.01)^{5-1}\\ &= 0.048\end{aligned}$$

Answer 41. ① 42. ② 43. ② 44. ② 45. ①

46 공급자에 대한 보호와 구입자에 대한 보증의 정도를 규정해 두고 공급자의 요구와 구입자의 요구 양쪽을 만족하도록 하는 샘플링 검사방식은?

① 규준형 샘플링검사
② 조정형 샘플링검사
③ 선별형 샘플링검사
④ 연속생산형 샘플링검사

해설 **규준형 샘플링검사** : 공급자와 구입자에 대한 보호의 두 가지를 규정해서 공급자와 구입자의 요구를 모두 만족하도록 하는 샘플링 검사 방식이다.

47 계수값 규준형 1회 샘플링검사에 대한 설명 중 가장 거리가 먼 내용은?

① 검사에 제출된 로트에 관한 사전의 정보는 샘플링검사를 적용하는데 직접적으로 필요로 하지 않는다.
② 생산자측과 구매자측이 요구하는 품질보호를 동시에 만족시키도록 샘플링검사 방식을 선정한다.
③ 파괴검사의 경우와 같이 전수검사가 불가능한 때에는 사용할 수 없다.
④ 1회만의 거래 시에도 사용할 수 있다.

해설 파괴검사와 같이 전수검사가 불가능할 때 사용한다.

48 계수 규준형 샘플링 검사의 OC곡선에서 좋은 로트를 합격시키는 확률을 뜻하는 것은? (단, α는 제1종 과오, β는 제2종 과오이다.)

① α ② β
③ $1-\alpha$ ④ $1-\beta$

해설 각 기호의 의미
① 합격품질수준(AQL) 수준의 제품이 불합격될 확률
② 한계품질(LQ) 수준의 제품이 합격될 확률
④ 한계품질(LQ) 수준의 제품이 불합격될 확률

49 로트별 검사에 대한 AQL 지표형 샘플링 검사 방식은 어느 것인가?

① KS A ISO 2859-0
② KS A ISO 2859-1
③ KS A ISO 2859-2
④ KS A ISO 2859-3

해설 ③ LQ 지표형 샘플링검사 방식
④ 스킵로트 샘플링검사 절차

50 조정형 샘플링 검사는 검사에 로트가 계속해서 제출될 경우에 그 품질에 따라 검사의 강약을 조정하는 검사로 이 검사에 해당하지 않는 것은?

① 무시험 검사 ② 보통 검사
③ 수월한 검사 ④ 까다로운 검사

51 관리도와 가장 거리가 먼 내용은?

① 생산 공정상의 문제점 해결
② 데이터로부터 점들의 위치 결정
③ 통계적 품질관리
④ 로트의 합격, 불합격 판정

해설 관리도란 품질의 산포를 관리하기 위한 관리한계선이 있는 그래프로 공정을 관리 상태로 유지하기 위하여 또는 제조공정이 관리가 잘된 상태에 있는가를 조사하기 위하여 사용되는 것이다.

Answer 46. ① 47. ③ 48. ③ 49. ② 50. ① 51. ④

52 작업의 실시, 기계정비의 실시, 불량 및 사고 등을 예방하기 위하여 사용되는 통계적 방법은 무엇인가?

① 특성요인도 ② 파레토그램
③ 관리도 ④ 체크시트

53 관리도에 대한 설명 내용으로 가장 관계가 먼 것은?

① 관리도는 공정의 관리만이 아니라 공정의 해석에도 이용된다.
② 관리도는 과거의 데이터의 해석에도 이용된다.
③ 관리도는 표준화가 불가능한 공정에는 사용될 수 없다.
④ 계량치인 경우에는 $\overline{x}-R$ 관리도가 일반적으로 이용된다.

54 관리도의 관리한계선에 대한 설명 중 가장 올바른 내용은?

① 품질특성치의 분포, 즉 공정능력에 따라 결정된다.
② 관리한계선은 보통 규격상한과 규격하한을 이용한다.
③ 중심선(CL)은 규격상한과 규격하한의 평균으로 결정된다.
④ 관리상한과 관리하한의 차이를 공차(tolerance)라 한다.

해설 각 항목에서 잘못 설명된 내용
② 관리한계선과 규격상한, 하한과는 별개이다.
③ 중심선(CL)은 품질특성의 평균치에 해당하는 선이다.
④ 규격상한과 하한의 차이를 공차라 한다.

55 관리도를 구성하는 관리한계선의 의의로 가장 올바른 것은?

① 공정능력을 비교, 평가하기 위해
② 작업자의 숙련도를 비교, 평가하기 위해
③ 공정과 설비로 인한 품질변동을 비교하기 위해
④ 공정이 관리 상태인지 이상 상태인지를 판정하기 위해

해설 관리도에서 관리한계선은 공정이 관리 상태인지 이상 상태인지를 판정하는 도구이다.

56 계량형 관리도에 대한 설명으로 가장 옳은 것은?

① u 관리도는 계량형 관리도로 분류된다.
② 계수형 관리도에 비하여 많은 정보를 얻지 못한다.
③ 온도, 압력, 인장강도, 무게 등은 계량형 관리도로 관리한다.
④ 일반적으로 시료의 크기가 계수형 관리도에서 요구하는 것보다 크다.

해설 ① u 관리도는 계수형 관리도로 분류된다.
② 계수형 관리도에 비하여 계량형 관리도가 많은 정보를 얻을 수 있다.
④ 시료의 크기는 계수형 관리도가 크다.

57 관리도 중 계량치 관리도는 어느 것인가?

① R 관리도 ② np 관리도
③ c 관리도 ④ u 관리도

해설 **계량치 관리도의 종류** : $\overline{x}-R$ 관리도, x 관리도, M_e-R 관리도, $L-S$ 관리도, 누적합 관리도, 지수가중 이동평균 관리도, R관리도

Answer 52. ① 53. ③ 54. ① 55. ④ 56. ③ 57. ①

58 **축의 완성지름, 철사의 인장강도, 아스피린 순도와 같은 데이터를 관리하는 가장 대표적인 관리도는?**

① $\bar{x}-R$ 관리도 ② np 관리도
③ c 관리도 ④ u 관리도

해설 $\bar{x}-R$ (평균값-범위)관리도 : 길이, 무게, 시간, 강도, 성분 등과 같이 데이터가 연속적인 계량치로 나타나는 공정을 관리할 때 사용한다.

59 **다음에서 계수값 관리도는 어느 것인가?**

① R 관리도 ② $\bar{x}$ 관리도
③ p 관리도 ④ $\bar{x}-R$ 관리도

해설 계수값 관리도의 종류

㉮ np **관리도** : 공정을 부적합품수(np)에 의해 관리할 경우 사용
㉯ p **관리도** : 공정을 부적합품율(p) 에 의해 관리할 경우 사용
㉰ c **관리도** : 미리 정해진 일정 단위 중에 포함된 부적합(결점)수에 의거 공정을 관리할 때 사용
㉱ u **관리도** : 검사하는 시료의 면적이나 길이 등이 일정하지 않을 경우 사용 또는 부적합수를 관리할 때 사용

60 **계수형 관리도에 관한 설명 중 가장 관계가 먼 내용은?**

① LCL이 음수인 경우 관리한계선은 고려하지 않는다.
② 측정하는 품질특성치가 부적합품수, 부적합수 등이다.
③ 계수형 관리도로는 np, p, c, u 관리도 등이 있다.
④ np 관리도는 시료의 크기가 일정하지 않은 경우에도 사용할 수 있다.

해설 np(부적합수) 관리도는 시료의 크기가 일정한 경우에 사용된다.

61 np **관리도의 설명으로 가장 관계가 먼 내용은?**

① 관리항목으로 부적합품의 개수를 취급하는 경우에 사용한다.
② 시료의 크기는 반드시 일정해야 한다.
③ p 관리도보다 계산이 쉬운 장점이 있지만, 표현이 구체적이지 못해 작업자가 이해하기 어려운 단점이 있다.
④ 부적합품의 수, 1급품의 수 등 특정한 것의 개수에도 사용할 수 있다.

해설 작업자가 이해하기 어려운 경우는 없다.

62 **미리 정해진 일정 단위 중에 포함된 부적합(결점)수에 의거 공정을 관리할 때 사용하는 관리도는?**

① p 관리도 ② np 관리도
③ c 관리도 ④ u 관리도

해설 c **관리도** : 어느 일정 단위 중에 나타나는 흠의 수, 라디오 한 대 중에 납땜부적합수 등과 같이 미리 정해진 일정 단위 중에 포함된 부적합수를 취급할 때 사용한다.

63 **M타입의 자동차 또는 LCD TV를 조립, 완성한 후 부적합수(결점수)를 점검한 데이터에는 어떤 관리도를 사용하는가?**

① p 관리도 ② np 관리도
③ c 관리도 ④ $\bar{x}-R$ 관리도

해설 c 관리도는 부적합수(결점수)를 관리할 때 사용된다.

Answer 58. ① 59. ③ 60. ④ 61. ③ 62. ③ 63. ③

64 두 관리도가 모두 푸아송 분포를 따르는 것은?

① $\bar{x}$ 관리도, R 관리도
② c 관리도, u 관리도
③ np 관리도, p 관리도
④ c 관리도, p 관리도

해설 **푸아송(Poisson)의 분포** : 단위시간, 단위면적, 단위부피 등에서 무작위하게 일어나는 사건의 발생건수에 적용되는 분포로서 부적합수, 부적합확률과 같은 계수치는 푸아송 분포를 따른다.

65 c 관리도에서 $k=20$인 군의 총 부적합수 합계는 58이었다. 이 관리도의 UCL, LCL을 계산하면 약 얼마인가?

① $UCL=2.90$, $LCL=$고려하지 않음
② $UCL=5.90$, $LCL=$고려하지 않음
③ $UCL=6.92$, $LCL=$고려하지 않음
④ $UCL=8.01$, $LCL=$고려하지 않음

해설 c 관리도의 관리한계선 계산

㉮ 관리 상한선 계산

$$\therefore UCL=\bar{c}+3\sqrt{\bar{c}}$$
$$=2.9+3\times\sqrt{2.9}=8.0088$$

㉯ 관리 하한선 계산

$$\therefore LCL=\bar{c}-3\sqrt{\bar{c}}$$
$$=2.9-3\times\sqrt{2.9}=-2.2$$

※ 음(-)의 값을 갖는 LCL은 고려하지 않음

㉰ $\bar{c}$ 계산

$$\therefore \bar{c}=\frac{\sum}{k}=\frac{58}{20}=2.9$$

66 u 관리도의 관리상한선과 관리하한선을 구하는 식으로 옳은 것은?

① $\bar{u}\pm\sqrt{\bar{u}}$　② $\bar{u}\pm3\sqrt{\bar{u}}$
③ $\bar{u}\pm3\sqrt{n\bar{u}}$　④ $\bar{u}\pm3\sqrt{\frac{\bar{u}}{n}}$

해설 u 관리도의 관리한계선 계산식

㉮ 관리상한선(UCL) : $\bar{u}+3\sqrt{\frac{\bar{u}}{n}}$

㉯ 관리하한선(LCL) : $\bar{u}-3\sqrt{\frac{\bar{u}}{n}}$

67 부적합수 관리도를 작성하기 위해 $\sum c=559$, $\sum n=222$를 구하였다. 시료의 크기가 부분군마다 일정하지 않기 때문에 u 관리도를 사용하기로 하였다. $n=10$일 경우 u 관리도의 UCL값은 약 얼마인가?

① 4.023　② 2.518
③ 0.502　④ 0.252

해설 u 관리도의 관리한계선 계산

㉮ 중심선($\bar{u}$) 계산

$$\therefore \bar{u}=\frac{총부적합수(\sum c)}{총검사개수(\sum n)}$$
$$=\frac{559}{222}=2.518$$

㉯ 관리상한선(UCL) 계산

$$\therefore UCL=\bar{u}+3\sqrt{\frac{\bar{u}}{n}}$$
$$=2.518+3\times\sqrt{\frac{2.518}{10}}=4.023$$

㉰ 관리하한선(LCL) 계산

$$\therefore LCL=\bar{u}-3\sqrt{\frac{\bar{u}}{n}}$$
$$=2.518-3\times\sqrt{\frac{2.518}{10}}=1.012$$

68 $\bar{x}$ 관리도에서 관리상한이 22.15, 관리하한이 6.85, $\bar{R}=7.5$일 때 시료군의 크기(n)는 얼마인가? (단, $n=2$일 때 $A_2=1.88$, $n=3$일 때 $A_2=1.02$, $n=4$일 때 $A_2=0.73$, $n=5$일 때 $A_2=0.58$이다.)

① 2　② 3　③ 4　④ 5

Answer 64. ② 65. ④ 66. ④ 67. ① 68. ②

해설 $\overline{x}$ 관리도

㉮ 관리상한과 하한의 차 계산

$\therefore UCL - LCL = 22.15 - 6.85 = 15.3$

㉯ 관리상한과 하한의 차 계산식 관계

$$\therefore UCL - LCL = (\overline{x} + A_2\overline{R}) - (\overline{x} - A_2\overline{R}) = 2A_2\overline{R}$$

$\therefore 2A_2\overline{R} = 15.3$ 이 된다.

$$\therefore A_2 = \frac{15.3}{2\overline{R}} = \frac{15.3}{2 \times 7.5} = 1.02$$

㉰ 단서 조항에서 주어진 $A_2 = 1.02$에 해당하는 n 값을 찾으면 3이 된다.

69 관리도에서 점이 관리한계 내에 있고 중심선 한쪽에 연속해서 나타나는 점을 무엇이라 하는가?

① 경향 ② 주기
③ 런 ④ 산포

해설 관리도의 판정

㉮ **연(run)** : 관리도에서 점이 관리한계 내에 있고 중심선의 한쪽에 연속해서 나타나는 점이며, 한쪽에 연이은 점의 수를 연의 길이라고 한다.

㉯ **경향(trend)** : 관측값을 순서대로 타점했을 때 연속 6 이상의 점이 상승하거나 하강하는 상태이다.

㉰ **주기(cycle)** : 점이 주기적으로 상하로 변동하여 파형을 나타내는 경우이다.

70 관리도에서 측정한 값을 차례로 타점했을 때 점이 순차적으로 상승하거나 하강하는 것을 무엇이라 하는가?

① 연(run)
② 주기(cycle)
③ 경향(trend)
④ 산포(dispersion)

해설 **경향(trend)** : 관측값을 순서대로 타점했을 때 연속 6 이상의 점이 상승하거나 하강하는 상태이다.

Answer 69. ③ 70. ③

3장 생산관리

1. 생산관리

1) 생산관리 개요

(1) 생산관리(production management)의 정의

생산시스템을 설계하고 적절한 품질의 제품을 적기에 생산목표를 달성할 수 있도록 생산활동이나 생산 과정을 관리하는 것이다.

① 생산의 3요소 : 3M

㉮ 원자재(material) : 생산대상

㉯ 기계설비(machine) : 생산수단

㉰ 작업자(man) : 생산주체

② 생산관리의 기본적인 3가지 목표 : QCD

㉮ Q(quality) : 품질

㉯ C(cost) : 원가

㉰ D(delivery) : 납기

(2) 생산형태(system)의 분류

① 판매형태에 의한 분류

㉮ 주문생산 : 고객으로부터 주문을 받아 제품을 생산하여 판매하는 경우의 생산형태로 제품의 종류가 다양한 반면 가격이 고가이다.

㉯ 예측생산 : 고객의 주문과는 관계없이 시장수요에 공급하기 위하여 생산자가 몇 가지 제품을 대량생산하는 것으로 제품의 종류가 한정적인 반면 가격이 저렴하다.

② 품목과 생산량에 의한 분류

㉮ 개별생산(다품종 소량생산) : 여러 가지 다양한 제품을 소량으로 생산하는 형태로 대부분 고객의 주문에 의하여 생산되는 단속생산의 형태를 갖는다.

㉯ 연속생산(소품종 다량생산) : 몇 가지 동일제품을 생산하기 위하여 일정한 생산공정을 설계하고 반복해서 생산하는 연속생산형태이다.

③ 작업의 연속성에 의한 분류

㉮ 단속 생산시스템 : 고객으로부터 주문을 받아 생산하는 다품종 소량생산으로 생산의 작업흐름이 단속적인 형태로 이루어진다.

㉯ 연속 생산시스템 : 불특정한 시장의 고객에게 판매하기 위한 계획생산을 하는 소품종 다량생산으로 생산의 작업흐름이 연속적인 형태로 이루어진다.

④ 생산량과 기간에 의한 분류

㉮ 프로젝트 생산시스템 : 교량, 댐, 도로 등과 같이 생산규모가 큰 반면에 생산수량이 적고 장기간에 걸쳐 이루어진다.

㉯ 개별 생산시스템 : 생산량이 소량이고 생산기간이 단기적인 부분은 프로젝트 생산과 구별되지만 생산흐름이 단속적인 부분은 공통성을 갖는다.

㉰ 로트(lot, batch) 생산시스템 : 개별생산과 연속생산의 중간 형태로, 일정량을 반복적으로 생산하는 것이다.

㉱ 연속(대량, 흐름) 생산시스템 : 제품 단위당 생산시간이 매우 짧고 1회 생산량이 대량인 생산시스템으로 연속생산형태에 속한다.

(3) 생산 및 판매의 측면에서 본 생산형채

① 판매시스템 : 재화를 직접 생산하는 부분이 없으며 다른 기업이나 조직에서 생산한 제품을 판매하는 것이다.

② 생산-판매시스템 : 소품종의 제품을 대량생산하여 판매하는 시스템을 가리키며, 표준화된 규격품을 대량생산하는 것이다.

③ 폐쇄적 주문생산시스템 : 사전에 준비된 제품규격을 수요자에게 제시하고 이들 제품에 대한 주문에 따라 생산 활동을 하는 것이다.

④ 개방적 주문생산시스템 : 고객(수요처)이 원하는 명세서대로 제품을 대량생산하여 공급해 주는 시스템이다.

⑤ 대규모 1회 프로젝트 : 건설공사나 조선작업과 같이 대규모이고 1회에 한정하는 프로젝트 등의 생산시스템이다.

2) 수요예측 및 손익분기점

(1) 수요예측의 정의

기업의 생산제품이나 서비스에 대하여 미래의 시장수요를 방법으로 판매, 조달, 재무 계획을 수립하는 근원이 되는 과정이다.

① 목적

㉮ 생산설비의 규모 및 신설설비의 확장규모를 결정하기 위하여

㉯ 기존 생산설비에서 각 품목의 월별 생산량을 결정하기 위하여

㉰ 기존 생산설비에서 복수품목, 기간, 총수량, 생산계획량을 결정하기 위하여

② 효과

㉮ 수요변화에 대응한 생산계획을 만들 수 있다.

㉯ 재고부족 및 과다재고로 인한 손실을 줄일 수 있다.

㉰ 생산자원을 적기에 확보하고, 고용을 안정시킬 수 있다.

㉱ 불필요한 설비투자를 막을 수 있고, 생산능력을 최대한 활용할 수 있다.

㉲ 고객의 요구를 예측하고 대처함으로서 고객 서비스를 개선할 수 있다.

(2) 수요예측방법의 분류

① 정성적 예측기법(주관적 방법) : 과거의 관련 자료나 장래의 사태변화에 대한 자료가 불충분할 때 경험이나 직관력을 토대로 주관적인 의견을 사용하는 방법으로 장래의 시장조사법, 패널 동의법, 중역 의견법, 판매원 의견합성법, 수명주기 유추법, 델파이법 등이 있다.

② 정량적 예측기법(객관적 방법)

㉮ 시계열 예측기법 : 최소자승법, 이동평균법, 가중이동 평균법, 지수평활법 등

㉯ 인과형 예측기법 : 회귀모델, 계량경제모델, 선해표지법 등

(3) 정성적 예측기법의 종류 및 특징

① 시장조사법 : 신제품에 대한 단기예측을 하는 기법으로 소비자패널, 설문지, 시험판매 등의 조사방법으로 소비자의 의견조사나 시장조사를 하는 것으로 예측에 대한 결과는 좋으나 비용과 시간이 많이 소요되는 단점이 있다.

② 패널동의법 : 생산시점 및 능력을 예측할 때 주로 사용되는 것으로 소비자, 영업사원, 경영자들로 구성된 패널의 의견으로 예측하는 방법이다. 의견이 강한 사람의 의견이 패널 전체의 의견을 좌우한다는 단점이 있다.

③ 중역 의견법 : 중역들이 모여서 집단적으로 행하는 예측기법으로 장기계획이나 신제품개발에 사용하는 방법으로 최고경영자의 재능과 지식, 경험 등을 활용할 수 있다는 장점이 있으나 예측의 정확도는 떨어진다.

④ 판매원 의견합성법 : 특정지역을 담당한 판매원들의 수요 예측치를 종합하여 전체 수요를 예측하는 방법으로 단기간에 양질의 시장정보를 입수할 수 있는 장점이 있는 반면 예측치가 판매원의 경험에 너무 치우치는 경향이 있다.

⑤ 수명주기 유추법 : 신제품이 개발될 경우 과거의 자료가 없으므로 신제품과 비슷한 제품의 과거자료를 이용하여 수요변화를 예측하는 방법이다.

⑥ 델파이법(delphi method) : 신제품 개발, 신시장 개척, 신설비 취득, 전략 결정 등 중기·장기예측에 이용되는 방법으로 예측대상에 대한 질문을 전문가에게 보낸 후 전문가들의 의견을 받아 전체 의견의 평균치와 4분위 값으로 나타낸다.

(4) 정량적 예측기법의 종류 및 특징

① 시계열분석 : 시간간격(연, 월, 주, 일 등)에 따라 제시된 과거자료(수요량, 매출액)로부터 그 추세나 경향을 분석하여 미래의 수요를 예측하는 방법으로 단기 및 중기예측에 많이 사용된다. 최소자승법, 이동평균법, 지수평활법, Box-jenkins법 등이 있다.

② 인과형 예측기법 : 수요예측을 몇 가지의 변수로 구성한 모형을 이용하여 예측하는 방법으로 중기예측에 이용된다.

(5) 손익분기점(BEP : break even point)

일정기간 매출액(생산액)과 총비용이 균형하는 점으로 이익과 손실이 발생하지 않는 점이다.

$$BEP = \frac{\text{고정비}}{1-\frac{\text{변동비}}{\text{매출액}}} = \frac{\text{고정비}}{1-\text{변동비율}} = \frac{\text{고정비}}{\text{한계이익율}}$$

2. 자재관리

1) 자재관리

(1) 자재관리(material management)

생산 및 서비스에 필요한 자재를 계획대로 확보하여 적기에 필요로 하는 장소에 적량이 공급되도록 자재의 흐름을 계획, 조정, 통제하는 것이다.

(2) 자재계획 시 고려할 사항

① 구매량 : 수량적 요인
② 구매시기 : 시간적 요인
③ 저장 : 공간적 요인
④ 품질수준 : 품질적 요인
⑤ 재고수준 : 자본적 요인
⑥ 자재조달 시 활동비용 : 원가적 요인

(3) 자재계획의 단계

① 원단위 산정 → 사용계획 → 구매계획
② 재료의 원단위 : 원료 투입량과 제품 생산량의 비율

$$재료의\ 원단위[\%] = \frac{원료투입량}{제품생산량} \times 100$$

2) 구매관리

(1) 구매관리(purchasing management)

생산계획에 따른 재료계획을 기초로 하여 생산활동을 수행할 수 있도록 생산에 필요한 자재를 구입하기 위한 관리활동이다.

(2) 구매가격 결정 기준

① 원가법 : 원가계산에 의한 가격 결정
② 시가법 : 수요와 공급에 따른 가격 결정
③ 견적법 : 동업 타사와의 경쟁관계에 따른 가격 결정

(3) 구매관리의 역할

① 기업이익의 증대
② 기업경영의 중요한 역할
③ 구매정보에 따른 계획
④ 기술혁신의 원동력
⑤ 재료비의 절감
⑥ 구매와 다른 기능부분과의 관계

(4) 구매방법

① 상용구매
② 장기계약구매
③ 일괄구매
④ 투기구매
⑤ 시장구매
⑥ 대량구매
⑦ 계획구매

3) 재고관리

(1) 재고관리(inventory management)

적정 재고수준의 유지를 효율적으로 수행하기 위한 과학적인 관리기법이다.

(2) 재고의 기능

① 고객의 수요를 충족시킨다.
② 불규칙적인 수요를 조절한다.
③ 작업을 분리하는 기능이다.
④ 재고부족으로 인한 기회손실을 방지한다.
⑤ 경제적 이득을 가져온다.
⑥ 가격인상에 대한 보호수단이 된다.

(3) 재고관리의 기능

① 시간요소
② 불연속성 요소
③ 불확실성 요소
④ 경제성 요소

3. 일정관리

1) 일정관리

(1) 일정관리(scheduling management)

생산자원을 합리적으로 활용하여 일정한 품질과 수량의 제품을 예정한 시간에 생산할 수 있도록 공장이나 현장의 생산 활동을 계획하고 통제하는 것이다.

(2) 일정관리의 주요 목표

① 납기의 이행 및 단축
② 생산 및 조달시간의 최소화
③ 대기 및 유효시간의 최소화
④ 준비 및 반응시간의 최소화
⑤ 공정재고 및 생산비용의 최소화
⑥ 기계 및 인력 이용률의 최대화

(3) 일정관리 단계

① 절차계획(순서계획)
② 공수계획(능력소요계획)
③ 일정계획
④ 작업배정
⑤ 여력관리
⑥ 진도관리

2) 일정계획

(1) 일정계획(scheduling)

부분품 가공이나 제품조립에 필요한 자재가 적기에 조달되고, 이들을 생산에 지정된 시간까지 완성할 수 있도록 기계 내지 작업을 시간적으로 배정하며 일시를 결정하여 생산일정을 계획하는 것이다.

(2) 일정계획의 기본기능

① 예상수요를 충족하기 위한 자원의 합리적 배합
② 작업관리의 표준 및 작업흐름의 조화
③ 공정운영과 통제(공정관리)의 기초제공
④ 설비가동률의 향상

(3) 가공시간 계산

① 총 작업(가공) 시간

$$T_a = P + nt(1+\alpha)$$

② 개당(로트당) 작업시간

$$T_1 = \frac{P}{n} + t(1+\alpha)$$

여기서, P : 준비 작업시간
n : 로트수
t : 정미작업시간
α : 주작업에 대한 여유율

(4) 일정관리의 계획기능

① 절차계획(routing) : 작업의 절차와 각 작업의 표준시간 및 각 작업이 이루어져야 할 장소를 결정하고 배정하는 것으로 순서계획이라고도 한다.
② 공수계획(능력소요계획, 부하계획) : 생산계획량을 완성하는데 필요한 인원이나 기계의 부하를 결정하여 이를 인원 및 기계의 능력과 비교하여 조정하는 계획으로 부하결정이라고도 한다.
③ 공수체감현상 : 작업자가 작업을 반복함에 따라 작업소요시간(공수)이 체감되는 현상을 말한다.

(5) 일정관리의 통제 기능

① 작업배정 : 가급적 일정계획과 절차계획에 예정된 시간과 작업순서에 따르지만, 현장의 실정을 감안하여 가장 유리한 작업순서를 정하여 작업을 명령하거나 지시하는 것으로 계획과 실제의 생산 활동을 연결시키는 중요한 역할을 한다.

② 진도관리 : 작업배정에 의해 현재 진행 중인 작업에 대해서 진도상황이나 과정을 수량적으로 관리하는 것으로 납기의 확보와 공정품의 감소에 목적이 있다.

③ 여력관리 : 실제의 능력과 부하를 조사하여 양자가 균형을 이루도록 조정하는 것이다.

$$\text{여력}[\%] = \frac{\text{능력} - \text{부하}}{\text{능력}} \times 100 = (1 - \text{부하율}) \times 100$$

$$\text{부하율}[\%] = \frac{\text{부하}}{\text{능력}} \times 100$$

3) 프로젝트 관리

(1) 프로젝트 관리기법

프로젝트의 목표인 비용(cost), 일정(schedule), 품질(performance)이 최적화 되도록 소요자원들을 계획하여 작업, 업무활동을 통제하는 것이다.

(2) PERT·CPM

네트워크 계획기법으로 프로젝트를 효과적으로 수행할 수 있도록 네트워크를 이용하여 프로젝트일정, 노력, 비용, 자금 등과 관련시켜 합리적으로 계획하고 관리하는 기법이다.

① PERT(performance evaluation & review technique) : 처음에 프로젝트를 시간적으로 관리하기 위하여 개발되었고(PERT/time), 이 후 비용절감도 고려할 수 있도록(PERT/cost) 개량되었다.

② CPM(critical path method) : 공장건설 및 설비보전에 소요되는 자원(자금, 노력, 시간, 비용 등)의 효율향상에 주안점을 두어 개발된 것이다.

(3) 네트워크 작성법

① 네트워크(network : 계획공정도) : PERT·CPM의 중추를 이루는 것으로 제시된 목표달성을 위한 일련의 작업(활동)을 마디(○)와 가지(→)로 나타낸 체계적인 도표이다.

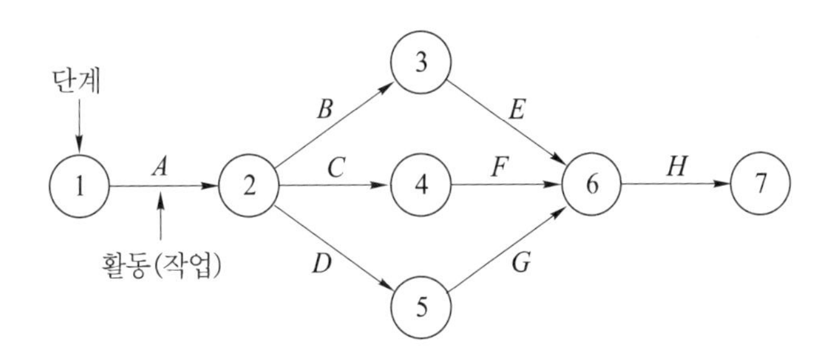

주) ① 단계 ②를 분기단계, 단계 ⑥을 합병단계라고 한다.
② 활동 B, C, D는 병행활동이며 활동 A의 후속활동으로 활동 A가 완료되어야 착수가능하다.

㉮ AOA(activity on arrow) : 마디(○)는 단계, 가지(→)는 활동을 나타내고, PERT에서 주로 적용되며 단계는 활동의 시작과 끝을 나타내므로 명목상의 활동(⇢)을 필요로 한다.

㉯ AON(activity on node) : 마디(○)는 작업이나 활동을 나타내며, 가지(→)는 활동의 선후관계를 나타내고 주로 CPM에서 적용되며 가지는 활동의 시작과 끝을 나타내므로 명목상의 활동(dummy activity)이 필요하지 않다.

② 네트워크의 구성요소 : 주로 단계(○)와 활동(→)으로 구성되어 있다.

㉮ 단계(event, node) : 작업 활동을 수행함에 있어서 활동의 개시 또는 완료되는 시점을 말한다.

㉯ 활동(activity) : 과업수행 상 시간 및 자원이 소비되는 작업이며, 한쪽 방향의 실선화살표(→)에 의해서 우측으로 일방통행원칙의 작업진행방향을 표시한다. 명목상의 활동(dummy activity)은 시간이나 자원이 필요하지 않고(실제 활동이 아님) 활동의 선후관계만 나타내며 점선화살표(⇢)로 표시한다.

(4) 비용구배(cost slope)

작업일정을 단축시키는데 소요되는 단위시간당 소요비용이다.

$$\text{비용구배} = \frac{\text{특급비용} - \text{정상비용}}{\text{정상시간} - \text{특급시간}}$$

4. 작업관리

1) 작업관리

(1) 작업관리(work study)

현장에서 작업방법이나 작업조건 등을 조사, 연구하여 합리적인 작업방법을 추구하고 표준시간을 설정하기 위한 활동이다.

(2) 작업관리의 범위

① 방법연구(동작연구) : 불필요한 작업요소를 제거하고, 효과적이고 필요한 작업과정을 합리화시키려는 연구로서 공정분석, 작업분석, 동작분석 등으로 분류된다.

② 작업측정(시간연구) : 숙련된 작업자가 명시된 작업내용을 정상속도로 작업할 때 소요되는 시간을 측정하기 위한 목적으로 제안된 기법을 연구하는 것이다.

2) 공정분석

(1) 공정분석(process analysis)

원재료가 출고되어 제품으로 출하되기까지의 공정계열을 체계적으로 공정도시기호를 이용하여 조사, 분석하여 공정계열을 합리화시키기 위한 개선 방안을 모색하려는 방법연구로 제품공정분석, 사무공정분석, 작업자 공정분석, 부대분석으로 분류된다.

(2) 제품공정분석

원재료가 제품화되는 과정(가공, 검사, 운반, 지연, 저장)에 관한 정보를 수집하여 분석하고, 검토하기 위해 사용되는 것으로 설비계획, 일정계획, 운반계획, 인원계획, 재고계획 등의 기초자료로 활용되는 분석기법이다.

① 단순공정분석 : 세부분석을 위한 사전 조사용으로 사용되는 것으로 가공, 검사의 기호만 사용하는 작업공정도가 이용된다.

② 세밀공정분석 : 생산공정의 종합적 개선, 공정관리제도 개선에 사용되는 것으로 가공, 검사, 운반, 저장, 정체의 기호를 사용하는 흐름공정도가 이용된다.

③ 가공시간 및 운반거리 기입 방법

$$\text{가공시간} = \frac{\text{1개당 가공시간} \times \text{1로트의 수량}}{\text{1로트의 총가공시간}}$$

$$\text{또는 } \frac{\text{1로트당 가공시간} \times \text{로트의 수}}{\text{총로트의 가공시간}}$$

$$\text{평균대기시간} = \text{평균 대기로트의 수} \times \text{로트당 대기시간}$$

$$\text{운반거리} = \frac{\text{1회 운반거리} \times \text{운반횟수}}{\text{1로트의 총 운반거리}} \text{ 또는 총운반거리}$$

④ 제품공정분석표에 사용되는 기호

제품 공정표에 사용되는 기호

<table>
<tr><td rowspan="2">ASME식</td><td>명칭</td><td>작업</td><td>운반</td><td colspan="2">저장</td><td colspan="2">정체</td><td colspan="3">검사</td><td rowspan="2">관리부분</td><td rowspan="2">담당부분</td><td rowspan="2">생략</td><td rowspan="2">폐기</td></tr>
<tr><td>기호</td><td>○</td><td>⇨ ➡</td><td colspan="2">▽</td><td colspan="2">D</td><td colspan="3">□</td></tr>
<tr><td rowspan="2">길브레스식</td><td>명칭</td><td>가공</td><td>운반</td><td>원재료의 저장</td><td>제품의 저장</td><td>일시적 정체</td><td>로트 대기</td><td>질검사</td><td>양검사</td><td>양 중심의 질검사</td><td rowspan="2"></td><td rowspan="2"></td><td rowspan="2"></td><td rowspan="2"></td></tr>
<tr><td>기호</td><td>○</td><td>O</td><td>△</td><td>▽</td><td>✡</td><td>▽</td><td>◇</td><td>□</td><td>⊠</td></tr>
</table>

(3) 사무공정분석

사무실이나 공장에서 서류를 중심으로 하는 사무제도나 수속을 분석, 개선하는데 사용되며 주로 서비스분야에 적용된다.

(4) 작업자 공정분석

작업자가 장소를 이동하면서 작업을 수행하는 일련의 행위를 가공, 검사, 운반, 저장 등의 기호를 사용하여 분석하는 것으로 업무범위와 경로 등을 개선하는데 사용된다.

3) 작업분석

(1) 작업분석(operation analysis)

작업자에 의해 수행되는 개개의 작업내용에 대하여 분석하여, 작업내용 개선과 작업표준화의 기초자료로 이용되는 것이다.

(2) 목적

① 작업표준의 기초자료로 이용한다.
② 작업개선의 중점발견에 자료로 이용한다.
③ 사람주체의 작업계열을 포괄적으로 파악한다.

④ 연계작업의 효율을 높이기 위한 설계, 개선자료로 이용한다.
⑤ 사실의 정량적인 파악에 의해 현재의 방법을 파악한다.

(3) 분석기법

① 작업분석표(양손동작분석표) : 손 또는 다른 신체부위를 이용하여 수행되는 작업을 분석하는데 이용되며, 양손을 사용하는 작업분석에 일반적으로 많이 사용되는 분석표이다.

② 다중활동분석표(복합활동분석표) : 작업자와 작업자, 작업자와 기계간의 상호관계를 분석함으로써 경제적인 작업조편성이나 인원수 결정, 적정기계수를 결정하기 위한 분석표이다.

$$\text{이론적인 기계대수}(n) = \frac{a+t}{a+b}$$

여기서, a : 작업자와 기계의 동시작업시간
b : 독립적인 작업자만의 작업시간
t : 기계가동시간

4) 동작분석

(1) 동작분석(motion analysis)

작업의 동작을 분해 가능한 최소한의 단위로 분석하여 비능률적인 동작을 줄이거나 배제시켜 최선의 작업방법을 추구하는 방법으로 동작연구(motion study)라 한다.

(2) 동작경제의 원칙

길브레스(F. B Gilbreth)가 처음 사용하였고, 반즈(R. M Barnes)가 개량 보완하였다.

① 신체사용에 관한 원칙
㉮ 불필요한 동작을 배제한다.
㉯ 동작은 최단거리로 행한다.
㉰ 동작은 최적, 최저차원의 신체부위로서 행한다.
㉱ 제한이 없는 쉬운 동작(탄도동작)으로 할 수 있도록 한다.
㉲ 가능한 한 물리적 힘(관성, 중력)을 이용하여 작업을 한다.
㉳ 동작은 급격한 방향전환을 없애고, 연속곡선운동으로 한다.
㉴ 동작의 율동(리듬)을 만든다.
㉵ 두 손의 동작은 같이 시작하고 같이 끝나도록 한다.

㉶ 휴식시간을 제외하고는 양손이 동시에 쉬지 않도록 한다.

㉷ 두 팔을 반대방향에서 대칭적인 방향으로 동시에 움직인다.

② 작업장 배치에 관한 원칙

㉮ 공구와 재료는 일정위치에 정돈하여야 한다.

㉯ 공구와 재료는 작업자의 정상작업영역 내에 배치한다.

㉰ 공구와 재료는 작업순서대로 나열한다.

㉱ 의자와 작업대의 모양과 높이는 각 작업자에게 알맞도록 설계하고 지급한다.

㉲ 충분한 조명을 하여 작업자가 잘 볼 수 있도록 한다.

㉳ 재료를 될 수 있는 대로 사용위치 가까이에 공급할 수 있도록 중력을 이용한 호퍼 및 용기를 사용한다.

③ 공구 및 설비의 설계에 관한 원칙

㉮ 손 이외의 신체부분을 이용한 조작방식을 도입한다.

㉯ 공구류는 2가지 이상의 기능을 조합한 것을 사용한다.

㉰ 공구류와 재료는 처음부터 정한 장소에 정해진 방향으로 놓아 다음에 사용하기 쉽도록 한다.

㉱ 각각의 손가락이 사용되는 작업에서는 각 손가락의 힘이 같지 않음을 고려한다.

㉲ 공구류의 각종 손잡이는 필요한 기능을 충족시켜 피로를 감소시킬 수 있도록 설계한다.

㉳ 기계조작부분의 위치는 작업자가 최소의 움직임으로 최고의 효율을 얻을 수 있도록 한다.

(3) 서블릭(therblig)분석

작업자의 작업을 18종류의 동작요소(서블릭 기호)로 정하고, 이 기호를 이용하여 관측용지에 기록하여 작업동작을 분석하는 방법이다.

(4) 필름분석법(film method)

대상 작업을 촬영하여 그 한 컷(frame), 한 컷을 분석함으로써 동작내용, 동작순서, 동작시간을 명확히 하여 작업개선에 도움을 주기 위한 기법이다.

(5) 기타 분석

사이클 그래프분석, 크로노그래프 사이클분석, 스트로보 사진분석, 아이(eye)카메라분석, VTR 분석 등

5) 표준시간

(1) 표준시간(standard time : ST)

표준작업조건에서 표준작업방법으로 표준작업능력을 가진 작업자가 표준작업속도로 표준작업량을 완수하는데 필요한 시간(공수)이다.

① 정미시간(normal time : NT) : 작업수행에 직접 필요한 시간으로 정상시간이라 한다.

② 여유시간(allowance time : AT) : 작업을 진행시키는데 불규칙적이고 우발적으로 발생(작업자의 생리 및 피로, 기계고장, 재료부족 등)하는 소요시간을 정미시간에 가산하여 보상하는 시간이다.

(2) 표준시간의 계산

① 외경법에 의한 계산 : 여유율(A)을 정미시간 기준으로 산정하여 사용하는 방식

$$\text{표준시간} = \text{정미시간} \times (1 + \text{여유율})$$
$$= \text{정미시간} \times \left(1 + \frac{\text{여유시간}}{\text{실동시간} - \text{여유시간}}\right)$$
$$= \text{정미시간} \times \left(\frac{\text{실동시간}}{\text{실동시간} - \text{여유시간}}\right)$$

② 내경법에 의한 계산 : 여유율은 근무시간(실동시간)을 기준으로 산정하는 방법으로 정미시간이 명확하지 않을 경우 사용한다.

$$\text{표준시간} = \text{정미시간} \times \left(\frac{1}{1 - \text{여유율}}\right)$$
$$= \text{정미시간} \times \left(1 + \frac{\text{여유율}}{100 - \text{여유율}}\right)$$
$$= \text{정미시간} \times \left(\frac{100}{100 - \text{여유율}}\right)$$

6) 작업측정

(1) 작업측정

제품과 서비스를 생산하는 워크시스템(work system)을 과학적으로 계획, 관리하기 위하여 작업자가 그 활동에 소요되는 시간과 자원을 측정 또는 추정하여 표준시간을 설정하는 것이다.

(2) 측정방법

① 직접 측정법

㉮ 시간연구법 : 스톱워치법, 촬영법, VTR 분석법 등

㉯ 워크샘플링(work sampling)법

② 간접 측정법

㉮ 기정시간표준(PTS : predetermined time standard system)법

㉯ 표준자료법

㉰ 실적기록법(통계적 기준법)

5. 설비보전

1) 설비보전

(1) 설비보전의 개념

설비의 성능유지 및 이용에 관한 활동으로 검사 제도를 확립하여 설비의 열화현상을 조사하고 설비의 수리부분을 예측하며, 이에 필요한 자재와 인원을 확보하여 계획적인 보수를 행하는 것이다.

(2) 생산보전(PM : productive maintenance)

설비의 설계, 건설로부터 운전 및 보전에 이르기까지 설비의 일생을 통하여 설비 자체의 비용과 보전 등 운전과 유지에 드는 일체의 비용과 설비의 열화에 의한 손실과 합계를 최소화하여 기업의 생산성을 높이려는 활동으로 1954년 GE사에서 창안한 것이다.

(3) 설비보전의 기능

① 설비검사 : 설비고장의 예지 또는 조기에 발견하고 수리요구를 계획화하기 위하여 행해지는 점검, 측정, 효율측정 등을 행하는 활동으로 열화측정이 목적이다.

② 설비정비(일상보전) : 고장의 예방과 예방수리를 위한 급유, 청소, 조정, 부품교체 등을 행하는 활동으로 열화방지가 목적이다.

③ 설비수리(공작) : 열화회복이 목적으로 예방수리와 사후수리로 구분한다.

㉮ 예방수리 : 고장예방을 위한 제작, 분해, 조립 등을 실시하는 것이다.

㉯ 사후수리 : 설비고장 시 행하는 제작, 분해, 조립 등이다.

④ 개량보전 : 재질, 설계변경에 의한 수명연장, 수리를 용이하게 하는 체질개선 등을 행하는 활동이다.

⑤ 검수 : 수리, 부품, 설비제작에 하자가 없는지를 확인하기 위한 점검, 측정, 시운전 등을 행하는 활동이다.

(4) 설비보전의 종류

① 예방보전(PM : preventive maintenance) : 계획적으로 일정한 사용기간마다 실시하는 것으로 고장이 발생하여 야기될 수 있는 손실을 최소화하기 위한 예방활동으로 예방보전을 하는 쪽이 비용이 절감되는 설비에 적용한다.

② 사후보전(BM : breakdown maintenance) : 고장이나 결함이 발생한 후에 수리에 의하여 회복하는 경제적인 보전활동으로 고장이 난 후 수리하는 쪽이 비용이 적게 소요되는 설비에 적용한다.

③ 개량보전(CM : corrective maintenance) : 고장이 발생한 후 또는 설계 및 재료변경 등으로 설비자체의 품질을 개선하여 수명을 연장시키거나 수리, 검사가 용이하도록 하는 방식이다.

④ 보전예방(MP : maintenance prevention) : 계획 및 설치에서부터 고장이 적고 쉽게 수리할 수 있도록 하는 것으로 설비의 신뢰성과 보전성을 높이는 방식이다.

(5) 설비보전의 조직 형태

① 집중보전(centeral maintenance) : 한 사람의 관리자 밑에 공장의 모든 보전요원이 배치되어 모든 보전활동을 집중 관리하는 방식이다.

② 지역보전(area maintenance) : 각 제조현장에 보전요원이 상주하여 그 지역의 설비 검사, 급유, 수리 등을 담당하는 것으로 대규모공장에 많이 채택하는 방식이다.

③ 부문보전(departmental maintenance) : 각 제조부문의 감독자 밑에 보전요원을 배치하여 보전을 행하는 방식이다.

④ 절충보전(combination maintenance) : 집중보전, 지역보전, 부문보전을 결합한 방식으로 각 보전방식의 장점을 살려 보전하는 방식이다.

(6) 각 보전조직의 특징

구분	장점	단점
집중보전	- 기동성이 좋다. - 인원배치의 유연성이 좋다. - 노동력의 유효이용이 가능 - 보전용 설비공구의 유효한 이용 - 보전요원 기능향상에 유리 - 보전비 통제가 확실 - 보전기술자 육성이 유리 - 보전책임이 명확	- 운전자와의 일체감 결여 - 현장감독이 곤란 - 현장 왕복시간이 증대 - 작업일정 조정이 곤란 - 특정설비에 대한 기술습득이 곤란
지역보전	- 운전자와의 일체감 조성이 용이 - 현장감독이 용이 - 현장 왕복시간이 감소 - 작업일정 조정이 용이 - 특정설비의 기술습득이 용이	- 노동력의 유효이용이 곤란 - 인원배치의 유연성에 제약 - 보전용 설비공구가 중복
부문보전	- 운전자와의 일체감 조성이 용이 - 현장감독이 용이 - 현장 왕복시간이 감소 - 작업일정 조정이 용이 - 특정설비의 기술습득이 용이	- 생산우선에 의한 보전 경시 - 보전기술의 향상이 곤란 - 보전책임의 소재 불명확 - 지역보전의 단점과 중복
절충보전	- 집중그룹의 기동성 - 지역그룹의 운전과의 일체감	- 집중그룹의 보행 손실 - 지역그룹의 노동효율 감소

2) TPM 활동

(1) TPM(total productive maintenance) 활동

전원참가 생산보전활동(종합적 설비보전)으로 생산시스템의 종합적인 효율화를 추구하여 라이프 사이클 전체를 대상으로 하여 로스 제로(loss zero)화를 달성하려는 생산보전(PM)활동이다.

(2) 3정 5행 활동

① 3정

㉮ 정품 : 규격에 맞는 재료나 부품을 사용하는 것

㉯ 정량 : 정해진 양만큼 사용하는 것

㉰ 정위치 : 물품이나 공구를 사용한 후에 항상 제자리에 놓는 것

② 5행(5S)

㉮ 정리 : 필요한 것과 필요 없는 것을 구분하여 필요 없는 것을 제거하는 것

㉯ 정돈 : 필요한 것은 언제든지 사용할 수 있는 상태로 하는 것
㉰ 청소 : 먼지를 닦아내고 그 밑에 숨어 있는 부분을 보기 쉽게 하는 것
㉱ 청결 : 정리, 정돈, 청소의 상태를 유지하는 것
㉲ 생활화 : 정해진 일을 올바르게 지키는 습관을 생활화하는 것

6. 신뢰성 관리

1) 신뢰성의 개념

(1) 신뢰성의 정의

시스템이나 장치가 정해진 사용조건하에서 의도하는 기간 동안 정해진 기능을 만족하게 동작하는 시간의 안정성을 나타내는 성질이다.

(2) 신뢰성의 필요성

① 시스템이나 제품이 인간생활과 밀접해지면서 고장으로 인한 손실이 증대되었다.
② 시스템이나 제품이 제 기능을 발휘하기 위해서는 경제적, 기술적으로 합리적인 기술이 필요하다.
③ 기술개발속도가 빨라지면서 시스템이나 제품에 대한 사전평가나 예측을 시간지연 없이 보증할 수 있는 기술이 필요하다.
④ 시스템이나 제품이 복잡화, 세밀화 되어 사용자의 과오가 빈번해지면서 사고나 고장으로 연결되는 기회가 많아졌다.

(3) 신뢰성의 3대 요소

① 내구성 : 평균 고장시간, 평균 고장간격 등
② 보전성 : 예방보전, 평균 수리시간 등
③ 설계신뢰성 : 페일 세이프(fail safe), 풀 프루프(fool proof), 용이한 조작성, 인간공학적 배려 등

(4) 품질관리와 신뢰성의 비교

품질관리	신뢰성
- 제조공정의 부적합품에 주안점을 두고 있다. - 시간에 대한 품질을 고려하지 않는다. - 공정을 중심으로 한 품질의 유지이다. - 현장의 유지에 중점을 둔다. - 트러블 발생장소는 공장인 경우가 많다.	- 사용 환경조건에 따라 달라지므로 이를 고려한 시험평가가 중요하다. - 고장발생 원인 및 결함의 성질에 주목한다. - 제품의 사용과 밀접한 관계가 있고, 설계품질 및 제품의 수명을 중요시한다. - 현상의 개선을 지향한다. - 고객이 사용하는 장소에서 많이 발생한다.

2) 신뢰성 관리

(1) 신뢰성 관리

성능과 신뢰성은 물론 보전성과 가동성이 높은 제품을 경제적으로 제조하기 위하여 제품을 개발로부터 설계, 제조, 사용 및 보전에 이르기까지 제품의 전 라이프 사이클(life cycle)에 걸쳐서 신뢰성을 확보하고 유지하기 위한 종합적인 관리활동이다.

(2) 고유 신뢰성

제품 본래의 신뢰성이며 시스템의 기획, 재료구입, 설계, 시험, 제조, 검사 등 제품이 만들어지는 모든 과정을 의미하고 제조업자 측에서 보증하여야 할 성질의 것이다.

① 설계단계에서 증대방법
 ㉮ 부품의 전기적, 기계적, 열적 및 기타 작동조건을 경감
 ㉯ 부품고장의 영향을 감소시키는 구조적 설계방안의 강구
 ㉰ 제품의 단순화
 ㉱ 신뢰성 시험의 자동화
 ㉲ 신뢰도가 높은 부품의 사용
 ㉳ 부품과 조립품의 단순화 및 표준화

② 제조단계에서 증대방법
 ㉮ 제조기술의 향상
 ㉯ 제조공정의 자동화
 ㉰ 제조품질의 통계적 관리
 ㉱ 부품과 제품의 번인(burn in)

(3) 사용 신뢰성

제품의 포장, 보관, 운송, 판매의 과정에서 보증된 품질특성이 그대로 유지되도록 하고, 사용방법과 보전방법이 정해진 규정대로 준수되도록 하는 것으로 사용 신뢰성 증대방법은 다음과 같다.

① 예방 및 사후 보전체계의 확립
② 사용자 매뉴얼의 작성, 배포
③ 신속한 A/s의 제공
④ 조작방법에 대한 사용자 교육
⑤ 포장, 보관, 운송, 판매단계에서의 철저한 관리

01 생산방식의 기본 유형과 관련이 없는 것은 어느 것인가?

① 프로젝트 생산 ② 개별생산
③ 라인생산 ④ 스텝생산

02 단속생산 시스템과 비교한 연속생산 시스템의 특징으로 옳은 것은?

① 단위당 생산원가가 낮다.
② 다품종 소량생산에 적합하다.
③ 생산방식은 주문생산방식이다.
④ 생산설비는 범용설비를 사용한다.

해설 단속생산 시스템과 연속생산 시스템 비교

항목	단속생산	연속생산
생산시기	주문생산	예측생산
품종	다품종	소품종
생산량	소량생산	다량생산
생산속도	느림	빠름
생산원가	높음	낮음
운반비용	높음	낮은
운반설비	자유 경로형	고정 경로형
생산설비	범용설비	전용설비
설비투자액	적음	많음
마케팅 활동	주문 위주의 단기적이고 불규칙적인 판매활동 전개	수요예측과 시장조사에 따른 장기적인 마케팅활동 전개

03 예측생산 방식에 대한 설명으로 잘못된 것은?

① 소품종 다량생산을 한다.
② 단위당 생산원가가 저렴하다.
③ 일반적으로 단순한 기능공이 필요하다.
④ 기능식 설비배치를 한다.

해설 **예측생산** : 고객의 주문과는 관계없이 시장수요에 공급하기 위하여 생산자가 몇 가지 제품을 대량생산하는 것으로 제품의 종류가 한정적인 반면 가격이 저렴하다. 설비배치는 라인배치(제품별 배치)로 전용설비를 사용한다.
※ **기능식 설비배치** : 다품종 소량생산방식으로 범용설비를 사용한다.

04 프로젝트 생산과 가장 관계가 깊은 것은?

① 라디오 ② 맥주
③ 댐 ④ 의류

해설 **프로젝트 생산 시스템** : 교량, 댐, 도로 등과 같이 생산규모가 큰 반면에 생산수량이 적고 장기간에 걸쳐 이루어진다.

05 수요자에게 사전에 제품의 규격을 제시하여 놓고 이들 제품의 수요에 대하여 생산활동을 하는 조직은 어느 것인가?

① 판매시스템 ② 생산-판매시스템
③ 폐쇄적 주문생산 ④ 개방적 주문생산

해설 **생산 및 판매의 측면에서 본 생산 형태**
㉮ **판매시스템** : 생산시설을 갖추지 않고 다른 곳

Answer 1. ④ 2. ① 3. ④ 4. ③ 5. ③

에서 생산된 제품을 판매만 하는 방식
㉯ **생산-판매시스템** : 표준화된 제품을 소품종 대량생산하여 판매하는 형식
㉰ **폐쇄적 주문생산시스템** : 사전에 준비된 제품규격을 수요자에게 제시하고 이들 제품에 대한 주문에 따라 생산 활동을 하는 것
㉱ **개방적 주문생산시스템** : 수요자의 요구에 맞는 제품을 생산하여 공급해주는 방식
㉲ **대규모 1회 프로젝트** : 건설공사나 조선작업과 같이 1회에 한정하는 프로젝트

06 **수요예측 방법의 하나인 시계열분석에서 시계열적 변동에 해당되지 않는 것은?**

① 추세변동 ② 순환변동
③ 계절변동 ④ 판매변동

해설 **시계열분석** : 시간간격(연, 월, 주, 일 등)에 따라 제시된 과거자료(수요량, 매출액)로부터 그 추세나 경향을 분석하여 미래의 수요를 예측하는 방법

07 **신제품에 대한 수요예측 방법으로 가장 적합한 것은?**

① 시장조사법 ② 이동평균법
③ 지수평활법 ④ 최소자승법

해설 **시장조사법** : 소비자 의견조사와 신제품에 대한 단기예측을 하는 방법으로 전화 면담에 의한 조사, 설문지 조사, 소비자 모임에서의 의견수렴, 시험판매 등으로 한다. 수요 예측에 대한 결과는 좋으나 비용과 시간이 많이 소요된다.

08 **신제품의 수요나 장기예측에 사용하는 기법으로 비공개적으로 진행하여 전문가의 직관력을 바탕으로 장래를 예측하는 수요예측기법으로 비용과 시간이 많이 소요된다는 단점을 가지고 있으나 상당히 정확한 예측결과를 도출해낼 수 있는 기법은?**

① 시장조사법 ② 시계열분석법
③ 전문가 의견법 ④ 델파이법

해설 **델파이법(delphi mothod)** : 신제품개발, 신시장개척, 신설비 취득, 전략 결정 등 중기 및 장기예측에 이용되는 방법으로 예측대상에 대한 질문을 전문가에 보낸 후 전문가의 의견을 받아 수요예측을 하는 방법이다.

09 **단순지수 평활법을 이용하여 금월의 수요를 예측하려고 한다면 이 때 필요한 자료는 무엇인가?**

① 일정기간의 평균값, 가중값, 지수평활계수
② 추세선, 최소자승법, 매개변수
③ 전월의 예측치와 실제치, 지수평활계수
④ 추세변동, 순환변동, 우연변동

해설 **단순지수 평활법** : 최근의 실적치에 높은 비중을 두어 계산하는 방법으로 최근의 데이터로만 예측이 가능하다.

10 **다음 [표]는 A자동차 영업소의 월별 판매실적을 나타낸 것이다. 5개월 단순이동평균법으로 6월의 수요를 예측하면 몇 대인가?**

단위 : 대

월	1	2	3	4	5
판매량	100	110	120	130	140

① 120 ② 130
③ 140 ④ 150

해설 $F_t = \dfrac{\sum A_{1-5}}{n}$

$= \dfrac{100+110+120+130+140}{5}$

$= 120$[대]

Answer 6. ④ 7. ① 8. ④ 9. ③ 10. ①

11 다음 [표]를 참조하여 5개월 단순이동평균법으로 7월의 수요를 예측하면 몇 개인가?

단위 : 대

월	1	2	3	4	5	6
실적	48	50	53	60	64	68

① 55개 ② 57개
③ 58개 ④ 59개

해설 $F_t = \dfrac{\sum A_{2-6}}{n}$

$= \dfrac{50+53+60+64+68}{5} = 59[\text{개}]$

12 어떤 회사의 매출액이 80000원, 고정비가 15000원, 변동비가 40000원일 때 손익분기점 매출액은 얼마인가?

① 25000원 ② 30000원
③ 40000원 ④ 55000원

해설 $\text{손익분기점}(BEP) = \dfrac{\text{고정비}(F)}{1-\dfrac{\text{변동비}(V)}{\text{매출액}(S)}}$

$= \dfrac{15000}{1-\dfrac{40000}{80000}} = 30000[\text{원}]$

13 구매가격 결정기준으로 틀린 것은?

① 원가계산에 의한 가격 결정
② 수요와 공급에 따른 가격 결정
③ 특명 구매방식에 따른 가격 결정
④ 동업 타사와의 경쟁관계에 따른 가격 결정

해설 구매가격 결정기준
㉮ 원가법 : 원가계산에 의한 가격 결정
㉯ 시가법 : 수요와 공급에 따른 가격 결정
㉰ 견적법 : 동업 타사와의 경쟁관계에 따른 가격 결정

14 기업이 현재 자재의 가격은 낮지만 앞으로는 가격이 상승할 것으로 예상되어 구매를 하는 방법으로 시장의 가격변동을 이용하여 기업에 유리한 구매를 하려는 것은?

① 투기구매 ② 일괄구매
③ 분산구매 ④ 시장구매

해설 구매방법의 종류
㉮ **상용구매** : 자재가 없거나 최저재고량에 이르게 되면 그때마다 구매하는 방법
㉯ **장기계약구매** : 장기적인 제조계획수립에 따라 산출된 소요자재로서 계약이 장기간에 걸쳐서 이루어지는 것
㉰ **일괄구매** : 사용량은 적으나 여러 가지 품목이 많은 것을 분류하여 공급처를 선정하여 필요할 때마다. 구매하는 방법
㉱ **투기구매** : 자재의 가격이 제일 낮다고 판단될 때 대량 구매하고, 가격이 상승하면 소요량 이외의 자재는 재판매하여 투기이익을 얻고자 하는 방법
㉲ **시장구매** : 현재 자재의 가격은 낮지만 앞으로는 가격이 상승할 것으로 예상될 때 구매하는 방법
㉳ **대량구매** : 필요로 하는 자재량을 한 번에 구매하는 방법으로 수량 할인을 받을 수 있다.
㉴ **계획구매** : 생산계획이나 조업계획에 따라 필요로 하는 자재를 일정한 구매계획에 따라 구매하는 방법
㉵ **분산구매** : 사업장이 여러 곳에 분산되어 있는 대기업 같은 경우 현지에서 구매하는 방법

15 연간 소요량 4000개인 어떤 부품의 발주비용은 매회 200원이며, 부품단가는 100원, 연간 재고유지비율이 10[%]일 때 F.W. Harris식에 의한 경제적 주문량은 얼마인가?

① 40[개/회] ② 400[개/회]
③ 1000[개/회] ④ 1300[개/회]

Answer 11. ④ 12. ② 13. ③ 14. ④ 15. ②

해설 $EOQ = \sqrt{\dfrac{2DC_p}{C_H}}$

$= \sqrt{\dfrac{2 \times 4000 \times 200}{100 \times 0.1}}$

$= 400$[개/회]

여기서, EOQ : 경제적 주문량(발주량)
D : 연간 수요량
C_p : 1회당 발주비용
C_H : 단위당 재고유지비

16 **공급업체로부터 고객업체로, 한 작업장에서 다른 작업장으로 또는 공장에서 유통센터로 이동 중인 자재의 흐름은 무슨 재고라 하는가?**

① 공정간 재고 ② 입지재고
③ 생산재고 ④ 운송재고

해설 **재고의 유형(종류)**

㉮ **안전재고(완충재고)** : 판매(생산), 자재조달의 불확실성에 대비하여 보유하는 재고
㉯ **분리재고** : 생산율을 동일하게 맞춰 나갈 수 없는 이웃하는 공정이나 작업들 사이에 필요한 재고
㉰ **예상재고(비축재고)** : 공장의 가동을 중지할 때를 대비하여 보유하는 것으로 수요와 공급의 불규칙을 흡수하기 위한 재고
㉱ **투기재고** : 원자재의 부족이나 고갈 등에 따른 가격인상에 대비하여 미리 확보해 두는 재고
㉲ **주기재고** : 경제적 구매량, 생산량을 확보하기 위하여 보유하는 재고
㉳ **운전재고** : 한 번 주문한 양으로 다시 주문할 때까지 이용하는 동안에 재고가 존재하는 것
㉴ **운송재고** : 한 지점에서 다른 지점으로 이동하는 재고
㉵ **운송 중 재고** : 주문은 이루어졌지만 납품이 아직 이루어지지 않고 운송 중에 있는 재고

17 **일정관리의 주요 목표가 아닌 것은?**

① 납기의 이행 및 단축
② 생산 및 조달시간의 최소화
③ 대기 및 유휴시간의 최소화
④ 생산비용의 평준화

해설 **일정관리의 주요 목표**

㉮ 납기의 이행 및 단축
㉯ 생산 및 조달시간의 최소화
㉰ 대기 및 유휴시간의 최소화
㉱ 준비 및 반응시간의 최소화
㉲ 공정재고 및 생산비용의 최소화
㉳ 기계 및 인력 이용률의 최대화

18 **수주로부터 제품출하까지의 각 단계별 착수 및 완료시기를 결정하여 생산일정을 계획하는 것을 무엇이라 하는가?**

① 생산계획 ② 공정계획
③ 일정계획 ④ 공수계획

해설 ㉮ **생산계획** : 제품의 수량, 가격, 생산방법 및 장소에 관련하여 가장 합리적인 계획을 수립하는 것
㉯ **공정계획** : 예정된 계획대로 제품을 생산하기 위한 구체적인 제조과정의 순서, 작업경로, 제조방법 등을 결정하는 공정관리 기능이다.
㉰ **공수계획** : 생산계획량을 완성하는데 필요한 인원이나 기계의 부하를 결정하여 이를 현재인원 및 기계의 능력과 비교하여 조정하는 것

19 **일정계획(scheduling)과 가장 관계가 깊은 것은?**

① 자원의 분배
② 각 작업장에 대한 작업표준시간의 작성
③ 생산 활동의 비용요소의 파악
④ 작업능력의 시간적 할당

해설 **일정계획** : 부분품 가공이나 제품조립에 필요한 자재가 적기에 조달되고 이들을 생산에 지정된 시간

Answer 16. ④ 17. ④ 18. ③ 19. ④

까지 완성할 수 있도록 기계 내지 작업을 시간적으로 배정하며 일시를 결정하여 생산일정을 계획하는 것
※ ②번 항목은 절차계획에 해당된다.

20 준비작업 시간이 5분, 정미작업시간이 20분, lot수 5, 주 작업에 대한 여유율이 0.2라면 가공시간은?

① 150분 ② 145분
③ 125분 ④ 105분

해설 $Tn = P + nt(1+\alpha)$
$= 5 + 5\times 20 \times (1+0.2)$
$= 125$[분]

21 로트수가 10이고, 준비작업 시간이 20분이며 로트별 정미작업시간이 60분이라면 1로트 당 작업시간은?

① 90분 ② 62분
③ 26분 ④ 13분

해설 $T_1 = \frac{P}{n} + t(1+\alpha)$
$= \frac{20}{10} + 60 = 62$[분]

22 작업을 수행할 때의 순서와 방법, 각 작업의 표준시간 및 각 작업이 이루어져야 할 장소를 결정하고 배정하는 것은?

① 절차계획 ② 공수계획
③ 일정계획 ④ 자재계획

해설 **절차계획** : 작업의 절차와 각 작업의 표준시간 및 각 작업이 이루어져야 할 장소를 결정하고 배정하는 것

23 절차계획에서 다루어지는 주요한 내용으로 가장 관계가 먼 것은?

① 각 작업의 소요시간
② 각 작업의 실시순서
③ 각 작업에 필요한 기계와 공구
④ 각 작업의 부하와 능력의 조정

해설 **절차계획의 주요내용(결정사항)**
㉮ 각 작업의 소요시간
㉯ 각 작업의 실시순서
㉰ 각 작업에 필요한 기계와 공구
㉱ 작업내용 및 방법
㉲ 각 작업의 실시장소 및 경로
㉳ 필요한 자재의 종류, 시간

24 생산계획량을 완성하는데 필요한 인원이나 기계의 부하를 결정하여 이를 현재인원 및 기계의 능력과 비교하여 조정하는 것은?

① 일정계획 ② 절차계획
③ 공수계획 ④ 진도관리

해설 **일정관리**
㉮ **일정계획** : 작업개시와 완료일시를 결정하여 구체적인 생산일정을 계획하는 것
㉯ **절차계획** : 작업의 순서와 방법, 작업 표준시간 및 작업장소를 결정하고 배정하는 것
㉰ **공수계획** : 생산계획량을 완성하는데 필요한 인원이나 기계의 부하를 결정하여 이를 인원 및 기계의 능력과 비교하여 조정하는 계획

25 생산이 계획대로 이루어지도록 일과 작업능력을 조정하는 공수계획의 수립 시 고려하여야 할 사항이 아닌 것은?

① 일의 양이 어느 정도인지 계산한다.
② 어느 만큼의 능력을 가지고 있는가를 계산한다.
③ 일의 양을 계산할 필요가 없다.
④ 일의 양과 능력을 균형이 되도록 조정한다.

Answer 20. ③ 21. ② 22. ① 23. ④ 24. ③ 25. ③

해설 공수계획 수립 시 고려사항
㉮ 일의 양이 어느 정도인지 계산한다.
㉯ 어느 만큼의 능력을 가지고 있는가를 계산한다.
㉰ 일의 양과 능력을 균형이 되도록 조정한다.
㉱ 일정별 부하변동을 방지한다.
㉲ 적정배치와 전문화를 촉진한다.
㉳ 부하와 능력 양면에 어느 정도의 여유를 예측해야 한다.

26 여력을 나타내는 식으로 가장 올바른 것은?

① 여력 = 1일 실동시간 × 1개월 실동시간 × 가동대수
② 여력 = (능력 − 부하) × 1/100
③ 여력 $= \frac{\text{능력} - \text{부하}}{\text{능력}} \times 100$
④ 여력 $= \frac{\text{능력} - \text{부하}}{\text{부하}} \times 100$

해설 **여력** : 공정능력이 부하량을 초과하는 경우 공정능력과 부하량의 차이이다.
∴ 여력 $= \frac{\text{능력} - \text{부하}}{\text{능력}} \times 100$

27 PERT에서 network에 관한 설명 중 틀린 것은?

① 가장 긴 작업시간이 예상되는 공정을 주공정이라 한다.
② 명목상의 활동(dummy)은 점선화살표(⋯→)로 표시한다.
③ 활동(activity)은 하나의 생산 작업 요소로서 원(○)으로 표시한다.
④ network는 일반적으로 활동과 단계의 상호관계를 구성한다.

해설 활동(activity)은 실선화살표(→)로, 명목상의 활동(dummy activity)은 점선화살표(⋯→)로, 단계는 원(○)으로 표시한다.

28 더미활동(dummy activity)에 대한 설명 중 가장 적합한 것은?

① 가장 긴 작업시간이 예상되는 공정이다.
② 공정의 시작에서 그 단계에 이르는 공정별 소요시간들 중 가장 큰 값이다.
③ 실제 활동은 아니며, 활동의 선행조건을 네트워크에 명확히 표현하기 위한 활동이다.
④ 각 활동별 소요시간이 베타분포를 따른다고 가정할 때의 활동이다.

해설 더미활동(dummy activity) : 명목상의 활동으로 시간이나 자원이 필요하지 않고, 활동의 선후관계만 나타내며 점선화살표로 표시한다.

29 PERT/CPM에서 network 작도 시 점선화살표(⋯→)는 무엇을 나타내는가?

① 단계(event)
② 명목상의 활동(dummy activity)
③ 병행활동(paralleled activity)
④ 최초단계(initial activity)

해설 network 작도 시 단계는 원(○)으로, 활동(activity)은 실선화살표(→)로, 명목상의 활동(dummy activity)은 점선화살표(⋯→)로 표시한다.

30 PERT/CPM에서 주공정(critical path)은? (단, 화살표 밑의 숫자는 활동시간을 나타낸다.)

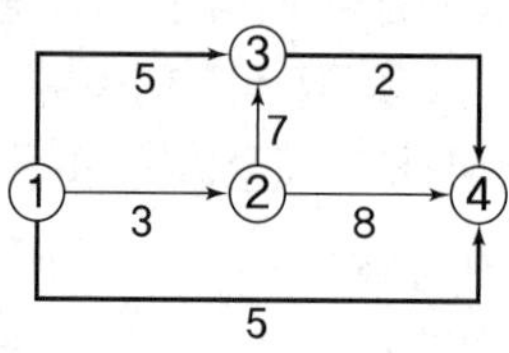

① ①–③–②–④
② ①–②–③–④
③ ①–②–④
④ ①–④

Answer 26. ③ 27. ③ 28. ③ 29. ② 30. ②

해설 엔각 공정의 작업시간
①번 항목 : ①–③–②–④에서 ②→③이므로 ③→②으로는 활동이 이루어지지 않음
②번 항목 : ①–②–③–④ = 3 + 7 + 2 = 12시간
③번 항목 : ①–②–④ = 3 + 8 = 11시간
④번 항목 : ①–④ = 5시간
※ 주공정은 가장 긴 작업시간이 예상되는 공정이다.

31 그림과 같은 계획공정도(network)에서 주공정은? (단, 화살표 아래의 숫자는 활동시간을 나타낸 것이다.)

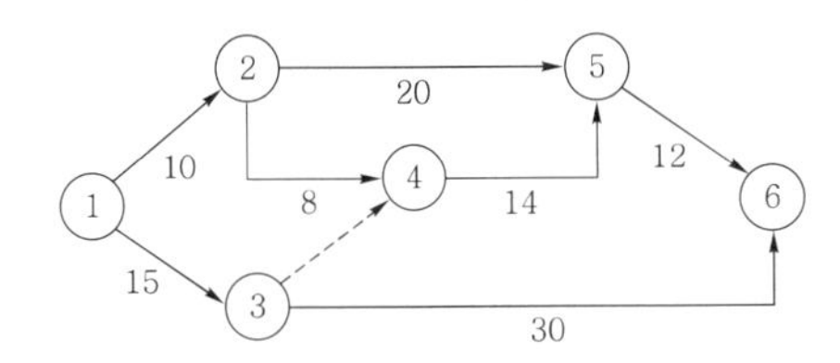

① ①–③–⑥
② ①–②–⑤–⑥
③ ①–②–④–⑤–⑥
④ ①–③–④–⑤–⑥

해설 각 공정의 작업시간
①번 항목 : ①–③–⑥ = 15 + 30 = 45시간
②번 항목 : ①–②–⑤–⑥
= 10 + 20 + 12 = 42시간
③번 항목 : ①–②–④–⑤–⑥
= 10 + 8 + 14 + 12 = 44시간
④번 항목 : ①–③–④–⑤–⑥
= 15 + 14 + 12 = 41시간
※ 주공정은 가장 긴 작업시간이 예상되는 공정이다.

32 단계여유(slack)의 표시로 옳은 것은? (단, TE는 가장 이른 예정일, TL은 가장 늦은 예정일, TF는 총 여유시간, FF는 자유여유시간이다.)

① TE – TL ② TL – TE
③ FF – TF ④ TE – TF

해설 단계여유(slack) : 최종단계에서 최종 완료일을 변경하지 않는 범위 내에서 각 단계에 허용할 수 있는 여유시간으로 가장 늦은 예정일과 가장 이른 예정일의 차이로 나타낸다.
㉮ 정여유 : TL – TE 〉 0 → 자원이 과잉된 상태
㉯ 영여유 : TL – TE = 0 → 자원이 적정한 상태
㉰ 부여유 : TL – TE 〈 0 → 자원이 부족한 상태

33 일정통제를 할 때 1일당 그 작업을 단축하는데 소요되는 비용의 증가를 의미하는 것은?

① 비용구배(cost slope)
② 정상 소요시간(normal duration)
③ 비용견적(cost estimation)
④ 총비용(total cost)

해설 비용구배(cost slope) : 작업일정을 단축시키는데 소요되는 단위시간당 소요비용이다.

$$\therefore \text{비용구배} = \frac{\text{특급비용} - \text{정상비용}}{\text{정상시간} - \text{특급시간}}$$

34 다음 표를 이용하여 비용구배(cost slope)를 구하면 얼마인가?

정상		특급	
소요시간	소요비용	소요시간	소요비용
5일	40000원	3일	50000원

① 3000원/일 ② 4000원/일
③ 5000원/일 ④ 6000원/일

해설 $$\text{비용구배} = \frac{\text{특급비용} - \text{정상비용}}{\text{정상시간} - \text{특급시간}} = \frac{50000 - 40000}{5 - 3} = 5000[\text{원/일}]$$

35 재료가 출고되어 제품으로 출하되기까지의 공정계열을 체계적으로 도표로 작성하여 분석하는 방법은 무엇인가?

① 공정분석 ② 동작분석
③ 작업분석 ④ therblig 분석

Answer 31. ① 32. ② 33. ① 34. ③ 35. ①

해설 **공정분석** : 원재료가 출고되어 제품으로 출하되기까지의 공정계열을 체계적으로 공정도시기호를 이용하여 조사, 분석하여 공정계열을 합리화시키기 위한 개선 방안을 모색하려는 방법연구이다.

36 공정분석을 하여 달성하고자 하는 목적으로 옳지 않은 것은?

① 공정 자체의 개선
② 설비 레이아웃(lay-out)의 개선
③ 공정관리 시스템의 문제점 파악과 기초자료의 제공
④ 현재 공정에 포함된 미세 작업동작에 대한 개선

해설 **공정분석의 목적**
㉮ 공정 자체의 개선, 설계 및 공정계열에 대한 포괄적인 정보를 파악한다.
㉯ 설비 배치(lay-out)의 개선, 설계
㉰ 공정관리 시스템의 문제점 파악과 기초자료의 제공
㉱ 공정변경 및 운영방법의 개선, 설계

37 공정분석표를 작성하는 가장 큰 목적은?

① 작업자의 교육훈련을 위해 사용
② 공정에서 발생되는 공해방지를 위해 사용
③ 작업자의 안전관리를 위해 사용
④ 작업개선 "안"을 찾는데 사용

해설 **공정분석표** : 공정분석을 개선하기 위해 작업내용을 명확하고 간결하게 표현하는 것으로 공정분석표를 작성하는 가장 큰 목적은 작업개선안을 찾는데 있다.

38 원재료가 제품화 되어가는 과정, 즉 가공, 검사, 운반, 지연, 저장에 관한 정보를 수집하여 분석하고 검토를 행하는 것은?

① 사무공정 분석표
② 작업자공정 분석표
③ 제품공정 분석표
④ 연합작업 분석표

해설 **제품공정 분석** : 원재료(소재)가 제품화 되어가는 과정(가공, 검사, 운반, 지연, 저장)에 관한 정보를 수집하여 분석하고 검토하기 위해 사용되는 것으로 설비계획, 일정계획, 운반계획, 인원계획, 재고계획 등의 기초자료로 활용되는 분석기법이다.

39 제품공정 분석표(product process chart) 작성 시 가공시간 기입법으로 가장 올바른 것은?

① $\dfrac{1\text{개당 가공시간} \times 1\text{로트의 수량}}{1\text{로트의 총 가공시간}}$

② $\dfrac{1\text{로트의 총 가공시간}}{1\text{로트의 총 가공시간} \times 1\text{로트의 수량}}$

③ $\dfrac{1\text{개당가공시간} \times 1\text{로트의 총가공시간}}{1\text{로트의 수량}}$

④ $\dfrac{1\text{로트의 총 가공시간}}{1\text{개당 가공시간} \times 1\text{로트의 수량}}$

해설 가공시간 기입법

$\dfrac{1\text{개당 가공시간} \times 1\text{로트의 수량}}{1\text{로트의 총 가공시간}}$ 또는

$\dfrac{1\text{로트당 가공시간} \times \text{로트의 수}}{\text{총 로트의 가공시간}}$

40 제품공정도를 작성할 때 사용되는 요소(명칭)가 아닌 것은?

① 가공 ② 검사
③ 정체 ④ 여유

해설 **제품공정도 작성에 사용되는 요소**
작업(가공), 운반, 저장, 정체, 검사 등

Answer 36. ④ 37. ④ 38. ③ 39. ① 40. ④

41 제품 공정분석표에 사용되는 기호 중 공정 간의 정체를 나타내는 기호는?

① ◇(□ 안)　② D
③ ✡　④ △

해설 길브레스식 기호
① 양중심의 질검사
③ 일시적 정체
④ 원재료의 저장

42 제품 공정분석용 공정 도시기호 중 정체공정(delay)기호는 어느 것인가?

① ○　② →
③ D　④ □

해설 ASME식 기호
① 작업 ② 운반 ③ 정체 ④ 검사

43 ASME(American Society of Machine Engineers)에서 정의하고 있는 제품공정 분석표에 사용되는 기호 중 "저장(storage)"을 표현한 것은?

① ○　② D
③ □　④ ▽

해설 ASME식 기호
① 작업 ② 정체 ③ 검사 ④ 저장

44 공정 도시기호 중 공정계열의 일부를 생략할 경우에 사용되는 보조 도시기호는?

① 　② 
③ 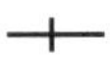　④

해설 보조도시기호 명칭
① 관리부분　② 일부 생략
③ 담당구분　④ 폐기

45 작업자가 장소를 이동하면서 작업을 수행하는 경우에 그 과정을 가공, 검사, 운반, 저장 등의 기호를 사용하여 분석하는 것을 무엇이라 하는가?

① 작업자 연합작업분석
② 작업자 동작분석
③ 작업자 미세분석
④ 작업자 공정분석

해설 **작업자 공정분석** : 작업자가 장소를 이동하면서 작업을 수행하는 일련의 행위를 가공, 검사, 운반, 저장 등의 기호를 사용하여 분석하는 것으로 업무범위와 경로 등을 개선하는데 사용된다.

46 작업자의 작업활동을 세분하여 시간을 나타내는 것은?

① 활동분석도표　② 흐름도표
③ 조립도표　④ 다눈공정분석표

47 공정 중에 발생하는 모든 작업, 검사, 운반, 저장, 정체 등이 도식화 된 것이며 또한 분석에 필요하다고 생각되는 소요시간, 운반거리 등의 정보가 기재된 것은?

① 작업분석(operation analysis)
② 다중활동분석표(multiple activity chart)
③ 사무공정분석(form process chart)
④ 유통공정도(flow process chart)

해설 (1) 작업관리 영역
㉮ 공정분석 : 제품공정분석, 사무공정분석, 작업자공정분석, 부대분석

Answer 41. ② 42. ③ 43. ④ 44. ② 45. ④ 46. ① 47. ④

㉯ 작업분석 : 작업분석표, 다중활동분석표
㉰ 동작분석 : 목시동작분석, 미세동작분석

(2) 공정도의 종류
㉮ 부품공정도(product process chart) : 소재가 제품화되는 과정을 분석, 기록하기 위해 사용되며 공정내용을 작업, 운반, 저장, 정체, 검사 등 공정도시기호를 사용하여 표시한다.
㉯ 작업공정도(operation process chart) : 자재가 공정으로 들어오는 지점과 공정에서 행하여지는 검사와 작업이 도식적으로 표시된다.
㉰ 유통공정도(flow process chart: 흐름공정도) : 공정 중에 발생되는 작업, 운반, 검사, 정체, 저장 등의 내용을 표시하는데 사용된다.
㉱ 유통선도(flow diagram : 흐름선도) : 유통공정도의 단점을 보완하기 위해 사용되는 것으로 혼잡한 지역을 파악하기 위해 쓰이며 공정흐름의 원활 여부를 알 수 있다.
㉲ 조립공정도(assembly process chart) : 많은 부품 또는 원재료를 조립에 의해 생산하는 제품의 공정을 작업과 검사의 2가지 기호로 나타내는데 사용된다.

48 **월 100대의 제품을 생산하는데 세이퍼 1대의 제품 1대당 소요공수가 14.4[h]라 한다. 일 8[h], 월 25일 가동한다고 할 때 이 제품 전부를 만드는데 필요한 세이퍼의 필요대수를 계산하면? (단, 작업자 가동율 80[%], 세이퍼 가동율 90[%]이다.)**

① 8대 ② 9대
③ 10대 ④ 11대

해설 필요대수 $= \dfrac{\text{제품생산에 필요한 월간가동시간}}{\text{월가동시간}}$
$= \dfrac{100 \times 1 \times 14.4}{8 \times 25 \times 0.8 \times 0.9}$
$= 10[\text{대}]$

49 **작업방법 개선의 기본 4원칙을 표현한 것은?**

① 층별 – 랜덤 – 재배열 – 표준화
② 배제 – 결합 – 랜덤 – 표준화
③ 층별 – 랜덤 – 표준화 – 단순화
④ 배제 – 결합 – 재배열 – 단순화

해설 작업방법 개선의 기본 4원칙 : ECRS
㉮ 배제(Eliminate) : 제거
㉯ 결합(Combine)
㉰ 재배열(Rearrange) : 교환, 재배치
㉱ 단순화(Simplify)

50 **작업의 동작을 분해 가능한 최소한의 단위로 분석하여 비능률적인 동작을 줄이거나 배제시켜 최선의 작업방법을 추구하는 방법은?**

① 공정분석
② 동작분석
③ 작업분석
④ 다중활동분석

해설 **동작분석** : 작업자의 동작을 분해 가능한 최소한의 단위로 분석하고 비능률적인 동작(무리, 낭비, 불합리한 동작)을 제거해서 최선의 작업방법으로 개선하기 위한 방법이다.

51 **반즈(Ralph M. Barnes)가 제시한 동작경제의 원칙에 해당되지 않는 것은?**

① 표준작업의 원칙
② 신체의 사용에 관한 원칙
③ 작업장의 배치에 관한 원칙
④ 공구 및 설비의 디자인에 관한 원칙

해설 **동작경제의 원칙** : 길브레스(F. B Gilbreth)가 처음 사용하고, 반즈(Ralph M. Barnes)가 개량, 보완한 것이다.
㉮ 신체사용에 관한 원칙

Answer 48. ③ 49. ④ 50. ② 51. ①

㈏ 작업장의 배치에 관한 원칙
㈐ 공구 및 설비의 설계에 관한 원칙

52 **신체사용에 관한 동작경제의 원칙 중 잘못된 것은?**

① 두 손의 동작은 같이 시작하고 같이 끝나도록 한다.
② 휴식시간을 제외하고는 양손이 동시에 쉬지 않도록 한다.
③ 가능한 한 관성을 이용하여 작업을 하도록 한다.
④ 두 팔의 동작은 동시에 같은 방향으로 움직이도록 한다.

해설 신체사용에 관한 원칙
㉮ 불필요한 동작을 배제한다.
㈏ 동작은 최단거리로 행한다.
㈐ 동작은 최적, 최저차원의 신체부위로서 행한다.
㈑ 제한이 없는 쉬운 동작(탄도동작)으로 할 수 있도록 한다.
㈒ 가능한 한 물리적 힘(관성, 중력)을 이용하여 작업을 한다.
㈓ 동작은 급격한 방향전환을 없애고, 연속곡선운동으로 한다.
㈔ 동작의 율동(리듬)을 만든다.
㈕ 두 손의 동작은 같이 시작하고 같이 끝나도록 한다.
㈖ 휴식시간을 제외하고는 양손이 동시에 쉬지 않도록 한다.
㈗ 두 팔은 반대방향에서 대칭적인 방향으로 동시에 움직인다.

53 **Ralph M. Barnes 교수가 제시한 동작경제의 원칙 중 작업장 배치에 관한 원칙에 해당되지 않는 것은?**

① 가급적이면 낙하식 운동방법을 이용한다.
② 모든 공구나 재료는 지정된 위치에 있도록 한다.
③ 충분한 조명을 하여 작업자가 잘 볼 수 있도록 한다.
④ 가급적 용이하고 자연스런 리듬을 타고 일할 수 있도록 작업을 구성하여야 한다.

해설 작업장 배치에 관한 원칙
㉮ 공구와 재료는 일정위치에 정돈하여야 한다.
㈏ 공구와 재료는 작업자의 정상작업영역 내에 배치한다.
㈐ 공구와 재료는 작업순서대로 나열한다.
㈑ 의자와 작업대의 모양과 높이는 각 작업자에게 알맞도록 설계하고 지급한다.
㈒ 충분한 조명을 하여 작업자가 잘 볼 수 있도록 한다.
㈓ 재료를 될 수 있는 대로 사용위치 가까이에 공급할 수 있도록 중력을 이용한 호퍼 및 용기를 사용한다.

54 **서블릭(therblig)기호는 어떤 분석에 주로 이용되는가?**

① 연합작업분석　② 공정분석
③ 동작분석　④ 작업분석

해설 **동작분석** : 작업자의 동작을 분해 가능한 최소한의 단위로서 미세동작(therblig)으로 분석하고 비능률적인 동작(무리, 낭비, 불합리한 동작)을 제거해서 최선의 작업방법으로 개선하기 위한 기법이다. 동작분석의 방법에는 동작경제의 원칙, 서블릭 분석기법, 필름분석법 등이 있다.

55 **레이팅(rating)에 대한 일반적인 내용으로 가장 거리가 먼 것은?**

① 정미시간을 구하는데 사용된다.
② 레이팅 결과를 현장 작업자에게 알려 줄 필요는 없다.
③ 레이팅은 작업관측 중에 한다.
④ 레이팅에 문제가 있으면 작업내용을 조사하여 재 측정하도록 한다.

Answer 52. ④ 53. ④ 54. ③ 55. ②

해설 레이팅(rating) : 관측시간을 정미시간으로 변환하기 위하여 표준페이스와 관측대상으로 선정된 작업페이스를 비교한 것으로 정상화작업, 평준화, 수행도 평가라 한다. 측정이 종료되고 레이팅 결과를 기입한 즉시 현장에서 작업자에게 그 내용을 알려준다.

56 여유시간이 5분, 정미시간이 40분일 경우 내경법으로 여유율을 구하면 약 몇 [%]인가?

① 6.33[%] ② 9.05[%]
③ 11.11[%] ④ 12.05[%]

해설 여유율 계산

㉮ 내경법에 의한 계산

$$\therefore A = \frac{\text{여유시간}}{\text{실동시간}} \times 100$$

$$= \frac{\text{여유시간}}{\text{정미시간} + \text{여유시간}} \times 100$$

$$= \frac{5}{40+5} \times 100 = 11.111[\%]$$

㉯ 외경법에 의한 계산식

$$\therefore A = \frac{\text{여유시간}}{\text{정미시간}} \times 100$$

57 표준시간을 내경법으로 구하는 수식은?

① 표준시간 = 정미시간 + 여유시간
② 표준시간 = 정미시간 × (1 + 여유율)
③ $\text{표준시간} = \text{정미시간} \times \left(\frac{1}{1-\text{여유율}}\right)$
④ $\text{표준시간} = \text{정미시간} \times \left(\frac{1}{1+\text{여유율}}\right)$

해설 내경법에 의한 표준시간 계산식

$$\therefore \text{표준시간} = \text{정미시간} \times \left(\frac{1}{1-\text{여유율}}\right)$$

$$= \text{정미시간} \times \left(1 + \frac{\text{여유율}}{100-\text{여유율}}\right)$$

$$= \text{정미시간} \times \left(\frac{100}{100-\text{여유율}}\right)$$

※ ②번 항목 : 외경법에 의한 표준시간 계산식

58 작업시간 측정방법 중 직접측정법은?

① PTS법 ② 경험견적법
③ 표준자료법 ④ 스톱워치법

해설 작업시간 측정방법

㉮ **직접 측정법** : 시간연구법(스톱워치법, 촬영법, VTR 분석법), 워크샘플링법

㉯ **간접 측정법** : 실적기록법, 표준자료법, PTS법(WF법, MTM법)

59 테일러(F.W Taylor)에 의해 처음 도입된 방법으로 작업시간을 직접 관측하여 표준시간을 설정하는 표준시간 설정기법은?

① PTS법 ② 실적자료법
③ 표준자료법 ④ 스톱워치법

해설 **스톱워치(stop watch)법** : 훈련이 잘 된 자격을 갖춘 작업자가 정상적인 속도로 완료하는 작업 결과의 표본을 추출하여 이로부터 표준시간을 설정하는 기법으로 주기가 짧고 반복적인 작업에 적합하다.

60 작업자에 대한 심리적 영향을 가장 많이 주는 작업측정의 기법은?

① PTS법 ② 워크 샘플링법
③ WF법 ④ 스톱 워치법

61 워크 샘플링에 대한 설명에서 잘못된 것은?

① 관측대상의 작업을 모집단으로 하고 임의의 시점에서 작업내용을 샘플로 한다.
② 업무나 활동의 비율을 알 수 있다.
③ 기초이론은 확률이다.
④ 한 사람의 관측자가 1인 또는 1대의 기계만을 측정한다.

Answer 56. ③ 57. ③ 58. ④ 59. ④ 60. ④ 61. ④

해설 워크 샘플링(work sampling)법 : 작업자의 활동, 기계의 활동 등의 상황을 통계적, 계수적으로 파악하는 작업측정 방법이다.

62 체계적인 워크 샘플링(systematic work sampling)을 쓰기가 곤란한 경우는?

① 작업에 주기성이 없는 경우
② 작업시간의 산포가 클 경우
③ 관측간격이 주기의 정수배일 경우
④ 관측간격이 작업요소의 길이보다 짧은 경우

해설 관측간격이 주기의 정수배일 경우에는 관측치에 치우침이 들어갈 가능성이 있어 적용하기가 부적합하다.

63 모든 작업을 기본동작으로 분해하고 각 기본동작에 대하여 성질과 조건에 따라 정해 놓은 시간치를 적용하여 정미시간을 산정하는 방법은?

① PTS법　② WS법
③ 스톱 워치법　④ 실적기록법

해설 PTS법 : 기정시간표준(predetermined time standard system)법

64 PTS법의 장점과 가장 관계가 먼 것은?

① 표준시간 설정 과정에 있어 논란이 되는 레이팅이 필요 없다.
② 생산 개시 전에 사전 표준시간을 산출할 수 있다.
③ 표준자료를 용이하게 작성하여 표준시간 설정공수를 절감할 수 있다.
④ 전문가가 아니라도 쉽게 표준시간을 산정할 수 있다.

해설 표준시간 설정은 전문가에 의하여 산정되어야 한다.

65 설비고장의 예지 또는 조기에 발견하고 수리요구를 계획하기 위하여 행해지는 점검, 측정, 효율측정 등을 행하는 활동은?

① 일상보전　② 예방보전
③ 검수　④ 설비검사

해설 설비보전의 직접 기능
㉮ **설비검사** : 열화를 측정하기 위한 목적
㉯ **설비정비(일상보전)** : 고장의 예방과 예방수리를 위한 급유, 청소, 조정, 부품교체 등을 실시하는 것으로 열화방지가 목적이다.
㉰ **설비수리(공작)** : 고장예방을 위한 제작, 분해, 조립의 예방수리와 설비고장 시 행하는 제작, 분해, 조립의 사후수리로 구분되며 열화회복이 목적이다.
㉱ **개량보전** : 재질, 설계변경에 의한 수명연장, 수리를 쉽게 하는 체질개선이다.
㉲ **검수** : 수리, 부품, 설비제작에 하자가 없는지를 확인하기 위한 점검, 측정, 시운전이다.

66 닦고, 조이고, 기름치는 설비보전 활동으로 가장 올바른 것은?

① 보전예방　② 사후보전
③ 일상보전　④ 개량보전

해설 **일상보전** : 설비정비라 하며 고장의 예방과 예방수리를 위한 급유, 청소, 조정, 부품교체 등을 행하는 활동으로 열화방지가 목적이다.

67 생산보전(PM : Productive Maintenance)의 내용에 속하지 않는 것은?

① 사후보전　② 안전보전
③ 예방보전　④ 개량보전

Answer 62. ③ 63. ① 64. ④ 65. ④ 66. ③ 67. ②

해설 보전의 유형

㉮ **예방보전(PM)** : 계획적으로 일정한 사용기간마다 실시하는 보전
㉯ **사후보전(BM)** : 고장이나 결함이 발생한 후에 이것을 수리에 의하여 회복시키는 것
㉰ **개량보전(CM)** : 고장이 발생한 후 또는 설계 및 재료변경 등으로 설비자체의 품질을 개선하여 수명을 연장시키거나 수리, 검사가 용이하도록 하는 방식
㉱ **보전예방(MP)** : 계획 및 설치에서부터 고장이 적고, 쉽게 수리할 수 있도록 하는 방식

68 예방보전의 기능에 해당하지 않는 것은?

① 취급되어야 할 대상설비의 결정
② 정비작업에서 점검시기의 결정
③ 대상설비 점검개소의 결정
④ 대상설비의 외주이용도 결정

해설 예방보전의 기능

㉮ 취급되어야 할 대상설비의 결정
㉯ 정비작업에서 점검시기의 결정
㉰ 대상설비 점검개소의 결정
㉱ 예방보전조직의 결성

69 예방보전(Preventive Maintenance)의 효과가 아닌 것은?

① 기계의 수리비용이 감소한다.
② 생산시스템의 신뢰도가 향상된다.
③ 고장으로 인한 중단시간이 감소한다.
④ 잦은 정비로 인해 제조원가단위가 증가한다.

해설 예방보전(PM)의 효과

㉮ 예비기계를 보유해야 할 필요성이 감소된다.
㉯ 수리작업의 횟수가 감소되고, 기계의 수리비용이 감소한다.
㉰ 생산시스템의 정지시간이 줄어들게 되어 신뢰도가 향상되며 제조원가가 절감된다.
㉱ 고장으로 인한 중단시간이 감소되고 유효손실이 감소된다.
㉲ 납기지연으로 인한 고객 불만이 없어지고 매출이 증가한다.
㉳ 작업자가 안전하게 작업할 수 있다.
※ 예방보전(PM) : 고장으로 인하여 발생할 수 있는 손실을 최소화하기 위한 예방활동이다.

70 설비의 설계변경, 재료의 개선, 보다 좋은 부품으로 교체하는 등 설비의 체질을 개선하여 수명연장, 열화방지 등의 효과를 높이는 보전활동은?

① 보전예방 ② 개량보전
③ 예방보전 ④ 사후보전

해설 **개량보전(CM)** : 고장이 발생한 후 또는 설계 및 재료변경 등으로 설비자체의 품질을 개선하여 수명을 연장시키거나 수리, 검사가 용이하도록 하는 방식이다.

71 집중보전의 장점에 해당하지 않는 것은?

① 기동성이 있다.
② 작업일정 조정이 쉽다.
③ 보전요원의 통제가 명확하다.
④ 인원배치에 유연성이 있다.

해설 집중보전의 장점

㉮ 기동성이 좋다.
㉯ 인원배치의 유연성이 좋다.
㉰ 노동력의 유효이용이 가능하다.
㉱ 보전용 설비공구의 유효한 이용
㉲ 보전공 기능향상에 유리
㉳ 보전비 통제가 확실
㉴ 보전기술자 육성이 유리
㉵ 보전책임이 명확
※ ②번 항목은 지역보전, 부문보전의 장점에 해당된다.

Answer 68. ④ 69. ④ 70. ② 71. ②

72 [보기]의 내용은 설비보전 조작에 대한 설명이다. 어떤 조작의 형태인가?

> [보기]
> 보전작업자는 조직상 각 제조부문의 감독자 밑에 둔다.
> – 단점 : 생산우선에 의한 보전작업 경시 보전기술 향상의 의문점
> – 장점 : 운전과의 일체감 및 현장감독의 용이성

① 집중보전　② 지역보전
③ 부문보전　④ 절충보전

해설 **부문보전** : 각 제조부문의 감독자 밑에 공장의 보전요원을 배치하는 방식

(1) **장점**
- ㉮ 운전자와 일체감 조성이 용이
- ㉯ 현장 감독이 용이
- ㉰ 현장 왕복시간이 감소
- ㉱ 작업일정 조정이 용이
- ㉲ 특정설비의 습숙이 용이

(2) **단점**
- ㉮ 생산우선에 의한 보전 경시
- ㉯ 보전기술의 향상이 곤란
- ㉰ 보전책임의 소재 불명확
- ㉱ 지역보전의 단점과 중복

73 설비의 구식화에 의한 열화는?

① 상대적 열화　② 경제적 열화
③ 기술적 열화　④ 절대적 열화

해설 **설비 열화현상의 구분**
- ㉮ **기술적 열화(성능열화)** : 표시된 성능, 기계효율이 저하하는 열화
- ㉯ **경제적 열화** : 경제적 가치 감소를 초래하는 열화
- ㉰ **절대적 열화** : 설비의 노후화
- ㉱ **상대적 열화** : 설비의 구식화

74 TPM 활동의 기본을 이루는 3정 5S 활동에서 3정에 해당되는 것은?

① 정시간　② 정돈
③ 정리　④ 정량

해설 TPM(Total Productive Maintenance)
전원참가의 생산보전활동으로 로스제로(loss zero)화를 달성하려는 것이다.
- ㉮ 3정 : 정량, 정품, 정위치
- ㉯ 5S(5행) : 정리, 정돈, 청소, 청결, 생활화

75 5S에 대한 설명 중 가장 관계가 먼 내용은?

① 정돈이란 필요한 것을 필요한 때에 꺼내 사용할 수 있도록 하는 것을 말한다.
② 정리란 필요한 것과 필요 없는 것을 구분하여 필요 없는 것은 없애는 것을 말한다.
③ 청결이란 먼지를 닦아내고 그 밑에 숨어 있는 부분을 보기 쉽게 하는 것을 말한다.
④ 습관화란 정해진 일을 올바르게 지키는 습관을 생활화하는 것을 말한다.

해설 청결이란 정리, 정돈, 청소의 상태를 유지하는 것을 말한다.
※ ③번 항목은 청소의 설명이다.

76 TPM 활동이 산업체에 급속히 보급, 확대되고 있다. 그 이유와 가장 관계가 먼 것은?

① 경이적인 성과 : 설비고장의 감소, 품질불량의 클레임 감소 등
② 공장 환경의 변화 : 깨끗한 공장, 안전한 현장 등
③ 공장 종업원의 변화 : 개선의욕이 왕성, 제안건수의 증가 등
④ 판매량의 증가

Answer 72. ③ 73. ① 74. ④ 75. ③ 76. ④

해설 **TPM 활동** : 전원참가 생산보전활동(종합적 설비보전)으로 생산시스템의 종합적인 효율화를 추구하여 라이프 사이클 전체를 대상으로 하여 로스제로(loss zero)화를 달성하려는 생산보전(PM)활동이다.

77 **"제품이 주어진 사용 조건하에서 의도하는 기간 동안 정해진 기능을 성공적으로 수행할 확률"로 정의되는 개념은 무엇인가?**

① 신뢰도 ② 품질관리
③ 보전도 ④ 고장

해설 **신뢰도** : 시스템이나 장치가 정해진 사용 조건하에서 의도하는 기간 동안 정해진 기능을 만족하게 동작하는 시간의 안정성을 나타내는 성질

78 **신뢰성에 대한 설명 중에서 틀린 것은?**

① 제품의 신뢰성을 생각할 때 사용자측과 제조자측의 입장을 분리해서 고유 신뢰성과 사용 신뢰성으로 나눈다.
② 고유 신뢰성에서 특히 중시되는 것은 설계기술이다.
③ 과거 경험을 토대로 사용조건을 고려한 설계는 물론, 사용의 신뢰성도 고려해 제품이 설계, 제조되어야 한다.
④ 사용과정에서 나타나는 고유 신뢰성은 인간의 요소에 밀접하게 관계된다.

해설 사용과정에서 나타나는 사용 신뢰성은 인간의 요소에 밀접하게 관계된다.

79 **버드(Frank Bird. Jr)의 신도미노 이론의 재해발생 단계에 해당하지 않는 것은?**

① 제어부족 ② 기본원인
③ 사고 ④ 간접적인 징후

해설 **신도미노 이론** : 버드(Frank Bird. Jr)에 의한 재해의 연쇄이론으로 기본원인의 제거가 중요하다는 것으로 재해발생 단계는 다음과 같다.
㉮ 제어의 부족(관리)
㉯ 기본원인 : 개인적인 요인, 작업상의 요인
㉰ 직접적인 원인(징후)
㉱ 사고(접촉)
㉲ 상해(손실)

80 **근래 인간공학이 여러 분야에서 크게 기여하고 있다. 어느 단계에서 인간공학적 지식이 고려됨으로서 기업에 가장 큰 이익을 줄 수 있는가?**

① 제품의 개발단계
② 제품의 구매단계
③ 제품의 사용단계
④ 작업자의 채용단계

해설 제품의 개발단계에서부터 인간공학적 지식이 고려되고 반영되어야 기업에 이익이 최대로 될 수 있다.

81 **컨베이어 작업과 같이 단조로운 작업은 작업자에게 무력감과 구속감을 주고 생산량에 대한 책임감을 저하시키는 등 폐단이 있다. 다음 중 이러한 단조로운 작업의 결함을 제거하기 위해 채택되는 직무설계방법으로서 가장 거리가 먼 것은?**

① 자율 경영팀 활동을 권장한다.
② 하나의 연속작업시간을 길게 한다.
③ 작업자 스스로가 직무를 설계하도록 한다.
④ 직무확대, 직무충실화 등의 방법을 활용한다.

Answer 77. ① 78. ④ 79. ④ 80. ① 81. ②

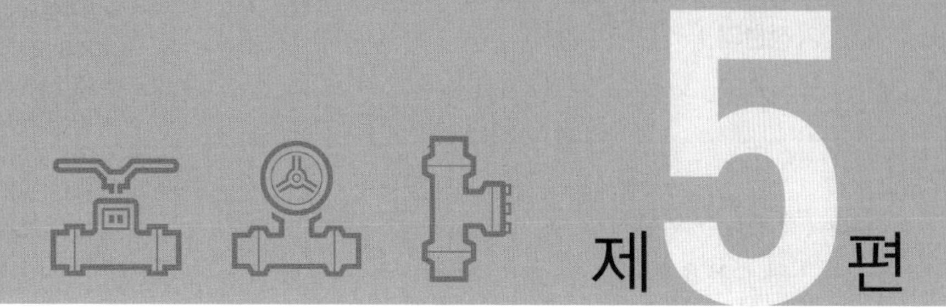

제 5 편

과년도 문제

2002년 31회~2018년 63회 기능장 필기시험

※ 64회부터 CBT 시행으로 필기시험문제가 공개되지 않고 있습니다.

과 년 도 문 제

01 16[g]의 산소가 100[℃], 740[mmHg]에서 차지하는 용적은? (단, 산소는 이상기체라 가정한다.)

① 0.002[L] ② 4.2[L]
③ 15.7[L] ④ 379.2[L]

해설 $PV = \frac{W}{M}RT$ 에서

$$\therefore V = \frac{WRT}{PM} = \frac{16 \times 0.082 \times (273+100)}{\frac{740}{760} \times 32} = 15.7[L]$$

02 1[kg]의 어떤 가스가 압력 0.5[kgf/cm^2], 체적 1.8[m^3]의 상태에서 압력 9[kgf/cm^2], 체적 0.2[m^3]의 상태로 변화하였다. 만일 가스의 내부에너지에 변화가 없다고 할 때 엔탈피(enthalpy)의 증가량은 얼마인가?

① 0.2108[kcal/kg] ② 0.108[kcal/kg]
③ 21.08[kcal/kg] ④ 210.8[kcal/kg]

해설 $\Delta H = U + APV$
(엔탈피 변화량 = 내부에너지 + 외부에너지)
에서 내부에너지의 변화가 없다.

$$\therefore \Delta H = U + A(P_2V_2 - P_1V_1) = \frac{1}{427} \times (9 \times 10^4 \times 0.2 - 0.5 \times 10^4 \times 1.8) = 21.077[\text{kcal/kg}]$$

03 표준대기압 1[atm]은 몇 [kgf/cm^2]인가? (단, Hg의 비중량은 13595.1[kgf/m^3], 중력가속도는 9.80665[m/s^2]이다.)

① 10332[kgf/cm^2] ② 101325[kgf/cm^2]
③ 1.0332[kgf/cm^2] ④ 1.01325[kgf/cm^2]

해설 표준대기압

1[atm] = 760[mmHg] = 76[cmHg]
= 0.76[mHg] = 29.9[inHg] = 760[torr]
= 10332[kgf/m^2] = 1.0332[kgf/cm^2]
= 10.332[mH_2O] = 10332[mmH_2O]
= 101325[N/m^2] = 101325[Pa]
= 101.325[kPa] = 0.101325[MPa]
= 1013250[dyne/cm^2] = 1.01325[bar]
= 1013.25[mbar] = 14.7[lb/in^2]
= 14.7[psi]

04 액화가스 저장탱크의 부속기기 중 액면계 종류가 아닌 것은?

① 부르동관식 액면계
② 평형 반사식 액면계
③ 평형 투시식 액면계
④ 정전 용량식 액면계

해설 액면계의 종류

㉮ **직접식 액면계** : 직관식(평형투시식, 평형반사식), 검척식, 플로트식
㉯ **간접식 액면계** : 압력식, 저항전극식, 초음파식, 정전용량식, 방사선식, 차압식, 다이어프램식, 편위식, 기포식, 슬립튜브식, 음향식

05 건조도 0.82의 습증기 5[kg]이 있다. 증기의 양은 몇 [kg]인가?

① 0.9[kg] ② 3.1[kg]
③ 4.1[kg] ④ 5.0[kg]

해설 $\text{건조도} = \frac{\text{증기량[kg]}}{\text{습증기량[kg]}}$ 에서

$$\therefore \text{증기량} = \text{건조도} \times \text{습증기량} = 0.82 \times 5 = 4.1[\text{kg}]$$

Answer 1. ③ 2. ③ 3. ③ 4. ① 5. ③

06 LP가스의 성질로서 옳지 않은 것은?

① 물에는 녹지 않으나, 알코올과 에테르에는 용해한다.
② 쉽게 액화하며, 액체는 물보다 가볍고, 기체는 공기보다 무겁다.
③ 전기 절연성이 좋지 않고, 누출 시 정전기 발생 우려가 작다.
④ 증발잠열이 커서 냉매로도 사용할 수 있다.

해설 LP가스의 일반적인 성질
㉮ LP가스는 공기보다 무겁다.
㉯ 액상의 LP가스는 물보다 가볍다.
㉰ 액화, 기화가 쉽다.
㉱ 기화하면 체적이 커진다.
㉲ 기화열(증발잠열)이 크다.
㉳ 무색, 무취, 무미하다.
㉴ 용해성이 있다.
㉵ 정전기 발생이 쉽다.

07 일산화탄소의 제조법이다. 올바른 것은?

① 수소가스 제조시의 부산물로 제조된다.
② 석유 또는 석탄을 가스화하여 얻을 수 있는 수성가스에서 회수한다.
③ 알코올 발효시의 부산물이다.
④ 코크스 연소시의 연소가스이다.

해설 일산화탄소 제조법
㉮ 의산(개미산)에 진한 황산을 작용시켜 얻는다.
㉯ 석유 또는 석탄을 가스화하여 얻을 수 있는 수성가스에서 회수한다.
㉰ 코크스를 불완진 연소시켜 얻는다.

08 증기와 가스의 다른 점을 구별하는 조건으로 맞지 않는 것은?

① 분자간의 거리　② 분자의 온도
③ 분자의 무게　④ 분자의 크기

09 금속재료의 가스에 의한 침식에 대한 설명 중 옳지 않은 것은?

① 고온고압의 암모니아는 강재에 대해서 질화작용과 수소취성의 두 가지 작용을 미친다.
② 일산화탄소는 Fe, Ni 등 철족의 금속과 작용하여 금속 카르보닐을 생성한다.
③ 고온고압의 질소는 강재의 내부까지 침입하여 강재를 취하시키므로 고온고압의 질소를 취급하는 기기에는 강재를 사용할 수 없다.
④ 중유나 연료유 속에 포함되는 바나듐산화물이 금속표면에 부착하면 급격한 고온부식을 일으키는 일이 있다.

해설 ③번 항목은 수소에 의한 수소취성의 설명이다.

10 구리관을 경납(은납)으로 접합하려고 한다. 인장강도를 가장 크게 하려면 몇 [mm]의 간격을 유지해야 하는가?

① 1[mm]　② 0.5[mm]
③ 0.1[mm]　④ 0.03[mm]

해설 동관의 납땜 이음 : 황동제의 납땜용 이음쇠를 이용하여 동관을 이음쇠의 슬리브에 끼우고 이 사이를 납땜(가스용접)으로 이음하는 방법으로 관과 이음쇠의 틈새는 0.1[mm] 정도가 가장 좋다.

11 길이가 5[m], 단면적 1[cm^2]인 봉을 수직으로 하여 상단을 고정하였을 때 하중에 의하여 생기는 봉의 응력(σ)과 신장(λ)은? (단, 단위체적당 중량 7.85[kgf/cm^3]으로 하며, 탄성계수 E는 2100000[kgf/cm^2]으로 한다.)

① 응력 : 42[kgf/cm^2], 신장 : 0.935[cm]
② 응력 : 3925[kgf/cm^2], 신장 : 0.934[cm]
③ 응력 : 3925[kgf/cm^2], 신장 : 0.67[cm]
④ 응력 : 4200[kgf/cm^2], 신장 : 9.35[cm]

Answer 6. ③ 7. ② 8. ② 9. ③ 10. ③ 11. ②

해설 응력 및 신장 계산

㉮ 응력(σ) 계산

$$\therefore \sigma = \frac{W}{A} = \frac{d \cdot V}{A}$$
$$= \frac{7.85 \times (5 \times 100 \times 1)}{1}$$
$$= 3925[\text{kgf/cm}^2]$$

㉯ 신장(λ : 늘어난 길이) 계산

$$\therefore E = \frac{\sigma}{\epsilon} = \frac{\sigma}{\frac{\lambda}{L}} \text{에서}$$
$$\therefore \lambda = \frac{L \cdot \sigma}{E} = \frac{(5 \times 100) \times 3925}{2100000}$$
$$= 0.934[\text{cm}]$$

12 관을 용접으로 이음하고 용접부를 검사하는데 다음 중 비파괴 검사법에 속하지 않는 것은?

① 외관시찰검사 ② 방사선검사
③ 인장시험검사 ④ 액체침투검사

해설 **비파괴 검사 종류** : 외관검사, 음향검사, 침투검사, 자기검사, 방사선투과검사, 초음파검사, 와류검사, 전위차법, 설파프린트 등
※ 인장시험은 파괴검사에 해당된다.

13 다음 중 동관의 종류에 해당되지 않는 것은?

① 이음매 없는 인성 동관
② 이음매 없는 인 탈산 동관
③ 이음매 없는 황동관
④ 이음매 없는 무질소 동관

해설 **동관의 종류**

㉮ 이음매 없는 인성 동관
㉯ 이음매 없는 무산소 동관
㉰ 이음매 없는 인 탈산 동관
㉱ 이음매 없는 황동관
㉲ 이음매 없는 복수기용 동합금관
㉳ 이음매 없는 단동관
㉴ 이음매 없는 규소 청동관
㉵ 이음매 없는 니켈-동합금관

14 다음에 나열된 축(軸)의 키(key) 이음 중 동력전달이 불확실하고 그 전달 회전력(토크)이 가장 작은 키 이름은?

① 반달 키 ② 묻힘 키
③ 스플라인 키 ④ 새들 키(안장 키)

해설 **키(key)의 종류 및 특징**

㉮ **묻힘 키**(sunk key) : 가장 일반적으로 사용되며 비교적 큰 동력을 전달하는데 사용되며, 축 및 보스(boss) 양쪽에 홈을 파고 키를 삽입한다.
㉯ **새들 키**(saddle key) : 안장키라고 하며 소동력용으로 보스에만 홈을 파고 키를 삽입하므로 축의 강도는 감소되지 않는다. 축과 키의 마찰력으로 동력을 전달하므로 전달력이 가장 작다.
㉰ **평 키**(flat key) : 납작키라고 하며, 축에 키 폭만큼 평탄하게 절삭하여 키의 자리를 만들고 보스에 홈을 파서 사용한다. 새들키보다 조금 큰 힘을 전달할 수 있다.
㉱ **둥근 키**(round key) : 핀키라고 하며, 핸들과 같은 회전력이 작은 곳에 사용한다.
㉲ **반달 키**(woodruff key) : 반달모양의 평판키로 키 홈이 깊기 때문에 큰 동력을 전달하는데 적당하지 않다.
㉳ **스플라인 키**(spline key) : 축의 둘레와 보스에 4~20개의 기어모양의 홈을 만들어 조립한 것으로 가장 큰 동력을 전달할 수 있다.

15 다음 설명 중 초저온장치의 단열법에 대해서 옳지 않은 것은?

① 단열재는 산소 또는 가연성의 것을 취급하는 장치 이외에는 불연성이 아니라도 좋다.
② 단열재는 습기가 없어야 한다.
③ 온도가 낮은 기기일수록 전열에 의한 침입열이 크다.
④ 단열재는 균등하게 충전하여 공동이 없도록 해야 한다.

해설 액화산소, 액화질소를 취급하는 장치 및 공기의 액화온도 이하의 장치에는 불연성의 단열재를 사용하여야 한다.

Answer 12. ③ 13. ④ 14. ④ 15. ①

16 **다음 중 공기 냉각용 증발기에 속하는 것은?**

① 캐스케이드(casecade) 증발기
② 만액식 쉘 앤드 튜브(shelland tube) 암모니아식
③ 보데로(boudelot)식 증발기
④ 탱크용 냉각기

해설 공기냉각용 증발기 종류
㉮ 나관코일식 ㉯ 판형
㉰ 캐스케이드형 ㉱ 멀티피드 멀티섹션형

17 **다음 ( ) 안에 알맞은 용어는 어느 것인가?**

> 보데로 냉각기(boudelot cooler)는 물, 우유 등의 냉각용이며, (ⓐ) 팽창형이다. 구조는 (ⓑ) 응축기와 비슷하며 작용은 반대가 된다.

① ⓐ 습식 ⓑ 대기식
② ⓐ 건식 ⓑ 입형 쉘 앤드 튜브식
③ ⓐ 공기식 ⓑ 2중관식
④ ⓐ NH_3식 ⓑ 증발식

해설 **보데로 냉각기의 특징**
㉮ 구조는 대기식 응축기와 같다.
㉯ 습식 팽창형이다.
㉰ 물, 우유 냉각에 사용된다.
㉱ 냉각관 청소가 쉬우므로 위생적이다.
㉲ 액체가 동결되어도 장치에 위험이 적다.

18 **냉매 배관의 부속품 중에서 건조기(dryer)의 설치위치로서 적당한 곳은?**

① 수액기와 팽창밸브에 이르는 액배관 도중에 설치
② 압축기와 응축기의 사이
③ 증발기와 팽창밸브 사이
④ 압축기 다음의 유분리기 뒤에 설치

해설 **건조기(dryer)** : 냉동장치에 수분이 존재하면 장치 각 부분에 나쁜 영향을 미친다. 이를 제거하기 위하여 수액기와 팽창밸브 사이 액배관에 설치하여 수분을 제거한다.

19 **다음 중 진공단열법에 해당되지 않는 것은?**

① 고진공 단열법
② 분말진공 단열법
③ 다층진공 단열법
④ 상압진공 단열법

해설 **진공단열법의 종류** : 고진공 단열법, 분말진공 단열법, 다층진공 단열법

20 **압력을 높여 상용의 냉각수로 냉각을 시켜도 액화되지 않는 가스를 무엇이라 하는가?**

① 압축가스 ② 불응축가스
③ 액화가스 ④ 용해가스

해설 **불응축가스** : 냉동장치의 냉매계통에 침입된 공기 및 오일 탄화 시 생성된 기체로 냉매가 액화할 때 액화되지 않는 가스로 가스 퍼져에서 배출시킨다.

21 **고압가스 분출 시 정전기가 가장 발생하기 쉬운 경우는?**

① 가스의 분자량이 적은 경우
② 가스의 온도가 높은 경우
③ 가스가 충분히 건조되어 있는 경우
④ 가스 속에 액체나 고체의 미립자가 있을 때

해설 가스 속에 액체나 고체의 미립자가 있는 고압가스가 분출 할 때 정전기가 발생되기 쉽다.

Answer 16. ① 17. ① 18. ① 19. ④ 20. ② 21. ④

22 독성가스 사용설비에서 가스누설에 대비하여 설치해야 하는 것은?

① 살수장치 ② 액화방지장치
③ 흡수장치 ④ 액회수장치

해설 독성가스의 가스설비실 및 저장설비실에는 그 가스가 누출된 경우에는 이를 중화설비로 이송시켜 흡수 또는 중화할 수 있는 설비를 설치하여야 한다.

23 도시가스 사업자는 가스를 공급할 경우에 가스요금 기타 공급조건은 행정관청의 승인을 얻어야 한다. 그 주무관청은 어디인가?

① 산업통상자원부 ② 광역시장
③ 안전행정부 ④ 재정경제부

해설 가스의 공급규정(도법 제20조) : 도시가스 사업자는 가스의 요금 기타 공급조건에 관한 공급규정을 정하여 산업통상자원부장관 또는 시·도지사의 승인을 얻어야 한다. 승인을 얻은 사항을 변경하고자 할 때에도 같다.

24 집단공급시설의 임시합격을 신청하고자 하는 자가 임시합격 신청서에 첨부하여야 하는 서류 중 필요 없는 것은?

① 임시합격 신청의 이유서
② 임시 사용방법 및 기간을 기재한 서류
③ 중간검사필증 사본
④ 거주자의 동의서

해설 집단공급시설의 임시합격 신청서류
㉮ 임시합격 신청의 이유서
㉯ 임시 사용방법 및 기간을 기재한 서류
㉰ 중간검사필증 사본
※ 액화석유가스 안전관리 및 사업법 시행규칙 제31조에 규정된 사항으로 99년 6월 30일자로 삭제된 조항임

25 응력-변형률 선도에 대한 설명으로 ( ) 안에 알맞은 것은?

> 응력-변형률 선도에서 세로축의 하중을 시편의 단면적으로 나눈 값을 응력값으로 취하고, 가로축에는 변형량을 본래의 ( )로 나눈 변형률 값을 취하여 응력과 변형률과의 관계를 그래프로 표시한 것을 응력-변형률 선도(stress-strain diagram)라 한다.

① 시편의 단면적 ② 하중
③ 재료의 길이 ④ 응력

해설 응력-변형률 선도
시험편을 인장시험기 양 끝에 고정시켜 축방향으로 당겼을 때 작용하는 응력값(σ[kgf/cm^2])을 세로축에 취하고, 시험편의 변형률을 가로축에 취하여 비례한도, 탄성한도, 항복점, 연신율, 인장강도를 측정한다.

26 가스크로마토그래피(gas chromatography)의 검출기 중에서 탄화수소에서의 감도가 최고인 검출기는 어느 것인가?

① TCD ② FID
③ ECD ④ FPD

해설 수소염이온화 검출기(FID)
탄화수소에서 감도가 최고이고, 수소(H_2), 산소(O_2), 이산화탄소(CO_2), 아황산가스(SO_2) 등은 감도가 없다.

27 고압가스 제조설비의 파열을 방지하기 위하여 제조설비에 직접 설치하는 것은?

① 방액제
② 물분무장치 또는 살수장치
③ 플레어스택
④ 긴급차단장치

Answer 22. ③ 23. ① 24. ④ 25. ③ 26. ② 27. ②

28 가스관은 전선과 얼마 이상 떨어져야 하는가?

① 30[cm] 이상 ② 20[cm] 이상
③ 15[cm] 이상 ④ 10[cm] 이상

해설 도시가스 사용시설의 배관 이음부와 이격거리
㉮ 전기계량기, 전기개폐기 : 60[cm] 이상
㉯ 전기점멸기, 전기접속기 : 15[cm] 이상
㉰ 단열조치를 하지 않은 굴뚝, 절연조치를 하지 않은 전선 : 15[cm] 이상
㉱ 절연전선 : 10[cm] 이상

29 고압가스용기의 저장 및 수송온도는 얼마로 규정하고 있는가?

① 20[℃] 이하 ② 30[℃] 이하
③ 40[℃] 이하 ④ 50[℃] 이하

해설 고압가스 충전용기를 저장(보관), 운반, 사용할 때의 온도는 40[℃] 이하를 유지하여야 한다.

30 긴급차단 장치는 긴급차단 밸브의 동력원에 의해 다음과 같이 분류된다. 틀린 것은?

① 유압식 긴급차단 장치
② 공기식 긴급차단 장치
③ 스프링식 긴급차단 장치
④ 전기식 긴급차단 장치

해설 긴급차단장치(밸브) 동력원 종류
액압(유압식), 기압(공기식), 전기, 스프링식

31 수소 고압용기가 파열사고를 일으켰을 때 이 사고의 원인이 아닌 것은?

① 난폭한 용기취급
② 과잉충전
③ 압력계 타격
④ 폭발성가스 혼입

해설 충전용기 파열사고의 원인
㉮ 난폭한 용기 취급
㉯ 과잉충전
㉰ 폭발성가스 혼입
㉱ 내압의 이상 상승
㉲ 충격 및 타격
㉳ 분해 반응
㉴ 용기의 재질 불량
㉵ 용접용기의 용접 불량

32 일산화탄소(CO)가 인체에 영향을 미쳤을 때 바로 자각 증상이 있고 1~3분 안에 의식불명이 되어 사망의 위험이 있는 농도는 몇 [ppm]인가?

① 128 ② 1280
③ 12800 ④ 128000

해설 일산화탄소 농도와 인체에 대한 작용

흡기 중 CO[%]	ppm	증 상
0.005	50	허용농도로 특이한 증상 없음
0.01	100	장시간 흡입하여도 중독 증상 없음
0.02	200	두통 및 2~3시간 이내에 가벼운 통증 발생
0.04	400	1~2시간 후 가벼운 두통과 구토 발생
0.08	800	45분 이내에 두통 및 구토, 2시간 이내에 쇠약자 의식불명
0.16	1600	20분 이내에 두통, 구토, 2시간에서 쇠약자 의식불명 사망
0.32	3200	5~10분 이내에 두통, 10~15분 이내에 의식불명, 사망
0.64	6400	1~2분간에 두통, 10~15분 이내에 의식불명이 되어 사망
1.28	12800	바로 자각증상이 있고, 1~3분간에 의식불명이 되어 사망

Answer 28. ③ 29. ③ 30. 무 31. ③ 32. ③

33 특수강에 영향을 주는 원소 중 Cr을 첨가 시에 나타내는 성질 중 틀린 것은?

① 취성을 지나치게 증가시키지 않고 인장강도, 항복점을 증가시킬 수 있다.
② 내식성, 내열성, 내마모성을 증가시킨다.
③ 기계적 성질이 향상된다.
④ 단조, 압연을 용이하게 하고 전성, 침탄효과를 증가시킨다.

해설 ④번 항목은 망간(Mn)의 영향이다.

34 다음 기체 중 금속과 결합하여 착이온을 만드는 것은?

① CH_4 ② CO_2 ③ NH_3 ④ O_2

해설 암모니아(NH_3)는 구리, 아연, 은, 코발트 등의 금속이온과 반응하여 착이온을 만든다.

35 다음 물질 중에서 암모니아 가스의 건조제로 적당하지 않은 것은?

① KOH ② NaOH ③ H_2SO_4 ④ CaO

해설 건조제
㉮ 암모니아(NH_3) : 수산화칼륨(KOH), 가성소다(NaOH), 생석회(CaO) 등 알칼리성 물질
㉯ 황산(H_2SO_4) : 염소(Cl_2), 포스겐($COCl_2$)의 건조제

36 다음 가스 중 금속에 대한 부식성이 거의 없고 독성이 없으나 최근 오존층 파괴의 주요 물질로 사용 규제를 받고 있는 물질은?

① 시안화수소(HCN)
② 산화에틸렌(C_2H_4O)
③ 프레온(CH_3CClF_2)
④ 불화수소(HF)

37 다음은 LP가스의 연소시의 특성을 나타낸 것이다. 옳지 않은 것은?

① 연소할 때는 많은 공기가 필요하다.
② LP가스는 발열량이 크다.
③ LP가스는 연소범위가 다른 가스에 비하여 비교적 넓다.
④ LP가스는 연소속도가 석탄가스나 일산화탄소에 비하여 비교적 느리다.

해설 LP가스의 연소특징
㉮ 타 연료와 비교하여 발열량이 크다.
㉯ 연소 시 공기량이 많이 필요하다.
㉰ 폭발범위(연소범위)가 좁다.
㉱ 연소속도가 느리다.
㉲ 발화온도가 높다.

38 아세틸렌가스의 위험도를 폭발상한값과 하한값을 가지고 계산하면? (단, C_2H_2의 폭발범위는 2.5~81[%]이다.)

① 29.7 ② 31.4
③ 18.3 ④ 24.6

해설 $H = \frac{U-L}{L} = \frac{81-2.5}{2.5} = 31.4$

39 상용압력 50[kgf/cm²]로 사용하는 안지름 85[cm]의 용접제 원통형 고압설비 동판의 두께는 최소한 얼마가 필요한가? (단, 재료는 인장강도 80[kgf/mm²]의 강을 사용하고, 용접효율은 0.75, 부식여유는 2[mm]로 한다.)

① 13.5[mm] ② 16.5[mm]
③ 17.5[mm] ④ 19.5[mm]

해설 $t = \frac{PD}{200S\eta - 1.2P} + C$

Answer 33. ④ 34. ③ 35. ③ 36. ③ 37. ③ 38. ② 39. ②

$$= \frac{50 \times 85 \times 10}{200 \times \left(80 \times \frac{1}{4}\right) \times 0.75 - 1.2 \times 50} + 2$$
$= 16.455$[mm]

참고 **SI단위 계산식** : 단위가 허용응력 또는 인장강도는 [N/mm^2], 압력이 [MPa]일 경우

$$\therefore t = \frac{PD}{2S\eta - 1.2P} + C$$

40 산소용기에 산소를 충전하고 온도 35[℃]에서 200[kgf/cm^2]로 되도록 하려면 0[℃]에서 몇 [kgf/cm^2]의 압력까지 충전해야 하는가?

① 178[kgf/cm^2] ② 154[kgf/cm^2]
③ 142[kgf/cm^2] ④ 135[kgf/cm^2]

해설 $\frac{P_1 V_1}{T_1} = \frac{P_2 V_2}{T_2}$에서 $V_1 = V_2$이다.

$$\therefore P_2 = \frac{P_2 T_1}{T_2} = \frac{(200 + 1.0332) \times 273}{273 + 35}$$
$= 178.1885\,[kgf/cm^2 \cdot a] - 1.0332$
$= 177.1553\,[kgf/cm^2 \cdot g]$

41 최고충전압력 25[kgf/cm^2], 안지름 50[cm]인 용접원통형 용기의 동판 두께는 최소한 얼마인가? (단, 재료의 인장강도 60[kgf/mm^2], 용접효율 75[%], 부식여유 1[mm]이다.)

① 3.2[mm] ② 4.4[mm]
③ 6.6[mm] ④ 7.8[mm]

해설 $t = \frac{PD}{200S\eta - 1.2P} + C$

$$= \frac{25 \times 50 \times 10}{200 \times \left(60 \times \frac{1}{4}\right) \times 0.75 - 1.2 \times 25} + 1$$
$= 6.63$[mm]

42 특정설비의 용접부에서 실시하는 비파괴시험과 관계없는 것은?

① 방사선 투과시험
② 초음파 탐상시험
③ 내압시험
④ 자분 및 침투탐상시험

해설 특정설비의 검사 종류
㉮ 용접부 비파괴시험 종류 : 방사선투과시험, 초음파탐상시험, 자분탐상시험, 침투탐상시험
㉯ 기계시험 종류 : 이음매 인장시험, 표면굽힘시험, 측면굽힘시험, 이면굽힘시험, 충격시험
㉰ 내압시험
㉱ 단열성능시험

43 역화방지장치 내부에 들어가는 물질이 아닌 것은?

① 물 ② 모래
③ 자갈 ④ 카바이드

해설 역화방지장치 내부에는 물, 모래, 자갈 및 페로실리콘 등을 넣어 사용한다.

44 질소 14[g]과 수소 4[g]을 혼합하여 내용적이 4000[cc]인 용기에 충전 하였더니 용기내의 온도가 100[℃]로 상승하였다고 한다. 용기내의 수소의 부분압은 얼마인가? (단, 이 혼합기체는 이상기체로 간주한다.)

① 19.92 기압 ② 15.29 기압
③ 12.59 기압 ④ 4.43 기압

해설 ㉮ 전압 계산 : $PV = nRT$에서

$$\therefore P = \frac{nRT}{V}$$
$$= \frac{\left(\frac{14}{28} + \frac{4}{2}\right) \times 0.082 \times (273 + 100)}{4}$$
$= 19.116$ 기압

Answer 40. ① 41. ③ 42. ③ 43. ④ 44. ②

㉯ 수소의 분압 계산

$$\therefore \text{분압} = \text{전압} \times \frac{\text{성분몰수}}{\text{전몰수}}$$

$$= 19.116 \times \frac{\frac{4}{2}}{\frac{14}{28} + \frac{4}{2}} = 15.29[\text{기압}]$$

45 터보압축기의 서징(surging)에 관한 설명 중 옳지 않은 것은?

① 압축기의 풍량을 횡축에, 토출압력을 종축에 취한 풍량-압력곡선에서 우측상부의 부분이 있을 때는 서징현상을 일으키는 일이 있다.
② 서징을 일으키면 관로에 심한 유체의 맥동과 진동을 발생한다.
③ 서징은 압축기를 기동하여 정격회전수에 이르기 전까지의 도중에서 일어나는 현상으로서 정격회전수에 도달한 후에는 일어나지 않는다.
④ 서징은 토출배관에 바이패스밸브를 설치해서 흡입측으로 돌려보내어 방지할 수 있다.

해설 터보압축기의 서징현상 : 토출측 저항이 커지면 유량이 감소하고 맥동과 진동이 발생하며 불안전운전이 되는 현상

46 일반도시가스사업자는 가스사용자의 사용시설이 설치 기준에 적합한가의 여부를 점검, 확인하는 기간 및 횟수로 옳은 것은?

① 6개월마다 1회 이상
② 2개월마다 1회 이상
③ 4개월마다 1회 이상
④ 8개월마다 1회 이상

해설 도시가스사용시설의 점검 주기
㉮ 도시가스 사업법 시행령 제23조 : 6개월에 1회 이상 검사 실시
㉯ 시행규칙 제30조 : 2년에 1회 이상 정기안전점검 실시
※ 현재 삭제된 규정임

47 다음 중에서 액화가스의 저장허가를 받아야 할 양으로 옳은 것은?

① 3.0[톤] 이상의 액화가스
② 2.8[톤] 이상의 액화가스
③ 1~2.5[톤]의 액화가스
④ 1.5~2.5[톤]의 액화가스

해설 저장소 : 산업통상자원부령으로 정하는 일정량 이상의 고압가스를 용기나 저장탱크로 저장하는 일정한 장소

구분	비독성	독성가스	
		㉮	㉯
압축가스	500[m^3] 이상	100[m^3] 이상	10[m^3] 이상
액화가스	5000[kg] 이상	1000[kg] 이상	100[kg] 이상

㉮ LC50 200[ppm] 초과, TLV-TWA 1[ppm] 이상
㉯ LC50 200[ppm] 이하, TLV-TWA 1[ppm] 미만

48 액화석유가스 집단공급시설에서 배관을 지하에 매설할 때 차량이 통행하는 폭 8[m] 이상의 도로에 매설할 때 몇 [m] 이상의 깊이로 하는가?

① 0.5[m] ② 1.0[m]
③ 1.2[m] ④ 1.5[m]

해설 LPG 집단공급시설 배관의 매설깊이
㉮ 집단공급사업 부지 내 : 0.6[m] 이상
㉯ 차량이 통행하는 폭 8[m] 이상의 도로 : 1.2[m] 이상

Answer 45. ③ 46. ① 47. 무 48. ③

㉰ 차량이 통행하는 폭 4[m] 이상 8[m] 미만의 도로 : 1[m] 이상
㉱ ㉮~㉰에 해당하지 않는 곳 : 0.8[m] 이상

49 입형 쉘 앤 튜브식 응축기의 장점은?

① 설치면적이 작고 옥외설치가 가능하다.
② 수량이 비교적 적다.
③ 액 냉매의 과냉각도가 크다.
④ 중량이 가볍다.

해설 입형 쉘 앤 튜브식 응축기의 특징
(1) 장점
㉮ 설치면적이 적게 차지하고 옥외설치가 가능하다.
㉯ 냉각관 청소가 용이하다.
㉰ 전열이 양호하고 과부하에 잘 견딘다.
㉱ 가격이 저렴하다.
(2) 단점
㉮ 냉각관이 부식하기 쉽다.
㉯ 냉각수가 많이 필요하다.
㉰ 액 냉매의 과냉각도가 적다.

50 시안화수소(HCN)가스를 장기간 저장하지 못하는 이유로 합당한 것은?

① 분해폭발 ② 중합폭발
③ 산화폭발 ④ 기타 일반폭발

해설 시안화수소는 중합폭발의 위험성 때문에 60일 이상 저장하는 것을 금지한다. 단, 순도가 98[%] 이상이고 착색되지 않은 것은 60일을 초과하여 저장할 수 있다.

51 차량에 고정된 탱크로 고압가스를 운반할 때 가스를 송출 또는 이입하는데 사용되는 밸브를 후면에 설치한 탱크에는 탱크 주밸브와 차량의 뒷범퍼와의 수평거리는 몇 [mm] 이상 떨어져 있어야 하는가?

① 200[mm] ② 300[mm]
③ 400[mm] ④ 500[mm]

해설 뒷범퍼와의 거리
㉮ 후부취출식 탱크 : 400[mm] 이상
㉯ 후부취출식 탱크 외 : 300[mm] 이상
㉰ 조작상자 : 200[mm] 이상

52 프로판가스 2.2[kg]을 완전 연소시키는데 필요한 이론 공기량을 25[℃], 750[mmHg]의 부피로 계산하면?

① 29.5[m³] ② 26.66[m³]
③ 34.51[m³] ④ 7.25[m³]

해설 ㉮ 프로판(C_3H_8)의 완전연소 반응식
$C_3H_8 + 5O_2 \rightarrow 3CO_2 + 4H_2O$
㉯ 표준상태에서의 이론공기량(A_0) 계산
44[kg] : 5×22.4[Nm³] = 2.2[kg] : x[Nm³]

$$\therefore A_0 = \frac{x(O_0)}{0.21} = \frac{2.2 \times 5 \times 22.4}{44 \times 0.21} = 26.667[\text{Nm}^3]$$

㉰ 25[℃], 750[mmHg]에서의 이론공기량 계산

$$\frac{P_0 V_0}{T_0} = \frac{P_2 V_2}{T_2}$$ 에서

$$\therefore V_2 = V_0 \times \frac{T_2}{T_0} \times \frac{P_0}{P_2} = 26.667 \times \frac{273+25}{273} \times \frac{760}{750} = 29.497[\text{m}^3]$$

53 아세틸렌을 사용할 때의 압력은 몇 [kgf/cm²]인가?

① 1[kgf/cm²] 이하
② 1[kgf/cm²] 이상
③ 10[kgf/cm²] 이상
④ 25[kgf/cm²] 정도

Answer 49. ① 50. ② 51. ③ 52. ① 53. ①

해설 아세틸렌은 1.5기압 이상으로 압축 시 분해폭발의 위험성이 있으므로 1[kgf/cm^2] 이하의 압력으로 사용하여야 한다.

54 액화가스의 상용온도와 압력으로 옳은 것은?

① 35[℃]의 온도와 2[kgf/cm^2] 이상의 압력
② 35[℃]의 온도와 10[kgf/cm^2] 이상의 압력
③ 35[℃]의 온도와 1[kgf/cm^2] 이상의 압력
④ 35[℃]의 온도와 0.1[kgf/cm^2] 이상의 압력

해설 **액화가스의 정의(고법 시행령 제2조)**
상용의 온도에서 압력이 0.2[MPa](2[kgf/cm^2]) 이상이 되는 액화가스로서 실제로 그 압력이 0.2[MPa](2[kgf/cm^2]) 이상이 되는 것 또는 압력이 0.2[MPa](2[kgf/cm^2])이 되는 경우의 온도가 35[℃] 이하인 것

55 도수분포표에서 도수가 최대인 곳의 대표치를 말하는 것은?

① 중위수
② 비대칭도
③ 모드(mode)
④ 첨도

해설 ㉮ **중위수(중앙치, 메디안)** : 데이터를 크기순으로 나열할 때 "n=홀수"이면 중앙에 위치한 데이터, "n=짝수"이면 중앙에 위치한 두 개의 데이터의 평균치
㉯ **비대칭도** : 분포가 평균치를 축으로 하여 대칭인가의 여부를 결정하는 척도
㉰ **모드(mode : 최빈수)** : 도수분포표에서 도수가 최대인 곳의 대표치
㉱ **첨도** : 분포의 뾰쪽한 정도를 나타내는 척도

56 일정통제를 할 때 1일당 그 작업을 단축하는 데 소요되는 비용의 증가를 의미하는 것은?

① 비용구배(Cost slope)
② 정상 소요시간(Normal duration)
③ 비용견적(Cost estimation)
④ 총비용(Total cost)

해설 **비용구배(cost slope)** : 작업일정을 단축시키는데 소요되는 단위시간당 소요비용이다.

$$\therefore \text{비용구배} = \frac{\text{특급비용} - \text{정상비용}}{\text{정상시간} - \text{특급시간}}$$

57 서블릭(therblig) 기호는 어떤 분석에 주로 이용되는가?

① 연합작업분석 ② 공정분석
③ 동작분석 ④ 작업분석

해설 **동작분석**
작업자의 동작을 분해 가능한 최소한의 단위로서 미세동작(therblig)으로 분석하고 비능률적인 동작(무리, 낭비, 불합리한 동작)을 제거해서 최선의 작업방법으로 개선하기 위한 기법이다. 동작분석의 방법에는 동작경제의 원칙, 서블릭 분석기법, 필름분석법 등이 있다.

58 관리도에서 점이 관리한계 내에 있고 중심선 한쪽에 연속해서 나타나는 점을 무엇이라 하는가?

① 경향 ② 주기
③ 런 ④ 산포

해설 **관리도의 판정**
㉮ **연(run)** : 관리도에서 점이 관리한계 내에 있고 중심선의 한쪽에 연속해서 나타나는 점이며, 한쪽에 연이은 점의 수를 연의 길이라고 한다.
㉯ **경향(trend)** : 관측값을 순서대로 타점했을 때 연속 6 이상의 점이 상승하거나 하강하는 상태이다.

Answer 54. ① 55. ③ 56. ① 57. ③ 58. ③

㉰ **주기(cycle)** : 점이 주기적으로 상하로 변동하여 파형을 나타내는 경우이다.

59 모집단의 참값과 측정 데이터의 차를 무엇이라 하는가?

① 오차 ② 신뢰성
③ 정밀도 ④ 정확도

해설 ㉮ **오차** : 모집단의 참값(μ)과 시료의 측정데이터(x_i)와의 차이
㉯ **신뢰성** : 시스템, 기기, 부품 등의 기능의 시간적 안정성을 나타내는 정도
㉰ **정밀도** : 어떤 측정법으로 동일 시료를 무한횟수 측정하였을 때 그 데이터는 반드시 어떤 산포를 갖게 되는데, 이 산포의 크기를 정밀도라 한다.
㉱ 정확도(accuracy) : 어떤 측정법으로 동일 시료를 무한횟수 측정하였을 때 데이터 분포의 평균값과 모집단 참값과의 차이를 의미한다.

60 준비작업 시간이 5분, 정미작업시간이 20분, lot수 5, 주 작업에 대한 여유율이 0.2라면 가공시간은?

① 150[분] ② 145[분]
③ 125[분] ④ 105[분]

해설 $Tn = P + nt(1+\alpha)$
$= 5 + 5 \times 20 \times (1 + 0.2) = 125$[분]

Answer 59. ① 60. ③

과 년 도 문 제

01 25[℃]의 병진에너지와 같은 에너지량을 가진 1몰의 수증기를 1몰의 물에 가하면 물의 온도는 얼마나 상승하는가? (단, 물의 열용량은 18[cal]이다.)

① 35[℃] ② 41[℃]
③ 49[℃] ④ 56[℃]

해설 ㉮ 에너지 증가량 계산

$$\therefore U = \frac{3}{2} nRT = \frac{3}{2} \times 1 \times 1.987 \times (273 + 25) = 888.189[\text{cal}]$$

㉯ 상승 온도 계산

$$\therefore t = \frac{\Delta Q}{\text{열용량}} = \frac{888.189}{18} = 48.34[℃]$$

참고 기체상수 값

$\therefore R = 0.082[\text{L} \cdot \text{atm/mol} \cdot \text{K}]$
$= 8.314 \times 10^7[\text{erg/mol} \cdot \text{K}]$
$= 8.314[\text{J/mol} \cdot \text{K}] = 1.987[\text{cal/mol} \cdot \text{K}]$

02 다음 반응식의 평형상수(K)를 올바르게 나타낸 것은?

$$N_2 + 3H_2 \rightarrow 2NH_3$$

① $K = \frac{2[NH_3]}{[N_2] \cdot 3[H_2]}$

② $K = \frac{[H_2]^3}{[N_2] \cdot [NH_3]^2}$

③ $K = \frac{[NH_3]^2}{[N_2] \cdot [H_2]^3}$

④ $K = \frac{[N_2]^2}{[H_2] \cdot [NH_3]^2}$

해설 아래의 반응이 평형상태에 있을 때

$aA + bB \rightleftarrows cC + dD$

평형상수 $K = \frac{[C]^c \times [D]^d}{[A]^a \times [B]^b}$

03 기체의 압력이 감소하여 $P \rightarrow 0$인 한계상황에서 분자 자체의 체적은 어떻게 변화하는가?

① 기체가 차지하는 전체 체적에 비해 점점 커지게 된다.
② 기체가 차지하는 전체 체적에 비해 점점 작아지게 된다.
③ 기체가 차지하는 전체 체적에 영향을 미치지 않는다.
④ 기체가 차지하는 전체 체적에 비해 지수함수적으로 커진다.

04 이상기체 상태방정식으로부터 기체상수 R값을 [$\text{cm}^3 \cdot \text{bar/mol} \cdot \text{K}$]의 단위로 환산하면?

① 0.082[$\text{cm}^3 \cdot \text{bar/mol} \cdot \text{K}$]
② 8.314[$\text{cm}^3 \cdot \text{bar/mol} \cdot \text{K}$]
③ 83.14[$\text{cm}^3 \cdot \text{bar/mol} \cdot \text{K}$]
④ 848[$\text{cm}^3 \cdot \text{bar/mol} \cdot \text{K}$]

해설 기체상수 $R = 0.08205[\text{L} \cdot \text{atm/mol} \cdot \text{K}]$에서 1[L] = 1000[$\text{cm}^3$], 1[atm] = 1.01325[bar]이다.

$\therefore R = 0.08205 \times 1000 \times 1.01325$
$= 83.137[\text{cm}^3 \cdot \text{bar/mol} \cdot \text{K}]$

05 온도 25[℃], 압력 1[atm]에서 이상기체 1[mol]의 부피[m^3/mol]를 계산하면?

① 24.465 ② 12.233
③ 2.4465×10^{-2} ④ 1.2233×10^{-2}

Answer 1. ③ 2. ③ 3. ② 4. ③ 5. ③

해설 $PV = nRT$ 에서

$$\therefore \frac{V}{n} = \frac{RT}{P} = \frac{0.082 \times (273+25)}{1 \times 1000}$$
$$= 0.024436 = 2.4436 \times 10^{-2}[m^3/mol]$$

06 표준상태(0[℃], 1기압)에서 부탄(C_4H_{10}) 가스의 비체적은 얼마인가?

① 0.5[L/g] ② 0.39[L/g]
③ 0.64[L/g] ④ 0.87[L/g]

해설 $\text{기체의 비체적} = \frac{22.4}{\text{분자량}} = \frac{22.4}{58} = 0.386[L/g]$

07 폭굉이 전하는 연소속도를 폭속(폭굉속도)라 하는데 폭굉파의 속도[m/s]는 약 얼마인가?

① 0.03~10 ② 20~100
③ 150~200 ④ 1000~3500

해설 폭굉(detonation)과 폭속
㉮ **폭굉의 정의** : 가스 중의 음속보다 화염전파속도가 큰 경우로 파면선단에 충격파라고 하는 솟구치는 압력파가 생겨 격렬한 파괴작용을 일으키는 현상이다.
㉯ **폭속** : 폭굉이 전하는 속도로 가스의 경우 1000~3500[m/s]에 달한다.

08 수소는 고온, 고압하에서 강재 중의 탄소와 반응하여 수소취화를 일으키는데 이것을 방지하기 위하여 첨가시키는 금속원소로서 부적당한 것은?

① 몰리브덴 ② 구리
③ 텅스텐 ④ 바나듐

해설 **수소취화(취성) 방지 원소** : 텅스텐(W), 바나듐(V), 몰리브덴(Mo), 티타늄(Ti), 크롬(Cr)

09 다음 압력을 낮추면 평형이 오른쪽으로 이동하는 것은?

ⓐ $C(S) + H_2O(L) \rightleftarrows CO(g) + H_2(g)$
ⓑ $2CO + O_2 \rightleftarrows 2CO_2$
ⓒ $N_2 + 3H_2 \rightleftarrows 2NH_3$
ⓓ $H_2O(L) \rightleftarrows H_2O(g)$

① ⓐ, ⓓ ② ⓐ, ⓒ
③ ⓐ, ⓑ ④ ⓑ, ⓒ

해설 압력과 평형이동의 관계
㉮ 압력이 증가할 때(부피 감소) : 기체 몰수가 작아지는 방향으로 이동
㉯ 압력이 감소할 때(부피 증가) : 기체몰수가 커지는 방향으로 이동
㉰ 압력으로 평형 이동할 때 액체(L)나 고체(S) 몰수는 0으로 한다.
※ 압력을 낮추면 평형이 왼쪽으로 이동하는 것은 ⓑ, ⓒ 이고 오른쪽으로 이동하는 것은 ⓐ, ⓓ 이다.

10 고압가스 제조설비 중 반응기 또는 이와 유사한 설비로서 발열반응 또는 부차적으로 발생하는 2차 반응에 의한 폭발 등의 재해 발생 가능성이 큰 반응설비가 아닌 것은?

① 에틸렌 제조시설의 아세틸렌 수첨탑
② 산화에틸렌 제조시설의 에틸렌과 산소와의 반응기
③ 석유정제에서 중유 직접수첨 탈황반응기
④ 원유의 증류에서 상압증류탑

해설 **특수반응설비의 종류** : 암모니아 2차 개질로, 에틸렌 제조시설의 아세틸렌 수첨탑, 산화에틸렌 제조

Answer 6. ② 7. ④ 8. ② 9. ① 10. ④

시설의 에틸렌과 산소 또는 공기와의 반응기, 싸이크로 헥산 제조시설의 벤젠 수첨 반응기, 석유정제에 있어서 중유 직접 수첨 탈황 반응기 및 수소화 분해 반응기, 저밀도 폴리에틸렌 중합기 또는 메탄올 합성 반응탑

11 500[℃], 100[atm]에서 다음 화학 반응식의 압력 평형상수(K_p)는 1.50×10^{-5}이다. 이 온도에서 농도 평형상수(K_c)를 구하면 얼마인가? (단, 기체상수는 0.082[L · atm · K^{-1} · mol^{-1}]이고 반응식은 $N_2 + 3H_2 \rightarrow 2NH_3$이다.)

① 6.02×10^{-2} ② 4.70×10^{-3}
③ 2.38×10^{-2} ④ 1.19×10^{-3}

해설 ㉮ 몰(mol) 차이 계산

$\therefore \Delta n =$ 생성몰수 − 반응몰수 $= 2-(1+3) = -2$

㉯ 농도평형상수(K_c) 계산

$$\therefore K_c = \frac{K_p}{(RT)^{\Delta n}} = \frac{1.50\times10^{-5}}{\{0.082\times(273+500)\}^{-2}} = 6.02\times10^{-2}$$

12 다음 기체 가운데 표준상태(STP)에서 밀도가 가장 큰 것은?

① 부탄(C_4H_{10})
② 이산화탄소(CO_2)
③ 아황산가스(SO_2)
④ 염소가스(Cl_2)

해설 기체 밀도[g/L, kg/m^3] $= \frac{\text{분자량}}{22.4}$ 이다.

㉮ 부탄(C_4H_{10})의 분자량은 58이다.

$\therefore \rho = \frac{58}{22.4} = 2.59$[g/L]

㉯ 이산화탄소(CO_2)의 분자량은 44이다.

$\therefore \rho = \frac{44}{22.4} = 1.96$[g/L]

㉰ 아황산가스(SO_2)의 분자량은 64이다.

$\therefore \rho = \frac{64}{22.4} = 2.86$[g/L]

㉱ 염소(Cl_2)의 분자량은 71이다.

$\therefore \rho = \frac{71}{22.4} = 3.17$[g/L]

13 정압기의 구조에 따른 분류 중 일반 소비기 기용이나 지구 정압기에 널리 사용되고 사용압력은 중압용이며, 구조와 기능이 우수하고 정특성은 좋지만 안전성이 부족하고 대형인 정압기는?

① 레이놀즈(Reynolds)식 정압기
② 피셔(Fisher)식 정압기
③ Axial flow valve(AFV)식 정압기
④ 루트(Roots)식 정압기

해설 레이놀즈(Reynolds)식 정압기의 특징

㉮ 언로딩(unloading)형이다.
㉯ 정특성은 극히 좋으나 안정성이 부족하다.
㉰ 다른 것에 비하여 크다.

14 흡수식 냉동기에 사용되고 있는 냉매는? (단, 흡수제는 물이다.)

① R-12 ② 브롬화리듐
③ 물 ④ NH_3

해설 흡수식 냉동기(냉온수기)의 냉매 및 흡수제

냉매	흡수제
암모니아(NH_3)	물(H_2O)
물(H_2O)	리듐브롬마이드(LiBr)
염화메틸(CH_3Cl)	사염화에탄
톨루엔	파라핀유

Answer 11. ① 12. ④ 13. ① 14. ④

15 다음 수소 제조의 석유분해법에서 수증기 개질법의 원료로 가장 적당한 것은?

① 원유 ② 중유
③ 경유 ④ 나프타

해설 석유분해법에서 수증기 개질법의 원료는 메탄에서 나프타까지 사용할 수 있다.

16 다음은 산소의 성질을 나타낸 것이다. 틀린 것은?

① 임계온도는 −118.4[℃]이다.
② 임계압력은 50.1[atm]이다.
③ 비점은 −182.97[℃]이다.
④ 표준상태에서의 밀도는 0.715[g/L]이다.

해설 표준상태(STP)에서 산소의 밀도와 비체적

㉮ 밀도 계산

$$\therefore \rho = \frac{\text{분자량}}{22.4} = \frac{32}{22.4} = 1.428[\text{g/L}]$$

㉯ 비체적 계산

$$\therefore v = \frac{22.4}{\text{분자량}} = \frac{22.4}{32} = 0.7[\text{L/g}]$$

17 드라이아이스에 대한 사항이다. 틀린 것은?

① 고체 CO_2이다.
② 대기 중에서 승화한다.
③ 물품 냉각에 주로 쓰인다.
④ 대기 중의 승화 온도는 −48.5[℃]이다.

해설 드라이아이스의 대기 중의 승화 온도는 −78.5[℃]이다.

18 다음과 같은 반응에서 만약 A와 B의 농도를 둘 다 2배를 해주면 반응속도는 이론적으로 몇 배나 되겠는가?

$$A + 3B \rightarrow 3C + 5D$$

① 2배 ② 4배
③ 8배 ④ 16배

해설 $V = K[A] \times [B] = [2] \times [2]^3 = 16$배

19 관의 신축량에 대한 것이다. 옳은 것은?

① 신축량은 관의 열팽창계수, 길이, 온도차 등에 비례한다.
② 신축량은 관의 열팽창계수, 길이, 온도차 등에 반비례한다.
③ 신축량은 관의 열팽창계수에 비례하고, 온도차 등에 반비례한다.
④ 신축량은 관의 길이, 온도차에는 비례하지만 열팽창계수에는 반비례한다.

해설 관의 신축량 계산식

$\therefore \Delta L = L \cdot \alpha \cdot \Delta t$

여기서, ΔL : 관의 신축길이[mm]
L : 관의 길이[mm]
α : 열팽창계수(선팽창계수)
Δt : 온도차[℃]

∴ 관의 신축량(ΔL)은 관의 열팽창계수(α), 길이(L), 온도차(Δt)에 비례한다.

20 다음 부식에 대한 설명 중에서 틀린 것은?

① 전면부식 : 전면이 균일하게 부식되어 부식량이 크므로 대단히 위험하다.
② 국부부식 : 부식이 특정부위에 집중되며 공식, 극간부식 등이 있다.
③ 에로숀 : 배관 및 밴드, 펌프의 회전차 등 유속이 큰 부분이 부식성 환경에서 마모가 현저하게 되는 현상이다.
④ 선택부식 : 합금 중의 특정성분이 선택적으로 용출되어 기계적 강도가 적은 다공질의 침식층을 형성하는 부식이다.

Answer 15. ④ 16. ④ 17. ④ 18. ④ 19. ① 20. ①

해설 **전면부식** : 전면이 균일하게 부식되어 부식량은 크나 전면에 파급되므로 쉽게 발견하여 대처하기 쉬워 실제적 피해는 적은 경우가 많다.

21 다음 중 영구이음인 것은?

① 나사이음
② 용접이음
③ 플랜지이음
④ 유니언이음

해설 **이음의 구분**

㉮ **영구이음(joint)** : 용접, 납땜 등에 의한 것이므로 가스누설에 대하여 안전하다.
㉯ **분해이음(joint)** : 나사이음(유니언이음), 플랜지이음 등에 의한 것으로 장치의 보수, 교체 시 분해 결합을 할 수 있다.

22 냉동장치의 배관 중 밸브의 종류에서 스톱밸브의 종류가 아닌 것은?

① 글로브 밸브
② 팩리스 밸브
③ 게이트 밸브
④ 감압 밸브

해설 **냉동장치 밸브의 종류**

㉮ **스톱밸브(stop valve)** : 글로브 밸브(glove valve)라 하며 구조상 디스크와 시트가 원추상으로 접촉되어 폐쇄하는 밸브로서 유체는 디스크 부분에서 상하방향으로 평행하게 흐르므로 근소한 디스크의 리프트라도 예민하게 유량에 관계되므로 유량조절에 사용된다.
㉯ **게이트 밸브(gate valve)** : 슬루스 밸브(sluice valve)라 하며 밸브를 완전히 열면 밸브 본체 속에 관로의 단면적과 거의 같게 되므로 유체의 저항이 적게 발생된다. 일반적으로 유로의 개폐용으로 사용한다.
㉰ **팩리스 밸브(packless valve)** : 유량을 수동으로 조절하는 밸브로 구조는 스톱밸브와 같으며 냉동장치에서 수동팽창밸브 등에 사용한다.

23 피스톤 로드의 한 끝과 커넥팅 로드의 한 끝을 결부시킨 다단 압축기의 경우 대부분 크랭크에 의한 회전 운동은 크로스헤드를 통해서 (   )에 직선운동을 주는 것이다. (   ) 속에 적당한 것은?

① 흡입밸브 ② 피스톤
③ 실린더 ④ 크랭크 축

24 N[rpm]으로 H[PS]을 전달하는 전동축에 작용하는 토크 T의 식은?

① $T = 7162\dfrac{H}{N}$[cm · kgf]
② $T = 7162\dfrac{H}{N}$[mm · kgf]
③ $T = 716200\dfrac{H}{N}$[mm · kgf]
④ $T = 716.2\dfrac{H}{N}$[cm · kgf]

해설 **비틀림 모멘트 계산식**

㉮ $T = 71620\dfrac{H}{N}$

여기서, T : 비틀림 모멘트[kgf · cm]
N : 1분간 회전수[rpm]
H : 전달동력[PS]

※ T의 단위가 [kgf · mm]이면

$T = 716200\dfrac{H}{N}$

㉯ $T = 97400\dfrac{H}{N}$

여기서, T : 비틀림 모멘트[kgf · cm]
N : 1분간 회전수[rpm]
H : 전달동력[kW]

㉰ $T = 7020\dfrac{H}{N}$

여기서, T : 비틀림 모멘트[N · m]
N : 1분간 회전수[rpm]
H : 전달동력[PS]

㉱ $T = 9550\dfrac{H}{N}$

여기서, T : 비틀림 모멘트[N · m]

Answer 21. ② 22. ③ 23. ② 24. ③

N : 1분간 회전수[rpm]
H : 전달동력[kW]

25 냉동기의 운전을 정지하는 경우에는 냉매를 수액기에 모으고 나서 압축기를 정지시키도록 한다. 그 순서로서 첫 번째로 행하는 조작은?

① 수액기의 액 출구 밸브를 닫는다. (냉매를 펌프다운 시킨다.)
② 압축기의 운전을 정지시킨다.
③ 냉각수 계통의 장치를 정지시킨다.
④ 증발기 내의 냉매를 전부 증발시켜서 이 가스를 압축하여 응축기, 수액기로 보낸다.

해설 냉동기 정지순서
㉮ 수액기 출구밸브를 닫고 팽창밸브를 열어 액관의 액을 증발기로 유입시킨 후 팽창밸브를 닫는다.
㉯ 압축기의 회전을 계속하여 증발압력에 지장이 없을 정도까지 내린다.
㉰ 압축기의 운전을 정지하고 압축기 흡입, 토출밸브를 닫는다.
㉱ 응축기 및 실린더 냉각수를 정지 시킨다.

26 냉동장치의 배관에 대한 설명으로 틀린 것은?

① 증발기에서 액 분리기까지는 하향구배로 하고, 액 분리기에서 압축기까지는 상향구배로 한다.
② 기기 상호간의 배관길이는 짧게 하고 배관 굴곡부는 되도록 적게 하며 경사도를 적게 할 것
③ 암모니아 배관에는 강관이 사용되나 그 두께를 결정하는 데는 부식에 대한 안전율을 감안해야 한다.
④ 압축기에서 수직 상승된 토출관의 수평부분은 응축기 쪽으로 하향구배를 할 것

해설 액분리기는 반드시 증발기보다 상부에 설치하여야 하므로 상향구배로 하여야 한다.

27 쉘 앤드 튜브형 응축기의 응축부분에서는 물때, 스케일의 청소를 위하여 화학세제에 의한 세정법 중 어떤 방법을 사용하는가?

① 분사법　② 정치법
③ 교차법　④ 강제법

해설 응축기 세정법
㉮ 수냉식 응축기 : 정치법, 순환법
㉯ 공랭식 응축기 : water gun, steam cleaner

28 냉동배관의 플랜지 이음에서 암모니아, 아황산가스 등에 사용되는 패킹소자(가스켓)가 아닌 것은?

① 고무　② 납
③ 구리　④ 아스베트지

해설 암모니아 및 아황산가스에는 동(구리) 재료는 부식의 우려가 있어 사용이 곤란하다. (단, 동함유량이 62[%] 미만일 경우 암모니아 냉매 사용 장치에는 사용이 가능하다.)

29 다음 설명은 용어 정의에 대한 설명이다. 틀린 것은?

① 저장소라 함은 고압가스를 용기 또는 저장탱크에 의하여 저장하는 일정한 장소를 말한다.
② 용기라 함은 고압가스를 충전하기 위한 것(부속품 포함)으로서 고정 설치된 것을 말한다.
③ 저장탱크라 함은 고압가스를 저장하기 위한 것으로서 일정한 위치에 고정설치된 것을 말한다.
④ 특정설비라 함은 저장탱크 및 산업통상자원부령이 정하는 고압가스관련 설비를 말한다.

Answer 25. ① 26. ① 27. ② 28. ③ 29. ②

해설 **용기의 정의** : 고압가스를 충전하기 위한 것(부속품 포함)으로서 이동할 수 있는 것을 말한다.
㉮ **충전용기** : 고압가스의 충전질량 또는 충전압력이 1/2 이상 충전되어 있는 상태의 용기
㉯ **잔가스 용기** : 고압가스의 충전질량 또는 충전압력이 1/2 미만 충전되어 있는 상태의 용기

30 **고압가스 안전관리법상의 변경허가를 득하고자할 때 변경허가 대상이 되지 않는 사항은?**

① 사업소의 위치 변경
② 저장설비의 위치 변경
③ 처리설비의 능력변경
④ 배관의 연장 길이가 15[m]인 경우

해설 **변경허가 및 변경신고 사항** : 고법 시행규칙 제4조
㉮ 사업소의 위치 변경
㉯ 제조, 저장 또는 판매하는 고압가스의 종류 또는 압력의 변경
㉰ 저장설비의 교체 설치, 저장설비의 위치 또는 능력 변경
㉱ 처리설비의 위치 또는 능력 변경
㉲ 배관의 안지름 변경(처리설비의 변경을 수반하는 경우에 한함) : 2011. 11. 25 삭제
㉳ 배관의 설치 장소의 변경(변경하고자 하는 부분의 배관의 연장이 300[m] 이상인 경우에 한함) : 2011. 11. 25 삭제
㉳ 가연성가스 또는 독성가스를 냉매로 사용하는 냉동설비 중 압축기, 응축기, 증발기 또는 수액기의 교체 설치 또는 위치 변경
㉴ 상호 변경
㉵ 대표자 변경

31 **내용적이 3000[L]인 용기에 액화암모니아를 저장하려고 한다. 저장능력은 얼마인가? (단, 액화암모니아의 충전정수는 1.86이다.)**

① 1024[kg] ② 1388[kg]
③ 1613[kg] ④ 1896[kg]

해설 $G = \frac{V}{C} = \frac{3000}{1.86} = 1612.9[\text{kg}]$

32 **가연성가스의 제조설비 중 전기설비는 방폭성능을 가지는 구조이어야 한다. 다음 중 제외 대상이 되는 가스는?**

① 에탄 및 염화메탄
② 암모니아 및 브롬화메탄
③ 에틸아민 및 아세트알데히드
④ 프로필렌 및 수소

해설 방폭구조에서 암모니아, 브롬화메탄 및 공기 중에서 자기 발화하는 가스는 제외한다.

33 **대기압하(0[℃], 760[mmHg])에서 비점(끓는점)이 높은 것에서 낮은 순으로 된 것은?**

① CH_4, C_3H_8, C_4H_{10}, Cl_2
② C_4H_{10}, Cl_2, C_3H_8, CH_4
③ Cl_2, C_4H_{10}, C_3H_8, CH_4
④ C_3H_8, Cl_2, CH_4, C_4H_{10}

해설 각 가스의 비점

명칭	비점
부탄(C_4H_{10})	-0.5[℃]
염소(Cl_2)	-34.05[℃]
프로판(C_3H_8)	-42.1[℃]
메탄(CH_4)	-161.5[℃]

34 **도시가스 사업허가 기준으로 잘못된 항목은?**

① 도시가스의 안정적 공급을 위해 적합한 공급시설을 설치, 유지할 능력이 있을 것
② 도시가스사업이 일반수요에 적합한 경제 규모가 될 수 있을 것

Answer 30. ④ 31. ③ 32. ② 33. ② 34. ④

③ 도시가스사업을 적정하게 수행하는데 재원 및 기술적 능력이 있을 것
④ 다른 가스사업자의 공급지역과 공용으로 공급할 것

해설 가스도매사업과 일반도시가스사업의 허가 기준 : 도법 제3조
㉮ 사업이 공공의 이익과 일반수요에 적합한 경제 규모일 것
㉯ 사업을 적정하게 수행하는 데에 필요한 재원과 기술적 능력이 있을 것
㉰ 도시가스의 안정적 공급을 위하여 적합한 공급 시설을 설치, 유지할 능력이 있을 것
※ ④번 항목 : 도시가스를 공급하고자 하는 권역이 다른 도시가스사업자의 공급권역과 중복되지 아니할 것 : 도법 시행규칙 제5조

35 CO_2, O_2, CO의 가스로 구성된 혼합가스를 헴펠(Hemple)법으로 분석할 때 분석 측정순서로 옳은 것은?

① $CO \rightarrow O_2 \rightarrow C_mH_n \rightarrow CO_2$
② $CO_2 \rightarrow O_2 \rightarrow CO \rightarrow C_mH_n$
③ $C_mH_n \rightarrow O_2 \rightarrow CO_2 \rightarrow CO$
④ $CO_2 \rightarrow C_mH_n \rightarrow O_2 \rightarrow CO$

해설 흡수분석법의 분석순서
㉮ 오르사트법 : $CO_2 \rightarrow O_2 \rightarrow CO$
㉯ 헴펠법 : $CO_2 \rightarrow C_mH_n \rightarrow O_2 \rightarrow CO$
㉰ 게겔법 : $CO_2 \rightarrow C_2H_2 \rightarrow$ 프로필렌, n-부틸렌 → 에틸렌 → $O_2 \rightarrow CO$

36 액화석유가스의 공급자로서 가스 사용자의 사용시설을 점검하게 할 때는 공급 가구수 몇 가구마다 1인의 인원이 있어야 하는가?

① 3000가구 ② 4000가구
③ 5000가구 ④ 6000가구

해설 액화석유가스 집단공급사업 안전점검자 : 액법 시행규칙 제20조, 별표12
㉮ 자격 : 안전관리책임자로부터 10시간 이상의 안전교육을 받은 자
㉯ 인원 : 수용가 3000개소마다 1명
㉰ 점검 장비 : 가스누출검지기, 자기압력기록계, 그 밖의 점검에 필요한 시설과 기구

37 LPG 공급 시 강제기화기를 사용할 경우의 특징으로 틀린 것은?

① 한랭시에도 충분히 기화된다.
② 공급가스의 조성이 일정하다.
③ 설비비 및 인건비가 절약된다.
④ 설치장소가 많이 필요하다.

해설 기화장치 사용 시 장점
㉮ 한랭시에도 연속적으로 가스공급이 가능하다.
㉯ 공급가스의 조성이 일정하다.
㉰ 설치면적이 적어진다.
㉱ 기화량을 가감할 수 있다.
㉲ 설비비 및 인건비가 절약된다.

38 다음 중 안전밸브에 설치하는 가스방출관의 방출구 위치가 올바른 것은?

① 저장탱크 정상부에서 1[m] 또는 지반에서 2.5[m] 중 높은 위치 이상
② 저장탱크 정상부에서 2[m] 또는 지반에서 5[m] 중 높은 위치 이상
③ 저장탱크 정상부에서 3[m] 또는 지반에서 10[m] 중 높은 위치 이상
④ 저장탱크 정상부에서 4[m] 또는 지반에서 20[m] 중 높은 위치 이상

해설 저장탱크 안전밸브 방출관 방출구 위치
㉮ 지상설치 : 지면에서 5[m] 또는 저장탱크 정상부로부터 2[m] 높이 중 높은 위치
㉯ 지하설치 : 지면에서 5[m] 이상

Answer 35. ④ 36. ① 37. ④ 38. ②

39 **비파괴검사 중 형광, 염료물질을 함유한 용액 중에 검사할 재료를 침지하였다가 꺼낸 다음 표면의 투과액을 씻어내고 현상액을 사용하여 균열 등에 남은 침투액을 표면에 출현시키는 방법은?**

① X-선 검사법 ② 침투검사법
③ 초음파검사법 ④ 자력결함검사법

해설 **침투검사(PT : Penetrant Test)** : 표면의 미세한 균열, 작은 구멍, 슬러그 등을 검출하는 방법으로 자기검사를 할 수 없는 비자성 재료에 사용된다. 내부 결함은 검지하지 못하며 검사 결과가 즉시 나오지 않는다.

40 **희가스(0족 원소)의 성질 중 맞지 않는 항목은?**

① 상온에서 무색, 무미, 무취이다.
② 원자가는 8이고, 불안정한 물질이다.
③ 방전관 중에서 특이한 스펙트럼을 발한다.
④ 단원자 분자이므로 분자량과 원자량이 같다.

해설 희가스는 주기율표 0족에 속하는 것으로 화학적으로 불활성이고, 안정된 물질이다.

41 **가스관의 용접 접합시의 장점이 아닌 것은?**

① 관 단면의 변화가 많다.
② 돌기부가 없어서 시공이 용이하다.
③ 접합부의 강도가 커서 배관용적을 축소할 수 있다.
④ 누출의 염려가 없고 시설유지비가 절감된다.

해설 **용접이음의 특징**
(1) 장점
㉮ 이음부 강도가 크고, 하자발생이 적다.
㉯ 이음부 관 두께가 일정하므로 마찰저항이 적다.
㉰ 배관의 보온, 피복시공이 쉽다.
㉱ 시공시간이 단축되고 유지비, 보수비가 절약된다.
(2) 단점
㉮ 재질의 변형이 일어나기 쉽다.
㉯ 용접부의 변형과 수축이 발생한다.
㉰ 용접부의 잔류응력이 현저하다.
㉱ 품질검사(결함검사)가 어렵다.

42 **가스발생설비에서 설치하지 않는 장치는?**

① 압력상승방지장치
② 긴급차단장치
③ 역류방지장치
④ 밀도측정장치

해설 **가스발생설비에 설치하여야 할 사고예방설비** : 압력상승 방지장치, 긴급정지장치(긴급차단장치), 역류방지장치, 자동조정장치

43 **압력조정기의 제품검사 항목이 아닌 것은?**

① 구조검사 ② 기밀시험
③ 내압시험 ④ 조정압력시험

해설 **압력조정기 검사항목** : 구조검사, 치수검사, 기밀시험, 조정압력시험, 폐쇄압력 시험 및 표시의 적부

44 **산소압축기의 내부 윤활유로 사용할 수 있는 것은?**

① 석유류
② 유지류
③ 물 또는 10[%] 묽은 글리세린
④ 농후한 글리세린

해설 **산소압축기 내부 윤활제**
㉮ 사용되는 것 : 물 또는 10[%] 이하의 묽은 글리세린수
㉯ 금지되는 것 : 석유류, 유지류, 농후한 글리세린

Answer 39. ② 40. ② 41. ① 42. ④ 43. ③ 44. ③

45 최고충전압력 50[kgf/cm²], 안지름 65[cm]인 용접제 원통형 고압설비의 동판 두께는 안전관리 상 최소한 얼마나 필요한가? (단, 재료의 허용응력이 15[kgf/mm²]의 강을 사용하고, 용접효율은 0.75, 부식여유는 1[mm]로 한다.)

① 11.44[mm]
② 13.64[mm]
③ 15.84[mm]
④ 18.04[mm]

해설 $t = \dfrac{PD}{200S\eta - 1.2P} + C$

$= \dfrac{50 \times 65 \times 10}{200 \times 15 \times 0.75 - 1.2 \times 50} + 1$

$= 15.84$[mm]

46 독성가스의 감압설비와 그 가스의 반응설비간의 배관에 설치하여야 하는 장치는?

① 역류방지장치
② 화염방지장치
③ 독성가스 흡수장치
④ 안전밸브

해설 특정고압가스 사용시설의 독성가스의 감압설비와 그 가스의 반응설비간의 배관에는 긴급 시 가스가 역류되는 것을 효과적으로 차단할 수 있는 역류방지장치를 설치한다.

47 맞대기 이음에서 하중(W)는 3000[kgf], 강판의 두께(h)는 6[mm]라 하면 용접 길이(L)는 몇 [mm]로 설계하면 좋은가? (단, 용접부의 굽힘응력은 5[kgf/mm²]이다.)

① 10 ② 100
③ 90 ④ 900

해설 $\sigma = \dfrac{W}{h \cdot L}$ 에서

$\therefore L = \dfrac{W}{\sigma \cdot h} = \dfrac{3000}{5 \times 6} = 100$[mm]

48 액화석유가스의 안전 및 사업관리법에서 정의하는 용어 설명 중 올바른 것은?

① 액화석유가스란 에탄, 프로판을 주성분으로 한 가스를 기화한 것을 의미한다.
② 액화석유가스 충전사업이란 저장시설에 저장된 액화석유가스를 용기 또는 차량에 고정된 탱크에 충전하여 공급하는 사업을 말한다.
③ 액화석유가스 집단공급사업이란 용기에 충전된 액화석유가스를 공급하는 것을 말한다.
④ 액화석유가스 저장소란 산업통상자원부령이 정하는 1000[L] 이상의 연료용 가스를 용기 또는 저장탱크에 의하여 저장하는 시설을 말한다.

해설 용어의 정의 : 액법 제2조
㉮ 액화석유가스 : 프로판이나 부탄을 주성분으로 한 가스를 액화한 것(기화된 것을 포함)
㉯ 액화석유가스 충전사업 : 저장시설에 저장된 액화석유가스를 용기에 충전(배관을 통하여 다른 저장탱크에 이송되는 것을 포함)하거나 자동차에 고정된 탱크에 충전하여 공급하는 사업
㉰ 액화석유가스 집단공급사업 : 액화석유가스를 일반의 수요에 따라 배관을 통하여 연료로 공급하는 사업
㉱ 액화석유가스저장소 : 산업통상자원부령으로 정하는 일정량 이상의 액화석유가스를 용기 또는 저장탱크에 의하여 저장하는 일정한 장소
ⓐ 내용적 1[L] 미만의 용기에 충전하는 액화석유가스의 경우에는 500[kg]
ⓑ ⓐ호 외의 저장설비의 경우에는 저장능력 5[톤]

Answer 45. ③ 46. ① 47. ② 48. ②

49 가연성가스 제조시설의 고압가스설비는 그 외면으로부터 다른 가연성가스 제조시설의 고압가스 설비와 몇 [m] 이상의 안전거리를 유지하는가?

① 2[m] ② 5[m] ③ 8[m] ④ 10[m]

해설 다른 고압가스 설비와의 거리
㉮ 가연성가스 설비와 가연성가스 설비 : 5[m] 이상
㉯ 가연성가스 설비와 산소 설비 : 10[m] 이상

50 용기에 충전하는 작업을 할 때 작업자가 행하는 조작으로 직접 위험이 생기는 것은?

① 충전밸브 닫는 것을 잊고 용기밸브에서 충전밸브를 분리했다.
② 고압가스 충전용기에 저압가스를 충전했다.
③ 잔가스 용기에 마개를 했다.
④ 충전용기에 충전할 때 저울의 눈금이 틀려 10[kg] 용기에 10.5[kg]을 충전했다.

51 충전용기를 이동하는 차량에 꼭 갖추고 있어야 할 것은?

① 용접장갑 ② 유량계
③ 압력계 ④ 고무판

해설 충전용기 등을 차에 싣거나 내릴 때에는 해당 충전용기 등의 충격이 완화될 수 있는 완충판(고무판) 등의 위에서 주의하여 취급하여야 하며 이를 항시 차량에 비치하여야 한다.

52 도시가스 사용시설에 있어서 배관을 건축물에 고정 부착할 때 관 지름이 33[mm] 이상의 것에는 몇 [m] 마다 고정장치를 설치하는가?

① 1[m] ② 2[m] ③ 3[m] ④ 4[m]

해설 배관의 고정장치 부착 기준
㉮ 관지름 13[mm] 미만 : 1[m] 마다
㉯ 관지름 13[mm] 이상 33[mm] 미만 : 2[m] 마다
㉰ 관지름 33[mm] 이상 : 3[m] 마다

53 메탄 90[%], 프로판 10[%]로 구성된 혼합가스의 폭발한계는? (단, 폭발하한값은 메탄 5.3vol[%], 프로판 2.2vol[%]이다.)

① 4.26 vol[%] ② 4.66 vol[%]
③ 3.18 vol[%] ④ 3.26 vol[%]

해설 $\frac{100}{L} = \frac{V_1}{L_1} + \frac{V_2}{L_2}$ 에서

$$\therefore L = \frac{100}{\frac{V_1}{L_1} + \frac{V_2}{L_2}} = \frac{100}{\frac{90}{5.3} + \frac{10}{2.2}}$$
$$= 4.645[\%]$$

54 열역학 제1법칙에 해당하는 것은?

① 보일-샤를의 법칙
② 에너지보존의 법칙
③ 르샤틀리에의 법칙
④ 질량보존의 법칙

해설 열역학 법칙
㉮ 열역학 제0법칙 : 열평형의 법칙
㉯ 열역학 제1법칙 : 에너지보존의 법칙
㉰ 열역학 제2법칙 : 방향성의 법칙
㉱ 열역학 제3법칙 : 어느 열기관에서도 절대온도 0도로 이루게 할 수 없다.

55 [표]는 어느 회사의 월별 판매실적을 나타낸 것이다. 5개월 이동평균법으로 6월의 수요를 예측하면?

단위 : 대

월	1	2	3	4	5
판매량	100	110	120	130	140

Answer 49. ② 50. ① 51. ④ 52. ③ 53. ② 54. ② 55. ④

① 150　② 140
③ 130　④ 120

해설 $F_t = \frac{\sum A_{1-5}}{n}$

$= \frac{100+110+120+130+140}{5} = 120$

56 **공급자에 대한 보호와 보호자에 대한 보증의 정도를 규정해 주고 공급자의 요구와 구입자의 요구 양쪽을 만족하도록 하는 샘플링 검사방식은?**

① 규준형 샘플링 검사
② 조정형 샘플링 검사
③ 선별형 샘플링 검사
④ 연속생산형 샘플링 검사

해설 **규준형 샘플링검사** : 공급자와 구입자에 대한 보호의 두 가지를 규정해서 공급자와 구입자의 요구를 모두 만족하도록 하는 샘플링 검사 방식이다.

57 **u 관리도의 공식으로 가장 올바른 것은?**

① $\bar{u} \pm 3\sqrt{\bar{u}}$　② $\bar{u} \pm \sqrt{\bar{u}}$
③ $\bar{u} \pm 3\sqrt{\frac{\bar{u}}{n}}$　④ $\bar{u} \pm \sqrt{n} \times \bar{u}$

해설 u 관리도의 관리한계선 계산식

㉮ 관리상한선(UCL) : $\bar{u} + 3\sqrt{\frac{\bar{u}}{n}}$

㉯ 관리하한선(LCL) : $\bar{u} - 3\sqrt{\frac{\bar{u}}{n}}$

58 **도수분포표를 만드는 목적이 아닌 것은?**

① 데이터의 흩어진 모양을 알고 싶을 때
② 많은 데이터로부터 평균치와 표준편차를 구할 때
③ 원 데이터를 규격과 대조하고 싶을 때
④ 결과나 문제점에 대한 계통적 특성치를 구할 때

해설 도수분포표 작성 목적

㉮ 데이터의 흩어진 모양(산포)을 알고 싶을 때
㉯ 많은 데이터로부터 평균값과 표준편차를 구할 때
㉰ 원래 데이터를 규격과 대소하고 싶을 때
㉱ 규격차와 비교하여 공정의 현황을 파악하기 위하여
㉲ 분포가 통계적으로 어떤 분포형에 근사한가를 알기 위하여

59 **설비의 구식화에 의한 열화는?**

① 상대적 열화　② 경제적 열화
③ 기술적 열화　④ 절대적 열화

해설 설비 열화현상의 구분

㉮ 기술적 열화(성능열화) : 표시된 성능, 기계효율이 저하하는 열화
㉯ 경제적 열화 : 경제적 가치 감소를 초래하는 열화
㉰ 절대적 열화 : 설비의 노후화
㉱ 상대적 열화 : 설비의 구식화

60 **모든 작업을 기본동작으로 분해하고 각 기본동작에 대하여 성질과 조건에 따라 정해 놓은 시간치를 적용하여 정미시간을 산정하는 방법은?**

① PTS법　② WS법
③ 스톱 워치법　④ 실적기록법

해설 **PTS법** : 기정시간표준(predetermined time standard system)법

Answer 56. ①　57. ③　58. ④　59. ①　60. ①

2003년도 기능장 제33회 필기시험 [3월 30일 시행]

과 년 도 문 제

01 **실제기체에 대한 다음 설명 중 맞지 않는 것은?**

① 분자간의 인력이 상당히 있으며 분자 부피가 존재한다.
② 완전 탄성체이다.
③ 압축인자가 압력이나 온도에 따라 변한다.
④ 압력이 낮고, 온도가 높으면 이상기체에 가까워진다.

해설 완전 탄성체는 이상기체의 성질에 해당된다.

02 **진공도 57[cmHg] 값을 절대압력 [kgf/cm^2]로 환산하면?**

① 0.258[kgf/cm^2 · a]
② 0.516[kgf/cm^2 · a]
③ 1.033[kgf/cm^2 · a]
④ 2.066[kgf/cm^2 · a]

해설 1[atm] = 76[cmHg] = 1.0332[kgf/cm^2]이다.

$$\therefore P_a = \text{대기압} - \text{진공압력}$$
$$= 1.0332 - \left(\frac{57}{76} \times 1.0332\right)$$
$$= 0.2583[\text{kgf/cm}^2 \cdot \text{a}]$$

03 **이상기체의 분자량을 구하는 식으로 옳은 것은? (단, M은 기체의 분자량, W는 기체의 무게, P와 R는 기체의 압력과 상수이며, d는 기체의 밀도이다.)**

① $M = \dfrac{dRT}{P}$　② $M = \dfrac{dP}{RT}$
③ $M = \dfrac{dPT}{R}$　④ $M = \dfrac{P}{dRT}$

해설 ㉮ 기체의 밀도 계산식

$$\therefore d = \frac{\text{분자량[g]}}{22.4[\text{L}]} = \frac{W[\text{g}]}{22.4[\text{L}]}$$

㉯ 분자량 계산식

$PV = \dfrac{W}{M}RT$ 에서

$$\therefore M = \frac{WRT}{PV} = \frac{W}{V} \times \frac{RT}{P}$$
$$= d \times \frac{RT}{P} = \frac{dRT}{P}$$

04 **몰리엘 선도에 대한 설명으로 맞지 않는 것은?**

① 습포화 증기상태에서 등온선은 엔탈피선과 직교한다.
② 과냉각 상태에서 등온선과 등엔탈피선이 겹쳐진다.
③ 과열증기 상태에서 등온선은 거의 엔트로피선을 따라 내려온다.
④ 표준냉동 사이클의 흡입가스 상태는 건조도 1의 포화증기이다.

해설 몰리엘 선도

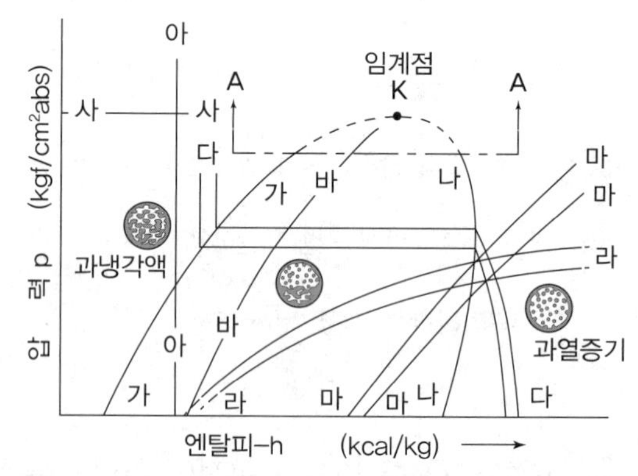

가-가 : 포화액선　바-바 : 등건조도선
나-나 : 포화증기선　사-사 : 등 압 선
다-다 : 등 온 선　아-아 : 등엔탈피선
라-라 : 등비체적선　A-A : 생략된부분
마-마 : 등엔트로피선

Answer 1. ② 2. ① 3. ① 4. ③

05 15[℃], 1기압의 기체가 있다. 압력을 변화시키지 않고 가열하면 303[℃]에서는 체적이 몇 배가 되는가?

① 1.0　② 2.0
③ 3.0　④ 4.0

해설 $\frac{P_1V_1}{T_1} = \frac{P_2V_2}{T_2}$에서 $P_1 = P_2$이다.

$$\therefore V_2 = \frac{V_1T_2}{T_1} = \frac{V_1 \times (273+303)}{273+15} = 2V_1$$

06 용접 시 가접을 하는 이유로 가장 적당한 것은?

① 용접부의 강도를 크게 하기 위하여
② 응력 집중을 크게 하기 위하여
③ 용접 자세를 일정하게 하기 위하여
④ 용접 중의 변형을 방지하기 위하여

해설 용접이음을 할 때 가접을 하는 것은 용접을 하는 중의 변형을 방지하기 위함이다.

07 밀폐된 용기 내에 1[atm], 27[℃]로 프로판과 산소가 2 : 8의 비율로 혼합되어 있으며, 그것이 연소하여 아래와 같은 반응을 발생하고 화염온도는 3000[K]가 되었다고 한다. 이 용기 내에 발생하는 압력은 얼마인가?

$$2C_3H_8 + 8O_2 \rightarrow 6H_2O + 4CO_2 + 2CO + 2H_2$$

① 2[atm]　② 6[atm]
③ 12[atm]　④ 14[atm]

해설 $PV = nRT$ 에서
반응전의 상태 $P_1V_1 = n_1R_1T_1$
반응후의 상태 $P_2V_2 = n_2R_2T_2$ 라 하면
$V_1 = V_2$, $R_1 = R_2$ 가 되므로 생략하면
$\frac{P_2}{P_1} = \frac{n_2T_2}{n_1T_1}$ 이 된다.

$$\therefore P_2 = \frac{n_2T_2}{n_1T_1} \times P_2$$

$$= \frac{14 \times 3000}{10 \times (273+27)} \times 1 = 14[\text{atm}]$$

08 프로판 4[%](부피[%]), 메탄 16[%](부피[%]), 공기 80[%](부피[%])의 조성을 가진 혼합기체의 폭발하한값은 얼마인가? (단, 프로판과 메탄의 폭발하한값은 각각 2.2, 5.0[%] v/v 이다.)

① 9.93[%] v/v　② 7.20[%] v/v
③ 5.42[%] v/v　④ 3.99[%] v/v

해설 $\frac{100}{L} = \frac{V_1}{L_1} + \frac{V_2}{L_2}$ 에서 가연성가스가 차지하는 체적 비율이 20[%]이다.

$$\therefore L = \frac{20}{\frac{V_1}{L_1} + \frac{V_2}{L_2}} = \frac{20}{\frac{4}{2.2} + \frac{16}{5.0}}$$

$$= 3.985[\%]$$

09 고압가스법에서 정의하는 가연성가스 범주에 해당되지 않는 것은?

① 폭발한계의 하한값이 20[%]인 것
② 폭발한계의 하한이 10[%]인 것
③ 폭발한계의 상한과 하한의 차가 25[%]인 것
④ 폭발한계의 하한이 8[%]인 것

해설 **가연성가스의 정의** : 폭발범위 하한이 10[%] 이하인 것과 폭발한계 상한과 하한의 차가 20[%] 이상인 것

Answer 5. ② 6. ④ 7. ④ 8. ④ 9. ①

10 가스는 최초의 완만한 연소에서 격렬한 폭굉으로 발전될 때까지의 거리가 짧은 가연성가스일수록 위험하다. 이 유도거리가 짧아질 수 있는 조건이 아닌 것은?

① 압력이 높을수록
② 점화원의 에너지가 강할수록
③ 관속에 방해물이 있을 때
④ 정상 연소속도가 낮을수록

해설 폭굉 유도거리가 짧아질 수 있는 조건
㉮ 정상연소속도가 큰 혼합가스일수록
㉯ 관속에 방해물이 있거나 관지름이 가늘수록
㉰ 압력이 높을수록
㉱ 점화원의 에너지가 클수록

11 가스의 검출(檢出)에 관한 설명 중 틀린 것은?

① 산소를 미량 포함하는 가스를 황린 속에 통하면 백색의 연기를 낸다.
② 염소의 누설검출에 암모니아수를 사용한다.
③ 암모니아를 황산에 통하면 적색연기를 낸다.
④ 이산화탄소를 석회수에 통하면 흰색침전물을 만든다.

해설 암모니아는 황산과 반응하여 황산암모늄[유안 : $(NH_4)_2SO_4$]를 만들며 백색연기가 발생한다.
반응식 : $2NH_3 + H_2SO_4 \rightarrow (NH_4)_2SO_4$
※ 암모니아 누출 식별 방법 : 29번 해설 참고

12 비중이 0.5인 액체의 액주 높이가 6[m]일 때 압력으로 환산하면 몇 [kgf/cm²]이 되는가?

① 0.3[kgf/cm²] ② 0.6[kgf/cm²]
③ 0.9[kgf/cm²] ④ 1.2[kgf/cm²]

해설 $P = \gamma \times h$
$= 0.5 \times 1000 \times 6 \times 10^{-4}$
$= 0.3$[kgf/cm²]

13 부탄과 프로판의 분리방법을 가장 잘 설명한 것은?

① 증류수로 세정하여 침전물을 분리한다.
② 압력을 가하여 액화시키면 두 층으로 분리된다.
③ 압력을 가하여 액화시킨 후 증류법으로 분리한다.
④ 대량의 물로 세정하면 부탄은 물에 용해되고 프로판만 남는다.

해설 비점이 부탄(C_4H_{10})은 −0.5[℃], 프로판(C_3H_8)은 −42.1[℃]이므로 압력을 가하여 액화시킨 후 증류법으로 분리하면 된다.

14 다음 성분들 중에서 금속에 대한 부식성은 거의 없으나, 대기권의 오존층을 파괴하여 세계환경보호협회에서 사용을 규제하고 있는 물질은?

① 헬륨 ② 프레온(freon)
③ LPG ④ 아르곤

15 에틸렌의 제법 중 현재 공업적으로 가장 많이 사용되고 있는 것은?

① 포화탄화수소의 개질
② 에탄올의 진한 황산에 의한 분해
③ 중질유의 수소 첨가 분해
④ 나프타의 열분해

해설 에틸렌(C_2H_4)의 제조법
㉮ 알루미나 촉매를 사용하여 에틸알코올을 350

Answer 10. ④ 11. ③ 12. ① 13. ③ 14. ② 15. ④

[℃]로 탈수하여 제조
㉯ 니켈 및 팔라듐 촉매를 사용하여 아세틸렌을 수소화시켜 제조
㉰ 탄화수소(나프타)를 열분해하여 제조 : 공업적 제조법 중에서 가장 적당한 방법이다.

16 비등점이 −183[℃] 되는 액체산소 용기나 저온용 금속재료로서 다음 중 적당치 않은 것은?

① 탄소강
② 9[%] 니켈강
③ 스테인리스강(18−8)
④ 황동

해설 탄소강은 −70[℃] 이하로 되면 저온취성이 발생하므로 저온장치의 재료로 부적합하다.

17 가스배관의 접속법 중 용접접합의 특징이 아닌 것은?

① 보온시공이 용이하다.
② 용접부의 강도가 크다.
③ 돌기부가 있으므로 배관상의 공간효율이 나쁘다.
④ 접속부분의 불균일한 부분이 없으며, 마찰저항이 적다.

해설 **용접이음의 특징**

(1) 장점
㉮ 이음부 강도가 크고, 하자발생이 적다.
㉯ 이음부 관 두께가 일정하므로 마찰저항이 적다.
㉰ 배관의 보온, 피복시공이 쉽다.
㉱ 시공시간이 단축되고 유지비, 보수비가 절약된다.

(2) 단점
㉮ 재질의 변형이 일어나기 쉽다.
㉯ 용접부의 변형과 수축이 발생한다.
㉰ 용접부의 잔류응력이 현저하다.
㉱ 품질검사(결함검사)가 어렵다.

18 공기액화 분리장치의 폭발원인으로 적당하지 못한 것은?

① 액체 공기 중의 오존(O_3) 흡입
② 공기 취입구에서 사염화탄소(CCl_4)의 흡입
③ 압축기용 윤활유의 분해에 의한 탄화수소의 생성
④ 공기 중에 있는 산화질소(NO), 과산화질소(NO_2) 등의 질화 화합물의 생성

해설 **공기액화 분리장치의 폭발 원인 및 대책**

(1) 폭발 원인
㉮ 공기 취입구로부터 아세틸렌 혼입
㉯ 압축기용 윤활유 분해에 따른 탄화수소의 생성
㉰ 공기 중 질소화합물(NO, NO_2)의 혼입
㉱ 액체 공기 중에 오존(O_3)의 혼입

(2) 폭발방지 대책
㉮ 아세틸렌이 흡입되지 않는 장소에 공기 흡입구를 설치한다.
㉯ 양질의 압축기 윤활유를 사용한다.
㉰ 장치 내 여과기를 설치한다.
㉱ 장치는 1년에 1회 정도 내부를 사염화탄소를 사용하여 세척한다.

19 가스배관설비에 있어 옥내배관은 주로 강관이 사용된다. 강관 접합으로 가장 많이 사용되는 것은?

① 기계적 접합
② 용융접합
③ 나사접합
④ 소켓접합

Answer 16. ① 17. ③ 18. ② 19. ③

20 신축이음(expansion joint)을 하는 주된 목적은?

① 진동을 적게 하기 위하여
② 팽창과 수축에 따른 관의 정상적인 운동을 허용하기 위하여
③ 관의 제거를 쉽게 하기 위하여
④ 펌프나 압축기의 운동에 대한 보상을 하기 위하여

해설 **신축이음의 기능(역할)** : 온도변화에 따른 신축을 흡수, 완화시켜 관이 파손되는 것을 방지하기 위하여 설치한다.

21 다음 중 유체의 누출을 방지하고 기밀을 유지할 때 사용하는 나사는?

① 정밀나사 ② 너클나사
③ 관용테이퍼나사 ④ 가는나사

해설 **관용테이퍼나사** : 배관에 적용되는 나사로 기울기는 1/16 이다.

22 열기관에서 1사이클 당 효율을 높이는 방법으로 좋은 것은?

① 급열 온도를 낮게 한다.
② 동작 유체의 양을 증가시킨다.
③ 카르노 사이클에 가깝게 한다.
④ 동작 유체의 양을 감소시킨다.

해설 **카르노 사이클** : 2개의 단열과정과 2개의 등온과정으로 구성된 열기관의 이론적인 사이클이다.

23 고압가스 장치에 사용되는 압력계에서 탄성 변형식 압력계가 아닌 것은?

① 링밸런스식 압력계
② 부르동관식 압력계
③ 벨로스 압력계
④ 다이어프램식 압력계

해설 **탄성식 압력계의 종류** : 부르동관식, 벨로스식, 다이어프램식, 캡슐식

24 고압가스 초저온 용기의 단열 성능시험은 용기마다 실시하여 침입열량이 얼마 이하의 경우를 합격으로 하는가? (단, 내용적 1000[L] 미만인 경우이다.)

① 0.0005[kcal/h · ℃ · L]
② 0.0006[kcal/h · ℃ · L]
③ 0.0008[kcal/h · ℃ · L]
④ 0.0009[kcal/h · ℃ · L]

해설 **초저온용기의 단열 성능시험 합격기준**

내용적	침입열량
1000[L] 미만	0.0005[kcal/h · ℃ · L] 이하 (2.09[J/h · ℃ · L] 이하)
1000[L] 이상	0.002[kcal/h · ℃ · L] 이하 (8.37[J/h · ℃ · L] 이하)

25 탄소강에 있어서 펄라이트(pearlite) 조직을 가진 재료의 브리넬경도(H_B)로서 옳은 것은?

① 80 ② 200 ③ 800 ④ 920

26 가스 저장탱크를 지하에 2개 이상 인접하여 설치하고자 한다. 상호간에 최소 몇 [m] 이상 거리를 유지해야 하는가?

① 0.5[m] ② 1[m]
③ 2[m] ④ 3[m]

해설 지하에 저장탱크를 2개 이상 인접하여 설치하는 경우에는 지름에 관계없이 상호간에 1[m] 이상의 거리를 유지하면 된다.

Answer 20. ② 21. ③ 22. ③ 23. ① 24. ① 25. ② 26. ②

27 다음 중 아세틸렌가스의 용해도가 가장 큰 용매는? (단, 25[℃], 1[atm] 조건이다.)

① 아세톤 ② 벤젠
③ 이황화탄소 ④ 사염화탄소

해설 15[℃]에서 아세톤[$(CH_3)_2CO$] 1[cc]에 대하여 아세틸렌가스 15[cc]가 녹는다.

28 독성가스와 가연성가스로 짝지어진 것은?

① NH_3와 HCl ② Cl_2와 C_2H_2
③ Cl_2와 H_2SO_4 ④ H_2와 CO_2

해설 독성가스와 가연성가스의 종류
㉮ **독성가스** : 일산화탄소, 벤젠, 산화에틸렌, 암모니아, 불소, 염소, 염화수소, 브롬화메탄, 시안화수소, 황화수소, 포스겐 등
㉯ **가연성가스** : 아세틸렌, 암모니아, 수소, 일산화탄소, 메탄, 프로판, 부탄 등

29 암모니아 냉매의 누출식별 방법이 아닌 것은?

① 비눗물로 검사한다.
② 암모니아 냄새로 누출을 발견한다.
③ 리트머스시험지를 새는 장소에 대면 청색이 된다.
④ 네슬러용액을 시료에 떨어뜨리면 암모니아양이 적을 때 황색, 많을 때 다갈색이 된다.

해설 암모니아 누설 검지법
㉮ 자극성이 있어 냄새로서 알 수 있다.
㉯ 유황, 염산과 접촉 시 흰연기가 발생한다.
㉰ 적색 리드머스지가 청색으로 변한다.
㉱ 페놀프탈렌 시험지가 백색에서 갈색으로 변한다.
㉲ 네슬러시약이 미색→황색→갈색으로 변한다.

30 가스의 비열에 관한 설명이다. 틀린 것은?

① 정압비열 C_p는 일정압력 조건에서 측정한다.
② 정적비열 C_v는 일정체적 조건에서 측정한다.
③ $\frac{C_p}{C_v}$를 비열비라고 한다.
④ 정압비열 C_p는 정적비열 C_v보다 항상 적다.

해설 비열비$(k) = \frac{C_p}{C_v} > 1$ 이기 때문에 정압비열(C_p)는 정적비열(C_v) 보다 항상 크다.

31 인장응력이 10[kgf/mm^2]인 연강봉이 3140[kgf]의 하중을 받아 늘어났다면 이 봉의 지름은 몇 [mm]인가?

① 10 ② 20
③ 25 ④ 30

해설 $\sigma = \frac{F}{A} = \frac{F}{\frac{\pi}{4}\times D^2}$ 에서

$$\therefore D = \sqrt{\frac{F}{\frac{\pi}{4}\times\sigma}} = \sqrt{\frac{3140}{\frac{\pi}{4}\times 10}} = 19.99[\text{mm}]$$

32 다음 중 프로판가스에 대한 성질이 아닌 것은?

① 완전연소에 필요한 이론 공기량은 프로판 1몰에 대해 산소 5몰이 필요하다.
② 1[kg]의 발열량은 약 12000[kcal]이다.
③ 1[m^3]의 발열량은 약 12000[kcal]이다.
④ 연소속도가 늦다.

Answer 27. ① 28. ② 29. ① 30. ④ 31. ② 32. ③

해설 프로판(C_3H_8)의 발열량
㉮ 완전연소 반응식
$C_3H_8 + 5O_2 \rightarrow 3CO_2 + 4H_2O + 530$[kcal/mol]
㉯ 1[kg]의 발열량은 약 12000[kcal]이다.
㉰ 1[m^3]의 발열량은 약 24000[kcal]이다.

33 암모니아를 사용하여 질산제조의 원료를 얻는 반응식으로 가장 옳은 것은?

① $2NH_3 + CO \rightarrow (NH_3)_2CO + H_2O$
② $2NH_3 + HNO_3 \rightarrow NH_4NO_3$
③ $2NH_3 + H_2SO_4 \rightarrow (NH_4)_2SO_4$
④ $4NH_3 + 5O_2 \rightarrow 4NO + 6H_2O$

해설 질산(HNO_3) 제조
㉮ 공기에 의한 암모니아의 산화반응
$4NH_3 + 5O_2 \rightarrow 4NO + 6H_2O + 216$[kcal]
㉯ 산화질소의 산화반응
$2NO + O_2 \rightarrow 2NO_2 + 27$[kcal]
$2NO_2 \rightarrow N_2O_4 + 13.6$[kcal]
㉰ 물과 반응하여 질산(HNO_3) 생성
$2NO_2 + H_2O \rightarrow 2HNO_3 + NO$

34 고압가스 용기제조의 기술기준에 있어서 재료로서 가장 옳은 것은? (단, 이음매 없는 용기는 제외)

① 스테인리스강, 알루미늄합금 및 탄소, 인 및 황의 함유량이 각각 0.33[%] 이하, 0.04[%] 이하 및 0.05[%] 이하의 강 등을 사용한다.
② 스테인리스강, 알루미늄합금 및 탄소, 인 및 황의 함유량이 각각 0.35[%] 이상을 사용한다.
③ 스테인리스강, 알루미늄합금 및 탄소, 인 및 황의 함유량이 각각 3.3[%] 이상, 0.04[%] 이상 및 0.05[%] 이상의 강 등을 사용한다.
④ 스테인리스강, 알루미늄합금 및 탄소, 인 및 황의 함유량이 각각 0.33[%], 0.04[%] 및 5[%] 이하의 강 등을 사용한다.

해설 고압가스 용기 재료는 스테인리스강, 알루미늄합금 및 탄소, 인, 황의 함유량이 각각 0.33[%] 이하(이음매 없는 용기 0.55[%] 이하), 0.04[%] 이하, 0.05[%] 이하인 강 또는 이와 같은 수준 이상의 기계적 성질 및 가공성 등을 갖는 것으로 할 것

35 다음 그림은 공기의 분리장치로 쓰이고 있는 복식 정류탑의 구조도이다. 흐름 "A"의 액의 성분과 장치 "B"의 명칭이 바르게 표기된 것은?

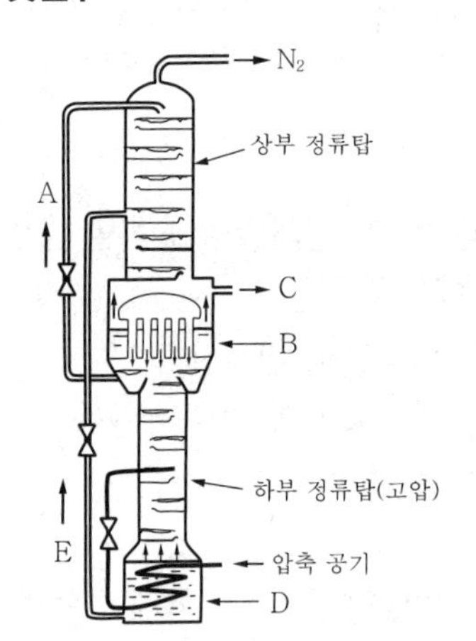

① A : O_2가 풍부한 액, B : 증류드럼
② A : N_2가 풍부한 액, B : 응축기
③ A : O_2가 풍부한 액, B : 응축기
④ A : N_2가 풍부한 액, B : 증류드럼

해설 A : N_2가 풍부한 액, B : 응축기,
C : O_2, D : 증류드럼
E : O_2가 풍부한 액

Answer 33. ④ 34. ① 35. ②

36 어떤 통속에 원자량이 35.5의 액체 염소 25[kg]이 들어 있다. 이 염소를 표준상태인 바깥으로 내 놓으면 몇 [m^3]의 부피를 차지하는가?

① 22.4 ② 15.4 ③ 11.0 ④ 7.9

해설 염소(Cl_2)의 분자량은 71이다.

71[kg] : 22.4[m^3] = 25[kg] : x[m^3]

$$\therefore x = \frac{25 \times 22.4}{71} = 7.887\,[\text{m}^3]$$

37 산소미터에서 산소 흡수제로 사용되는 용액은?

① 암모니아성 가성소다 용액
② 하이드로 설파이드의 가성소다 용액
③ 수산화칼륨의 진한 용액
④ 개미산 구리의 암모니아성 용액

38 고압가스 관계법에 규정한 공급자의 의무 사항으로서 적당한 것은?

① 안전점검을 실시한 결과 수요자의 시설 중 개선할 사항이 있을 경우 그 수요자로 하여금 해당 시설을 개선하도록 한다.
② 고압가스 수요자의 사용시설 중 개선명령을 할 수 있는 자는 시・도지사이다.
③ 고압가스를 수요자에게 공급할 때는 수요자에게 그 사용시설을 안전점검 하도록 한다.
④ 고압가스 판매자는 고압가스의 수요자가 그 시설을 개선하지 아니할 때는 고압가스의 공급을 중단하고, 그 사실을 도지사에게 신고한다.

해설 공급자의 의무 : 고법 제10조

㉮ 고압가스 제조자나 고압가스 판매자가 고압가스를 수요자에게 공급할 때에는 그 수요자의 시설에 대하여 안전점검을 하여야 하며, 산업통상자원부령이 정하는 바에 다라 수요자에게 위해 예방에 필요한 사항을 계도하여야 한다.

㉯ 고압가스 제조조자나 고압가스 판매자는 안전점검을 한 결과 수요자의 시설 중 개선되어야 할 사항이 있다고 판단되면 그 수요자에게 그 시설을 개선하도록 하여야 한다.

㉰ 고압가스 제조자나 고압가스 판매자는 고압가스의 수요자가 그 시설을 개선하지 아니하면 그 수요자에 대한 고압가스의 공급을 중지하고 지체 없이 그 사실을 시장, 군수 또는 구청장에게 신고하여야 한다.

㉱ 신고를 받은 시장, 군수 또는 구청장은 고압가스의 수요자에게 그 시설의 개선을 명하여야 한다.

39 저장탱크의 설치 방법을 올바르게 설명한 것은?

① 두 저장탱크의 최대지름이 각각 4[m], 6[m]일 때 1.5[m]를 유지한다.
② 두 저장탱크의 최대지름이 각각 0.5[m], 1.5[m]일 때 0.5[m]를 이격한다.
③ 저장탱크를 지하에 묻는 경우 지면과 정상부까지의 깊이는 60[cm] 이상으로 한다.
④ 합산 저장능력이 1000[톤] 이하인 독성가스 저장탱크 주위에는 방류둑을 설치하지 않아도 된다.

해설 두 저장탱크의 최대지름을 합산한 길이의 1/4 이상에 해당하는 거리를 유지하고, 최소 유지거리는 1[m] 이상이며, 독성가스의 경우 저장능력이 5[톤] 이상일 때 방류둑을 설치하여야 한다.

40 용기 제조허가 대상에서 제외되는 용기는?

① 내용적 3[dL] ② 내용적 4[dL]
③ 내용적 5[dL] ④ 내용적 6[dL]

해설 용기 등의 제조등록 (고법 시행령 제5조)

㉮ **용기제조** : 고압가스를 충전하기 위한 용기(내용적 3데시리터 미만의 용기는 제외), 그 부속품인 밸브 및 안전밸브를 제조하는 것

Answer 36. ④ 37. ② 38. ① 39. ③ 40. ①

㉯ **냉동기 제조** : 냉동능력이 3톤 이상인 냉동기를 제조하는 것
㉰ **특정설비 제조** : 고압가스의 저장탱크(지하 암반동굴식 저장탱크는 제외), 차량에 고정된 탱크 및 고압가스 관련 설비를 제조하는 것

41 다음 중 액화석유가스 충전사업을 가장 잘 정의한 항은?

① 액화가스를 일반수요자에게 배관을 통하여 공급하는 사업
② 저장시설에 저장된 액화석유가스를 용기에 충전하여 공급하는 사업
③ 액화가스를 사업용으로 공급하는 사업
④ 모든 가스를 수요자에게 공급하는 사업 및 연료가스를 사용하기 위한 기기를 제조하는 사업

해설 **액화석유가스 용어의 정의** : 액법 제2조
㉮ **액화석유가스 충전사업** : 저장시설에 저장된 액화석유가스를 용기에 충전(배관을 통하여 다른 저장탱크에 이송하는 것을 포함)하거나 자동차에 고정된 탱크에 충전하여 공급하는 사업
㉯ **액화석유가스 집단공급사업** : 액화석유가스를 일반의 수요에 따라 배관을 통하여 연료로 공급하는 사업
㉰ **액화석유가스 판매사업** : 용기에 충전된 액화석유가스를 판매하거나 자동차에 고정된 탱크에 충전된 액화석유가스를 산업통상자원부령으로 정하는 규모 이하의 저장설비에 공급하는 사업
㉱ **가스용품 제조사업** : 액화석유가스 또는 도시가스사업법에 따른 연료용 가스를 사용하기 위한 기기를 제조하는 사업

42 긴급차단장치에 관한 설명으로 옳지 않은 것은?

① 고압가스 설비에는 설비마다 설치
② 방출가스의 종류에 따라 설치
③ 특수 반응설비마다 설치
④ 고압가스설비, 특수반응설비에 설치

해설 **긴급차단장치 설치** : 가연성가스 또는 특성가스의 고압가스 설비 중 특수반응설비 및 저장탱크 및 시가지, 주요하천, 호수 등을 횡단하는 배관에는 긴급 시 가스의 누출을 효과적으로 차단하기 위하여 긴급차단장치를 설치한다.

43 공급자의 안전점검 기준이 아닌 것은?

① 가스계량기 출구에서의 마감조치 여부
② 연소기마다 퓨즈콕 등 안전장치 여부
③ 연소기의 입구압력을 측정하고 그 이상 유무
④ 배기통의 막힘 여부

해설 **공급자의 안전점검 기준**
㉮ 가스계량기 출구에서 배관, 호스 및 연소기에 이르는 각 접속부의 가스누출여부 및 마감조치 여부
㉯ 가스용품의 공사 합격표시 또는 한국산업규격 표시 유무
㉰ 연소기마다 퓨즈콕, 상자콕 또는 이와 같은 수준 이상의 안전장치 설치 여부
㉱ 호스의 "T"형 연결여부 및 호스밴드 접속 여부
㉲ 목욕탕 또는 화장실에의 보일러, 온수기의 설치 여부
㉳ 전용 보일러실에의 보일러(밀폐식 보일러는 제외)의 설치 여부
㉴ 배기통 재료의 내식성 불연성 여부
㉵ 배기통의 막힘 여부
㉶ 그 밖에 가스 사고를 유발할 우려가 있는지 여부

44 고압가스 충전용기에 관한 사항 중 잘못된 것은?

① 용기는 항상 40[℃] 이하의 온도로 유지하도록 할 것
② 정전 시에 대비하여 휴대용 손전등, 라이터, 성냥 등을 가까운 곳에 비치할 것
③ 충전용기와 빈 용기는 각각 구분하여 용기 보관장소에 놓을 것
④ 용기 보관장소에는 불필요한 물건을 함께 보관하지 말 것

Answer 41. ② 42. ② 43. ③ 44. ②

해설 가연성가스 용기 보관장소에는 방폭형 휴대용 손전등 외의 등화를 휴대하고 들어가지 아니한다.

45 압력조정기의 제조기술 기준 중 옳지 않은 것은?

① 사용 상태에서 충격에 견디고 빗물이 들어가지 아니하는 구조일 것
② 용량 10[kg/h] 이상의 1단 감압식 저압조정기는 출구 압력을 변동시킬 수 없는 구조일 것
③ 몸통과 덮개를 몽키 렌치, 드라이버 등 일반 공구로 분리할 수 없는 구조일 것
④ 자동절체식 조정기는 가스공급 방향을 알 수 있는 표시기를 구비할 것

해설 조정기 출구압력 변동은 용량에 관계없이 변동시킬 수 없는 구조이어야 한다.

46 차량에 부착된 탱크 내용적이 1800[L]이다. 이 용기에 액화부틸렌을 완전히 충전하였다. 이 때 액화부틸렌의 질량[kg]은? (단, 가스정수는 2.00 이다.)

① 780 ② 900
③ 766 ④ 878

해설 $G=\frac{V}{C}=\frac{1800}{2.00}=900$[kg]

47 내용적 47[L]인 프로판 용기 안에 프로판이 20[kg] 충전되어 있을 때 프로판의 가스상수는?

① 0.86 ② 1.25
③ 2.09 ④ 2.35

해설 $G=\frac{V}{C}$ 에서

$\therefore C=\frac{V}{G}=\frac{47}{20}=2.35$

48 다음 도시가스의 연소 폐가스의 성분이 아닌 것은?

① 공기 중의 질소와 과잉산소
② 메탄가스와 수증기
③ 가스 중의 불연성 성분
④ 메탄과 수소

49 압축계수 Z는 이상기체 법칙 $PV=nRT$로 놓아서 정의된 계수이다. 다음 중 맞는 것은?

① 이상기체의 경우 $Z=1$이다.
② Z는 실제기체의 경우 1이다.
③ Z는 그 단위가 R의 역수이다.
④ 일반화시킨 환산변수로는 정의할 수 없으며 이상기체의 경우 $Z=0$ 이다.

해설 이상기체일 때는 $Z=1$이나, 실제기체는 1에서 벗어나고 압력이나 온도의 변화에 따라 변한다.

50 다음 중 가연성이면서 독성이 있는 가스는?

① NH_3 ② CO_2
③ N_2 ④ CH_3Cl

해설 **가연성이면서 독성가스인 것** : 아크릴로 니트릴, 일산화탄소, 벤젠, 산화에틸렌, 모노메틸아민, 염화메탄, 브롬화메탄, 이황화탄소, 황화수소, 암모니아, 석탄가스, 시안화수소, 트리메틸아민 등

Answer 45. ② 46. ② 47. ④ 48. ④ 49. ① 50. ①

51 **배관을 지하에 매설하는 경우 기준에 적합하지 않은 것은?**

① 배관은 그 외면으로부터 수평거리로 건축물(지하가 및 터널 포함)까지 2[m] 이상 유지할 것
② 배관은 그 외면으로부터 다른 시설물과 0.3[m] 이상의 거리를 유지할 것
③ 배관은 지반의 동결에 따라 손상을 받지 않도록 적절한 깊이로 매설할 것
④ 배관입상부, 지반급변부 등 지지조건이 급변하는 장소에는 곡관의 삽입, 지반개량 등 필요한 조치를 할 것

해설 매설배관과 유지거리
㉮ 건축물 : 1.5[m] 이상
㉯ 지하가 및 터널 : 10[m] 이상

52 **아세틸렌을 용기에 충전하는 때의 충전 중의 압력은 (ⓐ) 이하로 하고, 충전 후에는 압력이 15[℃]에서 (ⓑ) 이하로 될 때까지 정치해야 한다. ( ) 안에 알맞은 숫자는?**

① ⓐ 1.5[MPa] ⓑ 2.5[MPa]
② ⓐ 4.6[MPa] ⓑ 1.5[MPa]
③ ⓐ 2.5[MPa] ⓑ 1.5[MPa]
④ ⓐ 4.5[MPa] ⓑ 2.5[MPa]

해설 아세틸렌 충전용기 압력
㉮ 충전 중의 압력 : 온도와 관계없이 2.5[MPa] 이하
㉯ 충전 후의 압력 : 15[℃]에서 1.5[MPa] 이하

53 **지상 5[m] 이상의 높이 저장탱크에 반드시 설치해야 하는 설비는?**

① 가스홀더 ② 역류방지밸브
③ 가스방출관 ④ 드레인 세퍼레이터

해설 저장탱크에 부착되는 안전밸브의 가스방출관이 설치되어야 한다.

54 **다음 중 고압가스 특정제조허가의 대상에 속하지 않는 것은?**

① 석유정제업자의 석유정제시설에서 고압가스를 제조하는 것으로서 저장능력이 100[톤] 이상인 것
② 석유화학공업자의 석유화학공업시설에서 고압가스를 제조하는 것으로서 처리능력이 1만[m^3] 이상인 것
③ 철강공업자의 철강공업시설에서 고압가스를 제조하는 것으로서 그 처리능력이 10만[m^3] 이상인 것
④ 비료생산업자의 비료제조시설에서 고압가스를 제조하는 것으로서 그 처리능력이 1만[m^3] 이상인 것

해설 고압가스 특정제조 허가 대상 :
고법 시행규칙 제3조
②번 항목 : 처리능력 1만[m^3] 이상,
저장능력 100[톤] 이상
④번 항목 : 처리능력 10만[m^3] 이상,
저장능력 100[톤] 이상

55 **품질관리 활동의 초기단계에서 가장 큰 비율로 들어가는 코스트는?**

① 평가코스트
② 실패코스트
③ 예방코스트
④ 검사코스트

해설 품질관리 활동의 초기단계에는 평가코스트나 예방코스트에 비교하여 실패코스트가 큰 비율을 차지하게 된다.

Answer 51. ① 52. ③ 53. ③ 54. ④ 55. ②

56 그림의 OC곡선을 보고 가장 올바른 내용을 나타낸 것은?

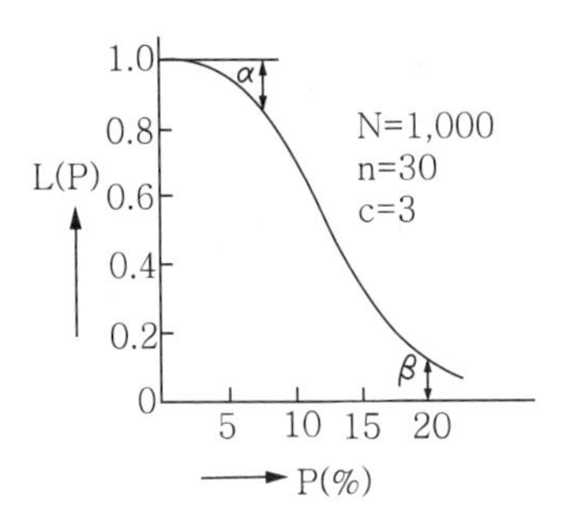

① α : 소비자 위험
② $L_{(p)}$: 로트의 합격확률
③ β : 생산자 위험
④ 불량률 : 0.3

해설 OC곡선의 각 기호의 의미
㉮ P : 로트의 부적합품률[%]
㉯ $L_{(p)}$: 로트가 합격할 확률
㉰ α : 합격시키고 싶은 로트가 불합격될 확률(생산자 위험)
㉱ β : 불합격시키고 싶은 로트가 합격될 확률(소비자 위험)
㉲ c : 합격판정개수
㉳ N : 로트의 크기
㉴ n : 시료의 크기

57 PERT/CPM에서 network 작도 시 점선화살표(⇢)는 무엇을 나타내는가?

① 단계(event)
② 명목상의 활동(dummy activity)
③ 병행활동(paralleled activity)
④ 최초단계(initial activity)

해설 network 작도 시 단계는 원(○)으로, 활동(activity)은 실선화살표(→)로, 명목상의 활동(dummy activity)은 점선화살표(⇢)로 표시한다.

58 신제품에 가장 적합한 수요예측 방법은?

① 시계열분석 ② 의견분석
③ 최소자승법 ④ 지수평활법

해설 **시장조사법(의견분석)** : 소비자 의견조사와 신제품에 대한 단기예측을 하는 방법으로 전화 면담에 의한 조사, 설문지 조사, 소비자 모임에서의 의견 수렴, 시험판매 등으로 한다. 수요 예측에 대한 결과는 좋으나 비용과 시간이 많이 소요된다.

59 관리도에 대한 설명 내용으로 가장 관계가 먼 것은?

① 관리도는 공정의 관리만이 아니라 공정의 해석에도 이용된다.
② 관리도는 과거의 데이터의 해석에도 이용된다.
③ 관리도는 표준화가 불가능한 공정에는 사용될 수 없다.
④ 계량치인 경우에는 $\bar{x}-R$ 관리도가 일반적으로 이용된다.

해설 관리도는 품질의 산포를 관리하기 위한 관리한계선이 있는 그래프로 공정을 관리 상태로 유지하기 위하여 또는 제조공정이 관리가 잘된 상태에 있는가를 조사하기 위하여 사용되는 것이다.

60 다음은 워크 샘플링에 대한 설명이다. 틀린 것은?

① 관측대상의 작업을 모집단으로 하고 임의의 시점에서 작업내용을 샘플로 한다.
② 업무나 활동의 비율을 알 수 있다.
③ 기초이론은 확률이다.
④ 한 사람의 관측자가 1인 또는 1대의 기계만을 측정한다.

해설 **워크 샘플링(work sampling)법** : 작업자의 활동, 기계의 활동 등의 상황을 통계적, 계수적으로 파악하는 작업측정 방법이다.

Answer 56. ② 57. ② 58. ② 59. ③ 60. ④

2003년도 기능장 제34회 필기시험 [7월 20일 시행]

과 년 도 문 제

01 이상기체에서 정용비열과 정압비열의 차는 $C_p - C_v = R$ 이 된다. R은 무엇을 의미하는가?

① 온도 1[℃] 변화 시 기체분자의 운동에너지

② 온도 1[℃] 변화 시 기체분자의 회전속도

③ 온도 1[℃] 변화 시 기체 1[mol]의 팽창에 필요한 에너지

④ 온도 1[℃] 변화 시 기체분자의 진동에너지 상승

02 표준상태에서 1[L]의 CO_2의 무게는 1.9768[g], N_2의 무게는 1.2507[g]이다. 이 두 기체의 확산속도비 $\frac{D_{CO_2}}{D_{N_2}}$를 구하면?

① 0.56 ② 0.83

③ 0.64 ④ 0.79

해설 $\frac{D_{CO_2}}{D_{N_2}} = \sqrt{\frac{\rho_{N_2}}{\rho_{CO_2}}} = \sqrt{\frac{1.2507}{1.9768}} = 0.7954$

여기서, 밀도는 단위 체적당 질량[g/L, kg/m^3]이므로 CO_2 1[L]당 1.9768은 CO_2의 밀도를 의미한다.

$\therefore \rho = \frac{\text{분자량[g]}}{22.4[L]}$

03 이상기체의 내부에너지에 대하여 설명한 것 중 맞는 것은?

① 내부에너지는 온도만의 함수가 아니고, 부피 변화 시 변화한다.

② 온도만의 함수로 $\left(\frac{\partial U}{\partial V}\right)_T = 0$이다.

③ 외부로부터 가하는 열량이 그 계의 내부에너지만을 증가시킬 때는 온도가 일정하다.

④ 계의 온도가 일정할 때 외부에서 가해진 일은 모두 외부에 대한 일로 사용할 수 있다.

해설 이상기체의 내부에너지는 온도만의 함수이다.

04 기체의 유속을 마하(Mach)수로 나타내며 압축성 유속계산에 사용된다. 마하(Mach)수의 표현에 맞는 것은?

① 유체속도×음속 ② 유체속도/음속

③ 음속/유체속도 ④ 음속

해설 마하(Mach)수

㉮ 마하수 계산식

$\therefore M_a = \frac{V}{C} = \frac{V}{\sqrt{kRT}}$

여기서, M_a : 마하수 V : 물체의 속도[m/s]

C : 음속[m/s] k : 비열비

R : 기체상수$\left(\frac{8314}{M}[J/kg \cdot K]\right)$

T : 절대온도

㉯ 음속의 구분

$M_a < 1$: 아음속 흐름

$M_a = 1$: 음속 흐름

$M_a > 1$: 초음속 흐름

05 다음 중 압력이 가장 높은 것은?

① 2000[kgf/m^2] ② 20[psi]

③ 20000[Pa] ④ 20[mH$_2$O]

해설 각 압력을 [kgf/cm2] 단위로 환산하여 비교

① $2000[kgf/m^2] \times 10^{-4} = 0.2[kgf/cm^2]$

② $\frac{20}{14.7} \times 1.0332 = 1.406[kgf/cm^2]$

Answer 1. ③ 2. ④ 3. ② 4. ② 5. ④

③ $\frac{20000}{101325} \times 1.0332 = 0.204\,[\text{kgf/cm}^2]$

④ $\frac{20}{10.332} \times 1.0332 = 2\,[\text{kgf/cm}^2]$

참고 압력 환산 방법

$\therefore$ 환산압력 $= \frac{\text{주어진 압력}}{\text{주어진 압력의 표준대기압}} \times$ 구할려고 하는 표준대기압

06 게이지압력으로 30[cmHg]는 절대압력으로 몇 [mbar]에 해당하는가?

① 1096[mbar] ② 1025[mbar]
③ 1359[mbar] ④ 1413[mbar]

해설 절대압력 = 대기압 + 게이지압력

$= 1013.25 + \left(\frac{30}{76} \times 1013.25\right)$

$= 1413.217[\text{mbar}]$

07 기체분자간의 상호작용이 없는 경우 기체의 내부에너지는 다음의 어느 인자에 의존하는가?

① 온도 ② 압력
③ 부피 ④ 열용량

해설 이상기체의 내부에너지는 온도만의 함수이다.

08 표준상태(0[℃], 1[atm])인 경우 $PV = nRT$에서 기체상수 R이 옳은 단위를 갖는 것은?

① 0.082 [erg/mol · K]
② 1.987 [J/mol · K]
③ 8.31×10^7 [cal/mol · K]
④ 8.31 [J/mol · K]

해설 기체상수 R의 단위

$\therefore R = 0.082[\text{L} \cdot \text{atm/mol} \cdot \text{K}]$
$= 1.987[\text{cal/mol} \cdot \text{K}]$
$= 8.314 \times 10^7[\text{erg/mol} \cdot \text{K}] = 8.314[\text{J/mol} \cdot \text{K}]$

09 내부에너지가 30[kcal] 증가하고 압력의 변화가 1[ata]에서 4[ata]로, 체적변화는 3[m^3]에서 1[m^3]로 변화한 계의 엔탈피 증가량은?

① 26.8[kcal] ② 30.2[kcal]
③ 44.6[kcal] ④ 53.4[kcal]

해설 엔탈피 증가량 계산

$\Delta H = U + APV$
$= U + A(P_2V_2 - P_1V_1)$
$= 30 + \frac{1}{427} \times (4 \times 10^4 \times 1 - 1 \times 10^4 \times 3)$
$= 53.4[\text{kcal/kg}]$

※ 1[ata] = 1[kgf/cm^2] = 1×104[kgf/m^2]

10 1[atm]의 외부압력에 대하여 1[mol]의 이상기체 온도를 5[K]만큼 상승시켰다. 이 때 외계에 한 최대 일량은 몇 [cal]인가?

① 3.59[cal] ② 4.21[cal]
③ 8.65[cal] ④ 9.94[cal]

해설 STP상태에서 이상기체 1[mol]이 외계에 한 일량은 1.987[cal/mol · K]이다.

$\therefore 1.987\,[\text{cal/mol} \cdot \text{K}] \times 5[\text{K}] = 9.935\,[\text{cal/mol}]$

11 가연성가스의 폭발범위에 관한 설명 중 옳은 것은?

① 일반적으로 온도나 압력이 낮게 되면 폭발범위는 넓게 된다.
② 폭발범위는 보통 공기 중의 가연성가스의 용량[%]로 나타내고 있다.
③ 일반적으로 폭발범위는 좁을수록 위험하다.
④ 폭발범위는 혼합가스 중의 공기의 용량[%]로 나타낸다.

Answer 6. ④ 7. ① 8. ④ 9. ④ 10. ④ 11. ②

해설 **폭발범위** : 혼합가스(공기와 가연성가스) 중의 가연성가스의 용량(체적)[%]로 온도, 압력, 산소의 농도가 상승하면 폭발범위는 넓어지며, 폭발범위가 넓고, 하한값이 낮을수록 위험성이 크다.

12 어떤 용기에 수소 1[g], 산소 32[g], 질소 56[g]을 넣으니 1기압이었다. 수소의 분압은?

① $\frac{1}{89}$ ② $\frac{1}{3}$

③ $\frac{1}{7}$ ④ 1

해설 $P_{H_2} = 전압 \times \frac{성분몰수}{전몰수}$

$$= 1 \times \frac{\frac{1}{2}}{\frac{1}{2} + \frac{32}{32} + \frac{56}{28}}$$

$$= \frac{0.5}{3.5} = \frac{1}{7} \text{ 기압}$$

13 어떤 반응의 속도를 빠르게 하여 주는 촉매는 그 반응의 역반응에는 어떤 영향을 주는가?

① 역반응의 활성화 에너지를 증가시킨다.
② 역반응의 활성화 에너지를 감소시킨다.
③ 역반응의 반응 엔탈피(ΔH)를 증가시킨다.
④ 역반응의 반응 엔탈피(ΔH)를 감소시킨다.

해설 **촉매** : 자신은 변하지 않고 활성화 에너지를 변화시켜 반응속도를 변화시키는 물질로 정촉매와 부촉매가 있다.
㉮ 정촉매 : 정반응 및 역반응 활성화 에너지를 감소시켜 반응속도를 빠르게 한다.
㉯ 부촉매 : 정반응 및 역반응 활성화 에너지를 증가시켜 반응속도를 느리게 한다.

14 다음 중 압력차를 이용하여 유량을 측정하는 유량계로 볼 수 없는 것은?

① 오리피스미터(orifice meter)
② 벤투리미터(Venturi meter)
③ 피토관(Pitot tube)
④ 로터미터(rota meter)

해설 유량계의 종류
㉮ **차압식** : 조리개 전후의 압력차를 이용하는 유량계로 오리피스미터, 벤투리미터, 플로노즐이 있다.
㉯ **피토관** : 유속식 유량계로 동압(전압과 정압차 측정)을 이용하여 유량을 측정한다.
㉰ **로터미터** : 면적식 유량계이다.
※ 차압식, 피토관의 측정원리 : 베르누이 방정식

15 어떤 휘발성 액체의 연소범위가 5~40[%](용량)라는 것을 옳게 설명한 것은?

① 공기 100[L]에 대하여 액체의 증기가 5~40[L]의 경우에 점화하면 폭발적으로 연소한다.
② 공기 100[L]에 대하여 액체의 증기가 5~40[L]의 경우에 자연발화해서 폭발한다.
③ 100[L] 중 공기가 95~60[%]이며, 나머지가 액체의 증기일 때 점화하면 연소한다.
④ 100[L] 중에 공기가 95~60[%]이며, 나머지가 액체의 증기일 때 자연발화해서 폭발한다.

해설 폭발범위는 공기 중 가연성가스(가연성 액체의 증기)의 체적비율[%]로 점화하면 연소 한다.

16 30[℃], 2[atm]에서 산소 1[kmol]이 차지하는 부피는 얼마인가?

① 12.4[m^3] ② 12.4[cm^3]
③ 12.4[L] ④ 12.4[ft^3]

Answer 12. ③ 13. ② 14. ④ 15. ③ 16. ①

해설 $PV = nRT$ 에서

$$\therefore V = \frac{nRT}{P} = \frac{1\times1000\times0.082\times(273+30)}{2\times1000} = 12.423[m^3]$$

17 다음 보기는 독성가스를 나열하였다. 독성이 강한 순서대로 나열된 것은?

[보기] ㉠ 염소 ㉡ 시안화수소 ㉢ 포스겐 ㉣ 암모니아 ㉤ 일산화탄소

① ㉠-㉢-㉡-㉣-㉤
② ㉢-㉠-㉡-㉣-㉤
③ ㉢-㉠-㉡-㉤-㉣
④ ㉠-㉢-㉡-㉤-㉣

해설 각 가스의 허용농도(TLV-TWA)

명칭	허용농도
염소(Cl_2)	1[ppm]
시안화수소(HCN)	10[ppm]
포스겐($COCl_2$)	0.1[ppm]
암모니아(NH_3)	25[ppm]
일산화탄소(CO)	50[ppm]

18 다음 응력-변형률 선도에서 인장강도를 나타내는 점은?

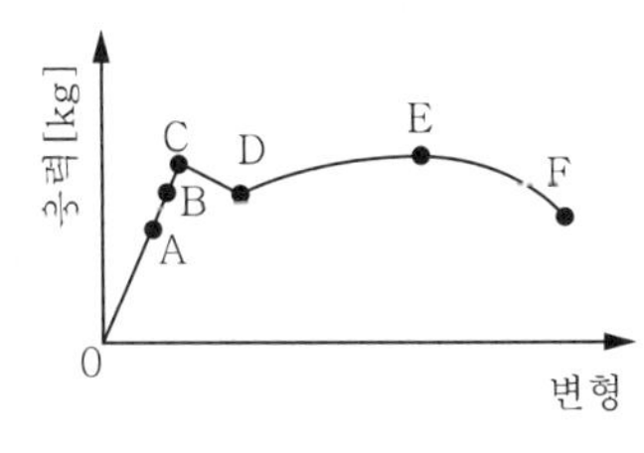

① C ② D
③ E ④ F

해설 A : 비례한도, B : 탄성한도 C : 상항복점
D : 하항복점 E : 인장강도 F : 파괴점

19 가스켓이 갖추어야 할 구비조건이 아닌 것은?

① 충분한 강도를 가질 것
② 유체에 의해 변질되지 않을 것
③ 유연성을 유지할 수 있을 것
④ 소성 변형이 일어나지 않을 것

해설 가스켓의 구비조건
㉮ 충분한 강도를 가질 것
㉯ 유체에 의해 변질되지 않을 것
㉰ 유연성을 유지할 수 있을 것
㉱ 탄성을 보유하고 소성변형이 일어나야 한다.

20 다음 중 아세틸렌가스의 15[℃]에서의 FP(충전 후 압력)에 해당하는 것은?

① 0.5[MPa] 이하 ② 1.5[MPa] 이하
③ 2.5[MPa] 이하 ④ 3.0[MPa] 이하

해설 아세틸렌 충전용기 압력
㉮ 충전 중의 압력 : 온도와 관계없이 2.5[MPa] 이하
㉯ 충전 후의 압력 : 15[℃]에서 1.5[MPa] 이하

21 염소가스 1250[kg]을 용량이 25[L]인 용기에 충전하려면 몇 개의 용기가 필요한가? (단, 가스정수는 0.8이다.)

① 20개 ② 40개
③ 60개 ④ 80개

해설 ㉮ 용기 1개당 충전량[kg] 계산

$$\therefore G = \frac{V}{C} = \frac{25}{0.8} = 31.25[kg]$$

㉯ 용기 수 계산

$$\therefore \text{용기수} = \frac{\text{전체 가스량[kg]}}{\text{용기 1개당 충전량[kg]}} = \frac{1250}{31.25} = 40[\text{개}]$$

Answer 17. ② 18. ③ 19. ④ 20. ② 21. ②

22 가스설비의 상용압력은 100[kgf/cm^2]이다. 이 경우 내압능력은 얼마인가? (단, 고압가스법에 의한다.)

① 100[kgf/cm^2] ② 150[kgf/cm^2]
③ 200[kgf/cm^2] ④ 250[kgf/cm^2]

해설 내압시험압력 = 상용압력 × 1.5
= 100 × 1.5 = 150[kgf/cm^2]

23 LPG 저장탱크에 부착된 배관에는 긴급차단장치를 설치하는데 탱크외면에서 얼마나 떨어져야 하는가?

① 2[m] 이상 ② 3[m] 이상
③ 4[m] 이상 ④ 5[m] 이상

해설 LPG 저장탱크에 부착된 배관에 설치된 긴급차단장치의 차단 조작기구는 해당 저장탱크로부터 5[m] 이상 떨어진 곳에 설치한다.

24 고압가스 배관에 있어서 틀린 것은?

① 고온 고압이므로 크리프강도가 낮은 재료를 사용한다.
② 내식성이 높은 재료를 사용한다.
③ 고압이므로 조직의 안전성이 있는 재료를 사용한다.
④ 고온에서 변형이 적은 재료를 사용한다.

해설 크리프 강도가 높은 재료를 사용한다.

참고 **크리프(creep) 현상** : 어느 온도 이상에서 금속재료에 하중을 가하여 그대로 방치하면 시간의 경과와 더불어 변형이 증대하고 파괴되는 현상

25 플랜지 이음의 팽창조인트(expansion joint)를 나타내는 기호는?

① ② ③ ④

해설 팽창조인트(expansion joint)의 기호
① 나사 이음
② 턱걸이 이음
③ 플랜지 이음
④ 용접 이음

26 고속 다기통 압축기의 운전 시 유압이 이상 저하하는 원인은?

① 압축기의 흡입압력이 저하하여 고도의 진공이 되었다.
② 압축기의 흡입증기의 과열도가 커졌다.
③ 압축기의 흡입압력이 상승했다.
④ 압축기의 용량조정장치가 작동하여 언로드(unload) 상태가 되었다.

해설 압축기 유압의 이상 저하 원인
㉮ 기어펌프 불량
㉯ 릴리프 밸브의 작동 불량
㉰ 유온이 높다.
㉱ 관로의 오손
㉲ 관로 기밀 불량에 의한 공기 흡입

27 증발기 압력은 상승하였는데도 저압 스위치(LPS)가 작동하여 압축기가 정지하였다. 다음 원인 중 가장 옳은 것은?

① 흡입 여과망이 막혔을 때
② 토출가스의 압력이 높을 때
③ 흡입가스의 압력이 높을 때
④ 흡입가스의 양이 과대할 때

해설 저압스위치(LPS)가 작동하는 원인은 흡입관로의 저항이 과대하게 발생하는 것으로 흡입여과망이 막혔을 때 주로 발생한다.

Answer 22. ② 23. ④ 24. ① 25. ③ 26. ① 27. ①

28 다음 밸브 중 역류를 방지하기 위해 쓰이는 것은 어느 것인가?

① 스윙 체크밸브 ② 슬리브 밸브
③ 산수전 ④ 나비밸브

해설 **역류 방지밸브** : 체크밸브(check valve)로 스윙식과 리프트식으로 분류된다.

29 토출관의 이중 삽입관은 어떤 목적을 위해 설치하는가?

① 진동을 방지하는데 주목적을 두고 있다.
② 흡입관 이음부에 공기가 새어 들어가지 않도록 한다.
③ 안전밸브를 설치하기 위해서다.
④ 오일을 회수하기 위해서다.

해설 프레온 냉동장치에서 토출관의 입상관에는 2중관을 만들어 오일회수가 용이하도록 하고 최소 부하시 압축기에 오일이 회수될 수 있도록 한다.

30 냉동 팽창밸브의 종류 중 온도작동 자동팽창밸브에 속하는 것은?

① 다이어프램식 ② 레이놀즈식
③ 슬리브식 ④ 피스톤식

31 고압가스 판매소에서 고압가스 용적이 몇 [m^3] 이상이면 보관실의 외면으로부터 보호시설까지 안전거리를 유지하여야 하는가?

① 30 ② 50
③ 100 ④ 300

해설 **고압가스 판매소의 안전거리 유지 기준**
㉮ 압축가스 : 300[m^3] 이상
㉯ 액화가스 : 3000[kg] 이상

32 다음은 도시가스 사업법에 관한 용어의 정의를 설명한 것이다. 틀린 것은?

① 도시가스사업은 수요자에게 연료용 가스를 공급하는 사업이다.
② 가스도매사업은 일반도시가스 사업자외의 자가 일반도시가스사업자 또는 산업통상자원부령이 정하는 대량수요자에게 천연가스(액화한 것 포함)를 공급하는 사업
③ 도시가스사업자는 가스를 제조하여 일반수요자에게 용기로 공급하는 사업
④ 가스사용시설은 가스공급시설외의 가스사용자의 시설로서 산업통상자원부령이 정하는 것이다.

해설 **용어의 정의(도법 제2조)** : 도시가스사업자란 도시가스사업의 허가를 받은 가스도매사업자, 일반도시가스사업자 및 도시가스 충전사업자를 말한다.

33 일산화탄소(CO)가 인체에 영향을 미쳤을 때 바로 자각증상이 있고 1~3분간에 의식불명이 되어 사망의 위험이 있는 농도는 몇 [ppm]인가?

① 128 ② 1280
③ 12800 ④ 128000

해설 **일산화탄소 농도와 인체에 대한 작용**

흡기 중 CO[%]	ppm	증 상
0.005	50	허용농도로 특이한 증상 없음
0.01	100	장시간 흡입하여도 중독 증상 없음
0.02	200	두통 및 2~3시간 이내에 가벼운 통증 발생
0.04	400	1~2시간 후 가벼운 두통과 구토 발생
0.08	800	45분 이내에 두통 및 구토, 2시간 이내에 쇠약자 의식불명

Answer 28. ① 29. ④ 30. ① 31. ④ 32. ③ 33. ③

흡기 중 CO[%]	ppm	증 상
0.16	1600	20분 이내에 두통, 구토, 2시간에서 쇠약자 의식불명 사망
0.32	3200	5~10분 이내에 두통, 10~15분 이내에 의식불명, 사망
0.64	6400	1~2분간에 두통, 10~15분 이내에 의식불명이 되어 사망
1.28	12800	바로 자각증상이 있고, 1~3분간에 의식불명이 되어 사망

34 다음 중 액화산소의 제조설비에 재해의 발생을 방지하기 위해서 설치하는 것이 아닌 것은?

① 방액제
② 플레어스택(flare stack)
③ 가스누출 검지 통보설비
④ 보안전력의 설비

해설 플레어스택(flare stack) : 긴급이송설비에 의하여 이송되는 가연성가스를 연소에 의하여 처리하는 시설

35 $A+B \rightarrow C+D$의 반응에 대한 에너지 분포를 그림과 같이 나타냈다. 그림의 설명 중 틀린 것은?

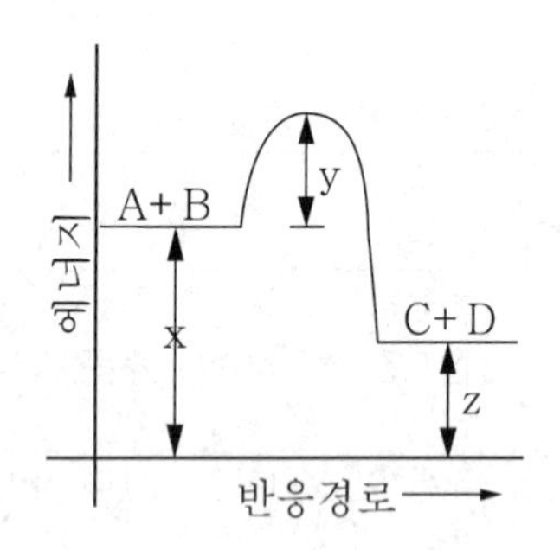

① x는 반응계의 에너지이다.
② 발열반응이다.
③ y는 활성화 에너지이다.
④ 엔트로피가 감소하는 반응이다.

해설 발열반응이므로 엔트로피가 증가한다.

참고 흡열반응 선도

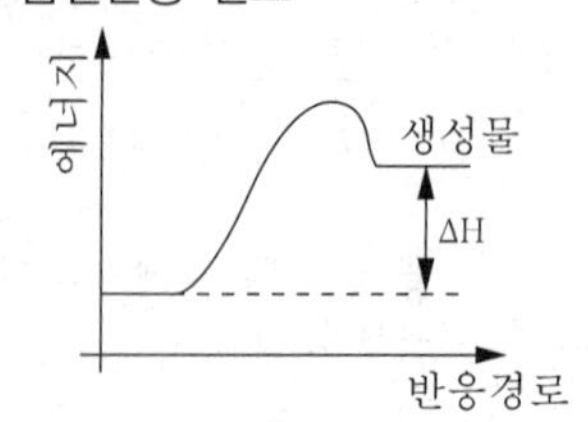

36 강의 성질로서 강인하고 충격에 대한 저항이 크며 담금질 효과가 크고 내마모성, 내열성이 좋은 것은?

① 니켈강(Ni-steel)
② 크롬강(Cr-steel)
③ 크롬-몰리브덴강(Cr-Mo steel)
④ 니켈-크롬강(Ni-Cr steel)

37 다음 분해 반응은 몇 차 반응에 해당되는가?

$$2HI \rightarrow H_2 + I_2$$

① 1차
② $\frac{1}{2}$차
③ $\frac{3}{2}$차
④ 2차

38 다음 설명 중 바르게 설명된 것은?

① 가연성가스는 CO_2와 혼합하면 더욱 잘 탄다.
② 가연성가스는 혼합공기와의 비율이 어떤 범위 일 때에 한하여 잘 탄다.
③ 가연성가스는 공기와의 혼합비율에 관계없이 잘 탄다.
④ 가연성가스는 혼합한 공기가 적을수록 잘 탄다.

Answer 34. ② 35. ④ 36. ④ 37. ④ 38. ②

해설 가연성가스는 폭발범위(연소범위) 내에서만 연소가 이루어지며, CO_2와 같은 불연성가스가 혼합되면 산소의 농도가 낮아져 연소가 잘 안 된다.

39 $CuCl_2$, NH_4OH, NH_4Cl을 가지고 가스 흡수제를 조제하였다. 어떤 가스가 가장 잘 흡수되겠는가?

① CO ② CO_2
③ CH_4 ④ C_2H_6

해설 흡수분석법(오르사트법, 헴펠법, 게겔법)에서 일산화탄소(CO) 흡수제로 사용되는 암모니아성 염화제1구리 용액의 제조 방법 :
NH_4Cl 33[g] + Cu_2Cl 27[g]/H_2O 100[mL] + 암모니아수로 제조된다.

40 공기액화 장치에 들어가는 공기 중 아세틸렌가스가 혼입되면 안 되는 가장 큰 이유는?

① 액화공기의 순도가 저하된다.
② 질소와 산소를 분리할 때 분리작용을 방해한다.
③ 폭발의 위험이 있다.
④ 파이프 내에서 동결되어 파이프를 막히게 한다.

해설 원료공기 중에 아세틸렌이 혼입되면 공기액화 분리기 내의 동과 접촉하여 동-아세틸드를 생성하여 산소 중에서 폭발의 위험성이 있기 때문에 제거한다.

41 암모니아 합성법 중 고압합성이라 함은 몇 [kgf/cm^2] 정도인가?

① 150[kgf/cm^2] 전후
② 300[kgf/cm^2] 전후
③ 450[kgf/cm^2] 전후
④ 600~1000[kgf/cm^2]

해설 암모니아 합성공정의 분류
㉮ 고압합성(600~1000[kgf/cm^2]) : 클라우드법, 카자레법
㉯ 중압합성(300[kgf/cm^2] 전후) : 뉴파우더법, IG법, 케미크법, 뉴데법, 동공시법, JCI법
㉰ 저압합성(150[kgf/cm^2]) : 켈로그법, 구데법

42 지하철 주변에 도시가스배관을 매설할려고 한다. 이 때 다음 중 어느 것이 가장 문제인가?

① 대기부식
② 미주전류부식
③ 고온부식
④ 응력부식균열

43 액화석유가스 판매 사업을 하고자 하는 자는 누구의 허가를 받아야 하는가?

① 도지사
② 구청장
③ 소방서장
④ 산업통상자원부장관

해설 액화석유가스 집단공급사업, 액화석유가스 판매사업 허가(액법 제3조) : 사업소나 판매소마다 특별자치도지사, 시장, 군수 또는 구청장(자치구의 구청장을 말하며 이하 "시장, 군수, 구청장"이라 함)

44 가스의 성분, 열량 또는 연소성을 측정하여 그 결과를 기록, 보존해야 하는 자는 다음 중 누구인가?

① 석유정제업자
② 시·도지사
③ 도시가스 사업자
④ 도시가스 사용자

Answer 39. ① 40. ③ 41. ④ 42. ② 43. ② 44. ③

해설 (1) 가스의 성분 및 열량 측정 : 도법 제25조
(2) 측정항목 및 방법 : 도법 시행규칙 제35조
㉮ 측정자 : 도시가스 사업자
㉯ 측정항목 : 열량, 압력, 연소성, 유해성분측정
㉰ 측정기록 보존기간 : 1년간 보존

참고 도시가스의 유해성분, 열량, 압력, 연소성 측정(시행규칙 35조)은 도시가스의 품질검사로 2012. 1. 26 개정되었음

45 다음 설명 중 ( )에 알맞은 것은?

> 허용농도(TLV-TWA)가 1[ppm] 미만인 독성 액화가스는 (㉠) 이상이고, 독성 압축가스는 (㉡) 일 때 저장허가를 받아야 한다.

① ㉠ 100[kg], ㉡ 10[m^3]
② ㉠ 10[톤], ㉡ 10만[m^3]
③ ㉠ 1[톤], ㉡ 5[m^3]
④ ㉠ 500[kg], ㉡ 100[m^3]

해설 **저장소** : 산업통상자원부령으로 정하는 일정량 이상의 고압가스를 용기나 저장탱크로 저장하는 일정한 장소

구분	비독성	독성가스	
		㉮	㉯
압축가스	500[m^3] 이상	100[m^3] 이상	10[m^3] 이상
액화가스	5000[kg] 이상	1000[kg] 이상	100[kg] 이상

㉮ LC50 200[ppm] 초과, TLV-TWA 1[ppm] 이상
㉯ LC50 200[ppm] 이하, TLV-TWA 1[ppm] 미만

46 다음은 도시가스 사업법에서 정의하는 용어의 설명이다. 틀린 것은?

① 배관이라 함은 본관, 공급관, 내관 등을 말한다.
② 본관이라 함은 공급관, 옥외배관을 말한다.
③ 내관이라 함은 가스사용자가 소유하고 있는 토지의 경계에서 연소기에 이르는 배관을 말한다.
④ 액화가스라 함은 상용의 온도에서 압력이 1제곱센티미터 당 2[kg] 이상이 되는 것을 말한다.

해설 **용어의 정의(도법 시행규칙 제2조)**
본관이란 도시가스제조사업소(액화천연가스 인수기지 포함)의 부지경계에서 정압기까지 이르는 배관을 말한다.

47 가스용품에 대한 검사가 전부 생략되는 것이 아닌 것은?

① 산업표준화법 제15조에 따라 인증을 받은 제품
② 산업기계설비 등에 부착되어 수입하는 것
③ 주한 외국기관에서 사용하기 위하여 수입하는 것
④ 시험 연구개발용으로 수입하는 것

해설 **가스용품의 검사 생략** : 액법 시행령 제8조
㉮ 산업표준화법 제15조에 따른 인증을 받은 가스용품(인증심사를 받은 해당 형식의 가스용품에 한정)
㉯ 시험용 또는 연구개발용으로 수입하는 것
㉰ 수출용으로 제조하는 것
㉱ 주한 외국기관에서 사용하기 위하여 수입하는 것으로 외국의 검사를 받은 것
㉲ 산업기계설비 등에 부착되어 수입하는 것
㉳ 가스용품의 제조자 또는 수입업자가 견본으로 수입하는 것
㉴ 수출을 목적으로 수입하는 것

Answer 45. ① 46. ② 47. ③

48 압축비가 높을 때 1단으로 하지 않고 중간냉각을 시키는 다단압축을 하는 이유가 아닌 것은?

① 1단 압축으로 하면 체적효율이 나빠지므로
② 1단 압축으로 하면 압축비가 커지므로
③ 1단 압축으로 하면 배출온도가 낮아지므로
④ 1단 압축으로 하면 윤활기밀성에 문제가 생기므로

해설 다단압축의 목적
㉮ 1단 단열압축과 비교한 일량의 절약
㉯ 이용효율의 증가
㉰ 힘의 평형이 양호해진다.
㉱ 가스의 온도상승을 방지

49 1000[rpm]으로 회전하는 펌프를 2000[rpm]으로 하였다. 이 경우 펌프 양정은 몇 배가 되는가?

① 1 ② 2 ③ 3 ④ 4

해설 $H_2 = H_1 \times \left(\frac{N_2}{N_1}\right)^2 = H_1 \times \left(\frac{2000}{1000}\right)^2 = 4H_1$

50 고압차단 스위치 작동검사 방법 중 보안관리상 가장 적합한 것은?

① 질소가스로 작동압력까지 높여 검사한다.
② 운전 중 셋팅 압력을 냉동기 정상 압력까지 낮추어 검사한다.
③ 운전 중 토출지변을 조여 압력을 높여 검사한다.
④ 운전 중 냉각수를 차단하여 압력을 높여 검사한다.

해설 운전 중 고압차단 스위치(HPS)의 셋팅 압력을 냉동기 정상 압력까지 낮추었을 때 압축기가 정지되는지 여부를 확인하는 것이 작동검사 방법 중 안전한 검사방법이다.

51 삼산화황은 이산화황을 산화시켜 만든다. 1000[K]에서 이 반응의 평형상수 K_p = 3.50[atm^{-1}]이다. 만일 이 반응기내의 전압이 1.0기압이고 평형에서 O_2의 부분압이 0.1기압이라면 SO_2에 대한 SO_3의 비 값은?

$$2SO_2 + O_2 \rightleftarrows 2SO_3$$

① 0.59 ② 1.00 ③ 3.50 ④ 0.35

해설 $aA+bB \rightarrow cC+dD$에서

$\therefore K_p = \frac{[C]^c \times [D]^d}{[A]^a \times [B]^b}$이다.

$\therefore K_p = \frac{[SO_3]^2}{[SO_2]^2 \times [O_2]^1}$에서

$[O_2]^1 \times K_p = \frac{[SO_3]^2}{[SO_2]^2} = \left[\frac{SO_3}{SO_2}\right]^2$

$\therefore \frac{SO_3}{SO_2} = (0.1 \times 3.50)^{0.5} = 0.5916$

52 다음 공기의 액화분리에 대한 설명으로 맞는 것은?

① 대량의 산소, 질소를 제조하는데 가장 적당한 공업적 제조법으로 사용되고 아르곤도 동시에 회수된다.
② 질소의 비등점은 산소의 비등점보다 높아 정류탑 상부에서 질소가 회수되고 하부에서 산소가 취출된다.
③ 공기를 −50[℃] 냉각하여 200[atm] 이상으로 가압시키면 액체 공기가 얻어진다.
④ 공기 1000[kg] 속에는 산소가 약 400[kg] 포함되어 있다.

해설 각 항목의 옳은 설명
② 질소의 비등점 −196[℃], 산소의 비등점 −183[℃]
③ 공기의 비등점은 −192[℃]

Answer 48. ③ 49. ④ 50. ② 51. ① 52. ①

④ 공기 중 산소의 질량비는 23.3[%]이다. 그러므로 공기 1000[kg] 중에는 232[kg]의 산소가 포함되어 있다.

53 **연소분석으로 메탄의 양을 정량하고자 한다. 소모된 공기가 400[mL](이중 산소는 20[%])일 때 메탄가스의 양은?**

① 20[mL] ② 40[mL]
③ 30[mL] ④ 50[mL]

해설 **메탄(CH_4)의 완전연소 반응식**

$CH_4 + 2O_2 \rightarrow CO_2 + 2H_2O$ 에서
22.4[mL] : 2×22.4[mL]
= x[mL] : 400×0.2[mL]

$$\therefore x = \frac{22.4 \times 400 \times 0.2}{2 \times 22.4} = 40[\text{mL}]$$

54 **다음 용어의 정의를 설명한 것이다. 틀린 것은?**

① 액화석유가스는 프로판, 부탄을 주성분으로 한 가스를 액화한 것을 뜻한다.
② 액화석유가스 충전사업은 저장시설에 저장된 액화가스를 용기에 충전하여 공급하는 사업을 뜻한다.
③ 액화석유가스 판매사업은 용기에 충전된 액화석유가스를 판매하는 것을 뜻한다.
④ 가스용품 제조사업이란 일반고압가스를 사용하기 위한 기기를 제조하는 사업을 뜻한다.

해설 **액화석유가스 용어의 정의** : 액법 제2조

㉮ **액화석유가스 충전사업** : 저장시설에 저장된 액화석유가스를 용기에 충전(배관을 통하여 다른 저장탱크에 이송하는 것을 포함)하거나 자동차에 고정된 탱크에 충전하여 공급하는 사업
㉯ **액화석유가스 집단공급사업** : 액화석유가스를 일반의 수요에 따라 배관을 통하여 연료로 공급하는 사업
㉰ **액화석유가스 판매사업** : 용기에 충전된 액화석유가스를 판매하거나 자동차에 고정된 탱크에 충전된 액화석유가스를 산업통상자원부령으로 정하는 규모 이하의 저장설비에 공급하는 사업
㉱ **가스용품 제조사업** : 액화석유가스 또는 도시가스사업법에 따른 연료용 가스를 사용하기 위한 기기를 제조하는 사업

55 **어떤 측정법으로 동일 시료를 무한 횟수 측정하였을 때 데이터의 분포의 평균치와 참값과의 차를 무엇이라 하는가?**

① 신뢰성 ② 정확성
③ 정밀도 ④ 오차

해설 ㉮ **오차** : 모집단의 참값(μ)과 시료의 측정데이터(x_i)와의 차이
㉯ **신뢰성** : 시스템, 기기, 부품 등의 기능의 시간적 안정성을 나타내는 정도
㉰ **정밀도** : 어떤 측정법으로 동일 시료를 무한횟수 측정하였을 때 그 데이터는 반드시 어떤 산포를 갖게 되는데, 이 산포의 크기를 정밀도라 한다.
㉱ **정확도(accuracy)** : 어떤 측정법으로 동일 시료를 무한횟수 측정하였을 때 데이터 분포의 평균값과 모집단 참값과의 차이를 의미한다.

56 **예방보전의 기능에 해당하지 않는 것은?**

① 취급되어야 할 대상설비의 결정
② 정비작업에서 점검시기의 결정
③ 대상설비 점검개소의 결정
④ 대상설비의 외주 이용도 결정

해설 **예방보전의 기능**

㉮ 취급되어야 할 대상설비의 결정
㉯ 정비작업에서 점검시기의 결정
㉰ 대상설비 점검개소의 결정
㉱ 예방보전조직의 결성

Answer 53. ② 54. ④ 55. ② 56. ④

57 관리한계선을 구하는데 이항분포를 이용하여 관리선을 구하는 관리도는?

① nP 관리도
② u 관리도
③ $\bar{x}-R$ 관리도
④ X 관리도

해설 nP(부적합품수) 관리도 : 부적합품수를 사용하여 프로세스를 평가하기 위한 관리도로 전구꼭지쇠의 부적합품수, 나사길이의 불량, 전화기의 겉보기 불량 등이 해당된다.

58 로트(lot)수를 가장 올바르게 정의한 것은?

① 1회 생산수량을 의미한다.
② 일정한 제조회수를 표시하는 개념이다.
③ 생산목표량을 기계대수로 나눈 것이다.
④ 생산목표량을 공정수로 나눈 것이다.

59 다음의 데이터를 보고 편차 제곱합(S)를 구하면? (단, 소수점 3자리까지 구하시오.)

[data] 18.8, 19.1, 18.8, 18.2, 18.4, 18.3, 19.0, 18.6, 19.2

① 0.388 ② 1.029
③ 0.114 ④ 1.014

해설 ① 평균값 계산

$$\therefore \bar{x}=\frac{\Sigma x}{n}$$

$$=\frac{18.8+19.1+18.8+18.2+18.4+18.3+19.0+18.6+19.2}{9}$$

$$=18.71$$

② 편차 제곱합 계산

$$\therefore S=(18.8-18.71)^2+(19.1-18.71)^2+(18.8-18.71)^2+(18.2-18.71)^2+(18.4-18.71)^2+(18.3-18.71)^2+(19.0-18.71)^2+(18.6-18.71)^2+(19.2-18.71)^2=1.029$$

60 공정 도시기호 중 공정계열의 일부를 생략할 경우에 사용되는 보조 도시기호는?

해설 ① 관리부분
② 일부 생략
③ 담당구분
④ 폐기

2004년도 기능장 제35회 필기시험 [4월 4일 시행]

과 년 도 문 제

01 다음은 이상기체에 대한 설명이다. 맞는 것은?

① 이상기체의 내부에너지는 온도만의 함수이다.
② 이상기체의 내부에너지는 압력만의 함수이다.
③ 이상기체의 내부에너지는 부피만의 함수이다.
④ 상태방정식을 $PV = ZnRT$ 로 표시할 때 $Z > 1$ 이어야 한다.

해설 이상기체의 내부에너지는 온도만의 함수이며, 상태방정식을 $PV = ZnRT$ 로 표시할 때 Z=1 이어야 한다.

02 1[mol]의 이상기체가 기체상수 R값이 0.082 [L · atm/K · mol]일 때 주어진 온도(T)에서 PV의 값의 단위로서 옳은 것은?

① L · atm　② L/mol
③ mol · atm　④ L^2 · atm

해설 $PV = nRT$ 에서 STP 상태의 이상기체 1[mol]에 대하여 기체상수 값을 계산한다.

$$\therefore R = \frac{PV}{nT} = \frac{1[\text{atm}] \times 22.4[\text{L}]}{1[\text{mol}] \times 273[\text{K}]}$$

$= 0.08205$ [L · atm/mol · K]

※ PV 값의 단위는 [L · atm]이다.

03 $PV = nRT$에서 기체상수(R)값을 [J/mol · K]의 단위로 나타내었을 때 옳은 것은?

① 8.314　② 0.08206
③ 1.987　④ 0.8314

해설 기체상수 R의 단위

$\therefore R$ = 0.082[L · atm/mol · K]
= 1.987[cal/mol · K]
= 8.314×10^7[erg/mol · K] = 8.314[J/mol · K]

04 다음은 대응상태의 원리에 대한 설명이다. 올바른 것은?

① 동일한 환산부피와 동일한 환산온도에 있는 실제기체들이 동일한 환산압력을 나타낸다.
② 이 원리는 단지 근사일 뿐이므로 구형의 비극성 분자로 된 기체나 극성인 분자일 때는 잘 맞지 않는다.
③ 여러 가지 종류의 기체의 성질을 여러 가지 그림으로 바꾸어 놓은 것이다.
④ Van der Waals 방정식과는 상관관계가 없다.

해설 대응상태의 원리
동일한 환산부피와 환산온도에 있는 기체들은 종류에 관계없이 동일한 환산압력을 나타낸다는 원리로 환산변수를 사용하면 모든 물질은 같은 기체상태 방정식을 만족시킨다.

05 압력에 대한 Pa(pascal)의 단위로서 옳은 것은?

① N/m^2　② N^2/m
③ N · bar/m^2　④ N/m

해설 압력단위 환산
㉮ Pa(Pascal) = N/m^2
㉯ N = kg · m/s^2

Answer 1. ① 2. ① 3. ① 4. ① 5. ①

06 카르노(Carnot) 사이클의 과정 순서 중 옳은 것은?

① 등온팽창-등온압축-단열팽창-단열압축
② 등온팽창-단열팽창-등온압축-단열압축
③ 등온팽창-단열압축-단열팽창-등온압축
④ 등온팽창-등온압축-단열압축-단열팽창

해설 카르노 사이클(Carnot cycle)의 순환 과정

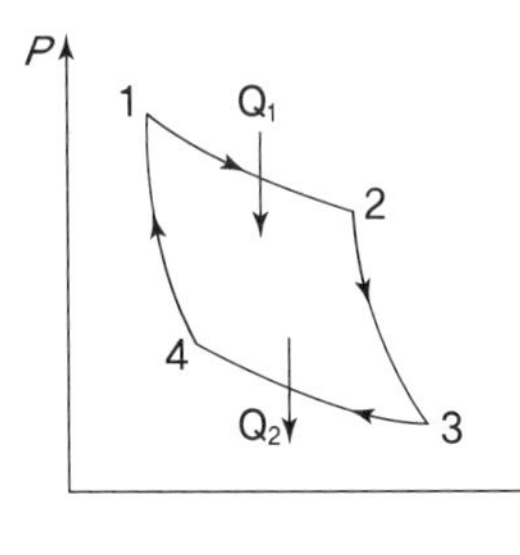

㉮ 1→2 과정 : 정온(등온)팽창과정(열공급)
㉯ 2→3 과정 : 단열팽창과정
㉰ 3→4 과정 : 정온(등온)압축과정(열방출)
㉱ 4→1 과정 : 단열압축과정

07 다음 여러 단위에서 바르게 짝지어진 것은?

① 1[PS] = 75[kgf · m/s]
② 1[kW] = 104[kgf/s]
③ 1[HP] = 74.6[kW]
④ 1[PSh] = 1.36[kW]

해설 동력의 단위
㉮ 1[kW] = 102[kgf · m/s] = 860[kcal/h]
= 1.36[PS] = 3600[kJ/h]
㉯ 1[PS] = 75[kgf · m/s] = 632.3[kcal/h]
= 0.735[kW] = 2664[kJ/h]
㉰ 1[HP] = 76[kgf · m/s] = 640.75[kcal/h]
= 0.745[kW] = 2685[kJ/h]

08 실제기체에 적용될 수 있는 상태방정식의 한 예로서 반데르 발스(Van der Waals)식은 기체분자간의 인력과 기체 자신이 차지하는 부피를 고려한 상태식이다. 기체 n몰에 대한 반데르 발스식으로 가장 옳은 것은?

① $\left(P+\frac{a}{n \cdot V^2}\right)(n \cdot V-b)=nRT$
② $\left(P+\frac{n \cdot a}{V^2}\right)(n \cdot V-b)=nRT$
③ $\left(P+\frac{n \cdot a}{V^2}\right)(V-n \cdot b)=nRT$
④ $\left(P+\frac{n^2 \cdot a}{V^2}\right)(V-n \cdot b)=nRT$

해설 반데르 발스(Van der Waals) 방정식
㉮ 실제기체가 1[mol]의 경우
$$\left(P+\frac{a}{V^2}\right)(V-b)=RT$$
㉯ 실제기체가 n[mol]의 경우
$$\left(P+\frac{n^2 \cdot a}{V^2}\right)(V-n \cdot b)=nRT$$
여기서, a : 기체분자간의 인력[atm · L^2/mol^2]
b : 기체분자 자신이 차지하는 체적[L/mol]

09 다음은 각 물질의 연소형태이다. 잘못된 것은?

① 목재가 불에 탄다. - 분해연소
② 프로판(g)이 불에 탄다. - 분해연소
③ 목탄이 불에 탄다. - 표면연소
④ 가솔린이 불에 탄다. - 증발연소

해설 연소의 형태 분류
㉮ 표면연소 : 목탄, 코크스
㉯ 분해연소 : 고체연료
㉰ 증발연소 : 액체연료
㉱ 확산연소 : 가연성 기체
㉲ 자기연소 : 제5류 위험물

Answer 6. ② 7. ① 8. ④ 9. ②

10 다음은 비점이 낮은 순서로 나열한 것이다. 옳은 것은?

① $H_2 - O_2 - N_2$ ② $H_2 - N_2 - O_2$
③ $O_2 - N_2 - H_2$ ④ $N_2 - O_2 - H_2$

해설 각 가스의 비점

명칭	비점	명칭	비점
헬륨(He)	−269[℃]	일산화탄소	−192[℃]
수소(H_2)	−252[℃]	아르곤	−186[℃]
네온(Ne)	−246[℃]	산소(O_2)	−183[℃]
질소(N_2)	−197[℃]	메탄(CH_4)	−161.5[℃]

11 완전가스(이상기체)는 압력이 일정할 때 그 체적이 온도에 비례한다는 것과 관계가 깊은 것은?

① 샤를의 법칙
② 보일의 법칙
③ 아보가드로의 법칙
④ 게이-루삭의 법칙

해설 **샤를의 법칙** : 일정 압력하에서 일정량의 기체가 차지하는 부피는 절대온도에 비례한다.

$$\therefore \frac{V_1}{T_1} = \frac{V_2}{T_2}$$

참고 **게이-루삭(Gay-Lussac)의 법칙** : 압력이 일정할 때 기체의 부피(또는 비체적)는 온도에 비례한다.

12 LPG 1[L]는 기체 상태로 변하면 250[L]가 된다. 20[kg]의 LPG가 기체 상태로 변하면 부피는 약 몇 [m³]이 되는가? (단, 표준상태이며, 액체의 비중은 0.5 이다.)

① 1 ② 5
③ 7.5 ④ 10

해설 ㉮ LPG 20[kg]을 체적으로 환산

$$\therefore \text{액화스체적} = \frac{\text{무게}}{\text{액비중}} = \frac{20}{0.5} = 40[\text{L}]$$

㉯ 기체의 체적 계산 : 액 1[L]가 기체 250[L]로 변하고, 1[m³]는 1000[L]에 해당된다.

$$\therefore \text{기체체적} = 40 \times 250 \times 10^{-3} = 10[\text{m}^3]$$

13 유체의 부피나 질량을 직접 측정하는 방법으로서 유체의 성질에 영향을 적게 받지만 구조가 복잡하고 취급이 어려운 단점이 있는 유량 측정 장치는?

① 오리피스 미터 ② 습식 가스미터
③ 벤투리 미터 ④ 로터 미터

해설 유량계의 분류
㉮ **직접식** : 습식 가스미터, 루트식 가스미터, 오벌기어식, 로터리 피스톤식, 회전 원판식
㉯ **간접식** : 차압식 유량계, 면적식 유량계, 유속식 유량계, 전자식 유량계, 와류식 유량계

14 암모니아 가스 누출 시험에 사용할 수 없는 것은?

① 유황초
② 레슬러 용액
③ 빨간 리트머스 시험지
④ 헤라이드 토치(halido torch)

해설 암모니아 누설 검지법
㉮ 자극성이 있어 냄새로서 알 수 있다.
㉯ 유황, 염산과 접촉 시 흰연기가 발생한다.
㉰ 적색 리트머스지가 청색으로 변한다.
㉱ 페놀프탈렌 시험지가 백색에서 갈색으로 변한다.
㉲ 네슬러시약이 미색→황색→갈색으로 변한다.

참고 **헤라이드 토치(halido torch)** : 불꽃 색 변화를 이용하여 프레온 냉매의 누설을 검지한다. 누설이 없을 때 파란 불꽃, 소량 누설 시 녹색 불꽃, 다량 누설 시 자색 불꽃, 과량 누설 시 불꽃이 꺼진다.

Answer 10. ② 11. ① 12. ④ 13. ② 14. ④

15 50[kg]의 C_3H_8을 기화시키면 몇 [m^3]가 되는가? (단, STP 상태이고, C, H의 원자량은 각각 12, 1이다.)

① 25.45[m^3] ② 50.56[m^3]
③ 75.63[m^3] ④ 90.72[m^3]

해설 프로판(C_3H_8)의 분자량은 44이다.
44[kg] : 22.4[m^3] = 50[kg] : x[m^3]

$$\therefore x = \frac{50 \times 22.4}{44} = 25.45[m^3]$$

16 부탄과 프로판의 분리방법을 가장 잘 설명한 것은?

① 증류수로 세정하여 침전물을 분리한다.
② 압력을 가하여 액화시키면 두 층으로 분리된다.
③ 압력을 가하여 액화시킨 후 증류법으로 분리한다.
④ 대량의 물로 세정하면 부탄은 물에 용해되고 프로판만 남는다.

해설 비점이 부탄(C_4H_{10})은 −0.5[℃], 프로판(C_3H_8)은 −42.1[℃]이므로 압력을 가하여 액화시킨 후 증류법으로 분리하면 된다.

17 암모니아 압축기의 실린더에 수냉각 장치(water jacket)를 설치하는 이유로서 가장 부적당한 것은?

① 압축 후 온도가 낮아져서 위험하므로
② 밸브판 및 스프링 수명을 연장시키기 위하여
③ 기름의 탄화 방지를 위하여
④ 단열지수(C_p/C_v)의 값이 크므로

해설 압축기 실린더 냉각 효과
㉮ 체적효율 증가
㉯ 압축효율 증가
㉰ 소요동력 감소
㉱ 윤활기능 유지 및 향상
㉲ 윤활유 열화, 탄화 방지
㉳ 습동부품의 수명유지

18 황동판 가공 후 시간이 경과함에 따라 자연히 균열이 발생하는 것을 무엇이라 하는가?

① 가공경화 ② 표면경화
③ 자기균열 ④ 시기균열

19 가스제조 공장에서 정제된 가스를 저장하여 가스의 질을 균일하게 유지하며, 제조량과 수요량을 조절하는 장치는 무엇인가?

① 정압기 ② 압송기
③ 배송기 ④ 가스홀더

해설 (1) 가스홀더(gas holder)의 기능
㉮ 가스수요의 시간적 변동에 대하여 공급가스량을 확보한다.
㉯ 공급설비의 일시적 중단에 대하여 어느 정도 공급량을 확보한다.
㉰ 공급가스의 성분, 열량, 연소성 등의 성질을 균일화한다.
㉱ 소비지역 근처에 설치하여 피크시의 공급, 수송효과를 얻는다.
(2) 종류 : 유수식, 무수식, 구형 가스홀더

20 고압가스 반응기 중 암모니아 합성탑의 구조로서 옳은 것은?

① 암모니아 합성탑은 내압용기와 내부 구조물로 되어 있다.
② 암모니아 합성탑은 이음새 없는 둥근 용기로 되어 있다.
③ 암모니아 합성탑은 내부 가열식 용기와 내부 구조물로 되어 있다.
④ 암모니아 합성탑은 오토클레이브(auto clave) 내에 회전형 구조이다.

Answer 15. ① 16. ③ 17. ① 18. ④ 19. ④ 20. ①

해설 암모니아 합성탑

㉮ 암모니아 합성탑은 내압용기와 내부 구조물로 되어 있다.
㉯ 내부 구조물은 촉매를 유지하고 반응과 열교환을 행한다.
㉰ 촉매는 산화철에 Al_2O_3, K_2O를 첨가한 것이나 CaO 및 MgO 등을 첨가한 것을 사용한다.

21 용접배관 이음에서 피닝을 하는 주된 이유는?

① 슬래그를 제거하기 위하여
② 잔류 응력을 제거하기 위하여
③ 용접을 잘 되게 하기 위하여
④ 용입이 잘 되게 하기 위하여

해설 ㉮ **잔류응력 경감법** : 노내 풀림법, 국부풀림 및 기계적 처리법, 저온응력 완화법, 피닝법
㉯ **피닝(peening)법** : 용접부를 구면상의 특수해머로 연속적으로 타격하여 표면층에 소성변형을 주어 잔류응력을 제거하는 방법이다.

22 가스설비 배관의 진동설계 및 시공시의 주의사항으로 틀린 것은?

① 배관 속을 흐르는 유체가 공진현상을 일으키지 않도록 배관한다.
② 배관의 고유진동수와 배관 내 유체의 맥동수가 일치하도록 한다.
③ 관내 유체의 압력변동을 가능한 한 적게 한다.
④ 배관 고유진동수와 배관 내 유체의 진동수와의 비는 0.7 이하 1.3 이상이 되도록 한다.

23 강관에 용접이음을 하면 어떤 특징이 있는가?

① 중량이 필요이상 무거워진다.
② 유체의 유동 손실이 적어진다.
③ 이음부의 강도가 나사 이음부보다 현저하게 줄어든다.
④ 보온, 보냉 시 단열재의 피복이 곤란하고 단열재의 소비가 많아진다.

해설 용접이음의 특징

(1) 장점
㉮ 이음부 강도가 크고, 하자발생이 적다.
㉯ 이음부 관 두께가 일정하므로 마찰저항이 적다.
㉰ 배관의 보온, 피복시공이 쉽다.
㉱ 시공시간이 단축되고 유지비, 보수비가 절약된다.

(2) 단점
㉮ 재질의 변형이 일어나기 쉽다.
㉯ 용접부의 변형과 수축이 발생한다.
㉰ 용접부의 잔류응력이 현저하다.
㉱ 품질검사(결함검사)가 어렵다.

24 다음은 용접이음이 리벳이음에 비하여 우수한 장점을 나열한 것이다. 이중 장점에 속하지 않는 것은?

① 기밀성이 좋다.
② 조인트 효율이 높다.
③ 변형하기 어렵고 잔류응력을 남기지 않는다.
④ 리벳팅과 같이 소음을 발생시키지 않는다.

해설 23번 해설 참고

25 축의 동력전달을 위하여 원판 마찰클러치(단판)를 설계하려한다. 틀린 것은?

① 마찰차의 면압이 클수록 전달동력은 커진다.
② 마찰부위를 원판마찰차의 중심부에 집중시키는 것이 동력전달에 더 좋다.
③ 마찰반경이 클수록 더 큰 동력전달이 가능하다.
④ 마찰부위를 원판마찰차의 중심에서 멀리 분포시키면 동력전달이 좋아진다.

Answer 21. ② 22. ② 23. ② 24. ③ 25. ②

26 그림과 같이 수직하방향의 하중 Q[kgf]을 받고 있는 사각나사의 너트를 그림과 같은 방향의 회전력 P[kgf]을 주어 풀고자 한다. 필요한 힘 P를 구하는 식은 어느 것인가? (단, 나사는 1줄 나사이며, 나사의 경사각 α, 마찰각은 ρ이다.)

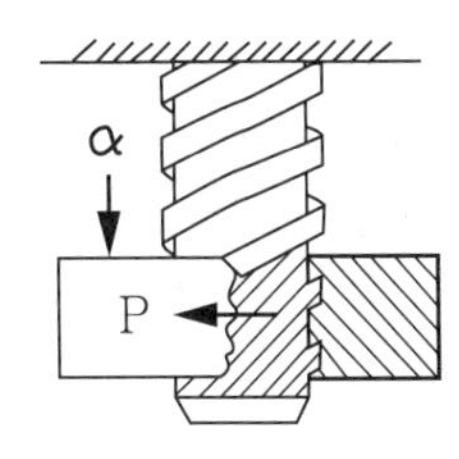

① $P = Q \cdot \tan(\alpha - \rho)$
② $P = Q \cdot \tan(\alpha + \rho)$
③ $P = Q \cdot \tan(\rho - \alpha)$
④ $P = Q \cdot \tan(1 - \frac{\rho}{\alpha})$

해설 사각나사의 필요한 힘 계산식
②번 항목 : 조일 때(하중을 밀어 올릴 때)
③번 항목 : 풀 때(하중을 밀어 내릴 때)

27 피셔(Fisher)식 정압기의 2차압 이상 상승의 원인에 해당하는 것은?

① 가스 중 수분의 동결
② 정압기 능력 부족
③ 필터 먼지류의 막힘
④ 주 다이어프램의 파손

해설 피셔식 정압기의 이상 현상
(1) 2차압 이상 상승 원인
㉮ 메인밸브에 먼지류가 끼어들어 완전차단(cut off) 불량
㉯ 메인밸브의 폐쇄 무
㉰ 파일럿 공급밸브(pilot supply valve)에서의 누설
㉱ 센터스템(center stem)과 메인밸브의 접속 불량
㉲ 바이패스 밸브의 누설
㉳ 가스 중 수분의 동결
(2) 2차압 이상 저하 원인
㉮ 정압기의 능력 부족
㉯ 필터의 먼지류 막힘
㉰ 파일럿 오리피스의 녹 막힘
㉱ 센터 스템(center stem)의 작동 불량
㉲ 스트로크(storke) 조정 불량
㉳ 주 다이어프램 파손

28 다음 보냉재 중 안전사용 최고온도가 가장 낮은 것은?

① 폴리우레탄 발포제
② 탄산마그네슘
③ 탄화콜크
④ 생석회

해설 안전사용 온도
㉮ 폴리우레탄 발포제 : 초저온에서 80[℃] 전후
㉯ 탄산마그네슘 : 250[℃] 이하
㉰ 탄화콜크 : 130[℃] 이하

29 고압용 신축이음방법으로 적합하지 않은 것은?

① 상온스프링
② U형 벤드
③ 벨로스 이음
④ 원형 벤드

해설 벨로스형(bellows type) 신축이음
팩리스(packless)형이라 하며, 설치장소에 구애받지 않고 가스, 증기, 물 등 2[MPa], 450[℃]까지 축 방향 신축 흡수에 사용되며 단식과 복식 2종류가 있다.

Answer 26. ③ 27. ① 28. ① 29. ③

30 **냉동장치 중 플렉시블 튜브 설치 위치가 알맞은 것은?**

① 팽창밸브 직전 및 직후
② 응축기와 수액기 사이의 배관
③ 압축기 흡입, 토출 배관
④ 증발기 내의 배관

해설 **플렉시블 튜브** : 압축기 흡입, 토출배관에 설치하여 진동 및 신축을 흡수하는 역할을 한다.

31 **87[℃]에서 열을 흡수하여 127[℃]에서 방열되는 냉동기의 최대 성능계수는?**

① 9.0　　② 10.0
③ 2.18　　④ 1.45

해설 $COP_R = \dfrac{Q_2}{W} = \dfrac{T_2}{T_1 - T_2}$

$= \dfrac{273+87}{(273+127)-(273+87)} = 9.0$

32 **냉동기 운전준비 점검사항 중 틀린 것은?**

① 응축기 유막형성 및 수량, 청결상태 확인
② 압축기 물주머니(water jacket), 응축기 냉각수 통수 확인
③ 윤활유 점검 및 각부 급유상태 확인
④ 냉동장치의 전 밸브 개폐 확인

33 **2대의 증발기를 사용하는 경우 그림 중 팽창밸브의 감온통이 가장 옳게 배치된 것은?**

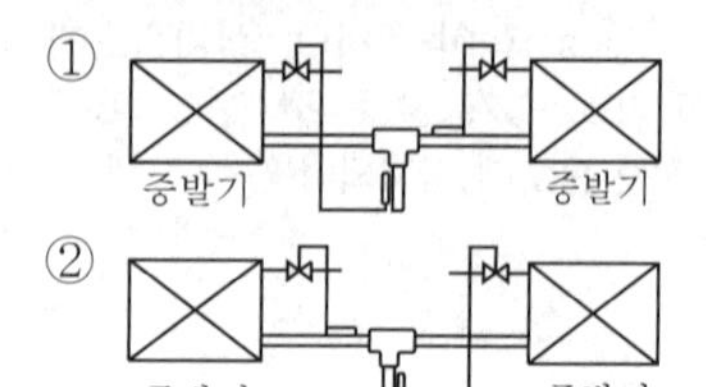

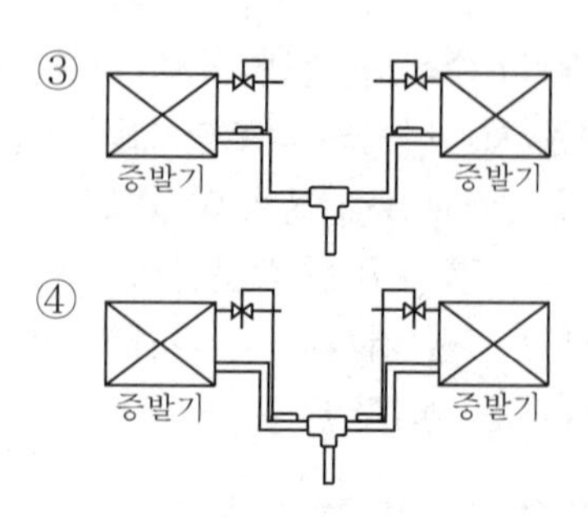

해설 **팽창밸브 및 감온통 설치 위치**
㉮ **밸브 본체** : 증발기 가까운 곳에 설치
㉯ **감온통** : 증발기 출구 흡입관 수평부분에 설치하며, 트랩부분에 설치하는 것은 피해야 한다.

34 **방류둑을 설치하여야 할 저장탱크의 용량 기준을 잘 나타낸 것은?**

① 가연성가스 500[톤] 이상, 독성가스 3[톤] 이상
② 산소 1000[톤] 이상, 독성가스 3[톤] 이상
③ 산소 500[톤] 이상, 독성가스 3[톤] 이상
④ 가연성가스 1000[톤] 이상, 독성가스 5[톤] 이상

해설 **저장능력별 방류둑 설치기준**
(1) 고압가스 특정제조 시설
㉮ 가연성가스 : 500[톤] 이상
㉯ 독성가스 : 5[톤] 이상
㉰ 액화산소 : 1000[톤] 이상
(2) 고압가스 일반제조 시설
㉮ 가연성가스 및 액화산소 : 1000[톤] 이상
㉯ 독성가스 : 5[톤] 이상
(3) 냉동제조 시설
수액기 내용적이 10000[L] 이상(단, 독성가스 냉매 사용 시 해당)
(4) 액화석유가스 : 1000[톤] 이상
(5) 도시가스 사업
㉮ 도시가스 도매사업 : 500[톤] 이상
㉯ 일반도시가스사업 : 1000[톤] 이상

Answer 30. ③ 31. ① 32. ① 33. ③ 34. ④

35 CH_4, CO_2 및 수증기(H_2O)의 생성열을 각각 17.9, 91.4, 57.8[kcal/mol]이라 할 때 메탄의 연소열은 몇 [kcal/mol]인가?

① 234.7　② 191.8
③ 54.2　④ 39.4

해설 $CH_4 + 2O_2 \rightarrow CO_2 + 2H_2O + Q$
$-17.9 = -91.4 - 2 \times 57.8 + Q$
$\therefore Q = 91.4 + 2 \times 57.8 - 17.9$
$= 189.1$[kcal/mol]

36 액화석유가스 자동차용기 충전시설(충전기) 기준 중 옳지 않은 것은?

① 충전소에는 자동차에 직접 충전할 수 있는 고정충전설비를 설치하고, 그 주위에 공지를 확보할 것
② 충전기의 충전호스의 길이는 5[m] 이내로 할 것
③ 충전호스에 부착하는 가스 주입기는 투터치형으로 할 것
④ 충전기 상부에는 닫집모양의 차양을 설치하고 그 면적은 공지면적의 1/2 이하로 할 것

해설 가스주입기는 원터치형이어야 한다.

37 시안화수소에 소량의 물이 포함되어 있을 경우 장기간 저장치 못하게 하는 이유인 것은?

① 분해폭발　② 산화폭발
③ 중합폭발　④ 분진폭발

해설 시안화수소(HCN)는 수분이 2[%] 이상 있으면 중합반응이 촉진되고, 중합폭발의 위험 때문에 충전기한을 60일을 초과하지 못하게 규정하고 있다.

38 1기압에서 100[L]를 차지하는 공기를 부피 5[L]의 용기에 채우면 용기내의 압력은 몇 기압이 되겠는가? (단, 온도는 일정하다.)

① 10기압　② 20기압
③ 30기압　④ 50기압

해설 $\frac{P_1V_1}{T_1} = \frac{P_2V_2}{T_2}$ 에서 $T_1 = T_2$이다.

$\therefore P_2 = \frac{P_1V_1}{V_2} = \frac{1 \times 100}{5} = 20$[기압]

39 다음 그림에서 모어의 원(mor's circle)에 대한 설명 중 틀린 것은?

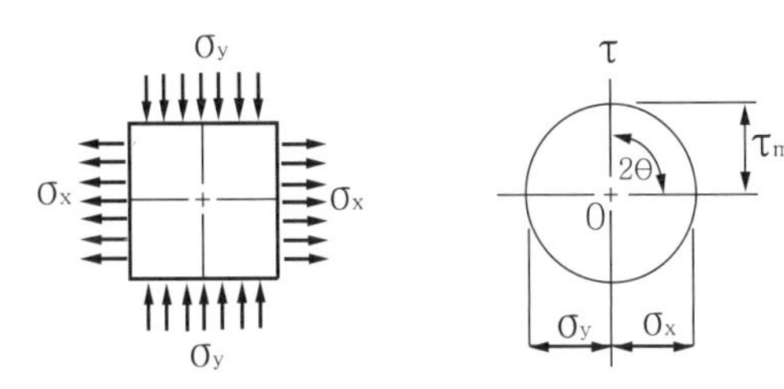

① 인장응력을 σ_x, 압축응력을 σ_y라 하면 $\sigma_x = \sigma_y$이다.
② 경사면의 각 $\theta = \frac{\pi}{4}$일 때 $\tau = \sigma_x = \sigma_y$이다.
③ 경사면의 각 $2\theta = \frac{\pi}{2}$일 때는 전단응력만 작용한다.
④ 경사면의 각 $\theta = \frac{\pi}{4}$일 때는 인장응력과 압축응력만 작용한다.

40 총발열량이 10400[kcal/m³], 비중이 0.64인 가스의 웨베지수는 얼마인가?

① 6656　② 9000
③ 10000　④ 13000

Answer 35. ② 36. ③ 37. ③ 38. ② 39. ④ 40. ④

해설 $WI = \frac{H_g}{\sqrt{d}} = \frac{10400}{\sqrt{0.64}} = 13000$

41 부유 피스톤형 압력계에서 실린더 지름 20[mm], 추와 피스톤의 무게가 20[kg]일 때 이 압력계에 접속된 부르동관의 압력계 눈금이 7[kgf/cm^2]를 나타내었다. 부르동관 압력계의 오차는 약 몇 [%]인가?

① 4[%] ② 5[%]
③ 8[%] ④ 10[%]

해설 ㉮ 참값(부유피스톤 압력계의 압력) 계산

$$\therefore P = \frac{W + W'}{A} = \frac{20}{\frac{\pi}{4} \times 2^2} = 6.37\,[\text{kgf/cm}^2]$$

㉯ 오차[%] 계산

$$\therefore 오차 = \frac{측정값 - 참값}{참값} \times 100 = \frac{7 - 6.37}{6.37} \times 100 = 9.89[\%]$$

42 $C(S) + CO_2(g) \rightleftarrows 2CO(g) - 40\,[kcal]$ 에서 평형을 정반응 쪽으로 진행시키기 위한 조건은?

① 온도를 내리고, 압력을 높게 한다.
② 온도를 높이고, 압력을 높게 한다.
③ 온도를 높이고, 압력을 낮게 한다.
④ 온도를 내리고, 압력을 낮게 한다.

해설 ㉮ 흡열반응에서 온도를 높이면 정반응이 일어난다.
㉯ 압력이 감소되면 기체 몰수가 커지는 방향으로 이동한다.

43 대량의 LPG를 얻는 방법이 아닌 것은?

① 유정 가스에서 얻는다.
② 개질 가스에서 얻는다.
③ 석탄광 가스에서 얻는다.
④ 접촉개질 장치에서 발생되는 분해가스에서 얻는다.

해설 LPG 제조법
㉮ 습성천연가스 및 원유에서 회수 : 압축냉각법, 흡수유에 의한 흡수법, 활성탄에 의한 흡착법
㉯ 제유소 가스에서 회수 : 원유 정제공정에서 발생하는 가스에서 회수
㉰ 나프타 분해 생성물에서 회수 : 나프타를 이용하여 에틸렌 제조 시 회수
㉱ 나프타의 수소화 분해 : 나프타를 이용하여 LPG 생산이 주목적

44 고압가스 배관을 지하에 매설할 때에 독성가스의 배관은 그 가스가 혼입될 우려가 있는 수도시설과는 몇 [m] 이상 거리를 유지해야 하는가?

① 1.8 ② 100
③ 300 ④ 400

해설 독성가스 배관과 수도시설 유지거리 : 300[m] 이상

45 저장탱크에 가스를 충전할 때에는 가스의 용량이 상용의 온도에서 내용적의 몇 [%]를 넘지 아니하여야 하는가?

① 80[%] ② 75[%]
③ 90[%] ④ 95[%]

해설 저장탱크에는 그 가스의 용량이 그 저장탱크 내용적의 90[%]를 초과하는 것을 방지하기 위하여 과충전 방지조치를 한다.

Answer 41. ④ 42. ③ 43. ③ 44. ③ 45. ③

46 **독성가스의 감압설비와 그 가스의 반응설비간의 배관에 설치하여야 하는 장치는?**

① 역류방지장치
② 화염방지장치
③ 독가스흡수장치
④ 안전밸브

해설 특정고압가스 사용시설의 독성가스 감압설비와 그 가스의 반응설비간의 배관에는 긴급 시 가스가 역류되는 것을 효과적으로 차단할 수 있는 역류방지장치를 설치한다.

47 **윤활유의 구비조건 중 틀린 것은?**

① 인화점이 낮고 분해되지 않을 것
② 점도가 적당하고, 항유화성이 클 것
③ 수분 및 산류 등의 불순물이 적을 것
④ 화학적으로 안정하여 사용가스와 반응을 일으키지 말 것

해설 압축기 윤활유의 구비조건
㉮ 화학반응을 일으키지 않을 것
㉯ 인화점은 높고, 응고점은 낮을 것
㉰ 점도가 적당하고, 항유화성이 클 것
㉱ 불순물이 적을 것
㉲ 잔류탄소의 양이 적을 것
㉳ 열에 대한 안정성이 있을 것

48 **도시가스사업자가 산업통상자원부령이 정하는 규모 이상의 가스공급설비 공사를 할 때 신청서에 첨부할 서류가 아닌 것은?**

① 공사계획서
② 공사공정표
③ 시공관리자 자격증 사본
④ 공급조건에 관한 설명서

해설 첨부서류 : 도법 시행규칙 제62조의2
㉮ 공사계획서
㉯ 공사공정표
㉰ 변경사유서(공사계획을 변경하는 경우에 한함)
㉱ 기술 검토서
㉲ 건설업 등록증 사본
㉳ 시공관리자의 자격을 증명할 수 있는 서류
㉴ 공사예정금액 명세서 등 해당 공사의 공사예정금액을 증빙할 수 있는 서류

49 **다음은 도시가스사업법 시행규칙에서 사용하는 용어이다. 용어의 정의가 잘못된 것은?**

① 본관이라 함은 도시가스제조사업소의 부지경계에서 정압기까지 이르는 배관을 말한다.
② 중압이란 0.1[MPa] 이상 1[MPa] 미만의 압력을 말한다.
③ 저압이란 0.1[MPa] 미만의 압력을 말한다.
④ 액화가스란 상용의 온도에서 압력이 0.4[MPa] 이상이 되는 것을 말한다.

해설 액화가스(도법 시행규칙 제2조) : 상용의 온도 또는 35[℃]에서 압력이 0.2[MPa] 이상이 되는 것을 말한다.

50 **가스도매사업의 가스공급시설에서 액화석유가스의 저장설비 및 처리설비는 그 외면으로부터 보호시설까지 몇 [m] 이상의 안전거리를 유지하는가?**

① 5[m] ② 10[m]
③ 20[m] ④ 30[m]

해설 보호시설과의 거리 : 액화석유가스의 저장설비와 처리설비는 그 외면으로부터 보호시설까지 30[m] 이상의 거리를 유지한다.

Answer 46. ① 47. ① 48. ④ 49. ④ 50. ④

51 다음은 액화석유가스에 관련된 수수료 납부 등에 관한 사항이다. 틀린 것은?

① 수수료는 산업통상자원부령으로 정한다.
② 액화석유가스 충전사업 허가
③ 가스용품 제조사업 허가
④ 석유정제업자 사고접수

해설 **수수료** : 액법 제60조
(1) 다음에 해당하는 자는 산업통상자원부령이 정하는 바에 따라 수수료를 납부하여야 한다.
㉮ 액화석유가스 충전사업 또는 가스용품 제조사업 허가나 변경허가를 받으려는 자
㉯ 액화석유가스 저장소 설치 허가나 변경허가를 받으려는 자
(2) 다음 각 호에 해당하는 자는 산업통상자원부장관이 정하는 바에 따라 수수료 또는 교육비를 내야 한다.
㉮ 안전관리규정에 대한 한국가스안전공사의 의견을 받고자 하는 자
㉯ 액화석유가스의 충전시설, 집단공급시설, 판매시설, 저장시설 또는 가스용품 제조시설의 설치공사 또는 변경공사의 완성검사를 받으려는 자
㉰ 정기검사를 받으려는 자
㉱ 정밀안전진단 또는 안전성평가를 받으려는 자
㉲ 가스용품의 검사를 받으려는 자
㉳ 품질검사를 받으려는 자
㉴ 액화석유가스 사용시설의 완성검사 또는 정기검사를 받으려는 자
㉵ 안전교육을 받으려는 자

52 가스발생기 및 가스홀더는 그 외면으로부터 사업장의 경계까지의 안전거리가 최고사용압력이 고압인 것은 몇 [m] 이상이 되어야 하는가?

① 5[m] 이상 ② 10[m] 이상
③ 15[m] 이상 ④ 20[m] 이상

해설 **가스발생기 및 가스홀더의 안전거리**
㉮ 최고사용압력이 고압 : 20[m] 이상
㉯ 최고사용압력이 중압 : 10[m] 이상
㉰ 최고사용압력이 저압 : 5[m] 이상

53 허가를 받지 않고 LPG 충전사업, LPG 집단공급사업, 가스용품 제조사업을 영위한 자에 대한 벌칙으로 맞는 것은?

① 1년 이하의 징역, 1500만원 이하 벌금
② 2년 이하의 징역, 2000만원 이하 벌금
③ 1년 이하의 징역, 1300만원 이하 벌금
④ 2년 이하의 징역, 1300만원 이하 벌금

해설 **벌칙** : 액법 제66조

54 고압가스 제조방법 중 안전관리상 알맞은 것은?

① 수소와 일산화탄소의 혼합가스를 300 [kgf/cm^2]으로 압축시킨다.
② 시안화수소의 안정제로 물을 사용하였다.
③ 액화산화에틸렌을 제조하기 위해 산화에틸렌 가스를 압축한다.
④ 아세틸렌은 3.5[MPa]으로 압축하여 충전할 때 희석제 사용이 필요 없다.

해설 **각 항목의 옳은 설명**
②번 항목 : 시안화수소의 안정제로는 황산, 아황산가스를 사용하며, 수분에 의한 중합폭발의 위험성이 있다.
③번 항목 : 산화에틸렌(C_2H_4O)은 비점이 10.44[℃]로 압축하지 않아도 액화가 쉽다.
④번 항목 : 아세틸렌(C_2H_2)의 충전 중의 압력은 온도와 관계없이 2.5[MPa] 이하로 유지한다. (2.5[MPa] 이상의 압력으로 압축할 때는 질소, 메탄, 일산화탄소, 에틸렌 등 희석제를 첨가한다.)

55 샘플링 검사의 목적으로 틀린 것은?

① 검사비용의 절감
② 생산 공정상의 문제점 해결
③ 품질향상의 자극
④ 나쁜 품질인 로트의 불합격

Answer 51. ④ 52. ④ 53. ② 54. ① 55. ②

56 월 100대의 제품을 생산하는데 세이퍼 1대의 제품 1대당 소요공수가 14.4[h]라 한다. 일 8[h], 월 25일 가동한다고 할 때 이 제품 전부를 만드는데 필요한 세이퍼의 필요대수를 계산하면? (단, 작업자 가동율 80[%], 세이퍼 가동율 90[%]이다.)

① 8대　　② 9대
③ 10대　　④ 11대

해설 필요대수 $= \dfrac{\text{제품생산에 필요한 월간가동시간}}{\text{월 가동시간}}$

$= \dfrac{100 \times 1 \times 14.4}{8 \times 25 \times 0.8 \times 0.9} = 10$ 대

57 TQC(Total Quality Control)란?

① 시스템적 사고방법을 사용하지 않는 품질관리 기법이다.
② 아프터 서비스를 통한 품질을 보증하는 방법이다.
③ 전사적인 품질정보의 교환으로 품질향상을 기도하는 기법이다.
④ QC부의 정보분석 결과를 생산부에 피드백 하는 것이다.

해설 TQC : 종합적 품질관리

58 PERT/CPM에서 주공정(critical path)은? (단, 화살표 밑의 숫자는 활동시간을 나타낸다.)

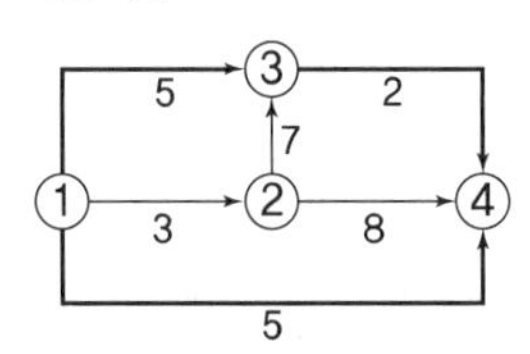

① ①-③-②-④
② ①-②-③-④
③ ①-②-④
④ ①-④

해설 각 공정의 작업시간
①번 항목 : ①-③-②-④에서 ②→③ 이므로 ③→② 으로는 활동이 이루어지지 않음
②번 항목 : ①-②-③-④
　　=3+7+2=12시간
③번 항목 : ①-②-④
　　=3+8=11시간
④번 항목 : ①-④=5시간
※ 주공정은 가장 긴 작업시간이 예상되는 공정이다.

59 제품공정분석표에 사용되는 기호 중 공정간의 정체를 나타내는 기호는?

① ⬚　　② ▽
③ ✡　　④ △

해설 ① 양 중심의 질 검사
② 로트 대기 : 로트 전부가 정체하고 있는 상태
③ 일시적 정체 : 로트 중 일부가 가공되고 나머지는 정지하고 있는 상태
④ 원재료의 저장

60 다음에서 계수값 관리도는 어느 것인가?

① R 관리도　　② $\bar{x}$ 관리도
③ p 관리도　　④ $\bar{x}-R$ 관리도

해설 계수값 관리도의 종류
㉮ np **관리도** : 공정을 부적합품수(np) 에 의해 관리할 경우 사용
㉯ p **관리도** : 공정을 부적합품율(p) 에 의해 관리할 경우 사용
㉰ c **관리도** : 미리 정해진 일정 단위 중에 포함된 부적합(결점)수에 의거 공정을 관리할 때 사용
㉱ u **관리도** : 검사하는 시료의 면적이나 길이 등이 일정하지 않을 경우 사용 또는 부적합수를 관리할 때 사용

Answer 56. ③ 57. ③ 58. ② 59. ② 60. ③

과 년 도 문 제

01 다음 반응식의 평형상수(K)를 올바르게 나타낸 것은?

$$N_2 + 3H_2 \rightleftarrows 2NH_3$$

① $K = \dfrac{2[NH_3]}{[N_2] \cdot 3[H_2]}$

② $K = \dfrac{[H_2]^3}{[N_2] \cdot [NH_3]^2}$

③ $K = \dfrac{[NH_3]^2}{[N_2] \cdot [H_2]^3}$

④ $K = \dfrac{[N_2]^2}{[H_2] \cdot [NH_3]^2}$

해설 다음의 반응이 평형상태에 있을 때

$aA + bB \rightleftarrows cC + dD$

$\therefore K = \dfrac{[C]^c \times [D]^d}{[A]^a \times [B]^b}$

02 기체의 열용량에 관한 사항에서 옳지 않은 것은?

① 열용량이 크면 온도를 변화시키기가 힘들다.

② 이상기체의 몰 정압 열용량(C_p)와 몰 정용 열용량(C_v)의 차는 기체상수 R과 같다.

③ 공기에 대한 정압비열과 정용비열의 비 (C_p/C_v)는 1.40이다.

④ 정압 몰 열용량은 정압비열을 몰질량으로 나눈 값과 같다.

해설 ㉮ **열용량** : 어떤 물체의 온도를 1[℃] 상승시키는데 소요되는 열량으로 열용량이 크면 온도를 변화시키기 어렵다.

㉯ $C_p - C_v = R$

㉰ 공기의 비열비 $k = 1.4$

㉱ 정압 몰 열용량은 정압비열과 물질량을 곱한 값과 같다.

∴ 열용량[kcal/℃] = G[mol] × C_p[kcal/mol · ℃]

03 기체의 압력(P)이 감소하여 압력(P)이 0인 한계상황에서 기체 분자의 상태는 어떻게 되는가?

① 분자들은 점점 더 넓게 분산된다.

② 분자들은 점점 더 조밀하게 응집된다.

③ 분자들은 아무런 영향을 받지 않는다.

④ 분자들은 분산과 응집의 균형을 유지한다.

해설 압력이 낮아지면 기체분자들의 응집력이 감소하므로 분자들은 점점 더 넓게 분산된다.

04 비리알 전개(Virial expansion)는

$$Z = \frac{PV}{RT} = 1 + B'P + C'P^2 + D'P^3 + \cdots$$

로 표현된다. 기체의 압력이 0에 가까워지면 Z의 값은?

① ∞ 가 된다.

② 0에 가까워진다.

③ 1에 가까워진다.

④ 아무 영향을 받지 않는다.

해설 비리얼 방정식은 실제기체 상태방정식에 해당되며, 실제기체가 이상기체에 가까워 질수 있는 조건은 압력이 낮아지고, 온도가 높아지는 경우이고 이상기체는 압축계수가 1에 해당되므로 기체의 압력이 0에 가까워지면 압축계수는 1에 가까워진다.

Answer 1. ③ 2. ④ 3. ① 4. ③

05 밀폐된 용기 내에 1[atm], 27[℃]로 된 프로판과 산소가 2 : 8의 비율로 혼합되어 있으며 그것이 연소하여 다음과 같은 반응을 발생하고 화염온도는 3000[K]가 되었다고 한다. 다음 중 이 용기 내에 발생하는 압력은 얼마인가? (단, 내용적 변화는 없다.)

$$2C_3H_8 + 8O_2 \rightarrow 6H_2O + 4CO_2 + 2CO + 2H_2$$

① 2[atm] ② 6[atm]
③ 12[atm] ④ 14[atm]

해설 $PV = nRT$ 에서
반응 전의 상태 $P_1V_1 = n_1R_1T_1$
반응 후의 상태 $P_2V_2 = n_2R_2T_2$ 라 하면
$V_1 = V_2$, $R_1 = R_2$가 되므로 생략하면
$\frac{P_2}{P_1} = \frac{n_2T_2}{n_1T_1}$ 이 된다.
$\therefore P_2 = \frac{n_2T_2}{n_1T_1} \times P_1$
$= \frac{(6+4+2+2) \times 3000}{(2+8) \times (273+27)} \times 1$
$= 14$[atm]

06 일산화탄소와 공기의 혼합가스는 압력이 높아지면 폭발범위는 어떻게 변화되는가? (단, 완전 건조된 공기이다.)

① 증대된다. ② 좁아진다.
③ 넓어진다. ④ 변화 없다.

해설 가연성가스의 폭발범위는 공기 중에서 보다 산소 중에서 넓어지며, 압력이 높을수록 넓어진다. 단, 일산화탄소(CO)는 압력이 상승되면 폭발범위가 좁아지며, 공기 중에 수증기가 포함되어 있으면 폭발범위는 넓어진다. 수소(H_2)는 압력이 상승되면 폭발범위가 좁아지다가 계속 압력을 올리면 폭발범위가 넓어진다.

07 밀폐된 용기 중에서 공기의 압력이 10[atm]일 때 N_2의 분압은 얼마인가? (단, 공기 중 질소의 비는 0.79로 한다.)

① 7.9[atm] ② 9.1[atm]
③ 11.8[atm] ④ 12.7[atm]

해설 P_{N_2} = 전압 × $\frac{성분부피}{전부피}$ = 전압 × 부피비
$= 10 \times 0.79 = 7.9$[atm]

08 에탄이 완전연소 할 때 에탄 1몰 당 발열량(Q)을 구하면? (단, $CO_2(g)$, $H_2O(g)$, $C_2H_6(g)$의 생성열은 1몰 당 각각 94.1[kcal], 57.8[kcal], 20.2[kcal]이다.)

$$C_2H_6(g) + \frac{7}{2}O_2 \rightarrow 2CO_2(g) + 3H_2O(g) + Q$$

① 214.4[kcal/mol] ② 259.4[kcal/mol]
③ 301.4[kcal/mol] ④ 341.4[kcal/mol]

해설 $C_2H_6(g) + \frac{7}{2}O_2 \rightarrow 2CO_2(g) + 3H_2O(g) + Q$
$-20.2 = -2 \times 94.1 - 3 \times 57.8 + Q$
$\therefore Q = 2 \times 94.1 + 3 \times 57.8 - 20.2$
$= 341.4$[kcal/mol]

09 고압가스 장치로부터 미량의 가스가 대기 중에 누출될 경우 가스의 검지에 사용되는 시험지와 색의 변화상태가 올바르게 연결된 것은?

① 암모니아 – KI전분지 – 청색
② 염소 – 적색리트머스지 – 청색
③ 아세틸렌 – 염화제1구리 – 적갈색
④ 일산화탄소 – 초산연시험지 – 갈색

Answer 5. ④ 6. ② 7. ① 8. ④ 9. ③

해설 가스누설검지 시험지

검지가스	시 험 지	반응
암모니아(NH_3)	적색리트머스지	청 색
염소(Cl_2)	KI-전분지	청갈색
포스겐($COCl_2$)	해리슨 시험지	유자색
시안화수소(HCN)	초산벤지진지	청 색
일산화탄소(CO)	염화팔라듐지	흑 색
황화수소(H_2S)	연당지	회흑색
아세틸렌(C_2H_2)	염화제1동 착염지	적갈색

10 액화된 LPG 1[L]는 약 250[L]의 가스로 기화된다. 10[kg]의 액화된 LPG는 몇 [m^3]의 가스로 기화되는가? (단, 비중은 0.5로 한다.)

① 0.5　　② 5
③ 0.1　　④ 10

해설 ㉮ LPG 10[kg]을 체적으로 환산

$$\therefore \text{액화가스 체적} = \frac{\text{무게}}{\text{액비중}} = \frac{10}{0.5} = 20[L]$$

㉯ 기체의 체적 계산 : 액 1[L]가 기체 250[L]로 변하고, 1[m^3]는 1000[L]에 해당된다.

$$\therefore \text{기체 체적} = 20 \times 250 \times 10^{-3} = 5[m^3]$$

11 다음 가스 중 폭발범위가 가장 넓은 것은?

① 아세틸렌(C_2H_2)
② 수소(H_2)
③ 일산화탄소(CO)
④ 프로판(C_3H_8)

해설 각 가스의 공기 중에서 폭발범위
㉮ 아세틸렌(C_2H_2) : 2.5~81[%]
㉯ 수소(H_2) : 4~75[%]
㉰ 일산화탄소(CO) : 12.5~74[%]
㉱ 프로판(C_3H_8) : 2.1~9.5[%]

12 수소(H_2)의 공업적 제조법에 속하지 않는 것은?

① 물의 전기분해법　② 공기액화 분리법
③ 수성가스법　④ 석유분해법

해설 ㉮ **수소의 공업적 제조법** : 물의 전기분해, 수성가스법, 천연가스 분해법, 석유 분해법, 일산화탄소 전화법
㉯ **공기액화 분리법** : 산소, 아르곤, 질소의 공업적 제조법

13 암모니아의 특징에 대한 설명으로 적당하지 못한 것은?

① 임계온도는 133[℃]이고 응축기용 냉각수의 온도가 조금 상승하더라도 응축될 수 있다.
② 대기압하의 증발온도는 −33.3[℃]이므로 증발온도 −33.3[℃] 이하일 때는 진공운전이 된다.
③ 기준 냉동사이클에서 증발압력은 2.4[$kgf/cm^2 \cdot a$], 응축압력은 15[$kgf/cm^2 \cdot a$]이다.
④ 응고점은 −77.7[℃]로 비교적 냉매로서 높은 편이며 초저온용에는 부적합하다.

해설 암모니아 기준 냉동사이클에서
㉮ 증발압력 : 2.41[$kgf/cm^2 \cdot a$]
㉯ 응축압력 : 11.895[$kgf/cm^2 \cdot a$]

14 다음은 산소(gas)의 성질을 나타낸 것이다. 틀린 것은?

① 비점은 약 −182.97[℃]이다.
② 임계압력은 50.1[atm]이다.
③ 임계온도는 −118.4[℃]이다.
④ 표준상태에서의 밀도는 0.715[g/L]이다.

Answer 10. ② 11. ① 12. ② 13. ③ 14. ④

해설 산소(O_2)의 성질

㉮ 대기압상태의 비점 : −182.97[℃](일반적으로 −183[℃]로 통용됨)
㉯ 임계압력 : 50.1[atm]
㉰ 임계온도 : −118.4[℃]
㉱ 분자량이 32이므로 밀도는 1.43[g/L], 비체적은 0.7[L/g]이다.

$$\therefore \rho = \frac{분자량}{22.4} = \frac{32}{22.4} = 1.43[g/L]$$

$$\therefore v = \frac{22.4}{분자량} = \frac{1}{\rho} = \frac{22.4}{32} = 0.7[L/g]$$

15 시안화수소(HCN)에 대한 설명 중 옳은 것은?

① 허용농도는 10[ppb]이다.
② 충전한 후 30일을 경과할 수 없다.
③ 충전 시 수분이 1[%] 이면 안정하다.
④ 누출 검지제로는 질산구리벤젠지이다.

해설 시안화수소의 특징

㉮ 가연성 가스이며, 독성가스이다.
㉯ 액체는 무색, 투명하고 감, 복숭아 냄새가 난다.
㉰ 소량의 수분 존재 시 중합폭발을 일으킬 우려가 있다.
㉱ 알칼리성 물질(암모니아, 소다)을 함유하면 중합이 촉진된다.
㉲ 중합폭발을 방지하기 위하여 안정제(황산, 아황산가스 등)를 사용한다.
㉳ 물에 잘 용해하고 약산성을 나타낸다.
㉴ 흡입은 물론 피부에 접촉하여도 인체에 흡수되어 치명상을 입는다.
㉵ 충전 후 24시간 정치하고, 충전 후 60일이 경과되기 전에 다른 용기에 옮겨 충전할 것(단, 순도가 98[%] 이상이고 착색되지 않는 것은 제외)
㉶ 순도는 98[%] 이상 유지하고, 1일 1회 이상 질산구리벤젠지를 사용하여 누출검사를 실시한다.

16 다음 중 암모니아의 완전연소 반응식을 올바르게 나타낸 것은?

① $2NH_3 + 2O_2 \rightarrow N_2O + 3H_2O$
② $4NH_3 + 3O_2 \rightarrow 2N_2 + 6H_2O$
③ $NH_3 + 2O_2 \rightarrow HNO_3 + H_2O$
④ $4NH_3 + 5O_2 \rightarrow 4NO + 6H_2O$

해설 암모니아는 산소 중에서 황색염(炎)을 내며 연소하고 질소와 물을 생성한다.
※ 연소반응식 : $4NH_3 + 3O_2 \rightarrow 2N_2 + 6H_2O$

17 증기와 가스와의 다른 점을 구별하는 조건으로 맞지 않는 것은?

① 분자간의 거리　② 분자의 온도
③ 분자의 무게　④ 분자의 크기

18 지름 45[mm]의 축의 보스길이 50[mm]인 기어를 고정시킬 때 축에 걸리는 최대 토크가 20000[kgf · mm]일 경우 키(b = 12[mm], h = 8[mm])에 발생되는 압축응력은?

① 2.5[kgf/mm^2]　② 4.5[kgf/mm^2]
③ 3.5[kgf/mm^2]　④ 5.5[kgf/mm^2]

해설

$$\sigma_c = \frac{4T}{h \cdot L \cdot d} = \frac{4 \times 20000}{8 \times 50 \times 45} = 4.44[kgf/mm^2]$$

19 액화탄산가스 100[kg]을 용적 50[L]의 용기에 충전시키기 위해서는 몇 개의 용기가 필요한가? (단, 가스충전 계수는 1.34이다.)

① 1개　② 3개
③ 5개　④ 7개

Answer 15. ④ 16. ② 17. ② 18. ② 19. ②

해설 ① 용기 1개당 충전량[kg] 계산

$$\therefore G = \frac{V}{C} = \frac{50}{1.34} = 37.313[\text{kg}]$$

② 용기 수 계산

$$\therefore 용기수 = \frac{전체가스량}{용기1개당충전량} = \frac{100}{37.313} = 2.68 ≒ 3[개]$$

20 배관에서 지름이 다른 관을 연결하는데 사용하는 것은?

① 소켓 ② 리듀서
③ 플랜지 ④ 크로스

해설 **관이음재의 용도**
㉮ 소켓 : 동일 지름의 배관을 나사이음 할 때 사용
㉯ 리듀서(reducer) : 배관의 지름을 변경할 때 사용
㉰ 플랜지 : 동일 지름의 배관을 연결할 때 사용하고, 분해가 가능하다.
㉱ 크로스 : 4방향으로 분기할 때 사용

21 다음 설명 중 초저온장치의 단열법에 대해서 옳지 않은 것은?

① 단열재는 습기가 없어야 한다.
② 온도가 낮은 기기일수록 전열에 의한 침입열이 크다.
③ 단열재는 균등하게 충전하여 공동이 없도록 해야 한다.
④ 단열재는 산소 또는 가연성의 것을 취급하는 장치 이외에는 불연성이 아니라도 좋다.

해설 산소, 액체질소를 취급하는 장치 및 공기의 액화온도 이하의 장치에는 불연성 단열재를 사용하여야 한다.

22 다음 중 터보 압축기의 구성 부분이 아닌 것은?

① 임펠러 ② 디퓨져
③ 액 스트레이너 ④ 섹션 가이드 베인

해설 **터보 압축기의 구성 3요소** : 임펠러, 디퓨져, 가이드 베인

23 케이싱 내에 암로터 및 숫로터의 회전운동에 의해 압축되어 진동이나 맥동이 없고 연속송출이 가능한 용적형 압축기는?

① 컴파운드 압축기 ② 축류 압축기
③ 터보식 압축기 ④ 스크류 압축기

해설 **스크류(screw) 압축기**
케이싱 내부에 암(female)·수(male) 치형을 가진 로터의 맞물림에 의하여 기체를 압축하는 용적형 압축기로 연속적인 압축으로 맥동현상이 없지만, 용량 조정이 어렵다.

24 고압장치 배관 내를 흐르는 유체가 고온이면 열응력이 발생한다. 이 열응력을 대응하기 위한 이음이 아닌 것은?

① 벨로스 이음 ② 슬리브 이음
③ U 벤드 ④ 유니언 이음

해설 **신축이음 장치의 종류** : 루프형, 슬리브형, 벨로스형, 스위블형, 상온스프링, 볼 조인트 등

25 냉각탑(cooling tower)에 관한 기술 중 맞는 것은?

① 냉동기의 냉각수가 흡수한 열을 외기에 방사하고 온도가 내려간 물을 재순환 시키는 장치이다.
② 오염된 공기를 깨끗하게 하며 동시에 공기를 냉각하는 장치이다.

Answer 20. ② 21. ④ 22. ③ 23. ④ 24. ④ 25. ①

③ 찬 우물물을 냉각시켜 공기를 냉각시키는 장치이다.
④ 냉매를 통과시켜 공기를 냉각시키는 장치이다.

해설 냉각탑(cooling tower) : 수냉식 냉동기에 사용하는 것으로 냉각수를 냉각시키는 장치이다.

26 다음 독성가스와 제해제(除害制)의 조합 중 틀린 것은?

① 염소 – 가성소다(NaOH) 수용액, 탄산소다(Na_2CO_3) 수용액
② 암모니아 – 염산 및 질산 수용액
③ 시안화수소 – 가성소다(NaOH) 수용액
④ 아황산가스 – 가성소다(NaOH) 수용액

해설 제해제(제독제)의 종류

독성가스	제해제의 종류
염소	가성소다 수용액, 탄산소다 수용액, 소석회
포스겐	가성소다 수용액, 소석회
황화수소	가성소다 수용액, 탄산소다 수용액
시안화수소	가성소다 수용액
아황산가스	가성소다 수용액, 탄산소다 수용액, 물
암모니아, 산화에틸렌, 염화메탄	다량의 물

27 초저온 액화가스 취급 시 생기기 쉬운 사고 발생 원인으로 틀린 것은?

① 가스에 의한 질식사고
② 화학적 변화에 따른 사고
③ 저온 때문에 생기는 물리적 현상
④ 가스의 증발에 따른 압력의 이상 상승

28 가스도매사업의 가스공급시설 중 배관 설치 시 시가지외의 도로 노면 밑에 매설하는 경우 노면으로부터 배관외면까지의 깊이는 몇 [m] 이상으로 해야 하는가?

① 1.0[m] ② 1.2[m]
③ 1.5[m] ④ 2.0[m]

해설 도로매설 기준
㉮ 도로경계 : 1[m] 이상의 수평거리 유지
㉯ 도로 밑의 다른 시설물 : 0.3[m] 이상유지
㉰ 시가지의 도로 노면 밑에 매설 : 1.5[m] 이상
㉱ 시가지외의 도로 노면 밑에 매설 : 1.2[m] 이상
㉲ 포장되어 있는 차도에 매설 : 노반 최하부와 0.5[m] 이상
㉳ 인도, 보도 등 노면외의 도로 밑에 매설 : 1.2[m] 이상

29 고압가스 특정제조 시설에서 산소의 저장능력이 40000[m^3]를 초과한 경우 제2종 보호시설까지의 안전거리는 몇 [m] 이상을 유지하여야 하는가?

① 8 ② 12
③ 14 ④ 16

해설 산소의 보호시설별 안전거리 기준

처리능력 및 저장능력([kg], [m^3])	제1종	제2종
1만 이하	12	8
1만 초과 2만 이하	14	9
2만 초과 3만 이하	16	11
3만 초과 4만 이하	18	13
4만 초과	20	14

∴ 제2종 보호시설까지의 안전거리는 14[m] 이상이다.

Answer 26. ② 27. ② 28. ② 29. ③

30 **고압가스 일반제조의 시설기준 중 가연성 가스 제조설비의 전기설비는 방폭성능을 가지는 구조이여야 한다. 다음 중 제외 대상이 되는 가스는?**

① 에탄 및 염화메탄
② 암모니아 및 브롬화메탄
③ 에틸아민 및 아세트알데히드
④ 프로필렌 및 수소

해설 **방폭구조 제외 대상** : 암모니아, 브롬화메탄 및 공기 중에서 자기발화하는 가스를 제외한다.

31 **도시가스사업법 상 정압기실의 설치기준으로 옳지 않은 것은?**

① 지하 정압기실은 침수방지 조치를 할 것
② 정압기지에는 가스공급시설 외 시설물을 설치하지 아니할 것
③ 지하에 설치하는 정압기실 천정, 바닥, 벽 두께는 20[cm] 이상으로 할 것
④ 정압기를 설치한 장소는 계기실, 전기실 등과 구분하고 누출된 가스가 계기실 등으로 유입되지 않도록 할 것

해설 지하에 설치하는 정압기실 천정, 바닥, 벽두께는 30[cm] 이상의 방수조치를 한 콘크리트 구조이어야 한다.

32 **일반도시가스사업의 가스공급시설의 시설기준에 관한 사항이다. 틀린 것은?**

① 최고사용압력이 저압인 경우 가스발생기 외면으로부터 사업장의 경계까지의 거리는 5[m] 이상을 유지해야 한다.
② 최고사용압력이 중압인 경우 가스홀더 외면으로부터 사업장 경계까지의 거리는 10[m] 이상을 유지해야 한다.
③ 최고사용압력이 고압인 경우 가스혼합기 외면으로부터 사업장 경계까지의 거리는 3[m] 이상을 유지해야 한다.
④ 최고사용압력이 고압인 경우 가스정제설비 외면으로부터 사업장의 경계까지의 거리는 20[m] 이상을 유지해야 한다.

해설 **가스발생기, 가스홀더와 사업소 경계와의 거리**
㉮ 최고사용압력이 고압 : 20[m] 이상
㉯ 최고사용압력이 중압 : 10[m] 이상
㉰ 최고사용압력이 저압 : 5[m] 이상

33 **탄소강에 있어서 펄라이트(pearlite) 조직을 가진 재료의 브리넬경도(H_B)로서 옳은 값은?**

① 80 ② 200
③ 800 ④ 920

34 **실제기체가 이상기체처럼 행동하는 경우는?**

① 높은 압력과 높은 온도
② 낮은 압력과 높은 온도
③ 높은 압력과 낮은 온도
④ 낮은 압력과 낮은 온도

해설 실제기체가 이상기체에 가까워 질 수 있는 조건은 낮은 압력(저압)과 높은 온도(고온) 이다.

35 **냉매의 구비조건이 아닌 것은?**

① 성적계수가 클 것
② 열전도율이 작을 것
③ 응축압력이 낮을 것
④ 유체의 점성이 작을 것

Answer 30. ② 31. ③ 32. ③ 33. ② 34. ② 35. ②

해설 냉매의 구비조건 : ①, ③, ④ 외
㉮ 증발잠열이 클 것
㉯ 증기의 비열은 크고, 액체의 비열은 작을 것
㉰ 임계온도가 높을 것
㉱ 증발압력이 너무 낮지 않을 것
㉲ 응고점이 낮을 것
㉳ 비점이 낮을 것
㉴ 비열비가 작을 것
㉵ 열전도율이 클 것

36 고압가스 안전장치(밸브) 종류가 아닌 것은?

① 안전밸브 ② 가용전
③ 파열판 ④ 바이패스 밸브

해설 가용전 : 일정온도 이상이 되면 용전이 녹아 내부의 가스를 방출하는 것으로 온도 및 압력이 높은 장치에서는 사용이 곤란하다. 주로 염소, 아세틸렌 충전용기의 안전장치로 사용된다.

37 희가스(0족 원소)의 성질 중 맞지 않는 항목은?

① 상온에서 무색, 무취, 무미이다.
② 원자가는 8이고, 불안정한 물질이다.
③ 방전관 중에서 특이한 스펙트럼을 발한다.
④ 단원자 분자이므로 분자량과 원자량은 같다.

해설 희가스 : 화학적으로 불활성이고, 안정된 물질이며 종류에는 헬륨, 네온, 아르곤, 크립톤, 크세논, 라돈 등 6종류이다.

38 포스겐가스를 가수분해하면 무엇이 생성되는가?

① CO, CO_2 ② CO, Cl
③ CO_2, HCl ④ H_2CO_3, HCl

해설 포스겐($COCl_2$)의 가수분해 반응식
$\therefore COCl_2 + H_2O \rightarrow CO_2 + 2HCl$

39 가스관의 용접 접합시의 장점이 아닌 것은?

① 관 단면의 변화가 많다.
② 돌기부가 없어서 시공이 용이하다.
③ 접합부의 강도가 커서 배관용적을 축소할 수 있다.
④ 누출의 염려가 없고, 시설유지비가 절감된다.

해설 용접이음의 특징
(1) 장점
㉮ 이음부 강도가 크고, 하자발생이 적다.
㉯ 이음부 관 두께가 일정하므로 마찰저항이 적다.
㉰ 배관의 보온, 피복시공이 쉽다.
㉱ 시공시간이 단축되고 유지비, 보수비가 절약된다.
(2) 단점
㉮ 재질의 변형이 일어나기 쉽다.
㉯ 용접부의 변형과 수축이 발생한다.
㉰ 용접부의 잔류응력이 현저하다.
㉱ 품질검사(결함검사)가 어렵다.

40 메탄가스에 대한 설명 중 맞는 것은?

① 메탄의 폭발범위는 5~25[%]이다.
② 수분을 함유한 메탄은 금속을 급격히 부식시킨다.
③ 공기 중에 메탄가스 3[%] 함유된 혼합기체에 점화하면 폭발한다.
④ 고온에서 니켈촉매를 사용하여 수증기와 작용하면 일산화탄소와 수소를 생성한다.

해설 메탄(CH_4)의 성질
㉮ 파라핀계 탄화수소의 안정된 가스이다.
㉯ 천연가스(NG)의 주성분이다. (비점 : −161.5[℃])
㉰ 무색, 무취, 무미의 가연성 기체이다. (폭발범위 : 5~15[%])
㉱ 유기물의 부패나 분해 시 발생한다.

Answer 36. ② 37. ② 38. ③ 39. ① 40. ④

㉮ 메탄의 분자는 무극성이고, 수(水)분자와 결합하는 성질이 없어 용해도는 적다.
㉯ 공기 중에서 연소가 쉽고, 화염은 담청색의 빛을 발한다.
㉰ 염소와 반응하면 염소화합물이 생성된다.
㉱ 고온에서 니켈 촉매를 사용하여 산소, 수증기와 반응시키면 일산화탄소와 수소를 생성한다.

$CH_4 + \frac{1}{2}O_2 \rightarrow CO + 2H_2 + 8.7$[kcal]

$CH_4 + H_2O \rightarrow CO + 3H_2 - 49.3$[kcal]

41 다음 가스 중 금속에 대한 부식성이 거의 없고 독성이 없으나 최근 오존층 파괴의 주요 물질로 사용 규제를 받고 있는 물질은?

① 시안화수소(HCN)
② 산화에틸렌(C_2H_4O)
③ 프레온(CH_3CClF_2)
④ 불화수소(HF)

42 염소의 성질 중 적합한 것은?

① 염소는 암모니아로 검출할 수 있다.
② 염소는 물의 존재 없이 표백작용을 한다.
③ 완전히 건조된 염소는 철과 잘 반응한다.
④ 염소폭명기는 냉암소에서도 폭발하여 염화수소가 된다.

해설 **염소(Cl_2)의 성질**

㉮ 암모니아와 반응하여 염화암모늄(NH_4Cl)이 생성되면서 흰연기가 발생한다.
$8NH_3 + 3Cl_2 \rightarrow 6NH_4Cl + N_2$
㉯ 염소는 물의 존재 하에서 표백작용을 한다.
㉰ 습기나 물에 접촉하면 염산(HCl)을 생성하여 강재를 부식시킨다.
㉱ 완전히 건조된 염소는 상온에서 철과 반응하지 않으므로 용기나 저장탱크의 재료는 탄소강을 사용한다.
㉲ 염소 폭명기 : 직사광선(햇빛)이 촉매 역할
$H_2 + Cl_2 \rightarrow 2HCl + 44$[kcal]

43 공기액화 장치에 아세틸렌가스가 혼입되면 안 되는 이유로 맞는 것은?

① 배관 내에서 동결되어 막히므로
② 산소의 순도가 나빠지기 때문에
③ 질소와 산소의 분리가 방해되므로
④ 분리기내의 액체산소탱크에 들어가 폭발하기 때문에

해설 원료공기 중에 아세틸렌이 혼입되면 공기액화 분리기 내의 동과 접촉하여 동-아세틸드를 생성하여 산소 중에서 폭발의 위험성이 있기 때문에 제거한다.

44 아세틸렌을 용기에 충전할 때 충전 중의 압력은 얼마 이하로 해야 하는가?

① 1.5[MPa] ② 2.5[MPa]
③ 3.5[MPa] ④ 4.5[MPa]

해설 **아세틸렌 충전용기 압력**

㉮ 충전 중의 압력 : 온도와 관계없이 2.5[MPa] 이하
㉯ 충전 후의 압력 : 15[℃]에서 1.5[MPa] 이하

45 고압가스 일반제조시설의 저장탱크에 설치하는 긴급차단장치의 설치기준으로 올바른 것은?

① 특수반응설비 또는 고압가스설비마다 설치할 경우 상용압력에 1.1배 이상의 압력에 견디어야 한다.
② 액상의 가연성가스, 독성가스를 이입하기 위해 설치된 배관에는 역류방지밸브로 대신할 수 있다.
③ 긴급차단장치에 속하는 밸브 외 1개의 밸브를 배관에 설치하고 항상 개방시켜 둔다.
④ 가연성가스 저장탱크의 외면으로부터 10[m] 이상 떨어진 위치에 설치해야 한다.

Answer 41. ③ 42. ① 43. ④ 44. ② 45. ②

해설 긴급차단장치 설치기준

①번 항목 : 제조자 또는 수리자가 긴급차단장치를 제조 또는 수리하였을 경우 KS B 2304(밸브검사통칙)에서 정하는 기준에 따라 수압시험 방법으로 밸브시트의 누출검사를 하여 누출되지 아니하는 것으로 한다.

③번 항목 : 긴급차단장치에 딸린 밸브 외에 2개 이상의 밸브를 설치하고, 그 중 1개는 그 배관에 속하는 저장탱크의 가장 가까운 부근에 설치한다. 이 경우 그 저장탱크의 가장 가까운 부근에 설치한 밸브는 가스를 송출 또는 이입하는 때 외에는 잠가둔다.

㉰ 저장탱크에 부착된 배관에는 그 저장탱크의 외면으로부터 5[m] 이상 떨어진 위치에서 조작할 수 있는 긴급차단장치를 설치한다. 다만, 액상의 가연성가스 또는 독성가스를 이입하기 위하여 설치된 배관에 역류방지밸브를 설치한 경우에는 긴급차단장치를 설치한 것으로 볼 수 있다.

46 고압가스용 압력계에 대한 설명 중 옳지 않은 것은?

① 모든 압력계의 눈금 시험은 기름을 이용하여 시험한다.

② 암모니아용은 강제를 사용한다.

③ 압력이 급격히 올라가면 부르동관의 온도는 700[℃]까지 올라가 위험하다.

④ 아세틸렌용의 부르동관은 62[%] 이상의 동합금제를 사용하면 안 된다.

해설 부르동관 압력계의 시험은 표준분동식 압력계(자유 피스톤식, 부유 피스톤식 압력계)를 이용한다.

47 고압가스 안전관리법상 고압가스 제조허가의 종류에 해당되지 않는 것은?

① 냉동제조허가

② 특정설비 제조허가

③ 고압가스 특정제조허가

④ 고압가스 일반제조허가

해설 고압가스 제조허가의 종류 : 고법 시행령 제3조

㉮ 고압가스 특정제조

㉯ 고압가스 일반제조

㉰ 고압가스 충전

㉱ 냉동제조

48 안전관리자의 업무에 속하지 않는 것은?

① 액화석유가스 특정사용자의 액화석유가스 사용시설의 안전관리

② 사업소의 종사자에 대한 안전관리를 위하여 필요한 지휘 감독

③ 수요자의 의무이행 조사 및 감독

④ 그 밖의 위해방지 조치

해설 안전관리자의 업무 : 액법 시행령 제16조

㉮ 사업소 또는 액화석유가스 특정사용자의 액화석유가스 사용시설("특정사용시설")의 안전유지 및 검사기록의 작성, 보존

㉯ 가스용품의 제조공정관리

㉰ 공급자의 의무이행 확인

㉱ 안전관리규정의 실시기록의 작성, 보존

㉲ 정기검사 및 수시검사 결과 부적합 판정을 받은 시설의 개선

㉳ 사고의 통보

㉴ 사업소 또는 액화석유가스 특정사용시설의 종업원에 대한 안전관리를 위하여 필요한 사항의 지휘, 감독

㉵ 그 밖의 위해 방지 조치

49 용기에 충전하는 작업을 할 때 작업자가 행하는 조작으로 직접 위험이 생기는 것은?

① 잔가스 용기에 마개를 했다.

② 고압가스 충전용기에 저압가스를 충전했다.

③ 충전밸브 닫는 것을 잊고 용기밸브에서 충전밸브를 분리했다.

④ 충전용기에 충전할 때 저울의 눈금이 틀려 10[kg] 용기에 9.5[kg]을 충전했다.

Answer 46. ① 47. ② 48. ③ 49. ③

50 다음 중 허용농도(TLV-TWA)에 대한 설명으로 맞는 것은?

① 건강한 사람이 그 분위기 속에서 호흡하면 단시간 이내에 사망하는 한계농도
② 건강한 성인남자가 그 분위기 속에서 1일 8시간 작업하는 경우 이상 없는 농도
③ 동물실험에 의해 급성장해를 일으켜 위험한 농도
④ 사람이 그 분위기 속에서 호흡할 때 50[%]가 장해를 받는 농도

해설 허용농도 및 독성가스

㉮ 법령 개정 전 허용농도 : 정상인이 1일 8시간 또는 1주 40시간 통상적인 작업을 수행함에 있어 건강상 나쁜 영향을 미치지 아니하는 정도의 공기 중의 가스의 농도를 말한다.
→ TLV-TWA로 표시

㉯ 개정된 허용농도 : 해당 가스를 성숙한 흰쥐집단에게 대기 중에서 1시간 동안 계속하여 노출시킨 경우 14일 이내에 그 흰쥐의 2분의 1 이상이 죽게 되는 가스의 농도를 말한다. → LC50로 표시 〈2008. 3. 2 개정〉

㉰ 독성가스 : 공기 중에 일정량 이상 존재하는 경우 인체에 유해한 독성을 가진 가스로서 허용농도가 100분의 5000 이하인 것

51 프로판가스 2.2[kg]을 완전 연소시키는데 필요한 이론 공기량을 25[℃], 750[mmHg]의 부피로 계산하면?

① 29.50[m³] ② 34.66[m³]
③ 44.51[m³] ④ 57.25[m³]

해설 ㉮ 프로판(C_3H_8)의 완전연소 반응식

$C_3H_8 + 5O_2 \rightarrow 3CO_2 + 4H_2O$

㉯ 표준상태에서의 이론공기량(A_0) 계산

44[kg] : 5×22.4[Nm³] = 2.2[kg] : x[Nm³]

$$\therefore A_0 = \frac{x(O_0)}{0.21} = \frac{2.2 \times 5 \times 22.4}{44 \times 0.21} = 26.667\ [\text{Nm}^3]$$

㉰ 25[℃], 750[mmHg]에서의 이론공기량 계산

$\frac{P_0 V_0}{T_0} = \frac{P_2 V_2}{T_2}$ 에서

$$\therefore V_2 = V_0 \times \frac{T_2}{T_0} \times \frac{P_0}{P_2} = 26.667 \times \frac{273+25}{273} \times \frac{760}{750} = 29.497[\text{m}^3]$$

52 아세틸렌을 용기에 충전한 후 압력이 얼마 이하로 될 때까지 정치해야 하는가? (단, 온도는 15[℃]이다.)

① 1.5[MPa] ② 2.5[MPa]
③ 3.5[MPa] ④ 4.5[MPa]

해설 아세틸렌 충전용기 압력

㉮ 충전 중의 압력 : 온도와 관계없이 2.5[MPa] 이하
㉯ 충전 후의 압력 : 15[℃]에서 1.5[MPa] 이하

53 도시가스사업법에서 정의하는 액화가스의 조건으로 올바른 것은?

① 35[℃]의 온도에서 압력이 0.2[MPa] 이상의 압력
② 35[℃]의 온도에서 압력이 0.1[MPa] 이상의 압력
③ 35[℃]의 온도에서 압력이 1[MPa] 이상의 압력
④ 35[℃]의 온도에서 압력이 2[MPa] 이상의 압력

해설 액화가스(도법 시행규칙 제2조) : 상용의 온도 또는 35[℃]의 온도에서 압력이 0.2[MPa] 이상이 되는 것

54 저장탱크에 설치한 안전밸브에는 지면에서 5[m] 이상의 높이에 방출구가 있는 무엇을 설치해야 하는가?

Answer 50. ② 51. ① 52. ① 53. ① 54. ③

① 가스홀더　　② 역류방지밸브
③ 가스방출관　　④ 드레인 세퍼레이터

해설 저장탱크에 설치한 안전밸브 가스방출관은 지면에서 5[m] 또는 저장탱크 정상부에서 2[m] 중 높은 위치에 설치한다.

55 미리 정해진 일정 단위 중에 포함된 부적합(결점)수에 의거 공정을 관리할 때 사용하는 관리도는?

① p 관리도　　② np 관리도
③ c 관리도　　④ u 관리도

해설 c **관리도** : 어느 일정 단위 중에 나타나는 흠의 수, 라디오 한 대 중에 납땜부적합수 등과 같이 미리 정해진 일정 단위 중에 포함된 부적합수를 취급할 때 사용한다.

56 도수분포표에서 도수가 최대인 곳의 대표치를 말하는 것은?

① 중위수　　② 비대칭도
③ 모드(mode)　　④ 첨도

해설 ㉮ **중위수(중앙치, 메디안)** : 데이터를 크기순으로 나열할 때 "n=홀수"이면 중앙에 위치한 데이터, "n=짝수"이면 중앙에 위치한 두 개의 데이터의 평균치
㉯ **비대칭도** : 분포가 평균치를 축으로 하여 대칭인가의 여부를 결정하는 척도
㉰ **모드(mode : 최빈수)** : 도수분포표에서 도수가 최대인 곳의 대표치
㉱ **첨도** : 분포의 뾰쪽한 정도를 나타내는 척도

57 로트수가 10이고, 준비작업 시간이 20분이며 로트별 정미작업시간이 60분이라면 1로트 당 작업시간은?

① 90분　　② 62분
③ 26분　　④ 13분

해설 $T_1 = \frac{P}{n} + t(1+\alpha) = \frac{20}{10} + 60 = 62$ [분]

58 더미활동(dummy activity)에 대한 설명 중 가장 적합한 것은?

① 가장 긴 작업시간이 예상되는 공정이다.
② 공정의 시작에서 그 단계에 이르는 공정별 소요시간들 중 가장 큰 값이다.
③ 실제 활동은 아니며, 활동의 선행조건을 네트워크에 명확히 표현하기 위한 활동이다.
④ 각 활동별 소요시간이 베타분포를 따른다고 가정할 때의 활동이다.

해설 **더미활동(dummy activity)** : 명목상의 활동으로 시간이나 자원이 필요하지 않고, 활동의 선후관계만 나타내며 점선화살표로 표시한다.

59 단순지수 평활법을 이용하여 금월의 수요를 예측하려고 한다면 이 때 필요한 자료는 무엇인가?

① 일정기간의 평균값, 가중값, 지수평활계수
② 추세선, 최소자승법, 매개변수
③ 전월의 예측치와 실제치, 지수평활계수
④ 추세변동, 순환변동, 우연변동

해설 **단순지수 평활법** : 최근의 실적치에 높은 비중을 두어 계산하는 방법으로 최근의 데이터로만 예측이 가능하다.

60 검사를 검사항목에 의한 분류가 아닌 것은?

① 자주검사　　② 수량검사
③ 중량검사　　④ 성능검사

해설 **검사항목에 의한 분류** : 수량검사, 외관검사, 치수검사, 중량검사, 성능검사

Answer 55. ③ 56. ③ 57. ② 58. ③ 59. ③ 60. ①

과 년 도 문 제

01 다음 안전관리자의 직무 범위가 아닌 것은?

① 가스용품의 제조 공정관리
② 사업소의 종사자에 대한 안전관리를 위하여 필요한 지휘, 감독
③ 회사의 가스 영업활동
④ 정기검사 또는 수시검사 결과 부적합 판정을 받은 시설의 개선

해설 **안전관리자의 업무 : 액법 시행령 제6조**
㉮ 사업소 또는 액화석유가스 특정사용자의 액화석유가스 사용시설("특정사용시설")의 안전유지 및 검사기록의 작성, 보존
㉯ 가스용품의 제조공정관리
㉰ 공급자의 의무이행 확인
㉱ 안전관리규정의 실시기록의 작성, 보존
㉲ 정기검사 및 수시검사 결과 부적합 판정을 받은 시설의 개선
㉳ 사고의 통보
㉴ 사업소 또는 액화석유가스 특정사용시설의 종업원에 대한 안전관리를 위하여 필요한 사항의 지휘, 감독
㉵ 그 밖의 위해 방지 조치

02 기체의 압력이 감소하여 P→0 인 한계상황에서 분자 자체의 체적은 어떻게 변화되는가?

① 기체가 차지하는 전체 체적에 비해 점점 커지게 된다.
② 기체가 차지하는 전체 체적에 비해 점점 작아지게 된다.
③ 기체가 차지하는 전체 체적에 비해 영향을 미치지 않는다.
④ 기체가 차지하는 전체 체적에 비해 지수함수적으로 커진다.

03 산소의 공업적 제조법에 해당하는 것은?

① 과산화수소와 이산화망간을 반응시켜 얻는다.
② 염소산칼륨과 이산화망간을 혼합하여 열분해 시켜 얻는다.
③ 공기를 액화 분리하여 산소를 얻는다.
④ 석유의 부분 산화법으로 산소를 얻는다.

해설 ①, ②번 항목 : 산소의 실험적 제조법
④번 항목 : 수소의 공업적 제조법

04 다음 중 용기의 재검사 항목이 아닌 것은?

① 질량검사 ② 내압시험
③ 인장시험 ④ 누출시험

해설 **용기의 재검사 항목** : 외관검사, 도색 및 표시검사, 스커트검사, 내압시험, 누출시험, 질량검사, 다공질물 충전(C_2H_2 용기), 단열성능시험(초저온 용기)

05 고압가스 탱크의 수리를 위하여 내부 가스를 배출하고, 불활성 가스로 치환하여 다시 공기로 치환하였다. 분석결과는 각각의 가스에 대해 다음과 같다. 안전작업 조건에 해당하는 것은?

① 산소 30[%]
② 수소 10[%]
③ 일산화탄소 200[ppm]
④ 질소 80[%], 나머지 산소

해설 **(1) 가스설비 치환농도 기준**
㉮ 가연성가스 : 폭발하한 값의 1/4 이하(25[%] 이하)
㉯ 독성가스 : TLV-TWA 기준농도 이하

Answer 1. ③ 2. ② 3. ③ 4. ③ 5. ④

㉰ 산소설비 : 22[%] 이하
㉱ 위 시설에 작업원이 들어가는 경우 산소농도 : 18~22[%]

(2) 산소는 22[%] 이하에 도달하지 않았고, 수소의 폭발범위는 4~75[%]이므로 치환농도는 1[%] 이하가 되어야 한다. 일산화탄소는 독성가스 (TLV-TWA 50[ppm])이므로 안전작업 조건에 해당하는 것은 ④번 항이 해당된다.

06 긴급차단 장치는 긴급차단 밸브의 동력원에 의해 다음과 같이 분류된다. 틀린 것은?

① 유압식 긴급차단 장치
② 공기식 긴급차단 장치
③ 스프링식 긴급차단 장치
④ 전기식 긴급차단 장치

해설 긴급차단장치의 동력원 : 액압, 기압, 전기식, 스프링식

07 냉동장치의 배관 시공상 주의사항 중 잘못된 것은?

① 완전기밀이며 충분한 내압강도를 가질 것
② 기기 상호간의 배관길이는 되도록 길게 할 것
③ 관의 자중 등을 고려 적당한 고정구 및 지지구를 사용할 것
④ 사용한 재료는 각각의 용도, 냉매의 종류, 온도에 따라서 선택된 것일 것

해설 기기 상호간의 배관길이는 되도록 짧게 하여야 한다.

08 냉매의 구비조건 중 틀린 것은?

① 증발잠열이 클 것
② 가스의 비체적이 작을 것
③ 열전도율이 좋을 것
④ 점성이 클 것

해설 냉매의 구비조건
㉮ 증발잠열이 클 것
㉯ 증기의 비열은 크고, 액체의 비열은 작을 것
㉰ 임계온도가 높을 것
㉱ 증발압력이 너무 낮지 않을 것
㉲ 응고점이 낮을 것
㉳ 비점이 낮을 것
㉴ 비열비가 작을 것
㉵ 열전도율이 좋고 가스의 비체적이 작을 것
㉶ 점성이 작을 것

09 냉동장치의 점검, 수리 등을 위하여 냉매계통을 개방하고자 할 때는 펌프다운(pump down)을 하여 계통내의 냉매를 어디에 회수하는가?

① 수액기　② 압축기
③ 증발기　④ 유분리기

10 금속재료의 가스에 의한 침식에 관한 설명 중 옳지 않은 것은?

① 고온, 고압의 암모니아는 강재에 대해서 질화작용과 수소취성의 두 가지 작용을 미친다.
② 일산화탄소는 Fe, Ni 등 철족의 금속과 작용하여 금속카르보닐을 생성한다.
③ 고온, 고압의 질소는 강재의 내부까지 침입하여 강재를 취화시키므로 고온, 고압의 질소를 취급하는 기기에는 강재를 사용할 수 없다.
④ 중유나 연료유 속에 포함되는 바나듐 산화물이 금속표면에 부착하면 급격한 고온부식을 일으키는 일이 있다.

Answer 6. 무 7. ② 8. ④ 9. ① 10. ③

해설 ③번 항목 : 수소에 의한 수소취성의 설명

11 아세틸렌 충전작업 시 주의사항으로 옳지 않은 것은?

① 구리합금 중 구리 62% 이상 함유물은 사용하지 말 것
② 충전중의 압력은 10[kgf/cm^2]을 넘지 않도록 할 것
③ 충전 후 12시간 정치할 것
④ 충전용 지관에는 탄소함유량이 1[%] 이하의 강을 사용할 것

해설 아세틸렌(C_2H_2) 충전 작업 시 주의사항
㉮ 충전 중 압력은 온도와 관계없이 2.5[MPa] 이하로 할 것
㉯ 충전 후 압력은 15[℃]에서 1.5[MPa] 이하로 할 것
㉰ 충전 후 24시간 정치할 것
㉱ 충전은 서서히 2~3회에 걸쳐 서서히 할 것
㉲ 충전 전 빈 용기는 음향검사를 실시할 것
㉳ 동 및 동합금은 동함유량 62[%]를 초과하는 것을 사용하지 말 것
㉴ 충전용 지관은 탄소함유량 0.1[%] 이하의 강을 사용할 것

12 압축가스를 단열 팽창시키면 온도와 압력이 강하하는 현상을 무엇이라고 하는가?

① 펠티어 효과
② 제베크 효과
③ 줄-톰슨 효과
④ 페러데이 효과

해설 **줄-톰슨 효과** : 압축가스를 단열팽창 시키면 온도가 일반적으로 강하한다. 이를 최초로 실험한 사람의 이름을 따서 줄-톰슨 효과라고 하며 저온을 얻는 기본원리이다. 줄-톰슨 효과는 팽창전의 압력이 높고 최초의 온도가 낮을수록 크다.

13 도시가스 누출 시 냄새에 의한 감지를 위하여 냄새나는 물질을 첨가하는 올바른 방법은?

① 1/100의 상태에서 감지 가능한 것
② 1/500의 상태에서 감지 가능한 것
③ 1/1000의 상태에서 감지 가능한 것
④ 1/2000의 상태에서 감지 가능한 것

해설 **부취제의 착취농도** : 공기 중에서 1/1000 의 농도에서 감지가 가능하여야 한다.

14 암모니아의 공업적 제법 중 하버-보시법에 해당하는 것은?

① 석탄 고온건류에서 얻어진 암모니아
② 석회질소를 과열 수증기로 분해시켜 얻어진 암모니아
③ 수소와 질소를 직접 반응시켜 얻어진 암모니아
④ 염화암모니아 용액에 소석회액을 넣어서 얻어진 암모니아

해설 **하버-보시법(Harber-Bosch process)**
수소와 질소를 체적비 3 : 1로 반응시켜 암모니아를 제조하며 반응식은 다음과 같다.
$3H_2 + N_2 \rightarrow 2NH_3 + 23kcal$

15 내부에너지가 30[kcal] 증가하고 압력의 변화가 1[ata]에서 4[ata]로, 체적변화는 3[m^3]에서 1[m^3]로 변화한 계의 엔탈피 증가량은?

① 26.8[kcal] ② 30.2[kcal]
③ 44.6[kcal] ④ 53.4[kcal]

해설 1[ata] = 1[kgf/cm^2] = 1×10^4[kgf/m^2]이다.
$\therefore \Delta H = U + APV = U + A(P_2V_2 - P_1V_1)$

Answer 11. ②,③,④ 12. ③ 13. ③ 14. ③ 15. ④

$= 30 + \frac{1}{427} \times (4\times 10^4 \times 1 - 1\times 10^4 \times 3)$
$= 53.4$[kcal/kg]

16 어떤 온도의 다음 반응에서 A, B 각각 1몰을 반응시켜 평형에 도달했을 때 C가 $2/3$몰 생성되었다. 이 반응의 평형상수는 얼마인가?

$$A(g) + B(g) \rightarrow C(g) + D(g)$$

① 2　② 4
③ 6　④ 8

해설 $A(g) + B(g) \rightarrow C(g) + D(g)$
반응 전 : 1[mol]　1[mol]　0[mol]　0[mol]
반응 후 : $\left(1-\frac{2}{3}\right)$ $\left(1-\frac{2}{3}\right)$ $\left(\frac{2}{3}\right)$ $\left(\frac{2}{3}\right)$

$$\therefore K = \frac{[C]\cdot[D]}{[A]\cdot[B]} = \frac{\frac{2}{3}\times\frac{2}{3}}{\frac{1}{3}\times\frac{1}{3}} = 4$$

17 산소압축기의 내부윤활제로 사용되는 것은?

① 석유　② 식물성유
③ 진한 황산　④ 물

해설 산소압축기 내부 윤활제
㉮ 사용 되는 것 : 물 또는 10[%] 이하의 묽은 글리세린수
㉯ 금지 되는 것 : 석유류, 유지류, 농후한 글리세린

18 다음 중 프로판 가스에 대한 성질이 아닌 것은?

① 완전연소에 필요한 이론 공기량은 프로판 1몰에 대해 산소 5몰이 필요하다.
② 1[kg]의 발열량은 약 12000[kcal]이다.
③ 1[m^3]의 발열량은 약 12000[kcal]이다.
④ 연소속도가 늦다.

해설 프로판(C_3H_8)의 발열량
㉮ 완전연소 반응식
$C_3H_8 + 5O_2 \rightarrow 3CO_2 + 4H_2O + 530$[kcal/mol]
㉯ 1[kg]의 발열량은 약 12000[kcal]이다.
㉰ 1[m^3]의 발열량은 약 24000[kcal]이다.

19 상용압력 200[kgf/cm^2]인 고압설비의 안전밸브 작동압력은 몇 [kgf/cm^2]인가?

① 130[kgf/cm^2]
② 240[kgf/cm^2]
③ 350[kgf/cm^2]
④ 460[kgf/cm^2]

해설 안전밸브 작동압력은 내압시험압력(TP)의 8/10배 이하이다.
∴ 안전밸브 작동압력
$= TP \times \frac{8}{10} = (\text{상용압력} \times 1.5) \times \frac{8}{10}$
$= (200 \times 1.5) \times \frac{8}{10}$
$= 240$[kgf/cm^2]

20 어떤 통 속에 원자량이 35.5의 액체 염소 25[kg]이 들어있다. 이 염소를 표준상태인 바깥으로 내 놓으면 몇 [m^3]의 부피를 차지하는가?

① 22.4　② 15.4
③ 11.0　④ 7.9

해설 염소(Cl_2)의 분자량은 71이다.
71[kg] : 22.4[m^3] = 25[kg] : x[m^3]
$\therefore x = \frac{25 \times 22.4}{71} = 7.887$[m^3]

Answer 16. ② 17. ④ 18. ③ 19. ② 20. ④

21 프로판가스 10[kg]을 완전 연소하는데 필요한 공기량을 구하면? (단, 공기는 산소와 질소로 조성되어 있고, 체적비는 21 : 79로 되어있다.)

① 96[m^3] ② 105[m^3]
③ 120[m^3] ④ 122[m^3]

해설 프로판(C_3H_8)의 완전연소 반응식

$C_3H_8 + 5O_2 \rightarrow 3CO_2 + 4H_2O$

44[kg] : 5×22.4[m^3] = 10[kg] : O_0[m^3]

$$\therefore A_0 = \frac{O_0}{0.21} = \frac{10 \times 5 \times 22.4}{44 \times 0.21} = 121.21[m^3]$$

22 표준상태에서 어떤 가스의 부피가 1[m^3]인 것은 몇 [mol]인가?

① 22.6 ② 33.6
③ 44.6 ④ 55.6

해설 $n = \frac{W}{M} = \frac{부피(L)}{22.4(L)} = \frac{1000}{22.4} = 44.64[mol]$

23 액화석유가스 사용자 중에서 보험가입대상이 되는 자는?

① LPG 사용자 신고자 중 병원, 공중목욕탕, 호텔 또는 여관을 경영하는 자 또는 시장에서 최고 100[kg] 미만의 LPG를 저장하는 자
② LPG 사용자 신고자 중 제1종 보호시설에서 영업장의 면적이 50[m^2] 미만인 영업소 경영자
③ LPG 사용자 신고자 중 저장능력이 50[kg]과 사용 면적이 50[m^2] 미만인 사용자
④ LPG 사용자 신고자 중 저장능력이 250[kg] 이상인 저장시설을 갖춘 자

해설 보험가입 대상자 : 액법 시행규칙 제52조

㉮ 제1종 보호시설이나 지하실에서 식품위생법에 따른 식품접객업소로서 그 영업장 면적이 100[m^2] 이상 업소를 운영하는 자
㉯ 제1종 보호시설이나 지하실에서 식품위생법에 따른 집단급식소로서 상시 1회 50명 이상을 수용할 수 있는 급식소를 운영하는 자
㉰ 시장에서 액화석유가스의 저장능력(공동시설의 경우에는 총 저장능력을 사용자수로 나눈 것을 말한다.)이 100[kg] 이상인 저장설비를 갖춘 자
㉱ ㉮~㉰ 외의 자로서 액화석유가스의 저장능력이 250[kg] 이상인 저장설비를 갖춘 자. 다만, 주거용으로 액화석유가스를 사용하는 자를 제외한다.

24 다음 사항 중 배관진동의 원인이 되지 않는 것은?

① 왕복 압축기의 맥동류
② 직관내의 압력 강하
③ 안전밸브 작동
④ 지진

해설 배관에서의 진동 원인

㉮ 펌프, 압축기의 영향
㉯ 관내를 흐르는 유체의 압력변화에 의한 영향
㉰ 관의 굴곡에 의해 생기는 힘의 영향
㉱ 안전밸브 작동에 의한 영향
㉲ 바람, 지진 등에 의한 영향

25 다음 화학반응 중 수소가스를 발생하지 않는 반응은?

① 소금물의 전해반응
② 알루미늄과 수산화나트륨 용액의 반응
③ 은과 묽은 황산의 반응
④ 철과 묽은 황산의 반응

Answer 21. ④ 22. ③ 23. ④ 24. ② 25. ③

26 관을 용접으로 이음하고 용접부를 검사하는데 다음 중 비파괴 검사법에 속하지 않는 것은?

① 음향검사 ② 침투검사
③ 인장시험검사 ④ 자분검사

해설 **비파괴 검사법의 종류** : 음향검사, 침투검사, 자분검사, 방사선투과검사, 초음파검사, 와류검사, 전위차법 등
※ 인장시험검사는 파괴검사법에 해당된다.

27 다음은 고압가스 운반시의 운반기준이다. 잘못된 항목은?

① 충전용기는 자전거 또는 오토바이에 적재하여 운반하지 아니할 것
② 염소와 수소는 동일차량에 적재하여 운반하지 아니할 것
③ 가연성가스를 운반하는 차량에는 소화설비 및 재해발생 방지를 위한 자재 및 공구를 휴대할 것
④ 충전용기와 휘발유를 동일차량에 적재하여 운반할 경우에는 시·도지사의 허가를 받을 것

해설 충전용기와 소방기본법이 정하는 위험물과는 동일차량에 적재 운반이 금지된다.

28 다음 물질의 제조(공업적)시 최고압력이 높은 것부터 순서대로 나열된 것은?

㉠ 암모니아 제조 ㉡ 폴리에틸렌의 제조 ㉢ 일산화탄소와 물에 의한 수소제조

① ㉠-㉡-㉢ ② ㉡-㉠-㉢
③ ㉢-㉡-㉠ ④ ㉠-㉢-㉡

해설 각 제조방법의 압력
(1) 암모니아 제조(하버-보시법)
㉮ 고압합성 : 600~1000[kgf/cm^2]
㉯ 중압합성 : 300[kgf/cm^2] 전후
㉰ 저압합성 : 150[kgf/cm^2] 전후
(2) 폴리에틸렌 제조
㉮ 고압법 : 1000~4000[kgf/cm^2]
㉯ 중압법 : 20~40[atm]
㉰ 저압법 : 10[atm]
(3) 일산화탄소 전화법
$CO + H_2O \rightleftarrows CO_2 + H_2 + 9.8\,[\text{kcal}]$

29 스케줄번호와 응력의 관계는?

① $Sch = 100 \times \frac{P}{S}$
② $Sch = 10 \times \frac{P}{S}$
③ $Sch = 100 \times \frac{S}{P}$
④ $Sch = 10 \times \frac{S}{P}$

해설 강관의 스케줄번호 계산식
$\therefore Sch\ No = 10 \times \frac{P}{S}$
여기서, P : 사용압력[kgf/cm^2]
S : 허용응력[kgf/mm^2]
$\left(S = \frac{\text{인장강도}[\text{kgf/mm}^2]}{\text{안전율}}\right)$
※ 허용응력이 [kgf/cm^2]의 단위로 주어지면
$\therefore Sch\ No = 1000 \times \frac{P}{S}$

30 도시가스 사용시설 중 배관에 표기하는 내용으로 틀린 것은?

① 가스명칭 ② 흐름 방향
③ 최고사용압력 ④ 유량

해설 배관 외부에 사용가스명, 최고사용압력 및 가스흐름방향을 표시할 것. 다만, 지하에 매설하는 배관의 경우에는 흐름방향을 표시하지 아니할 수 있다.

Answer 26. ③ 27. ④ 28. ② 29. ② 30. ④

31 특정고압가스가 아닌 것은?

① 산소 ② 액화염소
③ 천연가스 ④ 산화에틸렌

해설 **특정고압가스의 종류** : 수소, 산소, 액화암모니아, 아세틸렌, 액화염소, 천연가스, 압축모노실란, 압축디보란, 액화알진, 그밖에 대통령령으로 정하는 고압가스

32 일산화탄소의 제법이다. 올바른 것은?

① 수소가스 제조시의 부산물로 제조된다.
② 석유 또는 석탄을 가스화하여 얻을 수 있는 수성가스에서 회수한다.
③ 알코올 발효시의 부산물이다.
④ 석회석의 연소에 의해 생성된다.

해설 **일산화탄소 제조법**
㉮ 실험적 제조법 : 의산에 진한 황산을 가하여 얻는다.
㉯ 공업적 제조법 : ②번 항목 외 목탄, 코크스를 불완전 연소시켜 얻는다.

33 염소의 용도에 해당하지 않는 것은?

① 수돗물의 살균
② 염화비닐 원료
③ 섬유표백
④ 수소의 제조원료

해설 **염소(Cl_2)의 용도**
㉮ 염화수소(HCl), 염화비닐(C_2H_3Cl), 포스겐($COCl_2$)의 제조에 사용한다.
㉯ 종이, 펄프공업, 알루미늄 공업 등에 사용한다.
㉰ 수돗물의 살균에 사용한다.
㉱ 섬유의 표백에 사용한다.
㉲ 소독용으로 쓰인다.

34 고압가스 용기제조의 기술기준에 있어서 재료로서 가장 옳은 것은? (단, 이음매 없는 용기는 제외한다.)

① 스테인리스강, 알루미늄합금 및 탄소, 인 및 황의 함유량이 각각 0.33[%], 0.04[%] 및 0.05[%] 이하의 강 등을 사용한다.
② 스테인리스강, 알루미늄합금 및 탄소, 인 및 황의 함유량이 각각 0.35[%] 이상을 사용한다.
③ 스테인리스강, 알루미늄합금 및 탄소, 인 및 황의 함유량이 각각 3.3[%] 이상, 0.04[%] 이상 및 0.05[%] 이상의 강 등을 사용한다.
④ 스테인리스강, 알루미늄합금 및 탄소, 인 및 황의 함유량이 각각 0.33[%], 0.04[%] 및 5[%] 이하의 강 등을 사용한다.

해설 **용기재료의 제한** : 고압가스 용기 재료는 스테인리스강, 알루미늄합금 및 탄소, 인, 황의 함유량이 각각 0.33[%] 이하(이음매 없는 용기 0.55[%] 이하), 0.04[%] 이하, 0.05[%] 이하인 강 또는 이와 동등 이상의 기계적 성질 및 가공성 등을 갖는 것으로 할 것

35 유전지대에서 채취되는 습성 천연가스와 원유에서 액화석유가스를 회수하는 법으로 옳지 않은 것은?

① 압축 냉각법
② 흡수유(경유)에 의한 흡수법
③ 활성탄에 의한 흡착법
④ 팽창가열에 의한 탈수법

해설 **습성천연가스 및 원유에서 LPG를 회수하는 방법**
㉮ 압축 냉각법
㉯ 흡수유(경유)에 의한 흡수법
㉰ 활성탄에 의한 흡착법

Answer 31. ④ 32. ② 33. ④ 34. ① 35. ④

36 비등점이 −183[℃] 되는 액체산소 용기나 저온용 금속재료로서 다음 중 적당치 않은 것은?

① 탄소강
② 9[%] 니켈강
③ 스테인리스강(18−8)
④ 황동

해설 탄소강은 −70[℃] 이하로 되면 저온취성이 발생하므로 저온장치의 재료로 부적합하다.

37 1[kg]의 공기가 100[℃]에서 열량 25[kcal]를 얻어 등온팽창 시킬 때 엔트로피 변화량은 몇 [kcal/kg·K]인가?

① 0.043 ② 0.058
③ 0.067 ④ 0.083

해설 $dS = \frac{dQ}{T} = \frac{25}{273+100} = 0.067$ [kcal/kg·K]

38 도시가스 집단 공급 사업자가 공급규정의 승인 또는 변경 승인을 얻고자 할 때의 설명으로 맞는 것은?

① 도시가스사업자는 가스의 요금을 산업통상자원부장관이 정하는 서류 첨부하여 시장, 군수, 구청장에게 제출한다.
② 공사는 공급규정을 정하여 군수, 구청장에게 제출하여 승인을 얻는다.
③ 시·도지사가 정하는 서류첨부, 산업통상자원부장관에게 제출하여 승인을 얻는다.
④ 도시가스 사업자는 가스의 요금 등을 정하여 산업통상자원부장관 또는 시·도지사의 승인을 얻는다.

해설 가스의 공급규정(도법 제20조) : 도시가스사업자는 가스의 요금 기타 공급조건에 관한 공급규정(이하 "공급규정"이라 한다)을 정하여 산업통상자원부장관 또는 시·도지사의 승인을 얻어야 한다. 승인을 얻은 사항을 변경하고자 할 때에도 또한 같다.

39 다음 가스 중 허용농도가 작은 것부터 올바르게 배열된 것은?

㉠ HCN ㉡ Cl_2 ㉢ $COCl_2$ ㉣ NH_3

① ㉠−㉡−㉢−㉣
② ㉢−㉡−㉣−㉠
③ ㉢−㉡−㉠−㉣
④ ㉡−㉢−㉣−㉠

해설 각 가스의 허용농도(TLV−TWA)
㉮ 시안화수소(HCN) : 10[ppm]
㉯ 염소(Cl_2) : 1[ppm]
㉰ 포스겐($COCl_2$) : 0.1[ppm]
㉱ 암모니아(NH_3) : 25[ppm]

40 배관을 지하 매설하는 경우 배관은 그 외면으로부터 다른 시설물과 몇 [m] 이상 거리를 유지해야 하는가?

① 0.1[m] ② 0.3[m]
③ 0.5[m] ④ 0.7[m]

해설 배관은 그 외면으로부터 지하의 다른 시설물과 0.3[m] 이상의 거리를 유지한다.

41 25[℃]의 병진에너지와 같은 에너지량을 가진 1몰의 수증기를 1몰의 물에 가하면 물의 온도는 얼마나 상승하는가? (단, 물의 열용량은 18[cal]이다.)

① 35[℃] ② 41[℃]
③ 49[℃] ④ 56[℃]

Answer 36. ① 37. ③ 38. ④ 39. ③ 40. ② 41. ③

해설 ㉮ 에너지 증가량 계산

$$\therefore U=\frac{3}{2}nRT$$
$$=\frac{3}{2}\times 1\times 1.987\times(273+25)$$
$$=888.189[\text{cal}]$$

㉯ 상승 온도 계산

$$\therefore t=\frac{\Delta Q}{\text{열용량}}=\frac{888.189}{18}=48.34[℃]$$

해설 기체상수 값

$\therefore R=0.082[\text{L}\cdot\text{atm/mol}\cdot\text{K}]$
$=8.314\times10^7[\text{erg/mol}\cdot\text{K}]$
$=8.314[\text{J/mol}\cdot\text{K}]=1.987[\text{cal/mol}\cdot\text{K}]$

42 압축가스를 충전하는 용기의 부속품에 표시하는 기호는?

① PG ② AG
③ LT ④ LG

해설 용기 부속품 기호
㉮ AG : 아세틸렌가스 용기 부속품
㉯ PG : 압축가스 용기 부속품
㉰ LG : 액화석유가스 외의 액화가스 용기 부속품
㉱ LPG : 액화석유가스 용기 부속품
㉲ LT : 초저온 및 저온 용기 부속품

43 25[℃], 1기압의 공기 중에서 프로판가스의 폭발범위는?

① 1.8~8.4[%] ② 2.2~9.5[%]
③ 4.15~75[%] ④ 1.5~80.5[%]

해설 공기 중에서의 프로판(C_3H_8)의 폭발범위 : 2.2~9.5[%] (또는 2.1~9.4[%], 2.1~9.5[%])

44 액화석유가스 저장탱크의 설치 기준으로 옳지 않은 것은?

① 지상에 설치하는 저장탱크 및 지주는 내열성의 구조로 한다.
② 저장탱크 외면으로부터 2[m] 이상 떨어진 위치에서 조작할 수 있는 냉각살수 장치를 한다.
③ 소형 저장탱크의 경우는 유효냉각 장치가 필요치 않다.
④ 저장탱크 외면에는 부식방지코팅 및 전기부식 방지조치를 한다.

해설 냉각살수장치 조작위치는 저장탱크 외면으로부터 5[m] 이상 떨어진 위치이다.

45 다음 배관 도시기호 중 관내의 유체가 가스인 것을 나타내는 것은?

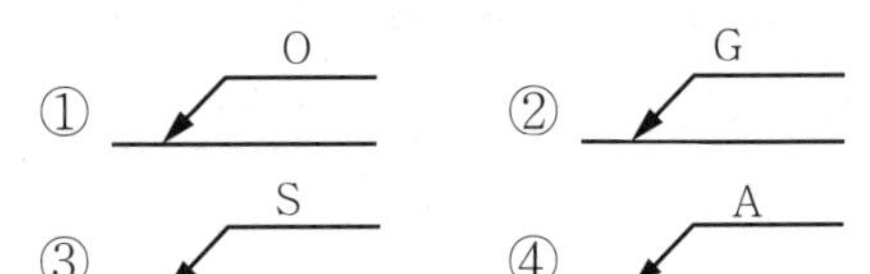

해설 유체 종류별 문자기호

유체종류	기호	유체종류	기호
공기	A	수증기	S
가스	G	물	W
기름	O		

46 다음 설명 중 ( )에 알맞은 것은?

> 허용농도가 200[ppm] 이하인 독성액화가스는 (㉠) 이상이고, 독성압축가스는 (㉡) 일 때 저장허가를 받아야 한다.

① ㉠ 100[kg], ㉡ 10[m^3]
② ㉠ 10[톤], ㉡ 10만[m^3]
③ ㉠ 1[톤], ㉡ 5[m^3]
④ ㉠ 500[kg], ㉡ 100[m^3]

Answer 42. ① 43. ② 44. ② 45. ② 46. ①

해설 **저장소** : 산업통상자원부령으로 정하는 일정량 이상의 고압가스를 용기나 저장탱크로 저장하는 일정한 장소

구분	비독성	독성가스	
		ⓐ	ⓑ
압축가스	500[m^3] 이상	100[m^3] 이상	10[m^3] 이상
액화가스	5000[kg] 이상	1000[kg] 이상	100[kg] 이상

※ ⓐ LC50 200ppm 초과, TLV-TWA 1ppm 이상
ⓑ LC50 200ppm 이하, TLV-TWA 1ppm 미만

47 가연성가스 제조장치의 기밀시험에 사용되는 기체는?

① 암모니아 ② 산소
③ 아세틸렌 ④ 질소

해설 가연성가스 제조장치의 기밀시험에 사용되는 기체는 불연성가스인 질소를 사용한다.

48 가스발생설비에 설치하지 않는 장치는?

① 압력상승 방지장치
② 긴급차단장치
③ 역류방지장치
④ 밀도측정장치

해설 **가스발생설비에 설치하여야 할 사고예방설비**
압력상승 방지장치, 긴급정지장치(긴급차단장치), 역류방지장치, 자동조정장치

49 산업통상자원부장관은 도시가스사업법에 의하여 도시가스 사업자에게 조정명령을 내릴 수 있다. 다음 중 조정명령 사항과 관계가 먼 것은?

① 가스공급시설 공사계획의 조정
② 가스요금 등 공급조건의 조정
③ 가스의 열량, 압력의 조정
④ 가스검사 기관의 조정

해설 **조정명령** : 도법 시행령 제20조
㉮ 가스공급시설 공사계획의 조정
㉯ 가스공급계획의 조정
㉰ 둘 이상의 특별시, 광역시, 도 및 특별자치도를 공급지역으로 하는 경우 공급지역의 조정
㉱ 가스요금 등 공급조전의 조정
㉲ 가스의 열량, 압력 및 연소성의 조정
㉳ 가스공급시설의 공동이용에 관한 조정
㉴ 천연가스 수출입 물량의 규모, 시기 등의 조정
㉵ 자가소비용 직수입자의 가스도매사업자에 대한 판매에 관한 조정

50 다음 중 제베크(Seebeck)효과를 응용한 온도계는?

① 저항 온도계
② 열전대 온도계
③ 부르동관식 온도계
④ 바이메탈식 온도계

해설 **열전대 온도계의 원리** : 2종류의 금속선을 접속하여 하나의 회로를 만들어 2개의 접점에 온도차를 부여하면 회로에 접점의 온도에 거의 비례한 전류(열기전력)가 흐르는 제베크(Seebeck) 효과를 이용한 것이다.

51 도시가스 사용시설에 있어서 배관을 건축물에 고정 부착할 때 관 지름이 33[mm] 이상의 것에는 몇 [m] 마다 고정 장치를 설치하는가?

① 1[m] ② 2[m]
③ 3[m] ④ 4[m]

해설 **배관 고정장치 설치 기준**
㉮ 관지름 13[mm] 미만 : 1[m] 마다
㉯ 관지름 13[mm] 이상 33[mm] 미만 : 2[m] 마다
㉰ 관지름 33[mm] 이상 : 3[m] 마다

Answer 47. ④ 48. ④ 49. ④ 50. ② 51. ③

52 독성가스이면서 가연서 가스인 것은?

① Cl_2 ② H_2S
③ HCl ④ $COCl_2$

해설 **독성가스이면서 가연성가스의 종류**
아크릴로니트릴, 일산화탄소, 벤젠, 산화에틸렌, 모노메틸아민, 염화메탄, 브롬화메탄, 이황화탄소, 황화수소, 암모니아, 석탄가스, 시안화수소, 트리메틸아민 등

53 연소분석으로 메탄의 양을 정량하려고 한다. 소모된 공기가 400ml(이중 산소는 20%)일 때 메탄가스의 양은?

① 20[mL] ② 40[mL]
③ 30[mL] ④ 50[mL]

해설 **메탄(CH_4)의 완전연소 반응식**
$CH_4 + 2O_2 \rightarrow CO_2 + 2H_2O$
22.4[mL] : 2×22.4[mL] = x[mL] : 400×0.2[mL]
$\therefore x = \dfrac{22.4 \times 400 \times 0.2}{2 \times 22.4} = 40$[mL]

54 가스배관 장치에서 많이 쓰이고 있는 부르동관 압력계 사용 시 주의 사항이 아닌 것은?

① 정기적인 검사를 행하고 지시 정확성을 확인하여 둘 것
② 안전장치를 한 것을 사용할 것
③ 압력계의 가스 유입 시, 폐지시는 조용히 조작할 것
④ 압력계는 온도 변화나 진동, 충격 등의 변화에 관계없이 선택할 것

해설 압력계는 진동, 충격, 온도변화가 적은 장소에 설치 할 것

55 검사를 판정의 대상에 의한 분류가 아닌 것은?

① 관리 샘플링검사
② 로트별 샘플링검사
③ 전수검사
④ 출하검사

해설 **판정 대상에 의한 분류** : 전수검사, 로트별 샘플링검사, 관리 샘플링검사
※ 출하검사는 검사공정에 의한 분류로 제품을 공장에서 출하할 때 하는 검사이다.

56 다음 내용은 설비보전 조작에 대한 설명이다. 어떤 조작의 형태인가?

> 보전작업자는 조직상 각 제조부문의 감독자 밑에 둔다.
> – **단점** : 생산우선에 의한 보전작업 경시 보전기술 향상의 의문점
> – **장점** : 운전과의 일체감 및 현장감독의 용이성

① 집중보전 ② 지역보전
③ 부문보전 ④ 절충보전

해설 **부문보전** : 각 제조부문의 감독자 밑에 공장의 보전요원을 배치하는 방식
(1) **장점**
㉮ 운전자와 일체감 조성이 용이
㉯ 현장 감독이 용이
㉰ 현장 왕복시간이 감소
㉱ 작업일정 조정이 용이
㉲ 특정설비의 습숙이 용이
(2) **단점**
㉮ 생산우선에 의한 보전 경시
㉯ 보전기술의 향상이 곤란
㉰ 보전책임의 소재 불명확
㉱ 지역보전의 단점과 중복

Answer 52. ② 53. ② 54. ④ 55. ④ 56. ③

57 **파레토그램에 대한 설명으로 가장 거리가 먼 내용은?**

① 부적합품(불량), 클레임 등의 손실금액이나 퍼센트를 그 원인별, 상황별로 취해 그림의 왼쪽에서부터 오른쪽으로 비중이 작은 항목부터 큰 항목 순서로 나열한 그림이다.
② 현재의 중요 문제점을 객관적으로 발견할 수 있으므로 관리방침을 수립할 수 있다.
③ 도수분포의 응용수법으로 중요한 문제점을 찾아내는 것으로서 현장에서 널리 사용된다.
④ 파레토그램에서 나타난 1~2개 부적합품(불량) 항목만 없애면 부적합품(불량)률은 크게 감소된다.

해설 ①번 항목은 특성요인도에 대한 설명이다.

58 **수요예측 방법의 하나인 시계열분석에서 시계열적 변동에 해당되지 않는 것은?**

① 추세변동 ② 순환변동
③ 계절변동 ④ 판매변동

해설 **시계열분석** : 시간간격(연, 월, 주, 일 등)에 따라 제시된 과거자료(수요량, 매출액)로부터 그 추세나 경향을 분석하여 미래의 수요를 예측하는 방법이다.

59 **np관리도에서 시료군마다 n=100이고, 시료군의 수가 k=20이며, $\sum np$ = 77이다. 이 때 np관리도의 관리상한선 UCL을 구하면 얼마인가?**

① UCL = 8.94 ② UCL = 3.85
③ UCL = 5.77 ④ UCL = 9.62

해설 nP 관리도의 관리상한선(UCL) 계산

㉮ $n\overline{P}$ 값 계산

$$\therefore n\overline{p} = \frac{\sum np}{k} = \frac{77}{20} = 3.85$$

㉯ $\overline{p}$ 값 계산

$$\therefore \overline{p} = \frac{\sum np}{\sum n} = \frac{77}{20 \times 100} = 0.0385$$

㉰ 관리상한선(UCL) 계산

$$\therefore \text{UCL} = n\overline{p} + 3\sqrt{n\overline{p}(1-\overline{p})} = 3.85 + 3 \times \sqrt{3.85 \times (1-0.0385)} = 9.62$$

60 **원재료가 제품화 되어가는 과정, 즉 가공, 검사, 운반, 지연, 저장에 관한 정보를 수집하여 분석하고 검토를 행하는 것은?**

① 사무공정 분석표
② 작업자공정 분석표
③ 제품공정 분석표
④ 연합작업 분석표

해설 **제품공정 분석** : 원재료(소재)가 제품화 되어가는 과정(가공, 검사, 운반, 지연, 저장)에 관한 정보를 수집하여 분석하고 검토하기 위해 사용되는 것으로 설비계획, 일정계획, 운반계획, 인원계획, 재고계획 등의 기초자료로 활용되는 분석기법이다.

Answer 57. ① 58. ④ 59. ④ 60. ③

과 년 도 문 제

01 CH_4 1[Nm^3]를 완전 연소시키는데 필요한 공기량은?

① 44.8[Nm^3] ② 11.52[Nm^3]
③ 9.52[Nm^3] ④ 22.4[Nm^3]

해설 $CH_4 + 2O_2 \rightarrow CO_2 + 2H_2O$

$$\therefore A_0 = \frac{O_0}{0.21} = \frac{2}{0.21} = 9.52[\mathrm{Nm^3}]$$

02 다음 중 암모니아의 용도가 아닌 것은?

① 황산암모늄의 제조
② 요소비료의 제조
③ 냉동기의 냉매
④ 금속 산화제

해설 암모니아의 용도
㉮ 요소비료, 유안(황산암모늄) 제조 원료
㉯ 소다회, 질산 제조용 원료
㉰ 냉동기 냉매로 사용

03 냉매의 구비조건으로 옳은 것은?

① 증발잠열이 작을 것
② 가스의 비체적이 적을 것
③ 증발압력이 지나치게 낮을 것
④ 응축압력이 지나치게 높고, 액화가 어려울 것

해설 냉매의 구비조건
㉮ 증발잠열이 클 것
㉯ 증기의 비열은 크고, 액체의 비열은 작을 것
㉰ 임계온도가 높을 것
㉱ 증발압력이 너무 낮지 않을 것
㉲ 응고점이 낮을 것
㉳ 비점이 낮을 것
㉴ 비열비가 작을 것
㉵ 열전도율이 좋고 가스의 비체적이 작을 것
㉶ 점성이 작을 것

04 methane 1[g]당 연소열은 몇 [kcal]인가? (단, methane, 탄산가스 및 수증기의 생성열은 각각 17.9[kcal/mol], 94.1[kcal/mol] 및 57.8[kcal/mol]이다.)

① 0.2[kcal] ② 12[kcal]
③ 120[kcal] ④ 200[kcal]

해설 $CH_4 + 2O_2 \rightarrow CO_2 + 2H_2O + Q$

$-17.9 = -94.1 - 2 \times 57.8 + Q$

$\therefore Q = 94.1 + 2 \times 57.8 - 17.9$

$= 191.8[\mathrm{kcal/mol}]$

$$\therefore 1[\mathrm{g}] \text{당 연소열} = \frac{191.8}{16} = 11.98[\mathrm{kcal}]$$

05 다음 원심펌프의 배관에 대한 설명 중 가장 적절한 것은?

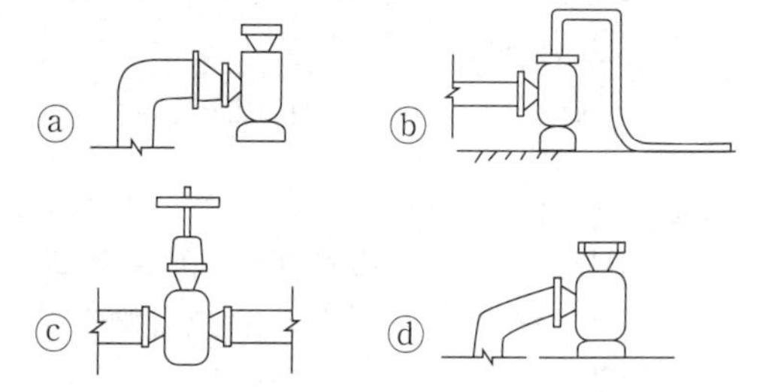

① 흡입관은 펌프 구멍보다 굵은 것이 좋으므로 ⓐ번 같이 배관했다.
② 토출관을 ⓑ번 같이 하면 좋다.
③ 흡입관에 부득이 밸브를 부착할 경우 ⓒ번 같이 손잡이가 위로 가도록 한다.
④ 흡입관을 ⓓ번 같이 구배를 주어 배관 한다.

해설 흡입관은 1/50~1/100 상향구배를 준다.

Answer 1. ③ 2. ④ 3. ② 4. ② 5. ④

06 비상공급시설 설치 신고서에 첨부하여 시장, 군수, 구청장에게 제출해야 하는 서류가 아닌 것은?

① 안전관리자의 배치현황
② 설치위치 및 주위 상황도
③ 비상공급시설의 설치 사유서
④ 가스사용 예정시기 및 사용예정량

해설 비상공급시설의 설치 : 도법 시행규칙 제13조의2
(1) 신고서 제출
산업통상자원부장관 또는 시장, 군수, 구청장
(2) 제출서류
㉮ 비상공급시설의 설치 사유서
㉯ 비상공급시설에 의한 공급권역을 명시한 도면
㉰ 설치위치 및 주위상황도
㉱ 안전관리자의 배치현황

07 이상기체의 부피를 현재의 1/3로 하고 절대온도[K]를 현재의 2배로 했을 경우 압력은 몇 배로 되겠는가?

① 1/6 ② 4
③ 6 ④ 8

해설 $\frac{P_1 V_1}{T_1} = \frac{P_2 V_2}{T_2}$ 에서

$$\therefore P_2 = \frac{P_1 V_1 T_2}{T_1 V_2} = \frac{P_1 \times V_1 \times 2T_1}{T_1 \times \frac{1}{3} \times V_1} = 6P_1$$

08 저장능력 100[톤] 초과 500[톤] 이하의 액화석유가스 충전시설에는 각각 몇 명의 안전관리자를 선임인원으로 두어야 하는가?

① 안전관리 총괄자 1인, 안전관리 책임자 1인, 안전관리원 1인 이상
② 안전관리 총괄자 1인, 안전관리 부총괄자 1인, 안전관리원 1인 이상
③ 안전관리 총괄자 1인, 안전관리 부총괄자 1인, 안전관리 책임자 1인, 안선관리원 2인 이상
④ 안전관리 총괄자 1인, 안전관리 부총괄자 2인, 안전관리 책임자 1인, 안전관리원 3인 이상

해설 액화석유가스 충전시설 안전관리자의 자격과 선임인원 : 액법 시행령 제5조, 별표1

저장능력	안전관리자의 구분 및 선임인원
500[톤] 초과	안전관리 총괄자 1명, 안전관리 부총괄자 1명, 안전관리 책임자 1명, 안전관리원 2명 이상
100[톤] 초과 500[톤] 이하	안전관리 총괄자 1명, 안전관리 부총괄자 1명, 안전관리 책임자 1명, 안전관리원 2명 이상
100[톤] 이하	안전관리 총괄자 1명, 안전관리 부총괄자 1명, 안전관리 책임자 1명, 안전관리원 1명 이상
30[톤]이하 (자동차용기 충전시설만 해당)	안전관리 총괄자 1명, 안전관리 책임자 1명

09 10[kW]는 몇 [HP]인가?

① 5.13 ② 13.4
③ 22.5 ④ 31.6

해설 1[kW] = 102[kgf · m/s]이고, 1[HP] = 76[kgf · m/s]이므로 1[kW] = 1.34[HP]가 된다.
∴ 10[kW] = 1.34 × 10 = 13.4[HP]

10 다음 가스 중 색이나 냄새로 가스의 존재유무를 확인할 수 없는 것은?

① 산소 ② 암모니아
③ 염소 ④ 황화수소

해설 산소는 무색, 무취, 무미의 기체로 색이나 냄새로 가스의 존재유무를 확인할 수 없다.

Answer 6. ④ 7. ③ 8. ③ 9. ② 10. ①

11 **정압과정에서의 전달 열량은?**

① 내부에너지의 변화량과 같다.
② 이루어진 일량과 같다.
③ 엔탈피 변화량과 같다.
④ 체적의 변화량과 같다.

해설 정압(등압)과정에서의 전달 열량은 엔탈피 변화량과 같다.

12 **비중량이 1.22[kgf/m³], 동점성계수가 0.15×10⁻⁴[m²/s]인 건조공기의 점성계수(poise)는?**

① 1.83×10^{-4} ② 1.226×10^{-6}
③ 1.226×10^{-4} ④ 1.866×10^{-6}

해설 ㉮ 동점성계수를 이용한 공학단위, MKS단위 점성계수(μ) 계산

$\nu = \frac{\mu}{\rho}$ 에서

$$\therefore \mu = \rho \times \nu = \frac{\gamma}{g} \times \nu$$
$$= \frac{1.22}{9.8} \times 0.15 \times 10^{-4}$$
$$= 1.8673 \times 10^{-6}[\text{kgf} \cdot \text{s/m}^3]$$

㉯ 절대단위 점성계수(μ) 계산 : 공학단위에서 절대단위로 환산할 때 중력가속도 9.8[m/s²]을 곱하고 MKS단위에서 CGS단위로 변경될 때는 10배의 단위환산이 발생한다.

$$\therefore \mu = 1.8673 \times 10^{-6} \times 9.8 \times 10$$
$$= 1.8299 \times 10^{-4}[\text{g/cm} \cdot \text{s}]$$
$$= 1.8299 \times 10^{-4}[\text{poise}]$$

13 **다음 가스 중 제해용 약제로서 가성소다($NaOH$)나 탄산소다(Na_2CO_3)의 수용액을 사용하지 않는 것은?**

① 염소(Cl_2) ② 이산화황(SO_2)
③ 황화수소(H_2S) ④ 암모니아(NH_3)

해설 암모니아의 제해용 약제는 다량의 물을 사용한다.

14 **배관 내의 마찰저항에 의한 압력손실에 대한 일반적인 설명으로 가장 거리가 먼 것은?**

① 유체의 점도가 클수록 커진다.
② 관 길이에 반비례한다.
③ 관 안지름의 5승에 반비례한다.
④ 유속의 2승에 비례한다.

해설 $H = \frac{Q^2 \cdot S \cdot L}{K^2 \cdot D^5}$ 에서

㉮ 유속(V)의 2승에 비례한다. ($Q = A \cdot V$이므로)
㉯ 관의 길이(L)에 비례한다.
㉰ 관 안지름(D)의 5승에 반비례한다.
㉱ 관 내벽의 상태에 관련 있다.
㉲ 유체의 점성이 크면 압력손실이 커진다.
㉳ 압력과는 관계없다.

15 **원심펌프를 높은 능력으로 운전할 때 임펠러 흡입부의 압력이 낮아지게 되는 현상은?**

① 공기 바인딩 ② 에어 리프트
③ 캐비테이션 ④ 감압화

해설 **캐비테이션 현상** : 유수 중에 그 수온의 증기압력보다 낮은 부분이 생기면 물이 증발을 일으키고 기포를 다수 발생하는 현상

16 **도시가스의 압력측정 부분으로 가장 부적당한 곳은?**

① 압송기의 출구
② 가스홀더의 출구
③ 정압기의 출구
④ 가스 공급시설의 끝 부분

Answer 11. ③ 12. ① 13. ④ 14. ② 15. ③ 16. ①

해설 도시가스의 압력 측정
㉮ 측정 장소 : 가스홀더의 출구, 정압기 출구, 가스 공급시설의 끝 부분
㉯ 측정기기 : 자기압력 기록계
㉰ 측정압력 범위 : 1[kPa] 이상 2.5[kPa] 이내 유지

17 다음 압력계 중 탄성식 압력계에 해당되지 않는 것은?

① 부르동관 압력계 ② 벨로스 압력계
③ 피에조 압력계 ④ 다이어프램 압력계

해설 ㉮ 탄성식 압력계의 종류 : 부르동관 압력계, 벨로스 압력계, 다이어프램 압력계, 캡슐식 압력계
㉯ 피에조 압력계 : 전기식 압력계로 가스폭발이나 급격한 압력변화 측정에 사용된다.

18 섭씨온도[℃]와 화씨온도[°F]가 같은 값을 나타내는 온도는?

① −20[℃] ② −40[℃]
③ −50[℃] ④ −60[℃]

해설 $°F = \frac{9}{5}℃ + 32$ 에서 [°F]와 [℃]가 같으므로 x로 놓으면 $x = \frac{9}{5}x + 32$가 된다.

$\therefore x - \frac{9}{5}x = 32 \qquad x\left(1 - \frac{9}{5}\right) = 32$

$\therefore x = \dfrac{32}{1 - \frac{9}{5}} = -40$

19 다음 중 이상기체를 가장 잘 나타낸 것은?

① 분자 부피는 있으나 인력이 무시되는 기체
② 인력은 작용하나 부피는 무시되는 기체
③ 인력과 분자 부피가 무시되는 기체
④ 분자 부피와 인력이 작용하는 기체

해설 이상기체의 성질
㉮ 보일-샤를의 법칙을 만족한다.
㉯ 아보가드로의 법칙에 따른다.
㉰ 내부에너지는 온도만의 함수이다.
㉱ 온도에 관계없이 비열비는 일정하다.
㉲ 기체의 분자력과 크기도 무시되며 분자간의 충돌은 완전 탄성체이다.

20 암모니아 1[ton]을 내용적 50[L]의 용기에 충전하고자 한다. 필요한 용기는 몇 개인가? (단, 암모니아의 충전정수는 1.86이다.)

① 11 ② 38
③ 47 ④ 20

해설 ㉮ 용기 1개당 충전량[kg] 계산

$\therefore G = \frac{V}{C} = \frac{50}{1.86} = 26.88[\text{kg}]$

㉯ 필요 용기수 계산

$\therefore \text{용기수} = \dfrac{\text{전체 가스량}}{\text{용기 1개당 충전량}} = \dfrac{1000}{26.88} = 37.2 ≒ 38\text{개}$

21 다음은 응력-변형률 선도에 대한 설명이다. ( ) 안에 알맞은 것은?

> 하중-변형선도에서 세로축은 하중을 시편의 단면적으로 나눈 값을 응력값으로 취하고, 가로축에는 변형량을 본래의 ( )로 나눈 변형률 값을 취하여 응력과 변형률과의 관계를 그래프로 표시한 것을 응력-변형률 선도(stress-strain diagram)라 한다.

① 시편의 단면적 ② 하중
③ 재료의 길이 ④ 응력

해설 **응력-변형률 선도** : 시험편을 인장시험기 양 끝에 고정시켜 축방향으로 당겼을 때 작용하는 응력값(σ[kgf/cm^2])을 세로축에 취하고, 시험편의 변형률을 가로축에 취하여 비례한도, 탄성한도, 항복점, 연신율, 인장강도를 측정한다.

Answer 17. ③ 18. ② 19. ③ 20. ② 21. ③

22 다음 중 기체상수(universal gas constant) R의 단위는?

① $kgf \cdot m/kg \cdot K$　② $kcal/kgf \cdot ℃$
③ $kcal/cm^2 \cdot ℃$　④ $kg \cdot K/cm^2$

해설 $PV = GRT$에서 각 인자의 단위는
P : 압력[kgf/m²], V : 체적[m³],
G : 질량[kg], T : 절대온도[K]

$$\therefore R = \frac{PV}{GT} = \frac{[kgf/m^2] \times [m^3]}{[kg] \times [m^3]} = kgf \cdot m/kg \cdot K$$

23 지름 20[mm] 이하의 동관을 이음 할 때 또는 기계의 점검, 보수 기타 관을 떼어 내기 쉽게 하기 위한 동관의 이음 방법은?

① 플레어 이음　② 플랜지 이음
③ 사이징 이음　④ 슬리브 이음

해설 압축이음(flare joint) : 관지름 20[mm] 이하의 동관을 이음 할 때 플레어링 툴 세트를 이용하여 동관 끝을 나팔관 모양으로 가공 후 압축이음 이음재를 사용하여 관을 접합하는 방법으로 기기의 점검, 보수, 기타 분해할 때 적합하다.

24 축에 [PS]의 동력이 전달되는 경우, 전달마력 H[kgf · m/s], 1분간 회전수를 N[rpm]이라고 할 때 비틀림 모멘트 T[kgf · cm]를 구하는 식은?

① $T = 716.2\frac{H}{N}$　② $T = 9740\frac{H}{N}$
③ $T = 71620\frac{H}{N}$　④ $T = 97400\frac{H}{N}$

해설 비틀림 모멘트 계산식

㉮ $T = 71620\frac{H}{N}$
여기서, T : 비틀림 모멘트[kgf · cm]
N : 1분간 회전수[rpm]
H : 전달동력[PS]
※ T의 단위가 [kgf · mm]이면 $T = 716200\frac{H}{N}$

㉯ $T = 97400\frac{H}{N}$
여기서, T : 비틀림 모멘트[kgf · cm]
N : 1분간 회전수[rpm]
H : 전달동력[kW]

㉰ $T = 7020\frac{H}{N}$
여기서, T : 비틀림 모멘트[N · m]
N : 1분간 회전수[rpm]
H : 전달동력[PS]

㉱ $T = 9550\frac{H}{N}$
여기서, T : 비틀림 모멘트[N · m]
N : 1분간 회전수[rpm]
H : 전달동력[kW]

25 독성가스라 함은 공기 중에 일정량 존재하는 경우 인체에 유해한 독성을 가진 가스를 말하는데 허용농도가 얼마 이하인 경우인가?

① 100만분의 10 이하
② 100만분의 50 이하
③ 100만분의 100 이하
④ 100만분의 5000 이하

해설 허용농도 및 독성가스
㉮ **법령 개정 전 허용농도** : 정상인이 1일 8시간 또는 1주 40시간 통상적인 작업을 수행함에 있어 건강상 나쁜 영향을 미치지 아니하는 정도의 공기 중의 가스의 농도를 말한다.
→ TLV-TWA로 표시
㉯ **개정된 허용농도** : 해당 가스를 성숙한 흰쥐집단에게 대기 중에서 1시간 동안 계속하여 노출시킨 경우 14일 이내에 그 흰쥐의 2분의 1 이상이 죽게 되는 가스의 농도를 말한다. → LC50로 표시 〈2008. 3. 2 개정〉
㉰ **독성가스** : 공기 중에 일정량 이상 존재하는 경우 인체에 유해한 독성을 가진 가스로서 허용농도가 100분의 5000 이하인 것

Answer 22. ① 23. ① 24. ③ 25. ④

26 다음 중 반데르 발스(Van der Waals)식의 표현이 올바른 것은?

① $\left(P-\frac{a}{V^2}\right)(V-b)=RT$

② $\left(P+\frac{a}{V^2}\right)(V-b)=RT$

③ $\left(P-\frac{a}{V}\right)(V^2+b)=RT$

④ $\left(P+\frac{a}{V}\right)(V^2-b)=RT$

해설 반데르발스(Van der Waals) 방정식

㉮ 실제기체가 1[mol]의 경우

$$\left(P+\frac{a}{V^2}\right)(V-b)=RT$$

㉯ 실제기체가 n[mol]의 경우

$$\left(P+\frac{n^2a}{V^2}\right)(V-nb)=nRT$$

여기서, a : 기체분자간의 인력[atm · L^2/mol^2]
b : 기체분자 자신이 차지하는 부피 [L/mol]

27 펌프의 운전 중 소음과 진동의 발생 원인으로 가장 거리가 먼 것은?

① 서징 발생시
② 공기의 불혼입 시
③ 임펠러 국부 마모, 부식 시
④ 베어링의 마모 또는 파손 시

해설 펌프 운전 중 공기가 혼입될 때 소음과 진동이 발생된다.

28 내부용적 60[L]의 고압탱크에 산소가 0[℃]에서 150기압으로 충전되어 있다. 이 산소의 어떤 양을 소비하고 보니 같은 온도에서 50기압이 되었다. 소비한 산소의 양은 표준상태에서 몇 [m^3]인가?

① 1 ② 3
③ 6 ④ 9

해설 ㉮ 충전상태의 가스량[m^3] 계산

$\therefore Q_1 = P_1 \times V = 150 \times (60 \times 10^{-3}) = 9[m^3]$

㉯ 소비한 후의 가스량[m^3] 계산

$\therefore Q_2 = P_2 \times V = 50 \times (60 \times 10^{-3}) = 3[m^3]$

㉰ 소비한 산소량[m^3] 계산

$\therefore$ 소비량 $= Q_1 - Q_2 = 9 - 3 = 6[m^3]$

29 소형저장탱크는 LPG를 저장하기 위하여 지상 또는 지하에 고정 설치된 탱크로서 저장능력이 몇 톤 미만인 탱크를 말하는가?

① 0.5 ② 1
③ 1 ④ 3

해설 액화석유가스 저장탱크 분류

㉮ 소형저장탱크 : 저장능력 3[톤] 미만
㉯ 저장탱크 : 저장능력 3[톤] 이상

30 Dalton의 법칙에 대한 설명으로 옳지 않은 것은?

① 모든 기체에 대해 정확히 성립한다.
② 혼합기체의 전압은 각 기체의 분압의 합과 같다.
③ 실제기체의 경우 낮은 압력에서 적용할 수 있다.
④ 한 기체의 분압과 전압의 비는 그 기체의 몰수와 전체 몰수의 비와 같다.

해설 달톤(Dalton)의 분압법칙
혼합기체가 나타내는 전압은 각 성분 기체의 분압의 총합과 같다는 것으로 실제기체의 경우 압력이 낮은 경우에 적용할 수 있다.

Answer 26. ② 27. ② 28. ③ 29. ④ 30. ①

31 산소 봄베에 산소를 충전하고 봄베 내의 온도와 밀도를 측정하니 20[℃], 0.1[kg/L]이었다. 용기내의 압력은 얼마인가? (단, 산소는 이상기체로 가정한다.)

① 0.75기압 ② 75.08기압
③ 0.075기압 ④ 7.5기압

해설 $PV = \frac{W}{M}RT$ 에서 밀도 $\rho = \frac{W[g]}{V[L]}$ 이다.

$\therefore P = \frac{WRT}{VM} = \rho \times \frac{RT}{M}$

$= 0.1 \times 1000 \times \frac{0.082 \times (273 + 20)}{32}$

$= 75.08$[atm]

32 가스가 65[kcal]의 열량을 흡수하여 10000[kgf · m]의 일을 했다. 이 때 가스의 내부에너지 증가는?

① 32.4[kcal]
② 38.7[kcal]
③ 41.6[kcal]
④ 57.2[kcal]

해설 $h = U + APV$에서

PV= 일량[kgf · m]과 같다.

$\therefore U = h - APV$

$= 65 - \frac{1}{427} \times 10000 = 41.58$[kcal]

33 수소(H_2)와 산소(O_2)가 동일한 조건에서 대기 중에 누출되었을 때 확산속도는 어떻게 되는가?

① 수소가 산소보다 16배 빠르다.
② 수소가 산소보다 4배 빠르다.
③ 수소가 산소보다 16배 늦다.
④ 수소가 산소보다 4배 늦다.

해설 $\frac{U_{H_2}}{U_{O_2}} = \sqrt{\frac{M_{O_2}}{M_{H_2}}}$ 에서

$\therefore U_{H_2} = \sqrt{\frac{M_{O_2}}{M_{H_2}}} \times U_{O_2} = \sqrt{\frac{32}{2}} \times U_{O_2}$

$= 4\,U_{O_2}$

∴수소(H_2)가 산소(O_2)보다 4배 빠르다.

34 액화석유가스 충전사업의 용기충전 시설기준으로 옳지 않은 것은?

① 주거지역 또는 상업지역에 설치하는 저장능력 10[ton] 이상의 저장탱크에는 폭발방지장치를 설치할 것
② 방류 둑의 내측과 그 외면으로부터 5[m] 이내에는 그 저장탱크의 부속설비 외의 것을 설치하지 말 것
③ 저장설비 및 가스 설비실에는 산업통상자원부장관이 정하여 고시하는 바에 따라 가스누출 경보기를 설치할 것
④ 저장 설비실에 통풍이 잘 되지 않을 경우에는 강제 통풍시설을 설치할 것

해설 방류둑의 내측과 그 외면으로부터 10[m] 이내에는 그 저장탱크의 부속설비 외의 것을 설치하지 않아야 한다.

35 내압 시험압력 350[kgf/cm^2(절대압력)]의 오토클레이브(autoclave)에 20[℃]에서 수소 100[kgf/cm^2(절대압력)]을 충전하였다. 오토클레이브의 온도를 점차 상승시키면 결국 안전밸브(작동압력은 내압시험압력의 8/10로 한다.)에서 수소가스가 분출할 것이다. 이때의 온도[℃]는 얼마인가? (단, 수소는 이상기체로 가정한다.)

① 547[℃] ② 647[℃]
③ 720[℃] ④ 820[℃]

Answer 31. ② 32. ③ 33. ② 34. ② 35. ①

해설 ㉮ 안전밸브 작동압력 계산

$\therefore$ 안전밸브 작동압력 $= TP \times \frac{8}{10}$

$= 350 \times \frac{8}{10} = 280$[kgf/cm^2 · a]

㉯ 안전밸브 작동할 때의 온도 계산

$\frac{P_1 V_1}{T_1} = \frac{P_2 V_2}{T_2}$ 에서 $V_1 = V_2$ 이다.

$\therefore T_2 = \frac{T_1 P_2}{P_1} = \frac{(273 + 20) \times 280}{100}$

$= 820.4[\text{K}] - 273 = 547.4[℃]$

36 산소압축기에 대한 설명으로 가장 거리가 먼 것은?

① 제조된 산소를 용기에 충전하는 목적에 쓰인다.

② 윤활제로는 기름 또는 10[%] 이하의 묽은 글리세린수를 사용한다.

③ 압축기와 충전용기 주관에는 수분리기(drain separator)를 설치한다.

④ 최근에는 산소압축기에 래비린스 피스톤을 사용하는 무급유로 작동한다.

해설 산소 압축기 내부 윤활유

㉮ 사용되는 것 : 물 또는 10[%] 이하의 묽은 글리세린수

㉯ 금지되는 것 : 석유류, 유지류, 농후한 글리세린

37 도시가스 사업법상 변경허가 대상이 되지 않는 것은?

① 가스의 열량 변경

② 대표자의 변경

③ 공급능력의 변경

④ 가스홀더의 종류의 변경

해설 변경허가 사항 : 도법 시행규칙 제4조

(1) 가스도매사업, 일반도시가스사업

㉮ 도시가스의 종류 또는 열량의 변경

㉯ 공급권역 또는 공급능력의 변경

㉰ 가스공급시설 중 가스발생설비, 액화가스저장탱크, 가스홀더의 종류 · 설치장소 또는 그 수의 변경

(2) 도시가스 충전사업 : 2010.7.28 신설

㉮ 사업소 위치의 변경

㉯ 도시가스의 종류 변경. 다만, 한국가스안전공사가 위해의 우려가 없다고 인정하는 경우 제외

㉰ 도시가스 압력 변경

㉱ 저장설비의 교체, 저장설비의 위치 또는 저장능력의 변경

㉲ 처리설비의 위치 또는 처리능력의 변경

㉳ 고정식 압축도시가스 자동차 충전시설에서 압축도시가스 이동충전차량을 충전하는 경우 또는 고정식 압축도시가스 이동충전차량 충전시설에서 압축도시가스 자동차를 충전하려는 경우

㉴ 배관의 안지름 크기의 변경(변경하려는 부분의 배관 총길이가 20[m] 이상인 경우만 해당)

㉵ 상호의 변경

㉶ 대표자의 변경

38 비가역 단열변화에서 엔트로피 변화는 어떻게 되는가?

① 변화는 가역 및 비가역과 무관하다.

② 변화가 없다.

③ 감소한다.

④ 반드시 증가한다.

해설 단열과정에서의 엔트로피 변화

㉮ 가역과정 : 엔트로피 변화가 없다.

㉯ 비가역과정 : 엔트로피가 증가한다.

39 아세틸렌을 용기에 충전할 때 충전 중의 압력은 얼마 이하로 해야 하는가?

① 1.5[MPa] ② 2.5[MPa]

③ 3.5[MPa] ④ 4.5[MPa]

Answer 36. ② 37. ② 38. ④ 39. ②

해설 아세틸렌 충전용기 압력
㉮ 충전 중의 압력 : 온도와 관계없이 2.5[MPa] 이하
㉯ 충전 후의 압력 : 15[℃]에서 1.5[MPa] 이하

40 다음 중 자유도가 가장 작은 것은?
① 승화곡선 ② 증발곡선
③ 삼중점 ④ 용융곡선

41 시안화수소를 저장할 때는 안전 관리상 충전용 용기의 가스 누출 검사를 한다. 이 때 사용하는 것은?
① 질산구리벤젠지 ② KI전분지
③ 가성소다 수용액 ④ 소석회

해설 시안화수소를 저장할 때 1일 1회 이상 질산구리벤젠지로 누출검사를 실시한다.

42 다음 반응식 중 수소가스를 발생 시킬 수 없는 반응식은?
① $2Al + 6HCl \rightarrow 2AlCl_3 + 3H_2 \uparrow$
② $Zn + 2NaOH \rightarrow Na_2ZnO_2 + H_2 \uparrow$
③ $Cu + H_2SO_4 \rightarrow CuSO_4 + H_2 \uparrow$
④ $2Al + 2NaOH + 2H_2O$
$\rightarrow 2NaAlO_2 + 3H_2 \uparrow$

43 도시가스 사업법에서 정의하는 보호시설 중 제2종 보호시설은? (단, 가설 건축물은 제외한다.)
① 문화재보호법에 의하여 지정문화재로 지정된 건축물
② 사람을 수용하는 건축물로서 사실상 독립된 부분의 연면적이 100[m^2] 이상 1000[m^2] 미만인 것
③ 아동, 노인, 모자 장애인 기타 사회복지사업을 위한 설로서 수용능력이 20인 이상인 건축물
④ 극장, 교회 및 공회당 그 밖에 유사한 시설로서 수용능력이 300인 이상인 건축물

해설 보호시설〈2008. 7. 16 개정〉
(1) 제1종 보호시설
㉮ 학교, 유치원, 어린이집, 놀이방, 어린이 놀이터, 학원, 병원(의원 포함), 도서관, 청소년수련시설, 경로당, 시장, 공중목욕탕, 호텔, 여관, 극장, 교회 및 공회당(公會堂)
㉯ 사람을 수용하는 건축물(가설 건축물 제외)로서 사실상 독립된 부분의 연면적이 1000[m^2] 이상인 것
㉰ 예식장, 장례식장 및 전시장, 그 밖에 이와 유사한 시설로서 300명 이상 수용할 수 있는 건축물
㉱ 아동복지시설 또는 장애인복지시설로서 20명 이상 수용할 수 있는 건축물
㉲ 문화재 보호법에 따라 지정문화재로 지정된 건축물
(2) 제2종 보호시설
㉮ 주택
㉯ 사람을 수용하는 건축물(가설 건축물 제외)로서 사실상 독립된 부분의 연면적이 100[m^2] 이상 1000[m^2] 미만인 건축물

44 서로 어긋나는 각을 이루며 만나는 두 축을 유니버설 조인트(훅크 조인트)하였을 경우에 일어나는 현상을 설명한 것으로 옳지 않은 것은?
① 종동축의 각속도는 원동축의 각속도와 일치하지 않는다.
② 중간축을 이용하여 양쪽에 유니버설 조인트를 하면 각속도는 일치하게 된다.
③ 각속도는 서로 불일치 하지만 전달 토크에는 아무 이상이 없다.
④ 두 축이 어긋난 정도가 너무 크면(약 30° 이상)사용이 곤란하다.

Answer 40. ③ 41. ① 42. ③ 43. ② 44. ③

45 차량에 고정된 탱크에 의한 운반 기준 중 독성가스(액화 암모니아 제외)의 내용적은 얼마를 초과하지 않아야 하는가?

① 10000[L] ② 12000[L]
③ 15000[L] ④ 18000[L]

해설 차량에 고정된 탱크 내용적 제한
㉮ 가연성가스(액화석유가스 제외), 산소 : 18000[L] 초과 금지
㉯ 독성가스(액화암모니아 제외) : 12000[L] 초과 금지
㉰ 철도차량 또는 견인되어 운반되는 차량에 고정하여 운반하는 탱크는 제외

46 고압가스 특정제조의 허가를 얻어야 하는 산업통상자원부령이 정하는 대규모 시설에 해당하지 않는 것은?

① 강공업자의 철강공업시설 또는 그 부대시설에서 고압가스를 제조하는 것으로 그 처리능력이 10만[m^3] 이상인 것
② 석유화학공업자 또는 지원 사업을 하는 자의 시설에서 고압가스처리 능력이 1000[m^3] 이상 또는 그 저장능력이 50[ton] 이상인 것
③ 석유정제업자의 석유정제시설 또는 그 부대시설에서 고압가스를 제조하는 것으로서 그 저장능력이 100[ton] 이상인 것
④ 비료생산업자의 비료제조시설 또는 그 부대시설에서 고압가스를 제조하는 것으로서 그 처리능력이 10만[m^3] 이거나 저장능력이 100[ton] 이상인 것

해설 고압가스 특정제조허가 대상(고법 시행규칙 제3조) : 석유화학공업자(석유화학공업 관련 사업자를 포함)의 석유화학공업시설 또는 그 부대시설에서 고압가스를 제조하는 것으로서 그 저장능력이 100[ton] 이상이거나 처리능력이 10000[m^3] 이상인 것

47 공기 중에 누출되었을 때 낮은 곳으로 흘러 고이는 것만으로 짝지어진 것은?

① 프로판, 수소, 아세틸렌
② 프로판, 염소, 포스겐
③ 아세틸렌, 염소, 암모니아
④ 아세틸렌, 포스겐, 암모니아

해설 ㉮ 각 가스의 분자량

명칭	분자량
프로판(C_3H_8)	44
수소(H_2)	2
아세틸렌(C_2H_2)	26
염소(Cl_2)	71
포스겐($COCl_2$)	99
암모니아(NH_3)	17

㉯ 공기의 평균분자량 29보다 분자량이 큰 가스가 공기보다 무겁기 때문에 바닥에 체류한다.

48 완전가스의 엔탈피는?

① 온도만의 함수이다.
② 압력만의 함수이다.
③ 온도와 압력의 함수이다.
④ 온도, 압력 및 비체적의 함수이다.

해설 완전가스(이상기체)의 엔탈피는 온도만의 함수이다.

49 차량에 고정된 탱크로 고압가스를 운반할 때 가스를 송출 또는 이입하는데 사용되는 밸브를 후면에 설치한 탱크에서 탱크 주밸브와 차량의 뒷범퍼와의 수평거리는 몇 [cm] 이상 떨어져 있어야 하는가?

① 20[cm] ② 30[cm]
③ 40[cm] ④ 50[cm]

해설 뒷범퍼와의 거리
㉮ 후부취출식 탱크 : 40[cm] 이상
㉯ 후부취출식 탱크 외 : 30[cm] 이상
㉰ 조작상자 : 20[cm] 이상

Answer 45. ② 46. ② 47. ② 48. ① 49. ③

50 LPG 공급 방식 중 공기 혼합가스 공급방식의 목적에 해당되지 않는 것은?

① 발열량 조절
② 누설시의 손실감소
③ 연소효율의 증대
④ 재 기화 현상방지

해설 공기 혼합가스 공급방식의 목적
㉮ 발열량 조절 ㉯ 누설 시 손실감소
㉰ 연소효율 증대 ㉱ 재액화 방지

51 다음 설명 중 수소의 용도가 아닌 것은?

① 암모니아 합성
② 환원성을 이용한 금속의 제련
③ 인조보석, 유리제조용 가스
④ 네온사인의 봉입용 가스

해설 수소의 용도
㉮ 암모니아, 염산, 메탄올 등의 합성원료
㉯ 환원성을 이용한 금속제련에 사용
㉰ 백금, 석영 등의 세공에 사용
㉱ 기구나 풍선의 부양용 가스에 사용
㉲ 경화유 제조에 사용
※ 네온사인의 봉입용 가스는 희가스에 해당

52 공기 5[kg]이 온도 20[℃], 게이지압력 7[kgf/cm^2]로 용기에 충전되어 있었으나, 수일 후에는 온도 10[℃], 게이지압력 4[kgf/cm^2]로 되어 있었다. 몇 [kg]의 공기가 누출되었는가? (단, 이상기체로 가정한다.)

① 1.76[kg] ② 2.76[kg]
③ 3.24[kg] ④ 4.2[kg]

해설 ㉮ 잔량[kg] 계산
$PV = GRT$에서
처음상태를 $P_1 V_1 = G_1 R_1 T_1$
나중상태를 $P_2 V_2 = G_2 R_2 T_2$ 라 하면
$V_1 = V_2$, $R_1 = R_2$ 이다.
$\therefore \frac{P_2}{P_1} = \frac{G_2 T_2}{G_1 T_1}$ 에서
$\therefore G_2 = \frac{P_2 G_1 T_1}{P_1 T_2}$
$= \frac{(4+1.0332) \times 5 \times (273+20)}{(7+1.0332) \times (273+10)}$
$= 3.24$[kg]
㉯ 누설된 공기량[kg] 계산
∴ 누설량 = 충전량 − 잔량
$= 5 - 3.24 = 1.76$[kg]

53 1[mol]의 산소기체에 대한 설명으로 옳지 않은 것은? (단, 산소를 이상기체로 가정한다.)

① 표준상태에서 22.4[L]를 차지한다.
② 일정온도에서 1[atm]으로부터 10[atm]으로 가압하면 산소의 엔트로피는 몰 당 4.6 [e · U]만큼 감소한다.
③ 산소의 내부에너지는 온도가 일정한 어떤 변화에서도 변하지 않는다.
④ 일정온도 이하에서 가압하면 액화한다.

해설 이상기체(완전가스)는 온도를 내려도 액화하지 않는다.

54 가스사용시설(연소기는 제외)의 시설기준 및 기술기준 중 기밀시험 압력으로 옳은 것은?

① 최고사용압력의 1.1배 또는 1[kPa] 중 높은 압력 이상
② 최고사용압력의 1.0배 또는 8.4[kPa] 중 높은 압력 이상
③ 최고사용압력의 1.1배 또는 8.4[kPa] 중 높은 압력 이상
④ 최고사용압력의 1.5배 또는 10[kPa] 중 높은 압력 이상

해설 사용시설 기밀시험 압력

Answer 50. ④ 51. ④ 52. ① 53. ④ 54. ③

㉮ LPG : 8.4[kPa] 이상
㉯ 도시가스 : 최고사용압력의 1.1배 또는 8.4[kPa] 중 높은 압력 이상

55 다음 중 계량치 관리도는 어느 것인가?

① R 관리도 ② np 관리도
③ c 관리도 ④ u 관리도

해설 **계량치 관리도의 종류** : $\bar{x}-R$ 관리도, $\bar{x}$ 관리도, M_e-R 관리도, $L-S$ 관리도, 누적합 관리도, 지수가중 이동평균 관리도, R 관리도

56 여력을 나타내는 식으로 가장 올바른 것은?

① 여력 = 1일 실동시간 × 1개월 실동시간 × 가동대수
② 여력 = (능력 − 부하) × 1/100
③ 여력 = $\frac{\text{능력}-\text{부하}}{\text{능력}}\times 100$
④ 여력 = $\frac{\text{능력}-\text{부하}}{\text{부하}}\times 100$

해설 **여력** : 공정능력이 부하량을 초과하는 경우 공정능력과 부하량의 차이이다.

$\therefore$ 여력 $=\frac{\text{능력}-\text{부하}}{\text{능력}}\times 100$

57 생산보전(PM : Productive Maintenance)의 내용에 속하지 않는 것은?

① 사후보전 ② 안전보전
③ 예방보전 ④ 개량보전

해설 보전의 유형
㉮ **예방보전(PM)** : 계획적으로 일정한 사용기간마다 실시하는 보전
㉯ **사후보전(BM)** : 고장이나 결함이 발생한 후에 이것을 수리에 의하여 회복시키는 것
㉰ **개량보전(CM)** : 고장이 발생한 후 또는 설계 및 재료변경 등으로 설비자체의 품질을 개선하여 수명을 연장시키거나 수리, 검사가 용이하도록 하는 방식
㉱ **보전예방(MP)** : 계획 및 설치에서부터 고장이 적고, 쉽게 수리할 수 있도록 하는 방식

58 다음 데이터로부터 통계량을 계산한 것 중 틀린 것은?

[데이터] 21.5, 23.7, 24.3, 27.2, 29.1

① 중앙값(Me) : 24.3
② 제곱합(S) : 7.59
③ 시료분산(s^2) : 8.988
④ 범위(R) : 7.6

해설 ㉮ 중앙값(M_e) : 데이터에서 순서대로 나열된 중간값에 해당하는 것은 24.3이다.
㉯ 제곱합(S)계산
ⓐ 편차계산

$$\therefore \bar{x}=\frac{\sum x}{n}=\frac{21.5+23.7+24.3+27.2+29.1}{5}=25.16$$

ⓑ 제곱합(S)계산

$$\therefore S=(21.5-25.16)^2+(23.7-25.16)^2+(24.3-25.16)^2+(27.2-25.16)^2+(29.1-25.16)^2=35.952$$

㉰ 시료분산(s^2)계산

$$\therefore s^2=\frac{S}{n-1}=\frac{35.952}{5-1}=8.988$$

㉱ 범위(R) = 최댓값 − 최솟값 = 29.1 − 21.5 = 7.6

59 작업자에 대한 심리적 영향을 가장 많이 주는 작업측정의 기법은?

① PTS법 ② 워크 샘플링법
③ WF법 ④ 스톱 워치법

Answer 55. ① 56. ③ 57. ② 58. ② 59. ④

해설 **스톱워치(stop watch)법** : 훈련이 잘 된 자격을 갖춘 작업자가 정상적인 속도로 완료하는 작업 결과의 표본을 추출하여 이로부터 표준시간을 설정하는 기법으로 주기가 짧고 반복적인 작업에 적합하다.

60 다음 중 로트별 검사에 대한 AQL 지표형 샘플링 검사 방식은 어느 것인가?

① KS A ISO 2859-0

② KS A ISO 2859-1

③ KS A ISO 2859-2

④ KS A ISO 2859-3

해설 ③ LQ 지표형 샘플링검사 방식
④ 스킵로트 샘플링검사 절차

Answer 60. ②

2006년도 기능장 제39회 필기시험 [4월 2일 시행]

과 년 도 문 제

01 압축기 서징(surging) 현상에 대한 설명 중 옳지 않은 것은?

① 압축기의 풍량을 횡축에, 토출압력을 종축에 취한 풍량 압력곡선에서 우측 상부의 부분에 있을 때는 서징현상을 일으키는 일이 있다.
② 서징이 발생되면 관로에 심한 유체의 맥동과 진동이 발생한다.
③ 서징은 압축기를 기동하여 정격회전수에 이르기 전까지의 도중에서 일어나는 현상으로서 정격회전수에 도달한 후에는 일어나지 않는다.
④ 서징은 토출배관에 바이패스밸브를 설치해서 흡입측으로 돌려보내어 방지할 수 있다.

해설 **서징(surging)현상** : 토출측 저항이 커지면 유량이 감소하고 맥동과 진동이 발생하며 불안전 운전이 되는 현상

02 가연성 물질을 연소시키려고 한다. 공기 중의 산소농도가 증가 되는 경우라면 이 때 나타나는 현상으로 볼 수 없는 것은?

① 연소 속도 증가
② 화염 온도 상승
③ 폭발 한계는 좁아짐
④ 발화 온도는 낮아짐

해설 **공기 중 산소농도 증가 시 나타나는 현상**
㉮ 증가(상승) : 연소 속도, 폭발 범위, 화염 온도, 화염 길이
㉯ 저하(감소) : 발화 온도, 발화에너지

03 카르노(Carnot) 사이클의 과정 순서 중 옳은 것은?

① 등온팽창–등온압축–단열팽창–단열압축
② 등온팽창–단열팽창–등온압축–단열압축
③ 등온팽창–단열압축–단열팽창–등온압축
④ 등온팽창–등온압축–단열압축–단열팽창

해설 카르노 사이클(Carnot cycle)의 순환 과정

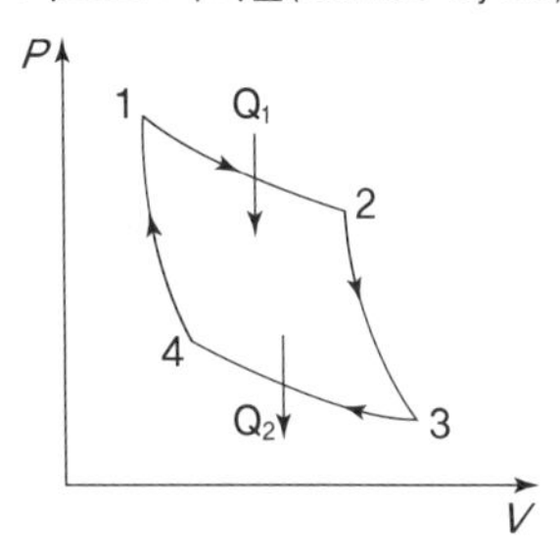

㉮ 1→2 과정 : 정온(등온)팽창과정(열공급)
㉯ 2→3 과정 : 단열팽창과정
㉰ 3→4 과정 : 정온(등온)압축과정(열방출)
㉱ 4→1 과정 : 단열압축과정

04 표준상태에서 질소 5.6[L] 중에 있는 질소 분자 수는 다음의 어느 것과 같은가?

① 0.5[g]의 수소분자
② 16[g]의 산소분자
③ 1[g]의 산소원자
④ 4[g]의 수소분자

해설 **(1) 질소 5.6[L]의 몰[mol]수 계산**

$$\therefore \text{몰수} = \frac{\text{기체질량}}{\text{분사량}} = \frac{\text{기체체적}}{22.4} = \frac{5.6}{22.4} = 0.25[\text{mol}]$$

(2) 각 기체의 몰[mol]수 계산 : 수소의 분자량은 2[g], 산소의 분자량은 32[g], 산소의 원자량은 16[g]이다.

Answer 1. ③ 2. ③ 3. ② 4. ①

㉮ 수소 $= \frac{0.5}{2} = 0.25$[mol]

㉯ 산소 $= \frac{16}{32} = 0.5$[mol]

㉰ 산소 $= \frac{1}{16} = 0.0625$[mol] : 원자몰수임

㉱ 수소 $= \frac{4}{2} = 2$[mol]

(3) 같은 몰[mol]수에 해당하는 경우 아보가드로법칙에 따라 분자수가 동일하다.

05 다음은 분젠식 연소방식의 가스(제조가스, 천연가스, LP가스)에 따른 연소특성에 대한 그림이다. 이 중 LP가스에 해당하는 것은?

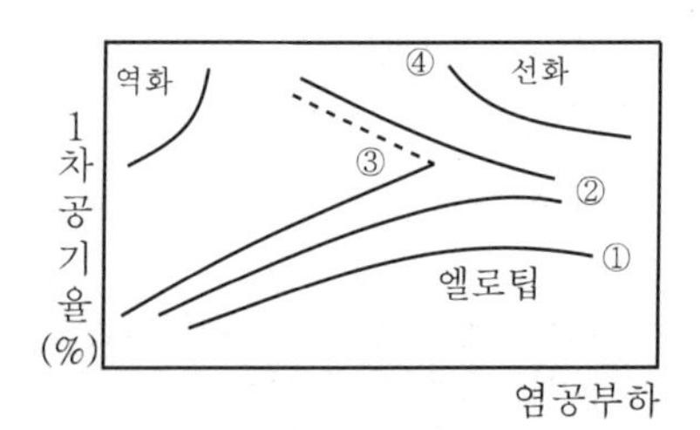

① ①　　② ②
③ ③　　④ ④

해설 ①, ④ : 제조가스　② : 천연가스　③ : LP가스

06 산화에틸렌에 대한 설명으로 가장 거리가 먼 것은?

① 폭발범위는 약 3.0~80%이다.
② 공업적 제조법으로는 에틸렌을 산소로 산화해서 합성한다.
③ 액체 상태에서 열이나 충격 등으로 폭약과 같이 폭발을 일으킨다.
④ 철, 주석, 알루미늄의 무수염화물, 산, 알칼리, 산화알루미늄 등에 의하여 중합 발열한다.

해설 액체 산화에틸렌은 연소하기 쉬우나 폭약과 같은 폭발은 하지 않는다.

07 대기압이 753[mmHg]일 때 진공도가 90[%] 라면 절대압력으로 얼마인가?

① 0.1023[ata]
② 0.2193[ata]
③ 0.3023[ata]
④ 0.419[ata]

해설 ㉮ 공학기압 1[ata] = 735.5[mmHg]이다.
㉯ 진공도[%]를 이용한 진공압 계산

$$진공도[\%] = \frac{진공압}{대기압} \times 100 \text{ 이다.}$$

$\therefore$ 진공압 = 대기압 × 진공도

㉰ 절대압력 계산

$$\therefore 절대압력 = 대기압 - 진공압 = \left(\frac{753}{735.5}\right) - \left(\frac{753}{735.5} \times 0.9\right) = 0.1023[\text{ata}]$$

08 지름 3[cm]의 강봉에 1000[kgf]의 하중이 안전하게 작용하고 있을 때 이 강봉의 강도가 600[kgf/cm^2]이면 안전율은?

① 2.67　　② 4.24
③ 6.18　　④ 8.05

해설 ㉮ 허용응력 계산

$$\therefore 허용응력 = \frac{하중}{봉의\ 단면적} = \frac{1000}{\frac{\pi}{4} \times 3^2} = 141.47[\text{kgf/cm}^2]$$

㉯ 안전율 계산

$$\therefore 안전율 = \frac{인장강도}{허용응력} = \frac{600}{141.47} = 4.241$$

Answer 5. ③ 6. ③ 7. ① 8. ②

09 고온, 고압 하에서 일산화탄소를 사용하는 장치에 철재를 사용할 수 없는 주요 원인은?

① 철 카르보닐을 만들기 때문에
② 탈탄산 작용을 하기 때문에
③ 중합부식을 일으키기 때문에
④ 가수분해하여 폭발하기 때문에

해설 일산화탄소(CO)의 성질 : 고온, 고압 하에서 철족의 금속(Fe, Ni, CO)과 반응하여 금속 카르보닐을 생성한다.

10 다음 냉매 중 지구 오존층 파괴에 가장 큰 영향을 미치는 가스는?

① NH_3 ② R-12
③ C_3H_8 ④ CO_2

해설 R-12 : 프레온계 냉매로 오존층 파괴의 원인 물질로 사용이 금지되고 있다.

11 저온장치의 운전 중 CO_2와 수분이 존재할 때 장치에 미치는 영향에 대한 설명 중 가장 적절한 것은?

① CO_2는 저온에서 탄소와 수소로 분해되어 영향이 없다.
② 얼음이 되어 배관, 밸브를 막아 흐름을 저해한다.
③ CO_2는 저장장치의 촉매 기능을 하므로 효율을 상승 시킨다.
④ CO_2는 가스로 순도를 저하 시킨다.

해설 이산화탄소(CO_2)는 드라이아이스가 되고, 수분은 얼음이 되어 배관, 밸브를 폐쇄하여 흐름을 방해한다.

12 1몰[mol]의 CO_2가 321[K]에서 1.32[L]를 차지할 때의 압력은? (단, CO_2는 반데르 발스식에 따른다고 할 때 상수 a=3.60[L^2·atm/mol^2], b=0.0482[L/mol]이고 기체상수 R=0.082[atm·L/K·mol]이다.)

① 42.78[atm]
② 35.94[atm]
③ 26.60[atm]
④ 18.63[atm]

해설 실제기체가 1[mol]의 경우 반데르 발스 방정식

$\left(P+\frac{a}{V^2}\right)(V-b)=RT$ 에서

$$\therefore P=\frac{RT}{V-b}-\frac{a}{V^2}$$
$$=\frac{0.082\times 321}{1.32-0.0482}-\frac{3.60}{1.32^2}=18.63[\text{atm}]$$

13 도시가스 사업법의 목적에 포함되지 않는 것은?

① 도시가스사업을 합리적으로 조정, 육성하기 위하여
② 가스 품질의 향상과 국가 기간산업의 발전을 도모하기 위하여
③ 도시가스 사용자의 이익을 보호하기 위하여
④ 공공의 안전을 확보하기 위하여

해설 도시가스사업법 목적(도법 제1조)
도시가스사업을 합리적으로 조정, 육성하여 사용자의 이익을 보호하고 도시가스사업의 건전한 발전을 도모하며, 가스공급시설과 가스 사용시설의 설치, 유지 및 안전관리에 관한 사항을 규정함으로써 공공의 안전을 확보함을 목적으로 한다.

Answer 9. ① 10. ② 11. ② 12. ④ 13. ②

14 **고정식 관 이름쇠의 표시법 중 동심 리듀서를 나타내는 것은?**

해설 ① 크로스 ② 편심 리듀서 ④ 동심 리듀서

15 **압력 80[kPa], 체적 0.37[m^3]을 차지하고 있는 완전가스를 등온팽창 시켰더니 체적이 2.5배로 팽창하였다. 이 때 외부에 대해서 한 일은 몇 [N·m]인가?**

① 2.71　　② 2.71×10^2

③ 2.71×10^3　　④ 2.71×10^4

해설 $W = P_1 V_1 \ln\left(\frac{V_2}{V_1}\right)$

$= 80 \times 10^3 \times 0.37 \times \ln\left(\frac{0.37 \times 2.5}{0.37}\right)$

$= 27122.2[\text{N} \cdot \text{m}]$

$= 2.71 \times 10^4[\text{N} \cdot \text{m}]$

16 **공기액화 분리장치의 액화 산소통내의 액화산소 30[L] 중에 메탄이 1000[mg], 아세틸렌 50[mg]이 섞여 있을 때의 조치로서 적당한 것은?**

① 안전하므로 계속 운전한다.

② 운전을 계속하면서 액화산소를 방출한다.

③ 극히 위험한 상태이므로 즉시 희석제를 첨가한다.

④ 즉시 운전을 중지하고, 액화산소를 방출한다.

해설 **공기액화 분리장치의 불순물 유입금지 기준** : 공기액화 분리기에 설치된 액화산소통내의 액화산소 5[L] 중 아세틸렌 질량이 5[mg] 또는 탄화수소의 탄소질량이 500[mg]을 넘을 때에는 그 공기액화 분리기의 운전을 중지하고 액화산소를 방출할 것

㉮ 아세틸렌(C_2H_2) 질량 계산

$\therefore \text{아세틸렌 질량} = \frac{\text{아세틸렌량}}{\text{기준량에 대한 액산 배수}}$

$= \frac{50}{\frac{30}{5}} = 8.33[\text{mg}]$

㉯ 탄화수소의 탄소(C) 질량 계산

$\therefore \text{탄소질량} = \frac{\text{탄소량}}{\text{기준량에 대한 액산배수}}$

$= \frac{1000 \times \frac{12}{16}}{\frac{30}{5}} = 125[\text{mg}]$

㉰ 액화산소 5[L] 중 아세틸렌 질량이 5[mg]을 넘으므로 운전을 중지하고, 액화산소를 방출하여야 한다.

※$\text{탄소량} = \text{탄화수소류 질량} \times \text{탄소의 비율}$

$= \text{탄화수소류 질량} \times \frac{\text{탄소의 질량}}{\text{분자량}}$

17 **가스도매사업의 가스공급시설인 배관을 도로 밑에 매설하는 경우의 시설 및 기술기준 중 옳은 것은?**

① 시가지의 도로 노면 밑에 매설하는 경우에는 노면으로부터 배관의 외면까지의 깊이는 1.0[m] 이상으로 할 것

② 인도, 보도 등의 노면 외의 도로 밑에 매설하는 경우에는 배관의 외면과 지표면과의 거리는 1.0[m] 이상으로 할 것

③ 전선, 상수도관이 매설되어 있는 도로에 매설하는 경우에는 이들의 상부에 매설할 것

④ 시가지 외의 도로 노면 밑에 매설하는 경우에는 노면으로부터 배관의 외면까지의 깊이는 1.2[m] 이상으로 할 것

Answer 14. ④ 15. ④ 16. ④ 17. ④

해설 도시가스도매사업의 배관 매설 깊이

㉮ 시가지의 도로 노면 : 1.5[m] 이상
㉯ 인도, 보도 등 노면외의 도로 : 1.2[m] 이상
㉰ 전선, 상수도관이 매설된 도로 : 이들의 하부에 매설
㉱ 시가지외의 도로 노면 밑 : 1.2[m] 이상

18 증기압축 냉동기의 주요 구성 요소가 아닌 것은?

① 압축기 ② 응축기
③ 과냉기 ④ 증발기

해설 냉동기의 구성기기

㉮ 증기 압축식 냉동기 : 압축기, 응축기, 팽창밸브, 증발기
㉯ 흡수식 냉동기 : 흡수기, 발생기, 응축기, 증발기

19 연소로의 드래프트 게이지로 많이 사용되는 압력계로서 사용압력이 약 20~5000 [mmH_2O]이고, 구조상 먼지를 함유한 액체나 부식성 유체의 압력 측정에 효과적인 압력계는?

① 부르동관 압력계
② 벨로스 압력계
③ 다이어프램 압력계
④ 자유 피스톤 압력계

해설 다이어프램 압력계 특징

㉮ 응답속도가 빠르나, 온도의 영향을 받는다.
㉯ 극히 미세한 압력 측정이 가능하다.
㉰ 부식성 유체의 측정이 가능하다.
㉱ 압력계가 파손되어도 위험이 적다.
㉲ 연소로의 통풍계(draft gauge)로 사용한다.
㉳ 측정범위는 20~5000[mmH_2O]이다.

20 다단 압축기에서 실린더 냉각의 목적으로 가장 거리가 먼 것은?

① 흡입 시에 가스에 주어진 열을 가급적 줄여서 흡입효율을 적게 한다.
② 온도가 냉각됨에 따라 단위 능력당 소요동력이 일반적으로 감소되고 압축효율은 좋게 한다.
③ 활동면을 냉각시켜 윤활이 원활하게 되어 피스톤링에 탄소화물이 발생하는 것을 막는다.
④ 밸브 및 밸브 스프링에서 열을 제거하여 오손을 줄이고 그 수명을 길게 한다.

해설 실린더 냉각 효과(목적)

㉮ 체적효율, 압축효율 증가
㉯ 소요 동력의 감소
㉰ 윤활기능의 유지 및 향상
㉱ 윤활유 열화, 탄화 방지
㉲ 습동부품의 수명 유지

21 다음은 P-i 선도이다. 2의 영역은 어떤 상태인가?

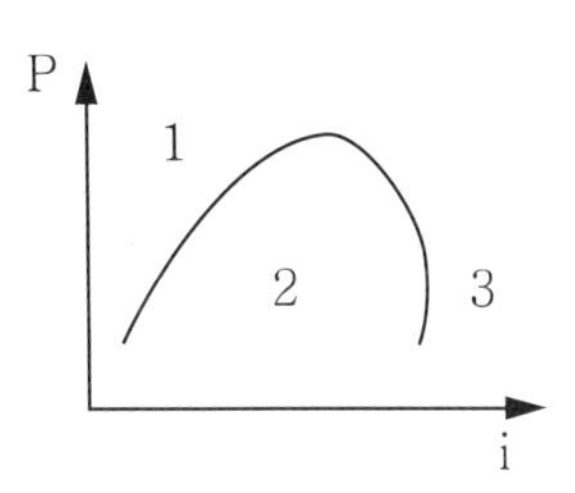

① 습증기 ② 과냉각액
③ 과열증기 ④ 건포화증기

해설 P-i 선도상 각 영역의 상태

㉮ 1의 영역 : 포화수
㉯ 2의 영역 : 습증기
㉰ 3의 영역 : 과열증기

Answer 18. ③ 19. ③ 20. ① 21. ①

22 액화석유가스 소형 저장탱크의 설치기준에 대한 설명 중 옳은 것은?

① 충전질량이 2000[kg] 이상인 것은 탱크간 거리를 1[m] 이상으로 하여야 한다.
② 동일 장소에 설치하는 탱크의 수는 6기 이하로 하고, 충전질량 합계는 6000[kg] 미만이 되도록 하여야 한다.
③ 충전질량 1000[kg] 이상인 탱크는 높이 1[m] 이상의 경계책을 만들고 출입구를 설치하여야 한다.
④ 소형 저장탱크는 그 바닥이 지면보다 10[cm] 이상 높게 설치된 콘크리트 바닥 등에 설치하여야 한다.

해설 소형 저장탱크 설치 기준
㉮ 충전질량 1000[kg] 이상인 것은 탱크간 거리를 0.5[m] 이상 유지한다.
㉯ 동일 장소에 설치하는 소형 저장탱크의 수는 6기 이하로 하고 충전질량 합계는 5000[kg] 미만이 되도록 한다.
㉰ 소형 저장탱크는 그 바닥이 지면보다 5[cm] 이상 높게 설치된 콘크리트 바닥 등에 설치할 것
㉱ 소형 저장탱크에는 정전기 제거 조치를 할 것

23 산소 가스 압축기의 윤활제로 기름 사용을 금하고 있는 가장 큰 이유는?

① 한 번도 사용한 적이 없으므로
② 산소가스의 순도가 낮아지므로
③ 식품과 접촉하면 위험하기 때문에
④ 마찰로 실린더 내의 온도가 상승하여 연소폭발 하므로

해설 산소는 강력한 조연성 가스이기 때문에 마찰로 실린더 내의 온도가 상승하여 연소 폭발을 일으킬 우려가 있어 석유류, 유지류, 농후한 글리세린은 산소압축기의 윤활유로 사용을 금지하고 있다.

24 충전용기의 적재, 하역 및 운반 기준에 대한 설명 중 옳지 않은 것은?

① 적재함에는 리프트를 설치하여야 하며, 적재할 충전용기 최대 높이의 2/3 이상까지 적재함을 보강하여야 한다.
② 운행 중에는 직사광선을 받으므로 충전용기 등이 40[℃] 이하가 되도록 온도의 상승의 방지하는 조치를 하여야 한다.
③ 충전 용기를 용기보관소로 운반할 때는 사람이 직접 운반하되, 이 때 용기의 중간 부분을 이용하여 운반하여야 한다.
④ 충전용기 등을 적재한 차량은 제1종 보호시설에서 15[m] 이상 떨어진 안전한 장소에 주정차 하여야 한다.

해설 충전 용기를 용기보관 장소로 운반할 때에는 가능한 한 손수레를 사용하거나 용기의 밑 부분을 이용하여 운반할 것

25 내용적 5[L]의 고압 용기에 에탄 1650[g]을 충전하였더니 용기의 온도가 100[℃]일 때 210[atm]을 나타내었다. 에탄의 압축계수는 약 얼마인가? (단, $PV = ZnRT$의 식을 적용 한다.)

① 0.43 ② 0.62
③ 0.83 ④ 1.12

해설 $PV = ZnRT$에서 에탄(C_2H_6)의 분자량은 30이다.

$$\therefore Z = \frac{PV}{nRT} = \frac{210 \times 5}{\frac{1650}{30} \times 0.082 \times (273+100)} = 0.624$$

26 **수소의 일반적인 성질에 대한 설명 중 옳은 것은?**

① 열전도도가 대단히 크다.
② 확산속도가 작고 공기 중에 확산 혼합되기 쉽다.
③ 폭발한계 내인 경우 단독으로 분해 폭발한다.
④ 폭굉속도는 400~500[m/s]에 달한다.

해설 수소의 성질
㉮ 지구상에 존재하는 원소 중 가장 가볍다.
㉯ 무색, 무취, 무미의 가연성이다.
㉰ 확산속도가 대단히 크다.
㉱ 고온에서 강재, 금속재료를 쉽게 투과한다.
㉲ 폭굉속도가 1400~3500[m/s]에 달한다.
㉳ 폭발범위가 넓다.

27 **다음 중 이상기체의 정압과정을 식으로 가장 잘 표현한 것은?**

① $dU = C_v \cdot dT$ ② $dH = dU + R$
③ $dH = C_p \cdot dT$ ④ $dU = -P \cdot dV$

해설 ①번 항목 : 정적(등적) 과정
③번 항목 : 정압(등압) 과정

28 **허용 인장응력 10[kgf/mm²], 두께 10[mm]의 강판을 150[mm] V홈 맞대기 용접이음을 할 때 그 효율이 80[%]라면 용접두께 t는 얼마로 하면 되는가? (단, 용접부의 허용응력은 8[kgf/mm²]이다.)**

① 10[mm] ② 12[mm]
③ 14[mm] ④ 16[mm]

해설 $\sigma_t = \frac{W}{t \cdot L}$에서

$\therefore t = \frac{W}{\sigma_t \cdot L}$

$= \frac{10 \times 150 \times 10}{10 \times 150} = 10$[mm]

여기서, W : 하중[kgf]
σ_t : 인장응력[kgf/mm²]
t : 용접두께[mm]
L : 용접부 길이[mm]

29 **액화석유가스의 안전관리 및 사업법에 정한 정의 중 옳지 않은 것은?**

① "액화석유가스"라 함은 프로판, 부탄을 주성분으로 한 가스를 액화한 것을 말한다.
② "액화석유가스 집단 공급사업"이라 함은 액화석유가스를 일반의 수요에 따라 배관을 통하여 연료로 공급하는 사업을 말한다.
③ "액화석유가스 판매사업"이라 함은 용기에 충전된 액화석유가스를 판매하는 것을 말한다.
④ "가스용품 제조사업"이라 함은 산업통상자원부령이 정하는 일정량 이상의 액화석유가스를 제조하는 사업을 말한다.

해설 **가스용품 제조사업** : 액화석유가스 또는 도시가스사업법에 의한 연료용 가스를 사용하기 위한 기기를 제조하는 사업을 말한다.

30 **가스홀더 내용적이 1800[L], 가스홀더의 최고사용압력이 3[MPa]로 압축가스를 충전 및 저장할 때에 이 설비의 저장능력은 몇 [m³]인가?**

① 10.8 ② 30.6
③ 55.8 ④ 76.6

해설 $Q = (10P + 1)V$
$= (10 \times 3 + 1) \times 1800 \times 10^{-3}$
$= 55.8$[m³]

Answer 26. ① 27. ③ 28. ① 29. ④ 30. ③

31 다음 중 의료용 가스용기에 표시한 색이 가스 종류와 일치하는 것은?

① 헬륨 – 회색
② 질소 – 흑색
③ 에틸렌 – 백색
④ 사이크로 프로판 – 갈색

해설 의료용 용기의 도색

가스종류	도색	가스종류	도색
산소	백색	액화탄산가스	회색
질소	흑색	아산화질소	청색
헬륨	갈색	에틸렌	자색
사이크로프로판	주황색		

32 배관을 매설하면 주위의 환경에 따라 전기적 부식이 발생하는데 이를 방지하는 방법 중 강관보다 저전위 금속을 직접 또는 도선으로 전기적으로 접속하여 양 금속간의 고유 전위차를 이용하여 방식전류를 주어 방식하는 방법은?

① 유전양극법 ② 외부전원법
③ 선택배류법 ④ 강제배류법

해설 유전양극법(희생양극법) : 양극(anode)과 매설배관(cathode : 음극)을 전선으로 접속하고 양극 금속과 배관사이의 전지작용(고유 전위차)에 의해서 방식전류를 얻는 방법이다. 양극 재료로는 마그네슘(Mg), 아연(Zn) 등이 사용된다.

33 다음 중 화학 친화력을 나타내는 것으로서 가장 적절한 것은?

① ΔH ② ΔG
③ ΔS ④ ΔU

34 methane 80[%], ethane 15[%], propane 4[%], butane 1[%] 의 혼합가스의 공기 중 폭발 하한계 값은? (단, 공기 중 각 성분의 폭발 하한계 값은 methane 5.0[%], ethane 3.0[%], propane 2.1[%], butane 1.8[%] 이다.)

① 2.15[%] ② 4.26[%]
③ 5.67[%] ④ 10.28[%]

해설 $\frac{100}{L} = \frac{V_1}{L_1} + \frac{V_2}{L_2} + \frac{V_3}{L_3} + \frac{V_4}{L_4}$ 에서

$$\therefore L = \frac{100}{\frac{V_1}{L_1} + \frac{V_2}{L_2} + \frac{V_3}{L_3} + \frac{V_4}{L_4}}$$

$$= \frac{100}{\frac{80}{5.0} + \frac{15}{3.0} + \frac{4}{2.1} + \frac{1}{1.8}} = 4.26[\%]$$

35 가스 정압기에서 메인밸브의 열림과 유량과의 관계를 의미하는 것은?

① 정특성 ② 동특성
③ 유량특성 ④ 오프셋

해설 정압기의 특성

㉮ 정특성(靜特性) : 유량과 2차 압력의 관계
㉯ 동특성(動特性) : 부하변화가 큰 곳에 사용되는 정압기에서 부하변동에 대한 응답의 신속성과 안정성이 요구되는 특성
㉰ 유량특성(流量特性) : 메인밸브의 열림과 유량의 관계
㉱ 사용 최대차압 : 메인밸브에 1차와 2차 압력이 작용하여 최대로 되었을 때의 차압
㉲ 작동 최소차압 : 정압기가 작동할 수 있는 최소 차압

Answer 31. ② 32. ① 33. ② 34. ② 35. ③

36 1[kcal]에 대한 정의로서 가장 적절한 것은? (단, 표준대기압 하에서의 기준이다.)

① 순수한 물 1kg을 100[℃] 만큼 변화시키는데 필요한 열량
② 순수한 물 1[lb]를 32[°F]에서 212[°F] 까지 높이는데 필요한 열량
③ 순수한 물 1[lb]를 1[℃] 만큼 변화시키는데 필요한 열량
④ 순수한 물 1[kg]을 14.5[℃]에서 15.5[℃]까지 높이는데 필요한 열량

해설 열량의 단위
㉮ 1[kcal] : 순수한 물 1[kg]을 14.5[℃]에서 15.5[℃]까지 높이는데 필요한 열량
㉯ 1[BTU] : 순수한 물 1[lb]를 61.5[°F]에서 62.5[°F]까지 높이는데 필요한 열량
㉰ 1[CHU] : 순수한 물 1[lb]를 14.5[℃]에서 15.5[℃]까지 높이는데 필요한 열량

37 다음 ( )안에 알맞은 것은?

> 압력용기에 부착하는 안전밸브의 분출압력은 고압부에서는 당해 냉동설비 고압부의 상용압력의 (ⓐ)배의 압력 이하, 저압부에 있어서는 당해 냉매설비 저압부 상용압력의 (ⓑ)배의 압력 이하의 압력이 되도록 설정하여야 한다.

① ⓐ 0.8배, ⓑ 1.2배
② ⓐ 1.2배, ⓑ 0.8배
③ ⓐ 1.05배, ⓑ 1.1배
④ ⓐ 1.1배, ⓑ 1.05배

38 다음 중 전기 방식(防飾)의 기준으로 틀린 것은?

① 직류 전철 등에 의한 영향이 없는 경우에는 외부전원법 또는 희생양극법으로 할 것
② 직류 전철 등의 영향을 받는 배관에는 배류법으로 할 것
③ 희생 양극법에 의한 배관에는 300[m] 이내의 간격으로 설치할 것
④ 외부 전원법에 의한 배관에는 300[m] 이내의 간격으로 설치할 것

해설 전위 측정용 터미널 설치간격
㉮ 희생양극법, 배류법 : 300[m] 이내
㉯ 외부전원법 : 500[m] 이내

39 다음 중 진공 단열법에 해당 되지 않는 것은?

① 다층 진공 단열법
② 분말 진공 단열법
③ 고진공 단열법
④ 상압 단열법

해설 저온장치 단열법
㉮ **진공 단열법 종류** : 고진공 단열법, 분말 진공 단열법, 다층 진공 단열법
㉯ **상압 단열법** : 상압 하에서 단열을 하는 공간에 분말, 섬유 등의 단열재를 충전하는 방법으로 일반적으로 사용되는 단열법이다.

40 일반적으로 지름 20[mm] 이하의 구리관을 이음 할 때 기계의 점검, 보수, 기타 관을 분리하기 쉽게 하기 위한 구리관의 이음방법으로서 가장 적절한 것은?

① 플랜지 이음 ② 슬리브 이음
③ 용접 이음 ④ 플레어 이음

해설 압축이음(flare joint) : 관지름 20[mm] 이하의 동관을 이음할 때 플레어링 툴 세트를 이용하여 동관 끝을 나팔관 모양으로 가공 후 압축이음 이음재를 사용하여 관을 접합하는 방법으로 기기의 점검, 보수, 기타 분해할 때 적합하다.

Answer 36. ④ 37. ③ 38. ④ 39. ④ 40. ④

41 크리프(creep)는 어떤 온도 하에서는 시간과 더불어 변형이 증가되는 현상인데, 일반적으로 철강재료 중 크리프 영향을 고려해야 할 온도는 몇 [℃] 이상인가?

① 50[℃] ② 150[℃]
③ 250[℃] ④ 350[℃]

해설 **크리프(creep) 현상** : 어느 온도 이상에서 재료에 일정한 하중을 가하여 그대로 방치하면 시간의 경과와 더불어 변형이 증대하고 때로는 파괴되는 현상으로 탄소강의 경우 350[℃] 이상에서 발생한다.

42 저압 지하식 저장 탱크 제조소의 안전거리를 계산하면 약 얼마인가? (단, W=180[ton]이다.)

① 17[m] ② 27[m]
③ 34[m] ④ 71[m]

해설 $L = C\times\sqrt[3]{143000\,W}$
$= 0.240\times\sqrt[3]{143000\times 180}$
$= 70.86$[m]

참고 액화천연가스의 저장설비 및 처리설비와 사업소 경계와의 유지거리
$\therefore L = C\times\sqrt[3]{143000\,W}$
여기서,
L : 유지하여야 하는 거리[m]
C : 상수로 저압 지하식 저장탱크는 0.240, 그 밖의 저장설비나 처리설비는 0.576이다.
W : 저장탱크는 저장능력[톤]의 제곱근, 그 밖의 것은 그 시설안의 액화천연가스 질량[톤]

43 고압가스 안전관리법에서 정한 용기에 대한 표시 사항이 아닌 것은?

① 용기의 번호
② 충전가스의 명칭
③ 내압시험 합격연월
④ 부속품의 기호 번호

해설 합격용기의 각인 사항
㉮ 용기제조업자의 명칭 또는 약호
㉯ 충전하는 가스의 명칭
㉰ 용기의 번호
㉱ 내용적(V : [L])
㉲ 용기의 질량[kg]
㉳ 내압시험에 합격한 년 월
㉴ 내압시험압력(TP : [MPa])
㉵ 최고충전압력(FP : [MPa])

44 수소취성에 관한 다음 설명 중 옳은 것은?

① 니켈강은 수소취성을 일으키지 않는다.
② 수소는 환원성의 가스로 상온에서는 부식을 일으킨다.
③ 수소는 고온, 고압에서는 구리와 화합한다 이것은 수소취성의 원인이다.
④ 수소는 고온, 고압에서 강철 중의 탄소와 화합하는데 이것이 수소취성의 원인이다.

해설 ㉮ **수소취성** : 고온, 고압 하에서 강재 중의 탄소와 반응하여 생성된 메탄(CH_4)이 결정입계에 축적하여 높은 응력이 발생하고 연신율, 충격치가 감소된다.
㉯ **수소취성 방지 원소** : W, V, Mo, Ti, Cr

45 다음 중 열역학의 제3법칙에 대하여 나타낸 것은?

① 에너지 보존의 법칙이다.
② 절대온도 0도에 이르게 할 수 없다.
③ 열은 일로 또 일은 열로 바꿀 수 있다.
④ 열은 스스로 저온 물체로부터 고온물체로 이동할 수 없다.

해설 열역학 법칙
㉮ **열역학 제0법칙** : 열평형의 법칙
㉯ **열역학 제1법칙** : 에너지 보존의 법칙(열은 일로, 일은 열로 전환할 수 있다.)
㉰ **열역학 제2법칙** : 방향성의 법칙(열은 저온도의 물체로부터 고온도의 물체로 옮겨 갈 수 없다.

Answer 41. ④ 42. ④ 43. ④ 44. ④ 45. ②

일은 열로 전환할 수 있지만 열은 일로 전환할 수 없고 열기관의 힘을 빌려야 가능하다.)

㉣ **열역학 제3법칙** : 어느 열기관에서나 절대온도 0도로 이루게 할 수 없다.

46 **용적 400[L]의 탱크에 0[℃]의 질소 140[kg]을 저장하려 할 때 필요한 압력을 이상 기체 방정식으로부터 계산하면 약 몇 [atm]인가?**

① 180[atm] ② 280[atm]
③ 380[atm] ④ 480[atm]

해설 $PV = \frac{W}{M}RT$ 에서

$\therefore P = \frac{WRT}{VM}$

$= \frac{140 \times 10^3 \times 0.082 \times (273+0)}{400 \times 28}$

$= 279.825$[atm]

47 **고압가스 취급 장치로부터 미량의 가스가 대기 중에 누출된 것을 검지하기 위하여 사용되는 시험지와 변색이 옳게 짝지어진 것은?**

① 암모니아 – KI 전분지 – 적색으로 변화
② 일산화탄소 – 염화팔라듐지 – 청색으로 변화
③ 아세틸렌 – 염화제1동 착염지 – 적색으로 변화
④ 염소 – 적색리트머스지 – 청색으로 변화

해설 가스검지 시험지 및 반응색

검지가스	시험지	반응
암모니아	적색리트머스지	청색
염소	KI 전분지	청갈색
포스겐	해리슨씨 시약지	유자색
시안화수소	초산 벤지민지	청색
일산화탄소	염화팔라듐지	흑색
황화수소	연당지	회흑색
아세틸렌	염화제1동 착염지	적갈색

48 **펌프의 캐비테이션(공동) 현상에 관한 다음 설명 중 옳은 것은?**

① 캐비테이션은 유체의 온도가 낮을수록 일어나기 쉽다.
② 캐비테이션은 펌프의 날개 차의 출구 및 토출관에 가장 많이 발생한다.
③ 유효 흡입양정(NPSH)은 캐비테이션을 일으키지 않을 한도의 최소 흡입양정을 말하며 액의 증기압력보다 펌프 그 자체의 흡입양정이 클 때 발생한다.
④ 유체 중에 그 액체온도의 증기압 보다 낮은 부분이 생기면 유체가 증발을 일으켜서 기포를 발생하는데 이 현상을 캐비테이션이라고 한다.

해설 각 항목의 옳은 설명
① 유체의 온도가 높을수록 일어나기 쉽다.
② 펌프 내부(케이싱)에서 발생한다.
③ 액의 증기압력보다 펌프 그 자체의 흡입양정이 작을 때 발생한다.

49 **지름 D = 100[mm], 허용전단응력 τ_a = 50[MPa]인 원형축이 100[rpm]으로 안전하게 전달할 수 있는 동력[PS]의 크기는?**

① 1370 ② 1470
③ 1570 ④ 1670

해설 ㉮ 전달토크 계산
1[MPa] = 10^6[Pa] = 10^6[N/m^2]이다.

$\therefore T = \frac{\pi}{16} \times D^3 \times \tau_a$

$= \frac{\pi}{16} \times 0.1^3 \times 50 \times 10^6$

$= 9817.477$[N · m]

㉯ 동력[Ps] 계산

$\therefore H_{PS} = \frac{T \times N}{9.55 \times 735}$

$= \frac{9817.477 \times 100}{9.55 \times 735} = 139.865$[PS]

Answer 46. ② 47. ③ 48. ④ 49. 무

50 섭씨온도[℃]와 화씨온도[°F]가 같은 값을 나타내는 온도는?

① −20[℃]　② −40[℃]
③ −50[℃]　④ −60[℃]

해설 $°F = \frac{9}{5}℃ + 32$ 에서 [°F]와 [℃]가 같으므로 x로 놓으면 $x = \frac{9}{5}x + 32$가 된다.

$$\therefore x - \frac{9}{5}x = 32 \qquad x\left(1 - \frac{9}{5}\right) = 32$$

$$\therefore x = \frac{32}{1 - \frac{9}{5}} = -40$$

51 30[℃], 2[atm]에서 산소 1[mol]이 차지하는 부피는 얼마인가? (단, 이상기체의 상태방정식에 따른다고 가정한다.)

① 6.2[L]　② 8.4[L]
③ 12.4[L]　④ 24.8[L]

해설 $PV = nRT$ 에서

$$\therefore V = \frac{nRT}{P} = \frac{1 \times 0.082 \times (273 + 30)}{2} = 12.423[L]$$

52 아세틸렌 제조 공정에 사용되는 설비로서 가장 거리가 먼 것은?

① 흡수탑
② 가스 발생기
③ 가스 청정기
④ 유분리기

해설 아세틸렌 제조 공정에 사용되는 설비
가스발생기, 쿨러, 가스 청정기, 저압 및 고압 건조기, 압축기, 유분리기, 역화방지기

53 저압식 공기 액화분리장치에 탄산가스 흡착기를 설치하는 주된 목적은?

① 공기량 증가
② 축열기의 효율 증대
③ 팽창 터빈의 보호
④ 정제산소 및 질소의 순도 증가

54 배관용 합금 강관의 KS규격 표시 기호는?

① SPA　② STPA
③ SPP　④ SPPS

해설 배관용 강관의 KS 기호

KS 기호	배관 명칭
SPP	배관용 탄소강관
SPPS	압력배관용 탄소강관
SPPH	고압배관용 탄소강관
SPHT	고온배관용 탄소강관
SPLT	저온배관용 탄소강관
SPW	배관용 아크용접 탄소강관
SPA	배관용 합금강관
STS×T	배관용 스테인리스강관
SPPG	연료가스 배관용 탄소강관

55 문제가 되는 결과와 이에 대응하는 원인과의 관계를 알기 쉽게 도표로 나타낸 것은?

① 산포도　② 파레토도
③ 히스토그램　④ 특성요인도

해설 데이터의 정리 방법
㉮ **히스토그램** : 계량치가 어떤 분포를 나타내는지 알아보기 위하여 도수 분포표를 만든 후 기둥그래프형태로 그린 그림
㉯ **특성요인도** : 문제가 되는 결과와 이에 대응하는 원인과의 관계를 알 수 있도록 생선뼈 형태로 그린 그림
㉰ **파레토그램(pareto diagram)** : 불량 등의 발생건수를 항목별로 분류하고 그 크기 순서대로 나

Answer 50. ② 51. ③ 52. ① 53. ③ 54. ① 55. ④

열해 놓은 그림

㉣ **체크시트(check sheet)** : 계수치의 데이터가 분류 항목 중에서 어느 곳에 집중되어 있는지 쉽게 알아볼 수 있게 나타낸 그림

㉤ **각종 그래프** : 계통도표, 예정도표, 기로도표 등

㉥ **산점도(scatter diagram)** : 그래프 용지위에 점으로 나타낸 그림

㉦ **층별(stratification)** : 특징에 따라 몇 개의 부분 집단으로 나눈 것

56 계수값 규준형 1회 샘플링검사에 대한 설명 중 가장 거리가 먼 내용은?

① 검사에 제출된 로트에 관한 사전의 정보는 샘플링검사를 적용하는데 직접적으로 필요로 하지 않는다.

② 생산자측과 구매자측이 요구하는 품질보호를 동시에 만족시키도록 샘플링검사 방식을 선정한다.

③ 파괴검사의 경우와 같이 전수검사가 불가능한 때에는 사용할 수 없다.

④ 1회만의 거래 시에도 사용할 수 있다.

해설 파괴검사와 같이 전수검사가 불가능할 때 사용한다.

57 다음 중 부하와 능력의 조정을 도모하는 것은?

① 진도관리 ② 절차계획

③ 공수계획 ④ 현품관리

해설 일정관리

㉮ **일정계획** : 작업개시와 완료일시를 결정하여 구체적인 생산일정을 계획하는 것

㉯ **절차계획** : 작업의 순서와 방법, 작업 표준시간 및 작업장소를 결정하고 배정하는 것

㉰ **공수계획** : 생산계획량을 완성하는데 필요한 인원이나 기계의 부하를 결정하여 이를 인원 및 기계의 능력과 비교하여 조정하는 계획

58 다음 표를 이용하여 비용구배(cost slope)를 구하면 얼마인가?

정상		특급	
소요시간	소요비용	소요시간	소요비용
5일	40000원	3일	50000원

① 3000원/일 ② 4000원/일

③ 5000원/일 ④ 6000원/일

해설 $$\text{비용구배} = \frac{\text{특급비용} - \text{정상비용}}{\text{정상시간} - \text{특급시간}} = \frac{50000-40000}{5-3} = 5000 \text{ 원/일}$$

59 표준시간을 내경법으로 구하는 수식은?

① 표준시간 = 정미시간 + 여유시간

② 표준시간 = 정미시간 × (1 + 여유율)

③ $\text{표준시간} = \text{정미시간} \times \left(\frac{1}{1-\text{여유율}}\right)$

④ $\text{표준시간} = \text{정미시간} \times \left(\frac{1}{1+\text{여유율}}\right)$

해설 내경법에 의한 표준시간 계산식

$$\therefore \text{표준시간} = \text{정미시간} \times \left(\frac{1}{1-\text{여유율}}\right) = \text{정미시간} \times \left(1+\frac{\text{여유율}}{100-\text{여유율}}\right) = \text{정미시간} \times \left(\frac{100}{100-\text{여유율}}\right)$$

※ ②번 항목 : 외경법에 의한 표준시간 계산식

60 제품 공정분석용 공정 도시기호 중 정체공정(delay)기호는 어느 것인가?

① ○ ② →

③ D ④ □

해설 ASME식 기호

① 작업 ② 운반

③ 정체 ④ 검사

Answer 56. ③ 57. ③ 58. ③ 59. ③ 60. ③

과 년 도 문 제

01 액화석유가스의 충전사업자는 수요자의 시설에 대하여 위해 예방조치를 하고 그 실시 기록을 작성하여 몇 년간 보존하여야 하는가?

① 1년 ② 2년
③ 3년 ④ 4년

해설 가스공급자의 의무(액법 시행규칙 제42조)

㉮ 액화석유가스 충전사업자, 액화석유가스 집단공급사업자 및 액화석유가스 판매사업자는 그가 공급하는 수요자의 시설에 대하여 안전점검을 실시하고 수요자에게 위해예방에 필요한 사항을 계도하여야 한다.

㉯ 안전점검을 실시하는 가스공급자는 안전관리 실시대장, 소비설비 안전점검표 또는 액화석유가스 자동차 안전점검표를 작성하여 2년간 보존하여야 한다.

02 산화에틸렌의 저장탱크 및 충전용기에는 45[℃]에서 그 내부 가스의 압력이 얼마 이상이 되도록 질소가스를 충전하는가?

① 0.2[MPa]
② 0.4[MPa]
③ 1[MPa]
④ 2[MPa]

해설 산화에틸렌(C_2H_4O)의 충전 기준

㉮ 산화에틸렌 저장탱크는 질소가스 또는 탄산가스로 치환하고 5[℃] 이하로 유지한다.

㉯ 산화에틸렌 용기에 충전 시에는 질소 또는 탄산가스로 치환한 후 산 또는 알칼리를 함유하지 않는 상태로 충전한다.

㉰ 산화에틸렌 저장탱크는 45[℃]에서 내부압력이 0.4[MPa] 이상이 되도록 질소 또는 탄산가스를 충전한다.

03 물체에 압력을 가하면 발생한 전기량은 압력에 비례하는 원리를 이용하여 압력을 측정하는 것으로서 응답이 빠르고 급격한 압력 변화를 측정하는데 유효한 압력계는?

① 다이어프램(diaphram) 압력계
② 벨로스(bellows) 압력계
③ 부르동관(bourdon tube) 압력계
④ 피에조(piezo) 압력계

해설 **피에조 전기 압력계(압전기식)** : 수정이나 전기석 또는 로셀염 등의 결정체의 특정 방향에 압력을 가하면 기전력이 발생하고 발생한 전기량은 압력에 비례하는 것을 이용한 것이다. 가스 폭발이나 급격한 압력 변화 측정에 사용된다.

04 의료용 가스용기의 도색 구분으로 옳은 것은?

① 산소 : 청색
② 액화탄산가스 : 회색
③ 질소 : 갈색
④ 에틸렌 : 흑색

해설 가스 종류별 용기의 도색

가스 종류	공업용	의료용
산소	녹색	백색
수소	주황색	−
액화탄산가스	청색	회색
액화석유가스	밝은 회색	−
아세틸렌	황색	−
암모니아	백색	−
액화염소	갈색	−
질소	회색	흑색
아산화질소	회색	청색
헬륨	회색	갈색
에틸렌	회색	자색
사이크로 프로판	회색	주황색
기타의 가스	회색	−

Answer 1. ② 2. ② 3. ④ 4. ②

05 도시가스 공급시설 중 정압기지 등의 기준으로 옳지 않은 것은?

① 정압기를 설치한 장소는 계기실, 전기실 등과 구분하고 누출된 가스가 계기실 등으로 유입되지 아니하도록 할 것
② 정압기지에는 시설의 조작을 안전하고 확실하게 하기 위하여 조명도가 100[lux] 이상이 되도록 할 것
③ 정압기지 주위에는 높이 1.5[m] 이상의 경계책 등을 설치하여 외부인의 출입을 방지할 수 있는 조치를 할 것
④ 지하에 설치하는 정압기실은 천정, 바닥 및 벽의 두께가 각각 30[cm] 이상의 방수조치를 한 콘크리트 구조일 것

해설 **정압기지(정압기실) 조명도** : 150[lux] 이상

06 산화에틸렌의 공기 중 폭발 범위(한계)를 가장 옳게 나타낸 것은?

① 하한 : 3.0[v%], 상한 : 80[v%]
② 하한 : 2.4[v%], 상한 : 10.3[v%]
③ 하한 : 4.1[v%], 상한 : 55[v%]
④ 하한 : 2.8[v%], 상한 : 37[v%]

해설 산화에틸렌(C_2H_4O)의 공기 중 폭발범위 : 3~80[%]

07 표준상태(0[℃], 1기압)에서 부탄(C_4H_{10}) 가스의 비체적은 몇 [L/g]인가?

① 0.39 ② 0.52
③ 0.64 ④ 0.87

해설 부탄(C_4H_{10})의 분자량은 58이다.

$$\therefore v = \frac{22.4}{\text{분자량}} = \frac{22.4}{58} = 0.386[\text{L/g}]$$

08 산소 16[kg]과 질소 56[kg]인 혼합기체의 전압이 506.5[kPa]이다. 이때 질소의 분압은 몇 [kPa]인가?

① 202.6 ② 303.9
③ 405.2 ④ 506.5

해설 $$\text{분압} = \text{전압} \times \frac{\text{성분몰}}{\text{전몰}} = 506.5 \times \frac{\frac{56}{28}}{\frac{16}{32} + \frac{56}{28}}$$

$$= 506.5 \times \frac{2}{0.5 + 2} = 405.2$$

09 산소 공급원을 차단하여 소화하는 방법은?

① 제거소화 ② 질식소화
③ 냉각소화 ④ 희석소화

해설 **소화의 3대 효과** : 연소의 3요소 중 한 가지를 제거하는 것으로 소화의 목적을 달성하는 것이다.
㉮ **질식효과** : 연소 중에 있는 가연성 물질과 공기의 접촉을 차단시키는 것으로 공기 중 산소의 농도를 15[%] 이하로 유지하는 방법이다.
㉯ **냉각효과** : 연소 중에 있는 물질에 물이나 특수 냉각제를 뿌려 온도를 낮추는 방법이다.
㉰ **제거효과** : 가연성 가스나 가연성 증기의 공급을 차단하여 소화시키는 방법이다.

10 식품접객업소로서 영업장의 면적이 몇 [m^2] 이상인 가스사용시설에 대하여 가스누출자동차단기를 설치하여야 하는가?

① 33 ② 50
③ 100 ④ 200

해설 **가스누출 자동 차단장치 설치 장소**
㉮ 영업장 면적이 100[m^2] 이상인 식품접객업소의 가스 사용시설
㉯ 지하에 있는 가스 사용시설(가정용은 제외)

Answer 5. ② 6. ① 7. ① 8. ③ 9. ② 10. ③

11 가스 배관을 지하에 매설하는 경우의 기준으로 옳지 않은 것은?

① 배관은 그 외면으로부터 수평거리로 건축물(지하가 및 터널 포함)까지 2[m] 이상을 유지할 것
② 배관은 그 외면으로부터 지하의 다른 시설물과 0.3[m] 이상의 거리를 유지할 것
③ 배관은 지반의 동결에 따라 손상을 받지 않도록 적절한 깊이로 매설할 것
④ 배관 입상부, 지반급변부 등 지지조건이 급변하는 장소에는 곡관의 삽입, 지반개량 등 필요한 조치를 할 것

해설 **매설배관과 유지거리**
㉮ 건축물 : 1.5[m] 이상
㉯ 지하가 및 터널 : 10[m] 이상

12 열역학 제2법칙에 대한 설명으로 옳은 것은?

① 일을 소비하지 않고 열을 저온체에서 고온체로 이동시키는 것은 불가능하다.
② 열이 높은 쪽에서 낮은 쪽으로 이동하여 마침내 온도의 차가 없는 열평형을 이룬다.
③ 온도가 일정한 조건에서 기체의 체적은 압력에 반비례한다.
④ 절대온도 0도에서는 엔트로피도 0이다.

해설 **열역학 제2법칙** : 방향성의 법칙

13 가스도매사업의 가스공급시설의 시설기준으로 옳지 않은 것은?

① 액화천연가스의 저장설비 및 처리설비는 그 외면으로부터 사업소 경계까지 30[m] 이상의 거리 유지
② 고압인 가스공급시설은 통로, 공지 등으로 구획된 안전구역 안에 설치하되 그 면적은 2만[m^2] 미만일 것
③ 2개 이상의 제조소가 인접하여 있는 경우의 가스공급시설은 그 외면으로부터 그 제조소와 다른 제조소의 경계까지 20[m] 이상의 거리 유지
④ 액화천연가스의 저장탱크는 그 외면으로부터 처리능력이 20만[m^3] 이상인 압축기와 30[m] 이상 거리 유지

해설 액화천연가스의 저장설비 및 처리설비는 다음의 식에 의하여 얻은 거리 이상을 유지한다. (단, 거리가 50[m] 미만인 경우는 50[m] 이상유지)

$\therefore L = C \times \sqrt[3]{143000\,W}$

14 매설용 주철관에 모르타르 등으로 라이닝하는 이유로 가장 거리가 먼 것은?

① 부식을 방지하기 위하여
② 강도를 증가시키기 위하여
③ 마찰저항을 적게 하기 위하여
④ 수분의 접촉을 방지하기 위하여

해설 **원심력 모르타르 라이닝 주철관** : 주철관 내면에 시멘트 모르타르를 라이닝한 관으로 수분과의 접촉을 방지하여 부식이 방지되며, 마찰저항이 적기 때문에 수도용에 사용된다.

15 고압가스 안전관리법상 당해 가스시설의 안전을 직접 관리하는 사람은?

① 안전관리 부총괄자
② 안전관리 책임자
③ 안전관리원
④ 특정설비 제조자

Answer 11. ① 12. ① 13. ① 14. ② 15. ①

해설 안전관리자의 종류 및 자격(고법 시행령 제12조)
: 안전관리 총괄자는 해당 사업자 또는 특정고압가스 사용신고시설을 관리하는 최상급자로 하며, 안전관리부총괄자는 해당 사업자의 시설을 직접 관리하는 최고 책임자로 한다.

16 CO와 Cl_2를 원료로 하여 포스겐을 제조할 때 주로 쓰이는 촉매는?

① 염화 제1구리 ② 백금, 로듐
③ 니켈, 바나듐 ④ 활성탄

해설 포스겐($COCl_2$) 제조 반응식 및 촉매
㉮ 반응식 : $CO + Cl_2 \rightarrow COCl_2$
㉯ 촉매 : 활성탄

17 공기액화 분리장치의 밸브에서 열 손실을 줄이는 방법으로 가장 거리가 먼 내용은?

① 단축밸브로 하여 열의 전도를 방지한다.
② 열전도율이 적은 재료를 밸브 봉으로 사용한다.
③ 밸브 본체의 열용량을 가급적 적게 한다.
④ 누설이 적은 밸브를 사용한다.

해설 밸브에서 열손실을 줄이는 방법
㉮ 장축밸브로 하여 열의 전도를 방지한다.
㉯ 열전도율이 적은 재료를 밸브 축으로 사용한다.
㉰ 밸브 본체의 열용량을 적게하여 가동시의 열손실을 적게 한다.
㉱ 누설이 적은 밸브를 사용한다.

18 고압가스 안전관리법에 적용을 받는 가스 종류 및 범위의 기준으로 옳지 않은 것은?

① 상용의 온도에서 압력이 0.1[MPa] 이상이 되는 액화가스
② 상용의 온도에서 압력이 1[MPa] 이상이 되는 압축가스
③ 15[℃]에서 압력이 0[Pa]을 초과하는 아세틸렌가스
④ 35[℃]에서 압력이 0[Pa]을 초과하는 액화시안화수소

해설 상용의 온도에서 압력이 0.2[MPa] 이상 되는 액화가스

19 고압가스 안전관리법에서 정한 500[L] 이상의 이음매 없는 용기의 재검사 주기는?

① 1년 마다 ② 2년 마다
③ 3년 마다 ④ 5년 마다

해설 용기의 재검사 주기

구 분		15년 미만	15년 이상 20년 미만	20년 이상
용접용기 (LPG 용접용기 제외)	500[L] 이상	5년	2년	1년
	500[L] 미만	3년	2년	1년
LPG용 용접용기	500[L] 이상	5년	2년	1년
	500[L] 미만	5년		2년
이음매 없는 용기	500[L] 이상	5년		
	500[L] 미만	신규검사 후 경과 년수가 10년 이하인 것은 5년, 10년을 초과한 것은 3년 마다.		

20 염소의 제법에 대한 설명으로 옳지 않은 것은?

① 염산을 전기분해 한다.
② 표백분에 진한 염산을 가한다.
③ 소금물을 전기분해 한다.
④ 염화암모늄 용액에 소석회를 가한다.

Answer 16. ④ 17. ① 18. ① 19. ④ 20. ④

해설 염소의 제조법

(1) 실험적 제조법

㉮ 소금물의 전기분해

㉯ 소금물에 진한 황산과 이산화망간을 가해 가열

㉰ 표백분에 진한 염산을 가해 제조

㉱ 염산에 이산화망간, 과망간산칼륨 등 산화제를 작용시켜 제조

(2) 공업적 제조법

㉮ 수은법에 의한 식염(NaCl)의 전기분해

㉯ 격막법에 의한 식염의 전기분해

㉰ 염산의 전기분해

21 고압가스 취급 장치로부터 미량의 가스가 누출되는 것을 검지하기 위하여 시험지를 사용한다. 검지가스에 대한 시험지 종류와 반응색이 옳게 짝지어진 것은?

① 아세틸렌 – 염화 제1구리 착염지 – 적색
② 포스겐 – 연당지 – 흑색
③ 암모니아 – KI전분지 – 적색
④ 일산화탄소 – 초산벤지딘지 – 청색

해설 가스검지 시험지 및 반응색

검지가스	시험지	반응
암모니아	적색리트머스지	청색
염소	KI 전분지	청갈색
포스겐	해리슨씨 시약지	유자색
시안화수소	초산 벤지민지	청색
일산화탄소	염화팔라듐지	흑색
황화수소	연당지	회흑색
아세틸렌	염화제1동 착염지	적갈색

22 압력조정기에 대한 제품검사 항목이 아닌 것은?

① 구조검사　② 기밀검사
③ 외관검사　④ 치수검사

해설 압력 조정기 제품검사 항목 : 구조 검사, 치수 검사, 기밀시험, 조정압력 시험, 폐쇄 압력 시험 및 표시의 적부

23 다음 시설 또는 그 부대시설에서 고압가스 특정제조 허가의 대상이 아닌 것은?

① 석유정제업자의 석유정제시설로서 그 저장능력이 100[ton] 이상인 것
② 석유화학공업자의 석유화학공업시설로서 그 저장능력이 100[ton] 이상인 것
③ 철강공업자의 철강공업시설로서 그 처리능력이 1만[m^3] 이상인 것
④ 비료생산업자의 비료제조시설로서 그 저장능력이 100[ton] 이상인 것

해설 ③번 항목 : 철강공업자의 경우 처리능력 10만[m^3] 이상

24 아세틸렌 제조에서 반드시 필요한 장치가 아닌 것은?

① 건조기　② 압축기
③ 가스 청정기　④ 정류기

해설 아세틸렌 제조 공정에 사용되는 설비 : 가스 발생기, 쿨러, 가스 청정기, 저압 및 고압 건조기, 압축기, 유분리기, 역화방지기

25 수소의 성질에 대한 설명 중 옳지 않은 것은?

① 상온에서 가장 가벼운 기체이다.
② 증기 밀도가 약 0.09 g/l로서 아주 낮다.
③ 고온에서 금속재료에 전혀 투과하지 못한다.
④ 무색, 무미의 가연성 가스이다.

Answer 21. ① 22. ③ 23. ③ 24. ④ 25. ③

해설 수소의 성질

㉮ 지구상에 존재하는 원소 중 가장 가볍다.
㉯ 무색, 무취, 무미의 가연성이다.
㉰ 확산속도가 대단히 크다.
㉱ 고온에서 강재, 금속재료를 쉽게 투과한다.
㉲ 폭굉속도가 1400~3500[m/s]에 달한다.
㉳ 폭발범위가 넓다.

26 줄-톰슨 계수는 이상기체의 경우 어떤 값을 가지는가?

① 0이다. ② + 값을 갖는다.
③ - 값을 갖는다. ④ 1이 된다.

해설 줄-톰슨 계수

㉮ 0보다 크면 온도가 강하한다.
㉯ 0보다 적으면 온도가 상승한다.
㉰ 0과 같으면 온도변화가 없다.
※ 교축밸브를 통과하면(줄-톰슨 효과) 실제기체인 경우 압력과 온도가 강하되지만 이상기체인 경우 압력은 감소되지만 엔탈피와 온도의 변화는 없다.

27 냉매설비에 사용하는 재료에 대한 설명으로 옳지 않은 것은?

① 암모니아에는 동 및 동합금을 사용하지 못한다.
② 항상 물에 접촉되는 부분에는 60[%]를 넘는 알루미늄을 함유한 합금을 사용하지 못한다.
③ 염화메탄에는 알루미늄합금을 사용하지 못한다.
④ 프레온에는 2[%]를 넘는 마그네슘을 함유한 알루미늄합금을 사용하지 못한다.

해설 냉매설비에 사용금속 제한

㉮ 암모니아 : 동 및 동합금(단, 동함유량 62[%] 미만 사용가능)
㉯ 염화메탄 : 알루미늄 및 알루미늄합금
㉰ 프레온 : 2[%]를 넘는 Mg을 함유한 Al합금
㉱ 항상 물에 접촉되는 부분 : 순도 99.7[%] 미만 알루미늄 사용 금지 (단, 적절한 내식 처리 시 사용가능)

28 고압가스 일반 제조시설에서 저장탱크의 가스방출장치는 몇 [m^3] 이상의 가스를 저장하는 곳에 설치하여야 하는가?

① 3 ② 5
③ 7 ④ 10

해설 저장설비 구조 : 저장탱크 및 가스홀더는 가스가 누출하지 아니하는 구조로 하고 5[m^3] 이상의 가스를 저장하는 것에는 가스방출장치를 설치한다.

29 고압가스를 제조할 때 압축하면 안 되는 가스는?

① 가연성 가스(아세틸렌, 에틸렌, 수소 제외) 중 산소용량이 전 용량의 5[%]인 것
② 산소 중 가연성 가스의 용량이 전 용량의 3[%]인 것
③ 아세틸렌, 에틸렌 또는 수소 중의 산소 용량이 전 용량의 1[%]인 것
④ 산소 중의 아세틸렌, 에틸렌 및 수소의 용량 합계가 전 용량의 1[%]인 것

해설 고압가스 제조 시 압축금지

㉮ 가연성 가스 중 산소용량이 전 용량의 4[%] 이상(단, 아세틸렌, 에틸렌, 수소 제외)
㉯ 산소 중 가연성 가스의 용량이 전 용량의 4[%] 이상(단, 아세틸렌, 에틸렌, 수소 제외)
㉰ 아세틸렌, 에틸렌, 수소 중 산소 용량이 전 용량의 2[%] 이상
㉱ 산소 중 아세틸렌, 에틸렌, 수소의 용량 합계가 전 용량의 2[%] 이상
※ ①번 항목은 압축금지 사항 ㉮항에 해당되지만 정답으로 처리되었음(압축금지 규정을 질문한 것으로 판단됨)

Answer 26. ① 27. ② 28. ② 29. ①

30 정압기의 구조에 따른 분류 중 일반 소비기기용이나 지구 정압기에 널리 사용되고 사용압력은 중압용이며, 구조와 기능이 우수하고 정특성은 좋지만, 안전성이 부족하고 크기가 대형인 정압기는?

① 레이놀즈(Reynolds)식 정압기
② 피셔(Fisher)식 정압기
③ Axial Flow Valve(AFV)식 정압기
④ 루트(Roots)식 정압기

해설 레이놀즈(Reynolds)식 정압기의 특징
㉮ 언로딩(unloading)형이다.
㉯ 정특성은 극히 좋으나 안정성이 부족하다.
㉰ 다른 것에 비하여 크다.

31 다음은 실제기체에 대한 설명이다. 틀린 것은?

① 분자간의 인력이 상당히 있으며, 분자 부피가 존재한다.
② 완전 탄성체이다.
③ 압축인자가 압력이나 온도에 따라 변한다.
④ 압력이 낮고, 온도가 높으면 이상기체에 가까워진다.

해설 완전 탄성체는 이상기체(완전가스)에 해당된다.

32 온도가 일정한 밀폐된 용기 속에 있는 기체를 압축하여 그 용적을 1/2로 하면 압력은 어떻게 변화하는가?

① 1/4이 된다. ② 1/2 이 된다.
③ 4배가 된다. ④ 2배가 된다.

해설 $P_1V_1 = P_2V_2$ 에서 $V_2 = \frac{1}{2}V_1$이다.

$$\therefore P_2 = \frac{P_1V_1}{V_2} = \frac{P_1 \times V_1}{\frac{1}{2} \times V_1} = 2P_1$$

33 메탄의 임계온도는 약 몇 [℃]인가?

① −162 ② −83
③ 97 ④ 152

해설 메탄(CH_4)의 성질
㉮ 비등점 : −161.5[℃]
㉯ 임계온도 : −82.1[℃]
㉰ 임계압력 : 45.8[atm]

34 기체의 확산에 대한 설명 중 옳은 것은?

① 기체의 확산속도는 분자량과 관계가 없다.
② 기체의 확산속도는 그 기체의 분자량의 제곱근에 반비례한다.
③ 기체의 확산속도는 그 기체의 분자량에 반비례한다.
④ 기체의 확산속도는 그 기체의 분자량에 비례한다.

해설 그레이엄(Graham)의 확산속도 법칙 : 일정한 온도에서 기체의 확산속도는 기체의 분자량(또는 밀도)의 평방근(제곱근)에 반비례한다.

$$\therefore \frac{U_2}{U_1} = \sqrt{\frac{M_1}{M_2}} = \frac{t_1}{t_2}$$

35 다음 중 완전 연소 시 공기량이 가장 적게 소요되는 가스는?

① 메탄 ② 에탄
③ 프로판 ④ 부탄

해설 탄화수소(C_mH_n)의 완전연소 반응식

$$C_mH_n + \left(m + \frac{n}{4}\right)O_2 \rightarrow mCO_2 + \frac{n}{2}H_2O$$

∴공기량은 탄소수가 적을수록 적게 소요된다.

Answer 30. ① 31. ② 32. ④ 33. ② 34. ② 35. ①

36 질소의 용도로서 가장 거리가 먼 것은?

① 암모니아 합성원료 ② 냉매
③ 개미산 제조 ④ 치환용 가스

해설 질소의 용도
㉮ 암모니아 합성용 가스로 사용
㉯ 치환(purge)용 가스로 사용
㉰ 액체 질소의 경우 급속 냉동에 사용
㉱ 액화천연가스(LNG) 제조장치의 냉매가스로 사용(일반적인 냉동기에는 냉매로 사용하기가 부적합하다.)

37 이상적인 냉동사이클의 기본 사이클은?

① 카르노 사이클 ② 역카르노 사이클
③ 랭킨 사이클 ④ 브라이턴 사이클

해설 (1) **카르노 사이클** : 2개의 단열과정과 2개의 등온과정으로 구성된 열기관의 이론적인 사이클이다.
※ 카르노 사이클의 순환(작동) 과정 : 등온팽창→단열팽창→등온압축→단열압축
(2) **역카르노 사이클** : 카르노 사이클과 반대방향으로 작용하는 것으로 저열원으로부터 Q_2의 열을 흡수하여 고열원에 Q_1의 열을 방출하는 것으로 냉동기의 이상적 사이클이다.
※ 역카르노 사이클의 순환(작동) 과정 : 등온팽창→단열압축→등온압축→단열팽창

38 LP가스의 일반적인 성질로서 옳지 않은 것은?

① 물에는 녹지 않으나, 알코올과 에테르에는 용해한다.
② 액체는 물보다 가볍고, 기체는 공기보다 무겁다.
③ 기화는 용이하나, 기화하면 체적의 팽창률은 적다.
④ 증발잠열이 커서 냉매로도 사용할 수 있다.

해설 LP가스의 일반적인 성질
㉮ LP가스는 공기보다 무겁다.
㉯ 액상의 LP가스는 물보다 가볍다.
㉰ 액화, 기화가 쉽다.
㉱ 기화하면 체적이 커진다.
㉲ 기화열(증발잠열)이 크다.
㉳ 무색, 무취, 무미하다.
㉴ 용해성이 있다.
㉵ 정전기 발생이 쉽다.
※ 기화하면 C_3H_8은 250배, C_4H_{10}은 230배로 체적이 커진다.

39 다음 중 법령상 독성가스가 아닌 것은?

① 시안화수소 ② 황화수소
③ 염화비닐 ④ 포스겐

해설 (1) 독성가스의 정의(고법 시행규칙 제2조)
아크릴로니트릴, 아크릴알데히드, 아황산가스, 암모니아, 일산화탄소, 이황화탄소, 불소, 염소, 브롬화메탄, 염화메탄, 염화프렌, 산화에틸렌, 시안화수소, 황화수소, 모노메틸아민, 디메틸아민, 트리메틸아민, 벤젠, 포스겐, 요오드화수소, 브롬화수소, 염화수소, 불화수소, 겨자가스, 알진, 모노실란, 디실란, 디보레인, 세렌화수소, 포스핀, 모노게르만 및 그 밖에 공기 중에 일정량 이상 존재하는 경우 인체에 유해한 독성을 가진 가스로서 허용농도가 100만분의 5000 이하인 것
(2) 각 가스의 허용농도(TLV-TWA)
㉮ 시안화수소 : 10[ppm]
㉯ 황화수소 : 10[ppm]
㉰ 염화비닐 : 500[ppm]
㉱ 포스겐 : 0.1[ppm]

40 고온의 물체로부터 방사되는 에너지 중의 특정한 파장의 방사에너지, 즉 휘도를 표준온도의 고온물체와 비교하여 온도를 측정하는 온도계는?

① 열전대 온도계 ② 광고온계
③ 색온도계 ④ 제게르콘 온도계

Answer 36. ③ 37. ② 38. ③ 39. ③ 40. ②

해설 **광고온계의 특징**

㉮ 고온에서 방사되는 에너지 중 가시광선을 이용하여 사람이 직접 조작한다.
㉯ 700~3000[℃]의 고온도 측정에 적합하다.
㉰ 광전관 온도계에 비하여 구조가 간단하고 휴대가 편리하다.
㉱ 움직이는 물체의 온도 측정이 가능하고, 측온체의 온도를 변화시키지 않는다.
㉲ 비접촉식 온도계에서 가장 정확한 온도 측정을 할 수 있다.
㉳ 빛의 흡수 산란 및 반사에 따라 오차가 발생한다.
㉴ 방사 온도계에 비하여 방사율에 대한 보정량이 작다.
㉵ 원거리 측정, 경보, 자동기록, 자동제어가 불가능하다.
㉶ 측정에 수동으로 조작함으로서 개인 오차가 발생할 수 있다.

41 특정 고압가스 사용 신고의 기준에 대한 설명으로 옳지 않은 것은?

① 저장능력 250[kg] 이상의 액화가스 저장설비를 갖추고 특정고압가스를 사용하고자 하는 자
② 저장능력 30[m^3] 이상의 압축가스 저장설비를 갖추고 특정고압가스를 사용하고자 하는 자
③ 배관에 의하여 특정 고압가스를 공급받아 사용하는 자
④ 액화염소를 사용하고자 하는 자

해설 **특정고압가스 사용신고 대상** : 고법 시행규칙 제46조

㉮ 저장능력 250[kg] 이상인 액화가스 저장설비를 갖추고 특정고압가스를 사용하려는 자
㉯ 저장능력 50[m^3] 이상인 압축가스 저장설비를 갖추고 특정고압가스를 사용하려는 자
㉰ 배관으로 특정고압가스(천연가스 제외)를 공급받아 사용하고자 하는 자
㉱ 압축모노실란, 압축디보레인, 액화알진, 포스핀, 셀렌화수소, 게르만, 디실란, 오불화비소, 오불화인, 삼불화인, 삼불화질소, 삼불화붕소, 사불화유황, 사불화규소, 액화염소 또는 액화암모니아를 사용하려는 자 다만, 시험용으로 사용하려 하거나 시장, 군수 또는 구청장이 지정하는 지역에서 사료용으로 볏짚 등을 발효하기 위하여 액화암모니아를 사용하려는 경우는 제외한다.
㉲ 자동차 연료용으로 특정고압가스를 공급받아 사용하려는 자

※ 특정고압가스 사용신고(고법 시행규칙 제46조) : 사용개시 7일 전까지 특정고압가스 사용신고서를 시장, 군수 또는 구청장에게 제출하여야 한다.

42 다음 밸브(valve) 중 유체를 한쪽 방향으로만 흐르게 하기 위한 역류방지용 밸브는?

① 글로브 밸브(glove valve)
② 게이트 밸브(gate valve)
③ 체크 밸브(check valve)
④ 니들 밸브(needle valve)

해설 **체크밸브(check valve)** : 역류방지밸브라 하며 유체를 한 방향으로만 흐르게 하고 역류를 방지하는 목적에 사용하는 것으로 스윙식과 리프트식으로 구분된다.

43 다음 기체 중 표준상태(STP)에서 밀도가 가장 큰 것은?

① 부탄(C_4H_{10}) ② 이산화탄소(CO_2)
③ 삼산화황(SO_3) ④ 염소(Cl_2)

해설 기체 밀도[g/L, kg/m^3] = $\frac{분자량}{22.4}$ 이다.

㉮ 부탄(C_4H_{10})의 분자량은 58이다.

$\therefore \rho = \frac{58}{22.4} = 2.589$[g/L]

Answer 41. ② 42. ③ 43. ③

㉯ 이산화탄소(CO_2)의 분자량은 44이다.

$$\therefore \rho = \frac{44}{22.4} = 1.964[g/L]$$

㉰ 삼산화황(SO_3)의 분자량은 80이다.

$$\therefore \rho = \frac{80}{22.4} = 3.571[g/L]$$

㉱ 염소(Cl_2)의 분자량은 71이다.

$$\therefore \rho = \frac{58}{22.4} = 2.589[g/L]$$

※ 분자량이 큰 가스가 기체 밀도가 크다.

44 냉동사이클에서 응축기가 열을 제거하는 과정을 나타내는 선은?

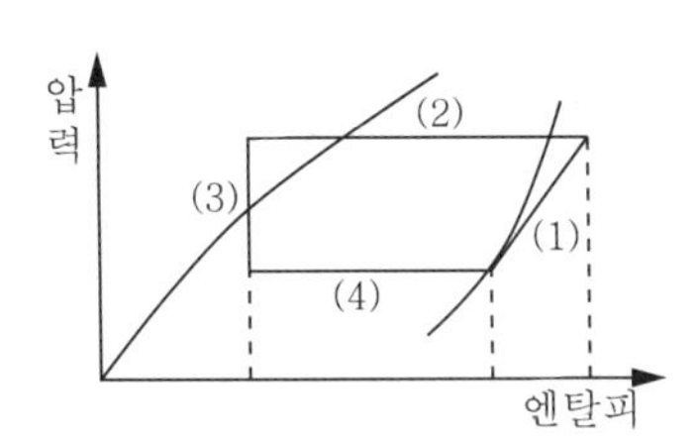

① (1) ② (2)
③ (3) ④ (4)

해설 각 번호의 과정
(1) 과정 : 압축과정 (2) 과정 : 응축과정
(3) 과정 : 팽창과정 (4) 과정 : 증발과정

45 동관의 종류로서 옳지 않은 것은?

① 타프치동 ② 인산탈동
③ 두랄루민 ④ 무산소동

해설 두랄루민 : $Al+Cu+Mg+Mn$의 합금

46 석유를 분해해서 얻은 수소와 공기를 분리하여 얻은 질소를 빈응시켜 제조할 수 있는 것은?

① 프로필렌 ② 황화수소
③ 아세틸렌 ④ 암모니아

해설 암모니아(NH_3)는 질소와 수소를 반응시켜 제조한다.
※ 반응식 : $N_2+3H_2 \rightarrow 2NH_3+23[kcal]$

47 독성가스를 수용하는 압력용기의 용접부의 전 길이에 대하여 실시하여야 하는 비파괴 시험법은?

① 침투탐상시험
② 방사선 투과시험
③ 초음파 탐상시험
④ 자분 탐상시험

48 38[cmHg] 진공은 절대압력으로 약 몇 [kgf/cm^2 · abs]인가?

① 0.26 ② 0.52
③ 3.8 ④ 7.6

해설 절대압력 = 대기압 − 진공압력

$$= 1.0332 - \left(\frac{38}{76} \times 1.0332\right)$$

$$= 0.5166[kgf/cm^2 \cdot a]$$

49 SI 단위인 Joule 에 대한 설명으로 옳지 않은 것은?

① 1Newton 의 힘의 방향으로 1[m] 움직이는데 필요한 일이다.
② 1[Ω]의 저항에 1[A]의 전류가 흐를 때 1초간 발생하는 열량이다.
③ 1[kg]의 질량을 1[m/s^2] 가속시키는데 필요한 힘이다.
④ 1Joule은 약 0.24[cal]에 해당한다.

해설 $1Joule = 1[N \cdot m] = 1[kg \cdot m/s^2] \times 1[m]$

Answer 44. ② 45. ③ 46. ④ 47. ② 48. ② 49. ③

50 반데르 발스(Van der Waals)식은 기체분자 간의 인력과 기체 자신이 차지하는 부피를 고려한 상태식이다. 기체 n몰(mol)에 대한 반데르 발스 식을 바르게 나타낸 것은?

① $\left(P+\frac{a}{n \cdot V^2}\right)(n \cdot V-b)=nRT$

② $\left(P+\frac{n \cdot a}{V^2}\right)(n \cdot V-b)=nRT$

③ $\left(P+\frac{a}{n \cdot V^2}\right)(V-n \cdot b)=nRT$

④ $\left(P+\frac{n^2 \cdot a}{V^2}\right)(V-n \cdot b)=nRT$

해설 반데르발스(Van der Waals) 방정식

㉮ 실제기체가 1[mol]의 경우

$$\left(P+\frac{a}{V^2}\right)(V-b) = RT$$

㉯ 실제기체가 n[mol]의 경우

$$\left(P+\frac{n^2 a}{V^2}\right)(V-nb) = nRT$$

51 메탄 80[v%], 에탄 15[v%], 프로판 5[v%]의 혼합가스의 공기 중 폭발하한계 값은 몇 [%]인가? (단, 메탄, 에탄, 프로판의 하한계는 각각 5[%], 3[%], 2.1[%]이다.)

① 2.4[%] ② 3.5[%]
③ 4.3[%] ④ 5.1[%]

해설 $\frac{100}{L}=\frac{V_1}{L_1}+\frac{V_2}{L_2}+\frac{V_3}{L_3}+\frac{V_4}{L_4}$ 에서

$$\therefore L=\frac{100}{\frac{V_1}{L_1}+\frac{V_2}{L_2}+\frac{V_3}{L_3}+\frac{V_4}{L_4}}$$

$$=\frac{100}{\frac{80}{5.0}+\frac{15}{3.0}+\frac{4}{2.1}+\frac{1}{1.8}}=4.262[\%]$$

52 가스제조 공장에서 정제된 가스를 저장하여 가스의 질을 균일하게 유지하며, 제조량과 수요량을 조절하는 것은?

① 정압기 ② 압송기
③ 배송기 ④ 가스 홀더

해설 (1) 가스홀더(gas holder)의 기능

㉮ 가스수요의 시간적 변동에 대하여 공급 가스량을 확보한다.
㉯ 공급설비의 일시적 중단에 대하여 어느 정도 공급량을 확보한다.
㉰ 공급가스의 성분, 열량, 연소성 등의 성질을 균일화한다.
㉱ 소비지역 근처에 설치하여 피크시의 공급, 수송효과를 얻는다.

(2) 종류 : 유수식, 무수식, 구형 가스홀더

53 헴펠법에서 CO_2, O_2, C_mH_n, CO의 가스로 구성된 혼합가스를 흡수액에 접촉시킬 때 가스의 흡수분리 순서로 옳은 것은?

① $CO \rightarrow O_2 \rightarrow C_mH_n \rightarrow CO_2$

② $CO_2 \rightarrow O_2 \rightarrow CO \rightarrow C_mH_n$

③ $C_mH_n \rightarrow O_2 \rightarrow CO_2 \rightarrow CO$

④ $CO_2 \rightarrow C_mH_n \rightarrow O_2 \rightarrow CO$

해설 헴펠법 분석순서 및 흡수제

㉮ CO_2 : KOH 30[%] 수용액
㉯ C_mH_n : 발연황산
㉰ O_2 : 인 또는 피로갈롤 용액
㉱ CO : 염화암모니아, 염화 제1구리용액

54 일반적으로 가스를 구분할 때 가연성 가스가 아닌 것은?

① 수소 ② 아세틸렌
③ 일산화탄소 ④ 산소

해설 산소는 조연성(지연성) 가스이다.

Answer 50. ④ 51. ③ 52. ④ 53. ④

55 PERT에서 network에 관한 설명 중 틀린 것은?

① 가장 긴 작업시간이 예상되는 공정을 주공정이라 한다.
② 명목상의 활동(dummy)은 점선화살표(⇢)로 표시한다.
③ 활동(activity)은 하나의 생산 작업 요소로서 원(○)으로 표시한다.
④ network는 일반적으로 활동과 단계의 상호관계를 구성한다.

해설 활동(activity)은 실선화살표(→)로, 명목상의 활동(dummy activity)은 점선화살표(⇢)로, 단계는 원(○)으로 표시한다.

56 공정 분석기호 중 □ 는 무엇을 의미하는가?

① 검사 ② 가공
③ 정체 ④ 저장

해설 공정 분석기호
① 검사 : □ ② 가공(작업) : ○
③ 정체 : D ④ 저장 : ▽

57 어떤 측정법으로 동일 시료를 무한횟수 측정하였을 때 데이터 분포의 평균치와 참값과의 차를 무엇이라 하는가?

① 신뢰성 ② 정확성
③ 정밀도 ④ 오차

해설 ㉮ **오차** : 모집단의 참값(μ)과 시료의 측정데이터(x_i)와의 차이
㉯ **신뢰성** : 시스템, 기기, 부품 등의 기능의 시간적 안정성을 나타내는 정도
㉰ **정밀도** : 어떤 측정법으로 동일 시료를 무한횟수 측정하였을 때 그 데이터는 반드시 어떤 산포를 갖게 되는데, 이 산포의 크기를 정밀도라 한다.
㉱ **정확도(accuracy)** : 어떤 측정법으로 동일 시료를 무한횟수 측정하였을 때 데이터 분포의 평균값과 모집단 참값과의 차이를 의미한다.

58 축의 완성지름, 철사의 인장강도, 아스피린 순도와 같은 데이터를 관리하는 가장 대표적인 관리도는?

① $\bar{x}-R$ 관리도 ② np 관리도
③ c 관리도 ④ u 관리도

해설 **$\bar{x}-R$ (평균값-범위)관리도** : 길이, 무게, 시간, 강도, 성분 등과 같이 데이터가 연속적인 계량치로 나타나는 공정을 관리할 때 사용한다.

59 생산계획량을 완성하는데 필요한 인원이나 기계의 부하를 결정하여 이를 현재인원 및 기계의 능력과 비교하여 조정하는 것은?

① 일정계획 ② 절차계획
③ 공수계획 ④ 진도관리

해설 일정관리
㉮ 일정계획 : 작업개시와 완료일시를 결정하여 구체적인 생산일정을 계획하는 것
㉯ 절차계획 : 작업의 순서와 방법, 작업 표준시간 및 작업장소를 결정하고 배정하는 것
㉰ 공수계획 : 생산계획량을 완성하는데 필요한 인원이나 기계의 부하를 결정하여 이를 인원 및 기계의 능력과 비교하여 조정하는 계획

60 TPM 활동의 기본을 이루는 3정 5S 활동에서 3정에 해당되는 것은?

① 정시간 ② 정돈
③ 정리 ④ 정량

해설 TPM(Total Productive Maintenance) : 전원참가의 생산보전활동으로 로스제로(loss zero)화를 달성하려는 것이다.
㉮ 3정 : 정량, 정품, 정위치
㉯ 5S(5행) : 정리, 정돈, 청소, 청결, 생활화

Answer 54. ④ 55. ③ 56. ① 57. ② 58. ① 59. ③ 60. ④

과 년 도 문 제

01 다음 중 지구 온실효과를 일으키는 가장 큰 원인이 되는 가스는?

① O_2　② CO_2
③ NO_2　④ N_2

해설 온실가스(저탄소 녹색성장 기본법 제2조) : 이산화탄소(CO_2), 메탄(CH_4), 아산화질소(N_2O), 수소불화탄소(HFC_S), 과불화탄소(PFC_S), 육불화황(SF_6) 및 그 밖에 대통령령으로 정하는 것으로 적외선 복사열을 흡수하거나 재방출하여 온실효과를 유발하는 대기 중의 가스 상태의 물질을 말한다.

02 염소 가스는 수은법에 의한 식염의 전기분해로 얻을 수 있다. 이 때 염소 가스는 어느 곳에서 주로 발생하는가?

① 수은　② 소금물
③ 나트륨　④ 인조흑연(탄소판)

해설 수은법에 의한 식염의 전기분해 : 음극(−)을 수은으로 하여 생성된 나트륨을 아밀감으로 하여 수은에 용해시키고, 다른 용기에 옮겨 물로 분해하여 가성소다(NaOH)와 수소를 생성하며, 인조흑연으로 만든 양극(+)에서 염소가 발생한다.
※ 반응식 : $2NaCl + (Hg) \rightarrow Cl_2 + 2Na(Hg)$

03 메탄가스에 대한 설명으로 옳은 것은?

① 공기 중에서 폭발범위는 5~25[%]이다.
② 비점은 약 −42[℃]이다.
③ 공기 중 메탄가스가 3[%] 함유된 혼합기체에 점화하면 폭발한다.
④ 고온에서 니켈 촉매를 사용하여 수증기와 작용하면 일산화탄소와 수소를 생성한다.

해설 메탄(CH_4)의 성질
㉮ 파라핀계 탄화수소의 안정된 가스이다.
㉯ 천연가스(NG)의 주성분이다. (비점 : −161.5[℃])
㉰ 무색, 무취, 무미의 가연성 기체이다. (폭발범위 : 5~15[%])
㉱ 유기물의 부패나 분해 시 발생한다.
㉲ 메탄의 분자는 무극성이고, 수(水)분자와 결합하는 성질이 없어 용해도는 적다.
㉳ 공기 중에서 연소가 쉽고, 화염은 담청색의 빛을 발한다.
㉴ 염소와 반응하면 염소화합물이 생성된다.
㉵ 고온에서 니켈 촉매를 사용하여 산소, 수증기와 반응시키면 일산화탄소와 수소를 생성한다.

$$CH_4 + \frac{1}{2}O_2 \rightarrow CO + 2H_2 + 8.7[\text{kcal}]$$
$$CH_4 + H_2O \rightarrow CO + 3H_2 - 49.3[\text{kcal}]$$

04 다음 가스를 무거운 순서대로 옳게 나열한 것은?

ⓐ 수소 ⓑ 프로판 ⓒ 암모니아 ⓓ 아세틸렌

① ⓓ 〉 ⓒ 〉 ⓑ 〉 ⓐ
② ⓓ 〉 ⓑ 〉 ⓒ 〉 ⓐ
③ ⓑ 〉 ⓓ 〉 ⓒ 〉 ⓐ
④ ⓑ 〉 ⓒ 〉 ⓓ 〉 ⓐ

해설 ㉮ 기체 비중 $= \frac{\text{분자량}}{29}$ 이므로 분자량이 큰 가스가 무겁다.
㉯ 각 가스의 분자량

명칭	분자량
수소(H_2)	2
프로판(C_3H_8)	44
암모니아(NH_3)	17
아세틸렌(C_2H_2)	26

Answer 1. ② 2. ④ 3. ④ 4. ③

05 내용적 40[L]의 용기에 아세틸렌가스 10[kg](액 비중 0.613)을 충전할 때 다공성물질의 다공도를 90[%]라고 하면 안전공간은 표준상태에서 약 얼마 정도인가? (단, 아세톤의 비중은 0.8이고, 주입된 아세톤량은 14[kg]이다.)

① 3.5[%] ② 4.5[%]
③ 5.5[%] ④ 6.5[%]

해설 ㉮ 아세톤이 차지하는 체적 계산

$$\therefore V_1 = \frac{14}{0.8} = 17.5[\text{L}]$$

㉯ 다공성물질이 차지하는 체적 계산

$$\therefore V_2 = 40 \times (1-0.9) = 4[\text{L}]$$

㉰ 액체 아세틸렌이 차지하는 체적 계산

$$\therefore V_3 = \frac{10}{0.613} = 16.31[\text{L}]$$

㉱ 용기 내 내용물이 차지하는 체적 계산

$$\therefore V = V_1 + V_2 + V_3 = 17.5 + 4 + 16.31 = 37.81[\text{L}]$$

㉲ 안전공간 계산

$$\therefore \text{안전공간} = \frac{\text{내용적} - \text{내용물 체적}}{\text{내용적}} \times 100 = \frac{40-37.81}{40} \times 100 = 5.47[\%]$$

06 "어떤 계에 흡수된 열을 완전히 일로 전환할 수 있는 장치란 없다."라는 법칙은 열역학 제 몇 법칙에 대한 것인가?

① 열역학 제0법칙 ② 열역학 제1법칙
③ 열역학 제2법칙 ④ 열역학 제3법칙

해설 **열역학 제2법칙** : 열은 고온도의 물질로부터 저온도의 물질로 옮겨질 수 있지만, 그 자체는 저온도의 물질로부터 고온도의 물질로 옮겨갈 수 없다. 또 일이 열로 바뀌는 것은 쉽지만 반대로 열이 일로 바뀌는 것은 힘을 빌리지 않는 한 불가능한 일이다. 이와 같이 열역학 제2법칙을 에너지 변환의 방향성을 명시한 것으로 방향성의 법칙이라 한다.

07 압축기에 의한 LPG 이송방식에 대한 설명으로 옳은 것은?

① 펌프에 비해 충전시간이 길다.
② 잔 가스 회수가 가능하다.
③ 부탄의 경우에도 저온에서 재액화 현상이 일어나지 않는다.
④ 베이퍼 로크 현상을 일으킨다.

해설 압축기 사용 시 특징

(1) 장점
㉮ 펌프에 비해 충전시간이 짧다.
㉯ 잔가스 회수가 가능하다.
㉰ 베이퍼 로크 현상이 없다.

(2) 단점
㉮ 부탄의 경우 재액화 현상이 일어난다.
㉯ 압축기 오일이 탱크에 유입되어 드레인의 원인이 된다.

08 고압가스 일반제조 시설기준 중 가연성가스 제조설비의 전기설비는 방폭 성능을 가지는 구조이어야 한다. 다음 중 제외 대상이 되는 가스는?

① 에탄 ② 브롬화메탄
③ 에틸아민 ④ 수소

해설 **방폭구조 제외 가스** : 암모니아, 브롬화메탄 및 공기 중에서 자연 발화하는 가스

09 가스의 검출(檢出)에 대한 설명 중 틀린 것은?

① 황린을 공기 중에서 노출하면 백색연기를 내면서 연소한다.
② 염소의 누출검출에는 암모니아수를 사용한다.
③ 암모니아를 염산에 통하면 적갈색의 연기를 낸다.
④ 이산화탄소를 석회수에 통하면 흰색침전물이 생성된다.

Answer 5. ③ 6. ③ 7. ② 8. ② 9. ③

해설 암모니아(NH_3)를 염산에 통하면 백색의 연기가 발생한다.
※ 반응식 : $NH_3 + HCl \rightarrow NH_4Cl$ (백연발생)

10 저장탱크의 침하상태를 측정하여 침하량 [h/l]이 몇 [%]를 초과하였을 때 저장탱크의 사용을 중지하고 적절한 조치를 하여야 하는가?

① 0.5 ② 1 ③ 3 ④ 5

해설 저장탱크의 침하상태에 따른 조치
㉮ 침하량[h/l]이 0.5[%]를 초과한 경우 : 침하량을 1년간 매월 측정하여 기록
㉯ 침하량[h/l]이 1[%]를 초과한 경우 : 저장탱크의 사용을 중지하고 적절한 조치를 취함

11 에탄 1[mol]을 완전연소 시켰을 때 발열량(Q)은 몇 [kcal/mol]인가? (단, CO_2[g], H_2O[g], C_2H_6[g]의 생성열은 1[mol] 당 각각 94.1[kcal], 57.8[kcal], 20.2[kcal]이다.)

$$C_2H_6 + 3.5O_2 \rightarrow 2CO_2 + 3H_2O + Q$$

① 214.4 ② 259.4
③ 301.4 ④ 341.4

해설 에탄의 완전연소 반응식에서
$-20.2 = -2 \times 94.1 - 3 \times 57.8 + Q$
$\therefore Q = 2 \times 94.1 + 3 \times 57.8 - 20.2$
$= 341.4$[kcal/mol]

12 도시가스 사업법에서 정의하는 다음 용어의 설명 중 틀린 것은?

① 배관이라 함은 본관, 공급관, 내관을 말한다.
② 본관이라 함은 공급관, 옥외배관을 말한다.
③ 내관이라 함은 가스사용자가 소유하고 있는 토지의 경계에서 연소기에 이르는 배관을 말한다.
④ 액화가스라 함은 사용의 온도에서 압력이 0.2[MPa] 이상이 되는 것을 말한다.

해설 본관 : 도시가스제조 사업소의 부지경계에서 정압기까지에 이르는 배관

13 고압가스 안전관리법에서 정한 용기제조자의 수리범위에 해당되는 것은?

① 냉동기 용접부분의 용접가공
② 냉동기 부속품의 교체, 가공
③ 특정설비의 부속품 교체
④ 아세틸렌 용기 내의 다공질물 교체

해설 용기제조자의 수리 범위
㉮ 용기 몸체의 용접
㉯ 아세틸렌 용기 내의 다공질 물 교체
㉰ 용기의 스커트, 프로텍터 및 네크링의 교체 및 가공
㉱ 용기 부속품의 부품 교체
㉲ 저온 또는 초저온용기의 단열재 교체

14 가스에 대한 품질검사 기준으로 옳은 것은?

① 산소는 발연황산시약을 사용한 오르사트법에 의한 시험에서 순도가 98[%] 이상이고, 용기내의 가스 충전압력이 35[℃]에서 11.8 [MPa] 이상일 것
② 수소는 하이드로설파이드 시약을 사용한 오르사트법에 의한 시험에서 99.5[%] 이상일 것
③ 아세틸렌은 브롬시약을 사용한 뷰렛법에 의한 시험에서 순도가 98[%] 이상이고, 질산은 시약을 사용한 정성시험에서 합격한 것일 것
④ 산소는 동·암모니아 시약을 사용한 오르사트법에 의한 시험에서 순도가 98.5[%] 이상이고, 용기 내의 가스충전압력이 35[℃]에서 11.8 [MPa] 이상일 것

Answer 10. ② 11. ④ 12. ② 13. ④ 14. ③

해설 품질검사 기준

구분	시약	검사법	순도
산소	동·암모니아	오르사트법	99.5% 이상
수소	피로갈롤, 하이드로설파이드	오르사트법	98.5% 이상
아세틸렌	발연황산	오르사트법	98% 이상
	브롬시약	뷰렛법	
	질산은 시약	정성시험	

15 가스의 압력을 사용 기구에 맞는 압력으로 감압하여 공급하는데 사용하는 정압기의 기본구조로서 옳은 것은?

① 다이어프램, 스프링(또는 분동) 및 메인밸브로 구성되어 있다.
② 팽창밸브, 회전날개, 케이싱(casing)으로 구성되어 있다.
③ 흡입밸브와 토출밸브로 구성되어 있다.
④ 액송 펌프와 메인밸브로 구성되어 있다.

해설 정압기의 구성 요소
다이어프램, 스프링(또는 분동), 메인밸브

16 부식이 특정한 부분에 집중하는 형식으로 부식속도가 크므로 위험성이 높고 장치에 중대한 손상을 미치는 부식의 형태는?

① 국부부식 ② 전면부식
③ 선택부식 ④ 입계부식

해설 국부부식 : 특정 부분에 부식이 집중되는 현상으로 부식속도가 크고, 위험성이 높으며 공식, 극간부식, 구식 등이 해당된다.

17 가스엔진구동펌프(GHP)에 대한 설명 중 옳지 않은 것은?

① 부분부하 특성이 우수하다.
② 난방 시 GHP의 기동과 동시에 난방이 가능하다.
③ 외기온도 변동에 영향이 많다.
④ 구조가 복잡하고 유지관리가 어렵다.

해설 가스엔진 구동 펌프(GHP)의 특징
(1) 장점
㉮ 난방 시 GHP 기동과 동시에 난방이 가능하다.
㉯ 부분부하 특성이 매우 우수하다.
㉰ 외기온도 변동에 영향이 적다.
(2) 단점
㉮ 초기 구입가격이 높다.
㉯ 구조가 복잡하다.
㉰ 정기적인 유지관리가 필요하다.
※ GHP : Gas engine-driven Heat Pump

18 온도 25[℃], 압력 1[atm]에서 이상기체 1[mol]의 부피는 몇 [m^3]인가?

① 12.23 ② 24.44
③ 1.22×10^{-2} ④ 2.44×10^{-2}

해설 $PV=nRT$ 에서

$$\therefore V=\frac{nRT}{P}=\frac{1\times0.082\times(273+25)}{1\times1000}$$
$$=2.44\times10^{-2}\,[\mathrm{m}^3]$$

19 "기체는 압력이 일정할 때 체적은 절대온도에 비례한다."는 것과 관계가 깊은 법칙은?

① 샤를의 법칙
② 보일의 법칙
③ 아보가드로의 법칙
④ 게이-루삭의 법칙

해설 샤를의 법칙 : 일정 압력하에서 일정량의 기체가 차지하는 부피는 절대온도에 비례한다.

$$\therefore \frac{V_1}{T_1}=\frac{V_2}{T_2}$$

Answer 15. ① 16. ① 17. ③ 18. ④ 19. ①

참고 게이-루삭(Gay-Lussac)의 법칙 : 압력이 일정할 때 기체의 부피(또는 비체적)는 온도에 비례한다.

20 고압밸브에 대한 설명 중 틀린 것은?

① 밸브시트는 내식성이 좋은 재료를 사용한다.
② 주조품을 깍아서 만든다.
③ 글로브밸브는 기밀도가 크다.
④ 슬루스 밸브는 난방배관용으로 적합하다.

해설 고압밸브는 단조품을 절삭하여 제조한다.

21 탄소강의 물리적 성질 중 탄소함유량의 증가에 따라 증가하는 것은?

① 전기저항 ② 용융점
③ 열팽창율 ④ 열전도도

해설 **탄소 함유량 증가에 따른 탄소강의 성질**

㉮ **물리적 성질** : 비중, 선팽창계수, 세로 탄성율, 열전도율은 감소, 저항과 비열은 증가
㉯ **화학적 성질** : 내식성이 감소
㉰ **기계적 성질** : 탄소가 증가할수록 인장강도, 경도, 항복점은 증가하나 탄소함유량이 0.9[%] 이상이 되면 반대로 감소한다. 또 연신율 충격치는 반대로 감소하고 취성을 증가시킨다.

22 액화가스를 가열하여 기화시키는 기화장치의 성능기준으로 옳지 않은 것은?

① 접지 저항치는 10Ω 이하
② 안전장치는 내압시험(TP)의 8/10 이하의 압력에서 작동
③ 온수가열 방식의 온수는 80℃ 이하
④ 증기가열 방식의 온도는 100℃ 이하

해설 증기가열 방식의 온도는 120[℃] 이하

23 산소(O_2)의 성질에 대한 설명으로 옳은 것은?

① 비점은 약 -183[℃]이다.
② 임계압력은 약 33.5[atm]이다.
③ 임계온도는 약 -144[℃]이다.
④ 분자량은 16이다.

해설 **산소(O_2)의 성질**

㉮ 분자량 : 32
㉯ 임계압력 : 50.1[atm]
㉰ 임계온도 : -118.4[℃]
㉱ 비점 : -183[℃]

24 다음 중 수동식 밸브의 표시기호로 옳은 것은?

① 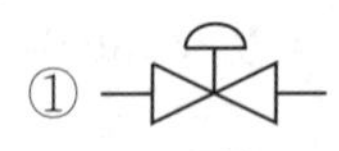
② 
③ 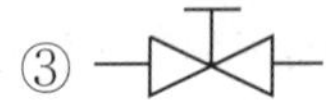
④

25 가스 중의 황화수소 제거법 중 알칼리물질로 암모니아 또는 탄산소다를 사용하며, 촉매는 티오비산염을 사용하는 방법은?

① 사이록스법 ② 진공 카보네이트법
③ 후막스법 ④ 타카학스법

해설 **습식 탈황법**

㉮ **탄산소다 흡수법** : 탄산소다(Na_2CO_3) 수용액을 사용하여 H_2S를 흡수 제거한다.
㉯ **시볼트법** : 재생공정에서 산화철을 사용하는 방법보다 효과적이다.
㉰ **카아볼트법** : 에타놀아민 수용액에 H_2S를 흡수하고 가열하여 방출하는 방법이다.
㉱ **사이록스법** : 황비산 나트륨용액을 사용하여 H_2S를 흡수하고 공기로 산화함으로써 재생한다.

Answer 20. ② 21. ① 22. ④ 23. ① 24. ③ 25. ①

㉲ **알카티드법** : 알카티드 수용액에의 H_2S를 흡수하고 가열하여 방출한다.
㉳ **기타** : 어델프법, 살피놀법, DGA법 등

26 다음 중 저온취성(메짐)을 일으키는 원소로 옳은 것은?

① Cr ② Si
③ S ④ P

해설 저온취성(메짐)의 원인 : 인(P)

27 액화석유가스 저장탱크 설치방법에 있어서 지하에 묻는 경우의 기준으로 옳지 않은 것은?

① 저장탱크의 주위에는 마른모래를 채울 것
② 저장탱크의 상부와 지면과의 거리는 60[cm] 이상으로 할 것
③ 저장탱크에 설치한 안전밸브에는 지면에서 5[m] 이상의 높이에 방출구가 있는 가스 방출관을 설치할 것
④ 저장탱크를 2개 이상 인접하여 설치하는 경우에는 상호간 2[m] 이상의 거리를 유지할 것

해설 저장탱크를 2개 이상 인접하여 설치하는 경우에는 상호간 1[m] 이상의 거리를 유지하여야 한다.

28 표준상태에서 1[L]의 A가스의 무게는 1.9768[g], B가스의 무게는 1.2507[g]이다. 이 두 기체의 확산속도비 V_A/V_B는 약 얼마인가?

① 0.63 ② 0.80
③ 1.26 ④ 1.58

해설 $\frac{V_A}{V_B}=\sqrt{\frac{\rho_B}{\rho_A}}=\sqrt{\frac{1.2507}{1.9768}}=0.7954$

여기서, 밀도는 단위 체적당 질량[g/L, kg/m³]이므로 A가스의 1[L]당 1.9768은 A가스의 밀도를 의미함

$\therefore \rho=\frac{\text{분자량[g]}}{22.4\text{[L]}}$

29 다음 가스 중 중독을 막기 위한 허용한도(TLV-TWA)가 잘못 짝지어진 것은?

① 암모니아 : 25[ppm]
② 일산화탄소 : 50[ppm]
③ 이산화탄소 : 5000[ppm]
④ 염소 : 10[ppm]

해설 염소의 허용농도(TLV-TWA) : 1[ppm]

30 27[℃]에서 1[mol]의 이상기체가 1[atm]에서 20[atm]으로 정온 가역적으로 압축되었다. 이 때 소요된 일의 양은 약 몇 [cal/mol]인가?

① 1586 ② 1686
③ 1786 ④ 1886

해설 $W=ART_1\ln\frac{P_1}{P_2}$

$=\frac{1}{427}\times 848\times(273+27)\times\ln\frac{1}{20}$

$=-1784.81$[cal/mol]

31 진탕형 오토클레이브(auto clave)의 특성에 대한 설명으로 옳은 것은?

① 고압력에 사용할 수 없다.
② 가스누설의 가능성이 없다.
③ 반응물의 오손이 많다.
④ 뚜껑 판의 뚫어진 구멍에 촉매가 들어갈 염려가 없다.

Answer 26. ④ 27. ④ 28. ② 29. ④ 30. ③ 31. ②

해설 진탕형 오토클레이브의 특징
㉮ 가스누설의 가능성이 없다.
㉯ 고압력에 사용할 수 있고, 반응물의 오손이 없다.
㉰ 장치 전체가 진동하므로 압력계는 본체에서 떨어져 설치하여야 한다.
㉱ 뚜껑판의 뚫어진 구멍에 촉매가 들어갈 염려가 있다.

32 **가스크로마토그래피 검출기 중 H_2, O_2, CO_2 등에는 감응하지 않으나 탄화수소에서의 감도가 가장 좋은 검출기는?**

① TCD ② FID
③ ECD ④ FPD

해설 수소염이온화 검출기(FID : Flame Ionization Detector) : 탄화수소에서 감도가 최고이기 때문에 매설된 도시가스 배관에서 누출 유무를 확인하는데 사용된다.

33 **암모니아 제조법 중 Haber-Bosch법은 수소와 질소를 혼합하여 몇 도의 온도와 몇 기압의 압력으로 합성시키며 촉매는 무엇을 사용하는가?**

① 450~500[℃], 300[atm], Fe, Al_2O_3
② 150~300[℃], 10[atm], 백금
③ 100[℃], 800[atm], NaCl
④ 150~200[℃], 450[atm], 알루미늄과 은

34 **고압고무호스(투윈호스, 측도관 등)의 기준에 대한 설명 중 옳지 않은 것은?**

① 고압고무호스는 안층, 보강층, 바깥층으로 되어 있고 안지름과 두께가 균일 할 것
② 투윈호스는 차압 0.05[MPa] 이하에서 정상적으로 작동하는 체크밸브를 부착할 것
③ 측도관의 접합관에 연결하는 이음쇠의 나사는 KS B 0222(관용테이퍼 나사) 규정에 적합할 것
④ 투윈호스의 길이는 900[mm] 또는 1200[mm]이고, 허용차는 +20[mm], −10[mm]로 할 것

해설 투윈호스에 부착하는 체크밸브는 차압 0.07[MPa] 이하에서 정상적으로 작동하여야 한다.

35 **줄(joule)의 법칙에 의한 이상기체의 내부에너지는?**

① 압력과 온도에만 의존한다.
② 체적과 온도에만 의존한다.
③ 압력과 체적에만 의존한다.
④ 온도에만 의존한다.

해설 내부에너지는 체적에 무관하며, 온도만의 함수이다.

36 **도시가스사업자 특정가스 사용시설의 사용자가 정기검사를 받지 않았을 때의 벌칙 기준으로 옳은 것은?**

① 1년 이하의 징역 또는 1000만 원 이하의 벌금
② 1년 이하의 징역 또는 2000만 원 이하의 벌금
③ 2년 이하의 징역 또는 2000만 원 이하의 벌금
④ 3년 이하의 징역 또는 3000만 원 이하의 벌금

해설 **특정가스 사용시설 정기검사를 받지 않았을 때의 벌칙(도법 제51조)** : 1년 이하의 징역 또는 1000만 원 이하의 벌금

Answer 32. ② 33. ① 34. ② 35. ④ 36. ①

37 가스액화 분리장치의 구성기기 중 축랭기의 축랭체로 주로 사용되는 것은?

① 구리 ② 물
③ 공기 ④ 자갈

해설 축랭기의 구조
㉮ 축랭기는 열교환기이다.
㉯ 축랭기 내부에는 표면적이 넓고 열용량이 큰 충전물(축랭체)이 들어 있다.
㉰ 축랭체로는 주름이 있는 알루미늄 리본이 사용되었으나 현재는 자갈을 이용한다.
㉱ 축렝기에서는 원료공기 중의 수분과 탄산가스가 제거된다.

38 다음 중 수소의 제조법이 아닌 것은?

① 물의 전기분해
② 천연가스의 분해
③ 이산화망간에 의한 과산화수소의 분해
④ 수증기를 이용한 일산화탄소의 전화반응

해설 **수소의 공업적 제조법** : 물의 전기분해법, 수성가스법, 천연가스 분해법, 석유 분해법, 일산화탄소 전화법
※ ③번 항목은 산소의 실험적 제조법이다.
$2H_2O + MnO_2 \rightarrow 2H_2O + MnO_2 + O_2 \uparrow$

39 7 : 3 황동에 대한 설명으로 옳은 것은?

① Zn 70[%]에 Cu 30[%] 를 합금한 것으로 판, 봉, 선 등의 재료로 사용되며 방열기 부품에 쓰인다.
② Cu 70[%]에 Zn 30[%]를 합금한 것으로 판, 봉, 선 등의 재료로 사용되며 방열기 부품에 쓰인다.
③ Cu 70[%]에 Sn 30[%]를 합금한 것으로 열가공에 적합하며 강도가 커서 볼트, 너트 등에 쓰인다.
④ Sn 70[%]에 Cu 30[%]를 합금한 것으로 열가공에 적합하며 강도가 커서 볼트, 너트 등에 쓰인다.

해설 황동과 청동
㉮ 황동 : 동(Cu)과 아연(Zn)의 합금
㉯ 청동 : 동(Cu)과 주석(Sn)의 합금

40 공기액화 분리장치의 구성기기 중 터보팽창기에 대한 설명으로 옳은 것은?

① 팽창비는 약 5정도이다.
② 회전수는 1000~2000[rpm] 정도이다.
③ 처리가스량은 1000[m^3/h] 정도이다.
④ 복동식과 단동식으로 크게 구분된다.

해설 **팽창기** : 압축기체가 피스톤, 터빈의 운동에 대하여 일을 할 때 등엔트로피 팽창을 하여 기체의 온도가 내려간다.
㉮ **왕복동식 팽창기** : 팽창비 약 40정도로 크나 효율은 60~65[%] 낮다. 처리 가스량이 1000 [m^3/h] 이상이 되면 다기통으로 제작하여야 한다.
㉯ **터보 팽창기** : 내부 윤활유를 사용하지 않으며 회전수가 10000~20000[rpm] 정도이고, 처리가스량이 10000[m^3/h] 이상도 가능하며, 팽창비는 약 5정도이고 충동식, 반동식, 반경류 반동식이 있다.

41 위험성평가 기법 중 결함수 분석(FTA)에 대한 설명으로 옳지 않은 것은?

① 정성적 분석이 가능하다.
② 재해현상과 재해원인과의 관련성의 해석이 가능하다.
③ 정량적 해석이 가능하다.
④ 귀납적 해석방법이다.

해설 **결함수 분석(FTA : fault tree analysis) 기법** : 사고를 일으키는 장치의 이상이나 운전자 실수의 조합을 연역적으로 분석하는 것이다.

Answer 37. ④ 38. ③ 39. ② 40. ① 41. ④

42 PbO를 400[℃] 이상으로 가열하여 얻은 적색 분말을 끓인 아마인유에 섞은 것으로 철의 녹 방지를 위해 밑칠용으로 널리 사용되는 도료는?

① 합성수지도료 ② 산화철도료
③ 광명단(연단) 도료 ④ 알루미늄 도료

해설 광명단 : 연단에 아마인유를 배합한 것으로 밀착력이 강하고 막이 굳어서 풍화에 대하여도 강하므로, 다른 착색도료의 밀칠용으로 사용하기에 자장 적당하다.

43 가연성가스를 제조하는 장치를 신설하여 기밀시험을 실시할 때 사용되는 가스가 아닌 것은?

① 공기 ② 산소
③ 질소 ④ 이산화탄소

해설 산소는 강력한 조연성 가스로 기밀시험용으로 사용을 금지하며, 질소와 같은 불연성 기체나 공기를 사용한다.

44 고압배관용 탄소강 강관의 기호는?

① SPPS ② SPPH
③ SPLT ④ SPHT

해설 배관용 강관의 KS 기호

KS 기호	배관 명칭
SPP	배관용 탄소강관
SPPS	압력배관용 탄소강관
SPPH	고압배관용 탄소강관
SPHT	고온배관용 탄소강관
SPLT	저온배관용 탄소강관
SPW	배관용 아크용접 탄소강관
SPA	배관용 합금강관
STS×T	배관용 스테인리스강관
SPPG	연료가스 배관용 탄소강관

45 회전축의 전달동력이 20[kW], 회전수 200[rpm]이라면 이 전동축의 지름은 약 몇 [mm]인가? (단, 축의 허용전단응력 $\tau = 30$[MPa]이다.)

① 25 ② 35
③ 45 ④ 55

해설 ㉮ 전달토크 계산

$$\therefore T = (9.55 \times 1000) \times \frac{H[\text{kW}]}{N}$$
$$= (9.55 \times 1000) \times \frac{20}{200}$$
$$= 955[\text{N} \cdot \text{m}]$$

㉯ 전동축 지름 계산

$T = \tau_a \times \frac{\pi D^3}{16}$ 에서

$$\therefore D = \sqrt[3]{\frac{16\,T}{\pi \cdot \tau_a}} = \sqrt[3]{\frac{16 \times 955}{\pi \times 30 \times 10^6}} \times 1000$$
$$= 54.22[\text{mm}]$$

46 표준대기압 1[atm]은 몇 [kgf/cm²]인가? (단, Hg의 비중량은 13595.1[kgf/m³], 중력가속도는 9.8065[m/s²]이다.)

① 1.0332 ② 1013.25
③ 10332 ④ 101325

해설 표준대기압 상태에서 수은주 높이는 0.76[m]를 나타낸다.

$$\therefore P = \gamma \times h = 13595.1 \times 0.76 \times 10^{-4}$$
$$= 1.0332[\text{kgf/cm}^2]$$

※ 1[atm] = 760[mmHg] = 76[cmHg]
= 0.76[mHg] = 29.9[inHg] = 760[torr]
= 10332[kgf/m²] = 1.0332[kgf/cm²]
= 10.332[mH_2O] = 10332[mmH_2O]
= 101325[N/m²] = 101325[Pa]
= 101.325[kPa] = 0.101325[MPa]
= 1013250[dyne/cm²] = 1.01325[bar]
= 1013.25[mbar] = 14.7[lb/in²]
= 14.7[psi]

47 가스켓 재료가 갖추어야 할 구비조건으로 가장 거리가 먼 것은?

① 충분한 강도를 가질 것
② 유체에 의해 변질되지 않을 것
③ 유연성을 유지할 수 있을 것
④ 내유성, 내후성, 내마모성이 적을 것

해설 가스켓의 구비조건
㉮ 충분한 강도를 가질 것
㉯ 유체에 의해 변질되지 않을 것
㉰ 유연성을 유지할 수 있을 것
㉱ 내유성, 내후성, 내마모성이 클 것

48 질소 14[g]과 수소 4[g]을 혼합하여 내용적이 4000[mL]인 용기에 충전하였더니 용기 내의 온도가 100[℃]로 상승하였다. 용기 내 수소의 부분압력은 약 몇 [atm]인가? (단, 이 혼합기체는 이상기체로 간주한다.)

① 4.4 ② 12.6
③ 15.3 ④ 19.9

해설 ㉮ 질소와 수소의 몰[mol]수 계산

$$\therefore N_2 = \frac{14}{28} = 0.5\,[\text{mol}]$$

$$\therefore H_2 = \frac{4}{2} = 2\,[\text{mol}]$$

㉯ 전압[atm] 계산
$PV = nRT$ 에서

$$\therefore P = \frac{nRT}{V} = \frac{(0.5+2)\times 0.082\times(273+100)}{4} = 19.12\,[\text{atm}]$$

㉰ 수소의 부분압 계산

$$\therefore P_{H_2} = \text{전압}\times\frac{\text{성분몰수}}{\text{전몰수}} = 19.12\times\frac{2}{0.5+2} = 15.296\,[\text{atm}]$$

49 유독가스 검지법에 의한 가스별 착색 반응지와 색깔의 연결이 잘못된 것은?

① 일산화탄소 : 염화팔라듐지 – 흑색
② 이산화질소 : KI전분지 – 청색
③ 황화수소 : 연당지 – 황갈색
④ 아세틸렌 : 리트머스지 – 청색

해설 가스검지 시험지 및 반응색

검지가스	시험지	반응
암모니아	적색리트머스지	청색
염소	KI 전분지	청갈색
포스겐	해리슨씨 시약지	유자색
시안화수소	초산 벤지민지	청색
일산화탄소	염화팔라듐지	흑색
황화수소	연당지	회흑색
아세틸렌	염화제1동 착염지	적갈색

50 아세틸렌은 용기에 충전한 후 온도 15[℃]에서 압력이 얼마 이하로 될 때까지 정치하여야 하는가?

① 1.5[MPa] ② 2.5[MPa]
③ 3.5[MPa] ④ 4.5[MPa]

해설 아세틸렌 용기 압력
㉮ 충전 중의 압력 : 온도에 관계없이 2.5[MPa] 이하
㉯ 충전 후의 압력 : 15[℃]에서 1.5[MPa] 이하

51 시안화수소(HCN)에 대한 설명으로 옳은 것은?

① 허용농도 10[ppb]이다.
② 충전한 후 90일을 정치한 후 사용한다.
③ 충전 시 수분이 존재하면 안정하다.
④ 누출 검지제는 질산구리벤젠지이다.

해설 시안화수소의 특징
㉮ 가연성 가스이며, 독성가스이다.

Answer 47. ④ 48. ③ 49. ④ 50. ① 51. ④

㉯ 액체는 무색, 투명하고 감, 복숭아 냄새가 난다.
㉰ 소량의 수분 존재 시 중합폭발을 일으킬 우려가 있다.
㉱ 알칼리성 물질(암모니아, 소다)을 함유하면 중합이 촉진된다.
㉲ 중합폭발을 방지하기 위하여 안정제(황산, 아황산가스 등)를 사용한다.
㉳ 물에 잘 용해하고 약산성을 나타낸다.
㉴ 흡입은 물론 피부에 접촉하여도 인체에 흡수되어 치명상을 입는다.
㉵ 충전 후 24시간 정치하고, 충전 후 60일이 경과되기 전에 다른 용기에 옮겨 충전할 것(단, 순도가 98[%] 이상이고 착색되지 않는 것은 제외)
㉶ 순도는 98[%] 이상 유지하고, 1일 1회 이상 질산구리벤젠지를 사용하여 누출검사를 실시한다.

52 다음 가스의 성질에 대한 설명 중 옳지 않은 것은?

① 암모니아는 산이나 할로겐과 잘 화합하고 고온, 고압에서는 강재를 침식한다.
② 산소는 반응성이 강한 가스로서 가연성 물질을 연소시키는 조연성(助燃性)이 있다.
③ 질소는 안정한 가스로서 불활성가스라고도 하는데 고온 하에서도 금속과 화합하지 않는다.
④ 일산화탄소는 독성가스이고, 또한 가연성가스이다.

해설 질소(N_2) : 불연성가스이고, 고온에서 금속과 화합(반응)한다.

53 고압가스를 제조하는 경우에 압축이 가능한 가스는?

① 가연성가스(H_2, C_2H_2, C_2H_4 외의 것) : 6[%], 산소 : 94[%]
② 산소 : 3[%], 가연성 가스(H_2, C_2H_2, C_2H_4 외의 것) : 97[%]
③ H_2, C_2H_2, C_2H_4 : 3[%], 산소 : 97[%]
④ 산소 : 3[%], H_2, C_2H_2, C_2H_4 : 97[%]

해설 압축금지 기준
㉮ 가연성가스(H_2, C_2H_2, C_2H_4 제외) 중 산소용량이 전용량의 4[%] 이상
㉯ 산소 중 가연성가스(H_2, C_2H_2, C_2H_4 제외) 용량이 전용량의 4[%] 이상
㉰ H_2, C_2H_2, C_2H_4 중 산소용량이 전용량의 2[%] 이상
㉱ 산소 중 H_2, C_2H_2, C_2H_4의 용량 합계가 전용량의 2[%] 이상

54 고압가스 저장시설 기준에 있어서 가연성가스의 저장능력이 15000[m^3]일 때 제1종 보호시설과의 안전거리 기준은?

① 10[m] ② 12[m]
③ 17[m] ④ 21[m]

해설 가연성가스 또는 독성가스와 보호시설과 안전거리 기준

저장능력	제1종	제2종
1만 이하	17[m]	12[m]
1만 초과 2만 이하	21[m]	14[m]
2만 초과 3만 이하	24[m]	16[m]
3만 초과 4만 이하	27[m]	18[m]
4만 초과 5만 이하	30[m]	20[m]
5만 초과 99만 이하	30[m]	20[m]
99만 초과	30[m]	20[m]

∴ 제1종 보호시설과 유지거리는 21[m]이다.

55 다음 중 관리의 사이클을 가장 올바르게 표시한 것은? (단, A : 조치, C : 검토, D : 실행, P : 계획)

① P → C → A → D
② P → A → C → D
③ A → D → C → P
④ P → D → C → A

Answer 52. ③ 53. ② 54. ④ 55. ④

56 다음 중 절차계획에서 다루어지는 주요한 내용으로 가장 관계가 먼 것은?

① 각 작업의 소요시간
② 각 작업의 실시순서
③ 각 작업에 필요한 기계와 공구
④ 각 작업의 부하와 능력의 조정

해설 절차계획의 주요내용(결정사항)
㉮ 각 작업의 소요시간
㉯ 각 작업의 실시순서
㉰ 각 작업에 필요한 기계와 공구
㉱ 작업내용 및 방법
㉲ 각 작업의 실시장소 및 경로
㉳ 필요한 자재의 종류, 시간

57 그림과 같은 계획공정도(Network)에서 주공정으로 옳은 것은? (단, 화살표 밑의 숫자는 활동시간[단위 : 주]을 나타낸다.)

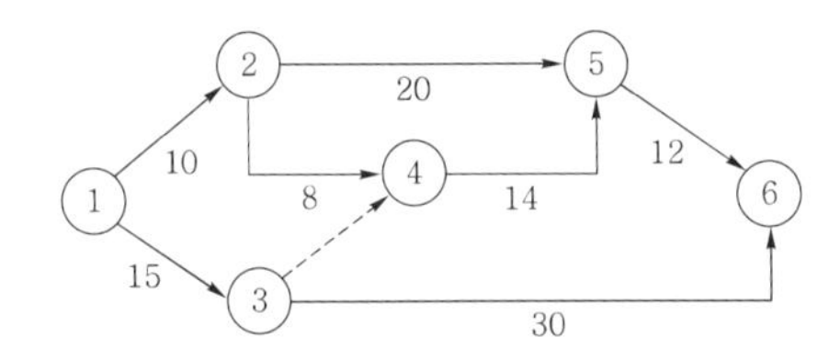

① ①-②-⑤-⑥
② ①-②-④-⑤-⑥
③ ①-③-④-⑤-⑥
④ ①-③-⑥

해설 각 공정의 작업시간
①번 항목 : ①-②-⑤-⑥
= 10 + 20 + 12 = 42시간
②번 항목 : ①-②-④-⑤-⑥
= 10 + 8 + 14 + 12 = 44시간
③번 항목 : ①-③-④-⑤-⑥
= 15 + 14 + 12 = 41시간
④번 항목 : ①-③-⑥ = 15 + 30 = 45시간
※ 주공정은 가장 긴 작업시간이 예상되는 공정이다.

58 모집단을 몇 개의 층으로 나누고 각 층으로부터 각각 랜덤하게 시료를 뽑는 샘플링 방법은?

① 층별 샘플링 ② 2단계 샘플링
③ 계통 샘플링 ④ 단순 샘플링

해설 층별 샘플링(stratified sampling) : 모집단을 N개의 층으로 나누어서 각 층으로부터 각각 랜덤하게 시료를 샘플링하는 방법이다.

59 작업자가 장소를 이동하면서 작업을 수행하는 경우에 그 과정을 가공, 검사, 운반, 저장 등의 기호를 사용하여 분석하는 것을 무엇이라 하는가?

① 작업자 연합작업 분석
② 작업자 동작 분석
③ 작업자 미세 분석
④ 작업자 공정 분석

해설 작업자 공정분석 : 작업자가 장소를 이동하면서 작업을 수행하는 일련의 행위를 가공, 검사, 운반, 저장 등의 기호를 사용하여 분석하는 것으로 업무범위와 경로 등을 개선하는데 사용된다.

60 u 관리도의 관리상한선과 관리하한선을 구하는 식으로 옳은 것은?

① $\bar{u} \pm 3\sqrt{\bar{u}}$ ② $\bar{u} \pm \sqrt{\bar{u}}$
③ $\bar{u} \pm 3\sqrt{\frac{\bar{u}}{n}}$ ④ $\bar{u} \pm 3\sqrt{n\bar{u}}$

해설 u 관리도의 관리한계선 계산식
㉮ 관리상한선(UCL) : $\bar{u} + 3\sqrt{\frac{\bar{u}}{n}}$
㉯ 관리하한선(LCL) : $\bar{u} - 3\sqrt{\frac{\bar{u}}{n}}$

Answer 56. ④ 57. ④ 58. ① 59. ④ 60. ③

과 년 도 문 제

01 콕에 대한 설명 중 틀린 것은?

① 콕은 퓨즈 콕, 상자 콕 및 주물연소기용 노즐 콕으로 구분할 것
② 완전히 열었을 때의 핸들의 방향은 유로의 방향과 직각일 것
③ 과류차단안전기구가 부착된 콕의 작동유량은 입구압이 1±0.1[kPa]인 상태에서 측정하였을 때 표시유량의 ±10[%] 이내일 것
④ 퓨즈 콕, 상자 콕 및 주물연소기용 노즐 콕의 핸들 회전력은 58.8[N・cm] 이하일 것

해설 완전히 열었을 때의 핸들의 방향은 유로의 방향과 평행이어야 한다.

02 스크류 압축기의 특징에 대한 설명으로 옳은 것은?

① 기초, 설치 면적이 크다.
② 토출압력 변화에 따른 용량의 변화가 크다.
③ 저속 회전이다.
④ 토출가스에 맥동이 생기지 않는다.

해설 **나사 압축기(screw compressor)의 특징**

㉮ 용적형이며, 무급유식 또는 급유식이다.
㉯ 흡입, 압축, 토출의 3행정을 가지고 있다.
㉰ 연속적으로 압축되므로 맥동현상이 없다.
㉱ 용량조정이 어렵고, 효율은 떨어진다.
㉲ 토출압력은 30[kgf/cm^2]까지 가능하고, 토출압력 변화에 의한 용량 변화가 적다.
㉳ 소음방지 장치가 필요하다.
㉴ 두 개의 암수 치형을 가진 로터의 맞물림에 의해 압축한다.

03 다음 [보기]에서 설명하는 응축기 종류는?

> [보기]
> - 암모니아, 프레온계 등 대・중・소 냉동기에 사용된다.
> - 수량이 충분하지 않은 경우에 적당하다.
> - 설치공간이 적다.
> - 냉각관이 부식되기 쉽다.
> - 냉각수량이 적어도 된다.

① 입형 쉘 앤드 튜브식 응축기
② 횡형 쉘 앤드 튜브식 응축기
③ 7통로식 응축기
④ 대기식 브리다형 응축기

04 가스 크로마토그래피(gas chromato graphy)의 구성 장치가 아닌 것은?

① 검출기(detector)
② 유량계(flowmeter)
③ 컬럼(colum)
④ 반응기(reactor)

해설 **가스 크로마토그래피 구성요소** : 캐리어가스, 압력조정기, 유량조절밸브, 압력계, 분리관(컬럼), 검출기, 기록계 등

05 다음 중 분해폭발성 가스는?

① 산소 ② 질소
③ 아세틸렌 ④ 프로판

해설 **분해폭발 가스** : 아세틸렌, 산화에틸렌, 히드라진, 오존 등

Answer 1. ② 2. ④ 3. ② 4. ④ 5. ③

06 고압가스의 제조방법 중 안전관리상 옳은 것은?

① 산소를 용기에 충전할 때에는 용기내부에 유지류를 제거하고 충전한다.
② 시안화수소의 안정제로 물을 사용한다.
③ 산화에틸렌을 충전 시에는 산 및 알칼리로 세척한 후 충전한다.
④ 아세틸렌은 3.5[MPa]으로 압축하여 충전할 때에는 희석제로 이산화탄소를 사용한다.

해설 각 항목의 옳은 내용
② 시안화수소 안정제 : 황산, 아황산가스, 동, 동망, 염화칼슘, 인산, 오산화인
③ 저장탱크를 질소, 탄산가스로 치환하고 5[℃] 이하를 유지하며 산화에틸렌 충전 시에는 산, 알칼리를 함유하지 않는 상태로 충전한다.
④ 아세틸렌은 2.5[MPa] 압력으로 압축 시 질소, 메탄, 일산화탄소, 에틸렌 등 희석제를 사용

07 고압가스 장치에 사용되는 압력계 중 탄성식 압력계가 아닌 것은?

① 링밸런스식 압력계
② 부르동관식 압력계
③ 벨로스 압력계
④ 다이어프램식 압력계

해설 탄성압력계의 종류 : 부르동관 압력계, 다이어프램 압력계, 벨로스 압력계, 캡슐식 압력계

08 고압가스 분출시 정전기가 가장 발생하기 쉬운 경우는?

① 가스의 분자량이 적은 경우
② 가스의 온도가 높은 경우
③ 가스가 건조되어 있는 경우
④ 가스 속에 액체나 고체의 미립자가 있을 경우

09 다음 [보기]에서 설명하는 강(鋼)으로 가장 옳은 것은?

[보기]
- 인성, 연성, 내식성이 우수하다.
- 결정구조는 FCC 이고, 비자성이다.
- 대표 강으로는 18-8 스테인리스강이 있다.

① 구리-아연강(Cu - Zn steel)
② 구리-주석강(Cu - Sn steel)
③ 몰리브덴-크롬강(Mo - Cr steel)
④ 크롬-니켈강(Cr - Ni steel)

해설 18-8 스테인리스강 : 크롬(Cr) 17~20[%], 니켈(Ni) 7~10[%]를 함유하는 것으로 내식성, 내산성이 우수하다.

10 다음 가스와 검지를 위한 시험지가 틀리게 짝지어진 것은?

① 아세틸렌-초산납시험지
② 일산화탄소-염화팔라듐지
③ 염소-요오드화칼륨전분지
④ 포스겐-해리슨시험지

해설 가스검지 시험지 및 반응색

검지가스	시험지	반응
암모니아	적색리트머스지	청색
염소	KI 전분지	청갈색
포스겐	해리슨씨 시약지	유자색
시안화수소	초산 벤지민시	청색
일산화탄소	염화팔라듐지	흑색
황화수소	연당지	회흑색
아세틸렌	염화제1동 착염지	적갈색

Answer 6. ① 7. ① 8. ④ 9. ④ 10. ①

11 **다음 중 소석회에 의해 제독이 가능한 가스는?**

① 염소　　② 황화수소
③ 암모니아　　④ 시안화수소

해설 소석회에 의해 제독이 가능한 가스는 염소와 포스겐이다.

12 **수소(H_2)가스의 공업적 제조법이 아닌 것은?**

① 물의 전기분해　　② 공기액화 분리법
③ 수성가스법　　④ 석유의 분해법

해설 ㉮ **수소의 공업적 제조법** : 물의 전기분해법, 수성가스법, 천연가스 분해법, 석유 분해법, 일산화탄소 전화법
㉯ **공기액화 분리법** : 산소, 아르곤, 질소 제조법

13 **조정형 샘플링 검사는 검사에 로트가 계속해서 제출될 경우에 그 품질에 따라 검사의 강약을 조정하는 검사이다. 다음 중 이 검사에 해당하지 않는 것은?**

① 무시험 검사　　② 보통 검사
③ 수월한 검사　　④ 까다로운 검사

14 **다음 중 프레온(R-12) 냉동장치에 사용하기에 가장 부적당한 금속은?**

① 구리　　② 마그네슘
③ 황동　　④ 강

해설 **냉매설비에 사용금속 제한**
㉮ 암모니아 : 동 및 동합금(단, 동함유량 62[%] 미만 사용가능)
㉯ 염화메탄 : 알루미늄합금
㉰ 프레온 : 2[%]를 넘는 Mg을 함유한 Al합금
㉱ 항상 물에 접촉되는 부분 : 순도 99.7[%] 미만 알루미늄 사용 금지 (단, 적절한 내식처리 시 사용 가능)

15 **엔트로피(entropy)에 대한 설명 중 틀린 것은?**

① 열출입이 없는 단열변화의 경우에는 엔트로피의 증감은 없다.
② 가역과정에서는 불변이고, 비가역과정에서는 증가한다.
③ $dS = \frac{dQ}{T}$ [kcal/K]으로 나타낸다.
④ 어느 물체에 열을 가하면 엔트로피는 감소하고, 냉각시키면 증가하는 이론적인 양이다.

해설 **엔트로피(entropy)** : 엔트로피는 온도와 같이 감각으로 느낄 수도 없고, 에너지와 같이 측정할 수도 없는 것으로 어떤 물질에 열을 가하면 엔트로피는 증가하고 냉각시키면 감소하는 물리학상의 상태량이다.

16 **LP가스의 제법이 아닌 것은?**

① 원유에서 액화가스를 회수
② 석유정제공정에서 분리
③ 나프타 분해생성물에서 제조
④ 메탄의 부분 산화법으로 제조

해설 **LPG 제조법**
㉮ 습성천연가스 및 원유에서 회수 : 압축냉각법, 흡수유에 의한 흡수법, 활성탄에 의한 흡착법
㉯ 제유소 가스에서 회수 : 원유 정제공정에서 발생하는 가스에서 회수
㉰ 나프타 분해 생성물에서 회수 : 나프타를 이용하여 에틸렌 제조 시 회수
㉱ 나프타의 수소화 분해 : 나프타를 이용하여 LPG 생산이 주목적

Answer 11. ① 12. ② 13. ① 14. ② 15. ④ 16. ④

17 액화석유가스의 저장탱크를 매설할 때의 시설기준으로 옳은 것은?

① 지하에 묻는 저장탱크는 천정, 벽 및 바닥의 두께가 각각 15[cm] 이상의 철근콘크리트로 만든 방에 설치한다.
② 저장탱크 주위에는 물기가 있는 모래를 채운다.
③ 저장탱크의 정상부와 지면과의 거리는 60[cm] 미만으로 해야 한다.
④ 저장탱크를 2개 이상 인접하여 설치하는 경우에는 상호간에 1[m] 이상의 거리를 유지시켜야 한다.

해설 각 항목의 옳은 설명
①번 항목 : 30[cm] 이상
②번 항목 : 마른모래
③번 항목 : 60[cm] 이상

18 이상기체의 분자량을 구하는 식으로 옳은 것은? (단, M은 기체의 분자량, P는 기체의 압력, R은 기체상수, d는 기체의 밀도, T는 절대 온도이다.)

① $M=\dfrac{dRT}{P}$　② $M=\dfrac{dP}{RT}$
③ $M=\dfrac{dPT}{R}$　④ $M=\dfrac{P}{dRT}$

해설 $PV=\dfrac{W}{M}RT$ 에 기체의 밀도 $d=\dfrac{W[g]}{V[L]}$ 를 대입하여 정리하면

$\therefore M=\dfrac{WRT}{PV}=\dfrac{W}{V}\times\dfrac{RT}{P}$
$=d\times\dfrac{RT}{P}=\dfrac{dRT}{P}$

19 액화프로판을 충전용기에 50[kg]을 충전할 수 있는 용기의 내용적[L]은? (단, 액화프로판의 정수는 2.35이다.)

① 50.0　② 58.8
③ 102.5　④ 117.5

해설 $G=\dfrac{V}{C}$에서
$\therefore V=C\times G=2.35\times 50=117.5$[L]

20 암모니아를 사용하여 질산제조의 원료를 얻는 반응식으로 가장 옳은 것은?

① $2NH_3+CO \rightarrow (NH_2)2CO+H_2O$
② $NH_3+HNO_3 \rightarrow NH_4NO_3$
③ $2NH_3+H_2SO_4 \rightarrow (NH_4)_2SO_4+H_2O$
④ $4NH_3+5O_2 \rightarrow 4NO+6H_2O$

해설 질산(HNO_3) 제조
㉮ 공기에 의한 암모니아의 산화반응
$4NH_3+5O_2 \rightarrow 4NO+6H_2O+216$[kcal]
㉯ 산화질소의 산화반응
$2NO+O_2 \rightarrow 2NO_2+27$[kcal]
$2NO_2 \rightarrow N_2O_4+13.6$[kcal]
㉰ 물과 반응하여 질산(HNO_3) 생성
$2NO_2+H_2O \rightarrow 2HNO_3+NO$

21 다음 중 액화석유가스 허가대상 범위에 포함되지 않는 것은?

① 액화석유가스 충전사업
② 액화석유가스 집단공급사업
③ 액화석유가스 판매사업
④ 가스용품 판매사업

해설 사업의 허가대상 범위 : 액법 제5조
㉮ 액화석유가스 충전사업, 가스용품 제조사업
㉯ 액화석유가스 집단공급사업, 액화석유가스 판매사업

Answer 17. ④ 18. ① 19. ④ 20. ④ 21. ④

22 **염화암모늄과 아질산나트륨의 혼합물을 가열하였을 때 주로 얻을 수 있는 기체는?**

① 염소 ② 암모니아
③ 산화질소 ④ 질소

23 **고압가스 일반제조의 기술기준 중 에어졸 제조기준에 대한 설명으로 틀린 것은?**

① 에어졸은 35[℃]에서 그 용기의 내압이 0.5[MPa] 이하이어야 하고, 에어졸의 용량이 그 용기 내용적의 95[%] 이하일 것
② 내용적이 100[cm^3]를 초과하는 용기는 그 용기의 제조자의 명칭 또는 기호가 표시되어 있을 것
③ 용기의 내용적이 1[L] 이하이어야 하며, 내용적이 100[cm^3]를 초과하는 용기의 재료는 강 또는 경금속을 사용한 것일 것
④ 에어졸의 분사제는 독성가스를 사용하지 아니할 것

해설 에어졸은 35[℃]에서 그 용기의 내압이 0.8[MPa] 이하 이어야 하고, 에어졸 용량이 그 용기 내용적의 90[%] 이하일 것

24 **다음 응력 변형률선도에서 인장강도를 나타내는 점은?**

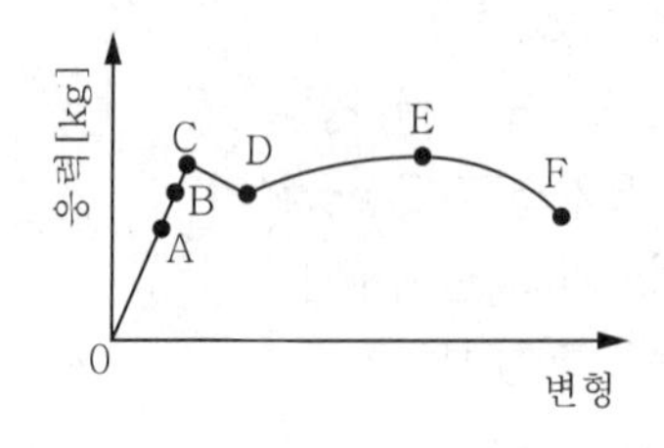

① C ② D
③ E ④ F

해설 A : 비례한도 B : 탄성한도 C : 상항복점
D : 하항복점 E : 인장강도 F : 파괴점

25 **다음 중 특정고압가스로만 나열된 것은?**

① 수소, 산소, 액화암모니아, 아세틸렌
② 수소, LPG, LNG, 아세틸렌
③ 산소, 수소, 질소, 아르곤
④ 액화염소, 액화암모니아, 질소, 아황산가스

해설 **특정고압가스의 종류** : 수소, 산소, 액화암모니아, 아세틸렌, 액화염소, 천연가스, 압축모노실란, 압축디보란, 액화알진, 그 밖에 대통령령이 정하는 고압가스

26 **다음 반응 중 평형상태가 압력의 영향을 받지 않는 것은?**

① $2NO_2 \rightleftarrows N_2O_4$
② $2CO + O_2 \rightleftarrows 2CO_4$
③ $NH_3 + HCl \rightleftarrows NH_4Cl$
④ $N_2 + O_2 \rightleftarrows 2NO$

해설 반응 전·후의 몰[mol]수가 같으면 압력의 영향을 받지 않는다.

27 **온도 200[℃], 부피 400[L]의 용기에 질소 140[kg]을 저장할 때 필요한 압력을 Van der Waals 식을 이용하여 계산하면 약 몇 [atm]인가?**
(단, $a = 1.351$ [atm · L^2/mol^2], $b = 0.0386$ [L/mol] 이다.)

① 36.3 ② 363
③ 72.6 ④ 726

해설 ㉮ 질소 140[kg]의 몰(mol)수 계산

$$\therefore n = \frac{W}{M} = \frac{140 \times 1000}{28} = 5000[\text{mol}]$$

㉯ 압력[atm] 계산

$$\left(P + \frac{n^2 \cdot a}{V^2}\right)(V - n \cdot b) = nRT \text{ 에서}$$

$$\therefore P = \frac{nRT}{V - nb} - \frac{n^2 a}{V^2}$$

$$= \frac{5000 \times 0.082 \times (273 + 200)}{400 - 5000 \times 0.0386} - \frac{5000^2 \times 1.351}{400^2}$$

$$= 725.766[\text{atm}]$$

28 어떤 장소의 온도를 재었더니 500[°R]이었다. 이는 섭씨온도로는 약 몇 [℃]인가?

① 3.4 ② 4.4
③ 5.4 ④ 6.4

해설 ㉮ 랭킨온도를 화씨온도로 환산

$$\therefore t[°\text{F}] = °\text{R} - 460 = 500 - 460 = 40[°\text{F}]$$

㉯ 화씨온도를 섭씨온도로 환산

$$\therefore t[℃] = \frac{5}{9}(°\text{F} - 32) = \frac{5}{9} \times (40 - 32) = 4.44[℃]$$

별해 랭킨온도와 켈빈온도는 1.8배의 관계가 있다.

$$\therefore t[℃] = \frac{°\text{R}}{1.8} - 273 = \frac{500}{1.8} - 273 = 4.77[℃]$$

29 LP가스의 저장설비실 바닥 면적이 15[m²]이라면 통풍구 크기는 몇 [cm²] 이상이어야 하는가?

① 3000 ② 3500
③ 4000 ④ 4500

해설 통풍구 크기는 바닥면적 1[m²] 당 300[cm²] 이상이다.

$$\therefore \text{통풍구 크기} = 15 \times 300 = 4500[\text{cm}^2] \text{ 이상}$$

30 기체의 유속은 마하(Mach) 수로 나타내며 압축성 유체의 유속계산에 사용된다. 마하수에 대한 표현으로 옳은 것은? (단, 마하수는 M, 유체속도는 V, 음속은 C 이다.)

① $M = V \times C$ ② $M = \frac{V}{C}$
③ $M = \frac{C}{V}$ ④ $M = V + C$

해설 마하(Mach)수

㉮ 마하수 계산식

$$\therefore M_a = \frac{V}{C} = \frac{V}{\sqrt{kRT}}$$

여기서, M_a : 마하수 V : 물체의 속도[m/s]
C : 음속[m/s] k : 비열비
R : 기체상수$\left(\frac{8314}{M}[\text{J/kg} \cdot \text{K}]\right)$
T : 절대온도

㉯ 음속의 구분

$M_a < 1$: 아음속 흐름
$M_a = 1$: 음속 흐름
$M_a > 1$: 초음속 흐름

31 다음 중 가연성이면서 독성가스인 것은?

① 산화에틸렌
② 아황산가스
③ 프로판
④ 염소

해설 가연성이면서 독성인 가스 : 아크릴로니트릴, 일산화탄소, 벤젠, 산화에틸렌, 모노메틸아민, 염화메탄, 브롬화메탄, 이황화탄소, 황화수소, 암모니아, 석탄가스, 시안화수소, 트리메틸아민 등

Answer 28. ② 29. ④ 30. ② 31. ①

32 도시가스 성분 중 황화수소는 0[℃], 101325 [Pa]의 압력에서 건조한 도시가스 1[m^3]당 몇 [g]을 초과해서는 안 되는가?

① 0.02 ② 0.05
③ 0.2 ④ 0.5

해설 건조한 도시가스 1[m^3] 당 유해 성분량
㉮ 황전량 : 0.5[g] 초과 금지
㉯ 황화수소 : 0.02[g] 초과 금지
㉰ 암모니아 : 0.2[g] 초과 금지

33 포스겐가스를 가수분해 시켰을 때 주로 생성되는 것은?

① CO, CO_2 ② CO, Cl
③ CO_2, HCl ④ H_2CO_3, HCl

해설 포스겐($COCl_2$)의 가수(加水)분해 반응식
$COCl_2 + H_2O \rightarrow CO_2 + 2HCl$

34 특정고압가스 사용신고를 하여야 하는 자는 저장능력이 몇 [kg] 이상인 액화가스 저장설비를 갖추고 특정고압가스를 사용하여야 하는가?

① 100 ② 250
③ 500 ④ 1000

해설 특정고압가스 사용신고 대상 : 고법 시행규칙 제46조
㉮ 저장능력 250[kg] 이상인 액화가스 저장설비를 갖추고 특정고압가스를 사용하려는 자
㉯ 저장능력 50[m^3] 이상인 압축가스 저장설비를 갖추고 특정고압가스를 사용하려는 자
㉰ 배관으로 특정고압가스(천연가스 제외)를 공급받아 사용하고자 하는 자
㉱ 압축모노실란, 압축디보레인, 액화알진, 포스핀, 셀렌화수소, 게르만, 디실란, 오불화비소, 오불화인, 삼불화인, 삼불화질소, 삼불화붕소, 사불화유황, 사불화규소, 액화염소 또는 액화암모니아를 사용하려는 자 다만, 시험용으로 사용하려 하거나 시장, 군수 또는 구청장이 지정하는 지역에서 사료용으로 볏짚 등을 발효하기 위하여 액화암모니아를 사용하려는 경우는 제외한다.
㉲ 자동차 연료용으로 특정고압가스를 공급받아 사용하려는 자

35 알루미늄합금 이외의 고압가스용기의 내압시험압력을 옳게 나타낸 것은?

① 아세틸렌가스 : 최고충전압력의 2배
아세틸렌가스 외의 가스 : 최고충전압력의 3분의 5배
재충전금지용기에 충전하는 압축가스 : 최고충전압력의 1.8배
② 아세틸렌가스 : 최고충전압력의 3배
아세틸렌가스 외의 가스 : 최고충전압력의 4분의 5배
재충전금지용기에 충전하는 압축가스 : 최고충전압력의 1.8배
③ 아세틸렌가스 : 최고충전압력의 2배
아세틸렌가스 외의 가스 : 최고충전압력의 3분의 5배
재충전금지용기에 충전하는 압축가스 : 최고충전압력의 4분의 5배
④ 아세틸렌가스 : 최고충전압력의 3배
아세틸렌가스 외의 가스 : 최고충전압력의 3분의 5배
재충전금지용기에 충전하는 압축가스 : 최고충전압력의 4분의 5배

해설 충전용기 내압시험 압력
㉮ 압축가스 용기 : 최고충전압력의 5/3 배
㉯ 아세틸렌 용기 : 최고충전압력의 3배
㉰ 초저온, 저온용기 : 최고충전압력의 5/3 배
㉱ 액화가스 용기 : 액화가스 종류별로 규정된 압력
㉲ 재충전 금지용기에 충전하는 압축가스 : 최고충전압력의 5/4 배

Answer 32. ① 33. ③ 34. ② 35. ④

36 암모니아 합성가스 분리장치에 대한 설명으로 옳은 것은?

① 메탄은 제1열교환기에서 액화하여 분리된다.
② 질소는 상압으로 공급된다.
③ 에틸렌은 제3열교환기에서 액화한다.
④ 일산화질소는 정촉매로 작용한다.

해설 암모니아 합성가스 분리장치 설명
① 제4열교환기에서 약 −180[℃] 까지 냉각된 코크스로 가스는 메탄액화기에서 −190[℃] 까지 냉각되어 메탄이 액화하여 제거된다.
② 고압질소는 100~200[atm]의 압력으로 공급되고 각 열교환기에서 냉각되어 액화된 후 질소 세정탑에 공급된다.
④ 일산화질소는 저온에서 디엔류와 반응하여 폭발성의 검(gum)상을 만들기 때문에 완전히 제거하여야 한다.

37 어떤 용기에 수소 1[g], 산소 32[g], 질소 56[g]을 넣었더니 1기압이 되었다. 이때 수소의 분압은 약 몇 [atm]인가?

① $\frac{1}{89}$ ② $\frac{1}{7}$ ③ $\frac{1}{3}$ ④ 1

해설 $P_{H_2} = \text{전압} \times \frac{\text{성분몰수}}{\text{전몰수}} = 1 \times \frac{\frac{1}{2}}{\frac{1}{2}+\frac{32}{32}+\frac{56}{28}}$

$= \frac{0.5}{3.5} = \frac{1}{7}$[atm]

38 밀폐된 용기 내에 1[atm], 27℃로 프로판과 산소가 2 : 8의 비율로 혼합되어 있으며, 이것이 연소하여 다음과 같은 반응을 하고 화염온도는 3000[K]가 되었다고 한다. 이 용기 내에 발생하는 압력은 몇 [atm]인가? (단, 내용적의 변화는 없다.)

$$2C_3H_8 + 8O_2 \rightarrow 6H_2O + 4CO_2 + 2CO + 2H_2$$

① 2 ② 6
③ 12 ④ 14

해설 $PV = nRT$에서
반응 전의 상태 $P_1V_1 = n_1R_1T_1$
반응 후의 상태 $P_2V_2 = n_2R_2T_2$ 라 하면
$V_1 = V_2$, $R_1 = R_2$가 되므로 생략하면
$\frac{P_2}{P_1} = \frac{n_2T_2}{n_1T_1}$이 된다.

$\therefore P_2 = \frac{n_2T_2}{n_1T_1} \times P_1$

$= \frac{(6+4+2+2)\times 3000}{(2+8)\times(273+27)} \times 1$

$= 14$[atm]

39 총 발열량이 10400[kcal/m³], 비중이 0.64인 가스의 웨베지수는 얼마인가?

① 6656 ② 9000
③ 13000 ④ 16250

해설 $WI = \frac{H_g}{\sqrt{d}} = \frac{10400}{\sqrt{0.64}} = 13000$

40 용기에 액체 질소 56[kg]이 충전되어 있다. 외부에서의 열이 매시간 5[kcal]씩 액체 질소에 공급될 때 액체 질소가 28[kg]으로 감소되는데 걸리는 시간은? (단, N_2의 증발잠열은 1600[cal/mol]이다.)

① 16시간 ② 32시간
③ 160시간 ④ 320시간

해설 ㉮ 질소의 증발잠열을 [kcal/kg]으로 환산
$\therefore \text{증발잠열} = \frac{1600[\text{cal/mol}]}{28[\text{g/mol}]}$
$= 57.14[\text{cal/g}] = 57.14[\text{kcal/kg}]$

Answer 36. ③ 37. ② 38. ④ 39. ③ 40. ④

㉯ 필요시간 계산

$$\therefore \text{필요시간} = \frac{\text{증발에 필요한 열량}}{\text{시간당 공급열량}} = \frac{28 \times 57.14}{5} = 319.984\text{ 시간}$$

41 부르동관(Bourdon) 압력계 사용 시의 주의사항으로 가장 거리가 먼 것은?

① 안전장치를 한 것을 사용할 것
② 압력계에 가스를 유입시키거나 또는 빼낼 때는 신속하게 조작할 것
③ 정기적으로 검사를 행하고 지시의 정확성을 확인할 것
④ 압력계는 가급적 온도변화나 진동, 충격이 적은 장소에 설치할 것

해설 압력계에 가스를 유입시키거나 또는 빼낼 때는 조작을 서서히 하여야 한다.

42 다음 중 공식(孔蝕)의 특징에 대한 설명으로 옳은 것은?

① 양극반응의 독특한 형태이다.
② 부식속도가 느리다.
③ 균일부식의 조건과 동반하여 발생한다.
④ 발견하기 쉽다.

해설 공식(孔蝕) : 국소적 또는 점상의 부식을 말하며, 금속재료의 표면에 안정한 보호피막이 존재하는 조건하에서 피막의 결함장소에서 부식이 일어나 이것이 구멍모양으로 성장한다. 염화물이 존재하는 수용액 중의 스테인리스강, 알루미늄 합금에서 일어나며 점부식이라고도 한다.

43 완전가스의 비열비(specific heat ratio)에 대한 설명 중 틀린 것은?

① 비열비 $k = \frac{C_p}{C_v}$로 나타낸다.
② 비열비는 온도에 관계없이 일정하다.
③ 공기의 비열비는 1.4 정도이다.
④ 단원자보다 3원자 분자 이상 기체의 비열비가 크다.

해설 비열비 : 온도에 관계없이 일정하며, 항상 1보다 크다.
㉮ 1원자 분자(C, S, Ar, He 등) : 1.66
㉯ 2원자 분자(O_2, N_2, H_2, CO 등) 및 공기 : 1.4
㉰ 3원자 분자(H_2O, CO_2, O_3 등) : 1.33

44 염소의 성질에 대한 설명으로 옳은 것은?

① 염소는 암모니아로 검출할 수 있다.
② 염소는 물의 존재 없이 표백작용을 한다.
③ 완전히 건조된 염소는 철과 잘 반응한다.
④ 염소 폭명기는 냉암소에서도 폭발하여 염화수소가 된다.

해설 염소의 성질
① 암모니아와 염소가 반응하여 염화암모늄(흰연기 발생)을 생성한다.
$8NH_3 + 3Cl_2 \rightarrow 6NH_4Cl + N_2$
② 염소와 물이 반응하여 생성되는 차아염소산이 분해하여 생긴 발생기 산소 작용에 의한 것이다.
㉰ 완전히 건조된 염소는 상온에서 철과 반응하지 않는다.
㉱ 염소폭명기는 직사광선이 촉매 역할을 하여 일어난다.

45 피셔(Fisher)식 정압기의 2차압 이상 상승의 원인에 해당 하는 것은?

① 정압기의 능력 부족
② 필터의 먼지류의 막힘
③ Pilot supply valve에서의 누설
④ 파일럿의 오리피스의 녹 막힘

해설 피셔(fisher)식 정압기의 2차압 이상 상승 원인
㉮ 메인밸브에 먼지류가 끼어들어 완전차단(cut off) 불량

㉯ 메인밸브의 폐쇄 무
㉰ 파일럿 공급밸브(pilot supply valve)에서의 누설
㉱ 센터스템(center stem)과 메인밸브의 접속불량
㉲ 바이패스 밸브의 누설
㉳ 가스 중 수분의 동결
※ ①, ②, ④ 항 : 2차압 이상 저하 원인

46 다음 그림은 정압기의 정상상태에서 유량과 2차 압력과의 관계를 나타낸 것이다. ⓐ, ⓑ, ⓒ에 해당하는 용어를 순서대로 옳게 나타낸 것은?

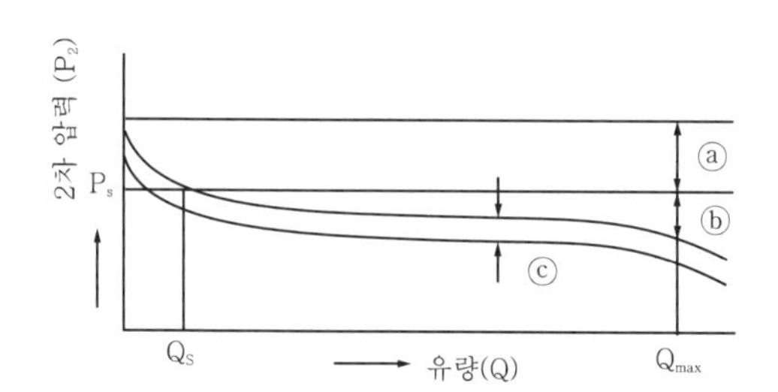

① ⓐ : Lock up, ⓑ : off set, ⓒ : Shift
② ⓐ : off set, ⓑ : Lock up, ⓒ : Shift
③ ⓐ : Shift, ⓑ : off set, ⓒ : Lock up
④ ⓐ : Shift, ⓑ : Lock up, ⓒ : off set

해설 정특성 곡선
㉮ 로크업(lock up) : 유량이 0으로 되었을 때 끝맺은 압력과 기준압력(P_s)과의 차이
㉯ 오프셋(off set) : 유량이 변화하였을 때 2차 압력과 기준압력(P_s)과의 차이
㉰ 시프트(shift) : 1차 압력 변화에 의하여 정압곡선이 전체적으로 어긋나는 것

47 다음 가스 중 임계온도가 높은 것부터 나열된 것은?

① $O_2 > Cl_2 > N_2 > H_2$
② $Cl_2 > O_2 > N_2 > H_2$
③ $N_2 > O_2 > Cl_2 > H_2$
④ $H_2 > N_2 > Cl_2 > O_2$

해설 각 가스의 임계온도 및 임계압력
㉮ 염소(Cl_2) : 144[℃], 76.1[atm]
㉯ 산소(O_2) : −118.4[℃], 50.1[atm]
㉰ 질소(N_2) : −147[℃], 33.5[atm]
㉱ 수소(H_2) : −239.9[℃], 12.8[atm]

48 다음 중 흡수식 냉동기에 사용되는 냉매는? (단, 흡수제는 물이다.)

① 톨루엔 ② 염화메틸
③ 물 ④ 암모니아

해설 흡수식 냉동기의 냉매 및 흡수제

냉매	흡수제
암모니아(NH_3)	물(H_2O)
물(H_2O)	리듐브롬마이드(LiBr)
염화메틸	사염화에탄
톨루엔	파라핀유

※ 리듐브로마이드(LiBr)를 취화리듐이라 한다.

49 용접이음의 특징에 대한 설명으로 옳은 것은?

① 조인트 효율이 낮다.
② 기밀성 및 수밀성이 좋다.
③ 진동을 감쇠시키기 쉽다.
④ 응력집중에 둔감하다.

해설 용접이음의 특징
(1) 장점
㉮ 이음부 강도가 크고, 하자발생이 적다.
㉯ 이음부 관 두께가 일정하므로 마찰저항이 적다.
㉰ 배관의 보온, 피복시공이 쉽다.
㉱ 시공시간이 단축되고 유지비, 보수비가 절약된다.
(2) 단점
㉮ 재질의 변형이 일어나기 쉽다.
㉯ 용접부의 변형과 수축이 발생한다.
㉰ 용접부의 잔류응력이 현저하다.
㉱ 품질검사(결함검사)가 어렵다.

Answer 46. ① 47. ② 48. ④ 49. ②

50 **도시가스사업법에서 사용하는 용어의 정의를 설명한 것 중 틀린 것은?**

① 도시가스 사업은 수요자에게 연료용 가스를 공급하는 사업이다.
② 가스 도매사업은 일반도시가스 사업자 외의 자가 일반도시가스사업자 또는 산업통상자원부령이 정하는 대량수요자에게 천연가스(액화한 것 포함)를 공급하는 사업을 말한다.
③ 도시가스사업자는 가스를 제조하여 일반수요자에게 용기로 공급하는 사업자를 말한다.
④ 가스사용시설은 가스공급시설외의 가스사용자의 시설로서 산업통상자원부령이 정하는 것이다.

해설 **용어의 정의(도법 제2조)** : 도시가스사업자란 도시가스사업의 허가를 받은 가스도매사업자, 일반도시가스사업자, 도시가스 충전사업자, 나프타부생가스・바이오가스제조사업자 및 합성천연가스제조사업자를 말한다.

51 **산소봄베에 산소를 충전하고 온도 35[℃]에서 20[MPa]로 되도록 하려면 0[℃]에서 약 몇 [MPa]의 압력까지 충전해야 하는가?**

① 13.5 ② 17.7
③ 22.6 ④ 26.3

해설 $\frac{P_1 V_1}{T_1} = \frac{P_2 V_2}{T_2}$에서 $V_1 = V_2$이다.

$$\therefore P_1 = \frac{P_2 T_1}{T_2} = \frac{20 \times 273}{273 + 35} = 17.727\,[\text{MPa}]$$

52 **완전가스에서 등엔탈피 변화는 어느 것인가?**

① 등압변화 ② 등적변화
③ 등온변화 ④ 단열변화

해설 **완전가스의 상태 변화**
㉮ 등온(정온)과정 : 엔탈피 불변
㉯ 가역 단열과정 : 엔트로피 불변
㉰ 비가역 단열과정 : 엔트로피 증가

53 **암모니아의 물리적 성질에 대한 설명 중 틀린 것은?**

① 쉽게 액화한다.
② 증발잠열이 크다.
③ 자극성의 냄새가 난다.
④ 물에 녹지 않는다.

해설 상온, 상압에서 물 1[cc]에 대하여 암모니아 기체는 800[cc]가 용해된다.

54 **아세틸렌 제조 시 청정제로 사용되지 않는 것은?**

① 리가솔 ② 카다리솔
③ 에퓨렌 ④ 진타론

해설 아세틸렌 청정제 : 발생가스 중 불순물 제거하는 것으로 에퓨렌, 카다리솔, 리가솔이 있다.

55 **M타입의 자동차 또는 LCD TV를 조립, 완성한 후 부적합수(결점수)를 점검한 데이터에는 어떤 관리도를 사용하는가?**

① p 관리도
② np 관리도
③ c 관리도
④ $\overline{x} - R$ 관리도

해설 c 관리도는 부적합수(결점수)를 관리할 때 사용된다.

Answer 50. ③ 51. ② 52. ③ 53. ④ 54. ④ 55. ③

56 이항분포(binomial distribution)의 특징으로 가장 옳은 것은?

① $P=0$일 때는 평균치에 대하여 좌·우 대칭이다.
② $P \leq 0.1$이고, $nP=0.1 \sim 10$ 일 때는 푸아송 분포에 근사한다.
③ 부적합품의 출현 개수에 대한 표준편차는 $D(x)=nP$ 이다.
④ $P \leq 0.5$ 이고, $nP \geq 0.5$일 때는 정규 분포에 근사한다.

해설 이항분포의 특징
㉮ $P=0.5$일 때는 평균치에 대하여 좌우대칭이다.
㉯ $P \leq 0.5$, $nP \geq 0.5$, $n(1-P) \geq 5$일 때는 정규분포에 근사한다.
㉰ $P \leq 0.1$, $nP=0.1 \sim 10$, $n \geq 50$ 일 때는 푸아송 분포에 근사한다.

57 연간 소요량 4000개인 어떤 부품의 발주비용은 매회 200원이며, 부품단가는 100원, 연간 재고유지비율이 10[%]일 때 F.W. Harris식에 의한 경제적 주문량은 얼마인가?

① 40[개/회]
② 400[개/회]
③ 1000[개/회]
④ 1300[개/회]

해설 $EOQ=\sqrt{\dfrac{2DC_p}{C_H}}$
$=\sqrt{\dfrac{2\times 4000\times 200}{100\times 0.1}}$
$=400$[개/회]

58 다음 중 검사를 판정의 대상에 의한 분류가 아닌 것은?

① 관리 샘플링검사
② 로트별 샘플링검사
③ 전수검사
④ 출하검사

해설 판정 대상에 의한 분류 : 전수검사, 로트별 샘플링검사, 관리 샘플링검사
※ 출하검사는 검사공정에 의한 분류로 제품을 공장에서 출하할 때 하는 검사이다.

59 "무결점 운동" 이라고 불리 우는 것으로 품질 개선을 위한 동기부여 프로그램은 어느 것인가?

① TQC ② ZD
③ MIL-STD ④ ISO

해설 ZD(Zero Defect) : 무결점운동으로 인간의 오류에 의한 일체의 결함이나 결점을 없애기 위한 경영관리기법이다.

60 제품공정 분석표(product process chart) 작성 시 가공시간 기입법으로 가장 올바른 것은?

① $\dfrac{1\text{개당 가공시간}\times 1\text{로트의 수량}}{1\text{로트의 총 가공시간}}$

② $\dfrac{1\text{로트의 총 가공시간}}{1\text{로트의 총 가공시간}\times 1\text{로트의 수량}}$

③ $\dfrac{1\text{개당가공시간}\times 1\text{로트의 총가공시간}}{1\text{로트의 수량}}$

④ $\dfrac{1\text{로트의 총 가공시간}}{1\text{개당 가공시간}\times 1\text{로트의 수량}}$

해설 가공시간 기입법
$\dfrac{1\text{개당 가공시간}\times 1\text{로트의 수량}}{1\text{로트의 총 가공시간}}$ 또는
$\dfrac{1\text{로트당 가공시간}\times \text{로트의 수}}{\text{총 로트의 가공시간}}$

Answer 56. ② 57. ② 58. ④ 59. ② 60. ①

2008년도 기능장 제43회 필기시험 [3월 30일 시행]

과 년 도 문 제

01 **도시가스 사업자가 관계법에서 정하는 규모 이상의 가스 공급시설의 설치공사를 할 때 신청서에 첨부할 서류 항목이 아닌 것은?**

① 공사계획서
② 공사공정표
③ 시공관리자의 자격을 증명할 수 있는 사본
④ 공급조건에 관한 설명서

해설 첨부서류 : 도법 시행규칙 제62조의2
㉮ 공사계획서
㉯ 공사공정표
㉰ 변경사유서(공사계획을 변경한 경우에 한함)
㉱ 기술검토서
㉲ 건설업등록증 사본
㉳ 시공관리자의 자격을 증명할 수 있는 서류
㉴ 공사예정금액 명세서 등 당해 공사의 공사 예정금액을 증빙할 수 있는 서류

02 **옥탄(C_8H_{18})이 완전 연소하는 경우의 공기-연료비는 약 몇 [kg · 공기/kg · 연료]인가? (단. 공기의 평균분자량은 28.97로 한다.)**

① 15.1 ② 22.6
③ 59.5 ④ 70.5

해설 옥탄의 완전연소 반응식
$C_8H_{18} + 12.5O_2 \rightarrow 8CO_2 + 9H_2O$
114[kg] : 12.5×32[kg] = 1[kg] : $x(O_0)$[kg]

$$\therefore x = \frac{O_0}{0.232} = \frac{12.5 \times 32 \times 1}{114 \times 0.232} = 15.12[\text{kg} \cdot \text{공기/kg} \cdot \text{연료}]$$

※ 공기 중 산소의 질량비율은 23.2[%]이다.

03 **물의 전기분해로 수소를 얻고자 할 때에 대한 설명으로 옳은 것은?**

① 황산을 전해액으로 사용하면 수소는 (+)극, 산소는 (-)극에서 발생한다.
② 수산화나트륨을 전해액으로 사용하면 수소는 (-)극, 산소는 (+)극에서 발생한다.
③ 물에 염화나트륨 용액을 넣고 교류전류를 통하면 수소만 발생한다.
④ 전해조를 이용하여 수소와 산소의 혼합가스로 발생한 것을 분리시킨다.

해설 물의 전기분해 특징
㉮ 전해액은 20[%] 정도의 수산화나트륨(NaOH) 수용액을 사용한다.
㉯ 음극(-)에서 수소가, 양극(+)에서 산소가 2 : 1의 체적비율로 발생한다.
반응식 : $2H_2O \rightleftarrows 2H_2 + O_2$
㉰ 순도가 높으나 경제성이 적다.
㉱ 일반적으로 (-)극과 (+)극간을 격막(석면포)으로 막고 양극에서 발생하는 산소와 수소의 혼합을 막는다.

04 **1[kg]의 공기가 90[℃]에서 열량 300[kcal]를 얻어 등온팽창 시킬 때 엔트로피 변화량은 약 몇 [kcal/kg · K]인가?**

① 0.643 ② 0.723
③ 0.826 ④ 0.917

해설 $\Delta S = \frac{dQ}{T} = \frac{300}{273+90} = 0.826[\text{kcal/kg} \cdot \text{K}]$

05 **가스용품 제조사업의 기술기준으로 조정압력이 3.3[kPa] 이하인 조정기 안전장치의 작동표준압력은 몇 [kPa]로 되어 있는가?**

① 2.8 ② 3.5
③ 4.6 ④ 7.0

Answer 1. ④ 2. ① 3. ② 4. ③ 5. ④

해설 조정기 안전장치 작동 압력
㉮ 작동표준압력 : 7[kPa]
㉯ 작동개시압력 : 5.6~8.4[kPa]
㉰ 작동정지압력 : 5.04~8.4[kPa]

06 다음 관의 신축량에 대한 설명으로 옳은 것은?

① 신축량은 관의 열팽창계수, 길이, 온도차에 비례한다.
② 신축량은 관의 열팽창계수, 길이, 온도차에 반비례한다.
③ 신축량은 관의 열팽창계수에 비례하고 온도차, 길이에 반비례한다.
④ 신축량은 관의 길이, 온도차에는 비례하고 열팽창계수에 반비례한다.

해설 관의 신축량 계산식 $\Delta L = L \cdot \alpha \cdot \Delta t$ 에서
ΔL : 관의 신축길이[mm], L : 배관 길이[mm],
α : 선팽창(열팽창)계수, Δt : 온도차[℃]이다.
∴ 관의 신축량(ΔL)은 관의 길이(L), 관의 열팽창계수(α), 온도차(Δt)에 비례한다.

07 허가를 받지 않고 LPG 충전사업, LPG 집단공급사업, 가스용품 제조 사업을 영위한 자에 대한 벌칙으로 옳은 것은?

① 1년 이하의 징역, 1000만 원 이하의 벌금
② 2년 이하의 징역, 2000만 원 이하의 벌금
③ 1년 이하의 징역, 3000만 원 이하의 벌금
④ 2년 이하의 징역, 5000만 원 이하의 벌금

해설 허가를 받지 않고 LPG 충전사업, LPG 집단공급사업, 가스용품 제조사업을 영위한 자에 대한 벌칙(액법 제66조) : 2년 이하의 징역, 2000만원 이하의 벌금

08 다음 [보기]에서 독성이 강한 순서대로 나열된 것은?

[보기]	㉠ 염소	㉡ 이황화탄소
	㉢ 포스겐	㉣ 암모니아

① ㉠ 〉 ㉢ 〉 ㉣ 〉 ㉡
② ㉢ 〉 ㉠ 〉 ㉡ 〉 ㉣
③ ㉢ 〉 ㉠ 〉 ㉣ 〉 ㉡
④ ㉠ 〉 ㉢ 〉 ㉡ 〉 ㉣

해설 각 가스의 허용농도(TLV-TWA)
㉮ 염소(Cl_2) : 1[ppm]
㉯ 이황화탄소(CS_2) : 20[ppm]
㉰ 포스겐($COCl_2$) : 0.1[ppm]
㉱ 암모니아(NH_3) : 25[ppm]

09 액화탄산가스 100[kg]을 용적 50[L]의 용기에 충전시키기 위해서는 몇 개의 용기가 필요한가? (단, 가스충전계수는 1.47이다.)

① 1　② 3
③ 5　④ 7

해설 ㉮ 용기 1개 당 충전량[kg] 계산
$$\therefore G = \frac{V}{C} = \frac{50}{1.47} = 34.01[\text{kg}]$$
㉯ 용기수 계산
$$\therefore \text{용기 수} = \frac{\text{전체 가스량}}{\text{용기 1개당 충전량}} = \frac{100}{34.01} = 2.94 = 3[\text{개}]$$

10 $PV^n = C$ 에서 이상기체의 등온변화의 폴리트로픽 지수(n)는? (단, k는 비열비이다.)

① k　② ∞
③ 0　④ 1

Answer 6. ① 7. ② 8. ② 9. ② 10. ④

해설 폴리트로픽 과정의 폴리트로픽 지수(n)

㉮ $n=0$: 정압(등압) 과정
㉯ $n=1$: 정온(등온) 과정
㉰ $1<n<k$: 폴리트로픽 과정
㉱ $n=k$: 단열 과정(등엔트로피 과정)
㉲ $n=\infty$: 정적(등적) 과정

11 비중량이 1.22[kgf/m^3], 동점성계수가 0.15×10^{-4}[m^2/s]인 건조공기의 점성계수는 약 몇 poise인가?

① 1.83×10^{-4} ② 1.23×10^{-6}
③ 1.23×10^{-4} ④ 1.83×10^{-6}

해설 ㉮ 동점성계수를 이용한 공학단위, MKS단위 점성계수(μ) 계산

$\nu=\dfrac{\mu}{\rho}$에서

$\therefore \mu=\rho\times\nu=\dfrac{\gamma}{g}\times\nu$

$=\dfrac{1.22}{9.8}\times0.15\times10^{-4}$

$=1.8673\times10^{-6}$[kgf· s/m^3]

㉯ 절대단위 점성계수(μ) 계산 : 공학단위에서 절대단위로 환산할 때 중력가속도 9.8[m/s^2]을 곱하고 MKS단위에서 CGS단위로 변경될 때는 10배의 단위환산이 발생한다.

$\therefore \mu=1.8673\times10^{-6}\times9.8\times10$

$=1.8299\times10^{-4}$[g/cm · s]

$=1.8299\times10^{-4}$[poise]

12 관의 절단, 나사절삭, 거스러미(burr)제거 등의 일을 연속적으로 할 수 있으며, 관을 물린 척(chuck)을 저속회전 시키면서 나사를 가공하는 동력나사절삭기의 종류는?

① 다이헤드식 ② 호브식
③ 오스터식 ④ 피스톤식

해설 ㉮ 동력나사 절삭기의 종류 : 오스터형, 호브형, 다이헤드형

㉯ 다이헤드형 : 관의 절단, 거스러미 제거, 나사절삭 등 3가지 작업을 할 수 있다.

13 다음 중 에틸렌의 공업적 제법으로 가장 적당한 방법은?

① 나프타의 수첨 분해 반응
② 나프타의 고리화 반응
③ 나프타의 열분해 반응
④ 나프타의 이성화 반응

해설 에틸렌(C_2H_4) 제조법

㉮ 알루미나 촉매를 사용하여 에틸알코올을 350[℃]로 탈수하여 제조
㉯ 니켈 및 팔라듐 촉매를 사용하여 아세틸렌을 수소화시켜 제조
㉰ 탄화수소(나프타)를 열분해하여 제조 : 공업적 제조법 중에서 가장 적당한 방법이다.

14 다음 중 고압가스 제조설비의 사용개시 전 점검사항이 아닌 것은?

① 제조설비 등에 있는 내용물의 상황
② 비상전력 등의 준비사항
③ 개방하는 제조설비와 다른 제조설비 등과의 차단사항
④ 제조설비 등 당해 설비의 전반적인 누출 유무

해설 ③번 항목은 제조설비 등의 사용 종료 시 점검사항이다.

15 다음 중 가장 고압의 측정에 사용되는 압력계는?

① 벨로스식 ② 침종식
③ 다이어프램식 ④ 부르동관식

Answer 11. ① 12. ① 13. ③ 14. ③ 15. ④

해설 부르동관식 압력계의 측정범위는 0~3000[kgf/cm^2]이다.

16 **내용적 40[L]의 용기에 20[℃]에서 게이지 압력으로 139[기압]까지 충전된 수소가 공기 중에서 연소했다고 하면 약 몇 [kg]의 물이 생성되겠는가? (단, 이상기체로 간주하고, 표준상태에서 연소하는 것으로 한다.)**

① 2.1 ② 4.2
③ 116.5 ④ 233

해설 ㉮ 현재의 수소량[kg] 계산

$PV = \frac{W}{M}RT$ 에서

$\therefore W = \frac{PVM}{RT}$

$= \frac{(139+1)\times 40\times 2}{0.082\times(273+20)\times 1000}$

$= 0.466$[kg]

㉯ 수소의 완전연소 반응식에서 물(H_2O) 생성량 계산 : $H_2 + \frac{1}{2}O_2 \rightarrow H_2O$ 에서

2[kg] : 18[kg] = 0.466[kg] : x[kg]

$\therefore x = \frac{0.466\times 18}{2} = 4.194$[kg]

17 **다음 아세틸렌의 성질에 대한 설명 중 틀린 것은?**

① 아세틸렌을 수소첨가반응 시키면 벤젠이 얻어진다.
② 비점과 융점의 차가 적으므로 고체 아세틸렌은 승화한다.
③ 물에는 녹지 않으나 아세톤에는 잘 녹는다.
④ 공기 중에서 연소시키면 3500[℃] 이상의 고온을 얻을 수 있다.

해설 아세틸렌을 접촉적으로 수소화하면 에틸렌, 에탄이 된다.

18 **나사압축기의 특징에 대한 설명으로 옳은 것은?**

① 용량의 조정이 용이하다.
② 소음방지 장치가 필요 없다.
③ 저속회전이므로 소용량에 적합하다.
④ 토출압력의 변화에 의한 용량 변화가 적다.

해설 나사 압축기(screw compressor)의 특징
㉮ 용적형이며, 무급유식 또는 급유식이다.
㉯ 흡입, 압축, 토출의 3행정을 가지고 있다.
㉰ 연속적으로 압축되므로 맥동현상이 없다.
㉱ 용량조정이 어렵고, 효율은 떨어진다.
㉲ 토출압력은 30[kgf/cm^2]까지 가능하고, 토출 압력 변화에 의한 용량 변화가 적다.
㉳ 소음방지 장치가 필요하다.
㉴ 두 개의 암수 치형을 가진 로터의 맞물림에 의해 압축한다.

19 **도시가스 부취제에 대한 설명으로 옳은 것은?**

① TBM(tertiary butyl mercaptan)은 보통 충격의 석탄가스 냄새가 난다.
② DMS(dimethyl sulfide)는 공기 중에서 일부 산화되며, 내산화성이 약한 단점이 있다.
③ THT(tetra hydro thiophen)는 화학적으로 안정한 물질이므로 산화, 중합 등이 일어나지 않는다.
④ DMS(dimethyl sulfide)는 토양투과성이 낮아 흡착되기가 쉽다.

해설 부취제의 종류 및 특징
㉮ TBM(tertiary butyl mercaptan) : 양파 썩는

Answer 16. ② 17. ① 18. ④ 19. ③

냄새가 나며 내산화성이 우수하고 토양 투과성이 우수하며 토양에 흡착되기 어렵다.

㉯ THT(tetra hydro thiophen) : 석탄가스 냄새가 나며 산화, 중합이 일어나지 않는 안정된 화합물이다. 토양의 투과성이 보통이며, 토양에 흡착되기 쉽다.

㉰ DMS(dimethyl sulfide) : 마늘 냄새가 나며 안정된 화합물이다. 내산화성이 우수하며 토양의 투과성이 아주 우수하며 토양에 흡착되기 어렵다.

20 증기압축 냉동기에서 등엔탈피 과정인 곳은?

① 팽창밸브 ② 응축기
③ 증발기 ④ 압축기

해설 증기압축 냉동기 순환과정
㉮ 압축기 : 단열압축 과정
㉯ 응축기 : 정압응축 과정
㉰ 팽창밸브 : 단열팽창 과정(등엔탈피 과정)
㉱ 증발기 : 등온팽창 과정

21 강의 결정조직을 미세화하고 냉간가공, 단조 등에 의한 내부응력을 제거하며 결정조직, 기계적·물리적 성질 등을 표준화시키는 열처리는?

① 어닐링 ② 노멀라이징
③ 퀀칭 ④ 템퍼링

해설 열처리의 종류 및 목적
㉮ 담금질(quenching) : 강도, 경도 증가
㉯ 불림(normalizing) : 결정조직의 미세화
㉰ 풀림(annealing) : 내부응력 제거, 조직의 연화
㉱ 뜨임(tempering) : 연성, 인장강도 부여, 내부응력 제거

22 액화석유가스 충전사업의 용기충전 시설기준으로 옳지 않은 것은?

① 주거지역 또는 상업지역에 설치하는 저장능력 10[ton] 이상의 저장탱크에는 폭발방지장치를 설치할 것
② 방류 둑의 내측과 그 외면으로부터 10[m] 이내에는 그 저장탱크의 부속설비 외의 것을 설치하지 말 것
③ 충전장소 및 저장설비에는 불연성의 재료 또는 난연성의 재료를 사용한 무거운 지붕으로 하여 멀리 비산되는 것을 방지할 것
④ 저장설비실에 통풍이 잘 되지 않을 경우에는 강제통풍시설을 설치할 것

해설 ③번 항목 : 가벼운 재료를 사용한 지붕을 설치하여야 한다.

23 비철금속 중 구리관 및 구리합금관의 특징에 대한 설명 중 틀린 것은?

① 초산, 황산 등의 산화성 산에 의해 부식된다.
② 알칼리의 수용액과 유기화합물에 내식성이 강하다.
③ 산화제를 함유한 암모니아수에 의해 부식된다.
④ 연수에 대하여 내식성은 크나 담수에는 부식된다.

해설 담수(淡水)에 대한 내식성은 뛰어나나, 연수(軟水)에는 부식된다.

24 다음 중 용기부속품의 기호표시로 틀린 것은?

① AG : 아세틸렌가스를 충전하는 용기의 부속품
② PG : 압축가스를 충전하는 용기의 부속품
③ LT : 초저온용기 및 저온용기의 부속품
④ LG : 액화석유가스를 충전하는 용기의 부속품

Answer 20. ① 21. ② 22. ③ 23. ④ 24. ④

해설 용기 부속품 기호
㉮ AG : 아세틸렌가스 용기 부속품
㉯ PG : 압축가스 용기 부속품
㉰ LG : 액화석유가스 외의 액화가스 용기 부속품
㉱ LPG : 액화석유가스 용기 부속품
㉲ LT : 초저온 및 저온 용기 부속품

25 다음 중 암모니아의 공업적 제조법에 해당하는 것은?
① 오스트발트(Ostwald)법
② 하버-보시(Haber-Bosch)법
③ 피셔 트롭시(Fisher-Tropsh)법
④ 프리델 크라프트(Friedel-Kraft)법

해설 하버-보시법(Harber-Bosch process)
㉮ 반응식 : $3H_2 + N_2 \rightarrow 2NH_3 + 23$[kcal]
㉯ 반응온도 : 450~500[℃]
㉰ 반응압력 : 300[atm] 이상
㉱ 촉매 : 산화철(Fe_3O_4)에 Al_2O_3, K_2O를 첨가한 것이나 CaO 또는 MgO 등을 첨가한 것을 사용

26 압력 조정기의 제조 기술기준에 대한 설명 중 틀린 것은?
① 사용 상태에서 충격에 견디고 빗물이 들어가지 아니하는 구조일 것
② 입구측에 황동선망 또는 스테인리스강선망을 사용한 스트레이너를 내장 또는 조립할 수 있는 구조일 것
③ 용량 10[kg/h] 이상의 1단 감압식 저압조정기인 경우에 몸통과 덮개를 몽키렌치, 드라이버 등 일반공구로 분리할 수 없는 구조일 것
④ 자동절체식 조정기는 가스공급 방향을 알 수 있는 표시기를 구비할 것

해설 용량 10[kg/h] 미만의 1단 감압식 저압조정기 및 1단 감압식 준저압 조정기 경우에 몸통과 덮개를 몽키렌치, 드라이버 등 일반공구로 분리할 수 없는 구조일 것

27 길이 4[m], 지름 3.5[cm]의 연강봉에 4200[kgf]의 인장 하중이 갑자기 작용하였을 때 충격 하중에 의하여 늘어나는 인장 길이는 약 몇 [mm]인가?
(단, $E = 2.1 \times 10^6$ [kgf/cm^2]이다.)
① 0.83 ② 1.66
③ 3.32 ④ 6.65

해설 ㉮ 응력계산
$$\therefore \sigma = \frac{W}{A} = \frac{4200}{\frac{\pi}{4} \times 3.5^2} = 436.54\,[\text{kgf/cm}^2]$$
㉯ 정하중에 의하여 늘어나는 인장길이 계산
$\sigma = \dfrac{E \times \Delta L}{L}$ 에서
$$\therefore \Delta L = \frac{\sigma \times L}{E} = \frac{436.54 \times 4 \times 1000}{2.1 \times 10^6} = 0.831\,[\text{mm}]$$
㉰ 충격하중에 의하여 늘어나는 길이는 정하중의 2배이다.
$$\therefore \Delta L' = 2 \times \Delta L = 2 \times 0.831 = 1.662\,[\text{mm}]$$

28 다음 중 암모니아의 누출식별 방법이 아닌 것은?
① 석회수에 통과시키면 유안의 백색침전이 생긴다.
② HCl과 반응하여 백색의 연기를 낸다.
③ 리트머스시험지를 새는 곳에 대면 청색이 된다.
④ 네슬러시약을 시료에 떨뜨리면 암모니아량이 적을 때 황색, 많을 때 다갈색이 된다.

Answer 25. ② 26. ③ 27. ② 28. ①

해설 석회수에 암모니아를 통과시키면 탄산칼슘의 백색 침전 생기는 현상은 이산화탄소의 검사에 이용한다.

29 다음 [보기]에서 설명하는 신축이음 방법은?

> [보기]
> - 신축량이 크고 신축으로 인한 응력이 생기지 않는다.
> - 직선으로 이음하므로 설치공간이 비교적 적다.
> - 배관에 곡선부분이 있으면 비틀림이 생긴다.
> - 장기간 사용 시 패킹재의 마모가 생길 수 있다.

① 슬리브형 ② 벨로스형
③ 루프형 ④ 스위블형

해설 **슬리브형**(sleeve type) : 신축에 의한 자체 응력이 발생되지 않고 설치장소가 필요하며 단식과 복식이 있다. 슬리브와 본체와의 사이에는 패킹을 다져 넣고 그랜드로 밀착시켜 온수 또는 증기의 누설을 방지한다.

30 고압가스 용기제조의 기술기준에 있어서 용기의 재료로서 스테인리스강, 알루미늄합금, 탄소 인 및 황의 함유량을 옳게 나타낸 것은? (단, 이음매 없는 용기는 제외한다.)

① 스테인리스강 : 0.33[%] 이하, 알루미늄합금 : 0.04[%] 이하, 탄소, 인 및 황 : 0.05[%] 이하
② 스테인리스강 : 0.35[%] 이하, 알루미늄합금 : 0.4[%] 이하, 탄소, 인 및 황 : 0.02[%] 이하
③ 스테인리스강 : 0.55[%] 이상, 알루미늄합금 : 0.04[%] 이상, 탄소, 인 및 황 : 0.05[%] 이상
④ 스테인리스강 : 0.33[%] 이하, 알루미늄합금 : 0.04[%] 이하, 탄소, 인 및 황 : 5[%] 이하

해설 **용기재료의 제한** : 고압가스 용기 재료는 스테인리스강, 알루미늄합금 및 탄소, 인, 황의 함유량이 각각 0.33[%] 이하(이음매 없는 용기 0.55[%] 이하), 0.04[%] 이하, 0.05[%] 이하인 강 또는 이와 동등 이상의 기계적 성질 및 가공성 등을 갖는 것으로 할 것
※ 오류가 있는 문제이지만 수험자 이의제기에 대하여 산업인력공단 담당자는 이상이 없는 문제라 답변을 하였음

31 가연성 가스 검출기에 대한 설명으로 옳은 것은?

① 안전등형은 황색 불꽃의 길이로서 C_2H_2의 농도를 알 수 있다.
② 간섭계형은 주로 CH_4의 측정에 사용되나 가연성가스에도 사용이 가능하다.
③ 간섭계형은 가스 전도도의 차를 이용하여 농도를 측정하는 방법이다.
④ 열선형은 리액턴스회로의 정전전류에 의하여 가스의 농도를 측정하는 방법이다.

해설 가연성 가스 검출기
㉮ **안전등형** : 청색불꽃의 길이로 CH_4의 농도를 측정
㉯ **간섭계형** : 가스의 굴절률 차이를 이용하여 가연성가스 농도를 측정
㉰ **열선형** : 브리지회로의 편위 전류로 가스 농도를 측정하는 것으로 열전도식과 연소식이 있다.

Answer 29. ① 30. ① 31. ②

32 가연성가스의 발화도 범위가 135[℃] 초과 200[℃] 이하에 대한 방폭전기 기기의 온도등급은?

① T3　② T4
③ T5　④ T6

해설 방폭 전기 기기의 온도 등급

가연성 가스의 발화도 범위	온도 등급
450[℃] 초과	T1
300[℃] 초과 450[℃] 이하	T2
200[℃] 초과 300[℃] 이하	T3
135[℃] 초과 200[℃] 이하	T4
100[℃] 초과 135[℃] 이하	T5
85[℃] 초과 100[℃] 이하	T6

33 다음 시안화수소에 대한 설명 중 틀린 것은?

① 액체는 무색, 투명하며 복숭아 냄새가 난다.
② 액체는 끓는점이 낮아 휘발하기 쉽고, 물에 잘 용해되며 이 수용액은 약산성을 나타낸다.
③ 자체의 열로 인하여 오래된 시안화수소는 중합폭발의 위험성이 있기 때문에 충전한 후 60일이 경과되기 전에 다른 용기에 옮겨 충전하여야 한다.
④ 염화제일구리, 염화암모늄의 염산 산성용액 중에서 아세틸렌과 반응하여 메틸아민이 된다.

해설 염화제일구리, 염화암모늄의 염산 산성용액 중에서 아세틸렌과 반응하여 아크릴로니트릴이 된다.
$C_2H_2 + HCN \rightarrow CH = CHCN$(아크릴로니트릴)

34 지하철 주변에 도시가스 배관을 매설하려고 한다. 이 때 다음 중 어느 것이 가장 문제가 되는가?

① 대기 부식　② 미주전류 부식
③ 고온 부식　④ 응력부식 균열

35 10[kW]는 약 몇 [HP]인가?

① 5.13　② 13.4
③ 22.5　④ 31.6

해설 1[kW] = 102[kgf · m/s]이고,
1[HP] = 76[kgf · m/s]이므로
1[kW] = 1.34[HP]가 된다.
∴10[kW] = 1.34 × 10 = 13.4[HP]

36 다음 [보기] 중 공기 중에서 폭발 하한계 값이 작은 것에서 큰 순서로 옳게 나열된 것은?

[보기] ㉠ 아세틸렌　㉡ 수소
㉢ 프로판　㉣ 일산화탄소

① ㉠-㉡-㉢-㉣　② ㉠-㉡-㉣-㉢
③ ㉡-㉠-㉢-㉣　④ ㉢-㉠-㉡-㉣

해설 각 가스의 폭발범위
㉮ 아세틸렌(C_2H_2) : 2.5~81[%]
㉯ 수소(H_2) : 4~75[%]
㉰ 프로판(C_3H_8) : 2.2~9.5[%]
㉱ 일산화탄소(CO) : 12.5~74[%]

37 가스액화 분리장치의 구성기기 중 왕복동식 팽창기에 대한 설명으로 틀린 것은?

① 팽창기의 흡입압력 범위가 좁다.
② 팽창비는 크지만 효율은 낮다.
③ 가스처리량이 크게 되면 다기통이 된다.
④ 기통 내의 윤활에 오일이 사용된다.

Answer 32. ② 33. ④ 34. ② 35. ② 36. ④ 37. ①

해설 왕복동식 팽창기의 특징

㉮ 고압식 액화산소 분리장치, 수소액화장치, 헬륨액화장치 등에 사용한다.
㉯ 흡입압력은 저압에서 고압(20[MPa])까지 범위가 넓다.
㉰ 팽창비가 약 40 정도로 크나, 효율은 60~65[%]로 낮다.
㉱ 처리 가스량이 1000[m^3/h] 이상의 대량이면 다기통이 되어야 한다.

38 아세틸렌을 용기에 충전할 때 충전 중의 압력은 얼마 이하로 하여야 하는가?

① 1.5[MPa] ② 2.5[MPa]
③ 3.5[MPa] ④ 4.5[MPa]

해설 아세틸렌 충전용기 압력

㉮ 충전 중 압력 : 온도에 관계없이 2.5[MPa] 이하
㉯ 충전 후 압력 : 15[℃]에서 1.5[MPa] 이하

39 다음 중 특정고압가스로만 짝지어진 것은?

① 수소, 산소, 아세틸렌
② 액화염소, 액화암모니아, 액화프로판
③ 수소, 산소, 시안화수소
④ 수소, 에틸렌, 포스겐

해설 특정고압가스의 종류

㉮ 고법 제20조 규정에 의한 것 : 수소, 산소, 액화암모니아, 아세틸렌, 액화염소, 천연가스, 압축모노실란, 압축디보란, 액화알진 그 밖에 대통령령이 정하는 고압가스
㉯ 고법 시행령 제16조에 의한 것 : 포스핀, 셀렌화수소, 게르만, 디실란, 오불화비소, 오불화인, 삼불화인, 삼불화질소, 삼불화붕소, 사불화유황, 사불화규소
㉰ 특수고압가스(시행규칙에 의한 것) : 압축모노실란, 압축디보란, 액화알진, 포스핀, 셀렌화수소, 게르만, 디실란 그 밖에 반도체의 세정 등 산업통상자원부장관이 인정하는 특수한 용도에 사용되는 고압가스

40 TNT 1000[kg]이 폭발했을 때 그 폭발 중심에서 100[m] 떨어진 위치에서 나타나는 폭풍효과(피크압력)는 같은 TNT 125[kg]이 폭발했을 때 폭발중심에서 몇 [m] 떨어진 위치에서 동일하게 나타나는가?
(단, 폭풍효과에 관한 3승근 법칙이 적용되는 것으로 한다.)

① 30 ② 50
③ 70 ④ 80

해설 ㉮ TNT 1000[kg]이 폭발했을 때 100[m] 떨어진 위치의 폭풍효과(피크압력) 계산

$$\therefore Z_e = \frac{R}{(m_{TNT})^{\frac{1}{3}}} = \frac{100}{1000^{\frac{1}{3}}} = 10[\text{m}]$$

㉯ TNT 125[kg]이 폭발했을 때 동일한 효과가 나타나는 거리[m] 계산

$$\therefore R = Z_e \times (m_{TNT})^{\frac{1}{3}} = 10 \times (125)^{\frac{1}{3}} = 50[\text{m}]$$

여기서, Z_e : 환산거리[m],
R : 폭발기점으로부터 거리[m],
m_{TNT} : TNT 질량[kg]

41 도시가스의 유해성분 측정 시 도시가스 1[m^3] 당 황화수소는 얼마를 초과해서는 안 되는가?

① 0.02[g] ② 0.2[g]
③ 0.5[g] ④ 1.0[g]

해설 도시가스 유해성분 측정 : 0[℃], 101325[Pa]의 압력에서 건조한 도시가스 1[m^3] 당

㉮ 황전량 : 0.5[g] 초과 금지
㉯ 황화수소 : 0.02[g] 초과 금지
㉰ 암모니아 : 0.2[g] 초과 금지

Answer 38. ② 39. ① 40. ② 41. ①

42 가스가 65[kcal]의 열량을 흡수하여 10000[kgf · m]의 일을 했다. 이때 가스의 내부에너지 증가는 약 몇 [kcal]인가?

① 32.4 ② 38.7
③ 41.6 ④ 57.2

해설 $h = U + APv$ 에서 Pv는 일량에 해당된다.

$\therefore U = h - APv$

$= 65 - \frac{1}{427} \times 10000$

$= 41.58$[kcal]

43 다음 중 압력에 대한 Pa(Pascal)의 단위로서 옳은 것은?

① N/m^2 ② N^2/m
③ $Nbar/m^3$ ④ N/m

해설 압력의 SI단위 : Pascal[Pa] = N/m^2

44 다음 LP가스의 특성에 대한 설명 중 틀린 것은?

① 상온에서 기체로 존재하지만 가압시키면 쉽게 액화가 가능하다.
② 연소 시 다량의 공기가 필요하다.
③ 액체 상태의 LP가스는 물보다 무겁다.
④ 연소 속도가 늦고 발화 온도는 높다.

해설 액체 상태는 물보다 가볍고, 기체 상태는 공기보다 무겁다.

45 다음 중 초저온 액화가스 취급 시 생기기 쉬운 사고발생의 원인으로 가장 거리가 먼 것은?

① 가스에 의한 질식사고
② 화학적 변화에 따른 사고
③ 저온 때문에 생기는 물리적 변화에 의한 사고
④ 가스의 증발에 따른 압력의 이상 상승에 의한 사고

46 다음 정압기의 유량특성에 대한 설명 중 틀린 것은?

① 유량특성이라 함은 메인밸브의 열림과 유량과의 관계를 말한다.
② 직선형으로 메인밸브 개구부의 모양이 장방형의 슬릿(slit)으로 되어 있을 경우에 생긴다.
③ 2차형은 개구부의 모양이 접시형의 메인밸브로 되어 있을 경우에 생긴다.
④ 평방근형은 신속하게 열(開) 필요가 있을 경우에 사용하며, 따라서 다른 것에 비하여 안전성이 좋지 않다.

해설 2차형은 메인밸브 개구부의 모양이 삼각형(V자형) 형태로 되어 있는 경우에 생기며 천천히 유량을 증가시키는 것으로 안정성이 비교적 좋다.

47 도시가스 사업법에서 정의하는 보호시설 중 제2종 보호시설은?

① 문화재보호법에 의하여 지정문화재로 지정된 건축물
② 사람을 수용하는 건축물로서 사실상 독립된 부분의 연면적이 100[m^2] 이상 1000[m^2] 미만인 것
③ 아동, 노인, 모자, 장애인 기타 사회복지사업을 위한 시설로서 수용능력이 20인 이상인 건축물
④ 극장, 교회 및 교회당 그 밖에 유사한 시설로서 수용능력이 300인 이상인 건축물

Answer 42. ③ 43. ① 44. ③ 45. ② 46. ③ 47. ②

해설 보호시설 〈2008. 7.16 개정〉

(1) 제1종 보호시설

㉮ 학교, 유치원, 어린이집, 놀이방, 어린이 놀이터, 학원, 병원(의원 포함), 도서관, 청소년 수련시설, 경로당, 시장, 공중목욕탕, 호텔, 여관, 극장, 교회 및 공회당(公會堂)

㉯ 사람을 수용하는 연면적 1000[m^2] 이상인 건축물

㉰ 수용능력 300인 이상인 건축물 : 예식장, 장례식장 및 전시장, 그 밖에 이와 유사한 시설

㉱ 수용능력이 20인 이상인 건축물 : 아동복지시설, 장애인복지시설

㉲ 문화재 보호법에 따라 지정문화재로 지정된 건축물

(2) 2종 보호시설

㉮ 주택

㉯ 사람을 수용하는 연면적 100[m^2] 이상 1000[m^2] 미만인 건축물

48 다음 독성가스와 제독제가 옳지 않게 짝지어진 것은?

① 염소 – 가성소다 및 탄산소다 수용액
② 암모니아 – 염산 및 질산 수용액
③ 시안화수소 – 가성소다 수용액
④ 아황산가스 – 가성소다 수용액

해설 독성가스 제독제

가스종류	제독제의 종류
염소	가성소다 수용액, 탄산소다 수용액, 소석회
포스겐	가성소다 수용액, 소석회
황화수소	가성소다 수용액, 탄산소다 수용액
시안화수소	가성소다 수용액
아황산가스	가성소다 수용액, 탄산소다 수용액, 물
암모니아, 산화에틸렌, 염화메탄	물

49 고압가스 일반제조 시설의 저장탱크에 설치하는 긴급차단장치의 설치기준으로 올바른 것은?

① 특수반응설비 또는 고압가스설비마다 설치 할 경우 상용압력에 1.1배 이상의 압력에 견디어야 한다.
② 액상의 가연성가스 독성가스를 이입하기 위해 설치된 배관에는 역류방지밸브로 대신 할 수 있다.
③ 긴급차단장치에 속하는 밸브 외 1개의 밸브를 배관에 설치하고 항상 개방시켜 둔다.
④ 가연성가스 저장탱크의 외면으로부터 10[m] 이상 떨어진 위치에 설치해야 한다.

해설 각 항목에서 잘못된 부분

① 규정 없음
③ 긴급차단장치에 딸린 밸브 외에 2개 이상의 밸브를 설치하고 저장탱크에 가까운 부근에 설치한 밸브는 가스를 송출, 이입하는 때 외는 잠그어 둘 것
④ 가연성가스, 독성가스 저장탱크 외면으로부터 5[m] 이상 떨어진 위치에 설치

50 이상기체의 상태변화에서 내부에너지 변화가 없는 것은?

① 등압변화　② 등적변화
③ 등온변화　④ 단열변화

해설 내부에너지는 온도만의 함수이므로 온도변화가 없는 등온변화에서는 내부에너지 변화가 없다.

51 다음 중 공기를 분리하여 얻을 수 없는 가스는?

① 산소　② 질소
③ 암모니아　④ 아르곤

Answer 48. ② 49. ② 50. ③ 51. ③

해설 공기를 액화하면 공기의 성분인 산소, 질소, 아르곤이 회수된다.

52 용기의 검사기준에서 내압시험압력이 2.5[MPa]인 용기에 압축가스를 충전할 때 그 최고충전압력은? (단, 아세틸렌가스 외의 압축가스이다.)

① 1.5[MPa] ② 2.0[MPa]
③ 3.13[MPa] ④ 4.17[MPa]

해설 압축가스 충전용기 시험압력
㉮ 최고충전 압력(FP) : 35[℃]에서 충전할 수 있는 최고압력
㉯ 기밀시험 압력(AP) : 최고충전 압력(FP)
㉰ 내압시험 압력(TP) : $FP \times \frac{5}{3}$
$\therefore FP = TP \times \frac{3}{5} = 2.5 \times \frac{3}{5} = 1.5[MPa]$

53 3×10^4[N·mm]의 비틀림 모멘트와 2×10^4[N·mm]의 굽힘 모멘트를 동시에 받는 축의 상당 굽힘모멘트는 약 몇 [N·mm]인가?

① 25000 ② 28028
③ 50000 ④ 56056

해설 $M_e = \frac{1}{2}(M + \sqrt{M^2 + T^2})$
$= \frac{1}{2} \times \left(2 \times 10^4 + \sqrt{(2 \times 10^4)^2 + (3 \times 10^4)^2}\right)$
$= 28027.75[N \cdot mm]$

54 다음 중 가장 낮은 온도에서 사용이 가능한 보냉재는?

① 폴리우레탄 ② 탄산마그네슘
③ 펠트 ④ 폴리스틸렌

해설 안전사용 온도
㉮ 폴리우레탄 : 초저온~80[℃]
㉯ 탄산마그네슘 : 250[℃] 이하
㉰ 펠트 : 100[℃] 이하
㉱ 폴리스틸렌 : 85[℃] 이하

55 로트로부터 시료를 샘플링해서 조사하고, 그 결과를 로트의 판정기준과 대조하여 그 로트의 합격, 불합격을 판정하는 검사를 무엇이라 하는가?

① 샘플링 검사 ② 전수검사
③ 공정검사 ④ 품질검사

해설 샘플링(sampling) 검사 : 로트로부터 시료를 채취하여 검사한 후 그 결과를 판정기준과 비교하여로트의 합격, 불합격을 판정하는 검사법이다.

56 일반적으로 품질코스트 가운데 가장 큰 비율을 차지하는 코스트는?

① 평가코스트 ② 실패코스트
③ 예방코스트 ④ 검사코스트

해설 QC활동의 초기단계에는 평가 코스트나 예방 코스트에 비교하여 실패 코스트가 큰 비율을 차지하게 된다.

57 일정통제를 할 때 1일당 그 작업을 단축하는데 소요되는 비용의 증가를 의미하는 것은?

① 비용구배(cost slope)
② 정상 소요시간(normal duration)
③ 비용견적(cost estimation)
④ 총비용(total cost)

해설 비용구배(cost slope) : 작업일정을 단축시키는데 소요되는 단위시간당 소요비용이다.
$\therefore \text{비용구배} = \frac{\text{특급비용} - \text{정상비용}}{\text{정상시간} - \text{특급시간}}$

Answer 52. ① 53. ② 54. ① 55. ① 56. ② 57. ①

58 다음 중 데이터를 그 내용이나 원인 등 분류 항목별로 나누어 크기의 순서대로 나열하여 나타낸 그림을 무엇이라 하는가?

① 히스토그램(histogram)
② 파레토도(pareto diagram)
③ 특성요인도(causes and effects diagram)
④ 체크시트(check sheet)

해설 데이터의 정리 방법

㉮ **히스토그램** : 계량치가 어떤 분포를 나타내는지 알아보기 위하여 도수 분포표를 만든 후 기둥그래프형태로 그린 그림
㉯ **특성요인도** : 문제가 되는 결과와 이에 대응하는 원인과의 관계를 알 수 있도록 생선뼈 형태로 그린 그림
㉰ **파레토그램(pareto diagram)** : 불량 등의 발생건수를 항목별로 분류하고 그 크기 순서대로 나열해 놓은 그림
㉱ **체크시트(check sheet)** : 계수치의 데이터가 분류 항목 중에서 어느 곳에 집중되어 있는지 쉽게 알아볼 수 있게 나타낸 그림
㉲ **각종 그래프** : 계통도표, 예정도표, 기로도표 등
㉳ **산점도(scatter diagram)** : 그래프 용지위에 점으로 나타낸 그림
㉴ **층별(stratification)** : 특징에 따라 몇 개의 부분집단으로 나눈 것

59 c 관리도에서 $k=20$인 군의 총 부적합수 합계는 58이었다. 이 관리도의 UCL, LCL을 계산하면 약 얼마인가?

① $UCL=2.90$, $LCL=$ 고려하지 않음
② $UCL=5.90$, $LCL=$ 고려하지 않음
③ $UCL=6.92$, $LCL=$ 고려하지 않음
④ $UCL=8.01$, $LCL=$ 고려하지 않음

해설 c 관리도의 관리한계선 계산

㉮ 관리 상한선 계산

$$\therefore UCL=\bar{c}+3\sqrt{\bar{c}} = 2.9+3\times\sqrt{2.9}=8.0088$$

㉯ 관리 하한선 계산

$$\therefore LCL=\bar{c}-3\sqrt{\bar{c}} = 2.9-3\times\sqrt{2.9}=-2.2$$

※ 음(−)의 값을 갖는 LCL은 고려하지 않음

㉰ $\bar{c}$ 계산

$$\therefore \bar{c}=\frac{\Sigma}{k}=\frac{58}{20}=2.9$$

60 모든 작업을 기본동작으로 분해하고 각 기본동작에 대하여 성질과 조건에 따라 정해 놓은 시간치를 적용하여 정미시간을 산정하는 방법은?

① PTS법
② WS법
③ 스톱 워치법
④ 실적기록법

해설 PTS법 : 기정시간표준 (predetermined time standard system)법

Answer 58. ② 59. ④ 60. ①

2008년도 기능장 제44회 필기시험 [7월 13일 시행]

과 년 도 문 제

01 다음 이상기체에 대한 설명 중 틀린 것은?

① 완전탄성체로 간주한다.
② 반데르발스 힘에 의하여 분자가 운동한다.
③ 분자 사이에는 아무런 인력도, 반발력도 작용하지 않는다.
④ 분자 자체가 차지하는 부피는 전체 계에 대하여 무시한다.

해설 반데르발스는 실제기체 상태 방정식을 정립하였다.

02 표준상태(0[℃], 101.325[kPa])에서 기체상수 R을 옳게 나타낸 것은?

① 0.082[erg/mol · K]
② 1.987[J/mol · K]
③ 8.314×10^7[cal/mol · K]
④ 8.314[J/mol · K]

해설 기체상수

R = 0.082[L · atm/mol · K]
= 8.2×10^{-2}[L · atm/mol · K]
= 1.987[cal/mol · K]
= 8.314×10^7[erg/mol · K] = 8.314[J/mol · K]

03 SI단위에서 압력의 단위는 Pa(pascal)을 사용한다. 공학단위 1[kgf/cm^2]은 약 몇 [MPa]인가?

① 0.01013 ② 0.01033
③ 0.07601 ④ 0.09806

해설 1[atm] = 1.0332[kgf/cm^2] = 101325[N/m^2]
= 101325[Pa] = 0.101325[MPa]이다.

$$\therefore \text{MPa} = \frac{1[\text{kgf/cm}^2]}{1.0332[\text{kgf/cm}^2]}\times 0.101325$$
$$= 0.09806[\text{MPa}]$$

04 3[kg]의 산소가 일정 압력하에서 체적이 0.5[m^3]에서 2.0[m^3]으로 변하였을 때 엔트로피의 증가는 약 몇 [kcal/K]인가? (단, 산소의 정압비열 C_p는 0.22[kcal/kg · K]이고, 이상기체로 가정한다.)

① 0.31 ② 0.55
③ 0.70 ④ 0.91

해설 $\Delta S = G\cdot C_p\cdot \ln\frac{V_2}{V_1}$

$$= 3\times0.22\times\ln\frac{2.0}{0.5} = 0.914[\text{kcal/K}]$$

05 저온장치에 사용되는 냉매의 구비조건으로 틀린 것은?

① 증발잠열이 클 것
② 임계온도가 낮을 것
③ 액체의 비열이 작을 것
④ 가스의 비체적이 작을 것

해설 냉매의 구비조건

㉮ 증발잠열이 클 것
㉯ 증기의 비열은 크고, 액체의 비열은 작을 것
㉰ 임계온도가 높을 것
㉱ 증발압력이 너무 낮지 않을 것
㉲ 응고점이 낮을 것
㉳ 비점이 낮을 것
㉴ 비열비가 작을 것

06 용접 시 가접을 하는 이유로 가장 적당한 것은?

① 응력 집중을 크게 하기 위하여
② 용접부의 강도를 크게 하기 위하여
③ 용접자세를 일정하게 하기 위하여
④ 용접 중의 변형을 방지하기 위하여

Answer 1. ② 2. ④ 3. ④ 4. ④ 5. ② 6. ④

해설 용접이음을 할 때 가접을 하는 것은 용접을 하는 중의 변형을 방지하기 위함이다.

07 **프로판가스 10[kg]을 완전 연소시키는데 필요한 공기량은 약 몇 [Nm^3]인가? (단, 공기 중 산소와 질소의 체적비는 21:79 이다.)**

① 76 ② 95
③ 110 ④ 122

해설 프로판(C_3H_8)의 완전연소 반응식

$C_3H_8 + 5O_2 \rightarrow 3CO_2 + 4H_2O$

44[kg] : 5×22.4[Nm^3] = 10[kg] : O_0[Nm^3]

$\therefore A_0 = \frac{O_0}{0.21} = \frac{10 \times 5 \times 22.4}{44 \times 0.21} = 121.21[Nm^3]$

08 **일산화탄소와 공기의 혼합가스는 압력이 높아지면 폭발 범위는 어떻게 되는가?**

① 넓어진다.
② 좁아진다.
③ 변화 없다.
④ 0.5[MPa]까지는 좁아지다가, 0.5[MPa] 이상에서는 넓어진다.

해설 대부분 가연성가스는 압력이 높아지면 폭발 범위가 넓어지나 수소와 일산화탄소는 압력이 높아지면 폭발범위는 좁아진다. 단, 수소는 압력이 10기압(1[MPa]) 이상이 되면 다시 넓어진다.

09 **산소 1.5[mol], 질소 2[mol], 수소 1[mol], 일산화탄소 0.5[mol]을 섞은 혼합기체의 전압이 4기압일 때, 분압이 0.4기압이 되는 기체는 어느 것인가?**

① 산소 ② 질소
③ 수소 ④ 일산화탄소

해설 $\text{분압} = \text{전압} \times \frac{\text{성분 기체의 몰수}}{\text{전 몰수}}$ 에서

$\therefore \text{성분기체의 몰수} = \frac{\text{분압} \times \text{전몰수}}{\text{전압}}$

$= \frac{0.4 \times (1.5 + 2 + 1 + 0.5)}{4} = 0.5[mol]$

∴ 성분기체의 몰수가 0.5[mol]의 기체는 CO(일산화탄소)이다.

10 **LPG 1[L]는 기체 상태로 변하면 250[L]가 된다. 20[kg]의 LPG가 기체 상태로 변하면 약 몇 [m^3]이 되는가? (단, 표준상태이며, 액체의 비중은 0.5이다.)**

① 1 ② 5
③ 7.5 ④ 10

해설 ㉮ LPG 20[kg]을 체적으로 환산

$\therefore \text{액화가스 체적} = \frac{\text{무게}}{\text{액비중}} = \frac{20}{0.5} = 40[L]$

㉯ 기체의 체적 계산 : 액 1[L]가 기체 250[L]로 변하고, 1[m^3]는 1000[L]에 해당된다.

$\therefore \text{기체 체적} = 40 \times 250 \times 10^{-3} = 10[m^3]$

11 **다음 중 가스분석 시 이산화탄소(CO_2)의 흡수제로 사용되는 것은?**

① 수산화칼륨 수용액
② 요오드화수은 칼륨 용액
③ 알칼리성 피로갈롤 용액
④ 암모니아성 염화 제1구리 용액

해설 게겔(Gockel)법의 분석순서 및 흡수제

㉮ 이산화탄소(CO_2) : 33[%] 수산화칼륨(KOH) 수용액
㉯ 아세틸렌 : 요오드수은 칼륨 용액(옥소수은칼륨 용액)
㉰ 프로필렌, $n - C_4H_8$: 87[%] H_2SO_4
㉱ 에틸렌 : 취화수소 수용액
㉲ 산소 : 알칼리성 피로갈롤용액
㉳ 일산화탄소 : 암모니아성 염화 제1구리 용액

Answer 7. ④ 8. ② 9. ④ 10. ④ 11. ①

12 공기 중에 누출되었을 때 낮은 곳에 체류하는 가스로만 짝지어진 것은?

① 프로판, 염소, 포스겐
② 프로판, 수소, 아세틸렌
③ 아세틸렌, 염소, 암모니아
④ 아세틸렌, 포스겐, 암모니아

해설 각 가스의 분자량

명칭	분자량
프로판(C_3H_8)	44
염소(Cl_2)	71
포스겐($COCl_2$)	99
수소(H_2)	2
암모니아(NH_3)	17

※ 기체의 비중이 1보다 큰 가스가 공기보다 무거워 바닥에 체류하므로 공기의 평균분자량 29보다 큰 가스가 해당된다.

$\therefore$ 기체의 비중 $= \dfrac{\text{분자량}}{29}$

13 다음 중 아세틸렌과 접촉 반응하여 폭발성 물질을 생성하지 않는 금속은?

① 금　　② 은
③ 구리　　④ 수은

해설 아세틸렌은 은(Ag), 구리(Cu), 수은(Hg)과 반응하여 폭발성의 아세틸드를 생성한다.

14 산소의 공업적 제조법에 해당하는 것은?

① 공기를 액화 분리하여 얻는다.
② 석유의 부분 산화법으로 얻는다.
③ 과산화수소와 이산화망간을 반응시켜 얻는다.
④ 염소산칼륨과 이산화망간을 혼합하여 열분해 시켜 얻는다.

해설 ㉮ ③, ④ 항 : 산소의 실험적 제조법
㉯ ② 항 : 수소의 공업적 제조법

15 염소의 용도에 해당하지 않는 것은?

① 수돗물의 살균　　② 염화비닐의 원료
③ 섬유의 표백　　④ 수소의 제조원료

해설 염소(Cl_2)의 용도
㉮ 염화수소(HCl), 염화비닐(C_2H_3Cl), 포스겐($COCl_2$)의 제조에 사용한다.
㉯ 종이, 펄프공업, 알루미늄 공업 등에 사용한다.
㉰ 수돗물의 살균에 사용한다.
㉱ 섬유의 표백에 사용한다.
㉲ 소독용으로 쓰인다.

16 다음의 반응에서 만약 A와 B의 농도를 모두 2배로 해주면 반응속도는 이론적으로 몇 배나 되겠는가?

$$A + 3B \rightarrow 3C + 5D$$

① 2배　　② 4배
③ 8배　　④ 16배

해설 $V = K[A] \times [B] = [2] \times [2]^3 = 16$배

17 질화표면 경화법은 강에 대하여 내마모성, 열적 안정성 등을 주기 위한 방법이다. 이때 사용되는 질화제는?

① 산소　　② 수소
③ 아세틸렌　　④ 암모니아

해설 **질화법** : 500[℃] 정도에서 암모니아 가스로부터 분해된 발생기 질소는 강중에 함유된 다른 원소와 강하게 반응하여 질화물을 만들면서 강으로 침투되는 것을 이용한 표면경화법이다.

Answer 12. ① 13. ① 14. ① 15. ④ 16. ④ 17. ④

18 지름 30[mm]의 강 봉에 40[kN]의 하중이 안전하게 작용하고 있을 때 이 강 봉의 인장강도가 350[MPa]이면 안전율은 약 얼마인가?

① 2.7 ② 4.2 ③ 6.2 ④ 8.1

해설 ㉮ 허용응력 계산

$$\therefore \text{허용응력} = \frac{\text{안전하중}[N]}{\text{단면적}[m^2]} = \frac{40 \times 1000}{\frac{\pi}{4} \times 0.03^2} \times 10^{-6} = 56.588 ≒ 56.59[\text{MPa}]$$

※ $1[N/m^2] = 1[Pa] = 10^{-6}[MPa]$

㉯ 안전율 계산

$$\therefore \text{안전율} = \frac{\text{인장강도}}{\text{허용응력}} = \frac{350}{56.59} = 6.184$$

19 가스 배관 장치에서 주로 사용되고 있는 부르동관 압력계 사용 시의 주의사항에 대한 설명 중 틀린 것은?

① 안전장치가 되어 있는 것을 사용할 것
② 압력계의 가스 유입이나 폐지 시에는 조용히 조작할 것
③ 정기적으로 검사를 하여 지시의 정확성을 미리 확인하여 둘 것
④ 압력계는 온도나 진동, 충격 등의 변화에 관계없이 선택할 것

해설 압력계를 포함한 계측기기는 진동, 충격 및 온도변화가 많은 곳을 피하여야 한다.

20 배관의 이음방법 중 플랜지를 접합하는 방법이 아닌 것은?

① 나사식 ② 노허브식
③ 블라인드식 ④ 소켓 용접식

해설 플랜지 접합의 종류
㉮ 플랜지 면의 형상에 의한 분류 : 전면 시트, 대평면 시트, 소평면 시트, 삽입형 시트, 홈형 시트
㉯ 관과 이음 방법에 의한 분류 : 맞대기 용접 플랜지(슬립온형, 웰드넥 형, 소켓 용접식), 나사식 플랜지, 반스톤식 플랜지
㉰ 형상에 의한 분류 : 원형, 타원형, 사각형
※ 블라인드식(blind type) : 막힘플랜지

21 배관용 합금 강관의 KS 규격 표시 기호는?

① SPA ② STPA
③ SPP ④ SPPS

해설 배관용 강관의 KS 기호

KS 기호	배관명칭
SPP	배관용 탄소강관
SPPS	압력배관용 탄소강관
SPPH	고압배관용 탄소강관
SPHT	고온배관용 탄소강관
SPLT	저온배관용 탄소강관
SPW	배관용 아크용접 탄소강관
SPA	배관용 합금강관
STS×T	배관용 스테인리스강관
SPPG	연료가스 배관용 탄소강관

22 다음 [보기]의 특징을 가진 신축이음재의 종류는?

> [보기]
> - 배관이 직선부분일 경우에 유효하다.
> - 직선으로 이음 하므로 설치공간이 비교적 적다.
> - 신축량이 크고 신축으로 인한 응력이 생기지 않는다.
> - 장기간 사용 시 패킹재의 마모가 생길 수 있다.

① 슬리브형 ② 벨로스형
③ 루프형 ④ 스위블형

Answer 18. ③ 19. ④ 20. ② 21. ① 22. ①

해설 슬리브형(sleeve type) : 신축에 의한 자체 응력이 발생되지 않고 설치장소가 필요하며 단식과 복식이 있다. 슬리브와 본체와의 사이에는 패킹을 다져 넣고 그랜드로 밀착시켜 온수 또는 증기의 누설을 방지한다.

23 다음 터보형 압축기의 특징에 대한 설명 중 틀린 것은?

① 압축비가 크고, 용량조정 범위가 넓다.
② 비교적 소형이며, 대용량에 적합하다.
③ 연속토출이 되므로 맥동현상이 적다.
④ 전동기의 회전축에 직결하여 구동할 수 있다.

해설 압축비가 작고, 용량조정범위가 좁고(70~100[%]) 어렵다.

24 흡수식 냉동기에서 암모니아 냉매의 흡수제는 무엇인가?

① 파라핀유 ② 물
③ 취화리듐 ④ 사염화에탄

해설 흡수식 냉동기의 냉매 및 흡수제

냉매	흡수제
암모니아(NH_3)	물(H_2O)
물(H_2O)	리듐브로마이드(LiBr)
염화메틸(CH_3Cl)	사염화에탄
톨루엔	파라핀유

※ 리듐브로마이드(LiBr)를 취화리듐이라 한다.

25 암모니아용 냉동기에서 팽창밸브 직전 액냉매의 엔탈피가 110[kcal/kg], 흡입증기 냉매의 엔탈피가 360[kcal/kg]일 때 10[RT]의 냉동능력을 얻기 위한 냉매 순환량은 약 몇 [kg/h]인가?
(단, 1[RT]는 3320 [kcal/h]이다.)

① 132.8 ② 218.3
③ 263.6 ④ 312.8

해설 $G = \frac{Q_e}{q_e} = \frac{10 \times 3320}{360 - 110} = 132.8$[kg/h]

26 다음 중 차량에 고정된 용기의 운반기준에 있어 고압가스 운반 시 운반책임자를 반드시 동승시켜야 하는 경우는?

① 압축가스 중 용적이 400[m^3]인 산소
② 압축가스 중 용적이 50[m^3]인 독성가스
③ 액화가스 중 질량이 2000[kg]인 프로판가스
④ 액화가스 중 질량이 2000[kg]인 독성가스

해설 운반책임자 동승기준 : 차량에 고정된 탱크

가스의 종류		기준
압축가스	독성	100[m^3] 이상
	가연성	300[m^3] 이상
	조연성	600[m^3] 이상
액화가스	독성	1000[kg] 이상
	가연성	3000[kg] 이상
	조연성	6000[kg] 이상

※ 운행거리 200[km] 이상일 경우만 해당

27 고압가스 제조자는 용기에 가스를 충전하기 전에 용기에 대한 안전점검을 실시하여야 하는데 다음 중 점검기준이 아닌 것은?

① 용기는 도색이 되어 있는지 확인
② 재검사 기간의 도래 여부 확인
③ 용기 밸브로부터의 누출 여부 확인
④ 밸브의 그랜드너트는 고정핀 등으로 이탈방지 조치되어 있는지 확인

해설 ③번 항목은 충전 후의 점검사항이다.

Answer 23. ① 24. ② 25. ① 26. ④ 27. ③

28 **다음 중 고압가스 특정제조의 허가대상시설에 해당하지 않는 것은?**

① 철강공업자의 철강공업시설 또는 그 부대시설에서 고압가스를 제조하는 것으로 그 처리능력이 10만[m^3] 이상인 것
② 석유화학공업자 또는 지원 사업을 하는 자의 시설에서 고압가스 처리능력이 1000[m^3] 이상 또는 그 저장능력이 50[ton] 이상인 것
③ 석유정제업자의 석유정제시설 또는 그 부대시설에서 고압가스를 제조하는 것으로서 그 저장능력이 100[ton] 이상인 것
④ 비료생산업자의 비료제조시설 또는 그 부대시설에서 고압가스를 제조하는 것으로서 그 처리능력이 10만[m^3] 이상이거나 저장능력이 100[ton] 이상인 것

해설 석유화학공업자(석유화학공업 관련사업자를 포함)의 석유화학공업시설 또는 그 부대시설에서 고압가스를 제조하는 것으로서 그 저장능력이 100[ton] 이상이거나 처리능력이 10000[m^3] 이상인 것

29 **가스 사용시설(연소기는 제외)의 기술기준에서 기밀시험의 압력 기준으로 옳은 것은?**

① 상용압력의 1.1배 또는 1kPa 중 높은 압력 이상
② 상용압력의 1.0배 또는 8.4kPa 중 높은 압력 이상
③ 최고사용압력의 1.1배 또는 8.4kPa 중 높은 압력 이상
④ 최고사용압력의 1.5배 또는 10kPa 중 높은 압력 이상

해설 가스 사용시설 기밀시험압력
㉮ 도시가스 : 최고사용압력의 1.1배 또는 8.4[kPa] 중 높은 압력 이상
㉯ LPG : 8.4[kPa] 이상

30 **대기압(0[℃], 101.3[kPa])에서 비점(끓는점)이 높은 것에서 낮은 순으로 옳게 나열된 것은?**

① CH_4, C_3H_8, C_4H_{10}, Cl_2
② C_4H_{10}, Cl_2, C_3H_8, CH_4
③ Cl_2, C_4H_{10}, C_3H_8, CH_4
④ C_3H_8, Cl_2, CH_4, C_4H_{10}

해설 각 가스의 비점
㉮ 부탄(C_4H_{10}) : −0.5[℃]
㉯ 염소(Cl_2) : −34.05[℃]
㉰ 프로판(C_3H_8) : −42.1[℃]
㉱ 메탄(CH_4) : −161.5[℃]

31 **다음 압력계 중 탄성식 압력계에 해당되지 않는 것은?**

① 부르동관 압력계
② 벨로스 압력계
③ 피에조 압력계
④ 다이어프램 압력계

해설 2차 압력계의 종류
㉮ 탄성식 압력계의 종류 : 부르동관식, 다이어프램식, 벨로스식, 캡슐식
㉯ 전기식 압력계의 종류 : 전기저항 압력계, 피에조 전기압력계, 스트레인 게이지

32 **액화산소 저장탱크 방류 둑의 용량은 저장능력 상당용적의 얼마 이상으로 하여야 하는가?**

① 30[%] ② 40[%]
③ 50[%] ④ 60[%]

Answer 28. ② 29. ③ 30. ② 31. ③ 32. ④

해설 방류둑 용량
㉮ 저장탱크의 저장 능력에 상당하는 용적
㉯ 액화산소 저장탱크 : 저장 능력 상당의 60[%]
㉰ 2기 이상 설치 : 최대 저장탱크 저장 능력+잔여 저장탱크 총 능력의 10[%]
㉱ 냉동설비 수액기 : 수액기 내용적의 90[%] 이상

33 공기액화 분리장치에서 공기 중에 아세틸렌가스가 혼합되면 안 되는 이유에 관하여 옳게 설명한 것은?

① 산소의 순도가 나빠지기 때문에
② 질소와 산소의 분리가 방해되므로
③ 배관 내에서 동결하여 관을 막을 수 있으므로
④ 분리기 내의 액체산소 탱크 내에 들어가 폭발하기 때문에

해설 원료공기 중에 아세틸렌이 혼입되면 공기액화 분리기 내의 동과 접촉하여 동-아세틸드를 생성하여 산소 중에서 폭발의 위험성이 있기 때문이다.

34 다음 고압밸브에 대한 설명으로 옳은 것은?

① 주로 주조품을 깎아서 만든다.
② 슬루스 밸브는 기밀도가 좋다.
③ 글로브 밸브는 기밀도가 나쁘다.
④ 콕(cock)은 통로의 개폐가 신속히 이루어진다.

해설 고압밸브는 단조품을 깎아서 만들며, 슬루스 밸브는 기밀도가 나쁘며, 글로브 밸브는 기밀도가 좋다.

35 용기에는 폭발사고와 파열사고가 있을 수 있다. 다음 중 파열사고의 원인이 아닌 것은?

① 재료의 불량이나 부식이 되었을 때
② 용기가 외부로부터 과열(過熱) 될 때
③ 액화가스가 과충전(過充塡) 되었을 때
④ 수소용기 내에 5[%] 이상의 산소가 존재할 때

해설 파열사고의 원인
㉮ 용기의 재질 불량
㉯ 내압에 의한 이상 압력 상승
㉰ 용접 용기의 용접 불량
㉱ 과잉 충전
㉲ 검사 태만 및 기피
㉳ 용기 내 폭발성가스의 혼입
㉴ 충격 및 타격

36 다음 중 수소가스가 발생되기 가장 어려운 경우에 해당되는 반응은?

① 알루미늄과 염산의 반응
② 아연과 수산화나트륨의 반응
③ 구리와 황산의 반응
④ 알루미늄과 수산화나트륨과 물의 반응

37 다음 중 역화방지장치 내부의 재료로 사용되는 소염소자가 아닌 것은?

① 물 ② 금망
③ 소결 금속 ④ 탄화칼슘

해설 역화방지장치 제품성능
㉮ 소염소자는 금망, 소결금속, 스틸울, 발포금속, 물 또는 이와 동등 이상의 소염성능을 가진 것으로 한다. 다만, 물은 아세틸렌용에만 적용한다.
㉯ 가스가 역화방지장치 안의 소염소자를 통과할 때의 가스압력손실은 유량 1[m^3/h]에서 8.8[kPa] 이하이고, 유량이 3[m^3/h]에서 19.6[kPa] 이하가 되도록 한다.

Answer 33. ④ 34. ④ 35. ④ 36. ③ 37. ④

38 **특정고압가스 사용시설에서 독성가스의 감압설비와 그 가스의 반응설비간의 배관에 반드시 설치하여야 하는 장치는?**

① 역류방지장치 ② 화염방지장치
③ 독성가스 흡수장치 ④ 안전밸브

해설 특정고압가스 사용시설의 독성가스의 감압설비와 그 가스의 반응설비간의 배관에는 긴급 시 가스가 역류되는 것을 효과적으로 차단할 수 있는 역류방지장치를 설치한다.

39 **압축기에 사용하는 윤활유의 구비조건으로 틀린 것은?**

① 인화점이 낮고, 분해되지 않을 것
② 점도가 적당하고, 항유화성이 클 것
③ 수분 및 산류 등의 불순물이 적을 것
④ 화학적으로 안정하여 사용가스와 반응을 일으키지 않을 것

해설 압축기 윤활유의 구비조건
㉮ 화학반응을 일으키지 않을 것
㉯ 인화점은 높고, 응고점은 낮을 것
㉰ 점도가 적당하고 항유화성이 클 것
㉱ 불순물이 적을 것
㉲ 잔류탄소의 양이 적을 것
㉳ 열에 대한 안정성이 있을 것

40 **고압가스 안전관리법에서 규정한 공급자의 의무사항에 대한 설명으로 옳은 것은?**

① 안전점검을 실시한 결과 수요자의 시설 중 개선할 사항이 있을 경우 그 수요자로 하여금 당해 시설을 개선하도록 한다.
② 고압가스 수요자의 사용시설 중 개선명령을 할 수 있는 자는 시·도지사이다.
③ 고압가스를 수요자에게 공급할 때는 수요자에게 그 사용시설을 안전점검 하도록 한다.
④ 고압가스 판매자는 고압가스의 수요자가 그 시설을 개선하지 아니할 때는 고압가스의 공급을 중단하고, 그 사실을 시·도지사에게 신고한다.

해설 공급자의 의무 : 고법 제10조
㉮ 고압가스제조자나 고압가스 판매자가 고압가스를 수요자에게 공급할 때에는 그 수요자의 시설에 대하여 안전점검을 하여야 하며, 산업통상자원부령이 정하는 바에 따라 수요자에게 위해예방에 필요한 사항을 계도하여야 한다.
㉯ 고압가스제조자나 고압가스판매자는 안전점검을 한 결과 수요자의 시설 중 개선되어야 할 사항이 있다고 판단되면 그 수요자에게 그 시설을 개선하도록 하여야 한다.
㉰ 고압가스제조자나 고압가스판매자는 고압가스의 수요자가 그 시설을 개선하지 아니하면 그 수요자에 대한 고압가스의 공급을 중지하고 지체 없이 그 사실을 시장, 군수 또는 구청장에게 신고하여야 한다.
㉱ 신고를 받은 시장, 군수 또는 구청장은 고압가스의 수요자에게 그 시설의 개선을 명하여야 한다.

41 **액화석유가스의 안전관리 및 사업법에서 정의하는 용어에 대한 설명으로 옳은 것은?**

① 액화석유가스란 에탄, 프로판을 주성분으로 한 가스를 기화한 것을 말한다.
② 액화석유가스 충전사업이란 저장시설에 저장된 액화석유가스를 용기에 충전하거나 자동차에 고정된 탱크에 충전하여 공급하는 사업을 말한다.
③ 액화석유가스 집단공급 사업이란 용기에 충전된 액화석유가스를 공급하는 것을 말한다.
④ 액화석유가스 저장소란 산업통상자원부령이 정하는 1000[L] 이상의 연료용 가스를 용기 또는 저장탱크에 의하여 저장하는 시설을 말한다.

Answer 38. ① 39. ① 40. ① 41. ②

해설 용어의 정의 : 액법 제2조
㉮ **액화석유가스** : 프로판이나 부탄을 주성분으로 한 가스를 액화한 것(기화한 것을 포함)
㉯ **액화석유가스충전사업** : 저장시설에 저장된 액화석유가스를 용기에 충전(배관을 통하여 다른 저장탱크에 이송하는 것을 포함)하거나 자동차에 고정된 탱크에 충전하여 공급하는 사업
㉰ **액화석유가스 집단공급사업** : 액화석유가스를 일반의 수요에 따라 배관을 통하여 연료로 공급하는 사업
㉱ **액화석유가스저장소** : 산업통상자원부령으로 정하는 일정량 이상의 액화석유가스를 용기 또는 저장탱크에 의하여 저장하는 일정한 장소
ⓐ 내용적 1[L] 미만의 용기에 충전하는 액화석유가스의 경우에는 500[kg]
ⓑ ⓐ호 외의 저장설비의 경우에는 저장능력 5[톤]

42 다음 중 고압가스 관련설비에 해당하지 않는 것은?
① 냉각살수설비 ② 기화장치
③ 긴급차단장치 ④ 독성가스 배관용 밸브

해설 **고압가스 관련설비(특정설비) 종류** : 안전밸브, 긴급차단장치, 기화장치, 독성가스 배관용 밸브, 자동차용 가스 자동주입기, 역화방지기, 압력용기, 특정고압가스용 실린더 캐비닛, 자동차용 압축천연가스 완속 충전설비, 액화석유가스용 용기 잔류가스 회수장치

43 액화천연가스 180[ton]을 저장하는 저압 지하식 저장탱크는 그 외면으로부터 사업소 경계까지 몇 [m] 이상의 안전거리를 유지하여야 하는가?
① 17 ② 27 ③ 34 ④ 71

해설 $L = C\times \sqrt[3]{143000\,W}$
$= 0.240\times \sqrt[3]{143000\times 180} = 70.86[\mathrm{m}]$

참고 액화천연가스의 저장설비 및 처리설비와 사업소 경계와의 유지거리
$\therefore L = C\times \sqrt[3]{143000\,W}$
여기서, L : 유지하여야 하는 거리[m]
C : 상수로 저압 지하식 저장탱크는 0.240, 그 밖의 저장설비나 처리설비는 0.576이다.
W : 저장탱크는 저장능력[톤]의 제곱근, 그 밖의 것은 그 시설안의 액화천연가스 질량[톤]

44 가스용품을 수입하고자 하는 자는 시, 도지사의 검사를 받아야 하는데 검사의 전부를 생략할 수 없는 경우는?
① 수출을 목적으로 수입하는 것
② 시험연구 개발용으로 수입하는 것
③ 산업기계설비 등에 부착되어 수입하는 것
④ 주한 외국기관에서 사용하기 위하여 수입하는 것으로 외국의 검사를 받지 아니한 것

해설 가스용품의 검사 생략 : 액법 시행령 제8조
㉮ 산업표준화법 제15조에 따른 인증을 받은 가스용품(인증심사를 받은 해당 형식의 가스용품에 한정)
㉯ 시험용 또는 연구개발용으로 수입하는 것
㉰ 수출용으로 제조하는 것
㉱ 주한 외국기관에서 사용하기 위하여 수입하는 것으로 외국의 검사를 받은 것
㉲ 산업기계설비 등에 부착되어 수입하는 것
㉳ 가스용품의 제조자 또는 수입업자가 견본으로 수입하는 것
㉴ 수출을 목적으로 수입하는 것

45 다음 중 액화석유가스 충전, 판매사업소의 변경허가를 받지 않아도 되는 경우는? (단, 판매시설과 영업소의 저장설비는 제외한다.)
① 사업소의 이전
② 사업소 대표자의 주소 변경
③ 저장설비의 교체 설치
④ 저장설비의 용량 증가

Answer 42. ① 43. ④ 44. ④ 45. ②

해설 **변경허가를 받아야 하는 사항** : 액법 시행규칙 제6조
㉮ 사업소의 이전
㉯ 사업소 부지의 확대나 축소(충전사업자, 집단공급사업자 및 저장자의 경우만 해당)
㉰ 건축물이나 시설의 변경
㉱ 허가받은 사업소 내의 저장설비를 이용하여 허가받은 사업소 밖의 수요자에게 가스를 공급하고자 할 경우(집단공급시설의 경우에만 해당)
㉲ 저장설비나 가스설비 중 압력용기, 충전설비, 기화장치 또는 로딩암의 위치 변경
㉳ 저장설비의 교체 설치
㉴ 저장설비의 용량 증가(벌크로리를 보유한 충전사업자, 판매사업자의 경우만 해당)
㉵ 벌크로리의 수량 증가
㉶ 액화석유가스 충전사업의 추가나 변경
㉷ 액화석유가스 판매사업의 추가나 변경
㉸ 가스용품 종류의 변경

46 **산업통상자원부장관은 가스의 수급상 필요하다고 인정되면 도시가스 사업자에게 조정을 명령할 수 있다. "조정 명령" 사항이 아닌 것은?**

① 가스공급 계획의 조정
② 가스요금 등 공급조건의 조정
③ 가스공급시설 공사계획의 조정
④ 가스사업의 휴지, 폐지, 허가에 대한 조정

해설 **조정명령 : 도법 시행령 제20조**
㉮ 가스공급시설 공사계획의 조정
㉯ 가스공급계획의 조정
㉰ 둘 이상의 특별시, 광역시, 도 및 특별자치도를 공급지역으로 하는 경우 공급지역의 조정
㉱ 가스요금 등 공급조전의 조정
㉲ 가스의 열량, 압력 및 연소성의 조정
㉳ 가스공급시설의 공동이용에 관한 조정
㉴ 천연가스 수출입 물량의 규모, 시기 등의 조정
㉵ 자가소비용 직수입자의 가스도매사업자에 대한 판매에 관한 조정

47 **고압가스 운반 시 가스누출사고가 발생되었다. 이 부분의 수리가 불가능한 경우, 재해발생 또는 확대를 방지하기 위한 조치사항으로 볼 수 없는 것은?**

① 상황에 따라 안전한 장소로 운반한다.
② 상황에 따라 안전한 장소로 대피한다.
③ 비상 연락망에 따라 관계 업소에 원조를 의뢰한다.
④ 펜스를 설치하고 다른 운반차량에 가스를 옮긴다.

해설 **가스누출 부분의 수리가 불가능한 경우 응급조치 기준**
㉮ 상황에 따라 안전한 장소로 운반할 것
㉯ 부근의 화기를 없앨 것
㉰ 착화된 경우 용기파열 등의 위험이 없다고 인정될 때는 소화할 것
㉱ 독성가스가 누출한 경우에는 가스를 제독할 것
㉲ 부근에 있는 사람을 대피시키고, 통행인은 교통통제를 하여 출입을 금지시킬 것
㉳ 비상연락망에 따라 관계 업소에 원조를 의뢰할 것
㉴ 상황에 따라 안전한 장소로 대피할 것
㉵ 구급조치

48 **액화석유가스의 안전관리 및 사업법에서 규정하고 있는 안전관리자의 직무범위가 아닌 것은?**

① 회사의 가스영업 활동
② 가스용품의 제조공정 관리
③ 사업소의 종업원에 대하여 안전관리를 위한 필요사항의 지휘, 감독
④ 정기검사 또는 수시검사 결과 부적합 판정을 받은 시설의 개선

해설 **안전관리자의 업무 : 액법 시행령 제6조**
㉮ 사업소 또는 액화석유가스 특정사용자의 액화석유가스 사용시설("특정사용시설")의 안전유지 및 검사기록의 작성, 보존

Answer 46. ④ 47. ④ 48. ①

㉯ 가스용품의 제조공정관리
㉰ 공급자의 의무이행 확인
㉱ 안전관리규정의 실시기록의 작성, 보존
㉲ 정기검사 및 수시검사 결과 부적합 판정을 받은 시설의 개선
㉳ 사고의 통보
㉴ 사업소 또는 액화석유가스 특정사용시설의 종업원에 대한 안전관리를 위하여 필요한 사항의 지휘, 감독
㉵ 그 밖의 위해 방지 조치

49 차량에 고정된 탱크로 고압가스를 운반할 때 가스를 송출 또는 이입하는데 사용되는 밸브를 후면에 설치한 탱크에서 탱크 주 밸브와 차량의 뒷범퍼와의 수평거리는 몇 [cm] 이상 떨어져 있어야 하는가?

① 20 ② 30
③ 40 ④ 50

해설 뒷범퍼와의 거리
㉮ 후부 취출식 탱크 : 40[cm] 이상
㉯ 후부 취출식 외 탱크 : 30[cm] 이상
㉰ 조작상자 : 20[cm] 이상

50 다음 중 가연성이면서 독성가스로 분류되는 것은?

① 산화에틸렌
② 아세틸렌
③ 부타디엔
④ 프로판

해설 **가연성이면서 독성가스** : 아크릴로 니트릴, 일산화탄소, 벤젠, 산화에틸렌, 모노메틸아민, 염화메탄, 브롬화메탄, 이황화탄소, 황화수소, 암모니아, 석탄가스, 시안화수소, 트리메틸아민 등
※ 산화에틸렌 – 폭발범위 : 3~80[%],
허용농도 : TLV–TWA 20[ppm]

51 다음 가스 폭발에 대한 설명 중 틀린 것은?

① 압력과 폭발 범위는 서로 관계가 없다.
② 관 지름이 가늘수록 폭굉 유도거리는 짧아진다.
③ 혼합가스의 폭발 범위는 르샤틀리에 법칙을 적용한다.
④ 이황화탄소, 아세틸렌, 수소는 위험도가 커서 위험하다.

해설 문제 8번 해설 참고

52 다음 중 품질 코스트(cost)의 구성이 아닌 것은?

① 예방 코스트 ② 평가 코스트
③ 실패 코스트 ④ 판매 코스트

해설 **품질 코스트의 구성(종류)** : 예방 코스트, 평가 코스트, 실패 코스트

53 폴리트로픽 공정은 다음 [식]과 같이 표현된다. 이때 n이 0인 경우 다음 중 어느 변화에 해당하는가?

> $PV^n = C$ (단, C는 임의의 주어진 공정에 대한 상수이다.)

① 등압 변화 ② 등적 변화
③ 등온 변화 ④ 단열 변화

해설 **폴리트로픽 과정의 폴리트로픽 지수(n)**
㉮ $n=0$: 정압(등압) 과정
㉯ $n=1$: 정온(등온) 과정
㉰ $1<n<k$: 폴리트로픽 과정
㉱ $n=k$: 단열 과정(등엔트로피 과정)
㉲ $n=\infty$: 정적(등적) 과정

Answer 49. ③ 50. ① 51. ① 52. ④ 53. ①

54 고압가스 일반제조의 기술기준에 대한 내용 중 틀린 것은?

① 석유류, 유지류 또는 글리세린은 산소압축기의 내부 윤활제로 사용하지 아니할 것
② 산화에틸렌의 저장탱크는 그 내부의 질소가스, 탄산가스 및 산화에틸렌가스의 분위기 가스를 질소가스 또는 탄산가스로 치환하고 5[℃] 이하로 유지할 것
③ 충전용 주관의 압력계는 매월 1회 이상, 그 밖의 압력계는 3월에 1회 이상 표준이 되는 압력계로 그 기능을 검사할 것
④ 산소 중의 가연성가스(아세틸렌, 에틸렌 및 수소를 제외한다.)의 용량이 전용량의 2[%] 이상의 것은 압축을 금지한다.

해설 압축금지 기준
㉮ 산소 중의 가연성가스(C_2H_2, C_2H_4, H_2 제외) : 4[%] 이상
㉯ 가연성가스(C_2H_2, C_2H_4, H_2 제외) 중의 산소 : 4[%] 이상
㉰ 아세틸렌, 에틸렌, 수소 중의 산소 : 2[%] 이상
㉱ 산소 중의 아세틸렌, 에틸렌, 수소 : 2[%] 이상

55 공정에서 만성적으로 존재하는 것은 아니고 산발적으로 발생하며, 품질의 변동에 크게 영향을 끼치는 요주의 원인으로 우발적 원인인 것을 무엇이라 하는가?

① 우연 원인
② 이상원인
③ 불가피 원인
④ 억제할 수 없는 원인

56 계수 규준형 1회 샘플링 검사(KS A 3102)에 관한 설명 중 가장 거리가 먼 내용은?

① 검사에 제출된 로트의 제조공정에 관한 사전정보가 없어도 샘플링 검사를 적용할 수 있다.
② 생산자 측과 구매자 측이 요구하는 품질보호를 동시에 만족시키도록 샘플링 검사방식을 선정한다.
③ 파괴검사의 경우와 같이 전수검사가 불가능한 때에는 사용할 수 없다.
④ 1회 만의 거래 시에도 사용할 수 있다.

해설 파괴검사와 같이 전수검사가 불가능할 때 사용한다.

57 어떤 공장에서 작업을 하는데 있어서 소요되는 기간과 비용이 다음 [표]와 같을 때 비용구배는 얼마인가? (단, 활동시간의 단위는 일(日)로 계산한다.)

정상 작업		특급 작업	
기간	비용	기간	비용
15일	150만원	10일	200만원

① 50000원 ② 100000원
③ 200000원 ④ 300000원

해설
$$\text{비용구배} = \frac{\text{특급비용} - \text{정상비용}}{\text{정상시간} - \text{특급시간}} = \frac{200\text{만원} - 150\text{만원}}{15 - 10} = 100000[\text{원/일}]$$

58 방법시간측정법(MTM : Method Time Measurement)에서 사용되는 1 TMU((Time Measurement Unit)는 몇 시간인가?

① $\frac{1}{100000}$ 시간　② $\frac{1}{10000}$ 시간
③ $\frac{6}{10000}$ 시간　④ $\frac{36}{1000}$ 시간

59 품질특성을 나타내는 데이터 중 계수치 데이터에 속하는 것은?

① 무게　② 길이
③ 인장강도　④ 부적합품의 수

해설 데이터의 척도에 의한 분류
㉮ 계량치 : 길이, 질량, 온도 등과 같이 연속량으로서 측정되는 품질 특성치
㉯ 계수치 : 부적합품의 수, 부적합수 등과 같이 개수로서 세어지는 품질 특성치

60 다음 중 품질관리시스템에 있어서 4M에 해당하지 않는 것은?

① Man　② Machine
③ Material　④ Money

해설 4M : 공정능력에 영향을 미치는 요인으로 사람(Man), 설비(Machine), 원재료(Material), 방법(Method)이 해당된다.

Answer 58. ① 59. ④ 60. ④

과 년 도 문 제

01 용접배관 이음에서 피닝을 하는 주된 이유는?

① 슬래그를 제거하기 위하여
② 잔류 응력을 제거하기 위하여
③ 용접을 잘 되게 하기 위하여
④ 용입이 잘 되게 하기 위하여

해설 ㉮ **잔류응력 경감법** : 노내 풀림법, 국부풀림 및 기계적 처리법, 저온응력 완화법, 피닝(peening)법
㉯ **피닝(peening)법** : 용접부를 구면상의 특수해머로 연속적으로 타격하여 표면층에 소성변형을 주는 조작

02 어느 이상기체가 압력 10[kgf/cm^2]에서 체적이 0.1[m^3]이었다. 등온과정을 통해 체적이 3배로 될 때 기체가 외부로부터 받은 열량은 몇 [kcal]인가?

① 35.7 ② 30.9
③ 25.7 ④ 10.9

해설 $Q = APV_1 \ln\frac{V_2}{V_1}$
$= \frac{1}{427} \times 10 \times 10^4 \times 0.1 \times \ln\frac{0.1 \times 3}{0.1}$
$= 25.728\,[\text{kcal}]$

03 물체에 압력을 가하면 발생한 전기량은 압력에 비례하는 원리를 이용하여 압력을 측정하는 것으로서 응답이 빠르고 급격한 압력 변화를 측정하는데 적합한 압력계는?

① 다이어프램(diaphram) 압력계
② 벨로스(bellows) 압력계
③ 부르동관(bourdon tube) 압력계
④ 피에조(piezo) 압력계

해설 **피에조 전기 압력계(압전기식)** : 수정이나 전기석 또는 로셀염 등의 결정체의 특정 방향에 압력을 가하면 기전력이 발생하고 발생한 전기량은 압력에 비례하는 것을 이용한 것이다. 가스 폭발이나 급격한 압력 변화 측정에 사용된다.

04 공정 및 설비의 고장 형태 및 영향, 고장 형태별 위험도 순위 등을 결정하는 위험성 평가기법은 무엇인가?

① HAZOP ② FMECA
③ FTA ④ ETA

해설 FMECA : 이상위험도 분석기법

05 고압가스 안전관리법에서 정한 500리터 이상의 이음매 없는 용기의 재검사는 몇 년마다 하여야 하는가?

① 1 ② 2
③ 3 ④ 5

해설 용기의 재검사 주기 〈개정 2010. 5. 31〉

구분		15년 미만	15년 이상~20년 미만	20년 이상
용접용기	500[L] 이상	5년	2년	1년
	500[L] 미만	3년	2년	1년
LPG용 용접용기	500[L] 이상	5년	2년	1년
	500[L] 미만	5년		2년
이음매 없는 용기	500[L] 이상	5년		
	500[L] 미만	신규검사 후 경과 년 수가 10년 이하인 것은 5년, 10년을 초과한 것은 3년 마다		

Answer 1. ② 2. ③ 3. ④ 4. ② 5. ④

06 일반적으로 가스의 용해도는 일정온도하에서는 그 압력에 비례한다. 이는 무슨 법칙인가?

① 헨리의 법칙 ② 달톤의 분압법칙
③ 르샤틀리에의 법칙 ④ 보일의 법칙

해설 **헨리의 법칙** : 기체 용해도의 법칙으로 일정온도에서 일정량의 액체에 녹는 기체의 질량은 압력에 정비례한다.
㉮ 수소(H_2), 산소(O_2), 질소(N_2), 이산화탄소(CO_2) 등과 같이 물에 잘 녹지 않는 기체에만 적용된다.
㉯ 염화수소(HCl), 암모니아(NH_3), 이산화황(SO_2) 등과 같이 물에 잘 녹는 기체는 적용되지 않는다.

07 내부용적이 25000 [L]인 액화산소 저장탱크의 저장능력은 몇 [kg]인가? (단, 비중은 1.14로 한다.)

① 24460 ② 24780
③ 25650 ④ 27520

해설 $W = 0.9 d V$
$= 0.9 \times 1.14 \times 25000 = 25650\,[\mathrm{kg}]$

08 고압가스 특정제조시설 중 장치분야의 정밀안전 검진항목이 아닌 것은?

① 두께 측정 ② 경도 측정
③ 누설 측정 ④ 보온·보냉 상태

해설 정밀안전검진기준

검진분야	검진항목
일반분야	안전장치 관리실태, 공장 안전관리 실태, 계측 및 방폭설비의 유지 관리 실태
장치분야	두께측정, 경도측정, 침탄측정, 내·외면 부식상태, 보온·보냉 상태
특수·선택분야	음향방출시험, 열교환기의 튜브건전성 검사, 노후설비의 성분분석, 전기패널의 열화상 측정, 고온설비의 건전성

[비고] 위 검진분야 중 특수·선택분야는 수요자가 원하거나 공공의 안전을 위해 산업통상자원부장관이 인정하는 경우에 실시한다.

09 아세틸렌 제조 시 청정제로 사용되지 않는 것은?

① 리가솔 ② 카다리솔
③ 에퓨렌 ④ 진타론

해설 **청정제의 종류** : 에퓨렌, 카다리솔, 리가솔

10 아세틸렌은 용기에 충전한 후 온도 15[℃]에서 압력이 몇 [MPa] 이하로 될 때까지 정치하여야 하는가?

① 1.5 ② 2.5
③ 3.5 ④ 4.5

해설 아세틸렌 충전용기 압력
㉮ 충전 중의 압력 : 온도와 관계없이 2.5[MPa] 이하
㉯ 충전 후의 압력 : 15[℃]에서 1.5[MPa] 이하

11 고압가스 제조 시 안전관리에 대한 설명으로 옳은 것은?

① 산소를 용기에 충전할 때에는 용기 내부에 유지류를 제거하고 충전한다.
② 시안화수소의 안정제로 물을 사용한다.
③ 산화에틸렌을 충전 시에는 산 및 알칼리로 세척한 후 충전한다.
④ 아세틸렌을 3.5[MPa]로 압축하여 충전할 때에는 희석제로 이산화탄소를 사용한다.

해설 각 항목의 옳은 설명
②**번 항목** : 시안화수소 안정제 : 황산, 아황산가스, 동, 동망, 인산, 오산화인, 염화칼슘
③**번 항목** : 산화에틸렌은 산, 알칼리, 산화철, 산화알루미늄 등에 의해 중합하여 발열한다.
④**번 항목** : 아세틸렌은 2.5[MPa] 이상으로 압축 시 희석제를 첨가하며 종류는 질소, 메탄, 일산화탄소, 에틸렌을 사용한다.

Answer 6. ① 7. ③ 8. ③ 9. ④ 10. ① 11. ①

12 **기체의 분출속도와 분자량과의 관계를 설명한 법칙은?**

① Dalton의 법칙 ② Van der walls의 법칙
③ Boyle의 법칙 ④ Graham의 법칙

해설 **그레이엄(Graham)의 확산속도 법칙** : 일정한 온도에서 기체의 확산속도는 기체의 분자량(또는 밀도)의 평방근(제곱근)에 반비례한다.

$$\therefore \frac{U_2}{U_1} = \sqrt{\frac{M_1}{M_2}} = \frac{t_1}{t_2}$$

13 **이상기체의 상태변화에서 등온변화에 대한 설명 중 틀린 것은?**

① 내부에너지 변화량은 0이다.
② 압력은 체적에 반비례한다.
③ 엔탈피는 온도만의 함수이므로 일정하다.
④ 등온변화에서 가해진 열량은 모두 일로 변환되지 않는다.

해설 등온변화에서는 가해진 열량이 모두 일로 변환이 가능하며, 등온압축일 경우 압축에 필요한 일만큼 열을 외부로 방출하여야 한다.

14 **메탄가스에 대한 설명으로 옳은 것은?**

① 공기보다 무거워 낮은 곳에 체류한다.
② 비점은 약 -42[℃]이다.
③ 공기 중 메탄가스가 3% 함유된 혼합기체에 점화하면 폭발한다.
④ 고온에서 니켈촉매를 사용하여 수증기와 작용하면 일산화탄소와 수소를 생성한다.

해설 **메탄(CH_4)의 성질**

㉮ 파라핀계 탄화수소의 안정된 가스이다.
㉯ 천연가스(NG)의 주성분이다. (비점 : -161.5[℃])
㉰ 무색, 무취, 무미의 가연성 기체이다. (폭발범위 : 5~15[%])
㉱ 유기물의 부패나 분해 시 발생한다.
㉲ 메탄의 분자는 무극성이고, 수(水)분자와 결합하는 성질이 없어 용해도는 적다.
㉳ 공기 중에서 연소가 쉽고, 화염은 담청색의 빛을 발한다.
㉴ 염소와 반응하면 염소화합물이 생성된다.
㉵ 고온에서 니켈 촉매를 사용하여 산소, 수증기와 반응시키면 일산화탄소와 수소를 생성한다.

$$CH_4 + \frac{1}{2}O_2 \rightarrow CO + 2H_2 + 8.7[\text{kcal}]$$

$$CH_4 + H_2O \rightarrow CO + 3H_2 - 49.3[\text{kcal}]$$

15 **에틸렌의 제법으로 다음 중 공업적으로 가장 많이 사용되고 있는 것은?**

① 공기의 액화분리
② 에탄올의 진한 황산에 의한 분리
③ 중질유의 수소 첨가분해
④ 나프타의 열분해

해설 **에틸렌(C_2H_4)의 제조법**

㉮ 알루미나 촉매를 사용하여 에틸알코올을 350[℃]로 탈수하여 제조
㉯ 니켈 및 팔라듐 촉매를 사용하여 아세틸렌을 수소화시켜 제조
㉰ 탄화수소(나프타)를 열분해하여 제조 : 공업적 제조법 중에서 가장 많이 사용하는 방법이다.

16 **가스의 탈황방법 중 흡수액으로 탄산소다 또는 탄산칼리 수용액을 사용, 고압하에서 황화수소를 흡수하여 흡수액을 감압·가열하여 황화수소를 분리, 방출하는 방법은?**

① 진공카보네이트법
② 사이록스법
③ 후막스법
④ 디가학스법

Answer 12. ④ 13. ④ 14. ④ 15. ④ 16. ①

17 **비리얼 전개(Virial expansion)는**

$$Z = PV/RT$$
$$= 1 + B'P + C'P^2 + D'P^3 + \cdots\cdots$$

로 표현된다. 기체의 압력이 0에 가까워지면 Z의 값은?

① ∞가 된다.
② 0에 가까워진다.
③ 1에 가까워진다.
④ 아무 영향을 받지 않는다.

해설 비리얼 방정식은 실제기체 상태방정식에 해당되며, 실제기체가 이상기체에 가까워 질수 있는 조건은 압력이 낮아지고, 온도가 높아지는 경우이고 이상기체는 압축계수가 1에 해당되므로 기체의 압력이 0에 가까워지면 압축계수는 1에 가까워진다.

18 **1몰의 실제기체에 대한 반데르발스의 식은 다음과 같다. 이 식에서 P의 단위가 [atm], V의 단위가 [L]일 때 상수 a와 b의 단위로서 각각 옳은 것은?**

$$\left(P + \frac{n^2 a}{V^2}\right)(V - nb) = nRT$$

① a : $atm \cdot L^2/mol^2$, b : L/mol
② a : $L \cdot atm^2/mol$, b : L^2/mol
③ a : $atm \cdot L^2/mol$, b : $atm \cdot L/mol$
④ a : L/mol, b : $atm \cdot L^2/mol^2$

해설 **반데르발스식에서 상수 a와 b의 의미와 단위**
㉮ a : 기체분자간의 인력[$atm \cdot L^2/mol^2$]
㉯ b : 기체분자 자신이 차지하는 부피[L/mol]

19 **고압가스 제조 시 가연성가스 중 산소 또는 산소 중 가연성 가스가 몇 [%] 이상 함유될 때 압축을 금지하는가?**

① 1.5　② 2.0　③ 2.5　④ 4.0

해설 **압축금지 기준**
㉮ 가연성가스(C_2H_2, C_2H_4, H_2 제외) 중 산소용량이 전용량의 4[%] 이상의 것
㉯ 산소 중 가연성가스(C_2H_2, C_2H_4, H_2 제외) 용량이 전용량의 4[%] 이상의 것
㉰ C_2H_2, C_2H_4, H_2 중의 산소용량이 전용량의 2[%] 이상의 것
㉱ 산소 중 C_2H_2, C_2H_4, H_2의 용량 합계가 전용량의 2[%] 이상의 것

20 **고압가스 안전관리법상 고압가스의 적용범위에 해당되는 고압가스는?**

① 선박안전법의 적용을 받는 선박 내의 고압가스
② 원자력법의 적용을 받는 원자로 및 그 부속설비안의 고압가스
③ 냉동능력이 3[톤] 미만인 냉동설비 내의 고압가스
④ 오토클레이브 안의 수소가스

해설 오토클레이브 안의 고압가스는 적용범위에서 제외된다. 단, 수소, 아세틸렌 및 염화비닐은 법 적용을 받는다.

21 **액화석유가스 충전사업자별 공급자의 의무사항이 아닌 것은?**

① 6개월에 1회 이상 가스 사용시설의 안전관리에 관한 계도물 작성, 배포
② 수요자의 가스사용시설에 대하여 6개월에 1회 이상 안선섬섬을 실시
③ 수요자에게 위해 예방에 필요한 사항을 계도
④ 가스보일러가 설치된 후 매 1년에 1회 이상 보일러 성능 확인

해설 **액화석유가스 공급자의 의무사항** : 액법 시행규칙 제20조

Answer 17. ③ 18. ① 19. ④ 20. ④ 21. ④

(1) 6개월에 1회 이상 가스사용시설의 안전관리에 관한 계도물이나 가스안전 사용 요령이 적힌 가스사용시설 점검표를 작성, 배포할 것
(2) 수요자의 가스사용시설에 안전점검 실시
 ㉮ 체적판매방법으로 공급하는 경우에는 1년에 1회 이상
 ㉯ 다기능가스계량기가 설치된 시설에 공급하는 경우에는 3년에 1회 이상
 ㉰ ㉮, ㉯ 외의 가스 사용시설의 경우에는 6개월에 1회 이상
(3) 가스보일러 및 가스온수기가 설치된 후 액화석유가스를 처음 공급하는 경우에는 가스보일러 및 가스온수기의 시공내역을 확인하고 배관과의 연결부에서의 가스누출 여부를 확인할 것

22 다음은 응력-변형률 선도에 대한 설명이다. ( )안에 알맞은 것은?

> "하중 변형선도에서 세로축은 하중을 시편의 단면적으로 나눈 값을 응력값으로 취하고, 가로축에는 변형량을 본래의 ( )[의]로 나눈 변형률 값을 취하여 응력과 변형률과의 관계를 그래프로 표시한 것을 응력-변형률 선도(stress-strain diagram)라 한다."

① 시편의 단면적 ② 하중
③ 재료의 길이 ④ 응력

해설 **응력-변형률 선도** : 시험편을 인장시험기 양 끝에 고정시켜 축방향으로 당겼을 때 작용하는 응력값(σ[kgf/cm^2])을 세로축에 취하고, 시험편의 변형률을 가로축에 취하여 비례한도, 탄성한도, 항복점, 연신율, 인장강도를 측정한다.

23 탄화수소에서 탄소수 증가시에 대한 설명으로 틀린 것은?

① 발화점이 낮아진다.
② 발열량[kcal/m^3]이 커진다.
③ 폭발하한계가 낮아진다.
④ 증기압이 높아진다.

해설 **탄소수가 증가할 때 나타나는 현상**
㉮ 증가 : 비등점, 융점, 비중, 발열량
㉯ 감소 : 증기압, 발화점, 폭발하한값, 폭발범위, 증발잠열, 연소속도

24 염소의 성질에 대한 설명으로 옳은 것은?

① 염소는 암모니아로 검출할 수 있다.
② 염소는 물의 존재 없이 표백작용을 한다.
③ 완전히 건조된 염소는 철과 잘 반응한다.
④ 염소 폭명기는 냉암소에서도 폭발하여 염화수소가 된다.

해설 **염소의 성질에 대한 설명**
①**번 항목** : 암모니아와 접촉 시 백색연기가 발생하는 것으로 검출할 수 있다.
②**번 항목** : 염소는 물(H_2O) 존재 시 표백작용은 차아염소산이 분해하여 생긴 발생기 산소에 의한 것이다.
③**번 항목** : 완전히 건조된 염소는 상온에서 철과 반응하지 않으므로 탄소강으로 제조된 용기에 충전시킬 수 있다. (수분 존재 시 염산이 생성되어 강을 부식시킨다.)
④**번 항목** : 염소폭명기는 염소와 수소가 직사광선이 촉매 역할을 하여 폭발적으로 반응하는 것으로 염화수소가 생성된다.

25 도시가스 사용시설 중 배관에 표기하는 내용으로 틀린 것은?

① 사용가스명
② 가스의 흐름방향
③ 최고사용압력
④ 유량

해설 **배관 표시사항** : 사용가스명, 가스의 흐름방향, 최고사용압력

Answer 22. ③ 23. ④ 24. ① 25. ④

26 특정고압가스를 사용하고자 한다. 신고 대상이 아닌 것은?

① 저장능력 10[m^3]의 압축가스 저장능력을 갖추고 디실란을 사용하고자 하는 자
② 저장능력 200[kg]의 액화가스 저장능력을 갖추고 액화암모니아를 사용하고자 하는 자
③ 저장능력 250[kg]의 액화가스 저장능력을 갖추고 액화산소를 사용하고자 하는 자
④ 배관으로 천연가스를 공급받아 사용하려는 자

해설 **특정고압가스 사용신고 대상** : 고법 시행규칙 제46조
㉮ 저장능력 250[kg] 이상인 액화가스 저장설비를 갖추고 특정고압가스를 사용하려는 자
㉯ 저장능력 50[m^3] 이상인 압축가스 저장설비를 갖추고 특정고압가스를 사용하려는 자
㉰ 배관으로 특정고압가스(천연가스 제외)를 공급받아 사용하고자 하는 자
㉱ 압축모노실란, 압축디보레인, 액화알진, 포스핀, 셀렌화수소, 게르만, 디실란, 오불화비소, 오불화인, 삼불화인, 삼불화질소, 삼불화붕소, 사불화유황, 사불화규소, 액화염소 또는 액화암모니아를 사용하려는 자 다만, 시험용으로 사용하려 하거나 시장, 군수 또는 구청장이 지정하는 지역에서 사료용으로 볏짚 등을 발효하기 위하여 액화암모니아를 사용하려는 경우는 제외한다.
㉲ 자동차 연료용으로 특정고압가스를 공급받아 사용하려는 자

27 다음 중 완전연소 시 공기량이 가장 적게 소요되는 가스는?

① 메탄 ② 에탄
③ 프로판 ④ 부탄

해설 탄화수소류에서 탄소수가 적을수록 완전연소에 필요한 공기량이 적게 소요된다.

28 수소의 성질에 대한 것으로서 폭발, 화재 등의 재해 발생의 원인으로 가장 거리가 먼 것은?

① 임계압력이 12.8[atm] 정도이다.
② 공기와 혼합될 경우 연소범위가 4~75[%]이다.
③ 고온, 고압에서 강에 대하여 수소취성을 일으킨다.
④ 가장 가벼운 기체이므로 미세한 간격으로 퍼져 확산하기가 쉽다.

해설 임계압력은 폭발, 화재 등의 재해 발생과는 직접 관련이 없고, 액화의 조건과 관계 있다.
※ 수소의 임계압력 및 임계온도
임계압력 : 12.8[atm], 임계온도 : −239.9[℃]

29 다음 그림은 공기의 분리장치로 쓰이고 있는 복식 정류탑의 구조도이다. 흐름 "A"의 액의 성분과 장치 "B"의 명칭이 바르게 표기된 것은?

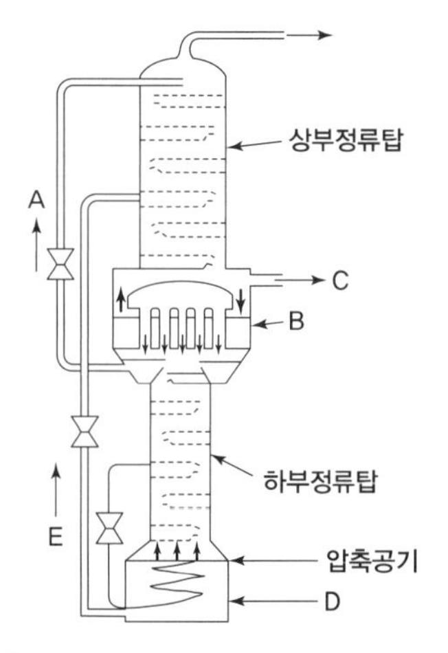

① A : O_2가 풍부한 액, B : 증류드럼
② A : N_2가 풍부한 액, B : 응축기
③ A : O_2가 풍부한 액, B : 응축기
④ A : N_2가 풍부한 액, B : 증류드럼

Answer 26. ④ 27. ① 28. ① 29. ②

해설 A : N_2가 풍부한 액
B : 응축기
C : O_2
D : 증류드럼
E : O_2가 풍부한 액

30 가스엔진 구동 열펌프(GHP)의 특징에 대한 설명으로 옳은 것은?

① 난방 시 GHP 기동과 동시에 난방이 불가능하다.
② 정기적인 유지관리가 불필요하다.
③ 부분부하 특성이 매우 우수하다.
④ 외기온도 변동에 영향이 크다.

해설 가스엔진 구동 펌프(GHP)의 특징
(1) 장점
㉮ 난방 시 GHP 기동과 동시에 난방이 가능하다.
㉯ 부분부하 특성이 매우 우수하다.
㉰ 외기온도 변동에 영향이 적다.
(2) 단점
㉮ 초기 구입가격이 높다.
㉯ 구조가 복잡하다.
㉰ 정기적인 유지관리가 필요하다.
※ GHP : Gas engine-driven Heat Pump

31 고열원 400[℃], 저열원 40[℃] 에서 카르노(Carnot) 사이클을 행하는 열기관의 열효율은 약 몇 [%]인가?

① 46.5 ② 53.5
③ 58.8 ④ 62.5

해설 $\eta = \frac{AW}{Q_1} \times 100 = \frac{T_1 - T_2}{T_1} \times 100$
$= \frac{(273+400)-(273+40)}{273+400} \times 100$
$= 53.49[\%]$

32 1000[rpm]으로 회전하는 펌프를 2000[rpm]으로 변경하였다. 이 경우 펌프의 양정은 몇 배가 되겠는가?

① 1 ② 2
③ 4 ④ 8

해설 $H_2 = H_1 \times \left(\frac{N_2}{N_1}\right)^2 = H_1 \times \left(\frac{2000}{1000}\right)^2 = 4H_1$

33 압축기와 그 가스 충전용기 보관장소 사이에 반드시 설치하여야 하는 것은? (단, 압력이 10.0[MPa]인 경우이다.)

① 가스방출장치 ② 방호벽
③ 안전밸브 ④ 액면계

해설 **방호벽 설치 장소** : 아세틸렌가스 또는 압력이 9.8[MPa] 이상인 압축가스를 용기에 충전하는 경우
㉮ 압축기와 충전장소 사이
㉯ 압축기와 가스충전용기 보관장소 사이
㉰ 충전장소와 가스충전용기 보관장소 사이
㉱ 충전장소와 충전용 주관 밸브 조작장소 사이

34 다음 [보기]의 특징을 가지는 구리 및 구리 합금강의 종류는?

[보기]
- 압광성, 굽힘성, 드로잉성, 용접성이 좋다.
- 내식성, 열전도성이 좋다.
- 열교환기, 화학공업, 급수, 급탕, 가스관 등에 사용된다.
- 종류로는 C1201, C1220이 있다.

① 인탈산구리 ② 타프피치구리
③ 함연강동 ④ 무산소구리

Answer 30. ③ 31. ② 32. ③ 33. ② 34. ①

35 주철관 이음방법으로서 이음에 필요한 부품이 고무링 하나뿐이며, 온도변화에 따른 신축이 자유롭고, 이음 접합과정이 간편하여 관부설을 신속하게 할 수 있는 특징을 가진 이음방법은?

① 벨로스 이음　② 소켓 이음
③ 노허브 이음　④ 타이톤 이음

해설 타이톤 이음(tyton joint) : 고무링 하나만으로 이음하며, 소켓 내부의 홈은 고무링을 고정시키고 돌기부는 고무링이 있는 홈 속에 들어맞게 되어 있으며 삽입구의 끝은 쉽게 끼울 수 있도록 테이퍼로 되어 있어 이음과정이 비교적 간편하고 온도변화에 따른 신축이 자유로운 특징을 가지고 있는 주철관 이음방법이다.

36 코크스의 반응성은 가스화율에 영향을 미친다. 다음 중 반응성이 가장 높은 것은? (단, 900[℃], 40s, CO_2로부터 CO생성 [%]이다.)

① 목탄　② 주물용 코크스
③ 제련용 코크스　④ 가스 코크스

37 LP가스를 펌프로 이송할 때의 단점에 대한 설명으로 틀린 것은?

① 충전시간이 길다.
② 잔가스 회수가 불가능하다.
③ 부탄의 경우 저온에서 재액화 현상이 있다.
④ 베이퍼 로크 현상이 일어날 수 있다.

해설 펌프 사용 시 특징

(1) 장점
㉮ 재액화 현상이 없다.
㉯ 드레인 현상이 없다.

(2) 단점
㉮ 충전시간이 길다.
㉯ 탱크로리 내의 잔가스 회수가 불가능하다.
㉰ 베이퍼 로크 현상이 발생한다.

38 메탄의 임계온도는 약 몇 ℃인가?

① −162　② −83
③ 97　④ 152

해설 메탄(CH_4)의 특징
㉮ 비점 : −161.5[℃]
㉯ 임계압력 : 45.8[atm]
㉰ 임계온도 : −82.1[℃]

39 천연가스의 주원료인 메탄의 공기 중 폭발범위값[v%]을 옳게 나타낸 것은?

① 2.1~9.5　② 3~12.5
③ 4~75　④ 5~14

해설 공기 중에서 메탄(CH_4)의 폭발범위 : 5~15[%]

40 기체의 열용량에 관한 사항에서 옳지 않은 것은?

① 열용량이 크면 온도를 변화시키기가 힘들다.
② 이상기체의 몰 정압 열용량(C_p)와 몰 정용 열용량(C_v)의 차는 기체상수 R과 같다.
③ 공기에 대한 정압비열과 정용비열의 비 (C_p/C_v)는 1.40 이다.
④ 정압 몰 열용량은 정압비열을 몰질량으로 나눈 값과 같다.

해설 ㉮ **열용량** : 어떤 물체의 온도를 1[℃] 상승시키는데 소요되는 열량으로 열용량이 크면 온도를 변화시키기 어렵다.
㉯ $C_p - C_v = R$
㉰ 공기의 비열비 $k = 1.4$
㉱ 정압 몰 열용량은 정압비열과 물질량을 곱한 값과 같다.
∴ 열용량[kcal/℃] = G[mol]×C_p[kcal/mol・℃]

Answer 35. ④ 36. ① 37. ③ 38. ② 39. ④ 40. ④

41 이상기체의 상태변화 $Q=\Delta H=\int C_p dT$ 로 나타낼 수 있는 것은?

① 등압변화 ② 등적변화
③ 등온변화 ④ 단열변화

42 다음 분해 반응은 몇 차 반응에 해당되는가?

$$2HI \rightarrow H_2 + I_2$$

① $\frac{1}{2}$차 ② 1차
③ $\frac{3}{2}$차 ④ 2차

43 표준상태에서 어떤 가스의 부피가 1[m^3]인 것은 약 몇 몰인가?

① 11.2 ② 22.4
③ 44.6 ④ 55.6

해설 몰[mol]수 $= \dfrac{\text{기체의 체적}}{22.4}$

$= \dfrac{1\times 1000}{22.4} = 44.64[\text{mol}]$

44 시안화수소에 안정제를 첨가하는 주된 이유는?

① 분해폭발을 하므로
② 산화폭발을 일으킬 염려가 있으므로
③ 강한 인화성 액체이므로
④ 소량의 수분으로 중합하여 그 열로 인해 폭발할 위험이 있으므로

해설 ㉮ 시안화수소는 중합폭발의 위험성이 있어 안정제를 첨가한다.
㉯ 안정제의 종류 : 황산, 아황산가스, 동, 동망, 염화칼슘, 인산, 오산화인

45 산업통상자원부장관은 도시가스사업법에 의하여 도시가스사업자에게 조정명령을 내릴 수 있다. 다음 중 조정명령 사항이 아닌 것은?

① 가스공급시설 공사계획의 조정
② 가스요금 등 공급조건의 조정
③ 가스의 열량, 압력의 조정
④ 가스검사 기관의 조정

해설 조정명령 : 도법 시행령 제20조
㉮ 가스공급시설 공사계획의 조정
㉯ 가스공급계획의 조정
㉰ 둘 이상의 특별시, 광역시, 도 및 특별자치도를 공급지역으로 하는 경우 공급지역의 조정
㉱ 가스요금 등 공급조전의 조정
㉲ 가스의 열량, 압력 및 연소성의 조정
㉳ 가스공급시설의 공동이용에 관한 조정
㉴ 천연가스 수출입 물량의 규모, 시기 등의 조정
㉵ 자가소비용 직수입자의 가스도매사업자에 대한 판매에 관한 조정

46 밀폐된 용기 중에서 공기의 압력이 10[atm]일 때 N_2의 분압은 몇 [atm]인가? (단, 공기 중 질소는 79[%], 산소는 21[%] 존재한다.)

① 7.9 ② 9.1
③ 11.8 ④ 12.7

해설 분압 $=$ 전압 $\times \dfrac{\text{성분부피}}{\text{전부피}} =$ 전압 $\times$ 부피비

$= 10\times 0.79 = 7.9[\text{atm}]$

Answer 41. ① 42. ④ 43. ③ 44. ④ 45. ④ 46. ①

47 **고압가스 안전관리법상 당해 가스시설의 안전을 직접 관리하는 사람은?**

① 안전관리 부총괄자
② 안전관리 책임자
③ 안전관리원
④ 특정설비 제조자

해설 **안전관리자의 종류 및 자격(고법 시행령 제12조)**
㉮ 안전관리자의 종류 : 안전관리 총괄자, 안전관리 부총괄자, 안전관리 책임자, 안전관리원
㉯ 안전관리 총괄자는 해당 사업자 또는 특정고압가스 사용신고시설을 관리하는 최상급자로 하며, 안전관리 부총괄자는 해당 사업자의 시설을 직접 관리하는 최고 책임자로 한다.

48 **각종 가스의 분석에 있어서 팔라듐 블랙에 의한 흡수, 폭발법, 산화동에 의한 연소 및 열전도도법 등으로 분석할 수 있는 가스는?**

① 산소 ② 이산화탄소
③ 암모니아 ④ 수소

49 **부식이 특정한 부분에 집중하는 형식으로 부식속도가 크므로 위험성이 높고 장치에 중대한 손상을 미치는 부식의 형태는?**

① 국부부식 ② 전면부식
③ 선택부식 ④ 입계부식

해설 **국부부식** : 특정 부분에 부식이 집중되는 현상으로 부식속도가 크고, 위험성이 높으며 공식, 극간부식, 구식 등이 해당된다.

50 **다음 독성가스와 그 제독제를 잘못 연결한 것은?**

① 염소 – 가성소다 수용액, 탄산소다 수용액, 소석회
② 포스겐 – 가성소다 수용액, 소석회
③ 황화수소 – 가성소다 수용액, 탄산소다 수용액
④ 아황산가스 – 가성소다 수용액, 소석회, 암모니아

해설 독성가스 제독제

가스종류	제독제의 종류
염소	가성소다 수용액, 탄산소다 수용액, 소석회
포스겐	가성소다 수용액, 소석회
황화수소	가성소다 수용액, 탄산소다 수용액
시안화수소	가성소다 수용액
아황산가스	가성소다 수용액, 탄산소다 수용액, 물
암모니아, 산화에틸렌, 염화메탄	물

51 **고온의 물체로부터 방사되는 에너지 중의 특정한 파장의 방사에너지, 즉 휘도를 표준온도의 고온물체와 비교하여 온도를 측정하는 온도계는?**

① 열전대 온도계 ② 광고온계
③ 색온도계 ④ 제게르콘 온도계

해설 **광고온계의 특징**
㉮ 고온에서 방사되는 에너지 중 가시광선을 이용하여 사람이 직접 조작한다.
㉯ 700~3000[℃]의 고온도 측정에 적합하다.
㉰ 광전관 온도계에 비하여 구조가 간단하고 휴대기 편리하다.
㉱ 움직이는 물체의 온도 측정이 가능하고, 측온체의 온도를 변화시키지 않는다.
㉲ 비접촉식 온도계에서 가장 정확한 온도 측정을 할 수 있다.
㉳ 빛의 흡수 산란 및 반사에 따라 오차가 발생한다.
㉴ 방사 온도계에 비하여 방사율에 대한 보정량이 작다.

Answer 47. ① 48. ④ 49. ① 50. ④ 51. ②

㉵ 원거리 측정, 경보, 자동기록, 자동제어가 불가능하다.
㉶ 측정에 수동으로 조작함으로서 개인 오차가 발생할 수 있다.

52 황동판 가공 후 시간이 경과함에 따라 자연히 균열이 발생하는 것을 무엇이라 하는가?

① 가공경화 ② 표면경화
③ 자기균열 ④ 시기균열

53 가스도매사업의 가스공급시설에서 고압의 가스공급시설은 안전구역을 설치하고 그 안전구역의 면적은 몇 [m^2] 미만이어야 하는가?

① 10000 ② 20000
③ 30000 ④ 50000

해설 고압인 가스공급시설은 통로, 공지 등으로 구획된 안전구역 안에 설치하되 그 안전구역의 면적은 20000[m^2] 미만으로 한다. 다만, 공정상 밀접한 관련을 가지는 가스공급시설로서 둘 이상의 안전구역을 구분함에 따라 그 가스공급시설의 운영에 지장을 줄 우려가 있는 경우에는 그 면적을 20000[m^2] 이상으로 할 수 있다.

54 암모니아의 공업적 제법 중 하버-보시법에 해당하는 것은?

① 석탄의 고온건류
② 석회질소를 과열 수증기로 분해
③ 수소와 질소를 직접 반응
④ 염화암모니아 용액에 소석회액을 넣어 반응

해설 **하버-보시법**(Harber-Bosch process) : 수소와 질소를 체적비 3 : 1로 반응시켜 암모니아를 제조하는 공업적 제조법이다.
※ 반응식 : $3H_2 + N_2 \rightarrow 2NH_3 + 23$[kcal]

55 다음 [표]는 A자동차 영업소의 월별 판매실적을 나타낸 것이다. 5개월 단순이동평균법으로 6월의 수요를 예측하면 몇 대인가?

단위 : 대

월	1	2	3	4	5
판매량	100	110	120	130	140

① 120 ② 130
③ 140 ④ 150

해설 $F_t = \dfrac{\sum A_{1-5}}{n}$

$= \dfrac{100+110+120+130+140}{5}$

$= 120$[대]

56 다음 중 계수치 관리도가 아닌 것은?

① c 관리도 ② p 관리도
③ u 관리도 ④ x 관리도

해설 계수값 관리도의 종류
㉮ **np 관리도** : 공정을 부적합품수(np) 에 의해 관리할 경우 사용
㉯ **p 관리도** : 공정을 부적합품율(p) 에 의해 관리할 경우 사용
㉰ **c 관리도** : 미리 정해진 일정 단위 중에 포함된 부적합(결점)수에 의거 공정을 관리할 때 사용
㉱ **u 관리도** : 검사하는 시료의 면적이나 길이 등이 일정하지 않을 경우 사용 또는 부적합수를 관리할 때 사용

57 다음 검사의 종류 중 검사공정에 의한 분류에 해당되지 않는 것은?

① 수입검사 ② 출하검사
③ 출장검사 ④ 공정검사

해설 검사의 분류
㉮ **검사공정에 의한 분류** : 구입검사(수입검사), 중간검사(공정검사), 완성검사(최종검사), 출고검

Answer 52. ④ 53. ② 54. ③ 55. ① 56. ④ 57. ③

사(출하검사)
㉯ **검사장소에 의한 분류** : 정위치 검사, 순회검사, 입회검사(출장검사)
㉰ **판정대상(검사방법)에 의한 분류** : 관리 샘플링 검사, 로트별 샘플링 검사, 전수검사
㉱ **성질에 의한 분류** : 파괴검사, 비파괴검사, 관능검사
㉲ **검사항목에 의한 분류** : 수량검사, 외관검사, 치수검사, 중량검사

58 다음 중 반즈(Ralph M. Barnes)가 제시한 동작경제의 원칙에 해당되지 않는 것은?

① 표준작업의 원칙
② 신체의 사용에 관한 원칙
③ 작업장의 배치에 관한 원칙
④ 공구 및 설비의 디자인에 관한 원칙

해설 **동작경제의 원칙** : 길브레스(F. B Gilbreth)가 처음 사용하고, 반즈(Ralph M. Barnes)가 개량, 보완한 것이다.
㉮ 신체사용에 관한 원칙
㉯ 작업장의 배치에 관한 원칙
㉰ 공구 및 설비의 설계에 관한 원칙

59 품질관리 기능의 사이클을 표현한 것으로 옳은 것은?

① 품질개선 – 품질설계 – 품질보증 – 공정관리
② 품질설계 – 공정관리 – 품질보증 – 품질개선
③ 품질개선 – 품질보증 – 품질설계 – 공정관리
④ 품질설계 – 품질개선 – 공정관리 – 품질보증

해설 품질관리 기능의 사이클 :
품질설계 → 공정관리 → 품질보증 → 품질개선

60 부적합품률이 1[%]인 모집단에서 5개의 시료를 랜덤하게 샘플링할 때, 부적합품수가 1개일 확률은 약 얼마인가? (단, 이항분포를 이용하여 계산한다.)

① 0.048 ② 0.058
③ 0.48 ④ 0.58

해설 $P=\sum\binom{n}{x}P^x(1-P)^{n-x}$
$=\sum\binom{5}{1}\times(0.01)^1\times(1-0.01)^{5-1}$
$=5\times(0.01)^1\times(1-0.01)^{5-1}$
$=0.048$

Answer 58. ① 59. ② 60. ①

과 년 도 문 제

01 **일반도시가스 사업자는 공급권역을 구역별로 분할하고 원격조작에 의한 긴급차단장치를 설치하여 대형가스누출, 지진발생 등 비상시 가스차단을 할 수 있도록 하는 구역의 설정기준으로 옳은 것은?**

① 수요자가 20만 이하가 되도록 설정
② 수요자가 25만 이하가 되도록 설정
③ 배관의 길이가 20[km] 이하가 되도록 설정
④ 배관의 길이가 25[km] 이하가 되도록 설정

해설 구역의 설정 기준
㉮ **구역설정 방법** : 긴급차단장치에 의하여 가스공급을 차단할 수 있는 구역의 설정은 수요자수가 20만 이하가 되도록 하여야 한다. 다만, 구역을 설정한 후 수요자수가 증가하여 20만을 초과하게 되는 경우에는 25만 미만으로 할 수 있다.
㉯ **작동상황 점검주기** : 6월에 1회 이상

02 **다음 [보기]의 특징을 가지는 물질은?**

> [보기]
> – 무색 투명하나 시판품은 흑회색의 고체이다.
> – 물, 습기, 수증기와 직접 반응한다.
> – 고온에서 질소와 반응하여 석회질소로 된다.

① CaC_2　　② P_4S_3
③ P_4　　④ KH

해설 카바이드(CaC_2)의 성질
㉮ 무색투명하나 시판품은 흑회색의 고체이다.
㉯ 물, 습기, 수증기와 직접 반응한다.
㉰ 고온에서 질소와 반응하여 석회질소($CaCN_2$)로 된다.
㉱ 순수한 카바이드 1[kg]에서 366[L]의 아세틸렌 가스가 발생된다.
㉲ 시판 중인 카바이드에는 황(S), 인(P), 질소(N_2), 규소(Si) 등의 불순물이 포함되어 있어 가스발생 시에 황화수소(H_2S), 인화수소(PH_3), 암모니아(NH_3), 규화수소(SiH_4)가 발생되어 냄새가 난다.

03 **산화에틸렌의 저장탱크 및 충전 용기에는 45[℃]에서 그 내부 가스의 압력이 얼마 이상이 되도록 질소가스 등을 충전하여야 하는가?**

① 0.2[MPa]　　② 0.4[MPa]
③ 1[MPa]　　④ 2[MPa]

해설 산화에틸렌(C_2H_4O)의 충전 기준
㉮ 산화에틸렌 저장탱크는 질소가스 또는 탄산가스로 치환하고 5[℃] 이하로 유지한다.
㉯ 산화에틸렌 용기에 충전 시에는 질소 또는 탄산가스로 치환한 후 산 또는 알칼리를 함유하지 않는 상태로 충전한다.
㉰ 산화에틸렌 저장탱크는 45[℃]에서 내부압력이 0.4[MPa] 이상이 되도록 질소 또는 탄산가스를 충전한다.

04 **특정고압가스 사용신고를 하여야 하는 자는 저장능력이 몇 [kg] 이상인 액화가스 저장설비를 갖추고 특정고압가스를 사용하여야 하는가?**

① 100　　② 250
③ 500　　④ 1000

해설 특정고압가스 사용신고 대상 : 고법 시행규칙 제46조
㉮ 저장능력 250[kg] 이상인 액화가스 저장설비를 갖추고 특정고압가스를 사용하려는 자
㉯ 저장능력 50[m^3] 이상인 압축가스 저장설비를

갖추고 특정고압가스를 사용하려는 자
㉰ 배관으로 특정고압가스(천연가스 제외)를 공급받아 사용하고자 하는 자
㉱ 압축모노실란, 압축디보레인, 액화알진, 포스핀, 셀렌화수소, 게르만, 디실란, 오불화비소, 오불화인, 삼불화인, 삼불화질소, 삼불화붕소, 사불화유황, 사불화규소, 액화염소 또는 액화암모니아를 사용하려는 자 다만, 시험용으로 사용하려 하거나 시장, 군수 또는 구청장이 지정하는 지역에서 사료용으로 볏짚 등을 발효하기 위하여 액화암모니아를 사용하려는 경우는 제외한다.
㉲ 자동차 연료용으로 특정고압가스를 공급받아 사용하려는 자
※ 특정고압가스 사용신고를 하려는 자는 사용개시 7일 전까지 시장, 군수 또는 구청장에게 제출하여야 한다.

05 고압가스 배관의 용접에서 용접이음매의 위치 기준에 대한 설명으로 틀린 것은?

① 배관의 용접은 지그(jig)를 사용하여 가장자리부터 정확하게 위치를 맞춘다.
② 관의 두께가 다른 배관의 맞대기 이음에서는 관 두께가 완만하게 변화되도록 길이방향의 기울기를 1/3 이하로 한다.
③ 배관을 맞대기 용접하는 경우 평행한 용접이음매의 간격은 원칙적으로 관지름 이상으로 한다.
④ 배관상호의 길이 이음매는 원주방향에서 원칙적으로 50[mm] 이상 떨어지게 한다.

해설 배관의 용접은 지그(jig)를 사용하여 가운데서부터 정확하게 위치를 맞춘다.

06 다음 중 특정고압가스가 아닌 것은?

① 압축디보레인 ② 액화알진
③ 에틸렌 ④ 아세틸렌

해설 특정고압가스
㉮ 사용신고대상 가스(고법 제20조) : 수소, 산소, 액화암모니아, 아세틸렌, 액화염소, 천연가스, 압축모노실란, 압축디보레인, 액화알진 그 밖에 대통령령이 정하는 고압가스 → 시장, 군수 또는 구청장에게 신고
㉯ 대통령령이 정하는 고압가스(고법 시행령 제16조) : 포스핀, 셀렌화수소, 게르만, 디실란, 오불화비소, 오불화인, 삼불화인, 삼불화질소, 삼불화붕소, 사불화유황, 사불화규소

07 정압과정에서의 전달 열량은?

① 내부에너지의 변화량과 같다.
② 이루어진 일량과 같다.
③ 엔탈피 변화량과 같다.
④ 체적의 변화량과 같다.

해설 정압(등압)과정에서 가열량은 엔탈피 변화로 나타낸다.
$\therefore \Delta h = h_2 - h_1$

08 도시가스 시설에 대한 줄파기 작업의 기준에 대한 설명으로 틀린 것은?

① 가스배관이 있을 것으로 예상되는 지점으로부터 2[m] 이내에서 줄파기를 할 때에는 안전관리전담자의 입회하에 시행한다.
② 줄파기 1일 시공량 결정은 시공속도가 가장 빠른 천공작업에 맞추어 결정한다.
③ 줄파기 심도는 최소한 1.5[m] 이상으로 하며 지장물의 유무가 확인되지 않는 곳은 안전관리전담자와 협의 후 공사의 진척여부를 결정한다.
④ 줄파기공사 후 가스배관으로부터 1[m] 이내에 파일을 설치할 경우에는 유도관을 먼저 설치한 후 되메우기를 실시한다.

해설 줄파기 1일 시공량 결정은 시공속도가 가장 느린 천공작업에 맞추어 결정한다.

Answer 5. ① 6. ③ 7. ③ 8. ②

09 액화석유가스의 안전관리 및 사업법에서 안전관리규정을 제출한 자와 그 종사자는 안전관리규정을 준수하고 그 실시기록을 작성하여 몇 년간 보존하도록 규정하고 있는가?

① 2 ② 3
③ 4 ④ 5

해설 ㉮ 안전관리규정 : 액법 제31조
㉯ 안전관리규정의 실시기록 보존기간 : 액법 시행규칙 제45조 – 3년간 보존

10 도시가스 안전관리자의 직무로서 가장 거리가 먼 것은?

① 가스공급시설의 안전유지
② 위해예방조치의 이행
③ 안전관리원의 교육
④ 정기검사 결과 부적합 판정을 받은 시설의 개선

해설 **안전관리자의 업무** : 도법 시행령 제16조
㉮ 가스공급시설 또는 특정가스 사용시설의 안전유지
㉯ 정기검사 또는 수시검사 결과 부적합 판정을 받은 시설의 개선
㉰ 안전점검의무의 이행 확인
㉱ 안전관리규정 실시기록의 작성, 보존
㉲ 종업원에 대한 안전관리를 위하여 필요한 사항의 지휘, 감독
㉳ 정압기, 도시가스배관 및 그 부속설비의 순회점검, 구조물의 관리, 원격감시시스템의 관리, 검사업무 및 안전에 대한 비상계획의 수립, 관리
㉴ 본관, 공급관의 누출검사 및 전기방식시설의 관리
㉵ 사용자 공급관의 관리
㉶ 공급시설 및 사용시설의 굴착공사 관리
㉷ 배관의 구멍 뚫기 작업
㉸ 그 밖의 위해 방지 조치

11 –40[℃]는 몇 [°F]인가?

① –40 ② –32
③ 40 ④ 44

해설 $°F = \frac{9}{5} ℃ + 32$

$= \frac{9}{5} \times (-40) + 32 = -40 [°F]$

※ 섭씨온도와 화씨온도가 같아지는 눈금이 –40이다.

12 다음 중 암모니아의 완전연소 반응식을 옳게 나타낸 것은?

① $2NH_3 + 2O_2 \rightarrow N_2O + 3H_2O$
② $4NH_3 + 3O_2 \rightarrow 2N_2 + 6H_2O$
③ $NH_3 + 2O_2 \rightarrow HNO_3 + H_2O$
④ $4NH_3 + 5O_2 \rightarrow 4NO + 6H_2O$

해설 암모니아는 산소 중에서 황색염(炎)을 내며 연소하고 질소와 물을 생성한다.
※ 연소반응식 : $4NH_3 + 3O_2 \rightarrow 2N_2 + 6H_2O$

13 다음의 각 가스와 그 가스의 제조법을 연결한 것 중 틀린 것은?

① 수소 – 수성가스법, CO전화법
② 염소 – 합성법, 석회질소법
③ 시안화수소 – 앤드류소오법, 폼아미드법
④ 산소 – 전기분해법, 공기액화 분리법

해설 **염소의 제조법**
(1) **실험적 제조법**
㉮ 소금물의 전기분해
㉯ 소금물에 진한 황산과 이산화망간을 가해 가열
㉰ 표백분에 진한 염산을 가해 제조
㉱ 염산에 이산화망간, 과망간산칼륨 등 산화제를 작용시켜 제조
(2) **공업적 제조법**

Answer 9. ② 10. ③ 11. ① 12. ② 13. ②

㉮ 수은법에 의한 식염($NaCl$)의 전기분해
㉯ 격막법에 의한 식염의 전기분해
㉰ 염산의 전기분해

14 암모니아 합성가스 분리장치에 대한 설명으로 옳은 것은?

① 메탄은 제1열교환기에서 액화하여 분리된다.
② 질소는 상압으로 공급된다.
③ 에틸렌은 제3열교환기에서 액화한다.
④ 일산화질소는 정촉매로 작용한다.

해설 **암모니아 합성가스 분리장치**

(1) **개요** : 암모니아 합성에 필요한 조성가스($3H_2+N_2$)의 혼합가스를 분리하는 장치이다. 이 장치에 공급되는 코크스로 가스는 탄산가스, 벤젠, 일산화질소 등의 불순물을 포함하고 있어 미리 제거하여야 한다. 특히 일산화질소는 저온에서 디엔류와 반응하여 폭발성의 검(gum)상을 만들기 때문에 완전히 제거하여야 한다.

(2) **작동개요**

㉮ 12~25[atm]으로 압축되어 예비 정제된 코크스로 가스는 제1열교환기, 암모니아 냉각기, 제2, 제3, 제4열교환기에서 순차적으로 냉각되어 고비점 성분이 액화분리 된다. 이 가운데 에틸렌은 제3열교환기에서 액화한다.
㉯ 제4열교환기에서 약 −180[℃]까지 냉각된 코크스로 가스는 메탄액화기에서 −190[℃]까지 냉각되어 메탄이 액화하여 제거된다.
㉰ 메탄 액화기를 나온 가스는 질소 세정탑에서 액체질소에 의해 세정되고 남아 있던 일산화탄소, 메탄, 산소 등이 제거되어 약 수소 90[%], 질소 10[%]의 혼합가스가 된다.
㉱ 이것에 적량의 질소를 혼합하여 ($3H_2+N_2$)의 조성으로 하고 제4, 제3, 제2, 제1열교환기에서 온도가 상승하여 채취된다.
㉲ 고압질소는 100~200[atm]의 압력으로 공급되고 각 열교환기에서 냉각되어 액화된 후 질소 세정탑에 공급된다.

15 도시가스 배관 중 전기방식을 반드시 유지해야 할 장소가 아닌 것은?

① 다른 금속구조물과 근접교차 부분
② 배관 절연부의 양측
③ 교량, 하천, 배관의 양단부 및 아파트 입상배관 노출부
④ 강재 보호관 부분의 배관과 강재 보호관

해설 **전기방식을 유지해야 할 장소**

㉮ 직류전철 횡단부 주위
㉯ 지중에 매설되어 있는 배관 절연부의 양측
㉰ 강재보호관 부분의 배관과 강재보호관
㉱ 타 금속구조물과 근접 교차부분
㉲ 밸브스테이션
㉳ 교량 및 하천 횡단배관의 양단부 다만, 외부전원법 및 배류법의 경우 횡단길이가 500[m] 이하, 희생양극법의 경우 횡단길이가 50[m] 이하인 배관은 제외한다.

16 양단이 고정된 20[cm] 길이의 환봉을 20[℃]에서 80[℃]로 가열하였을 때 재료내부에서 발생하는 열응력은 약 몇 [MPa]인가? (단, 재료의 선팽창계수는 11.05×10^{-6}/[℃]이며, 탄성계수 E는 210[GPa]이다.)

① 69.62 ② 139.23
③ 696.15 ④ 2784.60

해설 ㉮ **온도변화에 의한 신축량 계산**

$$\therefore \Delta L = L\cdot\alpha\cdot\Delta t = 20\times11.05\times10^{-6}\times(80-20) = 0.01326\,[cm]$$

㉯ **열응력 계산**

$$\therefore \sigma = \frac{\epsilon\times\Delta L}{L} = \frac{210\times10^3\times0.01326}{20} = 139.23\,[MPa]$$

※ 210[GPa] = 210×10^3[MPa]

Answer 14. ③ 15. ③ 16. ②

17 **팩리스(packless) 신축이음재라고도 하며 설치공간을 적게 차지하나 고압배관에는 부적당한 신축이음재는?**

① 슬리브형 신축이음재
② 벨로스형 신축이음재
③ 루프형 신축이음재
④ 스위블형 신축이음재

해설 벨로스형(bellows type) 신축이음 : 주름통으로 만들어진 것으로 설치 장소에 제한을 받지 않고 가스, 증기, 물 등의 배관에 사용된다. 팩리스(packless)형 이라 불려진다.

18 **냉동능력 25[RT]인 냉매설비와 화기설비의 이격거리의 기준으로 틀린 것은? (단, 냉매는 불연성가스이다.)**

① 내화 방열벽을 설치하지 않은 경우 제1종 화기설비와 5[m] 이상 이격거리를 두어야 한다.
② 내화 방열벽을 설치하지 않는 경우 제2종 화기설비와 4[m] 이상 이격거리를 두어야 한다.
③ 내화 방열벽을 설치한 경우 제2종 화기설비와 1[m] 이상 이격거리를 두어야 한다.
④ 내화 방열벽을 설치한 경우 제1종 화기설비와 2[m] 이상 이격거리를 두어야 한다.

해설 냉매설비와 화기설비의 이격거리 : 냉매가 불연성인 경우

화기설비의 종류	내화 방열벽 설치 조건	이격거리[m]	
		20[RT] 이상	20[RT] 미만
제1종 화기설비	설치하지 않은 경우	5	1.5
	설치한 경우 또는 온도 과상승 방지조치를 한 경우	2	0.8
제2종 화기설비	설치하지 않은 경우	4	1
	설치한 경우 또는 온도 과상승 방지조치를 한 경우	2	0.5
제3종 화기설비	설치하지 않은 경우	1	–

※ 온도 과상승 방지조치 : 내구성이 있는 불연재료로 간극 없이 피복함으로써 화기의 영향을 감소시켜 그 표면의 온도가 화기가 없는 경우의 온도보다 10[℃] 이상 상승하지 아니하도록 하는 조치

19 **어떤 기체가 10[℃], 760[mmHg]에서 100[mL]의 무게가 0.2[g]이라면 표준상태에서 이 기체의 밀도는 약 몇 [g/L]인가?**

① 1.8 ② 2.1
③ 2.4 ④ 2.7

해설 $PV = \frac{W}{M}RT$ 에서

㉮ 분자량(M) 계산

$$\therefore M = \frac{WRT}{PV} = \frac{0.2 \times 0.082 \times (273+10)}{1 \times 0.1} = 46.412$$

㉯ 표준상태(0[℃], 1기압)의 밀도(ρ) 계산

$$\therefore \rho = \frac{W}{V} = \frac{PM}{RT} = \frac{1 \times 46.412}{0.082 \times 273} = 2.073\,[\text{g/L}]$$

20 **흡수식 냉동기에서 냉매와 흡수제로 사용되는 것을 옳게 나타낸 것은?**

① 물 – 취화리듐
② 물 – 염화메틸
③ 물 – 프레온22
④ 물 – 메틸클로라이드

해설 흡수식 냉동기(냉온수기)의 냉매 및 흡수제

냉매	흡수제
암모니아(NH_3)	물(H_2O)
물(H_2O)	리듐브롬아미드(LiBr)
염화메틸(CH_3Cl)	사염화에탄
톨루엔	파라핀유

※ 취화리듐 : 리듐브롬아미드(LiBr)

Answer 17. ② 18. ③ 19. ② 20. ①

21 도시가스 특정가스 사용시설의 배관 고정(지지)간격의 설치 기준에 대한 설명으로 옳은 것은?

① 호칭지름 12[mm] 미만인 배관은 1[m] 마다 고정장치를 설치하여야 한다.
② 호칭지름 12[mm] 이상 33[mm] 미만인 배관은 2[m] 마다 고정장치를 설치하여야 한다.
③ 호칭지름 33[mm] 이상인 배관은 3[m] 마다 고정장치를 설치하여야 한다.
④ 배관과 고정장치 사이에는 절연조치를 하지 않아도 된다.

해설 배관 고정장치 설치간격 기준
㉮ 호칭지름 13[mm] 미만 : 1[m] 마다
㉯ 호칭지름 13[mm] 이상 33[mm] 미만 : 2[m] 마다
㉰ 호칭지름 33[mm] 이상 : 3[m] 마다
※ 배관과 고정장치 사이에는 절연조치를 하여야 한다.

22 가스도매사업의 가스공급시설인 배관을 지하에 매설하는 경우의 기준에 대한 설명으로 옳은 것은?

① 지표면으로부터 배관 외면까지의 매설깊이는 산이나 들의 경우에는 1.2[m] 이상으로 한다.
② PE배관의 굴곡 허용반지름은 바깥지름의 50배 이상으로 한다.
③ 배관은 그 외면으로부터 수평거리로 건축물까지 1.2[m] 이상을 유지한다.
④ 도로가 평탄할 경우의 배관의 기울기는 1/500~1/1000 정도의 기울기로 설치한다.

해설 각 항목의 옳은 설명
①번 항목 : 배관의 매설깊이는 산이나 들 1[m] 이상, 그 밖의 지역 1.2[m] 이상으로 한다.
② PE배관의 굴곡 허용반지름은 바깥지름의 20배 이상으로 한다.
③ 배관은 그 외면으로부터 수평거리로 건축물까지 1.5[m] 이상을 유지한다.

23 단열압축에 대한 설명으로 틀린 것은?

① 공급되는 열량은 0이다.
② 공급되는 일은 기체의 엔탈피 증가로 보존된다.
③ 단열 압축 전 보다 압력이 증가한다.
④ 단열 압축 전 보다 온도, 비체적이 증가한다.

해설 단열 압축 전 보다 온도는 증가하지만 비체적은 감소된다.

24 부취제 주입방법에 대한 설명으로 틀린 것은?

① 펌프 주입방식은 부취제 첨가율의 조절이 용이하며 주로 대규모 공급용으로 적합하다.
② 바이패스 증발식은 온도, 압력 등의 변동에 따라 부취제의 첨가율이 변동하며 주로 중, 소규모용으로 적합하다.
③ 적하 주입방식은 부취제 첨가율을 일정하게 하기 위해 수동조질이 필요 없고 주로 대규모용으로 적합하다.
④ 위크 증발식은 부취제 첨가량의 조절이 어렵고, 주로 소규모용으로 적합하다.

해설 적하 주입방식은 부취제 첨가율 조정을 니들 밸브, 전자밸브 등으로 하지만 정도(精度)가 낮으므로 유량변동이 작은 소규모용으로 적합하다.

Answer 21. ③ 22. ④ 23. ④ 24. ③

25 프로판가스 2.2[kg]을 완전연소 시키는데 필요한 이론공기량은 25[℃], 750[mmHg]에서 약 몇 [m³]인가?

① 29.50 ② 34.66
③ 44.51 ④ 57.25

해설 ㉮ 프로판의 완전연소 반응식
$C_3H_8 + 5O_2 \rightarrow 3CO_2 + 4H_2O$
㉯ 표준상태에서의 이론공기량(A_0) 계산
44[kg]:5×22.4[Nm³]=2.2[kg]: O_0[Nm³]

$$\therefore A_0 = \frac{O_0}{0.21} = \frac{2.2 \times 5 \times 22.4}{44 \times 0.21} = 26.667[\text{Nm}^3]$$

㉰ 25[℃], 750[mmHg] 상태 체적으로 계산

$$\frac{P_1 V_1}{T_1} = \frac{P_2 V_2}{T_2} \text{ 에서}$$

$$\therefore V_2 = V_1 \times \frac{T_2}{T_1} \times \frac{P_1}{P_2} = 26.667 \times \frac{273+25}{273} \times \frac{760}{750} = 29.497[\text{m}^3]$$

26 다음 반응식의 평형상수(K)를 올바르게 나타낸 것은?

$N_2 + 3H_2 \rightleftarrows 2NH_3$

① $K = \dfrac{2[NH_3]}{[N_2] \cdot 3[H_2]}$

② $K = \dfrac{[H_2]^3}{[N_2] \cdot [NH_3]^2}$

③ $K = \dfrac{[NH_3]^2}{[N_2] \cdot [H_2]^3}$

④ $K = \dfrac{[N_2]^2}{[H_2] \cdot [NH_3]^2}$

해설 다음의 반응이 평형상태에 있을 때

$$aA + bB \rightleftarrows cC + dD$$

$$\therefore K = \frac{[C]^c \times [D]^d}{[A]^a \times [B]^b}$$

27 금속재료의 가스에 의한 침식에 대한 설명으로 틀린 것은?

① 고온, 고압의 암모니아는 강재에 대해서 질화작용과 수소취성의 2가지 작용을 미친다.
② 일산화탄소는 Fe, Ni 등 철족의 금속과 작용하여 금속 카르보닐을 생성한다.
③ 고온, 고압의 질소는 강재의 내부까지 침입하여 강재를 취화시키므로 고온, 고압의 질소를 취급하는 기기에는 강재를 사용할 수 없다.
④ 중유나 연료유 속에 포함되는 바나듐산화물이 금속표면에 부착하면 급격한 고온부식을 일으킨다.

해설 가스에 의한 침식 종류
㉮ 산소(O_2) 및 탄산가스(CO_2) : 산화
㉯ 황화수소(H_2S) : 황화
㉰ 암모니아(NH_3) : 질화 및 수소취성
㉱ 일산화탄소(CO) : 침탄 및 카르보닐화
㉲ 오산화바나듐(V_2O_5) : 바나듐 어택
㉳ 수소(H_2) : 탈탄작용(또는 수소취성)
※ ③번 항목은 수소에 의한 수소취성의 설명 임

28 다음 중 고압가스 안전관리법의 적용범위에서 제외되는 고압가스가 아닌 것은?

① 오토클레이브 안의 수소가스
② 철도차량의 에어콘디셔너 안의 고압가스
③ 등화용의 아세틸렌가스
④ 냉동능력이 3톤 미만인 냉동설비 안의 고압가스

Answer 25. ① 26. ③ 27. ③ 28. ①

해설 고압가스 안전관리법의 적용 대상이 되는 가스 중 제외되는 고압가스(고법 시행령 별표1) : "오토클레이브 안의 고압가스"는 법 적용에서 제외되지만 수소, 아세틸렌 및 염화비닐은 법 적용을 받는다.

29 **결정입자가 선택적으로 부식하는 것으로 열영향에 의해 Cr을 석출하는 부식현상은?**

① 국부부식 ② 선택부식
③ 입계부식 ④ 응력부식

해설 **입계부식** : 결정입자가 선택적으로 부식되는 현상으로 스테인리스강에서 발생된다.

30 **다음 [보기]에서 설명하는 응축기 종류는?**

[보기]
- 암모니아, 프레온계 등 대·중·소 냉동기에 사용된다.
- 수량이 충분하지 않은 경우에 적당하다.
- 설치공간이 적다.
- 냉각관이 부식되기 쉽다.
- 냉각수량이 적어도 된다.

① 입형 쉘 앤드 튜브식 응축기
② 횡형 쉘 앤드 튜브식 응축기
③ 7통로식 응축기
④ 대기식 브리다형 응축기

31 **도시가스 본관 중 중압 배관의 내용적이 9[m³]일 경우 자기압력기록계를 이용한 기밀시험 유지시간은?**

① 24분 이상 ② 40분 이상
③ 216분 이상 ④ 240분 이상

해설 **자기압력기록계를 이용한 기밀시험 유지시간**

최고사용 압력	용적[m³]	기밀유지시간
저압, 중압	1[m³] 미만	24분
	1[m³] 이상 10[m³] 미만	240분
	10[m³] 이상 300[m³] 미만	24×V (다만, 1440분을 초과하는 경우는 1440분으로 할 수 있다.)

※ V : 피시험부분의 용적[m³]

32 **천연가스를 원료로 하는 도시가스의 연소 폐가스 성분으로 가장 거리가 먼 것은?**

① 공기 중의 질소와 과잉산소
② 이산화탄소와 수증기
③ 가스 중의 불연성 성분
④ 메탄과 수소

해설 **메탄(CH_4)의 완전연소 반응식**

$CH_4 + 2O_2 + (N_2) + B \rightarrow CO_2 + 2H_2O + (N_2) + B$

여기서, N_2 : 공기 중의 질소 B : 과잉공기량

33 **수소의 일반적인 성질에 대한 설명으로 옳은 것은?**

① 열전도도가 대단히 크다.
② 확산속도가 아주 작아 공기 중에 확산되기 어렵다.
③ 폭발한계 이내인 경우 난독으로 분해 폭발한다.
④ 폭굉속도는 400~500[m/s]로서 아주 빠르다.

해설 **수소의 성질**

㉮ 지구상에 존재하는 원소 중 가장 가볍다.
㉯ 무색, 무취, 무미의 가연성이다.

Answer 29. ③ 30. ② 31. ④ 32. ④ 33. ①

㉰ 확산속도가 대단히 크다.
㉱ 고온에서 강재, 금속재료를 쉽게 투과한다.
㉲ 폭굉속도가 1400~3500[m/s]에 달한다.
㉳ 폭발범위가 넓다.

34 **안전밸브(safety valve)에 대한 설명으로 옳은 것은?**

① 안전장치에서 가장 많이 사용되는 것은 중추식이다.
② 안전밸브 전에는 스톱밸브를 설치하지 않아도 된다.
③ 안전밸브의 수리 시 스톱밸브는 닫아준다.
④ 안전밸브와 스톱밸브는 항상 닫아둔다.

해설 각 항목의 옳은 설명
①**번 항목** : 안전장치에서 가장 많이 사용되는 것은 스프링식이다.
②**번 항목** : 안전밸브 전에는 스톱밸브를 설치하여야 한다.
④**번 항목** : 안전밸브 전에 있는 스톱밸브는 항상 개방시켜 놓아야 한다.

35 **굴착공사에 의한 도시가스배관 손상방지 기준 중 굴착공사자가 공사 중에 시행하여야 할 기준에 대한 설명으로 틀린 것은?**

① 가스안전 영향평가 대상 굴착공사 중 가스배관의 수직, 수평변위 및 지반침하의 우려가 있는 경우에는 가스배관 변형 및 지반침하 여부를 확인한다.
② 가스배관 주위에서는 중장비의 배치 및 작업을 제한하여야 한다.
③ 계절 온도변화에 따라 와이어로프 등의 느슨해짐을 수정하고 가설구조물의 변형 유무를 확인하여야 한다.
④ 굴착공사에 의해 노출된 가스배관과 가스안전 영향평가 대상범위 내의 가스배관은 월간 안전점검을 실시하고 점검표에 기록한다.

해설 굴착공사로 노출된 가스배관과 가스안전 영향평가 대상범위 안의 가스배관은 일일 안전점검을 실시하고 점검표에 기록할 것

36 **고압가스를 취급하였을 때 다음 중 위험하지 않은 경우는?**

① 산소 5[%]를 함유한 CH_4를 100[kgf/cm^2]까지 압축하였다.
② 산소 제조장치를 공기로 치환하지 않고 용접 수리하였다.
③ 수분을 함유한 염소를 진한 황산으로 세척하여 고압용기에 충전하였다.
④ 시안화수소를 고압용기에 충전하는 경우 수분을 안정제로 첨가하였다.

해설 각 항목의 안전기준
①**번 항목** : 압축금지 기준에 맞지 않음
ⓐ 가연성가스(아세틸렌, 에틸렌, 수소제외) 중 산소용량이 전용량의 4[%] 이상인 것
ⓑ 산소 중의 가연성가스(아세틸렌, 에틸렌, 수소제외)의 용량이 전용량의 4[%] 이상인 것
ⓒ 아세틸렌, 에틸렌, 수소 중의 산소용량이 전용량의 2[%] 이상인 것
ⓓ 산소 중의 아세틸렌, 에틸렌, 수소의 용량합계가 전용량의 2[%] 이상인 것
②**번 항목** : 산소 농도가 22[%] 이하로 될 때까지 치환하여야 하고 사람이 들어가 작업을 하는 경우 산소농도는 18~22[%]를 유지하여야 한다.
③**번 항목** : 염소의 건조제로 진한 황산을 사용한다.
④**번 항목** : 시안화수소를 충전할 때 수분이 함유되면 중합폭발의 위험성이 있으며, 안정제로는 황산, 아황산가스 등을 사용한다.

Answer 34. ③ 35. ④ 36. ③

37 **폭굉유도거리(DID)가 짧아질 수 있는 조건으로 옳은 것은?**

① 관 속에 방해물이 있거나 관지름이 가늘수록
② 압력이 낮을수록
③ 점화원의 에너지가 작을수록
④ 정상연소속도가 느린 혼합가스일수록

해설 폭굉 유도거리가 짧아질 수 있는 조건
㉮ 정상연소속도가 큰 혼합가스일수록
㉯ 관속에 방해물이 있거나 관지름이 가늘수록
㉰ 압력이 높을수록
㉱ 점화원의 에너지가 클수록

38 **LPG 충전소 용기의 잔가스 제거장치의 설치 기준으로 틀린 것은?**

① 용기에 잔류하는 액화석유가스를 회수할 수 있는 용기전도대를 갖춘다.
② 회수한 잔가스를 저장하는 전용탱크의 내용적은 1000[L] 이상으로 한다.
③ 잔가스 연소장치는 잔가스 회수 또는 배출하는 설비로부터 8[m] 이상의 거리를 유지하는 장소에 설치한 것으로 한다.
④ 압축기에는 유분리기 및 응축기가 부착되어 있고 1[MPa] 이상 0.05[MPa] 이하의 압력에서 자동으로 정지하도록 한다.

해설 압축기에는 유분리기 및 응축기가 부착되어 있고 0[MPa] 이상 0.05[MPa] 이하의 압력범위에서 자동으로 정지할 것

39 **공기액화 분리장치 액화 산소통 내의 액화 산소 30[L] 중에 메탄이 1000[mg], 아세틸렌 50[mg]이 섞여 있을 때의 조치로서 옳은 것은?**

① 안전하므로 계속 운전한다.
② 운전을 계속하면서 액화산소를 방출한다.
③ 극히 위험한 상태이므로 즉시 희석제를 첨가한다.
④ 즉시 운전을 중지하고, 액화산소를 방출한다.

해설 액화산소 5[L] 중 아세틸렌 및 탄화수소 중 탄소의 질량 계산
㉮ 아세틸렌(C_2H_2) 질량 계산

$$\therefore C_2H_2\ 질량 = \frac{C_2H_2\ 량}{액산의\ 기준량\ 대비\ 배수} = \frac{50}{\frac{30}{5}} = 8.33[\text{mg}]$$

㉯ 탄화수소의 탄소(C) 질량 계산

$$\therefore 탄소\ 질량 = \frac{\frac{탄화수소\ 중\ 탄소질량}{탄화수소의\ 분자량} \times 탄화수소\ 량}{액산의\ 기준량\ 대비\ 배수} = \frac{\frac{12}{16} \times 1000}{\frac{30}{5}} = 125[\text{mg}]$$

㉰ 판정 : 액화산소 5[L] 중 아세틸렌 질량이 5[mg]을 넘으므로 운전을 중지하고, 액화산소를 방출하여야 한다.

40 **다음 [보기]의 가연성가스 중 위험성 크기의 순서가 옳게 나열된 것은?**

[보기] 프로판, 아세틸렌, 수소, 산화에틸렌

① 프로판 〈 수소 〈 산화에틸렌 〈 아세틸렌
② 수소 〈 프로판 〈 산화에틸렌 〈 아세틸렌
③ 산화에틸렌 〈 프로판 〈 수소 〈 아세틸렌
④ 프로판 〈 산화에틸렌 〈 수소 〈 아세틸렌

해설 ㉮ 위험도 공식 $H = \frac{U - L}{L}$
여기서, H : 위험도, U : 폭발범위 상한값, L : 폭발범위 하한값

Answer 37. ① 38. ④ 39. ④ 40. ①

㈏ 각 가스의 폭발범위 및 위험도

명칭	폭발범위	위험도
프로판	2.2~9.5[%]	3.32
아세틸렌	2.5~81[%]	31.4
수소	4~75[%]	17.75
산화에틸렌	3~80[%]	25.67

41 액화염소가스 1250[kg]을 용량이 25[L]인 용기에 충전하려면 몇 개의 용기가 필요한가? (단, 가스정수는 0.80이다.)

① 20 ② 40
③ 60 ④ 80

해설 ㈎ 용기 1개당 충전량[kg] 계산

$$\therefore G = \frac{V}{C} = \frac{25}{0.8} = 31.25[\text{kg}]$$

㈏ 용기 수 계산

$$\therefore \text{용기 수} = \frac{\text{전체 가스량[kg]}}{\text{용기 1개당 충전량[kg]}} = \frac{1250}{31.25} = 40\text{개}$$

42 가스안전관리에서 사용되는 다음 위험성 평가기법 중 정량적 기법에 해당되는 것은?

① 위험과 운전분석(HAZOP)
② 사고예상질문 분석(WHAT-IF)
③ 체크리스트법(check list)
④ 작업자실수 분석(HEA)

해설 **위험성 평가기법**

㈎ **정성적 평가기법** : 체크리스트(check list)기법, 사고예상질문 분석기법(WHAT-IF), 위험과 운전분석기법(HAZOP)

㈏ **정량적 평가기법** : 작업자 실수 분석기법(HEA), 결함수 분석기법(FTA), 사건수 분석기법(ETA), 원인 결과 분석기법(CCA)

43 혼합가스 중의 아세틸렌가스를 헴펠법으로 정량분석 하고자 한다. 이 때 사용되는 흡수제는?

① 파라듐블랙 ② 황산 제1철 용액
③ KI 수용액 ④ 발연황산

해설 **헴펠(Hempel)법 분석순서 및 흡수제**

순서	분석가스	흡수제
1	CO_2	KOH 30% 수용액
2	C_mH_n	발연황산
3	O_2	피로갈롤용액
4	CO	암모니아성 염화 제1구리 용액

44 도시가스 배관의 굴착으로 인하여 몇 m 이상 노출된 배관에 대하여 누출된 가스가 체류하기 쉬운 장소에 가스누출경보기를 설치하여야 하는가?

① 10 ② 20
③ 30 ④ 50

해설 **굴착으로 노출된 배관의 안전조치** : 굴착으로 20[m] 이상 노출된 배관은 20[m] 마다 가스누출경보기 설치

45 액화석유가스의 안전관리 및 사업법상 액화석유가스라 함은 무엇을 주성분으로 한 가스를 말하는가?

① 프로판, 부탄
② 프로판, 메탄
③ 부탄, 메탄
④ 천연가스

해설 **액화석유가스의 정의(액법 제2조)** : 프로판이나 부탄을 주성분으로 한 가스를 액화한 것(기화된 것을 포함)을 말한다.

Answer 41. ② 42. ④ 43. ④ 44. ② 45. ①

46 **액화석유가스 용기충전시설의 저장탱크에 폭발방지장치를 의무적으로 설치하여야 하는 경우는? (단, 저장탱크는 저온저장탱크가 아니며, 물분무장치 설치 기준을 충족하지 못하는 것으로 가정한다.)**

① 상업지역에 저장능력 15톤 저장탱크를 지상에 설치하는 경우
② 녹지지역에 저장능력 20톤 저장탱크를 지상에 설치하는 경우
③ 주거지역에 저장능력 5톤 저장탱크를 지상에 설치하는 경우
④ 녹지지역에 저장능력 30톤 저장탱크를 지상에 설치하는 경우

해설 폭발방지장치 설치 : 주거지역, 상업지역 지상에 설치하는 저장능력 10[톤] 이상의 저장탱크

47 **공기보다 비중이 가벼운 도시가스의 정압기실로서 지하에 설치되는 경우의 통풍구조에 대한 설명으로 틀린 것은?**

① 통풍구조는 환기구를 2방향 이상으로 분산 설치한다.
② 배기구는 천장면으로부터 30[cm] 이내에 설치한다.
③ 흡입구 및 배기구의 관지름은 80[mm] 이상으로 한다.
④ 배기가스의 방출구는 지면에서 3[m] 이상의 높이에 설치한다.

해설 **지하에 설치되는 정압기실 통풍구조**
㉮ 흡입구 및 배기구의 관지름은 100[mm] 이상으로 한다.
㉯ 배기가스 방출구는 지면에서 5[m] 이상의 높이에 설치한다. 단, 공기보다 가벼운 도시가스의 경우 3[m] 이상으로 할 수 있다.

48 **20[℃], 760[mmHg]에서 상대습도가 70[%]인 공기의 mol 습도는 약 몇 [kg-mol · H_2O/kg-mol · 건조공기]인가?(단, 물의 증기압은 17.5[mmHg]이다.)**

① 0.0164 ② 0.0257
③ 12.25 ④ 747.75

해설 ㉮ 수증기 분압 계산

$$\phi = \frac{\text{수증기분압}(P_w)}{t[℃]\text{에서의 포화수증기압}(P_s)}$$ 에서

$$\therefore P_w = \phi \times P_s = 0.7 \times 17.5 = 12.25[\text{mmHg}]$$

㉯ 몰[mol] 습도 계산

$$\therefore \text{습도} = \frac{P_w}{P - P_w} = \frac{12.25}{760 - 12.25} = 0.01638[\text{kg-mol} \cdot H_2O/\text{kg-mol} \cdot \text{DA}]$$

49 **재검사용기 및 특정설비의 파기방법에 대한 설명으로 틀린 것은?**

① 잔가스를 전부 제거한 후 절단할 것
② 검사신청인에게 파기의 사유, 일시, 장소 및 인수시한 등을 통지하고 파기할 것
③ 절단 등의 방법으로 파기하여 원형으로 재가공이 가능하게 하여 재활용할 수 있도록 할 것
④ 파기하는 때에는 검사장소에서 검사원으로 하여금 직접 실시하게 하거나 검사원 입회하에 특정설비의 사용자로 하여금 실시하게 할 것

해설 절단 등의 방법으로 파기하여 원형으로 가공할 수 없도록 할 것

Answer 46. ① 47. ③ 48. ① 49. ③

50 C_2H_2을 2.5[MPa]의 압력으로 압축하려고 한다. 이 때 사용하는 희석제로 옳은 것은?

① Na_2CO_3 ② H_2SO_4
③ C_2H_4 ④ $CaCl_2$

해설 희석제의 종류
㉮ 안전관리 규정에 정한 것 : 질소(N_2), 메탄(CH_4), 일산화탄소(CO), 에틸렌(C_2H_4)
㉯ 사용 가능한 것 : 수소, 프로판, 이산화탄소

51 CO와 Cl_2를 원료로 하여 포스겐을 제조할 때 주로 사용되는 촉매는?

① 염화 제1구리 ② 백금, 로듐
③ 니켈, 바나듐 ④ 활성탄

해설 포스겐($COCl_2$) 제조 반응식 및 촉매
㉮ 반응식 : $CO + Cl_2 \rightarrow COCl_2$
㉯ 촉매 : 활성탄

52 펠티어(peltier)의 효과를 이용하는 열전 냉동법은?

① 전자 냉동기 ② 증기분사식 냉동기
③ 흡수식 냉동기 ④ 증기압축식 냉동기

해설 펠티어(peltier)의 효과 : 종류가 다른 금속을 링(ring) 모양으로 접속하여 전류를 흐르게 하면 한 쪽의 접합점은 고온이 되고 다른 한 쪽의 접합점은 저온이 된다.

53 염화암모늄과 아질산나트륨의 혼합물을 가열하였을 때 주로 얻을 수 있는 기체는?

① 염소 ② 암모니아
③ 산화질소 ④ 질소

54 부유피스톤형 압력계에서 실린더 지름이 20[mm], 추와 피스톤의 무게가 20[kg]일 때, 이 압력계에 접속된 부르동관의 압력계 눈금이 7[kgf/cm^2]를 나타내었다. 부르동관 압력계의 오차는 약 몇 [%]인가?

① 4 ② 5
③ 8 ④ 10

해설 ㉮ 참값(부유 피스톤형 압력계의 압력) 계산

$$\therefore P = \frac{W + W'}{a} = \frac{20}{\frac{\pi}{4} \times 2^2} = 6.37[\text{kgf/cm}^2]$$

㉯ 오차[%] 계산

$$\therefore \text{오차} = \frac{\text{측정값} - \text{참값}}{\text{참값}} \times 100 = \frac{7 - 6.37}{6.37} \times 100 = 9.89[\%]$$

55 200개 들이 상자가 15개 있다. 각 상자로부터 제품을 랜덤하게 10개씩 샘플링 할 경우 이러한 샘플링 방법을 무엇이라 하는가?

① 계통 샘플링 ② 취락 샘플링
③ 층별 샘플링 ④ 2단계 샘플링

해설 층별 샘플링(stratified sampling) : 모집단을 N개의 층으로 나누어서 각 층으로부터 각각 랜덤하게 시료를 샘플링하는 방법이다.

56 $\bar{x}$ 관리도에서 관리상한이 22.15, 관리하한이 6.85, $\bar{R}$ = 7.5일 때 시료군의 크기(n)는 얼마인가? (단, n = 2일 때 A_2 = 1.88, n = 3일 때 A_2 = 1.02, n = 4일 때 A_2 = 0.73, n = 5일 때 A_2 = 0.58 이다.)

① 2 ② 3
③ 4 ④ 5

Answer 50. ③ 51. ④ 52. ① 53. ④ 54. ④ 55. ③ 56. ②

해설 $\bar{x}$ 관리도

㉮ 관리상한과 하한의 차 계산

$\therefore UCL - LCL = 22.15 - 6.85 = 15.3$

㉯ 관리상한과 하한의 차 계산식 관계

$\therefore UCL - LCL = (\bar{x} + A_2 \overline{R}) - (\bar{x} - A_2 \overline{R})$

$= 2A_2 \overline{R}$

$\therefore 2A_2 \overline{R} = 15.3$ 이 된다.

$\therefore A_2 = \dfrac{15.3}{2\overline{R}} = \dfrac{15.3}{2 \times 7.5} = 1.02$

㉰ 단서 조항에서 주어진 $A_2 = 1.02$에 해당하는 n 값을 찾으면 3이 된다.

57 ASME(American Society of Machine Engineers)에서 정의하고 있는 제품공정 분석표에 사용되는 기호 중 "저장(storage)"을 표현한 것은?

① ○　② D
③ □　④ ▽

해설 ASME식 기호

① 작업　② 정체　③ 검사　④ 저장

58 사내표준을 작성할 때 갖추어야 할 요건으로 옳지 않은 것은?

① 내용이 구체적이고 주관적일 것
② 장기적 방침 및 체계 하에서 추진할 것
③ 작업표준에는 수단 및 행동을 직접 제시할 것
④ 당사자에게 의견을 말하는 기회를 부여하는 절차로 정할 것

해설 사내표준 작성 시 갖추어야 할 요건

㉮ 실행가능성이 있는 내용일 것
㉯ 당사자에게 의견을 말할 기회를 주는 방식으로 정할 것
㉰ 기록내용이 구체적이며 객관적일 것
㉱ 기여도가 큰 것부터 중점적으로 취급할 것
㉲ 직감적으로 보기 쉬운 표현으로 할 것
㉳ 적시에 개정, 향상시킬 것
㉴ 장기적 방침 및 체계화로 추진할 것
㉵ 작업표준에는 수단 및 행동을 직접 제시할 것

59 어떤 측정법으로 동일 시료를 무한횟수 측정하였을 때 데이터 분포의 평균치와 모집단 참값과의 차를 무엇이라 하는가?

① 편차　② 신뢰성
③ 정확성　④ 정밀도

해설 ㉮ **편차**(deviation) : 관측값과 평균의 차이
㉯ **신뢰성** : 시스템, 기기, 부품 등의 기능의 시간적 안정성을 나타내는 정도
㉰ **정확성**(accuracy) : 어떤 측정법으로 동일 시료를 무한횟수 측정하였을 때 데이터 분포의 평균값과 모집단 참값과의 차이를 의미한다.
㉱ **정밀도** : 어떤 측정법으로 동일 시료를 무한횟수 측정하였을 때 그 데이터는 반드시 어떤 산포를 갖게 되는데, 이 산포의 크기를 정밀도라 한다.

60 다음 중 신제품에 대한 수요예측 방법으로 가장 적합한 것은?

① 시장조사법　② 이동평균법
③ 지수평활법　④ 최소자승법

해설 **시장조사법** : 소비자 의견조사와 신제품에 대한 단기예측을 하는 방법으로 전화 면담에 의한 조사, 설문지 조사, 소비자 모임에서의 의견수렴, 시험판매 등으로 한다. 수요 예측에 대한 결과는 좋으나 비용과 시간이 많이 소요된다.

Answer 57. ④ 58. ① 59. ③ 60. ①

과 년 도 문 제

01 액화가스를 가열하여 기화시키는 기화장치의 성능기준으로 틀린 것은?

① 가연성 가스용 기화장치의 접지 저항치는 10[Ω] 이하로 한다.
② 안전장치는 내압시험의 8/10 이하의 압력에서 작동하는 것으로 한다.
③ 온수가열 방식의 온수는 80[℃] 이하로 한다.
④ 증기가열 방식의 온도는 100[℃] 이하로 한다.

해설 증기가열 방식의 온도는 120[℃] 이하로 한다.

02 도시가스 공급계획을 가장 적절히 설명한 항목은?

① 어떤 지역 내의 피크(peak)시 가스소비량과 그 지역 내 전체 수요가의 가스기구 소비량의 총합계의 비를 추정하는 것이다.
② 해마다 증가하는 수요, 공급구역의 확대를 예측하여 항상 안정된 압력으로 양질의 가스를 원활하게 공급할 수 있도록 공급시설의 증감 또는 개폐를 계획하는 것이다.
③ 배관의 구경(지름)결정과 압력해석을 수행하는 것이다.
④ 시시각각 변화하는 가스 수요량을 예측하여 가스제조설비, 가스홀더, 압송기, 정압기 등을 안전하고 효율적으로 운용하여, 수요가에게 안정된 공급압력으로 가스를 공급하는 것이다.

03 다음 중 이상기체의 법칙에 가장 가까운 것은?

① 저압, 고온에서 이상기체의 법칙에 접근한다.
② 고압, 저온에서 이상기체의 법칙에 접근한다.
③ 저압, 저온에서 이상기체의 법칙에 접근한다.
④ 고압, 고온에서 이상기체의 법칙에 접근한다.

해설 실제기체가 이상기체 상태방정식을 만족하는 조건(또는 실제기체가 이상기체에 가까워질 수 있는 조건) : 압력은 낮고, 온도는 높아야 한다. (저압, 고온)

04 염소가스는 수은법에 의한 식염의 전기분해로 얻을 수 있다. 이 때 염소가스는 어느 곳에서 주로 발생하는가?

① 수은 ② 소금물
③ 나트륨 ④ 인조흑연(탄소판)

해설 **수은법에 의한 식염의 전기분해** : 음극(−)극을 수은으로 하여 생성된 나트륨을 아밀감으로 하여 수은에 용해시키고, 다른 용기에 옮겨 물로 분해하여 가성소다(NaOH)와 수소를 생성하며, 인조흑연으로 만든 양극에서 염소가 발생한다.

05 Dalton의 법칙에 대한 설명으로 옳지 않은 것은?

① 모든 기체에 대해 정확히 성립한다.
② 혼합기체의 전압은 각 기체의 분압의 합과 같다.
③ 실제기체의 경우 낮은 압력에서 적용할 수 있다.
④ 한 기체의 분압과 전압의 비는 그 기체의 몰수와 전체 몰수의 비와 같다.

Answer 1. ④ 2. ② 3. ① 4. ④ 5. ①

해설 **달톤(Dalton)의 분압법칙** : 혼합기체가 나타내는 전압은 각 성분 기체 분압의 총합과 같다는 것으로 실제기체의 경우 압력이 낮은 경우에 적용할 수 있다.

06 일반도시가스사업자 정압기 이상압력 상승 시 [보기]의 안전장치 작동순서로 적합한 것은?

[보기] ㉠ 이상압력 통보설비
㉡ 주정압기의 긴급차단장치
㉢ 안전밸브
㉣ 예비정압기의 긴급차단장치

① ㉠-㉡-㉢-㉣
② ㉡-㉢-㉣-㉠
③ ㉢-㉣-㉠-㉡
④ ㉣-㉠-㉡-㉢

해설 정압기에 설치되는 안전장치 설정압력

구분		상용압력 2.5[kPa]	그 밖의 경우
이상압력 통보설비	상한값	3.2[kPa] 이하	상용압력의 1.1배 이하
	하한값	1.2[kPa] 이상	상용압력의 0.7배 이상
주 정압기에 설치하는 긴급차단장치		3.6[kPa] 이하	상용압력의 1.2배 이하
안전밸브		4.0[kPa] 이하	상용압력의 1.4배 이하
예비 정압기에 설치하는 긴급차단장치		4.4[kPa] 이하	상용압력의 1.5배 이하

07 액화산소 5L를 기준했을 때 다음 중 어느 경우에 공기액화 분리기의 운전을 중지하고 액화산소를 방출해야 하는가?

① 탄화수소의 탄소의 질량이 500[mg]을 넘을 때
② 탄화수소의 탄소의 질량이 50[mg]을 넘을 때
③ 아세틸렌이 2[mg]을 넘을 때
④ 아세틸렌이 0.2[mg]을 넘을 때

해설 공기액화 분리기에 설치된 액화산소 5[L] 중 아세틸렌 질량이 5[mg], 탄화수소의 탄소의 질량이 500[mg]을 넘을 때에는 운전을 중지하고 액화산소를 방출시킬 것

08 가스액화 분리장치용 구성기기 중 왕복동식 팽창기에 대한 설명으로 옳은 것은?

① 팽창비가 작다.
② 효율이 60~65[%] 정도로서 높지 않다.
③ 흡입압력의 범위가 좁다.
④ 기통 내의 윤활에 오일을 사용하지 않으므로 깨끗하다.

해설 **왕복동식 팽창기의 특징**

㉮ 고압식 액화산소 분리장치, 수소액화장치, 헬륨액화장치 등에 사용한다.
㉯ 흡입압력은 저압에서 고압(20[MPa])까지 범위가 넓다.
㉰ 팽창비가 약 40 정도로 크나, 효율은 60~65[%]로 낮다.
㉱ 처리 가스량이 1000[m^3/h] 이상의 대량이면 다기통이 되어야 한다.

09 케이싱 내에 암로터 및 숫로터의 회전운동에 의해 압축되어 진동이나, 맥동이 없고 연속송출이 가능한 용적형 압축기는?

① 컴파운드 압축기 ② 축류 압축기
③ 터보식 압축기 ④ 스크류 압축기

해설 **스크류(screw) 압축기** : 케이싱 내부에 암(female)·수(male) 치형을 가진 로터의 맞물림에 의하여 기체를 압축하는 용적형 압축기로 연속적인 압축으로 맥동현상이 없지만, 용량 조정이 어렵다.

Answer 6. ① 7. ① 8. ② 9. ④

10 **배관 설계도면 작성관련 설계 시 종단면도에 기입할 사항이 아닌 것은?**

① 설계가스배관 및 기 설치된 가스배관의 위치
② 교차하는 타매설물, 구조물
③ 설계 가스배관 계획 정상높이 및 깊이
④ 기울기 및 포장종류

해설 종단면도에 기입할 사항 : ②, ③, ④ 외 신설배관 및 부속설비(밸브 수취기(LNG 제외), 보호관 등)

11 **도시가스 공급시설 중 정압기(지)의 기준에 대한 설명으로 옳지 않은 것은?**

① 정압기를 설치한 장소는 계기실, 전기실 등과 구분하고 누출된 가스가 계기실 등으로 유입되지 아니하도록 한다.
② 정압기의 입구측, 출구측 및 밸브기지는 최고사용압력의 1.25배 이상에서 기밀성능을 가지는 것으로 한다.
③ 지하에 설치하는 정압기실은 천정, 바닥 및 벽의 두께가 각각 30[cm] 이상의 방수조치를 한 콘크리트로 한다.
④ 정압기의 입구에는 수분 및 불순물제거장치를 설치한다.

해설 **정압기지(밸브기지)의 기준** : ①, ③, ④ 외
㉮ 정압기지 및 밸브기지에는 가스공급시설 외의 시설물을 설치하지 아니한다.
㉯ 정압기지 및 밸브기지에 가스공급시설의 관리 및 제어를 위하여 설치한 건축물은 철근콘크리트 또는 그 이상의 강도를 갖는 구조로 한다.
㉰ 정압기실 및 밸브기지의 밸브실을 지하에 설치할 경우에는 침수방지조치를 한다.
㉱ 지상에 설치하는 정압기실의 출입문은 두께 6[mm](허용공차 : ±0.6[mm]) 이상의 강판 또는 30×30[mm] 이상의 앵글강을 400×400[mm] 이하의 간격으로 용접 보강한 두께 3.2[mm](허용공차 : ±0.34[mm]) 이상의 강판으로 설치한다.
㉲ 정압기의 입구측, 출구측 및 밸브기지는 최고사용압력의 1.1배 이상에서 기밀성능을 가지는 것으로 한다.

12 **용기 제조자의 수리범위에 해당하는 것은?**

① 저온 또는 초저온 용기의 단열재 교체
② 특정설비 몸체의 용접
③ 냉동기 용접 부분의 용접
④ 냉동설비의 부품교체 및 용접

해설 **용기제조자의 수리범위**
㉮ 용기 몸체의 용접
㉯ 아세틸렌 용기 내의 다공질물 교체
㉰ 용기의 스커트, 프로텍터 및 넥크링의 교체 및 가공
㉱ 용기 부속품의 부품 교체
㉲ 저온 또는 초저온 용기의 단열재 교체

13 **용기에 액체질소 56[kg]이 충전되어 있다. 외부에서 열이 매시간 10[kcal]씩 액체질소에 공급될 때 액체질소가 28[kg]으로 감소되는데 걸리는 시간은? (단, N_2의 증발잠열은 1600[cal/mol]이다.)**

① 16시간 ② 32시간
③ 160시간 ④ 320시간

해설 ㉮ 질소의 증발잠열을 [kcal/kg]으로 환산

$$\therefore \text{증발잠열} = \frac{1600\,[\text{cal/mol}]}{28\,[\text{g/mol}]} = 57.14\,[\text{cal/g}] = 57.14\,[\text{kcal/kg}]$$

㉯ 필요시간 계산

$$\therefore \text{필요시간} = \frac{\text{증발에 필요한 열량}}{\text{시간당 공급열량}} = \frac{28 \times 57.14}{10} = 159.992\,\text{시간}$$

Answer 10. ① 11. ② 12. ① 13. ③

14 그레이엄(Graham)의 확산속도 법칙을 옳게 표시한 것은?

① 기체분자의 확산속도는 일정한 온도에서 기체분자량의 제곱근에 반비례한다.
② 기체분자의 확산속도는 일정한 온도에서 기체분자량의 제곱근에 비례한다.
③ 기체분자의 확산속도는 일정한 압력에서 기체분자량에 반비례한다.
④ 기체분자의 확산속도는 일정한 압력에서 기체분자량에 비례한다.

해설 **그레이엄(Graham)의 확산속도 법칙** : 일정한 온도에서 기체의 확산속도는 기체의 분자량(또는 밀도)의 평방근(제곱근)에 반비례한다.

$$\therefore \frac{U_2}{U_1} = \sqrt{\frac{M_1}{M_2}} = \frac{t_1}{t_2}$$

15 탄소강의 표준 조직에 대한 설명으로 옳은 것은?

① 탄소강의 주조직을 레데뷰라이트라 한다.
② 아공석광은 α 페라이트와 펄라이트의 혼합조직이다.
③ C 0.8~2%를 공석강이라 한다.
④ 공석강은 100% 시멘타이트 조직이다.

해설 각 항목의 옳은 설명
① 탄소강의 기본조직은 펄라이트(pearlite)이다.
③ 공석강의 탄소함유량은 0.8[%]이다.
④ 공석강은 펄라이트 조직이다.

16 가스 크로마토그래피(gas chromatography)의 구성요소가 아닌 것은?

① 분리관(컬럼) ② 검출기
③ 기록계 ④ 파라듐관

해설 **장치구성요소** : 캐리어가스, 압력조정기, 유량조절밸브, 압력계, 분리관(컬럼), 검출기, 기록계 등

17 가스도매사업의 가스공급시설로서 배관을 지하에 매설하는 경우의 기준에 대한 설명 중 틀린 것은?

① 가스배관 외부에 콘크리트를 타설하는 경우에는 고무판 등을 사용하여 배관의 피복부위와 콘크리트가 직접 접촉하지 아니하도록 한다.
② 배관은 그 외면으로부터 지하의 다른 시설물과 0.3[m] 이상의 거리를 유지한다.
③ 지표면으로부터 배관의 외면까지의 매설깊이는 산이나 들에서는 1.2[m] 이상 그 밖의 지역에서는 1.5[m] 이상으로 한다.
④ 철도의 횡단부 지하에는 지면으로부터 1.2[m] 이상인 깊이에 매설하고 또한 강제의 케이스를 사용하여 보호한다.

해설 매설깊이 기준
㉮ 산이나 들 : 1.0[m] 이상
㉯ 시가지의 도로(자동차가 다니는 도로) : 1.5[m] 이상
㉰ 그 밖의 지역 : 1.2[m] 이상

18 암모니아를 사용하여 질산제조의 원료를 얻는 반응식으로 가장 옳은 것은?

① $2NH_3 + CO \rightarrow (NH_2)_2CO + H_2O$
② $NH_3 + HNO_3 \rightarrow NH_4NO_3$
③ $2NH_3 + H_2SO_4 \rightarrow (NH_4)_2SO_4$
④ $4NH_3 + 5O_2 \rightarrow 4NO + 6H_2O$

해설 질산(HNO_3) 제조
㉮ 공기에 의한 암모니아의 산화반응
$4NH_3 + 5O_2 \rightarrow 4NO + 6H_2O + 216$[kcal]
㉯ 산화질소의 산화반응
$2NO + O_2 \rightarrow 2NO_2 + 27$[kcal]
$2NO_2 \rightarrow N_2O_4 + 13.6$[kcal]

Answer 14. ① 15. ② 16. ④ 17. ③ 18. ④

㉰ 물과 반응하여 질산(HNO_3) 생성
$2NO_2 + H_2O \rightarrow 2HNO_3 + NO$

19 **다음 중 흡수식 냉동기에 사용되는 냉매는? (단, 흡수제는 파라핀유이다.)**

① 톨루엔 ② 염화메틸
③ 물 ④ 암모니아

해설 흡수식 냉동기의 냉매 및 흡수제

냉매	흡수제
암모니아(NH_3)	물(H_2O)
물(H_2O)	리듐브로마이드(LiBr)
염화메틸(CH_3Cl)	사염화에탄
톨루엔	파라핀유

※ 리듐브로마이드(LiBr)를 취화리듐이라 한다.

20 **배관의 보호포 설치에 적용되는 재질 및 규격과 설치기준에 대한 설명으로 틀린 것은?**

① 두께는 0.2[mm] 이상으로 한다.
② 보호포의 폭은 15[cm] 이상으로 한다.
③ 보호포의 바탕색은 최고사용압력이 저압인 관은 적색으로 한다.
④ 일반형 보호포와 탐지형 보호포로 구분한다.

해설 보호포 기준
(1) 재질 및 규격
㉮ 구분 : 일반형 보호포, 탐지형 보호포
㉯ 재질 : 폴리에틸렌수지, 폴리프로필렌수지
㉰ 두께 : 0.2[mm] 이상
㉱ 폭 : 15[cm] 이상
㉲ 바탕색 : 저압관은 황색, 중압 이상인 관은 적색
㉳ 표시 : 가스명, 사용압력, 공급자명
(2) 설치기준 및 설치위치
㉮ 호칭지름에 10[cm]를 더한 폭으로 설치
㉯ 저압배관 : 배관 정상부로부터 60[cm] 이상
㉰ 중압이상 배관 : 보호판 상부로부터 30[cm] 이상
㉱ 공동주택부지 내에 매설 배관 : 배관 정상부로부터 40[cm] 이상

21 **아세틸렌 충전작업의 기준에 대한 설명 중 틀린 것은?**

① 아세틸렌을 2.5[MPa]의 압력으로 압축하는 때에는 질소, 메탄, 일산화탄소 또는 에틸렌 등의 희석제를 첨가한다.
② 습식 아세틸렌발생기의 표면은 70[℃] 이하의 온도로 유지하고, 그 부근에서는 불꽃이 튀는 작업을 하지 아니한다.
③ 아세틸렌을 용기에 충전하는 때에는 미리 용기에 다공물질을 고루 채워 다공도가 75[%] 이상 92[%] 미만이 되도록 한 후 아세톤 또는 디메틸포름아미드를 고루 침윤시키고 충전한다.
④ 아세틸렌을 용기에 충전하는 때의 충전 중의 압력은 1.5[MPa] 이하로 하고, 충전 후에는 압력이 15[℃]에서 1.0[MPa] 이하로 될 때까지 정치하여 둔다.

해설 아세틸렌 용기 압력
㉮ 충전 중의 압력 : 온도에 관계없이 2.5[MPa] 이하
㉯ 충전 후의 압력 : 15[℃]에서 1.5[MPa] 이하

22 **허용 인장응력 10[kgf/mm²], 두께 10[mm]의 강판을 150[mm] V홈 맞대기 용접이음을 할 때 그 효율이 80[%]라면 용접 두께 t는 얼마로 하면 되는가? (단, 용접부의 허용응력은 8[kgf/mm²]이다.)**

① 10[mm] ② 12[mm]
③ 14[mm] ④ 16[mm]

Answer 19. ① 20. ③ 21. ④ 22. ①

해설 $\sigma_t = \dfrac{W}{t \cdot L}$ 에서

$$\therefore t = \frac{W}{\sigma_t \cdot L} = \frac{\frac{8}{0.8} \times 150 \times 10}{10 \times 150} = 10[\text{mm}]$$

여기서, W : 하중[kgf], σ_t : 인장응력[kgf/mm^2],
t : 용접두께[mm], L : 용접부 길이[mm]

23 비상공급시설 설치신고서에 첨부하여 시장, 군수, 구청장에게 제출해야 하는 서류가 아닌 것은?

① 안전관리자의 배치현황
② 설치위치 및 주위상황도
③ 비상공급시설의 설치사유서
④ 가스사용 예정시기 및 사용예정량

해설 **비상공급시설의 설치** : 도법 시행규칙 제13조의2
(1) 신고서 제출 : 산업통상자원부장관 또는 시장, 군수, 구청장
(2) **제출서류**
㉮ 비상공급시설의 설치 사유서
㉯ 비상공급시설에 의한 공급권역을 명시한 도면
㉰ 설치위치 및 주위상황도
㉱ 안전관리자의 배치현황

24 다음은 비점이 낮은 순서로 나열한 것이다. 옳은 것은?

① $H_2 - O_2 - N_2$ ② $H_2 - N_2 - O_2$
③ $O_2 - N_2 - H_2$ ④ $N_2 - O_2 - H_2$

해설 각 가스의 비점

명칭	비점[℃]	명칭	비점[℃]
헬륨(He)	-269	일산화탄소	-192
수소(H_2)	-252	아르곤(Ar)	-186
네온(Ne)	-246	산소(O_2)	-183
질소(N_2)	-196	메탄(CH_4)	-161.5

25 일반기체상수 R이 모든 가스에 대하여 같음을 증명하는데 적용되는 법칙은?

① 줄(Joule)의 법칙
② 아보가드로(Avogadro)의 법칙
③ 라울(Raoult)의 법칙
④ 보일-샤를(Boyle-Charles)의 법칙

26 열전대 온도계의 특징에 대한 설명 중 틀린 것은?

① 접촉식 온도계 중 고온 측정에 적합하다.
② 정밀측정에는 회로의 저항에 영향을 받지 않는 전위차계를 사용한다.
③ 계기를 동작시키는데 별도의 전원이 필요하다.
④ 열기전력 지시에는 밀리볼트계를 사용한다.

해설 **열전대 온도계의 특징** : ①, ②, ④ 외
㉮ 냉접점이나 보상도선으로 인한 오차가 발생되기 쉽다.
㉯ 전원이 필요하지 않으며, 원격지시 및 기록이 용이하다.
㉰ 온도계 사용한계에 주의하고, 영점보정을 하여야 한다.

27 크리프(creep)는 재료가 어떤 온도하에서는 시간과 더불어 변형이 증가되는 현상인데, 일반적으로 철강재료 중 크리프 영향을 고려해야 할 온도는 몇 [℃] 이상일 때인가?

① 50[℃] ② 150[℃]
③ 250[℃] ④ 350[℃]

해설 **크리프(creep) 현상** : 어느 온도 이상에서 재료에 일정한 하중을 가하여 그대로 방치하면 시간의 경과와 더불어 변형이 증대하고 때로는 파괴되는 현상으로 탄소강의 경우 350[℃] 이상에서 발생한다.

Answer 23. ④ 24. ② 25. ② 26. ③ 27. ④

28 산소 100[L]가 용기의 구멍을 통해 새나가는데 20분이 소요되었다면 같은 조건에서 이산화탄소 100[L]가 새어나가는데 걸리는 시간은 약 얼마인가?

① 20.0분 ② 23.5분
③ 27.0분 ④ 30.5분

해설 $\frac{U_2}{U_1} = \sqrt{\frac{M_1}{M_2}} = \frac{t_1}{t_2}$에서

$\therefore t_1 = \sqrt{\frac{M_1}{M_2}} \times t_2 = \sqrt{\frac{44}{32}} \times 20 = 23.45$분

29 안전성 평가기법 중 결함수분석에 대한 설명으로 옳은 것은?

① 연역적 분석이 가능한 기법이다.
② 귀납적 분석이 가능한 기법이다.
③ 잠재적인 사고결과를 평가하는 기법이다.
④ 위험에 대한 상대위험순위를 비교하는 기법이다.

해설 **결함수 분석(fault tree analysis : FTA) 기법** : 사고를 일으키는 장치의 이상이나 운전자 실수의 조합을 연역적으로 분석하는 것이다.

30 저장능력이 10[톤]인 액화석유가스 저장소 시설에서 선임하여야 할 안전관리자의 기준은?

① 안전관리 총괄자 1명, 안전관리 부총괄자 1명, 안전관리원 1명 이상
② 안전관리 총괄자 1명, 안전관리 책임자 1명, 안전관리원 1명 이상
③ 안전관리 총괄자 1명, 안전관리 책임자 1명
④ 안전관리 총괄자 1명, 안전관리원 1명

해설 **액화석유가스 저장소 안전관리자 선임인원** : 액법 시행령 별표1

저장능력	안전관리자 구분 및 선임인원
100[톤] 초과	안전관리 총괄자 1명, 안전관리 부총괄자 1명, 안전관리 책임자 1명 이상, 안전관리원 2명 이상
30[톤] 초과 100[톤] 이하	안전관리 총괄자 1명, 안전관리 부총괄자 1명, 안전관리 책임자 1명 이상, 안전관리원 1명 이상
30[톤] 이하	안전관리 총괄자 1명, 안전관리 책임자 1명 이상

31 냉동장치의 점검, 수리 등을 위하여 냉매계통을 개방하고자 할 때는 펌프다운(pump down)을 하여 계통 내의 냉매를 어디에 회수하는가?

① 수액기 ② 압축기
③ 증발기 ④ 유분리기

32 저압식 공기액화 분리장치에 탄산가스 흡착기를 설치하는 주된 목적은?

① 공기량 증가
② 축열기 효율 증대
③ 팽창 터빈 보호
④ 정제산소 및 질소 순도 증가

33 시안화수소(HCN)가스를 장기간 저장하지 못하는 이유로 옳은 것은?

① 분해폭발하기 때문에
② 중합폭발하기 때문에
③ 산화폭발하기 때문에
④ 촉매폭발하기 때문에

해설 시안화수소(HCN)는 수분과 접촉 시 중합폭발의 위험성 때문에 60일이 경과되기 전에 다른 용기에 옮겨 충전하여야 한다.

Answer 28. ② 29. ① 30. ③ 31. ① 32. ③ 33. ②

34 **도시가스 배관의 지하매설 시 다짐공정 및 방법에 대한 설명으로 틀린 것은?**

① 배관에 작용하는 하중을 지지하기 위하여 배관하단에서 배관상단 30[cm] 까지는 침상재료를 포설한다.

② 되메움 공정에서는 배관상단으로부터 50[cm]의 높이로 되메움 재료를 포설한 후마다 다짐작업을 한다.

③ 흙의 함수량이 다짐에 부적당 할 때는 다짐작업을 해서는 안 된다.

④ 콤팩터, 래머 등 현장 상황에 맞는 다짐기계를 사용하여야 하나 폭 4[m] 이하의 도로 등은 인력 다짐으로 할 수 있다.

해설 **다짐을 실시하여야 할 공정** : 기초재료와 침상재료를 포설한 후 배관상단으로부터 30[cm] 마다 다짐작업을 한다.

35 **제조가스 중에 포함된 불순물과 그로 인한 장해에 대한 설명으로 가장 옳은 것은?**

① 황, 질소화합물은 배관, 정압기 기구의 노즐에 부착하여 그 기능을 저하시키거나 저해하게 된다.

② 물은 가스의 승압, 냉각에 의한 물, 얼음, 물과 탄화수소와 수화물을 생성하여 배관 등의 부식을 조장하고 배관, 밸브 등을 폐쇄시킨다.

③ 나프탈렌, 타르, 먼지는 가스중의 산소와 반응하여 NO_2로 되며, NO_2는 불포화 탄화수소와 반응하여 고무가 생성된다. 이 고무는 배관, 정압기, 기구의 노즐에 부착하여 그 기능을 저하시키고 저해하게 된다.

④ 산화질소(NO), 고무는 연소에 의하여 아황산가스, 아초산, 초산이 발생하여 인체나 가축에 피해를 주며 가스기구, 배관, 정압기 등의 기물을 부식시킨다.

해설 **제조가스 중 불순물로 인한 장애**
①번 항목 : 나프탈렌, 먼지의 장해
③번 항목 : 산화질소, 고무(gum)의 장해
④번 항목 : 황, 질소화합물의 장해

36 **아세틸렌(C_2H_2) 가스는 주로 무엇으로 제조하는가?**

① 탄화칼슘 ② 탄소
③ 카다리솔 ④ 암모니아

해설 아세틸렌은 카바이드(CaC_2 : 탄화칼슘)에 물을 주입하여 제조한다.
※반응식 : $CaC_2 + 2H_2O \rightarrow Ca(OH)_2 + C_2H_2$

37 **상용압력 200[kgf/cm^2]인 고압설비의 안전밸브 작동압력은 몇 [kgf/cm^2]인가?**

① 160 ② 200
③ 240 ④ 300

해설 안전밸브 작동압력 $= TP \times \frac{8}{10}$

$= (\text{상용압력} \times 1.5) \times \frac{8}{10}$

$= (200 \times 1.5) \times \frac{8}{10} = 240$[kgf/cm^2]

38 **NH_3 냉매번호는 "R-717"이다. 백단위의 7은 무기물질을 뜻하는데 그 뒤 숫자 17은 냉매의 무엇을 뜻하는가?**

① 냉동계수 ② 증발잠열
③ 분자량 ④ 폭발성

Answer 34. ② 35. ② 36. ① 37. ③ 38. ③

해설 냉매의 표시방법
(1) 무기물질 : 700에 분자량을 붙여서 사용
(2) 종류
㉮ 암모니아(NH_3) : R-717
㉯ 아황산가스(SO_2) : R-764
㉰ 물(H_2O) : R-718
㉱ 이산화탄소(CO_2) : R-744
㉲ 공기 : R-729

39 다음 중 공식(孔蝕)의 특징에 대한 설명으로 옳은 것은?

① 양극반응의 독특한 형태이다.
② 부식속도가 느리다.
③ 균일부식의 조건과 동반하여 발생한다.
④ 발견하기가 쉽다.

해설 공식(孔蝕) : 국소적 또는 점상의 부식을 말하며, 금속재료의 표면에 안정한 보호피막이 존재하는 조건하에서 피막의 결함장소에서 부식이 일어나 이것이 구멍모양으로 성장한다. 염화물이 존재하는 수용액 중의 스테인리스강, 알루미늄합금에서 일어나며 점부식이라고도 한다.

40 피셔(fisher)식 정압기의 2차압 이상 상승의 원인에 해당하는 것은?

① 정압기의 능력부족
② 필터의 먼지류 막힘
③ pilot supply valve에서의 누설
④ 파일럿 오리피스의 녹 막힘

해설 피셔(fisher)식 정압기의 2차압 이상 상승 원인
㉮ 메인밸브에 먼지류가 끼어들어 완전차단(cut off) 불량
㉯ 메인밸브의 폐쇄 무
㉰ 파일럿 공급밸브(pilot supply valve)에서의 누설
㉱ 센터스템(center stem)과 메인밸브의 접속불량
㉲ 바이패스 밸브의 누설
㉳ 가스 중 수분의 동결
※ ①, ②, ④ 항 : 2차압 이상 저하 원인

41 이상기체에 대한 설명으로 옳은 것은?

① 이상기체의 내부에너지는 온도만의 함수이다.
② 이상기체의 내부에너지는 압력만의 함수이다.
③ 이상기체의 내부에너지는 부피만의 함수이다.
④ 비열비 k 는 압력에 관계없이 1의 값을 갖는다.

해설 이상기체의 성질
㉮ 보일-샤를의 법칙을 만족한다.
㉯ 아보가드로의 법칙에 따른다.
㉰ 내부에너지는 온도만의 함수이다.
㉱ 온도에 관계없이 비열비는 일정하다.
㉲ 기체의 분자력과 크기도 무시되며 분자간의 충돌은 완전 탄성체이다.

42 아세틸렌을 압축하는 Reppe 반응장치의 구분에 해당하지 않는 것은?

① 비닐화 ② 에티닐화
③ 환중합 ④ 니트릴화

해설 레페 반응장치의 구분 : 비닐화, 에티닐화, 환중합, 카르보닐화

43 국제표준규격 ISO 5167에서 다루고 있는 차압 1차장치(primary device) 중 오리피스 판(Orifice plate)의 압력 tapping 방법이 아닌 것은?

① D 및 D/2 tapping ② corner tapping
③ flange tapping ④ screw tapping

Answer 39. ① 40. ③ 41. ① 42. ④ 43. ④

해설 차압식 유량계의 탭핑(tapping) : 정압 P_1, P_2를 빼어내는 방식

㉮ **비너 탭핑(vena tapping)** : 유입은 배관 안지름 만큼의 거리를, 유출 측은 가장 낮은 압력이 걸리는 부분거리로 D 및 $D/2$ tapping 이다.

㉯ **플랜지 탭핑(flange tapping)** : 교축기구 25[mm] 전후 거리로 75[mm] 이하의 관에 사용

㉰ **코너 탭핑(corner tapping)** : 교축기구 직전, 직후에 설치

44 L · atm과 단위가 같은 것은?

① 힘　② 에너지
③ 질량　④ 밀도

해설 L : 체적의 단위, atm : 압력의 단위이다.
∴ $P[kgf/m^2] \times V[m^3] = [kgf \cdot m]$이고 이것은 일의 단위가 되므로 에너지의 단위와 같다.

45 질소의 정압 몰열용량 C_p[J/mol · K]가 다음과 같고 1[mol]의 질소를 1[atm] 하에서 600[℃]로부터 20[℃]로 냉각하였을 때 발생하는 열량은 약 몇 [kJ]인가? (단, R은 기체상수이다.)

$$\frac{C_p}{R} = 3.3 + 0.6 \times 10^{-3} T$$

① 15.6　② 16.6
③ 17.6　④ 18.6

해설 ㉮ 정압비열 $C_p = (3.3 + 0.6 \times 10^{-3} T) R$

㉯ 평균 정압비열(C_{pm}) 계산

$$\therefore C_{pm} = \frac{1}{\Delta T} \int_{T_1}^{T_2} (3.3 + 0.6 \times 10^{-3} T) dT \cdot R$$

$$= \frac{1}{873 - 293} \times \left[\{3.3 \times (873 - 293)\} + \left\{ \frac{0.6 \times 10^{-3}}{2} \times (873^2 - 293^2) \right\} \right] \times R$$

$$= 3.649 R [J/mol \cdot K]$$

㉰ 발생열량 계산

$$\therefore Q = m \cdot C_{pm} \cdot \Delta T$$

$$= 1 \times 3.649 \times 10^{-3} \times 8.314 \times (873 - 293)$$

$$= 17.59 [kJ]$$

46 밀폐된 용기 내에 1[atm], 27[℃]로 된 프로판과 산소가 2 : 8의 비율로 혼합되어 있으며 이것이 연소하여 다음과 같은 반응을 하고 화염온도는 3000[K]가 되었다고 한다. 이 용기 내에 발생하는 압력은 몇 [atm]인가? (단, 내용적 변화는 없다.)

$$2C_3H_8 + 8O_2 \rightarrow 6H_2O + 4CO_2 + 2CO + 2H_2$$

① 2　② 6
③ 12　④ 14

해설 $PV = nRT$에서

반응 전의 상태 $P_1 V_1 = n_1 R_1 T_1$

반응 후의 상태 $P_2 V_2 = n_2 R_2 T_2$ 라 하면

$V_1 = V_2$, $R_1 = R_2$가 되므로 생략하면

$\frac{P_2}{P_1} = \frac{n_2 T_2}{n_1 T_1}$이 된다.

$$\therefore P_2 = \frac{n_2 T_2}{n_1 T_1} \times P_1$$

$$= \frac{(6 + 4 + 2 + 2) \times 3000}{(2 + 8) \times (273 + 27)} \times 1$$

$$= 14 [atm]$$

47 온도 200[℃], 부피 400[L]의 용기에 질소 140[kg]을 저장할 때 필요한 압력을 Van der Waals 식을 이용하여 계산하면 약 몇 [atm]인가? (단, a = 1.351[atm · L^2/mol^2], b = 0.0386[L/mol]이다.)

① 36.3　② 363
③ 72.6　④ 726

Answer 44. ② 45. ③ 46. ④ 47. ④

해설 ㉮ 질소(N_2)의 몰[mol]수 계산

$$\therefore n = \frac{W}{M} = \frac{140 \times 10^3}{28} = 5000[\text{mol}]$$

㉯ 압력[atm] 계산

$$\left(P + \frac{n^2 a}{V^2}\right)(V - nb) = nRT \text{에서}$$

$$\therefore P = \frac{nRT}{V - nb} - \frac{n^2 a}{V^2}$$
$$= \frac{5000 \times 0.082 \times (273 + 200)}{400 - 5000 \times 0.0386} - \frac{5000^2 \times 1.351}{400^2} = 725.766[\text{atm}]$$

48 다음 중 산화폭발의 종류가 아닌 것은?

① 가스폭발 ② 분진폭발
③ 화약폭발 ④ 증기폭발

해설 ㉮ **산화폭발** : 가연성 물질이 산화제(공기, 산소)와 산화반응에 의하여 일어나는 폭발이다.
㉯ **증기폭발** : 보일러에서 수증기의 압력에 의하여 일어나는 폭발로 물리적 폭발에 해당된다.

49 다음 물질의 제조(공업적)시 최고압력이 높은 것부터 순서대로 나열된 것은?

㉠ 암모니아 제조 ㉡ 폴리에틸렌의 제조 ㉢ 일산화탄소와 물에 의한 수소제조

① ㉠-㉡-㉢ ② ㉡-㉠-㉢
③ ㉢-㉡-㉠ ④ ㉠-㉢-㉡

해설 각 제조방법의 압력
㉮ 암모니아 제조(하버-보시법)
ⓐ 고압합성 : 600~1000[kgf/cm^2]
ⓑ 중압합성 : 300[kgf/cm^2] 전후
ⓒ 저압합성 : 150[kgf/cm^2] 전후
㉯ 폴리에틸렌 제조
ⓐ 고압법 : 1000~4000[kgf/cm^2]
ⓑ 중압법 : 20~40[atm]
ⓒ 저압법 : 10[atm]
㉰ 일산화탄소 전화법
$CO + H_2O \rightleftarrows CO_2 + H_2 + 9.8\text{kcal}$

50 동력으로 관을 저속으로 회전시켜 나사절삭기를 밀어 넣는 방법으로 나사가 절삭되며 장치가 간단하여 운반이 쉽고 주로 관지름이 작은 것에 사용되는 것은?

① 다이헤드식 나사절삭기
② 호브식 나사절삭기
③ 오스터식 나사절삭기
④ 램식 나사절삭기

해설 동력나사 절삭기의 종류
㉮ **오스터형(Oster type)** : 동력으로 관을 저속으로 회전시키며 절삭기를 밀어 넣어 나사를 가공하는 것으로 50[A] 이하의 배관에 사용된다.
㉯ **호브형(hob type)** : 호브(hob)를 100~180[rpm]의 저속도로 회전시키면 이에 따라 관은 어미나사와 척의 연결에 의하여 1회전하는 사이에 자동적으로 나사의 1피치(pitch) 만큼 이동하여 나사가 가공된다. 호브와 사이드 커터를 함께 설치하면 나사가공과 절단을 함께 할 수 있다. 종류는 50[A] 이하, 65~150[A], 80~200[A]의 3종류가 있다.
㉰ **다이헤드형(die head type)** : 다이헤드를 이용한 나사가공 전용 기계로서 관의 절단, 거스러미 제거, 나사가공을 할 수 있다. 척(chuck)에 배관을 고정한 후 회전시키면 관용나사의 치형(4개가 1조)을 가진 다이스(dies, 또는 chaser)가 조립된 다이헤드를 배관에 밀어 넣으면서 나사를 가공한다.

51 식품접객업소로서 영업장의 면적이 몇 [m^2] 이상인 가스사용시설에 대하여 가스누출 자동 차단장치를 설치하여야 하는가?

① 33 ② 50
③ 100 ④ 200

Answer 48. ④ 49. ② 50. ③ 51. ③

해설 가스누출 자동 차단기 설치 장소

㉮ 영업장 면적이 100[m²] 이상인 식품접객업소의 가스 사용시설

㉯ 지하에 있는 가스 사용시설(가정용은 제외)

52 플레어스택 설치기준에 대한 설명 중 틀린 것은?

① 파일럿버너를 항상 꺼두는 등 플레어스택에 관련된 폭발을 방지하기 위한 조치가 되어 있는 것으로 한다.

② 긴급이송설비로 이송되는 가스를 안전하게 연소시킬 수 있는 것으로 한다.

③ 플레어스택에서 발생하는 복사열이 다른 제조시설에 나쁜 영향을 미치지 않도록 안전한 높이 및 위치에 설치한다.

④ 플레어스택에 발생하는 최대열량에 장시간 견딜 수 있는 재료 및 구조로 되어 있는 것으로 한다.

해설 파일럿버너 또는 항상 작동할 수 있는 자동점화장치를 설치하고 파일럿버너가 꺼지지 않도록 하거나, 자동점화장치의 기능이 완전하게 유지되도록 하여야 한다.

53 동일한 부피를 가진 수소와 산소의 무게를 같은 온도에서 측정하였더니 같은 값이었다. 수소의 압력이 2[atm]이라면 산소의 압력은 몇 [atm]인가?

① 0.0625 ② 0.125
③ 0.25 ④ 0.5

해설 이상기체 상태방정식 $PV=GRT$ 에서

① 수소의 경우 : $P_1V_1=G_1R_1T_1$

② 산소의 경우 : $P_2V_2=G_2R_2T_2$이라고 하면 부피($V_1=V_2$), 무게($G_1=G_2$), 온도($T_1=T_2$)가 같다.

$$\therefore \frac{P_2}{P_1}=\frac{R_2}{R_1}$$

$$\therefore P_2=P_1\times\frac{R_2}{R_1}=2\times\frac{\frac{848}{32}}{\frac{848}{2}}$$

$$=0.125[\text{atm}]$$

54 압력 80[kPa], 체적 0.37[m³]을 차지하고 있는 이상기체를 등온팽창 시켰더니 체적이 2.5배로 팽창하였다. 이 때 외부에 대해서 한 일은 몇 [N · m]인가?

① 2.71 ② 2.71×10^2
③ 2.71×10^3 ④ 2.71×10^4

해설 $W=PV_1\ln\frac{V_2}{V_1}$

$$=80\times10^3\times0.37\times\ln\frac{0.37\times2.5}{0.37}$$

$$=27122.205[\text{N}\cdot\text{m}]\fallingdotseq2.71\times10^4[\text{N}\cdot\text{m}]$$

55 어떤 회사의 매출액이 80000원, 고정비가 15000원, 변동비가 40000원일 때 손익분기점 매출액은 얼마인가?

① 25000원 ② 30000원
③ 40000원 ④ 55000원

해설 손익분기점$(BEP)=\dfrac{\text{고정비}(F)}{1-\dfrac{\text{변동비}(V)}{\text{매출액}(S)}}$

$$=\frac{15000}{1-\frac{40000}{80000}}$$

$$=30000[\text{원}]$$

Answer 52. ① 53. ② 54. ④ 55. ②

56 u 관리도의 관리상한선과 관리하한선을 구하는 식으로 옳은 것은?

① $\overline{u} \pm \sqrt{\overline{u}}$　② $\overline{u} \pm 3\sqrt{\overline{u}}$
③ $\overline{u} \pm 3\sqrt{n\overline{u}}$　④ $\overline{u} \pm 3\sqrt{\frac{\overline{u}}{n}}$

해설 u 관리도의 관리한계선 계산식
㉮ 관리상한선(UCL) : $\overline{u} + 3\sqrt{\frac{\overline{u}}{n}}$
㉯ 관리하한선(LCL) : $\overline{u} - 3\sqrt{\frac{\overline{u}}{n}}$

57 계수 규준형 샘플링 검사의 OC 곡선에서 좋은 로트를 합격시키는 확률을 뜻하는 것은? (단, α는 제1종 과오, β는 제2종 과오이다.)

① α　② β
③ $1-\alpha$　④ $1-\beta$

해설 각 기호의 의미
① 합격품질수준(AQL) 수준의 제품이 불합격될 확률
② 한계품질(LQ) 수준의 제품이 합격될 확률
④ 한계품질(LQ) 수준의 제품이 불합격될 확률

58 다음 중 통계량의 기호에 속하지 않는 것은?

① σ　② R
③ s　④ $\overline{x}$

해설 ① 모표준편차　② 범위
③ 시료편차　④ 시료평균

59 예방보전(Preventive Maintenance)의 효과가 아닌 것은?

① 기계의 수리비용이 감소한다.
② 생산시스템의 신뢰도가 향상된다.
③ 고장으로 인한 중단시간이 감소한다.
④ 예비기계를 보유해야 할 필요성이 증가한다.

해설 예방보전(PM)의 효과
㉮ 예비기계를 보유해야 할 필요성이 감소된다.
㉯ 수리작업의 횟수가 감소되고, 기계의 수리비용이 감소한다.
㉰ 생산시스템의 정지시간이 줄어들게 되어 신뢰도가 향상되며 제조원가가 절감된다.
㉱ 고장으로 인한 중단시간이 감소되고 유효손실이 감소된다.
㉲ 납기지연으로 인한 고객 불만이 없어지고 매출이 증가한다.
㉳ 작업자가 안전하게 작업할 수 있다.
※ 예방보전(PM) : 고장으로 인하여 발생할 수 있는 손실을 최소화하기 위한 예방활동이다.

60 다음 중 인위적 조절이 필요한 상황에 사용될 수 있는 워크팩터(Work Factor)의 기호가 아닌 것은?

① D　② K
③ P　④ S

해설 워크팩터(Work Factor) : 동작신호분석법

Answer 56. ④ 57. ③ 58. ① 59. ④ 60. ②

과 년 도 문 제

01 **고압가스 일반제조 시설기준 중 가연성가스 제조설비의 전기설비는 방폭성능을 가지는 구조이어야 한다. 다음 중 제외 대상이 되는 가스는?**

① 에탄　② 브롬화메탄
③ 에틸아민　④ 수소

해설 방폭구조에서 암모니아, 브롬화메탄 및 공기 중에서 자기 발화하는 가스는 제외한다.

02 **SI단위인 Joule에 대한 설명으로 옳지 않은 것은?**

① 1Newton의 힘의 방향으로 1[m] 움직이는데 필요한 일이다.
② 1[Ω]의 저항에 1[A]의 전류가 흐를 때 1초간 발생하는 열량이다.
③ 1[kg]의 질량을 1[m/s^2] 가속시키는데 필요한 힘이다.
④ 1Joule은 약 0.24[cal]에 해당한다.

해설 $1\,\text{Joule} = 1\,[\text{N} \cdot \text{m}]$
$= 1\,[\text{kg} \cdot \text{m/s}^2] \times [\text{m}] = 0.2389\,[\text{cal}]$

03 **사업자 등은 그의 시설이나 제품과 관련하여 가스사고가 발생한 때에는 한국가스안전공사에 통보하여야 한다. 사고의 통보 시에 통보내용에 포함되어야 하는 사항으로 규정하고 있지 않은 사항은?**

① 피해현황(인명 및 재산)
② 시설현황
③ 사고내용
④ 사고원인

해설 통보내용에 포함되어야 할 사항

㉮ 통보자의 소속, 지위, 성명 및 연락처
㉯ 사고발생 일시　㉰ 사고발생 장소
㉱ 사고내용　㉲ 시설현황
㉳ 피해현황(인명 및 재산)
※ 속보인 경우 ㉲, ㉳의 내용은 생략할 수 있다.

04 **가스압축에 대한 설명으로 옳은 것은?**

① 등온압축 동력이 단열압축 동력보다 크다.
② 동일가스, 동일 흡입 온도에서는 압축비가 클수록 토출온도는 낮다.
③ 압축비가 일정한 경우 간극 용적비가 작아질수록 체적효율은 좋아진다.
④ 압축비가 일정한 경우 간극 용적비가 작아질수록 체적효율은 나빠진다.

해설 ㉮ **체적효율** : 이론적인 가스흡입량에 대한 실제적인 가스흡입량의 비로 간극 용적비가 작아질수록 체적효율은 좋아진다.
㉯ 동일가스, 동일 흡입 온도에서는 압축비가 클수록 토출압력이 높으므로 토출온도는 높아진다.

05 **흡수식 냉동설비의 냉동능력 정의로 옳은 것은?**

① 발생기를 가열하는 24시간의 입열량 6천640[kcal]를 1일의 냉동능력 1[톤]으로 본다.
② 발생기를 가열하는 1시간의 입열량 3천320[kcal]를 1일의 냉동능력 1[톤]으로 본다.
③ 발생기를 가열하는 1시간의 입열량 6천640[kcal]를 1일의 냉동능력 1[톤]으로 본다.
④ 발생기를 가열하는 24시간의 입열량 3천320[kcal]를 1일의 냉동능력 1[톤]으로 본다.

Answer 1. ② 2. ③ 3. ④ 4. ③ 5. ③

해설 1일의 냉동능력 1[톤] 계산

㉮ 원심식 압축기 : 압축기의 원동기 정격출력 1.2[kW]

㉯ 흡수식 냉동설비 : 발생기를 가열하는 1시간의 입열량 6640[kcal]

㉰ 그 밖의 것은 다음의 식에 의한다.

$\therefore R = \frac{V}{C}$

R : 1일의 냉동능력[톤]

V : 피스톤 압출량[m^3/h]

C : 냉매 종류에 따른 정수

06 어떤 용기에 액체염소 25[kg]이 들어있다. 이 염소를 표준상태인 바깥으로 내 놓으면 몇 [m^3]의 부피를 차지하는가?

① 7.9 ② 11.0

③ 15.4 ④ 22.4

해설 염소(Cl_2) 분자량은 71이므로

71[kg] : 22.4[m^3] = 25[kg] : x[m^3]

$\therefore x = \frac{25 \times 22.4}{71} = 7.887\,[m^3]$

07 독성가스 배관 설치 시 반드시 2중 배관으로 하지 않아도 되는 가스는?

① 에틸렌 ② 시안화수소

③ 염화메탄 ④ 암모니아

해설 2중관으로 하여야 하는 독성가스

㉮ **고압가스 특정제조** : 포스겐, 황화수소, 시안화수소, 아황산가스, 아크릴알데히드, 염소, 불소

㉯ **고압가스 일반제조** : 포스겐, 황화수소, 시안화수소, 아황산가스, 산화에틸렌, 암모니아, 염소, 염화메탄

08 반데르발스(Van der Waals) 상태식 중 보정항에 대하여 옳게 표현한 것은?

① 실제기체에서 분자 간 상호 인력의 작용과 분자 자체의 크기(부피)를 고려하여 보정한 식이다.

② 실제기체에서 원자 간의 공유결합에 의한 압력 감소를 고려하여 보정한 식이다.

③ 실제기체에서 양이온과 음이온의 작용에 의한 이온결합을 고려하여 보정한 식이다.

④ 실제기체에서 이상기체보다 높은 압력과 낮은 온도를 고려하여 보정한 식이다.

해설 반데르발스(Van der Waals) 방정식

㉮ 실제기체가 1[mol]의 경우

$\left(P + \frac{a}{V^2}\right)(V - b) = RT$

㉯ 실제기체가 n[mol]의 경우

$\left(P + \frac{n^2 a}{V^2}\right)(V - nb) = nRT$

여기서,

a : 기체분자간의 인력(atm · L^2/mol^2)

b : 기체분자 자신이 차지하는 부피(L/mol)

09 가스안전 영향평가 대상 등에서 산업통상자원부령이 정하는 가스배관이 통과하는 지점에 해당하지 않는 것은?

① 해당 건설공사와 관련된 굴착공사로 인하여 도시가스배관이 노출될 것이 예상되는 부분

② 해당 건설공사에 의한 굴착바닥면의 양끝으로부터 굴착심도의 0.6배 이내의 수평거리에 도시가스배관이 매설된 부분

③ 해당 공사에 의하여 건설될 지하시설물 바닥의 직하부에 관지름 500[mm]인 저압의 가스배관이 통과하는 경우 그 건설공사에 해당하는 부분

④ 해당 공사에 의하여 건설될 지하시설물 바닥의 직하부에 최고사용압력이 중압 이상인 가스배관이 통과하는 경우 그 건설공사에 해당하는 부분

Answer 6. ① 7. ① 8. ① 9. ③

해설 도시가스배관이 통과하는 지점 : 도법 시행규칙 제 53조

㉮ 해당 건설공사와 관련된 굴착공사로 인하여 도시가스배관이 노출될 것으로 예상되는 부분

㉯ 해당 건설공사에 의한 굴착바닥면의 양끝으로부터 굴착심도의 0.6배 이내의 수평거리에 도시가스배관이 매설된 부분

㉰ 해당 공사로 건설될 지하시설물 바닥의 바로 아랫부분에 최고사용압력이 중압 이상인 도시가스배관이 통과하는 경우의 그 건설공사에 해당하는 부분

10 고압가스 운반 시 가스누출사고가 발생하였다. 이 부분의 수리가 불가능한 경우 재해발생 또는 확대를 방지하기 위한 조치사항으로 볼 수 없는 것은?

① 상황에 따라 안전한 장소로 운반한다.

② 상황에 따라 안전한 장소로 대피한다.

③ 비상연락망에 따라 관계 업소에 원조를 의뢰한다.

④ 펜스를 설치하고 다른 운반차량에 가스를 옮긴다.

해설 가스누출 부분의 수리가 불가능한 경우의 조치 사항

㉮ 상황에 따라 안전한 장소로 운반할 것

㉯ 부근의 화기를 없앨 것

㉰ 착화된 경우 용기파열 등의 위험이 없다고 인정될 때는 소화할 것

㉱ 독성가스가 누출한 경우에는 가스를 제독할 것

㉲ 부근에 있는 사람을 대피시키고, 통행인은 교통통제를 하여 출입을 금지시킬 것

㉳ 비상연락망에 따라 관계 업소에 원조를 의뢰할 것

㉴ 상황에 따라 안전한 장소로 대피할 것

㉵ 구급조치

11 가스공급시설 중 최고사용압력이 고압인 가스홀더 2개가 있다. 2개의 가스홀더의 지름이 각각 30[m], 50[m]일 경우 두 가스홀더의 간격은 몇 [m] 이상을 유지하여야 하는가?

① 15[m] ② 20[m]

③ 30[m] ④ 50[m]

해설 가스홀더와의 거리 : 두 가스홀더의 최대지름 합산한 길이의 1/4 이상유지(1[m] 미만인 경우 1[m] 이상의 거리)한다.

$$\therefore L = \frac{D_1 + D_2}{4} = \frac{30+50}{4} = 20[\mathrm{m}]$$

12 고온, 고압하에서 일산화탄소를 사용하는 장치에 철재를 사용할 수 없는 주된 원인은?

① 철카르보닐을 만들기 때문에

② 탈탄산작용을 하기 때문에

③ 중합부식을 일으키기 때문에

④ 가수분해하여 폭발하기 때문에

해설 일산화탄소(CO)는 고온, 고압의 상태에서 철족(Fe, Ni, Co)의 금속에 대하여 침탄 및 카르보닐을 생성한다.

㉮ $Fe + 5CO \rightarrow Fe(CO)_5$ [철-카르보닐]

㉯ $Ni + 4CO \rightarrow Ni(CO)_4$ [니켈-카르보닐]

13 도시가스 사업법에서 정의하는 용어에 대한 설명 중 틀린 것은?

① 배관이라 함은 본관, 공급관, 내관을 말한다.

② 본관이라 함은 공급관, 옥외배관을 말한다.

③ 내관이라 함은 가스사용자가 소유하고 있는 토지의 경계에서 연소기에 이르는 배관을 말한다.

④ 액화가스라 함은 상용의 온도에서 압력이 0.2[MPa] 이상이 되는 것을 말한다.

Answer 10. ④ 11. ② 12. ① 13. ②

해설 본관 : 도시가스제조사업소(액화천연가스의 인수기지를 포함한다.)의 부지 경계에서 정압기까지 이르는 배관을 말한다.

14 몰조성으로 프로판 50[%], n-부탄 50[%]인 LP가스가 있다. 이 가스 1[kg] 중 프로판의 질량은 약 몇 [kg]인가?

① 0.32 ② 0.38
③ 0.43 ④ 0.52

해설 ㉮ 각 가스의 현재 질량 계산
ⓐ 프로판 : $C_3H_8 = 44 \times 0.5 = 22$
ⓑ 부탄 : $C_4H_{10} = 58 \times 0.5 = 29$
㉯ 혼합가스 1[kg] 중 프로판 질량 계산
∴ 프로판 질량 = 가스량 × 프로판 질량비율

$$= 1 \times \frac{22}{22+29} = 0.431\,[\text{kg}]$$

15 가스 정압기에서 메인밸브의 열림과 유량과의 관계를 의미하는 것은?

① 정특성 ② 동특성
③ 유량특성 ④ 오프셋

해설 정압기의 특성
㉮ 정특성(靜特性) : 유량과 2차 압력의 관계
㉯ 동특성(動特性) : 부하변화가 큰 곳에 사용되는 정압기에서 부하변동에 대한 응답의 신속성과 안정성이 요구되는 특성
㉰ 유량특성(流量特性) : 메인밸브의 열림과 유량의 관계
㉱ 사용 최대차압 : 메인밸브에 1차와 2차 압력이 작용하여 최대로 되었을 때의 차압
㉲ 작동 최소차압 : 정압기가 작동할 수 있는 최소 차압

16 수소(H_2)가스의 공업적 제조법이 아닌 것은?

① 물의 전기분해 ② 공기액화 분리법
③ 수성가스법 ④ 석유의 분해법

해설 ㉮ 수소의 공업적 제조법 : 물의 전기분해법, 수성가스법, 천연가스 분해법, 석유 분해법, 일산화탄소 전화법
㉯ 공기액화 분리법 : 산소, 아르곤, 질소 제조법

17 다음 중 풍압대와 관계없이 설치할 수 있는 방식의 가스보일러는?

① 자연배기식(CF) 단독배기통 방식
② 자연배기식(CF) 복합배기통 방식
③ 강제배기식(FE) 단독배기통 방식
④ 강제배기식(FE) 공동배기구 방식

해설 풍압대를 피하여 설치하여야 할 보일러
㉮ 자연배기식(CF) 단독배기통 방식
㉯ 자연배기식(CF) 복합배기통 방식
㉰ 자연배기식(CF) 공동배기 방식
㉱ 강제배기식(FE) 공동배기구 방식

18 이상기체의 내부에너지(internal energy)에 대하여 가장 바르게 설명한 것은?

① 온도 및 부피의 함수이다.
② 온도 및 압력의 함수이다.
③ 온도만의 함수이다.
④ 압력만의 함수이다.

해설 이상기체의 성질
㉮ 보일-샤를의 법칙을 만족한다.
㉯ 아보가드로의 법칙에 따른다.
㉰ 내부에너지는 체적에 무관하며, 온도에 의해서만 결정된다. (내부에너지는 온도만의 함수이다.)
㉱ 비열비는 온도에 관계없이 일정하다.
㉲ 기체의 분자력과 크기도 무시되며 분자간의 충돌은 완전 탄성체이다.

19 아세틸렌을 용기에 충전할 때 충전 중의 압력은 얼마 이하로 하여야 하는가?

① 1.5[MPa] ② 2.5[MPa]
③ 3.5[MPa] ④ 4.5[MPa]

Answer 14. ③ 15. ③ 16. ② 17. ③ 18. ③ 19. ②

해설 아세틸렌 충전용기 압력

㉮ 충전 중의 압력 : 온도와 관계없이 2.5[MPa] 이하

㉯ 충전 후의 압력 : 15[℃]에서 1.5[MPa] 이하

20 지하철 주변에 도시가스 배관을 매설하려고 한다. 이 때 다음 중 무엇이 가장 문제가 되는가?

① 대기부식 ② 미주전류부식
③ 고온부식 ④ 응력부식균열

21 다음 중 염소의 주된 용도에 해당하지 않는 것은?

① 수돗물의 살균 ② 염화비닐의 원료
③ 섬유의 표백 ④ 수소의 제조원료

해설 염소(Cl_2)의 용도

㉮ 염화수소(HCl), 염화비닐(C_2H_3Cl), 포스겐($COCl_2$)의 제조에 사용한다.

㉯ 종이, 펄프공업, 알루미늄 공업 등에 사용한다.

㉰ 수돗물의 살균에 사용한다.

㉱ 섬유의 표백에 사용한다.

㉲ 소독용으로 쓰인다.

22 다음 응력-변형률선도에서 최대인장강도를 나타내는 점은?

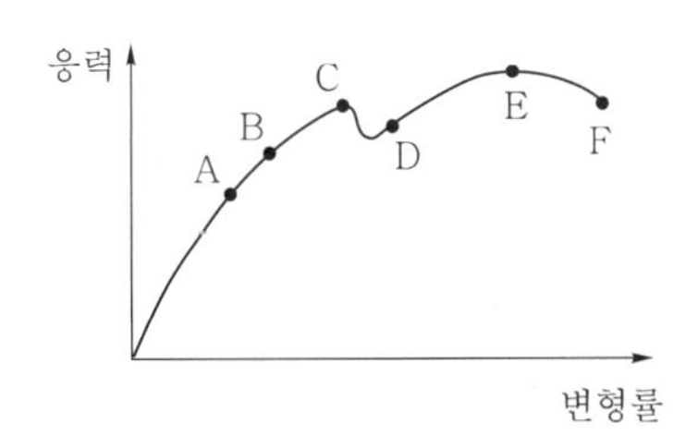

① C ② D
③ E ④ F

해설 A : 비례한도, B : 탄성한도, C : 상항복점, D : 하항복점, E : 인장강도, F : 파괴점

23 다음 중 피스톤식 팽창기를 사용한 공기액화 사이클은?

① 클라우드(Claude) 공기액화 사이클
② 린데(Linde) 공기액화 사이클
③ 필립스(Philips) 공기액화 사이클
④ 캐스케이트(cascade) 공기액화 사이클

해설 공기액화 사이클의 종류 및 특징

㉮ **린데(Linde) 공기액화 사이클** : 단열팽창(줄-톰슨 효과)를 이용한 것으로 열교환기, 팽창밸브, 액화기로 구성된다.

㉯ **클라우드(Claude) 공기액화 사이클** : 열교환기와 피스톤식 팽창기를 사용한다.

㉰ **캐피자(Kapitza) 공기액화 사이클** : 공기의 압축압력이 7[atm]으로 낮으며, 열교환기와 축랭기로 구성되며 터빈식 팽창기를 사용한다.

㉱ **필립스(Philips) 공기액화 사이클** : 실린더 중에 피스톤과 보조피스톤이 있고 수소, 헬륨을 냉매로 사용한다.

㉲ **캐스케이드(cascade) 공기액화 사이클** : 비점이 점차 낮은 냉매를 사용한 것으로 다원 액화 사이클이라고도 한다.

24 다음 독성가스와 그 제독제를 잘못 연결한 것은?

① 염소 – 가성소다수용액, 탄산소다수용액, 소석회
② 포스겐 – 가성소다수용액, 소석회
③ 황화수소 – 가성소다수용액, 탄산소다수용액
④ 시안화수소 – 탄산소다수용액, 소석회

해설 독성가스 제독제

가스종류	제독제의 종류
염소	가성소다 수용액, 탄산소다 수용액, 소석회
포스겐	가성소다 수용액, 소석회
황화수소	가성소다 수용액, 탄산소다 수용액
시안화수소	가성소다 수용액

Answer 20. ② 21. ④ 22. ③ 23. ① 24. ④

가스종류	제독제의 종류
아황산가스	가성소다 수용액, 탄산소다 수용액, 물
암모니아, 산화에틸렌, 염화메탄	물

25 섭씨온도[℃]와 화씨온도[°F]가 같은 값을 나타내는 온도는?

① −20[℃] ② −40[℃]
③ −50[℃] ④ −60[℃]

해설 $°F = \frac{9}{5}℃ + 32$에서 [°F]와 [℃]가 같으므로 x로 놓으면 $x = \frac{9}{5}x + 32$가 된다.

$$\therefore x - \frac{9}{5}x = 32$$

$$x\left(1 - \frac{9}{5}\right) = 32$$

$$\therefore x = \frac{32}{1 - \frac{9}{5}} = -40$$

26 수소의 품질검사 시 흡수제로 사용되는 용액은?

① 암모니아성 가성소다 용액
② 하이드로설파이드시약
③ 동암모니아시약
④ 발연황산시약

해설 품질검사 기준

구 분	시 약	검사법	순 도
산소	동・암모니아	오르사트법	99.5[%] 이상
수소	피로갈롤 하이드로설파이드	오르사트법	98.5[%] 이상
아세틸렌	발연황산	오르사트법	98[%] 이상
	브롬시약	뷰렛법	
	질신은	정성시험	

27 다음 중 법령상 독성가스가 아닌 것은?

① 불화수소
② 불소
③ 염화비닐
④ 모노실란

해설 ㉮ **독성가스의 정의(고법 시행규칙 제2조)** : "독성가스"란 아크릴로니트릴・아크릴알데히드・아황산가스・암모니아・일산화탄소・이황화탄소・불소・염소・브롬화메탄・염화메탄・염화프렌・산화에틸렌・시안화수소・황화수소・모노메틸아민・디메틸아민・트리메틸아민・벤젠・포스겐・요오드화수소・브롬화수소・염화수소・불화수소・겨자가스・알진・모노실란・디실란・디보레인・셀렌화수소・포스핀・모노게르만 및 그 밖에 공기 중에 일정량 이상 존재하는 경우 인체에 유해한 독성을 가진 가스로서 허용농도(해당 가스를 성숙한 흰쥐 집단에게 대기 중에서 1시간 동안 계속하여 노출시킨 경우 14일 이내에 그 흰쥐의 2분의 1 이상이 죽게 되는 가스의 농도를 말한다.)가 100만분의 5000 이하인 것을 말한다.

㉯ **염화비닐(C_2H_3Cl)** : 무색의 달콤한 냄새를 갖는 것으로 증발연소를 하는 가연성물질이며 피부 및 눈을 자극, 중추신경계통 억제, 발암의 위험성이 있다. 폴리염화비닐, 염화비닐리덴의 원료로 사용된다.

28 물체가 열을 받고 변화할 경우에 대한 설명으로 틀린 것은?

① 물체간의 인력에 저항하여 집합상태가 변화한다.
② 위치에너지를 증가시킨다.
③ 외부에 저항하여 체적변화를 일으킨다.
④ 분자 운동에너지를 증가시킨다.

해설 **위치에너지** : G[kgf]의 물체가 h[m]의 높이에 있을 때의 에너지로 열에너지와는 관계없다.

Answer 25. ② 26. ② 27. ③ 28. ②

29 고압차단 스위치에 대한 설명으로 틀린 것은?

① 작동압력은 정상고압보다 4[kgf/cm²] 정도 높다.
② 전자밸브와 조합하여 고속다기통 압축기의 용량제어용으로 주로 이용된다.
③ 압축기 1대마다 설치 시에는 토출 스톱밸브 직전에 설치한다.
④ 작동 후 복귀 상태에 따라 자동 복귀형과 수동 복귀형이 있다.

해설 **고압차단 스위치**(high pressor cut out switch : HPS) : 압축기 압력이 이상 상승하였을 때 압축기용 전동기 전원을 차단하여 전동기를 정지시켜 이상고압에 의한 위해를 방지한다.

30 다음 내진설계 관련 용어에 대한 설명으로 옳은 것은?

① 가속도 시간이력이란 지진의 지반운동가속도를 시간별로 측정하여 기록한 이력을 말한다.
② 기능수행수준이란 설계지진 작용 시 구조물이나 시설물에 변형이나 손상이 발생할 수 있으나 그 수준과 범위는 구조물이나 시설물이 붕괴되거나 또는 이들의 손상으로 인하여 대규모 피해가 초래되는 것이 방지될 수 있는 성능수준을 말한다.
③ 하중계수 설계법이란 구조물의 관성력은 무시하고, 작용하는 하중의 시간별 크기에 대하여 해석하는 방법을 말한다.
④ 가속도 계수란 지반운동으로 구조물에서 발생한 최대지진 가속도를 말한다.

해설 **기능수행수준** : 설계지진 하중 작용 시 내진설계구조물이 본래의 기능을 정상적으로 수행할 수 있는 수준을 말한다.
※ ②번 항목 : 붕괴방지수준 설명

31 공기액화 분리장치에 아세틸렌가스가 혼입되면 안 되는 이유로 옳은 것은?

① 배관 내에서 동결되어 막히므로
② 산소의 순도가 나빠지기 때문에
③ 질소와 산소의 분리가 방해되므로
④ 분리기 내의 액체산소탱크에 들어가 폭발하기 때문에

해설 원료공기 중에 아세틸렌이 혼입되면 공기액화 분리기 내의 동과 접촉하여 동-아세틸드를 생성하여 산소 중에서 폭발의 위험성이 있기 때문이다.

32 진탕형 오토클레이브(auto clave)의 특성에 대한 설명으로 옳은 것은?

① 고압력에 사용할 수 없다.
② 가스누설의 가능성이 없다.
③ 반응물의 오손이 많다.
④ 뚜껑판의 뚫어진 구멍에 촉매가 들어갈 염려가 없다.

해설 **진탕형 오토클레이브의 특징**
㉮ 가스누설의 가능성이 없다.
㉯ 고압력에 사용할 수 있고, 반응물의 오손이 없다.
㉰ 장치 전체가 진동하므로 압력계는 본체에서 떨어져 설치하여야 한다.
㉱ 뚜껑판의 뚫어진 구멍에 촉매가 들어갈 염려가 있다.

Answer 29. ② 30. ① 31. ④ 32. ②

33 **가연성가스가 폭발할 위험이 있는 농도에 도달할 우려가 있는 장소의 등급에 대한 설명으로 틀린 것은?**

① 1종 장소는 상용상태에서 가연성가스가 체류하여 위험하게 될 우려가 있는 장소, 정비보수 또는 누출 등으로 인하여 종종 가연성가스가 체류하여 위험하게 될 우려가 있는 장소를 말한다.

② 2종 장소는 밀폐된 용기 또는 설비 내에 밀봉된 가연성가스가 그 용기 또는 설비의 사고로 인해 파손되거나 오조작의 경우에만 누출할 위험이 있는 장소를 말한다.

③ 0종 장소는 상용의 상태에서 가연성가스의 농도가 연속해서 폭발하한계 이상으로 되는 장소(폭발상한계를 넘는 경우에는 폭발한계내로 들어갈 우려가 있는 경우를 포함한다.)를 말한다.

④ 4종 장소는 확실한 기계적 환기조치에 의하여 가연성가스가 체류하지 않도록 되어 있으나 환기장치에 이상이나 사고가 발생한 경우에는 가연성가스가 체류하여 위험하게 될 우려가 있는 장소를 말한다.

해설 위험장소의 종류 : 1종 장소, 2종 장소, 0종 장소
※ ④번 항목은 2종 장소의 설명이다.

34 **가스도매사업자의 가스공급시설의 시설기준으로 옳지 않은 것은?**

① 액화석유가스의 저장설비와 처리설비는 그 외면으로부터 보호시설까지 20[m] 이상의 거리를 유지한다.

② 고압인 가스공급시설은 통로, 공지 등으로 구획된 안전구역 안에 설치하되, 그 면적은 2만[m^2] 미만으로 한다.

③ 2개 이상의 제조소가 인접하여 있는 경우의 가스공급시설은 그 외면으로부터 그 제조소와 다른 제조소의 경계까지 20[m] 이상의 거리를 유지한다.

④ 액화천연가스의 저장탱크는 그 외면으로부터 처리능력이 20만[m^3] 이상인 압축기와 30[m] 이상의 거리를 유지한다.

해설 보호시설과의 거리 : 30[m] 이상

35 **저온장치의 운전 중 CO_2와 수분이 존재할 때 장치에 미치는 영향에 대한 설명으로 가장 적절한 것은?**

① CO_2는 저온에서 탄소와 수소로 분해되어 영향이 없다.

② 얼음이 되어 배관밸브를 막아 흐름을 저해한다.

③ CO_2는 저장장치의 촉매 기능을 하므로 효율을 상승시킨다.

④ CO_2는 가스로 순도를 저하시킨다.

해설 저온장치에서 이산화탄소(CO_2)는 드라이아이스(고체탄산)가 되고, 수분은 얼음이 되어 밸브 및 배관을 폐쇄하므로 제거하여야 한다.

36 **산소 16[kg]과 질소 56[kg]인 혼합기체의 전압이 506.5[kPa]이다. 이 때 질소의 분압은 몇 [kPa]인가?**

① 202.6 ② 303.9
③ 405.2 ④ 506.5

해설 $$\text{분압} = \text{전압} \times \frac{\text{성분몰}}{\text{전몰}}$$

$$= 506.5 \times \frac{\frac{56}{28}}{\frac{16}{32} + \frac{56}{28}} = 405.2[\text{kPa}]$$

Answer 33. ④ 34. ① 35. ② 36. ③

37 아세틸렌의 주된 제법으로 옳은 것은?

① 메탄과 같은 탄화수소를 고온(1200~2000[℃])에서 열분해 시켜서 만든다.
② 메탄과 같은 탄화수소를 수증기 개질법에 의하여 만든다.
③ 메탄과 같은 탄화수소를 부분산화법에 의하여 만든다.
④ 메탄과 같은 탄화수소를 연소시켜서 얻는다.

해설 아세틸렌의 제조법
㉮ 카바이드(CaC_2)를 이용한 제조법 : 카바이드(CaC_2)와 물(H_2O)을 접촉시키면 아세틸렌이 발생한다.
※ 반응식 :
$CaC_2 + 2H_2O \rightarrow Ca(OH)_2 + C_2H_2$
㉯ 탄화수소에서 제조 : 메탄, 나프타를 열분해 시 얻어진다.

38 파이핑 레이아웃(piping layout)의 실시 시 주의사항으로 가장 거리가 먼 것은?

① 항상 일관된 사고(思考)에 의해 행하도록 하며 장치 전체의 미관을 고려한다.
② 장치가 운전하기 쉽도록 고려한다.
③ 유지관리에 대한 충분한 고려를 한다.
④ 배관은 되도록 굴곡(屈曲)을 많게 하여 최단거리로 한다.

해설 배관은 굴곡(屈曲)부분이 적게 하여 최단거리로 하여야 한다.

39 강한 자성을 가지고 있어 자장에 대해 흡인되는 성질을 이용하여 분석이 가능한 가스는?

① CH_4 ② CO
③ O_2 ④ H_2

해설 산소는 기체, 액체, 고체 상태에서 상자성체(자장의 방향으로 자화하는 현상)인 것을 이용한 자기식 O_2계를 이용하여 분석한다.

40 평면배관도면의 배관선에는 각각 반드시 관의 높이 치수로서 B.O.P EL(bottom of pipe elevation) 또는 C.L EL(center line of pipe elevation)의 약자(略字)의 기호를 붙인 숫자를 기입하여야 한다. 다음 중 B.O.P EL을 기입하여야 하는 경우는?

① 두 개 이상의 배관이 공통 가태상(架台上)에 병렬 배관되는 경우와 보온, 보냉 시공되는 배관의 경우
② 펌프 흡입측 배관, 기기노즐에 직접 접속시키는 배관 등에서 그 접속대상이 이미 관 중심에서 규정되어 있는 경우
③ 증기배관 등에서 단독으로 적철구(吊鐵具)로 매달려 있는 경우
④ 기타 단독 배관의 경우

해설 BOP(bottom of pipe) : 지름이 다른 관의 높이를 나타낼 때 적용되며 관 바깥지름의 아랫면을 기준으로 하여 표시한다.

41 액화프로판 50[kg]을 충전할 수 있는 용기의 내용적[L]은? (단, 액화프로판의 정수는 2.35이다.)

① 50.0 ② 58.8
③ 102.5 ④ 117.5

해설 $G = \frac{V}{C}$에서
$\therefore V = C \times G = 2.35 \times 50 = 117.5$[L]

Answer 37. ① 38. ④ 39. ③ 40. ① 41. ④

42 프로판가스 10[kg]을 완전연소 하는데 필요한 공기량은 약 몇 [Nm^3]인가? (단, 공기 중 산소와 질소의 체적비는 21 : 79이다.)

① 76 ② 95
③ 110 ④ 122

해설 프로판(C_3H_8)의 완전연소 반응식
$C_3H_8 + 5O_2 \rightarrow 3CO_2 + 4H_2O$
44[kg] : 5×22.4[Nm^3] = 10[kg] : O_0[Nm^3]

$$\therefore A_0 = \frac{O_0}{0.21} = \frac{10 \times 5 \times 22.4}{44 \times 0.21} = 121.21[Nm^3]$$

43 다음 중 분해폭발을 일으키는 가스는?

① 산소 ② 질소
③ 아세틸렌 ④ 프로판

해설 분해폭발 가스 및 물질 : 아세틸렌, 산화에틸렌, 히드라진, 오존 등

44 고압가스 시설의 가스누출검지경보장치 중 검지부 설치수량의 기준으로 틀린 것은?

① 건축물 안에 설치되어 있는 압축기, 펌프 등 가스가 누출하기 쉬운 고압가스 설비 등이 설치되어 있는 장소의 주위에는 고압가스 설비군의 바닥면 둘레가 22[m]인 시설에 검지부 2개 설치
② 에틸렌 제조시설의 아세틸렌수첨탑으로서 그 주위에 누출한 가스가 체류하기 쉬운 장소의 바닥면 둘레가 30[m]인 경우에 검지부 3개 설치
③ 가열로가 있는 제조설비의 주위에 가스가 체류하기 쉬운 장소의 바닥면 둘레가 18[m]인 경우에 검지부 1개 설치
④ 염소충전용 접속구 군의 주위에 검지부 2개 설치

해설 가스누출검지경보장치 중 검지부 설치수량 기준
㉮ 건축물 안에 설치되어 있는 압축기, 펌프, 반응설비, 저장탱크 등 가스가 누출하기 쉬운 고압가스 설비 등이 설치되어 있는 장소의 주위에는 고압가스 설비군의 바닥면 둘레 10[m]에 대하여 1개 이상의 비율로 계산한 수 → 그러므로 둘레가 22[m]인 시설에서는 검지부를 3개 설치하여야 한다.
㉯ 건축물 밖에 설치되어 있는 압축기, 펌프, 반응설비, 저장탱크 등 가스가 누출하기 쉬운 고압가스 설비 등이 설치되어 있는 장소의 주위에는 고압가스 설비군의 바닥면 둘레 20[m]에 대하여 1개 이상의 비율로 계산한 수
㉰ 특수반응설비로서 그 주위에 누출한 가스가 체류하기 쉬운 장소에는 그 바닥면 둘레 10[m]마다 1개 이상의 비율로 계산한 수
㉱ 가열로 등 발화원이 있는 제조설비의 주위에 가스가 체류하기 쉬운 장소에는 그 바닥면 둘레 20[m] 마다 1개 이상의 비율
㉲ 계기실 내부에 1개 이상
㉳ 독성가스의 충전용 접속구 군의 주위에 1개 이상
㉴ 방류둑 내에 설치된 저장탱크의 경우에는 당해 저장탱크마다 1개 이상

45 판 두께 12[mm], 용접 길이 30[cm]인 판을 맞대기 용접했을 때 4500[kgf]의 인장하중이 작용한다면 인장응력은 약 몇 [kgf/cm^2]인가?

① 8 ② 45
③ 125 ④ 250

해설 $\sigma = \frac{W}{h \cdot L} = \frac{4500}{1.2 \times 30} = 125[kgf/cm^2]$

46 고압가스 취급소 등에서 폭발 및 화재의 원인이 되는 발화원으로 가장 거리가 먼 것은?

① 충격 ② 마찰
③ 방전 ④ 접지

Answer 42. ④ 43. ③ 44. ① 45. ③ 46. ④

해설 접지 : 발화원에 해당하는 정전기를 제거하기 위한 것이다.

47 다음 가스 중 허용농도가 작은 것부터 올바르게 나열된 것은?

㉠ HCN ㉡ Cl_2 ㉢ $COCl_2$ ㉣ NH_3

① ㉡-㉢-㉠-㉣
② ㉡-㉢-㉣-㉠
③ ㉢-㉡-㉠-㉣
④ ㉢-㉡-㉣-㉠

해설 각 가스의 허용농도(TLV-TWA)

명 칭	허용농도
시안화수소(HCN)	10[ppm]
염소(Cl_2)	1[ppm]
포스겐($COCl_2$)	0.1[ppm]
암모니아(NH_3)	25[ppm]

48 가스의 압력을 사용 기구에 맞는 압력으로 감압하여 공급하는데 사용하는 정압기의 기본구조로서 옳은 것은?

① 다이어프램, 스프링(또는 분동) 및 메인밸브로 구성되어 있다.
② 팽창밸브, 회전날개, 케이싱(casing)으로 구성되어 있다.
③ 흡입밸브와 토출밸브로 구성되어 있다.
④ 액송펌프와 메인밸브로 구성되어 있다.

해설 **정압기 구성 요소** : 다이어프램, 스프링(또는 분동), 메인밸브

49 다음 중 암모니아의 용도가 아닌 것은?

① 황산암모늄의 제조
② 요소비료의 제조
③ 냉동기의 냉매
④ 금속 산화제

해설 암모니아의 용도
㉮ 요소비료, 유안(황산암모늄) 제조 원료
㉯ 소다회, 질산 제조용 원료
㉰ 냉동기 냉매로 사용

50 다음 중 지진감지장치를 반드시 설치하여야 하는 도시가스 시설은?

① 가스도매사업자 인수기지
② 가스도매사업자 정압기지
③ 일반도시가스사업자 제조소
④ 일반도시가스사업자 정압기

해설 **정압기(지) 및 밸브기지 시설기준(도법 시행규칙 별표5)** : 가열설비, 계량설비, 정압설비의 지지구조물과 기초는 내진설계기준에 따라 설계하고 이에 연결되는 배관은 안전하게 고정될 것

51 가스폭발에 대한 설명으로 틀린 것은?

① 압력과 폭발범위는 서로 관계가 없다.
② 관지름이 가늘수록 폭굉유도거리는 짧아진다.
③ 혼합가스의 폭발범위는 르샤틀리에 법칙을 적용한다.
④ 이황화탄소, 아세틸렌, 수소는 위험도가 커서 위험하다.

해설 압력이 높아지면 대부분 가연성가스의 폭발범위는 증가한다.(단, 수소와 일산화탄소는 제외)

Answer 47. ③ 48. ① 49. ④ 50. ② 51. ①

52 **부르동(bourdon)관 압력계 사용 시의 주의 사항으로 가장 거리가 먼 것은?**

① 안전장치를 한 것을 사용할 것
② 압력계에 가스를 유입시키거나 또는 빼낼 때는 신속하게 조작할 것
③ 정기적으로 검사를 행하고 지시의 정확성을 확인할 것
④ 압력계는 가급적 온도변화나 진동, 충격이 적은 장소에 설치할 것

해설 압력계에 가스를 유입시키거나 또는 빼낼 때는 조작을 서서히 하여야 한다.

53 **독성가스 운반 시 응급조치를 위하여 반드시 필요한 것이 아닌 것은?**

① 방독면
② 소화기
③ 고무장갑
④ 제독제

해설 소화기는 가연성가스 및 산소를 운반하는 경우 휴대하여야 할 소화설비이다.

54 **압축가스를 단열팽창시키면 온도와 압력이 강하하는 현상을 무엇이라고 하는가?**

① 펠티어 효과
② 제베크 효과
③ 줄-톰슨 효과
④ 페러데이 효과

해설 **줄-톰슨 효과** : 압축가스를 단열팽창 시키면 온도가 일반적으로 강하한다. 이를 최초로 실험한 사람의 이름을 따서 줄-톰슨 효과라고 하며 저온을 얻는 기본원리이다. 줄-톰슨 효과는 팽창전의 압력이 높고 최초의 온도가 낮을수록 크다

55 **로트의 크기 30, 부적합품률이 10%인 로트에서 시료의 크기를 5로 하여 랜덤 샘플링할 때 시료 중 부적합품수가 1개 이상일 확률은 약 얼마인가? (단, 초기하분포를 이용하여 계산한다.)**

① 0.3695 ② 0.4335
③ 0.5665 ④ 0.6305

해설

$$L=\frac{\binom{PN}{x}\binom{N-PN}{n-x}}{\binom{N}{n}}$$

$$=\frac{\binom{0.1\times 30}{1}\binom{30-0.1\times 30}{5-1}}{\binom{30}{5}}$$

$$=\frac{\binom{3}{1}\binom{27}{4}}{\binom{30}{5}}+\frac{\binom{3}{2}\binom{27}{3}}{\binom{30}{5}}+\frac{\binom{3}{3}\binom{27}{2}}{\binom{30}{5}}$$

$$=\frac{3C1\times 27C4}{30C5}+\frac{3C2\times 27C3}{30C5}+\frac{3C3\times 27C2}{30C5}$$

$$=0.4335$$

※ 계산은 공학계산기에서 "nCr"키를 사용하여 계산하여야 한다.

56 **관리도에서 점이 관리한계 내에 있으나 중심선 한쪽에 연속해서 나타나는 점의 배열 현상을 무엇이라 하는가?**

① 연 ② 경향
③ 산포 ④ 주기

해설 **관리도의 판정**

㉮ **연(run)** : 관리도에서 점이 관리한계 내에 있고 중심선의 한쪽에 연속해서 나타나는 점이며, 한쪽에 연이은 점의 수를 연의 길이라고 한다.
㉯ **경향(trend)** : 관측값을 순서대로 타점했을 때 연속 6 이상의 점이 상승하거나 하강하는 상태이다.
㉰ **주기(cycle)** : 점이 주기적으로 상하로 변동하여 파형을 나타내는 경우이다.

Answer 52. ② 53. ② 54. ③ 55. ② 56. ①

57 **과거의 자료를 수리적으로 분석하여 일정한 경향을 도출한 후 가까운 장래의 매출액, 생산량 등을 예측하는 방법을 무엇이라 하는가?**

① 델파이법 ② 전문가패널법
③ 시장조사법 ④ 시계열분석법

해설 **시계열분석** : 시간간격(연, 월, 주, 일 등)에 따라 제시된 과거자료(수요량, 매출액)로부터 그 추세나 경향을 분석하여 미래의 수요를 예측하는 방법

58 **작업개선을 위한 공정분석에 포함되지 않는 것은?**

① 제품 공정분석
② 사무 공정분석
③ 직장 공정분석
④ 작업자 공정분석

해설 공정분석의 종류
㉮ **제품공정분석** : 재료가 제품으로 되는 과정을 분석, 기록하는 것이다.
㉯ **사무공정분석** : 사무실 또는 공장 등에서 사무제도나 수속을 분석, 개선하는데 사용하는 것으로 서비스분야에 적용된다.
㉰ **작업자공정분석** : 작업자가 한 장소로부터 다른 장소로 이동할 때 수행하는 행위를 분석하는 것이다.
㉱ **부대분석** : 공정분석의 결과를 이용하여 특정항목을 연구하여 구체적인 개선안을 마련하고, 현장의 실태를 알기 위하여 실시되는 것이다.

59 **로트의 크기가 시료의 크기에 비해 10배 이상 클 때, 시료의 크기와 합격판정개수를 일정하게 하고 로트의 크기를 증가시키면 검사특성곡선의 모양 변화에 대한 설명으로 가장 적절한 것은?**

① 무한대로 커진다.
② 거의 변화하지 않는다.
③ 검사특성곡선의 기울기가 완만해진다.
④ 검사특성곡선의 기울기가 급해진다.

해설 로트의 크기(N)는 OC 곡선의 모양에는 큰 영향을 주지 않는다.

60 **다음 중 브레인스토밍(Brainstorming)과 가장 관계가 깊은 것은?**

① 파레토도 ② 히스토그램
③ 회귀분석 ④ 특성요인도

해설 **특성요인도** : 문제가 되는 결과와 이에 대응하는 원인과의 관계를 알 수 있도록 생선뼈 형태로 그린 그림으로 파레토도에 나타난 부적합 항목이 영향을 주는 여러 가지 요인을 찾아내는데 유용한 기법으로 브레인스토밍 방법을 이용한다.

Answer 57. ④ 58. ③ 59. ② 60. ④

2011년도 기능장 제49회 필기시험 [4월 17일 시행]

과년도문제

01 **가스장치에서 발생할 수 있는 정전기에 대한 설명으로 옳은 것은?**

① 가스의 이·충전 작업 시 가장 많이 발생한다.

② 정전기 제거를 위한 접지저항치는 총합 50[Ω] 이하로 하여야 한다.

③ 최소착화에너지가 큰 아세트니트릴은 정전기 발생에 더욱 주의하여야 한다.

④ 접지를 위한 접속선의 단면적은 8[mm^2] 이상이어야 한다.

해설 **정전기 제거 조치 기준**

㉮ 탑류, 저장탱크, 열교환기, 회전기계, 벤트스택 등은 단독으로 접지하여야 한다. 다만, 기계가 복잡하게 연결되어 있는 경우 및 배관 등으로 연속되어 있는 경우에는 본딩용 접속선으로 접속하여 접지하여야 한다.

㉯ 본딩용 접속선 및 접지접속선은 단면적 5.5[mm^2] 이상의 것(단선은 제외)을 사용하고 경납붙임, 용접, 접속금구 등을 사용하여 확실히 접속하여야 한다.

㉰ 접지 저항치는 총합 100[Ω] (피뢰설비를 설치한 것은 총합 10[Ω])이하로 하여야 한다.

02 **산소, 수소, 아세틸렌을 제조하는 경우에는 품질검사를 실시하여야 한다. 다음 설명 중 틀린 것은?**

① 검사는 안전관리원이 실시한다.

② 검사는 1일 1회 이상 가스제조장에서 실시한다.

③ 액체산소를 기화시켜 용기에 충전하는 경우에는 품질검사를 생략할 수 있다.

④ 산소는 용기 안의 가스충전압력이 35[℃]에서 11.8[MPa] 이상으로 한다.

해설 품질검사는 1일 1회 이상 가스제조장에서 안전관리책임자가 실시하고, 안전관리 부총괄자와 안전관리책임자가 확인 서명한다.

03 **외국에서 국내로 수출하기 위한 용기 등(용기, 냉동기 또는 특정설비)의 제조등록 대상범위가 아닌 것은?**

① 고압가스를 충전하기 위한 용기(내용적 3데시리터 미만 용기는 제외한다.)

② 에어졸용 용기

③ 고압가스를 충전하기 위한 용기의 용기용 밸브

④ 고압가스 특정설비 중 저장탱크

해설 **외국용기 등의 제조등록 대상 범위 등** : 고법 시행령 제5조의2

(1) 고압가스를 충전하기 위한 용기(내용적 3데시리터 미만의 용기 제외), 그 부속품인 밸브 및 안전밸브를 제조하는 것

(2) 고압가스 특정설비 중 다음 어느 하나에 해당하는 설비를 제조하는 것

㉮ 저장탱크

㉯ 차량에 고정된 탱크

㉰ 압력용기

㉱ 독성가스 배관용 밸브

㉲ 냉동설비(일체형 냉동기 제외)를 구성하는 압축기, 응축기, 증발기 또는 압력용기

㉳ 긴급차단장치

㉴ 안전밸브

04 **촉매를 사용하여 etylene을 수증기와 반응시켜 제조하는 것은?**

① acetic acid ② aldehyde

③ methanol ④ ethanol

해설 $C_2H_4 + H_2O \rightarrow C_2H_5OH$(에탄올)

Answer 1. ① 2. ① 3. ② 4. ④

05 다음 그림과 같은 2개의 연강재 환봉이 같은 인장하중을 받을 때 두 봉의 탄성에너지의 비 U_1 : U_2는 얼마인가?

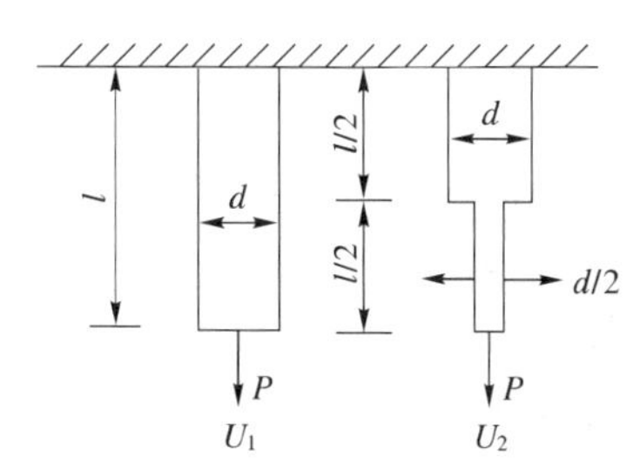

① 2 : 5　　② 4 : 6
③ 5 : 2　　④ 6 : 4

해설 탄성에너지 $U=\frac{1}{2}P\lambda=\frac{P^2 l}{2AE}$에서 같은 재료에 같은 인장하중이 작용하므로 P와 E는 같다.

$$\therefore\ U_1 : U_2=\frac{P^2 l_1}{2A_1E} : \frac{P^2 l_2}{2A_2E}=\frac{l_1}{A_1} : \frac{l_2}{A_2}$$

$$\therefore\ U_1=\frac{l_1}{A_1}=\frac{l}{\frac{\pi}{4}d^2}$$

$$U_2=\frac{l_2}{A_2}=\frac{\frac{l}{2}}{\frac{\pi}{4}d^2}+\frac{\frac{l}{2}}{\frac{\pi}{4}(\frac{1}{2}d)^2}=\frac{5}{2}\times\frac{l}{\frac{\pi}{4}d^2}$$

$$\therefore\ U_1 : U_2=\frac{l}{\frac{\pi}{4}d^2} : \frac{5}{2}\times\frac{l}{\frac{\pi}{4}d^2}$$

$$=1 : \frac{5}{2}=2 : 5$$

06 다음 [보기]에서 독성이 강한 순서대로 나열된 것은?

㉠ 염소 ㉡ 이황화탄소 ㉢ 포스겐 ㉣ 암모니아

① ㉠ 〉 ㉢ 〉 ㉣ 〉 ㉡
② ㉢ 〉 ㉠ 〉 ㉡ 〉 ㉣
③ ㉢ 〉 ㉠ 〉 ㉣ 〉 ㉡
④ ㉠ 〉 ㉢ 〉 ㉡ 〉 ㉣

해설 각 가스의 TLV-TWA 기준농도
㉮ 염소(Cl_2) : 1ppm
㉯ 이황화탄소(CS_2) : 20ppm
㉰ 포스겐($COCl_2$) : 0.1ppm
㉱ 암모니아(NH_3) : 25ppm

07 내용적 5[L]의 고압 용기에 에탄 1650[g]을 충전하였더니 용기의 온도가 100[℃]일 때 210[atm]을 나타내었다. 에탄의 압축계수는 약 얼마인가? (단, $PV=ZnRT$의 식을 적용한다.)

① 0.43　　② 0.62
③ 0.83　　④ 1.12

해설 $PV=Z\frac{W}{M}RT$

$$\therefore Z=\frac{PVM}{WRT}$$

$$=\frac{210\times5\times30}{1650\times0.082\times(273+100)}$$

$$=0.624$$

08 고압가스 냉동제조의 시설 및 기술기준에 대한 설명 중 틀린 것은?

① 냉동제조시설 중 냉매설비에는 자동제어장치를 설치한다.
② 가연성가스를 냉매로 사용하는 수액기의 경우에는 환형유리관 액면계를 사용한다.
③ 냉매설비의 안전을 확보하기 위하여 압력계를 설치한다.
④ 압축기 최종단에 설치된 안전밸브는 1년에 1회 이상 점검을 실시한다.

해설 가연성가스 또는 독성가스를 냉매로 사용하는 수액기에 설치하는 액면계는 환형유리관 액면계외의 것을 사용하여야 한다.

Answer 5. ① 6. ② 7. ② 8. ②

09 다음 [보기]에서 설명하는 금속의 종류는?

> [보기]
> - 약 2~6.7[%]의 탄소를 함유한다.
> - 압축력이 요구되는 부품의 재료에 적합하다.
> - 감쇠능(減衰能)이 아주 우수하여 진동에너지를 효율적으로 흡수한다.

① 황동 ② 선철
③ 주강 ④ 주철

10 이상기체에서 정적비열(C_v)과 정압비열(C_p)와의 관계식으로 옳은 것은? (단, R은 기체상수이다.)

① $C_p = R - C_v$ ② $C_p = R + C_v$
③ $C_p = C_v - R$ ④ $C_p = -C_v - R$

해설 정적비열과 정압비열의 관계식
㉮ $C_p - C_v = R \rightarrow C_p = R + C_v$
㉯ $C_p = \frac{k}{k-1} R$
㉰ $C_v = \frac{1}{k-1} R$

11 도시가스사업자는 매일 가스의 연소성을 측정기록 하여야 한다. 이 때 연료가스분석법으로 사용하는 것은?

① 헴펠식 분석법
② 분별 연소법
③ 적외선 분광분석법
④ 흡광광도법

해설 연소성 측정
㉮ 매일 6시 30분부터 9시 사이, 17시부터 20시 30분 사이에 각각 1회씩 가스홀더 또는 압송기 출구에서 측정
㉯ 측정방법 : 연료가스의 헴펠식 분석방법(KS B 2081), 액화석유가스의 탄화수소성분 시험방법(KS M 2077)

12 도시가스 배관을 지하에 매설할 때 배관의 기울기는 도로의 기울기에 따르고 도로가 평탄할 경우에는 얼마 정도의 기울기로 하여야 하는가?

① $\frac{1}{50} \sim \frac{1}{100}$ ② $\frac{1}{100} \sim \frac{1}{200}$
③ $\frac{1}{500} \sim \frac{1}{1000}$ ④ $\frac{1}{1000} \sim \frac{1}{2000}$

해설 **배관의 기울기** : 배관의 기울기는 도로의 기울기를 따르고 도로가 평탄한 경우에는 1/500~1/1000 정도의 기울기로 한다.

13 고압가스 안전관리법의 적용을 받지 않는 가스는?

① 상용의 온도에서 압력 0.9[MPa]인 질소가스
② 온도 35[℃]에서 압력 1[MPa]인 압축산소가스
③ 온도 15[℃]에서 0.15[MPa]인 아세틸렌가스
④ 온도 35[℃]에서 0.15[MPa]인 액화 시안화수소가스

해설 고압가스의 정의 : 고법 시행령 제2조
㉮ 상용의 온도, 35[℃]에서 압력이 1[MPa] 이상의 압축가스
㉯ 15[℃]에서 압력이 0[Pa] 초과하는 아세틸렌가스
㉰ 상용의 온도에서 압력 0.2[MPa] 이상 되는 액화가스, 압력이 0.2[MPa]이 되는 경우의 온도가 35[℃] 이하인 액화가스

Answer 9. ④ 10. ② 11. ① 12. ③ 13. ①

㉣ 35[℃]에서 압력이 0[Pa] 초과하는 액화가스 중 액화시안화수소, 액화산화에틸렌, 액화브롬화메탄

14 **액화산소 용기에 액화산소가 50[kg] 충전되어 있다. 용기의 외부에서 액화산소에 대해 매시 5[kcal]의 열량이 주어진다면 액화산소량이 1/2로 감소되는 데는 몇 시간이 필요한가? (단, 비점에서의 O_2의 증발잠열은 1600[cal/mol]이다.)**

① 100시간 ② 125시간
③ 175시간 ④ 250시간

해설 ㉮ 산소의 증발잠열을 [kcal/kg]으로 환산

$$\therefore \text{증발잠열} = \frac{1600[\text{cal/mol}]}{32[\text{g/mol}]} = 50[\text{cal/g}] = 50[\text{kcal/kg}]$$

㉯ 필요시간 계산

$$\therefore \text{필요시간} = \frac{\text{증발에 필요한 열량}}{\text{시간당 공급열량}} = \frac{50 \times \frac{1}{2} \times 50}{5} = 250\text{시간}$$

15 **가스누출자동차단기 고압부의 기밀시험 압력의 기준은?**

① 4.6~7.6[kPa]
② 8.4~10[kPa]
③ 1.2[MPa] 이상
④ 1.8[MPa] 이상

해설 가스누출 자동차단기 시험압력

구 분		시험압력
기밀시험	고압부	1.8[MPa] 이상
	저압부	8.4[kPa]~10[kPa] 이하
내압시험	고압부	3[MPa] 이상
	저압부	0.3[MPa] 이상

16 **차량에 부착된 탱크의 내용적은 1800[L]이다. 이 용기에 액화 부틸렌을 완전히 충전하였다. 이 때 액화 부틸렌의 질량은 몇 [kg]인가? (단, 액화 부틸렌가스의 정수는 2.00이다.)**

① 766 ② 780
③ 878 ④ 900

해설 $G = \frac{V}{C} = \frac{1800}{2.00} = 900[\text{kg}]$

17 **밀폐식 보일러의 급·배기설비 중 밀폐형 자연 급·배기식 가스보일러의 설치방식이 아닌 것은?**

① 단독배기통 방식
② 챔버(chamber)식
③ U 덕트(duct)식
④ SE 덕트(duct)식

해설 밀폐형 자연 급·배기식 종류 : 외벽식, 챔버식, 덕트식(U 덕트식, SE 덕트식)

18 **강의 결정조직을 미세화하고 냉간가공, 단조 등에 의해 내부응력을 제거하며 결정조직, 기계적·물리적 성질 등을 표준화시키는 열처리는?**

① 어닐링 ② 노멀라이징
③ 퀜칭 ④ 템퍼링

해설 열처리의 종류 및 목적

㉮ 담금질(quenching : 소입) : 강도, 경도 증가
㉯ 불림(normalizing : 소준) : 결정조직의 미세화
㉰ 풀림(annealing : 소둔) : 내부응력 제거, 조직의 연화
㉱ 뜨임(tempering : 소려) : 연성, 인장강도 부여, 내부응력 제거

Answer 14. ④ 15. ④ 16. ④ 17. ① 18. ②

19 **$PV=nRT$에서 기체상수(R)값을 [J/mol·K]의 단위로 나타내었을 때의 값으로 옳은 것은?**

① 8.314 ② 0.082
③ 1.987 ④ 848

해설 기체상수
R = 0.082[L·atm/mol·K]
= 8.2×10^{-2}[L·atm/mol·K]
= 1.987[cal/mol·K]
= 8.314×10^{7}[erg/mol·K] = 8.314[J/mol·K]

20 **대응상태 원리에 대한 설명으로 틀린 것은?**

① 복잡한 유체에 대하여 정확하게 적용하기 위한 이론이다.
② 흔히 사용되는 매개변수는 이심인자 ω이다.
③ 암모니아, 탄산가스 등의 기체에도 적용할 수 있다.
④ 압력, 온도 및 부피는 모두 환산량으로 나눈 값을 쓴다.

해설 **대응상태의 원리** : 동일한 환산부피와 환산온도에 있는 기체들은 종류에 관계없이 동일한 환산압력을 나타낸다는 원리로 환산변수를 사용하면 모든 물질은 같은 기체상태 방정식을 만족시킨다.

21 **1시간의 공기 압축량이 2000[m^3]인 공기액화 분리기에 설치된 액화산소통 내의 액화산소 5[L] 중 아세틸렌 또는 탄화수소의 탄소의 질량이 얼마를 넘을 때 운전을 중지하고 액화산소를 방출하여야 하는가?**

① 탄화수소의 탄소의 질량이 500[mg]을 넘을 때
② 탄화수소의 탄소의 질량이 5[mg]을 넘을 때
③ 아세틸렌의 질량이 4[mg]을 넘을 때
④ 아세틸렌의 질량이 1[mg]을 넘을 때

해설 **품불순물 유입금지 기준** : 액화산소 5[L] 중 아세틸렌 질량이 5[mg] 또는 탄화수소의 탄소 질량이 500[mg]을 넘을 때는 운전을 중지하고 액화산소를 방출한다.

22 **가스의 종류에 따른 보편적인 제조방법으로 옳지 않은 것은?**

① Ar은 액체 공기에서 분리한다.
② He은 천연가스에서 분리한다.
③ NH_3는 N_2와 H_2를 촉매를 사용하여 상온, 상압에서 합성한다.
④ Cl_2는 소금물을 전기분해하여 제조한다.

해설 암모니아(NH_3)는 질소(N_2)와 수소(H_2)를 촉매를 사용하여 고온, 고압에서 합성한다.

23 **다음 중 반드시 역화방지장치를 설치하여야 할 위치가 아닌 것은?**

① 가연성가스를 압축하는 압축기와 오토클레이브와의 사이의 배관
② 아세틸렌을 압축하는 압축기의 유분리기와 고압건조기와의 사이
③ 아세틸렌의 고압건조기와 충전용 교체밸브사이의 배관
④ 아세틸렌 충전용 지관

해설 **(1) 역화방지장치 설치 장소**
㉮ 가연성가스를 압축하는 압축기와 오토클레이브와의 사이 배관
㉯ 아세틸렌의 고압건조기와 충전용 교체밸브 사이 배관
㉰ 아세틸렌 충전용 지관
(2) 역류방지밸브 설치 장소
㉮ 가연성가스를 압축하는 압축기와 충전용 주

Answer 19. ① 20. ① 21. ① 22. ③ 23. ②

관과의 사이 배관
㉯ 아세틸렌을 압축하는 압축기의 유분리기와 고압건조기와의 사이 배관
㉰ 암모니아 또는 메탄올의 합성탑 및 정제탑과 압축기와의 사이 배관

24 압력 2[atm], 부피 1000[L]의 기체가 정압하에서 부피가 반으로 줄었다. 이 때 작용한 일의 크기는 약 몇 [kcal]인가?

① 12.1 ② 24.2
③ 48.4 ④ 96.8

해설 $Q = AW = AP(V_2 - V_1)$
$= \frac{1}{427} \times 2 \times 10332 \times (1-0.5)$
$= 24.196\,[\text{kcal}]$

25 다음은 고정식 압축도시가스 자동차 충전시설의 가스누출검지 경보장치 설치상태를 확인한 것이다. 이 중 잘못 설치된 것은?

① 충전설비 내부에 1개가 설치되어 있었다.
② 압축가스설비 주변에 1개가 설치되어 있었다.
③ 배관접속부 8[m] 마다 1개가 설치되어 있었다.
④ 펌프 주변에 1개가 설치되어 있었다.

해설 가스누출검지 경보장치 설치 수
㉮ 압축설비 주변 또는 충전설비 내부에는 1개 이상
㉯ 압축가스설비 주변에는 2개 이상
㉰ 배관접속부마다 10[m] 이내에 1개 이상
㉱ 펌프 주변에는 1개 이상

26 다음 중 특정고압가스가 아닌 것은?

① 산소 ② 액화염소
③ 액화석유가스 ④ 아세틸렌

해설 특정고압가스의 종류
㉮ **법에서 정한 것(법 20조)** : 수소, 산소, 액화암모니아, 아세틸렌, 액화염소, 천연가스, 압축모노실란, 압축디보란, 액화알진, 그밖에 대통령령이 정하는 고압가스
㉯ **대통령령이 정한 것(시행령 16조)** : 포스핀, 셀렌화수소, 게르만, 디실란, 오불화비소, 오불화인, 삼불화인, 삼불화질소, 삼불화붕소, 사불화유황, 사불화규소
㉰ **특수고압가스** : 압축모노실란, 압축디보란, 액화알진, 포스핀, 셀렌화수소, 게르만, 디실란 그밖에 반도체의 세정 등 산업통상자원부 장관이 인정하는 특수한 용도에 사용하는 고압가스

27 안지름이 10[cm]인 관에 비중이 0.9, 점도가 1.5[cP]인 액체가 흐르고 있다. 임계속도는 약 몇 [m/s]인가? (단, 임계 레이놀즈수는 2100이다.)

① 0.025 ② 0.035
③ 0.045 ④ 0.055

해설 ㉮ 임계속도 계산
$Re = \frac{\rho D V}{\mu}$ 에서
$\therefore V = \frac{Re\,\mu}{\rho D} = \frac{2100 \times 1.53 \times 10^{-4}}{91.84 \times 0.1}$
$= 0.0349\,[\text{m/s}]$
㉯ 점성계수(μ)를 공학단위, MKS 단위로 환산
$\therefore \mu = 1.5\,[cP] = 1.5 \times 10^{-2}\,[P]\,(\text{g/cm}\cdot\text{s})$
$\rightarrow \frac{1.5 \times 10^{-2}}{9.8 \times 10} = 1.53 \times 10^{-4}\,[\text{kgf}\cdot\text{s/m}^2]$
㉰ 밀도(ρ)를 공학단위, MKS 단위로 환산
$\therefore \rho = \frac{\gamma}{g} = \frac{0.9 \times 10^3}{9.8} = 91.84\,[\text{kgf}\cdot\text{s}^2/\text{m}^4]$

별해 비중 0.9를 밀도[g/cm^3]로 놓고 계산
$\therefore V = \frac{Re\,\mu}{\rho D} = \frac{2100 \times 1.5 \times 10^{-2} \times 10^{-1}}{0.9 \times 10^3 \times 0.1}$
$= 0.035\,[\text{m/s}]$

Answer 24. ② 25. ② 26. ③ 27. ②

28 87[℃]에서 열을 흡수하여 127[℃]에서 방열되는 냉동기의 성능계수는?

① 1.45　② 2.18
③ 9.0　④ 10.0

해설 $COP_R = \dfrac{T_2}{T_1 - T_2}$

$= \dfrac{273+87}{(273+127)-(273+87)} = 9.0$

29 암모니아의 배관에 대한 설명으로 옳은 것은?

① 액백(liquid back)을 방지하기 위하여 흡입배관 도중에 액분리기를 설치한다.
② 냉매액의 수분을 제거하기 위하여 액배관 도중에 건조제를 넣는다.
③ 배관재료로는 이음매 없는(seamless) 동관을 사용한다.
④ 액배관의 전후에 스톱밸브를 폐쇄하여도 위험하지 않다.

해설 암모니아 냉동장치에는 부식의 우려가 있기 때문에 동 및 동합금을 사용할 수 없고 액배관에 설치된 스톱밸브를 폐쇄하면 액봉에 의한 사고의 위험성이 있다.

30 가스크로마토그래피(gas chromatography)의 구성 장치가 아닌 것은?

① 검출기(detector)
② 유량계(flowmeter)
③ 컬럼(column)
④ 반응기(reactor)

해설 **장치구성요소** : 캐리어가스, 압력조정기, 유량조절밸브, 유량계, 압력계, 분리관(컬럼), 검출기, 기록계 등

31 용기에 의한 액화석유가스 사용시설에서 저장능력이 2톤인 경우 화기를 취급하는 장소와 유지하여야 하는 우회거리는 몇 [m] 이상인가?

① 2　② 3　③ 5　④ 8

해설 저장설비, 감압설비, 배관과 화기와의 거리

저장능력	화기와의 우회거리
1[톤] 미만	2[m] 이상
1[톤] 이상 3[톤] 미만	5[m] 이상
3[톤] 이상	8[m] 이상

32 다음 중 고압가스 관련설비에 해당하지 않는 것은?

① 냉각살수설비　② 기화장치
③ 긴급차단장치　④ 독성가스 배관용 밸브

해설 **고압가스 관련설비(특정설비) 종류** : 안전밸브, 긴급차단장치, 기화장치, 독성가스 배관용 밸브, 자동차용 가스 자동주입기, 역화방지기, 압력용기, 특정고압가스용 실린더 캐비닛, 자동차용 압축천연가스 완속 충전설비, 액화석유가스용 용기 잔류가스 회수장치

33 다음과 같은 조건의 냉동용 압축기 소요동력은 약 몇 [kW]인가?

[조건]
- 냉동능력 : 27000[kcal/kg]
- 팽창밸브 직전 냉매액 엔탈피 : 128[kcal/kg]
- 압축기 흡입가스 엔탈피 : 398[kcal/kg]
- 압축기 토출가스 엔탈피 : 454[kcal/kg]
- 압축효율 : 0.8
- 압축기 마찰부분에 의하여 소요되는 동력 : 0.8[kW]

① 7.3　② 8.1　③ 8.9　④ 9.1

Answer 28. ③ 29. ① 30. ④ 31. ③ 32. ① 33. ③

해설 ㉮ 냉매순환량[kg/h] 계산

$$\therefore G = \frac{Q_e}{q_e} = \frac{27000}{398-128} = 100[\text{kg/h}]$$

㉯ 소요동력[kW] 계산

$$\therefore \text{kW} = \frac{G \cdot W}{860 \cdot \eta_c} + \text{마찰소요동력}$$

$$= \frac{100 \times (454-398)}{860 \times 0.8} + 0.8$$

$$= 8.939[\text{kW}]$$

34 가스취급 시 빈번히 발생하는 정전기를 제거하기 위한 대책이 아닌 것은?

① 접지를 한다.
② 대전량을 증가시킨다.
③ 공기 중의 습도를 높인다.
④ 공기를 이온화한다.

해설 정전화, 정전의를 착용하여 대전방지를 하여야 한다.

35 고압가스 장치의 운전을 정지하고 수리할 때 유의하여야 할 사항으로 가장 거리가 먼 것은?

① 안전밸브 분해 확인
② 가스치환 작업
③ 장치내부 가스분석
④ 배관의 차단 확인

36 배관의 마찰저항에 의한 압력손실의 관계를 잘못 설명한 것은?

① 배관의 길이에 비례한다.
② 가스 비중에 반비례한다.
③ 유량의 제곱에 비례한다.
④ 배관 안지름의 5승에 반비례한다.

해설 배관내의 압력손실 $H = \frac{Q^2 SL}{K^2 D^5}$ 이므로

㉮ 유량의 제곱에 비례한다. (유속의 제곱에 비례한다.)
㉯ 가스비중에 비례한다.
㉰ 배관 길이에 비례한다.
㉱ 관 안지름의 5승에 반비례한다.
㉲ 관 내면의 상태에 관련 있다.
㉳ 유체의 점도에 관련 있다.
㉴ 압력과는 관계없다.

37 반응식 $2A + 3B \rightleftarrows C + 4D$ 의 반응에서 다른 조건은 일정하게 하고 A와 B의 농도를 각각 2배로 더해 주면 정반응의 속도는 몇 배로 빨라지는가? (단, 정반응 속도식은 $V = K[A]^2[B]^3$이다.)

① 4배 ② 6배
③ 24배 ④ 32배

해설 $V = K[A]^2 \times [B]^3 = [2]^2 \times [2]^3 = 32$

38 한 물체의 가역적인 단열변화에 대한 엔트로피(entropy)의 변화 ΔS는?

① $\Delta S > 0$ ② $\Delta S < 0$
③ $\Delta S = 0$ ④ $\Delta S = \infty$

해설 가역 단열변화 시에는 엔트로피 변화는 없고, 비가역 단열변화 시에는 엔트로피가 증가한다.

39 액화석유가스시설에서의 사고발생시 사고의 통보방법에 대한 설명으로 틀린 것은?

① 사람이 부상당하거나 중독된 사고에 대한 상보는 사고 발생 후 15일 이내에 통보하여야 한다.
② 사람이 사망한 사고에 대한 상보는 사고 발생 후 20일 이내에 통보하여야 한다.

Answer 34. ② 35. ① 36. ② 37. ④ 38. ③ 39. ①

③ 한국가스안전공사가 사고조사를 실시한 때에는 상보를 하지 않을 수 있다.
④ 가스누출에 의한 폭발 또는 화재사고에 대한 속보는 즉시 하여야 한다.

해설 **사고의 통보방법(액법 시행규칙 별표25)** : 사람이 부상하거나 중독된 사고에 대한 속보는 즉시, 상보는 사고 발생 후 10일 이내에 통보하여야 한다.

40 버드(Frank Bird. Jr)의 신도미노 이론의 재해발생단계에 해당하지 않는 것은?

① 제어부족 ② 기본원인
③ 사고 ④ 간접적인 징후

해설 **신도미노 이론** : 버드(Frank Bird. Jr)에 의한 재해의 연쇄이론으로 기본원인의 제거가 중요하다는 것으로 재해발생 단계는 다음과 같다.
㉮ 제어의 부족(관리)
㉯ 기본원인 : 개인적인 요인, 작업상의 요인
㉰ 직접적인 원인(징후)
㉱ 사고(접촉)
㉲ 상해(손실)

41 고정식 압축도시가스 자동차 충전시설의 설비와 관련한 안전거리 기준에 대한 설명 중 틀린 것은?

① 저장설비, 압축가스설비 및 충전설비는 그 외면으로부터 사업소경계까지 원칙적으로 5[m] 이상의 안전거리를 유지한다.
② 저장설비, 충전설비는 가연성 물질의 저장소로부터 8[m] 이상의 거리를 유지한다.
③ 충전설비는 「도로법」에 의한 도로경계로부터 5[m] 이상의 거리를 유지한다.
④ 처리설비, 압축가스설비 및 충전설비는 철도에서부터 30[m] 이상의 거리를 유지한다.

해설 저장설비, 압축가스설비 및 충전설비는 그 외면으로부터 사업소경계까지 원칙적으로 10[m] 이상의 안전거리를 유지한다. 다만, 처리설비 및 압축가스설비 주위에 철근콘크리트제 방호벽을 설치한 경우에는 5[m] 이상의 안전거리를 유지한다.

42 다음 [보기] 중 폭발범위가 넓은 순서로 나열된 것은?

[보기] ㉠ 아세틸렌 ㉡ 산화에틸렌
㉢ 아세트알데히드 ㉣ 염화비닐
㉤ 이황화탄소

① ㉠ > ㉡ > ㉢ > ㉤ > ㉣
② ㉠ > ㉡ > ㉢ > ㉣ > ㉤
③ ㉠ > ㉡ > ㉤ > ㉢ > ㉣
④ ㉠ > ㉡ > ㉣ > ㉢ > ㉤

해설 각 가스의 공기 중에서의 폭발범위값

가스 명칭	폭발범위[v%]
아세틸렌	2.5~81
산화에틸렌	3.0~80
아세트알데히드	4.1~55
염화비닐	4.0~22
이황화탄소	1.25~44

43 압축기 실린더의 용량은 무엇으로 나타내는가?

① 피스톤의 배출량
② 냉매의 순환량
③ 냉동능력
④ 제빙능력

해설 압축기 실린더 용량은 단위 시간당 피스톤 배출량(압출량)으로 나타낸다.

Answer 40. ④ 41. ① 42. ① 43. ①

44 아세틸렌을 용기에 충전할 때 충전 중의 압력은 2.5[MPa] 이하로 하고 충전 후에는 압력이 15[℃]에서 몇 [MPa] 이하로 될 때까지 정치하여야 하는가?

① 0.5　　② 1
③ 1.5　　④ 2.0

해설 아세틸렌 충전용기 압력
㉮ 충전 중의 압력 : 온도와 관계없이 2.5[MPa] 이하
㉯ 충전 후의 압력 : 15[℃]에서 1.5[MPa] 이하

45 지름 20[mm] 표점거리 200[mm] 인 인장 시험편을 인장시켰더니 240[mm]가 되었다. 연신율은 몇 [%]인가?

① 1.2[%]　　② 10[%]
③ 12[%]　　④ 20[%]

해설 $\epsilon = \frac{\Delta L}{L} \times 100 = \frac{240-200}{200} \times 100$
$= 20[\%]$

46 자동제어의 종류 중 목표값이 시간에 따라 변화하는 값을 제어하는 추치제어가 아닌 것은?

① 추종제어
② 비율제어
③ 캐스케이드제어
④ 프로그램제어

해설 제어방법에 의한 자동제어의 분류
㉮ **정치제어** : 목표값이 일정한 제어
㉯ **추치제어** : 목표값을 측정하면서 제어량을 목표값에 일치하도록 맞추는 방식으로 추종제어, 비율제어, 프로그램 제어 등이 있다.
㉰ **캐스케이드 제어** : 두 개의 제어계를 조합하여 제어량의 1차 조절계를 측정하고 그 조작 출력으로 2차 조절계의 목표값을 설정하는 방법

47 가스안전관리에서 사용되는 다음 위험성 평가기법 중 정량적 기법에 해당되는 것은?

① 위험과 운전분석(HAZOP)
② 사고예상질문분석(WHAT-IF)
③ 체크리스트법(Check list)
④ 사건수 분석(ETA)

해설 위험성 평가기법
㉮ **정성적 평가기법** : 체크리스트(checklist) 기법, 사고예상 질문 분석(WHAT-IF) 기법, 위험과 운전 분석(HAZOP) 기법
㉯ **정량적 평가기법** : 작업자 실수 분석(human error analysis) 기법, 결함수 분석(FTA) 기법, 사건수 분석(ETA) 기법, 원인 결과 분석(CCA) 기법
㉰ **기타** : 상대 위험순위 결정(dow and mond indices) 기법, 이상 위험도 분석(FMECA) 기법

48 용기의 재검사 기간의 기준으로 옳은 것은?

① 내용적 500[L] 미만인 용접용기는 신규검사 후 경과년수가 20년 이상인 것은 2년 마다
② 내용적 500[L] 이상인 용접용기는 신규검사 후 경과년수가 20년 이상인 것은 1년 마다
③ 내용적 500l[L] 이상인 이음매 없는 용기는 3년 마다
④ 내용적 500[L] 미만인 이음매 없는 용기는 4년 마다

해설 용기의 재검사 주기

Answer 44. ③ 45. ④ 46. ③ 47. ④ 48. ②

구 분		15년 미만	15년 이상 20년 미만	20년 이상
용접용기 (LPG 용접용기 제외)	500[L] 이상	5년	2년	1년
	500[L] 미만	3년	2년	1년
LPG용 용접용기	500[L] 이상	5년	2년	1년
	500[L] 미만	5년		2년
이음매 없는 용기	500[L] 이상	5년		
	500[L] 미만	신규검사 후 경과 년수가 10년 이하인 것은 5년, 10년을 초과한 것은 3년 마다.		

49 프로판 : 4[v%], 메탄 : 16[v%], 공기 : 80[v%]의 조성을 가지는 혼합기체의 폭발하한 값은 얼마인가? (단, 프로판과 메탄의 폭발하한 값은 각각 2.2, 5.0 [v%]이다.)

① 3.79[v%] ② 3.99[v%]
③ 4.19[v%] ④ 4.39[v%]

해설 $\frac{100}{L} = \frac{V_1}{L_1} + \frac{V_2}{L_2}$ 에서 가연성가스가 차지하는 체적비율이 20[%]이므로 폭발하한 값은 다음과 같다.

$$\therefore L = \frac{V'}{\frac{V_1}{L_1} + \frac{V_2}{L_2}} = \frac{20}{\frac{4}{2.2} + \frac{16}{5}} = 3.985\,[\%]$$

50 도시가스 사용시설에서 배관을 건축물에 고정부착할 때 관 지름이 33[mm] 이상의 것에는 몇 [m]마다 고정장치를 설치하여야 하는가?

① 1[m] ② 2[m]
③ 3[m] ④ 4[m]

해설 배관의 고정장치 설치거리 기준
- ㉮ 호칭지름 13[mm] 미만 : 1[m] 마다
- ㉯ 호칭지름 13[mm] 이상 33[mm] 미만 : 2[m] 마다
- ㉰ 호칭지름 33[mm] 이상 : 3[m] 마다

51 고압가스 특정제조시설의 사업소외의 배관에 설치된 배관장치에는 비상전력설비를 하여야 한다. 다음 중 반드시 갖추어야 할 설비가 아닌 것은?

① 운전상태 감시장치
② 안전제어장치
③ 가스누출검지 경보장치
④ 폭발방지장치

해설 비상전력설비를 설치하여야 할 배관장치
- ㉮ 운전상태 감시장치
- ㉯ 안전제어장치
- ㉰ 가스누출검지 경보설비
- ㉱ 제독설비
- ㉲ 통신시설
- ㉳ 비상조명설비
- ㉴ 그 밖에 안전상 중요하다고 인정되는 설비

52 용접이음의 특징에 대한 설명으로 옳은 것은?

① 조인트 효율이 낮다.
② 기밀성 및 수밀성이 좋다.
③ 진동을 감쇠시키기 쉽다.
④ 응력집중에 둔감하다.

해설 용접이음의 특징
(1) 장점
- ㉮ 이음부 강도가 크고, 하자발생이 적다.
- ㉯ 이음부 관 두께가 일정하므로 마찰저항이 적다.
- ㉰ 배관의 보온, 피복시공이 쉽다.
- ㉱ 시공시간이 단축되고 유지비, 보수비가 절약

Answer 49. ② 50. ③ 51. ④ 52. ②

된다.

(2) 단점

㉮ 재질의 변형이 일어나기 쉽다.
㉯ 용접부의 변형과 수축이 발생한다.
㉰ 용접부의 잔류응력이 현저하다.
㉱ 품질검사(결함검사)가 어렵다.

53 포스겐($COCl_2$) 가스를 검지할 수 있는 시험지는?

① 리트머스시험지 ② 염화팔라듐지
③ 해리슨시험지 ④ 연당지

해설 가스검지 시험지 및 반응색

검지가스	시험지	반응
암모니아	적색리트머스지	청색
염소	KI 전분지	청갈색
포스겐	해리슨 시험지	유자색
시안화수소	초산 벤지민지	청색
일산화탄소	염화팔라듐지	흑색
황화수소	연당지	회흑색
아세틸렌	염화제1동 착염지	적갈색

54 Ralph M. Barnes 교수가 제시한 동작경제의 원칙 중 작업장 배치에 관한 원칙(Arrangement of the workplace)에 해당 되지 않는 것은?

① 가급적이면 낙하식 운반방법을 이용한다.
② 모든 공구나 재료는 지정된 위치에 있도록 한다.
③ 충분한 조명을 하여 작업자가 잘 볼 수 있도록 한다.
④ 가급적 용이하고 자연스런 리듬을 타고 일할 수 있도록 작업을 구성하여야 한다.

해설 작업장 배치에 관한 원칙

㉮ 공구와 재료는 일정위치에 정돈하여야 한다.
㉯ 공구와 재료는 작업자의 정상작업영역 내에 배치한다.
㉰ 공구와 재료는 작업순서대로 나열한다.
㉱ 의자와 작업대의 모양과 높이는 각 작업자에게 알맞도록 설계하고 지급한다.
㉲ 충분한 조명을 하여 작업자가 잘 볼 수 있도록 한다.
㉳ 재료를 될 수 있는 대로 사용위치 가까이에 공급할 수 있도록 중력을 이용한 호퍼 및 용기를 사용한다.

55 독성가스에 대한 제독제를 연결한 것 중 틀린 것은?

① 시안화수소 – 물 ② 아황산가스 – 물
③ 암모니아 – 물 ④ 산화에틸렌 – 물

해설 독성가스 제독제

가스종류	제독제의 종류
염소	가성소다 수용액, 탄산소다 수용액, 소석회
포스겐	가성소다 수용액, 소석회
황화수소	가성소다 수용액, 탄산소다 수용액
시안화수소	가성소다 수용액
아황산가스	가성소다 수용액, 탄산소다 수용액, 물
암모니아, 산화에틸렌, 염화메탄	물

※ 물을 사용할 수 없는 가스 : 염소, 포스겐, 황화수소, 시안화수소

56 다음 중 계량값 관리도에 해당되는 것은?

① c 관리도 ② np 관리도
③ R 관리도 ④ u 관리도

해설 계량값 관리도의 종류 : $\bar{x}-R$ 관리도, x 관리도, M_e-R 관리도, $L-S$ 관리도, 누적합 관리도, 지수가중 이동평균 관리도, R관리도

Answer 53. ③ 54. ④ 55. ① 56. ③

57 다음 검사의 종류 중 검사공정에 의한 분류에 해당되지 않는 것은?

① 수입검사 ② 출하검사
③ 출장검사 ④ 공정검사

해설 검사의 분류
㉮ **검사공정에 의한 분류** : 구입검사(수입검사), 중간검사(공정검사), 완성검사(최종검사), 출고검사(출하검사)
㉯ **검사장소에 의한 분류** : 정위치 검사, 순회검사, 입회검사(출장검사)
㉰ **판정대상(검사방법)에 의한 분류** : 관리 샘플링 검사, 로트별 샘플링 검사, 전수검사
㉱ **성질에 의한 분류** : 파괴검사, 비파괴검사, 관능검사
㉲ **검사항목에 의한 분류** : 수량검사, 외관검사, 치수검사, 중량검사

58 그림과 같은 계획공정도(Network)에서 주공정은? (단, 화살표 아래의 숫자는 활동시간을 나타낸 것이다.)

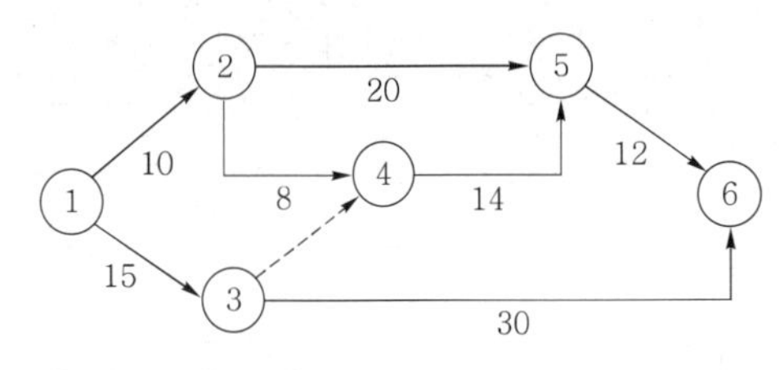

① ①-③-⑥
② ①-②-⑤-⑥
③ ①-②-④-⑤-⑥
④ ①-③-④-⑤-⑥

해설 각 공정의 작업시간
①번 항목 : ①-③-⑥=15+30=45시간
②번 항목 : ①-②-⑤-⑥
=10+20+12=42시간
③번 항목 : ①-②-④-⑤-⑥
=10+8+14+12=44시간
④번 항목 : ①-③-④-⑤-⑥
=15+14+12=41시간
※ 주공정은 가장 긴 작업시간이 예상되는 공정이다.

59 로트 크기 1000, 부적합품률이 15[%]인 로트에서 5개의 랜덤 시료 중에서 발견된 부적합품수가 1개일 확률을 이항분포로 계산하면 약 얼마인가?

① 0.1648 ② 0.3915
③ 0.6085 ④ 0.8352

해설 $P=\sum\binom{n}{x}P^x(1-P)^{n-x}$
$=\sum\binom{5}{1}\times(0.15)^1\times(1-0.15)^{5-1}$
$=5\times(0.15)^1\times(1-0.15)^{5-1}$
$=0.3915$

60 품질 코스트(quality cost)를 예방 코스트, 실패 코스트, 평가 코스트로 분류할 때, 실패 코스트(failure cost)에 속하는 것이 아닌 것은?

① 시험 코스트
② 불량대책 코스트
③ 재가공 코스트
④ 설계변경 코스트

해설 품질 코스트(quality cost) 분류 및 종류
㉮ **예방 코스크(P-cost)** : QC계획 코스트, QC기술 코스트, QC교육 코스트, QC사무 코스트
㉯ **평가 코스트(A-cost)** : 수입검사 코스트, 공정검사 코스트, 완성품 검사 코스트, 시험 코스트, PM 코스트
㉰ **실패 코스트(F-cost)** : 폐각 코스트, 재가공 코스트, 외주 부적합품 코스트, 설계변경 코스트, 현지 서비스 코스트, 대품서비스 코스트, 불량대책 코스트

Answer 57. ③ 58. ① 59. ② 60. ①

과 년 도 문 제

01 염소압축기의 윤활유로 적당한 것은?

① 양질의 물
② 진한 황산
③ 양질의 광유
④ 10[%] 이하의 묽은 글리세린

해설 각종 가스압축기 윤활유
㉮ 산소 압축기 : 물 또는 묽은 글리세린수
㉯ 공기, 수소, 아세틸렌 압축기 : 양질의 광유
㉰ 염소 압축기 : 진한 황산
㉱ LP가스 압축기 : 식물성유
㉲ 이산화황 압축기 : 화이트유, 정제된 용제 터빈유
㉳ 염화메탄 압축기 : 화이트유

02 액화석유가스용 콕의 내열성능의 기준에 대한 설명으로 옳은 것은?

① 콕을 연 상태로 40±2[℃]에서 각각 30분간 방치한 후 지체 없이 기밀시험을 실시하여 누출이 없고 회전력은 0.588[N·m] 이하인 것으로 한다.
② 콕을 연 상태로 40±2[℃]에서 각각 60분간 방치한 후 지체 없이 기밀시험을 실시하여 누출이 없고 회전력은 0.688[N·m] 이하인 것으로 한다.
③ 콕을 연 상태로 60±2[℃]에서 각각 30분간 방치한 후 지체 없이 기밀시험을 실시하여 누출이 없고 회전력은 0.588[N·m] 이하인 것으로 한다.
④ 콕을 연 상태로 60±2[℃]에서 각각 60분간 방치한 후 지체 없이 기밀시험을 실시하여 누출이 없고 회전력은 0.688[N·m] 이하인 것으로 한다.

해설 콕의 내열성능 기준
㉮ 콕을 연 상태로 60±2[℃]에서 각각 30분간 방치한 후 지체 없이 기밀시험을 실시하여 누출이 없고 회전력은 0.588[N·m] 이하인 것으로 한다.
㉯ 콕을 연 상태로 120±2[℃]에서 30분간 방치한 후 꺼내어 상온에서의 기밀시험에서 누출이 없고, 변형이 없으며 핸들 회전력이 1.177[N·m] 이하인 것으로 한다.

03 기체의 압력(P)이 감소하여 압력(P)이 0인 한계상황에서 기체분자의 상태는 어떻게 되는가?

① 분자들은 점점 더 넓게 분산된다.
② 분자들은 점점 더 조밀하게 응집된다.
③ 분자들은 아무런 영향을 받지 않는다.
④ 분자들은 분산과 응집의 균형을 유지한다.

해설 압력이 낮아지면 기체분자들의 응집력이 감소하므로 분자들은 점점 더 넓게 분산된다.

04 다음 [그림]은 정압기의 정상상태에서 유량과 2차 압력과의 관계를 나타낸 것이다. A, B, C에 해당되는 용어를 순서대로 옳게 나타낸 것은?

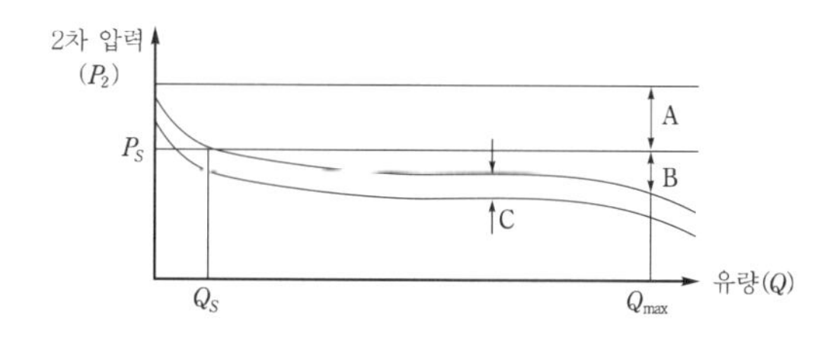

① A : lock up B : off set C : shift
② A : off set B : lock up C : shift
③ A : shift B : off set C : lock up
④ A : shift B : lock up C : off set

해설 정압곡선

㉮ Lock up : 유량이 0으로 되었을 때 끝맺은 압력과 기준압력(P_S)과의 차이

㉯ off set : 유량이 변화하였을 때 2차 압력과 기준압력(P_S)과의 차이

㉰ Shift : 1차 압력 변화에 의하여 정압곡선이 전체적으로 어긋나는 것

05 암모니아를 사용하는 공장에서 저장능력 25톤의 저장탱크를 지상에 설치하고자 한다. 저장설비 외면으로부터 사업소 외의 주택까지 몇 미터 이상의 안전거리를 유지하여야 하는가? (단, A 공장의 지역은 전용공업지역이 아님)

① 7[m] ② 10[m]
③ 14[m] ④ 16[m]

해설 ㉮ 가연성가스 또는 독성가스의 보호시설과 안전거리 기준

저장능력([kg], [m^3])	제1종	제2종
1만 이하	17	12
1만 초과 2만 이하	21	14
2만 초과 3만 이하	24	16
3만 초과 4만 이하	27	18
4만 초과 5만 이하	30	20
5만 초과 99만 이하	30	20
99만 초과	30	20

㉯ 암모니아는 독성가스, 액화가스이며 저장능력 25[톤]은 25000[kg]이고, 주택은 제2종 보호시설이므로 유지거리는 16[m]이다.

06 용기에 의한 가스운반의 기준에 대한 설명 중 틀린 것은?

① 적재함에는 리프트를 설치하여야 하며, 적재할 충전용기 최대 높이의 2/3 이상까지 적재함을 보강하여야 한다.

② 운행 중에는 직사광선을 받으므로 충전용기 등이 40[℃] 이하가 되도록 온도의 상승을 방지하는 조치를 하여야 한다.

③ 충전 용기를 용기보관 장소로 운반할 때는 사람이 직접 운반하되, 이 때 용기의 중간 부분을 이용하여 운반한다.

④ 충전용기 등을 적재한 차량은 제1종 보호시설에서 15[m] 이상 떨어진 안전한 장소에 주정차 하여야 한다.

해설 충전 용기를 용기보관 장소로 운반할 때는 손수레를 사용하거나 용기의 밑 부분을 이용하여 운반한다.

07 고압가스 냉동제조시설의 검사기준 중 내압 및 기밀시험에 대한 설명으로 틀린 것은?

① 내압시험은 설계압력의 1.5배 이상의 압력으로 한다.

② 내압시험에 사용하는 압력계는 문자판의 크기가 75[mm] 이상으로서 그 최고눈금은 내압시험압력의 1.5배 이상 2배 이하로 한다.

③ 기밀시험압력은 상용압력 이상의 압력으로 한다.

④ 시험할 부분의 용적이 5[m^3]인 것의 기밀시험의 유지시간은 480분이다.

해설 냉동제조시설의 내압시험 및 기밀시험 기준

㉮ 내압시험 : 설계압력의 1.5배 이상의 압력

㉯ 기밀시험 : 설계압력 이상(산소 사용 금지) – 기밀시험을 공기로 할 때 140[℃] 이하 유지

Answer 5. ④ 6. ③ 7. ③

08 소형용접용기에의 액화석유가스 충전의 기준에 대한 설명으로 틀린 것은?

① 제조 후 10년이 경과하지 않은 용접용기인 것이어야 한다.
② 캔 밸브는 부착한지 3년이 경과하지 않아야 하며, 부착 연월이 각인되어 있는 것이어야 한다.
③ 소형용접용기의 상태가 관련법에서 정하고 있는 4급에 해당하는 찍힌 흠, 부식, 우그러짐 및 화염에 의한 흠이 없는 것이어야 한다.
④ 충전사업자는 소형용접용기의 표시사항을 확인하고 표시사항이 훼손된 것은 다시 표시한다.

해설 캔 밸브는 부착한지 2년이 지나지 않아야 하며, 부착 연월일이 각인되어 있어야 한다.

09 다음 중 100[kPa]과 같은 압력은?

① 1[atm] ② 1[bar]
③ 1[kgf/cm²] ④ 100[N/cm²]

해설 각 압력을 [kPa] 단위로 환산하여 비교
① 1[atm] = 101.325[kPa]
② 1[bar] → $\frac{1[\text{bar}]}{1.01325[\text{bar}]} \times 101.325[\text{kPa}] = 100[\text{kPa}]$
③ 1[kgf/cm²] → $\frac{1[\text{kgf/cm}^2]}{1.0332[\text{kgf/cm}^2]} \times 101.325[\text{kPa}] = 98.069[\text{kPa}]$
④ $100[\text{N/cm}^2] \times (100[\text{cm}])^2/[\text{m}^2] \times 10^{-3} = 1000[\text{kPa}]$
$([\text{N/m}^2] = [\text{Pa}],\ 1[\text{kPa}] = 1000[\text{Pa}])$

10 고압가스 취급 장치로부터 미량의 가스가 누출되는 것을 검지하기 위하여 시험지를 사용한다. 검지가스에 대한 시험지의 종류와 반응색이 옳게 짝지어진 것은?

① 아세틸렌 – 염화 제1구리착염지 – 적색
② 포스겐 – 연당지 – 흑색
③ 암모니아 – KI전분지 – 적색
④ 일산화탄소 – 초산벤지민지 – 청색

해설 가스검지 시험지법

검지가스	시험지	반응
암모니아(NH_3)	적색리트머스지	청색
염소(Cl_2)	KI-전분지	청갈색
포스겐($COCl_2$)	해리슨 시험지	유자색
시안화수소(HCN)	초산벤지민지	청색
일산화탄소(CO)	염화팔라듐지	흑색
황화수소(H_2S)	연당지(초산연시험지)	회흑색
아세틸렌(C_2H_2)	염화제1동착염지	적갈색

11 다음 중 용기부속품의 기호표시로 틀린 것은?

① AG : 아세틸렌가스를 충전하는 용기의 부속품
② PG : 압축가스를 충전하는 용기의 부속품
③ LT : 초저온용기 및 저온용기의 부속품
④ LG : 액화석유가스를 충전하는 용기의 부속품

해설 용기 부속품 기호
㉮ AG : 아세틸렌가스 용기 부속품
㉯ PG : 압축가스 용기 부속품
㉰ LG : 액화석유가스외의 액화가스 용기 부속품
㉱ LPG : 액화석유가스 용기 부속품
㉲ LT : 초저온 및 저온 용기 부속품

Answer 8. ② 9. ② 10. ① 11. ④

12 다음 중 자유도가 가장 작은 것은?

① 승화곡선
② 증발곡선
③ 삼중점
④ 용융곡선

해설 자유도(DOF : degrees of freedom) : 평형 상태에 있는 물질계에서 상(相)의 수에 변화를 주는 일이 없이 서로가 독립적으로 변화시킬 수 있는 상태변수의 개수
※ 삼중점 : 액체(물), 기체(수증기), 고체(얼음)가 공존하는 영역으로 물의 삼중점(평형온도)은 273.16[K](0.01[℃])이다.

13 암모니아의 물리적 성질에 대한 설명 중 틀린 것은?

① 쉽게 액화한다.
② 증발잠열이 크다.
③ 자극성의 냄새가 난다.
④ 물에 녹지 않는다.

해설 암모니아는 상온, 상압에서 물 1[cc]에 대하여 800[cc]가 용해되므로 물에 잘 녹는다.

14 다음 가스의 성질에 대한 설명 중 옳지 않은 것은?

① 암모니아는 산이나 할로겐과 잘 화합하고 고온, 고압에서는 강재를 침식한다.
② 산소는 반응성이 강한 가스로서 가연성 물질을 연소시키는 조연성(助燃性)이 있다.
③ 질소는 안정한 가스로서 불활성 가스라고도 하는데 고온하에서도 금속과 화합하지 않는다.
④ 일산화탄소는 독성가스이고, 또한 가연성가스이다.

해설 질소는 상온에서 대단히 안정된 가스이나, 고온에서는 금속과 반응한다.

15 다음 가스 중 폭발 위험도가 가장 큰 물질은?

① CO ② NH_3
③ C_2H_4O ④ H_2

해설 ㉮ 각 가스의 공기 중에서의 폭발범위

명칭	폭발범위
일산화탄소(CO)	12.5~74[%]
암모니아(NH_3)	15~28[%]
산화에틸렌(C_2H_4O)	3~80[%]
수소(H_2)	4~75[%]

㉯ 폭발범위가 넓고 하한값이 작은 것이 위험도가 큰 물질이다.

16 재해용 약제로서 가성소다(NaOH)나 탄산소다(Na_2CO_3)의 수용액을 사용할 수 없는 것은?

① 염소(Cl_2)
② 아황산가스(SO_2)
③ 황화수소(H_2S)
④ 암모니아(NH_3)

해설 독성가스 제독제

가스종류	제독제의 종류
염소	가성소다 수용액, 탄산소다 수용액, 소석회
포스겐	가성소다 수용액, 소석회
황화수소	가성소다 수용액, 탄산소다 수용액
시안화수소	가성소다 수용액
아황산가스	가성소다 수용액, 탄산소다 수용액, 물
암모니아, 산화에틸렌, 염화메탄	물

Answer 12. ③ 13. ④ 14. ③ 15. ③ 16. ④

17 암모니아 제조법 중 Haber-Bosch 법은 수소와 질소를 혼합하여 몇 도의 온도와 몇 기압의 압력으로 합성시키며 촉매는 무엇을 사용하는가?

① 450~500[℃], 300[atm], Fe, Al_2O_3
② 150~300[℃], 10[atm], 백금
③ 1000[℃], 800[atm], NaCl
④ 150~200[℃], 450[atm], 알루미늄과 은

해설 하버-보시법(Harber-Bosch process) : 수소와 질소를 체적비 3 : 1로 반응시켜 암모니아를 제조한다.
㉮ 반응식 : $3H_2 + N_2 \rightarrow 2NH_3 + 23\,[\text{kcal}]$
㉯ 반응온도 : 450~500[℃]
㉰ 반응압력 : 300[atm] 이상
㉱ 촉매 : 산화철(Fe_3O_4)에 Al_2O_3, K_2O를 첨가한 것이나 CaO 또는 MgO 등을 첨가한 것을 사용

18 용기에 의한 가스의 운반기준에 대한 설명으로 틀린 것은?

① 충전용기는 자전거나 오토바이로 적재하여 운반하지 아니한다.
② 독성가스 중 가연성가스와 조연성가스는 동일차량 적재함에 운반하지 아니한다.
③ 밸브가 돌출한 충전용기는 고정식 프로텍터나 캡을 부착시켜 밸브의 손상을 방지하는 조치를 한다.
④ 충전용기와 휘발유를 동일 차량에 적재하여 운반할 경우에는 시, 도지사의 허가를 받는다.

해설 충전용기와 소방기본법에서 정하는 위험물과는 동일차량에 적재하여 운반하는 것이 금지되는 경우이다.

19 비중이 1인 물과 비중이 13.6인 수은으로 구성된 U자형 마노미터의 압력차가 0.2 기압일 때 마노미터에서 수은의 높이차는 약 몇 [cm]인가?

① 13 ② 16 ③ 19 ④ 22

해설 $h = \dfrac{P}{\gamma} = \dfrac{0.2 \times 10332}{13.6 \times 1000} \times 100 = 15.194\,[\text{cm}]$

20 순수한 수소와 질소를 고온, 고압에서 다음의 반응에 의해 암모니아를 제조한다. 반응기에서의 수소의 전화율은 10[%]이고, 수소는 30[kmol/s], 질소는 20[kmol/s]로 도입될 때 반응기에서의 배출되는 질소의 양은 몇 [kmol/s]인가?

$$3H_2 + N_2 \rightarrow 2NH_3$$

① 3 ② 19 ③ 27 ④ 37

해설 수소와 질소가 반응하여 암모니아가 생성되는 몰(mol)비율이 3 : 1 : 2의 비율이고, 수소의 전화율(반응율)이 10% 이므로 수소는 30kmol/s × 0.1 = 3kmol/s 이 반응한다.
그러므로 질소는 몰(mol)비율에서 20kmol/s 중 1kmol/s만 반응하고 나머지 19kmol/s은 반응하지 않고 배출된다.

21 가연성가스 저온저장탱크에서 내부의 압력이 외부의 압력보다 낮아져 저장탱크가 파괴되는 것을 방지하기 위한 조치로서 적당하지 않은 것은?

① 압력계를 설치한다.
② 압력경보설비를 설치한다.
③ 진공안전밸브를 설치한다.
④ 압력방출밸브를 설치한다.

Answer 17. ① 18. ④ 19. ② 20. ② 21. ④

해설 부압을 방지하는 조치
㉮ 압력계
㉯ 압력경보설비
㉰ 진공 안전밸브
㉱ 다른 시설로부터의 가스도입배관(균압관)
㉲ 압력과 연동하는 긴급차단장치를 설치한 냉동 제어설비
㉳ 압력과 연동하는 긴급차단장치를 설치한 송액 설비

22 다음 중 액상의 액화석유가스가 통하는 배관에 사용할 수 있는 재료는?

① KS D 3507　② KS D 3562
③ KS D 3583　④ KS D 4301

해설 ㉮ KS 기호에 따른 명칭

KS 기호	명 칭
KS D 3507	배관용 탄소강관(SPP)
KS D 3562	압력배관용 탄소강관(SPPS)
KS D 3583	배관용 아크용접 탄소강관(SPW)
KS D 4301	회주철품

㉯ 압력배관용 탄소강관(SPPS) : 350[℃] 이하의 온도에서 압력 10~100[kgf/cm^2] (0.98~9.8[N/mm^2])까지의 배관에 사용한다.

23 다음 [보기]에서 설명하는 신축이음 방법은?

[보기]
- 신축량이 크고 신축으로 인한 응력이 생기지 않는다.
- 직선으로 이음하므로 설치공간이 비교적 적다.
- 배관에 곡선부분이 있으면 비틀림이 생긴다.
- 장기간 사용 시 패킹재의 마모가 생길 수 있다.

① 슬리브형　② 벨로스형
③ 루프형　④ 스위블형

해설 **슬리브형(sleeve type) 신축이음쇠** : 신축에 의한 자체 응력이 발생되지 않고 설치장소가 필요하며 단식과 복식이 있다. 슬리브와 본체와의 사이에 패킹을 다져 넣고 그랜드로 밀착시켜 온수 또는 증기의 누설을 방지한다.

24 비가역단열변화에서 엔트로피 변화는 어떻게 되는가?

① 변화는 가역 및 비가역 무관하다.
② 변화가 없다.
③ 감소한다.
④ 반드시 증가한다.

해설 가역변화 시에는 엔트로피 변화는 없고, 비가역 변화 시에는 엔트로피가 증가한다.

25 1몰의 CO_2가 321[K]에서 1.32[L]를 차지할 때의 압력은? (단, 이산화탄소는 반데르바알스 식에 따른다고 할 때 상수 $a = 3.60$ [L^2 · atm/mol^2], $b = 0.0482$[L/mol]이고, 기체상수 $R = 0.082$[atm · L/K · mol]이다.

① 18.63[atm]　② 26.60[atm]
③ 35.94[atm]　④ 42.78[atm]

해설 $\left(P + \frac{n^2 \cdot a}{V^2}\right)(V - n \cdot b) = nRT$ 에서

$$\therefore P = \frac{R \cdot T}{V - n \cdot b} - \frac{n^2 \cdot a}{V^2} = \frac{0.082 \times 321}{1.32 - 1 \times 0.0482} - \frac{1^2 \times 3.60}{1.32^2} = 18.63[\text{atm}]$$

26 질소의 용도로서 가장 거리가 먼 것은?

① 암모니아 합성원료
② 냉매
③ 개미산 제조
④ 치환용 가스

해설 질소의 용도
㉮ 암모니아 합성용 가스로 사용
㉯ 치환(purge)용 가스로 사용
㉰ 액체 질소의 경우 급속 냉동에 사용
㉱ 액화천연가스(LNG) 제조장치의 냉매가스로 사용(일반적인 냉동기에는 냉매로 사용하기가 부적합하다.)

27 가스엔진구동 열펌프(GHP)에 대한 설명 중 옳지 않은 것은?

① 부분부하 특성이 우수하다.
② 난방 시 GHP의 기동과 동시에 난방이 가능하다.
③ 외기온도 변동에 영향이 많다.
④ 구조가 복잡하고 유지관리가 어렵다.

해설 가스엔진 구동 펌프(GHP)의 특징
(1) 장점
㉮ 난방 시 GHP 기동과 동시에 난방이 가능하다.
㉯ 부분부하 특성이 매우 우수하다.
㉰ 외기온도 변동에 영향이 적다.
(2) 단점
㉮ 초기 구입가격이 높다.
㉯ 구조가 복잡하다.
㉰ 정기적인 유지관리가 필요하다.
※ GHP : Gas engine-driven Heat Pump

28 도시가스배관 지하매설의 기준에 대한 설명으로 옳은 것은?

① 연약지반에 설치하는 배관은 잔자갈기초 또는 단단한 기초공사 등으로 지반침하를 방지하는 조치를 한다.
② 배관의 기울기는 도로의 기울기에 따르고 도로가 평탄한 경우에는 1/1000~1/5000 정도의 기울기로 설치한다.
③ 기초재료와 침상재료를 포설한 후 다짐작업을 하고, 그 이후 되메움 공정에서는 배관상단으로부터 30[cm] 높이로 되메움 재료를 포설한 후마다 다짐작업을 한다.
④ PE배관의 매몰설치 시 곡률허용반지름은 바깥지름의 50배 이상으로 한다.

해설 각 항목의 옳은 설명
① 연약지반에 설치하는 배관은 모래기초 또는 그 밖의 단단한 기초공사 등으로 지반침하를 방지한다.
② 배관의 기울기는 도로의 기울기를 따르고 도로가 평탄할 경우에는 1/500~1/1000 정도의 기울기로 한다.
④ PE배관의 굴곡허용반지름은 바깥지름의 20배 이상으로 한다. 다만, 굴곡반지름이 바깥지름의 20배 미만일 경우에는 엘보를 사용한다.

29 LP가스의 일반적인 연소 특성이 아닌 것은?

① 발열량이 크다.
② 연소속도가 느리다.
③ 착화온도가 낮다.
④ 폭발범위가 좁다.

해설 LP가스의 연소특징
㉮ 타 연료와 비교하여 발열량이 크다.
㉯ 연소 시 공기량이 많이 필요하다.
㉰ 폭발범위(연소범위)가 좁다.
㉱ 연소속도가 느리다.
㉲ 발화온도가 높다.

30 소형저장탱크는 LPG를 저장하기 위하여 지상 또는 지하에 고정 설치된 탱크로서 저장능력이 몇 톤 미만인 탱크를 말하는가?

① 1 ② 3 ③ 5 ④ 10

Answer 26. ③ 27. ③ 28. ③ 29. ③ 30. ②

해설 **저장탱크** : 액화석유가스를 저장하기 위하여 지상 또는 지하에 고정 설치된 탱크
㉮ 저장탱크 : 저장능력 3톤 이상인 탱크
㉯ 소형저장탱크 : 저장능력 3톤 미만인 탱크

31 다음[그림]과 같이 동판이 2개의 강판사이에 납땜되어 있어 한 물체처럼 변형한다. 이것을 가열하면 동판과 강판에는 각각 어떠한 응력이 생기는가?

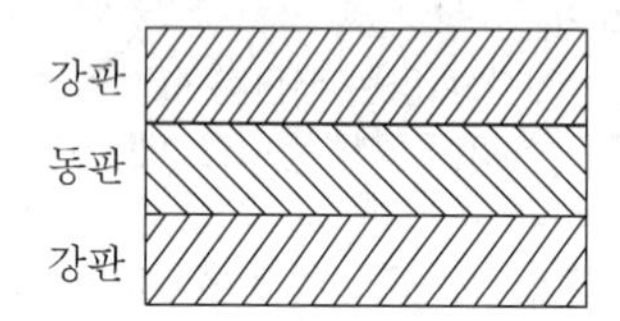

① 동판 : 압축응력, 강판 : 인장응력
② 동판 : 인장응력, 강판 : 압축응력
③ 동판 : 인장응력, 강판 : 인장응력
④ 동판 : 압축응력, 강판 : 압축응력

해설 동판은 열팽창률이 크고, 강판은 상대적으로 열팽창률이 작기 때문에 가열하면 동판은 많이 늘어나고 강판은 적게 늘어날 것이다. 그러므로 동판에서는 압축응력이 강판에서는 인장응력이 작용한다.

32 배관이 막히거나 고장이 생겼을 때 쉽게 수리할 수 있게 하기 위하여 사용하는 배관 부속은?

① 티 ② 소켓
③ 엘보 ④ 유니언

해설 관 이음쇠의 용도와 종류
㉮ 배관의 방향을 전환할 때 : 엘보(elbow), 벤드(bend)
㉯ 관을 도중에 분기할 때 : 티(tee), 와이(Y), 크로스(cross)
㉰ 동일 지름의 관을 연결할 때 : 소켓(socket), 니플(nipple), 유니언(union)
㉱ 지름이 다른 관을 연결할 때 : 리듀서(reducer), 부싱(bushing), 이경 엘보, 이경 티
㉲ 관 끝을 막을 때 : 플러그(plug), 캡(cap)

33 의료용 가스의 종류에 따른 도색의 구분으로 옳은 것은?

① 헬륨 – 회색
② 질소 – 흑색
③ 에틸렌 – 백색
④ 사이크로 프로판 – 갈색

해설 주요 가스용기의 도색

가스종류	공업용	의료용
산소	녹색	백색
수소	주황색	–
액화탄산가스	청색	회색
LPG	회색	–
아세틸렌	황색	–
암모니아	백색	–
염소	갈색	–
질소	회색	흑색
아산화질소	회색	청색
헬륨	회색	갈색
에틸렌	회색	자색
사이크로 프로판	회색	주황색
기타	회색	

34 가스발생기 및 가스홀더는 그 외면으로부터 사업장의 경계까지의 안전거리가 최고사용압력이 고압인 것은 몇 [m] 이상이 되어야 하는가?

① 5 ② 10
③ 15 ④ 20

해설 가스발생기 및 가스홀더의 안전거리
㉮ 최고사용압력이 고압 : 20[m] 이상

Answer 31. ① 32. ④ 33. ② 34. ④

㉯ 최고사용압력이 중압 : 10[m] 이상
㉰ 최고사용압력이 저압 : 5[m] 이상

35 일산화탄소를 저장하는 탱크에 사용이 불가능한 재료는?

① Ni − Cr 강
② 스테인리스강
③ 구리
④ 철 및 니켈

해설 일산화탄소(CO)는 고온, 고압의 상태에서 철족(Fe, Ni, Co)의 금속에 대하여 침탄 및 카르보닐을 생성한다.
㉮ $Fe + 5CO \rightarrow Fe(CO)_5$ [철-카르보닐]
㉯ $Ni + 4CO \rightarrow Ni(CO)_4$ [니켈-카르보닐]

36 가스보일러 설치기준에 따라 반밀폐식 가스보일러의 공동배기방식에 대한 기준 중 틀린 것은?

① 공동배기구의 정상부에서 최상층 보일러의 역풍방지장치 개구부 하단까지의 거리가 5[m] 일 경우 공동배기구에 연결시킬 수 있다.
② 공동배기구 유효단면적 계산식 ($A = Q \times 0.6 \times K \times F + P$)에서 P는 배기통의 수평투영면적[mm²]을 의미한다.
③ 공동배기구는 굴곡 없이 수직으로 설치하여야 한다.
④ 공동배기구는 화재에 의한 피해확산 방지를 위하여 방화 댐퍼(damper)를 설치하여야 한다.

해설 반밀폐식 가스보일러의 공동배기방식 기준
㉮ 공동배기구의 정상부에서 최상층 보일러의 역풍방지장치 개구부 하단까지의 거리가 4[m] 이상일 경우에는 공동배기구에 연결시키며, 그 이하일 경우에는 단독으로 설치할 것
㉯ 동일 층에서 공동배기구로 연결되는 보일러 수는 2대 이하일 것
㉰ 공공배기구 및 배기통에는 방화댐퍼(damper)를 설치하지 않을 것
※ 공동배기구 유효단면적 계산식
$\therefore A = Q \times 0.6 \times K \times F + P$
A : 공동배기구 유효단면적[mm²]
Q : 보일러의 가스소비량 합계[kW]
K : 형상계수
F : 보일러의 동시 사용률
P : 배기통의 수평투영면적[mm²]

37 안지름이 10[cm]인 액체 수송용 파이프 속을 지름이 5[cm]인 오리피스 미터가 설치되어 있고, 이 오리피스에 부착된 수은 마노미터의 눈금차가 12[cm]이다. 만일 5[cm] 오리피스 대신에 지름이 2.5[cm]인 오리피스 미터를 설치했다면 수은 마노미터의 눈금차는 약 몇 [cm]가 되겠는가?

① 172 ② 182
③ 192 ④ 202

해설 ㉮ 차압식 유량계의 유량식
$Q = CA\sqrt{\frac{2gh}{1-m^4} \times \frac{\gamma_m - \gamma}{\gamma}}$ 에서 배관에 흐르는 유체(γ), 마노미터의 액체(γ_m), 유량계수(C)가 동일하므로 생략하고 유량계산식을 다시 쓰면 다음과 같다.
$$\therefore Q^2 = \left(\frac{\pi}{4}D^2\right)^2 \times \frac{2gh}{1-m^4}$$
㉯ 마노미터 높이 계산식
$$\therefore h = \frac{Q^2 \times (1-m^4)}{2g \times \left(\frac{\pi}{4}D^2\right)^2}$$

㉰ 오리피스 변경 전후 교축비 계산

$$\therefore m_1 = \frac{D_1^2}{D^2} = \frac{5^2}{10^2} = 0.25$$

$$\therefore m_2 = \frac{D_2^2}{D^2} = \frac{2.5^2}{10^2} = 0.0625$$

㉱ 변경 후 마노미터 눈금차(높이) 계산

$$\therefore h_2 = \frac{\dfrac{Q_2^2 \times (1-m_2^4)}{2g \times \left(\dfrac{\pi}{4} \times \left(\dfrac{1}{2} \times D_1^2\right)^2\right)^2}}{\dfrac{Q_1^2 \times (1-m_1^4)}{2g \times \left(\dfrac{\pi}{4} \times D_1^2\right)^2}} \times h_1$$

$$= \frac{(1-m_2^4)}{(1-m_1^4) \times \left(\left(\dfrac{1}{2}\right)^2\right)^2} \times h_1$$

$$= \frac{1-0.0625^4}{(1-0.25^4) \times \left(\left(\dfrac{1}{2}\right)^2\right)^2} \times 12$$

$$= 192.75\,[\text{cm}]$$

38 액화석유가스 소형저장탱크를 설치할 경우 안전거리에 대한 설명으로 틀린 것은?

① 충전질량이 2500[kg]인 소형저장탱크의 가스충전구로부터 토지경계선에 대한 수평거리는 5.5[m] 이상이어야 한다.

② 충전질량이 1000[kg] 이상 2000[kg] 미만인 소형저장탱크의 탱크간 거리는 0.5[m] 이상이어야 한다.

③ 충전질량이 2500[kg]인 소형저장탱크의 가스충전구로부터 건축물개구부에 대한 거리는 3.5[m] 이상이어야 한다.

④ 충전질량이 1000[kg] 미만인 소형저장탱크의 가스충전구로부터 토지경계선에 대한 수평거리는 1.0[m] 이상이어야 한다.

해설 소형저장탱크 설치거리 기준

충전질량	가스충전구로부터 토지 경계선에 대한 수평거리	탱크간 거리	가스충전구로부터 건축물 개구부에 대한 거리
1000[kg] 미만	0.5[m] 이상	0.3[m] 이상	0.5[m] 이상
1000~2000[kg] 미만	3.0[m] 이상	0.5[m] 이상	3.0[m] 이상
2000[kg] 이상	5.5[m] 이상	0.5[m] 이상	3.5[m] 이상

39 다음 폭굉(detonation)에 대한 설명 중 옳은 것은?

① 폭굉속도는 보통 연소속도의 20배 정도이다.

② 폭굉속도는 가스인 경우에는 1000[m/s] 이하이다.

③ 폭굉속도가 클수록 반사에 의한 충격효과는 감소한다.

④ 일반적으로 혼합가스의 폭굉범위는 폭발범위보다 좁다.

해설 폭굉(detonation)현상

㉮ 폭굉의 정의 : 가스 중의 음속보다 화염전파속도가 큰 경우로 파면선단에 충격파라고 하는 솟구치는 압력파가 생겨 격렬한 파괴작용을 일으키는 현상이다.

㉯ 폭속 : 폭굉이 전하는 속도로 가스의 경우 1000~3500[m/s]에 달한다. (정상연소속도 : 0.1~10[m/s])

㉰ 폭굉속도가 클수록 반사에 의한 충격효과는 증가한다.

㉱ 혼합가스의 폭굉범위는 폭발범위 내에 존재한다.

Answer 38. ④ 39. ④

40 **정압기의 구조에 따른 분류 중 일반 소비기 기용이나 지구 정압기에 널리 사용되고 사용압력은 중압용이며, 구조와 기능이 우수하고 정특성은 좋지만, 안정성이 부족하고 크기가 대형인 정압기는?**

① 레이놀즈(Reynolds)식 정압기
② 피셔(Fisher)식 정압기
③ Axial Flow Valve(AFV)식 정압기
④ 루트(Roots)식 정압기

해설 **레이놀즈(Reynolds)식 정압기의 특징**
㉮ 언로딩(unloading)형이다.
㉯ 정특성은 극히 좋으나 안정성이 부족하다.
㉰ 다른 것에 비하여 크다.

41 **고압가스 안전관리법령에서 정한 고압가스의 범위에 대한 설명으로 옳은 것은?**

① 상용의 온도에서 게이지압력이 0[MPa]이 되는 압축가스
② 섭씨 35[℃]의 온도에서 게이지압력이 0[Pa]을 초과하는 아세틸렌가스
③ 상용의 온도에서 게이지압력이 0.2[MPa] 이상이 되는 액화가스
④ 섭씨 15[℃]의 온도에서 게이지압력이 0.2[MPa]을 초과하는 액화가스 중 액화시안화수소

해설 **고압가스의 정의**
㉮ 상용의 온도에서 압력(게이지압력)이 1[MPa] 이상이 되는 압축가스로서 그 압력이 1[MPa] 이상이 되는 것 또는 35[℃]의 온도에서 압력이 1[MPa] 이상이 되는 압축가스(아세틸렌가스를 제외한다.)
㉯ 15[℃]의 온도에서 압력이 0[Pa] 초과하는 아세틸렌가스
㉰ 상용의 온도에서 압력이 0.2[MPa] 이상이 되는 액화가스로서 실제로 그 압력이 0.2[MPa] 이상이 되는 것 또는 압력이 0.2[MPa]이 되는 경우의 온도가 35[℃] 이하인 액화가스
㉱ 35[℃]의 온도에서 압력이 0[Pa]을 초과하는 액화가스 중 액화시안화수소, 액화브롬화메탄 및 액화산화에틸렌가스

42 **이상기체가 갖추어야할 성질에 대한 설명으로 가장 올바른 것은?**

① 보일-샤를의 법칙이 완전하게 적용된다고 여겨지는 가상의 기체로서 고온, 저압 상태에서 분자상호간의 작용이 전혀 없는 상태
② 보일-샤를의 법칙이 완전하게 적용된다고 여겨지는 가상의 기체로서 저온, 고압 상태에서 분자상호간의 작용이 전혀 없는 상태
③ 보일-샤를의 법칙이 완전하게 적용된다고 여겨지는 가상의 기체로서 고온, 저압 상태에서 분자상호간의 작용이 무한히 큰 상태
④ 보일-샤를의 법칙이 완전하게 적용된다고 여겨지는 가상의 기체로서 저온, 고압 상태에서 분자상호간의 작용이 무한히 큰 상태

해설 **이상기체의 성질**
㉮ 보일-샤를의 법칙을 만족한다.
㉯ 아보가드로의 법칙에 따른다.
㉰ 내부에너지는 온도만의 함수이다.
㉱ 온도에 관계없이 비열비는 일정하다.
㉲ 기체의 분자력과 크기도 무시되며 분자간의 충돌은 완전 탄성체이다.

Answer 40. ① 41. ③ 42. ①

43 다단 압축기에서 실린더 냉각의 목적으로 가장 거리가 먼 것은?

① 흡입시에 가스에 주어진 열을 가급적 줄여서 흡입효율을 적게 한다.
② 온도가 냉각됨에 따라 단위 능력당 소요동력이 일반적으로 감소되고, 압축효율도 좋게 한다.
③ 활동면을 냉각시켜 윤활이 원활하게 되어 피스톤링에 탄소화물이 발생하는 것을 막는다.
④ 밸브 및 밸브 스프링에서 열을 제거하여 오손을 줄이고 그 수명을 길게 한다.

해설 실린더 냉각 효과(목적)
㉮ 체적효율, 압축효율 증가
㉯ 소요동력의 감소
㉰ 윤활기능의 유지 및 향상
㉱ 윤활유 열화, 탄화 방지
㉲ 습동부품의 수명 유지

44 질소 1.36[kg]이 압력 600[kPa] 하에서 팽창하여 체적이 0.01[m^3] 증가하였다. 팽창과정에서 20[kJ]의 열이 공급되었고 최종온도가 93[℃]이었다면 초기 온도는 약 몇 [℃]인가? (단, 정적비열은 0.74[kJ/kg·℃]이다.)

① 59　② 69
③ 79　④ 89

해설 ㉮ 보유열(kJ) 계산
$\therefore u_1 = P \times v = 600 \times 0.01 = 6[\text{kJ}]$
㉯ 초기온도 계산 : 압력이 일정한 정압과정이므로 $u_2 - u_1 = G \cdot C_v \cdot (t_2 - t_1)$에서

$$\therefore t_1 = t_2 - \frac{u_2 - u_1}{G \cdot C_v} = 93 - \frac{20-6}{1.36 \times 0.74} = 79.089[℃]$$

45 외기온도가 20[℃]일 때 표면온도 70[℃]인 관 표면에서의 복사에 의한 열전달율은 약 몇 [kcal/m^2·h·K]인가? (단, 복사율은 0.8이다.)

① 0.2　② 5
③ 10　④ 15

해설
$$a_r = \frac{4.88\epsilon\left[\left(\frac{T_1}{100}\right)^4 - \left(\frac{T_2}{100}\right)^4\right]}{T_1 - T_2}$$
$$= \frac{4.88 \times 0.8 \times \left[\left(\frac{273+70}{100}\right)^4 - \left(\frac{273+20}{100}\right)^4\right]}{(273+70)-(273+20)}$$
$$= 5.052[\text{kcal/m}^2 \cdot \text{h} \cdot \text{K}]$$

46 일명 패클리스(packless) 이음재라고도 하며 재료로서 인청동제 또는 스테인리스제를 사용하고 구조상 고압용 신축이음 방법으로는 적합하지 않은 것은?

① 상온스프링　② U형 벤드
③ 벨로스 이음　④ 원형 벤드

해설 벨로스형(bellows type) 신축이음 : 주름통으로 만들어진 것으로 설치 장소에 제한을 받지 않고 가스, 증기, 물 등의 배관에 사용된다. 패클리스(packless)형이라 불려진다.

47 다음 중 고압가스 제조허가의 종류에 해당하지 않는 것은?

① 고압가스 특정제조
② 고압가스 일반제조
③ 냉동제조
④ 가스용품 제조

해설 고압가스 제조허가의 종류 : 고법 시행령 제3조
㉮ 고압기스 특정제조　㉯ 고압가스 일반제조
㉰ 고압가스 충전　㉱ 냉동제조

Answer 43. ① 44. ③ 45. ② 46. ③ 47. ④

48 이상기체의 폴리트로픽(polytropic) 변화에서 P, v, T 관계를 틀리게 표현한 것은? (단, n은 폴리트로픽지수를 나타낸다.)

① $Pv^n = C(P_1 v_1^n = P_2 v_2^n =$ 일정$)$

② $Tv^{n-1} = C(T_1 v_1^{n-1} = T_2 v_2^{n-1}$ $=$ 일정$)$

③ $TP^{n-1} = C(T_1 P_1^{n-1} = T_2 P_2^{n-1}$ $=$ 일정$)$

④ $T^n P^{1-n} = C(T_1^n P_1^{1-n} = T_2^n P_2^{1-n}$ $=$ 일정$)$

49 산소(O_2)의 성질에 대한 설명으로 옳은 것은?

① 비점은 약 −183[℃]이다.
② 임계압력은 약 33.5[atm]이다.
③ 임계온도는 약 −144[℃]이다.
④ 분자량은 약 16이다.

해설 산소(O_2)의 성질
㉮ 대기압상태의 비점 : −182.97[℃](−183[℃]로 통용)
㉯ 임계압력 : 50.1[atm]
㉰ 임계온도 : −118.4[℃]
㉱ 분자량 : 32 (밀도 : 1.43 [g/L], 비체적 : 0.7 [L/g])

50 고압가스 장치에 사용되는 압력계 중 탄성식 압력계가 아닌 것은?

① 링밸런스식 압력계
② 부르동관식 압력계
③ 벨로스식 압력계
④ 다이어프램식 압력계

해설 탄성식 압력계의 종류 : 부르동관식, 벨로스식, 다이어프램식, 캡슐식

51 가스제조소에서 정제된 가스를 저장하여 가스의 질을 균일하게 유지하며, 제조량과 수요량을 조절하는 것은?

① 정압기　　② 압송기
③ 배송기　　④ 가스홀더

해설 (1) 가스홀더(gas holder)의 기능
㉮ 가스수요의 시간적 변동에 대하여 공급가스량을 확보한다.
㉯ 공급설비의 일시적 중단에 대하여 어느 정도 공급량을 확보한다.
㉰ 공급가스의 성분, 열량, 연소성 등의 성질을 균일화한다.
㉱ 소비지역 근처에 설치하여 피크시의 공급, 수송효과를 얻는다.
(2) 종류 : 유수식, 무수식, 구형 가스홀더

52 에탄 1mol을 완전연소시켰을 때 발열량(Q)은 몇 [kcal/mol] 인가? (단, $CO_2(g)$, $H_2O(g)$, $C_2H_6(g)$의 생성열은 1[mol] 당 각각 94.1[kcal], 57.8[kcal], 20.2[kcal] 이다.)

$$C_2H_6(g) + \frac{7}{2}O_2 \rightarrow 2CO_2(g) + 3H_2O(g) + Q$$

① 214.4　　② 259.4
③ 301.4　　④ 341.4

해설 $-20.2 = -2 \times 94.1 - 3 \times 57.8 + Q$

$\therefore Q = 2 \times 94.1 + 3 \times 57.8 - 20.2$
$= 341.4$[kcal/mol]

Answer 48. ③ 49. ① 50. ① 51. ④ 52. ④

53 $A+B \rightarrow C+D$의 반응에 대한 에너지 분포를 그림과 같이 나타냈다. 그림의 설명 중 틀린 것은?

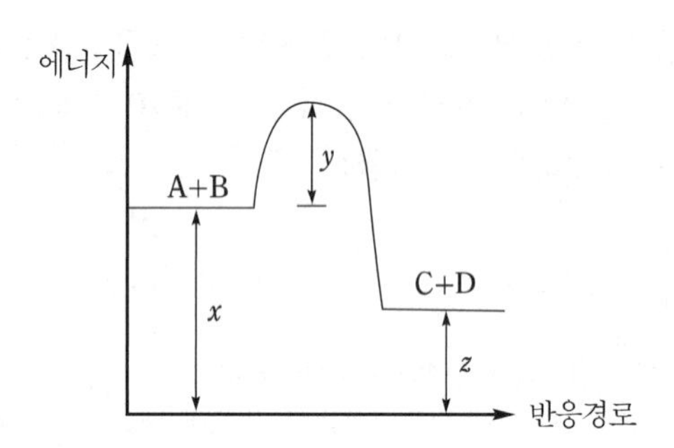

① x는 반응계의 에너지이다.
② 발열반응이다.
③ y는 활성화에너지이다.
④ 엔트로피가 감소하는 반응이다.

해설 발열반응이므로 엔트로피가 증가한다.

54 스크류 압축기에 대한 설명으로 틀린 것은?

① 무급유식 또는 급유식 방식의 용적형이다.
② 흡입, 압축, 토출의 3행정을 갖는다.
③ 효율이 아주 높고, 용량조정이 쉽다.
④ 기체에는 맥동이 적고, 연속적으로 압축한다.

해설 나사 압축기(screw compressor)의 특징
㉮ 용적형이며, 무급유식 또는 급유식이다.
㉯ 흡입, 압축, 토출의 3행정을 가지고 있다.
㉰ 연속적으로 압축되므로 맥동현상이 없다.
㉱ 용량조정이 어렵고, 효율은 떨어진다.
㉲ 토출압력은 30[kgf/cm^2]까지 가능하고, 토출 압력 변화에 의한 용량 변화가 적다.
㉳ 소음방지 장치가 필요하다.
㉴ 두 개의 암수 치형을 가진 로터의 맞물림에 의해 압축한다.

55 관리도에서 측정한 값을 차례로 타점했을 때 점이 순차적으로 상승하거나 하강하는 것을 무엇이라 하는가?

① 연(run) ② 주기(cycle)
③ 경향(trend) ④ 산포(dispersion)

해설 관리도의 판정
㉮ 연(run) : 관리도에서 점이 관리한계 내에 있고 중심선의 한쪽에 연속해서 나타나는 점이며, 한쪽에 연이은 점의 수를 연의 길이라고 한다.
㉯ 경향(trend) : 관측값을 순서대로 타점했을 때 연속 6 이상의 점이 상승하거나 하강하는 상태이다.
㉰ 주기(cycle) : 점이 주기적으로 상하로 변동하여 파형을 나타내는 경우이다.

56 어떤 측정법으로 동일 시료를 무한회 측정하였을 때 데이터 분포의 평균치와 참값과의 차를 무엇이라 하는가?

① 재현성 ② 안정성
③ 반복성 ④ 정확성

해설 정확성 : 어떤 측정법으로 동일 시료를 무한횟수 측정하였을 때 데이터 분포의 평균값과 모집단 참값과의 차이를 의미한다.

57 도수분포표를 작성하는 목적으로 볼 수 없는 것은?

① 로트의 분포를 알고 싶을 때
② 로트의 평균치와 표준편차를 알고 싶을 때
③ 규격과 비교하여 부적합품률을 알고 싶을 때
④ 주요 품질항목 중 개선의 우선순위를 알고 싶을 때

Answer 53. ④ 54. ③ 55. ③ 56. ④ 57. ④

해설 도수분포표 작성 목적
㉮ 데이터의 흩어진 모양(산포)을 알고 싶을 때
㉯ 많은 데이터로부터 평균값과 표준편차를 구할 때
㉰ 원래 데이터를 규격과 대소하고 싶을 때
㉱ 규격차와 비교하여 공정의 현황을 파악하기 위하여
㉲ 분포가 통계적으로 어떤 분포형에 근사한가를 알기 위하여

58 컨베이어 작업과 같이 단조로운 작업은 작업자에게 무력감과 구속감을 주고 생산량에 대한 책임감을 저하시키는 등 폐단이 있다. 다음 중 이러한 단조로운 작업의 결함을 제거하기 위해 채택되는 직무설계방법으로서 가장 거리가 먼 것은?

① 자율 경영팀 활동을 권장한다.
② 하나의 연속작업시간을 길게 한다.
③ 작업자 스스로가 직무를 설계하도록 한다.
④ 직무확대, 직무충실화 등의 방법을 활용한다.

59 "무결점 운동"으로 불리는 것으로 미국의 항공사인 마틴사에서 시작된 품질개선을 위한 동기부여 프로그램은 무엇인가?

① ZD ② 6 시그마
③ TPM ④ ISO 9001

해설 ZD(Zero Defect)운동 : 무결점운동으로 인간의 오류에 의한 일체의 결함이나 결점을 없애기 위한 경영관리기법이다.

60 정상소요시간이 5일이고, 이때의 비용이 20000원이며 특급소요기간이 3일이고, 이때의 비용이 30000원이라면 비용구배는 얼마인가?

① 4000[원/일] ② 5000[원/일]
③ 7000[원/일] ④ 10000[원/일]

해설 $\text{비용구배} = \frac{\text{특급비용} - \text{정상비용}}{\text{정상시간} - \text{특급시간}} = \frac{30000 - 20000}{5 - 3} = 5000[\text{원/일}]$

Answer 58. ② 59. ① 60. ②

과 년 도 문 제

01 도시가스 누출 시 냄새에 의한 감지를 위하여 냄새나는 물질을 첨가하는 올바른 방법은?

① 1/100의 상태에서 감지 가능할 것
② 1/500의 상태에서 감지 가능할 것
③ 1/1000의 상태에서 감지 가능할 것
④ 1/2000의 상태에서 감지 가능할 것

해설 부취제의 공기 중 착취농도 :
1/1000의 농도(0.1[%])

02 지상에 설치하는 액화석유가스의 저장탱크 안전밸브에 가스 방출관을 설치하고자 한다. 저장탱크의 정상부가 지상에서 8[m]일 경우 방출관의 높이는 지상에서 몇 미터 이상이어야 하는가?

① 2[m]　② 5[m]
③ 8[m]　④ 10[m]

해설 저장탱크 안전밸브 방출관 방출구 위치
㉮ 지상설치 : 지면에서 5[m] 또는 저장탱크 정상부로부터 2[m] 높이 중 높은 위치
㉯ 지하설치 : 지면에서 5[m] 이상
∴ 저장탱크 방출구 높이 = 8 + 2 = 10[m]

03 도시가스사업 구분에 따라 선임하여야 할 안전관리자별 선임 인원과 선임 가능한 자격이 잘못 짝지어진 것은? (단, 안전관리자의 자격은 선임 가능한 자격 중 1개만이 제시되어 있다.)

① 가스도매사업 : 안전관리 책임자 – 사업장마다 1인 – 가스기술사
② 가스도매사업 : 안전관리원 – 사업장마다 10인 이상 – 가스기능사
③ 일반도시가스사업 : 안전관리책임자 – 사업장마다 1인 – 가스기능사
④ 일반도시가스사업 : 안전관리원 – 5인 이상(배관길이가 20[km] 이하인 경우) – 가스기능사

해설 일반도시가스사업 :
안전관리책임자 – 사업장마다 1인 이상 – 가스산업기사 이상

04 표준기압 1[atm]은 몇 [kgf/cm^2]인가? (단, Hg의 밀도는 13595.1[kg/m^3], 중력가속도는 9.80665[m/s^3]이다.)

① 0.9806　② 1.0332
③ 1013.25　④ 10332

해설 ㉮ $P = \gamma \cdot h = 13595.1 \times 0.76 \times 10^{-4}$
$= 1.0332\,[kgf/cm^2]$
㉯ 표준대기압
1[atm] = 760[mmHg] = 76[cmHg]
= 0.76[mHg] = 29.9[inHg] = 760[torr]
= 10332[kgf/m^2] = 1.0332[kgf/cm^2]
= 10.332[mH_2O] = 10332[mmH_2O]
= 101325[N/m^2] = 101325[Pa]
= 101.325[kPa] = 0.101325[MPa]
= 1013250[$dyne/cm^2$] = 1.01325[bar]
= 1013.25[mbar] = 14.7[lb/in^2]
= 14.7[psi]

05 다음 중 와류의 규칙성과 안전성을 이용하는 유량계는?

① 델타미터　② 로터미터
③ 전자식 유량계　④ 열선식 유량계

Answer 1. ③ 2. ④ 3. ③ 4. ② 5. ①

해설 와류(vortex)식 유량계
와류(소용돌이)를 발생시켜 그 주파수의 특성이 유속과 비례관계를 유지하는 것을 이용한 것으로 슬러리가 많은 유체나 점도가 높은 액체에는 사용이 불가능하며 델타미터가 대표적이다.

06 가스가 체류된 작업장에서의 허용농도가 가장 낮은 것은?

① 시안화수소
② 황화수소
③ 산화에틸렌
④ 포스겐

해설 각 가스의 허용농도(TLV-TWA)

가스명칭	허용농도
시안화수소(HCN)	10ppm
황화수소(H_2S)	10ppm
산화에틸렌(C_2H_4O)	50ppm
포스겐($COCl_2$)	0.1ppm

07 도시가스 성분 중 일산화탄소의 함유율은 몇 vol%를 초과하지 아니하여야 하는가?

① 1　② 3
③ 5　④ 7

해설 도시가스 성분 중 일산화탄소의 함유율 측정 방법 : 도시가스 안전관리기준 통합고시
㉮ 도시가스 성분 중 일산화탄소는 매주 1회씩 가스홀더의 출구(가스홀더가 없는 경우 정압기 출구)에서 KS M ISO 2718(가스크로마토그래피에 의한 화학 분석 방법 표준 구성)에 따른 분석방법으로 검사한다.
㉯ 측정한 도시가스 성분 중 일산화탄소의 함유율은 7[vol%]를 초과하지 아니하여야 한다.

08 가연성가스(LPG 제외) 및 산소의 차량에 고정된 저장탱크 내용적의 기준으로 옳은 것은?

① 저장탱크의 내용적은 10000[L]를 초과할 수 없다.
② 저장탱크의 내용적은 12000[L]를 초과할 수 없다.
③ 저장탱크의 내용적은 15000[L]를 초과할 수 없다.
④ 저장탱크의 내용적은 18000[L]를 초과할 수 없다.

해설 차량에 고정된 탱크 내용적 제한
㉮ 가연성가스(액화석유가스 제외), 산소 : 18000[L] 초과금지
㉯ 독성가스(액화암모니아 제외) : 12000[L] 초과금지

09 어떤 용기에 액체질소 56[kg]이 충전되어 있다. 외부에서의 열이 매시간 10[kcal] 씩 액체질소에 공급될 때 액체질소가 28[kg]으로 감소되는데 걸리는 시간은? (단, N_2의 증발잠열은 1600[cal/mol]이다.)

① 16시간　② 32시간
③ 160시간　④ 320시간

해설 ㉮ 질소의 증발잠열을 [kcal/kg]으로 환산

$$\therefore 증발잠열 = \frac{1600[cal/mol]}{28[g/mol]} = 57.14[cal/g] = 57.14[kcal/kg]$$

㉯ 필요시간 계산

$$\therefore 필요시간 = \frac{증발에\ 필요한\ 열량}{시간당\ 공급열량} = \frac{28 \times 57.14}{10} = 159.992\ 시간$$

Answer 6. ④ 7. ④ 8. ④ 9. ③

10 가연성 가스 검출기에 대한 설명으로 옳은 것은?

① 안전등형은 황색불꽃의 길이로서 C_2H_2의 농도를 알 수 있다.
② 간섭계형은 주로 CH_4의 측정에 사용되나 가연성가스에도 사용이 가능하다.
③ 간섭계형은 가스 전도도의 차를 이용하여 농도를 측정하는 방법이다.
④ 열선형은 리액턴스회로의 정전전류에 의하여 가스의 농도를 측정하는 방법이다.

해설 각 항목의 옳은 설명
① **안전등형** : 청색불꽃 길이로 메탄의 농도를 측정
③ **간섭계형** : 가스의 굴절률 차이를 이용하여 농도를 측정
④ **열선형** : 전기회로(브리지회로)의 전류차이로 가스농도를 지시 또는 자동경보 장치에 이용하며. 열전도식과 연소식이 있다.

11 LPG 1[L]는 기체 상태로 변하면 250[L]가 된다. 20[kg]의 LPG가 기체 상태로 변하면 부피는 약 몇 [m³]가 되는가? (단, 표준상태이며, 액체의 비중은 0.5이다.)

① 1　　② 5
③ 7.5　　④ 10

해설 ㉮ LPG 20[kg]을 체적으로 환산
$\therefore$ 액화가스 체적 $= \dfrac{무게}{액비중} = \dfrac{20}{0.5} = 40[L]$
㉯ 기체의 체적 계산 : 액 1[L]가 기체 250[L]로 변하고, 1[m³]는 1000[L]에 해당된다.
$\therefore$ 기체 체적 $= 40 \times 250 \times 10^{-3} = 10[m^3]$

12 고압가스 냉동 제조의 시설 및 기술기준에 대한 설명으로 틀린 것은?

① 냉매설비에는 긴급사태가 발생하는 것을 방지하기 위하여 자동제어장치를 설치할 것
② 독성가스를 사용하는 내용적이 1만 [L] 이상인 수액기 주위에는 액상의 가스가 누출될 경우에 그 유출을 방지하기 위한 조치를 마련할 것
③ 안전밸브 또는 방출밸브에 설치된 스톱밸브는 그 밸브의 수리 등을 위하여 특별히 필요한 때를 제외하고는 항상 닫아둘 것
④ 냉매설비에는 그 설비안의 압력이 사용압력을 초과하는 경우 즉시 그 압력을 사용압력 이하로 되돌릴 수 있는 안전장치를 설치할 것

해설 안전밸브 또는 방출밸브에 설치된 스톱밸브는 항상 완전히 열어 놓는다. 다만, 안전밸브 또는 방출밸브의 수리 등을 위하여 특히 필요한 경우에는 열어 놓지 아니할 수 있다.

13 고압가스 냉동제조시설의 냉매설비와 이격거리를 두어야 할 화기설비의 분류 기준으로 맞지 않는 것은?

① 제1종 화기설비 : 전열면적이 14[m²]를 초과하는 온수보일러
② 제2종 화기설비 : 전열면적이 8[m²] 초과, 14[m²] 이하인 온수보일러
③ 제3종 화기설비 : 전열면적이 10[m²] 이하인 온수보일러
④ 제1종 화기설비 : 정격 열출력이 50만 [kcal/h]를 초과하는 화기설비

해설 냉동제조시설의 화기설비의 종류

Answer 10. ② 11. ④ 12. ③ 13. ③

화기설비의 종류	기준 화력
제1종 화기 설비	– 전열면적이 14[m^2]를 초과하는 온수보일러 – 정격 열출력이 50만[kcal/h]를 초과하는 화기설비
제2종 화기 설비	– 전열면적이 8[m^2] 초과 14[m^2] 이하인 온수보일러 – 정격 열출력이 30만[kcal/h] 초과 50만[kcal/h] 이하인 화기설비
제3종 화기 설비	– 전열면적이 8[m^2] 이하인 온수보일러 – 정격 열출력이 30만[kcal/h] 이하인 화기설비

14 **가스가 65[kcal]의 열량을 흡수하여 10000[kgf·m]의 일을 하였다. 이 때 가스의 내부에너지 증가는 약 몇 [kcal]인가?**

① 32.4 ② 38.7
③ 41.6 ④ 57.2

해설 $h = U + APv$ 에서 Pv는 일량에 해당된다.

$\therefore U = h - APv$

$= 65 - \frac{1}{427} \times 10000 = 41.58$[kcal]

15 **다음 가스 중 공기와 혼합하였을 때 폭발성 혼합가스를 형성할 수 있는 것은?**

① 산화질소 ② 염소
③ 암모니아 ④ 질소

해설 암모니아(NH_3) :
가연성가스(폭발범위 15~28[%]),
독성가스(TLV-TWA 25[ppm])

16 **지구 온실효과를 일으키는 주된 원인이 되는 가스는?**

① CO_2 ② O_2
③ NO_2 ④ N_2

해설 온실가스(저탄소 녹색성장 기본법 제2조) : 이산화탄소(CO_2), 메탄(CH_4), 아산화질소(N_2O), 수소불화탄소(HFC_S), 과불화탄소(PFC_S), 육불화황(SF_6) 및 그 밖에 대통령령으로 정하는 것으로 적외선 복사열을 흡수하거나 재방출하여 온실효과를 유발하는 대기 중의 가스 상태의 물질을 말한다.

17 **저장능력이 30[톤]인 저장탱크를 지하에 설치하였다. 점검구의 설치기준에 대한 설명으로 틀린 것은?**

① 점검구는 2개소를 설치한다.
② 점검구는 저장탱크 측면 상부의 지상에 설치하였다.
③ 점검구는 저장탱크실 상부 콘크리트 타설 부분에 맨홀 형태로 설치하였다.
④ 사각형 모양의 점검구로서 0.6[m]×0.6[m]의 크기로 하였다.

해설 **저장탱크실 지하 설치 시 점검구 기준**

㉮ 점검구는 저장능력이 20[톤] 이하인 경우에는 1개소, 20[톤] 초과인 경우에는 2개소로 한다.
㉯ 점검구는 저장탱크실의 모래를 제거한 후 저장탱크 외면을 점검할 수 있는 저장탱크 측면 상부의 지상에 설치한다.
㉰ 점검구는 저장탱크실 상부 콘크리트 타설 부분에 맨홀형태로 설치하되, 맨홀 뚜껑 밑부분까지는 모래를 채우고, 빗물의 영향을 받지 않도록 방수턱과 철판 덮개를 설치한다.
㉱ 사각형 점검구는 0.8[m]×1[m] 이상의 크기로 하며, 원형 점검구는 지름 0.8[m] 이상의 크기로 한다.

18 **도시가스사업 허가의 세부기준이 아닌 것은?**

① 도시가스가 공급 권역 안에서 안정적으로 공급될 수 있도록 할 것
② 도시가스 사업계획이 확실히 수행될 수 있을 것

Answer 14. ③ 15. ③ 16. ① 17. ④ 18. ④

③ 도시가스를 공급하는 권역이 중복되지 않을 것
④ 도시가스 공급이 특정지역에 집중되어 있어야 할 것

해설 **도시가스사업 허가의 세부기준** : 도법 시행규칙 제5조
㉮ 도시가스를 공급하려는 권역이 다른 도시가스사업자의 공급권역과 중복되지 않을 것
㉯ 도시가스사업이 적정하게 수행될 수 있도록 자기자본 비율이 도시가스 공급개시 연도까지는 30[%] 이상이고 개시연도의 다음 해부터는 계속 20[%] 이상 유지되도록 사업계획이 수립되어 있을 것
㉰ 도시가스가 공급권역에서 안정적으로 공급될 수 있도록 원료 조달 및 간선 배관망 건설에 관한 사업계획이 수립되어 있을 것
㉱ 도시가스 공급이 특정지역에 편중되지 아니할 것
㉲ 도시가스의 안정적 공급을 위하여 별표6항에서 정하는 예비시설을 갖출 것
㉳ 천연가스를 도시가스 원료로 사용할 계획인 경우에는 사업계획이 천연가스를 공급받는데 적합할 것

19 **배관의 수직상향에 의한 압력손실을 계산하려고 할 때 반드시 고려되어야 하는 것은?**

① 입상 높이, 가스 비중
② 가스 유량, 가스 비중
③ 가스 유량, 입상 높이
④ 관 길이, 입상 높이

해설 입상관(수직상향)에 의한 압력손실 계산식
$\therefore H = 1.293(S-1)h$
여기서, H : 가스의 압력손실[mmH_2O]
S : 가스의 비중
h : 입상 높이[m]
※ 입상관에서 압력손실을 계산할 때는 입상높이(h)와 가스비중(S)이 고려되어야 한다.

20 **이상기체를 일정한 온도 조건하에서 상태 1에서 상태 2로 변화시켰을 때 최종 부피는 얼마인가? (단, 상태 1에서의 부피 및 압력은 V_1과 P_1이며, 상태 2에서의 부피와 압력은 V_2와 P_2이다.)**

① $V_2 = V_1 \times \frac{P_2}{P_1}$
② $V_2 = V_1 \times \frac{P_1}{P_2}$
③ $V_2 = V_1 \times \frac{T_2}{T_1} \times \frac{P_2}{P_1}$
④ $V_2 = V_1 \times \frac{T_1}{T_2}$

해설 **보일의 법칙** : 일정온도 하에서 일정량의 기체가 차지하는 부피는 압력에 반비례한다.
$P_1 \cdot V_1 = P_2 \cdot V_2$, $\therefore V_2 = V_1 \times \frac{P_1}{P_2}$

21 **대기압 750[mmHg] 하에서 게이지 압력이 2.5[kgf/cm^2]이다. 이때 절대압력은 약 몇 [kgf/cm^2]인가?**

① 2.6 ② 2.7 ③ 3.1 ④ 3.5

해설 절대압력 = 대기압 + 게이지압력
$= \left(\frac{750}{760} \times 1.0332\right) + 2.5$
$= 3.519 [kgf/cm^2 \cdot a]$

22 **양단이 고정된 20[cm] 길이의 환봉을 10[℃]에서 80[℃]로 가열하였을 때 재료내부에서 발생하는 열응력은 약 몇 [MPa]인가? (단, 재료의 선팽창계수는 11.05×10^{-6}/℃이며, 탄성계수 E는 210[GPa]이다.)**

① 69.62 ② 162.44
③ 696.15 ④ 2784.60

Answer 19. ① 20. ② 21. ④ 22. ②

해설 ㉮ 신축길이 계산

$$\therefore \Delta L = L \cdot \alpha \cdot \Delta t = 20 \times 11.05 \times 10^{-6} \times (80 - 10) = 0.01547[\text{cm}]$$

㉯ 열응력 계산

$$\therefore \sigma = \frac{E \times \Delta L}{L} = \frac{210 \times 10^3 \times 0.01547}{20} = 162.435[\text{MPa}]$$

㉰ $210[\text{GPa}] = 210 \times 10^3[\text{MPa}]$

23 비소모성 텅스텐 용접봉과 모재간의 아크열에 의해 모재를 용접하는 방법으로 용접부의 기계적 성질이 우수하나 용접속도가 느린 용접은?

① TIG 용접
② 아크 용접
③ 산소 용접
④ 서브머지드 아크용접

해설 (1) 불활성가스 아크 용접(inert gas arc welding) : 아르곤, 헬륨 등 금속과 잘 반응하지 않는 불활성가스를 유출시키면서 텡스텐 전극이나 비피복 금속선을 전극으로 하여 아크를 발생시켜 용접하는 방법이다.

(2) 종류

㉮ TIG 용접(tungsten inert gas welding) : 비소모성인 텅크텐봉을 전극으로 사용하고, 비피복 용가재를 용해하여 용접하는 방법이다.

㉯ MIG 용접(metal inert gas welding) : 텅스텐 전극 대신 연속으로 공급되는 와이어를 전극과 용가재로 사용하여 용접하는 방법이다.

24 고압가스 제조설비의 가스설비 점검 중 사용개시 전 점검사항이 아닌 것은?

① 가스설비 전반에 대한 부식, 마모, 손상 유무
② 독성가스가 체류하기 쉬운 곳의 해당가스 농도
③ 각 배관계통에 부착된 밸브 등의 개폐상황
④ 가스설비의 전반적인 누출 유무

해설 제조설비 등의 사용개시 전 점검사항

㉮ 제조설비 등에 있는 내용물 상황
㉯ 계기류 및 인터록(inter lock)의 기능, 긴급용 시퀀스, 경보 및 자동제어장치의 기능
㉰ 긴급차단 및 긴급방출장치, 통신설비, 제어설비, 정전기방지 및 제거설비 그 밖에 안전설비 기능
㉱ 각 배관계통에 부착된 밸브 등의 개폐상황 및 맹판의 탈착, 부착 상황
㉲ 회전기계의 윤활유 보급상황 및 회전구동 상황
㉳ 제조설비 등 당해 설비의 전반적인 누출 유무
㉴ 가연성가스 및 독성가스가 체류하기 쉬운 곳의 당해 가스농도
㉵ 전기, 물, 증기, 공기 등 유틸리티시설의 준비상황
㉶ 안전용 불활성가스 등의 준비상황
㉷ 비상전력 등의 준비상황
㉸ 그 밖에 필요한 사항의 이상 유무
※ ①번 항목은 종료 시 점검사항에 해당

25 크리프(creep)는 재료가 어떤 온도 하에서는 시간과 더불어 변형이 증가되는 현상인데, 일반적으로 철강재료 중 크리프 영향을 고려해야 할 온도는 몇 [℃] 이상일 때인가?

① 50[℃]
② 150[℃]
③ 250[℃]
④ 350[℃]

해설 크리프(creep) 현상

어느 온도 이상에서 재료에 일정한 하중을 가하여 그대로 방치하면 시간의 경과와 더불어 변형이 증대하고 때로는 파괴되는 현상으로 탄소강의 경우 350[℃] 이상에서 발생한다.

Answer 23. ① 24. ① 25. ④

26 **다음 중 외압이나 지진 등에 대하여 가요성이 가장 우수한 주철관 이음은?**

① 메커니컬 이음 ② 소켓 이음
③ 빅토리 이음 ④ 플랜지 이음

해설 **주철관 기계식 이음(mechanical joint)** : 고무링을 압륜(押輪)으로 죄어 볼트로 체결하는 것으로 다소의 굴곡에서도 누수가 없고 수중에서도 이음이 가능한 이음으로 소켓 이음과 플랜지 이음의 특징을 채택한 이음 방법이다.

27 **모노게르만 가스의 특징이 아닌 것은?**

① 가연성, 독성가스이다.
② 자극적인 냄새가 난다.
③ 전자산업의 도핑용액으로 주로 사용된다.
④ 공기보다 가벼워 대기 중으로 확산한다.

해설 **모노게르만(GeH_4)의 특징**
㉮ 독성가스, 공기 중에서 자연발화성을 갖는 가연성가스이다.
㉯ 무색, 자극적인 냄새가 있다.
㉰ 비점이 −88.5[℃]이고, 분자량이 76.62로 공기보다 무겁다.
㉱ 고체상태의 전자 구성 성분 제조 도핑용액으로 사용한다.
㉲ 브롬(Br)과 폭발적으로 반응하며 350[℃]에서 분해된다.
㉳ 흡입하면 두통, 현기증, 기절, 구토가 발생하며, 알진과 같은 용혈현상을 일으킨다.
㉴ 허용농도 : TLV-TWA 0.2[ppm], LC50 20[ppm]

28 **다음 ( ) 안의 온도와 압력으로 맞는 것은?**

> 아세틸렌을 용기에 충전할 때 충전 중의 압력은 2.5[MPa] 이하로 하고, 충전 후의 압력이 ( )[℃]에서 ( )[MPa] 이하로 될 때까지 정치하여야 한다.

① 5, 1.0 ② 15, 1.5
③ 20, 1.0 ④ 20, 1.5

해설 **아세틸렌 충전용기 압력**
㉮ 충전 중의 압력 : 온도와 관계없이 2.5[MPa] 이하
㉯ 충전 후의 압력 : 15[℃]에서 1.5[MPa] 이하

29 **다음 수소의 성질 중 화재, 폭발 등의 재해 발생 원인이 아닌 것은?**

① 임계압력이 12.8[atm]이다.
② 가벼운 기체로 미세한 간격으로 퍼져 확산하기 쉽다.
③ 고온, 고압에서 강철에 대하여 수소취성을 일으킨다.
④ 공기와 혼합할 경우 연소범위가 4~75[%]이다.

해설 수소의 임계온도(−239.9[℃])와 임계압력(12.8[atm])은 화재, 폭발 등 재해발생 원인과는 관계없고 액화의 조건과 관계있다.

30 **가스 정압기에서 메인밸브의 열림과 유량과의 관계를 의미하는 것은?**

① 정특성 ② 동특성
③ 유량특성 ④ 사용압력공차

해설 **정압기의 특성**
㉮ 정특성(靜特性) : 유량과 2차 압력의 관계
㉯ 동특성(動特性) : 부하변화가 큰 곳에 사용되는 정압기에서 부하변동에 대한 응답의 신속성과 안정성이 요구되는 특성
㉰ 유량특성(流量特性) : 메인밸브의 열림과 유량의 관계
㉱ 사용 최대차압 : 메인밸브에 1차와 2차 압력이 작용하여 최대로 되었을 때의 차압
㉲ 작동 최소차압 : 정압기가 작동할 수 있는 최소 차압

Answer 26. ① 27. ④ 28. ② 29. ① 30. ③

31 독성가스 사용설비에서 가스누출에 대비하여 반드시 설치하여야 하는 장치는?

① 살수장치 ② 액화방지장치
③ 흡수장치 ④ 액회수장치

해설 독성가스의 가스설비실 및 저장설비실에는 그 가스가 누출된 경우에는 이를 중화설비로 이송시켜 흡수 또는 중화할 수 있는 설비를 설치한다.

32 내용적 5[L]인 용기에 에탄 1500[g]을 충전하였다. 용기의 온도가 100[℃]일 때 압력은 220[atm]을 표시하였다. 이때 에탄의 압축계수는 약 얼마인가?

① 0.03 ② 0.60
③ 0.72 ④ 2.68

해설 $PV = Z\frac{W}{M}RT$ 에서

$$\therefore Z = \frac{PVM}{WRT} = \frac{220 \times 5 \times 30}{1500 \times 0.082 \times (273+100)} = 0.719$$

33 내용적이 1800[L]인 저장탱크에 LPG를 저장하려고 한다. 이 탱크의 저장능력[kg]은? (단, LPG의 비중은 0.5이다.)

① 790 ② 810
③ 820 ④ 900

해설 $W = 0.9d \cdot V$

$= 0.9 \times 0.5 \times 1800 = 810[\text{kg}]$

34 1000[rpm]으로 회전하는 펌프를 2000[rpm]으로 변경하였다. 이 경우 펌프 동력은 몇 배가 되겠는가?

① 1 ② 2
③ 4 ④ 8

해설 $L_2 = L_1 \times \left(\frac{N_2}{N_1}\right)^3 = L_1 \times \left(\frac{2000}{1000}\right)^3 = 8L_1$

35 다음 중 품질 코스트(cost)의 구성이 아닌 것은?

① 예방 코스트 ② 평가 코스트
③ 실패 코스트 ④ 설계 코스트

해설 **품질 코스트의 종류** : 예방 코스트, 평가 코스트, 실패 코스트

36 일반도시가스사업자의 가스공급시설 중 정압기의 시설 및 기술기준에 대한 설명으로 틀린 것은?

① 단독사용자의 정압기에는 경계책을 설치하지 아니할 수 있다.
② 단독사용자의 정압기실에는 이상압력 통보설비를 설치하지 아니할 수 있다.
③ 단독사용자의 정압기에는 예비정압기를 설치하지 아니할 수 있다.
④ 단독사용자의 정압기에는 비상전력을 갖추지 아니할 수 있다.

해설 **경보장치 설치 기준** : 경보장치는 정압기 출구의 배관에 설치하고 가스압력이 비정상적으로 상승할 경우 안전관리자가 상주하는 곳에 이를 통보할 수 있는 것으로 한다. 다만, 단독사용자에게 가스를 공급하는 정압기의 경우에는 그 사용시설의 안전관리자가 상주하는 곳에 통보할 수 있는 경보장치를 설치할 수 있다.

37 도시가스 배관의 전기방식에 대한 내용 중 틀린 것은?

① 직류전철 등에 의한 누출전류의 영향을 받지 않는 배관에는 배류법으로 한다.

Answer 31. ③ 32. ③ 33. ② 34. ④ 35. ④ 36. ② 37. ①

② 배류법에 의한 배관에는 300[m] 이내의 간격으로 T/B를 설치한다.
③ 배관 등과 철근콘크리트구조물 사이에는 절연조치를 한다.
④ 전기방식이란 배관의 외면에 전류를 유입시켜 양극반응을 저지하는 것이다.

해설 전기방식 기준
㉮ 직류전철 등에 따른 누출전류의 영향이 없는 경우에는 외부전원법 또는 희생양극법으로 한다.
㉯ 직류전철 등에 따른 누출전류의 영향을 받는 배관에는 배류법으로 하되 방식효과가 충분하지 않을 경우에는 외부전원법 또는 희생양극법을 병용한다.

38 공기 중에서 프로판 가스의 폭발범위 값으로 옳은 것은?

① 1.8~8.4[%] ② 2.2~9.5[%]
③ 3.0~12.5[%] ④ 5.3~14[%]

해설 공기 중에서 프로판의 폭발범위는 2.2~9.5[%] 또는 2.1~9.4[%], 2.1~9.5[%]이다.

39 아세틸렌 제조 시 청정제로 사용되지 않는 것은?

① 리가솔 ② 카다리솔
③ 에퓨렌 ④ 카보퓨란

해설 청정제의 종류 : 에퓨렌, 카다리솔, 리가솔

40 바깥지름 15[cm], 안지름 8[cm]의 중공원통(中空圓筒)에 축방향으로 60[ton]의 압축하중이 작용할 때 생기는 응력은?

① 327[kgf/cm^2] ② 474[kgf/cm^2]
③ 547[kgf/cm^2] ④ 1560[kgf/cm^2]

해설 $$\sigma_c = \frac{P_c}{A} = \frac{P_c}{\frac{\pi(D_2^2 - D_1^2)}{4}} = \frac{60 \times 10^3}{\frac{\pi \times (15^2 - 8^2)}{4}} = 474.499\,[\text{kgf/cm}^2]$$

41 압축비가 클 때 압축기에 미치는 영향으로 틀린 것은?

① 체적효율 증대
② 소요동력 증대
③ 토출가스 온도 상승
④ 윤활유 열화

해설 압축비가 클 때의 영향
㉮ 소요동력 증대
㉯ 실린더 내의 온도 상승(윤활유 열화)
㉰ 체적효율 저하(압축기 능력 감소)
㉱ 토출가스량 감소

42 액화산소를 저장하는 저장능력 10[톤]인 저장탱크를 2기 설치하려고 한다. 각각의 저장탱크 최대지름이 3[m]일 경우 저장탱크 간의 최소거리는 몇 [m] 이상 유지하여야 하는가?

① 1 ② 1.5
③ 2 ④ 3

해설 $$L = \frac{D_1 + D_2}{4} = \frac{3+3}{4} = 1.5\,[\text{m}]$$

43 굴착공사로 인하여 15[m] 이상 노출된 도시가스배관 주위 조명은 최소 얼마 이상으로 하여야 하는가?

① 70[lx] 이상 ② 80[lx] 이상
③ 90[lx] 이상 ④ 100[lx] 이상

Answer 38. ② 39. ④ 40. ② 41. ① 42. ② 43. ①

해설 굴착으로 노출된 배관의 점검통로 기준
㉮ 노출된 배관 길이 : 15[m] 이상
㉯ 점검통로 폭 : 80[cm] 이상
㉰ 가드레일 높이 : 90[cm] 이상
㉱ 등기구 조명도 : 70[lx] 이상

44 일반도시가스사업자 정압기 입구측의 압력이 0.6[MPa]일 경우 안전밸브 분출부의 크기는 얼마 이상으로 하여야 하는가?

① 30[A] 이상 ② 50[A] 이상
③ 80[A] 이상 ④ 100[A] 이상

해설 정압기 안전밸브 분출부 크기 기준
(1) 정압기 입구측 압력이 0.5[MPa] 이상 : 50[A] 이상
(2) 정압기 입구측 압력이 0.5[MPa] 미만
㉮ 정압기 설계유량이 1000[Nm^3/h] 이상 : 50[A] 이상
㉯ 정압기 설계유량이 1000[Nm^3/h] 미만 : 25[A] 이상

45 이상기체의 상태방정식 $PV = nRT$에서 R의 단위가 [J/mol · K]이면 기체상수(R) 값은 얼마인가?

① 0.082 ② 1.987
③ 8.314 ④ 848

해설 기체상수 R 값

$$R = 0.08206\,[\mathrm{L \cdot atm/mol \cdot K}]$$
$$= 82.06\,[\mathrm{cm^3 \cdot atm/mol \cdot K}]$$
$$= 1.987\,[\mathrm{cal/mol \cdot K}]$$
$$= 8.314 \times 10^7\,[\mathrm{erg/mol \cdot K}]$$
$$= 8.314\,[\mathrm{J/mol \cdot K}]$$
$$= 8.314\,[\mathrm{m^3 \cdot Pa/mol \cdot K}]$$
$$= 8314\,[\mathrm{J/kmol \cdot K}]$$

46 고압가스 운반 시 가스누출사고가 발생하였다. 이 부분의 수리가 불가능한 경우 재해발생 또는 확대를 방지하기 위한 조치사항으로 볼 수 없는 것은?

① 착화된 경우 소화작업을 실시한다.
② 상황에 따라 안전한 장소로 운반한다.
③ 비상 연락망에 따라 관계 업소에 원조를 의뢰한다.
④ 부근의 화기를 없앤다.

해설 가스누출 부분의 수리가 불가능한 경우의 조치 사항
㉮ 상황에 따라 안전한 장소로 운반할 것
㉯ 부근의 화기를 없앨 것
㉰ 착화된 경우 용기파열 등의 위험이 없다고 인정될 때는 소화할 것
㉱ 독성가스가 누출한 경우에는 가스를 제독할 것
㉲ 부근에 있는 사람을 대피시키고, 통행인은 교통통제를 하여 출입을 금지시킬 것
㉳ 비상연락망에 따라 관계 업소에 원조를 의뢰할 것
㉴ 상황에 따라 안전한 장소로 대피할 것
㉵ 구급조치

47 처리능력 25[톤]인 액화석유가스 탱크 2개가 있다. 이 때 제2종 보호시설과의 거리는 얼마 이상 유지하여야 하는가?

① 14[m] ② 16[m]
③ 18[m] ④ 20[m]

해설 액화석유가스의 보호시설별 안전거리[m]

저장능력	제1종	제2종
10톤 이하	17	12
10톤 초과 20톤 이하	21	14
20톤 초과 30톤 이하	24	16
30톤 초과 40톤 이하	27	18
40톤 초과	30	20

[비고] 동일사업소에 두 개 이상의 저장설비가 있는 경우에는 그 설비별로 각각 안전거리를 유지하여야 한다.

Answer 44. ② 45. ③ 46. ① 47. ②

48 N_2 70[mol], O_2 50[mol]로 구성된 혼합가스가 용기에 7[kgf/cm^2]의 압력으로 충전되어 있다. N_2의 분압은?

① 3[kgf/cm^2]
② 4[kgf/cm^2]
③ 5[kgf/cm^2]
④ 6[kgf/cm^2]

해설 분압 = 전압 × $\dfrac{\text{성분몰}}{\text{전몰}}$

$$= 7 \times \frac{70}{70+50} = 4.08\,[\text{kgf/cm}^2]$$

49 기체의 열용량에 대한 설명으로 맞는 것은?

① 열용량이 작으면 온도를 변화시키기 어렵다.
② 이상기체의 정압열용량(C_p)과 정적열용량(C_v)의 차는 기체상수 R과 같다.
③ 공기에 대한 정압비열과 정적비열의 비(C_p/C_v)는 2.4이다.
④ 정압 몰 열용량은 정압비열을 몰질량으로 나눈 값이다.

해설 열용량에 대한 설명
① 열용량[kcal/℃]이 작으면 온도를 변화시키기 쉽다.

$$\therefore \Delta t = \frac{Q}{G \cdot C}$$

② $C_p - C_v = R$
C_p : 정압비열[kJ/kg·K]
C_v : 정적비열[kJ/kg·K]
R : 기체상수$\left(\dfrac{8.314}{M}\,[\text{kJ/kg}\cdot\text{K}]\right)$
③ 공기의 비열비 : 1.4
④ 정압 몰 열용량은 정압비열과 몰질량으로 곱한 값이다.

50 30[℃], 2[atm]에서 산소 1[mol]이 차지하는 부피는 얼마인가? (단, 이상기체의 상태방정식에 따른다고 가정한다.)

① 6.2[L] ② 8.4[L]
③ 12.4[L] ④ 24.8[L]

해설 $PV = nRT$ 에서

$$\therefore V = \frac{nRT}{P}$$

$$= \frac{1 \times 0.082 \times (273+30)}{2} = 12.423\,[\text{L}]$$

51 표준상태에서 질소 5.6[L] 중에 있는 질소 분자수는 다음의 어느 것과 같은가?

① 0.5[g]의 수소분자
② 16[g]의 산소분자
③ 1[g]의 산소원자
④ 4[g]의 수소분자

해설 ㉮ 질소 5.6[L]의 몰[mol]수 계산

$$\therefore \text{몰수} = \frac{\text{기체 체적}}{22.4} = \frac{5.6}{22.4} = 0.25[\text{mol}]$$

㉯ 각 기체의 몰[mol]수 계산 : 수소의 분자량은 2[g], 산소의 분자량은 32[g], 산소의 원자량은 16[g]이다.

ⓐ 수소 $= \dfrac{0.5}{2} = 0.25[\text{mol}]$

ⓑ 산소 $= \dfrac{16}{32} = 0.5[\text{mol}]$

ⓒ 산소 $= \dfrac{1}{16} = 0.0625[\text{mol}]$: 원자 몰[mol]수 임

ⓓ 수소 $= \dfrac{4}{2} = 2[\text{mol}]$

㉰ 같은 몰[mol]수에 해당하는 경우 아보가드로법칙에 따라 분자수가 동일하다.

Answer 48. ② 49. ② 50. ③ 51. ①

52 초저온 용기의 단열성능시험에 대한 설명으로 옳은 것은?

① 기화량은 저울 또는 유량계를 사용하여 측정한다.
② 100개의 용기 기준으로 10개를 샘플링하여 검사한다.
③ 검사에 부적합된 용기는 전량 폐기한다.
④ 시험용 가스는 액화 프로판을 사용하여 실시한다.

해설 초저온 용기의 단열성능시험

㉮ 용기의 단열성능시험은 그 용기의 전수에 대하여 실시한다.
㉯ 단열성능시험은 액화질소, 액화산소 또는 액화아르곤(시험용 가스라 함)을 사용한다.
㉰ 용기에 시험용 가스를 충전하고 기상부에 접속된 가스방출밸브를 완전히 열고 다른 모든 밸브는 잠그며, 초저온 용기에서 가스를 대기 중으로 방출하여 기화 가스량이 거의 일정하게 될 때까지 정지한 후 가스방출밸브에서 방출된 기화량을 중량계(저울) 또는 유량계를 사용하여 측정한다.
㉱ 시험용 가스의 충전량은 충전한 후 기화 가스량이 거의 일정하게 되었을 때 시험용 가스의 용적이 초저온 용기 내용적의 1/3 이상 1/2 이하가 되도록 충전한다.
㉲ 침입열량이 0.0005[kcal/h · ℃ · L](내용적이 1000[L] 이상인 초저온 용기는 0.002[kcal/h · ℃ · L]) 이하인 경우를 적합한 것으로 한다.
㉳ 단열성능검사에 부적합된 초저온 용기는 단열재를 교체하여 재시험을 행할 수 있다.

53 독성가스 검지법에 의한 가스별 착색반응지와 색깔의 연결이 잘못된 것은?

① 일산화탄소 : 염화파라듐지 – 흑색
② 이산화질소 : KI전분지 – 청색
③ 황화수소 : 연당지 – 황갈색
④ 아세틸렌 : 리트머스시험지 – 청색

해설 가스검지 시험지법

검지가스	시험지	반응
암모니아(NH_3)	적색리트머스지	청색
염소(Cl_2)	KI–전분지	청갈색
포스겐($COCl_2$)	해리슨 시험지	유자색
시안화수소(HCN)	초산벤지민지	청색
일산화탄소(CO)	염화팔라듐지	흑색
황화수소(H_2S)	연당지(초산연시험지)	회흑색
아세틸렌(C_2H_2)	염화제1동착염지	적갈색

※ 이산화질소(NO_2) : KI전분지로 검사할 수 있음

54 완전가스의 상태변화에서 가열량 변화가 내부에너지 변화와 같은 것은?

① 등압변화(等壓變化)
② 등적변화(等積變化)
③ 등온변화(等溫變化)
④ 단열변화(斷熱變化)

해설 등적변화(정적변화)에서는 절대일량은 없고, 공급열량 전부가 내부에너지 변화로 표시된다.

55 여유시간이 5분, 정미시간이 40분일 경우 내경법으로 여유율을 구하면 약 몇 [%]인가?

① 6.33[%] ② 9.05[%]
③ 11.11[%] ④ 12.05[%]

해설 여유율 계산

㉮ 내경법에 의한 계산

$$\therefore A = \frac{\text{여유시간}}{\text{실동시간}} \times 100 = \frac{\text{여유시간}}{\text{정미시간} + \text{여유시간}} \times 100 = \frac{5}{40+5} \times 100 = 11.111[\%]$$

Answer 52. ① 53. ④ 54. ② 55. ③

㉯ 외경법에 의한 계산식

$$\therefore A = \frac{여유시간}{정미시간} \times 100$$

56 로트에서 랜덤하게 시료를 추출하여 검사한 후 그 결과에 따라 로트의 합격, 불합격을 판정하는 검사방법을 무엇이라 하는가?

① 자주검사 ② 간접검사
③ 전수검사 ④ 샘플링검사

해설 샘플링(sampling) 검사 : 로트로부터 시료를 채취하여 검사한 후 그 결과를 판정기준과 비교하여로트의 합격, 불합격을 판정하는 검사법이다.

57 다음과 같은 데이터에서 5개월 이동평균법에 의하여 8월의 수요를 예측한 값은 얼마인가?

단위 : 대

월	1	2	3	4	5	6	7
판매실적	100	90	110	100	115	110	100

① 103 ② 105
③ 107 ④ 109

해설 $F_t = \dfrac{\sum A_{3-7}}{n}$

$= \dfrac{110+100+115+110+100}{5}$

$= 107$

58 관리 사이클의 순서를 가장 적절하게 표시한 것은? (단, A는 조치(Act), C는 체크(Check), D는 실시(Do), P는 계획(Plan)이다.)

① P→D→C→A ② A→D→C→P
③ P→A→C→D ④ P→C→A→D

59 다음 중 계량값 관리도만으로 짝지어진 것은?

① c 관리도, u 관리도
② $x-Re$ 관리도, P 관리도
③ $\bar{x}-R$ 관리도, nP 관리도
④ $Me-R$ 관리도, $\bar{x}-R$ 관리도

해설 계량치 관리도의 종류 : $\bar{x}-R$ 관리도, x 관리도, M_e-R 관리도, $L-S$ 관리도, 누적합 관리도, 지수가중 이동평균 관리도, R관리도

60 다음 중 모집단의 중심적 경향을 나타낸 측도에 해당하는 것은?

① 범위(Range)
② 최빈값(Mode)
③ 분산(Variance)
④ 변동계수(Coefficient of variation)

해설 ① 범위(range : R) : $R = x_{max} - x_{min}$
② 최빈값(mode, 최빈수 : M_0) : 도수분포표에서 도수가 최대인 곳의 대표치이다.
③ 시료분산(불편분산 : s^2, V) : 모분산(σ^2)의 추정모수로 사용
④ 변동계수(변이계수 : CV, V_c) : 표준편차(s)를 산술평균($\bar{x}$)으로 나눈 값

Answer 56. ④ 57. ③ 58. ① 59. ④ 60. ②

2012년도 기능장 제52회 필기시험 [7월 22일 시행]

과 년 도 문 제

01 공기를 압축하여 냉각시키면 액체공기로 된다. 다음 설명 중 옳은 것은?

① 산소가 먼저 액화한다.
② 질소가 먼저 액화한다.
③ 산소와 질소가 동시에 액화된다.
④ 산소와 질소의 액화온도 차이가 매우 크다.

해설 산소의 비점은 −183[℃], 질소의 비점은 −196[℃]로 액화는 산소가, 기화는 질소가 먼저 된다.

02 다음 [보기]의 특징을 가지는 물질은?

> [보기]
> ㉠ 무색투명하나 시판품은 흑회색의 고체이다.
> ㉡ 물, 습기, 수증기와 직접 반응한다.
> ㉢ 고온에서 질소와 반응하여 석회질소로 된다.

① CaC_2　② P_4S_3
③ $NaOCl$　④ KH

해설 카바이드(CaC_2)의 성질
㉮ 무색투명하나 시판품은 흑회색의 고체이다.
㉯ 물, 습기, 수증기와 직접 반응한다.
㉰ 고온에서 질소와 반응하여 석회질소($CaCN_2$)로 된다.
㉱ 순수한 카바이드 1[kg]에서 366[L]의 아세틸렌 가스가 발생된다.
㉲ 시판 중인 카바이드에는 황(S), 인(P), 질소(N_2), 규소(Si) 등의 불순물이 포함되어 있어 가스발생 시에 황화수소(H_2S), 인화수소(PH_3), 암모니아(NH_3), 규화수소(SiH_4)가 발생되어 냄새가 난다.

03 굴착공사에 의한 도시가스배관 손상방지 기준 중 굴착공사자가 공사 중에 시행하여야 할 기준에 대한 설명으로 틀린 것은?

① 가스안전 영향평가 대상 굴착공사 중 가스배관의 수직, 수평변위 및 지반침하의 우려가 있는 경우에는 가스배관변형 및 지반침하 여부를 확인한다.
② 가스배관 주위에서는 중장비의 배치 및 작업을 제한하여야 한다.
③ 계절 온도변화에 따라 와이어 로프 등의 느슨해짐을 수정하고 가설구조물의 변형 유무를 확인하여야 한다.
④ 굴착공사에 의해 노출된 가스배관과 가스안전영향평가 대상범위 내의 가스배관은 주간 안전점검을 실시하고 점검표에 기록한다.

해설 굴착공사에 의해 노출된 가스배관과 가스안전영향평가 대상범위 내의 가스배관은 일일 안전점검을 실시하고 점검표에 기록한다.

04 다음 중 고압가스 제조설비의 사용개시 전 점검사항이 아닌 것은?

① 가스설비에 있는 내용물의 상황
② 비상전력 등의 준비상황
③ 개방하는 가스설비와 다른 가스설비와의 차단 상황
④ 가스설비의 전반적인 누출 유무

해설 제조설비 등의 사용개시 전 점검사항
㉮ 제조설비 등에 있는 내용물 상황
㉯ 계기류 및 인터록(inter lock)의 기능, 긴급용 시퀀스, 경보 및 자동제어장치의 기능
㉰ 긴급차단 및 긴급방출장치, 통신설비, 제어설비, 정전기방지 및 제거설비 그 밖에 안전설비

Answer 1. ① 2. ① 3. ④ 4. ③

기능

㉣ 각 배관계통에 부착된 밸브 등의 개폐상황 및 맹판의 탈착, 부착 상황
㉤ 회전기계의 윤활유 보급상황 및 회전구동 상황
㉥ 제조설비 등 당해 설비의 전반적인 누출 유무
㉦ 가연성가스 및 독성가스가 체류하기 쉬운 곳의 당해 가스농도
㉧ 전기, 물, 증기, 공기 등 유틸리티시설의 준비상황
㉨ 안전용 불활성가스 등의 준비상황
㉩ 비상전력 등의 준비상황
㉪ 그 밖에 필요한 사항의 이상 유무
※ ③번 항목은 종료 시 점검사항에 해당

05 다음 [그림]과 같이 수직하방향의 하중 Q [kg]을 받고 있는 사각나사의 너트를 그림과 같은 방향의 회전력 P[kg]을 주어 풀고자 한다. 필요한 힘 P를 구하는 식은? (단, 나사는 1줄 나사이며, 나사의 경사각 α, 마찰각은 ρ이다.)

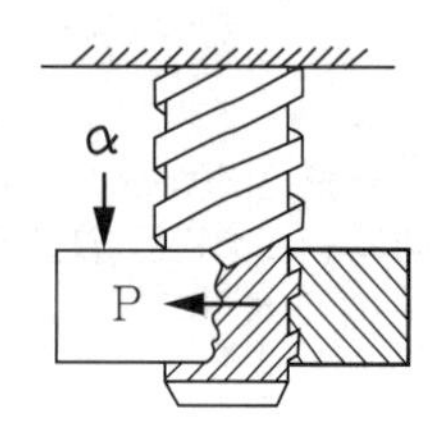

① $P = Q \cdot \tan(\alpha - \rho)$
② $P = Q \cdot \tan(\alpha + \rho)$
③ $P = Q \tan(\rho - \alpha)$
④ $P = Q \cdot \tan\left(1 - \dfrac{\rho}{\alpha}\right)$

해설 ②번 항목 : 조일 때(하중을 밀어 올릴 때)
③번 항목 : 풀 때(하중을 밀어 내릴 때)

06 이동식 부탄연소기용 용접용기에의 액화석유가스 충전 기준으로 틀린 것은?

① 제조 후 15년이 지나지 않은 용접용기일 것
② 용기의 상태가 4급에 해당하는 흠이 없을 것
③ 캔 밸브는 부착한지 2년이 지나지 않을 것
④ 사용상 지장이 있는 흠, 우그러짐, 부식 등이 없을 것

해설 이동식 부탄연소기용 용접용기에의 액화석유가스 충전 기준
㉮ 제조 후 10년이 지나지 않은 용접용기일 것
㉯ 용기의 상태가 4급에 해당하는 찍힌 흠(긁힌 흠), 부식, 우그러짐 및 화염(전기불꽃)에 의한 흠이 없을 것
㉰ 캔 밸브는 부착한지 2년이 지나지 않아야 하며, 부착연월이 각인되어 있을 것
㉱ 사용상 지장이 있는 흠, 주름, 부식 등이 없을 것

07 질소의 정압 몰열용량 C_p[J/mol·K]가 다음과 같고 1[mol]의 질소를 1[atm] 하에서 600[℃]로부터 20[℃]로 냉각하였을 때 발생하는 열량은 약 몇 [kJ]인가? (단, R은 기체상수이다.)

$$\frac{C_p}{R} = 3.3 + 0.6 \times 10^{-3}\,T$$

① 15.6 ② 16.6
③ 17.6 ④ 18.6

해설 ㉮ 정압비열 $C_p = (3.3 + 0.6 \times 10^{-3}\,T)R$
㉯ 평균 정압비열(C_{pm}) 계산

$$\therefore C_{pm} = \frac{1}{\Delta T}\int_{T_1}^{T_2}(3.3 + 0.6 \times 10^{-3}\,T)\,dT \cdot R$$

$$= \frac{1}{873 - 293} \times \left[\{3.3 \times (873 - 293)\} + \left\{\frac{0.6 \times 10^{-3}}{2} \times (873^2 - 293^2)\right\}\right] \times R$$

$$= 3.649\,R\,[\text{J/mol} \cdot \text{K}]$$

㉰ 발생열량 계산

$$\therefore Q = m \cdot C_{pm} \cdot \Delta T$$

$$= 1 \times 3.649 \times 10^{-3} \times 8.314 \times (873 - 293)$$

$$= 17.59\,[\text{kJ}]$$

Answer 5. ③ 6. ① 7. ③

08 **다음 중 가스저장 용기 내에서 폭발성 혼합 가스가 생성하는 주된 원인이 되는 경우는?**

① 물전해조의 고장에 의한 산소 및 수소의 혼합 충전
② 잔류 산소가 있는 용기 내에 아르곤의 충전
③ 잔류 천연가스 용기 내에 메탄의 충전
④ 유기액체를 혼입한 용기 내에 탄산가스의 충전

해설 아르곤과 탄산가스는 불연성가스이고, 천연가스의 주성분은 메탄이므로 폭발성 혼합가스가 생성되지 않는다.

09 $Q=(U_2-U_1)+AW$ **는 열역학 제1법칙의 식이다. 다음 중 틀린 것은?**

① A : 열의 일당량
② Q : 물질에 주어진 열량
③ (U_2-U_1) : 내부에너지의 변화
④ W : 물질계가 외부로 한일

해설 A : 일의 열당량(1/427[kcal/kgf · m])

10 **용기 · 냉동기 또는 특정설비(이하 "용기 등") 검사의 일부를 생략할 수 있는 경우는?**

① 시험 · 연구개발용으로 수입하는 것
② 수출용으로 제조하는 것
③ 용기 등의 제조자 또는 수입업자가 견본으로 수입하는 것
④ 검사를 실시함으로써 용기 등에 손상을 입힐 우려가 있는 것

해설 **검사의 일부를 생략할 수 있는 경우** : 고법 시행규칙 제38조 4항
㉮ 외국용기 등의 제조등록을 한 자가 용기 등을 제조한 경우
㉯ 검사를 실시함으로써 용기 등의 성능을 떨어뜨릴 우려가 있을 경우
㉰ 검사를 실시함으로써 용기 등에 손상을 입힐 우려가 있을 경우
㉱ 산업통상자원부장관이 인정하는 외국의 검사기관으로부터 검사를 받았음이 증명되는 경우

11 **어떤 기체 100[mL]를 취해서 가스분석기에서 CO_2를 흡수시킨 후 남은 기체는 88[mL]이며, 다시 O_2를 흡수시켰더니 54[mL]가 되었다. 여기서 다시 CO를 흡수시키니 50[mL]가 남았다. 잔존 기체가 질소일 때 이 시료기체 중 O_2의 용적백분율[%]은?**

① 34[%] ② 38[%]
③ 46[%] ④ 50[%]

해설 $O_2=\dfrac{\text{체적감량}}{\text{시료가스량}}\times100$
$=\dfrac{88-54}{100}\times100=34[\%]$

12 **다음 기체 중 금속과 결합하여 착이온을 만드는 것은?**

① CH_4 ② CO_2
③ NH_3 ④ O_2

해설 암모니아(NH_3)는 금속이온(구리[Cu], 아연[Zn], 은[Ag], 코발트[Co])과 반응하여 착이온을 만든다.

13 **온도 32[℃]의 외기 1000[kg/h]와 온도 26[℃]의 환기 3000[kg/h]를 혼합할 때 혼합공기의 온도는 얼마인가?**

① 26[℃] ② 27.5[℃]
③ 29.0[℃] ④ 30.2[℃]

해설 $t_m=\dfrac{G_1C_1t_1+G_2C_2t_2}{G_1C_1+G_2C_2}$
$=\dfrac{1000\times32+3000\times26}{1000+3000}=27.5[℃]$

Answer 8. ① 9. ① 10. ④ 11. ① 12. ③ 13. ②

※ 공기의 비열은 주어지지 않아 계산과정에서 생략하였음

14 액화석유가스 저장탱크를 지상에 설치하는 경우 냉각살수장치를 설치하여야 한다. 구형저장탱크에 설치하여야 하는 살수장치는?

① 살수관식 ② 확산판식
③ 노즐식 ④ 분무관식

해설 살수장치는 다음 중 어느 하나의 방법으로 설치하고 배관 재질은 내식성 재료로 한다. 다만, 구형저장탱크의 살수장치는 확산판식으로 설치한다.
㉮ **살수관식** : 배관에 지름 4[mm] 이상의 다수의 작은 구멍을 뚫거나 살수노즐을 배관에 부착한다.
㉯ **확산판식** : 확산판을 살수노즐 끝에 부착한다.

15 LP 가스의 일반적인 성질로서 옳지 않은 것은?

① 물에는 녹지 않으나, 알콜과 에테르에는 용해한다.
② 액체는 물보다 가볍고, 기체는 공기보다 무겁다.
③ 기화는 용이하나, 기화하면 체적의 팽창율은 적다.
④ 증발잠열이 커서 냉매로도 사용할 수 있다.

해설 LP가스의 일반적인 성질
㉮ LP가스는 공기보다 무겁다.
㉯ 액상의 LP가스는 물보다 가볍다.
㉰ 액화, 기화가 쉽다.
㉱ 기화하면 체적이 커진다.
㉲ 기화열(증발잠열)이 크다.
㉳ 무색, 무취, 무미하다.
㉴ 용해성이 있다.
㉵ 정전기 발생이 쉽다.

16 아세틸렌에 대한 설명으로 옳은 것은?

① 아세틸렌에 접촉하는 부분에 사용되는 재료 중 동 또는 동 함유량이 52[%]를 초과하는 동합금을 사용하지 아니한다.
② 아세틸렌의 충전용 교체밸브는 충전하는 장소에서 격리하여 설치한다.
③ 아세틸렌을 1.5[MPa]의 압력으로 압축하는 때에는 아황산가스를 희석제로 첨가한다.
④ 아세틸렌 중의 산소용량이 전체용량의 4[%] 이상인 경우에는 압축하지 아니한다.

해설 각 항목의 옳은 설명
① 아세틸렌에 접촉하는 부분에 사용되는 재료 중 동 또는 동 함유량이 62[%]를 초과하는 동합금을 사용하지 아니한다.
③ 아세틸렌을 2.5[MPa] 압력으로 압축하는 때에는 질소, 메탄, 일산화탄소, 에틸렌 등의 희석제를 첨가한다.
④ 아세틸렌 중의 산소용량이 전체용량의 2[%] 이상인 경우에는 압축하지 아니한다.

17 압축기에서 윤활의 목적이 아닌 것은?

① 마찰 시 생기는 열을 제거한다.
② 소요 동력을 감소시킨다.
③ 실린더의 벽과 피스톤의 마찰로 인한 마모를 방지한다.
④ 기계효율을 감소시킨다.

해설 윤활유 사용 목적
㉮ 활동부에 유막을 형성하여 마찰저항을 적게 하며, 운전을 원활하게 한다.
㉯ 유막을 형성하여 가스의 누설을 방지한다.
㉰ 활동부의 마찰열을 제거하여 기계효율을 높인다.

Answer 14. ② 15. ③ 16. ② 17. ④

18 가스 배관의 관지름을 구하는 식으로 옳은 것은?

① $D = \frac{\sqrt{4r}}{\pi Q}$ ② $D = \sqrt{\frac{4\pi}{VQ}}$

③ $D = \sqrt{\frac{4Q}{\pi V}}$ ④ $D = \sqrt{\frac{4VQ}{\pi}}$

해설 $Q = AV = \frac{\pi}{4} \times D^2 \times V$

$\therefore D = \sqrt{\frac{4Q}{\pi V}}$

19 용접이음이 리벳이음과 비교한 장점이 아닌 것은?

① 기밀성이 좋다.
② 조인트 효율이 높다.
③ 변형하기 어렵고 잔류응력이 남기지 않는다.
④ 리벳팅과 같이 소음을 발생시키지 않는다.

해설 용접이음의 특징

(1) 장점
㉮ 이음부 강도가 크고, 하자발생이 적다.
㉯ 이음부 관 두께가 일정하므로 마찰저항이 적다.
㉰ 배관의 보온, 피복시공이 쉽다.
㉱ 시공시간이 단축되고 유지비, 보수비가 절약된다.

(2) 단점
㉮ 재질의 변형이 일어나기 쉽다.
㉯ 용접부의 변형과 수축이 발생한다.
㉰ 용접부의 잔류응력이 현저하다.
㉱ 품질검사(결함검사)가 어렵다.

20 고압가스 특정제조 시설에서 산소의 저장능력이 4만 [m^3]를 초과한 경우 제2종 보호시설까지의 안전거리는 몇 [m] 이상을 유지하여야 하는가?

① 8 ② 12
③ 14 ④ 16

해설 산소의 보호시설별 안전거리 기준

처리능력 및 저장능력 ([kg], [m^3])	제1종	제2종
1만 이하	12	8
1만 초과 2만 이하	14	9
2만 초과 3만 이하	16	11
3만 초과 4만 이하	18	13
4만 초과	20	14

∴ 제2종 보호시설까지의 안전거리는 14[m] 이상이다.

21 어떠한 변화를 과정 중에 PV/T가 일정하게 유지되는 어떤 기체가 0[℃], 1[atm]에서 2.5[$m^3 \cdot mol^{-1}$]의 체적을 가지고 있다. 이 기체의 초기조건 0[℃], 1[atm]에서 25[℃], 5[atm]으로 압축될 때 최종 부피는 약 몇 [m^3]이 되는가?
(단, 절대온도는 273.15[K]이다.)

① 0.24[m^3] ② 0.55[m^3]
③ 0.83[m^3] ④ 1.10[m^3]

해설 $\frac{P_1 V_1}{T_1} = \frac{P_2 V_2}{T_2}$ 에서

$\therefore V_2 = \frac{P_1 V_1 T_2}{P_2 T_1} = \frac{1 \times 2.5 \times (273.15 + 25)}{5 \times 273.15}$

$= 0.545\,[m^3]$

22 냉매의 구비조건 중 화학적 성질에 대한 설명으로 옳은 것은?

① 불활성이 아니고 부식성이 있을 것
② 윤활유에 용해할 것
③ 인화 및 폭발의 위험성이 없을 것
④ 증기 및 액체의 점성이 클 것

해설 냉매의 구비조건 중 화학적 성질
㉮ 화학적으로 결합이 양호하고, 분해하지 않을 것
㉯ 패킹재료에 악영향을 미치지 않을 것

Answer 18. ③ 19. ③ 20. ③ 21. ② 22. ③

㉰ 금속에 대한 부식성이 없을 것
㉱ 인화 및 폭발성이 없을 것
㉲ 증기 및 액체의 점성이 적을 것
㉳ 윤활유에 용해되지 않을 것

23 **온도 200[℃], 부피 400[L]의 용기에 질소 140[kg]을 저장할 때 필요한 압력을 Van der Waals 식을 이용하여 계산하면 약 몇 [atm]인가?**
(단, $a = 1.351[\text{atm} \cdot \text{L}^2/\text{mol}^2]$, $b = 0.0386[\text{L/mol}]$ 이다.)

① 36.3 ② 363
③ 72.6 ④ 726

해설 ㉮ 질소(N_2)의 [mol]수 계산

$$\therefore n = \frac{W}{M} = \frac{140 \times 10^3}{28} = 5000[\text{mol}]$$

㉯ 압력[atm] 계산

$$\left(P + \frac{n^2 \cdot a}{V^2}\right)(V - n \cdot b) = nRT \text{ 에서}$$

$$\therefore P = \frac{nRT}{V - nb} - \frac{n^2 a}{V^2}$$
$$= \frac{5000 \times 0.082 \times (273 + 200)}{400 - 5000 \times 0.0386} - \frac{5000^2 \times 1.351}{400^2} = 725.766[\text{atm}]$$

24 **Methane 80[%], Ethane 15[%], Propane 4[%], Butane 1[%]의 혼합가스의 공기 중 폭발하한계 값은? (단, 폭발하한계 값은 Methane 5.0[%], Ethane 3.0[%], Propane 2.1[%], Butane 1.8[%]이다.)**

① 2.15[%] ② 4.26[%]
③ 5.67[%] ④ 10.28[%]

해설 $\frac{100}{L} = \frac{V_1}{L_1} + \frac{V_2}{L_2} + \frac{V_3}{L_3} + \frac{V_4}{L_4}$ 에서

$$\therefore L = \frac{100}{\frac{V_1}{L_1} + \frac{V_2}{L_2} + \frac{V_3}{L_3} + \frac{V_4}{L_4}}$$
$$= \frac{100}{\frac{80}{5.0} + \frac{15}{3.0} + \frac{4}{2.1} + \frac{1}{1.8}} = 4.262[\%]$$

25 **가연성가스 또는 독성가스 설비 등의 수리를 할 때에는 그 내부의 가스를 불활성가스 등으로 치환하여야 한다. 가스설비의 내용적이 몇 [m³] 이하인 것에 대하여는 가스치환작업을 아니할 수 있는가?**

① 0.5 ② 1
③ 3 ④ 5

해설 가스설비 내를 대기압 이하까지 가스치환을 생략할 수 있는 경우
㉮ 당해 가스설비의 내용적이 1[m³] 이하인 것
㉯ 출입구의 밸브가 확실히 폐지되어 있고 내용적이 5[m³] 이상의 가스설비에 이르는 사이에 2개 이상의 밸브를 설치한 것
㉰ 사람이 그 설비의 밖에서 작업하는 것
㉱ 화기를 사용하지 아니하는 작업인 것
㉲ 설비의 간단한 청소 또는 가스켓의 교환 그 밖에 이들에 준하는 경미한 작업인 것

26 **염소가스는 수은법에 의한 식염의 전기분해로 얻을 수 있다. 이 때 염소가스는 어느 곳에서 주로 발생하는가?**

① 수은 ② 소금물
③ 나트륨 ④ 인조흑연(탄소판)

해설 수은법에 의한 식염의 전기분해 : 음극(−)극을 수은으로 하여 생성된 나트륨을 아밀감으로하여 수은에 용해시키고, 다른 용기에 옮겨 물로 분해하여 가성소다(NaOH)와 수소를 생성하며, 인조흑연으로 만든 양극에서 염소가 발생한다.
※ 반응식 : $2NaCl + (Hg) \rightarrow Cl_2 + 2Na(Hg)$

Answer 23. ④ 24. ② 25. ② 26. ④

27 다음 중 고압가스 충전용기에 대한 정의로 써 옳은 것은?

① 고압가스의 충전질량 또는 충전압력의 1/2 미만이 충전되어 있는 상태의 용기
② 고압가스의 충전질량 또는 충전압력의 1/2 이상이 충전되어 있는 상태의 용기
③ 고압가스의 충전무게 또는 충전부피의 1/2 미만이 충전되어 있는 상태의 용기
④ 고압가스의 충전무게 또는 충전부피의 1/2 이상이 충전되어 있는 상태의 용기

해설 충전용기와 잔가스용기 기준
㉮ **충전용기** : 고압가스의 충전질량 또는 충전압력의 2분의 1 이상이 충전되어 있는 상태의 용기를 말한다.
㉯ **잔가스용기** : 고압가스의 충전질량 또는 충전압력의 2분의 1 미만이 충전되어 있는 상태의 용기를 말한다.

28 압력의 단위인 [torr]에 대하여 바르게 나타낸 것은?

① 표준중력장에서 25[℃]의 수은 1[mm]에 해당하는 압력
② 표준중력장에서 0[℃]의 수은 1[mm]에 해당하는 압력
③ 표준중력장에서 25[℃]의 수은 760[mm]에 해당하는 압력
④ 표준중력장에서 0[℃]의 수은 760[mm]에 해당하는 압력

해설 0[℃], 1[atm] 상태(중력가속도 9.80665[m/s^2]의 상태)에서의 수은주 높이는 760[mm]이며, 이때의 상태가 760[torr]이므로 1[torr]는 수은 1[mm]에 해당된다.

29 액화석유가스 저장탱크를 지하에 설치할 경우에는 집수구를 설치하여야 한다. 이에 대한 설명으로 옳은 것은?

① 집수구는 가로, 세로, 깊이가 각각 50[cm] 이상의 크기로 한다.
② 집수관은 지름을 80[A] 이상으로 하고, 집수구 바닥에 고정한다.
③ 검지관은 지름 30[A] 이상으로 3개소 이상 설치한다.
④ 집수구는 저장탱크 바닥면보다 높게 설치한다.

해설 액화석유가스 저장탱크 집수구 기준
㉮ 집수구 : 가로 30[cm], 세로 30[cm], 깊이 30[cm] 이상의 크기로 저장탱크실 바닥면보다 낮게 설치
㉯ 집수관 : 80[A] 이상
㉰ 집수구 및 집수관 주변 : 자갈 등으로 조치, 펌프로 배수
㉱ 검지관 : 40[A] 이상으로 4개소 이상 설치

30 지하에 설치하는 고압가스 저장탱크의 설치기준에 대한 설명으로 틀린 것은?

① 저장탱크실은 일정규격을 가진 수밀성콘크리트로 시공한다.
② 지면으로부터 저장탱크의 정상부까지의 깊이는 60[cm] 이상으로 한다.
③ 저장탱크를 2개 이상 인접하여 설치하는 경우에는 상호간에 1[m] 이상의 거리를 유지한다.
④ 저장탱크의 외면에는 부식방지코팅 등 화학적 부식방지를 위한 조치를 한다.

해설 저장탱크의 외면에는 부식방지코팅과 전기적 부식방지를 위한 조치를 한다.

Answer 27. ② 28. ② 29. ② 30. ④

31 비리알 전개(Virial expansion)는 다음 식으로 표현된다. 차수가 높을수록 Z는 어떻게 되는가?

$$Z = 1 + \frac{B}{V} + \frac{C}{V^2} + \frac{D}{V^3} + \cdots$$

① 비례적으로 증가한다.
② 지수함수로 증가한다.
③ 차수와 무관하다.
④ 급격히 감소한다.

해설 비리얼 방정식은 실제기체 상태방정식의 하나이다.

32 동일한 부피를 가진 수소와 산소의 무게를 같은 온도에서 측정하였더니 같은 값이었다. 수소의 압력 2[atm]이라면 산소의 압력은 몇 [atm]인가?

① 0.0625　② 0.125
③ 0.25　④ 0.5

해설 이상기체 상태방정식 $PV = GRT$에서
수소의 경우 $P_1 V_1 = G_1 R_1 T_1$
산소의 경우 $P_2 V_2 = G_2 R_2 T_2$라 하면
부피($V_1 = V_2$), 무게($G_1 = G_2$), 온도($T_1 = T_2$)가 같다.

$$\therefore P_2 = P_1 \times \frac{R_2}{R_1} = 2 \times \frac{\frac{848}{32}}{\frac{848}{2}} = 0.125[\text{atm}]$$

33 CH_4, CO_2 및 수증기(H_2O)의 생성열을 각각 17.9, 94.1, 57.8[kcal/mol] 이라 할 때 메탄의 연소열은 몇 [kcal/mol]인가?

① 39.4　② 54.2
③ 191.8　④ 234.7

해설 $CH_4 + 2O_2 \rightarrow CO_2 + 2H_2O + Q$
$-17.9 = -94.1 - 2 \times 57.8 + Q$
$\therefore Q = 94.1 + 2 \times 57.8 - 17.9$
$= 191.8$[kcal/mol][kcal/mol]

34 다음 중 energy 의 형태가 아닌 것은?

① 일　② 열
③ 엔트로피　④ 전기

해설 엔트로피(entropy) : 엔트로피는 온도와 같이 감각으로 느낄 수도 없고, 에너지와 같이 측정할 수도 없는 것으로 어떤 물질에 열을 가하면 엔트로피는 증가하고, 냉각시키면 감소하는 물리학상의 상태량이다.

35 카르노(Carnot) 사이클의 과정 순서로 옳은 것은?

① 등온팽창 – 등온압축 – 단열팽창 – 단열팽창
② 등온팽창 – 단열팽창 – 등온압축 – 단열압축
③ 등온팽창 – 단열압축 – 단열팽창 – 등온압축
④ 등온팽창 – 등온압축 – 단열압축 – 단열팽창

해설 카르노 사이클(Carnot cycle)

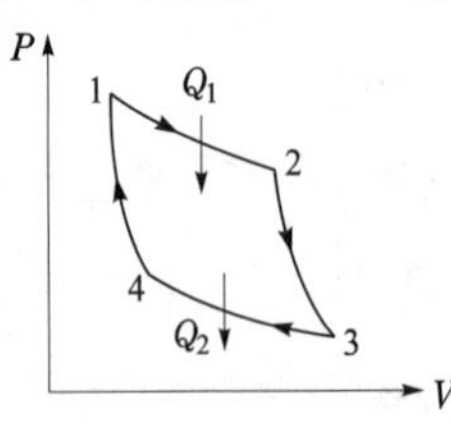

㉮ 1 → 2 과정 : 정온(등온)팽창과정(Q_1 열공급)
㉯ 2 → 3 과정 : 단열팽창과정
㉰ 3 → 4 과정 : 정온(등온)압축과정(Q_2 열방출)
㉱ 4 → 1 과정 : 단열압축과정

Answer 31. ③ 32. ② 33. ③ 34. ③ 35. ②

36 다음 가스의 비열에 관한 설명 중 틀린 것은?

① 정압비열(C_p)은 일정압력 조건에서 측정한다.
② 정적비열(C_v)과 정압비열(C_p)의 단위는 같다.
③ C_p/C_v 를 비열비라고 한다.
④ 정압비열(C_p)은 정적비열(C_v) 보다 항상 작다.

해설 정압비열(C_p)은 정적비열(C_v) 보다 항상 크다. 그러므로 비열비는 항상 1보다 크다.

37 산업통상자원부장관이 도시가스 사업자에게 조정명령을 할 수 없는 사항은?

① 가스공급 계획의 조정
② 도시가스 요금 등 공급 조건의 조정
③ 도시가스의 열량, 압력 및 연소성의 조정
④ 대표자 변경의 조정

해설 **조정명령 : 도법 시행령 제20조**
㉮ 가스공급시설 공사계획의 조정
㉯ 가스공급계획의 조정
㉰ 둘 이상의 특별시, 광역시, 도 및 특별자치도를 공급지역으로 하는 경우 공급지역의 조정
㉱ 가스요금 등 공급조전의 조정
㉲ 가스의 열량, 압력 및 연소성의 조정
㉳ 가스공급시설의 공동이용에 관한 조정
㉴ 천연가스 수출입 물량의 규모, 시기 등의 조정
㉵ 자가소비용 직수입자의 가스도매사업자에 대한 판매에 관한 조정

38 다음은 분젠식 연소방식의 가스(제조가스, 천연가스, LP가스)에 따른 연소특성에 대한 그림이다. 이 중 LP가스에 해당하는 것은?

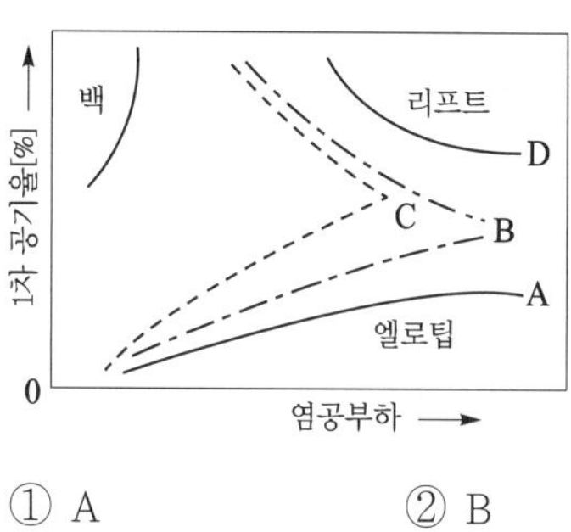

① A ② B
③ C ④ D

해설 A, D : 제조가스, B : 천연가스, C : LP가스

39 다음 중 내부결함 검사에 사용하는 비파괴 검사방법으로 가장 적합한 것은?

① 초음파탐상 검사
② 자기(자분)탐사 검사
③ 침투탐상 검사
④ 육안 검사

해설 **초음파 검사(UT : Ultrasonic Test)** : 초음파를 피검사물의 내부에 침입시켜 반사파(펄스 반사법, 공진법)를 이용하여 내부의 결함과 불균일층의 존재 여부를 검사하는 방법이다.
※ 자기(자분)탐사 검사, 침투탐상 검사, 육안검사 등은 내부의 결함을 검사하기 곤란하다.

40 게이지 압력으로 30[cmHg]는 절대압력으로 몇 [mbar]에 해당 하는가?

① 1096[mbar]
② 1205[mbar]
③ 1359[mbar]
④ 1413[mbar]

해설 절대압력 = 대기압 + 게이지압력

$$= 1013.25 + \left(\frac{30}{76} \times 1013.25\right)$$
$$= 1413.217[\text{mbar}]$$

Answer 36. ④ 37. ④ 38. ③ 39. ① 40. ④

41 다음 독성가스와 제독제가 옳지 않게 짝지어진 것은?

① 염소 – 가성소다 및 탄산소다 수용액
② 암모니아 – 염산 및 질산 수용액
③ 시안화수소 – 가성소다 수용액
④ 아황산가스 – 가성소다 수용액

해설 독성가스 제독제

가스종류	제독제의 종류
염소	가성소다 수용액, 탄산소다 수용액, 소석회
포스겐	가성소다 수용액, 소석회
황화수소	가성소다 수용액, 탄산소다 수용액
시안화수소	가성소다 수용액
아황산가스	가성소다 수용액, 탄산소다 수용액, 물
암모니아, 산화에틸렌, 염화메탄	물

42 암모니아 제법 중 공업적 제법이 아닌 것은?

① 클로우드법 ② 석회질소법
③ 뉴데법 ④ 파우서법

해설 암모니아의 공업적 제조법

(1) 석회질소법 : 석회질소($CaCN_2$)에 과열수증기를 작용시키면 암모니아가스가 발생된다.
※ 반응식 :
$CaCN_2 + 3H_2O \rightarrow CaCO_3 + 2NH_3$

(2) 하버-보시법(Harber-Bosch process) : 수소와 질소를 체적비 3 : 1로 반응시켜 암모니아를 제조하며 반응식은 다음과 같다.
㉮ 고압합성(600~1000[kgf/cm^2]) : 클로우드법, 캬자레법
㉯ 중압합성(300[kgf/cm^2] 전후) : 뉴파우더법, IG법, 케미크법, 뉴데법, 동공시법, JCI법
㉰ 저압합성(150[kgf/cm^2] 전후) : 켈로그법, 구데법

43 가스의 폭발에 대한 설명으로 틀린 것은?

① 이황화탄소, 아세틸렌, 수소는 위험도가 커서 위험하다.
② 혼합가스의 폭발범위는 르샤틀리에 법칙을 적용한다.
③ 발열량이 높을수록 발화온도는 낮아진다.
④ 압력이 높아지면 일반적으로 폭발범위가 좁아진다.

해설 일반적으로 압력이 상승하면 폭발범위는 넓어진다. 단, CO는 압력상승 시 폭발범위가 좁아지며, H_2는 압력상승 시 폭발범위가 좁아지다가 계속압력을 올리면 폭발범위가 넓어진다.

44 아세틸렌 제조를 위한 설비 중 아세틸렌에 접촉하는 부분의 충전용 지관에는 탄소의 함유량이 얼마 이하의 강을 사용하여야 하는가?

① 0.01 ② 0.1
③ 0.3 ④ 3

해설 아세틸렌 충전용 지관에는 탄소의 함유량이 0.1[%] 이하의 강을 사용한다.

45 다음 중 배관 진동의 원인으로 가장 거리가 먼 것은?

① 왕복 압축기의 맥동류
② 직관 내의 압력 강하
③ 안전밸브 작동
④ 지진

해설 배관 진동의 원인
㉮ 펌프, 압축기에 의한 영향
㉯ 유체의 압력변화에 의한 영향
㉰ 안전밸브 작동에 의한 영향
㉱ 관의 굴곡에 의해 생기는 힘의 영향
㉲ 바람, 지진 등에 의한 영향

Answer 41. ② 42. ④ 43. ④ 44. ② 45. ②

46 고압가스 저장소를 설치하려는 자 또는 고압가스를 판매하려는 자의 허가 및 등록사항에 대한 설명으로 옳은 것은?

① 시장·군수 또는 구청장의 허가를 받아야 한다.
② 시장·군수 또는 구청장에게 등록하여야 한다.
③ 관할 소방서장의 허가를 받아야 한다.
④ 산업통상자원부장관에게 등록하여야 한다.

해설 저장소의 설치 또는 고압가스를 판매하려는 자 허가(고법 제4조 3항) : 시장·군수 또는 구청장

47 다음의 각 가스와 제조법을 연결한 것 중 틀린 것은?

① 수소 – 수성가스법, CO 전화법
② 시안화수소 – 앤드류소오법, 폼아미드법
③ 염소 – 합성법, 석회질소법
④ 산소 – 전기분해법, 공기액화분리법

해설 염소 공업적 제조법
㉮ 수은법에 의한 식염의 전기분해
㉯ 격막법에 의한 식염의 전기분해
㉰ 염산의 전기분해

48 다음 가스 중 임계온도가 높은 것부터 나열된 것은?

① $O_2 > Cl_2 > N_2 > H_2$
② $Cl_2 > O_2 > N_2 > H_2$
③ $N_2 > O_2 > Cl_2 > H_2$
④ $H_2 > N_2 > Cl_2 > O_2$

해설 각 가스의 비점, 임계온도, 임계압력

가스명칭	비 점[℃]	임계온도 [℃]	임계압력 [atm]
염소(Cl_2)	−34.05	144	76.1
산소(O_2)	−183	−118.4	50.1
질소(N_2)	−196	−147	33.5
수소(H_2)	−252.2	−239.9	12.8

49 전기방식 중 효과범위가 넓고, 전압 및 전류의 조정이 쉬우나, 초기 투자비가 많은 단점이 있는 방법은?

① 전류양극법 ② 외부전원법
③ 선택배류법 ④ 강제배류법

해설 **외부 전원법** : 외부의 직류전원 장치(정류기)로부터 양극(+)은 매설배관이 설치되어 있는 토양에 설치한 외부전원용 전극(불용성 양극)에 접속하고, 음극(−)은 매설배관에 접속시켜 부식을 방지하는 방법으로 직류전원장치(정류기), 양극, 부속배선으로 구성된다.

50 가스는 최초의 완만한 연소에서 격렬한 폭굉으로 발전될 때까지의 거리가 짧은 가연성 가스일수록 위험하다. 유도거리가 짧아질 수 있는 조건이 아닌 것은?

① 압력이 높을수록
② 점화원의 에너지가 강할수록
③ 관속에 방해물이 있을 때
④ 정상 연소속도가 낮을수록

해설 폭굉 유도거리가 짧아질 수 있는 조건
㉮ 정상연소속도가 큰 혼합가스일수록
㉯ 관속에 방해물이 있거나 관지름이 가늘수록
㉰ 압력이 높을수록
㉱ 점화원의 에너지가 클수록

Answer 46. ① 47. ③ 48. ② 49. ② 50. ④

51 밸브봉을 돌려 열 때 밸브 좌면과 직선적으로 미끄럼운동을 하는 밸브로서 고압에 견디고 유체의 마찰저항이 적은 특징을 가지는 밸브는?

① 앵글 밸브(angle valve)
② 글로브 밸브(glove valve)
③ 슬루스 밸브(sluice valve)
④ 스톱 밸브(stop valve)

해설 슬루스 밸브(sluice valve)의 특징
㉮ 게이트 밸브(gate valve) 또는 사절변이라 한다.
㉯ 리프트가 커서 개폐에 시간이 걸린다.
㉰ 밸브를 완전히 열면 밸브 본체 속에 관로의 단면적과 거의 같게 된다.
㉱ 쐐기형의 밸브 본체가 밸브 시트 안을 눌러 기밀을 유지한다.
㉲ 유로의 개폐용으로 사용한다.
㉳ 밸브를 절반 정도 열고 사용하면 와류가 생겨 유체의 저항이 커지기 때문에 유량조절에는 적합하지 않다.

52 가스보일러의 설치기준에 따라 반드시 내열 실리콘으로 마감조치를 하여 기밀이 유지되도록 하여야 하는 부분은?

① 배기통과 가스보일러의 접속부
② 배기통과 배기통의 접속부
③ 급기통과 배기통의 접속부
④ 가스보일러와 급기통의 접속부

해설 가스보일러 배기통의 호칭지름은 가스보일러의 배기통 접속부의 호칭지름과 동일하여야 하며, 배기통과 가스보일러의 접속부는 내열실리콘(석고붕대를 제외한다.)으로 마감 조치하여 기밀이 유지되도록 한다.

53 아세틸렌(C_2H_2) 가스는 다음 중 무엇으로 주로 제조 하는가?

① 탄화칼슘 ② 탄소
③ 카다리솔 ④ 암모니아

해설 카바이드(CaC_2)를 이용한 아세틸렌 제조법 : 카바이드(CaC_2)와 물(H_2O)을 접촉시키면 아세틸렌이 발생한다.
※ 반응식 : $CaC_2 + 2H_2O \rightarrow Ca(OH)_2 + C_2H_2$

54 독성가스배관의 접합은 용접으로 하는 것이 원칙이나 다음의 경우에는 플랜지접합으로 할 수 있다. 다음 중 잘못된 것은?

① 부식되기 쉬운 곳으로써 수시로 점검이 필요한 부분
② 정기적으로 분해하여 청소, 점검, 수리를 하여야 하는 반응기, 탑, 저장탱크, 열교환기 또는 회전기계 전·후의 첫 번째 접합 부분
③ 호칭지름 50[mm] 이하인 배관 접합 부분
④ 신축이음매의 접합 부분

해설 플랜지접합으로 할 수 있는 경우
㉮ 수시로 분해하여 청소, 점검을 하여야 하는 부분을 접합할 경우나 특히 부식되기 쉬운 곳으로서 수시점검을 하거나 교환할 필요가 있는 곳
㉯ 정기적으로 분해하여 청소, 점검, 수리를 하여야 하는 반응기, 탑, 저장탱크, 열교환기 또는 회전기계와 접합하는 곳(해당설비 전·후의 첫 번째 이음에 한정한다.)
㉰ 수리, 청소, 철거 시 맹판 설치를 필요로 하는 부분을 접합하는 경우 및 신축이음매의 접합부분을 접합하는 경우

55 준비 작업시간 100분, 개당 정미작업시간 15분, 로트 크기 20일 때 1개당 소요작업시간은 얼마인가? (단, 여유시간은 없다고 가정한다.)

① 15분 ② 20분
③ 35분 ④ 45분

해설 $T_1 = \frac{P}{n} + t(1+\alpha) = \frac{100}{20} + 15 = 20$분

Answer 51. ③ 52. ① 53. ① 54. ③ 55. ②

56 작업시간 측정방법 중 직접측정법은?

① PTS법 ② 경험견적접
③ 표준자료법 ④ 스톱워치법

해설 작업시간 측정방법
㉮ **직접측정법** : 시간연구법(스톱워치법, 촬영법, VTR분석법), 워크샘플링법
㉯ **간접측정법** : 실적기록법, 표준자료법, PTS법(WF법, MTM법)

57 다음 중 샘플링 검사보다 전수검사를 실시하는 것이 유리한 경우는?

① 검사항목이 많은 경우
② 파괴검사를 해야 하는 경우
③ 품질특성치가 치명적인 결점을 포함하는 경우
④ 다수 다량의 것으로 어느 정도 부적합품이 섞여도 괜찮을 경우

해설 (1) 전수검사가 유리한 경우
㉮ 검사비용에 비해 효과가 클 때
㉯ 물품의 크기가 작고, 파괴검사가 아닐 때
(2) 전수검사가 필요한 경우
㉮ 불량품이 혼합되면 안 될 때
㉯ 불량품이 다음 공정에 넘어가면 경제적으로 손실이 클 때
㉰ 불량품이 들어가면 안전에 중대한 영향을 미칠 때
㉱ 전수검사를 쉽게 할 수 있을 때
※ ①, ②, ④ 항목은 샘플링 검사가 유리한 경우이다.

58 소비자가 요구하는 품질로서 설계와 판매정책에 반영되는 품질을 의미하는 것은?

① 시장품질 ② 설계품질
③ 제조품질 ④ 규격품질

해설 물질의 형성단계에 의한 품질 분류
㉮ **시장품질(소비자품질, 요구품질, 목표품질)** : 소비자에 의해 결정되는 품질로서 설계나 판매정책에 반영되는 품질이다.
㉯ **설계품질** : 소비자의 요구를 조사한 후 공장의 제조기술, 설비, 관리 상태에 따라 경제성을 고려하여 제조가 가능한 수준으로 정한 품질이다.
㉰ **제조품질(적합품질, 합치품질)** : 실제로 제조된 품질특성으로 실현되는 품질을 의미한다. 일반적으로 제조품질은 4M(man[작업자], method[작업방법], machine[설비], material[자재])에 의하여 결정된다.
㉱ **사용품질(성과품질)** : 제품을 사용한 소비자의 만족도에 의하여 결정되는 품질이다.

59 축의 완성지름, 철사의 인장강도, 아스피린 순도와 같은 데이터를 관리하는 가장 대표적인 관리도는?

① c 관리도 ② np 관리도
③ u 관리도 ④ $\overline{x}-R$ 관리도

해설 **$\overline{x}-R$ (평균값-범위)관리도** : 길이, 무게, 시간, 강도, 성분 등과 같이 데이터가 연속적인 계량치로 나타나는 공정을 관리할 때 사용한다.

60 로트의 크기가 시료의 크기에 비해 10배 이상 클 때, 시료의 크기와 합격판정개수를 일정하게 하고 로트의 크기를 증가시킬 경우 검사특성곡선의 모양 변화에 대한 설명으로 가장 적절한 것은?

① 무한대로 커진다.
② 별로 영향을 미치지 않는다.
③ 샘플링 검사의 판별 능력이 매우 좋아진다.
④ 검사특성곡선의 기울기 경사가 급해진다.

해설 로트(N)의 크기는 OC곡선에 큰 영향을 주지 않는다.

Answer 56. ④ 57. ③ 58. ① 59. ④ 60. ②

과 년 도 문 제

01 암모니아 가스의 공기 중 폭발범위[vol%]에 해당하는 것은?

① 15~28 ② 2.5~81
③ 4.1~57 ④ 1.2~44

해설 암모니아(NH_3)의 폭발범위[vol%]
㉮ 공기 중 : 15~28[%]
㉯ 산소 중 : 15~79[%]

02 도시가스사업의 변경허가대상이 아닌 것은?

① 가스발생설비의 종류 변경
② 비상공급시설의 종류, 설치장소, 수 변경
③ 가스홀더의 수 변경
④ 액화가스 저장탱크의 설치장소 변경

해설 변경허가 사항 : 도법 시행규칙 제4조
(1) 가스도매사업, 일반도시가스사업
㉮ 도시가스의 종류 또는 열량의 변경
㉯ 공급권역 또는 공급능력의 변경
㉰ 가스공급시설 중 가스발생설비, 액화가스저장탱크, 가스홀더의 종류 · 설치장소 또는 그 수의 변경
(2) 도시가스 충전사업
㉮ 사업소 위치의 변경
㉯ 도시가스의 종류 변경. 다만, 한국가스안전공사가 위해의 우려가 없다고 인정하는 경우 제외
㉰ 도시가스 압력 변경
㉱ 저장설비의 교체, 저장설비의 위치 또는 저장능력의 변경
㉲ 처리설비의 위치 또는 처리능력의 변경
㉳ 고정식 압축도시가스 자동차 충전시설에서 압축도시가스 이동충전차량을 충전하는 경우 또는 고정식 압축도시가스 이동충전차량 충전시설에서 압축도시가스 자동차를 충전하려는 경우
㉴ 배관의 안지름 크기의 변경(변경하려는 부분의 배관 총길이가 20[m] 이상인 경우만 해당)
㉵ 상호의 변경
㉶ 대표자의 변경

03 가스용 콕에 대한 설명 중 틀린 것은?

① 콕은 1개의 핸들로 1개의 유로를 개폐하는 구조로 한다.
② 완전히 열었을 때의 핸들의 방향은 유로의 방향과 직각인 것으로 한다.
③ 과류차단 안전기구가 부착된 콕의 작동유량은 입구압이 1±0.1[kPa]인 상태에서 측정하였을 때 표시유량의 ±10[%] 이내인 것으로 한다.
④ 콕의 핸들 회전력은 0.588[N · m] 이하인 것으로 한다.

해설 완전히 열었을 때의 핸들의 방향은 유로의 방향과 평행이어야 한다.

04 가스 배관 장치에서 주로 사용되고 있는 부르동관 압력계 사용 시의 주의사항에 대한 설명 중 틀린 것은?

① 안전장치가 되어 있는 것을 사용할 것
② 압력계의 폐지 시에는 조용히 조작할 것
③ 정기적으로 검사를 하여 지시의 정확성을 미리 확인하여 둘 것
④ 압력계는 온도나 진동, 충격 등의 변화에 관계없이 선택할 것

해설 압력계는 온도나 진동, 충격 등의 변화가 적은 장소에 설치할 것

05 초저온 용기의 단열시험용으로 사용하지 않는 가스는?

① 액화아르곤 ② 액화산소
③ 액화실소 ④ 액화천연가스

Answer 1. ① 2. ② 3. ② 4. ④ 5. ④

해설 초저온 용기의 단열시험용 가스 : 액화산소, 액화아르곤, 액화질소

06 독성가스란 공기 중에 일정량 이상 존재하는 경우 인체에 유독한 독성을 지닌 가스로서 허용농도(해당가스를 성숙된 흰쥐 집단에게 대기 중에서 1시간 동안 계속하여 노출시킨 경우 14일 이내에 그 흰쥐의 2분의 1 이상이 죽게 되는 농도)가 백만분의 얼마 이하인 것을 말하는가?

① 200 ② 500
③ 2000 ④ 5000

해설 독성가스와 허용농도
㉮ **독성가의 정의** : 공기 중에 일정량 이상 존재하는 경우 인체에 유해한 독성을 가진 가스로서 허용농도가 100만분의 5000 이하인 것을 말한다.
㉯ **허용농도** : 해당 가스를 성숙한 흰쥐 집단에게 대기 중에서 1시간 동안 계속하여 노출시킨 경우 14일 이내에 그 흰쥐의 2분의 1 이상이 죽게 되는 가스의 농도를 말한다.

07 총발열량이 10400[kcal/m^3], 비중이 0.64인 가스의 웨베지수는 얼마인가?

① 6656 ② 9000
③ 13000 ④ 16250

해설 $WI = \frac{H_g}{\sqrt{d}} = \frac{10400}{\sqrt{0.64}} = 13000$

08 고압가스 탱크의 수리를 위하여 내부 가스를 배출하고, 불활성가스로 치환한 후 다시 공기로 치환하여 분석하였더니 분석결과가 보기와 같았다. 다음 중 안전작업 조건에 해당하는 것은?

① 산소 30[%]
② 수소 10[%]
③ 일산화탄소 200[ppm]
④ 질소 80[%], 나머지 산소

해설 (1) 가스설비 치환농도 기준
㉮ 가연성가스 : 폭발하한계의 1/4 이하(25[%] 이하)
㉯ 독성가스 : TLV-TWA 기준농도 이하
㉰ 산소 : 22[%] 이하
㉱ 위 시설에 작업원이 들어가는 경우 산소농도 : 18~22[%]
(2) 산소는 22[%] 이하에 도달하지 않았고, 수소의 폭발범위는 4~75[%]이므로 치환농도는 1[%] 이하가 되어야 한다. 일산화탄소는 독성가스(TLV-TWA 50[ppm])이므로 안전작업 조건에 해당하는 것은 ④번 항이 해당된다.

09 코크스와 수증기를 원료로 하여 얻을 수 있는 가스는?

① $CO_2 + H_2$ ② $CH_4 + O_2$
③ $CH_4 + CO$ ④ $H_2 + CO$

해설 **수성가스법** : 적열된 코크스에 수증기(H_2O)를 작용시켜 수소 및 일산화탄소를 제조하는 방법이다.
※ 반응식 : $C + H_2O \rightarrow H_2 + CO$

10 질소 14[g]과 수소 4[g]을 혼합하여 내용적이 4000[mL]인 용기에 충전하였더니 용기 내의 온도가 100[℃]로 상승하였다. 용기 내 수소의 부분압력은 약 몇 [atm]인가? (단, 이 혼합기체는 이상기체로 간주한다.)

① 4.4 ② 12.6
③ 15.3 ④ 19.9

해설 ㉮ 질소와 수소의 몰[mol]수 계산
$\therefore N_2 = \frac{14}{28} = 0.5$[mol] $\therefore H_2 = \frac{4}{2} = 2$[mol]

Answer 6. ④ 7. ③ 8. ④ 9. ④ 10. ③

㉯ 전압[atm] 계산

$PV = nRT$ 에서

$$\therefore P = \frac{nRT}{V} = \frac{(0.5+2)\times 0.082\times(273+100)}{4} = 19.12[\text{atm}]$$

㉰ 수소의 부분압력 계산

$$\therefore P_{H_2} = \text{전압}\times\frac{\text{성분몰수}}{\text{전몰수}} = 19.12\times\frac{2}{0.5+2} = 15.296[\text{atm}]$$

11 **다음 독성가스 배관용 밸브 중 검사대상이 아닌 것은?**

① 볼밸브 ② 니들밸브
③ 게이트밸브 ④ 글로브밸브

해설 **독성가스 배관용 밸브** : 특정설비 중 고압가스제조, 저장, 판매, 수입업등록 및 사용신고 시설의 독성가스가 흐르는 배관에 설치되는 것으로 볼밸브, 글로브밸브, 게이트밸브, 체크밸브 및 콕이 해당된다.

12 **액화석유가스 집단공급시설에서 배관을 지하에 매설할 때 차량이 통행하는 폭 8[m] 이상의 도로에는 몇 [m] 이상의 깊이로 하여야 하는가?**

① 0.6[m] ② 1.0[m]
③ 1.2[m] ④ 1.5[m]

해설 **집단공급시설 배관 매설깊이**

㉮ 집단공급사업 부지 내 : 0.6[m] 이상
㉯ 차량이 통행하는 폭 8[m] 이상의 도로 : 1.2[m] 이상
㉰ 차량이 통행하는 폭 4[m] 이상 8[m] 미만의 도로 : 1[m] 이상
㉱ ㉮~㉰에 해당하지 않는 곳 : 0.8[m] 이상

13 **액화석유가스 공급자의 의무사항이 아닌 것은?**

① 6개월에 1회 이상 가스사용시설의 안전관리에 관한 계도물 작성, 배포
② 수요자의 가스사용시설에 대하여 6개월에 1회 이상 안전점검을 실시
③ 수요자에게 위해예방에 필요한 사항을 계도
④ 가스보일러가 설치된 후 매 1년에 1회 이상 보일러 성능 확인

해설 **액화석유가스 공급자의 의무사항 : 액법 시행규칙 제20조**

(1) 6개월에 1회 이상 가스사용시설의 안전관리에 관한 계도물이나 가스안전 사용 요령이 적힌 가스사용시설 점검표를 작성, 배포할 것
(2) 수요자의 가스사용시설에 안전점검 실시
㉮ 체적판매방법으로 공급하는 경우에는 1년에 1회 이상
㉯ 다기능가스계량기가 설치된 시설에 공급하는 경우에는 3년에 1회 이상
㉰ ㉮, ㉯ 외의 가스 사용시설의 경우에는 6개월에 1회 이상
(3) 가스보일러 및 가스온수기가 설치된 후 액화석유가스를 처음 공급하는 경우에는 가스보일러 및 가스온수기의 시공내역을 확인하고 배관과의 연결부에서의 가스누출 여부를 확인할 것

14 **LP가스의 저장설비실 바닥면적이 15[m²]이라면 외기에 면하여 설치된 환기구의 통풍가능 면적의 합계는 몇 [cm²] 이상이어야 하는가?**

① 3000 ② 3500
③ 4000 ④ 4500

해설 **액화석유가스 시설 통풍구**

㉮ 통풍구조 기준 : 바닥면적 1[m²]당 300[cm²] 비율로 계산
㉯ 환기구 통풍가능 면적 계산

$$\therefore A = 15\times 300 = 4500[\text{cm}^2]$$

Answer 11. ② 12. ③ 13. ④ 14. ④

15 왕복동 압축기의 용량제어 방법이 아닌 것은?

① 클리어런스(clearance)포켓을 설치하여 클리어런스를 증대시키는 방법
② 안내 깃(vane)의 경사도를 변화시키는 방법
③ 바이패스(by-pass)밸브에 의해 압축가스를 흡입쪽에 복귀시키는 방법
④ 언로더(unloader)장치에 의해 흡입밸브를 개방하는 방법

해설 왕복식 왕축기의 용량 제어법
(1) 연속적인 용량 제어법
㉮ 흡입 주 밸브를 폐쇄하는 방법
㉯ 타임드 밸브 제어에 의한 방법
㉰ 회전수를 변경하는 방법
㉱ 바이패스 밸브에 의한 압축가스를 흡입측에 복귀시키는 방법
(2) 단계적 용량 제어법
㉮ 클리어런스 밸브에 의한 방법
㉯ 흡입 밸브 개방에 의한 방법

16 인장응력이 10[kgf/mm^2]인 연강봉이 3140[kgf]의 하중을 받아 늘어났다면 이 봉의 지름은 몇 [mm]인가?

① 10 ② 20
③ 25 ④ 30

해설 ㉮ 봉의 단면적[mm^2] 계산

$\sigma = \dfrac{F}{A}$ 에서

$\therefore A = \dfrac{F}{\sigma} = \dfrac{3140}{10} = 314\,[\text{mm}^2]$

㉯ 봉의 지름(mm) 계산

$A = \dfrac{\pi}{4} \times D^2$ 에서

$\therefore D = \sqrt{\dfrac{4A}{\pi}} = \sqrt{\dfrac{4 \times 314}{\pi}} = 19.99\,[\text{mm}]$

17 1[kcal]에 대한 정의로서 가장 적절한 것은?

① 순수한 물 1[kg]을 100[℃]만큼 변화시키는데 필요한 열량
② 순수한 물 1[lb]를 32[°F]에서 212[°F]까지 높이는데 필요한 열량
③ 순수한 물 1[lb]를 1[℃]만큼 변화시키는데 필요한 열량
④ 순수한 물 1[kg]을 14.5[℃]에서 15.5[℃]까지 높이는데 필요한 열량

해설 열량의 단위
㉮ 1[kcal] : 순수한 물 1[kg]을 14.5[℃]에서 15.5[℃]까지 높이는데 필요한 열량
㉯ 1[BTU] : 순수한 물 1[lb]를 61.5[°F]에서 62.5[°F]까지 높이는데 필요한 열량
㉰ 1[CHU] : 순수한 물 1[lb]를 14.5[℃]에서 15.5[℃]까지 높이는데 필요한 열량

18 가스 중의 황화수소 제거법 중 알칼리물질로 암모니아 또는 탄산소다를 사용하며, 촉매는 티오비산염을 사용하는 방법은?

① 사이록스법 ② 진공카보네이트법
③ 후막스법 ④ 타카학스법

해설 습식 탈황법
㉮ **탄산소다 흡수법** : 탄산소다(Na_2CO_3) 수용액을 사용하여 H_2S를 흡수 제거한다.
㉯ **시볼트법** : 재생공정에서 산화철을 사용하는 방법보다 효과적이다.
㉰ **카아볼트법** : 에타놀아민 수용액에 H_2S를 흡수하고 가열하여 방출하는 방법이다.
㉱ **사이록스법** : 황비산 나트륨용액을 사용하여 H_2S를 흡수하고 공기로 산화함으로써 재생한다.
㉲ **알카티드법** : 알카티드 수용액에의 H_2S를 흡수하고 가열하여 방출한다.
㉳ **기타** : 어뎁프법, 살피놀법, DGA법 등

Answer 15. ② 16. ② 17. ④ 18. ①

19 다음 중 가연성이면서 독성가스로 분류되는 것은?

① 산화에틸렌 ② 아세틸렌
③ 부타디엔 ④ 프로판

해설 가연성이면서 독성인 가스 : 아크릴로니트릴, 일산화탄소, 벤젠, 산화에틸렌, 모노메틸아민, 염화메탄, 브롬화메탄, 이황화탄소, 황화수소, 암모니아, 석탄가스, 시안화수소, 트리메틸아민 등

20 공기 중에 누출되었을 때 낮은 곳에 체류하는 가스로만 짝지어진 것은?

① 프로판, 염소, 포스겐
② 프로판, 수소, 아세틸렌
③ 아세틸렌, 염소, 암모니아
④ 아세틸렌, 포스겐, 암모니아

해설 각 가스의 분자량
㉮ 프로판(C_3H_8) : 44
㉯ 염소(Cl_2) : 71
㉰ 포스겐($COCl_2$) : 99
㉱ 수소(H_2) : 2
㉲ 아세틸렌(C_2H_2) : 26
㉳ 암모니아(NH_3) : 17
※ 공기의 평균분자량 29보다 큰 분자량을 갖는 가스가 공기보다 무거운 가스이므로 누출되었을 때 낮은 곳에 체류한다.

21 관을 용접으로 이음하고 용접부를 검사하는데 다음 중 비파괴 검사법에 속하지 않는 것은?

① 음향검사 ② 침투탐상검사
③ 인장시험검사 ④ 자분탐상검사

해설 비파괴 검사법의 종류 : 음향검사, 침투검사, 자분검사, 방사선투과검사, 초음파검사, 와류검사, 전위차법 등
※ 인장시험검사는 파괴검사법에 해당된다.

22 1[kg]의 공기가 일정온도 200[℃]에서 팽창하여 처음 체적의 6배가 되었다. 이 때 소비된 열량은 약 몇 [kJ]인가?

① 128 ② 143
③ 187 ④ 243

해설 $Q = RT_1 \ln\frac{V_2}{V_1}$
$= \frac{8.314}{29} \times (273 + 200) \times \ln\frac{6}{1}$
$= 242.97\,[\text{kJ}]$

23 도시가스사업자가 관계법에서 정하는 규모 이상의 가스공급시설의 설치공사를 할 때 신청서에 첨부할 서류항목이 아닌 것은?

① 공사계획서
② 공사공정표
③ 시공관리자의 자격을 증명할 수 있는 사본
④ 공급조건에 관한 설명서

해설 첨부서류 : 도법 시행규칙 제62조의2
㉮ 공사계획서
㉯ 공사공정표
㉰ 변경사유서(공사계획을 변경한 경우에 한함)
㉱ 기술검토서
㉲ 건설업등록증 사본
㉳ 시공관리자의 자격을 증명할 수 있는 서류
㉴ 공사예정금액 명세서 등 당해 공사의 공사 예정금액을 증빙할 수 있는 서류

24 이상기체(perfect gas)의 비열비(k) 관계식을 옳게 표시한 것은? (단, C_p 는 정압비열, C_v 는 정적비열을 나타낸다.)

① $k = \frac{C_p}{C_v}$ ② $k = \frac{C_v}{C_p}$
③ $k = C_p \times C_v$ ④ $k = \frac{1}{C_p \times C_v}$

Answer 19. ① 20. ① 21. ③ 22. ④ 23. ④ 24. ①

해설 비열비 : 정압비열과 정적비열의 비

$\therefore k = \frac{C_p}{C_v} > 1$

($C_p > C_v$이기 때문에 비열비(k)는 항상 1보다 크다.)

25 다음은 이동식 압축천연가스 자동차충전시설을 점검한 내용이다. 기준에 부적합한 경우는?

① 이동충전차량과 가스배관구를 연결하는 호스 길이가 6[m] 이었다.

② 가스배관구 주위에는 가스배관구를 보호하기 위하여 높이 40[cm], 두께 13[cm]인 철근콘크리트 구조물이 설치되어 있었다.

③ 이동충전차량과 충전설비 사이 거리는 7[m] 이었고, 이동충전차량과 충전설비 사이에 강판제 방호벽이 설치되어 있었다.

④ 충전설비 근처 및 충전설비에서 6[m] 떨어진 장소에 수동 긴급차단장치가 각각 설치되어 있었으며 눈에 잘 띄었다.

해설 이동충전차량과 가스 배관구를 연결하는 호스의 길이는 5[m] 이내로 한다.

참고 각 항목의 기준내용

② 가스배관구 주위에는 이동충전차량의 충돌로부터 가스배관구를 보호하기 위하여 높이 30[c]m 이상, 두께 12[cm] 이상인 철근콘크리트 또는 이와 동등이상의 강도를 가진 구조물을 설치한다.

③ 가스배관구와 가스배관구 사이 또는 이동충전차량과 충전설비 사이에는 8[m] 이상의 거리를 유지한다. 다만, 가스배관구와 가스배관 사이 또는 이동충전차량과 충전설비 사이에 방호벽을 설치한 경우에는 그러하지 아니하다.

④ 충전설비 근처 및 충전설비로부터 5[m] 이상 떨어진 장소에는 수동 긴급차단장치를 각각 설치하며, 쉽게 식별할 수 있도록 한다.

26 철근콘크리트제 방호벽의 설치기준 중 틀린 것은?

① 방호벽의 두께는 120[mm] 이상, 높이는 2000[mm] 이상일 것

② 방호벽은 직경 6[mm] 이상의 철근을 가로・세로 500[mm] 이하의 간격으로 배근할 것

③ 기초는 일체로 된 철근콘크리트 기초일 것

④ 기초의 높이는 350[mm] 이상, 되메우기 깊이는 300[mm] 이상일 것

해설 방호벽은 직경 9[mm] 이상의 철근을 가로・세로 400[mm] 이하의 간격으로 배근하고, 모서리 부분의 철근을 확실히 결속한 두께 120[mm] 이상, 높이 2000[mm] 이상으로 한다.

27 다음 중 동관의 종류에 해당되지 않는 것은?

① 이음매 없는 단동관

② 이음매 없는 인탈산동관

③ 이음매 없는 황동관

④ 이음매 없는 무질소동관

해설 (1) 동관의 종류

㉮ 소재 및 제조방법에 의한 분류 : 타프피치(tough pitch) 동관, 인탈산 동관, 무산소 동관

㉯ 질별에 의한 분류 : 연질(O), 반연질(OL), 반경질(1/2 H), 경질(H)

㉰ 두께에 의한 분류 : K type, L type, M type

㉱ 형태에 의한 분류 : 직관, 코일

(2) 동합금관

㉮ 이음매 없는 황동관

㉯ 이음매 없는 단동관

㉰ 이음매 없는 제지롤 황동관

㉱ 이음매 없는 복수기용 황동관

㉲ 이음매 없는 규소 황동관

㉳ 이음매 없는 니켈동 합금관

Answer 25. ① 26. ② 27. ④

28 다음 중 전기방식(防飾)의 기준으로 틀린 것은?

① 직류 전철 등에 의한 영향이 없는 경우에는 외부전원법 또는 희생양극법으로 할 것
② 직류 전철 등의 영향을 받는 배관에는 배류법으로 할 것
③ 전위측정용 터미널은 희생양극법에 의한 배관에는 300[m] 이내의 간격으로 설치할 것
④ 전위측정용 터미널은 외부전원법에 의한 배관에는 300[m] 이내의 간격으로 설치할 것

해설 전위 측정용 터미널 설치간격
㉮ 희생양극법, 배류법 : 300[m] 이내
㉯ 외부전원법 : 500[m] 이내

29 다음 [보기]에서 설명하는 소화약제의 명칭은?

[보기]
- 상온, 상압에서 액체로 존재한다.
- 분해성이 적고 화학적으로 안정하다.
- 독성이 있으므로 한시적으로 사용된다.
- 액체 상태로 방사되므로 방사거리가 비교적 길다.

① Halon 1301 ② Halon 1211
③ Halon 2402 ④ Halon 104

해설 할로겐화물 소화기 종류
㉮ 할론 1011(CH_2ClBr) 소화기
㉯ 할론 1301(CF_3Br) 소화기
㉰ 할론 2402($C_2F_4Br_2$) 소화기
㉱ 할론 1211(CF_2ClBr) 소화기
㉲ 사염화탄소(CCl_4) 소화기

30 이상기체 n몰에 대한 상태방정식으로 가장 옳은 것은?

① $PV=RT$ ② $PV=nRT$
③ $PV=R$ ④ $\frac{V}{T}=R$

해설 이상기체 상태방정식 : $PV=nRT$
P : 압력[atm]
V : 체적[L]
n : mol 수 $\left[n=\frac{W}{M}\right]$
W : 이상기체의 질량[g]
M : 분자량
R : 기체상수[0.082 L·atm/mol·K]
T : 절대온도[K]

31 초저온 용기란 얼마 이하의 온도에서 액화가스를 충전하기 위한 용기를 말하는가?

① 상용의 온도 ② −30[℃]
③ −50[℃] ④ −100[℃]

해설 초저온용기의 정의 : −50[℃] 이하의 액화가스를 충전하기 위한 용기로서 단열재를 씌우거나 냉동설비로 냉각시키는 등의 방법으로 용기내의 가스온도가 상용 온도를 초과하지 아니하도록 한 것

32 포화증기를 단열압축하면 어떻게 되는가?

① 포화액체가 된다.
② 과열증기가 된다.
③ 압축액체가 된다.
④ 증기의 일부가 액화한다.

해설 포화증기를 단열압축하면 과열도 및 건조도가 증가하며 과열증기가 된다.

33 1[torr]는 약 몇 [Pa]인가?

① 14.5 ② 133.3
③ 750.0 ④ 760.0

Answer 28. ④ 29. ③ 30. ② 31. ③ 32. ② 33. ②

해설 1[torr]를 [Pa] 단위로 환산

∴ 1[atm] = 760[torr] = 1013125[Pa]에 해당된다.

$$\therefore \text{환산압력} = \frac{1}{760} \times 101325 = 133.322[Pa]$$

34 가스배관의 누출방지대책은 누출의 발생을 사전에 방지하는 대책과 발생한 누출을 조기에 발견하여 수리하는 대책으로 대별할 수 있다. 다음 중 누출발생을 사전에 방지하는 방법이 아닌 것은?

① 노후관의 조사 및 교체
② 매설위치가 불량한 배관에 대한 조사 및 교체
③ 타공사(굴착공사)에 대한 입회, 순회와 시공 전 안전조치
④ 누출부를 굴착, 노출시켜서 보수

해설 ④번 항은 누출을 조기에 발견하여 수리하는 대책에 해당된다.

35 NH_4OH, NH_4Cl, $CuCl_2$을 가지고 가스 흡수제를 조제하였다. 어떤 가스가 가장 잘 흡수되겠는가?

① CO　② CO_2
③ CH_4　④ C_2H_6

해설 흡수분석법(오르사트법, 헴펠법, 게겔법)에서 CO 흡수제로 사용되는 암모니아성 염화제1구리 용액이 [NH_4Cl 33[g] + $CuCl_2$ 27[g] / H_2O 100[mL] + 암모니아수]로 제조된다.

36 허가를 받지 않고 LPG 충전사업, LPG 집단공급사업, 가스용품 제조사업을 영위한 자에 대한 벌칙으로 옳은 것은?

① 1년 이하의 징역, 1000만원 이하의 벌금
② 2년 이하의 징역, 2000만원 이하의 벌금
③ 1년 이하의 징역, 3000만원 이하의 벌금
④ 2년 이하의 징역, 5000만원 이하의 벌금

해설 허가를 받지 않고 LPG 충전사업, LPG 집단공급사업, 가스용품 제조사업을 영위한 자에 대한 벌칙(액법 제66조) : 2년 이하의 징역, 2000만원 이하의 벌금

37 어떤 계측기기의 진공압력이 57[cmHg] 이었을 때 절대압력으로 환산하면 약 몇 [kgf/cm^2 · abs]가 되는가?

① 0.258[kgf/cm^2 · abs]
② 0.516[kgf/cm^2 · abs]
③ 1.033[kgf/cm^2 · abs]
④ 2.066[kgf/cm^2 · abs]

해설 절대압력 = 대기압 − 진공압력

$$= 1.0332 - \left(\frac{57}{76} \times 1.0332\right)$$

$$= 0.2583[kgf/cm^2 \cdot abs]$$

38 공기액화 분리장치의 밸브에서 열손실을 줄이는 방법으로 가장 거리가 먼 내용은?

① 단축밸브로 하여 열의 전도를 방지한다.
② 열전도율이 적은 재료를 밸브봉으로 사용한다.
③ 밸브 본체의 열용량을 가급적 적게 한다.
④ 누출이 적은 밸브를 사용한다.

해설 밸브에서 열손실을 줄이는 방법

㉮ 장축밸브로 하여 열의 전도를 방지한다.
㉯ 열전도율이 적은 재료를 밸브 축으로 사용한다.
㉰ 밸브 본체의 열용량을 적게하여 가동시의 열손실을 적게 한다.
㉱ 누설이 적은 밸브를 사용한다.

Answer 34. ④ 35. ① 36. ② 37. ① 38. ①

39 **고압가스 안전관리법에서 정한 용기제조자의 수리범위에 해당되는 것은?**

① 냉동기 용접부분의 용접
② 냉동기 부속품의 교체, 가공
③ 특정설비의 부속품 교체
④ 아세틸렌 용기 내의 다공질물 교체

해설 용기제조자의 수리범위
㉮ 용기 몸체의 용접
㉯ 아세틸렌 용기 내의 다공질물 교체
㉰ 용기의 스커트, 프로텍터 및 넥크링의 교체 및 가공
㉱ 용기 부속품의 부품 교체
㉲ 저온 또는 초저온 용기의 단열재 교체
㉳ 초저온 용기 부속품의 탈·부착

40 **줄-톰슨 계수는 이상기체의 경우 어떤 값을 가지는가?**

① 0이다.
② + 값을 갖는다.
③ − 값을 갖는다.
④ 1이 된다.

해설 줄-톰슨 계수
㉮ 0보다 크면 온도가 강하한다.
㉯ 0보다 적으면 온도가 상승한다.
㉰ 0과 같으면 온도변화가 없다.
※ 교축밸브를 통과하면(줄-톰슨 효과) 실제기체인 경우 압력과 온도가 강하되지만 이상기체인 경우 압력은 감소되지만 엔탈피와 온도의 변화는 없다.

41 **일반용 액화석유가스 압력조정기의 제조기술기준에 대한 설명 중 틀린 것은?**

① 사용 상태에서 충격에 견디고 빗물이 들어가지 아니하는 구조로 한다.
② 용량 100[kg/h] 이하의 압력조정기는 입구 쪽에 황동선망 또는 스테인리스강선망을 사용한 스트레이너를 내장하는 구조로 한다.
③ 용량 10[kg/h] 이상의 1단 감압식 저압조정기의 경우에 몸통과 덮개를 몽키렌치, 드라이버 등 일반공구로 분리할 수 없는 구조로 한다.
④ 자동절체식 조정기는 가스공급 방향을 알 수 있는 표시기를 갖춘다.

해설 용량 10[kg/h] 미만의 1단 감압식 저압조정기 및 1단 감압식 준저압 조정기 경우에 몸통과 덮개를 몽키렌치, 드라이버 등 일반공구로 분리할 수 없는 구조일 것

42 **시안화수소(HCN)에 대한 설명으로 옳은 것은?**

① 허용농도는 10[ppb]이다.
② 충전 시 수분이 존재하면 안정하다.
③ 충전한 후 90일을 정치한 후 사용한다.
④ 누출 검지는 질산구리벤젠지로 한다.

해설 시안화수소의 특징
㉮ 가연성 가스이며, 독성가스이다.
㉯ 액체는 무색, 투명하고 감, 복숭아 냄새가 난다.
㉰ 소량의 수분 존재 시 중합폭발을 일으킬 우려가 있다.
㉱ 알칼리성 물질(암모니아, 소다)을 함유하면 중합이 촉진된다.
㉲ 중합폭발을 방지하기 위하여 안정제(황산, 아황산가스 등)를 사용한다.
㉳ 물에 잘 용해하고 약산성을 나타낸다.
㉴ 흡입은 물론 피부에 접촉하여도 인체에 흡수되어 치명상을 입는다.
㉵ 충전 후 24시간 정치하고, 충전 후 60일이 경과되기 전에 다른 용기에 옮겨 충전할 것(단, 순도가 98[%] 이상이고 착색되지 않는 것은 제외)
㉶ 순도는 98[%] 이상 유지하고, 1일 1회 이상 질산구리벤젠지를 사용하여 누출검사를 실시한다.

Answer 39. ④ 40. ① 41. ③ 42. ④

43 3×10^4[N·mm]의 비틀림 모멘트와 2×10^4[N·mm]의 굽힘모멘트를 동시에 받는 축의 상당 굽힘모멘트는 약 몇 [N·mm]인가?

① 25000　② 28028
③ 50000　④ 56056

해설 $M_e = \frac{1}{2}(M + \sqrt{M^2 + T^2})$

$= \frac{1}{2} \times \left(2\times10^4 + \sqrt{(2\times10^4)^2 + (3\times10^4)^2}\right)$

$= 28027.75$[N·mm]

44 다음 중 도시가스시설의 설치공사 또는 변경공사를 하는 때에 이루어지는 주요공정 시공감리 대상으로 적합한 것은?

① 도시가스사업자외의 가스공급시설 설치자의 배관 설치공사
② 가스도매사업자의 가스공급시설 설치공사
③ 일반도시가스사업자의 정압기 설치공사
④ 일반도시가스사업자의 제조소 설치공사

해설 주요공정 시공감리와 일부공정 시공감리 대상 : 도법 시행규칙 제23조 4항

(1) 주요공정 시공감리대상
㉮ 일반도시가스사업자 및 도시가스사업자 외의 가스공급시설 설치자의 배관(그 부속시설을 포함한다.)
㉯ 나프타 부생가스·바이오가스 제조사업자 및 합성천연가스 제조사업자의 배관(그 부속시설을 포함한다.)

(2) 일부공정 시공감리대상
㉮ 가스도매사업자의 가스공급시설
㉯ 일반도시가스사업자, 나프타 부생가스·바이오가스 제조사업자, 합성가스 제조사업자 및 도시가스사업자 외의 가스공급시설 설치자의 가스공급시설 중 주요공정 시공감리대상의 시설을 제외한 가스공급시설
㉰ 시행규칙 제21조 제1항에 따른 시공감리의 대상이 되는 사용자 공급관(그 부속시설을 포함한다.)

45 냉매는 암모니아를 사용하고, 증발 −15[℃], 응축 30[℃]인 사이클에서 1냉동톤의 능력을 발휘하기 위하여 냉매의 순환량은 얼마로 하여야 하는가? (단, 응축온도와 포화액선의 교점 엔탈피는 134[kcal/kg]이고, 증발온도와 포화증기선의 교점 엔탈피는 397[kcal/kg]이다.)

① 5.6[kg/h]　② 5.6[kg/day]
③ 12.6[kg/h]　④ 12.6[kg/day]

해설 ㉮ 1냉동톤(RT)은 시간당 3320[kcal]의 열량을 제거할 수 있는 능력이고, 냉동력은 증발온도와 포화증기선의 교점 엔탈피와 응축온도와 포화액선의 교점 엔탈피와의 차이다.
㉯ 냉매 순환량[kg/h] 계산

$\therefore \text{냉매순환량} = \frac{\text{냉동능력}}{\text{냉동력}} = \frac{3320}{397 - 134}$

$= 12.623$[kg/h]

46 축에 동력[PS]이 전달되는 경우 전달마력을 H[kgf·m/s], 1분간 회전수를 N[rpm]이라고 할 때 비틀림 모멘트 T[kgf·cm]를 구하는 식은?

① $T = 716.2\frac{H}{N}$　② $T = 9740\frac{H}{N}$
③ $T = 71620\frac{H}{N}$　④ $T = 97400\frac{H}{N}$

해설 비틀림 모멘트 계산식

㉮ $T = 71620\frac{H}{N}$

여기서, T : 비틀림 모멘트[kgf·cm]
N : 1분간 회전수[rpm]
H : 전달동력[PS]

※ T의 단위가 [kgf·mm]이면

$T = 716200\frac{H}{N}$

㉯ $T = 97400\frac{H}{N}$

여기서, T : 비틀림 모멘트[kgf·cm]

Answer 43. ② 44. ① 45. ③ 46. ③

N : 1분간 회전수[rpm]
H : 전달동력[kW]

㉰ $T = 7020\frac{H}{N}$

여기서, T : 비틀림 모멘트[N·m]
N : 1분간 회전수[rpm]
H : 전달동력[PS]

㉱ $T = 9550\frac{H}{N}$

여기서, T : 비틀림 모멘트[N·m]
N : 1분간 회전수[rpm]
H : 전달동력[kW]

47 다음 용어의 정의를 설명한 것이다. 틀린 것은?

① 액화석유가스란 프로판, 부탄을 주성분으로 한 가스를 액화한 것을 말한다.
② 액화석유가스 충전사업은 저장시설에 저장된 액화석유가스를 용기에 충전하여 공급하는 사업을 뜻한다.
③ 액화석유가스 판매사업은 용기에 충전된 액화석유가스를 판매하는 것을 뜻한다.
④ 가스용품 제조사업이란 일반고압가스를 사용하기 위한 기기를 제조하는 사업을 뜻한다.

해설 **가스용품 제조사업** : 액화석유가스 또는 도시가스를 사용하기 위한 연소기, 강제혼합식 가스버너 등 산업통상자원부령으로 정하는 가스용품을 제조하는 사업

48 배관재료에 대한 설명으로 옳은 것은?

① 배관용 탄소강 강관은 암모니아 배관에서 10[kgf/cm²] 이상의 고압배관에 사용된다.
② 배관용 탄소강 강관은 프레온 배관에서 −10[℃]에서는 10[kgf/cm²] 이하의 압력배관에 사용할 수 있다.
③ 압력배관용 탄소강 강관은 저온배관용 강관이 아니므로 −30[℃]의 암모니아 배관에 사용할 수 없다.
④ 저온배관용 강관은 저온제한이 없다.

해설 **배관재료의 종류 및 특징**

㉮ **배관용 탄소강관(SPP)** : 사용압력이 비교적 낮은 (0.1[MPa] 이하) 증기, 물, 기름, 가스 및 공기의 배관용으로 사용되며 흑관과 백관이 있다. 저온에서는 취성이 발생하므로 사용이 제한된다.
㉯ **압력배관용 탄소강관(SPPS)** : 350[℃] 이하의 온도에서 압력 1~10[MPa]까지의 배관에 사용한다. 호칭은 호칭지름과 두께(스케줄번호)에 의한다.
㉰ **저온배관용 탄소강관(SPLT)** : 빙점이하의 저온도 배관에 사용하며, 두께는 스케줄번호에 의한다. 1종은 −45[℃], 2종은 −100[℃], 3종은 −196[℃] 정도까지 사용할 수 있다.

49 기체의 유속은 마하(Mach)수로 나타내며 압축성 유체의 유속계산에 사용된다. 마하수에 대한 표현으로 옳은 것은? (단, 마하수는 M, 유체속도는 V, 음속은 C 이다.)

① $M = V \times C$ ② $M = \frac{V}{C}$
③ $M = \frac{C}{V}$ ④ $M = V + C$

해설 **마하수(mach number)** : 어떤 유체의 속도를 음속으로 나눈 값이다.

$\therefore M = \frac{\text{유체의 속도}}{\text{음속}}$

50 어떤 물질 1[kgf]가 압력 1[kgf/cm²], 체적 0.86[m³]의 상태에서 압력 5[kgf/cm²], 체적 0.4[m³]의 상태로 변화하였다. 이 변화에서 내부에너지에는 변화가 없다고 하면 엔탈피의 증가는 몇 [kcal/kgf]인가?

① 3.28 ② 6.84 ③ 26.7 ④ 32.6

Answer 47. ④ 48. ③ 49. ② 50. ③

해설 내부에너지(U)가 변화가 없으므로 엔탈피 증가량 계산은 다음과 같다.

$$\therefore h = U + APV = U + A(P_2V_2 - P_1V_1)$$
$$= 0 + \left\{\frac{1}{427} \times (5\times10^4 \times 0.4 - 1\times10^4 \times 0.86)\right\}$$
$$= 26.697\,[\text{kcal/kgf}]$$

51 다음 용매 중 아세틸렌가스에 용해도가 가장 큰 것은?

① 아세톤 ② 벤젠
③ 이황화탄소 ④ 사염화탄소

해설 15[℃]의 아세톤 1[L]에 아세틸렌가스 25[L] 가 용해하여 아세틸렌을 충전할 때 용제로 사용된다.

52 지름 d인 중심축이 비틀림 모멘트 T를 받을 때 생기는 최대 전단응력을 1이라 하면 비틀림 모멘트 T와 동일한 굽힘 모멘트 M을 받을 때 생기는 최대 전단응력은 얼마인가?

① 1.2 ② $\sqrt{2}$ ③ $\sqrt{3}$ ④ 2

53 가스액화분리장치의 구성기기 중 왕복동식 팽창기에 대한 설명으로 틀린 것은?

① 팽창기의 흡입압력 범위가 좁다.
② 팽창비는 크지만 효율은 낮다.
③ 가스처리량이 크게 되면 다기통이 된다.
④ 기통 내의 윤활에 오일이 사용된다.

해설 왕복동식 팽창기의 특징

㉮ 고압식 액화산소 분리장치, 수소액화장치, 헬륨액화장치 등에 사용한다.
㉯ 흡입압력은 저압에서 고압(20[MPa])까지 범위가 넓다.
㉰ 팽창비가 약 40 정도로 크나, 효율은 60~65[%]로 낮다.
㉱ 처리 가스량이 1000[m^3/h] 이상의 대량이면 다기통이 되어야 한다.

54 같은 조건에서 수소의 확산속도는 산소의 확산속도보다 몇 배가 빠른가?

① 2 ② 4
③ 8 ④ 16

해설 $\dfrac{U_{H_2}}{U_{O_2}} = \sqrt{\dfrac{M_{O_2}}{M_{H_2}}}$ 에서

$$\therefore U_{H_2} = \sqrt{\frac{M_{O_2}}{M_{H_2}}} \times U_{O_2} = \sqrt{\frac{32}{2}} \times U_{O_2} = 4\,U_{O_2}$$

∴ 수소(H_2)가 산소(O_2)보다 4배 빠르다.

55 다음 중 브레인스토밍(Brainstorming)과 관계가 깊은 것은?

① 파레토도 ② 히스토그램
③ 회귀분석 ④ 특성요인도

해설 **특성요인도** : 문제가 되는 결과와 이에 대응하는 원인과의 관계를 알 수 있도록 생선뼈 형태로 그린 그림으로 파레토도에 나타난 부적합 항목이 영향을 주는 여러 가지 요인을 찾아내는데 유용한 기법으로 브레인스토밍 방법을 이용한다.

56 c 관리도에서 $k=20$인 군의 총 부적합수 합계는 58 이었다. 이 관리도의 UCL, LCL을 계산하면 약 얼마인가?

① UCL = 2.90, LCL = 고려하지 않음
② UCL = 5.90, LCL = 고려하지 않음
③ UCL = 6.92, LCL = 고려하지 않음
④ UCL = 8.01, LCL = 고려하지 않음

해설 c 관리도의 관리한계선 계산

㉮ 관리 상한선 계산

$$\therefore UCL = \bar{c} + 3\sqrt{\bar{c}} = 2.9 + 3\times\sqrt{2.9} = 8.0088$$

㉯ 관리 하한선 계산

$$\therefore LCL = \bar{c} - 3\sqrt{\bar{c}} = 2.9 - 3\times\sqrt{2.9} = -2.2$$

Answer 51. ① 52. ② 53. ① 54. ② 55. ④ 56. ④

※ 음(−)의 값을 갖는 LCL은 고려하지 않음

㈐ $\bar{c}$ 계산

$$\therefore \bar{c} = \frac{\Sigma}{k} = \frac{58}{20} = 2.9$$

57 공정 중에 발생하는 모든 작업, 검사, 운반, 저장, 정체 등이 도식화 된 것이며 또한 분석에 필요하다고 생각되는 소요시간, 운반거리 등의 정보가 기재된 것은?

① 작업분석(operation analysis)
② 다중활동분석표(multiple activity chart)
③ 사무공정분석(form process chart)
④ 유통공정도(flow process chart)

해설 (1) 작업관리 영역
㉮ 공정분석 : 제품공정분석, 사무공정분석, 작업자공정분석, 부대분석
㉯ 작업분석 : 작업분석표, 다중활동분석표
㉰ 동작분석 : 목시동작분석, 미세동작분석

(2) 공정도의 종류
㉮ 부품공정도(product process chart) : 소재가 제품화되는 과정을 분석, 기록하기 위해 사용되며 공정내용을 작업, 운반, 저장, 정체, 검사 등 공정도시기호를 사용하여 표시한다.
㉯ 작업공정도(operation process chart) : 자재가 공정으로 들어오는 지점과 공정에서 행하여지는 검사와 작업이 도식적으로 표시된다.
㉰ 유통공정도(flow process chart: 흐름공정도) : 공정 중에 발생되는 작업, 운반, 검사, 정체, 저장 등의 내용을 표시하는데 사용된다.
㉱ 유통선도(flow diagram : 흐름선도) : 유통공정도의 단점을 보완하기 위해 사용되는 것으로 혼잡한 지역을 파악하기 위해 쓰이며 공정흐름의 원활 여부를 알 수 있다.
㉲ 조립공정도(assembly process chart) : 많은 부품 또는 원재료를 조립에 의해 생산하는 제품의 공정을 작업과 검사의 2가지 기호로 나타내는데 사용된다.

58 테일러(F.W Taylor)에 의해 처음 도입된 방법으로 작업시간을 직접 관측하여 표준시간을 설정하는 표준시간 설정기법은?

① PTS법 ② 실적자료법
③ 표준자료법 ④ 스톱워치법

해설 스톱워치(stop watch)법 : 훈련이 잘 된 자격을 갖춘 작업자가 정상적인 속도로 완료하는 작업 결과의 표본을 추출하여 이로부터 표준시간을 설정하는 기법으로 주기가 짧고 반복적인 작업에 적합하다.

59 단계여유(slack)의 표시로 옳은 것은? (단, TE는 가장 이른 예정일, TL은 가장 늦은 예정일, TF는 총 여유시간, FF는 자유여유시간이다.)

① TE − TL ② TL − TE
③ FF − TF ④ TE − TF

해설 단계여유(slack) : 최종단계에서 최종 완료일을 변경하지 않는 범위 내에서 각 단계에 허용할 수 있는 여유시간으로 가장 늦은 예정일과 가장 이른 예정일의 차이로 나타낸다.
㉮ 정여유 : TL − TE 〉 0 → 자원이 과잉된 상태
㉯ 영여유 : TL − TE = 0 → 자원이 적정한 상태
㉰ 부여유 : TL − TE 〈 0 → 자원이 부족한 상태

60 검사의 분류 방법 중 검사가 행해지는 공정에 의한 분류에 속하는 것은?

① 관리 샘플링검사
② 로트별 샘플링검사
③ 전수검사
④ 출하검사

해설 판정대상(검사방법)에 의한 분류
㉮ 관리 샘플링검사 : 제조공정관리, 공정검사 조정, 검사의 체크를 목적으로 검사하는 방법
㉯ 로트별 샘플링검사 : 시료를 채취(샘플링)하여 검사하는 방법
㉰ 전수검사 : 제품 전량에 대하여 검사하는 방법

Answer 57. ④ 58. ④ 59. ② 60. ④

2013년도 기능장 제54회 필기시험 [7월 21일 시행]

과 년 도 문 제

01 다음은 비파괴검사에 대한 내용이다. ( ) 안에 들어갈 내용으로 가장 알맞은 것은?

> "검사할 재료의 한쪽 면의 발진장치에서 연속적으로 ( )을[를] 보내고, 수신장치에서 신호를 받을 때 결함에 의한 ( )의 도착에 이상이 생기므로 이것으로부터 결함의 위치와 크기 등을 판정하는 검사방법으로서 용입부족 및 용입결함을 검출할 수 있으며 검사비용이 저렴하나 검사 결과의 보존성이 없다."

① X-선 ② γ-선
③ 초음파 ④ 형광

해설 **초음파 검사(UT : Ultrasonic Test)** : 초음파를 피검사물의 내부에 침입시켜 반사파(펄스 반사법, 공진법)를 이용하여 내부의 결함과 불균일층의 존재 여부를 검사하는 방법이다.

02 고압가스 사업자는 안전관리규정을 언제 허가관청, 신고관청 또는 등록관청에 제출하여야 하는가?

① 완성검사 시
② 정기검사 시
③ 허가신청 시
④ 사업개시 시

해설 **안전관리규정(고법 제11조)** : 사업자 등은 그 사업의 개시나 저장소의 사용 전에 고압가스의 제조, 저장, 판매의 시설 또는 용기 등의 제조시설의 안전유지에 관하여 산업통상자원부령으로 정하는 사항을 포함한 안전관리규정을 정하고 이를 허가관청, 신고관청 또는 등록관청에 제출하여야 한다. 이 경우 제28조에 따른 한국가스안전공사의 의견서를 첨부하여야 한다.

03 고압식 공기액화 분리장치에 대한 설명으로 옳은 것은?

① 원료공기는 압축기에 흡입되어 150~200[atm]으로 압축된다.
② 탈습된 원료공기는 전부 팽창기로 이송되어 하부탑에서 압력이 5[atm]으로 단열팽창되어 −50[℃]의 저온이 된다.
③ 상부탑에는 다수의 정류판이 있어서 약 5[atm]의 압력으로 정류된다.
④ 하부탑에서는 약 0.5[atm]의 압력으로 정류된다.

해설 각 항목의 옳은 설명
② 건조기에서 탈습된 원료 공기 중 약 절반은 피스톤식 팽창기에 이송되어 하부탑의 압력을 약 5[atm]까지 단열팽창하여 약 −150[℃]의 저온이 된다.
③ 하부탑에는 다수의 정류판이 있어 약 5[atm]의 압력하에서 공기가 정류되고 하부탑 상부에서는 액화질소가, 하부의 산소에서 순도 약 40[%]의 액체공기가 분리된다.
④ 상부탑에서는 약 0.5[atm]의 압력하에서 정류되고 상부탑 하부에서 순도 99.6~99.8[%]의 액화산소가 분리되어 액화산소 탱크에 저장된다.

04 수소 제조의 석유분해법에서 수증기 개질법의 원료로 적당한 것은?

① 원유 ② 중유
③ 경유 ④ 나프타

해설 석유분해법 중 수증기 개질법의 원료는 메탄에서 나프타까지 원료로 사용할 수 있다.

Answer 1. ③ 2. ④ 3. ① 4. ④

05 암모니아 1톤을 내용적 50[L]의 용기에 충전하고자 한다. 필요한 용기는 몇 개인가? (단, 암모니아의 충전정수는 1.86이다.)

① 11 ② 38
③ 47 ④ 20

해설 ㉮ 용기 1개당 충전량[kg] 계산

$$\therefore G = \frac{V}{C} = \frac{50}{1.86} = 26.88\,[\text{kg}]$$

㉯ 용기수 계산

$$\therefore \text{용기수} = \frac{\text{전체 가스량[kg]}}{\text{용기 1개당 충전량[kg]}} = \frac{1000}{26.88} = 37.202 = 38\,[\text{개}]$$

06 공기액화 분리장치의 폭발원인으로 가장 거리가 먼 것은?

① 액체 공기 중의 오존(O_3)의 흡입
② 공기 취입구에서 사염화탄소(CCl_4)의 흡입
③ 압축기용 윤활유의 분해에 의한 탄화수소의 생성
④ 공기 중에 있는 산화질소(NO), 과산화질소(NO_2) 등 질화물의 흡입

해설 공기액화 분리장치의 폭발 원인 및 대책

(1) 폭발 원인
㉮ 공기 취입구로부터 아세틸렌 혼입
㉯ 압축기용 윤활유 분해에 따른 탄화수소의 생성
㉰ 공기 중 질소화합물(NO, NO_2)의 혼입
㉱ 액체 공기 중에 오존(O_3)의 혼입

(2) 폭발방지 대책
㉮ 아세틸렌이 흡입되지 않는 장소에 공기 흡입구를 설치한다.
㉯ 양질의 압축기 윤활유를 사용한다.
㉰ 장치 내 여과기를 설치한다.
㉱ 장치는 1년에 1회 정도 내부를 사염화탄소를 사용하여 세척한다.

07 부탄용 가스설비에 부착되어 있는 안전밸브의 설정압력은 몇 [MPa] 이하로 하여야 하는가?

① 1.8 ② 2.0
③ 2.2 ④ 2.5

해설 과압안전장치(안전밸브) 작동압력 : 프로판용 및 부탄용 가스설비 등에 부착되어 있는 안전밸브의 설정압력은 1.8[MPa] 이하로 한다. 다만, 부탄용 저장설비의 경우에는 1.08[MPa] 이하(압축기나 펌프 토출압력의 영향을 받는 부분은 1.8[MPa] 이하)로 한다.

08 폴리트로픽 지수의 크기가 비열비의 크기와 동일할 때의 변화를 무슨 변화라고 하는가?

① 등적변화 ② 단열변화
③ 등온변화 ④ 등압변화

해설 폴리트로픽 지수(n)에 따른 변화과정
㉮ $n=0$: 정압(등압)과정
㉯ $n=1$: 정온(등온)과정
㉰ $1<n<k$: 폴리트로픽과정
㉱ $n=k$: 단열과정(등엔트로피과정)
㉲ $n=\infty$: 정적(등적)과정

09 다음 각 가스의 제조에 대한 설명으로 틀린 것은?

① 암모니아(ammonia)는 산소와 수소로 제조한다.
② 아세틸렌은 탄화칼슘을 물에 반응시켜 제조한다.
③ 산소는 공기를 액화 분리하여 제조한다.
④ 수소는 석유를 분해하여 제조한다.

해설 ㉮ 암모니아 제조법 : 수소와 질소를 체적비 3 : 1로 반응시켜 제조한다.
㉯ 반응식 : $3H_2 + N_2 \rightarrow 2NH_3 + 23[\text{kcal}]$

Answer 5. ② 6. ② 7. ① 8. ② 9. ①

10 안전관리자의 직무범위가 아닌 것은?

① 사업소 또는 사용 신고시설의 종사자에 대한 안전관리를 위하여 필요한 지휘, 감독
② 공급자의 의무이행 확인
③ 용기 등의 제조공정 관리
④ 용기기기, 기구의 입·출고 관리

해설 안전관리자의 업무 : 고법 시행령 제13조
㉮ 사업소 또는 사용신고시설의 시설, 용기 등 또는 작업과정의 안전유지
㉯ 용기 등의 제조공정관리
㉰ 공급자의 의무이행 확인
㉱ 안전관리규정의 시행 및 그 기록의 작성, 보존
㉲ 사업소 또는 사용신고시설의 종사자에 대한 안전관리를 위하여 필요한 지휘, 감독
㉳ 그 밖의 위해방지조치

11 도시가스가 누출될 경우 조기에 발견하여 중독과 폭발을 방지하려고 공급가스를 부취시킨다. 이 때 부취제의 성질과 무관한 것은?

① 독성이 없을 것
② 낮은 농도에서도 냄새가 확인될 것
③ 완전연소 후에 냄새를 남길 것
④ 화학적으로 안정될 것

해설 부취제의 구비조건
㉮ 화학적으로 안정하고 독성이 없을 것
㉯ 보통 존재하는 냄새와 명확하게 식별될 것
㉰ 극히 낮은 농도에서도 냄새가 확인될 수 있을 것
㉱ 가스관이나 가스미터 등에 흡착되지 않을 것
㉲ 배관을 부식시키지 않을 것
㉳ 물에 잘 녹지 않고 토양에 대하여 투과성이 클 것
㉴ 완전연소가 가능하고, 연소 후 냄새나 유해한 성질이 남지 않을 것

12 어떤 냉동기에서 0[℃]의 물로 얼음 2[ton]을 만드는데 50[kWh]의 일이 소요되었다면 이 냉동기의 성적계수는? (단, 물의 융해잠열은 80[kcal/kg]이다.)

① 2.32 ② 2.67
③ 3.72 ④ 10.5

해설 $COP_R = \frac{Q_2}{W} = \frac{2000 \times 80}{50 \times 860} = 3.72$

13 긴급이송설비에 부속된 처리설비는 이송되는 설비 안의 내용물을 다음 중 한 가지 방법으로 처리할 수 있어야 한다. 이에 대한 설명으로 틀린 것은?

① 플레어스택에서 안전하게 연소시킨다.
② 벤트스택에서 안전하게 방출시킨다.
③ 액화가스는 용기로 이송한 후 소분시킨다.
④ 독성가스는 제독 조치 후 안전하게 폐기시킨다.

해설 내용물 처리방법
㉮ 플레어스택에서 안전하게 연소시킨다.
㉯ 벤트스택에서 안전하게 방출시킨다.
㉰ 안전한 장소에 설치되어 있는 저장탱크 등에 임시 이송한다.
㉱ 독성가스는 제독 조치 후 안전하게 폐기시킨다.

14 이상기체(perfect gas)의 열역학적 성질 중 온도에 따라서만 변화하는 것이 아닌 것은?

① 내부에너지 ② 엔탈피
③ 엔트로피 ④ 비열

해설 엔트로피 : 출입하는 열량의 이용가치를 나타내는 무질서도의 상태량으로 온도에 따라서만 변화되는 것은 아니다.

Answer 10. ④ 11. ③ 12. ③ 13. ③ 14. ③

15 액화석유가스의 사용시설에 대한 설명으로 틀린 것은?

① 밸브 또는 배관을 가열하는 때에는 열습포나 40[℃] 이하의 더운 물을 사용할 것
② 용접작업 중인 장소로부터 5[m] 이내에서는 불꽃을 발생시킬 우려가 있는 행위를 금할 것
③ 내용적 20[L] 이상의 충전용기를 옥외로 이동하면서 사용할 때에는 용기운반전용 장비에 견고하게 묶어서 사용할 것
④ 사이펀 용기는 보온장치가 설치되어 있는 시설에서만 사용할 것

해설 사이펀 용기는 기화장치가 설치되어 있는 시설에서만 사용한다.

16 안전관리자는 해당분야의 상위 자격자로 할 수 있다. 다음 중 가장 상위인 자격은?

① 가스기능사
② 가스기사
③ 가스산업기사
④ 가스기능장

해설 안전관리자의 상위 자격순서(고법 시행령 별표3)
가스기술사 > 가스기능장 > 가스기사 > 가스산업기사 > 가스기능사

17 [L · atm]과 단위가 같은 것은?

① 힘 ② 에너지
③ 동력 ④ 밀도

해설 "[L · atm]"은 압력[atm]과 체적[L]의 곱으로 압력을 [kgf/m²]으로, 체적을 [m³]으로 변경하여 곱하면 일과 에너지의 단위인 "[kgf · m]"가 된다.

참고 각 단위의 비교

구 분	공학단위	SI단위
힘	kgf	N
에너지	kgf · m	N · m
동 력	kgf · m/s	W
밀 도	$kgf \cdot s^2/m^4$	kg/m^3

18 왕복동식 압축기에서 흡입온도의 상승원인이 아닌 것은?

① 전단의 쿨러 과냉
② 관로에 수열이 있을 경우
③ 전단 냉각기의 능력 저하
④ 흡입밸브 불량에 의한 역화

해설 전단 냉각기(쿨러)의 능력 저하가 원인이 되므로 전단의 쿨러 냉각 부족이 되어야 한다.
※ ④번 항목 : 흡입밸브 불량에 의한 "역류"로 설명하여야 옳은 내용임

19 열선형 흡인식 가스 검지기로 LP가스의 누출을 검사하였더니 L.E.L(Limit Explosion Low) 검지 농도가 0.03[%]를 가리켰다. 이 가스 검지기의 공기 흡입량이 1초에 4[cm³]이라면 이때의 가스 누출량[cm³/s]은?

① 1.2×10^{-3} ② 2×10^{-3}
③ 2.4×10^{-3} ④ 5×10^{-3}

해설 가스 누출량 계산

$$\therefore \text{누출량} = \frac{\text{가스흡입량}\times \text{L} \cdot \text{E} \cdot \text{L 검지농도}}{\text{가스흡입시간}} = \frac{4\times(0.03\times10^{-2})}{1} = 1.2\times10^{-3}[\text{cm}^3/\text{s}]$$

20 냉동용 압축기를 분해, 수리할 때 주의사항에 대한 설명으로 틀린 것은?

① 부품을 분해할 때에는 흠이 나지 않도록 다룰 것
② 볼트의 조임 토크는 취급설명서에 지시된 값에 준할 것
③ 조임 볼트는 사용부분을 변경하지 않도록 할 것
④ 패킹을 붙일 때에는 우선 모든 기계 가공면에 광명단을 바른 다음에 패킹을 올려놓을 것

해설 패킹이 붙는 면에는 광명단 등 이물질이 없도록 한 후 패킹을 올려놓아야 한다.

21 도시가스배관의 이음부(용접이음매 제외)와 절연전선과는 얼마 이상 떨어져야 하는가?

① 30[cm] ② 20[cm]
③ 15[cm] ④ 10[cm]

해설 도시가스배관 이음부와 이격거리 기준
㉮ 전기계량기, 전기개폐기 : 60[cm] 이상
㉯ 전기점멸기, 전기접속기 : 30[cm] 이상
㉰ 단열조치를 하지 않은 굴뚝, 절연조치를 하지 않은 전선 : 15[cm] 이상
㉱ 절연전선 : 10[cm] 이상
※ 도시가스 사용시설의 경우 전기점멸기, 전기접속기는 15[cm] 이상으로 2013. 12. 18 개정되었음

22 고압차단 스위치에 대한 설명으로 맞는 것은?

① 작동압력은 정상고압보다 10[kgf/cm^2] 정도 높다.
② 전자밸브와 조합하여 고속다기통 압축기의 용량제어용으로 주로 이용된다.
③ 압축기 1대마다 설치 시에는 토출 스톱밸브 후단에 설치한다.
④ 작동 후 복귀 상태에 따라 자동복귀형과 수동복귀형이 있다.

해설 고압차단 스위치(HPS) : 압축기 토출압력이 고압으로 상승하였을 때 작동하여 압축기용 전동기를 정지시켜 이상 고압에 의한 위해를 방지하는 것으로 토출 스톱밸브 전단에 설치하며, 작동압력은 정상압력보다 4[kgf/cm^2] 정도 높게 설정한다.

23 폭굉이 전하는 연소속도를 폭속(폭굉속도)라 하는데 폭굉파의 속도[m/s]는 약 얼마인가?

① 0.03~10 ② 20~100
③ 150~200 ④ 1000~3500

해설 폭굉(detonation)과 폭속
㉮ 폭굉의 정의 : 가스 중의 음속보다 화염전파속도가 큰 경우로 파면선단에 충격파라고 하는 솟구치는 압력파가 생겨 격렬한 파괴작용을 일으키는 현상이다.
㉯ 폭속 : 폭굉이 전하는 속도로 가스의 경우 1000~3500[m/s]에 달한다.

24 상용압력 5[MPa]로 사용하는 안지름 65[cm]의 용접재 원통형 고압가스 설비 동판의 두께는 최소한 얼마가 필요한가? (단, 재료는 인장강도 600[N/mm^2]의 강을 사용하고, 용접효율은 0.75, 부식여유는 2[mm]로 한다.)

① 11[mm] ② 14[mm]
③ 17[mm] ④ 20[mm]

해설 $t = \dfrac{PD}{2S\eta - 1.2P} + C$

$= \dfrac{5 \times 650}{2 \times 600 \times \dfrac{1}{4} \times 0.75 - 1.2 \times 5} + 2$

$= 16.84\,[\text{mm}]$

Answer 20. ④ 21. ④ 22. ④ 23. ④ 24. ③

25 특정고압가스에 대한 설명으로 옳은 것은?

① 특정고압가스를 사용하고자 하는 자는 산업통상자원부령이 정하는 기준에 맞도록 사용시설을 갖추어야 한다.
② 특정고압가스를 사용하고자 하는 자는 대통령령이 정하는 바에 의하여 미리 도지사에게 신고하여야 한다.
③ 특정고압가스 사용신고를 받은 도지사는 그 신고를 받은 날로부터 10일 내에 관할 소방서장에게 그 신고 사항을 통보하여야 한다.
④ 수소, 산소, 염소, 포스겐, 시안화수소 등이 특정고압가스이다.

해설 특정고압가스 : 고법 제20조
㉮ 특정고압가스를 사용하기 전에 미리 시장, 군수 또는 구청장에게 신고하여야 한다.
㉯ 특정고압가스 사용신고를 받은 시장, 군수 또는 구청장은 7일 이내에 그 신고사항을 관할 소방서장에게 알려야 한다.
㉰ 특정고압가스의 종류 : 수소, 산소, 액화암모니아, 아세틸렌, 액화염소, 천연가스, 압축모노실란, 압축디보레인, 액화알진, 그 밖에 대통령령으로 정하는 고압가스

26 10[kW]는 약 몇 [HP]인가?

① 51.3 ② 134
③ 225 ④ 316

해설 1[kW] = 102[kgf · m/s], 1[HP]= 76[kgf · m/s]이므로 1[kW] = 1.34[HP] 가 된다.
∴ 10[kW] = 1.34 × 10 = 13.4[HP]

27 강(鋼)의 부식 특성에 대한 설명으로 틀린 것은?

① 강 부식의 양극반응은 $Fe \rightarrow Fe^{2+} + 2e^{-}$ 이다.
② 양극반응은 대부분의 부식용액에서 빠르게 진행된다.
③ 강이 부식될 때의 속도는 양극반응에 의해서 지배를 받는다.
④ 공기와 접촉하고 있지 않은 용액에서 음극반응은 산(酸)에서 빠르게 진행된다.

해설 부식속도에 영향을 주는 요소(인자)
㉮ **내부적인 요소** : 금속재료의 조성, 조직, 구조, 전기화학적 특성, 표면상태, 응력상태, 온도, 기타
㉯ **외부적인 요소** : 부식액의 조성, PH(수소이온농도지수), 용존가스 농도, 외기온도, 유동상태, 생물수식, 기타

28 고압가스 저장의 기준으로 틀린 것은?

① 충전용기는 항상 40[℃] 이하의 온도를 유지할 것
② 가연성가스를 저장하는 곳에는 방폭형 휴대용 손전등 외의 등화를 휴대하지 아니할 것
③ 시안화수소를 용기에 충전한 후 60일이 초과하지 아니할 것
④ 시안화수소를 저장하는 때에는 1일 1회 이상 피로카롤 등으로 누출시험을 할 것

해설 시안화수소는 1일 1회 이상 질산구리벤젠지 등의 시험지로 가스의 누출검사를 한다.

29 가스홀더의 내용적이 1800[L], 가스홀더의 최고사용압력이 3[MPa]로 압축가스를 충전 및 저장할 때에 이 설비의 저장능력은 몇 [m³]인가?

① 10.8 ② 30.6
③ 55.8 ④ 76.6

Answer 25. ① 26. 무 27. ③ 28. ④ 29. ③

해설 $Q = (10P + 1) \times V$
$= (10 \times 3 + 1) \times 1.8 = 55.8[\mathrm{m}^3]$

30 한 물체의 가역적인 단열변화에 대한 엔트로피(entropy)의 변화 ΔS는?

① $\Delta S > 0$
② $\Delta S < 0$
③ $\Delta S = 0$
④ $\Delta S = \infty$

해설 가역 단열변화에서는 엔트로피변화(ΔS)는 0 이다.

31 특정설비 재검사 면제대상이 아닌 것은?

① 차량에 고정된 탱크
② 초저온 압력용기
③ 역화방지장치
④ 독성가스배관용 밸브

해설 재검사 대상에서 제외되는 특정설비
㉮ 평저형 및 이중각형 진공단열형 저온저장탱크
㉯ 역화방지기
㉰ 독성가스 배관용 밸브
㉱ 자동차용 가스 주입기
㉲ 냉동용 특정설비
㉳ 초저온가스용 대기식 기화장치
㉴ 저장탱크 또는 차량에 고정된 탱크에 부착되지 아니한 안전밸브 및 긴급차단밸브
㉵ 저장탱크 및 압력용기 중 다음에서 정한 것
ⓐ 초저온 저장탱크
ⓑ 초저온 압력용기
ⓒ 분리할 수 없는 이중관식 열교환기
ⓓ 그 밖에 산업통상자원부장관이 재검사를 실시하는 것이 현저히 곤란하다고 인정하는 저장탱크 또는 압력용기
㉶ 특정고압가스용 실린더 캐비닛
㉷ 자동차용 압축천연가스 완속 충전설비
㉸ 액화석유가스용 용기 잔류가스 회수장치

32 암모니아용 냉동기에서 팽창밸브 직전 액냉매의 엔탈피가 110[kcal/kg], 흡입증기 냉매의 엔탈피가 360[kcal/kg]일 때 10[RT]의 냉동능력을 얻기 위한 냉매 순환량은 약 몇 [kg/h]인가?
(단, 1[RT]는 3320[kcal/h]이다.)

① 65.7 ② 132.8
③ 263.6 ④ 312.8

해설 $G = \frac{Q_e}{q_e} = \frac{10 \times 3320}{360 - 110} = 132.8[\mathrm{kg/h}]$

33 설치가 완료된 배관의 내압시험 방법에 대한 설명으로 틀린 것은?

① 내압시험은 원칙적으로 기체의 압력으로 실시한다.
② 내압시험은 상용압력의 1.5배 이상으로 한다.
③ 규정압력을 유지하는 시간은 5분에서 20분간을 표준으로 한다.
④ 내압시험은 해당설비가 취성파괴를 일으킬 우려가 없는 온도에서 실시한다.

해설 내압시험은 원칙적으로 수압으로 실시하며 내압시험압력은 상용압력의 1.5배(물로 실시하는 내압시험이 곤란하여 기체로 하는 경우에는 1.25배) 이상의 압력으로 실시하여 이상이 없어야 한다.

34 TNT 1000[kg]이 폭발했을 때 그 폭발중심에서 100[m] 떨어진 위치에서 나타나는 폭풍효과(피크압력)는 같은 TNT 125[kg]이 폭발했을 때 폭발 중심에서 몇 [m] 떨어진 위치에서 동일하게 나타나는가? (단, 폭풍효과에 관한 3승근 법칙이 적용되는 것으로 한다.)

① 30 ② 50 ③ 70 ④ 80

Answer 30. ③ 31. ① 32. ② 33. ① 34. ②

해설 ㉮ TNT 1000[kg]이 폭발했을 때 100[m] 떨어진 위치의 폭풍효과(피크압력)

$$\therefore Z_e = \frac{R}{(m_{TNT})^{\frac{1}{3}}} = \frac{100}{1000^{\frac{1}{3}}} = 10[\text{m}]$$

㉯ TNT 125[kg]이 폭발했을 때 동일한 효과가 나타나는 거리

$$\therefore R = Z_e \times (m_{TNT})^{\frac{1}{3}} = 10 \times (125)^{\frac{1}{3}} = 50[\text{m}]$$

여기서, Z_e : 환산거리[m]
R : 폭발기점으로부터 거리[m]
m_{TNT} : TNT 질량[kg]

35 **반데르 발스의 식은 $\left(P+\frac{n^2 a}{V^2}\right)(V-nb)=nRT$로 나타낸다. 메탄가스를 150[atm], 40[L], 30[℃]의 고압용기에 충전할 때 들어갈 수 있는 가스의 양은? (단, $a = 2.26\,[\text{L}^2 \cdot \text{atm}/\text{mol}]$, $b = 4.30 \times 10^{-2}[\text{L}/\text{mol}]$이다.)**

① 29[mol] ② 32[mol]
③ 45[mol] ④ 304[mol]

해설 $\left(P+\frac{n^2 a}{V^2}\right)(V-nb) = nRT$ 에서

몰수 n을 x라 하면

$$\therefore \left(P+\frac{x^2 \times 2.26}{40^2}\right) \times (40 - x \times 4.30 \times 10^{-2}) = x \times 0.082 \times (273+30)$$

$$\therefore x = 304.082\,\text{mol}$$

※ 반데르 발스식을 적용한 문제풀이는 공학용 계산기에서 "COMP" 기능을 이용하여 풀이하여야 함

36 **정제, 증류제조 설비를 자동으로 제어하는 시설에는 정전 등으로 인하여 그 설비의 기능이 상실되지 않도록 비상전력설비를 설치하여야 한다. 다음 중 비상전력설비를 설치하지 아니할 수 있는 제조시설은?**

① 산소 제조시설 ② 아세틸렌 제조시설
③ 수소 제조시설 ④ 불소 제조시설

해설 반응, 분리, 정제, 증류 등을 하는 제조설비를 자동으로 제어하는 설비, 살수장치, 방화설비, 소화설비, 제조설비의 냉각수 펌프, 비상용 조명설비 그 밖에 제조시설의 안전확보에 필요한 시설에는 정전 등으로 인하여 그 설비의 기능이 상실되지 아니하도록 기준에 따라 비상전력설비를 설치한다. 다만, 아세틸렌 제조시설의 경우에는 비상전력설비를 설치하지 아니할 수 있다.

37 **섭씨온도[℃]의 정의로 옳은 것은?**

① 표준대기압(1[atm]) 하에서 순수한 물의 빙점을 0[℃]로, 비점을 100[℃]로 정한 다음 이 사이를 100등분한 것이다.
② 표준대기압(1[atm]) 하에서 알코올의 빙점을 0[℃]로, 비점을 100[℃]로 정한 다음 이 사이를 100등분한 것이다.
③ 압력을 1.0[kgf/cm²]로 하고, 순수한 물의 빙점을 0[℃]로, 비점을 100[℃]로 정한 다음 이 사이를 100등분한 것이다.
④ 압력 1[bar] 하에서 순수한 물의 빙점을 0[℃]로, 비점을 100[℃]로 정한 다음 이 사이를 100등분한 것이다.

해설 **섭씨온도[℃]와 화씨온도[°F]의 정의**

㉮ **섭씨온도** : 표준 대기압하에서 물의 빙점을 0[℃], 비점을 100[℃]로 정하고, 그 사이를 100등분하여 하나의 눈금을 1[℃]로 표시하는 온도이다.
㉯ **화씨온도** : 표준 대기압하에서 물의 빙점을 32[°F], 비점을 212[°F]로 정하고, 그 사이를 180등분하여 하나의 눈금을 1[°F]로 표시하는 온도이다.

Answer 35. ④ 36. ② 37. ①

38 **유전양극법에 대한 설명으로 옳은 것은?**

① Zn 합금 양극에서 가장 나쁜 불순물은 Fe이다.
② 순 Al은 부동태화가 안 되므로 그대로 유전양극으로 사용이 가능하다.
③ Mg 합금 양극은 전극전위가 1.5[V](SCE) 정도로 고전위이므로 지층 등 비저항이 큰 환경에는 부적합하다.
④ Mg 합금 양극은 1500[Ω · cm] 이하의 부식성이 강한 환경에 적합하다.

해설 **유전 양극법(희생 양극법, 전기양극법, 전류 양극법)** : 양극(anode)과 매설배관(cathode:음극)을 전선으로 접속하고 양극금속과 배관사이의 전지작용(고유 전위차)에 의해서 방식전류를 얻는 방법으로 양극 재료로는 마그네슘(Mg), 아연(Zn)이 사용된다.

39 **용기, 냉동기 또는 특정설비를 제조하는 자는 시장, 군수 또는 구청장에게 등록하여야 한다. 등록한 사항 중 중요사항을 변경하고자 할 때에도 변경등록을 하도록 규정하고 있다. 다음 중 변경등록 대상범위의 항목이 아닌 것은?**

① 저장설비의 교체 설치
② 사업소의 위치 변경
③ 용기 등의 제조공정의 변경
④ 용기 등의 종류 변경

해설 **변경등록 대상 범위(고법 시행규칙 제4조)**
㉮ 사업소의 위치 변경
㉯ 용기 등의 종류 변경
㉰ 용기 등의 제조공정 변경
㉱ 외국용기 등의 제조규격 변경
㉲ 상호의 변경
㉳ 대표자의 변경

40 **압축계수 Z는 이상기체 법칙 $PV = ZnRT$로 정의된 계수이다. 다음 중 맞는 것은?**

① 이상기체의 경우 $Z = 1$이다.
② 실제기체의 경우 $Z = 1$이다.
③ Z는 그 단위가 R의 역수이다.
④ 일반화시킨 환산변수로는 정의할 수 없으며 이상기체의 경우 $Z = 0$이다.

해설 이상기체일 때는 $Z = 1$이나, 실제기체는 1에서 벗어나고 압력이나 온도의 변화에 따라 변한다.

41 **열기관에서 1사이클당 효율을 높이는 방법으로 가장 적절한 것은?**

① 급열 온도를 낮게 한다.
② 동작 유체의 양을 증가시킨다.
③ 카르노 사이클에 가깝게 한다.
④ 동작 유체의 양을 감소시킨다.

해설 **카르노 사이클** : 2개의 단열과정과 2개의 등온과정으로 구성된 열기관의 이론적인 사이클이다.

42 **LP가스를 자동차용 연료로 사용할 때의 장점이 아닌 것은?**

① 배기가스가 깨끗하여 독성이 적다.
② 균일하게 연소하므로 열효율이 좋다.
③ 완전연소에 의해 탄소의 퇴적이 적어 엔진의 수명이 연장 된다.
④ 유류탱크보다 연료의 중량 및 체적이 적으므로 차량의 무게가 가벼워진다.

해설 **LP가스를 자동차용 연료로 사용할 때의 특징**
㉮ 배기가스에는 독성이 적다.
㉯ 완전연소가 되기 때문에 열효율이 높다.
㉰ 황 성분이 적어 기관의 부식 및 마모가 적다.
㉱ 엔진의 수명이 연장된다.
㉲ 용기의 무게와 설치장소가 필요하다.

Answer 38. ① 39. ① 40. ① 41. ③ 42. ④

㉳ 시동 시 급가속은 곤란하다.
㉴ 누설 시 가스가 차내에 들어오지 않도록 차실간을 밀폐시켜야 한다.

43 작동하고 있는 펌프에서 소음과 진동이 발생하였다. 점검을 위해 고려할 사항으로 가장 거리가 먼 것은?

① 서징의 발생
② 캐비테이션의 발생
③ 액비중의 증대
④ 임펠러에 이물질 혼입

해설 펌프의 소음, 진동의 원인
㉮ 캐비테이션의 발생
㉯ 서징현상의 발생
㉰ 임펠러에 이물질 혼입
㉱ 임펠러의 국부 마모 및 부식
㉲ 공기의 흡입
㉳ 베어링의 마모 및 파손
㉴ 기초불량, 설치 및 센터링 불량

44 혼합가스 중의 아세틸렌가스를 헴펠법으로 정량분석 하고자 한다. 이 때 사용되는 흡수제는?

① KOH 수용액
② $NH_4Cl + CuCl_2$ 수용액
③ KOH + 피로갈롤 수용액
④ 발연황산

해설 헴펠(Hempel)법 분석순서 및 흡수제

순서	분석가스	흡수제
1	CO_2	KOH 30[%] 수용액
2	C_mH_n	발연황산
3	O_2	알칼리성 피로갈롤용액
4	CO	암모니아성 염화 제1구리 용액

※CH_4 : 연소 후의 CO_2를 흡수하여 정량

45 다음 중 액화석유가스 용기충전시설의 저장탱크에 폭발방지장치를 의무적으로 설치하여야 하는 경우는? (단, 저장탱크는 저온저장탱크가 아니며, 물분무장치 설치기준을 충족하지 못하는 것으로 가정한다.)

① 상업지역에 저장능력 15톤 저장탱크를 지상에 설치하는 경우
② 녹지지역에 저장능력 20톤 저장탱크를 지상에 설치하는 경우
③ 주거지역에 저장능력 5톤 저장탱크를 지상에 설치하는 경우
④ 녹지지역에 저장능력 30톤 저장탱크를 지상에 설치하는 경우

해설 저장설비 폭발방지장치 설치 : 주거지역이나 상업지역에 설치하는 저장능력 10톤 이상의 저장탱크(다만, 안전조치를 한 저장탱크의 경우 및 지하에 매몰하여 설치한 저장탱크의 경우에는 폭발방지장치를 설치하지 아니할 수 있다.)

46 LPG 저장탱크를 지하에 설치 시 저장탱크실 재료의 규격으로 틀린 것은?

① 굵은 골재의 최대치수 : 25[mm]
② 설계강도 : 21[MPa] 이상
③ 슬럼프(Slump) : 120~150[mm]
④ 공기량 : 1[%] 미만

해설 LPG 저장탱크실 재료 규격

항 목	규 격
굵은 골재의 최대치수	25[mm]
설계강도	21[MPa] 이상
슬럼프(slump)	120~150[mm]
공기량	4[%] 이하
물-결합재비	50[%] 이하
그 밖의 사항	KS F 4009(레디믹스트 콘크리트)에 따른 규정

Answer 43. ③ 44. ④ 45. ① 46. ④

47 재료의 세로 탄성계수가 2×10^6[kgf/cm^2], 가로 탄성계수가 8×10^5[kgf/cm^2]라고 하면 이 재료의 푸와송비는 얼마인가?

① 0.11　② 0.25
③ 0.38　④ 1.25

해설 $\frac{1}{m}=\frac{가로변형률}{세로변형률}=\frac{E-2G}{2G}$
$=\frac{2\times10^6-2\times8\times10^5}{2\times8\times10^5}=0.25$
여기서, E : 세로탄성계수, G : 가로탄성계수

48 액화석유가스 집단공급사업자 등 액화석유가스 공급자의 공급자 의무에 대한 설명으로 틀린 것은?

① 6월에 1회 이상 가스사용시설의 안전관리에 관한 계도물을 작성, 배포한다.
② 6개월에 1회 이상 가스사용시설에 대한 안전점검을 실시한다.
③ 다기능가스계량기가 설치된 시설에 공급하는 경우에는 2년에 1회 이상 안전점검을 실시한다.
④ 액화석유가스 자동차 안전점검표는 안전점검결과 이상이 있는 경우에만 작성한다.

해설 액화석유가스 공급자의 의무사항 : 액법 시행규칙 제20조
(1) 6개월에 1회 이상 가스사용시설의 안전관리에 관한 계도물이나 가스안전 사용 요령이 적힌 가스사용시설 점검표를 작성, 배포할 것
(2) 수요자의 가스사용시설에 안전점검 실시
㉮ 체적판매방법으로 공급하는 경우에는 1년에 1회 이상
㉯ 다기능가스계량기가 설치된 시설에 공급하는 경우에는 3년에 1회 이상
㉰ ㉮, ㉯ 외의 가스 사용시설의 경우에는 6개월에 1회 이상
(3) 가스보일러 및 가스온수기가 설치된 후 액화석유가스를 처음 공급하는 경우에는 가스보일러 및 가스온수기의 시공내역을 확인하고 배관과의 연결부에서의 가스누출 여부를 확인할 것

49 산소 용기에 산소를 충전하고 용기 내의 온도와 밀도를 측정하였더니 각각 20[℃], 0.1[kg/L] 이었다. 용기 내의 압력은 약 얼마인가? (단, 산소는 이상기체로 가정한다.)

① 0.075 기압　② 0.75 기압
③ 7.5 기압　④ 75 기압

해설 $PV=\frac{W}{M}RT$에서 $\rho=\frac{W(g)}{V(L)}$이므로
$\therefore P=\frac{WRT}{VM}=\frac{W}{V}\times\frac{RT}{M}=\rho\times\frac{RT}{M}$
$=0.1\times1000\times\frac{0.082\times(273+20)}{32}$
$=75.08$[기압]

50 다음 중 소석회에 의해 제독이 가능한 가스는?

① 염소　② 황화수소
③ 암모니아　④ 시안화수소

해설 독성가스 제독제

가스종류	제독제의 종류
염소	가성소다 수용액, 탄산소다 수용액, 소석회
포스겐	가성소다 수용액, 소석회
황화수소	가성소다 수용액, 탄산소다 수용액
시안화수소	가성소다 수용액
아황산가스	가성소다 수용액, 탄산소다 수용액, 물
암모니아, 산화에틸렌, 염화메탄	물

※ 소석회로 제독이 가능한 독성 가스는 염소와 포스겐이다.

Answer 47. ② 48. ③ 49. ④ 50. ①

51 **냉동장치의 배관에서 증발압력 조정밸브를 설치하는 주된 목적은?**

① 증발압력이 설정된 최소치 이상을 유지하도록
② 증발압력이 설정된 최소치 이하를 유지하도록
③ 증발압력이 설정된 최고치 이상을 유지하도록
④ 증발압력이 설정된 최고치 이하를 유지하도록

해설 **증발압력 조정밸브** : 증발기와 압축기 흡입관 도중에 설치하며, 증발기 내의 압력이 설정된 압력 이하로 되는 것을 방지(설정된 최소치 이상을 유지)하기 위하여 설치하는 것으로 EPR(evaporator pressure regulator) 이라 한다.

52 **특정고압가스를 사용하고자 하는 자로서 일정규모 이상의 저장능력을 가진 자 등 산업통상자원부령이 정하는 자는 사용신고를 언제 하여야 하는가?**

① 사용개시 7일전까지
② 사용개시 15일전까지
③ 사용개시 20일전까지
④ 사용개시 1개월 전까지

해설 **특정고압가스 사용신고(고법 시행규칙 제46조)**
사용개시 7일 전까지 특정고압가스 사용신고서를 시장, 군수 또는 구청장에게 제출하여야 한다.

53 **일산화탄소(CO)의 허용농도는 50[ppm]이다. 이것을 퍼센트[%]로 나타내면 얼마인가?**

① 0.5 ② 0.05
③ 0.005 ④ 0.0005

해설 ㉮ ppm은 100만분의 1의 농도를 나타낸다.
㉯ 일산화탄소(CO)의 허용농도 50[ppm]을 [%]로 표시

$$\therefore \% = \frac{50}{100\text{만}} \times 100 = 0.005\,[\%]$$

54 **다음 중 중합폭발을 일으키는 가스는?**

① 오존 ② 시안화수소
③ 아세틸렌 ④ 히드라진

해설 **중합 및 분해폭발을 일으키는 물질**
㉮ **중합폭발을 일으키는 물질** : 시안화수소(HCN), 산화에틸렌(C_2H_4O), 염화비닐(C_2H_3Cl), 부타디엔(C_4H_6) 등
㉯ **분해폭발을 일으키는 물질** : 아세틸렌(C_2H_2), 산화에틸렌(C_2H_4O), 히드라진(N_2H_4), 오존(O_3) 등

55 **예방보전(Preventive Maintenance)의 효과가 아닌 것은?**

① 기계의 수리비용이 감소한다.
② 생산시스템의 신뢰도가 향상된다.
③ 고장으로 인한 중단시간이 감소한다.
④ 잦은 정비로 인해 제조원단위가 증가한다.

해설 **예방보전(PM)의 효과**
㉮ 예비기계를 보유해야 할 필요성이 감소된다.
㉯ 수리작업의 횟수가 감소되고, 기계의 수리비용이 감소한다.
㉰ 생산시스템의 정지시간이 줄어들게 되어 신뢰도가 향상되며 제조원가가 절감된다.
㉱ 고장으로 인한 중단시간이 감소되고 유효손실이 감소된다.
㉲ 납기지연으로 인한 고객 불만이 없어지고 매출이 증가한다.
㉳ 작업자가 안전하게 작업할 수 있다.
※ 예방보전(PM) : 고장으로 인하여 발생할 수 있는 손실을 최소화하기 위한 예방활동이다.

Answer 51. ① 52. ① 53. ③ 54. ② 55. ④

56 부적합수 관리도를 작성하기 위해 Σc = 559, Σn = 222 를 구하였다. 시료의 크기가 부분군마다 일정하지 않기 때문에 u 관리도를 사용하기로 하였다. $n=10$일 경우 u 관리도의 UCL 값은 약 얼마인가?

① 4.023 ② 2.518
③ 0.502 ④ 0.252

해설 ㉮ 중심선 $\bar{u}$ 계산

$$\therefore \bar{u} = \frac{\text{총 부적합수}(\Sigma c)}{\text{총 검사개수}(\Sigma n)} = \frac{559}{222} = 2.518$$

㉯ UCL(관리상한선) 계산

$$\therefore \text{UCL} = \bar{u} + 3\sqrt{\frac{\bar{u}}{n}}$$
$$= 2.518 + 3 \times \sqrt{\frac{2.518}{10}} = 4.023$$

㉰ LCL(관리하한선) 계산

$$\therefore \text{UCL} = \bar{u} - 3\sqrt{\frac{\bar{u}}{n}}$$
$$= 2.518 - 3 \times \sqrt{\frac{2.518}{10}} = 1.012$$

57 이항분포(Binomial distribution)의 특징에 대한 설명으로 옳은 것은?

① $P=0.01$일 때는 평균치에 대하여 좌·우 대칭이다.
② $P \le 0.1$이고, $nP = 0.1 \sim 10$일 때는 푸와송 분포에 근사한다.
③ 부적합품의 출현 개수에 대한 표준편차는 $D(x) = nP$ 이다.
④ $P \le 0.5$ 이고, $nP \le 5$일 때는 정규 분포에 근사한다.

해설 이항분포의 특징

㉮ $P=0.5$일 때는 평균치에 대하여 좌우대칭이다.
㉯ $P \le 0.5$, $nP \ge 5$, $n(1-P) \ge 5$일 때는 정규분포에 근사한다.
㉰ $P \le 0.1$, $nP = 0.1 \sim 10$, $n \ge 50$일 때는 푸아송 분포에 근사한다.

58 모집단으로부터 공간적, 시간적으로 간격을 일정하게 하여 샘플링하는 방식은?

① 단순랜덤샘플링(simple random sampling)
② 2단계샘플링(two-stage sampling)
③ 취락샘플링(cluster sampling)
④ 계통샘플링(systematic sampling)

해설 계통 샘플링(systematic sampling) : 모집단에서 시간적, 공간적으로 일정한 간격을 두어 샘플링하는 방법이다.

59 작업방법 개선의 기본 4원칙을 표현한 것은?

① 층별 – 랜덤 – 재배열 – 표준화
② 배제 – 결합 – 랜덤 – 표준화
③ 층별 – 랜덤 – 표준화 – 단순화
④ 배제 – 결합 – 재배열 – 단순화

해설 작업방법 개선의 기본 4원칙 : ECRS

㉮ 배제(Eliminate) : 제거
㉯ 결합(Combine)
㉰ 재배열(Rearrange) : 교환, 재배치
㉱ 단순화(Simplify)

60 제품공정도를 작성할 때 사용되는 요소(명칭)가 아닌 것은?

① 가공 ② 검사
③ 정체 ④ 여유

해설 제품공정도 작성에 사용되는 요소 : 작업(가공), 운반, 저장, 정체, 검사 등

Answer 56. ① 57. ② 58. ④ 59. ④ 60. ④

2014년도 기능장 제55회 필기시험 [4월 6일 시행]

과 년 도 문 제

01 Orifice 유량계는 어떤 원리를 이용한 것인가?

① 베르누이 정리
② 토리첼리 정리
③ 플랑크의 법칙
④ 보일-샤를의 원리

해설 **차압식 유량계**
㉮ 측정원리 : 베르누이 정리
㉯ 종류 : 오리피스미터, 플로노즐, 벤투리미터

02 밀폐된 용기 중에서 공기의 압력이 15[atm]일 때 N_2의 분압은 약 몇 [atm]인가? (단, 공기 중 질소는 79[%], 산소는 21[%] 존재한다.)

① 7.9 ② 9.1
③ 11.8 ④ 12.7

해설 $\text{분압} = \text{전압} \times \frac{\text{성분부피}}{\text{전부피}} = \text{전압} \times \text{부피비}$
$= 15 \times 0.79 = 11.85[\text{atm}]$

03 다음 중 특정고압가스가 아닌 것은?

① 수소 ② 산소
③ 프로판 ④ 아세틸렌

해설 **특정고압가스**
㉮ 사용신고대상 가스(고법 제20조) : 수소, 산소, 액화암모니아, 아세틸렌, 액화염소, 천연가스, 압축모노실란, 압축디보레인, 액화알진 그 밖에 대통령령이 정하는 고압가스 → 시장, 군수 또는 구청장에게 신고
㉯ 대통령령이 정하는 고압가스(고법 시행령 제16조) : 포스핀, 셀렌화수소, 게르만, 디실란, 오불화비소, 오불화인, 삼불화인, 삼불화질소, 삼불화붕소, 사불화유황, 사불화규소

04 지름이 다른 강관을 직선으로 이음하는데 주로 사용되는 것은?

① 부싱 ② 티
③ 크로스 ④ 엘보

해설 **강관 이음쇠의 사용 용도에 의한 분류**
㉮ 배관의 방향을 전환할 때 : 엘보(elbow), 벤드(bend)
㉯ 관을 도중에 분기할 때 : 티(tee), 와이(Y), 크로스(cross)
㉰ 동일 지름의 관을 연결할 때 : 소켓(sockeet), 니플(nipple), 유니언(union)
㉱ 이경관을 연결할 때 : 리듀서(reducer), 부싱(bushing), 이경 엘보, 이경 티
㉲ 관 끝을 막을 때 : 플러그(plug), 캡(cap)

05 다음 [보기]에서 설명하는 강(鋼)으로 가장 옳은 것은?

> [보기]
> - 인성, 연성, 내식성이 우수하다.
> - 결정구조는 FCC이고 비자성이다.
> - 대표 강으로는 18-8 스테인리스강이 있다.

① 구리-아연강(Cu-Zn steel)
② 구리-주석강(Cu-Sn steel)
③ 몰리브덴-크롬강(Mo-Cr steel)
④ 크롬-니켈강(Cr-Ni steel)

해설 18-8 스테인리스강은 크롬(Cr) 17~20[%], 니켈(Ni) 7~10[%] 함유하고 오스테나이트계 결정구조를 가져 오스테나이트계 스테인리스강이라고 한다.

Answer 1. ① 2. ③ 3. ③ 4. ① 5. ④

06 공기액화 분리장치의 폭발 원인과 대책으로 틀린 것은?

① 공기 취입구에서 아세틸렌이 혼입된다.
② 압축기용 윤활유의 분해에 따라 탄화수소가 생성된다.
③ 흡입구 부근에서는 아세틸렌 용접을 금지한다.
④ 분리장치는 년 1회 정도 내부를 세척하고 세정액으로는 양질의 광유를 사용한다.

해설 공기액화 분리장치의 폭발 원인 및 대책

(1) 폭발 원인
㉮ 공기 취입구로부터 아세틸렌 혼입
㉯ 압축기용 윤활유 분해에 따른 탄화수소의 생성
㉰ 공기 중 질소화합물(NO, NO_2)의 혼입
㉱ 액체 공기 중에 오존(O_3)의 혼입

(2) 폭발방지 대책
㉮ 아세틸렌이 흡입되지 않는 장소에 공기 흡입구를 설치한다.
㉯ 양질의 압축기 윤활유를 사용한다.
㉰ 장치 내 여과기를 설치한다.
㉱ 장치는 1년에 1회 정도 내부를 사염화탄소를 사용하여 세척한다.

07 일산화탄소의 제법에 대한 설명으로 옳은 것은?

① 수소가스 제조시의 부산물로 제조된다.
② 코크스에 산소를 사용하여 불완전 연소시켜 제조한다.
③ 알코올 발효시의 부산물로 제조된다.
④ 석회석의 연소에 의해 생성된 가스를 압축하여 제조한다.

해설 일산화탄소 제조법
㉮ 실험적 제조법 : 의산에 진한 황산을 가하여 얻는다.
㉯ 공업적 제조법 : 석유 또는 석탄을 가스화하여 얻을 수 있는 수성가스에서 회수하는 방법과 목탄, 코크스를 불완전 연소시켜 얻는다.

08 재충전 금지용기는 그 용기의 안전을 확보하기 위하여 기준에 적합하여야 한다. 그 기준으로 틀린 것은?

① 용기와 용기 부속품을 분리할 수 없는 구조일 것
② 최고충전압력[MPa]의 수치와 내용적[L]의 수치를 곱한 값이 100 이하일 것
③ 최고충전압력이 22.5[MPa] 이하이고 내용적이 15[L] 이하일 것
④ 최고충전압력이 3.5[MPa] 이상인 경우에는 내용적이 5[L] 이하일 것

해설 재충전 금지용기 구조 및 치수 기준 : ①, ②, ④ 외
㉮ 용기 몸통에는 용기에 부착하는 부속품 및 부속물이 없는 구조로 한다.
㉯ 개구부 및 보강부는 용기의 길이방향 축을 중심으로 하여 용기의 바깥지름의 80[%]를 직경으로 하는 원의 안쪽에 있는 구조로 한다.
㉰ 개구부의 수평면은 용기의 길이방향 축에 대하여 수직인 구조로 한다. 다만, 용기 본체에 용접된 파열판식 안전장치는 그러하지 아니하다.
㉱ 용기 부속품은 밸브 핸들이 부착되어 있거나 전용 개폐 기구를 사용하여 개폐하는 구조로 한다.
㉲ 최고충전압력이 22.5[MPa] 이하이고 내용적이 25[L] 이하로 한다.
㉳ 납붙임 부분은 용기 몸체 두께의 4배 이상의 길이로 한다.

09 냉동배관에서 압축기 다음에 설치하는 유분리기의 분리 방법에 따른 종류가 아닌 것은?

① 전기식 ② 원심식
③ 가스 충돌식 ④ 유속 감소식

해설 냉동용 압축기 유분리기의 종류
㉮ 유속 감소식(중력식) : 오일이 함유된 냉매가스를 큰 용기에 유입하여 가스의 속도를 낮추어 (1[m/s] 정도) 유적(油滴)을 낙하시켜 분리시키는 방식
㉯ 가스 충돌식 : 가스를 용기 내에 유입하여 여러 개의 작은 구멍이 뚫려 있는 차단판에 가스를

Answer 6. ④ 7. ② 8. ③ 9. ①

충돌시키거나, 금속선으로 만든 망(網)을 설치하고 여기에 가스를 통과시켜 판이나 망에 부착하는 유적을 분리하는 방식
㉰ 원심식(원심분리형) : 입형 원통 내에 선회판을 설치하여 가스에 선회운동을 주어 유적을 원심분리하도록 한 방식

10 공기 중에서 폭발하한계 값이 작은 것부터 큰 순서로 옳게 나열된 것은?

[보기] ㉠ 아세틸렌 ㉡ 수소
㉢ 프로판 ㉣ 일산화탄소

① ㉠-㉡-㉢-㉣ ② ㉠-㉡-㉣-㉢
③ ㉡-㉠-㉢-㉣ ④ ㉢-㉠-㉡-㉣

해설 각 가스의 공기 중에서 폭발범위값

명 칭	폭발범위값
아세틸렌(C_2H_2)	2.5~81[%]
수소(H_2)	4~75[%]
프로판(C_3H_8)	2.2~9.5[%]
일산화탄소(CO)	12.5~74[%]

11 다음 용어의 정의 중 틀린 것은?

① 저장소라 함은 산업통상자원부령이 정하는 일정량 이상의 고압가스를 용기 또는 저장탱크에 의하여 저장하는 일정한 장소를 말한다.
② 용기라 함은 고압가스를 충전하기 위한 것으로서 이동할 수 없는 것을 말한다.
③ 저장탱크라 함은 고압가스를 저장하기 위한 것으로서 일정한 위치에 고정 설치된 것을 말한다.
④ 냉동기라 함은 고압가스를 사용하여 냉동을 하기 위한 기기로서 산업통상자원부령이 정하는 냉동능력 이상인 것을 말한다.

해설 용기(容器) : 고압가스를 충전하기 위한 것(부속품 포함)으로서 이동할 수 있는 것

12 교축과정에서 일어나는 현상으로 틀린 것은?

① 엔탈피가 증가한다.
② 엔트로피가 증가한다.
③ 압력이 감소한다.
④ 난류현상이 일어난다.

해설 교축과정에서 나타나는 현상
㉮ 엔탈피가 일정한 등엔탈피 변화과정이다.
㉯ 압력과 속도가 감소한다.
㉰ 유체의 마찰 및 와류 등에 의하여 난류현상이 발생한다.
㉱ 엔트로피가 증가한다.

13 암모니아 가스 누출 시험에 사용할 수 없는 것은?

① 염화수소
② 네슬러 시약
③ 리트머스 시험지
④ 헤라이드 토치

해설 암모니아 누설 검지법
㉮ 자극성이 있어 냄새로서 알 수 있다.
㉯ 유황, 염산과 접촉 시 흰연기가 발생한다.
㉰ 적색 리트머스지가 청색으로 변한다.
㉱ 페놀프탈렌 시험지가 백색에서 갈색으로 변한다.
㉲ 네슬러시약이 미색→황색→갈색으로 변한다.
※ 헤라이드 토치(halido torch) : 불꽃 색 변화를 이용하여 프레온 냉매의 누설을 검지한다. 누설이 없을 때 파란 불꽃, 소량 누설 시 녹색 불꽃, 다량 누설 시 자색 불꽃, 과량 누설 시 불꽃이 꺼진다.

Answer 10. ④ 11. ② 12. ① 13. ④

14 정전기 재해 방지조치에는 정전기 발생억제, 정전기 완화 촉진, 폭발성가스의 형성 방지로 나눌 수 있다. 이 중 정전기 완화를 촉진시켜 정전기를 방지하는 방법이 아닌 것은?

① 접지, 본딩 ② 공기 이온화
③ 습도 부여 ④ 유속 제한

해설 정전기 재해 방지조치
(1) 정전기 발생 완화 방법
㉮ 접지와 본딩을 실시한다.
㉯ 절연체에 도전성을 갖게 한다.
㉰ 공기를 이온화시킨다.
㉱ 상대습도를 70[%] 이상 유지한다.
㉲ 정전의, 정전화를 착용하여 대전을 방지한다.
(2) 정전기 발생 억제 방법
㉮ 유속을 1[m/s] 이하로 유지한다.
㉯ 분진 및 먼지 등의 이물질을 제거한다.
㉰ 액체 및 기체의 분출을 방지한다.

15 온도 298[K], 부피 0.248[L]의 용기에 메탄 1[mol]을 저장할 때 Van der Waals 식을 이용하여 계산한 압력[bar]은?
(단, a = 2.29[L^2 · bar · mol^{-2}],
b = 0.0428[L · mol^{-1}],
R = 0.08314[L · bar · K^{-1} · mol^{-1}]이다.)

① 8.35 ② 83.5
③ 835 ④ 8350

해설 $\left(P+\frac{n^2a}{V^2}\right)(V-nb)=nRT$ 에서

$$\therefore P=\frac{nRT}{V-nb}-\frac{n^2a}{V^2}$$

$$=\frac{1\times 0.08314\times 298}{0.248-1\times 0.0428}-\frac{1^2\times 2.29}{0.248^2}$$

$$=83.506[\text{bar}]$$

16 다음 중 압력이 가장 높은 것은?

① 2000[kgf/m^2]
② 20[psi]
③ 20000[Pa]
④ 30[mH_2O]

해설 각 압력을 [kgf/cm^2]으로 환산하여 비교
㉮ 2000[kgf/m^2] →
$2000\times 10^{-4}=0.2[kgf/cm^2]$
㉯ 20[psi] →
$\frac{20}{14.7}\times 1.0332=1.4057[kgf/cm^2]$
㉰ 20000[Pa] →
$\frac{20000}{101325}\times 1.0332=0.2039[kgf/cm^2]$
㉱ 30[mH_2O] →
$\frac{30}{10.332}\times 1.0332=3[kgf/cm^2]$

17 산업통상자원부장관은 가스의 수급상 필요하다고 인정되면 도시가스사업자에게 조정을 명령할 수 있다. "조정명령" 사항이 아닌 것은?

① 가스공급 계획의 조정
② 가스요금 등 공급조건의 조정
③ 가스공급시설 공사계획의 조정
④ 가스사업의 휴지, 폐지, 허가에 대한 조정

해설 **조정명령** : 도법 시행령 제20조
㉮ 가스공급시설 공사계획의 조정
㉯ 가스공급계획의 조정
㉰ 둘 이상의 특별시, 광역시, 도 및 특별자치도를 공급지역으로 하는 경우 공급지역의 조정
㉱ 가스요금 등 공급조전의 조정
㉲ 가스의 열량, 압력 및 연소성의 조정
㉳ 가스공급시설의 공동이용에 관한 조정
㉴ 천연가스 수출입 물량의 규모, 시기 등의 조정
㉵ 자가소비용 직수입자의 가스도매사업자에 대한 판매에 관한 조정

Answer 14. ④ 15. ② 16. ④ 17. ④

18 도시가스 공급시설 중 정압기(지)의 기준에 대한 설명으로 옳지 않은 것은?

① 정압기를 설치한 장소는 계기실, 전기실 등과 구분하고 누출된 가스가 계기실 등으로 유입되지 아니하도록 한다.
② 정압기의 입구측, 출구측 및 밸브기지는 최고사용압력의 1.25배 이상에서 기밀성능을 가지는 것으로 한다.
③ 지하에 설치하는 정압기실은 천정, 바닥 및 벽의 두께가 각각 30[cm] 이상의 방수조치를 한 콘크리트로 한다.
④ 정압기의 입구에는 수분 및 불순물제거장치를 설치한다.

해설 **정압기지(밸브기지)의 기준** : ①, ③, ④ 외
㉮ 정압기지 및 밸브기지에는 가스공급시설 외의 시설물을 설치하지 아니한다.
㉯ 정압기지 및 밸브기지에 가스공급시설의 관리 및 제어를 위하여 설치한 건축물은 철근콘크리트 또는 그 이상의 강도를 갖는 구조로 한다.
㉰ 정압기실 및 밸브기지의 밸브실을 지하에 설치할 경우에는 침수방지조치를 한다.
㉱ 지상에 설치하는 정압기실의 출입문은 두께 6[mm](허용공차 : ±0.6[mm]) 이상의 강판 또는 30×30[mm] 이상의 앵글강을 400×400[mm] 이하의 간격으로 용접 보강한 두께 3.2[mm](허용공차 : ±0.34[mm]) 이상의 강판으로 설치한다.
㉲ 정압기의 입구측, 출구측 및 밸브기지는 최고사용압력의 1.1배 이상에서 기밀성능을 가지는 것으로 한다.

19 액화석유가스의 충전사업자는 수요자의 시설에 대하여 안전점검을 실시하고 안전관리 실시 대장을 작성하여 몇 년간 보존하여야 하는가?

① 1년　② 2년
③ 3년　④ 5년

해설 **공급자의 의무(액법 시행규칙 제20조)** : 액화석유가스 충전사업자, 액화석유가스 집단공급사업자 및 액화석유가스 판매사업자는 그가 공급하는 수요자의 시설에 대하여 안전점검을 실시하고 수요자에게 위해예방에 필요한 사항을 계도하여야 하며 안전관리 실시대장을 작성하여 2년간 보존하여야 한다. 용기가스소비자의 시설에 대하여는 소비설비 안전점검 총괄표를 작성하여 해당 월에 작성한 그 사본을 수요자가 살고 있는 지역의 시장, 군수, 구청장에게 다음달 10일까지 제출하여야 한다.

20 초저온가스용 용기 제조 시 기밀시험 압력이란?

① 최고충전압력의 1.1배의 압력을 말한다.
② 최고충전압력의 1.5배의 압력을 말한다.
③ 상용압력의 1.1배의 압력을 말한다.
④ 상용압력의 1.5배의 압력을 말한다.

해설 **초저온 및 조온용기 압력**
㉮ 최고충전압력(FP) : 상용압력 중 최고압력
㉯ 기밀시험압력(AP) : 최고충전압력의 1.1배
㉰ 내압시험압력(TP) : 최고충전압력의 5/3 배

21 독성가스를 사용하는 냉매설비를 설치한 곳에는 냉동능력 얼마 이상의 면적을 갖는 환기구를 직접 외기에 닿도록 설치하여야 하는가?

① 0.05[m^2/ton]
② 0.1[m^2/ton]
③ 0.5[m^2/ton]
④ 1.0[m^2/ton]

해설 **냉동제조시설 환기능력**
㉮ 통풍구 크기 : 냉동능력 1톤당 0.05[m^2] 이상
㉯ 기계 통풍장치 : 냉동능력 1톤당 2[m^3/분] 이상

Answer 18. ② 19. ② 20. ① 21. ①

22 **동일 장소에 설치하는 소형저장탱크는 충전질량의 합계가 얼마 미만이 되어야 하는가?**

① 2500[kg] ② 5000[kg]
③ 10000[kg] ④ 30000[kg]

해설 동일 장소에 설치하는 소형저장탱크의 수는 6기 이하로 하고, 충전질량 합계는 5000[kg] 미만이 되도록 한다.

23 **어떤 온도의 다음 반응에서 A, B 각각 1몰을 반응시켜 평형에 도달했을 때 C가 2/3몰 생성되었다. 이 반응의 평형상수는 얼마인가?**

$A(g)+B(g) \rightarrow C(g)+D(g)$

① 2 ② 4
③ 6 ④ 8

해설 $A(g)+B(g) \rightarrow C(g)+D(g)$

반응 전 : 1[mol] 1[mol] 0[mol] 0[mol]

반응 후 : $\left(1-\frac{2}{3}\right)$ $\left(1-\frac{2}{3}\right)$ $\left(\frac{2}{3}\right)$ $\left(\frac{2}{3}\right)$

$$\therefore K=\frac{[C]\cdot[D]}{[A]\cdot[B]}=\frac{\frac{2}{3}\times\frac{2}{3}}{\frac{1}{3}\times\frac{1}{3}}=4$$

24 **고압가스 특정제조 허가의 대상이 아닌 것은?**

① 석유정제업자의 석유정제시설에서 고압가스를 제조하는 것으로서 저장능력이 100[ton] 이상인 것
② 석유화학공업자의 석유화학공업시설에서 고압가스를 제조하는 것으로서 처리능력이 1만[m^3] 이상인 것
③ 비료생산업자의 비료제조시설에서 고압가스를 제조하는 것으로서 그 처리능력이 1만[m^3] 이상인 것
④ 철강공업자의 철강공업시설에서 고압가스를 제조하는 것으로서 그 처리능력이 10만[m^3] 이상인 것

해설 비료생산업자의 비료제조시설 또는 그 부대시설에서 고압가스를 제조하는 것으로서 그 저장능력 100[톤] 이상이거나 처리능력이 10만[m^3] 이상인 것

25 **이상기체(완전가스)의 성질이 아닌 것은?**

① 보일-샤를의 법칙을 만족한다.
② 아보가드로의 법칙을 따른다.
③ 내부에너지는 체적과 무관하며 압력에 의해서만 결정된다.
④ 기체 분자 간 충돌은 완전 탄성체로 이루어진다.

해설 이상기체의 성질
㉮ 보일-샤를의 법칙을 만족한다.
㉯ 아보가드로의 법칙에 따른다.
㉰ 내부에너지는 온도만의 함수이다.
㉱ 온도에 관계없이 비열비는 일정하다.
㉲ 기체의 분자력과 크기도 무시되며 분자간의 충돌은 완전 탄성체이다.

26 **코리오리스(Coriolis) 유량계의 특징이 아닌 것은?**

① 유체의 종류에 따라 보정이 필요하다.
② 유체의 질량을 직접 측정한다.
③ 고압의 기체유량 측정이 가능하다.
④ 측정방식이 물리적인 유체의 속성과 무관하다.

Answer 22. ② 23. ② 24. ③ 25. ③ 26. ①

해설 **코리오리스 유량계** : 지구의 자력(Coriolis force)을 이용하여 질량유량을 측정하는 유량계로 형상에 따라 직관형, 벤딩형, 루프형 등으로 분류된다. 제한된 온도(-200~400[℃])와 압력(890[bar]) 범위에서 거의 모든 유체의 유량측정이 가능하며 밀도, 온도 등을 측정할 수 있다.

27 특정고압가스를 사용하고자 한다. 신고 대상이 아닌 것은?

① 저장능력 10[m^3]의 압축가스 저장능력을 갖추고 디실란을 사용하고자 하는 자
② 저장능력 200[kg]의 액화가스 저장능력을 갖추고 액화암모니아를 사용하고자 하는 자
③ 저장능력 250[kg]의 액화가스 저장능력을 갖추고 액화산소를 사용하고자 하는 자
④ 저장능력 10[m^3]의 압축가스 저장능력을 갖추고 수소를 사용하고자 하는 자

해설 **특정고압가스 사용신고 대상** : 고법 시행규칙 제46조
㉮ 저장능력 250[kg] 이상인 액화가스 저장설비를 갖추고 특정고압가스를 사용하려는 자
㉯ 저장능력 50[m^3] 이상인 압축가스 저장설비를 갖추고 특정고압가스를 사용하려는 자
㉰ 배관으로 특정고압가스(천연가스 제외)를 공급받아 사용하고자 하는 자
㉱ 압축모노실란, 압축디보레인, 액화알진, 포스핀, 셀렌화수소, 게르만, 디실란, 오불화비소, 오불화인, 삼불화인, 삼불화질소, 삼불화붕소, 사불화유황, 사불화규소, 액화염소 또는 액화암모니아를 사용하려는 자 다만, 시험용으로 사용하려 하거나 시장, 군수 또는 구청장이 지정하는 지역에서 사료용으로 볏짚 등을 발효하기 위하여 액화암모니아를 사용하려는 경우는 제외한다.
㉲ 자동차 연료용으로 특정고압가스를 공급받아 사용하려는 자

28 용기 부속품의 종류별 기호의 표시 중 압축가스를 충전하는 용기의 부속품을 나타내는 것은?

① LG ② PG
③ LT ④ AG

해설 **용기 부속품 기호**
㉮ AG : 아세틸렌가스 용기 부속품
㉯ PG : 압축가스 용기 부속품
㉰ LG : 액화석유가스 외의 액화가스 용기 부속품
㉱ LPG : 액화석유가스 용기 부속품
㉲ LT : 초저온 및 저온 용기 부속품

29 다음 [보기]에서 압력을 낮추면 평형이 왼쪽으로 이동하는 것으로만 짝지어진 것은?

[보기]
㉠ $C(S) + H_2O \rightleftarrows CO + H_2$
㉡ $2CO + O_2 \rightleftarrows 2CO_2$
㉢ $N_2 + 3H_2 \rightleftarrows 2NH_3$
㉣ $H_2O(L) \rightleftarrows H_2O(g)$

① ㉠, ㉣ ② ㉠, ㉢
③ ㉠, ㉡ ④ ㉡, ㉢

해설 **압력과 평형이동의 관계**
㉮ 압력이 증가할 때(부피 감소) : 기체 몰수가 작아지는 방향으로 이동
㉯ 압력이 감소할 때(부피 증가) : 기체몰수가 커지는 방향으로 이동
㉰ 압력으로 평형 이동할 때 액체(L)나 고체(S) 몰수는 0으로 한다.
※ 압력을 낮추면 평형이 왼쪽으로 이동하는 것은 ㉡, ㉢ 이고 오른쪽으로 이동하는 것은 ㉠, ㉣ 이다.

Answer 27. ④ 28. ② 29. ④

30 등엔트로피 과정이란?

① 가역 단열 과정이다.
② 가역 등온 과정이다.
③ 마찰이 없는 비가역 과정이다.
④ 마찰이 없는 등온 과정이다.

해설 등엔트로피 과정은 엔트로피 변화가 없는 것으로 가역 단열과정이 해당된다.

31 고압가스 안전관리법의 적용 대상이 되는 가스는?

① 철도차량의 에어콘디셔너 안의 고압가스
② 항공법의 적용을 받는 항공기 안의 고압가스
③ 등화용의 아세틸렌가스
④ 오토클레이브 안의 수소가스

해설 고압가스 안전관리법의 적용 대상이 되는 가스 중 제외되는 고압가스(고법 시행령 별표1) : "오토클레이브 안의 고압가스"는 법 적용에서 제외되지만 수소, 아세틸렌 및 염화비닐은 법 적용을 받는다.

32 어떤 기체가 20[℃], 700[mmHg]에서 100[mL]의 무게가 0.5[g]이라면 표준상태에서 이 기체의 밀도는 약 몇 [g/L]인가?

① 2.8 ② 3.8 ③ 4.8 ④ 5.8

해설 ㉮ 기체의 분자량 계산

$PV = \frac{W}{M}RT$ 에서

$$\therefore M = \frac{WRT}{PV} = \frac{0.5 \times 0.082 \times (273+20)}{\frac{700}{760} \times 100 \times 10^{-3}} = 130.426\,[\mathrm{g}]$$

㉯ 표준상태에서의 밀도 계산

$$\therefore \rho = \frac{M}{22.4} = \frac{130.426}{22.4} = 5.822\,[\mathrm{g/L}]$$

33 정압기실 주위에는 경계책을 설치하여야 한다. 이때 경계책을 설치한 것으로 보지 않는 경우는?

① 철근콘크리트로 지상에 설치된 정압기실
② 도로의 지하에 설치되어 사람과 차량의 통행에 영향을 주는 장소에 있어 경계책 설치가 부득이한 정압기실
③ 정압기가 건축물 안에 설치되어 있어 경계책을 설치할 수 있는 공간이 없는 정압기실
④ 매몰형 정압기

해설 **정압기실 경계책 설치기준**

(1) 경계책 높이 : 1.5[m] 이상
(2) 경계표지를 설치한 경우 경계책을 설치한 것으로 인정되는 경우
 ㉮ 철근콘크리트 및 콘크리트 블록재로 지상에 설치된 정압기실
 ㉯ 도로의 지하 또는 도로와 인접하게 설치되어 있어 사람과 차량의 통행에 영향을 주는 장소에 있어 경계책 설치가 부득이한 정압기실
 ㉰ 정압기가 건축물 내에 설치되어 있어 경계책을 설치할 수 있는 공간이 없는 정압기실
 ㉱ 상부 덮개에 시건 조치를 한 매몰형 정압기
 ㉲ 경계책 설치가 불가능하다고 일반도시가스사업자를 관할하는 시장, 군수, 구청장이 인정하는 다음의 정압기
  ⓐ 공원지역, 녹지지역 등에 설치된 것
  ⓑ 기타 부득이한 경우

34 20[℃]에서 600[mL]의 기체를 압력의 변화 없이 온도를 40[℃]로 변화시키면 부피는 약 얼마가 되는가?

① 621[mL] ② 631[mL]
③ 641[mL] ④ 651[mL]

해설 $\frac{P_1 V_1}{T_1} = \frac{P_2 V_2}{T_2}$ 에서 $P_1 = P_2$ 이다.

Answer 30. ① 31. ④ 32. ④ 33. ④ 34. ③

$$\therefore V_2 = \frac{V_1 T_2}{T_1} = \frac{600 \times (273+40)}{273+20}$$
$$= 640.955[\text{mL}]$$

35 고압가스용 이음매 없는 용기 제조 시 부식방지도장을 실시하기 전에 도장효과를 향상시키기 위하여 실시하는 처리가 아닌 것은?

① 피막화성처리 ② 쇼트브라스팅
③ 포토에칭 ④ 에칭 프라이머

해설 용기 전처리 방법의 종류
㉮ 탈지
㉯ 피막화성처리
㉰ 산세척
㉱ 쇼트 브라스팅
㉲ 에칭 프라이머

36 유체의 부피나 질량을 직접 측정하는 방법으로서, 유체의 성질에 영향을 적게 받지만 구조가 복잡하고 취급이 어려운 단점이 있는 유량 측정 장치는?

① 오리피스 미터 ② 습식 가스미터
③ 벤투리 미터 ④ 로터 미터

해설 (1) 유량계의 분류
㉮ 직접식(용적식) 유량계 : 습식 가스미터, 루츠식 가스미터, 오벌 기어식, 로터리 피스톤식, 회전원판식 등
㉯ 간접식 유량계 : 차압식 유량계, 면적식 유량계, 유속식 유량계, 전자식 유량계, 와류식 유량계 등
(2) 습식 가스미터의 특징
㉮ 계량이 정확하다.
㉯ 사용 중에 오차의 변동이 적다.
㉰ 사용 중에 수위조정 등의 관리가 필요하다.
㉱ 설치면적이 크다.
㉲ 용도는 기준용, 실험실용 등으로 사용된다.

37 산소 압축기의 내부 윤활유로 주로 사용되는 것은?

① 석유류 ② 화이트유
③ 물 ④ 진한 황산

해설 산소 압축기 내부 윤활유
㉮ 사용되는 것 : 물 또는 10[%] 이하의 묽은 글리세린수
㉯ 금지되는 것 : 석유류, 유지류, 농후한 글리세린

38 가열된 열량이 전부 내부에너지의 증가로 사용되는 가스의 상태변화는?

① 정적변화 ② 정압변화
③ 등온변화 ④ 단열변화

해설 **정적(등적)변화** : 탱크 속에 있는 물질에 열을 가하면 체적의 변화가 없으며, 체적이 일정한 상태로 유지되는 변화과정으로 가열량은 모두 내부에너지로 저장된다. (내부에너지의 증가로 사용된다.)

39 전기 방식(防蝕) 중 외부전원법에 사용되는 정류기가 아닌 것은?

① 정전류형 ② 정전압형
③ 정저항형 ④ 정전위형

해설 **외부전원법 정류기의 종류** : 정전류형, 정전압형, 정전위형

40 배관의 용접이음 시 특징에 대한 설명 중 틀린 것은?

① 보온피복 시 시공이 쉽다.
② 이음부의 강도가 크고 누출우려가 적다.
③ 가공시간이 단축되며 재료비가 절약된다.
④ 관단면의 변화가 없어 손실수두가 크다.

Answer 35. ③ 36. ② 37. ③ 38. ① 39. ③ 40. ④

해설 용접이음의 특징

(1) 장점

㉮ 이음부 강도가 크고, 하자발생이 적다.

㉯ 이음부 관 두께가 일정하므로 마찰저항이 적다.

㉰ 배관의 보온, 피복시공이 쉽다.

㉱ 시공시간이 단축되고 유지비, 보수비가 절약된다.

(2) 단점

㉮ 재질의 변형이 일어나기 쉽다.

㉯ 용접부의 변형과 수축이 발생한다.

㉰ 용접부의 잔류응력이 현저하다.

㉱ 품질검사(결함검사)가 어렵다.

41 고압가스 탱크의 수리를 위하여 내부 가스를 배출하고, 불활성가스로 치환한 후 다시 공기로 치환하였다. 분석결과는 각각의 가스에 대해 다음과 같았다. 사람이 들어가 화기를 사용하여도 무방한 경우는?

① 산소 : 30[%]

② 수소 : 10[%]

③ 프로판 : 5[%]

④ 질소 80[%], 나머지는 산소

해설 (1) 가스설비 치환농도 기준

㉮ 가연성가스 : 폭발하한계의 1/4 이하(25[%] 이하)

㉯ 독성가스 : TLV-TWA 기준농도 이하

㉰ 산소 : 22[%] 이하

㉱ 위 시설에 작업원이 들어가는 경우 산소농도 : 18~22[%]

(2) 산소는 22[%] 이하에 도달하지 않았고, 수소는 폭발범위거 4~75[%], 프로판은 2.2~9.5[%]이므로 폭발범위 하한값의 1/4을 초과하므로 사람이 들어가 화기를 사용할 수 없다. 그러므로 화기를 사용하여도 무방한 경우는 ④번 항목이 해당된다.

42 카르노(Carnot) 사이클로 작동하는 열기관에서 사이클 마다 250[kg · m]의 일을 얻기 위해서는 사이클마다 공급열량이 1[kcal], 저열원의 온도가 27[℃]이면 고열원의 온도는 약 몇 [℃]가 되어야 하는가?

① 351[℃] ② 451[℃]

③ 624[℃] ④ 724[℃]

해설 카르노 사이클 열기관 효율 계산식

$$\eta = \frac{AW}{Q_1} = 1 - \frac{T_2}{T_1}$$ 에서

$$1 - \frac{AW}{Q_1} = \frac{T_2}{T_1}$$ 이다.

$$\therefore T_1 = \frac{T_2}{1 - \frac{AW}{Q_1}} = \frac{273+27}{1 - \frac{\frac{1}{427}\times 250}{1}}$$

$$= 723.728[K] - 273 = 450.728[℃]$$

43 가스관련법에서 규정하고 있는 안전관리자의 종류에 해당하지 않는 것은?

① 안전관리 부총괄자

② 안전관리 책임자

③ 안전관리 부책임자

④ 안전점검원

해설 안전관리자의 종류(도법 시행령 제15조) : 안전관리 총괄자, 안전관리 부총괄자, 안전관리책임자, 안전관리원, 안전점검원

44 이상기체의 부피를 현재의 1/2로 하고 절대온도[K]를 현재의 2배로 했을 경우 압력은 얼마가 되겠는가?

① 1배 ② 2배

③ 4배 ④ 8배

Answer 41. ④ 42. ② 43. ③ 44. ③

해설 $\dfrac{P_1 V_1}{T_1} = \dfrac{P_2 V_2}{T_2}$ 에서

$V_2 = \dfrac{1}{2} V_1$, $T_2 = 2T_1$ 이다.

$$\therefore P_2 = \frac{P_1 \times V_1 \times T_2}{V_2 \times T_1} = \frac{P_1 \times V_1 \times 2 \times T_1}{\frac{1}{2} \times V_1 \times T_1} = 4P_1$$

∴ 나중 압력(P_2)은 처음 압력(P_1)의 4배가 된다.

45 **내용적 47[L]인 프로판 용기 안에 프로판이 20[kg] 충전되어 있을 때 프로판의 가스 상수는?**

① 0.86 ② 1.25
③ 2.09 ④ 2.35

해설 $G = \dfrac{V}{C}$ 에서

$$\therefore C = \frac{V}{G} = \frac{47}{20} = 2.35$$

46 **섭씨온도[℃]와 화씨온도[°F]가 같은 값을 나타내는 온도는?**

① −20 ② −40
③ −50 ④ −60

해설 $°F = \dfrac{9}{5}℃ + 32$ 에서 [°F]와 [℃]가 같으므로 x로 놓으면 $x = \dfrac{9}{5}x + 32$가 된다.

$$\therefore x - \frac{9}{5}x = 32$$

$$x\left(1 - \frac{9}{5}\right) = 32$$

$$\therefore x = \frac{32}{1 - \frac{9}{5}} = -40$$

47 **도시가스 품질검사를 위한 시료채취 방법에 대한 설명으로 옳은 것은?**

① 5[L] 이하의 시료용기에 0.1[MPa] 이하의 압력으로 채취한다.
② 5[L] 이하의 시료용기에 1.0[MPa] 이하의 압력으로 채취한다.
③ 10[L] 이하의 시료용기에 0.1[MPa] 이하의 압력으로 채취한다.
④ 10[L] 이하의 시료용기에 1.0[MPa] 이하의 압력으로 채취한다.

해설 도시가스 품질검사(도법 시행규칙 별표10) 시료채취 방법 및 보관(도시가스 품질기준 등에 관한 고시 제7조)

㉮ 도시가스의 시료채취는 한국산업규격의 냉각경질 탄화수소유-액화천연가스 시료채취방법(KS I ISO8943) 또는 천연가스-시료채취 지침서(KS I ISO10715)에 따른다.
㉯ 시료는 10[L] 이하의 시료용기에 1.0[MPa] 이하의 압력으로 채취한다.
㉰ 시료는 검사용 및 보관용으로 총 2개를 채취한다.
㉱ 품질검사기관은 보관용 시료를 봉인된 상태로 보관한다.

48 **내용적 40[L]의 용기에 아세틸렌가스 10[kg](액비중 0.613)을 충전할 때 다공성물질의 다공도를 90[%]라고 하면 안전공간은 표준상태에서 몇 [%] 정도인가? (단, 아세톤의 비중은 0.8 이고, 주입된 아세톤량은 14[kg]이다.)**

① 3.5[%] ② 4.5[%]
③ 5.5[%] ④ 6.5[%]

해설 **아세틸렌 용기 내 내용물의 체적 계산**

㉮ 아세톤이 차지하는 체적 계산

$$\therefore V_1 = \frac{\text{액체 질량}}{\text{액비중}} = \frac{14}{0.8} = 17.5[L]$$

㉯ 다공성물질이 차지하는 체적 계산 : 다공도가

90[%]이므로 다공성물질이 차지하는 체적은 나머지 10[%]이다.

$\therefore V_2 = 40 \times (1-0.9) = 4[L]$

㉰ 액체 아세틸렌이 차지하는 체적 계산

$$\therefore V_3 = \frac{\text{액체 질량}}{\text{액비중}} = \frac{10}{0.613} = 16.31[L]$$

㉱ 용기 내 내용물이 차지하는 체적 합계

$$\therefore V = V_1 + V_2 + V_3 = 17.5 + 4 + 16.31 = 37.81[L]$$

㉲ 안전공간[%] 계산

$$\therefore \text{안전공간} = \frac{\text{내용적} - \text{내용물 체적}}{\text{내용적}} \times 100 = \frac{40-37.81}{40} \times 100 = 5.47[\%]$$

49 판두께 12[mm], 용접길이 50[cm]인 판을 맞대기 용접했을 때 4500[kgf]의 인장하중이 작용한다면 인장응력은 약 몇 [kgf/cm^2]인가?

① 45 ② 75

③ 125 ④ 145

해설 $\sigma = \frac{F}{A} = \frac{4500}{1.2 \times 50} = 75[\text{kgf/cm}^2]$

50 도시가스를 사용하는 공동주택 등에 압력조정기를 설치할 수 있는 경우의 기준으로 옳은 것은?

① 공동주택 등에 공급되는 가스압력이 중압 이상으로서 전체 세대수가 150세대 미만인 경우

② 공동주택 등에 공급되는 가스압력이 중압 이상으로서 전체 세대수가 250세대 미만인 경우

③ 공동주택 등에 공급되는 가스압력이 저압으로서 전체 세대수가 200세대 미만인 경우

④ 공동주택 등에 공급되는 가스압력이 저압으로서 전체 세대수가 300세대 미만인 경우

해설 **공동주택 등에 압력조정기 설치 세대수**

㉮ 저압 : 250세대 미만(249세대까지 가능)

㉯ 중압 : 150세대 미만(149세대까지 가능)

51 가연성가스 중 산소의 농도가 증가할수록 발화온도와 폭발한계는 각각 어떻게 변하는가?

① 발화온도 : 높아진다. 폭발한계 : 넓어진다.

② 발화온도 : 높아진다. 폭발한계 : 좁아진다.

③ 발화온도 : 낮아진다. 폭발한계 : 넓어진다.

④ 발화온도 : 낮아진다. 폭발한계 : 좁아진다.

해설 가연성가스 중의 산소 농도가 증가하면(산소량이 많은 경우) 연소는 잘 되므로 연소속도는 빠르게 되고, 발화온도는 낮아지며 폭발한계(폭발범위)는 넓어진다.

52 직경 20[mm] 이하의 구리관을 이음할 때 기계의 점검, 보수, 기타 관을 분리하기 쉽게 하기 위한 구리관의 이음방법으로서 가장 적절한 것은?

① 플랜지 이음 ② 슬리브 이음

③ 용접 이음 ④ 플레어 이음

해설 **압축이음(flare joint)** : 관지름 20[mm] 이하의 동관(구리관)을 이음할 때 플레어링 툴 세트를 이용하여 동관 끝을 나팔관 모양으로 가공 후 압축이음 이음재를 사용하여 관을 접합하는 방법으로 기기의 점검, 보수, 기타 분해할 때 적합하다. 이음할 때 다음과 같은 사항에 주의한다.

㉮ 나팔관 가공 시 갈라지거나 관 끝이 밀려들어가는 현상이 없어야 한다.

㉯ 압축 접합이므로 나사용 실(seal)제 등을 사용하지 않는다.

Answer 49. ② 50. ① 51. ③ 52. ④

㉰ 적당한 공구를 사용하며, 무리한 조임을 피한다.
㉱ 압력시험 후 시운전을 할 때 다시 한 번 더 조여 준다.

53 고압가스 특정제조시설에서 안전구역의 설정 시 고압가스설비의 연소열량 수치(Q)는 얼마 이하로 하여야 하는가?

① 6×10^7 ② 6×10^8
③ 7×10^7 ④ 7×10^8

해설 안전구역 내 고압가스설비의 연소열량 수치가 6×10^8 이하이어야 한다.
※ 연소열량 계산식 : $Q = K \times W$
Q : 연소열량
W : 저장설비 또는 처리설비에 따라 정한 수치
K : 가스의 종류 및 상용온도에 따라 정한 수치

54 이음에 필요한 부품이 고무링 하나뿐이며 온도변화에 대한 신축이 자유롭고 이음 접합과정이 간단한 이음은?

① 노허브 이음 ② 소켓 이음
③ 타이톤 이음 ④ 플랜지 이음

해설 **타이톤 이음(tyton joint)** : 주철관의 이음에서 고무링 하나만으로 이음하며, 소켓 내부의 홈은 고무링을 고정시키고 돌기부는 고무링이 있는 홈 속에 들어맞게 되어 있으며 삽입구의 끝은 쉽게 끼울수 있도록 테이퍼로 되어 있어 이음과정이 비교적 간편하고 온도변화에 따른 신축이 자유로운 특징을 가지고 있는 이음방법이다.

55 다음 중 두 관리도가 모두 푸와송의 분포를 따르는 것은?

① $\bar{x}$ 관리도, R 관리도
② c 관리도, u 관리도
③ np 관리도, p 관리도
④ c 관리도, p 관리도

해설 ㉮ c **관리도** : 샘플에 포함된 부적합수를 사용하여 공정을 평가하기 위한 관리도로서 검사하는 시료의 면적이나 길이 등이 일정한 경우 등과 같이 일정단위 중에 나타나는 흠의 수, 부적합수를 취급할 때 사용된다.
㉯ u **관리도** : 샘플의 단위당 포함된 부적합수를 사용하여 공정을 평가하기 위한 관리도로서 검사하는 시료의 면적이나 길이 등이 일정하지 않은 경우에 사용된다.
※ **푸와송(Poisson) 분포** : 단위시간, 단위면적, 단위부피 등에서 무작위하게 일어나는 사건의 발생건수에 적용되는 분포로서 부적합수, 부적합 확률과 같은 계수치는 푸와송 분포를 따른다.

56 다음 중 반즈(Ralph M. Barnes)가 제시한 동작경제의 원칙에 해당되지 않는 것은?

① 표준작업의 원칙
② 신체의 사용에 관한 원칙
③ 작업장의 배치에 관한 원칙
④ 공구 및 설비의 디자인에 관한 원칙

해설 **동작경제의 원칙** : 길브레스(F. B Gilbreth)가 처음 사용하고, 반즈(Ralph M. Barnes)가 개량, 보완한 것이다.
㉮ 신체사용에 관한 원칙
㉯ 작업장의 배치에 관한 원칙
㉰ 공구 및 설비의 설계에 관한 원칙

57 전수검사와 샘플링검사에 관한 설명으로 가장 올바른 것은?

① 파괴검사의 경우에는 전수검사를 적용한다.
② 전수검사가 일반적으로 샘플링검사보다 품질향상에 자극을 더 준다.
③ 검사항목이 많을 경우 전수검사보다 샘플링검사가 유리하다.
④ 샘플링검사는 부적합품이 섞여 들어가서는 안 되는 경우에 적용한다.

Answer 53. ② 54. ③ 55. ② 56. ① 57. ③

해설 (1) 샘플링 검사가 유리한 경우 및 필요한 경우
㉮ 다수, 다량의 것으로 불량품이 있어도 문제가 없는 경우
㉯ 검사항목이 많은 경우
㉰ 전수검사에 비해 높은 신뢰성이 있을 때
㉱ 검사비용이 적은 편이 이익이 많을 때
㉲ 품질향상에 대하여 생산자에게 자극이 필요한때
㉳ 물품의 검사가 파괴검사일 때
㉴ 대량 생산품이고 연속 제품일 때
(2) 전수검사가 유리한 경우 및 필요한 경우
㉮ 검사비용에 비해 효과가 클 때
㉯ 물품의 크기가 작고, 파괴검사가 아닐 때
㉰ 불량품이 혼합되면 안 될 때
㉱ 불량품이 다음 공정에 넘어가면 경제적으로 손실이 클 때
㉲ 불량품이 들어가면 안전에 중대한 영향을 미칠 때
㉳ 전수검사를 쉽게 할 수 있을 때

58 다음 [표]를 참조하여 5개월 단순이동평균법으로 7월의 수요를 예측하면 몇 개인가?

단위 : 대

월	1	2	3	4	5	6
실적	48	50	53	60	64	68

① 55개 ② 57개
③ 58개 ④ 59개

해설 $F_t = \frac{\sum A_{2-6}}{n}$

$= \frac{50+53+60+64+68}{5}$

$= 59[개]$

59 도수분포표에서 도수가 최대인 계급의 대푯값을 정확히 표현한 통계량은?

① 중위수
② 시료평균
③ 최빈수
④ 미드-레인지(Mid-range)

해설 도수분포표 용어
㉮ 중위수(M_e) : 데이터의 크기를 오름차순으로 나열하였을 때 중앙에 위치하는 데이터값으로 중앙값이라 한다.
㉯ 시료평균($\bar{x}$) : n개의 데이터값의 합을 n개로 나눈 값으로 산술평균이라 한다.
㉰ 최빈수(M_0 : mode) : 정리된 도수분포표 자료에서 도수가 최대가 되는 계급의 대푯값으로 최빈값이라 한다.
㉱ 미드-레인지(M) : 데어터의 최대값과 최소값의 평균값으로 범위의 중앙값이라 한다.
㉲ 기하평균(G) : 기하급수적으로 변화하는 측정치 또는 시간에 따라 변화하는 측정치의 평균을 계산한 것으로 데이터값이 모두 양인 경우에 사용된다.
㉳ 조화평균(H) : x_i의 역수를 산술평균하여 이를 다시 역으로 나타낸 값으로 평균속도와 평균가격 등을 계산할 때 사용된다.

60 근래 인간공학이 여러 분야에서 크게 기여하고 있다. 어느 단계에서 인간공학적 지식이 고려됨으로서 기업에 가장 큰 이익을 줄 수 있는가?

① 제품의 개발단계 ② 제품의 구매단계
③ 제품의 사용단계 ④ 작업자의 채용단계

해설 제품의 개발단계에서부터 인간공학적 지식이 고려되고 반영되어야 기업에 이익이 최대로 될 수 있다.

Answer 58. ④ 59. ③ 60. ①

과 년 도 문 제

01 다음 비파괴검사 중 내부결함의 검출에 가장 적합한 방법은?

① 자분탐상시험 ② 방사선투과시험
③ 침투탐상시험 ④ 전자유도시험

해설 방사선 투과 검사(RT : Rediographic Test) : X선이나 γ선으로 투과한 후 필름에 의해 내부결함의 모양, 크기 등을 관찰할 수 있고 검사 결과의 기록이 가능하다. 장치의 가격이 고가이고, 검사 시 방호에 주의하여야 하며 고온부, 두께가 큰 곳은 부적당하며 선에 평행한 크랙은 검출이 불가능하다.

02 도시가스사업의 범위에 해당되지 않는 경우는?

① 가스도매사업 ② 일반도시가스사업
③ 도시가스충전사업 ④ 석유정제사업

해설 도시가스사업(도법 제2조1의2) : 수요자에게 도시가스를 공급하거나 도시가스를 제조하는 사업(석유 및 석유대체연료 사업법에 따른 석유정제업은 제외한다.)으로서 가스도매사업, 일반도시가스사업, 도시가스충전사업, 나프타부생가스・바이오가스제조사업 및 합성천연가스제조사업을 뜻한다.

03 접합 또는 납붙임 용기란 동판 및 경판을 각각 성형하여 심(seam)용접 등의 방법으로 접합하거나 납붙임하여 만든 내용적 얼마의 용기를 말하는가?

① 1[L] 이하 ② 3[L] 이하
③ 1[L] 이상 ④ 3[L] 이상

해설 접합 또는 납붙임용기 : 동판 및 경판을 각각 성형하여 심(seam)용접이나 그 밖의 방법으로 접합하거나 납붙임하여 만든 내용적 1[L] 이하인 일회용 용기

04 일산화탄소(CO)가 인체에 영향을 미쳤을 때 바로 자각 증상이 있고 1~3분 만에 의식불명이 되어 사망의 위험이 있는 가스의 농도는?

① 128[ppm] ② 1280[ppm]
③ 12800[ppm] ④ 128000[ppm]

해설 일산화탄소 농도와 인체에 대한 작용

흡기 중 CO[%]	ppm	증 상
0.005	50	허용농도로 특이한 증상 없음
0.01	100	장시간 흡입하여도 중독 증상 없음
0.02	200	두통 및 2~3시간 이내에 가벼운 통증 발생
0.04	400	1~2시간 후 가벼운 두통과 구토 발생
0.08	800	45분 이내에 두통 및 구토, 2시간 이내에 쇠약자 의식불명
0.16	1600	20분 이내에 두통, 구토, 2시간에서 쇠약자 의식불명 사망
0.32	3200	5~10분 이내에 두통, 10~15분 이내에 의식불명, 사망
0.64	6400	1~2분간에 두통, 10~15분 이내에 의식불명이 되어 사망
1.28	12800	바로 자각증상이 있고, 1~3분간에 의식불명이 되어 사망

05 액화석유가스 소형저장탱크를 설치할 경우 안전거리에 대한 설명으로 틀린 것은?

① 충전질량이 2500[kg]인 소형저장탱크의 가스충전구로부터 토지경계선에 대한 수평거리는 5.5[m] 이상이어야 한다.

② 충전질량이 1000[kg] 이상 2000[kg] 미만인 소형저장탱크의 탱크간 거리는 0.5[m] 이상이어야 한다.

Answer 1. ② 2. ④ 3. ① 4. ③ 5. ④

③ 충전질량이 2500[kg]인 소형저장탱크의 가스충전구로부터 건축물개구부에 대한 거리는 3.5[m] 이상이어야 한다.
④ 충전질량이 1000[kg] 미만인 소형저장탱크의 가스충전구로부터 토지경계선에 대한 수평거리는 1.0[m] 이상이어야 한다.

해설 소형저장탱크 설치거리 기준

충전질량	가스충전구로부터 토지 경계선에 대한 수평거리	탱크간 거리	가스충전구로부터 건축물 개구부에 대한 거리
1000[kg] 미만	0.5[m] 이상	0.3[m] 이상	0.5[m] 이상
1000~2000[kg] 미만	3.0[m] 이상	0.5[m] 이상	3.0[m] 이상
2000[kg] 이상	5.5[m] 이상	0.5[m] 이상	3.5[m] 이상

06 길이 100[m], 내경 30[cm]인 배관에서 기밀시험을 위하여 질소가스로 내부압력을 10[atm · g]까지 채우려고 한다. 필요한 질소량[m³]은 약 얼마인가?

① 70.7 ② 90.7
③ 110.7 ④ 130.7

해설 ㉮ 배관 내용적 계산

$\therefore V = \frac{\pi}{4} \times D^2 \times L = \frac{\pi}{4} \times 0.3^2 \times 100$

$= 7.068 \fallingdotseq 7.07[m^3]$

㉯ 필요한 질소량 계산 : 기밀시험용으로 가압하는 질소량은 시험압력에 해당하는 가스량으로 계산

$\therefore Q = PV = 10 \times 7.07 = 70.7[m^3]$

07 고압가스 안전관리법상 저온용기의 경우에 적용되는 최고충전압력은 다음 중 어느 압력에 해당하는가?

① 35[℃]의 온도에서 그 용기에 충전할 수 있는 가스의 압력 중 최고압력
② 상용압력 중 최고압력
③ 내압시험 압력의 3/5의 압력
④ 기밀시험 압력의 1.1배의 압력

해설 충전용기의 최고충전압력 기준
㉮ 압축가스 용기 : 35[℃]의 온도에서 그 용기에 충전할 수 있는 가스의 압력 중 최고압력
㉯ 저온용기 : 상용압력 중 최고압력
㉰ 저온용기 외의 용기로서 액화가스를 충전하는 것 : 내압시험압력의 3/5 배
㉱ 아세틸렌 용기 : 15[℃]에서 용기에 충전할 수 있는 가스의 압력 중 최고압력

08 표준상태에서 1[L]의 A가스의 무게는 1.429[g], B가스의 무게는 1.964[g]이다. 이 두 기체의 확산속도비 $\frac{V_A}{V_B}$는 약 얼마인가?

① 0.73 ② 0.85
③ 1.17 ④ 1.37

해설 $\frac{V_A}{V_B} = \sqrt{\frac{\rho_B}{\rho_A}} = \sqrt{\frac{1.964}{1.429}} = 1.172$

여기서, 밀도는 단위 체적당 질량[g/L, kg/m³]이므로 A가스의 1[L]당 1.429[g], B가스의 1[L]당 1.964[g]은 A, B가스의 밀도를 의미함

$\therefore \rho = \frac{\text{분자량[g]}}{22.4[L]}$

09 다음 가연성가스 중 위험도가 가장 큰 것은?

① 염화비닐
② 산화에틸렌
③ 수소
④ 프로판

Answer 6. ① 7. ② 8. ③ 9. ②

해설 ㉮ 각 가스의 공기 중에서의 폭발범위

명칭	폭발범위	위험도
염화비닐(C_2H_3Cl)	4.0~22[%]	4.5
산화에틸렌(C_2H_4O)	3~80[%]	25.67
수소(H_2)	4~75[%]	17.75
프로판(C_3H_8)	2.2~9.5[%]	3.32

㉯ 위험도 계산식

$$\therefore H = \frac{U-L}{L}$$

※ 폭발범위가 넓고 하한값이 작은 것이 위험도가 큰 물질이다.

10 고압가스 판매소에 보관할 수 있는 고압가스 용적이 몇 [m³] 이상이면 보관실의 외면으로부터 보호시설까지 안전거리를 유지하여야 하는가?

① 30 ② 50
③ 100 ④ 300

해설 고압가스 판매소에서 고압가스용기의 보관실 중 보관할 수 있는 고압가스의 용적이 300[m³](액화가스는 3[톤])를 넘는 보관실은 그 외면으로부터 보호시설과의 안전거리를 유지한다.

11 부피가 25[m³]인 LPG 저장탱크의 저장능력은 몇 톤 인가? (단, LPG의 비중은 0.52이다.)

① 10.4 ② 11.7
③ 12.4 ④ 13.0

해설 $W = 0.9\,d\,V = 0.9 \times 0.52 \times 25$
$= 11.7$[톤]

참고 저장탱크 내용적의 단위가 [m³]이면 저장능력은 [톤], [L]이면 [kg]이 된다.

12 차량에 고정된 탱크로 고압가스를 운반할 때 가스를 이송 또는 이입하는데 사용되는 밸브를 후면에 설치한 탱크에서 탱크 주밸브와 차량의 뒷범퍼와의 수평거리는 몇 [cm] 이상 떨어져 있어야 하는가?

① 20 ② 30
③ 40 ④ 50

해설 뒷범퍼와의 거리
㉮ 후부 취출식 탱크 : 40[cm] 이상
㉯ 후부 취출식 외 탱크 : 30[cm] 이상
㉰ 조작상자 : 20[cm] 이상

13 용해 아세틸렌 저장 시 주의사항에 대한 설명 중 틀린 것은?

① 저장소에는 화기엄금하며 방폭형 휴대용 전등 이외의 등화는 갖지 말 것
② 용기는 전락, 전도, 충격을 가하지 말고 신중히 취급할 것
③ 저장장소는 통풍구조가 양호할 것
④ 용기저장 시 온도는 40[℃] 이하로 유지하고 저장실 지붕은 무거운 재료로 할 것

해설 저장실 지붕은 가벼운 재료로 하여야 한다.

14 300[A] 강관을 B(inch) 호칭으로 지름을 나타낸 것은?

① 4B ② 6B
③ 10B ④ 12B

해설 강관의 호칭법

A호칭	B호칭	A호칭	B호칭
15[A]	$\frac{1}{2}$[B]	80[A]	3[B]
20[A]	$\frac{3}{4}$[B]	100[A]	4[B]

Answer 10. ④ 11. ② 12. ③ 13. ④ 14. ④

A호칭	B호칭	A호칭	B호칭
25[A]	1[B]	125[A]	5[B]
32[A]	$1\frac{1}{4}$[B]	150[A]	6[B]
40[A]	$1\frac{1}{2}$[B]	200[A]	8[B]
50[A]	2[B]	250[A]	10[B]
65[A]	$2\frac{1}{2}$[B]	300[A]	12[B]

15 특정고압가스 사용시설에서 독성가스의 감압설비와 그 가스의 반응설비간의 배관에 반드시 설치하여야 하는 장치는?

① 역류방지장치
② 화염방지장치
③ 독성가스 흡수장치
④ 안전밸브

해설 특정고압가스 사용시설의 독성가스의 감압설비와 그 가스의 반응설비간의 배관에는 긴급 시 가스가 역류되는 것을 효과적으로 차단할 수 있는 역류방지장치를 설치한다.

16 뜨거운 가스와 차가운 가스 사이에서 밀도(비중)차에 의해 가장 큰 영향을 받는 것은?

① 전도 ② 대류
③ 복사 ④ 냉각

해설 열의 이동
㉮ **전도** : 정지하고 있는 물체 속을 열이 이동하는 현상
㉯ **대류** : 유동물체(기체)가 고온부분에서 저온부분으로 이동하는 현상으로 밀도(비중)차의 영향을 받는다.
㉰ **복사** : 전자파의 에너지형태로 열이 고온물체에서 저온물체로 이동하는 현상

17 액체산소 용기나 저온용 금속재료로서 가장 부적당한 것은?

① 탄소강
② 9[%] 니켈강
③ 18-8 스테인리스강
④ 황동

해설 탄소강은 -70[℃] 이하로 되면 저온취성이 발생하므로 저온장치의 재료로 부적합하다.

18 식품접객업소로서 영업장의 면적이 몇 [m^2] 이상인 가스사용시설에 대하여 가스누출 자동 차단장치를 설치하여야 하는가?

① 33 ② 50
③ 100 ④ 200

해설 가스누출 자동 차단기 설치 장소
㉮ 영업장 면적이 100[m^2] 이상인 식품접객업소의 가스 사용시설
㉯ 지하에 있는 가스 사용시설(가정용은 제외)

19 염소의 제법에 대한 설명으로 옳지 않은 것은?

① 염산을 전기분해 한다.
② 표백분에 진한 염산을 가한다.
③ 소금물을 전기분해 한다.
④ 염화암모늄 용액에 소석회를 가한다.

해설 염소의 제조법
(1) 실험적 제조법
㉮ 소금물의 전기분해
㉯ 소금물에 진한 황산과 이산화망간을 가해 가열
㉰ 표백분에 진한 염산을 가해 제조
㉱ 염산에 이산화망간, 과망간산칼륨 등 산화제를 작용시켜 제조

Answer 15. ① 16. ② 17. ① 18. ③ 19. ④

(2) 공업적 제조법
㉮ 수은법에 의한 식염(NaCl)의 전기분해
㉯ 격막법에 의한 식염의 전기분해
㉰ 염산의 전기분해

20 다음 [그림]과 같은 냉동기의 가스퍼저(gas purger)의 작동순서에서 가장 먼저 하는 조작은?

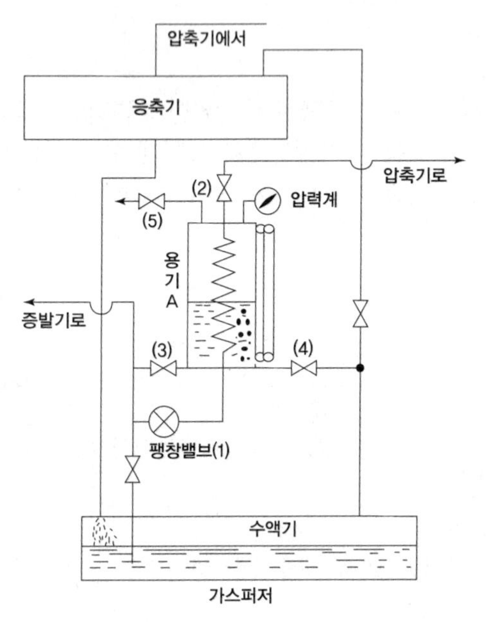

① 밸브 (3)을 열어 용기 내에 냉매액을 일정 높이로 한다.
② 팽창밸브 (1)과 밸브 (2)를 열어 용기 A를 냉각시킨다.
③ 밸브 (4)를 열어 불응축가스를 보낸다.
④ 불응축가스의 배출밸브 (5)를 개방하여 대기로 방출시킨다.

해설 가스퍼저(gas purger)의 작동순서 :
② → ③ → ① → ④

21 다음 중 이상기체의 법칙에 가장 가까운 것은?

① 저압, 고온에서 이상기체의 법칙에 접근한다.
② 고압, 저온에서 이상기체의 법칙에 접근한다.
③ 저압, 저온에서 이상기체의 법칙에 접근한다.
④ 고압, 고온에서 이상기체의 법칙에 접근한다.

해설 압력이 낮고(저압), 온도가 높은(고온) 경우 이상기체의 법칙에 접근한다. (가까워 진다.)

22 가스누출 자동 차단장치를 설치하여도 설치목적을 달성할 수 없는 시설이 아닌 것은?

① 개방된 공장의 국부난방시설
② 경기장의 성화대
③ 상·하 방향, 전·후 방향, 좌·우 방향 중에 2방향 이상이 외기에 개방된 가스사용시설
④ 개방된 작업장에 설치된 용접 또는 절단시설

해설 가스누출 자동차단기 등을 설치하여도 설치목적을 달성할 수 없는 시설
㉮ 개방된 공장의 국부난방시설
㉯ 개방된 작업장에 설치된 용접 또는 절단시설
㉰ 체육관, 수영장, 농수산시장 등 상가와 유사한 가스사용시설
㉱ 경기장의 성화대
㉲ 상·하 방향, 전·후 방향, 좌·우 방향 중에 3방향 이상이 외기에 개방된 가스사용시설

Answer 20. ② 21. ① 22. ③

23 다음 반응식의 평형상수(K)를 올바르게 나타낸 것은? (단, A : CH_4, B : O_2, C : CO_2, D : H_2O)

$A + 2B \rightarrow C + 2D$

① $K = \dfrac{[CO_2] \cdot 2[H_2O]}{[CH_4] \cdot 2[O_2]}$

② $K = \dfrac{2[O_2]^2 \cdot 2[H_2O]}{[CH_4] \cdot [CO_2]}$

③ $K = \dfrac{[CO_2] \cdot [H_2O]^2}{[CH_4] \cdot [O_2]^2}$

④ $K = \dfrac{[O_2]^2 \cdot [H_2O]^2}{[CH_4] \cdot [CO_2]}$

해설 ㉮ "$aA + bB \rightleftarrows cC + dD$" 반응이 평형상태에 있을 때 평형상수($K$)는 다음과 같다.

$$\therefore K = \frac{[C]^c \times [D]^d}{[A]^a \times [B]^b}$$

㉯ 문제에서 주어진 반응식의 평형상수

A + 2B → C + 2D

$CH_4 + 2O_2 \rightarrow CO_2 + 2H_2O$

$$\therefore K = \frac{[C]^c \times [D]^d}{[A]^a \times [B]^b} = \frac{[CO_2] \times [H_2O]^2}{[CH_4] \times [O_2]^2}$$

24 차량에 부착된 탱크의 내용적은 1800[L]이다. 이 용기에 액화 부틸렌을 완전히 충전하였다. 이때 액화 부틸렌의 질량은 몇 [kg]인가? (단, 액화 부틸렌가스의 정수는 2.00이다.)

① 768 ② 780
③ 878 ④ 900

해설 $G = \dfrac{V}{C} = \dfrac{1800}{2.00} = 900\,[kg]$

25 도시가스 사업법에서 사용하는 용어의 정의를 설명한 것 중 틀린 것은?

① 도시가스 사업은 수요자에게 연료용 가스를 공급하는 사업이다.
② 가스도매사업은 일반도시가스사업자 외의 자가 일반도시가스사업자 또는 산업통상자원부령이 정하는 대량수요자에게 천연가스를 공급하는 사업을 말한다.
③ 도시가스사업자는 가스를 제조하여 일반수요자에게 용기로 공급하는 사업자를 말한다.
④ 가스사용시설은 가스공급시설 외의 가스사용자의 시설로서 산업통상자원부령으로 정하는 것을 말한다.

해설 용어의 정의(도법 제2조) : 도시가스사업자란 도시가스사업의 허가를 받은 가스도매사업자, 일반도시가스사업자, 도시가스 충전사업자, 나프타부생가스·바이오가스제조사업자 및 합성천연가스제조사업자를 말한다. 〈2014. 1. 21 개정〉

26 도시가스의 공급계획을 가장 적절히 설명한 항목은?

① 어떤 지역 내의 피크(peak)시 가스소비량과 그 지역 내 전체 수요가의 가스기구 소비량의 총합계의 비를 추정하는 것이다.
② 해마다 증가하는 수요, 공급구역의 확대를 예측하여 항상 안정된 압력으로 양질의 가스를 원활하게 공급할 수 있도록 공급시설의 증가 등을 계획하는 것이다.
③ 배관의 구경결정과 압력해석을 수행하는 것이다.
④ 시시각각 변화하는 가스 수요량을 예측하여 가스제조설비, 가스홀더, 압송기, 정압기 등을 안전하고 효율적으로 운용하여 수용가에게 안정된 공급압력으로 가스를 공급하는 것이다.

Answer 23. ③ 24. ④ 25. ③ 26. ②

참고 가스의 공급계획(도법 제18조)에 포함되어야 할 사항(시행규칙 제28조)
㉮ 공급권역에 대한 연도별, 행정구역별 가스공급계획서
㉯ 가스공급시설의 현황 및 확충계획
㉰ 전년도에 제출한 가스공급계획과 다른 경우에는 그 사유서
㉱ 시설투자계획
㉲ 그 밖에 가스공급에 필요한 사항

27 다음 중 용적형 압축기는?

① 원심식 ② 터보식
③ 축류식 ④ 왕복식

해설 **용적형 압축기** : 일정 용적의 실린더 내에 기체를 흡입하고 기체에 압력을 가하여 토출구로 압출하는 것을 반복하는 형식으로 왕복동식과 회전식이 있다.

28 가연성가스의 가스설비 또는 사용시설에 관련된 저장설비, 기화장치 및 이들 사이의 배관에서 누출된 가연성가스가 화기를 취급하는 장소로 유동하는 것을 방지하기 위하여 유동방지시설을 설치하여야 한다. 다음 기준 중 옳지 않은 것은?

① 유동방지시설은 높이 2[m] 이상의 내화성 벽으로 한다.
② 가스설비 등과 화기를 취급하는 장소의 사이는 수평거리로 5[m] 이상을 유지한다.
③ 화기를 사용하는 장소가 불연성 건축물 내에 있는 경우 가스설비 등으로부터 수평거리 8[m] 이내에 있는 그 건축물의 개구부는 방화문 또는 망입유리를 사용하여 폐쇄한다.
④ 화기를 사용하는 장소가 불연성 건축물 내에 있는 경우 가스설비 등으로부터 수평거리 8[m] 이내에 있는 그 건축물의 사람이 출입하는 출입문은 2중문으로 한다.

해설 **가연성가스 시설의 유동방지시설 기준**
㉮ 유동방지시설은 높이 2[m] 이상의 내화성 벽으로 하고, 가스설비 등과 화기를 취급하는 장소와 우회수평거리 8[m] 이상을 유지한다.
㉯ 불연성 건축물 안에서 화기를 사용하는 경우, 가스설비 등으로부터 수평거리 8[m] 이내에 있는 건축물 개구부는 방화문 또는 망입유리로 폐쇄하고, 사람이 출입하는 출입문은 2중문으로 한다.

29 고압가스를 취급하였을 때 다음 중 위험하지 않은 경우는?

① 산소 10[%]를 함유한 CH_4를 10.0[MPa]까지 압축하였다.
② 산소 제조장치를 공기로 치환하지 않고 용접 수리하였다.
③ 수분을 함유한 염소를 진한 황산으로 세척하여 고압용기에 충전하였다.
④ 시안화수소를 고압용기에 충전하는 경우 수분을 안정제로 첨가하였다.

해설 **고압가스 취급 시 위험성 판단**
① 가연성가스 중 산소용량이 전용량의 4[%] 이상일 때 압축을 금지하는 기준을 충족하지 못함
② 산소 제조장치를 공기로 치환하였을 때 산소농도는 22[%] 이하로 유지하는 기준에 맞지 않음
③ 염소의 건조제인 진한 황산을 사용하여 수분을 제거한 후 고압용기에 충전하면 부식의 위험성이 없다.
④ 시안화수소의 경우 수분이 포함되면 중합반응이 촉진되어 중합폭발의 위험성이 있다. 시안화수소의 안정제는 아황산가스, 황산 등을 사용한다.

30 다음 고압가스 중 용해가스에 해당하는 것은?

① 암모니아 ② 질소
③ 프로판 ④ 아세틸렌

Answer 27. ④ 28. ② 29. ③ 30. ④

해설 용해가스 : 아세틸렌(C_2H_2)과 같이 용제 속에 가스를 용해시켜 취급되는 고압가스

31 다음 독성가스 중 제독제로서 탄산소다 수용액을 사용할 수 없는 것은?

① 염소 ② 황화수소
③ 포스겐 ④ 아황산가스

해설 독성가스 제독제

가스종류	제독제의 종류
염소	가성소다 수용액, 탄산소다 수용액, 소석회
포스겐	가성소다 수용액, 소석회
황화수소	가성소다 수용액, 탄산소다 수용액
시안화수소	가성소다 수용액
아황산가스	가성소다 수용액, 탄산소다 수용액, 물
암모니아, 산화에틸렌, 염화메탄	물

32 고압가스 제조 시 안전관리에 대한 설명으로 틀린 것은?

① 산소를 용기에 충전할 때에는 용기 내부에 유지류를 제거하고 충전한다.
② 시안화수소의 안정제로 아황산을 사용한다.
③ 산화에틸렌을 충전 시에는 산 및 알칼리로 세척한 후 충전한다.
④ 아세틸렌 중 산소의 용량이 전체 용량의 2[%] 이상인 경우에는 압축하지 아니한다.

해설 산화에틸렌을 저장탱크 또는 용기에 충전하는 때에는 미리 그 내부가스를 질소가스 또는 탄산가스로 바꾼 후에 산 또는 알칼리를 함유하지 아니하는 상태로 충전한다.

33 아세틸렌을 용기에 충전하는 때의 충전 중의 압력은 (㉠) 이하로 하고, 충전 후에는 압력이 15[℃]에서 (㉡) 이하로 될 때까지 정치해야 한다. 다음 ( ) 안에 알맞은 수치는?

① ㉠ 1.5[MPa], ㉡ 2.5[MPa]
② ㉠ 4.6[MPa], ㉡ 1.5[MPa]
③ ㉠ 2.5[MPa], ㉡ 1.5[MPa]
④ ㉠ 4.5[MPa], ㉡ 2.5[MPa]

해설 아세틸렌 용기 압력
㉮ 충전 중의 압력 : 온도에 관계없이 2.5[MPa] 이하
㉯ 충전 후의 압력 : 15[℃]에서 1.5[MPa] 이하

34 도시가스 정압기 특성에 대한 설명 중 틀린 것은?

① 정특성 : 정상상태에 있어서의 유량과 1차 압력과의 관계
② 동특성 : 부하변동에 대한 응답의 신속성과 안전성
③ 유량특성 : 메인밸브의 열림과 유량과의 관계
④ 사용최대 차압 : 메인밸브에 1차 압력과 2차 압력의 차압이 작용하여 실용적으로 사용할 수 있는 범위에서 최대로 되었을 때의 차압

해설 정특성(靜特性) : 정상상태에서 유량과 2차 압력과의 관계
㉮ 로크업(lock up) : 유량이 0으로 되었을 때 끝맺은 압력과 기준압력(P_s)의 차이
㉯ 오프셋(off set) : 유량이 변화하였을 때 2차 압력과 기준압력(P_s)의 차이
㉰ 시프트(shift) : 1차 압력 변화에 의하여 정압곡선이 전체적으로 어긋나는 것

Answer 31. ③ 32. ③ 33. ③ 34. ①

35 **펌프에서 발생하는 공동현상(cavitation)의 방지방법이 아닌 것은?**

① 펌프를 두 대 이상 설치한다.
② 펌프의 회전수를 늦추고 흡입회전도를 적게 한다.
③ 펌프의 설치 위치를 낮추고 흡입양정을 길게 한다.
④ 수직축 펌프를 사용하고 회전차를 수중에 완전히 잠기게 한다.

해설 공동현상(cavitation) 현상 방지법
㉮ 펌프의 위치를 낮춘다.(흡입양정을 짧게 한다.)
㉯ 수직축 펌프를 사용하여 회전차를 수중에 완전히 잠기게 한다.
㉰ 양흡입 펌프를 사용한다.
㉱ 펌프의 회전수를 낮춘다.
㉲ 두 대 이상의 펌프를 사용한다.

36 **고압가스 적용범위에서 제외되지 않는 고압가스는?**

① 오토클레이브 안의 아세틸렌
② 액화브롬화메탄 제조설비 외에 있는 액화브롬화메탄
③ 냉동능력이 3[톤] 미만인 냉동설비 안의 고압가스
④ 항공법의 적용을 받는 항공기 안의 고압가스

해설 고압가스 안전관리법의 적용 대상이 되는 가스 중 제외되는 고압가스(고법 시행령 별표1) : "오토클레이브 안의 고압가스"는 법 적용에서 제외되지만 수소, 아세틸렌 및 염화비닐은 법 적용을 받는다.

37 **다음 중 수소의 공업적 제법이 아닌 것은?**

① 석유의 분해법 ② 수성가스법
③ 석회질소법 ④ 물의 전기분해법

해설 ㉮ 수소의 공업적 제조법 : 물의 전기분해법, 수성가스법, 천연가스 분해법, 석유 분해법, 일산화탄소 전화법
㉯ 석회질소법 : 석회질소($CaCN_2$)에 과열증기를 작용시켜 암모니아(NH_3)를 제조하는 방법이다.

38 **20[℃], 760[mmHg]에서 상대습도가 75[%]인 공기의 mol 습도는 약 몇 [kg-mol H_2O/kg-mol 건조공기]인가? (단, 물의 증기압은 17.5[mmHg]이다.)**

① 0.0176 ② 0.0257
③ 12.25 ④ 747.75

해설 ㉮ 수증기 분압(P_w) 계산

$$\phi = \frac{\text{수증기 분압}(P_w)}{t℃ \text{ 에서의 포화 수증기압}(P_s)}$$

$$\therefore P_w = \phi \cdot P_s = 0.75 \times 17.5 = 13.125[\text{mmHg}]$$

㉯ 습공기 전압(P) : 760[mmHg]
㉰ 몰습도[kg-mol · H_2O/kg-mol · DA] 계산

$$\therefore \text{몰습도} = \frac{P_w}{P - P_w} = \frac{13.125}{760 - 13.125} = 0.01757[\text{kg}-\text{mol} \cdot H_2O/\text{kg}-\text{mol} \cdot \text{DA}]$$

39 **가스관련 용어의 정의에 대한 설명으로 틀린 것은?**

① 저장소란 산업통상자원부령으로 정하는 일정량 이상의 고압가스를 용기나 저장탱크로 저장하는 일정한 장소를 말한다.
② 용기란 고압가스를 충전하기 위한 것(부속품 제외)으로서 고정 설치된 것을 말한다.
③ 저장탱크란 고압가스를 충전, 저장하기 위하여 지상 또는 지하에 고정 설치된 것을 말한다.
④ 특정설비란 저장탱크와 산업통상자원부령이 정하는 고압가스관련 설비를 말한다.

Answer 35. ③ 36. ① 37. ③ 38. ① 39. ②

해설 용어의 정의(고법 제3조) : 용기란 고압가스를 충전하기 위한 것(부속품을 포함한다.)으로서 이동할 수 있는 것을 말한다.

40 지상에 설치된 액화석유가스 저장탱크의 저장능력이 35[톤]인 충전시설에서 용기 충전설비가 사업소경계까지 이격해야 하는 안전거리 기준은?

① 21[m] 이상　② 24[m] 이상
③ 27[m] 이상　④ 30[m] 이상

해설 액화석유가스 용기 충전시설 기준

㉮ 저장설비와 사업소 경계와의 거리 기준

저장능력	유지거리
10[톤] 이하	24[m]
10[톤] 초과 20[톤] 이하	27[m]
20[톤] 초과 30[톤] 이하	30[m]
30[톤] 초과 40[톤] 이하	33[m]
40[톤] 초과 200[톤] 이하	36[m]
200[톤] 초과	39[m]

㉯ 액화석유가스 충전시설 중 충전설비의 외면으로부터 사업소경계까지 유지해야 할 거리는 24[m] 이상으로 한다.

41 상용압력 5[MPa]로 사용하는 안지름 85[cm]의 용접제 원통형 고압설비 동판의 두께는 최소한 얼마가 필요한가? (단, 재료는 인장강도 800[N/mm²]의 강을 사용하고, 용접효율은 0.75, 부식여유는 2[mm]이며, 동체 외경과 내경의 비가 1.2 미만이다.)

① 5.2[mm]　② 9.2[mm]
③ 12.4[mm]　④ 16.4[mm]

해설 $t = \frac{PD}{2S\eta - 1.2P} + C$

$$= \frac{5 \times (85 \times 10)}{2 \times \left(800 \times \frac{1}{4}\right) \times 0.75 - 1.2 \times 5} + 2$$

$= 16.455[\text{mm}]$

※ 허용응력$(S) = \frac{\text{인장강도}}{\text{안전율}}$ 이며

안전율은 언급이 없으면 "4"를 적용한다.

42 동관의 종류로서 옳지 않은 것은?

① 타프치동　② 인산탈동
③ 두랄루민　④ 무산소동

해설 두랄루민(duralumin) : Al + Cu + Mg + Mn의 합금으로 기계적 성질이 양호하다.

43 고압가스 안전관리법상 고압가스 제조허가의 종류에 해당되지 않는 것은?

① 냉동제조
② 특정설비제조
③ 고압가스특정제조
④ 고압가스일반제조

해설 고압가스 제조허가의 종류 : 고법 시행령 제3조

㉮ 고압가스 특정제조
㉯ 고압가스 일반제조
㉰ 고압가스 충전
㉱ 냉동제조

44 유체를 한쪽 방향으로만 흐르게 하기 위한 역류방지용 밸브(valve)는?

① 글로브 밸브(glove valve)
② 게이트 밸브(gate valve)
③ 니들 밸브(needle valve)
④ 체크 밸브(check valve)

해설 체크밸브(check valve) : 역류방지밸브라 하며 유체를 한 방향으로만 흐르게 하고 역류를 방지하는 목적에 사용하는 것으로 스윙식과 리프트식으로 구분된다.

Answer 40. ② 41. ④ 42. ③ 43. ② 44. ④

45 가스가 250[kJ]의 열량을 흡수하여 100[kJ]의 일을 하였다. 이때 가스의 내부에너지 증가는 약 몇 [kJ]인가?

① 2.5 ② 150
③ 350 ④ 25000

해설 $h = U + Pv$에서
$\therefore U = h - Pv = 250 - 100 = 150[\text{kJ}]$

46 메탄가스가 완전 연소할 때의 화학반응식은 다음과 같다. 2[g]의 메탄이 연소하면 111.3 [kJ]의 열량이 발생할 때 다음 반응식에서 x는 약 얼마인가?

$$CH_4 + 2O_2 \rightarrow CO_2 + 2H_2O + x$$

① 14[kJ] ② 890[kJ]
③ 1113[kJ] ④ 1336[kJ]

해설 메탄(CH_4) 1[mol]의 질량은 16[g]이므로 비례식을 이용하여 계산 함
∴ 2[g] : 111.3[kJ] = 16[g] : x[kJ]
$$\therefore x = \frac{16 \times 111.3}{2} = 890.4[\text{kJ}]$$

47 액화석유가스 집단공급사업자로서 가스 사용자의 사용시설을 점검하게 할 때는 수용가 몇 개소마다 1명의 점검원이 있어야 하는가?

① 3000가구 ② 4000가구
③ 5000가구 ④ 6000가구

해설 액화석유가스 집단공급사업자 안전점검자 및 인원 : 액법 시행규칙 별표12
㉮ 안전점검자(수요자시설 점검원) : 수용가 3000개소마다 1명
㉯ 점검 장비 : 가스누출검지기, 자기압력기록계, 그 밖의 점검에 필요한 시설과 기구

48 배관규격 SPHT는 무엇을 의미하는가?

① 고압배관용 탄소강관
② 고온배관용 탄소강관
③ 고온상압용 탄소강관
④ 상온고압용 탄소강관

해설 배관용 강관의 KS 기호

KS 기호	배관 명칭
SPP	배관용 탄소강관
SPPS	압력배관용 탄소강관
SPPH	고압배관용 탄소강관
SPHT	고온배관용 탄소강관
SPLT	저온배관용 탄소강관
SPW	배관용 아크용접 탄소강관
SPA	배관용 합금강관
STS×T	배관용 스테인리스강관
SPPG	연료가스 배관용 탄소강관

49 도시가스 사업허가 기준으로 옳지 않은 것은?

① 도시가스의 안정적 공급을 위하여 적합한 공급시설을 설치, 유지할 능력이 있을 것
② 도시가스 사업이 공공의 이익과 일반수요에 적합한 경제규모일 것
③ 도시가스사업을 적정하게 수행하는데 필요한 재원과 기술적 능력이 있을 것
④ 다른 가스사업자의 공급지역과 공용으로 공급할 것

해설 가스도매사업과 일반도시가스사업의 허가 기준 : 도법 제3조
㉮ 사업이 공공의 이익과 일반수요에 적합한 경제규모일 것

Answer 45. ② 46. ② 47. ① 48. ② 49. ④

㉯ 사업을 적정하게 수행하는 데에 필요한 재원과 기술적 능력이 있을 것
㉰ 도시가스의 안정적 공급을 위하여 적합한 공급시설을 설치, 유지할 능력이 있을 것
※ ④번 항 : 도시가스를 공급하고자 하는 권역이 다른 도시가스사업자의 공급권역과 중복되지 아니할 것(도법 시행규칙 제5조)

50 다음은 P-i 선도이다. 2의 영역은 어떤 상태인가?

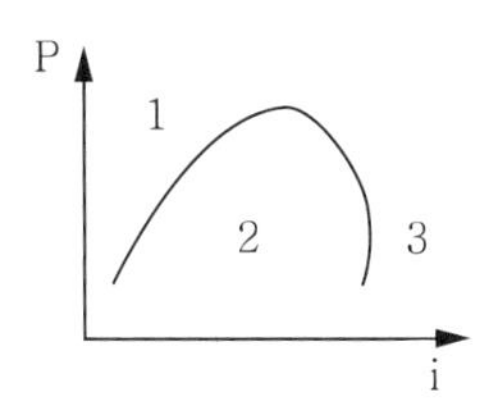

① 습증기 ② 과냉각액
③ 과열증기 ④ 건포화증기

해설 P-i 선도의 상태
㉮ 1의 영역 : 포화수
㉯ 2의 영역 : 습증기(습포화증기)
㉰ 3의 영역 : 과열증기

51 액화천연가스의 저장설비 및 처리설비는 그 외면으로부터 사업소 경계까지 일정 규모 이상의 안전거리를 유지하여야 한다. 이 때 사업소 경계가 ( )의 경우에는 이들의 반대편 끝을 경계로 보고 있다. ( )에 들어갈 수 있는 경우로 적합하지 않은 것은?

① 산 ② 호수
③ 하천 ④ 바다

해설 도시가스 도매사업의 사업소 경계를 반대편 끝으로 하는 경우
㉮ 바다, 호수, 하천
㉯ 전기발전사업, 가스공급업(고압가스, 액화석유가스 또는 도시가스의 제조, 충전, 판매사업을 말함) 및 창고업(위험물을 저장하는 창고업은 제외)의 부지 중에서 현재 사업용으로 사용하고 있는 부지
㉰ 도로 또는 철도
㉱ 수로 또는 공업용 수도
㉲ 연못

52 어떤 용기에 수소 1[g], 산소 32[g], 질소 56[g]을 넣었더니 1[atm]이 되었다. 이 때 수소의 분압은 약 몇 [atm]인가?

① $\frac{1}{9}$ ② $\frac{1}{7}$
③ $\frac{1}{3}$ ④ 1

해설 $P_{H_2} = \text{전압} \times \frac{\text{성분몰수}}{\text{전몰수}}$

$$= 1 \times \frac{\frac{1}{2}}{\frac{1}{2} + \frac{32}{32} + \frac{56}{28}}$$

$$= \frac{0.5}{3.5} = \frac{1}{7}\text{[atm]}$$

53 지름이 4[m]인 가연성가스 저장탱크 2대를 설치할 때 탱크 사이의 거리는 최소 몇 [m] 이상으로 하여야 하는가?

① 1[m] ② 1.5[m]
③ 2[m] ④ 2.5[m]

해설 저장탱크간의 거리 : 두 저장탱크의 최대지름을 합산한 길이의 1/4 이상유지(1[m] 미만인 경우 1[m] 이상의 거리) 한다.

$$\therefore L = \frac{D_1 + D_2}{4} = \frac{4+4}{4} = 2\text{[m]}$$

Answer 50. ① 51. ① 52. ② 53. ③

54 **암모니아에 대한 설명으로 틀린 것은?**

① 임계온도가 약 32[℃]이다.
② 공기 중 폭발하한값과 산소 중 폭발하한값이 거의 같다.
③ 구리 및 구리합금을 부식시키지만 상온에서 강재를 침입하지는 않는다.
④ 상온에서 비교적 낮은 압력으로도 액화가 가능하다.

해설 암모니아의 성질
㉮ 분자량 : 17, 비점 : −33.4[℃]
㉯ 임계온도 : 132.3[℃]
㉰ 임계압력 : 111.3[atm]
㉱ 공기 중 폭발범위 : 15~28[%]
㉲ 산소 중 폭발범위 : 15~79[%]
㉳ 허용농도 : TLV-TWA 25[ppm], LC50 7338[ppm]

55 **다음 중 단속생산 시스템과 비교한 연속생산 시스템의 특징으로 옳은 것은?**

① 단위당 생산원가가 낮다.
② 다품종 소량생산에 적합하다.
③ 생산방식은 주문생산방식이다.
④ 생산설비는 범용설비를 사용한다.

해설 단속생산 시스템과 연속생산 시스템 비교

항목	단속생산	연속생산
생산시기	주문생산	예측생산
품종	다품종	소품종
생산량	소량생산	다량생산
생산속도	느림	빠름
생산원가	높음	낮음
운반비용	높음	낮은
운반설비	자유 경로형	고정 경로형
생산설비	범용설비	전용설비
설비투자액	적음	많음
마케팅 활동	주문 위주의 단기적이고 불규칙적인 판매활동 전개	수요예측과 시장조사에 따른 장기적인 마케팅활동 전개

56 **MTM(Method Time Measurement)법에서 사용되는 1TMU(Time Measurement Unit)는 몇 시간인가?**

① $\frac{1}{100000}$ 시간
② $\frac{1}{10000}$ 시간
③ $\frac{6}{10000}$ 시간
④ $\frac{36}{1000}$ 시간

해설 ㉮ MTM(Method Time Measurement)법 : 인간이 행하는 작업을 기본동작으로 분석하고 각 기본동작의 성질과 조건에 따라 미리 정해진 시간값을 적용하여 정미시간을 구하는 방법
㉯ 1TMU(Time Measurement Unit) :
$\frac{1}{100000}$ 시간 = 0.00001시간 = 0.0006분 = 0.036초

57 **np관리도에서 시료군마다 시료수(n)는 100이고, 시료군의 수(k)는 20, $\sum np$=77이다. 이 때 np관리도의 관리상한선(UCL)을 구하면 약 얼마인가?**

① 8.94 ② 3.85
③ 5.77 ④ 9.62

해설 ㉮ $n\bar{p}$ 값 계산

$$\therefore n\bar{p} = \frac{\Sigma np}{k} = \frac{77}{20} = 3.85$$

㉯ $\bar{p}$ 값 계산

$$\therefore \bar{p} = \frac{\Sigma np}{\Sigma n} = \frac{77}{20 \times 100} = 0.0385$$

㉰ 관리상한선(UCL) 계산

$$\therefore UCL = n\bar{p} + 3\sqrt{n\bar{p}(1-\bar{p})} = 3.85 + 3 \times \sqrt{3.85 \times (1-0.0385)} = 9.62$$

Answer 54. ① 55. ① 56. ① 57. ④

58 미국의 마틴 마리에타 사(Martin Marietta Corp)에서 시작된 품질개선을 위한 동기부여 프로그램으로 모든 작업자가 무결점을 목표로 설정하고, 처음부터 작업을 올바르게 수행함으로써 품질비용을 줄이기 위한 프로그램은 무엇인가?

① TPM 활동　② 6 시그마 운동
③ ZD 운동　④ ISO 9001 인증

해설 ZD(Zero Defect) : 무결점운동으로 인간의 오류에 의한 일체의 결함이나 결점을 없애기 위한 경영관리기법이다.

59 일정통제를 할 때 1일당 그 작업을 단축하는데 소요되는 비용의 증가를 의미하는 것은?

① 정상 소요시간(normal duration time)
② 비용견적(cost estimation)
③ 비용구배(cost slope)
④ 총비용(total cost)

해설 비용구배(cost slope) : 작업일정을 단축시키는데 소요되는 단위시간당 소요비용이다.

$$\therefore \text{비용구배} = \frac{\text{특급비용} - \text{정상비용}}{\text{정상시간} - \text{특급시간}}$$

60 그림의 OC곡선을 보고 가장 올바른 내용을 나타낸 것은?

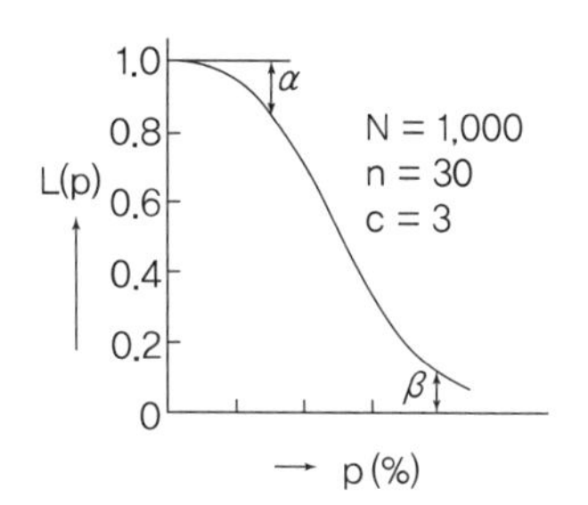

① α : 소비자 위험
② $L_{(p)}$: 로트가 합격할 확률
③ β : 생산자 위험
④ 부적합품률 : 0.03

해설 OC곡선의 각 기호의 의미
㉮ P : 로트의 부적합품률[%]
㉯ $L_{(p)}$: 로트가 합격할 확률
㉰ α : 합격시키고 싶은 로트가 불합격될 확률(생산자 위험)
㉱ β : 불합격시키고 싶은 로트가 합격될 확률(소비자 위험)
㉲ c : 합격판정개수
㉳ N : 로트의 크기
㉴ n : 시료의 크기

Answer 58. ③ 59. ③ 60. ②

2015년도 기능장 제57회 필기시험 [4월 4일 시행]

과 년 도 문 제

01 어느 이상기체가 압력 10[kgf/cm²]에서 체적이 0.1[m³]이었다. 등온과정을 통해 체적이 3배로 될 때 기체가 외부로부터 받은 열량은 약 몇 [kcal]인가?

① 35.7 ② 30.9
③ 25.7 ④ 10.9

해설 등온과정의 가열량 계산

$$\therefore Q = APV_1 \ln\frac{V_2}{V_1}$$
$$= \frac{1}{427} \times 10 \times 10^4 \times 0.1 \times \ln\frac{0.1 \times 3}{0.1}$$
$$= 25.728[\text{kcal}]$$

02 액화석유가스 집단공급사업자로부터 가스를 공급받는 수요자의 가스사용시설에 대한 안전점검의 항목이 아닌 것은?

① 배기통의 막힘 여부
② 가스계량기 출구에서의 마감조치 여부
③ 연소기마다 퓨즈콕 등 안전장치 설치 여부
④ 연소기의 입구압력을 측정하고 그 이상 유무

해설 안전점검 항목

㉮ 가스계량기 출구에서 배관, 호스 및 연소기에 이르는 각 접속부의 가스누출 여부와 마감조치 여부
㉯ 가스용품의 한국가스안전공사 합격표시나 산업표준화법에 따른 한국산업표준에 적합한 것임을 나타내는 표시 유무
㉰ 연소기마다 퓨즈콕, 상자콕 또는 이와 같은 수준 이상의 안전장치 설치 여부
㉱ 호스의 "T"형 연결 여부와 호스밴드 접속 여부
㉲ 목욕탕이나 화장실에의 보일러, 온수기 설치 여부
㉳ 전용보일러실에의 보일러(밀폐식 보일러는 제외) 설치 여부
㉴ 배기통 재료의 내식성, 불연성 여부
㉵ 배기통의 막힘 여부
㉶ 그 밖에 가스 사고를 유발할 우려가 있는지 여부

03 에어졸 제조기준에 대한 설명으로 틀린 것은?

① 내용적이 100[cm³]를 초과하는 용기는 그 용기제조자의 명칭 또는 기호가 표시되어 있어야 한다.
② 에어졸 충전용기 저장소는 인화성 물질과 8[m] 이상의 우회거리를 유지한다.
③ 내용적이 30[cm³] 이상인 용기는 에어졸 제조에 재사용하지 아니한다.
④ 40[℃]에서 용기 안의 가스압력의 1.5배의 압력을 가할 때 파열되지 아니하여야 한다.

해설 용기는 50[℃]에서 용기 안의 가스압력의 1.5배의 압력을 가할 때에 변형되지 아니하고, 50[℃]에서 용기 안의 가스압력의 1.8배의 압력을 가할 때에 파열되지 아니하는 것으로 한다. 다만, 1.3[MPa] 이상의 압력을 가할 때에 변형되지 아니하고, 1.5[MPa]의 압력을 가할 때에 파열되지 아니한 것은 그러하지 아니하다.

04 황화수소의 저장탱크에는 그 가스의 용량이 저장탱크 내용적의 몇 [%]를 초과하는 것을 방지하기 위하여 과충전 방지조치를 강구하여야 하는가?

① 96[%] ② 90[%]
③ 85[%] ④ 80[%]

해설 과충전 방지장치 : 독성가스의 저장탱크에는 가스 용량이 그 저자탱크 내용적의 90[%]를 초과하는 것을 방지하는 장치를 설치하여야 한다.

Answer 1. ③ 2. ④ 3. ④ 4. ②

05 LP가스의 제법이 아닌 것은?

① 원유에서 액화가스를 회수
② 석유정제공정에서 분리
③ 나프타 분해생성물에서 제조
④ 메탄의 부분산화법으로 제조

해설 LPG 제조법
㉮ 습성천연가스 및 원유에서 회수 : 압축냉각법, 흡수유에 의한 흡수법, 활성탄에 의한 흡착법
㉯ 제유소 가스에서 회수 : 원유 정제공정에서 발생하는 가스에서 회수
㉰ 나프타 분해 생성물에서 회수 : 나프타를 이용하여 에틸렌 제조 시 회수
㉱ 나프타의 수소화 분해 : 나프타를 이용하여 LPG 생산이 주목적

06 가스설비에서 정전기에 의한 폭발 및 화재를 방지하기 위한 대책으로 틀린 것은?

① 설비 및 배관을 접지한다.
② 가연성 물질의 유속을 제한한다.
③ 가능한 한 습도가 낮고 건조한 장소에 설치한다.
④ 용기 및 배관은 전기 전도성이 좋은 것을 사용한다.

해설 정전기 재해 방지조치
(1) 정전기 발생 완화 방법
㉮ 접지와 본딩을 실시한다.
㉯ 절연체에 도전성을 갖게 한다.
㉰ 공기를 이온화시킨다.
㉱ 상대습도를 70[%] 이상 유지한다.
㉲ 정전의, 정전화를 착용하여 대전을 방지한다.
(2) 정전기 발생 억제 방법
㉮ 유속을 1[m/s] 이하로 유지한다.
㉯ 분진 및 먼지 등의 이물질을 제거한다.
㉰ 액체 및 기체의 분출을 방지한다.

07 $PV = nRT$에서 기체상수(R)값을 [J/gmol · K]의 단위로 나타낸 것은?

① 0.082　② 1.987
③ 8.314　④ 848

해설 기체상수
R = 0.082 [L · atm/mol · K]
= 8.2×10^{-2}[L · atm/mol · K]
= 1.987[cal/mol · K]
= 8.314×10^{7} [erg/mol · K]
= 8.314 [J/mol · K]

08 고정식 압축도시가스 자동차충전시설에서 가스누출검지 경보장치를 설치하여야 하는 기준으로 틀린 것은?

① 압축설비 주변 1개 이상
② 충전설비 내부 1개 이상
③ 압축가스설비 주변 1개 이상
④ 배관접속부마다 10[m] 이내에 1개 이상

해설 가스누출검지 경보장치 설치개수
㉮ 압축설비 주변 또는 충전설비 내부에는 1개 이상
㉯ 압축가스설비 주변에는 2개 이상
㉰ 배관접속부마다 10[m] 이내에 1개 이상
㉱ 펌프주변에는 1개 이상

09 게이지 압력으로 30[cmHg]는 절대압력으로 약 몇 [mbar]에 해당하는가?

① 1096[mbar]　② 1205[mbar]
③ 1359[mbar]　④ 1413[mbar]

해설 1[atm] = 76[cmHg] = 1013.25 [mbar]이다.
∴ 절대압력 = 대기압 + 게이지압력
$= 1013.25 + \left(\frac{30}{76} \times 1013.25\right)$
$= 1413.217$ [mbar]

Answer 5. ④ 6. ③ 7. ③ 8. ③ 9. ④

10 **가스안전영향평가 대상 등에서 산업통상자원부령이 정하는 도시가스배관이 통과하는 지점에 해당하지 않는 것은?**

① 해당 건설공사와 관련된 굴착공사로 인하여 도시가스 배관이 노출될 것으로 예상되는 부분
② 해당 건설공사에 의한 굴착바닥면의 양끝으로부터 굴착심도의 0.6배 이내의 수평거리에 도시가스배관이 매설된 부분
③ 해당 공사에 의하여 건설될 지하시설물 바닥의 직하부에 관경 500[mm]인 저압의 가스배관이 통과하는 경우 그 건설공사에 해당하는 부분
④ 해당 공사에 의하여 건설될 지하시설물 바닥의 직하부에 최고사용압력이 중압 이상인 가스배관이 통과하는 경우 그 건설공사에 해당하는 부분

해설 **도시가스배관이 통과하는 지점** : 도법 시행규칙 제53조
㉮ 해당 건설공사와 관련된 굴착공사로 인하여 도시가스배관이 노출될 것으로 예상되는 부분
㉯ 해당 건설공사에 의한 굴착바닥면의 양끝으로부터 굴착심도의 0.6배 이내의 수평거리에 도시가스배관이 매설된 부분
㉰ 해당 공사로 건설될 지하시설물 바닥의 바로 아랫부분에 최고사용압력이 중압 이상인 도시가스배관이 통과하는 경우의 그 건설공사에 해당하는 부분
㉱ 해당 건설공사를 터널식으로 굴착하는 경우 터널 굴착면으로부터 최대 굴착단면 직경의 0.6배 이내의 거리에 도시가스배관이 매설된 부분

11 **액화석유가스 충전사업을 하고 있는 자로서 시설의 일부를 변경하고자 한다. 다음 중 변경허가를 받지 않아도 되는 항목은?**

① 사업소의 이전
② 충전설비의 교체설치
③ 사업소 부지의 축소
④ 저장설비의 위치변경

해설 **변경허가 대상** : 액법 시행규칙 제7조
㉮ 사업소의 이전
㉯ 사업소 부지의 확대나 축소
㉰ 건축물이나 시설의 변경
㉱ 허가받은 사업소내의 저장설비를 이용하여 허가받은 사업소 밖의 수요자에게 가스를 공급하고자 하는 경우(집단공급시설의 경우에만 해당)
㉲ 저장설비나 가스설비 중 압력용기, 충전설비, 기화장치 또는 로딩암의 위치 변경
㉳ 저장설비의 교체 설치
㉴ 저장설비의 용량 증가나 가스설비 중 압력용기, 충전설비, 기화장치, 로딩암 또는 자동차용 가스 자동주입기의 수량 증가
㉵ 벌크로리의 수량 증가
㉶ 가스용품 종류의 변경(가스용품 제조사업자의 경우에만 해당)

12 **프레온(R-12) 냉동장치에 사용하기에 가장 부적당한 금속은?**

① 구리 ② 마그네슘
③ 황동 ④ 강

해설 **냉매설비에 사용금속 제한**
㉮ 암모니아 : 동 및 동합금(단, 동함유량 62[%] 미만 사용가능)
㉯ 염화메탄 : 알루미늄합금
㉰ 프레온 : 2[%]를 넘는 Mg을 함유한 Al합금
㉱ 항상 물에 접촉되는 부분 : 순도 99.7[%] 미만 알루미늄 사용 금지 (단, 적절한 내식처리 시 사용 가능)

Answer 10. ③ 11. ② 12. ②

13 내용적 20[m^3]인 LP가스(밀도 0.50kg/L) 저장탱크는 인근 단독주택과 규정된 안전거리 이상을 유지하여야 한다. 유지해야 할 안전거리는?

① 12[m] ② 14[m]
③ 17[m] ④ 21[m]

해설 ㉮ 저장능력 계산
$\therefore W = 0.9dV$
$= 0.9 \times 0.5 \times 20 \times 10^3 = 9000[\text{kg}]$

㉯ 보호시설과 유지거리 기준 :
단독주택은 2종 보호시설에 해당된다.

저장능력[kg]	제1종	제2종
1만 이하	17	12
1만 초과 2만 이하	21	14
2만 초과 3만 이하	24	16
3만 초과 4만 이하	27	18
4만 초과 5만 이하	30	20
5만 초과 99만 이하	30	20
99만 초과	30	20

※ 단독주택과 유지하여야 할 안전거리는 12[m] 이다.

14 압축계수(Z)는 이상기체 상태방정식 $PV = ZnRT$로 정의한다. 압축계수에 대한 설명으로 옳은 것은?

① Z는 온도에 영향을 받지 않는다.
② Z는 압력에 영향을 받지 않는다.
③ 이상기체의 경우 $Z=1$이다.
④ 실제기체의 경우 $Z=1$이다.

해설 이상기체일 때는 $Z=1$이나, 실제기체는 1에서 벗어나고 압력이나 온도의 변화에 따라 변한다.

15 액화석유가스 충전시설을 주거지역 또는 상업지역에 설치할 경우 저장탱크에 폭발방지장치를 설치하는 기준은?

① 저장능력 10[톤] 이상
② 저장능력 50[톤] 이상
③ 저장능력 100[톤] 이상
④ 저장능력 500[톤] 이상

해설 폭발방지장치 설치 대상
㉮ 주거지역, 상업지역 지상에 설치하는 저장능력 10[톤] 이상의 저장탱크
㉯ LPG 이송용 탱크로리 탱크(차량에 고정된 탱크)

16 차량에 고정된 탱크에 부착되는 긴급차단장치는 차량에 고정된 탱크, 이에 접속하는 배관 외면의 온도가 몇 [℃]일 때 자동적으로 작동할 수 있어야 하는가?

① 40[℃] ② 65[℃]
③ 100[℃] ④ 110[℃]

해설 차량에 고정된 탱크에 부착하는 긴급차단장치는 그 성능이 원격조작으로 작동되고 차량에 고정된 탱크 또는 이에 접속하는 배관 외면의 온도가 110[℃]일 때에 자동적으로 작동할 수 있는 것으로 한다.

17 특수강에 영향을 주는 원소 중 Cr을 첨가하는 주된 목적은?

① 취성을 주기 위하여
② 결정입도를 조정하기 위하여
③ 전성, 침탄효과를 증가시키기 위하여
④ 내식성, 내마모성을 증가시키기 위하여

해설 크롬(Cr)의 영향
내식성, 내열성을 증가시키며 탄화물의 생성을 용이하게 하여 내마모성을 증가시킨다.

Answer 13. ① 14. ③ 15. ① 16. ④ 17. ④

18 액화석유가스 저장탱크를 지하에 설치하는 방법의 기준에 대한 설명으로 틀린 것은?

① 저장탱크실의 시공은 수밀 콘크리트로 한다.
② 저장탱크실 상부 윗면으로부터 저장탱크 상부까지의 깊이는 60[cm] 이상으로 한다.
③ 검지관은 직경을 40[A] 이상으로 4개소 이상 설치한다.
④ 저장탱크를 2개 이상 인접하여 설치하는 경우에는 상호간 2[m] 이상의 거리를 유지한다.

해설 저장탱크를 2개 이상 인접하여 설치하는 경우에는 상호간 1[m] 이상의 거리를 유지한다.

19 다음 가스 중 허용농도값이 가장 낮은 것은?

① 암모니아 ② 일산화탄소
③ 이산화탄소 ④ 염소

해설 각 가스의 허용농도(TLV-TWA)

가스명칭	허용농도[ppm]
암모니아(NH_3)	25
일산화탄소(CO)	50
이산화탄소(CO_2)	5000
염소(Cl_2)	1

20 표준상태에서 어떤 가스의 부피가 0.5[m^3]이었다. 이것은 약 몇 몰 인가?

① 11.2 ② 22.3
③ 44.6 ④ 55.6

해설 $n = \frac{W}{M} = \frac{부피[L]}{22.4[L]} = \frac{0.5 \times 1000}{22.4}$
$= 22.321[mol]$

21 용기에 각인할 사항의 기호와 단위로서 틀린 것은?

① 내압시험압력 : TP[MPa]
② 500[L] 초과 용기의 동판 두께 : t[mm]
③ 내용적 : V[L]
④ 최고 충전압력 : HP[MPa]

해설 합격용기의 각인 사항
㉮ 용기제조업자의 명칭 또는 약호
㉯ 충전하는 가스의 명칭
㉰ 용기의 번호
㉱ 내용적(기호 : V, 단위 : [L])
㉲ 용기의 질량[kg]
㉳ 내압시험에 합격한 년 월
㉴ 내압시험압력(기호 : TP, 단위 : [MPa])
㉵ 최고충전압력(기호 : FP, 단위 : [MPa])
㉶ 500[L] 초과 용기의 동판 두께 : t[mm]

22 방류둑을 반드시 설치하여야 하는 시설이 아닌 것은?

① 합산 저장능력이 1000[톤] 이상인 가연성가스 저장탱크
② 합산 저장능력이 5[톤] 이상인 독성가스 저장탱크
③ 독성가스 사용 내용적 1000[L] 이상인 수액기
④ 저장능력이 1000[톤] 이상인 LPG 저장탱크

해설 저장능력별 방류둑 설치 기준
(1) 고압가스 특정제조
㉮ 가연성가스 : 500[톤] 이상
㉯ 독성가스 : 5[톤] 이상
㉰ 액화산소 : 1000[톤] 이상
(2) 고압가스 일반제조
㉮ 가연성가스, 액화산소 : 1000[톤] 이상
㉯ 독성가스 : 5[톤] 이상
(3) 냉동제조 : 수액기의 내용적 10000[L] 이상 (단, 독성가스 냉매 사용)

Answer 18. ④ 19. ④ 20. ② 21. ④ 22. ③

23 공기액화 분리기의 액화공기탱크와 액화산소 증발기와의 사이에 반드시 설치하여야 하는 것은?

① 여과기 ② 플레어스택
③ 역화방지장치 ④ 역류방지장치

해설 공기액화 분리기(1시간의 공기압축량이 1000[m^3] 이하의 것을 제외)의 액화공기탱크와 액화산소 증발기와의 사이에는 석유류, 유지류 그 밖의 탄화수소를 여과, 분리하기 위한 여과기를 설치한다.

24 압축기의 압축효율을 바르게 표시한 것은?

① $\frac{\text{실제냉매흡입량}}{\text{이론냉매흡입량}}$

② $\frac{\text{이론소요동력}}{\text{실제소요동력}}$

③ $\frac{\text{실제압축동력}}{\text{축마력}}$

④ $\frac{\text{실제지시동력}}{\text{이론마력}}$

해설 **압축효율** : 이론적 가스압축 소요동력과 실제적 가스압축 소요동력(지시동력)의 비이다.

$\therefore \eta_c = \frac{\text{이론소요동력}}{\text{실제소요동력}}$

25 P-i 선도에 나타난 그림과 같은 운전 상태에서 냉동능력이 20[RT]인 냉동기의 압축비는?

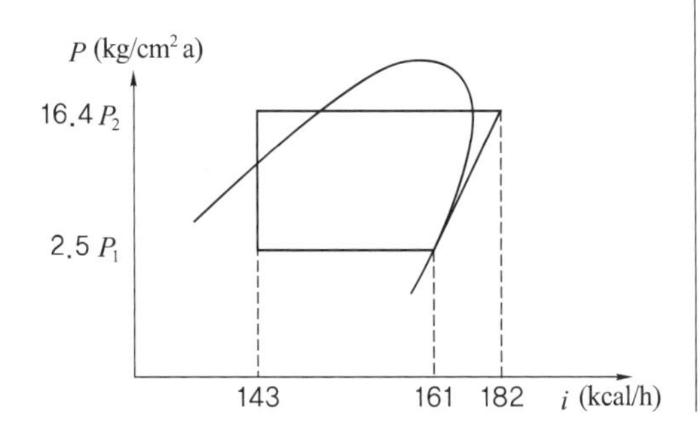

① 6.56 ② 8.00
③ 10.11 ④ 22.15

해설 $a = \frac{P_2}{P_1} = \frac{16.4}{2.5} = 6.56$

26 회전축의 전달동력이 20[kW], 회전수가 200[rpm]이라면 전동축의 지름은 약 몇 [mm]인가? (단, 축의 허용전단응력 $\tau = 30$[MPa]이다.)

① 25 ② 35
③ 45 ④ 55

해설 ㉮ 전달토크 계산

$\therefore T = (9.55 \times 1000) \times \frac{H[\mathrm{kW}]}{N}$

$= (9.55 \times 1000) \times \frac{20}{200} = 955[\mathrm{N \cdot m}]$

㉯ 전동축 지름 계산

$T = \tau_a \times \frac{\pi D^3}{16}$ 에서

$\therefore D = \sqrt[3]{\frac{16\,T}{\pi \cdot \tau_a}}$

$= \sqrt[3]{\frac{16 \times 955}{\pi \times 30 \times 10^6}} \times 1000$

$= 54.22[\mathrm{mm}]$

27 지구 온실효과를 일으키는 주된 원인이 되는 가스는?

① CO_2 ② O_2
③ NO_2 ④ N_2

해설 **온실가스(저탄소 녹색성장 기본법 제2조)** : 이산화탄소(CO_2), 메탄(CH_4), 아산화질소(N_2O), 수소불화탄소(HFCs), 과불화탄소(PFCs), 육불화황(SF_6) 및 그 밖에 대통령령으로 정하는 것으로 적외선 복사열을 흡수하거나 재방출하여 온실효과를 유발하는 대기 중의 가스 상태의 물질을 말한다.

Answer 23. ① 24. ② 25. ① 26. ④ 27. ①

28 순수한 CH_4 1[Nm^3]을 완전 연소하는데 필요한 이론공기량과 이론건조 연소가스의 양은? (단, 공기 중 산소와 질소의 용량비는 21:79이다.)

① 공기량 : 9.52[Nm^3], 연소가스량 : 8.52[Nm^3]
② 공기량 : 9.52[Nm^3], 연소가스량 : 7[Nm^3]
③ 공기량 : 8.52[Nm^3], 연소가스량 : 9.52[Nm^3]
④ 공기량 : 7[Nm^3], 연소가스량 : 9.52[Nm^3]

해설 ㉮ 메탄(CH_4)의 완전 연소 반응식

$CH_4 + 2O_2 + (N_2) \rightarrow CO_2 + 2H_2O + (N_2)$

㉯ **이론공기량(A_0) 계산**

22.4[Nm^3] : 2×22.4[Nm^3] = 1[Nm^3] : x[Nm^3]

$$\therefore A_0 = \frac{O_0}{0.21} = \frac{2\times 22.4\times 1}{22.4\times 0.21} = 9.523[Nm^3]$$

㉰ **이론 건조연소가스량(G_{od}) 계산** : 이론공기량으로 연소 시 수증기량을 제외한 것이고, 질소량은 산소량의 $\frac{79}{21}$ 배이다.

$$\therefore G_{0d} = CO_2\text{량} + N_2\text{량}$$
$$= 1 + 2\times\frac{79}{21} = 8.523[Nm^3]$$

29 부탄과 프로판의 분리방법으로 가장 적정한 것은?

① 증류수로 세정하여 생긴 침전물을 각각 분리한다.
② 온도를 내려 탱크에 두면 두 층으로 분리된다.
③ 압력을 가하여 액화시킨 후 증류법으로 분리한다.
④ 대량의 물로 세정하면 부탄은 물에 용해되고 프로판만 남는다.

해설 비점이 부탄(C_4H_{10})은 −0.5[℃], 프로판(C_3H_8)은 −42.1[℃] 이므로 압력을 가하여 액화시킨 후 증류법으로 분리하면 된다.

30 폭굉(detonation)에 대한 설명으로 옳은 것은?

① 폭굉속도는 보통 연소속도의 20배 정도이다.
② 폭굉속도는 가스인 경우에는 1000[m/s] 이하이다.
③ 폭굉속도가 클수록 반사에 의한 충격효과는 감소한다.
④ 일반적으로 혼합가스의 폭굉범위는 폭발범위보다 좁다.

해설 **폭굉(detonation) 현상**

㉮ 폭굉이 전하는 속도(폭속)은 가스의 경우 1000~3500[m/s]인 반면 정상 연소속도는 0.1~10[m/s] 정도이다.
㉯ 폭굉속도가 클수록 반사에 의한 충격효과는 증가한다.
㉰ 혼합가스의 폭굉범위는 폭발범위 내에 존재한다.

31 가스안전관리에서 사용되는 다음 위험성 평가기법 중 정량적 기법에 해당되는 것은?

① 위험과 운전분석(HAZOP)
② 사고예상질문 분석(WHAT-IF)
③ 체크리스트(check list)
④ 사건수 분석(ETA)

해설 **위험성 평가기법의 분류 및 종류**

㉮ **정성적 평가기법** : 체크리스트(check list) 기법, 사고예상 질문 분석(WHAT-IF) 기법, 위험과 운전분석(HAZOP) 기법
㉯ **정량적 평가기법** : 작업자 실수 분석(human error analysis) 기법, 결함수 분석(FTA) 기법, 사건수 분석(ETA) 기법, 원인 결과 분석(CCA) 기법
㉰ 기타 : 상대 위험순위 결정(dow and mond indices) 기법, 이상 위험도 분석(FMECA) 기법

Answer 28. ① 29. ③ 30. ④ 31. ④

32 일정한 유량의 물이 원관 내를 흐를 때 직경을 2배로 하면 손실수두는 얼마가 되는가? (단, 층류로 가정한다.)

① $\frac{1}{4}$ ② $\frac{1}{8}$
③ $\frac{1}{16}$ ④ $\frac{1}{32}$

해설 하겐-푸아죄유(Hagen-Poiseuille) 방정식의 손실수두 계산식 $h_L = \frac{128\mu LQ}{\pi D^4 \gamma}$ 에서 손실수두(h_L)는 지름의 4제곱에 반비례한다.

$\therefore h_L = \frac{1}{2^4} = \frac{1}{16}$

33 어떤 고압가스설비의 상용압력은 10[MPa]이다. 이 경우 내압시험압력은 최소 얼마의 압력으로 하여야 하는가?

① 10[MPa] ② 12[MPa]
③ 15[MPa] ④ 25[MPa]

해설 내압시험압력 = 상용압력 × 1.5배
= 10 × 1.5 = 15[MPa]

34 고압가스용 용접용기 제조 시 사용되는 용기의 재료로서 탄소, 인 및 황의 함유량을 옳게 나타낸 것은?

① 0.33[%] 이하, 0.04[%] 이하, 0.05[%] 이하
② 0.35[%] 이하, 0.4[%] 이하, 0.02[%] 이하
③ 0.55[%] 이하, 0.04[%] 이하, 0.05[%] 이하
④ 0.33[%] 이하, 0.05[%] 이하, 0.04[%] 이하

해설 **용기재료의 제한** : 고압가스 용기 재료는 스테인리스강, 알루미늄합금 및 탄소, 인, 황의 함유량이 각각 0.33[%] 이하(이음매 없는 용기 0.55[%] 이하), 0.04[%] 이하, 0.05[%] 이하인 강 또는 이와 동등 이상의 기계적 성질 및 가공성 등을 갖는 것으로 할 것

35 LPG 자동차 충전소 내 설치 가능한 건축물 또는 시설이 아닌 것은?

① 현금자동지급기
② 충전소 관계자 대기실
③ 연면적 200[m^2] 인 충전소 종사자 식당
④ 자동차의 세정을 위한 자동세차시설

해설 **자동차 충전소에 설치할 수 있는 건축물, 시설**

㉮ 충전을 하기 위한 작업장
㉯ 충전소의 업무를 행하기 위한 사무실과 회의실
㉰ 충전소의 관계자가 근무하는 대기실
㉱ 액화석유가스 충전사업자가 운영하고 있는 용기를 재검사하기 위한 시설
㉲ 충전소 종사자의 숙소
㉳ 충전소의 종사자가 이용하기 위한 연면적 100[m^2] 이하의 식당
㉴ 비상발전기 또는 공구 등을 보관하기 위한 연면적 100[m^2] 이하의 창고
㉵ 자동차의 세정을 위한 세차시설
㉶ 충전소에 출입하는 사람을 대상으로 한 자동판매기와 현금자동지급기
㉷ 자동차 등의 점검 및 간이정비(용접, 판금 등 화기를 사용하는 작업 및 도장작업을 제외)를 하기 위한 작업장
㉸ 충전소에 출입하는 사람을 대상으로 한 소매점 및 전시장(LPG 자동차 전시용에 한함)
㉹ 용기 충전사업 용도의 건축물이나 시설

36 도시가스 온압보정장치 설치를 위한 배관 설치 후 기밀시험의 압력 기준으로 옳은 것은?

① 상용압력의 1.1배 또는 1[kPa] 중 높은 압력 이상
② 상용압력의 1.0배 또는 8.4[kPa] 중 높은 압력 이상
③ 최고사용압력의 1.1배 또는 8.4[kPa] 중 높은 압력 이상
④ 최고사용압력의 1.5배 또는 10[kPa] 중 높은 압력 이상

해설 **도시가스 배관의 기밀시험 압력** : 최고사용압력의 1.1배 또는 8.4[kPa] 중 높은 압력 이상

Answer 32. ③ 33. ③ 34. ① 35. ③ 36. ③

37 액화산소 5[L]를 기준으로 하였을 때 다음 중 어느 경우에 공기액화 분리기의 운전을 중지하고 액화산소를 방출해야 하는가?

① 탄화수소의 탄소의 질량이 500[mg]을 넘을 때
② 탄화수소의 탄소의 질량이 50[mg]을 넘을 때
③ 아세틸렌이 2[mg]을 넘을 때
④ 아세틸렌이 0.2[mg]을 넘을 때

해설 공기액화 분리기에 설치된 액화산소 5[L] 중 아세틸렌 질량이 5[mg], 탄화수소의 탄소의 질량이 500[mg]을 넘을 때에는 운전을 중지하고 액화산소를 방출시킬 것

38 가스배관의 설계에 있어서 고려하여야 할 하중 중 주하중(主荷重)에 해당하지 않는 것은?

① 내압(內壓)
② 토압(土壓)
③ 온도변화의 영향
④ 자동차의 하중

해설 배관에 작용하는 주하중 종류
㉮ 내압(內壓)에 의한 하중
㉯ 토압(土壓)에 의한 하중
㉰ 자동차의 하중

39 서로 어긋나서 각을 이루며 만나는 두 축을 유니버설조인트(훅크 조인트) 하였을 경우에 일어나는 현상에 대한 설명으로 틀린 것은?

① 종동축의 각속도는 원동축의 각속도와 일치하지 않는다.
② 중간축을 이용하여 양쪽에 유니버설 조인트를 하면 각속도는 일치하게 된다.
③ 각속도는 서로 불일치 하지만 전달토크에는 아무 이상이 없다.
④ 두 축이 어긋난 정도가 너무 크면(약 30° 이상) 사용이 곤란하다.

해설 유니버설 조인트(universal joint) : 두 축이 어떤 각도로 교차하는 경우나 만나는 각이 변화할 때 사용하는 이음으로 교차각 $\alpha \leq 30°$이다.

40 도시가스사업자가 전기방식시설의 유지관리기준에 대한 설명으로 틀린 것은?

① 전기방식시설의 관대지전위(管對地電位) 등을 1년에 1회 이상 점검한다.
② 외부전원법에 따른 전기방식시설은 외부전원점 관대지전위, 정류기의 출력, 전압, 전류, 배선의 접속상태 및 계기류 확인 등을 3개월에 1회 이상 점검한다.
③ 배류법에 따른 전기방식시설은 배류점 관대지전위, 배류기의 출력, 전압, 전류, 배선의 접속상태 및 계기류 확인 등을 3개월에 1회 이상 점검한다.
④ 절연부속품, 역전류방지장치, 결선(bond) 및 보호절연체의 효과는 3개월에 1회 이상 점검한다.

해설 전기방식 시설의 유지관리
㉮ 관대지전위(管對地電位) 점검 : 1년에 1회 이상
㉯ 외부전원법 전기방식시설 점검 : 3개월에 1회 이상
㉰ 배류법 전기방식시설 점검 : 3개월에 1회 이상
㉱ 절연부속품, 역전류 방지장치, 결선(bond), 보호절연체 점검 : 6개월에 1회 이상

41 포스겐($COCl_2$)의 성질에 대한 설명으로 틀린 것은?

① 독성가스이다.
② 소량의 수분과 반응하여 중합폭발을 일으킬 수 있다.
③ 일산화탄소와 염소를 활성탄 촉매를 사용하여 얻을 수 있다.
④ 제해제로는 알칼리성인 가성소다 또는 소석회가 있다.

Answer 37. ① 38. ③ 39. ③ 40. ④ 41. ②

해설 포스겐($COCl_2$)은 수분과 반응(가수분해)하여 이산화탄소와 염산이 생성된다.
※ 반응식 : $COCl_2 + H_2O \rightarrow CO_2 + 2HCl$

42 일반도시가스공급소에서 중압 이하의 배관과 고압배관을 매설하는 경우 서로간의 거리를 최소 몇 [m] 이상으로 하여야 하는가?

① 1[m]　② 2[m]
③ 3[m]　④ 4[m]

해설 중압 이하의 배관과 고압배관을 매설하는 경우 서로간의 거리를 2[m] 이상으로 설치한다.

43 어떤 기체 A, B, C를 동일 고압가스 용기에 압력을 각각 P_A, P_B, P_C로 충전할 때 이 혼합기체의 전체압력(P_r)은 어떻게 표시되는가?

① $P_r = P_A + P_B + P_C$
② $P_r = P_A \times P_B \times P_C$
③ $P_r = 1/P_A + 1/P_B + 1/P_C$
④ $P_r = 1/P_A \times 1/P_B \times 1/P_C$

해설 **달톤의 분압법칙** : 혼합기체가 나타내는 전압은 각 성분 기체 분압의 총합과 같다.
$\therefore P_r = P_A + P_B + P_C$

44 액화석유가스의 안전관리 및 사업법에서 정의한 액화석유가스 충전사업에 대한 가장 적정한 설명은?

① 액화석유가스를 일반수요자에게 배관을 통하여 공급하는 사업을 말한다.
② 저장시설에 저장된 액화석유가스를 용기에 충전하여 공급하는 사업을 말한다.
③ 액화석유가스를 사업용으로 공급하는 사업을 말한다.
④ 액화석유가스를 연료가스로 사용하기 위하여 공급하는 사업을 말한다.

해설 **액화석유가스충전사업** : 저장시설에 저장된 액화석유가스를 용기에 충전(배관을 통하여 다른 저장탱크에 이송하는 것을 포함)하거나 자동차에 고정된 탱크에 충전하여 공급하는 사업

45 다음 원심펌프의 배관에 대한 설명 중 가장 적절한 것은?

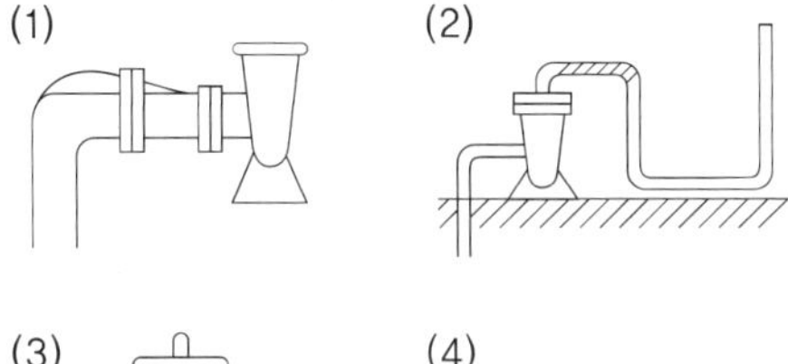

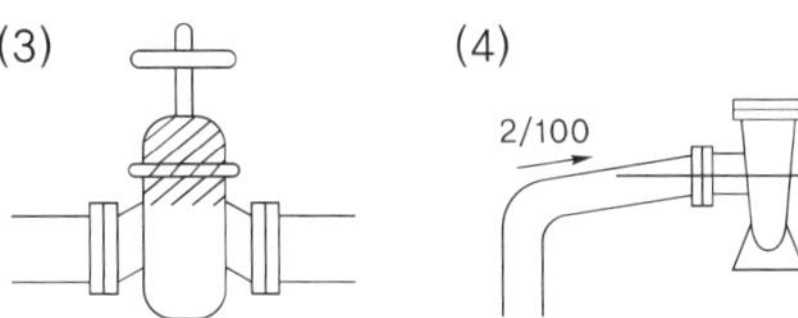

① 흡입관은 펌프구멍보다 굵은 것이 좋으므로 (1)번과 같이 배관하였다.
② 토출관을 (2)번과 같이 설치하였다.
③ 흡입관에 부득이 밸브를 부착할 경우 (3)번 같이 손잡이가 위로 가도록 하였다.
④ 흡입관을 (4)번 같이 구배를 주어 배관하였다.

해설 흡입관은 1/50~1/100 상향구배를 준다.

46 내용적 40[L]의 고압용기를 100[atm]의 압력으로 산소를 충전한 후 2[kg]에 해당하는 가스를 사용하였다면 용기의 압력은 약 몇 [atm]이 되는가? (단, 온도의 변화는 없는 것으로 가정한다.)

① 50　② 55　③ 60　④ 65

Answer 42. ② 43. ① 44. ② 45. ④ 46. ④

해설 문제에서 충전된 상태의 온도 설명이 없으므로 0[℃]를 기준으로 계산함

㉮ **사용 전 질량 계산**

$$PV = \frac{W}{M}RT \text{ 에서}$$

$$\therefore W = \frac{PVM}{RT}$$

$$= \frac{100 \times 40 \times 32}{0.082 \times 273} = 5717.859[\text{g}]$$

㉯ **사용 후 압력 계산**

$$\therefore P = \frac{WRT}{VM}$$

$$= \frac{(5717.859 - 2000) \times 0.082 \times 273}{40 \times 32}$$

$$= 65.021[\text{atm}]$$

47 고압용 밸브에 대한 설명으로 틀린 것은?

① 주조품을 깍아서 만든다.
② 글로브밸브는 기밀도가 크다.
③ 슬루스밸브는 난방배관용으로 적합하다.
④ 밸브시트는 내식성이 좋은 재료를 사용한다.

해설 **고압밸브의 특징**

㉮ 주조품보다 단조품을 절삭하여 제조한다.
㉯ 밸브시트는 내식성과 경도가 높은 재료를 사용한다.
㉰ 밸브시트는 교체할 수 있도록 한다.
㉱ 기밀유지를 위하여 스핀들에 패킹이 사용된다.
※ 글로브 밸브(스톱 밸브)는 기밀도가 크며, 유량 조절용에 사용되며, 슬루스 밸브(게이트 밸브)는 난방배관용의 유로차단용으로 사용된다.

48 도시가스사업법상 보호시설에 대한 구분이 잘못된 것은?

① 학교 – 제1종
② 공동주택 – 제2종
③ 문화재로 지정된 건축물 – 제1종
④ 연면적이 500[m^2]인 사람을 수용하는 건축물 – 제1종

해설 사람을 수용하는 건축물(가설건축물은 제외)로서 사실상 독립된 부분의 연면적이 1000[m^2] 이상인 것 – 제1종 보호시설

49 배관 설계도면 작성 시 종단면도에 기입할 사항이 아닌 것은?

① 기울기 및 포장종류
② 교차하는 타매설물, 구조물
③ 설계 가스배관 계획 정상높이 및 깊이
④ 설계 가스배관 및 기 설치된 가스배관의 위치

해설 **도시가스 배관설계도면 종단면도에 기입하는 사항**

㉮ 설계 가스배관 계획 정상높이 및 깊이
㉯ 신설 배관 및 부속설비(밸브, 수취기[LNG는 제외], 보호관 등)
㉰ 교차하는 타매설물, 구조물
㉱ 기울기(LNG는 제외)
㉲ 포장종류

50 다음 응력변형율선도에서 하부 항복점을 나타내는 점은?

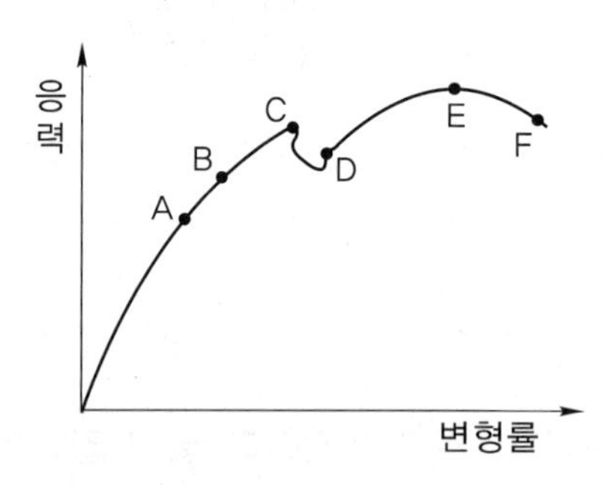

① A ② D
③ E ④ F

해설 **응력–변형률 선도 각점의 명칭**

A : 비례한도, B : 탄성한도, C : 상항복점,
D : 하항복점, E : 인장강도, F : 파괴점

Answer 47. ① 48. ④ 49. ④ 50. ②

51 섭씨온도 −40[℃]는 화씨온도로 약 몇 [°F]인가?

① −20 ② −40
③ −50 ④ −60

해설 $°F = \frac{9}{5}℃ + 32$

$= \frac{9}{5} \times (-40) + 32 = -40[°F]$

52 액화석유가스 소형용기 충전의 기준에 대한 설명으로 틀린 것은?

① 제조 후 10년이 경과하지 않은 용접용기인 것이어야 한다.
② 캔 밸브는 부착한지 3년이 경과하지 않아야 하며, 부착연월이 각인되어 있는 것이어야 한다.
③ 소형용접용기의 상태가 관련법에서 정하고 있는 4급에 해당하는 찍힌흠, 부식, 우그러짐 및 화염에 의한 흠이 없는 것 이어야 한다.
④ 충전사업자는 소형용접용기의 표시사항을 확인하고 표시사항이 훼손된 것은 다시 표시한다.

해설 캔 밸브는 부착한지 2년이 지나지 않아야 하며, 부착연월일이 각인되어 있을 것

53 고압가스 제조허가의 종류가 아닌 것은?

① 고압가스 충전 ② 고압가스 일반제조
③ 냉동제조 ④ 공조제조

해설 고압가스 제조허가의 종류 : 고법 시행령 제3조
㉮ 고압가스 특정제조
㉯ 고압가스 일반제조
㉰ 고압가스 충전
㉱ 냉동제조

54 저온취성(메짐)을 일으키는 원소는?

① Cr ② Si
③ S ④ P

해설 저온취성(메짐)의 원인 성분 : 인(P)

55 품질특성을 나타내는 데이터 중 계수치 데이터에 속하는 것은?

① 무게 ② 길이
③ 인장강도 ④ 부적합품률

해설 척도에 의한 데이터의 분류
㉮ 계량치 : 연속량으로 측정되는 품질특성 값으로 길이, 질량, 온도, 유량 등이다.
㉯ 계수치 : 수량으로 세어지는 품질특성 값으로 부적합품수, 부적합수, 부적합품률 등이다.

56 모든 작업을 기본동작으로 분해하고, 각 기본동작에 대하여 성질과 조건에 따라 미리 정해 놓은 시간치를 적용하여 정미시간을 산정하는 방법은?

① PTS법 ② work sampling법
③ 스톱워치법 ④ 실적자료법

해설 PTS법 : 기정시간표준(predetermined time standard system)법

57 200개 들이 상자가 15개 있을 때 각 상자로부터 제품을 랜덤하게 10개씩 샘플링할 경우, 이러한 샘플링 방법을 무엇이라 하는가?

① 층별 샘플링 ② 계통 샘플링
③ 취락 샘플링 ④ 2단계 샘플링

해설 샘플링 방법
㉮ 랜덤 샘플링 : 모집단의 어느 부분이라도 목적하는 특성에 관하여 같은 확률로 시료 중에 뽑

Answer 51. ② 52. ② 53. ④ 54. ④ 55. ④ 56. ① 57. ①

혀지도록 샘플링하는 방법으로 시료수가 증가할 수록 샘플링 정도가 높다. 단순 랜덤샘플링, 계통 샘플링, 지그재그 샘플링 등의 방법이 있다.

㉯ **2단계 샘플링** : 모집단을 N개의 부분으로 나누어 먼저 1단계로 그 중 몇 개 부분을 시료로 샘플링하는 방법이다.

㉰ **층별 샘플링** : 모집단을 N개의 층으로 나누어서 각 층으로부터 각각 랜덤하게 시료를 샘플링하는 방법이다.

㉱ **취락 샘플링** : 모집단을 여러 개의 층으로 나누고 그 층중에서 몇 개를 랜덤하게 추출한 뒤 선택된 층 안은 모두 검사하는 방법이다.

㉲ **다단계 샘플링** : 모집단에서 랜덤하게 1차 시료를 샘플링한 후 그 1차 시료에서 다시 2차 시료를 샘플링하고 다시 그 2차 시료 중에서 3차 시료를 샘플링해 나가는 방법이다.

㉳ **유의 샘플링** : 로트의 평균치를 알기 위해 로트 전체를 대표하는 시료를 샘플링하지 않고 일부 특정 부분을 샘플링하여 그 시료의 값으로서 전체를 내다보는 방법이다.

58 어떤 공장에서 작업을 하는데 있어서 소요되는 기간과 비용이 다음 표와 같을 때 비용 구배는? (단, 활동시간의 단위는 일(日)로 계산한다.)

정상작업		특급작업	
기간	비용	기간	비용
15일	150만원	10일	200만원

① 50000원 ② 100000원
③ 200000원 ④ 500000원

해설
$$비용구배 = \frac{특급비용 - 정상비용}{정상시간 - 특급시간} = \frac{200만원 - 150만원}{15 - 10} = 100000[원/일]$$

59 관리도에서 측정한 값을 차례로 타점했을 때 점이 순차적으로 상승하거나 하강하는 것을 무엇이라 하는가?

① 연(run) ② 주기(cycle)
③ 경향(trend) ④ 산포(dispersion)

해설 **경향(trend)** : 관측값을 순서대로 타점했을 때 연속 6 이상의 점이 상승하거나 하강하는 상태이다.

60 생산보전(PM : productive maintenance)의 내용에 속하지 않는 것은?

① 보전예방 ② 안전보전
③ 예방보전 ④ 개량보전

해설 보전의 유형

㉮ **예방보전(PM)** : 계획적으로 일정한 사용기간마다 실시하는 보전

㉯ **사후보전(BM)** : 고장이나 결함이 발생한 후에 이것을 수리에 의하여 회복시키는 것

㉰ **개량보전(CM)** : 고장이 발생한 후 또는 설계 및 재료변경 등으로 설비자체의 품질을 개선하여 수명을 연장시키거나 수리, 검사가 용이하도록 하는 방식

㉱ **보전예방(MP)** : 계획 및 설치에서부터 고장이 적고, 쉽게 수리할 수 있도록 하는 방식

Answer 58. ② 59. ③ 60. ②

과 년 도 문 제

01 냉동 사이클에서 응축기가 열을 제거하는 과정을 나타내는 선은?

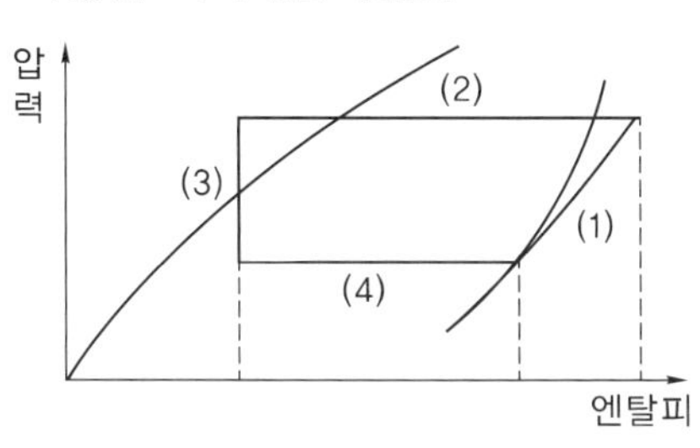

① (1) ② (2) ③ (3) ④ (4)

해설 (1) 과정 : 압축과정 (2) 과정 : 응축과정
(3) 과정 : 팽창과정 (4) 과정 : 증발과정

02 다음 중 가스설비에 주로 사용되는 안전장치가 아닌 것은?

① 플레어 스택(flare stack)
② 스팀 트랩(steam trap)
③ 파열판(ruoture disk)
④ 가용전(fusible plug)

해설 스팀 트랩(steam trap) : 증기 사용시설이나 증기 공급관에서 발생한 응축수를 배출시켜 수격작용, 배관의 부식, 열설비의 효율 저하를 방지하는 역할을 한다.

03 30[℃], 2[atm]에서 산소 1[mol]이 차지하는 부피는 얼마인가? (단, 이상기체의 상태 방정식에 따른다고 가정한다.)

① 6.2[L] ② 8.4[L]
③ 12.4[L] ④ 24.8[L]

해설 $PV=nRT$ 에서

$$\therefore V=\frac{nRT}{P}=\frac{1\times 0.082\times(273+30)}{2}$$
$$=12.423[L]$$

04 $\frac{PV}{T}$ 가 일정하게 유지되면서 변화하는 어떤 기체가 0[℃], 1[atm]에서 2.5[$m^3 \cdot mol^{-1}$]의 체적을 가지고 있다. 이 기체가 0[℃], 1[atm]에서 25[℃], 10[atm]으로 압축될 때 변화 후의 부피는 약 몇 [m^3]이 되는가?

① 0.13[m^3] ② 0.27[m^3]
③ 0.48[m^3] ④ 1.17[m^3]

해설 $\frac{P_1V_1}{T_1}=\frac{P_2V_2}{T_2}$ 에서

$$\therefore V_2=\frac{P_1V_1T_2}{P_2T_1}$$
$$=\frac{1\times 2.5\times(273+25)}{10\times 273}$$
$$=0.27[m^3]$$

※ 2.5[$m^3 \cdot mol^{-1}$]의 의미는 기체 1[mol]당 체적 2.5[m^3]을 갖는 것으로 2.5[m^3/mol]과 같다.

05 다음 배관 도시기호 중 관내의 유체가 가스인 것을 나타내는 것은?

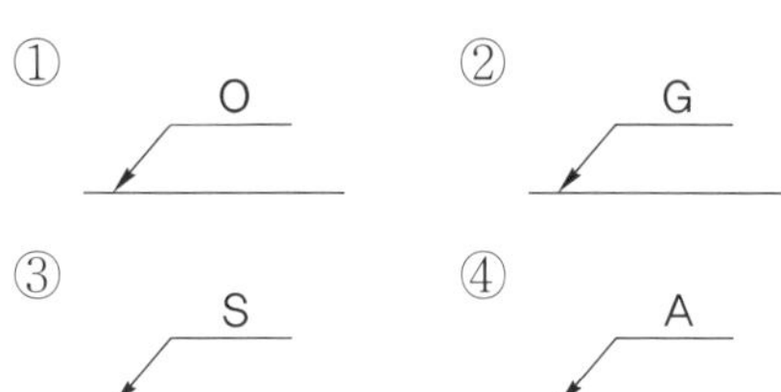

해설 유체의 종류 및 표시

유체종류	기호	색상
공기	A	백색
가스	G	황색
기름	O	황적색
수증기	S	암적색
물	W	청색

Answer 1. ② 2. ② 3. ③ 4. ② 5. ②

06 특정 고압가스 사용 신고의 기준에 대한 설명으로 옳지 않은 것은?

① 저장능력 250[kg] 이상의 액화가스 저장설비를 갖추고 특정고압가스를 사용하고자 하는 자
② 저장능력 30[m^3] 이상의 압축가스 저장설비를 갖추고 특정고압가스를 사용하고자 하는 자
③ 배관으로 특정 고압가스를 공급받아 사용하려는 자
④ 액화염소를 사용하고자 하는 자

해설 **특정고압가스 사용신고 대상** : 고법 시행규칙 제46조
㉮ 저장능력 250[kg] 이상인 액화가스 저장설비를 갖추고 특정고압가스를 사용하려는 자
㉯ 저장능력 50[m^3] 이상인 압축가스 저장설비를 갖추고 특정고압가스를 사용하려는 자
㉰ 배관으로 특정고압가스(천연가스 제외)를 공급받아 사용하고자 하는 자
㉱ 압축모노실란, 압축디보레인, 액화알진, 포스핀, 셀렌화수소, 게르만, 디실란, 오불화비소, 오불화인, 삼불화인, 삼불화질소, 삼불화붕소, 사불화유황, 사불화규소, 액화염소 또는 액화암모니아를 사용하려는 자 다만, 시험용으로 사용하려 하거나 시장, 군수 또는 구청장이 지정하는 지역에서 사료용으로 볏짚 등을 발효하기 위하여 액화암모니아를 사용하려는 경우는 제외한다.
㉲ 자동차 연료용으로 특정고압가스를 공급받아 사용하려는 자

07 복합재료 용기는 그 용기의 안전을 확보하기 위하여 최고 충전압력이 얼마 이하 이어야 하는가?

① 15[MPa] ② 20[MPa]
③ 30[MPa] ④ 35[MPa]

해설 **복합재료용기 기술 기준**(고법 시행규칙 별표10) : 복합재료용기는 그 용기의 안전을 확보하기 위하여 그 용기에 충전하는 고압가스의 종류 및 압력을 다음과 같이 할 것
㉮ 충전하는 고압가스는 가연성인 액화가스가 아닐 것
㉯ 최고충전압력은 35[MPa](산소용은 20[MPa]) 이하일 것

08 가스배관에 사용되는 금속재료의 성질에 대한 설명으로 틀린 것은?

① 강재 중 인(P) 함유량이 많으면 연신률과 충격치가 증가된다.
② 압력 배관용 강관의 탄소 함유량은 0.25[%] 이하를 사용한다.
③ 황동은 구리와 아연의 합금이다.
④ 황은 고온에서 적열취성을 일으킬 수 있다.

해설 강재 중 인(P) 함유량이 많으면 연신률과 충격치가 감소되어 상온취성의 원인이 된다.

09 발열량 8000[kcal/Nm^3], 비중이 0.61, 공급압력이 160[mmH_2O]인 가스에서 발열량 10000[kcal/Nm^3], 비중 0.62, 공급압력 200[mmH_2O]인 LPG로 가스를 변경할 경우의 노즐구경 변경율은 약 얼마인가?

① 0.75 ② 0.85
③ 1.18 ④ 1.28

해설

$$\frac{D_2}{D_1} = \sqrt{\frac{WI_1\sqrt{P_1}}{WI_2\sqrt{P_2}}} = \sqrt{\frac{\frac{8000}{\sqrt{0.61}} \times \sqrt{160}}{\frac{10000}{\sqrt{0.62}} \times \sqrt{200}}} = 0.849$$

10 가스분석 시 이산화탄소(CO_2)의 흡수제로 주로 사용되는 것은?

① 수산화칼륨 수용액
② 요오드화수은칼륨 용액
③ 알칼리성 피로갈롤 용액
④ 암모니아성 염화 제1구리 용액

해설 게겔(Gockel)법의 분석순서 및 흡수제
㉮ 이산화탄소 : 수산화칼륨(KOH) 33[%] 수용액
㉯ 아세틸렌 : 요오드수은 칼륨 용액
㉰ 프로필렌, n-C_4H_8 : 87[%] H_2SO_4
㉱ 에틸렌 : 취화수소 수용액
㉲ 산소 : 알칼리성 피로갈롤 용액
㉳ 일산화탄소 : 암모니아성 염화 제1구리 용액

11 왕복형 다단 압축기의 중간단에서 토출압력이 낮아지는 원인이 아닌 것은?

① 중간단의 흡입저항 감소
② 앞단의 피스톤링 마모
③ 앞단의 냉각기 과냉
④ 흡입밸브 언로드의 복귀불량

해설 중간단에서 토출압력이 낮아지는 원인
㉮ 흡입, 토출밸브 불량
㉯ 흡입측의 바이패스 불량
㉰ 앞단의 냉각기 과냉
㉱ 앞단의 클리어런스밸브 불완전 폐쇄
㉲ 앞단의 피스톤링 마모
㉳ 흡입관 저항 증대
㉴ 흡입관에서의 누설
㉵ 흡입밸브 언로드의 복귀불량

12 이상기체를 일정한 온도 조건하에서 상태 1에서 상태 2로 변화시켰을 때 최종 부피는 얼마인가? (단, 상태 1에서의 부피 및 압력은 V_1과 P_1이며, 상태 2에서의 부피와 압력은 각각 V_2와 P_2이다.

① $V_2 = V_1 \times \frac{P_2}{P_1}$

② $V_2 = V_1 \times \frac{P_1}{P_2}$

③ $V_2 = V_1 \times \frac{T_2}{T_1} \times \frac{P_2}{P_1}$

④ $V_2 = V_1 \times \frac{T_1}{T_2}$

해설 보일-샤를의 법칙 $\frac{P_1 V_1}{T_1} = \frac{P_2 V_2}{T_2}$ 에서
$T_1 = T_2$ 이다.
$\therefore V_2 = V_1 \times \frac{P_1}{P_2}$

13 가스 중의 황화수소 제거법 중 알칼리물질로 암모니아 또는 탄산소다를 사용하며, 촉매는 티오비산염을 사용하는 방법은?

① 사이록스법
② 진공카보네이트법
③ 후막스법
④ 타카학스법

해설 습식 탈황법
㉮ **탄산소다 흡수법** : 탄산소다(Na_2CO_3) 수용액을 사용하여 H_2S를 흡수 제거한다.
㉯ **시볼트법** : 재생공정에서 산화철을 사용하는 방법보다 효과적이다.
㉰ **카아볼트법** : 에타놀아민 수용액에 H_2S를 흡수하고 가열하여 방출하는 방법이다.
㉱ **사이록스법** : 황비산 나트륨용액을 사용하여 H_2S를 흡수하고 공기로 산화함으로써 재생한다.
㉲ **알카티드법** : 알카티드 수용액에의 H_2S를 흡수하고 가열하여 방출한다.
㉳ **기타** : 어뎁프법, 살피놀법, DGA법 등

Answer 10. ① 11. ① 12. ② 13. ①

14 다음 중 가장 낮은 온도에서 사용이 가능한 보냉제는?

① 폴리우레탄 ② 탄산마그네슘
③ 펠트 ④ 폴리스틸렌

해설 안전사용 온도
㉮ 폴리우레탄 : 초저온~80[℃]
㉯ 탄산마그네슘 : 250[℃] 이하
㉰ 펠트 : 100[℃] 이하
㉱ 폴리스틸렌 : 85[℃] 이하

15 액화산소를 저장하는 저장능력 10톤인 저장탱크 2기를 설치하려고 한다. 각각의 저장탱크 최대지름이 3[m]일 경우 저장탱크 간의 최소거리는 몇 [m] 이상 유지하여야 하는가?

① 1 ② 1.5
③ 2 ④ 3

해설 저장탱크간의 거리 : 두 저장탱크의 최대지름을 합산한 길이의 1/4 이상 유지(1[m] 미만인 경우 1[m] 이상의 거리) 한다.

$$\therefore L = \frac{D_1 + D_2}{4} = \frac{3+3}{4} = 1.5[\text{m}]$$

16 가스화재 시 가장 효과가 높은 소화방법은?

① 제거소화 ② 질식소화
③ 냉각소화 ④ 희석소화

해설 제거소화 : 가연성 가스나 가연성 증기의 공급을 차단하여 소화시키는 방법으로 가스밸브를 차단하는 것이 해당된다.

17 발열량 24000[kcal/m^3], 비중이 1.52인 프로판가스와 발열량 10000[kcal/m^3], 비중 0.61인 천연가스의 웨베지수는 각각 약 얼마인가?

① 18500, 11800 ② 19500, 12800
③ 20500, 13800 ④ 21500, 14800

해설 프로판가스와 천연가스의 웨베지수 계산
㉮ 프로판가스

$$\therefore WI = \frac{H_g}{\sqrt{d}} = \frac{24000}{\sqrt{1.52}} = 19466.57$$

㉯ 천연가스

$$\therefore WI = \frac{H_g}{\sqrt{d}} = \frac{10000}{\sqrt{0.61}} = 12803.687$$

18 액화천연가스 180[ton]을 저장하는 저압지하식 저장탱크는 그 외면으로부터 사업소 경계까지 몇 [m] 이상의 안전거리를 유지하여야 하는가?

① 17 ② 27
③ 34 ④ 71

해설

$$L = C \times \sqrt[3]{143000\,W} = 0.240 \times \sqrt[3]{143000 \times 180} = 70.862[\text{m}]$$

참고 가스도매사업의 사업소 경계와의 거리 기준 : 액화천연가스(기화된 천연가스를 포함한다.)의 저장설비와 처리설비(1일 처리능력이 52500[m^3] 이하인 펌프, 압축기, 응축기 및 기화장치는 제외)는 그 외면으로부터 사업소경계까지 다음 계산식에서 얻은 거리(그 거리가 50[m] 미만의 경우에는 50[m]) 이상을 유지한다.

$$L = C \times \sqrt[3]{143000\,W}$$

L : 유지하여야 하는 거리[m]
C : 저압 지하식 저장탱크는 0.240, 그 밖의 가스 저장설비 및 처리설비는 0.576
W : 저장탱크는 저장능력[톤]의 제곱근, 그 밖의 것은 그 시설 안의 액화천연가스의 질량[톤]

$$\therefore L = C \times \sqrt[3]{143000\,W} = 0.240 \times \sqrt[3]{143000 \times \sqrt{180}} = 29.821[\text{m}]$$

※ 계산된 거리가 50[m] 미만이므로 유지거리는 50[m] 이상이 되어야 한다.

Answer 14. ① 15. ② 16. ① 17. ② 18. ④

19 다음 중 가연성가스이면서 독성가스로만 되어 있는 것은?

① 브롬화메탄, 산화에틸렌, 벤젠, 트리메틸아민
② 트리메틸아민, 부탄, 석탄가스, 아황산가스
③ 황화수소, 염소, 포스겐, 일산화탄소
④ 이황화탄소, 포스겐, 모노메틸아민, 프로판

해설 **가연성 가스이면서 독성가스** : 아크릴로니트릴, 일산화탄소, 벤젠, 산화에틸렌, 모노메틸아민, 염화메탄, 브롬화메탄, 이황화탄소, 황화수소, 암모니아, 석탄가스, 시안화수소, 트리메틸아민 등

20 다음 중 암모니아의 완전연소반응식을 옳게 나타낸 것은?

① $2NH_3 + 2O_2 \rightarrow N_2O + 3H_2O$
② $2NH_3 + 1.5O_2 \rightarrow N_2 + 3H_2O$
③ $NH_3 + 2O_2 \rightarrow HNO_3 + H_2O$
④ $4NH_3 + 5O_2 \rightarrow 4NO + 6H_2O$

해설 암모니아는 산소 중에서 황색염(炎)을 내며 연소하고 질소와 물을 생성한다.
※ 연소반응식 : $2NH_3 + 1.5O_2 \rightarrow N_2 + 3H_2O$

21 액화석유가스 집단공급사업자가 갖추어야 할 수요자시설 점검원의 인원 기준은?

① 수용가 2000개소마다 1명
② 수용가 3000개소마다 1명
③ 수용가 5000개소마다 1명
④ 수용가 10000개소마다 1명

해설 **액화석유가스 집단공급사업자 안전점검자 및 인원** : 액법 시행규칙 별표12
㉮ 안전점검자(수요자시설 점검원) : 수용가 3000개소마다 1명
㉯ 점검 장비 : 가스누출검지기, 자기압력기록계, 그 밖의 점검에 필요한 시설과 기구

22 초저온장치의 단열법에 대한 설명으로 틀린 것은?

① 단열재는 습기가 없어야 한다.
② 온도가 낮은 기기일수록 전열에 의한 침입열이 크다.
③ 단열재는 균등하게 충전하여 공동이 없도록 해야 한다.
④ 단열재는 산소 또는 가연성의 것을 취급하는 장치 이외에는 불연성이 아니라도 좋다.

해설 산소, 액체질소를 취급하는 장치 및 공기의 액화온도 이하의 장치에는 불연성 단열재를 사용하여야 한다.

23 CH_4, CO_2 및 수증기(H_2O)의 생성열이 각각 17.9, 94.1, 57.8[kcal/mol]이라 할 때 메탄의 연소열은 약 몇 [kcal/mol]인가?

① 39.4 ② 54.2
③ 191.8 ④ 234.7

해설 $CH_4 + 2O_2 \rightarrow CO_2 + 2H_2O + Q$
$-17.9 = -94.1 - 2 \times 57.8 + Q$
$\therefore Q = 94.1 + 2 \times 57.8 - 17.9$
$= 191.8$[kcal/mol]

24 다음 중 제1종 보호시설에 속하지 않는 것은?

① 학교
② 「문화재 보호법」에 따라 지정 문화재로 지정된 건축물
③ 장애인 복지시설로서 10명 이상 수용할 수 있는 건축물
④ 어린이 놀이터

해설 **제1종 보호시설**
㉮ 학교, 유치원, 어린이집, 놀이방, 어린이 놀이

Answer 19. ① 20. ② 21. ② 22. ④ 23. ③ 24. ③

터, 학원, 병원(의원 포함), 도서관, 청소년수련시설, 경로당, 시장, 공중목욕탕, 호텔, 여관, 극장, 교회 및 공회당
㉯ 사람을 수용하는 건축물(가설건축물은 제외)로서 사실상 독립된 부분의 연면적이 1000[m^2] 이상인 것
㉰ 예식장, 장례식장 및 전시장, 그 밖에 이와 유사한 시설로서 300명 이상 수용할 수 있는 건축물
㉱ 아동복지시설 또는 장애인 복지시설로서 20명 이상 수용할 수 있는 건축물
㉲ 문화재 보호법에 따라 지정문화재로 지정된 건축물

25 내부용적이 24000[L]인 액화산소 저장탱크의 저장능력은 몇 [kg]인가? (단, 비중은 1.14로 한다.)

① 24624 ② 24780
③ 25650 ④ 27520

해설 $W = 0.9dV$
$= 0.9 \times 1.14 \times 24000 = 24624[\text{kg}]$

26 산소 가스압축기의 윤활제로 기름 사용을 금하고 있는 가장 큰 이유는?

① 한 번도 사용한 적이 없으므로
② 산소가스의 순도가 낮아지므로
③ 식품과 접촉하면 위험하기 때문에
④ 마찰로 실린더 내의 온도가 상승하여 연소 폭발하므로

해설 산소는 강력한 조연성 가스이기 때문에 마찰로 실린더 내의 온도가 상승하여 연소폭발을 일으킬 우려가 있어 석유류, 유지류, 농후한 글리세린은 산소 압축기의 윤활유로 사용을 금지하고 있다.

27 일반 기체상수 R이 모든 가스에 대하여 같음을 증명하는데 적용되는 법칙은?

① 줄(Joule)의 법칙
② 아보가드로(Avogadro)의 법칙
③ 라울(Raoult)의 법칙
④ 보일-샤를(Boyle-Charle)의 법칙

해설 **아보가드로(Avogadro)의 법칙**
이상기체 1[g-mol]에는 표준상태에서 22.4[L]의 부피를 차지하는 것으로 정의할 수 있으며 이 조건을 이상기체 상태방정식 $PV = nRT$에 적용하여 기체상수 R을 유도하면 0.082[L·atm/mol · K]에 해당된다.

28 암모니아의 합성법 중 고압합성이라 함은 약 몇 [kgf/cm^2] 정도인가?

① 150[kgf/cm^2] 전후
② 300[kgf/cm^2] 전후
③ 450[kgf/cm^2] 전후
④ 600~1000[kgf/cm^2] 전후

해설 **암모니아 합성공정의 분류**
㉮ 고압합성(600~1000[kgf/cm^2]) : 클라우드법, 카자레법
㉯ 중압합성(300[kgf/cm^2] 전후) : 뉴파우더법, IG법, 케미크법, 뉴데법, 동공시법, JCI법
㉰ 저압합성(150[kgf/cm^2]) : 켈로그법, 구데법

29 안전관리수준 평가기준에서 정한 평가분야 항목이 아닌 것은?

① 재정상태 ② 안전관리 리더십
③ 안전교육훈련 ④ 가스사고

해설 **안전관리수준 평가분야** : 도법 시행규칙 제27의4, 별표7의2
㉮ 안전관리 리더십 및 조직
㉯ 안전교육 훈련 및 홍보 ㉰ 가스사고
㉱ 비상사태 대비 ㉲ 운영관리 ㉳ 시설관리

Answer 25. ① 26. ④ 27. ② 28. ④ 29. ①

30 가연성가스의 설비실 벽은 불연재료를 사용하고, 그 지붕은 가벼운 재료를 사용하여야 한다. 다음 중 가벼운 재료를 사용하지 않아도 되는 대상은?

① 수소가스 ② 염소가스
③ 프로판가스 ④ 암모니아가스

해설 **저장설비 재료** : 가연성가스의 가스설비실 · 저장설비실, 산소의 충전실과 인화성 또는 발화성원료의 저장실 벽은 불연재료를 사용하고, 그 지붕은 불연 또는 난연의 가벼운 재료를 사용한다. 다만, 암모니아가스의 가스설비 및 저장설비실 지붕은 가벼운 재료를 사용하지 않을 수 있다.
※ 염소는 조연성, 독성가스에 해당되므로 복수 정답이 되어야 하지만 최종정답에서는 반영되지 않음

31 동일한 부피를 가진 수소와 산소의 무게를 같은 온도에서 측정하였더니 같은 값이었다. 수소의 압력이 2[atm]이라면 산소의 압력은 약 몇 [atm]인가?

① 0.0625 ② 0.125
③ 0.25 ④ 0.5

해설 이상기체 상태방정식 $PV = GRT$에서
수소의 경우 $P_1V_1 = G_1R_1T_1$
산소의 경우 $P_2V_2 = G_2R_2T_2$ 라 하면
부피($V_1 = V_2$), 무게($G_1 = G_2$),
온도($T_1 = T_2$)가 같다.

$$\therefore P_2 = P_1 \times \frac{R_2}{R_1} = 2 \times \frac{\frac{848}{32}}{\frac{848}{2}} = 0.125[\text{atm}]$$

32 프로판 4[vol%], 메탄 16[vol%], 공기 80[vol%]의 조성을 가지는 혼합기체의 폭발하한 값은 얼마인가? (단, 프로판과 메탄의 폭발하한 값은 각각 2.2, 5.0[vol%]이다.)

① 3.79[v%] ② 3.99[v%]
③ 4.19v[%] ④ 4.39[v%]

해설 $\frac{100}{L} = \frac{V_1}{L_1} + \frac{V_2}{L_2}$ 에서 가연성가스가 차지하는 체적비율이 20[%]이므로 혼합기체의 폭발하한 값은 아래와 같다.

$$\therefore L = \frac{20}{\frac{4}{2.2} + \frac{16}{5}} = 3.985[\%]$$

33 고압가스설비를 이음쇠로 접속할 때에는 그 이음쇠와 접속되는 부분에 잔류응력이 남지 않도록 조립하여야 한다. 이때 상용압력이 얼마 이상의 곳의 나사는 나사게이지로 검사하여야 하는가?

① 9.6[MPa] ② 19.6[MPa]
③ 29.6[MPa] ④ 39.6[MPa]

해설 **가스설비 접속** : 고압가스설비를 이음쇠로 접속할 때에는 그 이음쇠와 접속되는 부분에 잔류응력이 남지 아니하도록 조립하고 이음쇠 밸브류를 나사로 조일 때에는 무리한 하중이 걸리지 아니하도록 하며, 상용압력이 19.6[MPa] 이상의 되는 곳의 나사는 나사게이지로 검사한 것으로 한다.

34 액화염소가스 1250[kg]을 용량이 47[L]인 용기에 충전하려면 몇 개의 용기가 필요한가? (단, 가스정수는 0.8이다.)

① 12 ② 22
③ 32 ④ 42

해설 ㉮ 용기 1개당 충전량[kg] 계산

$$\therefore G = \frac{V}{C} = \frac{47}{0.8} = 58.75[\text{kg}]$$

㉯ 용기 수 계산

$$\therefore 용기수 = \frac{전체가스량[\text{kg}]}{용기1개당충전량[\text{kg}]} = \frac{1250}{58.75} = 21.276 = 22개$$

Answer 30. ④ 31. ② 32. ② 33. ② 34. ②

35 고압가스 공급자의 의무에 대한 설명으로 틀린 것은?

① 고압가스 제조자, 판매자는 가스를 수요자에게 공급 시, 그 수요자의 시설에 대하여 안전점검을 실시하여야 하나, 위해예방에 필요한 사항을 계도할 의무는 없다.
② 고압가스 공급자는 안전점검 실시 결과 개선되어야 할 사항이 있을 때 수요자에게 개선을 명령할 수 있다.
③ 고압가스 공급자는 수요자가 그 시설을 개선하지 아니한 때는 가스공급을 중지하고 지체 없이 그 사실을 시장, 군수, 구청장에게 신고한다.
④ 신고 받은 군수는 수요자에게 그 시설을 개선 명령한다.

해설 공급자의 의무 : 고법 제10조
㉮ 고압가스제조자나 고압가스 판매자가 고압가스를 수요자에게 공급할 때에는 그 수요자의 시설에 대하여 안전점검을 하여야 하며, 산업통상자원부령이 정하는 바에 따라 수요자에게 위해 예방에 필요한 사항을 계도하여야 한다.
㉯ 고압가스제조자나 고압가스판매자는 안전점검을 한 결과 수요자의 시설 중 개선되어야 할 사항이 있다고 판단되면 그 수요자에게 그 시설을 개선하도록 하여야 한다.
㉰ 고압가스제조자나 고압가스판매자는 고압가스의 수요자가 그 시설을 개선하지 아니하면 그 수요자에 대한 고압가스의 공급을 중지하고 지체 없이 그 사실을 시장, 군수 또는 구청장에게 신고하여야 한다.
㉱ 신고를 받은 시장, 군수 또는 구청장은 고압가스의 수요자에게 그 시설의 개선을 명하여야 한다.

36 고압가스 장치로부터 미량의 가스가 대기 중에 누출될 경우 가스의 검지에 사용되는 시험지와 색의 변화상태가 옳게 연결된 것은?

① 암모니아 – KI전분지 – 청색
② 염소 – 적색 리트머스지 – 청색
③ 아세틸렌 – 염화제1구리 – 적갈색
④ 일산화탄소 – 초산연시험지 – 갈색

해설 가스검지 시험지법

검지가스	시험지	반응
암모니아(NH_3)	적색리트머스지	청색
염소(Cl_2)	KI–전분지	청갈색
포스겐($COCl_2$)	해리슨 시험지	유자색
시안화수소(HCN)	초산벤지민지	청색
일산화탄소(CO)	염화팔라듐지	흑색
황화수소(H_2S)	연당지 (초산연시험지)	회흑색
아세틸렌(C_2H_2)	염화제1동착염지	적갈색

37 냉동기에서 냉동이 이루어지는 부분은?

① 응축기 ② 압축기
③ 팽창밸브 ④ 증발기

해설 증기압축 냉동 사이클의 구성
㉮ 증발기 : 피냉각 물체에서 냉매의 잠열을 이용하여 열량 흡수 작용
㉯ 압축기 : 압력 및 온도 상승 작용
㉰ 응축기 : 고온 가스의 응축 및 액화 작용
㉱ 팽창밸브 : 교축작용에 의한 압력 및 온도저하 작용

38 다음 중 풍압대와 관계없이 설치할 수 있는 방식의 가스보일러는?

① 자연배기식(CF) 단독배기통 방식
② 자연배기식(CF) 복합배기통 방식
③ 강제배기식(FE) 단독배기통 방식
④ 강제배기식(FE) 공동배기구 방식

해설 풍압대를 피하여 설치하여야 할 가스보일러
㉮ 자연배기식(CF) 단독배기통 방식

Answer 35. ① 36. ③ 37. ④ 38. ③

㉯ 자연배기식(CF) 복합배기통 방식
㉰ 자연배기식(CF) 공동배기 방식
㉱ 강제배기식(FE) 공동배기구 방식

39 산화에틸렌의 저장탱크 및 충전 용기에는 45[℃]에서 그 내부 가스의 압력이 얼마 이상이 되도록 질소가스 등을 충전하여야 하는가?

① 0.2[MPa] ② 0.4[MPa]
③ 2[MPa] ④ 4[MPa]

해설 **산화에틸렌(C_2H_4O)의 충전 기준**
㉮ 산화에틸렌 저장탱크는 질소가스 또는 탄산가스로 치환하고 5[℃] 이하로 유지한다.
㉯ 산화에틸렌 용기에 충전 시에는 질소 또는 탄산가스로 치환한 후 산 또는 알칼리를 함유하지 않는 상태로 충전한다.
㉰ 산화에틸렌 저장탱크는 45[℃]에서 내부압력이 0.4[MPa] 이상이 되도록 질소 또는 탄산가스를 충전한다.

40 하천의 바닥이 경암으로 이루어져 도시가스배관의 매설깊이를 유지하기 곤란하여 배관을 보호조치한 경우에는 배관의 외면과 하천 바닥면의 경암 상부와의 최소 거리는 얼마이어야 하는가?

① 4[m] ② 2.5[m]
③ 1.2[m] ④ 1.0[m]

해설 **하천횡단 매설깊이** : 하천의 바닥이 경암으로 이루어져 배관의 매설깊이를 유지하기 곤란한 경우로서 다음의 기준에 따라 배관을 보호조치하는 경우에는 배관의 외면과 하천 바닥면의 경암 상부와의 거리는 1.2[m] 이상으로 할 수 있다.
㉮ 배관을 2중관으로 하거나 방호구조물 안에 설치
㉯ 하천 바닥면의 경암상부와 2중관 또는 방호구조물의 외면 사이에는 콘크리트를 타설

41 일반도시가스사업자의 가스공급시설 중 정압기의 시설 및 기술기준에 대한 설명으로 틀린 것은?

① 단독사용자의 정압기에는 경계책을 설치하지 아니할 수 있다.
② 단독사용자의 정압기실에는 이상압력통보설비를 설치하지 아니할 수 있다.
③ 단독사용자의 정압기에는 예비정압기를 설치하지 아니할 수 있다.
④ 단독사용자의 정압기에는 비상전력을 갖추기 아니할 수 있다.

해설 **경보장치 설치 기준** : 경보장치는 정압기 출구의 배관에 설치하고 가스압력이 비정상적으로 상승할 경우 안전관리자가 상주하는 곳에 이를 통보할 수 있는 것으로 한다. 다만, 단독사용자에게 가스를 공급하는 정압기의 경우에는 그 사용시설의 안전관리자가 상주하는 곳에 통보할 수 있는 경보장치를 설치할 수 있다.

42 화학공업용 원료가스 중에 포함된 불순물을 제거하기 위해 정제할 필요가 있다. 다음 중 회수대상 가스로서 가장 거리가 먼 것은?

① CO ② CO_2
③ Cl_2 ④ H_2S

해설 **정제대상 가스** : 일산화탄소(CO), 이산화탄소(CO_2), 유황화합물(H_2S)

43 고압가스의 종류 및 범위에 대한 설명으로 맞는 것은?

① 섭씨 35도의 온도에서 압력이 1메가파스칼을 초과하는 아세틸렌가스
② 섭씨 35도의 온도에서 압력이 0파스칼을 초과하는 암모니아

Answer 39. ② 40. ③ 41. ② 42. ③ 43. ③

③ 섭씨 15도의 온도에서 압력이 0파스칼을 초과하는 아세틸렌가스
④ 섭씨 15도의 온도에서 압력이 0파스칼을 초과하는 액화시안화수소

해설 **고압가스의 종류 및 범위** : 고법 시행령 제2조
㉮ 상용의 온도에서 압력이 1[MPa] 이상이 되는 압축가스로서 실제로 그 압력이 1[MPa] 이상이 되는 것 또는 35[℃]의 온도에서 압력이 1[MPa] 이상이 되는 압축가스(아세틸렌가스 제외)
㉯ 15[℃]의 온도에서 압력이 0[Pa] 초과하는 아세틸렌가스
㉰ 상용의 온도에서 압력이 0.2[MPa] 이상이 되는 액화가스로서 실제로 그 압력이 0.2[MPa] 이상이 되는 것 또는 압력이 0.2[MPa]이 되는 경우의 온도가 35[℃] 이하인 액화가스
㉱ 섭씨 35[℃]의 온도에서 압력이 0[Pa]을 초과하는 액화가스 중 액화시안화수소, 액화브롬화메탄 및 액화산화에틸렌가스

44 고압가스용 가스히트펌프에서 항상 물에 접촉되는 부분에 사용할 수 없는 재료는?

① 순도 95.5[%] 미만의 알루미늄
② 순도 99.7[%] 미만의 알루미늄
③ 2%를 넘는 마그네슘을 함유한 알루미늄
④ 5%를 넘는 마그네슘을 함유한 알루미늄

해설 **고압가스용 가스히트펌프 재료의 사용제한**
㉮ 냉매가스, 흡수용액 및 피냉각물에 접하는 부분의 재료는 냉매가스 종류에 따라 다음의 것을 사용하지 아니한다.
ⓐ 암모니아에는 동 및 동합금
ⓑ 염화메탄에는 알루미늄 합금
ⓒ 프레온에는 2[%]를 넘는 마그네슘을 함유한 알루미늄 합금
㉯ 항상 물에 접촉되는 부분에는 순도가 99.7[%] 미만의 알루미늄을 사용하지 아니한다. 다만, 적절한 내식처리를 한 때는 그러하지 아니하다.

45 관의 절단, 나사절삭, 거스러미(burr)제거 등의 일을 연속적으로 할 수 있으며, 관을 물린 척(chuck)을 저속회전 시키면서 나사를 가공하는 동력나사 절삭기의 종류는?

① 다이헤드식 ② 호브식
③ 오스터식 ④ 피스톤식

해설 **동력나사 절삭기 종류**
㉮ **오스터형**(oster type) : 동력으로 관을 저속으로 회전시키며 절삭기를 밀어 넣어 나사를 가공하는 것으로 50[A] 이하의 배관에 사용된다.
㉯ **호브형**(hob type) : 호브(hob)를 100~180[rpm]의 저속도로 회전시키면 이에 따라 관은 어미나사와 척의 연결에 의하여 1회전하는 사이에 자동적으로 나사의 1피치(pitch) 만큼 이동하여 나사가 가공된다. 호브와 사이드 커터를 함께 설치하면 나사가공과 절단을 함께 할 수 있다.
㉰ **다이헤드형**(diehead type) : 다이헤드를 이용한 나사가공 전용 기계로서 관의 절단, 거스러미 제거, 나사가공을 할 수 있다. 척(chuck)에 배관을 고정한 후 회전시키면 관용나사의 치형(4개가 1조)을 가진 다이스(dies 또는 chaser)가 조립된 다이헤드를 배관에 밀어 넣으면서 나사를 가공한다.

46 산소 1.5[mol], 질소 2[mol], 수소 1[mol], 일산화탄소 0.5[mol]을 섞은 혼합기체의 전압이 4기압일 때 분압이 0.4기압이 되는 기체는 어느 것인가?

① 산소 ② 질소
③ 수소 ④ 일산화탄소

해설 $\text{분압} = \text{전압} \times \dfrac{\text{성분기체의 몰수}}{\text{전몰수}}$ 에서

$$\therefore \text{성분기체의 몰수} = \frac{\text{분압} \times \text{전몰수}}{\text{전압}}$$

$$= \frac{0.4 \times (1.5+2+1+0.5)}{4} = 0.5[\text{mol}]$$

∴ 성분기체의 몰수가 0.5[mol]인 기체는 일산화탄소(CO)이다.

Answer 44. ② 45. ① 46. ④

47 **고압가스를 제조할 때 압축하면 안 되는 가스는?**

① 가연성 가스(아세틸렌, 에틸렌, 수소 제외) 중 산소용량이 전 용량의 5[%]인 것
② 산소 중 가연성 가스의 용량이 전 용량의 3[%]인 것
③ 아세틸렌, 에틸렌 또는 수소 중의 산소 용량이 전 용량의 1[%]인 것
④ 산소 중의 아세틸렌, 에틸렌 및 수소의 용량 합계가 전 용량의 1[%]인 것

해설 **고압가스 제조 시 압축금지**
㉮ 가연성가스 중 산소 용량이 전 용량의 4[%] 이상(단, 아세틸렌, 에틸렌, 수소 제외)
㉯ 산소 중 가연성가스의 용량이 전 용량의 4[%] 이상(단, 아세틸렌, 에틸렌, 수소 제외)
㉰ 아세틸렌, 에틸렌, 수소 중 산소 용량이 전 용량의 2[%] 이상
㉱ 산소 중 아세틸렌, 에틸렌 수소의 용량 합계가 전 용량의 2[%] 이상

48 **고압가스배관을 지하에 매설할 때에 독성가스의 배관은 그 가스가 혼입될 우려가 있는 수도시설과는 몇 [m] 이상 거리를 유지해야 하는가?**

① 1.8　　② 100
③ 300　　④ 400

해설 독성가스 배관과 수도시설 유지거리 : 300[m] 이상

49 **외국에서 국내로 수출하기 위한 용기 등(용기, 냉동기 또는 특정설비)의 제조등록 대상범위가 아닌 것은?**

① 고압가스를 충전하기 위한 용기(내용적 3데시리터 미만 용기는 제외한다.)
② 에어졸용 용기
③ 고압가스를 충전하기 위한 용기의 용기용 밸브
④ 고압가스 특정설비 중 저장탱크

해설 **외국용기 등의 제조등록 대상 범위 등** : 고법 시행령 제5조의2
(1) 고압가스를 충전하기 위한 용기(내용적 3데시리터 미만의 용기 제외), 그 부속품인 밸브 및 안전밸브를 제조하는 것
(2) 고압가스 특정설비 중 다음 어느 하나에 해당하는 설비를 제조하는 것
㉮ 저장탱크
㉯ 차량에 고정된 탱크
㉰ 압력용기
㉱ 독성가스 배관용 밸브
㉲ 냉동설비(일체형 냉동기 제외)를 구성하는 압축기, 응축기, 증발기 또는 압력용기
㉳ 긴급차단장치
㉴ 안전밸브

50 **배관 내에 가스가 흐를 때 마찰저항에 의해 압력손실이 발생한다. 만약 관경이 $\frac{1}{2}$로 축소된다면 압력손실은 어떻게 변화하는가?**

① 4배　　② 8배
③ 16배　　④ 32배

해설 $H=\frac{Q^2 \cdot S \cdot L}{K^2 \cdot D^5}$에서 유량($Q$), 가스비중($S$), 배관길이($L$), 유량계수($K$)는 변함이 없고, 관지름만 $\frac{1}{2}$배로 변하였다.

$$\therefore H=\frac{1}{\left(\frac{1}{2}\right)^5}=32\text{배}$$

51 **가스공급 설비 중 가스필터(filter)의 구성요소가 아닌 것은?**

① filter door　　② O-ring
③ filter element　　④ valve

Answer 47. ① 48. ③ 49. ② 50. ④ 51. ④

해설 가스필터(filter)의 구성요소 : 필터 용기, 필터 도어, 필터 엘리먼트, 오링

52 공정 및 설비의 고장 형태 및 영향, 고장형태별 위험도 순위 등을 결정하는 위험성 평가기법은 무엇인가?

① 위험과 운전분석기법
② 이상위험도 분석기법
③ 결함수 분석기법
④ 사건수 분석기법

해설 이상위험도 분석기법(FMECA) : 공정 및 설비의 고장의 고장 형태 및 영향, 고장 형태별 위험도 순위를 결정하는 평가기법이다.

53 용기에 의한 가스의 운반기준에 대한 설명으로 틀린 것은?

① 충전용기는 이륜차로 적재하여 운반하지 아니한다.
② 독성가스 중 가연성가스와 조연성가스는 동일차량 적재함에 운반하지 아니한다.
③ 밸브가 돌출한 충전용기는 고정식 프로텍터나 캡을 부착시켜 밸브의 손상을 방지하는 조치를 한다.
④ 충전용기와 휘발유를 동일 차량에 적재하여 운반할 경우에는 시·도지사의 허가를 받는다.

해설 충전용기와 소방기본법이 정하는 위험물과는 동일차량에 적재 운반이 금지된다.

54 스케줄 번호와 응력의 관계는? (단, P는 [kgf/cm^2], S는 [kgf/mm^2]이다.)

① $SCH = 100 \times \dfrac{P}{S}$
② $SCH = 10 \times \dfrac{P}{S}$
③ $SCH = 100 \times \dfrac{S}{P}$
④ $SCH = 10 \times \dfrac{S}{P}$

해설 $Sch\,No = 10 \times \dfrac{P}{S}$

P : 사용압력[kgf/cm^2] S : 허용응력[kgf/mm^2]

$\left(S = \dfrac{\text{인장강도[kgf/mm}^2\text{]}}{\text{안전율}}\right)$

※ 허용응력이[kgf/cm^2]의 단위로 주어지면

$Sch\,No = 1000 \times \dfrac{P}{S}$

55 TPM 활동 체제 구축을 위한 5가지 기둥과 가장 거리가 먼 것은?

① 설비초기 관리체제 구축 활동
② 설비효율화의 개별개선 활동
③ 운전과 보전의 스킬 업 훈련 활동
④ 설비경제성 검토를 위한 설비투자분석 활동

해설 TPM의 5가지 기둥(기본활동)

㉮ 설비효율와의 개별개선 활동
㉯ 설비운전 사용 부문의 자주보전 활동
㉰ 설비보전부문의 계획보전 활동
㉱ 운전자, 보전자의 기술향상교육 훈련 활동
㉲ 설비계획부문의 설비초기 관리체제 구축 활동

56 도수분포표에서 알 수 있는 정보로 가장 거리가 먼 것은?

① 로트 분포의 모양
② 100단위당 부적합수
③ 로트의 평균 및 표준편차
④ 규격과의 비교를 통한 부적합품률의 추정

Answer 52. ② 53. ④ 54. ② 55. ④ 56. ②

해설 도수분포표 작성목적(알 수 있는 정보)

㉮ 로트 분포의 모양(산포 모양)을 알기 위하여
㉯ 원래 데이터와 비교하기 위하여
㉰ 로트의 평균과 표준편차를 알기 위하여
㉱ 규격과의 비교를 통한 부적합품률을 추정하기 위하여(공정 현황을 파악하기 위하여)
㉲ 분포가 통계적으로 어떤 분포형에 근사한가를 알기 위하여

57 **자전거를 셀 방식으로 생산하는 공장에서, 자전거 1대당 소요공수가 14.5[H]이며, 1일 8H, 월 25일 작업을 한다면 작업자 1명당 월 생산 가능대수는 몇 대인가? (단, 작업자의 생산종합효율은 80[%]이다.)**

① 10대 ② 11대
③ 13대 ④ 14대

해설 $$\text{월 생산 가능대수} = \frac{\text{작업자 월 작업시간}}{\text{제품 1대당 소요공수}} = \frac{8 \times 25 \times 0.8}{14.5} = 11.03\text{대}$$

58 **ASME(American Society of Mechanical Engineers)에서 정의하고 있는 제품공정 분석표에 사용되는 기호 중 "저장(storage)"을 표현한 것은?**

① ○ ② □
③ ▽ ④ ⇨

해설 각 기호의 의미

① 작업 ② 검사 ③ 저장 ④ 운반

59 **미리 정해진 일정단위 중에 포함된 부적합수에 의거 하여 공정을 관리할 때 사용되는 관리도는?**

① c 관리도
② P 관리도
③ X 관리도
④ nP 관리도

해설 c **관리도** : 샘플에 포함된 부적합수를 사용하여 공정을 평가하기 위한 관리도로서 검사하는 시료의 면적이나 길이 등이 일정한 경우 등과 같이 일정단위 중에 나타나는 흠의 수, 부적합수를 취급할 때 사용된다.

60 **로트에서 랜덤하게 시료를 추출하여 검사한 후 그 결과에 따라 로트의 합격, 불합격을 판정하는 검사방법을 무엇이라 하는가?**

① 자주검사
② 간접검사
③ 전수검사
④ 샘플링검사

해설 **샘플링(sampling) 검사** : 로트로부터 시료를 채취하여 검사한 후 그 결과를 판정기준과 비교하여 로트의 합격, 불합격을 판정하는 검사법이다.

Answer 57. ② 58. ③ 59. ① 60. ④

과 년 도 문 제

01 1시간의 공기 압축량이 2000[m^3]인 공기 액화 분리기에 설치된 액화산소통 내의 액화산소 5[L] 중 아세틸렌 또는 탄화수소의 탄소의 질량이 얼마를 넘을 때 운전을 중지하고 액화산소를 방출하여야 하는가?

① 아세틸렌의 질량이 1[mg]을 넘을 때
② 아세틸렌의 질량이 3[mg]을 넘을 때
③ 탄화수소의 탄소의 질량이 5[mg]을 넘을 때
④ 탄화수소의 탄소의 질량이 500[mg]을 넘을 때

해설 공기액화 분리기의 불순물 유입금지 : 공기액화 분리기(1시간의 공기압축량이 1000[m^3] 이하의 것은 제외)에 설치된 액화산소통 안의 액화산소 5[L] 중 아세틸렌의 질량이 5[mg] 또는 탄화수소의 탄소의 질량이 500[mg]을 넘을 때에는 그 공기액화 분리기의 운전을 중지하고 액화산소를 방출한다.

02 1[kg]의 공기가 일정 온도 200[℃]에서 팽창하여 처음 체적의 6배가 되었다. 이 때 소비된 열량은 약 몇 [kJ]인가?

① 128 ② 143 ③ 187 ④ 243

해설 정온(등온)과정의 팽창일 계산

$$\therefore W_a = RT_1 \ln\frac{V_2}{V_1}$$
$$= \frac{8.314}{29} \times (273 + 200) \times \ln\frac{6}{1}$$
$$= 242.970\,[\mathrm{kJ/kg}]$$

03 용접 후 피닝을 하는 주된 이유는?

① 슬래그를 제거하기 위하여
② 용입이 잘 되게 하기 위하여
③ 용접을 잘 되게 하기 위하여
④ 잔류 응력을 제거하기 위하여

해설 ① 잔류응력 경감법 : 노내 풀림법, 국부풀림 및 기계적 처리법, 저온응력 완화법, 피닝(peening)법
② 피닝(peening)법 : 용접부를 구면상의 특수해머로 연속적으로 타격하여 표면층에 소성변형을 주는 조작

04 배관 내의 압력손실에 대한 설명으로 틀린 것은?

① 관의 길이에 비례한다.
② 관 내벽의 상태와 관련이 있다.
③ 관 안지름의 4승에 반비례한다.
④ 유체의 점도 및 속도와 관련이 있다.

해설 $H = \dfrac{Q^2 \cdot S \cdot L}{K^2 \cdot D^5}$ 에서

㉮ 유속의 2승에 비례한다. ($Q = A \cdot V$이므로)
㉯ 관의 길이에 비례한다.
㉰ 관 안지름의 5승에 반비례한다.
㉱ 관 내벽의 상태에 관련 있다.
㉲ 유체의 점성이 크면 압력손실이 커진다.
㉳ 압력과는 관계없다.

05 독성가스 배관의 접합은 용접으로 하는 것이 원칙이나 다음의 경우에는 플랜지접합으로 할 수 있다. 다음 중 잘못된 것은?

① 신축이음매의 접합 부분
② 호칭지름이 50[mm] 이하인 배관 접합 부분
③ 부식되기 쉬운 곳으로써 수시로 점검이 필요한 부분
④ 정기적으로 분해하여 청소, 점검, 수리를 하여야 하는 반응기, 탑, 저장탱크, 열교환기 또는 회전기계 전·후의 첫 번째 접합 부분

Answer 1. ④ 2. ④ 3. ④ 4. ③ 5. ②

해설 독성가스 배관에서 플랜지 접합으로 할 수 있는 경우

㉮ 수시로 분해하여 청소, 점검을 하여야 하는 부분을 접합할 경우나 특히 부식되기 쉬운 곳으로서 수시점검을 하거나 교환할 필요가 있는 곳
㉯ 정기적으로 분해하여 청소, 점검, 수리를 하여야 하는 반응기, 탑, 저장탱크, 열교환기 또는 회전기계와 접합하는 곳(해당 설비 전·후의 첫 번째 이음매에 한정한다.)
㉰ 수리, 청소, 철거 시 맹판 설치를 필요로 하는 부분을 접하는 경우 및 신축이음매의 접합부분을 접합하는 경우

※ 압력계, 액면계, 온도계 그 밖의 계기류를 배관에 부착하는 부분은 반드시 용접으로 한다. 다만, 호칭지름 25[mm] 이하의 것은 제외한다.

06 아세틸렌은 용기에 충전한 후 온도 15[℃]에서 압력이 몇 [MPa] 이하로 될 때까지 정치하여야 하는가?

① 1.5 ② 2.5 ③ 3.5 ④ 4.5

해설 아세틸렌 용기 압력

㉮ **충전 중의 압력** : 온도에 관계없이 2.5[MPa] 이하
㉯ **충전 후의 압력** : 15[℃]에서 1.5[MPa] 이하

07 재검사 용기 및 특정설비의 파기방법에 대한 설명으로 틀린 것은?

① 잔가스를 전부 제거한 후 절단할 것
② 검사신청인에게 파기의 사유, 일시, 장소 및 인수시한 등을 통지하고 파기할 것
③ 절단 등의 방법으로 파기하여 원형으로 재가공이 가능하게 하여 재활용할 수 있도록 할 것
④ 파기하는 때에는 검사장소에서 검사원으로 하여금 직접 실시하게 하거나 검사원 입회하에 용기 및 특정설비의 사용자로 하여금 실시하게 할 것

해설 절단 등의 방법으로 파기하여 원형으로 가공할 수 없도록 할 것

08 고압가스 저장탱크를 수리하기 위하여 탱크 안의 가스를 배출하고 불활성가스로 치환한 다음 다시 공기로 치환하였다. 탱크 안의 기체를 분석한 결과가 다음과 같을 때 작업자가 저장탱크 안에 들어가 작업이 가능한 경우는?

① 산소 15[%], 질소 85[%]
② 산소 8[%], 질소 72[%], Ar 20[%]
③ 질소 80[%], 산소 19[%], 수소 1[%]
④ 일산화탄소 70[ppm], 산소 17[%], 나머지 질소

해설 (1) 가스설비 치환농도 기준

㉮ 가연성가스 : 폭발하한계의 1/4 이하(25[%] 이하)
㉯ 독성가스 : TLV-TWA 기준농도 이하
㉰ 산소 : 22[%] 이하
㉱ 위 시설에 작업원이 들어가는 경우 산소 농도 : 18~22[%]

(2) ①번, ②번, ④번은 산소 농도가 18[%] 미만에 해당되므로 작업자가 저장탱크 안에 들어가 작업이 불가능한 경우이고, ③번은 산소농도가 18~22[%] 범위에 있고, 수소의 폭발범위는 4~75[%]이므로 치환농도 1[%]는 폭발하한계의 1/4 이하에 해당되므로 작업자가 저장탱크에 들어가 작업이 가능한 경우이다.

09 액화석유가스법 시행규칙에서 정한 다중이용시설이란 시·도지사가 안전관리를 위하여 필요하다고 지정하는 시설 중 그 저장능력이 얼마를 초과하는 시설을 말하는가?

① 100[kg] ② 300[kg]
③ 500[kg] ④ 1000[kg]

Answer 6. ① 7. ③ 8. ③ 9. ①

해설 **다중이용시설**(액법 시행규칙 제2조, 별표2) : 많은 사람이 출입, 이용하는 시설(10개 시설 해당)과 그 밖에 시・도지사가 안전관리를 위하여 필요하다고 지정하는 시설 중 그 저장능력이 100[kg]을 초과하는 시설

10 **Dalton의 법칙을 가장 바르게 설명한 것은?**

① 혼합기체의 온도는 일정하다.
② 혼합기체의 압력은 각 성분의 분압의 합과 같다.
③ 혼합기체의 체적은 각 성분의 체적의 합과 같다.
④ 혼합기체의 상수는 각 성분의 상수의 합과 같다.

해설 **달톤의 분압법칙** : 혼합기체가 나타내는 전압은 각 성분 기체 분압의 총합과 같다는 것으로 실제기체의 경우 압력이 낮은 경우에 적용할 수 있다.

11 **고압가스 안전관리법상의 당해 가스시설의 안전을 직접 관리하는 사람은?**

① 안전관리 부총괄자
② 안전관리 책임자
③ 안전관리원
④ 특정설비 제조자

해설 **안전관리자의 종류** : 고법 시행령 제12조
(1) 안전관리자의 종류
㉮ 안전관리 총괄자
㉯ 안전관리 부총괄자
㉰ 안전관리 책임자
㉱ 안전관리원
(2) 안전관리 총괄자는 해당 사업자 또는 특정고압가스 사용신고시설을 관리하는 최상급자로 하며, 안전관리 부총괄자는 해당 사업자의 시설을 직접 관리하는 최고 책임자로 한다.

12 **고압가스 안전관리법에서 규정한 공급자의 의무사항에 대한 설명으로 옳은 것은?**

① 안전점검을 실시한 결과 수요자의 시설 중 개선할 사항이 있을 경우 그 수요자로 하여금 당해 시설을 개선하도록 한다.
② 고압가스 수요자의 사용시설 중 개선명령을 할 수 있는 자는 시・도지사이다.
③ 고압가스를 수요자에게 공급할 때는 수요자에게 그 사용시설을 안전점검 하도록 한다.
④ 고압가스 판매자는 고압가스의 수요자가 그 시설을 개선하지 아니할 때는 고압가스의 공급을 중단하고, 그 사실을 시・도지사에게 신고한다.

해설 **공급자의 의무** : 고법 제10조
㉮ 고압가스제조자나 고압가스판매자가 고압가스를 수요자에게 공급할 때에는 그 수요자의 시설에 대하여 안전점검을 하여야 하며, 지식경제부령이 정하는 바에 따라 수요자에게 위해 예방에 필요한 사항을 계도하여야 한다.
㉯ 고압가스제조자나 고압가스판매자는 안전점검을 한 결과 수요자의 시설 중 개선되어야 할 사항이 있다고 판단되면 그 수요자에게 그 시설을 개선하도록 하여야 한다.
㉰ 고압가스제조자나 고압가스판매자는 고압가스의 수요자가 그 시설을 개선하지 아니하면 그 수요자에 대한 고압가스의 공급을 중지하고 지체 없이 그 사실을 시장, 군수 또는 구청장에게 신고하여야 한다.
㉱ 신고를 받은 시장, 군수 또는 구청장은 고압가스의 수요자에게 그 시설의 개선을 명하여야 한다.

13 **단열압축에 대한 설명으로 맞는 것은?**

① 공급되는 열량은 0 이다.
② 공급되는 일은 기체의 엔탈피 감소로 보존된다.
③ 단열 압축 전 보다 압력이 감소한다.
④ 단열 압축 전 보다 온도, 비체적이 증가한다.

Answer 10. ② 11. ① 12. ① 13. ①

해설 **단열압축과정** : 열 출입이 없는 상태이므로 공급되는 열량은 0이다.

14 **LP가스의 일반적인 성질에 대한 설명으로 틀린 것은?**

① LP가스의 밀도는 공기보다 적다.
② 순수한 LP가스는 맛과 냄새가 없다.
③ LP가스는 기화 및 액화가 용이하다.
④ 발열량이 크고 연소 시 많은 공기가 필요하다.

해설 LP 가스의 일반적인 성질
㉮ LP가스는 공기보다 무겁다.
㉯ 액상의 LP가스는 물보다 가볍다.
㉰ 액화, 기화가 쉽다.
㉱ 기화하면 체적이 커진다.
㉲ 기화열(증발잠열)이 크다.
㉳ 무색, 무취, 무미하다.
㉴ 용해성이 있다.
㉵ 정전기 발생이 쉽다.
※ 가스의 밀도 $= \frac{\text{분자량}}{22.4}$ 이므로 분자량이 큰 가스가 밀도가 크다. (공기의 분자량 29, 프로판의 분자량은 44이다.)

15 **열역학 제2법칙에 대한 설명으로 틀린 것은?**

① 밀폐계에서는 어떠한 열현상에 있어서도 그 계 전체의 전 엔트로피는 적어도 보존되거나 증대하는 방향으로 진행한다.
② 자동유체가 사이클에 의해서 연속적으로 일을 발생하기 위해서는 고온 물체와 이보다 낮은 저온물체가 필요하다.
③ 열은 그 자신만으로 저온도의 물체로부터 고온도의 물체로 이동할 수 없다.
④ 제2종의 영구기관의 실현성을 인정하는 법칙이다.

해설 영구기관
① **제1종 영구기관** : 외부로부터 에너지 공급 없이 영구히 일을 지속할 수 있는 기관이다. → 열역학 제1법칙 위배
② **제2종 영구기관** : 어떤 열원으로부터 열에너지를 공급받아 지속적으로 일로 변화시키고 외부에 아무런 변화를 남기지 않는 기관이다. → 열역학 제2법칙 위배

16 **허용인장응력 10[kgf/mm^2], 두께 10[mm]의 강판을 150[mm] V홈 맞대기 용접이음을 할 때 그 효율이 80[%]라면 용접두께 t는 얼마로 하면 되는가? (단, 용접부 허용응력은 8[kgf/mm^2]이다.)**

① 10[mm] ② 12[mm]
③ 14[mm] ④ 16[mm]

해설 $\sigma_t = \frac{W}{t \cdot L}$ 에서

$$\therefore t = \frac{W}{\sigma_t \cdot L} = \frac{\frac{8}{0.8} \times 150 \times 10}{10 \times 150} = 10[\text{mm}]$$

17 **수소는 고온, 고압 하에서 강제 중의 탄소와 반응하여 수소취화를 일으키는데 이것을 방지하기 위하여 첨가시키는 금속원소로서 부적당한 것은?**

① 몰리브덴 ② 구리
③ 텅스텐 ④ 바나듐

해설 ㉮ **수소취성** : 고온, 고압 하에서 강제중의 탄소와 반응하여 생성된 메탄(CH_4)이 결정입계에 축적하여 높은 응력이 발생하고, 연신율, 충격치가 감소된다.
$Fe_3C + 2H_2 \rightarrow 3Fe + CH_4$
㉯ **수소취성 방지원소** : W, V, Mo, Ti, Cr

Answer 14. ① 15. ④ 16. ① 17. ②

18 암모니아를 사용하여 질산제조의 원료를 얻는 반응식으로 가장 옳은 것은?

① $2NH_3 + CO \rightarrow (NH_2)_2CO + H_2O$
② $NH_3 + HNO_3 \rightarrow NH_4NO_3$
③ $2NH_3 + H_2SO_4 \rightarrow (NH_4)_2SO_4$
④ $4NH_3 + 5O_2 \rightarrow 4NO + 6H_2O$

해설 질산(HNO_3) 제조
㉮ 공기에 의한 암모니아의 산화반응
$4NH_3 + 5O_2 \rightarrow 4NO + 6H_2O + 216[kcal]$
㉯ 산화질소의 산화반응
$2NO + O_2 \rightarrow 2NO_2 + 27[kcal]$
$2NO_2 \rightarrow N_2O_4 + 13.6[kcal]$
㉰ 물과 반응하여 질산(HNO_3) 생성
$2NO_2 + H_2O \rightarrow 2HNO_3 + NO$

19 지름 30[mm]의 강봉에 40[kN]의 하중이 안전하게 작용하고 있을 때 이 강봉의 인장강도가 350[MPa]이면 안전율은 약 얼마인가?

① 2.7 ② 4.2
③ 6.2 ④ 8.1

해설 ㉮ 허용응력 계산
$$\therefore \text{허용응력} = \frac{\text{안전하중[N]}}{\text{단면적}[m^2]} = \frac{40 \times 1000}{\frac{\pi}{4} \times 0.03^2} \times 10^{-6} = 56.588 \fallingdotseq 56.59[MPa]$$
여기서, $1[N/m^2] = 1[Pa] = 10^{-6}[MPa]$
㉯ 안전율 계산
$$\therefore \text{안전율} = \frac{\text{인장강도}}{\text{허용응력}} = \frac{350}{56.59} = 6.184$$

20 공기액화 분리장치 중 왕복동식 팽창기에 대한 설명으로 틀린 것은?

① 팽창비가 약 40 정도이다.
② 처리가스에 윤활유가 혼입될 우려가 없다.
③ 흡입압력이 저압부터 고압까지 범위가 넓다.
④ 팽창기의 효율이 약 60~65[%] 정도로서 낮은 편이다.

해설 왕복동식 팽창기의 특징
㉮ 고압식 액체산소 분리장치, 수소액화장치, 헬륨액화기 등에 사용된다.
㉯ 흡입압력은 저압에서 고압(20[MPa])까지 범위가 넓다.
㉰ 팽창비가 약 40 정도로 크나, 효율은 60~65[%]로 낮다.
㉱ 처리 가스량이 1000[m^3/h] 이상의 대량이면 다기통이 된다.
㉲ 내부의 윤활유가 혼입될 우려가 있으므로 유분리기를 설치하여야 한다.

21 어떤 산소용기에 산소를 충전하고 온도 35[℃]에서 20[MPa]로 되도록 하려면 0[℃]에서는 약 몇 [MPa]의 압력까지 충전해야 하는가?

① 13.5 ② 17.7
③ 22.6 ④ 26.3

해설 $\frac{P_1 \cdot V_1}{T_1} = \frac{P_2 \cdot V_2}{T_2}$에서 $V_1 = V_2$이다.
$$\therefore P_1 = \frac{T_1}{T_2} \times P_2 = \frac{273}{273+35} \times 20 = 17.727[MPa]$$

22 액화프로판 20[kg]을 충전할 수 있는 용기의 내용적[L]은? (단, 액화프로판의 정수는 2.35이다.)

① 8.5 ② 20
③ 47 ④ 65

Answer 18. ④ 19. ③ 20. ② 21. ② 22. ③

해설 $G = \frac{V}{C}$ 에서

$\therefore V = C \cdot G = 2.35 \times 20 = 47[L]$

23 **반데르 바알스의 식은 $\left(P + \frac{n^2 a}{V^2}\right)(V - nb) = nRT$로 나타낸다. 메탄가스를 150[atm], 40[L], 30[℃]의 고압용기에 충전할 때 들어갈 수 있는 가스의 양은 약 얼마인가? (단, $a = 2.26[L^2 atm/mol]$, $b = 4.30 \times 10^{-2}[L/mol]$이다.)**

① 30[mol] ② 154[mol]
③ 304[mol] ④ 504[mol]

해설 $\left(P + \frac{n^2 a}{V^2}\right)(V - nb) = nRT$ 에서

몰수 n을 x라 하면

$\therefore \left(P + \frac{x^2 \times 2.26}{40^2}\right) \times (40 - x \times 4.30 \times 10^{-2})$

$= x \times 0.082 \times (273 + 30)$

$\therefore x = 304.082[mol]$

참고 반데르 바알스식을 적용한 문제풀이는 공학용 계산기에서 "COMP" 기능을 이용하여 풀이하여야 함

24 **액화석유가스 용기충전시설의 저장탱크에서 폭발방지장치를 의무적으로 설치하여야 하는 경우는?**

① 상업지역에 저장능력 10[톤] 저장탱크를 지상에 설치하는 경우
② 녹지지역에 저장능력 20[톤] 저장탱크를 지상에 설치하는 경우
③ 주거지역에 저장능력 5[톤] 저장탱크를 지상에 설치하는 경우
④ 녹지지역에 저장능력 30[톤] 저장탱크를 지상에 설치하는 경우

해설 **저장설비 폭발방지장치 설치** : 주거지역이나 상업지역에 설치하는 저장능력 10톤 이상의 저장탱크에는 저장탱크의 안전을 확보하기 위하여 폭발방지장치를 설치한다. 다만, 안전조치를 한 저장탱크의 경우 및 지하에 매몰하여 설치한 저장탱크의 경우에는 폭발방지장치를 설치하지 아니할 수 있다.

25 **CO_2의 기체상수 값은 약 몇 [N · m/kg · K]인가?**

① 132 ② 164 ③ 189 ④ 225

해설 CO_2의 분자량은 44이고, [J] = [N · m]이다.

$\therefore R = \frac{8.314}{M}[kJ/kg \cdot K] = \frac{8314}{M}[J/kg \cdot K]$

$= \frac{8314}{M}[N \cdot m/kg \cdot K]$

$= \frac{8314}{44}[N \cdot m/kg \cdot K]$

$= 188.954[N \cdot m/kg \cdot K]$

26 **이상기체(Ideal gas)의 성질이 아닌 것은?**

① 아보가드로의 법칙에 따른다.
② 보일-샤를의 법칙을 만족한다.
③ 비열비 $\left(k = \frac{C_p}{C_v}\right)$는 온도에 관계없이 일정하다.
④ 내부에너지는 체적에 무관하며 압력에 의해서만 결정된다.

해설 **이상기체의 성질**

㉮ 보일-샤를의 법칙을 만족한다.
㉯ 아보가드로의 법칙에 따른다.
㉰ 내부에너지는 체적에 무관하며, 온도에 의해서만 결정된다. (내부에너지는 온도만의 함수이다.)
㉱ 온도에 관계없이 비열비는 일정하다.
㉲ 기체의 분자력과 크기도 무시되며 분자간의 충돌은 완전 탄성체이다.

Answer 23. ③ 24. ① 25. ③ 26. ④

27 고압배관용 탄소강 강관의 기호는?

① SPPS ② SPPH
③ SPLT ④ SPHT

해설 배관용 강관의 KS 기호

KS 기호	배관 명칭
SPP	배관용 탄소강관
SPPS	압력배관용 탄소강관
SPPH	고압배관용 탄소강관
SPHT	고온배관용 탄소강관
SPLT	저온배관용 탄소강관
SPW	배관용 아크용접 탄소강관
SPA	배관용 합금강관
STS×T	배관용 스테인리스강관
SPPG	연료가스 배관용 탄소강관

28 일반도시가스사업자 정압기의 이상압력 상승 시 다음 안전장치의 작동순서로 적합한 것은?

> ㉠ 이상압력 통보설비
> ㉡ 주정압기의 긴급차단장치
> ㉢ 안전밸브
> ㉣ 예비정압기의 긴급차단장치

① ㉠－㉡－㉢－㉣
② ㉡－㉢－㉣－㉠
③ ㉢－㉣－㉠－㉡
④ ㉣－㉠－㉡－㉢

해설 정압기에 설치되는 안전장치 설정압력

구 분		상용압력이 2.5[kPa]인 경우	그 밖의 경우
이상압력 통보설비	상한값	3.2[kPa] 이하	상용압력의 1.1배 이하
	하한값	1.2[kPa] 이상	상용압력의 0.7배 이상
주 정압기에 설치하는 긴급차단장치		3.6[kPa] 이하	상용압력의 1.2배 이하
안전밸브		4.0[kPa] 이하	상용압력의 1.4배 이하
예비 정압기에 설치하는 긴급차단장치		4.4[kPa] 이하	상용압력의 1.5배 이하

29 다음 가스 중 색이나 냄새로 가스의 존재유무를 확인할 수 없는 것은?

① 산소 ② 암모니아
③ 염소 ④ 황화수소

해설 각 가스의 특징(색, 냄새)

가스명칭	특징
산소(O_2)	무색, 무취, 무미
암모니아(NH_3)	무색, 강한 자극성의 냄새
염소(Cl_2)	황록색의 심한 자극성의 냄새
황화수소(H_2S)	무색, 계란 썩는 냄새

30 가스도매사업의 가스공급시설에서 고압의 가스공급시설은 안전구획 안에 설치하고 그 안전구역의 면적은 몇 [m^2] 미만이어야 하는가?

① 1만 ② 2만
③ 3만 ④ 5만

해설 고압인 가스공급시설은 통로, 공지 등으로 구획된 안전구역 안에 설치하되 그 안전구역의 면적은 20000[m^2] 미만으로 한다. 다만, 공정상 밀접한 관련을 가지는 가스공급시설로서 둘 이상의 안전구역을 구분함에 따라 그 가스공급시설의 운영에 지장을 줄 우려가 있는 경우에는 그 면적을 20000[m^2] 이상으로 할 수 있다.

Answer 27. ② 28. ① 29. ① 30. ②

31 흡수식 냉동기에서 냉매와 흡수제로 사용되는 것을 옳게 나타낸 것은?

① 암모니아 – 물
② 물 – 염화메틸
③ 물 – 프레온22
④ 물 – 메틸클로라이드

해설 흡수식 냉동기의 냉매 및 흡수제

냉매	흡수제
암모니아(NH_3)	물(H_2O)
물(H_2O)	리듐브로마이드(LiBr)
염화메틸(CH_3Cl)	사염화에탄
톨루엔	파라핀유

※ 리듐브로마이드(LiBr)를 취화리듐이라 한다.

32 도시가스품질검사 시 주로 사용되는 방법은?

① GC ② 연소법
③ 중량법 ④ 흡광광도법

해설 도시가스 품질검사(도법 시행규칙 제35조, 별표10 및 산업통상자원부고시) : 검사항목(열량, 웨버지수 등)은 GC(가스크로마토그래피)로 성분 분석을 한다.

33 저장능력이 10[톤]인 액화석유가스 저장소 시설에서 선임하여야 할 안전관리자의 기준은?

① 안전관리총괄자 1명, 안전관리부총괄자 1명, 안전관리원 1명 이상
② 안전관리총괄자 1명, 안전관리책임자 1명, 안전관리원 1명 이상
③ 안전관리총괄자 1명, 안전관리책임자 1명 이상
④ 안전관리총괄자 1명, 안전관리원 1명 이상

해설 액화석유가스 저장소 안전관리자의 자격과 선임인원 : 액법 시행령 별표1

저장능력	안전관리자 구분 및 선임인원
100[톤] 초과	안전관리 총괄자 1명, 안전관리 부총괄자 1명, 안전관리 책임자 1명, 안전관리원 2명 이상
30[톤] 초과 100[톤] 이하	안전관리 총괄자 1명, 안전관리 부총괄자 1명, 안전관리 책임자 1명, 안전관리원 1명 이상
30[톤] 이하	안전관리 총괄자 1명, 안전관리 책임자 1명

34 고압가스 안전관리법에 적용을 받는 가스 종류 및 범위의 기준으로 옳지 않은 것은?

① 15[℃]에서 압력이 0[Pa]을 초과하는 아세틸렌가스
② 35[℃]에서 압력이 0[Pa]을 초과하는 액화시안화수소
③ 상용의 온도에서 압력이 1[MPa] 이상이 되는 압축가스
④ 상용의 온도에서 압력이 0.1[MPa] 이상이 되는 액화가스

해설 고압가스의 종류 및 범위 : 고법 시행령 제2

㉮ 상용의 온도에서 압력이 1[MPa] 이상이 되는 압축가스로서 실제로 그 압력이 1[MPa] 이상이 되는 것 또는 35[℃]의 온도에서 압력이 1[MPa] 이상이 되는 압축가스(아세틸렌가스 제외)
㉯ 15[℃]의 온도에서 압력이 0[Pa] 초과하는 아세틸렌가스
㉰ 상용의 온도에서 압력이 0.2[MPa] 이상이 되는 액화가스로서 실제로 그 압력이 0.2[MPa] 이상이 되는 것 또는 압력이 0.2[MPa]이 되는 경우의 온도가 35[℃] 이하인 액화가스
㉱ 섭씨 35[℃]의 온도에서 압력이 0[Pa]을 초과하는 액화가스 중 액화시안화수소, 액화브롬화메탄 및 액화산화에틸렌가스

Answer 31. ① 32. ① 33. ③ 34. ④

35 **일반도시가스사업의 가스공급시설의 시설 기준에 대한 설명으로 틀린 것은?**

① 가스정제설비는 그 외면으로부터 제1종 보호시설까지 30[m] 이상을 유지해야 한다.
② 가스홀더는 그 외면으로부터 사업장의 경계까지의 최고사용압력이 저압인 경우 5[m] 이상을 유지해야 한다.
③ 가스혼합기는 그 외면으로부터 사업장의 경계까지의 최고사용압력이 고압인 경우 30[m] 이상을 유지해야 한다.
④ 압송기는 그 외면으로부터 사업장의 경계까지의 최고사용압력이 고압인 경우 20[m] 이상을 유지해야 한다.

해설 배치기준

㉮ 가스혼합기, 가스정제설비, 배송기, 압송기 그 밖에 가스공급시설의 부대설비(배관은 제외)는 그 외면으로부터 사업장의 경계까지의 거리를 3[m] 이상 유지할 것. 다만, 최고사용압력이 고압인 것은 그 외면으로부터 사업장의 경계까지의 거리를 20[m] 이상, 제1종 보호시설(사업소 안에 있는 시설은 제외)까지의 거리를 30[m] 이상으로 할 것
㉯ 가스발생기와 가스홀더는 그 외면으로부터 사업장의 경계까지 최고사용압력이 고압인 것은 20[m] 이상, 최고사용압력이 중압인 것은 10[m] 이상, 최고사용압력이 저압인 것은 5[m] 이상의 거리를 각각 유지할 것

36 **고압가스 취급 장치로부터 미량의 가스가 대기 중에 누출된 것을 검지하기 위하여 사용되는 시험지와 변색이 옳게 짝지어진 것은?**

① 암모니아 – KI 전분지 – 적색으로 변화
② 일산화탄소 – 염화팔라듐지 – 청색으로 변화
③ 아세틸렌 – 염화제1동착염지 – 적색으로 변화
④ 염소 – 적색리트머스지 – 청색으로 변화

해설 가스검지 시험지법

검지가스	시 험 지	반응
암모니아(NH_3)	적색리트머스지	청 색
염소(Cl_2)	KI–전분지	청갈색
포스겐($COCl_2$)	해리슨 시험지	유자색
시안화수소(HCN)	초산벤지민지	청 색
일산화탄소(CO)	염화팔라듐지	흑 색
황화수소(H_2S)	연당지(초산연시험지)	회흑색
아세틸렌(C_2H_2)	염화 제1동 착염지	적갈색

37 **긴급차단장치는 차량에 고정된 탱크 또는 이에 접속하는 배관 외면의 온도가 몇 [℃]일 때 자동으로 작동하는가?**

① 70 ② 92
③ 110 ④ 140

해설 차량에 고정된 탱크에 부착하는 긴급차단장치는 그 성능이 원격조작으로 작동되고 차량에 고정된 탱크 또는 이에 접속하는 배관 외면의 온도가 110[℃]일 때에 자동적으로 작동할 수 있는 것으로 한다.

38 **액화석유가스용 압력조정기에 대한 제품검사 항목이 아닌 것은?**

① 구조검사 ② 기밀검사
③ 외관검사 ④ 치수검사

해설 액화석유가스용 압력조정기에 대한 제품검사 항목 : 구조검사, 치수검사, 기밀검사, 조정압력시험, 폐쇄압력시험 및 표시의 적부

39 지름 d인 중심축이 비틀림 모멘트 T를 받을 때 생기는 최대 전단응력을 1이라 하면 비틀림 모멘트 T와 동일한 굽힘 모멘트 M을 받을 때 생기는 최대 전단응력은 얼마인가?

① 1.2 ② $\sqrt{2}$ ③ $\sqrt{3}$ ④ 2

40 부식이 특정한 부분에 집중하는 형식으로 부식속도가 크므로 위험성이 높고 장치에 중대한 손상을 미치는 부식의 형태는?

① 국부부식 ② 전면부식
③ 선택부식 ④ 입계부식

해설 **국부부식** : 특정부분에 부식이 집중되는 현상으로 부식속도가 크고, 위험성이 높다. 공식(孔蝕), 극간부식(隙間腐蝕), 구식(溝蝕) 등이 있다.

41 N_2 70[mol], O_2 50[mol]로 구성된 혼합가스가 용기에 7[kgf/cm^2]의 압력으로 충전되어 있다. N_2의 분압은 약 얼마인가?

① 3[kgf/cm^2] ② 4[kgf/cm^2]
③ 5[kgf/cm^2] ④ 6[kgf/cm^2]

해설 $$분압(P_{N_2}) = 전압 \times \frac{성분기체의\ 몰수}{전\ 몰수}$$
$$= 7 \times \frac{70}{70+50} = 4.08\,[\text{kgf/cm}^2]$$

42 아세틸렌(C_2H_2) 가스는 다음 중 무엇으로 주로 제조할 수 있는가?

① 탄화칼슘 ② 탄소
③ 카다리솔 ④ 암모니아

해설 **아세틸렌(C_2H_2) 제조** : 카바이드(CaC_2 : 탄화칼슘)와 물(H_2O)을 접촉시키면 아세틸렌이 발생한다.
※ 제조 반응식 : $CaC_2 + 2H_2O \rightarrow Ca(OH)_2 + C_2H_2$

43 아세틸렌가스 충전용기의 도색과 아세틸렌 가스명의 문자 색상으로 옳은 것은?

① 용기 : 녹색, 글자 : 흑색
② 용기 : 황색, 글자 : 적색
③ 용기 : 회색, 글자 : 황색
④ 용기 : 황색, 글자 : 흑색

해설 아세틸렌가스 충전용기
㉮ 용기 도색 : 황색
㉯ 문자 색상 : 흑색

44 수소가스가 발생되기 가장 어려운 경우에 해당되는 반응은?

① 구리와 황산의 반응
② 알루미늄과 염산의 반응
③ 아연과 수산화나트륨의 반응
④ 알루미늄과 수산화나트륨과 물의 반응

해설 수소가스를 발생시킬 수 있는 반응식
㉮ 알루미늄과 염산의 반응
$2Al + 6HCl \rightarrow 2AlCl_3 + 3H_2\uparrow$
㉯ 아연과 수산화나트륨의 반응
$Zn + 2NaOH \rightarrow Na_2ZnO_2 + H_2\uparrow$
㉰ 알루미늄과 수산화나트륨과 물의 반응
$2Al + 2NaOH + 2H_2O \rightarrow 2NaAlO_2 + 3H_2\uparrow$

45 다음 중 암모니아의 용도가 아닌 것은?

① 황산암모늄의 제조
② 요소비료의 제조
③ 냉동제조의 냉매
④ 금속의 산화제

해설 암모니아(NH_3)의 용도
㉮ 요소비료, 유안(황산암모늄) 제조 원료
㉯ 소다회, 질산 제조용 원료
㉰ 냉동기 냉매로 사용

Answer 39. ② 40. ① 41. ② 42. ① 43. ④ 44. ① 45. ④

46 **가스엔진구동 열펌프(GHP)에 대한 설명 중 옳지 않은 것은?**

① 부분부하 특성이 우수하다.
② 외기온도 변동에 영향이 크다.
③ 구조가 복잡하고 유지관리가 어렵다.
④ 난방 시 GHP의 기동과 동시에 난방이 가능하다.

해설 가스엔진구동펌프(GHP)의 특징
(1) 장점
① 난방 시 GHP 기동과 동시에 난방이 가능하다.
② 부분부하 특성이 매우 우수하다.
③ 외기온도 변동에 영향이 적다.
(2) 단점
① 초기구입가격이 높다.
② 구조가 복잡하다.
③ 정기적인 유지관리가 필요하다.
※ GHP : Gas Engine-driven Heat pump

47 **다음 시설 또는 그 부대시설에서 고압가스 특정제조 허가의 대상이 아닌 것은?**

① 석유정제업자의 석유정제시설로서 그 저장능력이 100톤 이상인 것
② 비료생산업자의 비료제조시설로서 그 저장능력이 100톤 이상인 것
③ 석유화학공업자의 석유화학공업시설로서 그 처리능력이 1만 세제곱미터 이상인 것
④ 철강공업자의 철강공업시설로서 그 처리능력이 1만 세제곱미터 이상인 것

해설 **고압가스 특정제조허가의 대상**(고법 시행규칙 제3조)
㉮ 석유정제업자의 석유정제시설 또는 그 부대시설에서 고압가스를 제조하는 것으로서 그 저장능력이 100[톤] 이상인 것
㉯ 석유화학공업자(석유화학공업 관련사업자를 포함)의 석유화학공업시설(석유화학 관련시설을 포함) 또는 그 부대시설에서 고압가스를 제조하는 것으로서 그 저장능력이 100[톤] 이상이거나 처리능력이 1만[m^3] 이상인 것
㉰ 철강공업자의 철강공업시설 또는 그 부대시설에서 고압가스를 제조하는 것으로서 그 처리능력이 10만[m^3] 이상인 것
㉱ 비료생산업자의 비료제조시설 또는 그 부대시설에서 고압가스를 제조하는 것으로서 그 저장능력이 100[톤] 이상이거나 처리능력이 10만[m^3] 이상인 것
㉲ 그밖에 산업통상자원부장관이 정하는 시설에서 고압가스를 제조하는 것으로서 그 저장능력 또는 처리능력이 산업통상자원부장관이 정하는 규모 이상인 것

48 **고압가스 안전관리법의 적용범위에서 제외되는 고압가스가 아닌 것은?**

① 등화용 아세틸렌가스
② 오토클레이브 안의 아세틸렌가스
③ 냉동능력이 3[톤] 미만인 냉동설비 안의 고압가스
④ 철도차량의 에어콘디셔너 안의 고압가스

해설 **고압가스 안전관리법의 적용 대상이 되는 가스 중 제외되는 고압가스**(고법 시행령 별표1) : "오토클레이브 안의 고압가스"는 법적용에서 제외되지만 수소, 아세틸렌 및 염화비닐은 법 적용을 받는다.

49 **고압가스 냉동제조의 시설 및 기술기준에 대한 설명 중 틀린 것은?**

① 냉동제조시설 중 냉매설비에는 자동제어장치를 설치한다.
② 가연성가스를 냉매로 사용하는 수액기의 경우에는 환형유리관 액면계를 사용한다.
③ 압축기 최종단에 설치된 안전밸브는 1년에 1회 이상 점검을 실시한다.
④ 냉매설비의 안전을 확보하기 위하여 압력계를 설치한다.

Answer 46. ② 47. ④ 48. ② 49. ②

해설 가연성가스 또는 독성가스를 냉매로 사용하는 수액기에 설치하는 액면계는 환형유리관 액면계외의 것을 사용하여야 한다.

50 내경이 10[cm]인 관에 비중이 0.9, 점도가 1.5[cP]인 액체가 흐르고 있다. 임계속도는 약 몇 [m/s]인가? (단, 임계 레이놀즈수는 2100 이다.)

① 0.025 ② 0.035
③ 0.045 ④ 0.055

해설 $Re = \frac{\rho \cdot D \cdot V}{\mu}$ 이고,

1.5[cP] = 1.5×10^{-2} [P] = 1.5×10^{-2} [g/cm · s]
= $1.5\times10^{-2}\times10^{-1}$ [kg/m · s]이다.

$\therefore V = \frac{Re \cdot \mu}{\rho \cdot D} = \frac{2100\times1.5\times10^{-3}}{0.9\times1000\times0.1}$
$= 0.035[\text{m/s}]$

※ 문제에서 주어진 비중 0.9를 밀도로 계산하였음

51 도시가스사업법 시행규칙에서 정한 용어의 정의가 잘못된 것은?

① 본관이라 함은 도시가스제조사업소의 부지경계에서 정압기까지 이르는 배관을 말한다.
② 중압이란 0.1[MPa] 이상, 1[MPa] 미만의 압력을 말한다.
③ 처리능력이란 압축, 액화나 그 밖의 방법으로 1일 처리할 수 있는 도시가스의 양을 말한다.
④ 밸브기지란 도시가스의 흐름을 원활하게 하기 위한 시설로서 가스흐름장치, 방산탑, 배관 등이 설치된 기지를 말한다.

해설 밸브기지란 도시가스의 흐름을 차단하거나 배관 안의 가스를 안전한 곳으로 방출하기 위한 방산탑, 배관, 차단장치 또는 그 부대설비가 설치되어 있는 근거지를 말한다.

52 다음 [보기]에서 설명하는 금속의 종류는?

> [보기]
> - 약 2~6.7[%]의 탄소를 함유한다.
> - 압축력이 요구되는 부품의 재료에 적합하다.
> - 감쇠능(減衰能)이 아주 우수하여 진동에너지를 효율적으로 흡수한다.

① 황동 ② 선철
③ 주강 ④ 주철

해설 주철의 특징
㉮ 탄소(C) 함유량이 2.0~6.67[%]인 철과 탄소의 합금이다.
㉯ 주조성이 우수하여 크고 복잡한 형태의 부품도 쉽게 만들 수 있다.
㉰ 인장강도, 굽힘강도, 충격값은 작으나 압축강도가 크다.
㉱ 마찰저항이 우수하고 절삭가공이 용이하다.
㉲ 취성이 매우 크다.
㉳ 고온에서도 소성변형이 되지 않아 소성가공이 불가능하다.

53 도시가스 배관의 굴착으로 인하여 몇 [m] 이상 노출된 배관에 대하여 누출된 가스가 체류하기 쉬운 장소에 가스누출 경보기를 설치하여야 하는가?

① 15 ② 20
③ 25 ④ 30

해설 **굴착으로 노출된 배관의 안전조치** : 굴착으로 20[m] 이상 노출된 배관은 20[m] 마다 가스누출경보기 설치

Answer 50. ② 51. ④ 52. ④ 53. ②

54 프로판가스 5[kg]을 완전연소 하는데 필요한 공기량은 약 몇 [Nm^3]인가? (단, 공기 중 산소와 질소의 체적비는 21 : 79 이다.)

① 61 ② 81
③ 110 ④ 121

해설 ㉮ 프로판(C_3H_8)의 완전연소 반응식
$C_3H_8 + 5O_2 \rightarrow 3CO_2 + 4H_2O$
㉯ 이론공기량[Nm^3] 계산
44[kg] : 5×22.4[Nm^3] = 5[kg] : O_0[Nm^3]

$$\therefore A_0 = \frac{O_0}{0.21} = \frac{5\times 5\times 22.4}{44\times 0.21} = 60.606\,[\mathrm{Nm^3}]$$

55 작업측정의 목적 중 틀린 것은?

① 작업개선 ② 표준시간 설정
③ 과업관리 ④ 요소작업 분할

해설 작업측정의 목적
㉮ 표준시간의 설정
㉯ 유휴시간의 제거
㉰ 작업성과의 측정
㉱ 작업개선 및 과업관리

56 일반적으로 품질코스트 가운데 가장 큰 비율을 차지하는 것은?

① 평가코스트 ② 실패코스트
③ 예방코스트 ④ 검사코스트

해설 QC 활동의 초기단계에는 평가코스트나 예방코스트에 비교하여 실패코스트가 큰 비율을 차지하게 된다.

57 계량값 관리도에 해당되는 것은?

① c 관리도 ② u 관리도
③ R 관리도 ④ np 관리도

해설 관리도의 종류
㉮ 계량값 관리도 : $\bar{x}-R$관리도, $\bar{x}$관리도, R관리도, $Me-R$ 관리도, $L-S$ 관리도, 누적합 관리도, 지수가중 이동평균관리도
㉯ 계수값 관리도 : np(부적합품수) 관리도, p(부적합품률) 관리도, c(부적합수) 관리도, u(단위당 부적합수) 관리도

58 계수 규준형 샘플링 검사의 OC곡선에서 좋은 로트를 합격시키는 확률을 뜻하는 것은? (단, α는 제1종 과오, β는 제2종 과오이다.)

① α ② β
③ $1-\alpha$ ④ $1-\beta$

해설 계수 규준형 샘플링 검사의 OC곡선
㉮ α(제1종 과오 : 생산자 위험) : 좋은 품질의 로트가 검사에서 불합격되는 확률
㉯ β(제2종 과오 : 소비자 위험) : 나쁜 품질의 로트가 검사에서 합격되는 확률
㉰ $1-\alpha$: 좋은 품질의 로트를 합격시킬 확률
㉱ $1-\beta$: 나쁜 품질의 로트를 불합격시킬 확률

59 어떤 작업을 수행하는데 작업소요시간이 빠른 경우 5시간, 보통이면 8시간, 늦으면 12시간 걸린다고 예측 되었다면 3점 견적법에 의한 기대 시간치와 분산을 계산하면 약 얼마인가?

① $te = 8.0,\ \sigma^2 = 1.17$
② $te = 8.2,\ \sigma^2 = 1.36$
③ $te = 8.3,\ \sigma^2 = 1.17$
④ $te = 8.3,\ \sigma^2 = 1.36$

해설 ㉮ 기대 시간치 계산

$$\therefore t_e = \frac{t_0 + 4t_m + t_p}{6} = \frac{5+(4\times 8)+12}{6} = 8.166$$

㈏ 분산 계산

$$\therefore \sigma^2 = \left(\frac{t_p - t_0}{6}\right)^2 = \left(\frac{12-5}{6}\right)^2 = 1.366$$

여기서,

t_0(낙관 시간치) : 작업 활동을 수행하는데 필요한 최소시간

t_m(정상 시간치) : 작업 활동을 수행하는데 정상적으로 소요되는 시간

t_p(비관 시간치) : 작업 활동을 수행하는데 필요한 최대시간

60 정규분포에 관한 설명 중 틀린 것은?

① 일반적으로 평균치가 중앙값보다 크다.

② 평균을 중심으로 좌우 대칭의 분포이다.

③ 대체로 표준편차가 클수록 산포가 나쁘다고 본다.

④ 평균치가 0이고 표준편차가 1인 정규분포를 표준정규분포라 한다.

해설 **정규분포의 특징** : ②, ③, ④ 외

㈎ 모든 정규곡선은 평균, 중앙값, 최빈치가 모두 동일하다.

㈏ 평균은 곡선의 위치를 정하고, 표준편차는 곡선의 모양(분포의 폭)을 결정한다.

㈐ 계량형 관리도와 계량형 샘플링 검사의 기초가 된다.

Answer 60. ①

2016년도 기능장 제60회 필기시험 [7월 10일 시행]

과 년 도 문 제

01 가스도매사업의 가스공급시설로서 배관을 지하에 매설하는 경우의 기준에 대한 설명 중 틀린 것은?

① 가스배관 외부에 콘크리트를 타설하는 경우에는 고무판 등을 사용하여 배관의 피복부위와 콘크리트가 직접 접촉하지 아니하도록 한다.

② 배관은 그 외면으로부터 지하의 다른 시설물과 0.3[m] 이상의 거리를 유지한다.

③ 지표면으로부터 배관의 외면까지의 매설 깊이는 산이나 들에서는 1.2[m] 이상 그 밖의 지역에서는 1.5[m] 이상으로 한다.

④ 철도의 횡단부 지하에는 지면으로부터 1.2[m] 이상인 깊이에 매설하고 또한 강제의 케이스를 사용하여 보호한다.

해설 **매설 깊이** : 지표면으로부터 배관 외면까지의 매설 깊이는 산이나 들에서는 1[m] 이상 그 밖에 지역에서는 1.2[m] 이상으로 한다.

02 가스켓 재료가 갖추어야 할 구비조건으로 가장 거리가 먼 것은?

① 충분한 강도를 가질 것

② 유체에 의해 변질되지 않을 것

③ 유연성을 유지할 수 있을 것

④ 내유성, 내후성, 내마모성이 적을 것

해설 **가스켓 재료의 구비조건**

㉮ 충분한 강도를 가질 것

㉯ 사용 유체에 대한 화학적 안정성이 있을 것

㉰ 유연성을 유지할 수 있을 것

㉱ 내유성, 내후성, 내마모성, 내열성이 있을 것

㉲ 유체의 침투가 없고 접합면에 밀착되기 쉬울 것

03 프로판가스 2.5[kg]을 완전 연소시키는데 필요한 이론 공기량은 25[℃], 750[mmHg]에서 약 몇 [m³] 인가?

① 33.45　　② 34.66

③ 44.51　　④ 57.25

해설 ① 프로판의 완전연소 반응식

$C_3H_8 + 5O_2 \rightarrow 3CO_2 + 4H_2O$

② 표준상태에서의 이론공기량(A_0) 계산

44[kg] : 5×22.4[Nm³] = 2.5[kg] : $x(O_0)$[Nm³]

$$\therefore A_0 = \frac{O_0}{0.21} = \frac{2.5 \times 5 \times 22.4}{44 \times 0.21} = 30.303\,[\text{Nm}^3]$$

③ 25[℃], 750[mmHg]상태 체적으로 계산

$\frac{P_1 V_1}{T_1} = \frac{P_2 V_2}{T_2}$ 에서

$$\therefore V_2 = V_1 \times \frac{T_2}{T_1} \times \frac{P_1}{P_2} = 30.303 \times \frac{273+25}{273} \times \frac{760}{750} = 33.519\,[\text{m}^3]$$

04 독성가스를 수용하는 압력용기의 용접부의 전 길이에 대하여 실시하여야 하는 비파괴 시험법은?

① 침투탐상시험　　② 초음파탐상시험

③ 자분탐상시험　　④ 방사선투과시험

해설 **방사선투과검사**

독성가스를 수용하는 압력용기 등의 용접부 등에는 용접부 전 길이에 대하여 방사선 투과시험을 실시하고 시험에 적합한 것으로 한다. 다만 압력용기 등을 밀폐시키기 위한 동체 또는 경판의 마지막 용접이음매는 초음파탐상시험으로 갈음할 수 있으며, 호칭지름 300[mm] 이하의 노즐을 부착하기 위한 용접부 등 방사선투과시험을 실시하기 곤란한 것은 자분탐상시험 등으로 갈음할 수 있다.

Answer 1. ③ 2. ④ 3. ① 4. ④

05 피셔(fisher)식 정압기의 2차압 이상상승의 원인에 해당하는 것은?

① 정압기 능력부족
② 필터의 먼지류의 막힘
③ Pilot supply valve 에서의 누설
④ 파일럿의 오리피스의 녹 막힘

해설 피셔(fisher)식 정압기의 2차압 이상 상승 원인
㉮ 메인밸브에 먼지류가 끼어들어 완전차단(cut-off) 불량
㉯ 메인밸브의 폐쇄 무
㉰ 파일럿 공급밸브(pilot supply valve)에서의 누설
㉱ center stem과 메인밸브의 접속불량
㉲ 바이패스 밸브의 누설
㉳ 가스 중 수분의 동결
※ ①,②,④ 항 : 2차압 이상 저하 원인

06 기체연료를 미리 공기와 혼합시켜 놓고 점화해서 연소하는 것은?

① 확산연소 ② 혼합기연소
③ 증발연소 ④ 분무연소

해설 **혼합기연소** : 가스와 공기(산소)를 버너에서 혼합시킨 후 연소실에 분사하는 방식으로 화염이 자력으로 전파해 나가는 내부 혼합방식으로 화염이 짧고 높은 화염온도를 얻을 수 있다.

07 이상기체의 상태변화에서

$Q = \Delta H = \int C_p dT$ 로

나타낼 수 있는 것은?

① 등온변화 ② 등적변화
③ 등압변화 ④ 단열변화

해설 **등압변화** : 압력이 일정한 상태에서의 변화로 $Q = \Delta H = \int C_p dT$ 는 엔탈피 변화량을 나타낸다.

08 고열원 400[℃], 저열원 40[℃]에서 카르노(Carnot)사이클을 행하는 열기관의 열효율은 약 몇 [%]인가?

① 40.5 ② 53.5
③ 59.5 ④ 62.5

해설 $\eta = \frac{W}{Q_1} \times 100 = \frac{T_1 - T_2}{T_1} \times 100$
$= \frac{(273+400)-(273+40)}{273+400} \times 100$
$= 53.491\,[\%]$

09 가스설비 배관의 진동설계 및 시공시의 주의사항으로 틀린 것은?

① 관내 유체가 공진현상을 일으키지 않도록 설계한다.
② 배관의 고유진동수와 배관 내 유체의 맥동수가 일치하도록 한다.
③ 관내 유체의 압력변동을 가능한 한 적게 한다.
④ 배관 고유진동수와 관내 유체의 진동수와의 비는 약 0.7 이하, 1.3 이상이 되도록 한다.

해설 배관의 고유진동수와 배관 내 유체의 맥동수가 일치하지 않도록 한다.

10 내용적 40[L]의 용기에 20[℃]에서 게이지 압력으로 139기압까지 충전된 수소가 공기 중에서 연소했다고 하면 약 몇 [kg]의 물이 생성되겠는가? (단, 이상기체로 간주하고, 표준상태에서 연소하는 것으로 한다.)

① 2.1 ② 4.2
③ 13 ④ 23

Answer 5. ③ 6. ② 7. ③ 8. ② 9. ② 10. ②

해설 ㉮ 현재 상태의 수소 질량 계산

$PV = \frac{W}{M}RT$ 에서

$\therefore W = \frac{PVM}{RT} = \frac{139 \times 40 \times 2}{0.082 \times (273+20) \times 10^3}$

$= 0.462[\text{kg}]$

㉯ 수소(H_2)의 완전연소 반응식

$H_2 + \frac{1}{2}O_2 \rightarrow H_2O$

㉰ 생성된 물(H_2O)의 양 계산

2[kg] : 18[kg] = 0.462[kg] : x[kg]

$\therefore x = \frac{18 \times 0.462}{2} = 4.158[\text{kg}]$

11 흡수식 냉동기에서 암모니아 냉매의 흡수제는 무엇인가?

① 파라핀유　② 물
③ 취화리듐　④ 사염화에탄

해설 흡수식 냉동기의 냉매 및 흡수제

냉매	흡수제
암모니아(NH_3)	물(H_2O)
물(H_2O)	리듐브로마이드(LiBr)
염화메틸(CH_3Cl)	사염화에탄
톨루엔	파라핀유

※ 리듐브로마이드(LiBr)를 취화리듐이라 한다.

12 고압가스 안전관리법령에서 정한 고압가스의 범위에 대한 설명으로 옳은 것은?

① 상용의 온도에서 게이지압력이 0[MPa]이 되는 압축가스
② 섭씨 35[℃]의 온도에서 게이지압력이 0[Pa]을 초과하는 아세틸렌가스
③ 상용의 온도에서 게이지압력이 0.2[MPa] 이상이 되는 액화가스
④ 섭씨 15[℃]의 온도에서 게이지압력이 0.2[MPa]을 초과하는 액화가스 중 액화시안화수소

해설 **고압가스의 정의** : 고법 시행령 제2조

㉮ 상용의 온도에서 압력(게이지압력)이 1[MPa] 이상이 되는 압축가스로서 실제로 그 압력이 1[MPa] 이상이 되는 것 또는 35[℃]의 온도에서 압력이 1[MPa] 이상이 되는 압축가스(아세틸렌가스를 제외한다.)
㉯ 15[℃]의 온도에서 압력이 0[Pa] 초과하는 아세틸렌가스
㉰ 상용의 온도에서 압력이 0.2[MPa] 이상이 되는 액화가스로서 실제로 그 압력이 0.2[MPa] 이상이 되는 것 또는 압력이 0.2[MPa] 이 되는 경우의 온도가 35[℃] 이하인 액화가스
㉱ 35[℃]의 온도에서 압력이 0[Pa]을 초과하는 액화가스 중 액화시안화수소, 액화브롬화메탄 및 액화산화에틸렌가스

13 액화석유가스 공급자의 의무사항이 아닌 것은?

① 6개월에 1회 이상 가스사용시설의 안전관리에 관한 계도물 작성, 배포
② 수요자의 가스사용시설에 대하여 6개월에 1회 이상 안전점검을 실시
③ 수요자에게 위해예방에 필요한 사항을 계도
④ 가스보일러가 설치된 후 매 1년에 1회 이상 보일러 성능 확인

해설 **가스공급자의 의무**(액법 시행규칙 제42조) : 액화석유가스 충전사업자, 액화석유가스 집단공급사업자 및 액화석유가스 판매사업자는 그가 공급하는 수요자의 시설에 대하여 다음 각 호에 따라 안전점검을 실시하고, 수요자에게 위해예방에 필요한 사항을 계도하여야 한다.

㉮ 6개월에 1회 이상 가스사용시설의 안전관리에 관한 계도물이나 가스안전 사용 요령이 적힌 가스사용시설 점검표를 작성, 배포할 것
㉯ 수요자의 가스사용시설에 처음으로 액화석유가스를 공급할 때와 그 이후 다음 각항의 시기에 안전점검을 실시할 것. 다만, 자동차연료용으로 액화석유가스를 사용하는 가스사용시설에 대해서는 수요자가 요청할 때마다 안전점검을 실시하여야 한다.
　ⓐ 체적판매방법으로 공급하는 경우에는 1년에 1회 이상

Answer 11. ② 12. ③ 13. ④

ⓑ 다기능가스안전계량기가 설치된 시설에 공급하는 경우에는 3년에 1회 이상
ⓒ ⓐ항 및 ⓑ항 외에 주택에 설치된 가스사용시설로서 압력조정기에서 중간밸브까지 강관, 동관 또는 금속플렉시블호스로 설치된 시설의 경우에는 1년에 1회 이상
ⓓ ⓐ항부터 ⓒ항까지 외의 가스사용시설의 경우에는 6개월에 1회 이상

14 다음 중 액화석유가스 용기충전시설의 저장탱크에 폭발방지장치를 의무적으로 설치하여야 하는 경우는? (단, 저장탱크는 저온 저장탱크가 아니며, 물분무장치 설치기준을 충족하지 못하는 것으로 가정한다.)

① 상업지역에 저장능력 15톤 저장탱크를 지상에 설치하는 경우
② 녹색지역에 저장능력 20톤 저장탱크를 지상에 설치하는 경우
③ 주거지역에 저장능력 5톤 저장탱크를 지상에 설치하는 경우
④ 녹색지역에 저장능력 30톤 저장탱크를 지상에 설치하는 경우

해설 **저장설비 폭발방지장치 설치** : 주거지역이나 상업지역에 설치하는 저장능력 10톤 이상의 저장탱크에는 저장탱크의 안전을 확보하기 위하여 폭발방지장치를 설치한다. 다만, 안전조치를 한 저장탱크의 경우 및 지하에 매몰하여 설치한 저장탱크의 경우에는 폭발방지장치를 설치하지 아니할 수 있다.

15 대기압(0[℃], 101.3[kPa])에서 비점(끓는점)이 높은 것에서 낮은 순으로 옳게 나열된 것은?

① CH_4, C_3H_8, C_4H_{10}, Cl_2
② C_4H_{10}, Cl_2, C_3H_8, CH_4
③ Cl_2, C_4H_{10}, C_3H_8, CH_4
④ C_3H_8, Cl_2, CH_4, C_4H_{10}

해설 대기압에서의 각 가스의 비점

가스 명칭	비점(끓는점)
부탄(C_4H_{10})	−0.5[℃]
염소(Cl_2)	−34.05[℃]
프로판(C_3H_8)	−42.1[℃]
메탄(CH_4)	−161.5[℃]

16 줄(Joule)의 법칙에 의한 이상기체의 내부 에너지는?

① 압력과 온도에만 의존한다.
② 체적과 온도에만 의존한다.
③ 압력과 체적에만 의존한다.
④ 온도에만 의존한다.

해설 이상기체의 내부에너지는 체적에 무관하며, 온도에만 결정된다(의존한다.).

17 코크스의 반응성은 가스화율에 영향을 미친다. 다음 중 반응성이 가장 낮은 것은? (단, 900[℃], 40[s], CO_2로부터 CO 생성[%]이다.)

① 목탄 ② 주물용 코크스
③ 제련용 코크스 ④ 가스 코크스

해설 주물용 코크스는 휘발분을 1~3[%], 고정탄소를 85[%] 정도 함유하고 있는 것으로 코크스 중에 반응성이 가장 낮다.

18 다음의 반응에서 A와 B의 농도를 모두 2배로 해주면 반응속도는 이론적으로 몇 배가 되겠는가?

$$A + 3B \rightarrow 3C + 5D$$

① 4 ② 8 ③ 16 ④ 32

Answer 14. ① 15. ② 16. ④ 17. ② 18. ③

해설 $V = K[A] \times [B] = [2] \times [2]^3 = 16$배

19 **사업자 등은 그의 시설이나 제품과 관련하여 가스사고가 발생한 때에는 한국가스안전공사에 통보하여야 한다. 사고의 통보 시에 통보내용에 포함되어야 하는 사항으로 규정하고 있지 않은 사항은?**

① 피해현황(인명과 재산)
② 시설현황
③ 사고내용
④ 사고원인

해설 통보내용에 포함되어야 할 사항
㉮ 통보자의 소속, 직위, 성명 및 연락처
㉯ 사고발생 일시
㉰ 사고발생 장소
㉱ 사고내용
㉲ 시설현황
㉳ 피해현황(인명 및 재산)
※ 속보인 경우 ㉲, ㉳의 내용을 생략할 수 있다.

20 **압력용기의 적용범위에 해당하기 위해 설계압력[MPa]과 내용적[m³]을 곱한 값이 얼마를 초과하여야 하는가?**

① 0.004
② 0.04
③ 0.002
④ 0.02

해설 **압력용기** : 35[℃]에서의 압력 또는 설계압력이 그 내용물이 액화가스인 경우는 0.2[MPa]이상, 압축가스인 경우는 1[MPa] 이상인 용기를 말한다. (설계압력[MPa]과 내용적[m]을 곱한 수치가 0.004 이하인 용기는 압력용기로 보지 아니한다.)

21 **독성가스와 제독제가 옳지 않게 짝지어진 것은?**

① 시안화수소 - 가성소다 수용액
② 아황산가스 - 가성소다 수용액
③ 암모니아 - 염산 및 질산 수용액
④ 염소 - 가성소다 및 탄산소다 수용액

해설 독성가스 제독제

가스종류	제독제의 종류
염소	가성소다 수용액, 탄산소다 수용액, 소석회
포스겐	가성소다 수용액, 소석회
황화수소	가성소다 수용액, 탄산소다 수용액
시안화수소	가성소다 수용액
아황산가스	가성소다 수용액, 탄산소다 수용액, 물
암모니아, 산화에틸렌, 염화메탄	물

22 **기체상수(universal gas constant) R의 단위는?**

① kgf · m/kg · K
② kcal/kg · ℃
③ kcal/cm² · ℃
④ kg · K/cm²

해설 이상기체 1[kmol]이 표준상태(273[K], 10332[kgf/m²])에 있고 1[kmol]은 분자량에 해당하는 질량[kg]이다.

$PV = GRT$ 에서

$$\therefore R = \frac{PV}{GT}$$

$$= \frac{10332\,[\text{kgf/m}^2] \times 22.4\,[\text{m}^3]}{1\,[\text{kmol}] \times 273\,[\text{K}]}$$

$$= 847.7538 \fallingdotseq 848\,[\text{kgf} \cdot \text{m/kmol} \cdot \text{K}]$$

$$\therefore R = \frac{848}{M}\,[\text{kgf} \cdot \text{m/kg} \cdot \text{K}]$$

Answer 19. ④ 20. ① 21. ③ 22. ①

23 **긴급이송설비에 부속된 처리설비는 이송되는 설비 안의 내용물을 다음 중 한 가지 방법으로 처리할 수 있어야 한다. 이에 대한 설명으로 틀린 것은?**

① 독성가스는 제독 조치 후 안전하게 폐기시킨다.
② 벤트스택에서 안전하게 방출시킨다.
③ 플레어스택에서 안전하게 연소시킨다.
④ 액화가스는 용기로 이송한 후 소분시킨다.

해설 긴급이송설비에 부속된 처리설비는 이송되는 설비 안의 내용물을 다음 중 어느 하나의 방법으로 처리할 수 있는 것으로 한다.
㉮ 플레어스택에서 안전하게 연소시킨다.
㉯ 안전한 장소에 설치되어 있는 저장탱크 등에 임시 이송한다.
㉰ 벤트스택에서 안전하게 방출시킨다.
㉱ 독성가스는 제독조치 후 안전하게 폐기시킨다.

24 **고온의 물체로부터 방사되는 에너지 중의 특정한 파장의 방사에너지, 즉 휘도를 표준 온도의 고온물체와 비교하여 온도를 측정하는 온도계는?**

① 열전대 온도계 ② 제겔콘 온도계
③ 색온도계 ④ 광고온계

해설 광고온계의 특징
㉮ 고온에서 방사되는 에너지 중 가시광선을 이용하여 사람이 직접 조작한다.
㉯ 700~3000[℃] 의 고온도 측정에 적합하다. (700[℃] 이하는 측정이 곤란하다.)
㉰ 광전관 온도계에 비하여 구조가 간단하고 휴대가 편리하다.
㉱ 움직이는 물체의 온도 측정이 가능하고, 측온체의 온도를 변화시키지 않는다.
㉲ 비접촉식 온도계에서 가장 정확한 온도 측정을 할 수 있다.
㉳ 빛의 흡수 산란 및 반사에 따라 오차가 발생한다.
㉴ 방사온도계에 비하여 방사율에 대한 보정량이 작다.
㉵ 원거리 측정, 경보, 자동기록, 자동제어가 불가능하다.
㉶ 측정에 수동으로 조작함으로서 개인 오차가 발생할 수 있다.

25 **스크류 압축기에 대한 설명으로 틀린 것은?**

① 효율이 아주 높고, 용량조정이 쉽다.
② 흡입, 압축, 토출의 3행정을 갖는다.
③ 무급유식 또는 급유식 방식의 용적형이다.
④ 기체에는 맥동이 적고 연속적으로 압축한다.

해설 나사압축기(screw compressor)의 특징
㉮ 용적형이며 무급유식 또는 급유식이다.
㉯ 흡입, 압축, 토출의 3행정을 가지고 있다.
㉰ 맥동이 없고 연속적으로 압축한다.
㉱ 용량조정이 어렵고 (70~100[%]), 효율은 떨어진다.
㉲ 토출압력은 30[kgf/cm^2]까지 가능하고, 토출압력 변화에 의한 용량 변화가 적다.
㉳ 소음방지 장치가 필요하다.
㉴ 두 개의 암(female), 수(male)의 치형을 가진 로터의 맞물림에 의해 압축한다.

26 **가스보일러 설치기준에 따라 반밀폐식 가스보일러의 공동배기방식에 대한 기준 중 틀린 것은?**

① 공동배기구의 정상부에서 최상층 보일러의 역풍방지장치 개구부 하단까지의 거리가 5[m]일 경우 공동배기구에 연결시킬 수 있다.
② 공동배기구 유효단면적 계산식 ($A = Q \times 0.6 \times K \times F + P$)에서 P는 배기통의 수평투영면적(mm^2)을 의미한다.

Answer 23. ④ 24. ④ 25. ① 26. ④

③ 공동배기구는 굴곡 없이 수직으로 설치하여야 한다.
④ 공동배기구는 화재에 의한 피해확산 방지를 위하여 방화 댐퍼(damper)를 설치하여야 한다.

해설 **반밀폐식 가스보일러의 공동배기방식 기준**

㉮ 공동배기구의 정상부에서 최상층 보일러의 역풍방지장치 개구부 하단까지의 거리가 4[m] 이상일 경우에는 공동배기구에 연결시키며, 그 이하일 경우에는 단독으로 설치할 것
㉯ 공동배기구는 굴곡없이 수직으로 설치하고 단면형태는 될 수 있는 한 원형 또는 정사각형에 가깝도록 하고 가로 세로의 비는 1 : 1.4 이하로 한다.
㉰ 동일층에서 공동배기구로 연결되는 보일러 수는 2대 이하일 것
㉱ 공동배기구 및 배기통에는 방화댐퍼(damper)를 설치하지 않을 것
㉲ 공동배기구 유효단면적 계산식
$\therefore A = Q \times 0.6 \times K \times F + P$
A : 공동배기구 유효단면적[mm^2]
Q : 보일러의 가스소비량 합계[kW]
K : 형상계수
F : 보일러의 동시사용률
P : 배기통의 수평투영면적[mm^2]

27 **펌프의 공동현상(Cavitation)에 대하여 설명한 것은?**

① 펌프의 토출구 및 흡입구에서 압력계의 바늘이 흔들리는 동시에 유량이 감소되는 현상
② 유수 중에 그 수온의 증기압력보다 낮은 부분이 생기면 물이 증발을 일으키고 수중에 용해하고 있는 증기가 토출하여 작은 기포를 발생하는 현상
③ 저비점 액체를 이송할 때 펌프의 입구 쪽에서 액체에 증발현상이 나타나는 현상
④ 펌프에서 물을 압송하고 있을 때 정전 등으로 급히 펌프가 멈춘 경우 또는 수량조절밸브를 급히 개폐한 경우 관내의 유속이 급변하면 물에 심한 압력변화가 생기는 현상

해설 **각 항목의 펌프 이상 현상**

①번 항목 : 서징(surging)현상
②번 항목 : 캐비테이션현상(공동현상)
③번 항목 : 베이퍼록 현상
④번 항목 : 수격작용

28 **허가를 받지 않고 LPG 충전사업, LPG 집단공급사업, 가스용품 제조사업을 영위한 자에 대한 벌칙으로 옳은 것은?**

① 1년 이하의 징역, 1000만원 이하의 벌금
② 2년 이하의 징역, 2000만원 이하의 벌금
③ 1년 이하의 징역, 3000만원 이하의 벌금
④ 2년 이하의 징역, 5000만원 이하의 벌금

해설 **벌칙(액법 제66조)** : 2년 이하의 징역 또는 2천만원 이하의 벌금

㉮ 허가를 받지 아니하고 액화석유가스 충전사업, 액화석유가스 집단공급사업 또는 가스용품 제조사업을 한 자
㉯ 법 제64조제2항에 따라 준용되는 「석유 및 석유대체연료 사업법」 제21조제1항에 따른 명령을 위반한 자

29 **고압가스 탱크의 수리를 위하여 내부 가스를 배출하고, 불활성가스로 치환한 후 다시 공기로 치환하여 분석하였더니 분석결과가 보기와 같았다. 다음 중 안전작업 조건에 해당하는 것은?**

① 산소 30[%]
② 수소 10[%]
③ 일산화탄소 200[ppm]
④ 질소 80[%], 나머지 산소

Answer 27. ② 28. ② 29. ④

해설 (1) 가스설비 치환농도 기준
㉮ 가연성가스 : 폭발하한계의 1/4 이하(25[%] 이하)
㉯ 독성가스 : TLV-TWA 기준농도 이하
㉰ 산소 : 22[%] 이하
㉱ 위 시설에 작업원이 들어가는 경우 산소 농도 : 18~22[%]
(2) 산소는 22[%] 이하에 도달하지 않았고, 수소의 폭발범위는 4~75[%]이므로 치환농도는 1[%] 이하가 되어야 한다. 일산화탄소는 독성가스(TLV-TWA 50[ppm]) 이므로 안전작업 조건에 해당하는 것은 ④항이 해당된다.

30 탄소강의 표준 조직에 대한 설명으로 옳은 것은?

① 탄소강의 주조직을 레데뷰라이트라 한다.
② 아공석강은 α 페라이트와 펄라이트의 혼합조직이다.
③ C 0.8~2.0[%]를 공석강이라 한다.
④ 공석강은 100[%] 시멘타이트 조직이다.

해설 각 항목의 옳은 설명
① 탄소강의 기본조직은 펄라이트(pearlite)이다.
③ 공석강의 탄소함유량은 0.8[%]이다.
④ 공석강은 펄라이트 조직이다.

31 고정식 압축도시가스 자동차 충전시설의 설비와 관련한 안전거리 기준에 대한 설명 중 틀린 것은?

① 저장설비, 압축가스설비 및 충전설비는 그 외면으로부터 사업소경계까지 원칙적으로 5[m] 이상의 안전거리를 유지한다.
② 저장설비, 충전설비는 가연성 물질의 저장소로부터 8[m] 이상의 거리를 유지한다.
③ 충전설비는 「도로법」에 따른 도로경계까지 5[m] 이상의 거리를 유지한다.
④ 처리설비, 압축가스설비 및 충전설비는 철도까지 30[m] 이상의 거리를 유지한다.

해설 저장설비, 압축가스설비 및 충전설비는 그 외면으로부터 사업소경계까지 원칙적으로 10[m] 이상의 안전거리를 유지한다. 다만, 처리설비 및 압축가스설비 주위에 철근콘크리트제 방호벽을 설치한 경우에는 5[m] 이상의 안전거리를 유지한다.

32 독성가스 사용설비에서 가스누출에 대비하여 반드시 설치하여야 하는 장치는?

① 살수장치 ② 액화방지장치
③ 흡수장치 ④ 액회수장치

해설 독성가스의 가스설비실 및 저장설비실에는 그 가스가 누출될 경우에는 이를 중화설비로 이송시켜 흡수 또는 중화할 수 있는 설비를 설치한다.

33 밀폐식 보일러의 급·배기설비 중 밀폐형 자연 급·배기식 가스보일러의 설치방식이 아닌 것은?

① 단독 배기통 방식
② 챔버(chamber)식
③ U 덕트(duct)식
④ SE 덕트(duct)식

해설 **밀폐형 자연 급·배식 종류** : 외벽식, 챔버식, 덕트식(U 덕트식, SE 덕트식)

34 액화석유가스 충전사업자의 안전관리현황 기록부의 보고기한은?

① 매월 다음달 15일
② 매분기 다음달 15일
③ 매반기 다음달 15일
④ 매년 다음해 1월 15일

해설 **보고사항 및 보고기한 등** : 액법 시행규칙 별표21
㉮ **액화석유가스 충전사업자** : 거래상황 기록부, 안전관리현황 기록부 → 매분기 다음달 15일

Answer 30. ② 31. ① 32. ③ 33. ① 34. ②

㉯ **액화석유가스 판매사업자와 액화석유가스 충전사업자**(영업소의 설치 허가를 받은 자만을 말한다) : 거래상황 기록부, 시설개선현황 기록부 → 매분기 다음 달 15일

35 어떤 냉동기에서 0[℃]의 물로 얼음 2[ton]을 만드는데 50[kWh]의 일이 소요되었다면 이 냉동기의 성적계수는? (단, 물의 융해잠열은 80[kcal/kg]이다.)

① 2.32 ② 2.67
③ 3.72 ④ 105

해설 $COP_R = \frac{Q_2}{W} = \frac{2000 \times 80}{50 \times 860} = 3.72$

36 일산화탄소(CO)의 허용농도가 50[ppm]이라면 이것을 퍼센트[%]로 나타내면 얼마인가?

① 0.5 ② 0.05
③ 0.005 ④ 0.0005

해설 1[ppm]은 100만분의 1의 농도이다.

$\therefore$ 퍼센트$[\%] = \frac{\text{ppm}}{10^6} \times 100$

$= \frac{50}{10^6} \times 100 = 0.005[\%]$

37 2[kg]의 산소를 327[℃]에서 $PV^{1.2} = C$에 따라 785200[J]의 일을 하였다. 변화 후의 온도는 약 몇 [℃]인가? (단, R=260[N · m/kg · K]이다.)

① 20[℃] ② 25[℃]
③ 30[℃] ④ 35[℃]

해설 폴리트로픽 과정의 팽창일

$W_a = \frac{1}{n-1} mR(T_1 - T_2)$ 에서

$\therefore T_2 = T_1 - \frac{W_a}{\frac{1}{n-1} \times m \times R}$

$= (273 + 327) - \frac{785200}{\frac{1}{1.2-1} \times 2 \times 260}$

$= 298[\text{K}] - 273 = 25[℃]$

38 고압가스 특정제조시설의 사업소외의 배관에 설치된 배관장치에는 비상전력설비를 하여야 한다. 다음 중 반드시 갖추어야 할 설비가 아닌 것은?

① 폭발방지장치
② 안전제어장치
③ 운전상태 감시장치
④ 가스누출검지 경보설비

해설 비상전력설비를 설치하여야 할 배관장치

㉮ 운전상태 감시장치
㉯ 안전제어장치
㉰ 가스누출검지 경보설비
㉱ 제독설비
㉲ 통신시설
㉳ 비상조명설비
㉴ 그 밖에 안전상 중요하다고 인정되는 설비

39 1[kg]의 공기가 100[℃]에서 열량 1200[kJ]을 얻어 등온팽창 시킬 때 엔트로피 변화량은 약 몇 [kJ/kg · K]인가?

① 3.2 ② 4.4
③ 12.0 ④ 24.0

해설 $\Delta s = \frac{dQ}{T} = \frac{1200}{273 + 100}$

$= 3.217[\text{kJ/kg} \cdot \text{K}]$

Answer 35. ③ 36. ③ 37. ② 38. ① 39. ①

40 용기에 의한 액화석유가스 사용시설에서 저장능력이 2톤인 경우 화기를 취급하는 장소와 유지하여야 하는 우회거리는 몇 [m] 이상인가?

① 2　　② 3
③ 5　　④ 8

해설 저장설비, 감압설비, 배관과 화기와의 거리

저장능력	화기와의 우회거리
1톤 미만	2[m] 이상
1톤 이상 3톤 미만	5[m] 이상
3톤 이상	8[m] 이상

41 메탄가스에 대한 설명으로 옳은 것은?

① 비점은 약 −162[℃]이다.
② 공기보다 무거워 낮은 곳에 체류한다.
③ 공기 중 메탄가스가 3[%] 함유된 혼합기체에 점화하면 폭발한다.
④ 저온에서 니켈촉매를 사용하여 수증기와 작용하면 일산화탄소와 수소를 생성한다.

해설 메탄(CH_4)의 성질
㉮ 파라핀계 탄화수소의 안정된 가스이다.
㉯ 분자량 16으로 공기보다 가벼운 기체이다.
㉰ 천연가스(NG)의 주성분이다.
(비점 : −161.5[℃])
㉱ 무색, 무취, 무미의 가연성 기체이다.
(폭발범위 : 5~15[%])
㉲ 유기물의 부패나 분해 시 발생한다.
㉳ 메탄의 분자는 무극성이고, 수(水)분자와 결합하는 성질이 없어 용해도는 적다.
㉴ 공기 중에서 연소가 쉽고 화염은 담청색의 빛을 발한다.
㉵ 염소와 반응하면 염소화합물이 생성된다.
㉶ 고온에서 산소, 수증기와 반응시키면 일산화탄소와 수소를 생성한다. (촉매 : 니켈)

$$CH_4 + \frac{1}{2}O_2 \rightarrow CO + 2H_2 + 8.7[kcal]$$
$$CH_4 + H_2O \rightarrow CO + 3H_2 - 49.3[kcal]$$

42 냉동장치의 점검 · 수리 등을 위하여 냉매계통을 개방하고자 할 때는 펌프 다운(pump down)을 하여 계통 내의 냉매를 어디에 회수하는가?

① 수액기　　② 압축기
③ 증발기　　④ 유분리기

해설 수액기(liquid receiver tank) : 응축기에서 응축된 냉매액을 팽창밸브로 보내기 전에 일시적으로 저장하는 탱크이다.

43 가스용품을 수입하고자 하는 자는 관련 기관의 검사를 받아야 하는데 검사의 전부를 생략할 수 없는 경우는?

① 수출을 목적으로 수입하는 것
② 시험용 또는 연구개발용으로 수입하는 것
③ 산업기계설비 등에 부착되어 수입하는 것
④ 주한 외국기관에서 사용하기 위하여 수입하는 것으로 외국의 검사를 받지 아니한 것

해설 가스용품의 검사 생략 : 액법 시행령 제18조
㉮ 산업표준화법 제15조에 따른 인증을 받은 가스용품(인증심사를 받은 해당 형식의 가스용품에 한정)
㉯ 시험용 또는 연구개발용으로 수입하는 것
㉰ 수출용으로 제조하는 것
㉱ 주한 외국기관에서 사용하기 위하여 수입하는 것으로 외국의 검사를 받은 것
㉲ 산업기계설비 등에 부착되어 수입하는 것
㉳ 가스용품의 제조자 또는 수입업자가 견본으로 수입하는 것
㉴ 수출을 목적으로 수입하는 것

Answer 40. ③ 41. ① 42. ① 43. ④

44 전기방식 중 효과범위가 넓고, 전압 및 전류의 조정이 쉬우나, 초기 투자비가 많은 단점이 있는 방법은?

① 외부전원법 ② 전류양극법
③ 선택배류법 ④ 강제배류법

해설 **외부 전원법** : 외부의 직류전원 장치(정류기)로부터 양극(+)은 매설배관이 설치되어 있는 토양에 설치한 외부전원용 전극(불용성 양극)에 접속하고, 음극(−)은 매설배관에 접속시켜 부식을 방지하는 방법으로 직류전원장치(정류기), 양극, 부속배선으로 구성된다.

45 주철관 이음방법으로서 이음에 필요한 부품이 고무링 하나뿐이며, 온도변화에 따른 신축이 자유롭고, 이음 접합과정이 간편하여 관부설을 신속하게 할 수 있는 특징을 가진 이음방법은?

① 벨로스 이음 ② 소켓 이음
③ 노허브 이음 ④ 타이톤 이음

해설 **타이톤 이음(tyton joint)** : 주철관 이음에서 고무링 하나만으로 이음하며, 소켓 내부의 홈은 고무링을 고정시키고 돌기부는 고무링이 있는 홈 속에 들어맞게 되어 있으며 삽입구의 끝은 쉽게 끼울 수 있도록 테이퍼로 되어 있어 이음과정이 비교적 간편하고 온도변화에 따른 신축이 자유로운 특징을 가지고 있는 이음방법이다.

46 다음 [보기]에서 독성이 강한 순서대로 나열된 것은?

[보기] ⓐ 염소 ⓑ 이황화탄소
ⓒ 포스겐 ⓓ 암모니아

① ⓐ 〉 ⓒ 〉 ⓓ 〉 ⓑ
② ⓒ 〉 ⓐ 〉 ⓑ 〉 ⓓ
③ ⓒ 〉 ⓐ 〉 ⓓ 〉 ⓑ
④ ⓐ 〉 ⓒ 〉 ⓑ 〉 ⓓ

해설 각 가스의 허용농도[ppm]

구분	TLV−TWA	LC50
포스겐($COCl_2$)	0.1	5
염소(Cl_2)	1	293
이황화탄소(CS_2)	20	−
암모니아(NH_3)	25	7388

47 내경이 10[cm]인 액체 수송용 파이프 속에 구경이 5[cm]인 오리피스 미터가 설치되어 있고 이 오리피스에 부착된 수은 마노미터의 눈금차가 12[cm]이었다. 만일 5[cm] 오리피스 대신에 구경이 2.5[cm]인 오리피스 미터를 설치했다면 수은 마노미터의 눈금차는 약 몇 [cm]가 되겠는가?

① 172 ② 182
③ 192 ④ 202

해설 ㉮ 차압식 유량계의 유량식

$$Q = CA\sqrt{\frac{2gh}{1-m^4} \times \frac{\gamma_m - \gamma}{\gamma}}$$

에서 배관에 흐르는 유체(γ), 마노미터의 액체(γ_m), 유량계수(C)가 동일하므로 생략하고 유량계산식을 다시 쓰면 다음과 같다.

$$\therefore Q^2 = \left(\frac{\pi}{4}D^2\right)^2 \times \frac{2gh}{1-m^4}$$

㉯ 마노미터 높이 계산식

$$\therefore h = \frac{Q^2 \times (1-m^4)}{2g \times \left(\frac{\pi}{4}D^2\right)^2}$$

㉰ 오리피스 변경 전후 교축비 계산

$$\therefore m_1 = \frac{D_1^2}{D^2} = \frac{5^2}{10^2} = 0.25$$

$$\therefore m_2 = \frac{D_2^2}{D^2} = \frac{2.5^2}{10^2} = 0.0625$$

Answer 44. ① 45. ④ 46. ② 47. ③

㉱ 변경 후 마노미터 눈금차(높이) 계산

$$\therefore h_2 = \frac{\dfrac{Q_2^2 \times (1-m_2^4)}{2g \times \left(\dfrac{\pi}{4} \times \left(\dfrac{1}{2} \times D_1^2\right)^2\right)^2}}{\dfrac{Q_1^2 \times (1-m_1^4)}{2g \times \left(\dfrac{\pi}{4} \times D_1^2\right)^2}} \times h_1$$

$$= \frac{(1-m_2^4)}{(1-m_1^4) \times \left(\left(\dfrac{1}{2}\right)^2\right)^2} \times h_1$$

$$= \frac{1-0.0625^4}{(1-0.25^4) \times \left(\left(\dfrac{1}{2}\right)^2\right)^2} \times 12$$

$$= 192.75\,[\text{cm}]$$

48 **가스제조소에서 정제된 가스를 저장하여 가스의 질을 균일하게 유지하며, 제조량과 수요량을 조절하는 것은?**

① 정압기 ② 압송기
③ 배송기 ④ 가스홀더

해설 (1) **가스홀더(gas holder)의 기능**
㉮ 가스수요의 시간적 변동에 대하여 공급가스량을 확보한다.
㉯ 공급설비의 일시적 중단에 대하여 어느 정도 공급량을 확보한다.
㉰ 공급가스의 성분, 열량, 연소성 등의 성질을 균일화 한다.
㉱ 소비지역 근처에 설치하여 피크시의 공급, 수송효과를 얻는다.
(2) **종류** : 유수식, 무수식, 구형가스홀더(고압식)

49 **고압가스 일반제조 시설기준 중 가연성가스 제조설비의 전기설비는 방폭성능을 가지는 구조이어야 한다. 다음 중 제외 대상이 되는 가스는?**

① 에탄 ② 브롬화메탄
③ 에틸아민 ④ 수소

해설 암모니아, 브롬화메탄 및 공기 중에서 자기 발화하는 가스는 제외한다.

50 **다음 ( ) 안의 온도와 압력으로 맞는 것은?**

아세틸렌을 용기에 충전할 때 충전 중의 압력은 2.5[MPa] 이하로 하고, 충전 후의 압력이 ( )[℃]에서 ( )[MPa] 이하로 될 때까지 정치하여 둔다.

① 5, 1.0
② 15, 1.5
③ 20, 1.0
④ 20, 1.5

해설 **아세틸렌 용기 압력**
㉮ 충전 중의 압력 : 온도에 관계없이 2.5[MPa] 이하
㉯ 충전 후의 압력 : 15[℃]에서 1.5[MPa] 이하

51 **신축이음(expansion joint)을 하는 주된 목적은?**

① 진동을 적게 하기 위하여
② 관의 제거를 쉽게 하기 위하여
③ 팽창과 수축에 따른 관의 정상적인 운동을 허용하기 위하여
④ 펌프나 압축기의 운동에 대한 보상을 하기 위하여

해설 **신축이음(expansion joint)의 기능(역할)**
온도변화에 따른 신축을 흡수, 완화시켜 관이 파손되는 것을 방지하기 위하여 설치한다.

Answer 48. ④ 49. ② 50. ② 51. ③

52 용기에 충전하는 작업을 할 때 작업자가 행하는 조작으로 직접적인 위험이 발생할 수 있는 경우는?

① 잔가스용기에 마개를 했다.
② 고압가스 충전용기에 저압가스를 충전했다.
③ 충전밸브 닫는 것을 잊고 용기밸브에서 충전밸브를 분리했다.
④ 충전용기에 충전할 때 저울의 눈금이 틀려 10[kg] 용기에 9.5[kg]을 충전했다.

해설 충전밸브 닫는 것을 잊고 용기밸브에서 충전밸브를 분리한 경우 충전용기 내부의 가스가 누출되어 사고가 발생할 위험이 있다.

53 불연성 고압가스(독성가스는 제외)의 제조 저장자가 정기검사를 받는 주기로서 옳은 것은?

① 1년
② 2년
③ 4년
④ 산업통상자원부장관이 지정하는 시기

해설 **정기검사의 대상별 검사주기** : 고법 시행규칙 제30조, 별표19
㉮ 고압가스특정제조허가를 받은 자 : 매 4년
㉯ 고압가스특정제조자 외의 가연성가스, 독성가스 및 산소의 제조자, 저장자 또는 판매자 : 매 1년
㉰ 고압가스특정제조자 외의 불연성가스(독성가스 제외)의 제조자, 저장자 또는 판매자 : 매 2년
㉱ 그 밖에 공공의 안전을 위하여 특히 필요하다고 산업통상자원부장관이 인정하여 지정하는 시설의 제조자 또는 저장자 : 산업통상자원부장관이 지정하는 시기

54 발열량이 20000[kcal/Nm^3]이고, 비중이 1.6, 공급압력이 300[mmH_2O]인 LPG로부터 발열량이 5000[kcal/Nm^3], 비중 0.6, 공급압력이 150[mmH_2O]인 도시가스로 변경할 경우의 LPG 노즐대비 노즐구경 변경율은 얼마인가?

① 0.54 ② 1.54
③ 1.86 ④ 2.43

해설
$$\frac{D_2}{D_1} = \sqrt{\frac{WI_1\sqrt{P_1}}{WI_2\sqrt{P_2}}} = \sqrt{\frac{\frac{20000}{\sqrt{1.6}} \times \sqrt{300}}{\frac{5000}{\sqrt{0.6}} \times \sqrt{150}}} = 1.861$$

55 다음은 관리도의 사용 절차를 나타낸 것이다. 관리도의 사용 절차를 순서대로 나열한 것은?

㉠ 관리하여야 할 항목의 선정 ㉡ 관리도의 선정 ㉢ 관리하려는 제품이나 종류 선정 ㉣ 시료를 채취하고 측정하여 관리도를 작성

① ㉠ → ㉡ → ㉢ → ㉣
② ㉠ → ㉢ → ㉣ → ㉡
③ ㉢ → ㉠ → ㉡ → ㉣
④ ㉢ → ㉣ → ㉠ → ㉡

해설 (1) **관리도 정의**
품질의 산포를 관리하기 위한 관리한계선이 있는 그래프로 공정을 관리 상태로 유지하기 위하여 또는 제조공정이 관리가 잘된 상태에 있는가를 조사하기 위하여 사용되는 것이다.
(2) **관리도의 사용 절차**
㉮ 관리하려는 제품이나 종류 선정
㉯ 관리하여야 할 항목의 선정

Answer 52. ③ 53. ② 54. ③ 55. ③

㉰ 관리도의 선정
㉱ 시료를 채취하고 측정하여 관리도를 작성

56 **이항분포(binomial distribution)에서 매회 A가 일어나는 확률이 일정한 값 P일 때, n회의 독립시행 중 사상 A가 x회 일어날 확률$P(x)$를 구하는 식은? (단, N은 로트의 크기, n은 시료의 크기, P는 로트의 모부적합품률이다.)**

① $P(x)=\dfrac{n!}{x!(n-x)!}$

② $P(x)=e^{-x}\cdot\dfrac{(nP)^x}{x!}$

③ $P(x)=\dfrac{\binom{NP}{x}\binom{N-NP}{n-x}}{\binom{N}{n}}$

④ $P(x)=\binom{n}{x}P^x(1-P)^{n-x}$

해설 이항분포를 이용한 확률 계산식

$P(x)=\binom{n}{x}P^x(1-P)^{n-x}$

※ ②번 : 푸와송분포를 이용하는 경우
③번 : 초기하분포를 이용하는 경우

57 **다음 내용은 설비보전조직에 대한 설명이다. 어떤 조직의 형태에 대한 설명인가?**

> 보전작업자는 조직상 각 제조부문의 감독자 밑에 둔다.
> – 단점 : 생산우선에 의한 보전작업 경시, 보전기술 향상의 곤란성
> – 장점 : 운전자와 일체감 및 현장감독의 용이성

① 집중보전 ② 지역보전
③ 부문보전 ④ 절충보전

해설 보전조직의 유형
㉮ 집중보전 : 한사람의 관리자 밑에 공장의 모든 보전용원을 두고 모든 보전활동을 집중적으로 관리하는 방식
㉯ 지역보전 : 각 제조현장에 보전요원이 상주하여 그 지역의 설비검사, 급유, 수리 등을 담당하는 것으로 대규모공장에 많이 채택하는 방식이다.
㉰ 부문보전 : 각 제조부문의 감독자 밑에 공장의 보전요원을 배치하는 방식
㉱ 절충보전 : 집중보전에 지역보전 또는 부문보전을 결합한 보전방식

58 **다음 표는 어느 자동차 영업소의 월별 판매실적을 나타낸 것이다. 5개월 단순이동 평균법으로 6월의 수요를 예측하면 몇 대인가?**

월	1월	2월	3월	4월	5월
판매량	100대	110대	120대	130대	140대

① 120대 ② 130대
③ 140대 ④ 150대

해설 $F_6=\dfrac{\sum A_{1\sim5}}{n}$

$=\dfrac{100+110+120+130+140}{5}=120$

59 **샘플링에 관한 설명으로 틀린 것은?**

① 취락 샘플링에서는 취락 간의 차는 작게, 취락 내의 차는 크게 한다.
② 제조공정의 품질특성에 주기적인 변동이 있는 경우 계통 샘플링을 적용하는 것이 좋다.
③ 시간적 또는 공간적으로 일정 간격을 두고 샘플링하는 방법을 계통 샘플링이라고 한다.
④ 모집단을 몇 개의 층으로 나누어 각 층마다 랜덤하게 시료를 추출하는 것을 층별 샘플링이라고 한다.

Answer 56. ④ 57. ③ 58. ① 59. ②

해설 **계통 샘플링(systematic sampling)** : 모집단에서 시간적, 공간적으로 일정한 간격을 두어 샘플링하는 방법이다.

60 표준시간 설정 시 미리 정해진 표를 활용하여 작업자의 동작에 대해 시간을 산정하는 시간연구법에 해당되는 것은?

① PTS법
② 스톱워치법
③ 워크샘플링법
④ 실적자료법

해설 **PTS법** : 기정시간표준(PTS : predetermined time standard system)법이라 하며 모든 작업을 기본동작으로 분해하고 각 기본동작에 대하여 성질과 조건에 따라 정해놓은 시간치를 적용하여 정미시간을 산정하는 방법이다.

Answer 60. ①

2017년도 기능장 제61회 필기시험 [3월 5일 시행]

과 년 도 문 제

01 38[cmHg] 진공은 절대압력으로 약 몇 [kgf/cm^2 · abs]인가?

① 0.26　② 0.52
③ 3.8　④ 7.6

해설 절대압력 = 대기압 – 진공압력

$$= 1.0332 - \left(\frac{38}{76} \times 1.0332\right)$$
$$= 0.5166\,[\text{kgf/cm}^2 \cdot \text{abs}]$$

02 액화석유가스 저장탱크를 지하에 설치할 경우에는 집수구를 설치하여야 한다. 이에 대한 설명으로 옳은 것은?

① 집수구는 가로, 세로, 깊이가 각각 50[cm] 이상의 크기로 한다.
② 집수관은 직경을 80[A] 이상으로 하고, 집수구 바닥에 고정한다.
③ 검지관은 직경 30[A] 이상으로 하고, 집수구 바닥에 고정한다.
④ 집수구는 저장탱크실 바닥면보다 높게 설치한다.

해설 액화석유가스 저장탱크 집수구 기준
㉮ **집수구** : 가로 30[cm], 세로 30[cm], 깊이 30[cm] 이상의 크기로 저장탱크실 바닥면보다 낮게 설치
㉯ **집수관** : 80[A] 이상
㉰ **집수구 및 집수관 주변** : 자갈 등으로 조치, 펌프로 배수
㉱ **검지관** : 40[A] 이상으로 4개소 이상 설치

03 압력 80[kPa], 체적 0.37[m^3]을 차지하고 있는 이상기체를 등온 팽창시켰더니 체적이 2.5배로 팽창하였다. 이 때 외부에 대해서 한 일은 약 몇 [N · m]인가?

① 2.71　② 2.71×10^2
③ 2.71×10^3　④ 2.71×10^4

해설 1[kPa] = 1000[Pa]이고, 1[J] = 1[N · m]이다.

$$\therefore W_a = P_1 V_1 \ln\left(\frac{V_2}{V_1}\right)$$
$$= 80 \times 10^3 \times 0.37 \times \ln\left(\frac{0.37 \times 2.5}{0.37}\right)$$
$$= 27122.205 = 2.71 \times 10^4\,[\text{J}]$$
$$= 2.71 \times 10^4\,[\text{N} \cdot \text{m}]$$

04 냉매의 구비조건 중 화학적 성질에 대한 설명으로 옳은 것은?

① 부식성이 있을 것
② 윤활유에 용해될 것
③ 증기 및 액체의 점성이 클 것
④ 인화 및 폭발의 위험성이 없을 것

해설 냉매의 구비조건 중 화학적 성질
㉮ 화학적으로 결합이 양호하고, 분해하지 않을 것
㉯ 패킹재료에 악영향을 미치지 않을 것
㉰ 금속에 대한 부식성이 없을 것
㉱ 인화 및 폭발성이 없을 것
㉲ 증기 및 액체의 점성이 적을 것
㉳ 윤활유에 용해되지 않을 것

05 가연성가스(LPG 제외) 및 산소의 차량에 고정된 저장탱크 내용적 기준으로 옳은 것은?

① 저장탱크의 내용적은 10000[L]를 초과할 수 없다.
② 저장탱크의 내용적은 12000[L]를 초과할 수 없다.
③ 저장탱크의 내용적은 15000[L]를 초과할 수 없다.
④ 저장탱크의 내용적은 18000[L]를 초과할 수 없다.

Answer 1. ② 2. ② 3. ④ 4. ④ 5. ④

해설 차량에 고정된 탱크 내용적 제한
㉮ 가연성가스(액화석유가스 제외), 산소 : 18000[L] 초과금지
㉯ 독성가스(액화암모니아 제외) : 12000[L] 초과금지

06 고압가스 냉동제조시설의 검사기준 중 내압 및 기밀시험에 대한 설명으로 틀린 것은?

① 내압시험은 설계압력의 1.5배 이상의 압력으로 한다.
② 내압시험에 사용하는 압력계는 문자판의 크기가 75[mm] 이상으로서 그 최고눈금은 내압시험압력의 1.5배 이상 2배 이하로 한다.
③ 기밀시험압력은 상용압력 이상의 압력으로 한다.
④ 시험할 부분의 용적이 5[m^3]인 것의 기밀시험 유지시간은 480분이다.

해설 냉동제조시설의 내압시험 및 기밀시험 기준
㉮ **내압시험** : 설계압력의 1.5배 이상의 압력
㉯ **기밀시험** : 설계압력 이상(산소 사용 금지) – 기밀시험을 공기로 할 때 140[℃] 이하 유지

07 아세틸렌을 압축하는 Reppe 반응장치의 구분에 해당하지 않는 것은?

① 비닐화 ② 에티닐화
③ 환중합 ④ 니트릴화

해설 레페(Reppe) 반응장치의 구분 : 비닐화, 에티닐화, 환중합, 카르보닐화

08 LPG 공급 시 강제 기화기를 사용할 경우의 특징으로 틀린 것은?

① 설치장소가 많이 필요하다.
② 공급가스의 조성이 일정하다.
③ 한냉 시에도 충분히 기화된다.
④ 설비비 및 인건비가 절감된다.

해설 기화기 사용 시 장점
㉮ 한랭 시에도 연속적으로 가스공급이 가능하다.
㉯ 공급가스의 조성이 일정하다.
㉰ 설치면적이 적어진다.
㉱ 기화량을 가감할 수 있다.
㉲ 설비비 및 인건비가 절약된다.

09 다음 [그림]과 같이 수직 하방향의 하중 Q[kg]을 받고 있는 사각나사의 너트를 그림과 같은 방향의 회전력 P[kg]을 주어 풀고자 한다. 필요한 힘 P를 구하는 식은? (단, 나사는 1줄 나사이며, 나사의 경사각은 α, 마찰각은 ρ이다.)

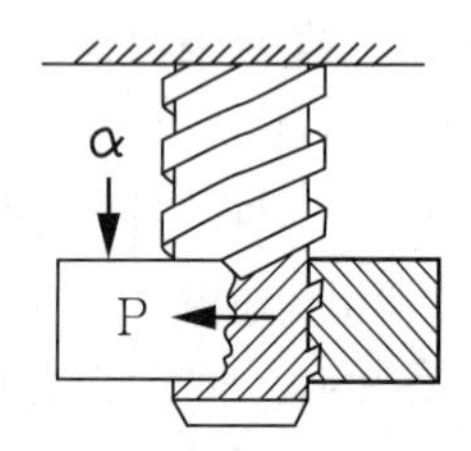

① $P = Q \cdot \tan(\alpha - \rho)$
② $P = Q \cdot \tan(\alpha + \rho)$
③ $P = Q \cdot \tan(\rho - \alpha)$
④ $P = Q \cdot \tan(1 - \frac{\rho}{\alpha})$

해설 사각나사의 필요한 힘 계산식
② 조일 때(하중을 밀어 올릴 때)
③ 풀 때(하중을 밀어 내릴 때)

10 산소 용기에 산소를 충전하고 용기 내의 온도와 밀도를 측정하였더니 각각 20[℃], 0.1[kg/L]이었다. 용기 내의 압력은 약 얼마인가? (단, 산소는 이상기체로 가정한다.)

① 0.075 기압 ② 0.75 기압
③ 7.5 기압 ④ 75 기압

Answer 6. ③ 7. ④ 8. ① 9. ③ 10. ④

해설 $PV = \frac{W}{M}RT$에서 $\rho = \frac{W[g]}{V[L]}$ 이므로

$$\therefore P = \frac{WRT}{VM} = \frac{W}{V} \times \frac{RT}{M} = \rho \times \frac{RT}{M}$$

$$= 0.1 \times 1000 \times \frac{0.082 \times (273 + 20)}{32}$$

$$= 75.08 \text{ 기압}$$

11 **고압가스 관련설비에 해당하지 않는 것은?**

① 냉각살수설비
② 기화장치
③ 긴급차단장치
④ 독성가스 배관용 밸브

해설 **고압가스 관련설비(특정설비) 종류** : 안전밸브, 긴급차단장치, 기화장치, 독성가스 배관용 밸브, 자동차용 가스 자동주입기, 역화방지기, 압력용기, 특정고압가스용 실린더 캐비닛, 자동차용 압축천연가스 완속 충전설비, 액화석유가스용 용기 잔류가스 회수장치

12 **산업통상자원부장관은 도시가스사업법에 의하여 도시가스사업자에게 조정명령을 내릴 수 있다. 다음 중 조정명령 사항이 아닌 것은?**

① 가스검사 기관의 조정
② 도시가스의 열량, 압력의 조정
③ 가스공급시설 공사계획의 조정
④ 도시가스요금 등 공급조건의 조정

해설 **조정명령** : 도법 시행령 제20조

㉮ 가스공급시설 공사계획의 조정
㉯ 가스공급계획의 조정
㉰ 둘 이상의 특별시, 광역시, 도 및 특별자치도를 공급지역으로 하는 경우 공급지역의 조정
㉱ 가스요금 등 공급조건의 조정
㉲ 가스의 열량, 압력 및 연소성의 조정
㉳ 가스공급시설의 공동이용에 관한 조정
㉴ 천연가스 수출입 물량의 규모, 시기 등의 조정
㉵ 자가소비용 직수입자의 가스도매사업자에 대한 판매에 관한 조정

13 **역화방지장치를 반드시 설치하여야 할 위치가 아닌 것은?**

① 아세틸렌 충전용 지관
② 아세틸렌의 고압건조기와 충전용교체 밸브사이의 배관
③ 가연성가스를 압축하는 압축기와 오토클레이브와의 사이의 배관
④ 아세틸렌을 압축하는 압축기의 유분리기와 고압건조기와의 사이

해설 1) **역화방지장치 설치 장소**

㉮ 가연성가스를 압축하는 압축기와 오토클레이브와의 사이 배관
㉯ 아세틸렌의 고압건조기와 충전용 교체밸브 사이 배관
㉰ 아세틸렌 충전용 지관

2) **역류방지밸브 설치 장소**

㉮ 가연성가스를 압축하는 압축기와 충전용 주관과의 사이 배관
㉯ 아세틸렌을 압축하는 압축기의 유분리기와 고압건조기와의 사이 배관
㉰ 암모니아 또는 메탄올의 합성탑 및 정제탑과 압축기와의 사이 배관

14 **고압 수소용기가 파열사고를 일으켰을 때 사고의 원인으로서 가장 거리가 먼 것은?**

① 용기 가열
② 과잉 충전
③ 압력계 타격
④ 폭발성 가스 혼입

해설 **고압가스 충전용기 파열사고 원인**

㉮ 용기의 재질 불량
㉯ 내압의 이상 상승
㉰ 용접용기의 용접부 결함
㉱ 과잉 충전
㉲ 용기 내 폭발성 가스 혼입
㉳ 용기에 대한 충격 및 타격
㉴ 검사 태만 및 기피
㉵ 용기 가열

Answer 11. ① 12. ① 13. ④ 14. ③

15 외압이나 지진 등에 대하여 가요성이 가장 우수한 주철관 이음은?

① 메커니컬 이음 ② 소켓 이음
③ 빅토리 이음 ④ 플랜지 이음

해설 주철관 기계식 이음(mechanical joint)의 특징
㉮ 고무링을 압륜(押輪)으로 죄어 볼트로 체결한 것으로 소켓이음과 플랜지이음의 장점을 채택한 것이다.
㉯ 기밀성이 양호하다.
㉰ 수중에서 접합이 가능하다.
㉱ 외압에 대한 굽힘성이 풍부하여 이음부가 다소 구부러져도 누수가 없다.
㉲ 간단한 공구로 신속하게 이음 할 수 있으며, 숙련공이 필요하지 않다.
㉳ 고압에 대한 저항이 크다.

16 다음 [그림]은 공기의 분리장치로 쓰이고 있는 복식 정류탑의 구조도이다. 흐름 C의 액의 성분과 장치 D의 명칭을 옳게 나타낸 것은?

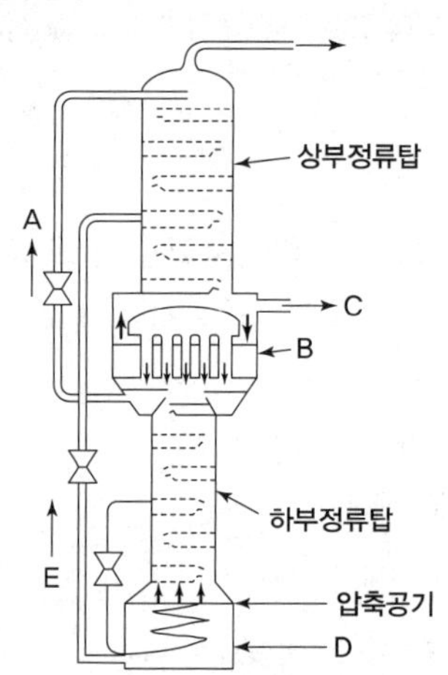

① C : O_2가 풍부한 액, D : 증류드럼
② C : 산소, D : 증류드럼
③ C : N_2가 풍부한 액, D : 응축기
④ C : N_2, D : 증류드럼

해설 복식 정류탑의 명칭
㉮ A : N_2가 풍부한 액
㉯ B : 응축기
㉰ C : 산소(O_2)
㉱ D : 증류드럼
㉲ E : O_2가 풍부한 액

17 기체의 압력(P)이 감소하여 압력(P)이 0인 한계상황에 기체 분자의 상태는 어떻게 되는가?

① 분자들은 점점 더 넓게 분산된다.
② 분자들은 점점 더 조밀하게 응집된다.
③ 분자들은 아무런 영향을 받지 않는다.
④ 분자들은 분산과 응집의 균형을 유지한다.

해설 압력이 낮아지면 기체분자들의 응집력이 감소하므로 분자들은 점점 더 넓게 분산된다.

18 시간당 10[m^3]의 LP가스를 길이 100[m] 떨어진 곳에 저압으로 공급하고자 한다. 압력손실이 30[mmH_2O]이면 필요한 최소 배관지름은 약 몇 [mm]인가? (단, Pole 상수는 0.7, 가스비중은 1.5이다.)

① 20[mm] ② 30[mm]
③ 40[mm] ④ 50[mm]

해설 $Q = K\sqrt{\frac{D^5 H}{SL}}$ 에서

$$\therefore D = \sqrt[5]{\frac{Q^2 SL}{K^2 H}} = \sqrt[5]{\frac{10^2 \times 1.5 \times 100}{0.7^2 \times 30}} \times 10 = 39.97[\text{mm}]$$

19 고압가스 안전관리법에서 신규검사 후 경과연수가 15년 미만 된 500리터 이상의 이음매 없는 용기의 재검사 주기는 몇 년마다 하여야 하는가?

① 1 ② 2
③ 3 ④ 5

Answer 15. ① 16. ② 17. ① 18. ③ 19. ④

해설 용기의 재검사 주기

<table>
<tr><th colspan="2">구 분</th><th>15년 미만</th><th>15년 이상 20년 미만</th><th>20년 이상</th></tr>
<tr><td rowspan="2">용접용기 (LPG용 용접용기 제외)</td><td>500[L] 이상</td><td>5년</td><td>2년</td><td>1년</td></tr>
<tr><td>500[L] 미만</td><td>3년</td><td>2년</td><td>1년</td></tr>
<tr><td rowspan="2">LPG용 용접용기</td><td>500[L] 이상</td><td>5년</td><td>2년</td><td>1년</td></tr>
<tr><td>500[L] 미만</td><td colspan="2">5년</td><td>2년</td></tr>
<tr><td rowspan="2">이음매 없는 용기</td><td>500[L] 이상</td><td colspan="3">5년</td></tr>
<tr><td>500[L] 미만</td><td colspan="3">신규검사 후 경과 년 수가 10년 이하인 것은 5년, 10년을 초과한 것은 3년 마다</td></tr>
</table>

20 공식(孔蝕)의 특징에 대한 설명으로 옳은 것은?

① 발견하기 쉽다.
② 부식속도가 느리다.
③ 양극반응의 독특한 형태이다.
④ 균일부식의 조건과 동반하여 발생한다.

해설 공식(孔蝕) : 국소적 또는 점상의 부식을 말하며, 금속재료의 표면에 안정한 보호피막이 존재하는 조건하에서 피막의 결함장소에서 부식이 일어나 이것이 구멍모양으로 성장한다. 염화물이 존재하는 수용액 중의 스테인리스강, 알루미늄합금에서 일어나며 점부식이라고도 한다.

21 수소(H_2) 가스의 공업적 제조법이 아닌 것은?

① 물의 전기분해법
② 공기액화 분리법
③ 수성가스법
④ 석유의 분해법

해설 수소의 공업적 제조법 : 물의 전기분해법, 수성가스법, 천연가스 분해법, 석유 분해법, 일산화탄소 전화법
※ 공기액화 분리법 : 산소, 아르곤, 질소 제조법

22 이상기체 상태방정식과 관련 없는 법칙은?

① Raoult의 법칙
② Charles의 법칙
③ Avogadro의 법칙
④ Gay-Lusaac의 법칙

해설 이상기체 상태방정식과 관련 있는 법칙
㉮ **샤를(Charles)의 법칙** : 일정압력 하에서 일정량의 기체가 차지하는 부피는 절대온도에 비례한다.
㉯ **아보가드로(Avogadro)의 법칙** : 이상기체 1[g-mol]에는 표준상태에서 22.4[L]의 부피를 차지하는 것으로 정의할 수 있으며 이 조건을 이상기체 상태방정식 $PV = nRT$에 적용하여 기체상수 R을 유도하면 0.082[L · atm/mol · K]에 해당된다.
㉰ **게이-뤼삭(Gay-Lusaac)의 법칙** : 압력이 일정할 때 기체의 부피(또는 비체적)는 온도에 비례하여 변한다.
※ 라울(Raoult)의 법칙 : 일정한 온도에서 혼합용액 속의 각 성분의 분압은 혼합물의 몰분율에 비례한다.

23 가스배관 경로 선정 시 고려할 사항으로 가장 거리가 먼 것은?

① 가능한 한 옥외에 설치한다.
② 가능한 한 최단 거리로 한다.
③ 구부러지거나 오르내림을 적게 한다.
④ 건축물 내의 배관은 가능한 한 은폐하거나 매설한다.

해설 가스배관 경로 선정 시 고려사항
㉮ 가능한 한 최단거리로 할 것
㉯ 구부러지거나 오르내림을 적게 할 것
㉰ 가능한 한 은폐나 매설을 피할 것
㉱ 가능한 한 옥외에 설치할 것

Answer 20. ③ 21. ② 22. ① 23. ④

24 **표준기압 1[atm]은 몇 [kgf/cm²]인가? (단, Hg의 밀도는 13595.1[kg/m³], 중력가속도는 9.80665[m/s²]이다.)**

① 0.9806 ② 1.0332
③ 1013.25 ④ 10332

해설 1[atm] = 760[mmHg] = 76[cmHg]
= 0.76[mHg] = 29.9[inHg] = 760[torr]
= 10332[kgf/m²] = 1.0332[kgf/cm²]
= 10.332[mH_2O] = 10332[mmH_2O]
= 101325[N/m²] = 101325[Pa]
= 101.325[kPa] = 0.101325[MPa]
= 1013250[dyne/cm²] = 1.01325[bar]
= 1013.25[mbar]= 14.7[lb/in²] = 14.7[psi]

25 **가스도매사업의 가스공급시설인 배관을 지하에 매설하는 경우의 기준에 대한 설명으로 옳은 것은?**

① 배관은 그 외면으로부터 수평거리로 건축물까지 1.2[m] 이상을 유지한다.
② PE 배관의 굴곡허용반경은 외경의 30배 이상으로 한다.
③ 지표면으로부터 배관 외면까지의 매설깊이는 산이나 들의 경우에는 1.2[m] 이상으로 한다.
④ 도로가 평탄할 경우의 배관의 기울기는 1/500~1/1000 정도의 기울기로 설치한다.

해설 각 항목의 옳은 설명
① 배관은 그 외면으로부터 수평거리로 건축물까지 1.5[m] 이상을 유지한다.
② PE 배관의 굴곡허용반경은 외경의 20배 이상으로 한다. 다만, 굴곡반지름이 바깥지름의 20배 미만일 경우에는 엘보를 사용한다.
③ 지표면으로부터 배관 외면까지의 매설깊이는 산이나 들의 경우에는 1.0[m] 이상으로 한다.

26 **플레어스택 설치기준에 대한 설명 중 틀린 것은?**

① 파일럿버너를 항상 꺼두는 등 플레어스택에 관련된 폭발을 방지하기 위한 조치가 되어 있는 것으로 한다.
② 긴급이송설비로 이송되는 가스를 안전하게 연소시킬 수 있는 것으로 한다.
③ 플레어스택에서 발생하는 복사열이 다른 제조시설에 나쁜 영향을 미치지 않도록 안전한 높이 및 위치에 설치한다.
④ 플레어스택에 발생하는 최대열량에 장시간 견딜 수 있는 재료 및 구조로 되어 있는 것으로 한다.

해설 파일럿버너 또는 항상 작동할 수 있는 자동점화장치를 설치하고 파일럿버너가 꺼지지 않도록 하거나, 자동점화장치의 기능이 완전하게 유지되도록 하여야 한다.

27 **고압가스 운반 시 가스누출사고가 발생하였다. 이 부분의 수리가 불가능한 경우 재해발생 또는 확대를 방지하기 위한 조치사항으로 가장 거리가 먼 것은?**

① 착화된 경우 소화작업을 실시한다.
② 상황에 따라 안전한 장소로 운반한다.
③ 비상 연락망에 따라 관계 업소에 원조를 의뢰한다.
④ 부근의 화기를 없앤다.

해설 가스누출 부분의 수리가 불가능한 경우의 조치사항
㉮ 상황에 따라 안전한 장소로 운반할 것
㉯ 부근의 화기를 없앨 것
㉰ 착화된 경우 용기파열 등의 위험이 없다고 인정될 때는 소화할 것
㉱ 독성가스가 누출한 경우에는 가스를 제독할 것
㉲ 부근에 있는 사람을 대피시키고, 통행인은 교통통제를 하여 출입을 금지시킬 것

Answer 24. ② 25. ④ 26. ① 27. ①

㉵ 비상연락망에 따라 관계 업소에 원조를 의뢰할 것
㉶ 상황에 따라 안전한 장소로 대피할 것
㉷ 구급조치

28 **LPG의 일반적인 특징에 대한 설명으로 틀린 것은?**

① 연소속도가 늦고 발화온도는 높다.
② 연소 시 다량의 공기가 필요하다.
③ 액체 상태의 LP가스는 물보다 무겁다.
④ 상온에서 기체로 존재하지만 가압시키면 쉽게 액화가 가능하다.

해설 액체 상태는 물보다 가볍고, 기체 상태는 공기보다 무겁다.

29 **비상공급시설 설치신고서에 첨부하여 시장, 군수, 구청장에게 제출해야 하는 서류가 아닌 것은?**

① 안전관리자의 배치현황
② 설치위치 및 주위상황도
③ 비상공급시설의 설치사유서
④ 가스사용 예정시기 및 사용예정량

해설 **비상공급시설의 설치** : 도법 시행규칙 제13조의 2
1) **신고서 제출** : 산업통상자원부장관 또는 시장, 군수, 구청장
2) **제출서류**
㉮ 비상공급시설의 설치사유서
㉯ 비상공급시설에 의한 공급권역을 명시한 도면
㉰ 설치위치 및 주위상황도
㉱ 안전관리자의 배치현황

30 **안전관리자는 해당분야의 상위 자격자로 할 수 있다. 다음 중 가장 상위인 자격은?**

① 가스기능사 ② 가스기사
③ 가스산업기사 ④ 가스기능장

해설 안전관리자의 상위 자격순서(고법 시행령 별표3) : 가스기술사 〉 가스기능장 〉 가스기사 〉 가스산업기사 〉 가스기능사

31 **안전밸브에 설치하는 가스방출관의 방출구 설치위치로서 옳은 것은?**

① LPG 저장탱크의 정상부에서 1.5[m] 또는 지면에서 5[m] 중 높은 위치 이상
② LPG 저장탱크의 정상부에서 2[m] 또는 지면에서 5[m] 중 높은 위치 이상
③ LPG 저장탱크의 정상부에서 2[m] 또는 지면에서 10[m] 중 높은 위치 이상
④ LPG 저장탱크의 정상부에서 5[m] 또는 지면에서 10[m] 중 높은 위치 이상

해설 **저장탱크 안전밸브 방출관 방출구 위치**
㉮ 지상설치 : 지면에서 5[m] 또는 저장탱크 정상부로부터 2[m] 높이 중 높은 위치
㉯ 지하설치 : 지면에서 5[m] 이상

32 **도시가스사업법에서 정의하는 액화가스를 옳게 나타낸 것은?**

① 상용의 온도 또는 35[℃]의 온도에서 압력이 0.1[MPa] 이상이 되는 것
② 상용의 온도 또는 35[℃]의 온도에서 압력이 0.2[MPa] 이상이 되는 것
③ 상용의 온도 또는 35[℃]의 온도에서 압력이 1[MPa] 이상이 되는 것
④ 상용의 온도 또는 35[℃]의 온도에서 압력이 2[MPa] 이상이 되는 것

해설 **액화가스(도법 시행규칙 제2조)** : 상용의 온도 또는 35[℃]의 온도에서 압력이 0.2[MPa] 이상이 되는 것

Answer 28. ③ 29. ④ 30. ④ 31. ② 32. ②

33 다음 [보기]의 특징을 가지는 물질은?

> [보기]
> - 무색투명하나 시판품은 흑회색의 고체이다.
> - 물, 습기, 수증기와 직접 반응한다.
> - 고온에서 질소와 반응하여 석회질소로 된다.

① CaC_2　　② P_4S_3
③ NaOCl　　④ KH

해설 카바이드(CaC_2)의 성질
㉮ 무색투명하나 시판품은 흑회색의 고체이다.
㉯ 물, 습기, 수증기와 직접 반응한다.
㉰ 고온에서 질소와 반응하여 석회질소($CaCN_2$)로 된다.
㉱ 순수한 카바이드 1[kg]에서 366[L]의 아세틸렌 가스가 발생된다.
㉲ 시판 중인 카바이드에는 황(S), 인(P), 질소(N_2), 규소(Si) 등의 불순물이 포함되어 있어 가스발생 시에 황화수소(H_2S), 인화수소(PH_3), 암모니아(NH_3), 규화수소(SiH_4)가 발생된다.

34 가스 압력게이지가 12[atm · g]을 가리키고 있을 때 절대압력으로는 약 얼마인가? (단, 이 때의 대기압은 750[mmHg]이다.)

① 1.1[MPa]　　② 1.2[MPa]
③ 1.3[MPa]　　④ 1.4[MPa]

해설 절대압력 = 대기압 + 게이지압력

$$= \left(\frac{750}{760} \times 0.101325\right) + (12 \times 0.101325)$$

$$= 1.316\,[\text{MPa}]$$

35 암모니아 1[톤]을 내용적 50[L]의 용기에 충전하고자 한다. 필요한 용기는 몇 개인가? (단, 암모니아의 충전정수는 1.86이다.)

① 11　　② 38
③ 47　　④ 20

해설 ㉮ 용기 1개당 충전량 계산

$$\therefore G = \frac{V}{C} = \frac{50}{1.86} = 26.881\,[\text{kg}]$$

㉯ 용기수 계산

$$\therefore \text{용기수} = \frac{\text{전체가스량}}{\text{용기 1개당 충전량}} = \frac{1000}{26.881} = 37.2 = 38\text{ 개}$$

36 암모니아의 성상에 대한 설명으로 틀린 것은?

① 끓는점은 -33.3[℃]이다.
② 녹는점은 -77.7[℃]이다.
③ 임계온도는 132.5[℃]이다.
④ 임계압력은 52.5[atm]이다.

해설 암모니아의 임계압력은 111.3[atm]이다.

37 폭굉유도거리(DID)가 길어질 수 있는 조건으로 옳은 것은?

① 압력이 높을수록
② 점화원의 에너지가 클수록
③ 정상연소속도가 느린 혼합가스일수록
④ 관 속에 방해물이 있거나 관경이 가늘수록

해설 폭굉 유도거리가 짧아질 수 있는 조건
㉮ 정상연소속도가 큰 혼합가스일수록
㉯ 관속에 방해물이 있거나 관지름이 가늘수록
㉰ 압력이 높을수록
㉱ 점화원의 에너지가 클수록
※ 폭굉유도거리가 길어질 수 있는 조건은 짧아지는 조건의 반대인 경우이다.

38 50[kg]의 C_3H_8을 기화시키면 약 몇 [m^3]가 되는가? (단, S.T.P 상태이고 C, H의 원자량은 각각 12, 1이다.)

① 25.45　　② 50.56
③ 75.63　　④ 90.72

Answer 33. ① 34. ③ 35. ② 36. ④ 37. ③ 38. ①

해설 C_3H_8의 분자량은 44 이므로

44[kg] : 22.4[m^3] = 50[kg] : x[m^3]

$$\therefore x = \frac{50 \times 22.4}{44} = 25.45\,[\mathrm{m^3}]$$

참고 STP 상태(0[℃], 101.325[kPa])의 체적을 이상기체 상태방정식에 적용하여 풀이 : SI단위 적용

$PV = GRT$에서

$$\therefore V = \frac{GRT}{P} = \frac{50 \times \frac{8.314}{44} \times 273}{101.325}$$

$$= 25.455\,[\mathrm{m^3}]$$

39 **제조가스 중에 포함된 불순물과 그로 인한 장해에 대한 설명으로 가장 옳은 것은?**

① 황, 질소화합물은 배관, 정압기 기구의 노즐에 부착하여 그 기능을 저하시키거나 저해하게 된다.

② 물은 가스의 승압, 냉각에 의한 물, 얼음, 물과 탄화수소와의 수화물을 생성하여 배관 등의 부식을 조장하고 배관, 밸브 등을 폐쇄시킨다.

③ 나프탈렌, 타르, 먼지는 가스중의 산소와 반응하여 NO_2로 되며, NO_2는 불포화탄화수소와 반응하여 고무가 생성된다. 이 고무는 배관, 정압기, 기구의 노즐에 부착하여 그 기능을 저하시키고 저해하게 된다.

④ 산화질소(NO), 고무는 연소에 의하여 아황산가스, 아초산, 초산이 발생하여 인체나 가축에 피해를 주며 가스기구, 배관, 정압기 등의 기물을 부식시킨다.

해설 각 항목의 장해 원인 물질

① 나프탈렌, 타르, 먼지의 장해

③ 산화질소, 고무(gum)의 장해

④ 황, 질소화합물의 장해

40 **길이 4[m], 지름 3.5[cm]의 연강봉에 4200[kgf]의 인장하중이 갑자기 작용하였을 때 충격하중에 의하여 늘어나는 인장길이는 약 몇 [mm]인가?**

(단, $E = 2.1 \times 10^6$ [kgf/cm^2]이다.)

① 0.83 ② 1.66

③ 3.32 ④ 6.65

해설 ㉮ 응력계산

$$\therefore \sigma = \frac{W}{A} = \frac{4200}{\frac{\pi}{4} \times 3.5^2} = 436.54\,[\mathrm{kgf/cm^2}]$$

㉯ 늘어나는 인장길이 계산

$\sigma = \frac{E \times \Delta L}{L}$에서

$$\therefore \Delta L = \frac{\sigma \cdot L}{E} = \frac{436.54 \times 4 \times 1000}{2.1 \times 10^6}$$

$$= 0.831\,[\mathrm{mm}]$$

㉰ 충격하중에 의하여 늘어난 길이는 정하중의 2배이다.

$\therefore$ 0.831 × 2 = 1.662[mm]

41 **고압가스의 제조방법에 대한 설명으로 옳은 것은?**

① 아세틸렌을 3.0[MPa]의 압력으로 압축하여 고압용기에 충전시켰다.

② 산소를 용기에 충전하는 때에는 용기와 밸브사이에는 가연성 패킹을 사용하지 아니하였다.

③ 시안화수소의 안정제로 물을 사용하였다.

④ 충전용 지관에는 탄소의 함유량이 0.33[%] 이하의 강을 사용하였다.

해설 각 항목의 옳은 설명

① 아세틸렌을 용기에 충전할 때는 온도에 관계없이 2.5[MPa] 이하의 압력으로 충전한다.

③ 시안화수소는 중합폭발을 방지하기 위하여 안정제(황산, 아황산가스 등)를 사용한다.

④ 아세틸렌 충전용 지관에는 탄소의 함유량이 0.1[%] 이하의 강을 사용한다.

Answer 39. ② 40. ② 41. ②

42 표준상태에서 질소 5.6[L] 중에 있는 질소 분자수는 다음의 어느 것과 같은가?

① 0.5[g]의 수소분자
② 16[g]의 산소분자
③ 1[g]의 산소원자
④ 4[g]의 수소분자

해설 1) 질소 5.6[L]의 몰[mol]수 계산

$$\therefore \text{mol 수} = \frac{\text{기체 체적}}{22.4} = \frac{5.6}{22.4} = 0.25\,[\text{mol}]$$

2) 각 기체의 몰[mol]수 계산 : 수소의 분자량은 2[g], 산소의 분자량은 32[g], 산소의 원자량은 16[g] 이므로

㉮ 수소 $= \frac{0.5}{2} = 0.25\,[\text{mol}]$

㉯ 산소 $= \frac{16}{32} = 0.5\,[\text{mol}]$

㉰ 산소 $= \frac{1}{16} = 0.0625\,[\text{mol}]$: 원자 몰[mol] 수 임

㉱ 수소 $= \frac{4}{2} = 2\,[\text{mol}]$

3) 같은 몰[mol]수에 해당하는 경우 아보가드로법칙에 따라 분자수가 동일하다.

43 저압식 공기액화 분리장치에 탄산가스 흡착기를 설치하는 주된 목적은?

① 공기량 증가
② 축열기 효율 증대
③ 팽창 터빈 보호
④ 정제산소 및 질소 순도 증가

해설 저압식 공기액화 분리장치에 탄산가스 흡착기를 설치하는 목적은 고체탄산(드라이아이스)에 의하여 팽창 터빈이 손상될 우려가 있어 탄산가스 흡착기에서 제거한다.

44 액화탄산가스 100[kg]을 용적 50[L]의 용기에 충전시키기 위해서는 몇 개의 용기가 필요한가? (단, 가스충전계수는 1.47이다.)

① 1　② 3　③ 5　④ 7

해설 ㉮ 용기 1개당 충전량 계산

$$\therefore G = \frac{V}{C} = \frac{50}{1.47} = 34.013 = 34\,[\text{kg}]$$

㉯ 용기수 계산

$$\therefore \text{용기수} = \frac{\text{전체가스량}}{\text{용기 1개당 충전량}} = \frac{100}{34} = 2.941 = 3\text{개}$$

45 도시가스사업자가 관계법에서 정하는 규모 이상의 가스공급시설의 설치공사를 할 때 신청서에 첨부할 서류항목이 아닌 것은?

① 공사계획서
② 공사공정표
③ 공급조건에 관한 설명서
④ 시공관리자의 자격을 증명할 수 있는 사본

해설 첨부서류 : 도법 시행규칙 제62조의2
㉮ 공사 계획서
㉯ 공사 공정표
㉰ 변경사유서(공사계획을 변경한 경우에 한함)
㉱ 기술 검토서
㉲ 건설업 등록증 사본
㉳ 시공관리자의 자격을 증명할 수 있는 서류
㉴ 공사예정금액 명세서 등 당해 공사의 공사 예정금액을 증빙할 수 있는 서류

46 고압가스사업자는 안전관리규정을 언제 허가관청·신고관청 또는 등록관청에 제출하여야 하는가?

① 완성 검사 시　② 정기 검사 시
③ 허가 신청 시　④ 사업 개시 시

Answer 42. ① 43. ③ 44. ② 45. ③ 46. ④

해설 **안전관리규정(고법 제11조)** : 사업자 등은 그 사업의 개시나 저장소의 사용 전에 고압가스의 제조, 저장, 판매의 시설 또는 용기 등의 제조시설의 안전유지에 관하여 산업통상자원부령으로 정하는 사항을 포함한 안전관리규정을 정하고 이를 허가관청, 신고관청 또는 등록관청에 제출하여야 한다. 이 경우 제28조에 따른 한국가스안전공사의 의견서를 첨부하여야 한다.

47 **이상기체에 대한 설명으로 틀린 것은?**

① 완전탄성체로 간주한다.
② 반데르발스 힘에 의하여 분자가 운동한다.
③ 분자사이에는 아무런 인력도 반발력도 작용하지 않는다.
④ 분자 자체가 차지하는 부피는 전체 계에 대하여 무시한다.

해설 반데르발스는 실제기체 상태방정식을 정립하였다.

48 **도시가스사업 구분에 따라 선임하여야 할 안전관리자별 선임 인원과 선임 가능한 자격의 연결이 틀린 것은? (단, 안전관리자의 자격은 선임 가능한 자격 중 1개만이 제시되어 있다.)**

① 가스도매사업 : 안전관리책임자 – 사업장마다 1인 – 가스기술사
② 가스도매사업 : 안전관리원 – 사업장마다 10인 이상 – 가스기능사
③ 일반도시가스사업 : 안전관리책임자 – 사업장마다 1인 – 가스기능사
④ 일반도시가스사업 : 안전관리원 – 5인 이상(배관길이가 200[km] 이하인 경우) – 가스기능사

해설 **일반도시가스사업** : 안전관리책임자 – 사업장마다 1인 이상 – 가스산업기사 이상

49 **가스크로마토그래피(gas chromatography)의 구성요소가 아닌 것은?**

① 분리관(컬럼) ② 검출기
③ 기록계 ④ 파라듐관

해설 **장치구성요소** : 캐리어가스, 압력조정기, 유량조절밸브, 유량계, 압력계, 분리관(컬럼), 검출기, 기록계 등

50 **액화석유가스 특정사용자 중 보험가입대상이 되는 자는?**

① 전통시장에서 최고 50[kg] 이상의 LPG를 저장하는 자
② 지하실에서 영업장의 면적이 50[m^2] 미만인 영업소 경영자
③ 집단급식소로서 상시 1회 30명 이상을 수용할 수 있는 급식소를 운영하는 자
④ 저장능력이 250[kg] 이상인 저장시설을 갖춘 자

해설 **보험가입 대상자** : 액법 시행규칙 제52조

㉮ 제1종 보호시설이나 지하실에서 식품위생법에 따른 식품접객업소로서 그 영업장 면적이 100[m^2] 이상 업소를 운영하는 자
㉯ 제1종 보호시설이나 지하실에서 식품위생법에 따른 집단급식소로서 상시 1회 50명 이상을 수용할 수 있는 급식소를 운영하는 자
㉰ 시장에서 액화석유가스의 저장능력(공동시설의 경우에는 총 저장능력을 사용자수로 나눈 것을 말한다.)이 100[kg] 이상인 저장설비를 갖춘 자
㉱ ㉮~㉰ 외의 자로서 액화석유가스의 저장능력이 250[kg] 이상인 저장설비를 갖춘 자. 다만, 주거용으로 액화석유가스를 사용하는 자를 제외한다.

Answer 47. ② 48. ③ 49. ④ 50. ④

51 대량의 LPG를 얻는 방법이 아닌 것은?

① 유정가스에서 얻는다.
② 개질가스에서 얻는다.
③ 석탄광가스에서 얻는다.
④ 접촉개질 장치에서 발생되는 분해가스에서 얻는다.

해설 LPG 제조법
㉮ 습성천연가스 및 원유에서 회수 : 압축냉각법, 흡수유에 의한 흡수법, 활성탄에 의한 흡착법
㉯ 제유소 가스에서 회수 : 원유 정제공정에서 발생하는 가스에서 회수
㉰ 나프타 분해 생성물에서 회수 : 나프타를 이용하여 에틸렌 제조 시 회수
㉱ 나프타의 수소화 분해 : 나프타를 이용하여 LPG 생산이 주목적

52 고압가스 특정제조 시설에서 산소의 저장능력이 4만[m^3]를 초과한 경우 제2종 보호시설까지의 안전거리는 몇 [m] 이상을 유지하여야 하는가?

① 8 ② 12
③ 14 ④ 16

해설 산소의 보호시설별 안전거리

처리능력 및 저장능력 ([kg], [m^3])	안전거리[m]	
	제1종	제2종
1만 이하	12	8
1만 초과 2만 이하	14	9
2만 초과 3만 이하	16	11
3만 초과 4만 이하	18	13
4만 초과	20	14

∴ 제2종 보호시설까지의 안전거리는 14[m] 이상이다.

53 긴급차단장치의 조작 동력원은 차단밸브의 구조에 따라 다음과 같이 분류된다. 다음 중 이에 속하지 않는 것은?

① 액위 ② 전기
③ 기압 ④ 스프링

해설 긴급차단장치(밸브) 동력원 : 액압, 기압, 전기, 스프링

54 용기부속품의 기호표시로 틀린 것은?

① LG : 액화석유가스를 충전하는 용기의 부속품
② AG : 아세틸렌가스를 충전하는 용기의 부속품
③ PG : 압축가스를 충전하는 용기의 부속품
④ LT : 초저온용기 및 저온용기의 부속품

해설 용기 부속품 기호
㉮ AG : 아세틸렌가스 용기 부속품
㉯ PG : 압축가스 용기 부속품
㉰ LG : 액화석유가스외의 액화가스 용기 부속품
㉱ LPG : 액화석유가스 용기 부속품
㉲ LT : 초저온 및 저온 용기 부속품

55 설비배치 및 개선의 목적을 설명한 내용으로 가장 관계가 먼 것은?

① 재공품의 증가
② 설비투자 최소화
③ 이동거리의 감소
④ 작업자 부하 평준화

해설 설비배치 및 개선의 목적
㉮ 작업자 부하 평준화
㉯ 관리, 감독의 용이
㉰ 이동거리의 감소
㉱ 수리, 보수의 용이성 확보
㉲ 생산기간의 단축
㉳ 설비투자의 최소화
㉴ 운반설비의 단순화

56 검사의 종류 중 검사공정에 의한 분류에 해당되지 않는 것은?

① 수입검사 ② 출하검사
③ 출장검사 ④ 공정검사

Answer 51. ③ 52. ③ 53. ① 54. ① 55. ① 56. ③

해설 검사의 분류

㉮ 검사공정에 의한 분류 : 구입검사(수입검사), 중간검사(공정검사), 완성검사(최종검사), 출고검사(출하검사)
㉯ 검사 장소에 의한 분류 : 정위치 검사, 순회검사, 입회검사(출장검사)
㉰ 판정 대상(검사방법)에 의한 분류 : 관리 샘플링검사, 로트별 샘플링검사, 전수검사
㉱ 성질에 의한 분류 : 파괴검사, 비파괴검사, 관능검사
㉲ 검사 항목에 의한 분류 : 수량검사, 외관검사, 치수검사, 중량검사

57 3σ법의 $\overline{X}$관리도에서 공정이 관리 상태에 있는 데도 불구하고 관리상태가 아니라고 판정하는 제1종 과오는 약 몇 [%]인가?

① 0.27 ② 0.54
③ 1.0 ④ 1.2

해설 3σ법의 제1종 과오와 제2종 과오

㉮ 제1종 과오 : 공정이 관리 상태에 있는데도 관리 상태가 아니라고 판단하는 과오로 0.27[%] 정도이다.
㉯ 제2종 과오 : 공정이 관리 상태에 있지 않는데도 관리 상태라고 판단하는 과오

58 부적합품률이 20[%]인 공정에서 생산되는 제품을 매시간 10개씩 샘플링 검사하여 공정을 관리하려고 한다. 이 때 측정되는 시료의 부적합품 수에 대한 기댓값과 분산은 약 얼마인가?

① 기댓값 : 1.6, 분산 : 1.3
② 기댓값 : 1.6, 분산 : 1.6
③ 기댓값 : 2.0, 분산 : 1.3
④ 기댓값 : 2.0, 분산 : 1.6

59 워크 샘플링에 관한 설명 중 틀린 것은?

① 워크 샘플링은 일명 스냅리딩(snap reading)이라 불린다.
② 워크 샘플링은 스톱워치를 사용하여 관측 대상을 순간적으로 관측하는 것이다.
③ 워크 샘플링은 영국의 통계학자 L.H.C. Tippet가 가동률 조사를 위해 창안한 것이다.
④ 워크 샘플링은 사람의 상태나 기계의 가동상태 및 작업의 종류 등을 순간적으로 관측하는 것이다.

해설 워크 샘플링(work sampling)은 통계적 수법을 이용하여 관측대상을 랜덤으로 선정한 시점에서 작업자나 기계의 가동상태를 스톱워치 없이 순간적으로 관측하여 그 상황을 추정하는 방법이다.

60 설비보전조직 중 지역보전(area maintenance)의 장 · 단점에 해당하지 않는 것은?

① 현장 왕복 시간이 증가한다.
② 조업요원과 지역보전요원과의 관계가 밀접해 진다.
③ 보전요원이 현장에 있으므로 생산 본위가 되며 생산의욕을 가진다.
④ 같은 사람이 같은 설비를 담당하므로 설비를 잘 알며 충분한 서비스를 할 수 있다.

해설 지역보전의 특징

1) 장점
㉮ 운전자와의 일체감 조성이 용이
㉯ 현장감독이 용이
㉰ 현장 왕복시간이 감소
㉱ 작업일정 조정이 용이
㉲ 특정설비의 습숙이 용이

2) 단점
㉮ 노동력의 유효이용이 곤란
㉯ 인원배치의 유연성에 제약
㉰ 보전용 설비공구가 중복

Answer 57. ① 58. ④ 59. ② 60. ①

과 년 도 문 제

01 고압가스 저장의 기준으로 틀린 것은?

① 충전용기는 항상 40[℃] 이하의 온도를 유지할 것
② 가연성가스를 저장하는 곳에는 방폭형 휴대용 손전등 외의 등화를 휴대하지 아니할 것
③ 상하의 통으로 구성된 아세틸렌발생장치로 아세틸렌을 제조하는 때에는 사용 후 그 통을 분리하거나 잔류가스가 없도록 조치할 것
④ 시안화수소를 저장하는 때에는 1일 1회 이상 피로카롤 등으로 누출시험을 할 것

해설 시안화수소를 충전한 용기는 충전 후 24시간 정치하고 1일 1회 이상 질산구리벤젠 등의 시험지로 가스의 누출검사를 실시한다.

02 시안화수소에 대한 설명 중 틀린 것은?

① 액체는 무색, 투명하며 복숭아 냄새가 난다.
② 자체의 열로 인하여 오래된 시안화수소는 중합폭발의 위험성이 있기 때문에 충전한 후 60일이 경과되기 전에 다른 용기에 옮겨 충전하여야 한다.
③ 액체는 끓는점이 낮아 휘발하기 쉽고, 물에 잘 용해되며 수용액은 산성을 나타낸다.
④ 염화제일구리, 염화암모늄의 염산 산성용액 중에서 아세틸렌과 반응하여 메틸아민이 된다.

해설 염화제일구리, 염화암모늄의 염산 산성용액 중에서 아세틸렌과 반응하여 아크릴로니트릴이 된다.
$C_2H_2 + HCN \rightarrow CH = CHCN$(아크릴로니트릴)

03 아세틸렌 충전작업의 기준으로 옳은 것은?

① 아세틸렌을 2.5[MPa]의 압력으로 압축할 때에는 질소, 메탄, 일산화탄소 또는 에틸렌 등의 희석제를 첨가한다.
② 아세틸렌을 2.5[MPa]의 압력으로 압축할 때에는 산소와 메탄, 일산화탄소 등을 첨가한다.
③ 아세틸렌을 2.5[MPa]의 압력으로 압축할 때에는 오존, 일산화탄소, 이황화탄소 등의 희석제를 첨가한다.
④ 아세틸렌을 2.5[MPa]의 압력으로 압축할 때에는 산화에틸렌, 염소, 염화수소가스 등을 첨가한다.

해설 아세틸렌을 2.5[MPa] 압력으로 압축하는 때에는 질소, 메탄, 일산화탄소 또는 에틸렌 등의 희석제를 첨가한다.

04 NH_4OH, NH_4Cl, $CuCl_2$를 가지고 가스흡수제를 조제하였다. 어떤 가스가 가장 잘 흡수되겠는가?

① CO　　② CO_2
③ CH_4　　④ C_2H_6

해설 흡수분석법(오르사트법, 헴펠법, 게겔법)에서 CO 흡수제로 사용되는 암모니아성 염화제1구리 용액이 NH_4Cl 33[g] + $CuCl_2$ 27[g] / H_2O 100[mL] + 암모니아수로 제조된다.

Answer 1. ④ 2. ④ 3. ① 4. ①

05 산업통상자원부장관은 가스의 수급상 필요하다고 인정되면 도시가스사업자에게 조정을 명령할 수 있다. "조정명령" 사항이 아닌 것은?

① 가스공급 계획의 조정
② 도시가스 요금 등 공급조건의 조정
③ 가스공급시설 공사계획의 조정
④ 가스사업의 휴지, 폐지, 허가에 대한 조정

해설 **조정명령** : 도법 시행령 제20조
㉮ 가스공급시설 공사계획의 조정
㉯ 가스공급계획의 조정
㉰ 둘 이상의 특별시, 광역시, 도 및 특별자치도를 공급지역으로 하는 경우 공급지역의 조정
㉱ 도시가스요금 등 공급조건의 조정
㉲ 도시가스의 열량, 압력 및 연소성의 조정
㉳ 가스공급시설의 공동이용에 관한 조정
㉴ 천연가스 수출입 물량의 규모, 시기 등의 조정
㉵ 자가소비용 직수입자의 가스도매사업자에 대한 판매에 관한 조정

06 원형 단면의 연강봉에 3140[kgf]의 인장하중이 작용할 때 나타나는 인장응력이 10[kgf/mm²]일 때 이 봉의 지름은 약 몇 [mm]인가?

① 10 ② 20
③ 25 ④ 30

해설 ㉮ 봉의 단면적[mm²] 계산

$\sigma = \frac{F}{A}$에서

$\therefore A = \frac{F}{\sigma} = \frac{3140}{10} = 314[\text{mm}^2]$

㉯ 봉의 지름[mm] 계산

$A = \frac{\pi}{4} \times D^2$에서

$\therefore D = \sqrt{\frac{4A}{\pi}} = \sqrt{\frac{4 \times 314}{\pi}} = 19.99[\text{mm}]$

07 이상기체에서 정압비열과 정적비열의 차는 $C_p - C_v = R$이 된다. R은 무엇을 의미하는가?

① 온도 1[℃] 변화 시 기체 1[mol]의 팽창에 필요한 에너지
② 온도 1[℃] 변화 시 기체분자의 회전속도
③ 온도 1[℃] 변화 시 기체분자의 운동에너지
④ 온도 1[℃] 변화 시 기체분자의 진동에너지의 상승

해설 R은 이상기체 상태방정식에서 기체상수에 해당되는 것으로 온도 1[℃] 변화 시 기체 1[mol]의 팽창에 필요한 에너지이다.

08 산소, 수소, 아세틸렌을 제조하는 경우에는 품질검사를 실시하여야 한다. 다음 설명 중 틀린 것은?

① 검사는 안전관리원이 실시한다.
② 검사는 1일 1회 이상 가스제조장에서 실시한다.
③ 액체산소를 기화시켜 용기에 충전하는 경우에는 품질검사를 생략할 수 있다.
④ 산소는 용기 안의 가스충전압력이 35[℃]에서 11.8[MPa] 이상으로 한다.

해설 품질검사는 1일 1회 이상 가스제조장에서 안전관리책임자가 실시하고, 안전관리 부총괄자와 안전관리책임자가 확인 서명한다.

09 상용압력 5[MPa]로 사용하는 내경 65[cm]의 용접제 원통형 고압가스 설비 동판의 두께는 최소한 얼마가 필요한가? (단, 재료는 인장강도 600[N/mm²]의 강을 사용하고, 용접효율은 0.75, 부식여유는 2[mm]로 한다.)

① 7[mm] ② 12[mm]
③ 17[mm] ④ 22[mm]

Answer 5. ④ 6. ② 7. ① 8. ① 9. ③

해설 $t=\frac{PD}{2S\eta-1.2P}+C$

$=\frac{5\times650}{2\times600\times\frac{1}{4}\times0.75-1.2\times5}+2$

$=16.94[\text{mm}]$

10 지하에 설치하는 고압가스 저장탱크의 설치기준에 대한 설명으로 틀린 것은?

① 저장탱크실은 일정 규격을 가진 수밀콘크리트로 시공한다.
② 지면으로부터 저장탱크의 정상부까지의 깊이는 60[cm] 이상으로 한다.
③ 저장탱크를 2개 이상 인접하여 설치하는 경우에는 상호간에 1[m] 이상의 거리를 유지한다.
④ 저장탱크의 내면에는 부식방지코팅 등 화학적 부식 방지를 위한 조치를 한다.

해설 저장탱크의 외면에는 부식방지코팅과 전기적 부식방지를 위한 조치를 한다.

11 고압가스 냉동제조시설의 냉매설비와 이격거리를 두어야 할 화기설비의 분류 기준으로 맞지 않는 것은?

① 제1종 화기설비 : 전열면적이 14[m^2]를 초과하는 온수보일러
② 제2종 화기설비 : 전열면적이 8[m^2] 초과, 14[m^2] 이하인 온수보일러
③ 제3종 화기설비 : 전열면적이 10[m^2] 이하인 온수보일러
④ 제1종 화기설비 : 정격 열출력이 500000[kcal/h]를 초과하는 화기설비

해설 냉동제조시설의 화기설비의 종류

화기설비의 종류	기준 화력
제1종 화기설비	- 전열면적이 14[m^2]를 초과하는 온수보일러 - 정격 열출력이 500000[kcal/h]를 초과하는 화기설비
제2종 화기설비	- 전열면적이 8[m^2] 초과 14[m^2] 이하인 온수보일러 - 정격 열출력이 300000[kcal/h] 초과 500000[kcal/h] 이하인 화기설비
제3종 화기설비	- 전열면적이 8[m^2] 이하인 온수보일러 - 정격 열출력이 300000[kcal/h] 이하인 화기설비

12 액화산소 용기에 액화산소가 50[kg] 충전되어 있다. 용기의 외부에서 액화산소에 대해 매시 5[kcal]의 열량이 주어진다면 액화산소량이 1/2로 감소되는 데는 몇 시간이 필요한가? (단, 비점에서의 O_2의 증발잠열은 1600[cal/mol]이다.)

① 100[시간] ② 125[시간]
③ 175[시간] ④ 250[시간]

해설 ㉮ 산소의 증발잠열을 [kcal/kg]으로 환산

$\therefore \text{증발잠열}=\frac{1600[\text{cal/mol}]}{32[\text{g/mol}]}=50[\text{cal/g}]=50[\text{kcal/kg}]$

㉯ 필요시간 계산

$\therefore \text{시간}=\frac{\text{증발에 필요한 열량}}{\text{시간당 공급열량}}=\frac{50\times\frac{1}{2}\times50}{5}=250[\text{시간}]$

13 위험성평가 기법 중 결함수분석(FTA)에 대한 설명으로 가장 거리가 먼 것은?

① 귀납적 해석방법이다.
② 정성적 분석이 가능하다.
③ 정량적 해석이 가능하다.
④ 재해현상과 재해원인과의 관련성의 해석이 가능하다.

Answer 10. ④ 11. ③ 12. ④ 13. ①

해설 결함수 분석(fault tree analysis : FTA) 기법 : 사고를 일으키는 장치의 이상이나 운전자 실수의 조합을 연역적으로 분석하는 것이다.

14 1기압에서 100[L]를 차지하는 공기를 부피 5[L]의 용기에 채우면 용기 내의 압력은 몇 기압이 되겠는가? (단, 온도는 일정하다.)

① 10기압 ② 20기압
③ 30기압 ④ 50기압

해설 $\frac{P_1 V_1}{T_1} = \frac{P_2 V_2}{T_2}$ 에서 $T_1 = T_2$이다.

$\therefore P_2 = \frac{P_1 V_1}{V_2} = \frac{1 \times 100}{5} = 20$ 기압

15 다음 중 가장 느리게 진행될 것으로 예상되는 반응은?

① $2H_2(g) + O_2(g) \rightleftarrows 2H_2O(g)$
② $H^+(aq) + OH^-(aq) \rightleftarrows H_2O(L)$
③ $Fe^{2+}(aq) + Zn(S) \rightleftarrows Fe(S) + Zn^{2+}(aq)$
④ $2H^+(aq) + Mg(S) \rightleftarrows H(g) + Mg^{2+}(aq)$

16 전성 및 비중이 크고, 부식에 강하고 유연하여 친화성이 좋아 가스켓으로는 양호한 재질이지만 200[℃] 이상에서는 크리프가 큰 단점을 가지는 가스켓 재질은?

① 스테인리스 ② 납
③ 크롬강 ④ 모넬메탈

해설 납 가스켓(gasket) : 금속제 가스켓으로 전성 및 비중이 크며, 내식성이 강하고 유연하지만 200[℃] 이상에서는 크리프가 크다.

17 지름 45[mm]의 축에 보스길이 50[mm]인 기어를 고정시킬 때 축에 걸리는 최대 토크가 20000[kgf · mm]일 경우 키(폭 = 12[mm], 높이 = 8[mm])에 발생되는 압축응력은 약 몇 [kgf/mm²]인가? (단, 키 홈의 높이는 1/2이고, 키의 길이는 보스의 길이와 같다.)

① 2.4 ② 3.4 ③ 4.4 ④ 5.4

해설 $\sigma_c = \frac{4T}{hLD} = \frac{4 \times 20000}{8 \times 50 \times 45} = 4.444[\text{kgf/mm}^2]$

18 수소의 성질 중 화재, 폭발 등의 재해발생 원인이 아닌 것은?

① 임계압력이 12.8[atm]이다.
② 가벼운 기체로 미세한 간격으로 퍼져 확산하기 쉽다.
③ 고온, 고압에서 강제에 대하여 수소취성을 일으킨다.
④ 공기와 혼합할 경우 연소범위가 4~75[%]로서 넓다.

해설 임계압력 및 임계온도는 액화의 조건과 관련 있다.

19 LP가스의 일반적인 연소 특성이 아닌 것은?

① 발열량이 크다.
② 연소속도가 느리다.
③ 착화온도가 낮다.
④ 폭발범위가 좁다.

해설 LPG의 일반적인 연소 특성
㉮ 타 연료와 비교하여 발열량이 크다.
㉯ 연소 시 공기량이 많이 필요하다.
㉰ 폭발범위(연소범위)가 좁다.
㉱ 연소속도가 느리다.
㉲ 발화온도(착화온도)가 높다.

Answer 14. ② 15. ① 16. ② 17. ③ 18. ① 19. ③

20 고압가스 안전관리법의 적용 대상이 되는 가스는?

① 철도차량의 에어콘디셔너 안의 고압가스
② 항공법의 적용을 받는 항공기 안의 고압가스
③ 등화용의 아세틸렌가스
④ 오토클레이브 안의 수소가스

해설 고압가스 안전관리법의 적용 대상이 되는 가스 중 제외되는 고압가스(고법 시행령 별표1) : "오토클레이브 안의 고압가스"는 법적용에서 제외되지만 수소, 아세틸렌 및 염화비닐은 법 적용을 받는다.

21 고압가스 일반제조의 시설, 기술기준 등에 대한 설명으로 틀린 것은?

① 산화에틸렌의 저장탱크는 그 내부의 질소가스, 탄산가스 및 산화에틸렌가스의 분위기 가스를 질소가스 또는 탄산가스로 치환하고 5[℃] 이하로 유지한다.
② 충전용 주관의 압력계는 매월 1회 이상, 그 밖의 압력계는 3월에 1회 이상 표준이 되는 압력계로 그 기능을 검사한다.
③ 산소 중의 가연성가스(아세틸렌, 에틸렌 및 수소를 제외한다.)의 용량이 전용량의 2[%] 이상의 것은 압축을 금지한다.
④ 석유류, 유지류 또는 글리세린은 산소압축기의 내부 윤활제로 사용하지 아니한다.

해설 고압가스 제조 시 압축금지

㉮ 가연성 가스 중 산소용량이 전 용량의 4[%] 이상(단, 아세틸렌, 에틸렌, 수소 제외)
㉯ 산소 중 가연성 가스의 용량이 전 용량의 4[%] 이상(단, 아세틸렌, 에틸렌, 수소 제외)
㉰ 아세틸렌, 에틸렌, 수소 중 산소 용량이 전 용량의 2[%] 이상
㉱ 산소 중 아세틸렌, 에틸렌, 수소의 용량 합계가 전 용량의 2[%] 이상

22 가스는 최초의 완만한 연소에서 격렬한 폭굉으로 발전될 때까지의 거리가 짧은 가연성 가스일수록 위험하다. 유도거리가 짧아질 수 있는 조건으로 틀린 것은?

① 압력이 높을수록
② 관속에 방해물이 있을 때
③ 정상 연소속도가 낮을수록
④ 점화원의 에너지가 강할수록

해설 폭굉 유도거리가 짧아질 수 있는 조건

㉮ 정상연소속도가 큰 혼합가스일수록
㉯ 관속에 방해물이 있거나 관지름이 가늘수록
㉰ 압력이 높을수록
㉱ 점화원의 에너지가 클수록

23 유체의 부피나 질량을 직접 측정하는 기구로서, 유체의 성질에 영향을 적게 받지만 구조가 복잡하고 취급이 어려운 단점이 있는 유량측정 장치는?

① 오리피스 미터　② 습식 가스미터
③ 벤투리 미터　④ 로터 미터

해설 습식 가스미터의 특징

㉮ 계량이 정확하다.
㉯ 사용 중에 오차의 변동이 적다.
㉰ 사용 중에 수위조정 등의 관리가 필요하다.
㉱ 설치면적이 크다.
㉲ 용도 : 기준용, 실험실용
㉳ 용량범위 : 0.2~3000[m^3/h]

24 다음 분해 반응은 몇 차 반응에 해당되는가?

$$2HI \rightarrow H_2 + I_2$$

① 0차　② 1차　③ 2차　④ 3차

Answer 20. ④ 21. ③ 22. ③ 23. ② 24. ③

해설 **2차 반응** : 반응 차수가 2인 화학반응, 화학반응에서 반응속도가 반응물질 농도의 2차식에 비례하는 반응이다.

25 **일반도시가스사업 제조소에서 배관의 보호포 설치에 적용되는 재질 및 규격과 설치기준에 대한 설명으로 틀린 것은?**

① 보호포의 폭은 15[cm] 이상으로 한다.
② 보호포의 두께는 0.2[mm] 이상으로 한다.
③ 보호포의 바탕색은 최고사용압력이 저압인 관은 적색으로 한다.
④ 일반형 보호포와 탐지형 보호포로 구분한다.

해설 보호포 기준
1) 재질 및 규격
㉮ 구분 : 일반형 보호포, 탐지형 보호포
㉯ 재질 :폴리에틸렌수지, 폴리프로필렌수지
㉰ 두께 : 0.2[mm] 이상
㉱ 폭 : 15[cm] 이상
㉲ 바탕색 : 저압관은 황색, 중압 이상인 관은 적색
㉳ 표시 : 가스명, 사용압력, 공급자명
2) 설치기준 및 설치위치
㉮ 호칭지름에 10[cm]를 더한 폭으로 설치
㉯ 저압배관 : 배관 정상부로부터 60[cm] 이상
㉰ 중압이상 배관 : 보호판 상부로부터 30[cm] 이상
㉱ 공동주택부지 내에 매설 배관 : 배관정상부로부터 40[cm] 이상

26 **산소 압축기의 내부 윤활유로 주로 사용되는 것은?**

① 석유류
② 화이트유
③ 물
④ 진한 황산

해설 산소 압축기 내부 윤활유
㉮ 사용 되는 것 : 물 또는 10[%] 이하의 묽은 글리세린수
㉯ 금지 되는 것 : 석유류, 유지류, 농후한 글리세린

27 **메탄가스가 완전연소할 때의 화학반응식은 다음과 같다. 2[g]의 메탄이 연소하면 111.3[kJ]의 열량이 발생할 때 다음 반응식에서 x는 약 얼마인가?**

$$CH_4 + 2O_2 \rightarrow CO_2 + 2H_2O + x$$

① 14[kJ] ② 890[kJ]
③ 1113[kJ] ④ 1336[kJ]

해설 메탄의 분자량은 16[g]이고 문제에서 주어진 메탄의 완전 연소반응식에서
2[g] : 111.3[kJ] = 16[g] : x[kJ]이다.

$$\therefore x = \frac{111.3 \times 16}{2} = 890.4\,[\text{kJ}]$$

28 **압축기에 사용하는 윤활유의 구비조건으로 틀린 것은?**

① 인화점이 낮고, 분해되지 않을 것
② 점도가 적당하고, 항유화성이 클 것
③ 수분 및 산류 등의 불순물이 적을 것
④ 화학적으로 안정하여 사용가스와 반응을 일으키지 않을 것

해설 압축기 윤활유의 구비조건
㉮ 화학반응을 일으키지 않을 것
㉯ 인화점은 높고, 응고점은 낮을 것
㉰ 점도가 적당하고 항유화성이 클 것
㉱ 불순물이 적을 것
㉲ 잔류탄소의 양이 적을 것
㉳ 열에 대한 안정성이 있을 것

Answer 25. ③ 26. ③ 27. ② 28. ①

29 암모니아용 냉동기에서 팽창밸브 직전 액냉매의 엔탈피가 110[kcal/kg], 흡입증기 냉매의 엔탈피가 360[kcal/kg]일 때 10[RT]의 냉동능력을 얻기 위한 냉매 순환량은 약 몇 [kg/h]인가? (단, 1[RT]는 3320[kcal/h]이다.)

① 65.7 ② 132.8
③ 263.6 ④ 312.8

해설 $G = \frac{Q_e}{q_e} = \frac{10 \times 3320}{360 - 110} = 132.8\,[\text{kg/h}]$

30 독성가스라 함은 공기 중에 일정량 존재하는 경우 인체에 유해한 독성을 가진 가스를 말하는데 허용농도가 얼마 이하인 경우인가? (단, 해당가스를 성숙한 흰쥐 집단에게 대기 중에서 1시간 동안 계속하여 노출시킨 경우 14일 이내에 그 흰쥐의 2분의 1 이상이 죽게 되는 가스의 농도를 말한다.)

① 100만분의 20 이하
② 100만분의 200 이하
③ 100만분의 2000 이하
④ 100만분의 5000 이하

해설 독성가스의 정의 : 공기 중에 일정량 이상 존재하는 경우 인체에 유해한 독성을 가진 가스로서 허용농도가 100만분의 5000 이하인 것을 말한다.

31 다음 중 조연성 가스가 아닌 것은?

① 오존 ② 염소
③ 산소 ④ 수소

해설 조연성(지연성) 가스의 종류 : 공기, 산소, 염소, 불소, 아산화질소(N_2O), 이산화질소(NO_2), 오존(O_3)
※ 수소(H_2)는 폭발범위가 4~75[%]로 가연성가스에 해당된다.

32 질소 1.36[kg]이 압력 600[kPa]하에서 팽창하여 체적이 0.01[m³] 증가하였다. 팽창 과정에서 20[kJ]의 열이 공급되었고 최종 온도가 93[℃]이었다면 초기 온도는 약 몇 [℃]인가? (단, 정적비열은 0.74[kJ/kg·℃]이다.)

① 59 ② 69
③ 79 ④ 89

해설 ㉮ 600[kPa] 압력은 일정하게 유지되고, 최종온도 93[℃]의 질소 1.36[kg]이 차지하는 체적 계산
$PV_2 = GRT_2$에서

$$\therefore V_2 = \frac{GRT_2}{P} = \frac{1.36 \times \frac{8.314}{28} \times (273+93)}{600} = 0.2463\,[\text{m}^3]$$

㉯ 초기온도(T_1) 계산
$\frac{P_1 V_1}{T_1} = \frac{P_2 V_2}{T_2}$에서 $P_1 = P_2$이다.

$$\therefore T_1 = \frac{V_1 T_2}{V_2} = \frac{(0.2463 - 0.01) \times (273 + 93)}{0.2463} = 351.140\,K - 273 = 78.140\,[℃]$$

33 배관의 수직 방향에 의하여 발생하는 압력손실을 계산하려고 할 때 반드시 고려되어야 하는 것은?

① 입상 높이, 가스 비중
② 가스 유량, 가스 비중
③ 가스 유량, 입상 높이
④ 관 길이, 입상 높이

해설 입상관(수직 방향)에 의한 압력손실 계산식
$\therefore H = 1.293(S-1)h$
여기서, H : 가스의 압력손실[mmH_2O]
S : 가스의 비중

Answer 29. ② 30. ④ 31. ④ 32. ③ 33. ①

h : 입상 높이[m]

※ 입상관에 의한 압력손실을 계산할 때 반드시 고려되어야 하는 것은 입상 높이(h), 가스 비중(S)이 해당된다.

34 다음 중 암모니아의 누출 식별 방법이 아닌 것은?

① 석회수에 통과시키면 유안의 백색침전이 생긴다.
② HCl과 반응하여 백색의 연기를 낸다.
③ 리트머스시험지를 새는 곳에 대면 청색이 된다.
④ 네슬러시약을 시료에 떨어뜨리면 암모니아의 양이 적을 때 황색, 많을 때 다갈색이 된다.

해설 암모니아 누설 검지법
㉮ 자극성이 있어 냄새로서 알 수 있다.
㉯ 유황, 염산과 접촉시 흰연기가 발생한다.
㉰ 적색 리트머스지가 청색으로 변한다.
㉱ 페놀프탈렌 시험지가 백색에서 갈색으로 변한다.
㉲ 네슬러시약이 미색 → 황색 → 갈색으로 변한다.
※ 석회수에 통과시키면 탄산칼슘의 백색침전 생기는 현상은 이산화탄소의 검사에 이용한다.

35 다음은 고정식 압축도시가스 자동차 충전시설의 가스누출 검지경보장치 설치상태를 확인한 것이다. 이 중 잘못 설치된 것은?

① 충전설비 내부에 1개가 설치되어 있었다.
② 압축가스설비 주변에 1개가 설치되어 있었다.
③ 배관접속부 8[m]마다 1개가 설치되어 있었다.
④ 펌프 주변에 1개가 설치되어 있었다.

해설 가스누출검지 경보장치 설치 수
㉮ 압축설비 주변 또는 충전설비 내부에는 1개 이상
㉯ 압축가스설비 주변에는 2개 이상
㉰ 배관접속부마다 10[m] 이내에 1개 이상
㉱ 펌프 주변에는 1개 이상

36 어떤 장소의 온도를 재었더니 500[°R]이었다. 이는 섭씨온도로는 약 몇 [℃]인가?

① 3.6　　② 4.6
③ 5.6　　④ 6.6

해설 ㉮ 랭킨온도[°R]에서 화씨온도[°F]로 계산
$\therefore$ °F = °R − 460 = 500 − 460 = 40[°F]
㉯ 화씨온도[°F]를 섭씨온도[℃]로 계산
$$\therefore ℃ = \frac{5}{9}(°F - 32) = \frac{5}{9} \times (40 - 32) = 4.444[℃]$$

참고
$$℃ = \frac{°R}{1.8} - 273 = \frac{500}{1.8} - 273 = 4.777[℃]$$

37 공기액화 분리장치에서 공기 중에 아세틸렌가스가 혼합되면 안 되는 이유에 대하여 가장 바르게 설명한 것은?

① 산소의 순도가 나빠지기 때문에
② 질소와 산소의 분리가 방해되므로
③ 배관 내에서 동결하여 관을 막을 수 있으므로
④ 분리기 내의 액체 산소 탱크 내에 들어가 폭발적인 작용을 하기 때문에

해설 원료공기 중에 아세틸렌이 혼입되면 공기액화 분리기 내의 동과 접촉하여 동-아세틸드를 생성하여 산소 중에서 폭발의 위험성이 있기 때문이다.

Answer 34. ① 35. ② 36. ② 37. ④

38 **다음 중 가스저장 용기 내에서 폭발성 혼합가스가 생성되는 주된 원인이 되는 경우는?**

① 물 전해조의 고장에 의한 산소 및 수소의 혼합 충전
② 잔류 산소가 있는 용기 내에 아르곤의 충전
③ 잔류 천연가스 용기 내에 메탄의 충전
④ 유기액체를 혼입한 용기 내에 탄산가스의 충전

해설 물을 전기분해하여 산소와 수소를 제조할 때 조연성인 산소와 가연성인 수소가 혼합 충전되는 경우가 폭발성 혼합가스가 생성되는 원인이 된다.
※ 아르곤은 불연성(불활성), 탄산가스도 불연성에 해당되므로 폭발성 혼합가스가 생성될 수 없으며, 천연가스의 주성분은 메탄이므로 잔류 천연가스 용기에 메탄을 충전하여도 폭발성 혼합가스가 생성되지 않는다.

39 **가스용품에 대한 검사가 전부 생략되는 것이 아닌 것은?**

① 수출용으로 제조하는 것
② 시험용 또는 연구개발용으로 수입하는 것
③ 산업기계설비 등에 부착되어 수입하는 것
④ 주한 외국기관에서 사용하기 위하여 수입하는 것

해설 **가스용품의 검사 생략** : 액법 시행령 제18조
㉮ 산업표준화법 제15조에 따른 인증을 받은 가스용품(인증심사를 받은 해당 형식의 가스용품에 한정)
㉯ 시험용 또는 연구개발용으로 수입하는 것
㉰ 수출용으로 제조하는 것
㉱ 주한 외국기관에서 사용하기 위하여 수입하는 것으로 외국의 검사를 받은 것
㉲ 산업기계설비 등에 부착되어 수입하는 것
㉳ 가스용품의 제조자 또는 수입업자가 견본으로 수입하는 것
㉴ 수출을 목적으로 수입하는 것

40 **다음 중 가장 무거운 기체는?**

① 헬륨 ② 수소
③ 공기 ④ 산소

해설 각 기체의 분자량

기체 명칭	분자량
헬륨(He)	4
수소(H_2)	2
공기	29
산소(O_2)	32

※ 기체의 비중은 $\frac{\text{분자량}}{\text{공기의 평균분자량}(29)}$ 이므로 분자량이 큰 것이 무거운 기체에 해당된다.

41 **고압가스 냉동 제조의 시설 및 기술기준에 대한 설명으로 틀린 것은?**

① 냉매설비에는 그 설비가 정상적으로 작동할 수 있도록 자동제어장치를 설치한다.
② 독성가스를 사용하는 내용적이 1만 리터 이상인 수액기 주위에는 액상의 가스가 누출될 경우에 그 유출을 방지하기 위하여 방류둑을 설치한다.
③ 안전밸브 또는 방출밸브에 설치된 스톱밸브는 그 밸브의 수리 등을 위하여 특별히 필요한 때를 제외하고는 항상 닫아 놓는다.
④ 냉매설비에는 그 설비안의 압력이 상용압력 이하로 되돌릴 수 있는 과압안전장치를 설치한다.

해설 안전밸브 또는 방출밸브에 설치된 스톱밸브는 항상 완전히 열어 놓는다. 다만, 안전밸브 또는 방출밸브의 수리 등을 위하여 특히 필요한 경우에는 열어 놓지 아니할 수 있다.

Answer 38. ① 39. ④ 40. ④ 41. ③

42 산소 100[L]가 용기의 구멍을 통해 새나가는데 20분이 소요되었다면 같은 조건에서 이산화탄소 100[L]가 새어나가는데 걸리는 시간은 약 얼마인가?

① 20.0[분] ② 23.5[분]
③ 27.0[분] ④ 30.5[분]

해설 $\frac{U_2}{U_1} = \sqrt{\frac{M_1}{M_2}} = \frac{t_1}{t_2}$ 에서

$$\therefore t_1 = \sqrt{\frac{M_1}{M_2}} \times t_2 = \sqrt{\frac{44}{32}} \times 20 = 23.45[\text{분}]$$

43 고압가스 특정제조시설에서 설치가 완료된 배관의 내압시험 방법에 대한 설명으로 틀린 것은?

① 내압시험은 원칙적으로 기체의 압력으로 실시한다.
② 내압시험은 상용압력의 1.5배 이상으로 한다.
③ 규정압력을 유지하는 시간은 5분에서 20분간을 표준으로 한다.
④ 내압시험은 해당설비가 취성파괴를 일으킬 우려가 없는 온도에서 실시한다.

해설 내압시험은 원칙적으로 수압으로 실시하며 내압시험압력은 상용압력의 1.5배(물로 실시하는 내압시험이 곤란하여 기체로 하는 경우에는 1.25배) 이상의 압력으로 실시하여 이상이 없어야 한다.

44 고온, 고압하에서 사용하는 장치에 철재를 사용하면 철카르보닐을 형성하는 가스는?

① 일산화탄소 ② 질소
③ 아르곤 ④ 수소

해설 **일산화탄소(CO)의 성질** : 고온, 고압하에서 철족의 금속(Fe, Ni, Co)과 반응하여 금속 카르보닐을 생성한다.

㉮ $Fe + 5CO \rightarrow Fe(CO)_5$ [철-카르보닐]
㉯ $Ni + 4CO \rightarrow Ni(CO)_4$ [니켈-카르보닐]

45 상온에서 수소용기의 파열원인으로 가장 거리가 먼 것은?

① 과충전 ② 수소취성
③ 용기균열 ④ 용기의 취급불량

해설 수소취성은 고온, 고압 하에서 수소와 강제중의 탄소가 반응하여 생성된 메탄(CH_4)이 결정입계에 축적하여 높은 응력이 발생하고, 연신율, 충격치가 감소되는 현상으로 상온에서 수소용기를 취급하므로 수소취성이 발생되어 용기가 파열된 가능성은 없다.

46 안전관리자를 선임 또는 해임할 때 해임한 날로부터 며칠 이내에 다른 안전관리자를 선임하여야 하는가?

① 7일 ② 10일
③ 15일 ④ 30일

해설 **안전관리자 선임 기간(고법 제15조)** : 안전관리자를 선임한 자는 안전관리자를 선임 또는 해임하거나 안전관리자가 퇴직한 경우에는 지체 없이 이를 허가관청, 신고관청, 등록관청에 신고하고, 해임 또는 퇴직한 날부터 30일 이내에 다른 안전관리자를 선임하여야 한다.

47 두 축의 축선이 약간의 각을 이루어 교차하고, 그 사이의 각도가 운전 중에 다소 변하더라도 자유롭게 운동을 전달할 수 있는 이음은?

① 기어이음(gear joint)
② 머프커플링(muff coupling)
③ 플랜지 커플링(flange coupling)
④ 유니버설 조인트(universal joint)

Answer 42. ② 43. ① 44. ① 45. ② 46. ④ 47. ④

해설 유니버설 조인트(universal joint) : 두 축이 어떤 각도로 교차하는 경우나 만나는 각이 변화할 때 사용하는 이음으로 교차각 $\alpha \leq 30°$이다.

48 다음 중 고압가스 제조허가의 종류가 아닌 것은?

① 고압가스 특수제조
② 고압가스 일반제조
③ 고압가스 충전
④ 냉동제조

해설 **고압가스 제조허가의 종류** : 고법 시행령 제3조
㉮ 고압가스 특정제조
㉯ 고압가스 일반제조
㉰ 고압가스 충전
㉱ 냉동제조

49 어떤 기체가 20[℃], 700[mmHg]에서 100[mL]의 무게가 0.5[g]이라면 표준상태에서 이 기체의 밀도는 약 몇 [g/L]인가?

① 2.8 ② 3.8
③ 4.8 ④ 5.8

해설 표준상태에서 기체의 밀도 $\rho = \frac{분자량[g]}{22.4[L]}$이다.
㉮ 현재 상태의 어떤 기체의 분자량 계산
$PV = \frac{W}{M}RT$에서
$\therefore M = \frac{WRT}{PV}$
$= \frac{0.5 \times 0.082 \times (273+20)}{\frac{700}{760} \times 0.1} = 130.426[g]$
㉯ 표준상태에서의 밀도 계산
$\therefore \rho = \frac{M}{22.4} = \frac{130.426}{22.4} = 5.822[g/L]$

50 가스 배관 설비에 있어 옥내배관은 주로 강관이 사용된다. 강관 이음에서 가장 대표적으로 사용되는 이음 방법은?

① 기계적 이음 ② 플레어 이음
③ 나사 이음 ④ 소켓 이음

해설 강관을 사용한 옥내배관의 일반적인 이음인 나사 접합은 KS B 0222(관용 테이퍼 나사)에 따라 실시한다.

51 고압가스 안전관리법의 적용범위에서 제외되는 고압가스가 아닌 것은?

① 등화용의 아세틸렌가스
② 냉동능력이 2톤인 냉동설비 안의 고압가스
③ 온도 35[℃]에서 게이지 압력이 5.0[MPa]인 공기액화 분리장치 내의 압축공기
④ 「소방시설설치유지 및 안전관리에 관한 법률」의 적용을 받는 내용적 0.8리터의 소화기에 내장되는 용기 안의 고압가스

해설 고압가스 안전관리법을 적용받는 고압가스에서 제외되는 것 : 고법 시행령 제2조, 별표1
① 에너지이용 합리화법의 적용을 받는 보일러 안과 그 도관 안의 고압증기
② 철도차량의 에어콘디셔너 안의 고압가스
③ 선박안전법의 적용을 받는 선박 안의 고압가스
④ 광산안전법의 적용을 받는 광산에 소재하는 광업을 위한 설비 안의 고압가스
⑤ 항공법의 적용을 받는 항공기 안의 고압가스
⑥ 전기사업법에 따른 전기설비 중 발전·변전 또는 송전을 위하여 설치하는 전기설비 또는 전기를 사용하기 위하여 설치하는 변압기·리액틀·개폐기·자동차단기로서 가스를 압축 또는 액화 그 밖의 방법으로 처리하는 그 전기설비 안의 고압가스
⑦ 원자력안전법의 적용을 받는 원자로 및 그 부속설비 안의 고압가스
⑧ 내연기관의 시동, 차이어의 공기충전, 리벳팅, 착암 또는 토목공사에 사용되는 압축장치 안의

Answer 48. ① 49. ④ 50. ③ 51. ③

고압가스
⑨ 오토클레이브 안의 고압가스(수소, 아세틸렌 및 염화비닐은 제외한다.)
⑩ 액화브롬화메탄 제조설비 외에 있는 액화브롬화메탄
⑪ 등화용의 아세틸렌가스
⑫ 청량음료수・과실주 또는 발포성주류에 혼합된 고압가스
⑬ 냉동능력 3톤 미만인 냉동설비 안의 고압가스
⑭ 소방시설설치유지 및 안전관리에 관한 법률의 적용을 받는 내용적 1리터 이하의 소화기용 용기 또는 소화기에 내장되는 용기 안에 있는 고압가스
⑮ 정부・지방자치단체・자동차제작자 또는 시험연구기관이 시험・연구목적으로 제작하는 고압가스연료용차량 안의 고압가스
⑯ 총포・도검・화약류 등 단속법의 적용을 받는 총포에 충전하는 고압공기 또는 고압가스
⑰ 국가기관에서 특수한 목적으로 사용하는 휴대용 최루액 분사기에 최루액 추진재로 충전되는 고압가스
⑱ 섭씨 35도의 온도에서 게이지압력 4.9[MPa] 이하인 유니트형 공기압축장치(압축기, 공기탱크, 배관, 유수분리기 등의 설비가 동일한 프레임 위에 일체로 조립된 것. 다만, 공기액화 분리장치는 제외한다) 안의 압축공기
⑲ 한국가스안전공사 또는 한국표준과학연구원에서 표준가스를 충전하기 위한 정밀충전 설비 안의 고압가스
⑲-2 방위사업법에 따른 품질보증을 받은 것으로서 무기체계에 사용되는 용기등 안의 고압가스
⑳ 그 밖에 산업통상자원부장관이 위해발생의 우려가 없다고 인정하는 고압가스

52 실제기체가 이상기체처럼 행동하는 경우는?

① 높은 압력과 높은 온도
② 낮은 압력과 낮은 온도
③ 높은 압력과 낮은 온도
④ 낮은 압력과 높은 온도

해설 실제기체가 이상기체에 가까워 질 수 있는 조건 : 고온, 저압

53 다음 중 액화석유가스 충전, 판매사업소의 변경허가를 받지 않아도 되는 경우는? (단, 판매시설과 영업소의 저장설비는 제외한다.)

① 사업소의 이전
② 저장설비의 교체설치
③ 저장설비의 용량증가
④ 사업소 대표자의 주소 변경

해설 **변경허가 사항** : 액법 시행규칙 제7조
㉮ 사업소의 이전
㉯ 사업소 부지의 확대나 축소
㉰ 자동차에 고정된 용기 충전소에 설치 가능한 건축물 또는 시설 중 해당하는 것 중 설치, 폐지 또는 연면적의 변경
㉱ 허가받은 사업소 안의 저장설비를 이용하여 허가받은 사업소 밖의 수요자에게 가스를 공급하려는 경우
㉲ 저장설비나 가스설비 중 압력용기, 충전설비, 기화장치 또는 로딩암의 위치변경
㉳ 저장설비(판매시설과 영업소의 저장설비는 제외)의 교체 설치
㉴ 저장설비의 용량 증가
㉵ 가스설비 중 압력용기, 충전설비, 로딩암 또는 자동차용 가스자동주입기의 수량 증가
㉶ 기화장치의 수량 증가
㉷ 벌크로리의 수량 증가
㉸ 가스용품 종류 또는 규격의 변경

54 포화증기를 단열압축하면 어떻게 되는가?

① 포화액체가 된다.
② 과열증기가 된다.
③ 압축액체가 된다.
④ 증기의 일부가 액화한다.

해설 포화증기(습포화증기)를 일정 체적하에서 압력을 상승시키면 과열증기가 되고, 엔탈피가 증가된다.

Answer 52. ④ 53. ④ 54. ②

55 **검사특성곡선(OC curve)에 관한 설명으로 틀린 것은? (단, N : 로트의 크기, n : 시료의 크기, c : 합격판정개수이다.)**

① N, n이 일정할 때 c가 커지면 나쁜 로트의 합격률은 높아진다.
② N, c가 일정할 때 n이 커지면 좋은 로트의 합격률은 낮아진다.
③ $N/n/c$의 비율이 일정하게 증가하거나 감소하는 퍼센트 샘플링 검사 시 좋은 로트의 합격률은 영향이 없다.
④ 일반적으로 로트의 크기 N이 시료 n에 비해 10배 이상 크다면, 로트의 크기를 증가시켜도 나쁜 로트의 합격률은 크게 변화하지 않는다.

해설 퍼센트 샘플링 검사 시 N이 달라지면 n, c도 같이 변하므로 부적합품률이 같은 로트에 대해 품질보증의 정도가 달라져 일정한 품질의 보증을 얻을 수 없다.

56 **브레인스토밍(Brainstorming)과 가장 관계가 깊은 것은?**

① 특성요인도 ② 파레토도
③ 히스토그램 ④ 회귀분석

해설 **특성요인도** : 문제가 되는 결과와 이에 대응하는 원인과의 관계를 알 수 있도록 생선뼈 형태로 그린 그림으로 파레토도에 나타난 부적합 항목이 영향을 주는 여러 가지 요인을 찾아내는데 유용한 기법으로 브레인스토밍 방법을 이용한다.

57 **다음 그림의 AOA(Activity-on-Arc) 네트워크에서 E작업을 시작하려면 어떤 작업들이 완료되어야 하는가?**

A D
B E
C

① B ② A, B
③ B, C ④ A, B, C

해설 AOA(Activity-on-Arc) 네트워크에서는 마디(○)는 단계, 가지(→)는 활동을 나타내고, 단계는 활동의 시작과 끝을 나타내므로 명목상의 활동(⇢)을 필요로 한다.
∴ E작업을 시작하려면 A, B, C 작업들이 완료되어야 한다.

58 **표준시간을 내경법으로 구하는 수식으로 맞는 것은?**

① 표준시간 = 정미시간 + 여유시간
② 표준시간 = 정미시간 × (1 + 여유율)
③ 표준시간 = 정미시간 × $\left(\frac{1}{1-\text{여유율}}\right)$
④ 표준시간 = 정미시간 × $\left(\frac{1}{1+\text{여유율}}\right)$

해설 **표준시간 계산법**
㉮ 외경법 : 표준시간 산출 시 여유율을 정미시간을 기준으로 산정하여 사용하는 방식으로 정미시간이 명확히 설정되는 경우에 사용된다.
∴ 표준시간 = 정미시간 × (1 + 여유율)
㉯ 내경법 : 표준시간 산출 시 여유율은 근무시간(실동시간)을 기준으로 산정하는 방법으로 정미시간이 명확하지 않은 경우에 사용된다.
∴ 표준시간 = 정미시간 × $\left(\frac{1}{1-\text{여유율}}\right)$

59 **다음 데이터로부터 통계량을 계산한 것 중 틀린 것은?**

[데이터] 21.5, 23.7, 24.3, 27.2, 29.1

① 범위(R) = 7.6
② 제곱합(S) = 7.59
③ 중앙값(Me) = 24.3
④ 시료분산(s^2) = 8.988

Answer 55. ③ 56. ① 57. ④ 58. ③ 59. ②

해설 ① 범위(R) = 최댓값 − 최솟값
= 29.1 − 21.5 = 7.6

② 제곱합(S) 계산

ⓐ 편차 계산

$$\therefore \bar{x} = \frac{\sum x}{n}$$

$$= \frac{21.5+23.7+24.3+27.2+29.1}{5}$$

$$= 25.16$$

ⓑ 제곱합(S) 계산

$$\therefore S = (21.5-25.16)^2 + (23.7-25.16)^2 + (24.3-25.16)^2 + (27.2-25.16)^2 + (29.1-25.16)^2 = 35.952$$

③ 중앙값(M_e) : 데이터에서 순서대로 나열된 중간값에 해당하는 것은 24.3이다.

④ 시료분산(s^2) 계산

$$\therefore s^2 = \frac{S}{n-1} = \frac{35.952}{5-1} = 8.988$$

60 품질특성에서 X관리도로 관리하기에 가장 거리가 먼 것은?

① 볼펜의 길이
② 알코올의 농도
③ 1일 전력소비량
④ 나사길이의 부적합품 수

해설 X관리도는 계량값 관리도에 해당되며 데이터를 얻는 간격이 크거나 군 구분의 의미가 없는 경우 또는 정해진 공정에서 한 개의 측정치밖에 얻을 수 없을 경우에 사용되며, 시간이 많이 소요되는 화학분석치, 알코올의 농도, 배치(batch)반응 공정의 수율, 1일 전력소비량 등을 관리하는데 적합하다.

Answer 60. ④

2018년도 기능장 제63회 필기시험 [3월 31일 시행]

과 년 도 문 제

01 **Dalton의 법칙에 대한 설명으로 옳지 않은 것은?**

① 모든 기체에 대해 정확히 성립한다.
② 혼합기체의 전압은 각 기체의 분압의 합과 같다.
③ 실제기체의 경우 낮은 압력에서 적용할 수 있다.
④ 한 기체의 분압과 전압의 비는 그 기체의 몰수와 전체 몰수의 비와 같다.

해설 달톤의 분압법칙 : 혼합기체가 나타내는 전압은 각 성분 기체 분압의 총합과 같다는 것으로 실제기체의 경우 압력이 낮은 경우에 적용할 수 있다.

02 **완전가스의 비열비(specific heat ratio)에 대한 설명 중 틀린 것은?**

① 비열비 k는 $\frac{C_p}{C_v}$로 나타낸다.
② 비열비는 온도에 관계없이 일정하다.
③ 공기의 비열비는 1.4 정도이다.
④ 단원자보다 3원자 분자 이상 기체의 비열비가 크다.

해설 비열비 : 정압비열(C_p)과 정적비열(C_v)의 비로 온도에 관계없이 일정하다.

$\therefore k = \frac{C_p}{C_v} > 1$

($C_p > C_v$이므로 비열비는 항상 1보다 크다.)

㉮ 1원자 분자 : 1.66
㉯ 2원자 분자 : 1.4
㉰ 3원자 분자 : 1.33
㉱ 0[℃]에서 공기의 경우 비열비는 1.4 정도이다.

03 **열역학 제2법칙에 대한 설명으로 옳은 것은?**

① 일을 소비하지 않고 열을 저온체에서 고온체로 이동시키는 것은 불가능하다.
② 열이 높은 쪽에서 낮은 쪽으로 이동하여 마침내 온도의 차가 없는 열평형을 이룬다.
③ 온도가 일정한 조건에서 기체의 체적은 압력에 반비례한다.
④ 절대온도 0도에서는 엔트로피도 0이다.

해설 열역학 제2법칙 : 열은 고온도의 물질로부터 저온도의 물질로 옮겨질 수 있지만, 그 자체는 저온도의 물질로부터 고온도의 물질로 옮겨갈 수 없다. 또 일이 열로 바뀌는 것은 쉽지만 반대로 열이 일로 바뀌는 것은 힘을 빌리지 않는 한 불가능한 일이다. 이와 같이 열역학 제2법칙은 에너지 변환의 방향성을 명시한 것으로 방향성의 법칙이라 한다.

04 **이상기체 n몰에 대한 상태방정식으로 가장 옳은 것은?**

① $PV = RT$　　② $PV = nRT$
③ $PV = R$　　④ $\frac{V}{T} = R$

해설 이상기체 n몰에 대한 상태방정식

$\therefore PV = nRT$

여기서, P : 압력[atm]
V : 체적[L]
n : 몰[mol] 수
R : 기체상수(0.082 [L · atm/mol · K])
M : 분자량[g/mol]
W : 질량[g]
T : 절대온도[K]

Answer 1. ① 2. ④ 3. ① 4. ②

05 산화에틸렌에 대한 설명으로 가장 거리가 먼 것은?

① 폭발범위는 약 3.0~80[%]이다.
② 공업적 제법으로는 에틸렌을 산소로 산화해서 합성한다.
③ 액체 상태에서 열이나 충격 등으로 폭약과 같이 폭발을 일으킨다.
④ 철, 주석, 알루미늄의 무수염화물, 산·알칼리, 산화알루미늄 등에 의하여 중합 발열한다.

해설 액체 산화에틸렌은 연소하기 쉬우나 폭약과 같은 폭발은 하지 않는다.

06 다음 각 가스의 성질에 대한 설명 중 옳지 않은 것은?

① 일산화탄소는 독성가스이고, 또한 가연성가스이다.
② 암모니아는 산이나 할로겐과 잘 화합하고 고온, 고압에서는 강재를 침식한다.
③ 산소는 반응성이 강한 가스로서 가연성 물질을 연소시키는 조연성(助燃性)이 있다.
④ 질소는 안정한 가스로서 불활성 가스라고도 하는데 고온하에서도 금속과 화합하지 않는다.

해설 질소는 상온에서 대단히 안정된 가스이나, 고온에서는 금속과 반응한다.

07 포스겐($COCl_2$) 가스를 검지할 수 있는 시험지는?

① 리트머스시험지 ② 염화파라듐지
③ 하리슨시험지 ④ 연당지

해설 가스검지 시험지법

검지가스	시 험 지	반응
암모니아(NH_3)	적색리트머스지	청 색
염소(Cl_2)	KI-전분지	청갈색
포스겐($COCl_2$)	하리슨 시험지	유자색
시안화수소(HCN)	초산벤지민지	청 색
일산화탄소(CO)	염화파라듐지	흑 색
황화수소(H_2S)	연당지(초산연시험지)	회흑색
아세틸렌(C_2H_2)	염화 제1동 착염지	적갈색

08 다음 중 중합폭발을 일으키는 가스는?

① 오존 ② 시안화수소
③ 아세틸렌 ④ 히드라진

해설 시안화수소(HCN)의 특징
㉮ 가연성가스(폭발범위 : 6~41[%])이며, 독성가스(TLV-TWA 10[ppm]) 이다.
㉯ 액체는 무색, 투명하고 감, 복숭아 냄새가 난다.
㉰ 소량의 수분 존재 시 중합폭발을 일으킬 우려가 있다.
㉱ 알칼리성 물질(암모니아, 소다)을 함유하면 중합이 촉진된다.
㉲ 중합폭발을 방지하기 위하여 안정제(황산, 아황산가스 등)를 사용한다.
㉳ 물에 잘 용해하고 약산성을 나타낸다.
㉴ 흡입은 물론 피부에 접촉하여도 인체에 흡수되어 치명상을 입는다.
㉵ 충전 후 24시간 정치하고, 충전 후 60일이 경과되기 전에 다른 용기에 옮겨 충전할 것(단, 순도가 98[%] 이상이고 착색되지 않은 것은 제외)
㉶ 순도는 98[%] 이상 유지하고, 1일 1회 이상 질산구리벤젠지를 사용하여 누출검사를 실시한다.

09 1[torr]는 약 몇 [Pa]인가?

① 14.5 ② 133.3
③ 750.0 ④ 760.0

해설 1[atm] = 760[mmHg] = 760[torr]
= 10332[kgf/m^2] = 1.0332[kgf/cm^2]

Answer 5. ③ 6. ④ 7. ③ 8. ② 9. ②

$= 10.332[mH_2O] = 101325[Pa]$
$= 101.325[kPa] = 0.101325[MPa]$ 이다.

$$\therefore \text{환산압력} = \frac{1[\text{torr}]}{760[\text{torr}]} \times 101325[\text{Pa}] = 133.322[\text{Pa}]$$

10 어떤 기체 100[mL]를 취해서 가스분석기에서 CO_2를 흡수시킨 후 남은 기체는 88[mL]이며, 다시 O_2를 흡수시켰더니 54[mL]가 되었다. 여기서 다시 CO를 흡수시키니 50[mL]가 남았다. 잔존 기체가 질소일 때 이 시료기체 중 O_2의 용적백분율[%]은?

① 34[%]　② 38[%]
③ 46[%]　④ 50[%]

해설 시료기체 100[mL] 중에서 산소용 흡수용액에 흡수된 양(체적감량)은 88[mL]과 54[mL]의 차이다.

$$\therefore O_2 = \frac{\text{체적감량}}{\text{시료가스량}} \times 100 = \frac{88-54}{100} \times 100 = 34[\%]$$

11 같은 조건에서 수소의 확산속도는 산소의 확산속도보다 몇 배가 빠른가?

① 2　② 4　③ 8　④ 16

해설 $\frac{U_{H_2}}{U_{O_2}} = \sqrt{\frac{M_{O_2}}{M_{H_2}}}$ 에서

$$\therefore U_{H_2} = \sqrt{\frac{M_{O_2}}{M_{H_2}}} \times U_{O_2} = \sqrt{\frac{32}{2}} \times U_{O_2} = 4\,U_{O_2}$$

∴ 수소(H_2)가 산소(O_2)보다 4배 빠르다.

12 다음 중 화학 친화력을 나타내는 것으로서 가장 적절한 것은?

① ΔH　② ΔG　③ ΔS　④ ΔU

해설 화학 친화력 : 화학 반응을 추진시키는데 필요한 힘으로 기호는 ΔG로 나타낸다.

13 다음 중 가연성이면서 독성가스인 것은?

① 산화에틸렌　② 아황산가스
③ 프로판　④ 염소

해설 가연성이면서 독성인 가스 : 아크릴로니트릴, 일산화탄소, 벤젠, 산화에틸렌, 모노메틸아민, 염화메탄, 브롬화메탄, 이황화탄소, 황화수소, 암모니아, 석탄가스, 시안화수소, 트리메틸아민 등

14 이상기체 상태방정식에서 기체상수(R)값을 [J/gmol · K]의 단위로 나타낸 것은?

① 0.082　② 1.987
③ 8.314　④ 848

해설 기체상수

R = 0.082[L · atm/mol · K]
= 8.2×10^{-2}[L · atm/mol · K]
= 1.987[cal/mol · K]
= 8.314×10^{7}[erg/mol · K]
= 8.314[J/mol · K]

15 3단 압축기에서 2단 토출도관의 안전밸브가 열렸다. 가장 먼저 점검해야 할 곳은?

① 1단 압축기의 토출밸브
② 2단 압축기의 흡입밸브
③ 2단 압축기의 토출밸브
④ 3단 압축기의 흡입밸브

해설 중간압력 이상상승의 원인

㉮ 다음단의 흡입, 토출밸브의 불량
㉯ 중간단의 바이패스 순환
㉰ 중간단 냉각기의 능력 저하
㉱ 다음단의 클리어런스밸브의 불완전 폐쇄
㉲ 다음단의 피스톤링의 마모

Answer 10. ① 11. ② 12. ② 13. ① 14. ③ 15. ④

㉯ 토출배관의 저항 증대
㉰ 다음단의 흡입 밸브 언로더의 복귀 불량
※ 3단 압축기에서 2단 토출도관의 안전밸브가 열린 것은 압력이 이상 상승한 경우이므로 가장 먼저 점검해야 할 곳은 3단 압축기의 흡입밸브가 닫혀있는지 점검하여야 한다.

16 비철금속 중 구리관 및 구리합금관의 특징에 대한 설명 중 틀린 것은?

① 황산 등의 산화성 산에 의해 부식된다.
② 알칼리의 수용액과 유기화합물에 내식성이 강하다.
③ 산화제를 함유한 암모니아수에 의해 부식된다.
④ 연수에 대하여 내식성은 크나 담수에는 부식된다.

해설 동 및 동합금 특징
㉮ 담수(淡水)에 대한 내식성이 우수하다.
㉯ 열전도율이 좋고, 가공성이 좋아 배관시공이 용이하다.
㉰ 아세톤, 프레온 가스 등 유기약품에 침식되지 않는다.
㉱ 관 내부에서 마찰저항이 적다.
㉲ 연수(軟水)에는 부식된다.
㉳ 외부의 기계적 충격에 약하다.
㉴ 가격이 비싸다.
㉵ 가성소다, 가성칼리 등 알칼리성에는 내식성이 강하고, 암모니아수, 습한 암모니아(NH_3) 가스, 초산, 진한 황산(H_2SO_4)에는 심하게 침식된다.

17 배관의 수직 방향에 의하여 발생하는 압력손실을 계산하려고 할 때 반드시 고려되어야 하는 것은?

① 입상 높이, 가스 비중
② 가스 유량, 가스 비중
③ 가스 유량, 입상 높이
④ 관 길이, 입상 높이

해설 입상관(수직 방향)에 의한 압력손실 계산식
$\therefore H = 1.293(S-1)h$
여기서, H : 가스의 압력손실[mmH_2O]
S : 가스의 비중
h : 입상 높이[m]
※ 입상관에 의한 압력손실을 계산할 때 반드시 고려되어야 하는 것은 입상 높이(h), 가스 비중(S)이 해당된다.

18 역화방지장치를 반드시 설치하여야 할 위치가 아닌 것은?

① 아세틸렌 충전용 지관
② 아세틸렌의 고압건조기와 충전용교체밸브 사이의 배관
③ 가연성가스를 압축하는 압축기와 오토클레이브와의 사이의 배관
④ 아세틸렌을 압축하는 압축기의 유분리기와 고압건조기와의 사이

해설 (1) 역화방지장치 설치 장소
㉮ 가연성가스를 압축하는 압축기와 오토클레이브와의 사이 배관
㉯ 아세틸렌의 고압건조기와 충전용 교체밸브 사이 배관
㉰ 아세틸렌 충전용 지관
(2) 역류방지밸브 설치 장소
㉮ 가연성가스를 압축하는 압축기와 충전용 주관과의 사이 배관
㉯ 아세틸렌을 압축하는 압축기의 유분리기와 고압건조기와의 사이 배관
㉰ 암모니아 또는 메탄올의 합성탑 및 정제탑과 압축기와의 사이 배관

19 다음 중 개스켓의 소재가 아닌 것은?

① 고무류 ② 오일류
③ 섬유류 ④ 금속류

해설 플랜지 패킹(개스켓)의 종류 : 천연고무, 합성고무, 식물성 섬유제, 동물성 섬유제, 석면 조인트 시트, 합성수지 패킹, 금속 패킹

Answer 16. ④ 17. ① 18. ④ 19. ②

20 **배관에서 지름이 다른 관을 연결하는데 주로 사용하는 것은?**

① 플러그 ② 리듀서
③ 플랜지 ④ 캡

해설 배관 이음쇠의 사용 용도에 의한 분류
㉮ 배관의 방향을 전환할 때 : 엘보(elbow), 벤드(bend)
㉯ 관을 도중에 분기할 때 : 티(tee), 와이(Y), 크로스(cross)
㉰ 동일 지름의 관을 연결할 때 : 소켓(socket), 니플(nipple), 유니언(union)
㉱ 이경관(지름이 다른 관)을 연결할 때 : 리듀서(reducer), 부싱(bushing), 이경 엘보, 이경 티
㉲ 관 끝을 막을 때 : 플러그(plug), 캡(cap)

21 **순수한 수소와 질소를 고온, 고압에서 다음의 반응에 의해 암모니아를 제조한다. 반응기에서의 수소의 전화율은 10[%]이고, 수소는 30[kmol/s], 질소는 20[kmol/s]로 도입될 때 반응기에서의 배출되는 질소의 양은 몇 [kmol/s]인가?**

$$3H_2 + N_2 \rightarrow 2NH_3$$

① 3 ② 19 ③ 27 ④ 37

해설 수소와 질소가 반응하여 암모니아가 생성되는 몰[mol]비율이 3 : 1 : 2의 비율이고, 수소의 전화율(반응율)이 10[%]이므로 수소는 30[kmol/s] × 0.1 = 3[kmol/s]이 반응한다.
그러므로 질소는 몰[mol]비율에서 20[kmol/s] 중 1[kmol/s]만 반응하고 나머지 19[kmol/s]은 반응하지 않고 배출된다.

22 **석유를 분해해서 얻은 수소와 공기를 분리하여 얻은 질소를 반응시켜 제조할 수 있는 것은?**

① 프로필렌 ② 황화수소
③ 아세틸렌 ④ 암모니아

해설 암모니아 제조법 : 수소와 질소를 체적비 3 : 1로 직접 반응시켜 암모니아를 제조하며 하버-보시법(Harber-Bosch process)이 대표적이다.
※ 반응식 : $3H_2 + N_2 \rightarrow 2NH_3 + 23[kcal]$

23 **배관의 이음방법 중 플랜지를 접합하는 방법이 아닌 것은?**

① 나사식 ② 노허브식
③ 블라인드식 ④ 소켓용접식

해설 접합 방법에 의한 플랜지의 분류
㉮ 소켓 용접형(slip on type)
㉯ 맞대기 용접형(weld neck type)
㉰ 나사 결합형
㉱ 삽입 용접형
㉲ 블라인드형
㉳ 랩 조인트형(lapped joint type)
※ 노허브 이음(no-hub joint) : 주철관 이음에서 종래 사용하여 오던 소켓이음을 개량한 것으로 스테인리스강 커플링과 고무링만으로 쉽게 이음 할 수 있는 방법이다.

24 **가스시설의 전기 방식(防蝕)에 대한 설명으로 틀린 것은?**

① 직류 전철 등에 의한 영향이 없는 경우에는 외부전원법 또는 희생양극법으로 한다.
② 직류 전철 등의 영향을 받는 배관에는 배류법으로 한다.
③ 전위측정용 터미널은 희생양극법에 의한 배관에는 300[m] 이내의 간격으로 설치한다.
④ 전위측정용 터미널은 외부전원법에 의한 배관에는 300[m] 이내의 간격으로 설치한다.

Answer 20. ② 21. ② 22. ④ 23. ② 24. ④

해설 (1) 전기방식 기준
㉮ 직류전철 등에 따른 누출전류의 영향이 없는 경우에는 외부전원법 또는 희생양극법으로 한다.
㉯ 직류전철 등에 따른 누출전류의 영향을 받는 배관에는 배류법으로 하되 방식효과가 충분하지 않을 경우에는 외부전원법 또는 희생양극법을 병용한다.
(2) 전위 측정용 터미널 설치간격
㉮ 희생양극법, 배류법 : 300[m] 이내
㉯ 외부전원법 : 500[m] 이내

25 고압가스를 취급하였을 때 다음 중 가장 위험하지 않은 경우는?

① 산소 10[%]를 함유한 CH_4를 10.0[MPa]까지 압축하였다.
② 산소 제조장치를 공기로 치환하지 않고 용접 수리하였다.
③ 수분을 함유한 염소를 진한 황산으로 세척하여 고압용기에 충전하였다.
④ 시안화수소를 고압용기에 충전하는 경우 수분을 안정제로 첨가하였다.

해설 각 항목의 위험성 판단
① 가연성 가스 중 산소용량이 전 용량의 4[%] 이상(단, 아세틸렌, 에틸렌, 수소 제외)은 압축금지에 해당되므로 위험성이 있다.
② 산소설비의 수리 등을 할 때에는 산소의 농도가 22[%] 이하로 될 때까지 치환하여야 하는데 치환작업을 하지 않고 용접 수리를 하므로 위험성이 있다.
③ 염소는 수분 존재 시 염산이 생성되어 강재를 부식시키므로 건조재인 황산으로 수분을 제거하고 충전하므로 위험성이 없다.
④ 시안화수소는 소량의 수분 존재 시 중합폭발을 일으킬 우려가 있으므로 수분을 안정제로 사용하는 것은 위험성이 있다.

26 산소압축기에 대한 설명으로 가장 거리가 먼 것은?

① 제조된 산소를 용기에 충전하는 목적에 쓰인다.
② 윤활제로는 기름 또는 10[%] 이하의 묽은 글리세린수를 사용한다.
③ 압축기와 충전용기 주관에는 수분리기(drain separator)를 설치한다.
④ 최근에는 산소압축기에 래비린스피스톤을 사용하는 무급유를 작동한다.

해설 산소 압축기 내부 윤활유
㉮ 사용 되는 것 : 물 또는 10[%] 이하의 묽은 글린세린수
㉯ 금지 되는 것 : 석유류, 유지류, 농후한 글리세린

27 가스액화 분리장치의 구성기기 중 축냉기의 축냉체로 주로 사용되는 것은?

① 구리 ② 물 ③ 공기 ④ 자갈

해설 축냉기의 구조
㉮ 축냉기는 열교환기이다.
㉯ 축냉기 내부에는 표면적이 넓고 열용량이 큰 충전물(축냉체)가 들어 있다.
㉰ 축냉체로는 주름이 있는 알루미늄 리본이 사용되었으나 현재는 자갈을 이용한다.
㉱ 축냉기에서는 원료공기 중의 수분과 탄산가스가 제거된다.

28 공기를 압축하여 냉각시키면 액화된다. 다음 중 옳은 설명은?

① 질소가 먼저 액화한다.
② 산소가 먼저 액화한다.
③ 산소와 질소가 동시에 액화된다.
④ 산소와 질소의 액화 온도 차이는 약 50[℃] 정도이다.

Answer 25. ③ 26. ② 27. ④ 28. ②

해설 공기를 압축하여 냉각시키면 비점 차이에 의하여 액화순서가 정해지므로 산소(-183[℃]) → 아르곤(-186[℃]) → 질소(-196[℃]) 순으로 액화가 된다.
(암기법 : 액산기질 → 액화는 산소가 먼저, 기화는 질소가 먼저 이루어진다.)

29 **압축기의 흡입 및 토출밸브의 구비조건으로 가장 옳은 것은?**

① 개폐의 지연이 있어야 좋다.
② 통과 면적은 작고, 유체저항은 커야 한다.
③ 개폐의 지연이 없고 작동이 양호해야 한다.
④ 압축기의 기동 중에도 분해 조립할 수 있어야 한다.

해설 압축기의 흡입 및 토출밸브의 구비조건
㉮ 개폐 지연이 없고 작동이 양호할 것
㉯ 충분한 통과 단면을 갖고 유체저항은 적을 것
㉰ 누설이 없고 마모 및 파손에 강할 것
㉱ 운전 중에 분해하는 경우가 없을 것

30 **터보형 압축기의 특징에 대한 설명 중 틀린 것은?**

① 압축비가 크고, 용량조정범위가 넓다.
② 비교적 소형이며, 대용량에 적합하다.
③ 연속토출이 되므로 맥동현상이 적다.
④ 전동기의 회전축에 직결하여 구동할 수 있다.

해설 터보형 압축기의 특징
㉮ 원심형 무급유식이다.
㉯ 연속 토출로 맥동현상이 적다.
㉰ 고속회전으로 용량이 크다.
㉱ 형태가 작고 경량이어서 설치면적이 적다.
㉲ 압축비가 작고, 효율이 낮다.
㉳ 운전 중 서징현상이 발생할 수 있다.
㉴ 용량조정이 어렵고 범위가 70~100[%]로 좁다.

31 **다음 중 냉매배관용 밸브가 아닌 것은?**

① 팩드밸브　② 팩리스밸브
③ 플랩밸브　④ 플로트밸브

해설 냉매배관용 밸브 종류
㉮ 팩드밸브(packed valve) : 밸브 스템(봉)의 둘레에 석면, 흑연패킹, 합성고무 등을 채워 글랜드를 조임으로서 냉매가 누설되는 것을 방지하며, 안전을 위하여 밸브에 커버(뚜껑)가 씌워져 있으며 밸브를 조작할 때에는 커버를 열고 조작한다.
㉯ 팩리스 밸브(packless valve) : 글랜드 패킹을 사용하지 않고 벨로스나 다이어프램을 사용하여 외부와 완전히 격리시켜 누설을 방지할 수 있다.
㉰ 플로트 밸브 : 만액식 증발기에서 냉매 유량 제어용으로 사용된다.
※ 플랩 밸브(flap valve) : 배수지의 관 끝단에 설치가 되며 유체의 역류와 오물 등의 역류 방지에 사용하는 밸브로 유체가 흐를 때는 개방이 되어 배수가 되고 물이 차서 만수위가 되면 체크판이 밀폐되어 역류를 방지한다.

32 **전기 방식(防蝕) 중 외부전원법에 사용되는 정류기가 아닌 것은?**

① 정전류형　② 정전압형
③ 정저항형　④ 정전위형

해설 외부전원법 정류기의 종류 : 정전류형, 정전압형, 정전위형

33 **두 축의 축선이 약간의 각을 이루어 교차하고, 그 사이의 각도가 운전 중에 다소 변하더라도 자유롭게 운동을 전달할 수 있는 이음은?**

① 기어 이음(gear joint)
② 머프 커플링(muff coupling)
③ 플랜지 커플링(flange coupling)
④ 유니버설 조인트(universal joint)

Answer 29. ③ 30. ① 31. ③ 32. ③ 33. ④

해설 유니버설 조인트(universal joint) : 두 축이 어떤 각도로 교차하는 경우나 만나는 각이 변화할 때 사용하는 이음으로 교차각 $\alpha \leq 30°$ 이다.

34 NH_3의 냉매번호는 R-717 이다. 백단위의 7은 무기물질을 뜻하는데 그 뒤 숫자 17은 냉매의 무엇을 뜻하는가?

① 냉동계수 ② 증발잠열
③ 분자량 ④ 폭발성

해설 (1) 무기물질 냉매의 표시방법 : 700에 분자량을 붙여서 사용
(2) 종류
㉮ 암모니아(NH_3) : R-717
㉯ 아황산가스(SO_2) : R-764
㉰ 물(H_2O) : R-718
㉱ 이산화탄소(CO_2) : R-744
㉲ 공기 : R-729

35 차량에 고정된 고압가스 용기 운반 시 운반책임자를 반드시 동승시켜야 하는 경우는? (단, 독성가스는 허용농도가 100만분의 1000인 가스이다.)

① 압축가스 중 용적이 400[m^3]인 산소
② 압축가스 중 용적이 50[m^3]인 독성가스
③ 액화가스 중 질량이 2000[kg]인 프로판가스
④ 액화가스 중 질량이 2000[kg]인 독성가스

해설 운반책임자 동승기준 : 200[km]를 초과하는 거리까지 운반할 때

가스의 종류		기 준
압축가스	독성	100[m^3] 이상
	가연성	300[m^3] 이상
	조연성	600[m^3] 이상

가스의 종류		기 준
액화가스	독성	1000[kg] 이상
	가연성	3000[kg] 이상
	조연성	6000[kg] 이상

36 가연성가스 또는 독성가스를 충전하는 차량에 고정된 탱크 및 용기에는 안전밸브가 부착되어야 한다. 그 성능기준으로 옳은 것은?

① 내압시험압력의 10분의 6 이하의 압력에서 작동할 수 있는 것일 것
② 내압시험압력의 10분의 7 이하의 압력에서 작동할 수 있는 것일 것
③ 내압시험압력의 10분의 8 이하의 압력에서 작동할 수 있는 것일 것
④ 내압시험압력의 10분의 9 이하의 압력에서 작동할 수 있는 것일 것

해설 안전밸브 작동압력 : 내압시험압력의 8/10 이하

37 도시가스를 사용하는 공동주택 등에 압력조정기를 설치할 수 있는 경우의 기준으로 옳은 것은?

① 공동주택 등에 공급되는 가스압력이 중압 이상으로서 전체 세대수가 150세대 미만인 경우
② 공동주택 등에 공급되는 가스압력이 중압 이상으로서 전체 세대수가 200세대 미만인 경우
③ 공동주택 등에 공급되는 가스압력이 저압으로서 전체 세대수가 200세대 미만인 경우
④ 공동주택 등에 공급되는 가스압력이 저압으로서 전체 세대수가 300세대 미만인 경우

Answer 34. ③ 35. ④ 36. ③ 37. ①

해설 공동주택 등에 압력조정기 설치 세대수
㉮ 저압 : 250세대 미만(249세대까지 가능)
㉯ 중압 : 150세대 미만(149세대까지 가능)

38 고압가스 일반 제조시설에서 저장탱크의 가스방출장치는 몇 [m^3] 이상의 가스를 저장하는 곳에 설치하여야 하는가?

① 3[m^3] ② 5[m^3]
③ 7[m^3] ④ 10[m^3]

해설 저장설비 구조 : 저장탱크 및 가스홀더는 가스가 누출하지 아니하는 구조로 하고 5[m^3] 이상의 가스를 저장하는 것에는 가스방출장치를 설치한다.

39 고압가스 운반차량의 기준에서 용기 주밸브, 긴급차단장치에 속하는 밸브 그 밖의 중요한 부속품이 돌출된 저장탱크는 그 부속품을 차량의 좌측면이 아닌 곳에 설치한 단단한 조작상자 내에 설치한다. 이 경우 조작상자와 차량의 뒷범퍼와는 수평거리로 얼마 이상을 이격하여야 하는가?

① 20[cm] ② 30[cm]
③ 40[cm] ④ 60[cm]

해설 뒷범퍼와의 거리
㉮ 후부 취출식 탱크 : 40[cm] 이상
㉯ 후부 취출식 외 탱크 : 30[cm] 이상
㉰ 조작상자 : 20[cm] 이상

40 고압가스 냉동제조시설에서 항상 물에 접촉되는 부분에 사용할 수 없도록 규정된 재료는?

① 순도 61[%] 미만의 동합금
② 순도 61[%] 미만의 마그네슘
③ 순도 99.7[%] 미만의 청동
④ 순도 99.7[%] 미만의 알루미늄

해설 냉매설비에 사용금속 제한
㉮ 암모니아 : 동 및 동합금(단, 동함유량 62[%] 미만 사용가능)
㉯ 염화메탄 : 알루미늄합금
㉰ 프레온 : 2[%]를 넘는 Mg을 함유한 Al합금
㉱ 항상 물에 접촉되는 부분 : 순도 99.7[%] 미만 알루미늄 사용 금지 (단, 적절한 내식 처리 시 사용가능)

41 가연성가스 저온저장탱크에서 내부의 압력이 외부의 압력보다 낮아져 저장탱크가 파괴되는 것을 방지하기 위한 조치로서 적당하지 않은 것은?

① 압력계를 설치한다.
② 압력경보설비를 설치한다.
③ 진공안전밸브를 설치한다.
④ 압력방출밸브를 설치한다.

해설 부압을 방지하는 조치
㉮ 압력계
㉯ 압력경보설비
㉰ 진공 안전밸브
㉱ 다른 시설로부터의 가스도입배관(균압관)
㉲ 압력과 연동하는 긴급차단장치를 설치한 냉동 제어설비
㉳ 압력과 연동하는 긴급차단장치를 설치한 송액 설비

42 다음 고압가스 중 상용 온도에서 그 압력이 0.2[MPa] 이상이 되어야 고압가스 범위에 해당하는 것은?

① 액화 시안화수소 ② 액화 브롬화메탄
③ 액화 산화에틸렌 ④ 액화 산소

해설 고압가스의 종류 및 범위 : 고법 시행령 제2조
㉮ 상용의 온도에서 압력이 1[MPa] 이상이 되는 압축가스로서 실제로 그 압력이 1[MPa] 이상이 되는 것 또는 35[℃]의 온도에서 압력이 1[MPa] 이상이 되는 압축가스(아세틸렌가스 제외)

Answer 38. ② 39. ① 40. ④ 41. ④ 42. ④

㉯ 15[℃]의 온도에서 압력이 0[Pa] 초과하는 아세틸렌가스
㉰ 상용의 온도에서 압력이 0.2[MPa] 이상이 되는 액화가스로서 실제로 그 압력이 0.2[MPa] 이상이 되는 것 또는 압력이 0.2[MPa]이 되는 경우의 온도가 35[℃] 이하인 액화가스
㉱ 섭씨 35[℃]의 온도에서 압력이 0[Pa]을 초과하는 액화가스 중 액화시안화수소, 액화브롬화메탄 및 액화산화에틸렌가스

43 에어졸 제조기준에 대한 설명으로 틀린 것은?

① 내용적이 100[cm^3]를 초과하는 용기는 그 용기제조자의 명칭 또는 기호가 표시되어 있어야 한다.
② 에어졸 충전용기 저장소는 인화성 물질과 8[m] 이상의 우회거리를 유지한다.
③ 내용적이 30[cm^3] 이상인 용기는 에어졸 제조에 재사용하지 아니한다.
④ 40[℃]에서 용기 안의 가스압력의 1.5배의 압력을 가할 때 파열되지 아니하여야 한다.

해설 용기는 50[℃]에서 용기 안의 가스압력의 1.5배의 압력을 가할 때에 변형되지 아니하고, 50[℃]에서 용기 안의 가스압력의 1.8배의 압력을 가할 때에 파열되지 아니하는 것으로 한다. 다만, 1.3[MPa] 이상의 압력을 가할 때에 변형되지 아니하고, 1.5[MPa]의 압력을 가할 때에 파열되지 아니한 것은 그러하지 아니하다.

44 가스공급시설 중 최고사용압력이 고압인 가스홀더 2개가 있다. 2개의 가스홀더의 지름이 각각 20[m], 40[m]일 경우 두 가스홀더의 간격은 몇 [m] 이상을 유지하여야 하는가?

① 10[m] ② 15[m]
③ 20[m] ④ 30[m]

해설 가스홀더와의 거리 : 두 가스홀더의 최대지름 합산한 길이의 1/4 이상 유지(1m 미만인 경우 1m 이상의 거리)한다.

$$\therefore L = \frac{D_1 + D_2}{4} = \frac{20+40}{4} = 15[\mathrm{m}]$$

45 흡수식 냉동설비의 냉동능력 정의로 옳은 것은?

① 발생기를 가열하는 24시간의 입열량 6천640[kcal]를 1일의 냉동능력 1[톤]으로 본다.
② 발생기를 가열하는 1시간의 입열량 3천320[kcal]를 1일의 냉동능력 1[톤]으로 본다.
③ 발생기를 가열하는 1시간의 입열량 6천640[kcal]를 1일의 냉동능력 1[톤]으로 본다.
④ 발생기를 가열하는 24시간의 입열량 3천320[kcal]를 1일의 냉동능력 1[톤]으로 본다.

해설 1일의 냉동능력 1톤 계산
㉮ 원심식 압축기 : 압축기의 원동기 정격출력 1.2[kW]
㉯ 흡수식 냉동설비 : 발생기를 가열하는 1시간의 입열량 6640[kcal]
㉰ 그 밖의 것은 다음 식에 의한다.

$$R = \frac{V}{C}$$

여기서, R : 1일의 냉동능력[톤]
V : 피스톤 압출량[m^3/h]
C : 냉매 종류에 따른 정수

46 액화석유가스 저장탱크를 지상에 설치하는 경우 냉각살수 장치를 설치하여야 한다. 구형저장탱크에 설치하여야 하는 살수장치는?

① 살수관식 ② 확산판식
③ 노즐식 ④ 분무관식

Answer 43. ④ 44. ② 45. ③ 46. ②

해설 살수장치는 다음 중 어느 하나의 방법으로 설치하고 배관 재질은 내식성 재료로 한다. 다만 구형저장탱크의 살수장치는 확산판식으로 설치한다.
㉮ 살수관식 : 배관에 지름 4[mm] 이상의 다수의 작은 구멍을 뚫거나 살수노즐을 배관에 부착한다.
㉯ 확산판식 : 확산판을 살수노즐 끝에 부착한다.

47 고압가스 시설에 설치하는 방호벽의 높이와 두께로 옳은 것은?

① 높이 1.5[m] 이상, 두께 10[cm] 이상의 철근 콘크리트 벽
② 높이 1.5[m] 이상, 두께 12[cm] 이상의 철근 콘크리트 벽
③ 높이 2[m] 이상, 두께 10[cm] 이상의 철근 콘크리트 벽
④ 높이 2[m] 이상, 두께 12[cm] 이상의 철근 콘크리트 벽

해설 방호벽 : 높이 2[m] 이상, 두께 12[cm] 이상의 철근 콘크리트 또는 이와 같은 수준 이상의 강도를 가지는 벽을 말한다.

48 액화석유가스 저장탱크의 설치에 대한 설명으로 옳지 않은 것은?

① 지상에 설치하는 저장탱크 및 지주는 내열성의 구조로 한다.
② 저장탱크 외면으로부터 2[m] 이상 떨어진 위치에서 조작할 수 있는 냉각장치를 한다.
③ 지지구조물과 기초는 지진에 견딜 수 있도록 설계한다.
④ 저장탱크 외면에는 부식방지 조치를 한다.

해설 냉각살수 장치 설치 기준
㉮ 방사량 : 저장탱크 표면적 1[m^2]당 5[L/min] 이상의 비율
㉯ 준내화구조 저장탱크 : 2.5[L/min · m^2] 이상
㉰ 조작위치 : 5[m] 이상 떨어진 위치

49 액화천연가스의 저장설비 및 처리설비는 그 외면으로부터 사업소 경계까지 일정 규모 이상의 안전거리를 유지하여야 한다. 이때 사업소 경계가 (　)의 경우에는 이들의 반대편 끝을 경계로 보고 있다. (　)에 들어갈 수 있는 경우로 적합하지 않은 것은?

① 산　② 호수
③ 하천　④ 바다

해설 도시가스도매사업의 사업소경계를 반대편 끝으로 하는 경우
㉮ 바다, 호수, 하천
㉯ 전기발전사업, 가스공급업(고압가스, 액화석유가스 또는 도시가스의 제조, 충전, 판매사업을 말함) 및 창고업(위험물을 저장하는 창고업은 제외)의 부지 중에서 현재 사업용으로 사용하고 있는 부지
㉰ 도로 또는 철도
㉱ 수로 또는 공업용 수도
㉲ 연못

50 액화석유가스의 안전관리 및 사업법에서 규정하고 있는 안전관리자의 직무범위가 아닌 것은?

① 회사의 가스영업 활동
② 가스용품의 제조공정 관리
③ 사업소의 종업원에 대한 안전관리를 위하여 필요한 사항의 지휘 · 감독
④ 정기검사 및 수시검사 결과 부적합 판정을 받은 시설의 개선

해설 안전관리자의 업무 : 액법 시행령 제6조
㉮ 사업소 또는 액화석유가스 특정사용자의 액화석유가스 사용시설("특정사용시설")의 안전유지 및 검사기록의 작성, 보존

Answer 47. ④ 48. ② 49. ① 50. ①

㉯ 가스용품의 제조공정관리
㉰ 공급자의 의무이행 확인
㉱ 안전관리규정의 실시기록의 작성 · 보존
㉲ 정기검사 및 수시검사 결과 부적합 판정을 받은 시설의 개선
㉳ 사고의 통보
㉴ 사업소 또는 액화석유가스 특정사용시설의 종업원에 대한 안전관리를 위하여 필요한 사항의 지휘 · 감독
㉵ 그 밖의 위해 방지 조치

51 도시가스사업법의 목적에 포함되지 않는 것은?

① 공공의 안전을 확보
② 도시가스 사용자의 이익을 보호
③ 도시가스 사업을 합리적으로 조정, 육성
④ 가스 품질의 향상과 국가 기간산업의 발전을 도모

해설 도시가스 사업법 목적(도법 제1조) : 도시가스사업을 합리적으로 조정 · 육성하여 사용자의 이익을 보호하고 도시가스사업의 건전한 발전을 도모하며, 가스공급시설과 가스사용 시설의 설치 · 유지 및 안전관리에 관한 사항을 규정함으로써 공공의 안전을 확보함을 목적으로 한다.

52 액화석유가스 소형 저장탱크의 설치기준에 대한 설명 중 옳은 것은?

① 충전질량이 2000[kg] 이상인 것은 탱크간 거리를 1[m] 이상으로 하여야 한다.
② 동일 장소에 설치하는 탱크의 수는 6기 이하로 하고 충전질량 합계는 6000[kg] 미만이 되도록 하여야 한다.
③ 충전질량 1000[kg] 이상인 탱크는 높이 1[m] 이상의 경계책을 만들고 출입구를 설치하여야 한다.
④ 소형 저장탱크는 그 바닥이 지면보다 10[cm] 이상 높게 설치된 콘크리트 바닥 등에 설치하여야 한다.

해설 각 항목의 옳은 설명 : 소형 저장탱크 설치 기준
① 소형저장탱크의 탱크간 거리
ⓐ 충전질량 1000[kg] 미만 : 0.3[m] 이상
ⓑ 충전질량 1000[kg] 이상 : 0.5[m] 이상
② 동일 장소에 설치하는 소형 저장탱크의 수는 6기 이하로 하고, 충전질량 합계는 5000[kg] 미만이 되도록 한다.
④ 소형 저장탱크는 그 바닥이 지면보다 5[cm] 이상 높게 설치된 일체형 콘크리트 기초에 설치한다.

53 고압가스 취급소 등에서 폭발 및 화재의 원인이 되는 발화원으로 가장 거리가 먼 것은?

① 충격　② 마찰
③ 방전　④ 접지

해설 ㉮ 발화원(점화원)의 종류 : 전기불꽃(아크), 정전기, 단열압축, 마찰 및 충격불꽃 등
㉯ 접지 : 발화원에 해당하는 정전기를 제거하기 위한 것이다.

54 지하에 매몰할 수 없는 배관은?

① 도시가스용 탄소강관
② 가스용 폴리에틸렌관
③ 폴리에틸렌 피복강관
④ 분말 용착식 폴리에틸렌 피복강관

해설 지하에 매몰하는 배관
㉮ 폴리에틸렌 피복강관(KS D 3589)
㉯ 분말용착식 폴리에틸렌 피복강관(KS D 3607)
㉰ 가스용 폴리에틸렌관(KS M 3514)

Answer 51. ④ 52. ③ 53. ④ 54. ①

55 전수검사와 샘플링검사에 관한 설명으로 맞는 것은?

① 파괴검사의 경우에는 전수검사를 적용한다.
② 검사항목이 많을 경우 전수검사보다 샘플링검사가 유리하다.
③ 샘플링검사는 부적합품이 섞여 들어가서는 안 되는 경우에 적합하다.
④ 생산자에게 품질향상의 자극을 주고 싶을 경우 전수검사가 샘플링검사보다 더 효과적이다.

해설 (1) 전수검사가 유리한 경우 및 필요한 경우
㉮ 검사비용에 비해 효과가 클 때
㉯ 물품의 크기가 작고, 파괴검사가 아닐 대
㉰ 불량품이 혼합되면 안 될 때
㉱ 불량품이 다음 공정에 넘어가면 경제적으로 손실이 클 때
㉲ 불량품이 들어가면 안전에 중대한 영향을 미칠 때
㉳ 전수검사를 쉽게 할 수 있을 때
(2) 샘플링 검사가 유리한 경우 및 필요한 경우
㉮ 다수, 다량의 것으로 불량품이 있어도 문제가 없는 경우
㉯ 검사 항목이 많은 경우
㉰ 불완전한 전수검사에 비해 높은 신뢰성이 있을 때
㉱ 검사비용이 적은 편이 이익이 많을 때
㉲ 품질향상에 대하여 생산자에게 자극이 필요한 때
㉳ 물품의 검사가 파괴검사일 때
㉴ 대량 생산품이고 연속 제품일 때

56 다음 데이터의 제곱합(sum of squares)은 약 얼마인가?

[데이터]

18.8	19.1	18.8	18.2	18.4
18.3	19.0	18.6	19.2	

① 0.129 ② 0.338
③ 0.359 ④ 1.029

해설
㉮ 평균값 계산

$$\therefore \bar{x} = \frac{\sum x}{n} = \frac{\begin{Bmatrix} 18.8+19.1+18.8+18.2+18.4 \\ +18.3+19.0+18.6+19.2 \end{Bmatrix}}{9} = 18.71$$

㉯ 편차 제곱합 계산

$$\therefore S = (18.8-18.71)^2 + (19.1-18.71)^2 + (18.8-18.71)^2 + (18.2-18.71)^2 + (18.4-18.71)^2 + (18.3-18.71)^2 + (19.0-18.71)^2 + (18.6-18.71)^2 + (19.2-18.71)^2 = 1.029$$

57 Ralph M. Barnes 교수가 제시한 동작경제의 원칙 중 작업장 배치에 관한 원칙(arrangement of the workplace)에 해당되지 않는 것은?

① 가급적이면 낙하식 운반방법을 이용한다.
② 모든 공구나 재료는 지정된 위치에 있도록 한다.
③ 적절한 조명을 하여 작업자가 잘 보면서 작업할 수 있도록 한다.
④ 가급적 용이하고 자연스런 리듬을 타고 일할 수 있도록 작업을 구성하여야 한다.

해설 작업장 배치에 관한 원칙 : ①, ②, ③ 외
㉮ 공구와 재료는 작업이 용이하도록 작업자의 주위에 있어야 한다.
㉯ 재료를 될 수 있는 대로 사용위치 가까이에 공급할 수 있도록 중력을 이용한 호퍼 및 용기를 사용한다.
㉰ 공구 및 재료는 동작에 가장 편리한 순서로 배치한다.
㉱ 의자와 작업대의 모양과 높이는 각 작업자에게 알맞도록 설계하고 지급한다.

Answer 55. ② 56. ④ 57. ④

58 직물, 금속, 유리 등의 일정 단위 중 나타나는 흠의 수, 핀홀 수 등 부적합수에 관한 관리도를 작성하려면 가장 적합한 관리도는?

① c 관리도 ② np 관리도

③ p 관리도 ④ $\overline{X}-R$ 관리도

해설 c 관리도 : 샘플에 포함된 부적합수를 사용하여 공정을 평가하기 위한 관리도로서 검사하는 시료의 면적이나 길이 등이 일정한 경우 등과 같이 일정단위 중에 나타나는 흠의 수, 부적합수를 취급할 때 사용된다.

59 국제 표준화의 의의를 지적한 설명 중 직접적인 효과로 보기 어려운 것은?

① 국제간 규격통일로 상호 이익도모

② KS 표시품 수출 시 상대국에서 품질인증

③ 개발도상국에 대한 기술개발의 촉진을 유도

④ 국가 간의 규격상이로 인한 무역장벽의 제거

해설 국제표준화의 의의(성과)

㉮ 각국의 규격의 국제성을 증대하고 상호이익을 도모한다.

㉯ 각국의 기술이 국제수준에 도달하도록 장려한다.

㉰ 국제 분업의 확립 및 산업적 후진국에 대한 기술개발의 촉진을 유도한다.

㉱ 국제간의 산업기술에 관한 지식의 교류 및 경제거래의 활발화를 촉진시켜 무역장벽을 제거한다.

㉲ 국제규격 제정에 우리의 입장을 반영하고, 국제규격을 우리의 규격에 반영한다.

60 어떤 회사의 매출액이 80000원, 고정비가 15000원, 변동비가 40000원일 때 손익분기점 매출액은 얼마인가?

① 25000원 ② 30000원

③ 40000원 ④ 55000원

해설 손익분기점(BEP) $= \dfrac{\text{고정비}(F)}{1-\dfrac{\text{변동비}(V)}{\text{매출액}(S)}}$

$= \dfrac{15000}{1-\dfrac{40000}{80000}} = 30000[\text{원}]$

※ 제64회 필기시험부터 CBT시험으로 시행하므로 필기시험문제가 공개되지 않습니다.

Answer 58. ① 59. ② 60. ②

MEMO

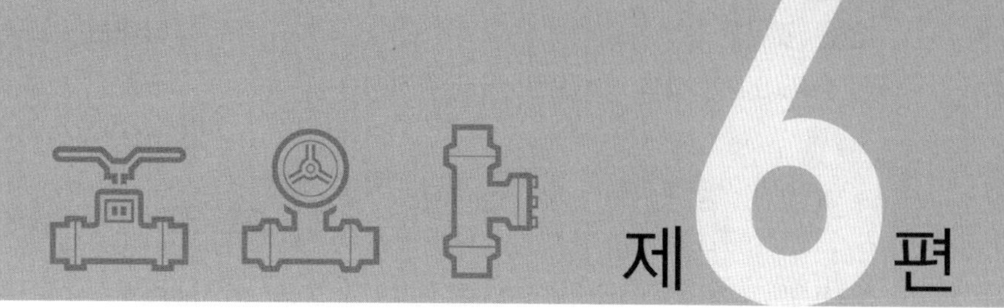

제 6 편

CBT 복원문제

2019년 시행 CBT 복원문제

CBT 필기시험 복원문제는 수험자의 기억에 의하여 복원된 것이므로 실제 출제문제와는 차이가 있을 수 있습니다.

CBT 필기시험 안내

□ CBT(Computer Based Test) 필기시험은 컴퓨터 기반 시험을 의미하여, 국가기술자격 기능장 전종목이 2018년 제64회 필기시험부터 시행되고 있습니다.

□ CBT 필기시험은 CBT 문제은행에서 랜덤(ramdon)으로 문제가 선별되어 시간별로 상이하게 문제가 출제되므로 시험문제는 비공개로 되며, 수험자가 답안을 제출함과 동시에 합격여부를 확인할 수 있습니다.

□ CBT 시험과정은 큐넷(q-net.or.kr)에서 CBT 체험하기를 통해 실제 컴퓨터 필기 자격시험 환경과 동일하게 구성한 가상 체험 서비스를 제공받을 수 있습니다.

2019년도 가스기능장 CBT 필기시험 복원문제 (1)

CBT 필기시험 복원문제는 수험자의 기억에 의하여 복원된 것이므로 실제 출제문제와는 차이가 있을 수 있습니다.

01 SI 단위인 Joule[J]에 대한 설명으로 옳지 않은 것은?

① 1Newton의 힘의 방향으로 1[m] 움직이는데 필요한 일이다.

② 1[Ω]의 저항에 1[A]의 전류가 흐를 때 1초간 발생하는 열량이다.

③ 1[kg]의 질량을 1[m/s^2] 가속시키는데 필요한 힘이다.

④ 1Joule은 약 0.24[cal]에 해당한다.

해설 1Joule[J]의 정의

㉮ 일의 단위 : 1[N]의 힘의 방향으로 1[m] 움직이는데 필요한 일이다.
∴1[J] = 1[N·m]

㉯ 줄의 법칙 : 전류에 의해 도선에 발생하는 열량은 전류($I[A]$) 세기의 제곱과 도선의 저항($R[\Omega]$) 및 전류가 흐르는 시간($t[s]$)에 비례한다.

$$\therefore H = I^2 Rt[\mathrm{J}] = \frac{I^2 Rt}{4.185} \fallingdotseq 0.24[\mathrm{cal}]$$

㉰ 1[J]은 약 0.24[cal], 1[cal]는 약 4.185[J]에 해당한다.

※ 1[kg]의 질량을 1[m/s^2] 가속시키는데 필요한 힘이 1[N]이다.

∴ 1[N] = 1[kg] · 1[m/s^2] = 1[kg · m/s^2]

02 기체의 압력이 클수록 액체 용매에 잘 용해된다는 것을 설명한 법칙은?

① 아보가드로 ② 게이뤼삭
③ 보일 ④ 헨리

해설 헨리의 법칙 : 일정온도에서 일정량의 액체에 녹는 기체의 질량은 압력에 정비례한다.

㉮ 수소(H_2), 산소(O_2), 질소(N_2), 이산화탄소(CO_2) 등과 같이 물에 잘 녹지 않는 기체만 적용된다.

㉯ 염화수소(HCl), 암모니아(NH_3), 이산화황(SO_2) 등과 같이 물에 잘 녹는 기체는 적용되지 않는다.

03 섭씨온도[℃]와 화씨온도[°F]가 같은 값을 나타내는 온도는?

① −20[℃] ② −40[℃]
③ −50[℃] ④ −60[℃]

해설 $°F = \frac{9}{5}℃ + 32$에서 [°F]와 [℃]가 같으므로 x로 놓으면 $x = \frac{9}{5}x + 32$가 된다.

$$\therefore x - \frac{9}{5}x = 32, \quad x\left(1 - \frac{9}{5}\right) = 32$$

$$\therefore x = \frac{32}{1 - \frac{9}{5}} = -40$$

04 비중량이 1.22[kgf/m^3], 동점성계수가 0.15×10^{-4} [m^2/s]인 건조공기의 점성계수(poise)는?

① 1.83×10^{-4} ② 1.83×10^{-6}
③ 1.23×10^{-4} ④ 1.23×10^{-6}

해설 ㉮ 동점성계수를 이용한 공학단위, MKS단위 점성계수(μ) 계산

$\nu = \frac{\mu}{\rho}$에서

$$\therefore \mu = \rho \times \nu = \frac{\gamma}{g} \times \nu = \frac{1.22}{9.8} \times 0.15 \times 10^{-4} = 1.8673 \times 10^{-6}[\mathrm{kgf \cdot s/m^3}]$$

㉯ 절대단위 점성계수(μ) 계산 : 공학단위에서 절대단위로 환산할 때 중력가속도 9.8[m/s^2]을 곱하고 MKS단위에서 CGS단위로 변경될 때는 10배의 단위환산이 발생한다.

$$\therefore \mu = 1.8673 \times 10^{-6} \times 9.8 \times 10 = 1.8299 \times 10^{-4}[\mathrm{g/cm \cdot s}] = 1.8299 \times 10^{-4}[\mathrm{poise}]$$

Answer 1. ③ 2. ④ 3. ② 4. ①

05 특수가스의 하나인 실란(SiH_4)의 위험성에 대하여 옳은 것은?

① 공기 중에 누출되면 자연발화 한다.
② 태양광에 의해 쉽게 분해된다.
③ 분해 시 독성물질을 생성한다.
④ 상온에서 쉽게 분해된다.

해설 실란(SiH_4)의 주요 특징
㉮ 분자량이 32, 무색 불쾌한 냄새가 난다.
㉯ 가연성가스(1.37~100[%])로 공기 중에서 자연발화 한다.
㉰ 강력한 환원성을 갖는다.
㉱ 물과 서서히 반응하며, 할로겐족과 반응한다.
㉲ 가열하면 실리콘과 수소로 분해한다.
㉳ 반도체 공정의 도핑액으로 사용한다.

06 LP가스의 일반적인 성질에 대한 설명으로 틀린 것은?

① LP가스의 밀도는 공기보다 적다.
② 순수한 LP가스는 맛과 냄새가 없다.
③ LP가스는 기화 및 액화가 용이하다.
④ 발열량이 크고 연소 시 많은 공기가 필요하다.

해설 LP 가스의 일반적인 성질
㉮ LP가스는 공기보다 무겁다.
㉯ 액상의 LP가스는 물보다 가볍다.
㉰ 액화, 기화가 쉽다.
㉱ 기화하면 체적이 커진다.
㉲ 기화열(증발잠열)이 크다.
㉳ 무색, 무취, 무미하다.
㉴ 용해성이 있다.
㉵ 정전기 발생이 쉽다.
※ 가스의 밀도 $= \frac{분자량}{22.4}$ 이므로 분자량이 큰 가스가 밀도가 크다. (공기의 분자량 29, 프로판의 분자량은 44이다)

07 이상기체(Ideal gas)의 성질이 아닌 것은?

① 아보가드로의 법칙에 따른다.
② 보일-샤를의 법칙을 만족한다.
③ 비열비$\left(k=\frac{C_p}{C_v}\right)$는 온도에 관계없이 일정하다.
④ 내부에너지는 체적에 무관하며 압력에 의해서만 결정된다.

해설 이상기체의 성질
㉮ 보일-샤를의 법칙을 만족한다.
㉯ 아보가드로의 법칙에 따른다.
㉰ 내부에너지는 체적에 무관하며, 온도에 의해서만 결정된다. (내부에너지는 온도만의 함수이다.)
㉱ 온도에 관계없이 비열비는 일정하다.
㉲ 기체의 분자력과 크기도 무시되며 분자간의 충돌은 완전 탄성체이다.

08 다음은 비점이 낮은 순서로 나열한 것이다. 옳은 것은?

① $H_2 - O_2 - N_2$ ② $H_2 - N_2 - O_2$
③ $O_2 - N_2 - H_2$ ④ $N_2 - O_2 - H_2$

해설 각 가스의 비점

명칭	비점
수소(H_2)	−252[℃]
질소(N_2)	−197[℃]
산소(O_2)	−183[℃]

09 체적비로 프로판 4[%], 메탄 16[%], 공기 80[%]의 조성을 가지는 혼합기체의 폭발하한 값은 얼마인가? (단, 프로판과 메탄의 폭발하한 값은 각각 2.2[%], 5.0[%]이다.)

① 3.79[%] ② 3.99[%]
③ 4.19[%] ④ 4.39[%]

Answer 5. ① 6. ① 7. ④ 8. ② 9. ②

해설 $\frac{100}{L} = \frac{V_1}{L_1} + \frac{V_2}{L_2}$ 에서 가연성가스가 차지하는 체적비율이 20[%]이므로 혼합기체의 폭발하한 값은 다음과 같다.

$$\therefore L = \frac{20}{\frac{4}{2.2} + \frac{16}{5}} = 3.985[\%]$$

10 LNG의 주성분에 해당하는 것은?

① 에탄 ② 프로판
③ 메탄 ④ 부탄

해설 LNG는 메탄(CH_4)을 주성분으로 하며 에탄(C_2H_6), 프로판(C_3H_8), 부탄(C_4H_{10}) 등이 일부 포함되어 있다.

11 LP가스를 펌프로 이송할 때의 단점에 대한 설명으로 틀린 것은?

① 충전시간이 길다.
② 잔가스 회수가 불가능하다.
③ 부탄의 경우 저온에서 재액화 현상이 있다.
④ 베이퍼 로크 현상이 일어날 수 있다.

해설 펌프 사용 시 특징
(1) 장점
㉮ 재액화 현상이 없다.
㉯ 드레인 현상이 없다.
(2) 단점
㉮ 충전시간이 길다.
㉯ 탱크로리 내의 잔가스 회수가 불가능하다.
㉰ 베이퍼 로크 현상이 발생한다.

12 고압가스설비의 배관재료로서 내압부분에 사용해서는 안 되는 재료의 탄소함량의 기준은?

① 0.35[%] 이상 ② 0.35[%] 미만
③ 0.5[%] 이상 ④ 0.5[%] 미만

해설 고압가스 배관 등의 내압부분에 사용해서는 안 되는 재료
㉮ 탄소 함유량이 0.35[%] 이상의 탄소강재 및 저합금강재로서 용접구조에 사용되는 재료
㉯ KS D 3507(배관용 탄소강관)
㉰ KS D 3583(배관용 아크용접 탄소강관)
㉱ KS D 4301(회주철)

13 다음 [보기]에서 설명하는 강(鋼)으로 가장 옳은 것은?

[보기]
- 인성, 연성, 내식성이 우수하다.
- 결정구조는 FCC 이고 비자성이다.
- 대표 강으로는 18-8 스테인리스강이 있다.

① 구리 - 아연강(Cu-Zn steel)
② 구리 - 주석강(Cu-Sn steel)
③ 몰리브덴 - 크롬강(Mo-Cr steel)
④ 크롬 - 니켈강(Cr-Ni steel)

해설 18-8 스테인리스강 : 크롬(Cr) 17~20[%], 니켈(Ni) 7~10[%]를 함유하는 것으로 내식성, 내산성이 우수하다.

14 다음 ( )안에 들어갈 수 있는 경우로 옳지 않은 것은?

액화천연가스의 저장설비 및 처리설비는 그 외면으로부터 사업소 경계까지 일정규모 이상의 안전거리를 유지하여야 한다. 이 때 사업소 경계가 ( )의 경우에는 이들의 반대편 끝을 경계로 보고 있다.

① 산 ② 호수
③ 하천 ④ 바다

Answer 10. ③ 11. ③ 12. ① 13. ④ 14. ①

해설 도시가스도매사업의 사업소경계를 반대편 끝으로 하는 경우
㉮ 바다, 호수, 하천
㉯ 전기발전사업, 가스공급업(고압가스, 액화석유가스 또는 도시가스의 제조, 충전, 판매사업을 말함) 및 창고업(위험물을 저장하는 창고업은 제외)의 부지 중에서 현재 사업용으로 사용하고 있는 부지
㉰ 도로 또는 철도
㉱ 수로 또는 공업용 수도
㉲ 연못

15 열역학의 제3법칙에 대하여 옳게 설명한 것은?

① 에너지 보존의 법칙이다.
② 절대온도 0도에 이르게 할 수 없다.
③ 열은 일로 또는 일은 열로 바꿀 수 있다.
④ 열은 스스로 저온 물체로부터 고온물체로 이동할 수 없다.

해설 열역학 법칙
㉮ 열역학 제0법칙 : 열평형의 법칙
㉯ 열역학 제1법칙 : 에너지 보존의 법칙
㉰ 열역학 제2법칙 : 방향성의 법칙
㉱ 열역학 제3법칙 : 어느 열기관에서나 절대온도 0도로 이르게 할 수 없다.

16 고압가스용 기화장치의 구성요소에 해당하지 않는 것은?

① 열교환기
② 열매온도 제어장치
③ 액유출 방지장치
④ 긴급차단장치

해설 기화장치 구성요소(기기) : 열교환기, 열매온도 제어장치, 열매과열 방지장치, 액면제어장치(액유출 방지장치), 압력조정기, 안전밸브

17 배관의 이음방법 중 플랜지를 접합하는 방법이 아닌 것은?

① 나사식 ② 노허브식
③ 블라인드식 ④ 소켓용접식

해설 접합 방법에 의한 플랜지의 분류
㉮ 소켓 용접형(slip on type)
㉯ 맞대기 용접형(weld neck type)
㉰ 나사 결합형
㉱ 삽입 용접형
㉲ 블라인드형
㉳ 랩 조인트형(lapped joint type)
※ 노허브 이음(no-hub joint) : 주철관 이음에서 종래 사용하여 오던 소켓이음을 개량한 것으로 스테인리스강 커플링과 고무링만으로 쉽게 이음 할 수 있는 방법이다.

18 냉동배관에서 압축기 다음에 설치하는 유분리기의 분리 방법에 따른 종류가 아닌 것은?

① 전기식 ② 원심식
③ 가스 충돌식 ④ 유속 감소식

해설 냉동용 압축기 유분리기의 종류
㉮ 유속 감소식(중력식) : 오일이 함유된 냉매가스를 큰 용기에 유입하여 가스의 속도를 낮추어(1[m/s] 정도) 유적(油滴)을 낙하시켜 분리시키는 방식
㉯ 가스 충돌식 : 가스를 용기 내에 유입하여 여러 개의 작은 구멍이 뚫려 있는 차단판에 가스를 충돌시키거나, 금속선으로 만든 망(網)을 설치하고 여기에 가스를 통과시켜 판이나 망에 부착하는 유적을 분리하는 방식
㉰ 원심식(원심분리형) : 입형 원통 내에 선회판을 설치하여 가스에 선회운동을 주어 유적을 원심분리하도록 한 방식

Answer 15. ② 16. ④ 17. ② 18. ①

19 **공기액화 분리장치의 폭발원인으로 가장 거리가 먼 것은?**

① 공기 취입구로부터의 사염화탄소의 침입
② 압축기용 윤활유의 분해에 따른 탄화수소의 생성
③ 공기 중에 있는 질소 화합물(산화질소 및 과산화질소 등)의 흡입
④ 액체 공기 중의 오존의 혼입

해설 공기액화 분리장치의 폭발 원인
㉮ 공기 취입구로부터 아세틸렌의 혼입
㉯ 압축기용 윤활유 분해에 따른 탄화수소의 생성
㉰ 공기 중 질소화합물(NO, NO_2)의 혼입
㉱ 액체공기 중에 오존(O_3)의 혼입

20 **일반도시가스 공급시설의 기화장치에 대한 기준으로 틀린 것은?**

① 기화장치에는 액화가스가 넘쳐흐르는 것을 방지하는 장치를 설치한다.
② 기화장치는 직화식 가열구조가 아닌 것으로 한다.
③ 기화장치로서 온수로 가열하는 구조의 것은 급수부에 동결방지를 위하여 부동액을 첨가한다.
④ 기화장치의 조작용 전원이 정지할 때에도 가스공급을 계속 유지할 수 있도록 자가발전기를 설치한다.

해설 기화장치로서 온수로 가열하는 구조의 것은 온수부에 동결방지를 위하여 부동액을 첨가하거나 불연성 단열재로 피복한다.

21 **아세틸렌 충전작업의 기준에 대한 설명 중 틀린 것은?**

① 아세틸렌을 2.5[MPa]의 압력으로 압축하는 때에는 질소, 메탄, 일산화탄소 또는 에틸렌 등의 희석제를 첨가한다.
② 습식 아세틸렌발생기의 표면은 70[℃] 이하의 온도로 유지하고, 그 부근에서는 불꽃이 튀는 작업을 하지 아니한다.
③ 아세틸렌을 용기에 충전하는 때에는 미리 용기에 다공물질을 고루 채워 다공도가 75[%] 이상 92[%] 미만이 되도록 한 후 아세톤 또는 디메틸포름아미드를 고루 침윤시키고 충전한다.
④ 아세틸렌을 용기에 충전하는 때의 충전 중의 압력은 1.5[MPa] 이하로 하고, 충전 후에는 압력이 15[℃]에서 1.0[MPa] 이하로 될 때까지 정치하여 둔다.

해설 아세틸렌 용기 압력
㉮ 충전 중의 압력 : 온도에 관계없이 2.5[MPa] 이하
㉯ 충전 후의 압력 : 15[℃]에서 1.5[MPa] 이하

22 **냉동설비에 사용되는 냉매가스의 구비조건으로 틀린 것은?**

① 안전성이 있어야 한다.
② 증기의 비체적이 커야 한다.
③ 증발열이 커야 한다.
④ 응고점이 낮아야 한다.

해설 냉매의 구비조건
㉮ 응고점이 낮고 임계온도가 높으며 응축, 액화가 쉬울 것
㉯ 증발잠열이 크고 기체의 비체적이 적을 것
㉰ 오일과 냉매가 작용하여 냉동장치에 악영향을 미치지 않을 것
㉱ 화학적으로 안정하고 분해하지 않을 것
㉲ 금속에 대한 부식성 및 패킹재료에 악영향이 없을 것
㉳ 인화 및 폭발성이 없을 것
㉴ 인체에 무해할 것(비독성가스 일 것)

Answer 19. ① 20. ③ 21. ④ 22. ②

㉮ 액체의 비열은 작고, 기체의 비열은 클 것
㉯ 경제적일 것(가격이 저렴할 것)
㉰ 단위 냉동량당 소요 동력이 적을 것

23 지름 45[mm]의 축에 보스길이 50[mm]인 기어를 고정시킬 때 축에 걸리는 최대 토크가 20000[kgf·mm]일 경우 키(폭 = 12[mm], 높이 = 8[mm])에 발생되는 압축응력은 약 몇 [kgf/mm^2]인가? (단, 키 홈의 높이는 1/2이고, 키의 길이는 보스의 길이와 같다.)

① 2.4 ② 3.4
③ 4.4 ④ 5.4

해설 $\sigma_c = \frac{4T}{hLD} = \frac{4 \times 20000}{8 \times 50 \times 45} = 4.444 [\text{kgf/mm}^2]$

24 다음과 같은 조건의 냉동용 압축기 소요동력은 약 몇 [kW]인가?

[조건]
- 냉동능력 : 27000[kcal/h]
- 팽창밸브직전 냉매액의 엔탈피 : 128[kcal/kg]
- 압축기 흡입가스의 엔탈피 : 398[kcal/kg]
- 압축기 토출가스의 엔탈피 : 454[kcal/kg]
- 압축효율 : 0.8
- 압축기 마찰부분에 의하여 소요되는 동력 : 0.8[kW]

① 7.3 ② 8.1
③ 8.9 ④ 9.1

해설 ㉮ 냉매순환량(G) 계산

$$\therefore G = \frac{Q_e}{q_e} = \frac{27000}{398 - 128} = 100 [\text{kg/h}]$$

㉯ 소요동력(L) 계산

$$\therefore L = \frac{G \times W}{860 \eta_c} = \frac{100 \times (454 - 398)}{860 \times 0.8} + 0.8 = 8.939 [\text{kW}]$$

25 일반도시가스사업자 시설의 정압기에 설치되는 안전밸브 분출부 크기 기준으로 옳은 것은?

① 정압기 입구 압력이 0.5MPa 이상인 것은 50A 이상
② 정압기 입구 압력에 관계없이 80A 이상
③ 정압기 입구 압력이 0.5MPa 이상인 것으로서 설계유량이 1000m^3 이상인 것은 32A 이상
④ 정압기 입구 압력이 0.5MPa 이상인 것으로서 설계유량이 1000m^3 미만인 것은 32A 이상

해설 정압기 안전밸브 분출부 크기
(1) 정압기 입구측 압력이 0.5MPa 이상 : 50A 이상
(2) 정압기 입구측 압력이 0.5MPa 미만
㉮ 정압기 설계유량이 1000Nm^3/h 이상 : 50A 이상
㉯ 정압기 설계유량이 1000Nm^3/h 미만 : 25A 이상

26 시간당 10[m^3]의 LP가스를 길이 100[m] 떨어진 곳에 저압으로 공급하고자 한다. 압력손실이 30[mmH$_2$O]이면 필요한 최소 배관지름은 약 몇 [mm] 인가? (단, Pole 상수는 0.7, 가스비중은 1.5 이다.)

① 20[mm] ② 30[mm]
③ 40[mm] ④ 50[mm]

Answer 23. ③ 24. ③ 25. ① 26. ③

해설 $Q = K\sqrt{\frac{D^5 H}{SL}}$ 에서

$$\therefore D = \sqrt[5]{\frac{Q^2 SL}{K^2 H}} = \sqrt[5]{\frac{10^2 \times 1.5 \times 100}{0.7^2 \times 30}} \times 10 = 39.97[\text{mm}]$$

27 압축기에서 윤활유를 사용하는 목적이 아닌 것은?

① 마찰 시 생기는 열을 제거한다.
② 소요 동력을 감소시킨다.
③ 실린더의 벽과 피스톤의 마찰로 인한 마모를 방지한다.
④ 기계효율을 감소시킨다.

해설 윤활유 사용 목적
㉮ 활동부에 유막을 형성하여 마찰저항을 적게 하며, 운전을 원활하게 한다.
㉯ 유막을 형성하여 가스의 누설을 방지한다.
㉰ 활동부의 마찰열을 제거하여 기계효율을 높인다.

28 압축기와 그 가스 충전용기 보관장소 사이에 반드시 설치하여야 하는 것은? (단, 압력이 10.0[MPa]인 경우이다.)

① 가스방출장치 ② 방호벽
③ 안전밸브 ④ 액면계

해설 방호벽 설치 장소 : 아세틸렌가스, 압력이 9.8[MPa] 이상인 압축가스를 용기에 충전하는 경우
㉮ 압축기와 충전장소 사이
㉯ 압축기와 가스충전용기 보관장소 사이
㉰ 충전장소와 가스충전용기 보관장소 사이
㉱ 충전장소와 충전용 주관 밸브 조작장소 사이

29 차량에 고정된 탱크의 안전운행기준으로 운행을 완료하고 점검하여야 할 사항이 아닌 것은?

① 밸브의 이완상태
② 부속품 등의 볼트 연결 상태
③ 자동차 운행등록허가증 확인
④ 경계표지 및 휴대품 등의 손상유무

해설 운행 종료 시 조치사항(점검사항)
㉮ 밸브 등의 이완이 없도록 한다.
㉯ 경계표지와 휴대품 등의 손상이 없도록 한다.
㉰ 부속품 등의 볼트 연결 상태가 양호하도록 한다.
㉱ 높이 검지봉과 부속배관 등이 적절히 부착되어 있도록 한다.
㉲ 가스의 누출 등의 이상 유무를 점검하고, 이상이 있을 때에는 보수를 하거나 그 밖에 위험을 방지하기 위한 조치를 한다.

30 독성가스를 사용하는 냉매설비를 설치한 곳에는 냉동능력 얼마 이상의 면적을 갖는 환기구를 직접 외기에 닿도록 설치하여야 하는가?

① 0.05[m^2/ton] ② 0.1[m^2/ton]
③ 0.5[m^2/ton] ④ 1.0[m^2/ton]

해설 냉동제조시설 환기능력
㉮ 통풍구 크기 : 냉동능력 1톤당 0.05[m^2] 이상
㉯ 기계 통풍장치 : 냉동능력 1톤당 2[m^3/분] 이상

31 지하에 설치하는 액화석유가스 저장탱크실 재료의 규격으로 옳은 것은?

① 설계강도 : 25[MPa] 이상
② 물-결합재비 : 25[%] 이하
③ 슬럼프(slump) : 50~150[mm]
④ 굵은 골재의 최대 치수 : 25[mm]

Answer 27. ④ 28. ② 29. ③ 30. ① 31. ④

해설 저장탱크실 재료의 규격 〈17. 9. 29개정〉

항목	규격
굵은 골재의 최대치수	25[mm]
설계강도	21[MPa] 이상
슬럼프(slump)	120~150[mm]
공기량	4[%] 이하
물-결합재비	50[%] 이하
그 밖의 사항	KS F 4009(레디믹스트 콘크리트)에 따른 규정

[비고] 수밀콘크리트의 시공기준은 국토교통부가 제정한 "콘크리트표준 시방서"를 준용한다.

32 특수강에 영향을 주는 원소 중 크롬(Cr)을 첨가하는 목적으로 옳은 것은?

① 취성을 증가시키기 위하여
② 결정입도를 조정하기 위하여
③ 전성, 침탄효과를 증가시키기 위하여
④ 내식성, 내마모성을 증가시키기 위하여

해설 크롬(Cr)의 영향 : 내식성, 내열성을 증가시키며, 탄화물의 생성을 용이하게 하여 내마모성을 증가시킨다.

33 품질유지대상인 고압가스의 종류가 아닌 것은?

① 메탄
② 프로판
③ 프레온 22
④ 연료전지용으로 사용되는 수소가스

해설 품질유지 대상인 고압가스의 종류 : 고법 시행규칙 제45조, 별표26

㉮ 냉매로 사용되는 가스 : 프레온 22, 프레온 134a, 프레온 404a, 프레온 407c, 프레온 410a, 프레온 507a, 프레온 1234yf, 프로판, 이소부탄
㉯ 연료전지용으로 사용되는 수소가스

34 고압가스 적용범위에서 제외되지 않는 고압가스는?

① 오토클레이브 안의 아세틸렌
② 액화브롬화메탄 제조설비 외에 있는 액화브롬화메탄
③ 냉동능력이 3톤 미만인 냉동설비 안의 고압가스
④ 항공법의 적용을 받는 항공기 안의 고압가스

해설 고압가스 안전관리법의 적용 대상이 되는 가스 중 제외되는 고압가스(고법 시행령 별표1) : "오토클레이브 안의 고압가스"는 법적용에서 제외되지만 수소, 아세틸렌 및 염화비닐은 법 적용을 받는다.

35 고압가스 저장시설 기준에 있어서 가연성 가스의 저장능력이 15000[m^3]일 때 제1종 보호시설과의 안전거리 기준은?

① 10[m] ② 12[m]
③ 17[m] ④ 21[m]

해설 가연성가스, 독성가스의 보호시설과 안전거리 기준

저장능력	제1종	제2종
1만 이하	17[m]	12[m]
1만 초과 2만 이하	21[m]	14[m]
2만 초과 3만 이하	24[m]	16[m]
3만 초과 4만 이하	27[m]	18[m]
4만 초과 5만 이하	30[m]	20[m]
5만 초과 99만 이하	30[m]	20[m]
99만 초과	30[m]	20[m]

∴ 제1종 보호시설과 유지거리는 21[m]이다.

36 질소 1.36[kg]이 압력 600[kPa]하에서 팽창하여 체적이 0.01[m^3] 증가하였다. 팽창과정에서 20[kJ]의 열이 공급되었고 최종 온도가 93[℃]이었다면 초기 온도는 약 몇 [℃]인가? (단, 정적비열은 0.74[kJ/kg·℃]이다.)

① 59 ② 69 ③ 79 ④ 89

Answer 32. ④ 33. ① 34. ① 35. ④ 36. ③

해설 ㉮ 600[kPa] 압력은 일정하게 유지되고, 최종온도 93[℃]의 질소 1.36[kg]이 차지하는 체적 계산
$PV_2 = GRT_2$ 에서

$$\therefore V_2 = \frac{GRT_2}{P} = \frac{1.36 \times \frac{8.314}{28} \times (273+93)}{600} = 0.2463\,[\mathrm{m}^3]$$

㉯ 초기온도(T_1) 계산

$\frac{P_1 V_1}{T_1} = \frac{P_2 V_2}{T_2}$ 에서 $P_1 = P_2$이다.

$$\therefore T_1 = \frac{V_1 T_2}{V_2} = \frac{(0.2463 - 0.01) \times (273+93)}{0.2463} = 351.140\,K - 273 = 78.140\,[℃]$$

37 연소의 3요소가 바르게 나열된 것은?

① 가연물, 점화원, 산소
② 수소, 점화원, 가연물
③ 가연물, 산소, 이산화탄소
④ 가연물, 이산화탄소, 점화원

해설 연소의 3요소 : 가연물, 산소 공급원, 점화원

38 도시가스사업의 범위에 해당되지 않는 경우는?

① 가스도매사업
② 일반도시가스사업
③ 도시가스충전사업
④ 석유정제사업

해설 도시가스사업(도법 제2조 1의2) : 수요자에게 도시가스를 공급하거나 도시가스를 제조하는 사업(석유 및 석유대체연료 사업법에 따른 석유정제업은 제외한다.)으로서 가스도매사업, 일반도시가스사업, 도시가스충전사업, 나프타부생가스 · 바이오가스제조사업 및 합성천연가스제조사업을 말한다.

39 공동 주택에 압력 조정기를 설치할 경우 설치 기준으로 맞는 것은?

① 공동주택 등에 공급되는 가스압력이 중압 이상으로서 전세대수가 200세대 미만인 경우 설치할 수 있다.
② 공동주택 등에 공급되는 가스압력이 저압으로서 전세대수가 250세대 미만인 경우 설치할 수 있다.
③ 공동주택 등에 공급되는 가스압력이 중압 이상으로서 전세대수가 300세대 미만인 경우 설치할 수 있다.
④ 공동주택 등에 공급되는 가스압력이 저압으로서 전세대수가 350세대 미만인 경우 설치할 수 있다.

해설 압력조정기 설치 기준
㉮ 중압이상 : 150세대 미만
㉯ 저압 : 250세대 미만
㉰ 단, 한국가스안전공사의 안전성평가를 받고 그 결과에 따라 안전관리 조치를 한 경우 규정세대수의 2배로 할 수 있다.

40 800[K]의 고열원과 400[K]의 저열원 사이에서 작동하는 카르노사이클에 공급하는 열량이 사이클 당 400[kJ]이라 할 때 1사이클 당 외부에 하는 일은 몇 [kJ]인가?

① 150 ② 200
③ 250 ④ 300

해설 $\eta = \frac{W}{Q_1} = \left(1 - \frac{T_2}{T_1}\right)$ 에서 일량(W)은

$$\therefore W = Q_1 \times \left(1 - \frac{T_2}{T_1}\right) = 400 \times \left(1 - \frac{400}{800}\right) = 200\,[\mathrm{kJ}]$$

Answer 37. ① 38. ④ 39. ② 40. ②

41 **도시가스사업 허가의 세부기준이 아닌 것은?**

① 도시가스가 공급 권역 안에서 안정적으로 공급될 수 있도록 할 것
② 도시가스 사업계획이 확실히 수행될 수 있을 것
③ 도시가스를 공급하는 권역이 중복되지 않을 것
④ 도시가스 공급이 특정지역에 집중되어 있어야 할 것

해설 도시가스사업 허가의 세부기준 : 도법 시행규칙 제5조
㉮ 도시가스를 공급하려는 권역이 다른 도시가스사업자의 공급권역과 중복되지 않을 것
㉯ 도시가스사업이 적정하게 수행될 수 있도록 자기자본 비율이 도시가스 공급개시 연도까지는 30% 이상이고 개시연도의 다음 해부터는 계속 20% 이상 유지되도록 사업계획이 수립되어 있을 것
㉰ 도시가스가 공급권역에서 안정적으로 공급될 수 있도록 원료 조달 및 간선 배관망 건설에 관한 사업계획이 수립되어 있을 것
㉱ 도시가스 공급이 특정지역에 편중되지 아니할 것
㉲ 도시가스의 안정적 공급을 위하여 별표 6항에서 정하는 예비시설을 갖출 것
㉳ 천연가스를 도시가스 원료로 사용할 계획인 경우에는 사업계획이 천연가스를 공급받는데 적합할 것

42 **프로판가스에 대한 최소산소 농도값(MOC)를 추산하면 얼마인가? (단, C_3H_8의 폭발하한치는 2.1[v%]이다.)**

① 8.5[%] ② 9.5[%]
③ 10.5[%] ④ 11.5[%]

해설 ㉮ 프로판의 완전연소 반응식
$C_3H_8 + 5O_2 \rightarrow 3CO_2 + 4H_2O$
㉯ 최소산소농도계산

$$\therefore MOC = LFL \times \frac{\text{산소몰수}}{\text{연료몰수}} = 2.1 \times \frac{5}{1} = 10.5[\%]$$

43 **액화석유가스시설에서의 사고발생시 사고의 통보방법에 대한 설명으로 틀린 것은?**

① 사람이 부상당하거나 중독된 사고에 대한 상보는 사고 발생 후 15일 이내에 통보하여야 한다.
② 사람이 사망한 사고에 대한 상보는 사고 발생 후 20일 이내에 통보하여야 한다.
③ 한국가스안전공사가 사고조사를 실시한 때에는 상보를 하지 않을 수 있다.
④ 가스누출에 의한 폭발 또는 화재사고에 대한 속보는 즉시 하여야 한다.

해설 (1) 사고의 통보방법 : 액법 시행규칙 별표22

사고 종류	통보기한	
	속보	상보
사람이 사망한 사고	즉시	사고 발생 후 20일 이내
사람이 부상하거나 중독된 사고	즉시	사고 발생 후 10일 이내
가스누출로 인한 폭발이나 화재사고	즉시	–
가스시설이 손괴되거나 가스누출로 인하여 인명대피나 가스의 공급중단이 발생한 사고	즉시	–
액화석유가스 사업자 등의 저장탱크 또는 소형저장탱크에서 가스가 누출된 사고	즉시	–

[비고] 한국가스안전공사가 도법 56조 제2항에 따라 사고조사를 실시하면 상보를 하지 않을 수 있다.
※ 속보 : 전화나 팩스를 이용한 통보
※ 상보 : 서면으로 제출하는 상세한 통보

(2) 통보내용에 포함되어야 할 사항 : 속보인 경우 ㉲항과 ㉳항의 내용을 생략할 수 있다.
㉮ 통보자의 소속, 직위, 성명 및 연락처

Answer 41. ④ 42. ③ 43. ①

㉯ 사고 발생 일시
㉰ 사고 발생 장소
㉱ 사고 내용
㉲ 시설 현황
㉳ 피해 현황(인명과 재산)

44 안지름이 10[cm]인 액체 수송용 파이프 속을 지름이 5[cm]인 오리피스 미터가 설치되어 있고, 이 오리피스에 부착된 수은 마노미터의 눈금차가 12[cm]이다. 만일 5[cm] 오리피스 대신에 지름이 2.5[cm]인 오리피스 미터를 설치했다면 수은 마노미터의 눈금차는 약 몇 [cm]가 되겠는가?

① 172　② 182
③ 192　④ 202

해설 ㉮ 차압식 유량계의 유량식

$Q = CA\sqrt{\frac{2gh}{1-m^4} \times \frac{\gamma_m - \gamma}{\gamma}}$ 에서 배관에 흐르는 유체(γ), 마노미터의 액체(γ_m), 유량계수(C)가 동일하므로 생략하고 유량계산식을 다시 쓰면 다음과 같다.

$$\therefore Q^2 = \left(\frac{\pi}{4}D^2\right)^2 \times \frac{2gh}{1-m^4}$$

㉯ 마노미터 높이 계산식

$$\therefore h = \frac{Q^2 \times (1-m^4)}{2g \times \left(\frac{\pi}{4}D^2\right)^2}$$

㉰ 오리피스 변경 전후 교축비 계산

$$\therefore m_1 = \frac{D_1^2}{D^2} = \frac{5^2}{10^2} = 0.25$$

$$\therefore m_2 = \frac{D_2^2}{D^2} = \frac{2.5^2}{10^2} = 0.0625$$

㉱ 변경 후 마노미터 눈금차(높이) 계산

$$\therefore h_2 = \frac{\dfrac{Q_2^2 \times (1-m_2^4)}{2g \times \left(\frac{\pi}{4} \times \left(\frac{1}{2} \times D_1^2\right)^2\right)^2}}{\dfrac{Q_1^2 \times (1-m_1^4)}{2g \times \left(\frac{\pi}{4} \times D_1^2\right)^2}} \times h_1$$

$$= \frac{(1-m_2^4)}{(1-m_1^4) \times \left(\left(\frac{1}{2}\right)^2\right)^2} \times h_1$$

$$= \frac{1-0.0625^4}{(1-0.25^4) \times \left(\left(\frac{1}{2}\right)^2\right)^2} \times 12$$

$$= 192.75\,[\text{cm}]$$

45 액화석유가스법 시행규칙에서 정한 다중이용시설이란 시·도지사가 안전관리를 위하여 필요하다고 지정하는 시설 중 그 저장능력이 얼마를 초과하는 시설을 말하는가?

① 100[kg]　② 300[kg]
③ 500[kg]　④ 1000[kg]

해설 다중이용시설(액법 시행규칙 제2조, 별표2) : 많은 사람이 출입, 이용하는 시설(10개 시설 해당)과 그 밖에 시·도지사가 안전관리를 위하여 필요하다고 지정하는 시설 중 그 저장능력이 100[kg]을 초과하는 시설

46 프로판가스 5[kg]을 완전연소 하는데 필요한 공기량은 약 몇 [Nm^3]인가? (단, 공기 중 산소와 질소의 체적비는 21 : 79이다.)

① 61　② 81
③ 110　④ 121

해설 ㉮ 프로판(C_3H_8)의 완전연소 반응식

$C_3H_8 + 5O_2 \rightarrow 3CO_2 + 4H_2O$

㉯ 이론공기량[Nm^3] 계산

44[kg] : 5×22.4[Nm^3] = 5[kg] : O_0[Nm^3]

$$\therefore A_0 = \frac{O_0}{0.21} = \frac{5 \times 5 \times 22.4}{44 \times 0.21} = 60.606\,[\text{Nm}^3]$$

Answer 44. ③ 45. ① 46. ①

47 **LPG 충전소 용기의 잔가스 제거장치의 설치 기준으로 틀린 것은?**

① 용기에 잔류하는 액화석유가스를 회수할 수 있는 용기전도대를 갖춘다.
② 회수한 잔가스를 저장하는 전용탱크의 내용적은 1000[L] 이상으로 한다.
③ 잔가스 연소장치는 잔가스 회수 또는 배출하는 설비로부터 8[m] 이상의 거리를 유지하는 장소에 설치한 것으로 한다.
④ 압축기에는 유분리기 및 응축기가 부착되어 있고 1[MPa] 이상 0.05[MPa] 이하의 압력에서 자동으로 정지하도록 한다.

해설 압축기에는 유분리기 및 응축기가 부착되어 있고 0[MPa] 이상 0.05[MPa] 이하의 압력범위에서 자동으로 정지할 것

48 **탄광 내에서 CH_4 가스의 발생을 검출하는 데 가장 적당한 방법은?**

① 시험지법
② 검지관법
③ 질량분석법
④ 안전등형 가연성가스 검출법

해설 안전등형 : 탄광 내에서 메탄(CH_4)가스를 검출하는데 사용되는 석유램프의 일종으로 메탄이 존재하면 불꽃의 모양이 커지며, 푸른 불꽃(청염) 길이로 메탄의 농도를 대략적으로 알 수 있다.

49 **가스보일러 설치기준에 따라 반드시 내열실리콘으로 마감조치를 하여 기밀이 유지되도록 하여야 하는 부분은?**

① 배기통과 가스보일러의 접속부
② 배기통과 배기통의 접속부
③ 급기통과 배기통의 접속부
④ 가스보일러와 급기통의 접속부

해설 가스보일러 배기통의 호칭지름은 가스보일러의 배기통 접속부의 호칭지름과 동일하여야 하며, 배기통과 가스보일러의 접속부는 내열실리콘(석고붕대를 제외한다.)으로 마감 조치하여 기밀이 유지되도록 한다.

50 **가연성가스의 충전용기 보관실의 벽은 불연재료를 사용하고 그 지붕은 가벼운 불연재료 또는 난연재료를 사용하여야 한다. 다음 중 가벼운 재료를 지붕에 사용하지 않아도 되는 대상은?**

① 부탄가스　② 수소가스
③ 암모니아가스　④ 프로판가스

해설 특정고압가스사용시설 기준(KGS FU211 2.3.1) : 가연성가스 및 산소의 충전용기 보관실의 벽은 그 저장설비의 보호와 그 저장설비를 사용하는 시설의 안전 확보를 위하여 불연재료를 사용하고, 가연성가스의 충전용기 보관실의 지붕은 가벼운 불연재료 또는 난연재료(難然材料)를 사용한다. 다만, 액화암모니아 충전용기 또는 특정고압가스용 실린더캐비닛의 보관실 지붕은 가벼운 재료를 사용하지 아니할 수 있다. 〈개정 16. 12. 15〉

51 **액화탄산가스 100[kg]을 용적 50[L]의 용기에 충전시키기 위해서는 몇 개의 용기가 필요한가? (단, 가스충전계수는 1.47이다.)**

① 1　② 3
③ 5　④ 7

해설 ㉮ 용기 1개당 충전량 계산

$$\therefore G = \frac{V}{C} = \frac{50}{1.47} = 34.013 = 34\,[\text{kg}]$$

㉯ 용기수 계산

$$\therefore \text{용기수} = \frac{\text{전체가스량}}{\text{용기 1개당 충전량}} = \frac{100}{34} = 2.941 = 3\text{개}$$

Answer 47. ④ 48. ④ 49. ① 50. ③ 51. ②

52 저장탱크의 침하상태를 측정하여 침하량(h/L)이 몇 [%]를 초과하였을 때 저장탱크의 사용을 중지하고 적절한 조치를 하여야 하는가?

① 0.5 ② 1
③ 3 ④ 5

해설 저장탱크의 침하상태에 따른 조치
㉮ 침하량(h/L)이 0.5[%]를 초과한 경우 : 침하량을 1년간 매월 측정하여 기록
㉯ 침하량(h/L)이 1[%]를 초과한 경우 : 저장탱크의 사용을 중지하고 적절한 조치를 취함

53 액화석유가스 충전사업자는 거래상황 기록부를 작성하여 충전사업자 단체에 보고하여야 한다. 보고기한의 기준으로 옳은 것은?

① 매달 다음달 10일
② 매분기 다음달 15일
③ 매반기 다음달 15일
④ 매년 다음달 1월 15일

해설 보고사항 및 보고기한 : 액법 시행규칙 제73조, 별표21
㉮ 액화석유가스 충전사업자 : 거래상황 기록부, 안전관리현황 기록부 → 액화석유가스 충전사업자 단체에 매분기 다음달 15일
㉯ 액화석유가스 판매사업자와 충전사업자(영업소만 해당) : 거래상황 기록부, 시설개선현황 기록부 → 액화석유가스 판매사업자 단체에 매분기 다음달 15일

54 구조상 먼지 등을 함유한 액체나 부식성 유체의 압력 측정에 적합하며, 주로 연소가스의 통풍계로 사용되는 압력계는?

① 다이어프램식 ② 벨로스식
③ 링밸런스식 ④ 분동식

해설 다이어프램식 압력계의 특징
㉮ 응답속도가 빠르나 온도의 영향을 받는다.
㉯ 극히 미세한 압력 측정에 적당하다.
㉰ 부식성 유체의 측정이 가능하다.
㉱ 압력계가 파손되어도 위험이 적다.
㉲ 연소로의 통풍계(draft gauge)로 사용한다.
㉳ 측정범위는 20∼5000mmH_2O 이다.

55 1000개의 데이터 평균을 산출하여 3.54를 얻었다. 추가로 5.5라는 데이터가 관측되었다면 총 1001개 데이터의 평균은 얼마인가?

① 3.542 ② 3.540
③ 3.538 ④ 3.544

해설 $\bar{x} = \frac{\sum x}{n} = \frac{(3.54 \times 1000) + 5.5}{1001}$
$= 3.5419$

56 검사의 분류 방법 중 검사가 행해지는 공정에 의한 분류에 속하는 것은?

① 관리 샘플링검사
② 로트별 샘플링검사
③ 전수검사
④ 출하검사

해설 검사의 분류
㉮ 검사공정에 의한 분류 : 구입검사(수입검사), 중간검사(공정검사), 완성검사(최종검사), 출고검사(출하검사)
㉯ 검사 장소에 의한 분류 : 정위치 검사, 순회검사, 입회검사(출장검사)
㉰ 판정 대상(검사방법)에 의한 분류 : 관리 샘플링검사, 로트별 샘플링검사, 전수검사
㉱ 성질에 의한 분류 : 파괴검사, 비파괴검사, 관능검사
㉲ 검사 항목에 의한 분류 : 수량검사, 외관검사, 치수검사, 중량검사

Answer 52. ② 53. ② 54. ① 55. ① 56. ④

57 설비배치 및 개선의 목적을 설명한 내용으로 가장 관계가 먼 것은?

① 재공품의 증가
② 설비투자 최소화
③ 이동거리의 감소
④ 작업자 부하 평준화

해설 설비배치 및 개선의 목적
㉮ 작업자 부하 평준화
㉯ 관리, 감독의 용이
㉰ 이동거리의 감소
㉱ 수리, 보수의 용이성 확보
㉲ 생산기간의 단축
㉳ 설비투자의 최소화
㉴ 운반설비의 단순화

58 "무결점 운동"으로 불리는 것으로 미국의 항공사인 마틴사에서 시작된 품질개선을 위한 동기부여 프로그램은 무엇인가?

① ZD　② 6 시그마
③ TPM　④ ISO 9001

해설 ZD(Zero Defect)운동 : 무결점운동으로 인간의 오류에 의한 일체의 결함이나 결점을 없애기 위한 경영관리기법이다.

59 설비조전조직 중 지역보전(area maintenance)의 장·단점에 해당하지 않는 것은?

① 현장 왕복 시간이 증가한다.
② 조업요원과 지역보전요원과의 관계가 밀접해 진다.
③ 보전요원이 현장에 있으므로 생산 본위가 되며 생산의욕을 가진다.
④ 같은 사람이 같은 설비를 담당하므로 설비를 잘 알며 충분한 서비스를 할 수 있다.

해설 지역보전의 특징
(1) 장점
㉮ 운전자와의 일체감 조성이 용이
㉯ 현장감독이 용이
㉰ 현장 왕복시간이 감소
㉱ 작업일정 조정이 용이
㉲ 특정설비의 습숙이 용이
(2) 단점
㉮ 노동력의 유효이용이 곤란
㉯ 인원배치의 유연성에 제약
㉰ 보전용 설비공구가 중복

60 그림과 같은 계획공정도(Network)에서 주공정은? (단, 화살표 아래의 숫자는 활동시간을 나타낸 것이다.)

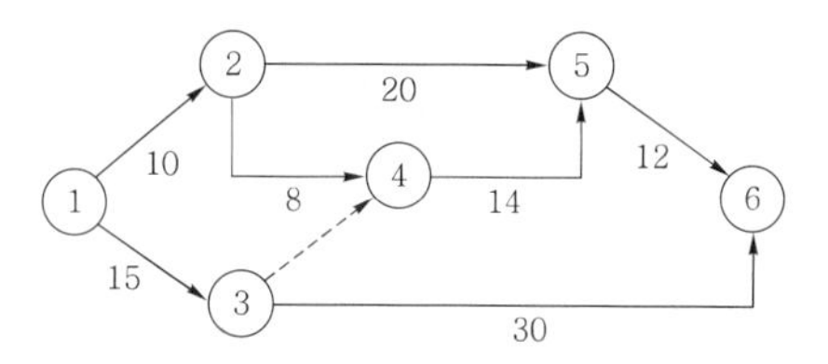

① ①-③-⑥
② ①-②-⑤-⑥
③ ①-②-④-⑤-⑥
④ ①-③-④-⑤-⑥

해설 각 공정의 작업시간
①번 항목 : ①→③→⑥
= 15 + 30 = 45시간
②번 항목 : ①→②→⑤→⑥
= 10 + 20 + 12 = 42시간
③번 항목 : ①→②→④→⑤→⑥
= 10 + 8 + 14 + 12 = 44시간
④번 항목 : ①→③→④→⑤→⑥
= 15 + 14 + 12 = 41시간
※ 주공정은 가장 긴 작업시간이 예상되는 공정이므로 ①번 항목이 해당된다.

Answer 57. ① 58. ① 59. ① 60.①

2019년도 가스기능장
CBT 필기시험 복원문제 (2)

CBT 필기시험 복원문제는 수험자의 기억에 의하여 복원된 것이므로 실제 출제문제와는 차이가 있을 수 있습니다.

01 표준상태에서 질소가스의 밀도는 몇 [g/L] 인가?

① 0.97 ② 1.00
③ 1.07 ④ 1.25

해설 $\rho = \frac{분자량}{22.4} = \frac{28}{22.4} = 1.25\,[g/L]$

02 압력에 대한 Pascal[Pa]의 단위로서 옳은 것은?

① N/m^2 ② N^2/m
③ $Nbar/m^3$ ④ N/m

해설 압력의 SI단위 : Pascal[Pa] = $[N/m^2]$

03 [보기]의 반응식에서 압력을 낮추면 평형이 왼쪽으로 이동하는 것으로만 짝지어진 것은?

> [보기]
> ㉠ $C(S) + H_2O \rightleftharpoons CO + H_2$
> ㉡ $2CO + O_2 \rightleftharpoons 2CO_2$
> ㉢ $N_2 + 3H_2 \rightleftharpoons 2NH_3$
> ㉣ $H_2O(L) \rightleftharpoons H_2O(g)$

① ㉠, ㉣ ② ㉠, ㉢
③ ㉠, ㉡ ④ ㉡, ㉢

해설 압력과 평형이동의 관계
㉮ 압력이 증가할 때(부피 감소) : 기체몰수가 작아지는 방향으로 이동
㉯ 압력이 감소할 때(부피 증가) : 기체몰수가 커지는 방향으로 이동
㉰ 압력으로 평형 이동할 때 액체(L)나 고체(S) 몰수는 0으로 한다.
※ 압력을 낮추면 평형이 왼쪽으로 이동하는 것은 ㉡, ㉢이고 오른쪽으로 이동하는 것은 ㉠, ㉣이다.

04 1[kg]의 공기가 일정 온도 200[℃]에서 팽창하여 처음 체적의 6배가 되었다. 이 때 소비된 열량은 약 몇 [kJ]인가?

① 128 ② 143
③ 187 ④ 243

해설 $W_a = RT_1 \ln\frac{V_2}{V_1}$
$= \frac{8.314}{29} \times (273+200) \times \ln\frac{6}{1}$
$= 242.970\,[kJ/kg]$

05 수소의 일반적인 성질에 대한 설명 중 옳은 것은?

① 열전도도가 대단히 크다.
② 확산속도가 작고 공기 중에 확산 혼합되기 쉽다.
③ 폭발한계 내인 경우 단독으로 분해 폭발한다.
④ 폭굉속도는 400~500[m/s]에 달한다.

해설 수소의 성질
㉮ 지구상에 존재하는 원소 중 가장 가볍다.
㉯ 무색, 무취, 무미의 가연성이다.
㉰ 열전도율이 대단히 크고, 열에 대해 안정하다.
㉱ 확산속도가 대단히 크다.
㉲ 고온에서 강제, 금속재료를 쉽게 투과한다.
㉳ 폭굉속도가 1400~3500[m/s]에 달한다.
㉴ 폭발범위가 넓다. (공기 중 : 4~75[%], 산소 중 : 4~94[%])
㉵ 산소와 수소폭명기, 염소와 염소폭명기의 폭발 반응이 발생한다.

Answer 1. ④ 2. ① 3. ④ 4. ④ 5. ①

06 SNG에 대한 설명으로 옳은 것은?

① 순수 천연가스를 뜻한다.
② 각종 도시가스의 총칭이다.
③ 대체(합성) 천연가스를 뜻한다.
④ 부생가스로 고로가스가 주성분이다.

해설 SNG(Substitute Natural Gas) : 대체 천연가스 또는 합성천연가스를 의미한다.

07 실제기체가 완전기체(ideal gas)에 가깝게 될 조건은?

① 압력이 높고, 온도가 낮을 때
② 압력, 온도 모두 낮을 때
③ 압력이 낮고, 온도가 높을 때
④ 압력, 온도 모두 높을 때

해설 실제 기체가 이상기체(완전 기체)에 가깝게 될 조건은 압력이 낮고(저압), 온도가 높을 때(고온)이다.

08 50[kg]의 C_3H_8을 기화시키면 약 몇 [m^3]가 되는가? (단, S.T.P 상태이고 C, H의 원자량은 각각 12, 1이다.)

① 25.45　② 50.56
③ 75.63　④ 90.72

해설 C_3H_8의 분자량은 44이므로
44[kg] : 22.4[m^3] = 50[kg] : x[m^3]

$$\therefore x = \frac{50 \times 22.4}{44} = 25.45\,[\text{m}^3]$$

별해 STP 상태(0[℃], 101.325[kPa])의 체적을 이상기체 상태방정식에 적용하여 풀이 : SI단위 적용
$PV = GRT$에서

$$\therefore V = \frac{GRT}{P} = \frac{50 \times \frac{8.314}{44} \times 273}{101.325} = 25.455\,[\text{m}^3]$$

09 아세틸렌을 용기에 충전 시, 미리 용기에 다공물질을 고루 채운 후 침윤 및 충전을 해야 하는데 이때 다공도는 얼마로 해야 하는가?

① 75[%] 이상 92[%] 미만
② 70[%] 이상 95[%] 미만
③ 62[%] 이상 75[%] 미만
④ 92[%] 이상

해설 다공도 기준 : 75[%] 이상 92[%] 미만

10 0.5[atm], 10[L]의 기체 A와 1.0[atm], 5.0[L]의 기체 B를 전체 부피 15[L]의 용기에 넣을 경우 전체 압력은 얼마인가? (단, 온도는 일정하다.)

① $\frac{1}{3}$atm　② $\frac{2}{3}$atm
③ 1atm　④ 2atm

해설
$$P = \frac{P_A V_A + P_B V_B}{V} = \frac{(0.5 \times 10) + (1.0 \times 5.0)}{15} = \frac{10}{15} = \frac{2}{3}\,[\text{atm}]$$

11 압축기의 종류 중 구동모터와 압축기가 분리된 구조로서 벨트나 커플링에 의하여 구동되는 압축기의 형식은?

① 개방형　② 반밀폐형
③ 밀폐형　④ 무급유형

해설 밀폐구조에 의한 압축기의 분류
㉮ 개방형 : 구동모터와 압축기가 분리된 구조로 직결구동식과 벨트 구동식이 있다.
㉯ 반밀폐형 : 구동모터와 압축기가 한 하우징 내에 있으며, 분해 조립이 가능하다.
㉰ 밀폐형 : 구동모터와 압축기가 한 하우징 내에 있으며 외부와 완전히 밀폐되어 있어 분해조립이 어렵다.

Answer 6. ③ 7. ③ 8. ① 9. ① 10. ② 11. ①

12 **가스배관 설계에 있어서 고려하여야 할 하중 중 주하중(主荷重)에 해당하지 않는 것은?**

① 자동차의 하중 ② 내압(內壓)
③ 온도변화의 영향 ④ 토압(土壓)

해설 배관에 작용하는 주하중의 종류
㉮ 내압(內壓)에 의한 하중
㉯ 토압(土壓)에 의한 하중
㉰ 자동차의 하중

13 **사람이 사망하거나 부상, 중독 가스사고가 발생하였을 때 사고의 통보 내용에 포함되는 사항이 아닌 것은?**

① 통보자의 인적사항
② 사고발생 일시 및 장소
③ 피해자 보상 방안
④ 사고내용 및 피해현황

해설 사고의 통보 내용에 포함되는 사항 : 속보인 경우 ㉲, ㉳의 내용을 생략할 수 있다.
㉮ 통보자의 소속, 직위, 성명 및 연락처
㉯ 사고발생 일시
㉰ 사고발생 장소
㉱ 사고내용
㉲ 시설현황
㉳ 피해현황(인명 및 재산)
※속보 : 전화 또는 팩스를 이용한 통보
상보 : 서면으로 제출하는 상세한 통보

14 **202.65[kPa], 25[℃]의 공기를 10.1325[kPa]으로 단열 팽창시키면 온도는 약 몇 [K] 인가? (단, 공기의 비열비는 1.4로 한다.)**

① 126 ② 154
③ 168 ④ 176

해설 $\frac{T_2}{T_1} = \left(\frac{P_2}{P_1}\right)^{\frac{k-1}{k}}$ 에서

$\therefore T_2 = T_1 \times \left(\frac{P_2}{P_1}\right)^{\frac{k-1}{k}}$

$= (273+25) \times \left(\frac{10.1325}{202.65}\right)^{\frac{1.4-1}{1.4}}$

$= 126.617[K]$

15 **고온, 고압하에서 일산화탄소를 사용하는 장치에 철재를 사용할 수 없는 주요 원인은?**

① 철-카르보닐을 만들기 때문에
② 탈탄산 작용을 하기 때문에
③ 중합부식을 일으키기 때문에
④ 가수분해하여 폭발하기 때문에

해설 일산화탄소(CO)의 성질 : 고온, 고압하에서 철족의 금속(Fe, Ni, Co)과 반응하여 금속 카르보닐을 생성한다.
㉮ $Fe + 5CO \rightarrow Fe(CO)_5$ [철-카르보닐]
㉯ $Ni + 4CO \rightarrow Ni(CO)_4$ [니켈-카르보닐]

16 **1[kcal]에 대한 정의로서 가장 적절한 것은? (단, 표준기압 하에서의 기준이다.)**

① 순수한 물 1[kg]을 100[℃] 만큼 변화시키는데 필요한 열량
② 순수한 물 1[lb]를 32[°F]에서 212[°F]까지 높이는데 필요한 열량
③ 순수한 물 1[lb]를 1[℃] 만큼 변화시키는데 필요한 열량
④ 순수한 물 1[kg]을 14.5[℃]에서 15.5[℃]까지 높이는데 필요한 열량

해설 열량의 단위
㉮ 1[kcal] : 순수한 물 1[kg]을 14.5[℃]에서 15.5[℃]까지 높이는데 필요한 열량

Answer 12. ③ 13. ③ 14. ① 15. ① 16. ④

㉯ 1[BTU] : 순수한 물 1[lb]를 61.5[°F]에서 62.5[°F]까지 높이는데 필요한 열량
㉰ 1[CHU] : 순수한 물 1[lb]를 14.5[℃]에서 15.5[℃]까지 높이는데 필요한 열량

17 **가스의 압력을 사용 기구에 맞는 압력으로 감압하여 공급하는데 사용하는 정압기의 기본구조로서 옳은 것은?**

① 다이어프램, 스프링(또는 분동) 및 메인밸브로 구성되어 있다.
② 팽창밸브, 회전날개, 케이싱(casing)으로 구성되어 있다.
③ 흡입밸브와 토출밸브로 구성되어 있다.
④ 액송 펌프와 메인밸브로 구성되어 있다.

해설 정압기의 기본 구성요소
㉮ 다이어프램 : 2차 압력을 감지하고 2차 압력의 변동사항을 메인밸브에 전달하는 역할을 한다.
㉯ 스프링 : 조정할 2차 압력을 설정하는 역할을 한다.
㉰ 메인밸브(조정밸브) : 가스의 유량을 메인밸브의 개도에 따라서 직접 조정하는 역할을 한다.

18 **20[kg](내용적:47[L]) 용기에 프로판이 2[kg] 들어 있을 때, 액체프로판의 중량은 약 얼마인가? (단, 프로판의 온도는 15[℃]이며, 15[℃]에서 포화액체 프로판 및 포화가스 프로판의 비용적은 각각 1.976[cm^3/g], 62[cm^3/g]이다.)**

① 1.08[kg] ② 1.28[kg]
③ 1.48[kg] ④ 1.68[kg]

해설 액체 중량 계산 : 액체가 차지하는 중량을 x[kg]이라 하면 기체의 중량은 (2 − x)[kg]이 되며, "액체 부피[L] + 기체 부피[L] = 전체 부피"가 된다. 그리고 문제에서 주어진 비용적을 적용하면 "부피[L] = 중량[kg] × 비용적[L/kg]"이 된다. (1[L] = 1000[cm^3], 1[kg] = 1000[g]에 해당하므로 비용적 단위 [cm^3/g] = [L/kg]이다.)
∴ 액체 부피[L] + 기체 부피[L] = 전체 부피[L]
(액체중량×비용적) + (기체중량×비용적) = 전체부피

$$\therefore \{x[\text{kg}]\times 1.976[\text{L/kg}]\} + \{(2-x)[\text{kg}]\times 62[\text{L/kg}]\} = 47[\text{L}]$$
$$1.976x + (2\times 62) - 62x = 47$$
$$x(1.976-62) = 47-(2\times 62)$$
$$\therefore x = \frac{47-(2\times 62)}{1.976-62} = 1.2828[\text{kg}]$$

[답] ②

19 **크리프(creep)는 재료가 어떤 온도하에서는 시간과 더불어 변형이 증가되는 현상인데, 일반적으로 철강재료 중 크리프 영향을 고려해야 할 온도는 몇 [℃] 이상일 때인가?**

① 150[℃] ② 250[℃]
③ 350[℃] ④ 450[℃]

해설 크리프(creep)현상 : 어느 온도 이상에서 재료에 일정한 하중을 가하여 그대로 방치하면 시간의 경과와 더불어 변형이 증대하고 때로는 파괴되는 현상으로 탄소강의 경우 350[℃] 이상에서 발생한다.

20 **고압가스 일반 제조시설에서 저장탱크의 가스방출장치는 몇 [m^3] 이상의 가스를 저장하는 곳에 설치하여야 하는가?**

① 3 ② 5
③ 7 ④ 10

해설 저장설비 구조 : 저장탱크 및 가스홀더는 가스가 누출하지 아니하는 구조로 하고 5[m^3] 이상의 가스를 저장하는 것에는 가스방출장치를 설치한다.

Answer 17. ① 18. ② 19. ③ 20. ②

21 발열량 24000[kcal/m^3], 비중이 1.52인 프로판가스의 웨베지수는 약 얼마인가?

① 18500　② 19500
③ 20500　④ 21500

해설 $WI=\frac{Hg}{\sqrt{d}}=\frac{24000}{\sqrt{1.52}}=19466.57$

22 가연성가스의 설비실 벽은 불연재료를 사용하고, 그 지붕은 가벼운 재료를 사용하여야 한다. 다음 중 가벼운 재료를 사용하지 않아도 되는 대상은?

① 수소가스　② 산화에틸렌가스
③ 프로판가스　④ 암모니아가스

해설 저장설비 재료 : 가연성가스의 가스설비실·저장설비실, 산소의 충전실과 인화성 또는 발화성원료의 저장실 벽은 불연재료를 사용하고, 그 지붕은 불연 또는 난연의 가벼운 재료를 사용한다. 다만, 암모니아가스의 가스설비 및 저장설비실 지붕은 가벼운 재료를 사용하지 않을 수 있다.

23 아세틸렌 용기의 내용적이 10[L] 이하이고, 다공성물질의 다공도가 75[%] 이상, 80[%] 미만일 때 디메틸포름아미드의 최대 충전량은?

① 36.3[%] 이하　② 38.7[%] 이하
③ 41.1[%] 이하　④ 43.5[%] 이하

해설 디메틸포름아미드 충전량 기준

다공도[%]	내용적 10[L] 이하	내용적 10[L] 초과
90~92 이하	43.5[%] 이하	43.7[%] 이하
85~90 미만	41.1[%] 이하	42.8[%] 이하
80~85 미만	38.7[%] 이하	40.3[%] 이하
75~80 미만	36.3[%] 이하	37.8[%] 이하

24 액화석유가스 용기충전시설의 저장탱크에 폭발방지장치를 의무적으로 설치하여야 하는 경우는? (단, 저장탱크는 저온저장탱크가 아니며, 물분무장치 설치기준을 충족하지 못하는 것으로 가정한다.)

① 상업지역에 저장능력 15톤 저장탱크를 지상에 설치하는 경우
② 녹지지역에 저장능력 20톤 저장탱크를 지상에 설치하는 경우
③ 주거지역에 저장능력 5톤 저장탱크를 지상에 설치하는 경우
④ 녹지지역에 저장능력 30톤 저장탱크를 지상에 설치하는 경우

해설 저장설비 폭발방지장치 설치 : 주거지역이나 상업지역에 설치하는 저장능력 10톤 이상의 저장탱크에는 저장탱크의 안전을 확보하기 위하여 폭발방지장치를 설치한다. 다만, 안전조치를 한 저장탱크의 경우 및 지하에 매몰하여 설치한 저장탱크의 경우에는 폭발방지장치를 설치하지 아니할 수 있다.

25 도시가스 배관설계도면 작성 시 종단면도에 기입할 사항이 아닌 것은?

① 기울기 및 포장종류
② 교차하는 타 매설물, 구조물
③ 설계 가스배관 계획 정상높이 및 깊이
④ 설계 가스배관 및 기 설치된 가스배관의 위치

해설 도시가스 배관 설계도면 종단면도에 기입하는 사항
㉮ 설계 가스배관 계획 정상높이 및 깊이
㉯ 신설배관 및 부속설비(밸브, 수취기[LNG는 제외], 보호관 등)
㉰ 교차하는 타 매설물, 구조물
㉱ 기울기(LNG는 제외)
㉲ 포장 종류

Answer 21. ② 22. ④ 23. ① 24. ① 25. ④

26 도시가스사업법에서 정의하는 것으로 가스를 제조하여 배관을 통하여 공급하는 도시가스가 아닌 것은?

① 천연가스 ② 나프타부생가스
③ 석탄가스 ④ 바이오가스

해설 도시가스의 정의(도법 제2조) : 천연가스(액화한 것을 포함) 또는 배관을 통하여 공급되는 석유가스, 나프타부생가스, 바이오가스 등 대통령령으로 정하는 것

27 펌프의 양수량이 2[m^3/min]이고 배관에서의 전 손실수두가 5[m]인 펌프로 20[m] 위로 양수하고자 할 때 펌프의 축동력은 약 몇 [kW] 인가? (단, 펌프의 효율은 0.87 이다.)

① 7.4 ② 9.4
③ 11.4 ④ 13.4

해설 전양정(H)은 양수높이(m)에 배관에서 발생하는 손실수두를 합한 것이다.

$$\therefore \text{kW} = \frac{\gamma \cdot Q \cdot H}{102\eta} = \frac{1000 \times 2 \times (20+5)}{102 \times 0.87 \times 60} = 9.39[\text{kW}]$$

28 냉동용 특정설비제조시설에서 발생기란 흡수식 냉동설비에 사용하는 발생기에 관계되는 설계온도가 몇 [℃]를 넘는 열교환기 및 이들과 유사한 것을 말하는가?

① 105[℃] ② 150[℃]
③ 200[℃] ④ 250[℃]

해설 용어의 정의(KGS AA111 고압가스용 냉동기 제조기준) : 발생기란 흡수식 냉동설비에 사용하는 발생기에 관계되는 설계온도가 200[℃]를 넘는 열교환기 및 이들과 유사한 것을 말한다.

29 안지름이 492.2[mm]이고 바깥지름 508.0[mm]인 배관을 맞대기 용접하는 경우 평행한 용접이음매의 간격은 얼마로 하여야 하는가?

① 75[mm] ② 95[mm]
③ 115[mm] ④ 135[mm]

해설 배관을 맞대기 용접하는 경우 평행한 용접이음매의 간격은 다음 계산식에 따라 계산한 값 이상으로 한다. 다만, 최소간격은 50[mm]로 한다.

㉮ 용접이음매 간격 계산

$$\therefore D = 2.5\sqrt{R_m \cdot t} = 2.5 \times \sqrt{\left(\frac{492.2+7.9}{2}\right) \times 7.9} = 111.11[\text{mm}]$$

여기서, D : 용접이음매의 간격[mm]
R_m : 배관의 두께 중심까지의 반지름[mm]
t : 배관의 두께[mm]

㉯ 배관두께 계산

$$\therefore t = \frac{\text{바깥지름} - \text{안지름}}{2} = \frac{508.0 - 492.2}{2} = 7.9[\text{mm}]$$

30 액화석유가스 저장탱크에는 자동차에 고정된 탱크에서 가스를 이입할 수 있도록 로딩암을 건축물 내부에 설치할 경우 환기구를 설치하여야 한다. 환기구 면적의 합계는 바닥면적의 얼마 이상으로 하여야 하는가?

① 1[%] ② 3[%]
③ 6[%] ④ 10[%]

해설 로딩암을 건축물 내부에 설치하는 경우에는 건축물의 바닥면에 접하여 환기구를 2방향 이상 설치하고, 환기구 면적의 합계는 바닥면적의 6[%] 이상으로 한다.

Answer 26. ③ 27. ② 28. ③ 29. ③ 30. ③

31 부탄(C_4H_{10})이 공기 중에서 완전연소하기 위한 화학양론농도는 3.1[%] 이다. 부탄의 폭발하한계와 상한계는 얼마인가?

① 하한계 : 0.1%, 상한계 : 9.2%
② 하한계 : 1.7%, 상한계 : 8.5%
③ 하한계 : 2.6%, 상한계 : 7.4%
④ 하한계 : 2.0%, 상한계 : 4.1%

해설 존슨(Johes) 연소범위 계산식
㉮ 폭발하한계 계산
$\therefore x_1 = 0.55\,x_0 = 0.55 \times 3.1 = 1.705\,[\%]$
㉯ 폭발상한계 계산
$\therefore x_2 = 4.8\sqrt{x_0} = 4.8 \times \sqrt{3.1} = 8.45\,[\%]$

참고 화학양론 농도 계산
㉮ 부탄(C_4H_{10})의 완전연소 반응식
$C_4H_{10} + 6.5O_2 \rightarrow 4CO_2 + 5H_2O$
㉯ 화학양론 농도
$$\therefore x_0 = \frac{0.21}{0.21+n} \times 100 = \frac{0.21}{0.21+6.5} \times 100 = 3.129\,[\%]$$

32 고압 수소용기가 파열사고를 일으켰을 때 사고의 원인으로서 가장 거리가 먼 것은?

① 용기 가열 ② 과잉 충전
③ 압력계 타격 ④ 폭발성 가스 혼입

해설 고압가스 충전용기 파열사고 원인
㉮ 용기의 재질 불량
㉯ 내압의 이상 상승
㉰ 용접용기의 용접부 결함
㉱ 과잉 충전
㉲ 용기 내 폭발성 가스 혼입
㉳ 용기에 대한 충격 및 타격
㉴ 검사 태만 및 기피
㉵ 용기 가열

33 초저온 용기에 대한 신규검사 시 단열성능 시험을 실시할 경우 내용적에 대한 침입열량 기준이 바르게 연결된 것은?

① 내용적 500[L] 이상 : 8.37[J/h·℃·L] 이하
② 내용적 1000[L] 이상 : 8.37[J/h·℃·L] 이하
③ 내용적 1500[L] 이상 : 8.37[J/h·℃·L] 이하
④ 내용적 2000[L] 이상 : 8.37[J/h·℃·L] 이하

해설 초저온 용기 단열성능 시험 합격 기준

내용적	침입열량	
	[J/h·℃·L]	[kcal/h·℃·L]
1000[L] 미만	2.09 이하	0.0005 이하
1000[L] 이상	8.37 이하	이하

34 액화석유가스의 안전관리 및 사업법에서 규정하고 있는 안전관리자의 직무범위가 아닌 것은?

① 회사의 가스영업 활동
② 가스용품의 제조공정 관리
③ 사업소의 종업원에 대한 안전관리를 위하여 필요한 사항의 지휘·감독
④ 정기검사 및 수시검사 결과 부적합 판정을 받은 시설의 개선

해설 안전관리자의 직무범위 : 액법 시행령 제16조
㉮ 액화석유가스 사업자 등의 액화석유가스 시설 또는 액화석유가스 특정사용자의 액화석유가스 사용시설(이하 "특정사용시설"이라 한다)의 안전유지 및 검사기록의 작성·보존
㉯ 가스용품의 제조공정관리
㉰ 공급자의 의무이행 확인
㉱ 안전관리규정의 실시기록의 작성·보존
㉲ 정기검사 및 수시검사 결과 부적합 판정을 받은 시설의 개선
㉳ 사고의 통보
㉴ 사업소 또는 액화석유가스 특정사용시설의 종업원에 대한 안전관리를 위하여 필요한 사항의 지휘·감독
㉵ 그 밖의 위해 방지 조치

Answer 31. ② 32. ③ 33. ② 34. ①

35 도시가스사업이 허가된 지역에서 도로를 굴착하고자 하는 자는 가스안전영향평가를 하여야 한다. 이 때 가스안전영향평가를 하여야 하는 굴착공사가 아닌 것은?

① 지하보도 공사 ② 지하차도 공사
③ 광역상수도 공사 ④ 도시철도 공사

해설 가스안전 영향평가(도법 시행령 제18조) : 가스안전 영향평가를 하여야 하는 자는 산업통상자원부령으로 정하는 도시가스배관이 통과하는 지점에서 도시철도(지하에 설치하는 것만 해당), 지하보도, 지하차도 또는 지하상가의 건설공사를 하려는 자로 한다.

36 산소 공급원을 차단하여 소화하는 방법은?

① 제거소화 ② 질식소화
③ 냉각소화 ④ 희석소화

해설 소화의 3대 효과 : 연소의 3요소 중 한 가지를 제거하는 것으로 소화의 목적을 달성하는 것이다.
㉮ 질식효과 : 연소 중에 있는 물질의 표면에 불활성가스를 덮어 씌워 가연성 물질과 공기의 접촉을 차단시키는 것으로, 공기 중 산소의 농도를 15[%] 이하로 유지시킨다.
㉯ 냉각효과 : 연소 중에 있는 물질에 물이나 특수 냉각제를 뿌려 온도를 낮추는 방법이다.
㉰ 제거효과 : 가연성 가스나 가연성 증기의 공급을 차단하여 소화시키는 방법이다.

37 50[℃]에서의 저항이 100[Ω]인 저항온도계를 어떤 노안에 삽입하였을 때 온도계의 저항이 200[Ω]을 가리키고 있었다. 노안의 온도는 약 몇 [℃] 인가? (단, 저항온도계의 저항온도계수는 0.0025 이다.)

① 100[℃] ② 250[℃]
③ 425[℃] ④ 500℃

해설 ㉮ 0[℃] 저항값 계산

$R = R_0(1+\alpha t)$에서

$$\therefore R_0 = \frac{R}{1+\alpha t} = \frac{100}{1+0.0025\times 50} = 88.89[\Omega]$$

㉯ 노안의 온도계산

$$\therefore t = \frac{R-R_0}{R_0\alpha} = \frac{200-88.89}{88.89\times 0.0025} = 499.988[℃]$$

38 냉매배관의 부속기기 중 건조기(dryer)의 설치 위치로서 적당한 곳은?

① 수액기와 팽창밸브에 이르는 액 배관 도중에 설치
② 압축기와 응축기 사이
③ 증발기와 팽창밸브 사이
④ 압축기 다음의 유분리기 출구에 설치

해설 건조기(dryer) : 냉동장치에 수분이 존재하면 장치 각 부분에 나쁜 영향을 미친다. 이를 제거하기 위하여 수액기와 팽창밸브 사이 액 배관에 설치하여 수분을 제거한다.

39 가스관련 용어의 정의에 대한 설명으로 틀린 것은?

① 저장소란 산업통상자원부령으로 정하는 일정량 이상의 고압가스를 용기나 저장탱크로 저장하는 일정한 장소를 말한다.
② 용기란 고압가스를 충전하기 위한 것(부속품 제외)으로서 고정 설치된 것을 말한다.
③ 저장탱크란 고압가스를 충전, 저장하기 위하여 지상 또는 지하에 고정 설치된 것을 말한다.
④ 특정설비란 저장탱크와 산업통상자원부령이 정하는 고압가스관련 설비를 말한다.

Answer 35. ③ 36. ② 37. ④ 38. ① 39. ②

해설 용어의 정의(고법 제3조) : 용기란 고압가스를 충전하기 위한 것(부속품을 포함한다.)으로서 이동할 수 있는 것을 말한다.

40 가스검지기의 경보방식이 아닌 것은?

① 즉시 경보형
② 경보 지연형
③ 중계 경보형
④ 반시한 경보형

해설 가스검지기의 경보방식
㉮ 즉시 경보형 : 가스농도가 설정값 이상이 되면 즉시 경보하는 형식으로 일반적으로 접촉연소식 경우에 적용한다.
㉯ 경보 지연형 : 일정시간 연속해서 가스를 검지한 후에 경보하는 형식으로 즉시 경보형보다 경보는 늦지만 가스레인지에서 점화가 되지 않았을 경우, 조리 시에 일시적으로 에틸알코올 농도가 증가하는 경우에서는 경보를 하지 않는 장점이 있다.
㉰ 반시한 경보형 : 가스농도에 따라서 경보까지의 시간을 변경하는 형식으로 가스농도가 급격히 증가하면 즉시 경보하고, 농도 증가가 느리면 지연 경보하는 경우이다.

41 [보기]에서 설명하는 금속의 종류는?

[보기] - 약 2~6.7[%]의 탄소를 함유한다. - 압축력이 요구되는 부품의 재료에 적합하다. - 감쇠능(減衰能)이 아주 우수하여 진동에너지를 효율적으로 흡수한다.

① 황동　　② 선철
③ 주강　　④ 주철

해설 주철의 특징
㉮ 탄소(C) 함유량이 2.0~6.67[%]인 철과 탄소의 합금이다.
㉯ 주조성이 우수하여 크고 복잡한 형태의 부품도 쉽게 만들 수 있다.
㉰ 인장강도, 굽힘강도, 충격값은 작으나 압축강도가 크다.
㉱ 마찰저항이 우수하고 절삭가공이 용이하다.
㉲ 취성이 매우 크다.
㉳ 고온에서도 소성변형이 되지 않아 소성가공이 불가능하다.

42 액화석유가스 허가대상 범위에 포함되지 않는 것은?

① 액화석유가스 충전사업
② 액화석유가스 집단공급사업
③ 액화석유가스 판매사업
④ 가스용품 판매사업

해설 사업의 허가 : 액법 제5조
㉮ 액화석유가스 충전사업, 가스용품 제조사업, 액화석유가스 집단공급사업을 하려는 자는 그 사업소마다 특별자치시장, 특별자치도지사, 시장·군수 또는 구청장(자치구의 구청장을 말하여 이하 "시장, 군수, 구청장"이라 함)의 허가를 받아야 한다.
㉯ 액화석유가스 판매사업을 하려는 자는 판매소마다 시장·군수 또는 구청장의 허가를 받아야 한다.
㉰ 변경허가 : 허가관청

43 액체산소 용기나 저온용 금속재료로서 가장 부적당한 것은?

① 탄소강
② 9[%] 니켈강
③ 18-8 스테인리스강
④ 황동

해설 탄소강은 -70[℃] 이하로 되면 저온취성이 발생하므로 저온장치의 재료로 부적합하다.

Answer 40. ③ 41. ④ 42 ④ 43. ①

44 각 물질의 연소형태를 연결한 것에서 잘못된 것은?

① 목재가 불에 탄다. → 분해연소
② 프로판(g)이 불에 탄다. → 분해연소
③ 목탄이 불에 탄다. → 표면연소
④ 가솔린이 불에 탄다. → 증발연소

해설 연소의 형태
㉮ 표면연소 : 목탄, 코크스와 같이 표면에서 산소와 반응하여 연소하는 것
㉯ 분해연소 : 열분해에 의해 연소가 일어나는 것으로 종이, 석탄, 목재 등의 고체연료의 연소
㉰ 증발연소 : 가연성 액체의 연소
㉱ 확산연소 : 가연성 가스의 연소
㉲ 자기연소 : 산소공급 없이 연소하는 것으로 제5류 위험물이 해당된다.

45 물체에 압력을 가하면 발생한 전기량은 압력에 비례하는 원리를 이용하여 압력을 측정하는 것으로서 응답이 빠르고 급격한 압력 변화를 측정하는데 적합한 압력계는?

① 다이어프램(diaphram) 압력계
② 벨로스(bellows) 압력계
③ 부르동관(bourdon tube) 압력계
④ 피에조(piezo) 압력계

해설 피에조 전기 압력계(압전기식) : 수정이나 전기석 또는 로셀염 등의 결정체의 특정 방향에 압력을 가하면 기전력이 발생하고 발생한 전기량은 압력에 비례하는 것을 이용한 것이다. 가스 폭발이나 급격한 압력 변화 측정에 사용된다.

46 배관을 매설하면 주위의 환경에 따라 전기적 부식이 발생하는데 이를 방지하는 방법 중 강관보다 저전위 금속을 직접 또는 도선으로 전기적으로 접속하여 양 금속간의 고유 전위차를 이용하여 방식전류를 주어 방식하는 방법은?

① 희생양극법 ② 외부전원법
③ 선택배류법 ④ 강제배류법

해설 희생양극법(유전양극법) : 양극(anode)과 매설배관(cathode : 음극)을 전선으로 접속하고 양극금속과 배관사이의 전지작용(고유 전위차)에 의해서 방식전류를 얻는 방법이다. 양극 재료로는 마그네슘(Mg), 아연(Zn)이 사용되며 토양 중에 매설되는 배관에는 마그네슘이 사용되고 있다.

47 도시가스시설의 설치공사 또는 변경공사를 하는 때에 이루어지는 주요공정 시공감리 대상으로 적합한 것은?

① 도시가스사업자외의 가스공급시설 설치자의 배관 설치공사
② 가스도매사업자의 가스공급시설 설치공사
③ 일반도시가스사업자의 정압기 설치공사
④ 일반도시가스사업자의 제조소 설치공사

해설 주요공정 시공감리와 일부공정 시공감리 대상 : 도법 시행규칙 제23조 4항〈2014. 8. 8 개정〉
(1) 주요공정 시공감리대상
㉮ 일반도시가스 사업자 및 도시가스사업자 외의 가스공급시설 설치자의 배관(그 부속시설을 포함한다.)
㉯ 나프타부생가스・바이오가스제조사업자 및 합성천연가스제조사업자의 배관(그 부속시설을 포함한다.)
(2) 일부공정 시공감리대상
㉮ 가스도매사업자의 가스공급시설
㉯ 일반도시가스사업자, 나프타부생가스・바이오가스제조사업자, 합성천연가스제조사업자 및 도시가스사업자 외의 가스공급시설 설치자의 가스공급시설 중 주요공정 시공감리대상의 시설을 제외한 가스공급시설
㉰ 시행규칙 제21조 제1항에 따른 시공감리의 대상이 되는 사용자 공급관(그 부속시설을 포함한다.)

Answer 44. ② 45. ④ 46. ① 47. ①

48 액화석유가스용 압력조정기에 대한 제품검사 항목이 아닌 것은?

① 구조검사　② 기밀검사
③ 외관검사　④ 치수검사

해설 액화석유가스용 압력조정기에 대한 제품검사 항목 : 구조검사, 치수검사, 기밀검사, 조정압력시험, 폐쇄압력시험 및 표시의 적부

49 LPG 사용시설의 배관 중 호스의 길이는 연소기까지 몇 m 이내로 해야 하는가?

① 10　② 8
③ 5　④ 3

해설 호스설치 : 호스(금속플렉시블호스를 제외한다)의 길이는 연소기까지 3[m] 이내(용접 또는 용단작업용 시설을 제외한다)로 하고, 호스는 'T'형으로 연결하지 아니한다.

50 초저온 용기란 얼마 이하의 온도에서 액화가스를 충전하기 위한 용기를 말하는가?

① 상용의 온도　② −30[℃]
③ −50[℃]　④ −100[℃]

해설 초저온용기의 정의 : −50[℃] 이하의 액화가스를 충전하기 위한 용기로서 단열재를 씌우거나 냉동설비로 냉각시키는 등의 방법으로 용기내의 가스 온도가 상용 온도를 초과하지 아니하도록 한 것

51 NH_3 냉매번호는 R−717이다. 백단위의 7은 무기물질을 뜻하는데 그 뒤 숫자 17은 냉매의 무엇을 뜻하는가?

① 냉동계수　② 증발잠열
③ 분자량　④ 폭발성

해설 (1) 무기물질 냉매의 표시방법 : 700에 분자량을 붙여서 사용
(2) 종류
㉮ 암모니아(NH_3) : R−717
㉯ 아황산가스(SO_2) : R−764
㉰ 물(H_2O) : R−718
㉱ 이산화탄소(CO_2) : R−744
㉲ 공기 : R−729

52 가연성 및 독성가스의 용기 도색 후 그 표기 방법으로 틀린 것은?

① 가연성가스는 빨간색 테두리에 검정색 불꽃모양이다.
② 독성가스는 빨간색 테두리에 검정색 해골모양이다.
③ 내용적 2[L] 미만의 용기는 그 제조자가 정한 바에 의한다.
④ 액화석유가스 용기 중 프로판가스를 충전하는 용기는 프로판가스임을 표시하여야 한다.

해설 가연성가스 및 독성가스 용기 표시 방법
㉮ 가연성가스(액화석유가스용은 제외)는 빨간색 테두리에 검정색 불꽃 모양이다.
㉯ 독성가스는 빨간색 테두리에 검정색 해골모양이다.
㉰ 액화석유가스 용기 중 부탄가스를 충전하는 용기는 부탄가스임을 표시한다.
㉱ 그 밖의 가스에는 가스명칭 하단에 용도(절단용, 자동차용 등)를 표시한다.
㉲ 내용적 2[L] 미만의 용기는 제조자가 정하는 바에 따라 도색할 수 있다.

Answer 48. ③ 49. ④ 50. ③ 51. ③ 52. ④

53 도시가스사업법 시행규칙에서 정한 용어의 정의가 잘못된 것은?

① 본관이라 함은 도시가스제조사업소의 부지경계에서 정압기까지 이르는 배관을 말한다.
② 중압이란 0.1[MPa] 이상, 1[MPa] 미만의 압력을 말한다.
③ 처리능력이란 압축, 액화나 그 밖의 방법으로 1일 처리할 수 있는 도시가스의 양을 말한다.
④ 밸브기지란 도시가스의 흐름을 원활하게 하기 위한 시설로서 가스흐름장치, 방산탑, 배관 등이 설치된 기지를 말한다.

해설 밸브기지란 도시가스의 흐름을 차단하거나 배관 안의 가스를 안전한 곳으로 방출하기 위한 방산탑, 배관, 차단장치 또는 그 부대설비가 설치되어 있는 근거지를 말한다.

54 안전관리자를 선임 또는 해임할 때 해임한 날로부터 며칠 이내에 다른 안전관리자를 선임하여야 하는가?

① 7일 ② 10일
③ 15일 ④ 30일

해설 안전관리자 선임 기간(고법 제15조) : 안전관리자를 선임한 자는 안전관리자를 선임 또는 해임하거나 안전관리자가 퇴직한 경우에는 지체 없이 이를 허가관청, 신고관청, 등록관청에 신고하고, 해임 또는 퇴직한 날부터 30일 이내에 다른 안전관리자를 선임하여야 한다.

55 작업시간 측정방법 중 직접측정법은?

① PTS법 ② 경험견적접
③ 표준자료법 ④ 스톱워치법

해설 작업시간 측정방법
㉮ 직접측정법 : 시간연구법(스톱워치법, 촬영법, VTR분석법), 워크샘플링법
㉯ 간접측정법 : 실적기록법, 표준자료법, PTS법(WF법, MTM법)

56 [보기]의 데이터 중에서 미드레인지(mid range)는 얼마인가?

[보기] 3.8, 5.6, 4.8, 4.3, 6.2, 6.6, 5.7

① 2.8 ② 4.3
③ 5.2 ④ 5.6

해설 mid range(범위의 중앙값 : M) : 데이터의 최대값(x_{max})과 최소값(x_{min})의 평균값이다.

$$\therefore M = \frac{x_{max} + x_{min}}{2} = \frac{6.6 + 3.8}{2} = 5.2$$

57 TPM 활동의 기본을 이루는 3정 5S 활동에서 3정에 해당되는 것은?

① 정시간 ② 정돈
③ 정리 ④ 정량

해설 TPM(Total Productive Maintenance) : 전원참가의 생산보전활동으로 로스제로(loss zero)화를 달성하려는 것이다.
㉮ 3 정 : 정량, 정품, 정위치
㉯ 5 S(5 행) : 정리, 정돈, 청소, 청결, 생활화

58 로트에서 랜덤하게 시료를 추출하여 검사한 후 그 결과에 따라 로트의 합격, 불합격을 판정하는 검사 방법을 무엇이라 하는가?

① 자주검사 ② 샘플링검사
③ 전수검사 ④ 직접검사

Answer 53. ④ 54. ④ 55. ④ 56. ③ 57. ④ 58. ②

해설 샘플링(sampling) 검사 : 로트로부터 시료를 채취하여 검사한 후 그 결과를 판정기준과 비교하여 로트의 합격, 불합격을 판정하는 검사법이다.

59 다음 중 사내표준을 작성할 때 갖추어야 할 요건으로 옳지 않은 것은?

① 내용이 구체적이고 주관적일 것
② 장기적 방침 및 체계 하에서 추진할 것
③ 작업표준에는 수단 및 행동을 직접 제시할 것
④ 당사자에게 의견을 말하는 기회를 부여하는 절차로 정할 것

해설 사내표준 작성 시 갖추어야 할 요건
㉮ 실행가능성이 있는 내용일 것
㉯ 당사자에게 의견을 말할 기회를 주는 방식으로 정할 것
㉰ 기록내용이 구체적이며 객관적일 것
㉱ 기여도가 큰 것부터 중점적으로 취급할 것
㉲ 직감적으로 보기 쉬운 표현으로 할 것
㉳ 적시에 개정, 향상시킬 것
㉴ 장기적 방침 및 체계화로 추진할 것
㉵ 작업표준에는 수단 및 행동을 직접 제시할 것

60 프로젝트 생산과 가장 관계가 깊은 것은?

① 라디오 ② 맥주
③ 댐 ④ 의류

해설 프로젝트 생산시스템 : 교량, 댐, 도로 등과 같이 생산규모가 큰 반면에 생산수량이 적고 장기간에 걸쳐 이루어진다.

Answer 59. ① 60. ③

부 록

간추린 가스공식 100 선(選)

1. 온도

① $℃ = \frac{5}{9}(°F - 32)$

② $°F = \frac{9}{5}℃ + 32$

③ 절대온도

$K = ℃ + 273 \qquad K = \frac{°R}{1.8}$

$°R = °F + 460 \qquad °R = 1.8K$

2. 압력

① 절대압력 = 대기압 + 게이지압력
= 대기압−진공압력

② 압력환산

$$환산압력 = \frac{주어진압력}{주어진압력\ 표준대기압} \times 구하려하는\ 표준대기압$$

[참고]

1[MPa]=10.1968[kgf/cm²]≒10[kgf/cm²]
1[kPa]=101.968[mmH_2O]≒100[mmH_2O]

3. 비열비

$k = \frac{C_p}{C_v} > 1$

$C_p - C_v = AR \qquad C_p = \frac{k}{k-1}AR$

$C_v = \frac{1}{k-1}AR$

k : 비열비
C_p : 정압비열[kcal/kgf·K]
C_v : 정적비열[kcal/kgf·K]
A : 일의 열당량 $\left(\frac{1}{427}[kcal/kgf \cdot m]\right)$
R : 기체상수 $\left(\frac{848}{M}[kgf \cdot m/kg \cdot K]\right)$

[SI 단위]

$C_p - C_v = R \qquad C_p = \frac{k}{k-1}R$

$C_v = \frac{1}{k-1}R$

C_p : 정압비열[kJ/kg·K]
C_v : 정적비열[kJ/kg·K]
R : 기체상수 $\left(\frac{8.314}{M}[kJ/kg \cdot K]\right)$

4. 현열과 잠열

① 현열 $Q = G \cdot C \cdot \Delta t$

Q : 현열[kcal]
G : 물체의 중량[kgf]
C : 비열[kcal/kgf·℃]
Δt : 온도변화[℃]

② 잠열 $Q = G \cdot \gamma$

Q : 잠열[kcal]
G : 물체의 중량[kgf]
γ : 삼열량[kcal/kgf]

[SI 단위]

① 현열(감열) $Q = m \cdot C \cdot \Delta t$

Q : 현열[kJ] m : 물체의 질량[kg]

C : 비열[kJ/kg・℃]

Δt : 온도변화[℃]

② 잠열 $Q = m \cdot \gamma$

Q : 잠열[kJ] m : 물체의 질량[kg]

γ : 잠열량[kJ/kg]

5. 엔탈피

$$h = U + A \cdot P \cdot \nu$$

h : 엔탈피[kcal/kgf]

U : 내부에너지[kcal/kgf]

A : 일의 열당량 $\left(\frac{1}{427}[\text{kcal/kgf}\cdot\text{m}]\right)$

P : 압력[kgf/m^2]

v : 비체적[m^3/kgf]

[SI 단위] $h = U + P \cdot \nu$

h : 엔탈피[kJ/kg] U : 내부에너지[kJ/kg]

P : 압력[kPa] v : 비체적[m^3/kg]

6. 엔트로피

$$dS = \frac{dQ}{T} = U + \frac{A \cdot P \cdot v}{T}$$

dS: 엔트로피 변화량[kcal/kgf・K]

dQ: 열량변화[kcal/kgf]

T : 그 상태의 절대온도[K]

A : 일의 열당량 $\left(\frac{1}{427}[\text{kcal/kgf}\cdot\text{m}]\right)$

P : 압력[kgf/m^2]

v : 비체적[m^3/kgf]

[SI 단위] $dS = \frac{dQ}{T} = U + \frac{P \cdot v}{T}$

dS : 엔트로피 변화량[kJ/kg・K]

dQ : 열량변화[kJ/kg]

T : 그 상태의 절대온도[K]

P : 압력[kPa]

v : 비체적[m^3/kg]

7. 열평형 온도(열역학 제0법칙)

$$t_m = \frac{G_1 \cdot C_1 \cdot t_1 + G_2 \cdot C_2 \cdot t_2}{G_1 \cdot C_1 + G_2 \cdot C_2}$$

t_m : 평균온도[℃]

G_1, G_2 : 각 물질의 중량[kgf]

C_1, C_2 : 각 물질의 비열[kcal/kgf・℃]

t_1, t_2 : 각 물질의 온도[℃]

8. 줄의 법칙

$$Q = A \cdot W$$

$$W = J \cdot Q$$

Q : 열량[kcal] W : 일량[kgf・m]

A : 일의 열당량 $\left(\frac{1}{427}[\text{kcal/kgf}\cdot\text{m}]\right)$

J : 열의 일당량(427[kgf・m/kcal]

[SI 단위] $Q = W$

Q : 열량[kJ] W : 일량[kJ]

9. 비중

① 가스 비중 $= \dfrac{\text{기체 분자량(질량)}}{\text{공기의 평균 분자량(29)}}$

② 액체 비중 $= \dfrac{t[℃]\text{의 물질의 밀도}}{4[℃]\text{ 물의 밀도}}$

10. 가스 밀도, 비체적

① 가스 밀도[g/L, kg/m³] $= \dfrac{\text{분자량}}{22.4}$

② 가스비체적[L/g, m³/kg] $= \dfrac{22.4}{\text{분자량}}$

$= \dfrac{1}{\text{밀도}}$

11. 보일-샤를의 법칙

① 보일의 법칙 $P_1 \cdot V_1 = P_2 \cdot V_2$

② 샤를의 법칙 $\dfrac{V_1}{T_1} = \dfrac{V_2}{T_2}$

③ 보일-샤를의 법칙 $\dfrac{P_1 \cdot V_1}{T_1} = \dfrac{P_2 \cdot V_2}{T_2}$

P_1 : 변하기 전의 절대압력

P_2 : 변한 후의 절대압력

V_1 : 변하기 전의 부피

V_2 : 변한 후의 부피

T_1 : 변하기 전의 절대온도[K]

T_2 : 변한 후의 절대온도[K]

12. 이상 기체 상태 방정식

① $PV = nRT$, $PV = \dfrac{W}{M}RT$

$PV = Z\dfrac{W}{M}RT$

P : 압력[atm] V : 체적[L]

n : 몰[mol]수

R : 기체상수(0.082[L · atm/mol · K]

M : 분자량[g] W : 질량[g]

T : 절대온도[K] Z : 압축계수

② $PV = GRT$

P : 압력[kgf/m² · a] V : 체적[m³]

G : 중량[kgf] T : 절대온도[K]

R : 기체상수 $\left(\dfrac{848}{M}[\text{kgf} \cdot \text{m/kg} \cdot \text{K}]\right)$

[SI 단위] $PV = GRT$

P : 압력[kPa · a] V : 체적[m³]

G : 질량[kg] T : 절대온도[K]

R : 기체상수$\left(\dfrac{8.314}{M}[\text{kJ/kg} \cdot \text{K}]\right)$

13. 실제기체 상태방정식(Van der Waals 식)

① 실제기체가 1 mol의 경우 :

$$\left(P + \frac{a}{V^2}\right)(V - b) = RT$$

② 실제기체가 nmol의 경우 :

$$\left(P + \frac{n^2 \cdot a}{V^2}\right)(V - n \cdot b) = nRT$$

a : 기체분자간의 인력[atm · L²/mol²)

b : 기체분자 자신이 차지하는 부피[L/mol]

14. 달톤의 분압 법칙

$P = P_1 + P_2 + P_3 + \cdots + P_n$

P : 전압

P_1, P_2, P_3, P_n : 각 성분 기체의 분압

15. 아메가의 분적 법칙

$$V = V_1 + V_2 + V_3 + \cdots + V_n$$

V : 전부피

V_1, V_2, V_3, V_n : 각 성분 기체의 부피

16. 전압

$$P = \frac{P_1 V_1 + P_2 V_2 + P_3 V_3 + \cdots + P_n V_n}{V}$$

P : 전압　　V : 전부피

P_1, P_2, P_3, P_n : 각 성분 기체의 분압

V_1, V_2, V_3, V_n : 각 성분 기체의 부피

17. 분압

$$\text{분압} = \text{전압} \times \frac{\text{성분몰수}}{\text{전몰수}} = \text{전압} \times \frac{\text{성분부피}}{\text{전부피}}$$

$$= \text{전압} \times \frac{\text{성분 분자수}}{\text{전분자수}}$$

18. 혼합가스의 조성

① $\text{mol}[\%] = \dfrac{\text{어느 성분기체의 mol수}}{\text{가스전체의 mol수}}$

② $\text{용량}[\%] = \dfrac{\text{어느 성분기체의 용량}}{\text{가스전체의 용량}}$

③ $\text{중량}[\%] = \dfrac{\text{어느 성분기체의 중량}}{\text{가스전체의 중량}}$

19. 혼합가스의 확산 속도(그레이엄의 법칙)

$$\frac{U_2}{U_1} = \sqrt{\frac{M_1}{M_2}} = \frac{t_1}{t_2}$$

U_1, U_2 : 1번 및 2번 기체의 확산속도

M_1, M_2 : 1번 및 2번 기체의 분자량

t_1, t_2 : 1번 및 2번 기체의 확산시간

20. 르샤틀리에의 법칙(폭발한계 계산)

$$\frac{100}{L} = \frac{V_1}{L_1} + \frac{V_2}{L_2} + \frac{V_3}{L_3} + \frac{V_4}{L_4} + \cdots$$

L : 혼합가스의 폭발한계치

V_1, V_2, V_3, V_4 : 각 성분 체적[%]

L_1, L_2, L_3, L_4 : 각 성분 단독의 폭발한계치

21. 다공도 계산식

$$\text{다공도}[\%] = \frac{V - E}{V} \times 100$$

V : 다공물질의 용적[m^3]

E : 아세톤의 침윤 잔용적[m^3]

※ C_2H_2다공도 기준 : 75~92[%] 미만

22. 횡형 원통형 저장탱크

① 내용적 계산식

$$V = \frac{\pi}{4} D_1^2 L_1 + \left(\frac{\pi}{12} D_1^2 L_2 \times 2\right)$$

② 표면적 계산식

$$A = \pi D_2 L_1 + \left(\frac{\pi}{4} D_2^{\,2} \times 2\right)$$

V : 저장탱크 내용적[m^3]

A : 저장탱크 표면적[m^2]

D_1 : 저장탱크 안지름[m]

D_2 : 저장탱크 바깥지름[m]

L_1 : 원통부의 길이[m]

L_2 : 경판의 깊이[m]

23. 구형(球形) 저장탱크 내용적 계산식

$$V = \frac{4}{3}\pi r^3 = \frac{\pi}{6}D^3$$

V : 구형 저장탱크의 내용적[m^3]
r : 구형 저장탱크의 반지름[m]
D : 구형 저장탱크의 지름[m]

24. 집합공급 설비 용기 수 계산

① 피크시 평균가스 소비량[kg/h]
= 1일 1호당 평균가스 소비량[kg/day] ×세대수×피크시의 평균가스 소비율

② 필요 최저 용기 수

$$= \frac{\text{피크시 평균 가스 소비량[kg/h]}}{\text{피크시 용기 가스 발생 능력[kg/h]}}$$

③ 2일분 용기 수

$$= \frac{\text{1일 1호당 평균가스 소비량[kg/day]} \times \text{2일} \times \text{세대수}}{\text{용기의 질량(크기)}}$$

④ 표준 용기 설치 수
= 필요 최저 용기 수+2일분 용기 수

⑤ 2열 합계 용기 수 = 표준 용기 수×2

25. 영업장의 용기 수 계산

$$\text{용기 수} = \frac{\text{최대 소비 수량[kg/h])}}{\text{표준가스 발생능력[kg/h]}}$$

26. 용기교환주기 계산

$$\text{교환 주기} = \frac{\text{총 가스량}}{\text{1일 가스 소비량}}$$

$$= \frac{\text{용기의 크기[kg]} \times \text{용기 수}}{\text{가스 소비량[kg/h])} \times \text{연소기수} \times \text{1일평균 사용시간}}$$

27. 입상배관에 의한 압력 손실

$$H = 1.293(S - 1)h$$

H : 입상배관에 의한 압력손실[mmH_2O]
S : 가스의 비중
h : 입상높이[m]

▸가스비중이 공기보다 작은 경우 "−" 값이 나오면 압력이 상승되는 것이다.

28. 저압배관의 유량 결정

$$Q = K\sqrt{\frac{D^5 \cdot H}{S \cdot L}}$$

Q : 가스의 유량[m^3/h]
D : 관 안지름[cm]
H : 압력손실[mmH_2O]
S : 가스의 비중
L : 관의 길이[m]
K : 유량계수(폴의 상수 : 0.707)

29. 중 · 고압배관의 유량 결정

$$Q = K\sqrt{\frac{D^5 \cdot (P_1^2 - P_2^2)}{S \cdot L}}$$

Q : 가스의 유량[m^3/h]
D : 관 안지름[cm]
P_1 : 초압[$kgf/cm^2 \cdot a$]
P_2 : 종압[$kgf/cm^2 \cdot a$]
S : 가스의 비중
L : 관의 길이[m]
K : 유량계수(코크스의 상수 : 52.31)

30. 배관의 스케줄 번호(schedule number)

$$Sch\ No = 10 \times \frac{P}{S}$$

P : 사용압력[kgf/cm^2]

S : 재료의 허용응력[kgf/mm^2]

$\left(S = \frac{\text{인장강도[kfg/mm}^2\text{]}}{\text{안전율 (4)}}\right)$

31. 배관의 두께 계산

① 바깥지름과 안지름의 비가 1.2 미만인 경우

$$t = \frac{P \cdot D}{2 \cdot \frac{f}{S} - P} + C$$

② 바깥지름과 안지름의 비가 1.2 이상인 경우

$$t = \frac{D}{2}\left\{\sqrt{\frac{\frac{f}{S}+P}{\frac{f}{S}-P}} - 1\right\} + C$$

t : 배관의 두께[mm]

P : 상용압력[MPa]

C : 부식여유치[mm] S : 안전율

D : 안지름에서 부식여유에 상당하는 부분을 뺀 수치[mm]

f : 재료의 인장강도[N/mm^2] 또는 항복점[N/mm^2]의 1.6배

32. 열팽창에 의한 신축 길이

$$\Delta L = L \cdot \alpha \cdot \Delta t$$

ΔL : 관의 신축길이[mm]

L : 관 길이[mm]

α : 선팽창계수(1.2×10^{-5}/℃)

Δt : 온도차[℃]

33. 원형관의 압력 손실

① 달시-바이스바하식 : $h_f = f \times \frac{L}{D} \times \frac{V^2}{2g}$

② 패닝(fanning)의 식 : $h_f = 4f \times \frac{L}{D} \times \frac{V^2}{2g}$

h_f : 손실수두[mH_2O]

f : 관 마찰계수

L : 관 길이[m]

D : 관지름[m]

V : 유체의 속도[m/s]

g : 중력가속도(9.8[m/s^2])

34. 노즐에서의 가스 분출량 계산식

$$Q = 0.011K \cdot D^2\sqrt{\frac{P}{d}} = 0.009D^2\sqrt{\frac{P}{d}}$$

Q : 분출가스량[m^3/h]

K : 유출계수(0.8)

D : 노즐의 지름[mm]

d : 가스비중

P : 노즐 직전의 가스압력[mmH_2O]

35. 가스홀더의 활동량(ΔV) 계산

$$\Delta V = V \times \frac{(P_1 - P_2)}{P_0} \times \frac{T_0}{T_1}$$

ΔV : 가스홀더의 활동량[Nm^3]

V : 가스홀더의 내용적[m^3]

P_1 : 가스홀더의 최고사용압력 [kgf/cm^2 · a]

P_2 : 가스홀더의 최저사용압력

[kgf/cm² · a]

P_0 : 표준대기압(1.0332[kgf/cm²]

T_0 : 표준상태의 절대온도(273 [K])

T_1 : 가동상태의 절대온도[K]

36. 가스홀더의 제조능력

$$M = (S \times a - H) \times \frac{24}{t}$$

M : 1일의 최대 필요 제조능력

S : 1일의 최대 공급량

a : 17시~22시 공급율

H : 가스홀더 활동량

t : 시간당 공급량이 제조능력보다도 많은 시간(피크 사용시간)

37. 도시가스 월사용 예정량 산정식

$$Q = \frac{(A \times 240) + (B \times 90)}{11000}$$

Q : 월사용 예정량[m³/월]

A : 공장 등 산업용 연소기 가스소비량 합계[kcal/h]

B : 음식점 등 영업용(산업용 외) 연소기 가스소비량 합계[kcal/h]

38. 공기희석식 조정 발열량

$$Q_2 = \frac{Q_1}{1 + x}$$

Q_2 : 조정된 발열량[kcal/m³]

Q_1 : 변경전 발열량[kcal/m³]

x : 희석배수(공기량 : [m³])

39. 웨베지수

$$WI = \frac{H_g}{\sqrt{d}}$$

H_g : 도시가스의 발열량[kcal/m³]

d : 도시가스의 비중

40. 연소속도 지수

$$Cp = K \frac{1.0H_2 + 0.6(CO + C_mH_n) + 0.3CH_4}{\sqrt{d}}$$

H_2 : 가스중의 수소함량[vol%]

CO : 가스중의 일산화탄소 함량[vol%]

C_mH_n : 가스중의 탄화수소의 함량[vol%]

d : 가스의 비중

K : 가스중의 산소 함량에 따른 정수

41. 연소기의 노즐 조정

$$\frac{D_2}{D_1} = \frac{\sqrt{WI_1 \sqrt{P_1}}}{\sqrt{WI_2 \sqrt{P_2}}}$$

D_1 : 변경 전 노즐 지름[mm]

D_2 : 변경 후 노즐 지름[mm]

WI_1 : 변경 전 가스의 웨베지수

WI_2 : 변경 후 가스의 웨베지수

P_1 : 변경 전 가스의 압력[mmH₂O]

P_2 : 변경 후 가스의 압력[mmH₂O]

42. 왕복동형 압축기 피스톤 압출량

① 이론적 피스톤 압출량

$$V = \frac{\pi}{4} \cdot D^2 \cdot L \cdot N \cdot R \cdot 60$$

② 실제적 피스톤 압출량

$$V' = \frac{\pi}{4} \cdot D^2 \cdot L \cdot N \cdot R \cdot 60 \cdot \eta_V$$

V : 이론적인 피스톤 압출량[m^3/h]

V' : 실제적인 피스톤 압출량[m^3/h]

D : 피스톤 지름[m]

L : 행정거리[m]

N : 기통수

R : 분당 회전수[rpm]

η_V : 체적효율[%]

43. 회전식 압축기 피스톤 압출량

$$V = 60 \times 0.785 \cdot t \cdot N \cdot (D^2 - d^2)$$

V : 피스톤 압출량[m^3/h]

t : 회전 피스톤의 가스 압축부분의 두께[m]

N : 회전 피스톤의 회전수[rpm]

D : 피스톤 기통의 안지름[m]

d : 회전 피스톤의 바깥지름[m]

44. 나사식 압축기 토출량

$$Q_{th} = C_v \cdot D^2 \cdot L \cdot N$$

Q_{th} : 이론 토출량[m^3/min]

D : 암 로터의 지름[m]

L : 로터의 길이[m]

N : 숫 로터의 회전수[rpm]

C_v : 로터 모양에서 결정되는 상수

45. 압축비

① 1단 압축비 $a = \dfrac{P_2}{P_1}$

② 다단 압축비 $a_m = \sqrt[n]{\dfrac{P_2}{P_1}}$

P_1 : 흡입압력(절대압력)

P_2 : 최종압력(절대압력)　　n : 단수

46. 압축기 효율

① 체적효율[%]

$$\eta_v = \frac{\text{실제적 피스톤 압출량}}{\text{이론적 피스톤 압출량}} \times 100$$

② 압축효율[%]

$$\eta_C = \frac{\text{이론동력}}{\text{실제소요동력(지시동력)}} \times 100$$

③ 기계효율[%]

$$\eta_m = \frac{\text{실제적 소요동력(지시동력)}}{\text{축동력}} \times 100$$

47. 펌프 효율

① 체적효율[%]

$$\eta_v = \frac{\text{실제적 흡출량}}{\text{이론적 흡출량}} \times 100$$

② 수력효율[%]

$$\eta_h = \frac{\text{최종압력 증가량}}{\text{평균 유효압력}} \times 100$$

③ 기계효율[%]

$$\eta_m = \frac{\text{실제적 소요동력(지시동력)}}{\text{축동력}} \times 100$$

④ 펌프의 전효율

$$\eta = \frac{L_W}{L_S} = \eta_v \times \eta_h \times \eta_m$$

η : 펌프의 전효율　　L_W : 수동력

L_S : 축동력　　η_v : 체적효율

η_h : 수력효율　　η_m : 기계효율

48. 비교회전도(비속도)

$$N_S = \frac{N\sqrt{Q}}{\left(\frac{H}{n}\right)^{\frac{3}{4}}}$$

N_S: 비교회전도(비속도)[rpm·m³/min·m]

N : 회전수[rpm]　Q : 풍량[m³/min]

H : 양정[m]　n : 단수

49. 전동기(motor) 회전수

$$N = \frac{120f}{P} \times (1 - \frac{s}{100})$$

N : 전동기 회전수[rpm]　f : 주파수[Hz]

P : 극수　s : 미끄럼율

50. 압축기 축동력

① PS(미터마력) : $\text{PS} = \frac{P \cdot Q}{75\eta}$

② kW : $\text{kW} = \frac{P \cdot Q}{102\eta}$

P : 토출압력[kgf/m²]

Q : 유량[m³/s]

η : 효율

51. 펌프의 축동력

① PS(미터마력)　$\text{PS} = \frac{\gamma \cdot Q \cdot H}{75\eta}$

② kW　$\text{kW} = \frac{\gamma \cdot Q \cdot H}{102\eta}$

γ : 액체의 비중량[kgf/m³]

Q : 유량[m³/s]

H : 전양정[m]

η : 효율

52. 원심펌프 상사법칙

① 유량 : $Q_2 = Q_1 \times \left(\frac{N_2}{N_1}\right) \times \left(\frac{D_2}{D_1}\right)^3$

② 양정 : $H_2 = H_1 \times \left(\frac{N_2}{N_1}\right)^2 \times \left(\frac{D_2}{D_1}\right)^2$

③ 동력 : $L_2 = L_1 \times \left(\frac{N_2}{N_1}\right)^3 \times \left(\frac{D_2}{D_1}\right)^5$

Q_1, Q_2 : 변경 전, 후의 유량

H_1, H_2 : 변경 전, 후의 양정

L_1, L_2 : 변경 전, 후의 동력

N_1, N_2 : 변경 전, 후의 임펠러 회전수

D_1, D_2 : 변경 전, 후의 임펠러 지름

53. 응력(stress)

$$\sigma = \frac{W}{A}$$

σ : 응력[kgf/cm²]

W: 하중[kgf]

A : 단면적[cm²]

① 원주방향 응력　$\sigma_A = \frac{PD}{2t}$

② 축방향 응력　$\sigma_B = \frac{PD}{4t}$

σ_A: 원주방향 응력[kgf/cm²]

σ_B: 축방향 응력[kgf/cm²]

P : 사용압력[kgf/cm²]

D : 안지름[mm]

t : 두께[mm]

③ 인장하중에 의한 응력　$\sigma = \frac{\varepsilon \times \Delta L}{L}$

σ : 응력[kgf/cm²]

ε : 영률[kgf/cm²]

ΔL: 늘어난 길이[cm]

L : 길이[cm]

▸ 충격하중에 의한 응력은 인장하중에 의한 응력의 2배이다.

54. 용기 두께 산출식

① 용접용기 동판 두께 산출식

$$t = \frac{P \cdot D}{2S \cdot \eta - 1.2P} + C$$

t : 동판의 두께[mm]
P : 최고충전압력[MPa]
D : 안지름[mm]
S : 허용응력[N/mm^2]
η : 용접효율
C : 부식여유수치[mm]

② 산소 용기 두께 산출식

$$t = \frac{P \cdot D}{2S \cdot E}$$

t : 두께[mm]
P : 최고충전압력[MPa]
D : 바깥지름[mm]
S : 인장강도[N/mm^2]
E : 안전율

③ 프로판 용기 두께 산출식

$$t = \frac{P \cdot D}{0.5S \cdot \eta - P} + C$$

t : 동판의 두께[mm]
P : 최고충전압력[MPa]
D : 안지름[mm]
S : 인장강도[N/mm^2]
η : 용접효율
C : 부식여유수치[mm]

④ 염소 용기 두께 산출식

$$t = \frac{P \cdot D}{2S}$$

t : 동판의 두께[mm]
P : 증기압력[MPa]
D : 바깥지름[mm]
S : 인장강도[N/mm^2]

⑤ 구형가스홀더 두께 산출식

$$t = \frac{P \cdot D}{4f \cdot \eta - 0.4P} + C$$

t : 동판의 두께[mm]
P : 최고충전압력[MPa]
D : 안지름[mm]
f : 허용응력[N/mm^2]
η : 용접효율
C : 부식여유수치[mm]

55. 저장능력 산정식

① 압축가스의 저장탱크 및 용기

$$Q = (10P + 1) \cdot V_1$$

② 액화가스 저장탱크

$$W = 0.9d \cdot V_2$$

③ 액화가스 용기(충전용기, 탱크로리)

$$W = \frac{V_2}{C}$$

Q : 저장능력[m^3]
P : 35[℃]에서 최고충전압력[MPa]
V_1 : 내용적[m^3]　W : 저장능력[kg]
V_2 : 내용적[L]　d : 액화가스의 비중
C : 액화가스 충전상수(C_3H_8 : 2.35, C_4H_{10} : 2.05, NH_3 : 1.86)

56. 안전공간 계산

$$Q = \frac{V - E}{V} \times 100$$

Q : 안전공간[%]
V : 저장시설의 내용적
E : 액화가스의 부피

57. 항구(영구)증가율[%] 계산

$$항구(영구)증가율[\%] = \frac{항구증가량}{전증가량} \times 100$$

58. 비수조식 내압시험장치 전증가량 계산

$$\Delta V = (A - B) - [(A - B) + V] \cdot P \cdot \beta$$

ΔV : 전증가량[cc]

A : P기압에 있어서의 압입된 물의 양[cc]

B : P기압에 있어서의 용기 이외에 압입된 물의 양[cc]

V : 용기 내용적[cc]

P : 내압시험압력[atm]

β : t[℃]에 있어서의 물의 압축계수

59. 온도변화에 의한 액화가스의 액팽창량

$$\Delta V = V \cdot \alpha \cdot \Delta t$$

ΔV : 액팽창량[L]

V : 액화가스의 체적[L]

a : 액팽창계수[L/L·℃]

Δt : 온도변화[℃]

60. 압력변화에 의한 액변화량

$$\Delta V = V_0 \cdot \beta \cdot \Delta P$$

ΔV : 가압한 물의 체적변화량[L]

V_0 : 내용적+가압한 물의 양[L]

β : 압축계수[L/L·atm]

ΔP : 압력변화[atm]

61. 초저온 용기의 단열 성능시험(침입열량 계산식)

$$Q = \frac{W \cdot q}{H \cdot \Delta t \cdot V}$$

Q : 침입열량[J/h·℃·L]

W : 측정중의 기화가스량[kg]

q : 시험용 액화가스의 기화잠열[J/kg]

H : 측정시간[h]

Δt : 시험용 액화가스의 비점과 외기와의 온도차[℃]

V : 용기 내용적[L]

62. 안전밸브 작동 압력

$$P = 내압시험압력 \times \frac{8}{10} \text{ 이하}$$

내압시험압력=상용압력 × 1.5배

(단. 설비, 장치, 배관의 경우만 해당)

63. 안전밸브 분출 면적

$$a = \frac{W}{230 P \sqrt{\frac{M}{T}}}$$

a : 분출부 유효면적[cm²]

W : 시간당 분출가스량[kg/h]

P : 분출압력[kgf/cm²·a]

M : 가스 분자량

T : 분출직전의 가스의 절대온도[K]

64. 압력용기 안전밸브 지름

$$d = C\sqrt{\left(\frac{D}{1000}\right) \times \left(\frac{L}{1000}\right)}$$

d : 안전밸브 지름[mm]

C : 가스정수

D : 압력용기 바깥지름[mm]

L : 압력용기 길이[mm]

65. 용기밸브 안전밸브 분출량

$$Q = 0.0278 P \cdot W$$

Q : 분출량[m^3]

P : 작동절대압력[MPa]

W : 용기 내용적[L]

66. 충전용기 시험 압력

① 최고충전압력(FP)

㉮ 압축가스 용기 : 35[℃] 최고충전압력

㉯ 아세틸렌용기 : 15[℃] 최고충전압력

㉰ 초저온, 저온 용기 : 상용압력 중 최고압력

㉱ 액화가스 : TP × $\frac{3}{5}$배

② 기밀시험압력(AP)

㉮ 압축가스 용기 : 최고충전압력(FP)

㉯ 아세틸렌 용기 : FP × 1.8배

㉰ 초저온, 저온 용기 : FP × 1.1배

㉱ 액화가스 용기 : 최고충전압력(FP)

③ 내압시험압력(TP)

㉮ 압축가스 용기 : FP × $\frac{5}{3}$배

㉯ 아세틸렌 용기 : FP × 3배

㉰ 재충전 금지용기 압축가스 : FP × $\frac{5}{4}$배

㉱ 초저온, 저온 용기 : FP × $\frac{5}{3}$배

㉲ 액화가스 용기 : 액화가스 종류 별로 규정된 압력

67. 연소기 효율

$$\eta[\%] = \frac{\text{유효하게 이용된 열량}}{\text{공급열량}} \times 100$$

$$= \frac{G \cdot C \cdot \Delta t}{G_f \cdot H_l} \times 100$$

η : 연소기 효율[%]

G : 온수량[kg]

C : 온수 비열[kcal/kgf · ℃]

Δt : 온도차[℃]

G_f : 연료 사용량[kgf]

H_l : 연료의 저위발열량[kcal/kgf]

68. 냉동능력 산정식

$$R = \frac{V}{C}$$

R : 1일의 냉동능력[톤]

V : 피스톤 압출량[m^3/h]

C : 냉매에 따른 정수

69. 냉동기 성적 계수

① 이론 성적계수

$$= \frac{\text{증발 절대온도}}{\text{응축 절대온도} - \text{증발 절대온도}}$$

$$= \frac{\text{냉동력[kcal/kgf]}}{\text{이론적 소요동력}} = \frac{Q_2}{Q_1 - Q_2} = \frac{T_2}{T_1 - T_2}$$

② 실제 성적계수

$$= \frac{\text{증발 열량}}{\text{압축 열량}} = \frac{\text{냉동력[kcal/kgf]}}{\text{압축기 소요동력} \times 860}$$

= 이론 성적 계수 × 압축 효율 × 기계 효율

$$= \varepsilon \times \eta_c \times \eta_m$$

70. 반밀폐식 자연배기식 단독배기통방식 배기통높이

$$h = \frac{0.5 + 0.4n + 0.1l}{\left(\frac{1000 A_v}{6Q}\right)^2}$$

h : 배기통 높이[m]

n : 배기통의 굴곡수

l : 역풍방지장치 개구부 하단부로부터 배기통 끝의 개구부까지의 전길이[m]

A_v : 배기통의 유효단면적[cm^2]

Q : 가스소비량[kcal/h]

71. 배기통 유효 단면적

$$A = \frac{20 \cdot q \cdot Q}{1400 \sqrt{H}}$$

A : 배기통 유효단면적[m^2]

q : 연료 1kg당 이론폐가스량[m^3/kg]

Q : 연소기구 가스소비량[kg/h]

H : 배기통의 높이[m]

72. 환풍기에 의한 유효 환기량

$$Q = 20K \cdot H$$

Q : 유효환기량[m^3/h]

K : 상수

H : 가스 소비량[m^3/h]

73. 강제 배기식 공동 배기구 유효 단면적

$$A = Q \times 0.6 \times K \times F + P$$

A : 공동 배기구 유효단면적[mm^2]

Q : 보일러의 가스소비량 합계[kW]

K : 형상계수

F : 보일러의 동시 사용률

P : 배기통의 수평투영면적[mm^2]

74. 폭발방지장치 후프링 접촉압력

$$P = \frac{0.01\,Wh}{D \times b} \times C$$

P : 접촉압력[MPa]

Wh : 폭발방지제의 중량+지지봉의 중량+후프링의 자중[N]

D : 동체의 안지름[cm]

b : 후프링의 접촉폭[cm]

C : 안전율 (4)

75. 액화천연가스 안전거리

$$L = C \times \sqrt[3]{143000\,W}$$

L : 안전거리[m]

W : 저장탱크는 저장능력[톤]의 제곱근, 그 밖의 것은 그 시설안의 액화천연가스 질량[톤]

C : 상수(저압 지하식 저장탱크 : 0.240, 그 밖의 설비 : 0.576)

76. 자유 피스톤형 압력계

$$P = \left\{\frac{W + W'}{a}\right\} + P_1$$

P : 압력[$kgf/cm^2 \cdot a$]

W : 추의 무게[kgf]

W' : 피스톤의 무게[kgf]

a : 피스톤의 단면적[cm^2]

P_1 : 대기압[kgf/cm^2]

77. U자형 액주형 압력

$$P_2 = P_1 + \gamma \cdot h$$

P_2 : 측정 절대압력[mmH_2O, kgf/m^2]

P_1 : 대기압[mmH_2O, kgf/m^2]

γ : 액체의 비중량[kgf/m^3]

h : 액주 높이[m]

78. 유량계산

① 체적유량 $Q = A \cdot V$

② 중량유량 $G = \gamma \cdot A \cdot V$

③ 질량유량 $M = \rho \cdot A \cdot V$

Q : 체적유량[m^3/s]

G : 중량유량[kgf/s]

M : 질량유량[kg/s]

γ : 비중량[kgf/m^3]

ρ : 밀도[kg/m^3]

A : 단면적[m^2]

V : 유속[m/s]

79. 베르누이 방정식

$$H = h_1 + \frac{P_1}{\gamma} + \frac{V_1^2}{2g} = h_2 + \frac{P_2}{\gamma} + \frac{V_2^2}{2g}$$

H : 전수두[m]

h_1, h_2 : 위치수두

$\frac{P_1}{\gamma}$, $\frac{P_2}{\gamma}$: 압력수두

$\frac{V_1^2}{2g}$, $\frac{V_2^2}{2g}$: 속도수두

80. 차압식 유량계 유량계산

$$Q = CA\sqrt{\frac{2g}{1-m^4} \times \frac{P_1 - P_2}{\gamma}}$$

$$= CA\sqrt{\frac{2gh}{1-m^4} \times \frac{\gamma_m - \gamma}{\gamma}}$$

Q : 유량[m^3/s]

C : 유량계수

A : 단면적[m^2]

g : 중력가속도(9.8[m/s^2])

m : 교축비$\left(\frac{D_2^2}{D_1^2}\right)$

h : 마노미터(액주계) 높이차[m]

P_1 : 교축기구 입구측 압력[kgf/m^2]

P_1 : 교축기구 출구측 압력[kgf/m^2]

γ_m : 마노미터 액체 비중량[kgf/m^3]

γ : 유체의 비중량[kgf/m^3]

81. 피토관 유량계 유량계산

$$Q = CA\sqrt{2g \times \frac{P_t - P_s}{\gamma}}$$

Q : 유량[m^3/s]

C : 유량계수

γ : 유체의 비중량[kgf/m^3]

A : 단면적[m^2]

g : 중력가속도(9.8[m/s^2])

P_t : 전압[kgf/m^2]

P_s : 정압[kgf/m^2]

82. 오차

$$\text{오차율[\%]} = \frac{\text{측정값} - \text{참값}}{\text{측정값(또는 참값)}} \times 100$$

83. 기차

$$E = \frac{I - Q}{I} \times 100$$

E : 기차[%]

I : 시험용 미터의 지시량

Q : 기준미터의 지시량

84. 감도

$$감도 = \frac{지시량\ 변화}{측정량\ 변화}$$

85. 비례대

$$비례대[\%] = \frac{동작\ 신호폭\ (측정온도차)}{조절기눈금} \times 100$$

86. 정량분석 체적

$$V_0 = \frac{V(P-P') \times 273}{760 \times (273+t)}$$

V_0 : 표준 상태의 체적

V : 분석 측정시의 가스체적

P : 대기압[mmHg]

P' : t℃의 가스봉액의 증기압[mmHg]

t : 분석 측정시의 온도[℃]

87. 가스크로마토그래피 관련식

① $지속\ 용량 = \frac{유량 \times 피크\ 길이}{기록지\ 속도}$

② 이론단수 $N = 16 \times \left(\frac{T_r}{W}\right)^2$

N : 이론단수

W : 봉우리 폭[mm]

Tr : 시료 도입점으로부터 피크 최고점까지 길이[mm]

③ $이론단\ 높이 = \frac{L}{N}$

L : 분리관 길이[mm]

N : 이론 단수

88. 폭발범위 계산(Lennard Jones 식)

① 폭발범위 하한값 : $x_1 = 0.55x_0$

② 폭발범위 상한값

$$x_2 = 4.8\sqrt{x_0}$$

$$x_0 = \frac{1}{1+\frac{n}{0.21}} \times 100 = \frac{21}{0.21+n}$$

n : 완전연소 반응식에서 산소 몰[mol]수

89. 위험도 계산

$$H = \frac{U-L}{L}$$

H : 위험도

U : 폭발범위 상한 값

L : 폭발범위 하한 값

90. 탄화수소의 완전연소 반응식

$$C_mH_n + \left(m + \frac{n}{4}\right)O_2 \rightarrow mCO_2 + \frac{n}{2}H_2O$$

91. 이론산소량(O_0), 이론공기량(A_0) 계산

$$O_0[kgf/kgf] = 2.67C + 8(H - \frac{O}{8}) + 1S$$

$$O_0[Nm^3/kgf] = 1.867C + 5.6(H - \frac{O}{8}) + 0.7S$$

$$A_0[\text{kgf/kgf}] = \frac{O_0}{0.232}$$

$$A_0[\text{Nm}^3/\text{kgf}] = \frac{O_0}{0.21}$$

C : 탄소함유율[%]　H : 수소함유율[%]

O : 산소함유율[%]　S : 황 함유율[%]

92. 공기비 관련 공식

① 공기비(과잉공기계수)

$$m = \frac{A}{A_0} = \frac{A_0 + B}{A_0} = 1 + \frac{B}{A_0}$$

② 과잉공기량(B)

$$B = A - A_0 = (m-1)A_0$$

③ 과잉공기율[%]

$$\% = \frac{B}{A_0} \times 100 = \frac{A - A_0}{A_0} \times 100$$

$$= (m-1) \times 100$$

④ 과잉공기비 $= m - 1$

93. 배기가스 분석에 의한 공기비 계산

① 완전 연소 : $m = \dfrac{N_2}{N_2 - 3.76\,O_2}$

② 불완전연소 :

$$m = \frac{N_2}{N_2 - 3.76(O_2 - 0.5\,CO)}$$

N_2 : 질소함유율[%]

O_2 : 산소함유율[%]

CO : 일산화탄소 함유율(%)

94. 발열량 계산

① 고위발열량 : $H_h = H_l + 600(9H + W)$

② 저위발열량 : $H_l = H_h - 600(9H + W)$

H : 수소 함유량

W: 수분 함유량

95. 화염 온도

① 이론 연소온도 : $t = \dfrac{H_l}{G \times C_p}$

② 실제 연소온도

$$t_2 = \frac{H_l + \text{공기현열} - \text{손실열량}}{G_s \times C_p} + t_1$$

t : 이론 연소온도[℃]

t_1 : 기준온도[℃]

t_2 : 실제 연소온도[℃]

H_l: 연료의 저위발열량[kcal]

G : 이론 연소가스량[Nm³/kgf]

C_p: 연소가스의 정압비열[kcal/Nm³ · ℃]

G_s: 실제 연소가스량[Nm³/kgf]

96. 열기관 효율

$$\eta = \frac{AW}{Q_1} \times 100$$

$$= \frac{Q_1 - Q_2}{Q_1} \times 100 = \left(1 - \frac{Q_2}{Q_1}\right) \times 100$$

$$= \frac{T_1 - T_2}{T_1} \times 100 = \left(1 - \frac{T_2}{T_1}\right) \times 100$$

η : 열기관 효율[%]

AW : 유효일의 열당량[kcal]

Q_1 : 공급열량[kcal]

Q_2 : 방출열량[kcal]

T_1 : 작동 최고온도[K]

T_2 : 작동 최저온도[K]

97. 냉동기 성적 계수

$$COP_R = \frac{Q_2}{AW} = \frac{Q_2}{Q_1 - Q_2} = \frac{T_2}{T_1 - T_2}$$

98. 히트펌프 성적 계수

$$COP_H = \frac{Q_1}{AW} = \frac{Q_1}{Q_1 - Q_2} = \frac{T_1}{T_1 - T_2} = 1 + COP_R$$

99. 레이놀즈 수(Reynolds number)

$$Re = \frac{\rho \cdot D \cdot V}{\mu} = \frac{D \cdot V}{\nu} = \frac{4Q}{\pi \cdot D \cdot \nu}$$

ρ : 밀도[kg/m^3]

D : 관지름[m]

V : 유속[m/s]

μ : 점성계수[kg/m · s]

ν : 동점성계수[m^2/s]

Q : 유량[m^3/s]

100. 마하수

$$M = \frac{V}{C} = \frac{V}{\sqrt{k \cdot g \cdot R \cdot T}}$$

V : 물체의 속도[m/s]

C : 음속[m/s]

k : 비열비

g : 중력가속도(9.8[m/s^2])

R : 기체상수 $\left(\frac{848}{M}[\text{kgf} \cdot \text{m/kg} \cdot \text{K}]\right)$

T : 절대온도[K]

[SI 단위] $C = \sqrt{k \cdot R \cdot T}$

R : 기체 상수 $\left(\frac{8314}{M}[\text{J/kg} \cdot \text{K}]\right)$

고압가스의 종류 및 특징

1. 가연성가스의 종류

분류		명칭	분자 기호	분자량 (M)	발화온도 (℃)	폭발한계(vol%)		폭발한계(mg/l)		위험도 (H)
						하한(x_1)	상한(x_2)	하한(y_1)	상한(y_2)	
무기화합물		수소	H_2	2.0	585	4.0	75	3.3	63	17.7
		이황화탄소	CS_2	76.1	100	1.25	44	40	1400	34.3
		황화수소	H_2S	34.1	260	4.3	45	61	640	9.5
		시안화수소	HCN	27.0	538	6	41	68	460	5.8
		암모니아	NH_3	17.0	651	15	28	106	200	0.9
		일산화탄소	CO	28.0	651	12.5	74	146	860	4.9
		황화카보닐	COS	60.1	–	12	29	300	725	1.4
탄화수소	불포화	아세틸렌	C_2H_2	26.0	335	2.5	81	27	880	31.4
		에틸렌	C_2H_4	28.0	450	3.1	32	36	370	9.3
		프로필렌	C_3H_6	42.1	498	2.4	10.3	42	180	3.3
	포화	메탄	CH_4	16.0	537	5.3	14	35	93	1.7
		에탄	C_2H_6	30.1	510	3.0	12.5	38	156	3.2
		프로판	C_3H_8	44.1	467	2.2	9.5	40	174	3.3
		부탄	C_4H_{10}	58.1	430	1.9	8.5	46	206	3.5
		펜탄	C_5H_{12}	72.1	309	1.5	7.8	45	234	4.2
		헥산	C_6H_{14}	86.1	260	1.2	7.5	43	270	5.2
		헵탄	C_7H_{16}	100.1	233	1.2	6.7	50	280	4.6
		옥탄	C_8H_{18}	114.1	232	1.0	–	48	–	–
	환상	벤젠	C_6H_6	78.1	538	1.4	7.1	46	230	4.1
		톨루엔	C_7H_8	92.1	552	1.4	6.7	54	260	3.8
		키실란	C_8H_{10}	106.1	482	1.0	6.0	44	265	5.0
		디클로헥산	C_9H_{12}	82.1	268	1.3	8	44	270	5.1
탄화수소 이외의 유기화합물	함산소	산화에틸렌	C_2H_4O	44.1	429	3.0	80	55	1467	25.6
		에테르	$(C_2H_5)_2O$	74.1	180	1.9	48	59	1480	24.2
		아세트알데히드	CH_3CHO	14.0	185	4.1	55	75	1000	12.5
		프로프랄	C_4H_3OCHO	96.0	316	2.1	–	84	–	–
		아세톤	$(CH_3)_2CO$	58.1	538	3.0	11	72	270	2.7
		알콜	C_2H_5OH	46.1	423	4.3	19	82	360	2.7
		메탄올	CH_3OH	32.0	464	7.3	36	97	480	3.9
		초산아밀	$CH_3CO_2C_5H_{11}$	130.1	399	1.1	–	60	–	–
		초산비닐	$CH_3CO_2C_2H_3$	86.1	427	2.6	13.4	93	480	4.2
		초산에틸	$CH_3CO_2C_2H_5$	88.1	427	2.5	9	92	330	2.6

분류	명칭	분자 기호	분자량 (M)	발화온도 (℃)	폭발한계(vol%)		폭발한계(mg/l)		위험도 (H)
					하한(x_1)	상한(x_2)	하한(y_1)	상한(y_2)	
	초산	CH_3COOH	60.0	427	5.4	–	135	–	–
함질소	피리딘	C_5H_5N	79.1	482	1.8	12.4	59	410	5.9
	메틸아민	CH_3NH_2	31.1	430	4.9	20.7	63	270	3.2
	디메틸아민	$(CH_3)_2NH$	45.1	–	2.8	14.4	52	270	4.1
	트리메틸아민	$(CH_3)_3N$	59.1	–	2.0	11.6	49	285	4.8
	아크릴로니트릴	CH_2CHCN	53.0	481	3.0	17	66	380	4.7
함할로겐	염화비닐	C_2H_3Cl	62.5	–	4.0	22	104	570	4.5
	염화에틸	C_2H_5Cl	64.5	519	3.8	15.4	102	410	3.1
	염화메틸	CH_3Cl	50.5	632	8.1	17.4	225	370	0.6
	이염화에틸렌	C_2H_4Cl	99.0	414	6.2	16	256	660	1.6
	취화메틸	CH_3Br	94.9	537	13.5	14.5	534	573	0.07

2. 독성 가스의 종류

독성가스 명칭	TLV-TWA 기준농도(ppm)	독성가스 명칭	TLV-TWA 기준농도(ppm)
포스겐($COCl_2$)	0.1	황화수소(H_2S)	10
브롬(Br_2)	0.1	메틸아민(CH_3NH_2)	10
불소(F_2)	0.1	브롬메틸(CH_3Br)	5
오존(O_3)	0.1	이황화탄소(CS_2)	20
인화수소(PH_3)	0.3	암모니아(NH_3)	25
염소(Cl_2)	1	산화질소(NO)	25
불화수소(HF)	3	디메틸아민($(CH_3)_2NH$)	10
염화수소(HCl)	5	일산화탄소(CO)	50
아황산가스(SO_2)	5	산화에틸렌(C_2H_4O)	50
브롬알데히드	5	아세트알데히드	200
시안화수소(HCN)	10	이산화탄소(CO_2)	5000

원 소 주 기 율 표

족 / 주기	1A	2A	3A	4A	5A	6A	7A	8	8	8	1B	2B	3B	4B	5B	6B	7B	0	족 / 주기
	알칼리 금속원소	알칼리 토금속원소						철족원소(위3) 백금족원소(아래6개)			구리족원소	아연족원소	붕소족원소	탄소족원소	질소족원소	산소족원소	할로겐족 원소	비활성기체	
1	1 (1) H 1.00797 수소																	2 (0) He 4.0026 헬륨	1
2	3 (1) Li 6.939 리튬	4 (2) Be 9.0122 베릴륨											5 (3) B 10.811 붕소	6 (2, ±4) C 12.01115 탄소	7 (±3, 5) N 14.0067 질소	8 (−2) O 15.9994 산소	9 (−1) F 18.9984 플루오르	10 (0) Ne 20.179 네온	2
3	11 (1) Na 22.9898 나트륨	12 (2) Mg 24.312 마그네슘											13 (3) Al 26.9815 알루미늄	14 (4) Si 28.086 규소	15 (±3, 5) P 30.9738 인	16 (−2, 4, 6) S 32.064 황	17 (−1, 3, 5, 7) Cl 35.453 염소	18 (0) Ar 39.948 아르곤	3
4	19 (1) K 39.098 칼륨	20 (2) Ca 40.08 칼슘	21 (3) Sc 44.956 스칸듐	22 (3, 4) Ti 47.90 티탄	23 (3, 5) V 50.942 바나듐	24 (2, 3, 6) Cr 51.996 크롬	25 (2, 3, 4, 6, 7) Mn 54.9380 망간	26 (2, 3) Fe 55.847 철	27 (2, 3) Co 58.9332 코발트	28 (2, 3) Ni 58.70 니켈	29 (1, 2) Cu 63.546 구리	30 (2) Zn 65.38 아연	31 (2, 3) Ga 69.72 갈륨	32 (4) Ge 72.59 게르마늄	33 (±3, 5) As 74.9216 비소	34 (−2, 4, 6) Se 78.96 셀렌	35 (−1, 3, 5, 7) Br 79.904 브롬	36 (0) Kr 83.80 크립톤	4
5	37 (1) Rb 85.47 루비듐	38 (2) Sr 87.62 스트론튬	39 (3) Y 88.905 이트륨	40 (4) Zr 91.22 지르코늄	41 (3, 5) Nb 92.906 니오브	42 (3, 4, 6) Mo 95.94 몰리브덴	43 (6, 7) Tc [97] 테크네튬	44 (3, 4, 6, 8) Ru 101.07 루테늄	45 (3) Rh 102.905 로듐	46 (2, 4, 6) Pd 106.4 팔라듐	47 (1) Ag 107.868 은	48 (2) Cd 112.40 카드뮴	49 (3) In 114.82 인듐	50 (2, 4) Sn 118.69 주석	51 (3, 5) Sb 121.75 안티몬	52 (−2, 4, 6) Te 127.60 텔루르	53 (−1, 3, 5, 7) I 126.9044 요오드	54 (0) Xe 131.30 크세논	5
6	55 (1) Cs 132.905 세슘	56 (2) Ba 137.34 바륨	57~71 ☆ 란탄 계열	72 (4) Hf 178.49 하프늄	73 (5) Ta 180.948 탄탈	74 (6) W 183.85 텅스텐	75 (1, 4, 7) Re 186.2 레늄	76 (2, 3, 4, 8) Os 190.2 오스뮴	77 (3, 4) Ir 192.2 이리듐	78 (2, 4) Pt 195.09 백금	79 (1, 3) Au 196.967 금	80 (1, 2) Hg 200.59 수은	81 (1, 3) Tl 204.37 탈륨	82 (2, 4) Pb 207.19 납	83 (3, 5) Bi 208.980 비스무트	84 (2, 4) Po [209] 폴로늄	85 (1, 3, 5, 7) At [210] 아스타틴	86 (0) Rn [222] 라돈	6
7	87 (1) Fr [223] 프란슘	88 (2) Ra [226] 라듐	89~ ◎ 악티늄 계열																

☆ 란탄 계열	57 (3) La 138.91 란탄	58 (3) Ce 140.12 세륨	59 (3) Pr 140.907 프라세오디뮴	60 (3) Nd 144.24 네오디뮴	61 (3) Pm [145] 프로메튬	62 (2) Sm 150.35 사마륨	63 (2) Eu 151.96 유로퓸	64 (3) Gd 157.25 가돌리늄	65 (3) Tb 158.925 테르븀	66 (3) Dy 162.50 디스프로슘	67 (3) Ho 164.930 홀뮴	68 (3) Er 167.26 에르븀	69 (3) Tm 168.934 툴륨	70 (2) Yb 173.04 이테르븀	71 (3) Lu 174.97 루테튬
◎ 악티늄 계열	89 (3) AC [227] 악티늄	90 (4) Th 232.038 토륨	91 (5) Pa [231] 프로트 악티늄	92 (4) U 238.03 우라늄	93 (4) Np [237] 넵투늄	94 (3) Pu [244] 플로토늄	95 (3) Am [243] 아메리슘	96 (3) Cm [247] 퀴륨	97 (3) Bk [247] 버클륨	98 (3) Cf [251] 칼리포르늄	99 Es [254] 아인시타이늄	100 Fm [257] 페르뮴	101 Md [258] 멘델레븀	102 No [259] 노벨륨	103 Lr [260] 로렌슘

MEMO

완벽대비 **가스기능장 필기**

발　　행 / 2019년 12월 20일

•

저　　자 / 서 상 희
펴 낸 이 / 정 창 희
펴 낸 곳 / 동일출판사
주　　소 / 서울시 강서구 곰달래로31길7 (2층)
전　　화 / (02) 2608-8250
팩　　스 / (02) 2608-8265
등록번호 / 제109-90-92166호

•

ISBN 978-89-381-1317-7-13570
값 / 39,000원